レーザプロセス技術
ハンドブック

幸田　正　幸夫
池田　知　浩
藤岡池　靖大
堀　尾　省吾
丸吉川

編集

朝倉書店

編 集 者

池田 正幸（いけだ まさゆき）　北海道大学工学部教授
藤岡 知夫（ふじおか ともお）　前（財）工業開発研究所 レーザー技術センター長
堀池 靖浩（ほりいけ やすひろ）　広島大学工学部教授
丸尾 大（まるお ひろし）　大阪大学工学部教授
吉川 省吾（よしかわ しょうご）　日本電気レーザ機器エンジニアリング（株）取締役社長

序

　今世紀の3大発明の一つといわれているレーザが，メイマンらの手によって初めて発振されてから1/3世紀近く経つ．その間，レーザおよびレーザ応用技術は驚異的な早さで進歩し，かつて典型的な最先端技術と目されていた技術は日常生活の中に広く普及している．レーザ協会が"レーザ加工技術研究会"として活動開始10周年の記念事業の一環としてレーザ応用技術の解説書を編纂し，朝倉書店から「レーザ応用技術ハンドブック」として出版したのは1984年であった．以来同書は多くの技術者，研究者に実用的な図書としてご愛読いただいてきた．

　本書は同書の続編ともいうべき専門書として企画されたものである．ここではレーザ加工を従来までの狭い意味での加工の概念にとらわれず広くレーザプロセスという視点で見ており，レーザをエネルギー源として利用する材料処理技術の基礎から最新の応用までの解説書である．現状ではレーザ加工は切断加工をはじめとする多種の加工技術がひろく生産加工技術として定着し，レーザ加工機の生産額は1,000億円に近い．ここにレーザ加工は確立されたレーザ応用の一技術分野として見なすことができよう．本書は現在普及が進んでいるCO_2およびYAGレーザ加工をはじめ，半導体プロセス分野で期待されているエキシマレーザ加工やエネルギー応用分野にわたり機器からその利用技術までを総合的に各分野の専門家が解説している．

　最後に編集の経緯を説明させていただくと，本書は1988年いわゆるレーザ加工技術が生産技術として普及しエキシマレーザが次世代の半導体プロセス技術として研究が展開されつつある時期に企画された．企画委員は各分野の第一線の研究者であったため非常に多忙であったこと，さらに，全員が勤務先が変わったり，新しいポストへ異動したことなどから執筆と編纂に予想以上に時間がかかった．職務ご多忙の中，時間を割いて原稿を予定期日までに執筆いただいた諸先生にご迷惑をおかけしたことは企画委員一同お詫び申し上げる．朝倉書店の編集諸氏のなみなみならぬご尽力でようやく出版できることになった．ここに感謝申し上げる．企画から出版まで時間がかかったため内容の一部は技術の現状にそぐわな

い部分もあるが機会をえて改訂したいと考えている．

　本書をレーザ加工技術の生産ラインへの導入と加工技術の向上あるいは新製品の開発などに役立てていただければ幸いである．

　1992年3月

編　者

執 筆 者
(執筆順)

朝倉 利光 　北海道大学応用電気研究所	石田 修一 　(株)東芝 生産技術研究所
小林 哲郎 　大阪大学基礎工学部	大村 悦二 　茨城大学工学部
斉藤 英明 　前(財)工業開発研究所	久田 秀夫 　(株)コマツ 生産技術研究所
菅原 宏之 　(株)日立製作所日立工場	渡邊 之 　NKK(株)技術開発本部
山根 毅士 　日本電気(株)レーザ装置事業部	橋本 功二 　東北大学金属材料研究所
小林 功 　日本電気(株)回路事業部	松縄 朗 　大阪大学溶接工学研究所
後藤 達美 　(株)東芝 生産技術研究所	藤森 康朝 　(株)東芝 生産技術研究所
永井 治彦 　超先端加工システム技術研究組合	小松 巖 　(株)東芝 電子応用装置部
葛西 彪 　富士電機(株)総合研究所	井上 廣治 　日本電気(株)電子コンポーネント第一販売事業部
石川 憲 　(株)東芝 生産技術研究所	高橋 利定 　日本電気(株)レーザ装置事業部
藤岡 知夫 　前(財)工業開発研究所	長谷 隆裕 　日本電気(株)レーザ装置事業部
宮田 威男 　松下技研(株)研究開発グループ	堀池 靖浩 　広島大学工学部
池田 正幸 　北海道大学工学部	小尾 欣一 　東京工業大学理学部
宮本 勇 　大阪大学工学部	松波 弘之 　京都大学工学部
平本 誠剛 　三菱電機(株)生産技術研究所	小長井 誠 　東京工業大学工学部
大峯 恩 　三菱電機(株)生産技術研究所	伊藤 隆司 　(株)富士通研究所半導体研究部
安田 耕三 　川崎重工業(株)明石技術研究所	青柳 克信 　理化学研究所半導体工学研究室
三浦 宏 　日本電気(株)半導体特許技術センター	松本 智 　慶応義塾大学理工学部
宮崎 俊秋 　(株)東芝 重電技術研究所	広瀬 全孝 　広島大学工学部
森安 雅治 　三菱電機(株)生産技術研究所	岡野 晴雄 　(株)東芝 ULSI 研究所
長野 幸隆 　(株)東芝 生産技術研究所	小川 一文 　松下電器産業(株)中央研究所

幸田　清一郎	東京大学工学部	川田　正敏	(株)東芝 電子応用装置部
有沢　　孝	日本原子力研究所燃料・材料工学部	白数　　廣	(株)ニコン 精機事業部
髙見　道生	理化学研究所無機化学物理研究室	鷲尾　邦彦	日本電気(株)レーザ装置事業部
菱井　正夫	三菱電機(株)名古屋製作所	高橋　　忠	(株)東芝 生産技術研究所
箕浦　一雄	キヤノン(株)研究開発本部	本田　辰篤	住友セメント(株)新規事業本部
辰巳　龍司	日本電気(株)レーザ装置事業部	遠藤　道幸	工業技術院電子技術総合研究所
木村　盛一郎	(株)東芝 重電技術研究所	井上　武海	工業技術院電子技術総合研究所
中村　　英	(財)工業所有権協力センター研究所	山下　幹雄	北海道大学工学部
木原　伸雄	日本電気(株)レーザ装置事業部	佐々木　孝友	大阪大学工学部
関口　紀昭	日本電気(株)レーザ装置事業部	吉田　国雄	大阪大学レーザー核融合研究センター

目　　次

1. 発　振　器

1.1 レーザ光の統計的特性——コヒーレンスとスペックル——……………（朝倉利光）…2
 1.1.1　コヒーレンスとスペックル……………………………………………………3
  a．　コヒーレンス………………………………………………………………3
  b．　スペックル…………………………………………………………………4
 1.1.2　ヤングの干渉実験………………………………………………………………5
 1.1.3　1次統計と2次統計……………………………………………………………6
  a．　1次統計……………………………………………………………………7
  b．　2次および高次統計………………………………………………………9
 1.1.4　スペックル現象の発展…………………………………………………………10
  a．　未発達なスペックル………………………………………………………10
  b．　非円形統計…………………………………………………………………11
  c．　非ガウス的スペックル……………………………………………………12

1.2 レーザのモード………………………………………………………（小林哲郎）…14
 1.2.1　平面波とガウスビーム…………………………………………………………14
  a．　波動方程式…………………………………………………………………14
  b．　平　面　波…………………………………………………………………15
  c．　ガウスビーム………………………………………………………………16
 1.2.2　共振器と共振モード……………………………………………………………18
  a．　1次元共振器………………………………………………………………18
  b．　ファブリ・ペロー共振器…………………………………………………20
  c．　共振器の安定条件…………………………………………………………21
  d．　リング型共振器……………………………………………………………21
  e．　不安定共振器………………………………………………………………23
  f．　導波型共振器………………………………………………………………23
 1.2.3　単一モード発振と多モード発振………………………………………………27
  a．　発振条件とモード…………………………………………………………27
  b．　単一横モード発振…………………………………………………………27
  c．　多重縦モード発振…………………………………………………………27
  d．　モード選択，単一モード発振……………………………………………29

1.3 レーザの原理 ……………………………………………（斉藤英明）…31
1.3.1 エネルギー準位 ……………………………………………31
1.3.2 誘導放出 …………………………………………………34
1.3.3 レーザ条件 ………………………………………………37
1.3.4 レーザの出力 ……………………………………………41
1.4 実用化されている加工用レーザ ……………………………………44
1.4.1 CO_2 ……………………………………………（菅原宏之）…44
  a. CO_2 レーザの歴史 …………………………………………44
  b. CO_2 レーザの特徴 …………………………………………46
  c. CO_2 レーザの種類 …………………………………………48
1.4.2 Nd:YAG レーザ ……………………………………（山根毅士）…56
  a. Nd:YAG レーザの特徴 ………………………………………56
  b. Nd:YAG レーザの構成とその機能 ……………………………57
  c. Nd:YAG レーザの発振制御 …………………………………66
  d. 工業用Nd:YAG レーザの製品例 ……………………………72
  e. LD 励起固定レーザ ……………………………………………74
1.4.3 Ar^+ レーザ …………………………………………（小林　功）…77
  a. Ar^+ レーザの性質 ……………………………………………77
  b. Ar^+ レーザ発振器 ……………………………………………79
  c. Ar^+ レーザの特性 ……………………………………………80
1.4.4 金属蒸気レーザ …………………………………（後藤達美）…81
  a. 概　　要 ………………………………………………………81
  b. 主要な金属蒸気レーザ ………………………………………82
  c. 応　　用 ………………………………………………………85
  d. まとめ …………………………………………………………86
1.4.5 エキシマレーザ …………………………………（永井治彦）…87
  a. エキシマレーザの原理 ………………………………………87
  b. 励起方式 ………………………………………………………88
  c. エキシマレーザ装置 …………………………………………89
  d. 特　　性 ………………………………………………………90
  e. 今後の動向 ……………………………………………………92
1.4.6 これからの加工用固体レーザ …………………………………93
  a. スラブ …………………………………………………（葛西　彰）…93
  b. アレキサンドライトレーザ …………………………（石川　憲）…96
1.4.7 これからの加工用気体レーザ ………………（藤岡知夫・斉藤英明）…101

2. 加 工 技 術

- 2.1 レーザ加工の基礎 ……………………………………………………106
  - 2.1.1 光と材料との相互作用 …………………………………（宮田威男）…106
    - a. 光の吸収, 反射, 散乱 …………………………………………106
    - b. 材料の熱定数と熱・物理的性質 ……………………………112
  - 2.1.2 レーザ加工の特徴と分類 ………………………………（池田正幸）…116
    - a. レーザ加工の特徴 ………………………………………………116
    - b. レーザ加工法の種類 ……………………………………………116
- 2.2 レーザ溶接 ………………………………………………………………118
  - 2.2.1 レーザ溶接の機構 …………………………………………（宮本　勇）…118
    - a. レーザ溶接の特徴 ………………………………………………118
    - b. ビード形成現象 …………………………………………………118
    - c. レーザ誘起プラズマ ……………………………………………120
    - d. 溶込み深さ ………………………………………………………127
  - 2.2.2 中厚板の溶接 ………………………………………（平本誠剛・大峯　恩）…131
    - a. 溶接特性 …………………………………………………………131
    - b. 溶接部の特性 ……………………………………………………137
    - c. 深溶込み化の工夫 ………………………………………………139
  - 2.2.3 薄板の溶接 …………………………………………………（安田耕三）…142
    - a. 実製品のレーザ溶接のための検討項目 ……………………142
    - b. 薄板溶接時の留意点 ……………………………………………143
    - c. 薄板溶接の実施例 ………………………………………………150
  - 2.2.4 レーザろう接 ………………………………………………（三浦　宏）…156
  - 2.2.5 セラミックスの接合 ………………………………………（宮本　勇）…158
    - a. 溶融接合法 ………………………………………………………158
    - b. ろう接法 …………………………………………………………161
- 2.3 レーザ切断 ………………………………………………………………167
  - 2.3.1 レーザ切断機構 ……………………………………………（宮本　勇）…167
    - a. レーザ切断の特徴 ………………………………………………167
    - b. レーザ切断の分類 ………………………………………………168
    - c. 切断面の光学的性質 ……………………………………………168
    - d. 非金属材料の切断現象（蒸発切断） …………………………170
    - e. 金属材料の切断機構 ……………………………………………170
  - 2.3.2 鉄鋼材料の切断特性 ………………………………………（宮崎俊秋）…177
    - a. 切断要因と切断特性 ……………………………………………177
    - b. 高品質・高精度切断 ……………………………………………186

目次

2.3.3 非鉄材料の切断特性……………………………………（森安雅治・大峯　恩）…196
    a. 切断能力 ……………………………………………………………………196
    b. 切断品質 ……………………………………………………………………198
    c. 非鉄金属切断用レーザ加工機 ……………………………………………201
    d. 各種非鉄材料の切断例 ……………………………………………………201
2.3.4 非金属材料の切断………………………………………（長野幸隆・石田修一）…205
    a. 全　　般 ……………………………………………………………………205
    b. セラミックスの切断 ………………………………………………………206
    c. ガラスの切断 ………………………………………………………………208
    d. コンクリート，岩石の切断 ………………………………………………208
    e. プラスチックの切断 ………………………………………………………210
    f. 複合材料の切断 ……………………………………………………………210
    g. 木材の切断 …………………………………………………………………211
    h. 紙や布地類の切断 …………………………………………………………212
2.4 レーザ表面処理………………………………………………………………………214
 2.4.1 レーザ表面処理における熱伝導 ………………………………（大村悦二）…214
    a. 静止熱源 ……………………………………………………………………217
    b. 移動熱源 ……………………………………………………………………224
 2.4.2 変態硬化…………………………………………………………（久田秀夫）…231
    a. レーザ焼入れに使用するレーザビームと基本的なビーム形状 …………231
    b. レーザビームの吸収と反射 ………………………………………………233
    c. レーザ焼入れの特徴 ………………………………………………………233
    d. レーザ焼入れ用光学装置 …………………………………………………240
    e. 特殊なレーザ焼入れ ………………………………………………………242
    f. レーザ焼入れの応用例 ……………………………………………………244
    g. 今後の動向 …………………………………………………………………248
 2.4.3 レーザクラッディング……………………………………………（渡邊　之）…249
    a. クラッディング方法 ………………………………………………………250
    b. 各種材料のクラッディング ………………………………………………251
    c. 応用化の現状 ………………………………………………………………253
 2.4.4 レーザアロイング…………………………………………………（渡邊　之）…255
    a. アロイング方法 ……………………………………………………………255
    b. 各種材料のアロイング ……………………………………………………255
    c. 応用化 ………………………………………………………………………257
 2.4.5 レーザによる急冷凝固表面合金の作製…………………………（橋本功二）…258
    a. 急冷凝固 ……………………………………………………………………258
    b. 表面合金化 …………………………………………………………………259
    c. アモルファス表面合金の作製 ……………………………………………261

目 次

- 2.4.6 新しい表面処理技術 ……………………………………(松縄 朗)…267
  - a. レーザPVD ……………………………………………………268
  - b. レーザCVD ……………………………………………………270
- **2.5 微細加工** ……………………………………………………………273
  - 2.5.1 穴あけ ………………………………………………(藤森康朝)…273
    - a. レーザ穴あけ加工の特徴 ……………………………………273
    - b. レーザ穴あけ加工用機器 ……………………………………274
    - c. レーザ穴あけ加工例 …………………………………………279
  - 2.5.2 スクライビング ………………………………………(小松 巖)…284
    - a. レーザスクライビング加工の原理 …………………………285
    - b. レーザスクライビング加工の実際 …………………………285
    - c. レーザスクライビングの加工例 ……………………………287
    - d. レーザスクライビング加工の特徴 …………………………290
  - 2.5.3 マイクロ接合 …………………………………………(三浦 宏)…291
    - a. YAGレーザによるマイクロ溶接 …………………………291
    - b. レーザはんだ付 ………………………………………………303
  - 2.5.4 トリミング, マーキング ……………………………………………319
    - a. トリミング …………………………………………(井上廣治)…319
    - b. 彫刻モードマーキング ……………………………(高橋利定)…325
    - c. マスクマーキング …………………………………(長谷隆裕)…328
- **2.6 化学加工** ……………………………………………………………332
  - 2.6.1 概 説 …………………………………………………(堀池靖治)…332
  - 2.6.2 レーザ光化学反応の基礎 ……………………………(小尾欣一)…333
    - a. 光励起と熱励起 ………………………………………………333
    - b. 光 の 吸 収 ……………………………………………………334
    - c. 多光子吸収 ……………………………………………………335
    - d. 光励起状態の緩和 ……………………………………………336
    - e. 表面光化学における励起過程 ………………………………337
    - f. 表面光化学反応 ………………………………………………339
  - 2.6.3 レーザ光化学反応応用 ………………………………………………341
    - 2.6.3.1 エレクトロニクス/半導体応用 …………………………341
      - A. CVD ………………………………………………………341
        - a. 無機/絶縁膜 ………………………………(松波弘之)…341
        - b. a-Si膜 ………………………………………(小長井 誠)…346
        - c. 単結晶/表面洗浄 (Si) ……………………(伊藤隆司)…349
        - d. 単結晶成長 (Ⅲ-V, Ⅱ-Ⅵ) ………………(青柳克信)…353
      - B. 酸化/窒化 …………………………………………(伊藤隆司)…359
      - C. ドーピング ………………………………………(松本 智)…361

　　　　a. レーザドーピングの特徴 …………………………………………361
　　　　b. レーザドーピングのタイプ ………………………………………361
　　　　c. レーザドーピングの応用 …………………………………………364
　　　D. エッチング………………………………………………(広瀬全孝)…365
　　　E. パターン転写……………………………………………(岡野晴雄)…370
　　　　a. パターン転写の基本について ……………………………………370
　　　　b. 高コントラストのパターン転写 …………………………………371
　　　F. リソグラフィ……………………………………………(小川一文)…375
　　　　a. エキシマレーザを用いた露光装置 ………………………………376
　　　　b. レジスト材料およびドライプロセス技術 ………………………377
　2.6.3.2 化学合成応用…………………………………………(幸田清一郎)…380
　　　　a. レーザ誘起化学合成反応 …………………………………………380
　　　　b. 赤外レーザによる振動励起分子の生成とその化学反応 ………382
　　　　c. 赤外多光子吸収による光化学反応 ………………………………382
　　　　d. ローカルモード励起による高振動励起状態の生成と反応 ……384
　　　　e. 可視・紫外レーザによる電子励起状態からの有機合成反応 …385
　　　　f. レーザ誘起ラジカル連鎖反応 ……………………………………387
　　　　g. レーザ誘起触媒反応 ………………………………………………388
　2.6.3.3 同位体分離……………………………………………………………391
　　　A. 同位体分離の基礎反応…………………………………(有沢　孝)…391
　　　B. 応　用　例………………………………………………………………393
　　　　a. ウ　ラ　ン ……………………………………………(有沢　孝)…393
　　　　b. そ　の　他 ……………………………………………(髙見道生)…398

3. 加 工 装 置

3.1 要素技術……………………………………………………………………404
3.1.1 光　学　系………………………………………………………………404
3.1.1.1 光エネルギー伝送系―ファイバ……………………(三浦　宏)…404
　　　　a. 加工用ファイバに要求される性能 ………………………………404
　　　　b. YAGレーザ光伝送用石英ファイバの諸特性 …………………407
　　　　c. CO_2レーザ用パワー伝送用ファイバ ……………………………412
3.1.1.2 光エネルギー伝送系―多関節…………………………(菱井正夫)…413
3.1.1.3 走査光学系…………………………………………………(箕浦一雄)…417
　　　　a. Pre-objective タイプの走査光学系 ………………………………418
　　　　b. Post-objective タイプの走査光学系 ……………………………420
　　　　c. 走査位置ずれを補正する光学系 …………………………………420
3.1.1.4 集光光学系…………………………………………………(辰巳龍司)…421

	a. レーザ光の伝搬	421
	b. レンズによるビーム変換	422
	c. 集光光学系の設計	422
	d. 結像加工光学系	424
3.1.2	加 工 系 (菱井正夫)	426
3.1.2.1	加工ヘッド	427
	a. 接触式倣いセンサ	428
	b. 静電容量式倣いセンサ(非接触式)	428
3.1.2.2	ステージ	429
	a. ビーム固定+被加工物移動型	429
	b. ビーム移動+被加工物移動型	432
	c. ビーム移動+被加工物固定型	434
3.1.2.3	パーツハンドラ	436
3.2 加 工 機		**438**
3.2.1	CO_2 レーザ加工機	438
3.2.1.1	3次元切断加工機 (菱井正夫)	438
	a. 3次元加工機の方式と特徴	439
	b. システム構成	440
	c. 具 体 例	441
	d. 加工 S/W 機能	443
	e. 加 工 事 例	445
	f. 3次元加工機の今後の課題	446
3.2.1.2	溶 接 装 置 (木村盛一郎)	447
	a. CO_2 レーザによる溶接	447
	b. レーザ溶接の基本的システム構成	448
	c. レーザロボテックス加工システム	449
	d. 鉄鋼システムの実用例	451
	e. 高精度倣いシステム	452
3.2.1.3	焼入れ装置 (中村 英)	454
	a. レーザ表面熱処理加工光学装置	455
	b. 各種光学系による焼入れ特性比較	460
	c. 各種光学系による熱処理応用例	460
3.2.1.4	TEA CO_2 レーザマーカ (後藤達美)	463
	a. TEA CO_2 レーザの基本構成と動作特性	463
	b. マーカの構成	465
3.2.1.5	セラミックスクライバ (木原伸雄)	469
	a. セラミックスクライバの構成	470
	b. スクライビングの実際	475

目　次

- 3.2.2 YAGレーザ加工機 ………………………………………………………… 477
  - 3.2.2.1 トリマ ……………………………………………………（関口紀昭）… 477
    - a. レーザトリマの基本構成 ……………………………………………… 478
    - b. トリマの実例 ……………………………………………………………… 479
  - 3.2.2.2 マーカ ………………………………………………………（川田正敏）… 483
    - a. YAGレーザマーカ（マスク形） ……………………………………… 486
    - b. YAGレーザマーカ（スキャニング形） ……………………………… 486
    - c. YAGレーザマーカ（深彫り） ………………………………………… 488
  - 3.2.2.3 マスクリペア ……………………………………………（辰巳龍司）… 489
    - a. マスク修正の意味 ……………………………………………………… 489
    - b. 修正技術の実際 ………………………………………………………… 490
  - 3.2.2.4 メモリーリペア ……………………………………………（白数　廣）… 495
    - a. メモリーリペアの原理 ………………………………………………… 496
    - b. リペアデータ …………………………………………………………… 497
    - c. ヒューズの切断 ………………………………………………………… 497
    - d. ウエハアライメントとレーザビームの位置決め …………………… 499
    - e. その他の応用 …………………………………………………………… 501
  - 3.2.2.5 スポット溶接 ……………………………………………（長野幸隆）… 502
    - a. YAGレーザ溶接の特徴 ………………………………………………… 502
    - b. 加工装置 ………………………………………………………………… 502
    - c. レーザによる溶融の機構 ……………………………………………… 503
    - d. レーザ溶接適用のメリット …………………………………………… 504
    - e. 光ファイバの利用 ……………………………………………………… 504
    - f. YAGレーザの大出力化 ………………………………………………… 506
- 3.3 その他の加工機 …………………………………………………………（石川　憲）… 508
  - 3.3.1 アレキサンドライトレーザ加工機 ……………………………………… 508
    - a. 金属板の穴あけ ………………………………………………………… 508
    - b. マーキング ……………………………………………………………… 509
    - c. 光化学反応への適用 …………………………………………………… 510
  - 3.3.2 エキシマレーザ加工機 ……………………………………………（鷲尾邦彦）… 511
    - a. 特徴 ……………………………………………………………………… 511
    - b. 種類と用途 ……………………………………………………………… 511
    - c. 構成要素と周辺技術 …………………………………………………… 512
    - d. 種々のエキシマレーザ加工機 ………………………………………… 513
- 3.4 複合レーザ加工システム ……………………………………………（池田正幸）… 520
  - 3.4.1 レーザのフレキシビリティ ……………………………………………… 520
  - 3.4.2 生産システムにおけるレーザ加工機 …………………………………… 521

4. パラメータの測定

4.1 レーザパラメータの計測と測定器 ……………………………………………524
4.1.1 レーザパラメータ ……………………………………(高橋　忠)…524
　　a. レーザパラメータの種類 ……………………………………………524
　　b. レーザ光に関するパラメータ計測 …………………………………524
4.1.2 レーザパワー・エネルギーの測定 …………(本田辰篤・遠藤道幸・井上武海)…527
　　a. 測定原理 ………………………………………………………………527
　　b. CO_2 レーザパワーの測定 …………………………………………528
　　c. Nd:YAG レーザパワーの測定 ………………………………………529
　　d. パルスエネルギーの測定 ……………………………………………531
4.1.3 モードパターンの測定 ……………………………(宮本　勇)…534
　　a. 測定の原理 ……………………………………………………………535
　　b. モードパターンの測定装置 …………………………………………536
　　c. モードパターンの可視化 ……………………………………………537
　　d. アクリル樹脂のバーンパター ………………………………………540
4.1.4 パルス波形の測定 …………………………………(山下幹雄)…543
　　a. サブナノ秒より長いパルス波形の測定 ……………………………544
　　b. ピコ秒パルスのパルス波形測定 ……………………………………545
　　c. フェムト秒パルスのパルス幅測定 …………………………………546
4.1.5 ビーム径・ビーム広がり角の測定 ………………(高橋　忠)…549
　　a. ビーム径の定義 ………………………………………………………549
　　b. ビーム径の測定 ………………………………………………………549
　　c. 広がり角の定義 ………………………………………………………550
　　d. 広がり角の測定 ………………………………………………………551

4.2 加工用光学部品の測定 ……………………………………………………553
4.2.1 光学部品の種類と特性 ……………………………………………553
　　a. 紫外域用光学部品 ……………………………………(吉田国雄)…554
　　b. 可視〜近赤外域レーザ用光学部品 …………………(吉田国雄)…556
　　c. CO_2 レーザ用光学部品 ……………………………(吉田国雄)…556
　　d. 非線形光学結晶 ………………………………………(佐々木孝友)…557
4.2.2 加工法 ………………………………………………………………561
　　a. 平面研磨 ………………………………………………(吉田国雄)…561
　　b. 非球面研磨 ……………………………………………(吉田国雄)…562
　　c. 補正加工 ………………………………………………(吉田国雄)…563
　　d. 超精密切削加工機による加工 ………………………(佐々木孝友)…564
4.2.3 光学部品のレーザ耐力 ……………………………(吉田国雄)…566

         a．光学部品のレーザ耐力測定装置 …………………………………………567
         b．固体材料のレーザ耐力 ……………………………………………………567
         c．蒸着膜のレーザ耐力 ………………………………………………………568
         d．蒸着膜の高耐力化技術 ……………………………………………………570
         e．化学的手法による高耐力 AR 膜の製作 ………………………………571
     4.2.4 検　　　　　査……………………………………………………(吉田国雄)…573
         a．干渉計による検査 …………………………………………………………574
         b．残留ひずみ …………………………………………………………………575
         c．光学部品表面の傷 …………………………………………………………576
         d．表面粗さの測定 ……………………………………………………………576
     4.2.5 取扱い方法………………………………………………………………(吉田国雄)…577
         a．光学部品のクリーニング …………………………………………………577
         b．光学部品の保管 ……………………………………………………………578

〔付表〕レーザ加工機製造・販売会社一覧 …………………………………………………581

索　　　引 …………………………………………………………………………………………585
資　料　編 …………………………………………………………………………………………595

1. 発振器

1.1 レーザ光の統計的特性
──コヒーレンスとスペックル──

　光学の体系づくりにおいて，光の場を取り扱う研究としてコヒーレンス理論が発展してきた．コヒーレンスの概念は，1869年 Verdet[1] によるヤングの干渉実験以来さまざまな議論の対象となり，1900年代初期には von Laue[2]，Berek[3]，van Cittèrt[4]，Zernike[5] らにより具体的な研究が進められた．特に，Zernike が導いたコヒーレンス状態の伝搬に関する理論は，コヒーレンス理論の進歩に大きく貢献した．Zernike は，一連の研究を基礎として開発した位相差顕微鏡により，ノーベル物理学賞を受賞している．それ以前の光を扱う研究は幾何光学が優先していたが，Zernike の研究を発端に光を波動として扱う必要性が初めて認識され，波動光学が大きく進歩した．実際の対象としては，たとえば顕微鏡の像形成の問題と深く関連して，コヒーレンスの研究が行われた．すなわち，顕微鏡で物体を拡大観察すると，倍率とは別に，ある観察系において対象が見えかくれする現象が起こる．これは光源から得られる光の波動場の性質によるものであり，この現象の解釈にコヒーレンスの概念が重要であることが明らかにされ，コヒーレンス理論は大きく発展した．1951年，Hopkins[6] がコヒーレンス理論に基づいた顕微鏡理論を確立し，さらに Blanc-Lapierre と Dumontet[7]，Wolf[8] らにより，いわゆる古典的なコヒーレンス論の基礎ができあがった．1960年，レーザが出現すると，従来使われていた熱的光源との区別においてコヒーレンスの概念が改めて重要視され，さらにこの方向の研究は量子論的なコヒーレンス理論として確立されてきた．

　一方，レーザの出現に伴って注目され始めた物理現象の一つとしてスペックルがある．レーザ光で光学的な表面粗さをもつ粗物体を照射すると，それからの反射光や透過光の中にスペックルと呼ばれる，図 1.1.1 に示すようなきらきら輝く明暗の斑点模様が現われる．この現象はレーザ光が粗物体でランダムに散乱され，各点からの散乱波が観察面の各点で重ね合わさって生ずるランダムな干渉現象である．このような光の散乱現象は特に新しいものではなく，古くは Newton[9] の時代から虹や夕焼けなどの日常生活に見られるいろいろな現象として物理学の領域で観察され研究された．特に Exner[10]，von Laue[11]，de Haas[12] らがスペックル現象を積極的に扱ってきたが，最も顕著に注目されるようになったのは 1960年のレーザ出現以降である．当初，

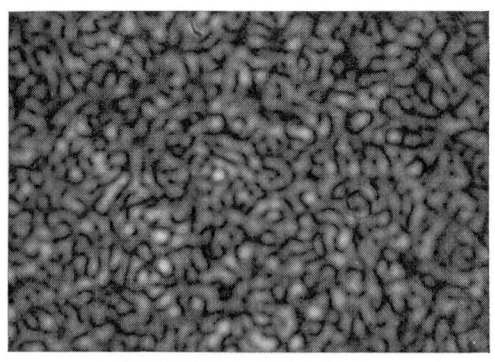

図 1.1.1　スペックルパターン

スペックル現象はレーザ光を使った光情報処理の分野においては雑音と考えられていた．すなわち，レーザ光を通して物体を観察するとき，その像に重畳する明暗の斑点模様は像観察において大きな障害となる．そこで，この明暗の雑音を除去するという目的からスペックルの研究が行われた．しかし，1970年頃からようやくスペックル現象そのものの本質的，物理的な性質が研究対象となり，基礎的な研究が大きく進歩した．

スペックルは光波のランダムな干渉現象であることから，その研究はコヒーレンス理論が基礎になっている．したがって，コヒーレンスとスペックルの間にさまざまな類似点や相違点があり，それらの比較は大変興味深い．また，特に両者の本質的な違いには注意しなければならない点も多い．そこで本章では，コヒーレンス現象とスペックル現象の基本的な比較を中心に解説してみよう．

1.1.1 コヒーレンスとスペックル
a．コヒーレンス

図1.1.2に示すように，自然放射の過程に従う熱的光源に対してコヒーレンスを考える．ここで光源を形成する原子や分子は，個々にエネルギー変位を行い各変位エネルギーに対応する波長をもって独立に光を放出する．放出された光はそれぞれ非常に短い波連で伝搬し，それらの重ね合わせとして観測場の空間に光の波動場が形成される．いま，空間の1点Pについて光の波動場の形成を考える．光源からは，瞬間瞬間に短い波連の光が勝手に放出される．そして，ある時刻Tにいろいろな波連がP点に到着する．この波連は各瞬間において波動方程式

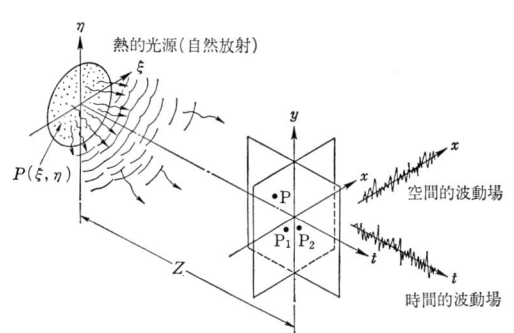

図 **1.1.2** コヒーレンス現象

を満足するため，重ね合わせの原理が成り立ち，各瞬間ごとに干渉現象が生じる．P点の波動場は，この干渉現象の結果として決定される．しかもその波動は時々刻々変動し，自然放射の過程から，P点における時間的波動場は全くランダムな現象となる．一方，波動場は空間的な位置が変わると波連の重ね合わせの条件も変わるため，ある時刻での空間の波動は各位置でランダムに異なっている．したがって，ある時刻Tにおける空間的波動場もやはりランダムな現象となる．

過去における光学の理論は，正弦波的波動を対象にした電磁波理論を基礎として体系づけられてきた．しかし，実際に観測される光の波動場は，このように非常に複雑なランダム現象，すなわちゆらぎ現象である．したがって，光の振幅や位相は明確に定義される量ではなく，あくまで統計的手法によって取り扱われねばならない．ゆらぎ現象としての光の波動場は，相関関数を用いて記述することができる．いま，異なる時空間の二つの点における光の

波動場を $u(P_1, t+\tau)$ と $u(P_2, t)$ とするとき、これらの時間的な相互相関関数
$$\Gamma_{12}(\tau) = \langle u(P_1, t+\tau) u^*(P_2, t) \rangle \qquad (1)$$
を考えることができる。(1)式で $\langle \cdots \rangle$ は時間平均を表わし、＊は複素共役を意味する。(1)式は相互コヒーレンス関数と呼ばれるもので、光の波動場を特性づける基本的な物理量として重要である。

たとえば、相互コヒーレンス関数を正規化して考えたとき（正規化した関数を複素コヒーレンス度と呼ぶ）、その値が常に1であれば完全に相関のある光を意味し、これを「コヒーレントな光」と呼ぶ。逆に値が0、すなわち全く相関のない光は「インコヒーレントな光」と呼ぶ。正規化した相互コヒーレンス関数が1と0の間の値をとるとき、すなわちある程度相関のある光を「部分的にコヒーレントな光」と呼ぶ。現実に得られる光はほとんどが部分的コヒーレント光であり、厳密な意味でのコヒーレント光およびインコヒーレント光は実現不可能な理想状態と考えられる。しかし、実際は熱的光源からの光は相関が非常に小さく、またレーザ光は相関が非常に大きいということで、それぞれインコヒーレント光、コヒーレント光と呼ぶことにより両者を区別している。また、コヒーレンスの概念はある時刻を固定したときの空間における相関状況を表わす「空間的なコヒーレンス」や、逆に空間を固定した任意の点における光の進行方向における時間上での相関状況を表わす「時間的なコヒーレンス」の形でも使われる。このように、コヒーレンスとは、ある光源を対象にそこから放出される光の波動場を特性づける理論である。

b. スペックル

図 1.1.3 に示すように、ある粗物体にコヒーレントな光を照射し、物体から得られる散乱光によって形成される散乱場を考える。粗物体上の微小な各凹凸（あるいは散乱体）は、個々独自に光を散乱する。散乱された光は球面波状に伝搬し、あらゆる光が観測場の1点Pで重なり合う。このとき、粗物体の凹凸に従って散乱される光の位相が異なるため、P点での重ね合わせの状態により波動は強め合ったり弱め合ったりする。同様に空間の他の点においてもそれぞれ異なった状態で重なり合い、空間にさまざまな干渉の結果が現われる。これをたとえば

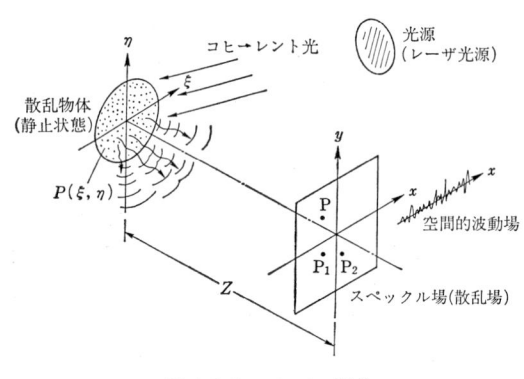

図 1.1.3 スペックル現象

x 軸方向に沿って空間的にトレースすると、重ね合わせによる干渉の結果とし、図1.1.3に示すようなランダムな変動波形が得られる。これを観察した場合には、強度分布は空間的ランダムな明暗の斑点模様となり、これがスペックルと呼ばれる。スペックル現象は、コヒーレンスと同じようにランダム現象であるため、その取り扱いは統計的手法が必要となる。

スペックル現象は、一般に図1.1.4に示すように回折界と像界の両方において観察され

る.（a）は粗物体に対して回折面で観察した場合であり，物体上の各凹凸から散乱された球面波が観測面で重なり合い，各光の位相関係によって明暗が生じる．（b）は，粗物体に対して像面で観察した場合である．散乱された各球面波が有限な開口をもったレンズを介して，再び微小な凹凸像を形成するが，開口が有限なため微小な凹凸は必ず広がりをもって結

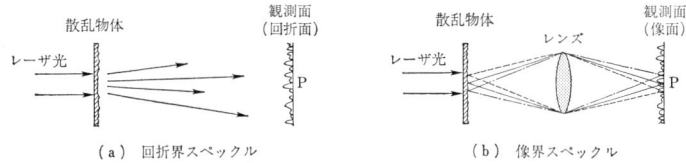

図 1.1.4 スペックルの形成

像され隣り同士が重なり合う．その結果，ランダムな干渉が生じ，スペックルパターンが現われる．（a）と（b）は，それぞれ回折界スペックルおよび像界スペックルと呼ばれる．粗物体が運動する場合は，スペックルも時空間で運動する．このようにスペックルは散乱現象に対して論じられる散乱された波動場の理論であり，散乱現象を起こす粗物体との関係で論じられるもので，光源を対象にしたコヒーレンスとは本質的な違いがある．

1.1.2 ヤングの干渉実験

コヒーレンスとスペックルを比較するために，最も基本的なヤング（Young）の干渉実験を考えてみよう．一般に，光の場の2点の相関を直接測定することはできない．そこで，図1.1.5（a）に示すように時空間の2点 P_1 と P_2 にピンホールを設定し，これを通過した光を観測面で重ね合わせる．もし観測面上に非常に明確な干渉縞が現われれば，光源から放出される光はコヒーレントな光，干渉縞が現われなければインコヒーレントな光，わずかに干

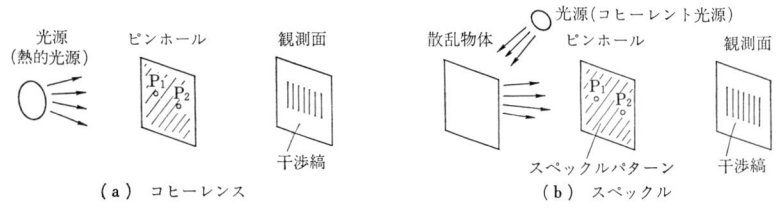

図 1.1.5 ヤングの干渉実験

渉縞が現われれば部分的にコヒーレントな光である．すなわち，P_1 と P_2 の2点間の相関の度合が，干渉縞という形で表わされているにほかならない．ただし，ここで観測される相関の度合とは，あくまで時間平均されたものである．

同様に，スペックル現象に対してヤングの干渉実験を考える．図1.1.5（b）に示すように，コヒーレント光が粗物体で散乱されて生ずる散乱場によるヤングの干渉実験の場合は，必ず観測面に明確な干渉縞が生じる．すなわち，このことはスペックル場が存在しても，空間の波動場としては互いに相関があることを示している．この場合には，二つのピンホールが空間のどの位置のどの間隔にあっても，干渉縞がはっきりと観測される．ところが，ピン

ホールが置かれている面で実際に観測される明暗の斑点模様のスペックルパターン強度変動の相関は，必ず有限な相関領域をもち，それを越えると相関がなくなる．これは，スペックルパターンが粗物体の各散乱体から得られるいろいろな散乱光の重ね合わせによって生じるもので，これを統計的に扱うとアンサンブル平均になるのに対し，干渉実験は散乱場の光に対する時間平均になるからである．そこで，二つのピンホールをスペックル場のさまざまな位置に同じ間隔で設定すると，個々の設定に対しては時間平均による鮮明な干渉縞が得られるが，それらをすべて重ね合わせたアンサンブル平均をとると，干渉縞の鮮明度が低下する．このように，スペックル現象は時間平均とアンサンブル平均が根本的に異なる性質をもっており，このような性質は非エルゴード性と呼ばれる．コヒーレンスの場合は，同じ種類の光源を交換して得られるアンサンブル平均によるコヒーレンスと時間平均によるコヒーレンスは等しくなる性質をもっている．このような性質はエルゴード性と呼ばれる．光のゆらぎ現象は，光源を対象（コヒーレンス）にするか散乱物体を対象（スペックル）にするかによって，非常に明確な差が存在することがわかる．

ヤングの干渉実験からわかるコヒーレンスとスペックルの相違点を表1.1.1に示す．ゆら

表 1.1.1 コヒーレンスとスペックルの相違点

	コヒーレンス現象	スペックル現象
ゆらぎの原因	光　源	散乱物体
ゆ ら ぎ	時空間的ゆらぎ	空間的ゆらぎ 時空間的ゆらぎ
観　測	不　可	可
エルゴード性	エルゴード (時間平均＝アンサンブル平均)	非エルゴード (時間平均≠アンサンブル平均)
ヤングの干渉実験	コヒーレンス領域内	全　空　間

ぎの原因は，コヒーレンスの場合は光源であるのに対し，スペックルの場合は散乱物体である．ゆらぎそのものは，コヒーレンスが時空間的なゆらぎであるのに対し，スペックルは空間的なゆらぎだけである．ただし，散乱物体が運動する場合には時空間的なゆらぎとなる．コヒーレンスの場合，ゆらぎそのものの観測は不可能である．これは光の振動が非常に高周波で，これに追従できる光検出器が現実に存在しないからである．したがって，コヒーレンス状態，すなわち光の波動状態を目で見ることはできない．一方，スペックル現象は明暗の強度パターンを通して観察可能である．また，コヒーレンスはエルゴード性であるが，スペックルは非エルゴード性である．ヤングの干渉実験では，コヒーレンスの場合はコヒーレンス領域内において干渉縞が得られるのに対し，スペックルでは全空間において干渉縞が得られる．

1.1.3　1次統計と2次統計

コヒーレンスとスペックルの間には，ヤングの干渉実験を通してわかるような基本的な相

違点がある.しかし一方で,1次統計および2次統計においては興味ある類似点も見出すことができる.

a. 1 次 統 計

図 1.1.6(a) において,熱的光源から放出される光の P 点における波動場

$$u(P, t) = U(P, t)\exp(-i 2\pi\bar{\nu}t)$$

を考える.$\bar{\nu}$ は光の平均周波数を表わし,複素振幅 $U(P, t)$ は

$$U(P, t) = |U(P, t)|\exp\{i\theta(P, t)\} = \sum_{k=1}^{N} |a_k(P, t)|\exp\{i\phi_k(P, t)\} \quad (2)$$

である.ここで,θ は P 点の波動場の位相を表わし,a_k, ϕ_k は,光源内の k 番目の素源か

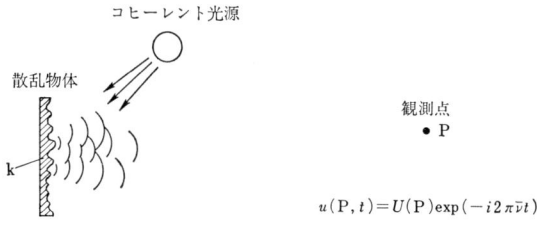

(a) 光源からの波動場

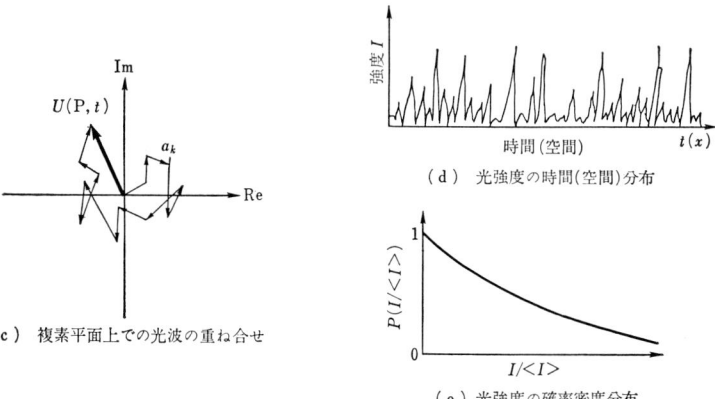

(b) 散乱物体からのスペックル場

(c) 複素平面上での光波の重ね合せ

(d) 光強度の時間(空間)分布

(e) 光強度の確率密度分布

図 1.1.6　1次統計―ランダムウォーク現象

らの光の振幅と位相を表わす．このように，複素振幅 $U(\mathrm{P}, t)$ は光源内の N 個の各素源からの光の重ね合わせとして表現される．一般に，熱的光源から放出される光は，次の性質を満足する．

① 各素源からの放射光の振幅と位相には相関がない．
② 放射光の位相差が $(0, 2\pi)$ に一様分布する．すなわち，$\phi_k(\mathrm{P}, t)$ が $(-\pi, \pi)$ に一様分布する．

このとき，複素振幅 $U(\mathrm{P}, t)$ は複素平面上で考えると，図1.1.6(c)に示すように振幅および位相に関してランダムな運動を N 回行い，最終的に得られるベクトル量として表わされる．すなわち，光波の重ね合わせはブラウン運動にみられるようなランダムウォークの問題と等価になる．したがって，

$$U(\mathrm{P}, t) = U_r(\mathrm{P}, t) + iU_i(\mathrm{P}, t)$$

とすれば，U_r と U_i は互いに独立で平均値がゼロのランダムなガウス統計に従い，複素振幅 $U(\mathrm{P}, t)$ の確率密度分布 $P(U_r, U_i)$ は，

$$P(U_r, U_i) = \frac{1}{2\pi\sigma^2} \exp\left(-\frac{U_r^2 + U_i^2}{2\sigma^2}\right)$$

$$\sigma^2 = \sigma_r^2 = \sigma_i^2 = \lim_{N \to \infty} \sum_{k=1}^{N} \frac{|a_k|^2}{2} \tag{3}$$

となる．ここで，σ_r^2, σ_i^2 は，$U_r(\mathrm{P}, t), U_i(\mathrm{P}, t)$ の分散を表わす．一般にこのような熱的光源からの光をガウス的な光と呼ぶ．さらに，これを強度 $I = |U(\mathrm{P}, t)|^2$ で観察すると図1.1.6(d)のようになり，その確率密度分布は

$$P(I) = \frac{1}{\langle I \rangle} \exp\left(-\frac{1}{\langle I \rangle}\right) \tag{4}$$

と表わされ，図1.1.6(e)のような負指数分布になる．ここで $\langle I \rangle$ は，光強度 I の時間平均である．

コヒーレンスと同様な1次統計が，スペックル場でも考えることができる．すなわち，図1.1.6(b)のように粗物体がコヒーレント光によって照射され，微小な凹凸が光を散乱しスペックル場を形成する．その1点Pにおける散乱場 $u(\mathrm{P}, t) = U(\mathrm{P})\exp(-i2\pi\bar{\nu}t)$ を考えれば，複素振幅 $U(\mathrm{P})$ はコヒーレンスの場合と同様に，

$$U(\mathrm{P}) = |U(\mathrm{P})|\exp\{i\theta(\mathrm{P})\} = \sum_{k=1}^{N} |a_k(\mathrm{P})|\exp\{i\phi_k(\mathrm{P})\} \tag{5}$$

と表わすことができる．すなわち，粗物体の N 個の微小な凹凸からの散乱光の重ね合わせとして表現される．ここで，粗物体の凹凸が光の波長に比べて大きないわゆる「強い散乱物体」であれば，散乱波は次の性質を満足する．

① 各散乱波の振幅と位相には相関がない．
② 散乱波の位相差が $(0, 2\pi)$ に一様分布する．すなわち，$\phi_k(\mathrm{P})$ が $(-\pi, \pi)$ に一様分布する．

このとき，複素振幅 $U(\mathrm{P})$ は，コヒーレンスの場合と全く同様に複素平面上でランダムウォーク現象として考えることができ（図1.1.6(c)），ガウス的な振動を繰り返す．したがって，その確率密度分布 $P(U_r, U_i)$ は（3）式と同じ形で表現される．このようなスペッ

クル場をガウス的なスペックルと呼ぶ．強度 $I=|U(P)|^2$ に対する確率密度分布は（4）式の形で表現でき，コヒーレンスの場合と同様に負指数分布（図1.1.6(e)）となる．

b. 2次および高次統計

図1.1.2において，(ζ, η) 面にある光源の複素振幅を $P(\zeta, \eta)$ とし，距離 Z 離れた (x, y) 面上の2点 $P_1(x_1, y_1)$, $P_2(x_2, y_2)$ における時空間の相互コヒーレンス関数 Γ_{12} を求めると，

$$\Gamma_{12}(\tau) = \langle u(P_1, t+\tau) u^*(P_2, t) \rangle$$

$$\simeq \iint_{-\infty}^{\infty} |P(\xi, \eta)|^2 \exp\left[\frac{2\pi i}{\lambda Z}(\xi \Delta x + \eta \Delta y)\right] d\xi d\eta \quad (6)$$

となる．ここで $\Delta x = x_1 - x_2$, $\Delta y = y_1 - y_2$ である．（6）式は van Cittèrt-Zernike の定理として知られるもので，2点 P_1, P_2 間の相互コヒーレンス関数が光源面の強度分布のフーリエ変換として求められることを示している．これは，今まで観測不可能な振幅 $u(P, t)$ を基礎に考えられていた光の場の伝搬が，干渉縞を媒介に観測可能な相互コヒーレンス関数を用いて，改めて記述されたものと考えることができる．（6）式の原理を応用したものが，Michelson[13] の天体干渉計である．

スペックル場に対しても同様に，図1.1.3においてコヒーレント光で照射された粗物体の (ζ, η) 面における光の複素振幅を $P(\zeta, \eta)$ とする．このとき，観測面上の2点 P_1, P_2 におけるスペックル場の2次の相互相関関数

$$\bar{\Gamma}_{12} = E[u(P_1) u^*(P_2)]$$

を求めると，コヒーレンスにおける（6）式の van Cittèrt-Zernike の定理と同じ形で示される．ただし $E[\cdots]$ はアンサンブル平均を表わす．すなわち，スペックル場の相互相関関数が，散乱物体の光強度分布のフーリエ変換として求められることを表わしている．このように2次の相関である振幅相関は，コヒーレンスもスペックルも全く同じ式で表現される．

さらに高次の統計としては，4次の相関である強度相関が重要である．すなわち，光電的検出法を使って光の波動場を論じる場合には，強度で表わされる光の場が物理量として意味をもつからである．ガウス的な光の波動場に対して，2点 P_1, P_2 での強度相関は，

$$R_I(P_1, P_2) = \langle I(P_1) I(P_2) \rangle = \langle I(P_1) \rangle \langle I(P_2) \rangle [1 + |\gamma(P_1, P_2)|^2] \quad (7)$$

で与えられる．ここで，$\gamma(P_1, P_2)$ は正規化した相互コヒーレンス関数で複素コヒーレンス度と呼ばれる．（7）式は，光の波動場の強度相関から2点の相互コヒーレンス関数の絶対値が求められることを示している．（7）式に含まれる $\langle I(P_1) \rangle \langle I(P_2) \rangle |\gamma(P_1, P_2)|^2$ は，実際の強度の平均強度 $\langle I \rangle$ からのずれである強度ゆらぎの相関を表わす．強度ゆらぎは，光検出器で実際に電流変化として光電変換可能な物理量である．したがって，干渉実験は強度ゆらぎの相関を通して電気的に行うことができ，これを応用した典型的な例が Hanbury Brown と Twiss[14] による天体強度干渉計である．同様に，ガウス的スペックル場に対する強度相関は，

$$\bar{R}_I(P_1, P_2) = E[I(P_1) I(P_2)] = \bar{I}(P_1) \bar{I}(P_2) [1 + |\bar{\gamma}(P_1, P_2)|^2] \quad (8)$$

となる．ここで $\bar{I}(P)$ はスペックル強度 I のアンサンブル平均であり，$\bar{\gamma}$ は $\bar{\Gamma}_{12}$ の正規化関数である．（8）式はスペックル強度パターンの相関関数を表わしているので，スペックル

強度変動の定常性が満足されれば，(8)式より明暗の斑点模様の粒状として現われる個々のスペックルの平均的な大きさが求められる．このように振幅相関，強度相関ともに，コヒーレンスに対応する式がスペックルにおいても得られることは大変興味深い．

1.1.4 スペックル現象の発展

コヒーレンスやスペックルを通して得られる情報について考える．コヒーレンスの場合は，対象となる光源に関する情報を得ることができる．その典型的な例に天文学における天体（強度）干渉計があり，地上に到達した星からの光のコヒーレンスを測定することにより星の大きさや形状を決定することができる．しかし，コヒーレンス現象を通して，光源に関する原子や分子に関するミクロな情報を得ることはできない．これに対してスペックルでは，対象となる散乱物体の比較的微小な情報まで得られることが，近年明らかになってきた．こうした情報は，スペックルがガウス統計とは異なる統計に従う場合に得られることから，コヒーレンスには見られないような新しいスペックル現象が，最近の研究課題となっている．

a. 未発達なスペックル[15)]

いま，スペックル強度 I の明暗の度合を示すパラメータとして，平均的コントラスト

$$v = \frac{\{\langle I^2 \rangle - \langle I \rangle^2\}^{1/2}}{\langle I \rangle} \tag{9}$$

を考える．粗面の凹凸が波長に比べて大きい「強い散乱物体」から得られるガウス的なスペックルは，図 1.1.6(d) に示すように最小値がゼロの高いコントラストが得られ，$v=1$ となる．このようなスペックルは「完全に発達したスペックル」と呼ばれる．これに対し粗面構造が非常に緩やかないわゆる「弱い散乱物体」になると，スペックル強度変動は図 1.1.7(a) に示すように，一様な背景光（直流成分）にわずかなランダム変動成分が加わった分

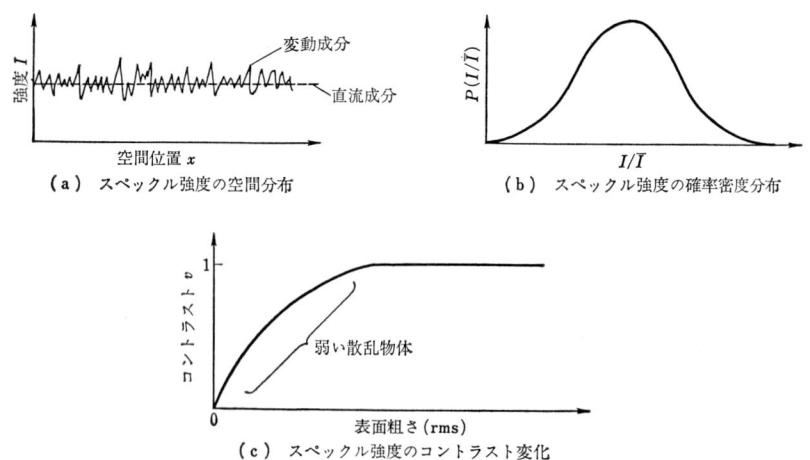

(a) スペックル強度の空間分布

(b) スペックル強度の確率密度分布

(c) スペックル強度のコントラスト変化

図 1.1.7 未発達なスペックルの統計

1.1 レーザ光の統計的特性

布を示す．このとき，スペックル強度の確率密度分布は図1.1.7(b)のようになり，図1.1.6(e)のような完全に発達したスペックルの分布とは異なった統計分布を示す．さらに，コントラストは図1.1.7(c)に示すように，粗面の粗さに応じて0と1の間で変化する．このような性質をもったスペックルは「未発達なスペックル」と呼ばれる．図1.1.7(c)からわかるように，未発達なスペックルのコントラストを調べることにより，弱い散乱物体の表面粗さ，たとえば0.3 μm 程度以下を測定することができる．

b. 非円形統計[16〜18]

未発達なスペックルの複素振幅 A は，変動成分 U と直流成分 V とに分けて考えることができ，

$$A = U + V = (U_r + iU_i) + (V_r + iV_i) \tag{10}$$

と表わすことができる．(10)式の変動成分Uは，(5)式と同様に微小な凹凸からの各散乱光の重ね合わせで考えることができ，未発達なスペックルの形成もランダムウォークの問題として取り扱うことができる．すなわち，スペックルの複素振幅Aは，図1.1.8のように直流成分ベクトルVと，その終点からランダムに運動して得られる変動成分ベクトルUの重ね合わせで表わされる．ここで，実部 $A_r = U_r + V_r$ と虚部 $A_i = U_i + V_i$ の分散 σ_r^2, σ_i^2 は

$$\left. \begin{array}{l} \sigma_r^2 = \langle A_r^2 \rangle - \langle A_r \rangle^2 = \langle U_r^2 \rangle \\ \sigma_i^2 = \langle A_i^2 \rangle - \langle A_i \rangle^2 = \langle U_i^2 \rangle \end{array} \right\} \tag{11}$$

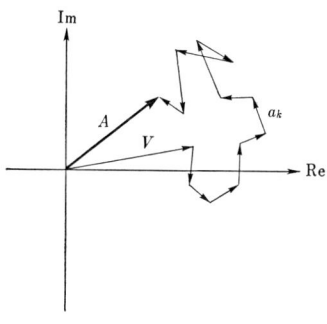

図 1.1.8 複素平面上での直流成分をもった散乱波の重ね合せ

となる．いま，二つの分散が異なる値 $\sigma_r^2 \neq \sigma_i^2$ をもつ統計に従う場合，スペックルは非円形統計に従うといい，等しい値 $\sigma_r^2 = \sigma_i^2$ をもつ場合，スペックルは円形統計に従うという．発達したスペックルは円形統計に従うスペックルの特別な場合と考えることができる．具体的な研究結果の一例として，弱い散乱物体によって形成される回折界および像界のスペックルが，それぞれ円形統計，非円形統計に従う領域を図1.1.9に示す．(a)の回折界スペックルは光軸近傍で非円形統計に従い，光軸から離れた領域で円形統計に従う．(b)の像界スペックルは2重回折系の像面およびその近傍で非円形統計に従い，像面を離れた領域で円形統計に従う．このように，ス

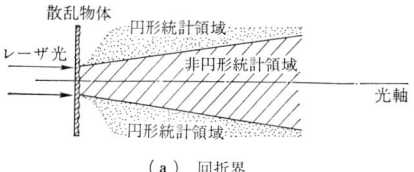

(a) 回折界

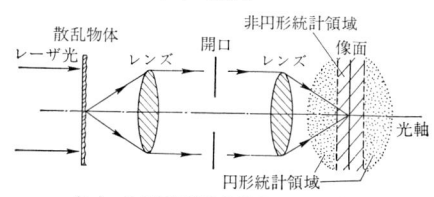

(b) 2重回折結像光学系における像界

図 1.1.9 回折界および像界における円形統計と非円形統計が支配する領域

ペックルが従う統計の違いによって，そこから得られる散乱物体の情報も異なることが知られている．

c. 非ガウス的スペックル[19~21)]

ガウス的スペックルは，散乱物体上のコヒーレント光が照射された領域内に，十分な数の凹凸（散乱体）が存在する場合に得られる．これは，さまざまな多くの散乱光が重なり合い十分な干渉が起こるからである．これに対し照射領域が小さくなると，そこに含まれる散乱体の数が減少し，散乱光の十分な干渉が行われなくなるため，スペックルの複素振幅はもはやガウス統計に従わなくなる．このような状況で形成されるスペックルは，非ガウス的スペックルと呼ばれる．数学的には，スペックル形成における光波の重ね合せにおいて，ガウス的スペックルの場合には中央極限定理が成立するが，非ガウス的スペックルではそれが成立しない．強い散乱物体および弱い散乱物体からの非ガウス的スペックルの統計的特性は，ガウス的スペックルの特性と比べて大幅に異なることが，最近の研究から明らかになりつつある．たとえば非ガウス的スペックルでは，コントラストが1以上になるという特異な現象が見つかっている．また非ガウス的スペックルは，物理の研究においても物質の表面構造と関連した検討が進められている．

おわりに

光の統計的特性としてのコヒーレンスとスペックルについて，その比較を中心に基礎的な解説を行った．コヒーレンスは光源を対象にした波動場の理論であるのに対し，スペックルは散乱物体を対象にした散乱場の理論である．これら両者の本質的な違いを，ヤングの干渉実験を通して概観した．しかし，ゆらぎを扱う1次統計や2次および高次統計においては，興味ある類似性も多く存在する．さらにスペックル現象においては，従来のガウス統計に従う古典的なスペックルに対し，未発達なスペックル，非円形統計に従うスペックル，非ガウス的スペックルなど，コヒーレンス現象には見られない新しいスペックル現象が見つかっている．したがって，スペックル現象はコヒーレンスと異なり，多くの物理情報を提供する光現象として，多角的に研究が進められている[22~24)]．

レーザ光は，一般にコヒーレント光と見なされている．しかし，レーザの発振状態によっては，コヒーレンス性が容易に低下して部分的コヒーレント光として存在することが多い．一方，スペックルはコヒーレント光に特有のものであり，レーザ光には必ず生じる現象である．スペックル現象は，一般に雑音と見なされるが，その現象を起こさせる物体の情報を含むことから，有用な物体情報の担い手とも見なされる．

（朝倉利光）

文　献

1) E. Verdet: Lecons d'Optique Physique (Paris), Tome I, (1869), 106.
2) M. von Laue: *Ann. Phys.* (Leipzig), **23** (1907), 1.
3) M. Berek: *Z. Phys.*, **36** (1926), 675, 824; **37** (1926), 287; **40** (1926), 420.
4) P. H. van Cittèrt: *Physica*, **1** (1934), 20; **6** (1939), 1129.
5) F. Zernike: *Physica*, **5** (1938), 785; **1** (1934), 689; *Mon. Not. R. Astr. Soc.*, **94** (1934), 377.
6) H. H. Hopkins: *Proc. Roy. Soc.*, **A 208** (1951), 263; **A 321** (1955), 91; *Proc. Phys. Soc.*, **B 69** (1956), 562; *J. Opt. Soc. Am.*, **47** (1957), 508.

7) A. Blanc-Lapierre and P. Dumontet: *Rev. Opt.*, **34** (1955), 1.
8) E. Wolf: *Nuovo Cimento*, **12** (1954), 884; *Proc. Roy. Soc.*, **A 230** (1955), 246; *Proc. Phys. Soc.*, **71** (1958), 257.
9) I. Newton: Optics, Dover Press, New York (1952).
10) K. Exner: *Sitzungsber. Kaiserl. Akad. Wiss.* (Wien), **76** (1877), 522.
11) M. von Laue: *Sitzungsber. Akad. Wiss.* (Berlin), **44** (1914), 1144.
12) W. J. de Haas: *Koninklighe. Acad. van Wetenschager* (Amsterdam), **20** (1918), 278.
13) A. A. Michelson: *Phil. Mag.*, **31** (1891), 256.
14) R. Hanbury Brown and R. Q. Twiss: *Nature*, **177** (1956), 27; **178** (1956), 1046.
15) H. Fujii and T. Asakura: *Opt. Commun.*, **11** (1974), 35.
16) J. Ohtsubo and T. Asakura: *Opt. Commun.*, **14** (1975), 124.
17) J. W. Goodman: *Opt. Commun.*, **14** (1975), 324.
18) J. Ohtsubo and T. Asakura: *Optik*, **45** (1976), 65.
19) E. Jakeman and P. N. Pusey: *J. Phys.*, **A 6** (1973), L 88.
20) J. Ohtsubo and T. Asakura: *Opt. Commun.*, **25** (1978), 315.
21) J. Uozumi and T. Asakura: *Optica Acta*, **27** (1980), 1345.
22) 朝倉利光: レーザーハンドブック, レーザー学会編, オーム社 (1982), pp. 92-99.
23) 朝倉利光, 高井信勝: 光工学ハンドブック, 小瀬輝次他編, 朝倉書店 (1986), pp. 194-214.
24) T. Asakura and N. Takai (edited): Collected Papers on Properties and Applications of Speckle, 北海道大学応用電気研究所 (1986).

1.2 レーザのモード

　光の伝送，発振で使われる"モード"（姿態）は難しくいえば"とりまいている空間的境界条件を満足する光波の空間的な固有状態"をさす．しかしこれでは抽象的過ぎてよくわからないので，身近な音波を例に説明する．音波を箱やパイプ中で起こすと，壁の反射の影響で特定の周波数で定在波が大きくなり，共鳴したり，よく伝搬したりすることはよく知られている．このような現象はいくつもの周波数で生じ，それらに対応して音波の強度の空間分布（定在波の腹の位置や数）も特定の形をとる．これが音波の共鳴，あるいは伝送モードである．光波の場合も鏡や光学的不連続部に囲まれた場合，同様のことが生じ，それらが光波の伝送あるいは共振モードである．モードは簡単には，x, y（円筒座標系では r, ϕ）および z 方向に電磁界の腹がいくつあるかで分類される．光波が主に z 方向に進行している場合，z 方向の界分布で縦モードが分類され，x, y 方向（あるいは r, ϕ 方向）つまり，ビーム断面内の界分布で横モードが分類される．同一境界条件を満足する固有状態（固有モード）はいくつもあり，一般的な波動はこれらのモードの1次結合となる．また同一の周波数に対して複数個の固有モードが同時に現われることも（特に伝送モードでは）しばしばある．空間は3次元であり，共振器などは3次元的モード，伝送路などは2次元的モードである．モードにより電磁界の空間的強度分布や等価的な光路が異なるため，断面の強度パターンや伝送時間，さらに共振器とすれば共振周波数もモードによって異なることになる．これらはレーザの単色性や空間コヒーレンスに大いに関係しプロセス技術への応用にも重要である．

1.2.1 平面波とガウスビーム

　大部分のレーザにおけるような横解放形共振器を用いたレーザでは，レーザ光はガウスビームあるいは高次のガウス形ビームである．また，小形の半導体レーザなど横閉じ込め形共振器では，内部光波は平面波の合成と考えると理解しやすい．平面波，ガウスビームはレーザモードを理解する上で重要である．ここではこれらを比較的厳密に取り扱うので，面倒なら結果だけを利用してほしい．

a. 波動方程式

　無損失媒質中におけるマクスウェルの方程式は

$$\text{rot } \boldsymbol{E} = -\partial \boldsymbol{B}/\partial t, \quad \boldsymbol{B} = \mu \boldsymbol{H} \tag{1}$$

$$\text{rot } \boldsymbol{H} = \partial \boldsymbol{D}/\partial t, \quad \boldsymbol{D} = \varepsilon \boldsymbol{E} \tag{2}$$

であり，これから，

$$\text{rot rot } \boldsymbol{E}(=\text{grad}(\text{div } \boldsymbol{E}) - \Delta \boldsymbol{E}) = -\varepsilon\mu \partial^2 \boldsymbol{E}/\partial t^2$$

したがって，等方性一様無損失媒質では電界ベクトル $\boldsymbol{E}$ に対して

$$\Delta \boldsymbol{E}(=(\partial^2/\partial x^2 + \partial^2/\partial y^2 + \partial^2/\partial z^2)\boldsymbol{E}) = \varepsilon\mu \partial^2 \boldsymbol{E}/\partial t^2 \tag{3}$$

1.2 レーザのモード

なる関係が得られる．磁界ベクトル $\boldsymbol{H}$ も同じ方程式を満足し，上式は一様無損失媒質中での電磁波，光波の満たすべき波動方程式となる．なお，誘電率 ε や透磁率 μ が位置の関数の場合は（3）式は厳密には成立しないが，その変化が微小でかつ緩やかな場合に対しては近似的に成立する．電界あるいは磁界のいずれの成分も同様でこれらをスカラ関数 U とおけば，

$$\Delta U = \varepsilon\mu \partial^2 U/\partial t^2 \tag{4}$$

を満足する．（4）式が光学における基本波動方程式で，特に光波の角周波数が単一の場合（ω とおく），U を交流理論におけるように複素表示で

$$U = u\exp(j\omega t) \tag{5}$$

とすると

$$\Delta u + k^2 u = 0 \tag{6}$$

あるいは

$$(\partial^2/\partial x^2 + \partial^2/\partial y^2 + \partial^2/\partial z^2)u + k^2 u = 0 \tag{6}'$$

$$k = \omega\sqrt{\varepsilon\mu} = 2\pi/\lambda \tag{7}$$

となる．ここで k は波数，λ は媒質中での波長である．(6)，(6)' 式はヘルムホルツの方程式といわれ，光学で重要な基本方程式である．

b. 平　面　波

光波が x, y 方向には一様であると仮定すると（6）式は

$$\partial^2 u/\partial z^2 + k^2 u = 0 \tag{8}$$

この解はよく知られているように

$$u = A\exp(-jkz) + B\exp(jkz) \tag{9}$$

であり，周波数項を付け加えると

$$U = A\exp j(\omega t - kz) + B\exp j(\omega t + kz) \tag{9}'$$

となる．右辺第1項は等位相部が $+z$ 軸方向へ進む前進波である．同様に第2項は $-z$ 軸方向に進み後進波である．進行速度（位相速度）はともに

$$v_p = 1/\sqrt{\varepsilon\mu}(=\omega/k) = c/\eta, \quad (\eta:\text{屈折率}) \tag{10}$$

となる．等位相部（波面あるいは等位相面と呼ばれる）は z 軸に垂直な平面である．このように波面が平面である波は平面波と呼ばれる．平面波は無限大の太さのビームで現実には存在しないが，取扱いが簡単で，その結果は多くの場合近似的にレーザビームに使用できるので非常に重要である．

さて一般の方向を z' とすると図 1.2.1 に示すような z' 方向に進む平面波は

$$u = A\exp(-jkz')$$

z' 方向の方向余弦を (l, m, n) とすると

$$kz' = klx + kmy + knz$$
$$= \boldsymbol{k}\cdot\boldsymbol{r}$$

ここで，

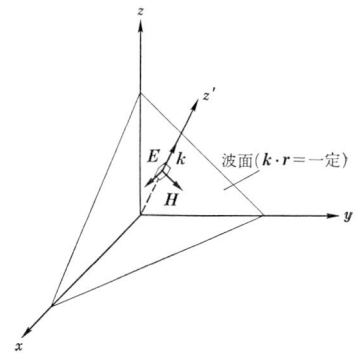

図 1.2.1　平　面　波

$$k=k(l, m, n), \qquad r=(x, y, z)$$

である.kは大きさがkで向きが波の伝搬する方向を示すベクトルで,波数ベクトルといわれる.これよりk方向に進む平面波の方程式は

$$U = A\exp(-jk\cdot r) \tag{11}$$

と表わせる.波面の方程式は$k\cdot r = \mathrm{const.}$である.現実の単色光波ビームは$k$の向きの異なる(11)式の平面波の1次結合となる.(11)式を(1),(2)式に代入すればわかるが,平面波では,

$$H\perp E, \quad H\perp k, \quad D(\parallel E)\perp k, \quad H\perp D \tag{12}$$

でD(等方性媒質ではEに平行)とHは進行方向kに垂直で横波であり,かつ互いにも垂直である.

c. ガウスビーム

レーザビームの多くは断面内の光強度分布がガウス関数形のガウスビームに近い.特に後述するファブリペロ共振器レーザからの光波はほぼ正確にガウスビームである.したがってガウスビームはレーザ応用では非常に重要である.

ほぼ$+z$方向へ進む前進平面波に近いが,断面方向(x, y方向)には緩やかに変化し有限の径をもつ光波ビームを考える.(9)式をもとに光波を

$$u(x, y, z) = f(x, y, z)\exp(-jkz) \tag{13}$$

のように置く.平面波ではfは定数であるが今の場合,fの変化は波長($2\pi/k$)程度では無視できるほど緩やかと仮定する.(13)式をヘルムホルツの方程式(6)$'$に代入すると,近似的に

$$\partial^2 f/\partial x^2 + \partial^2 f/\partial y^2 - 2jk\partial f/\partial z = 0 \tag{14}$$

簡単のためy方向の変化がないものとし,

$$\partial^2 f/\partial x^2 - 2jk\partial f/\partial z = 0 \tag{14}'$$

x方向にはガウス関数的な変化を仮定してこれを解くと*,

$$f(x, z) = \sqrt{(w_0/w(z))}\exp[-x^2\{1/w(z)^2 + jk/(2R)\} + j\phi/2] \tag{15}$$

ここで

$$w(z) = \sqrt{2(B^2+z^2)/kB} = w_0\sqrt{1+(2z/kw_0^2)^2} \tag{16}$$
$$R(z) = z + B^2/z = z[1+(kw_0^2/2z)^2] \tag{17}$$
$$\phi(z) = \tan^{-1}(2z/kw_0^2) \tag{18}$$
$$B = kw_0^2/2 \tag{19}$$

である.ここで$w(z)$は光波強度($\propto|f|^2$)が中心の$1/e^2$となるビーム半径に対応し,w_0はその極小値である.ビーム半径wが極小となるところ(今の場合$z=0$)はビームウエストと呼ばれる.$R(z)$は波面の曲率半径であり,ビームウエスト,および無限遠点では∞(平面)となる.y方向も同様の変化があると

$$f(x, y, z) = f(x, z)f(y, z)$$
$$= (w_0/w(z))\exp[-(x^2+y^2)\{1/w(z)^2+jk/(2R)\}+j\phi] \tag{20}$$

これが2次元ガウスビームである.ガウスビームのおおよその様子を図1.2.2に示しておく.x方向とy方向でビーム径や波面の異なるビームもあり,その場合はx, y方向別個に

(16)～(19) 式を用いるとよい．

　断面方向にもっと複雑な変化をするビームもあり，これらに対してはエルミートガウス形

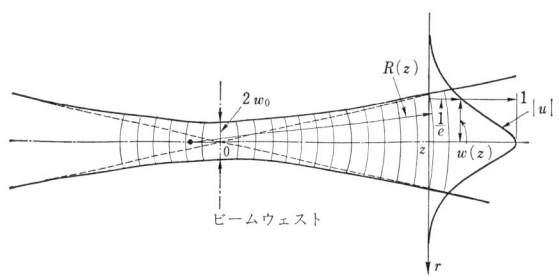

図 1.2.2　ガウスビーム

の断面光強度分布をもつ高次のガウスビームを用いて表わせる．この場合 (14)′ 式の解として (15) 式の代わりに

$$f_n(x, z) = \sqrt{(w_0/w(z))} H_n(\sqrt{2}\, x/w(z))$$
$$\times \exp(-x^2\{1/w(z)^2 + jk/(2R)\} + j\phi_n) \qquad (21)$$
$$\phi_n = (n+1/2)\tan^{-1}(2z/kw_0^2) \qquad (22)$$

が得られる**．ここで，$H_n(\ )$ は n 次のエルミート多項式である．2次元では同様に

$$f_{nm}(x, y, z) = (w_0/w(z)) H_n(\sqrt{2}\, x/w(z)) H_m(\sqrt{2}\, y/w(z))$$
$$\times \exp[-(x^2+y^2)\{1/w(z)^2 + jk/(2R(z))\} + j\phi_{nm}] \qquad (23)$$
$$\phi_{nm} = (n+m+1)\tan^{-1}(2z/kw_0^2) \qquad (24)$$

となる．前述のガウスビーム (20) 式は最低次 ($m=n=0$) に対応する．円筒座標系では

$$f(r, \theta, z) = (w_0/w(z))(\sqrt{2}\, r/w(z))^m L_p^m(2r^2/w(z)^2)$$
$$\times \exp[-x^2\{1/w(z)^2 + jk/(2R)\} + j\phi_{pm}] \qquad (25)$$

$$\phi_{pm}(z) = (2p+m+1)\phi(z) + m\theta \qquad (26)$$

ここで，$L_p^m(\ )$ はラゲール関数である．図 1.2.3 に高次のガウスビームの光波断面分布を示す．$m(n)+1$ あるいは $p+1$ がビーム断面の光強度分布の腹の数に対応しており，後述のレーザの横モードと密接に関連している．また $w(z)$, $R(z)$ は m, n, p の値には関係せず，(16), (17) 式が使える．

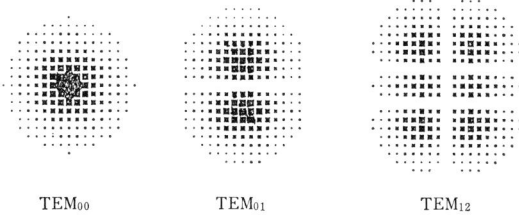

TEM$_{00}$　　　TEM$_{01}$　　　TEM$_{12}$

図 1.2.3　高次ガウスビームの断面光強度分布
ファブリ・ペロー共振器横モードに対応する．平面波同様電界，磁界は xy 面内にあるので，ほぼ TEM 波であり，TEM$_{mn}$ モードと呼ばれる．

　* (14)′ 式の解を

$$f(x, z) = Z(q(z))\exp(-jkx^2/(2q(z))) \qquad (27)$$

と置き,(14)' に代入すると,
$$-jk(Z/q+2\,dZ/dq/(dq/dz))+(kx/q)^2Z(1-dq/dz)=0$$
$dq/dz=1$ より,
$$q(z)=q(0)+z=z+jB \tag{28}$$
$q(0)$ は複素数であるが z の基点を変えれば純虚数とできるのでここではそうした.
$$Z/q+2\,dZ/dq/(dq/dz)=0 \text{ より}$$
$$Z=Z(q(0))(q(0)/q(z))^{1/2}=Z(jB)(1-jz/B)^{-1/2}$$
$$f(x,z)=Z(jB)(1-jz/B)^{-1/2}\exp(-jkx^2/(2(z+jB))) \tag{29}$$
$$1/q(z)=1/R+2/jkw^2 \tag{30}$$
(27) 式から (15) 式が容易に得られる.

** (14)' 式の解として (25) 式の代わりに
$$f(x,z)=h_n(x/p(z))Z_n(q(z))\exp(-jkx^2/(2q(z))) \tag{31}$$
とおく.これを (14)' 式に代入して
$$h_n''-2jkx(p/q-p')h_n'-2jkp^2(1/2q+Z_n'/Z_n)h_n=0$$
したがって
$$p'=p/q+j/(kp) \tag{32}$$
$$Z_n'/Z_n=jn/kp^2-1/2q \tag{33}$$
とすれば
$$d^2h_n(\zeta)/d\zeta^2-2\zeta dh_n(\zeta)/d\zeta+2nh_n(\zeta)=0 \tag{34}$$
の形となり,解はエルミート多項式で与えられる.
$$h_n(\zeta)=H_n(\zeta) \tag{35}$$
(32) 式の p の実数解は
$$1/p=\sqrt{2}/w(z) \tag{36}$$
$$1/p^2==-jk(1/q-1/q^*)/2=2/w^2(z)$$
となり,次にこれを (33) 式に代入して
$$Z_n=1/\sqrt{(1-jz/B)}\,[(1-jz/B)/(1+jz/B)]^{n/2} \tag{37}$$
(36),(37) 式を (31) 式に代入し,(14)' 式の一つの解として (21),(22) 式が得られる.

1.2.2　共振器と共振モード

レーザ媒質は利得があるのでレーザ媒質への入射部にレーザ媒質により増幅された出力が正帰還するように帰還回路をつけてやればレーザ発振器が構成できる.原理図は図1.2.4 のように示される.帰還は反射鏡により行っている.発振条件は電子回路の場合と同様で $G\beta$ =1 つまり光波の1巡伝達関数が1ならよい.共振器の損失を補うだけのレーザ利得があればレーザは発振する.1巡位相シフト量が 2π の整数倍が共振条件となる.光波は指向性がよいのでマイクロ波共振器のように四方を反射板で囲まなくても,増幅された光ビームの大部分を入力に帰還でき,高い Q の共振器が構成できる.

a. 1次元共振器

共振器の概念を理解するため,図1.2.5 のような簡単な1次元共振器を考える.これは,レーザの縦モードを理解する上で重要な例である.いま鏡 M_1 の左側から定常的に u_i^+ が入射しているとする.反射鏡のため共振器内では前進波,後進

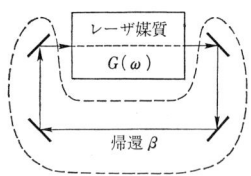

図 1.2.4　レーザ発振器の原理図
$G\beta=1$ が発振条件

1.2 レーザのモード

波がともに存在し,
$$u = A\exp(-jkz) + B\exp(jkz) = u^+ + u^- \tag{38}$$
$$u_i^+ = C\exp(-jkz)$$

鏡 M_1, M_2 の複素反射率をそれぞれ ρ_1, ρ_2, M_1 の透過率を τ_1 とすると, M_1, M_2 での界の連続性から,

$$\tau_1 C + \rho_1 B = A,$$
$$B\exp(jkL) = \rho_2 A\exp(-jkL)$$

が得られ, これを (38) 式に代入して

$$u^+ = \tau_1 u_i^+ / [1 - \rho_1 \rho_2 \exp(-2jkL)] \tag{39}$$

$$u^- = \tau_1 \rho_2 \exp(-j2kL) C\exp(-jkz) / [1 - \rho_1 \rho_2 \exp(-2jkL)] \tag{40}$$

u^+, あるいは u^- は k 従って ω の値により大きく変化する. 図1.2.6 に $|u^+|^2$ の $\nu(=v_p k/2\pi)$ に対する変化を示す. これより, 内部パワーは

$$2kL - \arg \rho_1 \rho_2 = 2l\pi \quad (l: 整数) \tag{41}$$

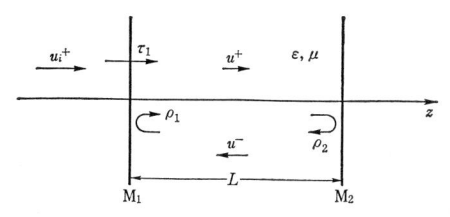

図 1.2.5　1次元光共振器

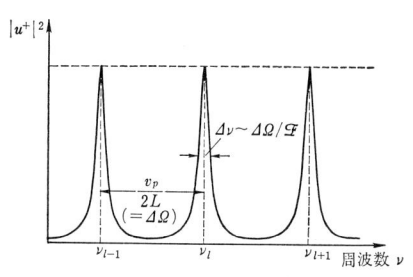

図 1.2.6　共振特性

では, 非常に大きくなり共振状態となる. これは共振器一巡の位相変化が 2π の整数倍（正帰還の条件）に対応する. 共振周波数（縦モード共振周波数）は

$$\nu_l = v_p/(2L)[l + \arg \rho_1 \rho_2/(2\pi)], \quad (l: 整数) \tag{42}$$

で,

$$\Delta\Omega = 1/(2L\sqrt{\varepsilon\mu}) = v_p/(2L) \tag{43}$$

の間隔（縦モード間隔）で周期的に現われる. 共振の半値全幅は

$$\Delta\nu \sim (\Delta\Omega)/\{\pi\sqrt{|\rho_1\rho_2|}/(1-|\rho_1\rho_2|)\} \tag{44}$$
$$\sim \Delta\Omega/\mathcal{F}$$

である. ここで,

$$\mathcal{F} \sim \pi\sqrt{|\rho_1\rho_2|}/(1-|\rho_1\rho_2|) \tag{45}$$

はフィネスと呼ばれ, 縦モード間隔と共振幅の比で共振の鋭さを示すバロメータである. 共振器の Q とは

$$Q \sim \nu/\Delta\nu \sim \mathcal{F}\nu/\Delta\Omega \tag{46}$$

で関係付けられる. レーザ媒質を共振器内部に挿入すればレーザ発振器が構成できる. レーザ媒質の1巡複素伝達関数を G とし, レーザ媒質からの出力振幅を u^+ とするとレーザ媒質1巡通過で $(1/G)u^+(G-1)$ だけ振幅が増加する. つまりレーザ媒質により定常的に $u^+(1-1/G)$ の注入があるのと同じである. そこで (37) 式の $\tau_1 u_i^+$ をこれに置換して

$$u^+ = u^+(1-1/G)/[1-\rho_1\rho_2\exp(-2jkL)]$$

となる．これから

$$G\rho_1\rho_2\exp(-2jkL)=1 \tag{47}$$

が定常発振条件となる．共振器内には回折損失，吸収など多くの伝送損失があり，これらを考慮して，一巡パワー損失を $\exp(-2\delta)$ の形で取り入れると，(47)式は

$$G\rho_1\rho_2\exp(-2jkL-\delta)=1 \tag{48}$$

帰還伝達関数は

$$\beta=\rho_1\rho_2\exp(-2jkL-\delta) \tag{49}$$

である．(41), (42) 式の共振条件は β が実数，つまり β の位相が 2π の整数倍になることに対応している．現実にはレーザ媒質の分散性のため G も複素数でその位相は周波数，波長の関数となるため発振周波数は共振器の共振周波数 (42) 式とは若干ずれる．この現象は周波数プリング，周波数プッシングとして知られている．

b. ファブリ・ペロー共振器

1次元共振器で平面波を閉じ込めるには無限大の口径の反射鏡が必要で現実的でない．光波の回折は少ないので図 1.2.7 に示すように有限口径の平面鏡，球面鏡を向い合わせても低損失で光を閉じ込めることができる．これがファブリ・ペロー共振器である．鏡の口径に比べ十分細いガウスビームがこの鏡の間を往復するとき，もしその波面の等位相面が二つの鏡の位置でそれぞれの鏡面に一致するなら，そのビームは何度往復してもその太さや波面は定常のままとなる．これが，このファブリ・ペロー共振器の定常モードとなり，そのビーム断面の形状から横モードとして分類される．一つの横モードでも1次元共振器で見たように，縦方向にいくつ波がのるかでさらにいくつかの縦モードに分類される．ファブリ・ペロー共振器は横方向に解放型であるため，中心軸に傾き進むような光波は鏡間を往復するうちに鏡からはずれてしまう．つまり，有限口径はビームの指向性向上に役立っているのである．

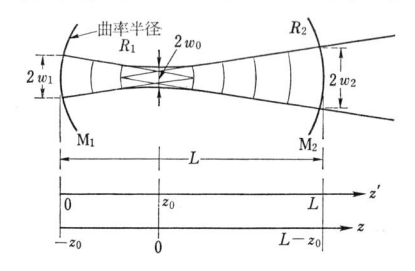

図 1.2.7 ファブリ・ペロー共振器

ガウスビームの波面の曲率半径はビームウェストの位置を z_0 に移すと ($z=z'-z_0$ とすると) 式 (17) 式より

$$R(z')=(z'-z_0)+B^2/(z'-z_0), \qquad B=kw_0^2/2$$

そこで $z'=0, L$ におけるこれらの値をそれぞれ $-R_1, R_2$ とすると，ビームウェストの位置と半径は

$$z_0=L(L-R_2)/(2L-R_1-R_2): \text{ビームウェストの位置} \tag{50}$$

$$w_0^2=(2/k)\sqrt{L(L-R_2)(L-R_1)(R_1+R_2-L)}/|2L-R_1-R_2| \tag{51}$$

また $z=0, L$ でのビーム半径は (16) 式より，それぞれ

$$w_1^2=w^2(-z_0)=(2L/k)\sqrt{R_1^2(L-R_2)/\{L(L-R_1)(R_1+R_2-L)\}} \tag{52}$$

$$w_2^2=w^2(L-z_0)=(2L/k)\sqrt{R_2^2(L-R_1)/\{L(L-R_2)(R_1+R_2-L)\}} \tag{53}$$

となる．これらの関係は高次モードの場合も同様である．

1.2 レーザのモード

次に共振周波数であるが,まず2枚の鏡間の位相差は(24),(26)式より求まり

$$(\phi(-z_0)-\phi(L-z_0)+kL)$$
$$=kL+(m+n+1)[\tan^{-1}((L-z_0)/B)-\tan^{-1}(-z_0/B)]$$
$$=kL+(m+n+1)\tan^{-1}\sqrt{L(R_1+R_2-L)/(L-R_2)(L-R_1)}$$

したがって発振条件は

$$G\rho_1\rho_2\exp[-2j\{kL+\Delta\phi_{mn}\}-\delta]=1 \qquad (54)$$

ここで

$$\Delta\phi_{mn}=(m+n+1)\tan^{-1}\sqrt{L(R_1+R_2-L)/(L-R_2)(L-R_1)} \qquad (55)$$

これより共振器の共振周波数(レーザ媒質の効果を無視)は(42)式と同様にもとまり

$$\nu_{lmn}=v_0/(2L)[l+(\arg\rho_1\rho_2+2\Delta\phi_{mn})/(2\pi)],\quad (l:\text{整数}) \qquad (56)$$

となる.l は縦モードの次数を,m, n は横モードの次数を表わし,共振周波数は横モードの次数にも依存することがわかる.これらの様子を図示したのが図1.2.8である.基本横モード($m=n=0$)に対しては共振周波数は1次元共振器の場合(42)式にほぼ等しい(ただし,$R_1=R_2\gg L$ として).

c. 共振器の安定条件

有限口径の定常ガウスビームが存在するには(51)〜(53)式より

$$(L-R_2)(L-R_1)(R_1+R_2-L)\geq 0 \qquad (57)$$

でなければならない.これを書き直して

$$1\geq(L/R_1-1)(L/R_2-1)\geq 0 \qquad (57)'$$

これが共振器の安定条件である.図1.2.9は安定領域を示したものである.図1.2.10に代表的な共振器構成を示す.

たとえば共焦点(図1.2.10(b))の場合,$R_1=R_2=L$ で,$B=kw_0^2/2=L/2$ より,

$$w_0=\sqrt{L/k} \qquad (58)$$
$$w_1=w_2=\sqrt{2}\,w_0 \qquad (59)$$

d. リング型共振器

ファブリ・ペロー共振器のように2枚の反射鏡を対向させ光波を往復させるのではなく,図1.2.11に示すよう

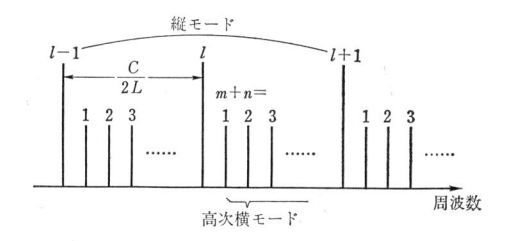

図 1.2.8 共振器の共振モードと共振周波数
ここでは $V_0=1/\sqrt{\varepsilon\mu}=c$(高速)とし,$R_1R_2=3L$ の場合を例にとっている.

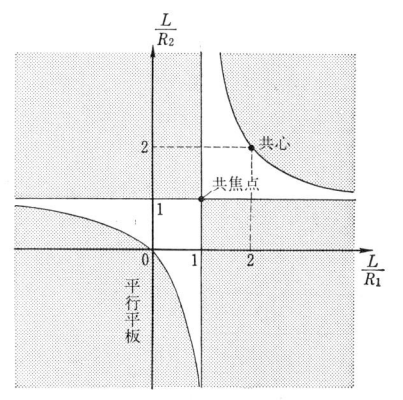

図 1.2.9 ファブリ・ペロー共振器の安定条件
(灰色部は不安定領域)

に3枚以上の反射鏡を用いループを描いて共振器を一巡するようにした共振器をリング型共振器という．このような共振器により発振するレーザはリングレーザと呼ばれる．反射球面

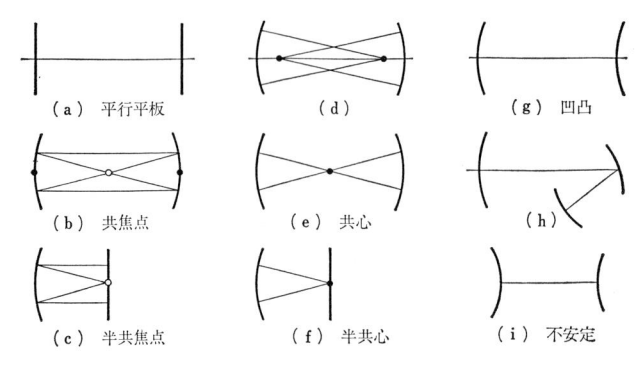

図 1.2.10 代表的なファブリ・ペロー共振器の例

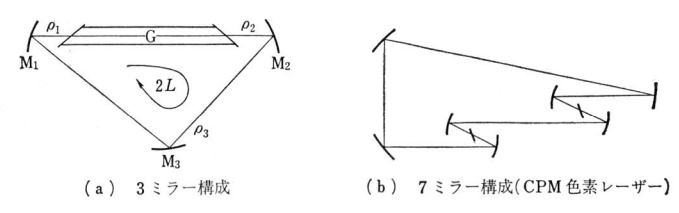

(a) 平行平板　(d)　(g) 凹凸
(b) 共焦点　(e) 共心　(h)
(c) 半共焦点　(f) 半共心　(i) 不安定

(a) 3ミラー構成　(b) 7ミラー構成（CPM色素レーザー）

図 1.2.11 リング型共振器

鏡はビーム半径はそのままで波面曲率を変換するものである．球面鏡の曲率半径を R_m，反射鏡に入射直前，直後のビーム波面の曲率半径を R_i, R_o とすると，

$$1/R_i - 1/R_o = 2/R_m, \quad w_i = w_o \tag{60}$$

（ビーム進行方向に凸なら正に符号をとる）

となる．これと，ガウスビームの伝送による，R, w の変化式を考慮すれば，図1.2.11のように何枚も反射鏡があろうと共振器を一巡してもとの波面と等しくなるようなガウスビームを求めることができる．もちろん解の存在しない場合もあり，安定，不安定条件が存在する．この状況は本質的には2枚鏡のファブリ・ペロー共振器の場合と同じである．共振条件は通常のファブリ・ペロー共振器に類似しており，

$$G\rho_1\rho_2\cdots\exp(-2j\{kL+\sum_i \Delta\phi_{nm}\}-\delta)=1 \tag{54}'$$

ここで，$2L$ は共振器一巡距離であり，$\sum_i$ は各アームについての和である．共振周波数も(56)式と同様で

$$\nu_{lmn}=(v_p/2L)[l+(\arg\rho_1\rho_2\cdots+\sum\Delta\phi_{mn})/(2\pi)], \quad (l: \text{整数}) \tag{56}'$$

共振器を右回り，あるいは左回りする光波モードが別個に存在できるため，それらの差を利用してジャイロなどにも利用されている．片方向のみを発振可能にすることも可能であり，この場合共振器内に安定波は生じない．

e. 不安定共振器

安定条件 (57)′ 式を満たさないファブリ・ペロー共振器内では，鏡口径より十分に細い定常ビームは存在しない．このような共振器内で有限口径の光ビームを往復させるとビームが次第に太くなりついには反射鏡の外にもれ出す．しかし，多くの光波パワーは帰還しているので，回折損失は多いものの発振は可能である．特に出力を鏡を通してでなく鏡の外にもれ出す回折分で取り出すなら回折損の大きいことはデメリットとはならない．このような共振器構成は不安定共振器と呼ばれ，レーザ媒質の体積が大きくとれるという長所もあり比較的多用される．ビーム径を決めるものは反射鏡の口径やレーザ共振器内の絞りの口径，レーザ口径などである．

回折光を出力とする場合はビームは穴空きのドーナツ状になる．加工などへの応用にはこの点を留意する必要がある．定常状態では太いほぼ円錐台形状のビームが二つ対抗して進んでいる（図 1.2.12）．波面曲率半径，ビーム半径は z とほぼ直線関係になり，球面波の一部のようになる．右方向へ進む球面波中心を M_1 より左へ s_1，左方向へのそれは M_2 より右 s_2 とすると，(60) 式より，

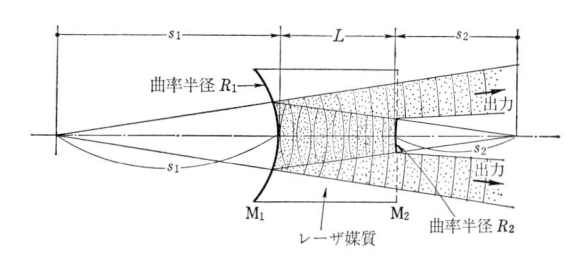

図 1.2.12 不安定共振器

$$1/(s_2+L) - 1/s_1 = 2/R_1$$
$$1/(s_1+L) - 1/s_2 = 2/R_2$$

これから

$$s_1 = \{2L(L-R_2)/(2L-R_1-R_2)\}[-1 \pm \sqrt{(L-R_1)(L-R_1-R_2)/\{L(L-R_2)\}}] \quad (61)$$

s_2 は (61) 式で添字の 1 と 2 を置き換えればよい．s_1，あるいは s_2 が求まれば，ビーム形状は図のように決定できる．ビームはガウス形でないので，遠くに伝搬すれば，回折により形状が変化する．共振周波数は近似的には (56) 式（ただし $\Delta \phi_{mn}$ は異なる）で与えられる．

f. 導波型共振器

光ファイバや誘電体柱，誘電体パイプ中では光波は伝搬中その太さを変えずに伝送できる．これがいわゆる光導波路である．この光導波路の両端に反射鏡を配したのが導波型共振器である．共振器中にレーザ利得媒質を挿入すると導波形レーザが構成される．導波路では横壁での境界条件を満足するいくつかの伝送モードがあり，これが横モードに対応する．横モードごとに軸方向への伝搬定数が異なるので，共振条件は横モードごとに異なる．

(i) ステップ型屈折率分布導波路と伝送モード （1 次元モデル）（図 1.2.13） 高屈折率領域（コア部）および低屈折率領域（クラッド部）では電磁解成分は

$$(\partial^2/\partial x^2 + \partial^2/\partial z^2)u + k_2^2 u = 0 \quad (62)$$
$$(\partial^2/\partial x^2 + \partial^2/\partial z^2)u + k_1^2 u = 0, \quad k_1 > k_2 \quad (63)$$

z 方向への位相定数を k_z とする．

24　　　　　　　　　　　1. 発　振　器

$$\partial^2 u_2/\partial x^2+(k_2{}^2-k_z{}^2)u_2=0 \quad (62)'$$

$$\partial^2 u_1/\partial x^2+(k_1{}^2-k_z{}^2)u_1=0 \quad (63)'$$

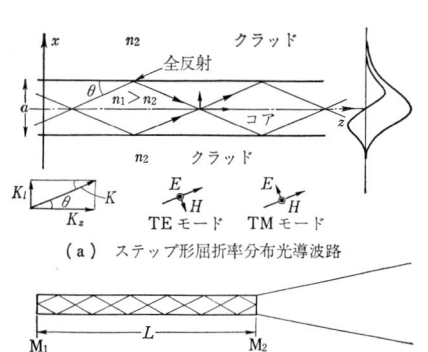

導波条件は $|x|\to\infty$ で $u_2\to 0$ で,このため

$$k_2<k_z<k_1 \quad (64)$$

である.この場合クラッド部では界強度は指数関数的に減衰する.一方,コア部では

$$u_1=A\exp-j(k_x x+k_z z)$$
$$+B\exp-j(k_z z-k_x x) \quad (65)$$

$$k_x=\sqrt{(k_1{}^2-k_z{}^2)} \quad (66)$$

となり交差する二つの平面波の和である.平面波の進行角は

$$\theta=\tan^{-1}(k_x/k_z)=\cos^{-1}(k_z/k_1) \quad (67)$$

で,導波条件 (64) 式はこれより

$$\cos\theta=(k_z/k_1)>k_2/k_1 \quad (68)$$

となる.これは全反射条件にほかならない.

(a) ステップ形屈折率分布光導波路

(b) 導波形ファブリ・ペロー共振器

図 1.2.13　ステップ形屈折率分布導波路

全反射でも反射による位相シフトがあり,それは進行角,屈折率差により異なるのでこれを ϕ と置くと,

$$\exp-j\phi=B\exp(+jk_x a)/A=A\exp(jk_x a)/B$$

したがって x 方向での位相整合条件は

$$2k_x a+2\phi_m=2m\pi, \quad B=\pm A \quad (69)$$

でこれを満足する光波のみが x 方向に進行できる.つまり,k_x が特定の飛び飛びの値をとる.これが伝送モードである.$B=\pm A$ より,コア部の光波は

$$u_1=A(\cos\ \text{or}\ \sin(k_x x))\exp(-jk_z z) \quad (70)$$

平面波に対しては,電界の向きには自由度が二つあるので,一つの m に対して二つのモードが存在する(通常は図 1.2.13 に示したように TE,TM モードと分類される,ϕ はそれぞれに対して異なる).

$$2k_x a+\phi_{1m}+\phi_{2m}=2m\pi \quad \text{(両側の屈折率が異なるとき)} \quad (71)$$

今,TE モードについてのみ,簡単に検討してみる.

$$u=E_y\exp(-jk_z z)=E\exp(-jk_z z) \quad (72)$$

として,コア部では (63)′ 式の解より

$$E_y=E_m\cos(k_x x) \quad \text{対称モード} \quad (73)$$

一方クラッド部では電界の接線成分は境界で連続より

$$E_y=E_m\cos(k_x a/2)\exp\{-p(x-a/2)\} \quad (74)$$

磁界も連続となるので,$\partial E_y/\partial x$ も境界で連続となり

$$\tan(k_x a/2)=p/k_x \quad (75)$$

つまり,

$$k_x a/2=\tan^{-1}(p/k_x)+m\pi \quad (76)$$

が得られる.反対称モードも考慮すると

1.2 レーザのモード

$$k_x a = 2\tan^{-1} p/k_x + m\pi \tag{77}$$

$$p = \sqrt{k_z^2 - k_2^2} = \sqrt{k_1^2 - k_2^2 - k_x^2} > 0 \tag{78}$$

つまり

$$\psi_m = \tan^{-1} p/k_x \tag{79}$$

とすれば (69) 式と全く同じ結果が得られる．(69) 式あるいは (77)，(78) 式を満足する k_x，あるいは k_z のもののみが導波モードとなり他は放射モードとなって伝送されない．

（2次元モデル）（図 1.2.15, これを3次元導波路と呼び，図 1.2.13 を2次元導波路と呼ぶこともある．）

簡単に考えると平面波が四方の壁に反射しながら z 方向へ進行する．位相が合わなければ干渉で消滅するので (71) 式のような条件が k_x, k_y 双方に必要となる．つまり，

$$2k_x a + \sum \psi_x = 2m\pi, \tag{80}$$
$$2k_y b + \sum \psi_y = 2n\pi$$

$$k_z = \sqrt{k_2^2 - k_x^2 - k_y^2} \tag{81}$$

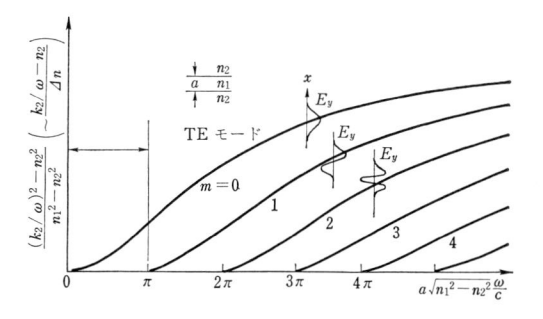

図 1.2.14 導波路（1次元対称構造）の伝送特性（TE モード）ω を決めれば z 方向への位相定数 k_z が決まる．

この結果 x, y 方向にも定在波が生じるのでその腹の数でモードが分類できる．さらに，光線の電界方向に二つの自由度がありこれによっても分けられる．厳密なモード解析は難しいので，種々の近似解法が用いられている．

〔容易にわかるようにマクスウェルの方程式では電磁界の全成分が独立ではない．教科書の教えるところによると，誘電体板，柱の中で z 方向に定常に進む電磁波は，電磁界の

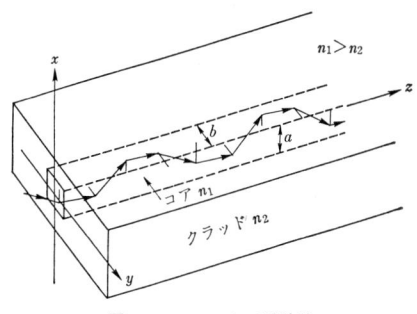

図 1.2.15 2次元導波路

縦成分 E_z, H_z を与えれば，すべて決定できる．$E_z=0$ で H_z から全部表わせるのが TE モード，$H_z=0$ で E_z で表わせるのが TM モードである．0でない E_z, H_z 双方が必要なモードはハイブリッドモードと呼ばれる．〕

（ii）**2乗屈折率分布**　屈折率が図 1.2.16 に示すように x 方向に2乗分布で減少しているとすると，ヘルムホルツ方程式（近似）は

$$d^2u/dx^2 + d^2u/dz^2 + \varepsilon_0\mu_0(n^2(x))\omega^2 u = 0 \tag{82}$$

$$n(x) = n_0(1 - \varDelta \cdot x^2) \tag{83}$$

屈折率変化 $\varDelta \cdot x^2$ が小さいとして近似すると

$$d^2u/dx^2 + [k_0^2(1 - 2\varDelta \cdot x^2) - k_z^2]u = 0 \tag{84}$$

$$k_0{}^2 = \varepsilon_0 \mu_0 \omega^2 n_0{}^2 \tag{85}$$

ここで,

$$\xi = (2k_0 \Delta)^{1/4} x, \quad f = (k_0{}^2 - k_z{}^2)/(k_0 \sqrt{2\Delta}) \tag{86}$$

なる変数変換をすると,

$$d^2 u/d\xi^2 + (f - \xi^2) u = 0 \tag{87}$$

と変形される. これは Weber の方程式で, その固有解は

$$u = H_n(\xi) \exp(-\xi^2/2) \tag{88}$$

$$f = 2n + 1 \tag{89}$$

$$\begin{aligned} k_{zn} &= \sqrt{\{k_0{}^2 - (2n+1)(k_0\sqrt{2\Delta})\}} \\ &= k_0 - (2n+1)\sqrt{\Delta/2} \end{aligned} \tag{90}$$

なるエルミートガウス関数である.

$$u = H_n((2k_0\Delta)^{1/4} x) \exp(-\sqrt{k_0\Delta/2}\ x^2) \\ \times \exp -jk_z z \tag{91}$$

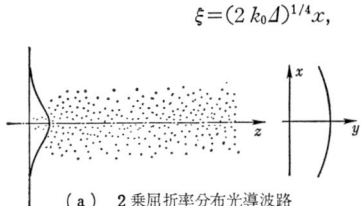

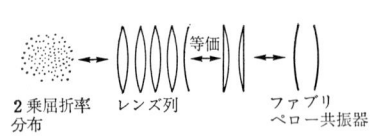

(a) 2乗屈折率分布光導波路

(b) ファブリ・ペロー共振器モードとの対比

図 1.2.16 2乗屈折率分布導波路

横モードはファブリ・ペロー共振器やガウスビームと同様であることが (b) より理解できる.

前述のファブリ・ペロー共振器の薄いものは展開すればレンズ列と同じでその極限はこの 2 乗屈折率分布導波路と等価である. ファブリ・ペロー共振器のモードをエルミートガウス形とした根拠はここにある. y 方向にも屈折率が 2 乗分布した場合にもファブリ・ペロー共振器の場合と同様に容易に拡張できる. 2 乗屈折率分布導波路では, 自由空間やファブリ・ペロー共振器内とは異なり, 波面曲率, ビーム半径は z に無関係で一定である. また, (90) 式から理解できるように, モードによって群速度 ($\partial k_z/\partial \omega$) がほとんど変化しないという特徴がある.

ほかにも, 赤外気体レーザでは中空導波路もよく利用されるが本質は同じで (80), (81) 式のような条件がモードを規定する.

(iii) 導波型共振器の共振周波数 導波型共振器では導波固有モード (m, n) により k_z は ω と特定の関係をとることになり (図 1.2.14 参照), この k_z と共振器長 (z 方向) で発振周波数が決定される. 発振条件は

$$G_{lmn} \rho_1 \rho_2 \exp(-2jk_{zlmn}L - \delta_{lmn}) = 1 \tag{92}$$

であり, 共振器の共振周波数は (56) 式に類似して

$$\nu_{lmn} = (v_{mn}/2L)[l + \arg \rho_1 \rho_2/(2\pi)],$$
$$(l: \text{整数}, v_{mn} (= \omega/k_{mn}): m, n \text{モードの位相速度}) \tag{93}$$

となる. ファブリ・ペロー共振器の場合と同様に m, n が横モードを分類しその最低次のものが基本 (横) モードとなり, l により縦モードが分類される.

(iv) 屈折率導波と利得導波 以上のような屈折率の分布による導波のほか, 利得の分布でも導波が可能である. 利得の高いところに光波が捕捉され伝送する. 半導体レーザは屈折率変化をつけた導波路構造をとっているが, 同時に中心部は利得も高く利得導波の効果も存在する. 詳細は参考文献に譲るが, 利得導波では波面が曲面のままで, ビームウェストはレーザ出射面よりやや内部にあり, 他方, 屈折率分布導波形の場合はビーム形状は進行して

も変わらず，波面は z 軸に垂直である．レーザプリンタ，ディスクヘッドなどへのビーム利用ではいずれの導波が主なものか注意する必要がある．

1.2.3 単一モード発振と多モード発振
a. 発振条件とモード
発振条件は (54)，(92) 式で見てきたように

$$G_{lmn}\rho_1\rho_2\exp(-2jkL-\sum\Delta\phi_{mn}-\delta_{lmn})=1 \quad \text{自由空間}$$
$$G_{lmn}\rho_1\rho_2\exp(-2jk_{zmn}L-\delta_{lmn})=1 \quad \text{導波形} \tag{94}$$

である．いま簡単のため G による位相シフトは無視し，G を正の実数，$\rho_1\rho_2=|\rho_1\rho_2|$ とする．共振周波数は (56)，(93) 式により容易に決定できる．小信号利得を $G_0(\omega)$ とすると発振状態では利得飽和があるので $G\leq G_0$ であり，

$$|G_0(2\pi\nu_{lmn})|>\{|\rho_1\rho_2|\exp-\delta_{lmn}\}^{-1} \tag{95}$$

対数表示（指数利得）では

$$g_0(=\ln|G_0|)>\delta_{lmn}-\ln|\rho_1\rho_2|=\alpha \quad \text{（片道損失係数）} \tag{96}$$

を満足するモードが発振の可能性をもつ（発振するとは限らない）．利得帯域が縦モード間隔 $\Delta\Omega$（(43) 式）に比べ広い場合などでは，同時に多くのモードが (96) 式を満足し，多重モード発振をする可能性がある．図 1.2.17 はこの様子を示している．利得や損失に周波数特性があるので，発振しきい値すれすれでは単一モードのみがこの条件を満足し単一モード発振となる．

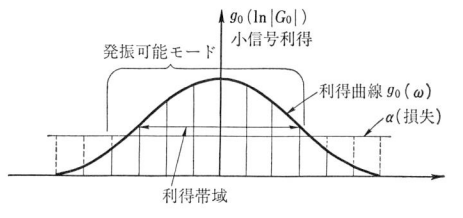

図 1.2.17 多重縦モード発振

b. 単一横モード発振
レーザ応用では集光性や指向性のよい基本横モードのみの単一横モード発振が望まれる．高次横モードはビームの広がりが大きいので，共振器内に絞りを挿入すれば，回折損失 ((96) 式では δ_{lmn}) が大きくなり，その発振を抑制できる．結果として横モードは最低次の基本モードのみ発振する．導波形では屈折率差を小さく，導波路厚さを薄く選べば，高次横モードは伝送できず（放射モード），単一横モードの選択が可能である．

c. 多重縦モード発振
一般にレーザ発振ではレーザパワーが増大すれば利得が飽和，減少し，定常発振状態では利得は損失と等しくなるまで低下してバランスする．これが発振条件式 (94) 式である．均質広がりのレーザ (homogeneous broadening laser) では，一つの周波数，一つのモードの光波入射に対し，すべてのレーザ媒質の利得が飽和し，利得曲線全体が下がる．したがって，最も利得・損失の差の大きいモードのみが発振して，他のモードはしきい値以上にあっても発振が抑制される（図 1.2.18 (a)）．他方，不均質広がりレーザ (inhomogeneous broadening laser) では原子，分子により利得中心周波数が異なり，一つの周波数の光パワーが大きくなると，利得曲線の一部がへっこむ（ホールバーニング）だけで，別の周波数領域では発

振可能のままである．このため，小信号利得が損失を上回る多くのモードが同時に発振しうる（同図 (b)）．これが多モード発振である．さらに均質広がりレーザにおいてもファブリ・ペロー共振器の場合，定在波ができるので利得飽和は共振器内部全体に一様に生じないで，定在波の腹の部分は飽和しても節の部分は十分には飽和しない（空間ホールバーニング）．モードにより腹の位置が異なるので，モードによっては同時発振が可能である．さらに，過渡発振，短パルス発振ではモードの選択性が小さいと，単一モードになるに十分な時間がなく多モード発振となることがある．

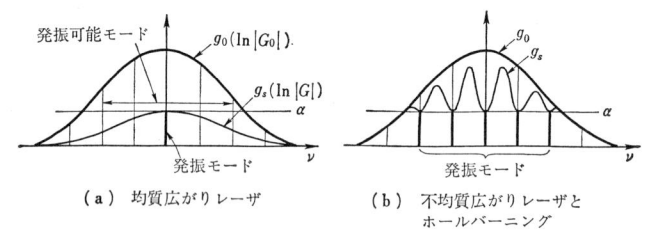

図 1.2.18 利得飽和
(a) 均質広がりレーザ
(b) 不均質広がりレーザとホールバーニング

多重横モード発振レーザでは，周波数のみならず光波の進む方向やビーム形状の異なるものが複数個重畳される，集光性，指向性，さらにビーム形状が刻々変化し，時間的にも空間的にもビームクオリティを劣化させている．多重縦モードでは空間的特性は問題がないが，周波数の異なる光波が合成されているのでそのビートで時間的に出力が変動し時間的な雑音を生成する．縦モードは周波数間隔がほぼ等しいので，雑音も特徴的である．さらにレーザ媒質はもちろん共振器内に種々の非線形性があり，光強度により利得，損失，屈折率が変化するので，縦モード間のビート周波数で各縦モードが変調され，その結果多くの変調サイド

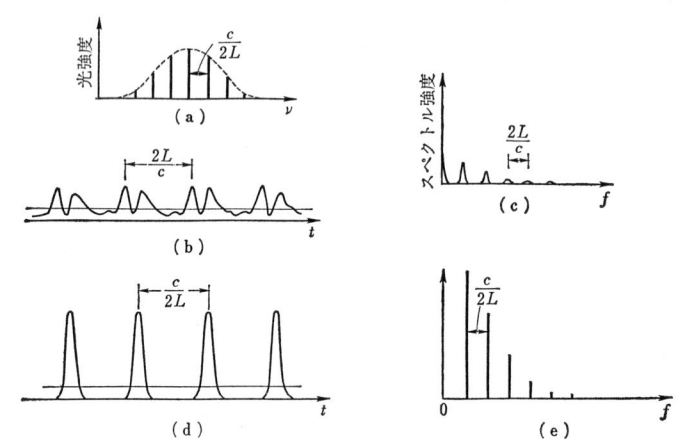

図 1.2.19 多重縦モード発振とその出力
光スペクトル強度分布 (a) に対応する光強度波形およびそのパワースペクトル，(b), (c) フリーランニング時, (d), (e) モード同期時．

バンド（結合調という）が生成される．結合調もまた縦モード共振周波数付近にくるため，(41)式の $\Delta\Omega$ の整数倍近傍に雑音成分が顕著に分布する．これは通信などでは伝送信号帯域を制限するが，時間コヒーレンスの劣化ゆえ逆に戻り光に対して強くなる．縦モードが独立ではなく結合しながら同時発振すると，相対位相関係が同期され多モード発振ながら雑音の少ない短パルス列発振をすることがある．これがモード同期である．これは内部に変調器や非線形物質可飽和吸収体などを挿入して人為的におこされることがある．二つ以上のモードが同一のレーザ利得を共有する場合は，利得の食い合いによるモード競合が起こり，抑制や振動などを繰り返し，不安定となることも多い．図1.2.19が縦モードがほぼ独立に発振している場合，および完全に位相，周波数同期がかかっている場合の時間波形とスペクトル分布の計算結果である．

d．モード選択，単一モード発振

縦モード選択は共振器を短くすること，選択性のある共振器構成，フィルタの挿入，などで行われている．図1.2.20にその例を示す．このほか反射率や帰還率に波長選択性をもつ

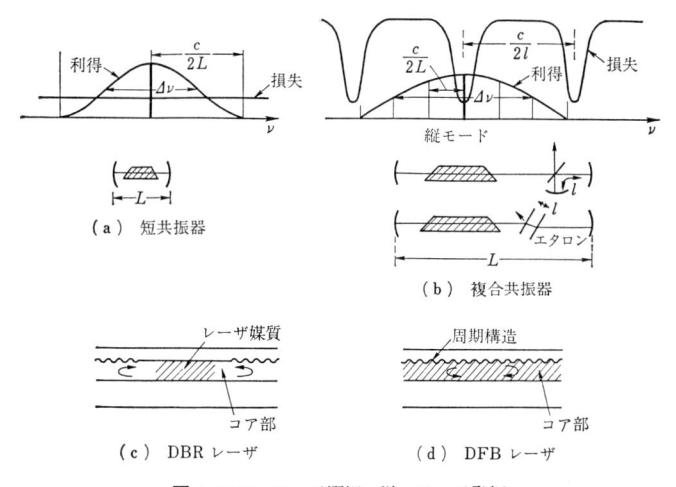

図 1.2.20　モード選択，単一モード発振

周期構造を共振器内に組み込んで共振器を構成させ発振モードを選択する方法が半導体レーザで多用され始めている．その代表例は回折格子を横に利用する方式で特定の波長，周波数の光に対し逆方向回折（つまり反射）され，波長選択性の大きい分布帰還器となるものである．この分布帰還器を共振器の反射鏡の代わりに用いたのが DBR（Distributed Bragg Deflector）レーザ，レーザ媒質中に設け増幅，帰還が同一場所で共存，分布するのが DFB（Distributed Feedback）レーザである．一般に狭い周波数選択性は時間応答が悪く，過渡的高速域では動的には選択性が生かしにくい．しかし最近ようやく動的単一モードを実現する半導体レーザが実現されるに至っている．

〔小林哲郎〕

文　　献

1) A. Yariv: Quantum Electronics, John Wiley & Sons, New York (1975).
2) A. E. Siegman: Lasers, Oxford Univ. Press, Oxford, (1986).
3) 末田　正: 光エレクトロニクス, 昭晃堂, (1985).
4) 霜田光一: レーザ物理入門, 岩波書店, (1983).

1.3 レーザの原理[1~8]

1.3.1 エネルギー準位

レーザ作用を理解する基本は，光が原子や分子やイオンとどのように相互作用するかを知ることにある．この相互作用の説明には，1913年 Bohr が線スペクトルの記述に使用したボーアの振動数条件の式

$$E_2 - E_1 = h\nu_{21} \qquad (1)$$

が必ず登場する．これは，図1.3.1に示したように原子の高いエネルギーレベル E_2（上位準位）から低いエネルギーレベル E_1（下位準位）に遷移するとき，上式で示されるエネルギー $h\nu_{21}$ の光子を一つ放出することを表わすものである．ここで h は1900年に Plank が明らかにしたプランク定数で 6.625×10^{-34} J·s の値をとる．ν_{21} は，1905年 Einstein の示した光電効果で明らかにされた光子のもつ周波数である．

Bohr は，このとき簡単な原子モデルを用いて，水素および He^{+1} や Li^{2+} などの電子が一つしかない水素類似原子の線スペクトルをうまく説明できる「量子化条件」を明らかにした．これ

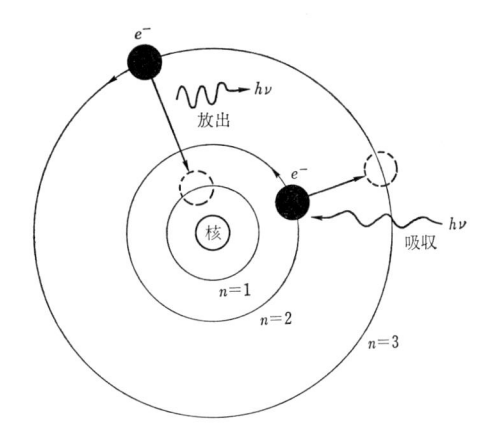

図1.3.1 ボーアの原子模型

は，原子核の周囲を内軌道でまわる電子がとびとびの半径をもつ軌道をとり，同じ軌道上では放射が行われないというものであった．これが今日の量子論の基になっており，1922年にノーベル賞を受けている．

その後，多電子原子や分子への量子条件を無理のない形で発展させてきたのが，de Broglie や Schrödinger によって展開された波動力学であり，また Born と Heisenberg によって開発されたマトリックス力学である．これらをまとめて量子力学と呼ぶことは周知のとおりである．

さて原子や分子の内部エネルギーが離散的な値しかとれないことは，上記量子力学に基づいている．この離散的な値をエネルギー準位と呼んでいる．この準位間の許容される光学遷移により，光の吸収や放出が行われる．光の吸収により励起される内部エネルギーの種類には，電子軌道が変化する電子エネルギー，分子の振動状態が変化する振動エネルギー，分子の回転状態が変化する回転エネルギーがある．一般的には，変化するエネルギーの量は，図

1. 発振器

表 1.3.1 電磁波スペクトル (Ref. 9)

放射線の種類	(cm)	(μ)	波長 (Å)	周波数 (Hz/sec)	波数 (cm^{-1})	エネルギー (erg)
ラジオ波	10^5			3×10^5	10^{-5}	2×10^{-21}
	10^1			3×10^9	10^{-1}	2×10^{-17}
マイクロ波						
	10^{-1}	1,000		3×10^{11}	10^1	2×10^{-15}
遠赤外線						
	2×10^{-3}	20	200,000	1.5×10^{13}	5×10^2	1×10^{-13}
近赤外線						
	7×10^{-5}	0.7	7,000	4×10^{14}	1.4×10^4	3×10^{-12}
可視光線						
	4×10^{-5}	0.4	4,000	75×10^{14}	2.5×10^4	5×10^{-12}
近紫外線						
	2×10^{-5}	0.2	2,000	15×10^{15}	5×10^4	1×10^{-11}
真空紫外線						
	2×10^{-7}		20	15×10^{17}	5×10^6	1×10^{-9}
X 線						
	10^{-9}		0.1	3×10^{19}	10^9	2×10^{-7}
γ 線	10^{-11}		0.001	3×10^{21}	10^{11}	2×10^{-5}

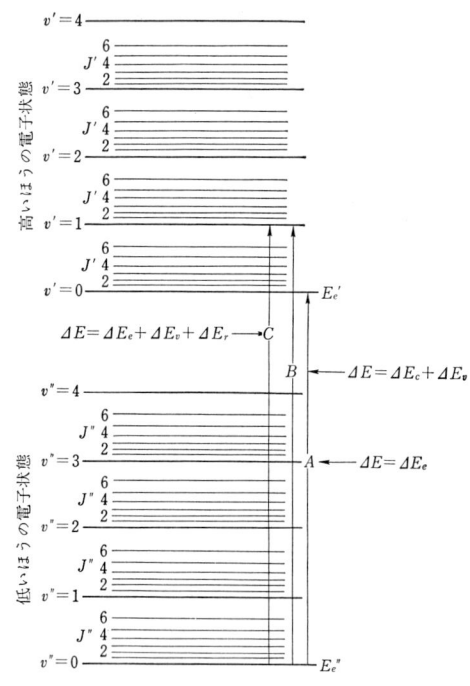

図 1.3.2 高低両電子状態の振動,回転のエネルギー準位を示したエネルギー準位図 (Ref. 9)
E_e', E_e'': 電子励起状態
v', v'': 振動励起状態
J', J'': 回転励起状態

1.3.2に示すように以下の順になる[9]．

電子＞振動＞回転

相互作用する光の波長領域は，それぞれ紫外から可視，赤外，遠赤外からマイクロ波に対応する．表1.3.1に電磁スペクトルのいろいろな波長と周波数とをまとめて示す[9]．よく用いられるエネルギー単位に"eV"がある．eは電子の電荷で1.60219×10^{-19}クーロンで，1クーロンボルトが1eVに相当する．

$$E=hc/\lambda \quad (2)$$

から1eVがほぼ波長1μmに相当することを覚えておくと便利である．

エネルギー準位に関し，たとえばCO_2レーザでは，O—C—Oの直線状分子の振動準位間の遷移が用いられ，波長10μm帯で動作する．そのエネルギー準位図を図1.3.3に示す[4]．CO_2分子には，対称伸縮振動，逆対称伸縮振動，変角（あるいは屈曲）振動の三つの独立した振動モードがある．図中に各振動モードを示す量子数と矢印でレーザ遷移を記した．さらに細かくは，各振動モードにはそれぞれ回転量子数Jで表わされる回転エネルギーE_J

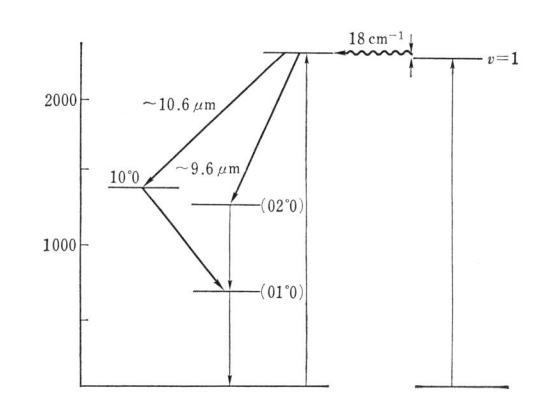

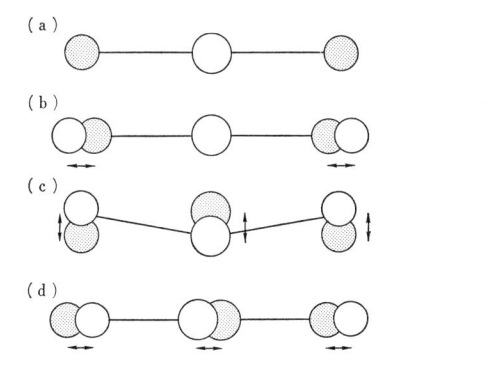

図1.3.3 CO_2分子の振動エネルギー準位図と振動モデル

$$E_J=hcB_0J(J+1) \quad (3)$$

によるエネルギー構造をもつ．ここでB_0は回転定数である．

Nd:YAGレーザのエネルギー準位図とレーザ遷移を図1.3.4に示す[2]．レーザ動作はYAG結晶中にドープされたNd^{3+}のイオンの電子エネルギーレベルでの遷移により波長1.06μmの波長で発振する．

それぞれ個々のレーザにおけるエネルギー準位図は後節に譲るが，これらエネルギー準位間では，どのような準位間でも光を吸収したり放出したりできるわけではない．たとえば，CO_2レーザの場合では，回転準位（J）を含む振動準位間の遷移間では，上位準位から下位準位，あるいはその逆過程で回転量子数の変化ΔJが± 1の値しか許容されない．

1.3.2 誘導放出

原子や分子との光の相互作用は，1.3.1 項に示したエネルギー準位間で起こる．この作用には図 1.3.5 に示すように，自然放出，吸収（誘導吸収），誘導放出がある．

励起状態 E_2 にある原子や分子は，真空中にたった一つしかなくても必ずエネルギーを放出して，自然に下位準位 E_1 へ決められた一定の割合（確率 A_{21}）で遷移する．このときの光の周波数 ν_{21} は Bohr の式に従う．このことを自然放出（spontaneous emission）といい，確率 A_{21} をアインシュタインの A 係数と呼び，s^{-1} の単位をもつ．また A_{21} の逆数をとって自然放出寿命 τ_{21} を用いることもある．

もし自然放出の周波数 ν_{21} と等しい周波数をもつ電磁波（光）が E_2 準位にある原子などにあたる

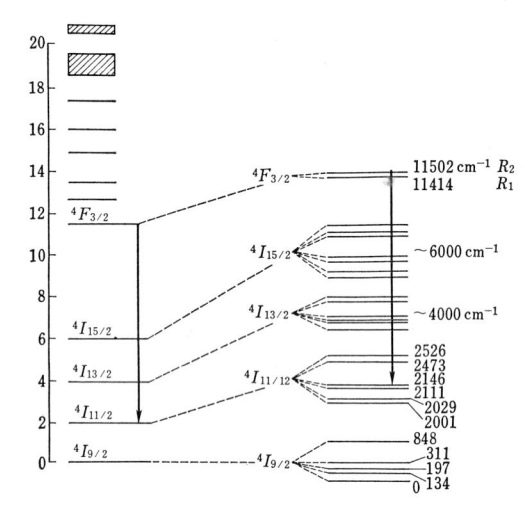

図 1.3.4 Nd-YAG レーザのエネルギー準位図

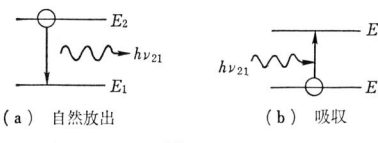

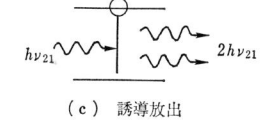

図 1.3.5 自然放出，吸収と誘導放出過程
(a) 自然放出　　(b) 吸収　　(c) 誘導放出

と，自然放出で遷移するよりももっと高い確率 B_{21} で，いいかえれば自然放出寿命よりもっと短い寿命で E_1 へ移る．これを誘導放出（stimulated emission）と呼ぶ．逆に下位準位 E_1 にある原子などに光があたれば，光を吸収（absorption）して，上位準位に励起される．このときの確率を B_{12} と表わす．

誘導放出では，何らかの手段により上位準位 E_2 へ原子などを励起しておけば，入射電磁波すなわち光子一つが誘導放出の結果二つに増え光子の増幅が行われたことになる．

ここでアインシュタインのA係数とB係数の関係をプランクの黒体輻射の式から明らかにする．

温度 T における黒体輻射のスペクトル強度は次式で示される．

$$\bar{\omega}_T(\omega)d\omega = (\hbar\omega^3/\pi^2 c^3)(\exp(\hbar\omega/kT)-1)^{-1}d\omega \tag{4}$$

ここで $\bar{\omega}_T(\omega)$ は温度 T における振動数 ω の輻射のエネルギー密度を示し，$\hbar$ は $h/(2\pi)$，k はボルツマン定数，c は光速をそれぞれ示す．いま平衡状態にある 2 準位のエネルギー E_2，E_1 で，E_2 準位，E_1 準位に存在する粒子の数密度を N_2, N_1 とし，縮退度を g_2, g_1 とする．

1.3 レーザの原理

図1.3.5に2準位系における光の吸収,自然放出,誘導放出過程をそれぞれ示した.

単位時間,単位体積当りの粒子数密度の変化は次式で示される.

$$dN_1/dt=-dN_2/dt=N_2A_{21}-N_1B_{12}\overline{W}(\omega)+N_2B_{21}\overline{W}(\omega) \quad (5)$$

右辺第1項は,自然放出により上位準位 E_2 から下位準位 E_1 へ遷移する数密度の変化率を,第2項はエネルギー密度 $\overline{w}(\omega)$ で示される入射電磁波(光)を吸収して E_1 から E_2 へ変化する数密度の変化率,第3項は E_2 から E_1 へ誘導放出により供給される数密度の変化率を示す.平衡状態 $d/dt=0$ のとき,系に存在する輻射のエネルギー密度は,

$$\overline{w}_T(\omega)=A_{21}/\{(N_1/N_2)B_{12}-B_{21}\} \quad (6)$$

である.ここで平衡状態における数密度がボルツマンの法則により表わされるので,

$$N_1/N_2=(g_1/g_2)\exp(\hbar\omega/kT) \quad (7)$$

である.$\hbar\omega$ は,エネルギー差 $\Delta E=E_2-E_1$ に等しい.したがって書き直すと

$$\overline{w}_T(\omega)=A_{21}/\{(g_1/g_2)\exp(\hbar\omega/kT)B_{12}-B_{21}\} \quad (8)$$

となる.プランクの黒体輻射の式と等しくなるには,以下の関係が成立しなければならない.

$$(g_1/g_2)B_{12}=B_{21} \quad (9)$$

$$(\hbar\omega^3/\pi c^3)B_{21}=A_{21} \quad (10)$$

先に誘導放出では,入射した1個の光子により誘導放出作用で励起された粒子から1個の光子を放出させ,合わせて2個の光子になる.すなわち増幅が行われることを述べた.実は,光子の増幅というエネルギー面と同時に,誘導放出はさらに重要な性質をもっている.誘導放出により生じた光の位相,進行方向,偏向などが入射した光の性質と全く等しいということである.この結果,位相差による強度の弱め合いもなく電磁波として全く同調した状態で強度を増したことになる.励起された粒子が多数存在する場では,次々に雪崩のように光子の数,光の強度が増していく増幅作用が強調されていく.一方自然放出では個々の粒子がそれぞれ全く無関係に,時間的にも空間的にも独立した状態で,位相,方向偏光など全く別々な光を放出する.したがって周波数は等しいが,全く独立な点光源が多数存在する系となる.

さて以上述べてきたことは,エネルギー準位間のギャップが完全に $h\nu_{21}$ で規定でき,相互作用する電磁波の周波数も ν_{21} という完全な単色光についてであった.実際には,エネルギー準位間の周波数には,不確定性原理にもとづくものや,分子同士の衝突や熱的運動による格子振動やドップラー効果などにより,幅 $\Delta\nu_{21}$ が生ずる.さらに相互作用する電磁波にもバンド幅 $d\nu$ が存在する.後節で述べていく種々のレーザを理解するには,このことを忘れることができない.

E_2, E_1 のエネルギー準位間の遷移に対するスペクトル線の形状関数 $g(\nu,\nu_0)$ を考える.ν_0 は遷移線の中心周波数を示す.準位 E_2 にある全数密度を N_2 とし,周波数 ν に関する数密度分布を $N(\nu)$ とすると,

$$N(\nu)=g(\nu,\nu_0)\cdot N_2 \quad (11)$$

で表わせる.$g(\nu,\nu_0)$ は規格化されている.この記述を図1.3.6に従った数密度の時間変化を表わす速度方程式(レート方程式)にあてはめると,ν と $\nu+d\nu$ の間の成分をもつ自然放

出光をもつため

$$dN_1/dt = -dN_2/dt = A_{21}N_2 g(\nu, \nu_0) d\nu \tag{12}$$

と書き改めることができる.

このスペクトル線形状関数 $g(\nu, \nu_0)$ は，端的にいえば，媒質と電磁波がどれだけの周波数帯域で相互作用できるかの範囲と，中心周波数 ν_0 から離れた場合の作用の大きさを示していると考えてよい．スペクトル線の広がりには，CO_2 レーザなどのガスレーザでは，分子同士の衝突やドップラー効果によるものがあり，YAG レーザなどの固体レーザでは熱的な格子振動によるもの，ランダムな媒質密度の不均一性によるものがある．広がりの仕方により，均一な広がり (homogeneous broadening) $g_h(\nu, \nu_0)$ と不均一な広がり (inhomogeneous broadening) $g_{1h}(\nu, \nu_0)$ とに分けることができ，それぞれ多少電磁波との相互作用に対し性質が異なる．

一般的には，均一な広がり $g_h(\nu, \nu_0)$ はローレンツ型と呼ばれ，以下の関数形となる.

$$g_h(\nu, \nu_0) = (\Delta\nu_h/2\pi)[(\nu-\nu_0)^2 + (\Delta\nu_h/2)^2]^{-1} \tag{13}$$

また不均一な広がり $g_{1h}(\nu, \nu_0)$ はガウス型と呼ばれる関数形をもつ.

$$g_{1h}(\nu, \nu_0) = (2/\Delta\nu_{1h})(\ln 2/\pi)^{1/2} \exp\left(-\left(\frac{\nu-\nu_0}{\Delta\nu_{1h}/2}\right)^2 \ln 2\right) \tag{14}$$

たとえば CO_2 レーザでは，不均一な広がりであるドップラー効果による場合には，ガス温度 300°K の媒質で約 50 MHz 程度の幅をもち，均一な広がりを与える分子同士の衝突による圧力広がりでは 6.5 MHz/Torr の広がり係数をもつ．したがって圧力が 10 Torr を越えると均一な広がりが支配的になる．図 1.3.6 にローレンツ型とガウス型の広がり関数 $g(\nu, \nu_0)$ を示した.

またホログラフィー計測などに用いられるコヒーレント時間 T_2 は，通常均一広がりの場合スペクトル線幅 $\Delta\nu_h$ の逆数で示される値と一致する.

吸収や誘導放出の強さを表わす係数としての吸収断面積 σ_{12} または誘導放出断面積 σ_{21} もまた上記のスペクトル線幅に大きく影響される.

今 E_1 準位の吸収断面積 σ_{12} を導くと以下のようになる．中心周波数 ν_s で幅 $d\nu$ の電磁波が媒質と相互作用した時の単位時間，単位体積当りのエネルギー密度

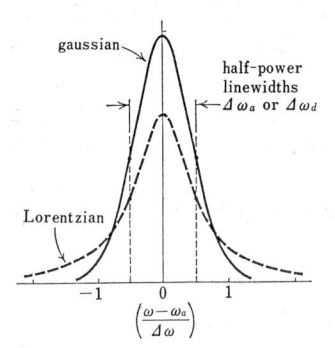

図 1.3.6 ガウス型とローレンツ型の広がり ($\omega = 2\pi\nu$) (Ref. 1)

$\rho(\nu_s)$ は，以下の時間変化をする.

$$-\frac{\partial}{\partial t}[\rho(\nu_s)d\nu] = \rho(\nu_s)d\nu B_{21}h\nu g(\nu_s, \nu_0)\left[\frac{g_2}{g_1}N_1 - N_2\right] \tag{15}$$

図 1.3.7 にスペクトル線幅と入射電磁波の線幅 $d\nu$, 中心周波数 ν_s の関係を記した[2]. $d\nu$ が媒質のもつスペクトル線幅 $\Delta\nu$ に比べ十分狭いとすると

$$-\frac{\partial \rho(\nu_s)}{\partial t} = \rho(\nu_s)B_{21}h\nu_s g(\nu_s, \nu_0)\left(\frac{g_2}{g_1}N_1 - N_2\right) \tag{16}$$

と書き改めることができる．さらに媒質の厚み dx の間を電磁波が光速 c で通過することから $dt=(1/c)dx=(n/c_0)dx$ と置換できる．n は屈折率，c_0 は真空中での光速を示す．電磁波が x，$x+dx$ の間を通過することにより，電磁波のエネルギー密度は次の変化を受ける．

$$\frac{-\partial \rho(\nu_s)}{\partial x}=h\nu_s \rho(\nu_s)g(\nu_s,\nu_0)B_{21}$$
$$\times \left(\frac{g_2}{g_1}N_1-N_2\right)1/c \quad (17)$$

両辺を x について積分すると

$$\rho(\nu_s)/\rho_0(\nu_s)=\exp\left[-h\nu_s g(\nu_s,\nu_0)B_{21}\right.$$
$$\left.\times \left(\frac{g_2}{g_1}N_1-N_2\right)x/c\right] \quad (18)$$

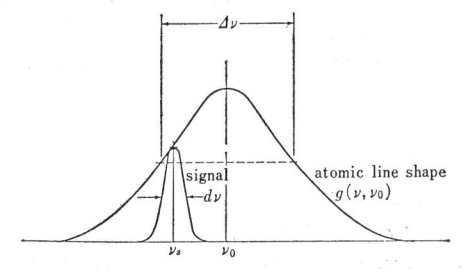

図 1.3.7 スペクトル線幅 $\Delta\nu$ と入射電磁波の線幅 $d\nu$ との関係 (Ref. 2)

となり，電磁波エネルギーの吸収係数 α_s は

$$\alpha_s(\nu_s)=\left(\frac{g_2}{g_1}N_1-N_2\right)\sigma_{21}(\nu_s) \quad (19)$$

で断面積 $\sigma_{21}(\nu_s)$ が

$$\sigma_{21}(\nu_s)=h\nu_s g(\nu_s,\nu_0)B_{21}/c \quad (20)$$

となる．B_{21} をアインシュタインの A 係数で書き直せば，真空中の波長を λ_0，屈折率を n として，

$$\sigma_{21}(\nu_s)=(A_{21}\lambda_0^2/(8\pi n^2))g(\nu_s,\nu_0) \quad (21)$$

で表わされる．もし ν が $\nu \approx \nu_s \approx \nu_0$ であれば誘導放出断面積 σ_{21} は，均一広がり，不均一広がりに対しそれぞれ

$$\sigma_{21}=A_{21}\lambda_0^2/4\pi^2 n^2 \Delta\nu_h \quad (22)$$
$$\sigma_{21}=(A_{21}\lambda_0^2/4\pi n^2 \Delta\nu_{1h})(\ln 2/\pi)^{1/2} \quad (23)$$

となる．誘導放出断面積 σ_{21} と吸収断面積 σ_{12} の関係は，

$$\sigma_{21}/\sigma_{12}=g_1/g_2$$

になる．

例としてルビーレーザの R_1 線については，$\lambda_0=6.94\times 10^{-5}$ cm, $n=1.76$, $A_{21}=2.5\times 10^2$ s^{-1}, $\Delta\nu_h=11.2$ cm$^{-1}=3.4\times 10^{11}$ Hz なので，$\sigma_{21}=2.8\times 10^{-20}$ cm^2 という結果になる．実験値では $\sigma_{21}=2.5\times 10^{-20}$ cm^2 とほぼ等しい．

以上述べたように吸収，誘導放出という現象は表裏一体のものであることを理解する必要がある．

1.3.3 レーザ条件

レーザを発振させるには，次の要件が必要である．
（a） 増幅媒質を形成するための励起過程（pumping）
（b） 逆転分布による光の増幅過程（amplifying）

(c) 光共振器のフィードバックによる発振過程 (feed back and oscillating)

最初に誘導放出を利用した光の増幅を達成するに必要な逆転分布状態を説明する.

熱平衡状態にある原子や分子の中で, あるものはエネルギー準位 E_1 に, またあるものは準位 E_2 に, その他のものは他の準位にあり, それぞれの準位に存在する粒子の数密度 N_i は, ボルツマンの法則に従って分配されている. 上位準位 E_2 と下位準位 E_1 に分配されている数密度の比 N_2/N_1 は,

$$N_2/N_1 = (g_2/g_1)\exp(-(\Delta E)/kT) \tag{24}$$

であり, ΔE は準位間のエネルギーギャップである. 熱平衡状態では ΔE が正であることから, 必ず $N_2 > (g_2/g_1)N_1$ で図 1.3.8 に示す状態になる[2]. このような媒質では, 電磁波 (光) との相互作用では, (18) 式で $((g_2/g_1)N_1 - N_2) > 0$ であり, 常に外部から与えた光のエネルギーは吸収され, 媒質の粒子の一部を E_1 から E_2 へ励起したことにすぎない.

しかし何らかの方法により媒質の状態を $N_2 > (g_2/g_1) \times N_1$ の条件を満足するようにすることができれば, (18) 式の示すように外部から与えられた光は, さらに媒質からエネルギーを得て増幅されることになる. この条件

$$N_2 > (g_2/g_1)N_1 \tag{25}$$

を満足する分布状態は, あたかも, ボルツマンの分配則で

$$N_2 = (g_2/g_1)N_1\exp(-(\Delta E)/kT) \tag{26}$$

で, T が負の値, 負温度状態であるということができる. このように $N_2 > (g_2/g_1)N_1$ のことを負温度状態または逆転分布状態 (population inversion) と呼ぶ. 図 1.3.9 に示す模式図が負温度状態を表わしている[2]. 媒質が逆転分布状態にある時, 光エネルギーとして外部にとり出せる最大値は, E_2 と E_1 準位に存在する数密度の差 $\Delta N = (N_2 - (g_2/g_1)N_1)$ に光子1個のもつエネルギー $h\nu$ を乗じた値である.

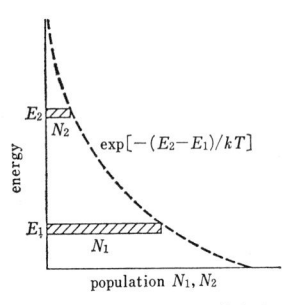

図 1.3.8 熱平衡状態の数密度分布 (Ref. 2)

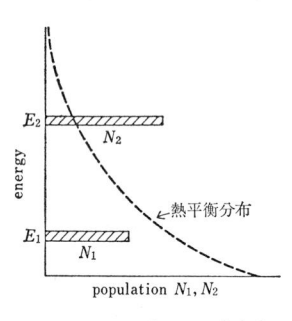

図 1.3.9 負温度状態の数密度分布 (Ref. 2)

逆転分布状態にある媒質に微弱な単色光を入射すると (18) 式に従ってエネルギー増幅する. (19) 式で示す吸収係数 α_s は符号を反転した小信号利得係数 g_0 と呼ばれるようになる. すなわち,

$$g_0(\nu_s) = (N_2 - (g_2/g_1)N_1)\sigma_{21}(\nu_s) \tag{27}$$

となる. この結果, 入射光が図 1.3.10 のように媒質中を距離 L だけ進むと, 入射強度 $I_0(\text{W/cm}^2)$ は増幅され, 出射端での強度 $I_L(\text{W/cm}^2)$ が

$$I_L(\text{W/cm}^2) = I_0 e^{g_0 L} \tag{28}$$

となる.

次に逆転分布を作り出す条件について説明する. 今までは, レーザ遷移を起こす2準位のみに着目してきたが, 特殊な場合を除き熱平衡状態に当初あった媒質を外部から何らかのエ

ネルギーを与えて基底準位とその上の準位の2準位間で逆転分布を形成し，エネルギーを外部に取り出すことは困難である．実際のレーザ動作では，多くのエネルギー準位が寄与し複

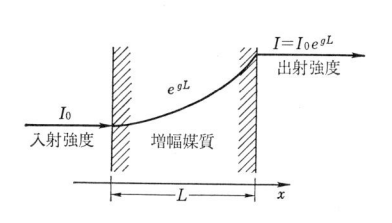

図 1.3.10 増幅媒質を通る強度 I_0(W/cm^2) の電磁波増幅

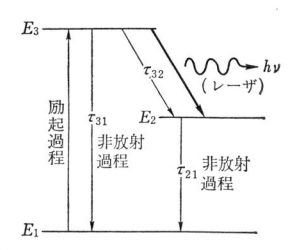

図 1.3.11 レーザ動作の3準位モデル (τ_{ij}: 寿命を示す)

雑である．このため一般的には3準位あるいは4準位モデルとして簡単化し理解しやすくしている．図1.3.11に3準位モデル，図1.3.12に4準位モデルを示した．CO_2レーザでは，図1.3.3より3準位モデルとしてまたYAGレーザは図1.3.4より4準位モデルで説明がつく．ここで，3準位モデルにおける各準位の数密度 N_3, N_2, N_1 がどのように時間的な振舞いをするかを簡単なレート方程式で解いてみる．

レート方程式は，各準位にある数密度の増減を表わすもので，最上位準位③については

$$dN_3/dt = R_{13} - N_3/\tau_{32} - W_{32}\cdot n(N_3 - N_2) - N_3/\tau_{31} \quad (29)$$

準位②について

$$dN_2/dt = R_{12} + N_3/\tau_{32} - N_2/\tau_{21} + W_{32}\cdot n(N_3 - N_2) \quad (30)$$

ここで，R は③，②準位への単位時間当りの励起量を示し，$\tau_{31}, \tau_{32}, \tau_{21}$ は添字準位間での緩和時間，τ_{31} はたとえば準位③から①へエネルギー緩和する時間を示し，W_{32} は準位③から②への誘導放出確率を示し，n は光子の数をそれぞれ示す．

これらの動きを模式的に図1.3.13に示した．定常的にレーザ動作を得ようとする場合には，常に $N_3 - N_2$ が正，すなわち逆転分布が維持される必要がある．レーザ動作に適した分子や原子系では，一般に

$$\tau_{21} \ll \tau_{32} \ll \tau_{31} \quad (31)$$

が成立している．簡単のため $1/\tau_{31} = 0$ として，(29)(30)式の定常解を求める．

$$R_{13} = \left(\frac{1}{\tau_{32}} + W_{32}\cdot n\right)N_3 - W_{32}\cdot n\cdot N_2 \quad (32)$$

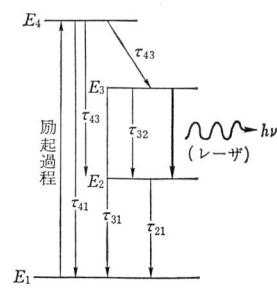

図 1.3.12 レーザ動作の4準位モデル

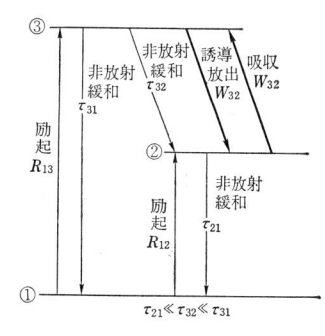

図 1.3.13 3準位モデルにおけるエネルギー緩和および励起過程

$$R_{12} = -\left(\frac{1}{\tau_{32}} + W_{32} \cdot n\right)N_3 + \left(\frac{1}{\tau_{21}} + W_{32} \cdot n\right)N_2 \tag{33}$$

より逆転分布数 $\Delta N = N_3 - N_2$ は

$$\Delta N = N_3 - N_2 = (R_{13}/(1/\tau_{32} + W \cdot n))\left\{1 - \frac{\tau_{21}}{\tau_{32}}\left(1 + \frac{R_{12}}{R_{13}}\right)\right\} \tag{34}$$

となる．$\tau_{21} \ll \tau_{32}$ より簡単化すると，逆転分布数 ΔN は ③ の準位への単位時間当りの励起量 R_{13} に比例し，単位時間当り失われる量 $(1/\tau_{32} + W \cdot n)$ に反比例するという非常にわかりやすい記述となる．また (34) 式が常に正となる条件がつくり出せれば，定常的増幅作用を維持できることがわかる．

以上の関係からレーザ動作を起こす上位準位への励起速度は，個々の媒質のもつ緩和速度に対応してその速さが決定されねばならない．表 1.3.2 に励起方法によるレーザの種類を分類したものを示す[10]．

最後に光共振器のフィードバックによる発振過程について簡単に触れる．すでに 1.2 節で共振器の意味，役割については十分説明されている．レーザの発振器は，励起過程で形成された逆転分布状態にある媒質，増幅媒質，の両端に鏡をとり付け，自然放出や量子雑音で発生した光を一方向に何回も往復させ，誘導放出による増幅作用に正帰還をかけるための共振器をもっている．通常の電子回路の増幅器に正帰還をかけると発振するように，光の領域でその現象が起こっていると考えればよい．たとえば，マイクとアンプを用い，スピーカーで声を拡大しようとした時，マイクをスピーカーに向けるとピーという非常に大きな音が鳴って

表 1.3.2 各種レーザの励起方法による分類 (Ref. 10)

励起方法	実 例
気 体 放 電	He-Ne レーザ, Cu$^+$ レーザ, Ar レーザ
光 励 起	ルビーレーザ, YAG レーザ, 色素レーザ, 気体分子レーザ
電 流 注 入	半導体レーザ
電子ビーム励起	エキシマレーザ, 高圧 CO_2 レーザ
化 学 反 応	HF レーザ
加 熱	ガスダイナミックレーザ
電 磁 界	自由電子レーザ
核 反 応	X線レーザ

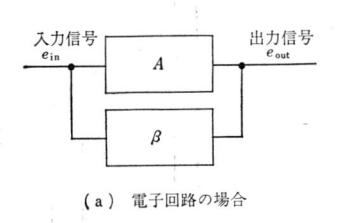

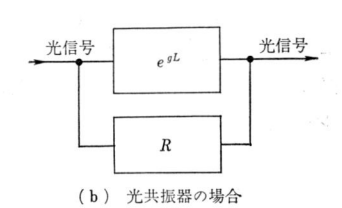

(a) 電子回路の場合 　　(b) 光共振器の場合

図 1.3.14 帰還回路
A: e^{gL}：増幅器
B: R：フィードバック定数
$e_{in, out}$：入出力信号レベル

しまうことを経験しているのと同じである．これは，スピーカーの雑音がマイクを通じてアンプで増幅され，さらにスピーカーに出力として出て，またマイクに入るというサイクルを繰り返す結果の発振である．通常のフィードバック系とレーザのフィードバック系の模式図を図1.3.14に示す．

増幅度を A とし，入出力電圧を e_{in}, e_{out} とし，フィードバック係数を β とすると，e_{out} は，図1.3.14から，

$$e_{out}=e_{in}A/(1-A\beta) \tag{35}$$

となる．レーザ動作では，増幅度 A は光路1往復で e^{2gL} であり，鏡の有効反射率 R が β に相当する．したがって発振の条件は，

$$1-A\beta=0 \tag{36}$$

となり，$R-e^{2gL}=1$ が発振しきい値となる．

1.3.4 レーザの出力

レーザの吸収係数 α_s や利得係数 g_0 は，前項1.3.2の(17)式により記述できることを示した．その結果，α_s および g_0 は(19)式，(27)式で与えられることがわかった．再度整理すると，強度 $I_0(W/cm^2)$ をもつレーザ光が増幅媒質中を通過するとき，x, $x+dx$ の間での強度の変化量 dI/dx は，

$$dI/dx=g_0I=\sigma_{21}(\nu_s)(N_2-(g_2/g_1)N_1)I \tag{37}$$

で示される．今までは，入射し増幅していくレーザ光の強度が十分微弱で，誘導放出によって逆転分布 ΔN に大きな変化を与えない範囲を扱ってきた．つまり小信号な範囲であった．しかし，もし信号が強く誘導放出による寄与で逆転分布が信号 I に応じて変化する飽和領域では，小信号利得 g_0 をそのまま用いることができなくなる．

この飽和領域での利得には，飽和パラメータと呼ばれる I_{sat} を用いた以下の形になる．

$$g(I)=g_0/(1+I/I_{sat})=\Delta N\sigma_{21}/(1+(\sigma_{21}\tau_{eff}/K w)I) \tag{38}$$

ここで τ_{eff} は逆転分布エネルギー準位間の実効的な緩和時間である．この飽和パラメータ I_{sat} は，実際にレーザ媒質から得られるパワーの大きさを示す大切な因子である．

レーザの出力を示す記述を以下に述べる．先にレーザの発振条件は，帰還回路の $1-A\beta$ が0になる時であることを述べた．この際の増幅作用は，十分飽和領域での利得を考慮すべきであることは容易に理解できる．g を飽和領域でも用いることができる．(38)式を用いて，増幅度 A を $A=e^{2gL}$ と書く．図1.3.15に考えるべきレーザ発振器の模式図を示す．

2枚の鏡の間を光が1往復する時受ける全損失を γ_{LOSS} とする．この損失には，回折損失，散乱損失や反射面上での損失などを含む．また透過側の鏡の透過率を t とすると，フィードバック系として増幅媒質に戻る実行の帰還係数 β は

$$\beta=1-(\gamma_{LOSS}+t) \tag{39}$$

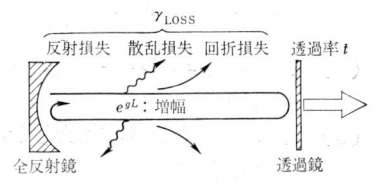

図 1.3.15 共振器の内部で光信号が受ける損失と増幅

である．鏡間隔 L を 1 往復して得られる増幅 A が e^{2gL} であるから，発振条件 $1-A\beta=0$ を満足するには，

$$e^{2gL}(1-(\gamma_{\text{LOSS}}+t))=1 \tag{40}$$

が成立する．発振条件では，利得係数 g が信号の微小なときの g_0 に比べ低くなり，(40) 式の条件を満足する状態で一定値となる．このときの強度 I は (38) 式から

$$I=I_{\text{sat}}(g_0/g(I)-1) \tag{41}$$

となる．一方 (40) 式の両辺で対数をとり，$\ln(1+x)\approx x$ の近似を用いると，

$$g(I)=(1/L)(\gamma_{\text{LOSS}}+t) \tag{42}$$

となる．(41) 式に代入することにより，発振条件での強度 $I(\text{W/cm}^2)$ が求まる．

共振器から得られるレーザの出力 $P_{\text{out}}(\text{W})$ は，ビームの断面積を S とし，共振器の有効透過率 t として，

$$P_{\text{out}}=I_{\text{sat}}\cdot S\cdot t\{(g_0L/(\gamma_{\text{LOSS}}+t))-1\} \tag{43}$$

になる．また実験により $g_0\cdot L$ が求まった場合での最適な透過率が，P_{out} の極大値を t について求める，すなわち $dP_{\text{out}}/dt=0$ の条件で見出すことができる．図 1.3.16 に Ar レーザ励起の色素のレーザを例に示した[1]．(43) 式はたとえば高出力な CO_2 レーザ装置などを設計する上で非常に有益な情報をもたらしてくれるものである．

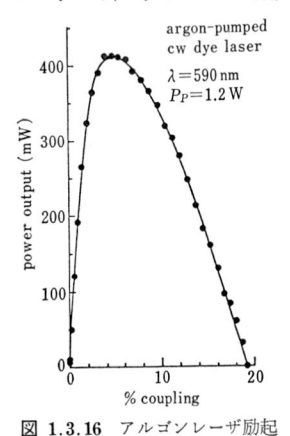

さてレーザ出力を高出力化しようとした場合，どのようにすべきかについて考えてみる．連続動作の場合には，(43) 式にもどってみれば理解がしやすい．今 $g_0L/(\gamma_{\text{LOSS}}+t)\gg 1$ の条件が成立すれば，出力 P_{out} は

$$P_{\text{out}}\propto I_{\text{sat}}\cdot S\cdot L\cdot g_0 \tag{44}$$

になる．I_{sat} は (38) 式から

$$I_{\text{sat}}\fallingdotseq h\nu/\sigma_{21}\tau_{\text{eff}} \tag{45}$$

である．また g_0 は

$$g_0=\sigma_{21}\cdot \Delta N \tag{46}$$

であるので，P_{out} を高くする因子として

$$P_{\text{out}}\propto I_{\text{sat}}\cdot S\cdot L\cdot g_0=h\nu\cdot V\cdot \Delta N/\tau_{\text{eff}} \tag{47}$$

となり，次のように整理できる．

図 1.3.16 アルゴンレーザ励起の cw 色素レーザ出力の共振器透過率依存性 (Ref. 1)

(a) 1 個の光子エネルギー $h\nu$ を高くする．
　　短波長化
(b) 有効増幅媒質の体積 V を大きくする．
　　装置の大型化
(c) 逆転分布数 ΔN を大きくする．
　　高密度励起あるいは質量流量の増加
(d) 実効緩和時間 τ_{eff} を小さくする．
　　媒質圧力の高圧化

またパルス動作の場合には，取り出しうるパルスエネルギーは最大次の値となる．

$$E_{\text{out}} = h\nu \Delta N \times V \times 1/2 \qquad (48)$$

したがってやはり，短波長化，大体積化，高密度励起が要因となる．事実，加工用 CO_2 レーザや YAG レーザなど多くのレーザの高出力化は，ほぼ上記の因子を装置上具体化してきたものといえるのではないかと思う． 〔斉藤英明〕

文　献

1) A. E. Siegman, et al.: Lasers, Oxford Univ. Press (1986).
2) W. Koechner, et al.: Solid State Laser Engineering, Springer Verlarg, New York (1976).
3) S. S. Charschen, et al.: Lasers in Industry, Von Nostrand Reinhold (1972).
4) A. Yariv: Quantum Electronics, John Wiley & Sons.
5) A. J. Sonnessa: Introduction to Molecular Spectroscopy, Reinhold Publishing Comp. (1966).
6) R. Loundon, et al.: The Quantum Theory of Light Clarendon Press, Oxford (1973).
7) L. I. Schiff: Quantum Mechanics, McGraw-Hill Kogakusha, Tokyo (1968).
8) M. Born and E. Wolf: Principle Optics, Pergamon Press (1975).
9) A. J. ソネッサ著（島田　章訳）：分子分光学入門，共立出版 (1968).
10) 経団連防衛生産委員会編：レーザの基礎と応用 その1，経済団体連合会，1985年 p.24.

1.4 実用化されている加工用レーザ

1.4.1 CO_2
a. CO_2レーザの歴史

1964年, Patel によって, 最初に CO_2 レーザ発振が報告されている[1,2]. シリコン基板にアルミコーティングをしたミラーを用い, 出力鏡側には, 中央部に半径 1mm のコーティングのない部分を設けて, 出力を取り出した. この時は, 出力も 1mW と少なく, それほど注目されることもなかったが, 同じ Patel によって, N_2 を混合すると, 出力が 1mW から 11.9W に上昇し, 発振効率も 3% に向上したことが報告され[3,4], CO_2 レーザは一躍注目されるようになった. さらに, 1965年の暮れ, He を添加することにより, 効率向上が図られ, 出力も 106.5W に増加することが, 同じ Patel らによって報告された[5]. 同じ頃に, Moeller と Rigden らは, N_2 の添加より, He の混合の方が出力が大きくなることを示し, He 混合の重要性を強調している[6].

N_2 は, 放電による励起確率が高く, その最低励起準位が CO_2 の上準位レベルに近いため, N_2 を混合すると, 放電によって励起された N_2 のエネルギーが CO_2 に移され, CO_2 に反転分布が形成されるのである. He は, 下準位レベルの CO_2 の基底準位への緩和を促進する, 励起確率が高くなるように電子温度分布を調整する, 放電を安定化する, ガスの冷却を早める, など, 種々の作用があるといわれている.

Patel ら[5], および, Moeller と Rigden ら[6] は, いずれもレーザガスを流し, 常時, ガスを交換していた. 放電により, CO_2 が CO と O_2 に一部分解するが, その分解ガスを取除くために, ガスを流したものである. 同時に, 彼らは放電管を二重にし, 外側に水を流して冷却した. こうして, Patel らは, 内径 7.7cm, 2.3m 長の放電管で, 上記の出力 106.5W を効率 6% で発振したのである. こうして, CO_2 レーザは, 高出力, 高効率レーザとしての地位を築いたのである.

その後, CO_2 レーザの封じきり運転や長時間の安定性を狙い, He の代わりに H_2O[7] や O_2[8] を用いたり, CO[9,10], H_2[10], Xe[10], SO_2 などを添加することが試みられている. 出力 60W で, 寿命 1000 時間以上の封じきり運転[10] や, 1W の出力では, 10000 時間以上の運転[11] が報告されている. 基本的には今日でも CO_2, N_2, He の混合ガスが用いられているが, これらの成果を利用して, 封じきりの CO_2 レーザや, 高いピークの放電パワーが注入される TEA-CO_2 レーザにおいては, CO や H_2 が添加されることがある. 少量の H_2O や, 放電により, CO_2 から分解生成した CO は, むしろ, 効率を向上させるが, O_2 は出力を低下させるといわれており, O_2 の発生を防ぐために, 最初から CO を加えて, CO_2 の分解を抑えたり, O_2 を有効な H_2O に代えるために H_2 を添加するのである. また, CO_2 と N_2 が化学反応して生ずる NO や N_2O などによっても出力が低下するので, NO や N_2O の生

成に及ぼすガス圧や電極材質[10,12]の影響などもこの頃に研究されている.

単位放電管長当りの出力としても,この頃すでに,〜50 W/m が得られており,しばらくは,これが放電励起型の CO_2 レーザの出力の限界と思われていた.そこで,高出力の CO_2 レーザは放電管長を長くすることによってのみ得られていた.66 m の放電管で,1 kW の出力を得たり[13],実に,全長 240 m の放電管を用いて,8 kW の出力を得た[14]ことも報告されている.

次に,注目される CO_2 レーザの技術的な進歩は,1969年に報告された,ガスを高速で流して,温度上昇したガスを強制的に交換する,いわゆる強制循環冷却の技術の開発[15,16]であろう.これにより,CO_2 レーザの放電管長当りの出力は大幅に向上し,工業的な規模での数 kW のレーザも夢ではなくなった.CO_2 レーザの下準位は,7.48 μm の光子相当と低いので,レーザガスが,放電によって温度上昇すると,ボルツマン分布により,熱的に下準位に励起される CO_2 分子が増えて,反転分布の形成が困難になってしまうのである.680 K の温度になると,完全に反転分布がなくなるという計算例がある[17].したがって,CO_2 レーザは,放電で上昇したガスを冷却する必要があるが,放電管の管壁を冷却し,熱伝導でレーザガスを冷却できるのは,〜50 W/m の出力程度までであったわけである.

ガスを高速で流すことは,単に,ガスを冷却するだけでなく,グロー放電がアーク放電に移行してしまうのを防止するためにも利用できることから,いろいろなガスの流し方,放電のさせ方が試みられている.それらのガスの流し方や放電のさせ方については後述するが,注目すべき技術として,ガスを多量に流すために,レーザの光軸に対して直交する方向にガスを流す,いわゆる直交型の構成が開発されたことが上げられる[18~20].この構成により,多量のガス流量が容易に得られ,強制循環冷却により,レーザ出力は,放電管長ではなくガスの流量に比例して増えるようになり,〜50 W/(Torr·m³/sec) 程度の出力が得られるようになった.放電管長当りにすると,500 W/m 程度のものも得られている.また,ガスの流量を増やすために,ガス圧力を増やすことも試みられている.ガス圧力を上げると電源電圧も高くしなければならないが,直交型の構成をとることにより,極端に高い電圧を用いることなくガス圧力を上げることができる.ガス圧力を上げると放電が不安定になるので,放電の安定化のために,補助放電の試みもこの頃にいろいろと行われている.アイソトープを用いる方法[21],紫外線を照射する方法[22,23],電子ビームを照射する方法[24~26],RF の高周波放電を重畳する方法[27,28]などがある.こうして,1971年には,22 kW[29],1972年には,27.2 kW[28]の発振も行われるようになった.その結果,工業的に利用できるサイズのもので,金属の切断や溶接も十分可能な出力が得られるようになり,CO_2 レーザも,産業面で新しい応用が開けるようになったのである.

以上は,いずれも放電励起の CW レーザであるが,直交型で高圧力化が進められた1970年には,TEA (Transversely Exited Atmospheric pressure) CO_2 レーザと呼ばれる,放電励起の大気圧のパルスレーザが試みられている.Denzenberg らは,0.1〜0.2気圧と大気圧まではいたっていないが,直径 15 cm,長さ 7 m で 170 J のパルスレーザを発振しており[30,31],Beaulieu は 1 m 長さの TEA–CO_2 レーザで,2 J/pulse を 17% の効率で発振している[32,33].そして,1971〜2年には,種々のパラメータサーベイが行われている[34~37].

また，CO_2レーザには，ガスダイナミックレーザと呼ばれる熱励起のレーザがある．これは，燃焼などにより高温高圧に加熱したCO_2ガスを，超音速ノズルを通して断熱膨張させて急速に冷却すると，下準位のほうが先に緩和し，反転分布が形成されることを利用するレーザであるが，Gerryが，1970年に，60kWのガスダイナミックCO_2レーザの発振を報告している[38]．このレーザは燃焼などの化学反応を利用するので，大出力の発振が可能であるが，通常は～1秒程度の短時間発振しかできない．

その他，1969～72年には，導波路型のCO_2レーザ[39,40]，HBrの化学レーザ光で励起したCO_2レーザ[41]，化学反応で生じた励起状態のHBrなどのガス中にH_2あるいは，D_2とともにCO_2ガスを混合して励起するレーザ[42～44]など種々のレーザが報告されている．

b. CO_2レーザの特徴

CO_2レーザの波長，出力の面から他のレーザと比較したのが，図1.4.1である．波長，出力ともに概略を示す図である．

すなわち，CO_2レーザは，高出力の赤外レーザであるといえるが，以下，それらの特徴について述べる．

（1）高効率で，出力が大きい．

CO_2レーザは量子効率が40.2％と高く，しかもN_2の励起断面積が大きく，かつ，CO_2へのエネルギー移行効率も高いので，実際にも，放電注入パワーに対しては20％程度，総合効率としても10％程度の効率が得られている．したがって，大出力も得られやすく，前記のように，数十kWの大出力も得られており，海外では25kWのレーザが販売されたこともある．化学レーザなどでは，これより，はるかに大きな出力のものもあるが，短時間の発振であり，操作性などを考慮すると，一般に利用できるレーザとしては，CO_2レーザが最も出力の大きなレーザといえよう．

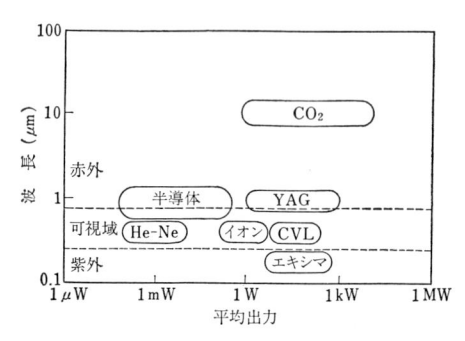

図1.4.1　代表的連続（または高繰り返し）レーザの波長と出力域

（2）ガスレーザである．

レーザ媒質がガスなので，一様性にすぐれ，レーザ媒質による光学歪が少なく，きれいな，安定したモードのビームが得られる．固体の場合には，温度変化による屈折率の変化が大きいので，出力によってモードが変化しやすい．

媒質内に部分的な欠陥があって，温度上昇すると，ビームが収束し，それがさらに温度上昇を招き，ついには破損することもある．このような現象のために，出力が押さえられるともいえる．CO_2レーザも，パワー密度や出力の上限は，一般に出力鏡耐力で押さえられており，現状はパワー密度で～400 W/cm^2，出力で～20kW程度が最大になっている．

（3）遠赤外レーザであり，非可視域のレーザである．

目に見えない光なので，光学素子のアライメントがやりにくい．一般には，可視光の

He-Ne レーザを重畳させ，その He-Ne レーザ光でアライメントを行っている．しかし最終調整は，実際に目的の試験を実施して行わざるをえないであろう．

　光学素子も，一般のガラスでは CO_2 レーザ光は透過しないので，レンズや窓材には ZnSe, Ge, GaAs など，鏡には Cu, Mo 材や Au コートしたものなどが用いられる．種々のセンサー類も遠赤外レーザであるがゆえに，一般の可視域用のものは利用できないことが多い．

　遠赤外であり，可視光に比べて波長が長いので，光学素子の表面粗さや形状精度などに対するシビアさは少ない．これらの許容値は波長に比例するので，たとえば，鏡の表面粗さが 5000 Å とすると，可視光ならほとんど 100% 散乱してしまうが，CO_2 レーザ光なら数%の散乱で済む．

　レーザ使用時，安全上では，一般には目に対して注意しなければならないが，CO_2 レーザの場合には，レーザ光が眼底の網膜までは到達しないので，視神経がやられて失明するということはない．しかし，出力が大きいので，目も含めて，体全体の火傷に対する注意が肝

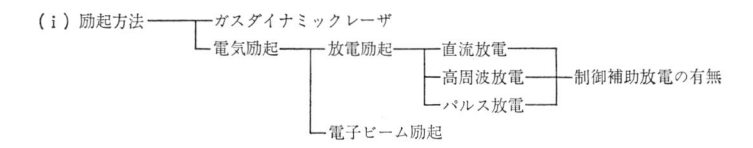

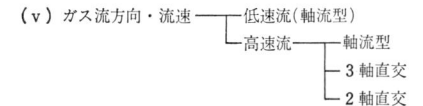

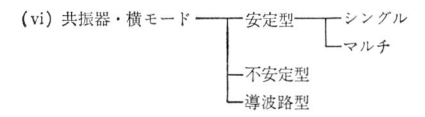

```
(ⅰ) 励起方法 ─┬─ ガスダイナミックレーザ
              ├─ 電気励起 ─┬─ 放電励起 ─┬─ 直流放電
              │            │            ├─ 高周波放電 ── 制御補助放電の有無
              │            │            └─ パルス放電
              │            └─ 電子ビーム励起

(ⅱ) ガス圧 ─┬─ 低圧
            ├─ 大気圧 ────── TEA
            └─ 高圧(>大気圧)─ TEMA

(ⅲ) 発振モード ─┬─ 連続(CW)
                └─ パルス

(ⅳ) 縦モード ─┬─ 単一波長
              ├─ ラインチューナブル(波長選択)
              └─ チューナブル(波長連続可変)

(ⅴ) ガス流方向・流速 ─┬─ 低速流(軸流型)
                      └─ 高速流 ─┬─ 軸流型
                                  ├─ 3軸直交
                                  └─ 2軸直交

(ⅵ) 共振器・横モード ─┬─ 安定型 ─┬─ シングル
                                  └─ マルチ
                      ├─ 不安定型
                      └─ 導波路型
```

図 1.4.2　CO_2 レーザのいろいろな見方からの分類

要である．

c．CO_2 レーザの種類

CO_2 レーザはいろいろな用途に用いられるようになってきており，種々のタイプのものが開発されてきている．それらを以下いろいろな見方から分類してみたのが図1.4.2である．実際には，経済性や用途により，これらのいろいろなタイプを組み合わせて1台の CO_2 レーザが構築されているといえる．以下，実際に開発されているいろいろな CO_2 レーザが，用途により，図1.4.2のタイプをどのように組み合わせて開発されているかを述べるが，図1.4.2の個々の項目については，極力その中で説明をすることにする．

CO_2 レーザの種類としては，まず励起方法により大きく分類されよう．加工用に用いられているレーザは，ほとんど全てが放電励起であるが，他にガスダイナミックレーザ（GDL），電子ビーム励起レーザなどがある．電子ビーム励起レーザは，核融合用に開発されたものであり，エキシマレーザや高気圧 CO_2 レーザなどで，繰返しは低い（〜1pps）が，単パルス出力の大きな，大口径（5〜30cm）レーザの励起法として用いられているタイプで，後述する電子ビーム制御放電励起型と同様な構成で，放電は行わずに，電子ビームで直接励起するレーザである．ここでは，GDL について以下簡単に説明する．

（i）ガスダイナミック CO_2 レーザ 一般には，CO_2 レーザは，放電によって励起されるが，GDL は燃焼などによる熱エネルギーによって励起するレーザである．図1.4.3にGDL の概略構成を示した．

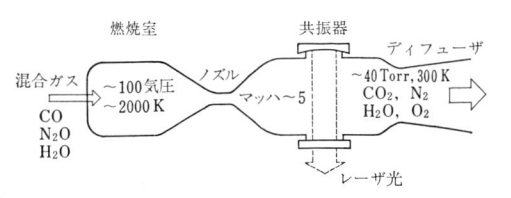

図 1.4.3 ガスダイナミック CO_2 レーザの構成

CO ガスに N_2O ガスを混合して燃焼させ，2000 K 程度の高温に熱すると，ボルツマン分布による平衡状態でも多量の上準位（001）レベルの CO_2 分子が存在するようになる．この状態でも，下準位（100）には上準位以上に CO_2 分子が存在するのでレーザは発振できない．H_2 は，酸化して生成される H_2O が，放電励起 CO_2 レーザで一般に用いられている He ガスと同様に，下準位の緩和を促進するために混合されているものである．燃焼により100気圧程度の高温高圧ガスにして，断熱膨張させて常温の数十 Torr のガスに冷却すると，下準位の CO_2 分子が先に基底準位に緩和するので，レーザ発振の可能な反転分布が形成されるのである．燃焼としては，ベンゼン（C_6H_6）を N_2O で酸化させる方法もある．

このように，GDL は電気励起ではないので，大容量電源が不要で，移動も可能であり，また，化学反応を利用するので，〜100kW 以上の大出力発振も可能である．

しかし，多量に，かつ，〜100気圧の高圧で，燃料を連続に供給することが困難なので，1秒程度のパルス発振（発振時間≫緩和時間なので，レーザとしては CW 発振の部類に入る）であり，また，共振器内の発振部分では，数十 Torr の低圧なので，一般には，P(20) の単一波長発振である．

ノズルからの断熱膨張による発振なので，媒質長は長く取り難く，口径は大きい．したがって，フレネル数は極端に大きく，安定型共振器では，ビームの回折による広がり角はかな

り大きくなってしまう．回折による広がり角を小さくするためには，媒質長を長くして増幅率を大きくし，不安定型共振器を用いる必要がある．

（ii）TEA-CO_2 レーザ，TEMA-CO_2 レーザ 放電励起には，100 Torr 以下の低圧で，グロー放電により励起する方法と，大気圧程度の高気圧ガスをパルス放電励起する方法とがある．ガス圧が高くなると，グロー放電（電界で加速された電子による電離で維持される放電）はアーク放電（熱電離により維持される放電）に移行しやすく，連続放電は困難となる．～1 μs 以下の短時間なら，熱電離が生ずるまでに至らず，したがってアーク放電に移行させずにグロー放電を形成させることも可能である．そのような，パルス放電励起の高気圧ガス CO_2 レーザに，TEA（Transversly Excited Atmospheric），および TEMA（Transversly Excited Multi-Atmospheric）CO_2 レーザがある．TEA レーザは，最近は IC などの小型電気部品のマスク式マーキング用に需要が増えており，TEMA レーザは，UF_6 ガスを用いたウラン同位体分離用として開発が進められている．なお，TEA は，後述する高速軸流型電気励起の COFFEE（Co-axial Fast-Flow Electrically-Excited）レーザと対照させて，洒落で名付けられたもののようである．

図1.4.4に TEA（TEMA）-CO_2 レーザの概略構成を示した．紙面と垂直方向に長さ 50 cm～1 m 程度の電極を図のように，ギャップ 1～3 cm 程度で対向させ，この電極間で放電励起する．電極間には，ほぼ大気圧のレーザガス（CO_2, CO, N_2, He などの混合ガス）が充填されるが，圧力が高いので，放電開始させるのに数十 kV のパルス電圧が印加される．1 μs 以下の短パルスで，しかも，アーク放電に移行しないで，電極間で一様に放電させるために，放電に先だって，UV 光などによる予備電離が行われる．以下図1.4.4を用いて，動作を説明する．

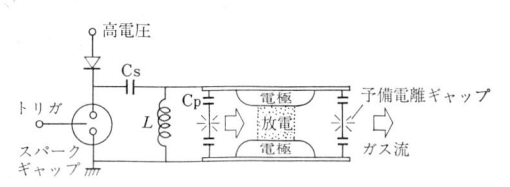

図 1.4.4 TEA-CO_2 レーザの構成

スパークギャップの "OFF" 状態で，高電圧端子からリアクトル L を通して Cs を充電する．充電が完了したところで，スパークギャップにトリガ信号を与えて "ON" させると，Cs に充電されていた電荷は Cp に移行する．この時，予備電離ギャップにはアーク放電が点弧して，UV 光を放出する．この UV 光を吸収して電極間のガスはわずかに電離する．このような状態で，Cp の端子電圧がだんだん上昇してくると，ついには絶縁破壊的に電極間で放電が開始される．この放電により，レーザガスは励起され，紙面に垂直方向に設けられた共振器でレーザ発振が行われるのである．Cs に充電されていたエネルギーが放電などで消費されると，スパークギャップは絶縁を回復し，電極間のガスもファンなどにより交換されて絶縁を回復する．UV 光で，電極間を一様に電離することで，局所的にアーク放電に移行してしまうのを防止しているのである．予備電離の方法には，このほか，X 線，電子ビーム，コロナ放電の UV 光などを利用するものもある．

TEMA レーザは，構造的には図1.4.4と全く同じであるが，10 気圧程度の高圧ガスが用いられる．CO_2 レーザは回転準位の差により，0.02 μm 程度の間隔で多数の波長の発振が

可能であり，回折格子などを用いて，いずれかの波長を選んで発振することができる（ラインチューナブル）が，10気圧程度まで圧力が高くなると，衝突により，そのライン幅が広くなってオーバラップするようになり，連続的に波長可変できる（チューナブル）ようになる．パラ水素のラマンレーザと組み合わせて，ウランの同位体分離を行うべく高出力 TEMA レーザの開発が進められている．

図 1.4.2 の縦モード単一波長発振（縦モードシングル）というのは，前記の，たとえばP(20) の $10.591\,\mu m$ の発振というのとは異なる．共振器長が，たとえば 1 m の場合，縦モード間隙は $0.56 \times 10^{-4}\,\mu m$ であり，同じ P(20) の $10.591\,\mu m$ でも，このモード間隔で多の数波長で発振することも有りうる．その場合には，共振器長が多少変動しても出力に大きな変動はない．しかし圧力が 20 Torr 程度の低圧になると，モード間隔とライン幅が，ほぼ等しくなる．したがって，さらに圧力が低くなったり，共振器長が短くなると，共振器長の変動により出力が大きく変動するようになり，単一波長の，すなわち単一縦モードの発振も可能となる．また，回折格子と組み合わせて，他の回転準位間遷移によるブランチの発振を，選択的に制御することも可能となる．

(iii) 加工用連続発振 CO_2 レーザ　　汎用の加工用レーザは，10～100 Torr の低圧力ガスの放電励起型であるが，一般には，直流のグロー放電で励起される連続発振（CW: Continuous Wave）モードのレーザである．RF（Radio Frequency）の高周波放電を利用したもの，あるいは，切断などの加工性能の向上のために，電源を制御してパルス放電を行い，パルス発振させることのできるレーザもある．後述する同軸型のレーザでは，パルス発振時のピーク出力が，CW 発振出力より高くできるスーパー（または，エンハンスト）パルスと呼ばれるパルスレーザもある．

CO_2 レーザは，原子内電子のエネルギーレベルの遷移ではなく，分子振動のエネルギーレベルの遷移を利用するため，エネルギーレベルが全体的に低く，温度上昇による出力の低下などの影響が大きい．それゆえガスの冷却が重要であり，流すガス流量によって，低速型と高速型，また，高速型は，さらに，レーザ光軸とガス流方向との関係により，同軸型と直交型とによく分類されている．低速型は水冷などの伝導でガスを冷却するものであり，ガスを流すのは冷却というより劣化したガスの除去のためである．高速型は，放電部のガスをブロアなどで循環し，強制対流により冷却するものである．図 1.4.5 に，この三つタイプの構造的な違いを図示してある．

(i) は 10～300 W の比較的出力の小さな CO_2 レーザで用いられる型で，長いガラス管

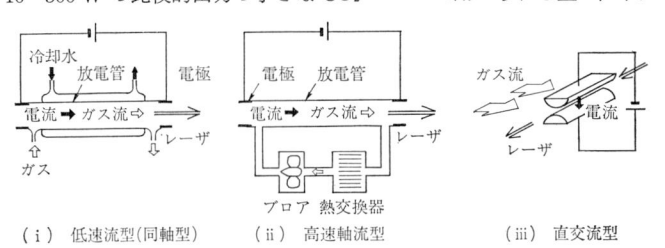

図 1.4.5　CO_2 レーザのガス流方向・流量による分類

の両端に電極を設けて通常のグロー放電で励起されるものである．圧力も 10〜20 Torr と比較的低い圧力が用いられる．冷却はガラス管を二重管にして外側に油あるいは水を流して，いわゆる，伝導冷却を行っている．このように管の周辺から伝導で冷却する場合，管径を大きくして冷却面積を大きくしても，管中央部と管壁までの距離が遠くなるので，結局管中心の温度は変わらない．したがって，出力を上げるには，放電管長を長くすることで行わざるを得ない．およそ放電管長あたり 〜50 W/m である．放電管の内径が $\phi 20$ mm の時，コの字型や Z 字型に折り返しても，共振器長 10 m でフレネル数が 1 となり回折ロスが多くなってくるので，共振器長を長くして出力をさらに上げるのは困難になってくる．そこで，この低速軸流型は比較的出力は小さいが，シングル横モード（ガウシャンビーム），ラインチューナブル，シングル縦モードなどの，高品質ビームレーザ用に主に適用されているタイプである．

（ii）と（iii）はガスをブロアで循環し，熱交換器で冷却する，いわゆる，強制循環冷却を行っている．それで，高速ガス循環型と呼ばれている．（ii）は（i）と同様にガラス管を用いて放電を行っているので，ガスは放電と同じく管の軸方向に流しており，これはまた，レーザの光軸とも一致しており，共軸型あるいは軸流型と呼ばれている．これに対し，(iii)はガスを光軸に対し直交する方向に流すことから直交流型と呼ばれている．放電電流の方向は，ガス流と光軸の両者に直角になっている．なお，(iii) の直交流型には (iii) 図のように三軸共に直交している型のほかに，放電とガス流は同方向にする二軸直交型とがある．

高速流型は出力を上げるために，温度上昇したガスを強制的に，冷たいガスと交換するものであり，したがって，[放電体積×ガス密度×単位時間当りのガス交換回数] で発振できる最大出力がほぼ決まってしまう．軸流型は，放電管の長手方向にガスを流すので，ガス交換回数を増やすためには，直交流型に比べガス流速を高めねばならない．そこで，直交型は 40〜70 m/s の流速が用いられているが，軸流型は 100〜200 m/s 程度の流速が用いられている．直交型は流速は遅いが，流路の断面積が大きいので流量が多くとれ，流路長が短いので単位時間当りのガス交換回数が多く，高出力レーザの開発が比較的容易で，(1) でも述べたが，直交型の開発により，CO_2 レーザの出力は大幅に増加し，低速型では比較的困難な，0.5 kW 以上はほとんどが直交型であった．

圧力を高めることによっても，同一体積で高い出力の発振が可能であるが，圧力を高めるとグロー放電がアーク放電に移行しやすくなる．そこで，種々の技術を用いてアーク放電への移行を防止する方法が取られている．ガス流は，単に冷却するためだけではなく，アーク放電への移行防止にも利用されている．直交型は（電流に直交する方向の）放電断面積が大きいので，断面内電流分布が不均一になりやすく，アーク放電へ移行しやすいが，三軸直交型では，電流密度が局部的に高くなっても，放電方向と直交する方向にガスが流れているので，ガス流によってプラズマが飛散され，アーク放電への移行が抑制されている．軸流型では，ガス流の上流側電極部で，いかに放電断面積を広げるかがアーク放電への移行防止のポイントであり，電極直後の下流側に，渦流を発生させるなど，ガス流を利用している．

直交流型では，一方の電極を多数に分割し，個々に直列抵抗をつけて，電流分布を一様にするなどの手段が取られている．その他に，電子ビームや RF などの高周波放電などの補助

放電を用いて,アーク放電への移行防止することも行われている.こうして,圧力を極力高めようとしているが,逆に,圧力が高いと小信号ゲインが低くなり,飽和パラメータが大きくなるなどの欠点もあるので,軸流型,直交流型ともに,実際のCW-CO_2レーザに適用されている放電部圧力は,高い方で,60〜70 Torr の領域が用いられている.

グロー放電は,放電の方向に沿って,陰極降下領域(陰極暗部)と陽光柱領域に大きく分けられるが,陰極降下領域長はほぼ一定で,放電長が長くなると陽光柱領域が長くなる.直流放電励起のCO_2レーザの励起は,この陽光柱領域で主に行われるので,放電長の長い低速流型や高速軸流型は励起効率が一般に高い.その他,軸流型は円形断面の放電管で励起し,円形のビームを発振させるので,無駄がない.ビームの横モードも容易に回転対称の円形になる.このようなことから,軸流型が主に適用される領域が広がっており,最近の

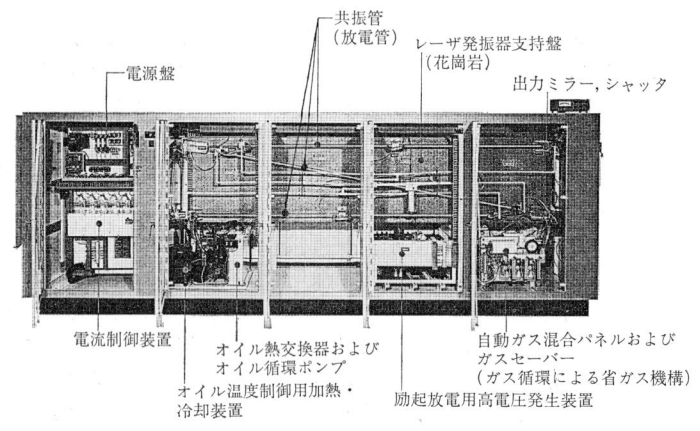

図 1.4.6 低速軸流型 CO_2 レーザの構成例

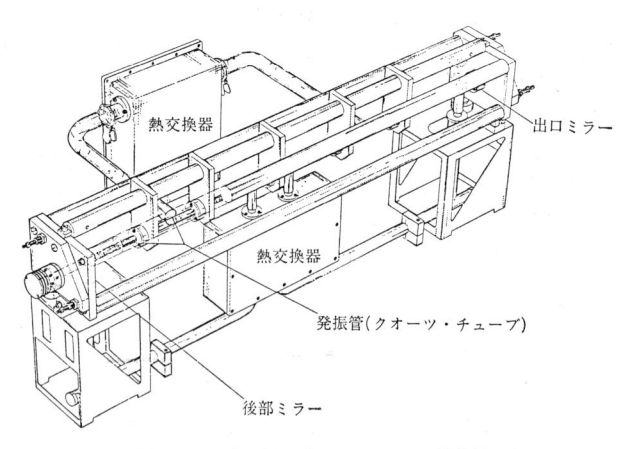

図 1.4.7 高速軸流型 CO_2 レーザの構成例

0.5~2kWの加工用レーザは，ほとんど軸流型になってきている．さらに，3~10kWの大出力領域では，まだ，直交型が主であるが，軸流型も市販されており，技術の進歩とともに，この領域でも軸流型が増えてきている．

以下，これらのCO_2レーザの具体例をいくつか紹介する（図はカタログより引用）．

図1.4.6に0.5kWの低速軸流型CO_2レーザの構成例を示した．6本の放電管をZ字型に並べている．フレネル数が小さくなるので，折り返し鏡には凹面鏡を用いている．花崗岩を用いて，アライメントの狂いを押さえている．また，キャビネット内に電源，制御装置，ガス循環系などすべて納めているが，キャビネット内のガスを冷却し循環するなどしてキャビネット内温度の変化を押さえている．

図1.4.7に0.5kWの高速軸流型CO_2レーザの構成例を示した．

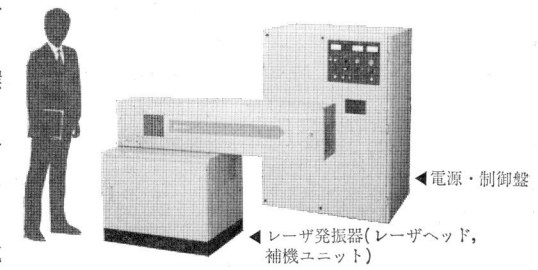

図1.4.8　高速軸流型CO_2レーザの外観写真

4本の放電管が直列に配置され，ルーツブロアから送り出されたガスは，4本の放電管に並

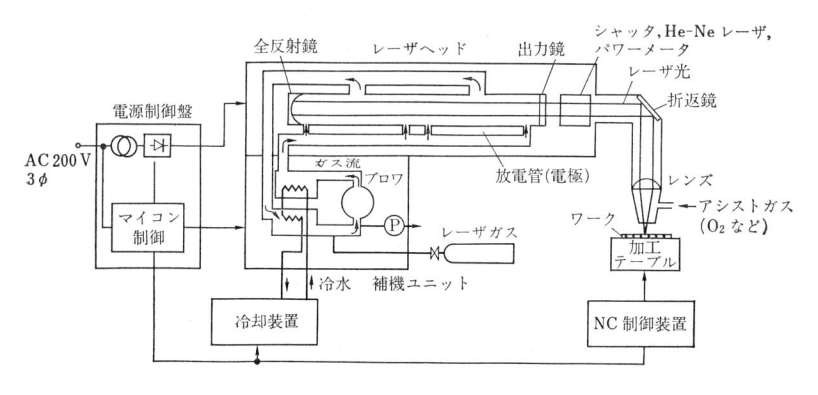

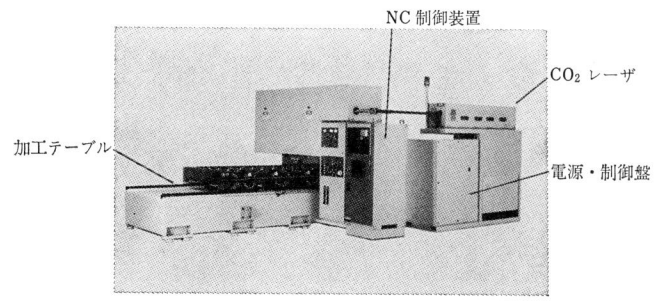

図1.4.9　高速軸流型CO_2レーザを用いた加工システムの構成と外観写真

列に流されている．放電管で温度上昇したガスは熱交換器で冷却されてブロアに戻る，クローズドサイクルが形成されている．光学系は，放電管を直列に結合した共振器で，出力鏡にはZnSeの半透過鏡を用いた安定型共振器となっている．図1.4.8は同様な0.5kWの高速軸流型CO_2レーザの外観写真を示した．図1.4.9には，図1.4.8のレーザを用いたCO_2レーザ加工システム構成例および外観写真を示した．図1.4.10は，3軸直交型レーザの構成例である．高速軸流型は放電管，ブロア，熱交換器などを配管で接続した構成になっているのに対し，直交型は一つの金属容器の中に，放電部，ブロア，熱交換器などが入っているという形を取っている．図1.4.11は，その直交型の3kWレーザを，3台用いて9kWの装置として構成した例である．軸流型は放電管本数を増やして高出力化を図っているが，直交型では，このように，モジュールを増やして出力を上げられるようにしているものがある．図1.4.11の例では，本体と電源・制御装置などとが別になっているが，図1.4.12は，本体と電源・制御装置とを一体とした2kWの直交型CO_2レーザを用いた加工システムの外観写真である．

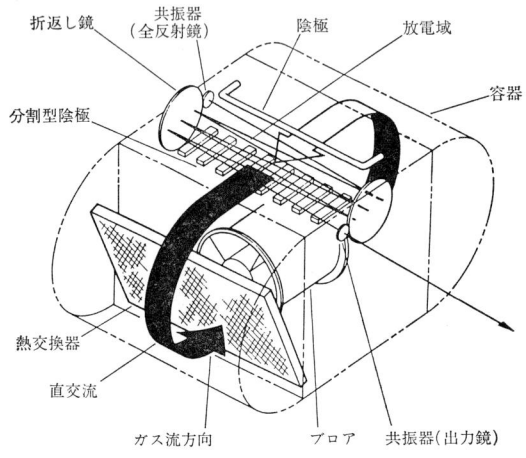

（菅原宏之）

図 1.4.10 3軸直交型CO_2レーザの構成例

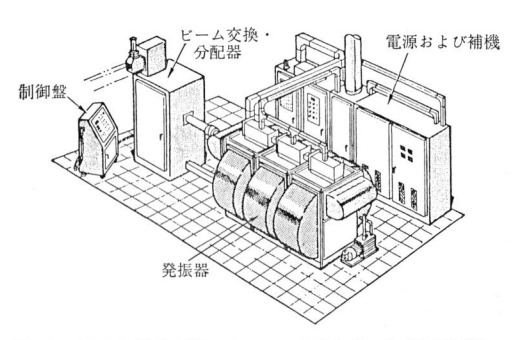

図 1.4.11 3軸直交型モジュール3台を用いた9kWCO_2レーザ

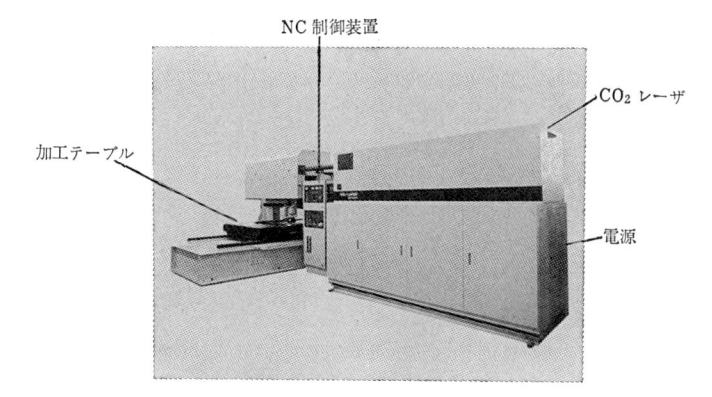

図 1.4.12 電源と3軸直交型レーザ本体を一本化した CO_2 レーザの加工システム構成例

文　献

1) C. K. N. Patel: *Phys. Rev. Lett.*, **336 A** (Nov. 1964), 1187-1193.
2) C. K. N. Patel: *Phys. Rev. Lett.*, **12** (May 1964), 588-590.
3) C. K. N. Patel: *Appl. Phys. Lett.*, **7** (July 1965), 15-17.
4) T. J. Bridges and C. K. N. Patel: *Appl. Phys. Lett.*, **7** (July 1965), 244-245.
5) C. K. N. Patel, et al.: *Appl. Phys. Lett.*, **7** (Dec. 1965), 290-292.
6) G. Moeller and J. D. Rigden: *Appl. Phys. Lett.*, **7** (Nov. 1965), 274-279.
7) R. J. Carbone and W. J. Witteman: *IEEE J. Quant. Elect.*, **QE-5** (9) (Sept. 1969), 442-447.
8) C. K. N. Patel: 特許公報, 昭 45-3998.
9) E. V. Locke: 特許公開公法, 昭 49-79799.
10) W. J. Witteman: *Appl. Phys. Lett.*, **11** (Dec. 1967), 337-338.
11) U. E. Hochuli and T. P. Sciecca: *IEEE J. Quant. Elect.*, **QE-10** (Feb. 1974), 239-244.
12) R. J. Carbone: *IEEE J. Quant. Elect.*, **QE-3** (Sept. 1967), 373-375.
13) P. A. Miles and J. W. Lotus: *IEEE J. Quant. Elect.*, **QE-4** (Nov. 1968), 811-819.
14) E. M. Breinan, et al.: Comission Ⅳ "Special Welding Processes" of the International Institute of Welding (July 1975).
15) T. F. Deutsch, et al.: *Appl. Phys. Lett.*, **15** (Aug. 1969), 88-97.
16) A. E. Hill: *Appl. Phys. Lett.*, **16** (June 1970), 423-426.
17) A. J. Demaria: *Proc. IEEE*, **61** (6) (June 1973).
18) W. B. Tiffany, et al.: *Appl. Phys. Lett.*, **15** (Aug. 1969), 11-73.
19) R. Targ and W. B. Tiffany: *Appl. Phys. Lett.*, 15 (Nov. 1969), 302-304.
20) R. J. Freinberg and P. O. Clark: *IEEE J. Quant. Elect.*, **QE-6** (Mar. 1970), 163-164.
21) T. Ganley: *Appl. Phys. Lett.*, **18** (June 1971), 568-569.
22) H. Sequin and J. Tulip: *Appl. Phys. Lett.*, **21** (Nov. 1972), 414-415.
23) O. P. Judd: *Appl. Phys. Lett.*, **22** (Feb. 1973), 95-96.
24) J. D. Daugherty, et al.: The 24 th Annu. Gaseous Electronics Conf., Gainesville, Fla., (Oct. 1971)
25) C. A. Fenstremacher, et al.: *Appl. Phys. Lett.*, **20** (Jan. 1972), 56-60.
26) H. G. Ahistrom, et al.: *Appl. Phys. Lett.*, **21** (Nov. 1972), 492-494.
27) A. C. Eckbreth and J. W. Davis: *Appl. Phys. Lett.*, **21** (July 1972), 25-27.
28) C. O. Brown and J. W. Davis: *Appl. Phys. Lett.*, **21** (Nov. 1972), 480-81.
29) A. E. Hill: *Appl. Phys. Lett.*, **18** (Mar. 1971), 194-198.

30) G. J. Denzenberg, et al.: *IEEE J. Quant. Elect.*, **QE-6** (Oct. 1970), 652-654.
31) W. B. McKnight and G. J. Denzenberg: *IEEE 1971 Int. Conv.*, (Mar. 1971), 344-345.
32) A. J. Beaulieu: *Appl. Phys. Lett.*, **16** (June 1970), 504-506.
33) A. J. Beaulieu: *Proc. IEEE*, **59** (Apr. 1971), 667-674.
34) D. C. Smith and A. J. DeMaria: *J. Appl. Phys.*, **41** (Dec. 1970), 5212-5214.
35) A. M. Robinson: *IEEE J. Quant. Elect.*, **QE-7** (May 1971), 199-200.
36) L. J. Denes and O. Farish: *Electron Lett.*, **7** (1971), 337-338.
37) D. T. Rampton and O. P. Gandhi: *Appl. Phys. Lett.*, **21** (Nov. 1972), 457-46.
38) F. T. Gerry: *IEEE Spectrum*, **7** (Nov. 1970), 51-53.
39) A. N. Chester and R. L. Abrams: *Appl. Phys. Lett.*, **21** (Dec. 1972), 576-578.
40) E. G. Burkhart, et al.: *Opt. Commun.*, **6** (Oct. 1972), 193-195.
41) T. Y. Chang and O. R. Wood, Ⅲ: *Appl. Phys. Lett.*, **21** (July 1972), 19-21.
42) T. A. Cool, et al.: *Int. J. Chem. Kinetics*, **1** (Sept. 1969), 495-497.
43) T. A. Cool and R. R. Stephens: *Appl. Phys. Lett.*, **16** (Jan. 1970), 55-58.
44) T. D. Poehler, et al.: *Appl. Phys. Lett.*, **20** (June 1972), 497-499.

1.4.2 Nd:YAGレーザ

Nd:YAGレーザは，レーザ加工機用の光源として，CO_2レーザと並んで，現在最も実用化の進んだレーザである．Nd:YAGレーザはこれまで，主として半導体デバイスや電子部品のマイクロ加工用に製造ラインで使用され，ラインの生産性向上やフレキシブル化，製造コストの低減や製品の信頼性向上に寄与してきた．

一方，最近のNd:YAGレーザの高出力化技術の進展によって，kW級平均出力のレーザが実用化されるに至った結果，従来高出力CO_2レーザが独占していた，鋼板の切断，溶接を中心とする金属加工分野へのYAGレーザ応用も活発化している．

本稿では，レーザ加工用として実用化されているNd:YAGレーザ装置の構成，種々の発振制御技術と発振特性，高出力化技術などについて紹介した後，次世代の固体レーザとしてその開発が活発に行われている，レーザダイオード（LD）励起固体レーザの特長とその現状について紹介する．

a. Nd:YAGレーザの特徴

製造ラインで使用されるレーザの満たすべき条件としては，高信頼性，高操作性，保守の容易さなどが必須である．YAGレーザはこれら基本的条件を満足するだけでなく，以下にあげる多くのすぐれた特長を有する．

（1）図1.4.13にNd:YAGレーザの種々の発振波長を示す[1]．レーザ加工には通常，主発振線である1.06 μm 光が利用される．これらの発振波長帯は近赤外領域であるため，レーザ共振器や加工用光学系に用いる種々の光学部品や，発振器の内部，外部で用いる光変調用デバイスに，石英，ガラス，各種結晶など，高品質で比較的低価格の光学材料が使用できる．特に，光通信の分野でその製造技術が飛躍的に発展した低損失の石英ガラスファイバが，kW級レーザ出力のパワー伝送路として利用できるため，切断，溶接，マーキングなどの分野においては加工光学系が著しく簡素化できると同時に，フレキシブル化が可能となり，そのメリットはきわめて大きい．

また，CO_2レーザに比べて波長が一桁短いため，発振モード制御による高品質ビームを利用したマイクロ加工が可能である．また多くの被加工材料では照射光の波長が短くなると

1.4 実用化されている加工用レーザ

共に吸収率が増大するため,加工効率が向上する.

(2) Nd:YAG レーザは多様な発振動作が可能である.連続（CW）励起とパルス励起,ノーマル発振とQスイッチ発振,TEM$_{00}$モード発振とマルチモード発振など,励起方式,光変調技術,発振横モード制御技術を選択,組み合わせることによって,発振出力やパルス幅を広範囲に変えられ,用途に応じて最適な発振形態の選択が可能である.特にレーザ媒質中におけるエネルギー蓄積作用を利用したQスイッチ発振は固体レーザに特長的であり,これから得られる短パルス高尖頭値のQスイッチパルスはトリミング,マーキング,リペアリング,スクライビングなどのマイクロ除去加工分野で多用されている.

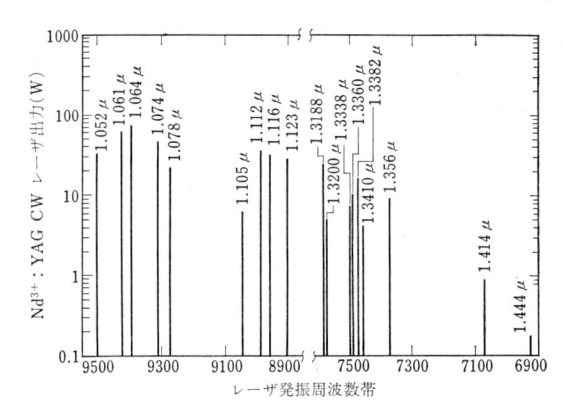

図 **1.4.13** 6900〜9500 cm^{-1} の周波数帯における CWNd^{3+}:YAG レーザの発振線と出力比較[1]
ロッド径4mm,5kWKr アークランプ励起,エタロンによる波長選択.

(3) 非線形光学結晶を用いた波長変換技術によって,発振波長を高効率で短波長化することができる.これから得られる可視光（0.53 μm）,紫外光（0.355 μm, 0.266 μm）はリペアリングなどのサブミクロン精度の除去加工や,LSI配線修正など光CVDを応用した付加加工用のレーザ光源として利用されている.

b. Nd:YAG レーザの構成とその機能

（i）**基本構成** Nd:YAGレーザは,放電管を用いてNd:YAG結晶を光励起し,近赤外の発振光を得る固体レーザである.一般的に固体レーザは,気体レーザに比べてレーザ媒質中の活性イオン密度が高いため,形状がコンパクトで高出力発振が可能である.Nd:YAGレーザは4準位レーザであるため,発振のしきい値が低く,高効率の発振が可能で

図 **1.4.14** 加工機用 Nd:YAG レーザの基本構成

ある.

　加工機用 Nd：YAG レーザの基本構成を図 1.4.14 に示す．装置はレーザ発振器部，励起ランプを駆動する電源部，発振器内部を冷却する冷却器部，Q スイッチ素子を駆動するドライバおよび全体を制御するコントローラ部によって構成される．レーザ発振器部は，Nd：YAG ロッド，励起ランプ，集光器を含むレーザヘッド部と共振器鏡，横モード制御機構，Q スイッチ素子，波長変換素子などから構成される．励起ランプの高輝度の光は集光器によって Nd：YAG ロッド内に集光されて活性イオン Nd^{3+} を光励起し，ロッド内に反転分布が形成される．これによって光増幅作用が生じ，共振器鏡による光学的フィードバック作用と相まってレーザ発振が起こる．

　図 1.4.15 はランプ励起固体レーザにおける，種々のエネルギー伝達効率を示したものである[2]．これから Nd：YAG レーザの高効率発振のためには，① 励起ランプの有効励起波

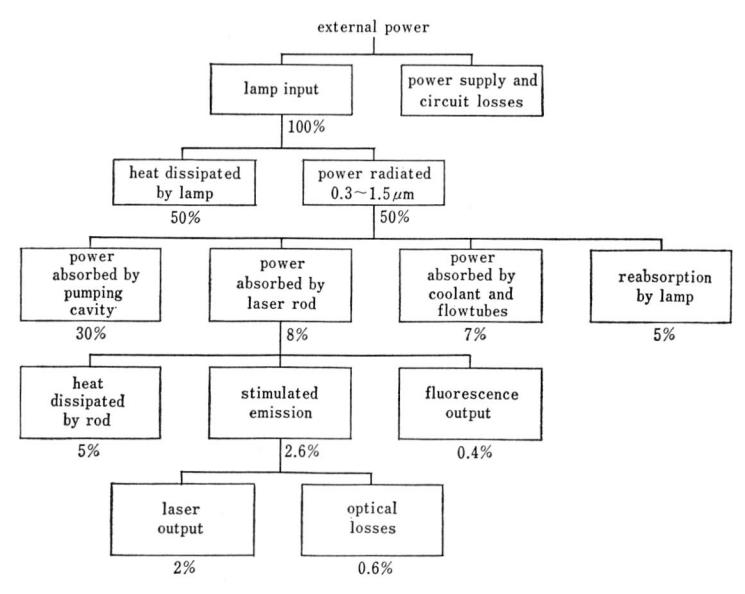

```
                    external power
                    ┌────────┴────────┐
              lamp input        power supply and
                                 circuit losses
                 100%
         ┌─────────┴─────────┐
   heat dissipated        power radiated
      by lamp              0.3～1.5μm
        50%                    50%
  ┌──────┬──────────┬──────────┬──────────┐
  power    power       power      reabsorption
absorbed  absorbed   absorbed     by lamp
   by       by      by coolant
 pumping  laser rod  and flowtubes
 cavity
  30%       8%         7%            5%
  │     ┌───┴───┐
 heat  stimulated fluorescence
dissipated emission  output
by rod
  5%      2.6%       0.4%
        ┌──┴──┐
       laser  optical
       output  losses
        2%     0.6%
```

図 1.4.15 ランプ励起固体レーザのエネルギーバランス[2]
ランプへの電気入力に対する割合.

長帯への発光効率，② 集光器による YAG ロッド内への集光効率，③ YAG ロッドによる励起光の吸収効率，④ レーザ発振横モード体積と YAG ロッド体積の空間的重なり，⑤ YAG ロッド内の反転分布エネルギーを誘導放出によってレーザ光に変換し，これを光共振器外部に取り出す効率，などの積の最大化が必要である．現状の加工用 Nd：YAG レーザの発振効率は高々 4% であり，通常 1～20 kW の投入電力の大部分はレーザヘッド内で熱に変換される．このため，励起ランプ，YAG ロッド，集光器は冷却器内のポンプによる高速水流によって高効率で冷却される．励起ランプと YAG ロッドの冷却は，ランプ寿命とレーザ出力およびその安定性に影響をおよぼすため特に重要である．

図1.4.16にCWNd:YAGレーザの製品例（NEC SL 117C，最大出力300W）の写真を示す．

（ii）Nd:YAG結晶 Nd:YAGはYAG結晶（$Y_3Al_5O_{12}$）を母体とし，原子比で1％前後のNd^{3+}を活性イオンとしてドープしたレーザ結晶であり，現在ではチョコラルスキー法で，直径100mm，長さ200mm前後の大形ブールが育成可能である．表1.4.1にNd:YAG結晶の特性を示す．

YAG結晶の特徴は，① 可視域から赤外域にわたって透明度が高く，光学的に高品質である，② 硬度が高く光学研磨が容易，③ 機械的，化学的に安定で半永久的寿命を有する，④ 熱伝導率が高く効果的冷却が可能，⑤ 励起ランプの紫外光による色中心の発生がない，⑥ レーザ光による光損傷しきい値が高い，などである．

加工用Nd:YAGレーザで用いられるレ

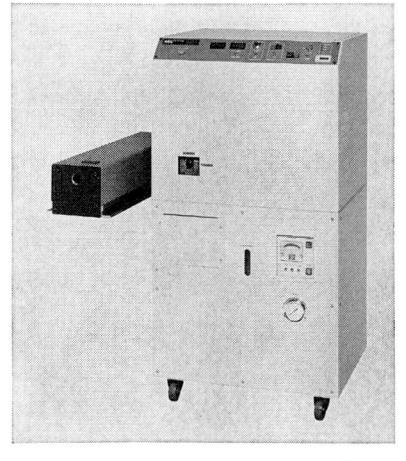

図1.4.16 CW Nd:YAGレーザの製品例（NEC SL 117 C）

表1.4.1 レーザ用YAG結晶の物理的・光学的諸特性

化 学 式	$Y_{2.97}Nd_{0.03}Al_5O_{12}$ (Nd:YAG)		レーザ遷移波長	1.064 μm
Nd 濃度（重量％）	0.725		レーザ遷移	$^4F_{3/2} \to {}^4I_{11/2}$
（原子％）	1.0		蛍光寿命	230 μs
（原子数/cm³）	1.38×10^{20}		蛍光線幅	0.5 nm
融 点	1,970°C		誘導放出断面積	$2.7 \sim 8.8 \times 10^{-19}$ cm²
硬 度	1,215 (Knoop)，8〜8.5 (Mohs)		屈折率 n	1.823
密 度	4.56 g/cm³		屈折率の温度係数 dn/dT	7.3×10^{-6}°C^{-1}
破壊強度	$1.3 \sim 2.6 \times 10^3$ kg/cm²			

ーザロッドの形状は，直径3〜10mm，長さ50〜150mmの円柱状であり，高出力のマルチモードレーザでは大口径，長尺ロッドが用いられる．直径8mm，長さ150mmのロッドを用いて電気入力10kWのランプ励起により300〜400Wの平均レーザ出力が得られる装置が製品化されている．一方マイクロ加工用に使用されるTEM$_{00}$モードレーザではロッド中心部の励起密度を高めるため直径3〜4mmの小口径ロッドが使用される．直径4mm，長さ100mmのロッドを用いたランプ入力5kWのCW Nd:YAGレーザで20W前後のTEM$_{00}$モード出力が得られる．

CW励起レーザとパルス励起レーザとではNd^{3+}の最適ドープ濃度が異なり，一般的には，前者では後者に比べてNd濃度の低いロッドが使用される．これはパルス励起レーザに比較して励起レベルの低いCW励起レーザでは結晶品質がより重視されることによる．

ロッドの両端面は面精度$\lambda/10$（λ: 589.8nm）以上，平行度10秒以内，垂直度5分以内

で光学研磨した後，MgF_2などの反射防止膜を付加して$1.06\mu m$における端面反射損失を0.5%以下とする．ロッド側面は内部の励起密度を制御するために使用目的に応じた粗さの砂目仕上げが施される．

Nd:YAGロッドの効果的で均一な冷却はロッドの熱破壊の防止だけでなく，発振効率，出力安定性，発振ビーム品質改善のため重要なポイントとなる．このため，ロッド周囲にガラス管を設けて流速を高め，冷却効率の向上と一様化が図られる．

(iii) 励起ランプ CWレーザ用励起ランプには一部の低出力レーザの例を除いて，クリプトン・アークランプが最も広く使用される．これはクリプトンアークランプの高い発光効率（30~40%）と，その発光スペクトルがNd:YAGの吸収スペクトルとよく一致することによる．図1.4.17にNd:YAG結晶の励起スペクトルを[3]，図1.4.18にはクリプトン・アークランプの発光スペクトルを示す[3]．これから750~900nmの波長帯にある強い輝線スペクトルがNdイオンの吸収帯とよく整合していることがわかる．

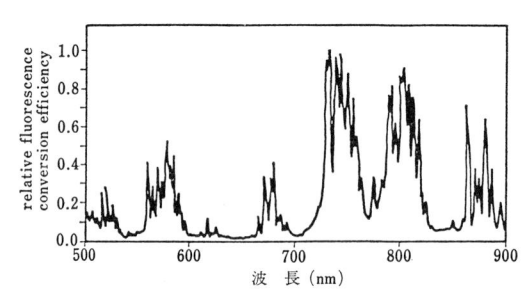

図1.4.17 Nd:YAGの励起スペクトル[3]

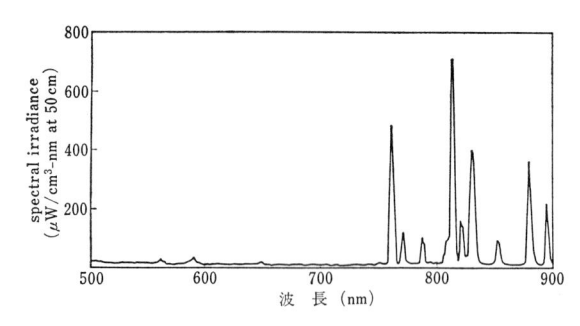

図1.4.18 クリプトンアークランプの発光スペクトル[3]
（内径6mm，アーク長50.8mm，電気入力1.3kW）

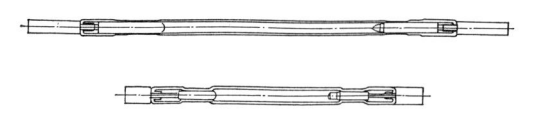

図1.4.19 ロッドシールタイプのクリプトンアークランプ（上）とフラッシュランプ（下）[3]

アークランプの電極シール法としては当初リボンシール，キャップシール（ハンダシール）なども用いられたが，現在では電極部の冷却効果が高く，長寿命動作が可能なロッドシールタイプが一般的である．図1.4.19にその例を示す[3]．ロッドシールタイプでは，タングステン電極を石英管でシールする際，両者の線膨張係数の差による熱破壊を防止するために中間係数を有するガラス材を中継してシールされる．また電極中間部において石英管が縮径されており，これによって電極部の冷却が効果的に行われる．

電極材料にはアノード側でタングステンまたはトリウムタングステン合金，カソード側で

1.4 実用化されている加工用レーザ

は電子放出を容易にするためにバリウム,ストロンチウムなどの特殊金属をタングステン内に含浸したマトリックスカソードが用いられる.

クリプトン・アークランプの発光効率は封入ガス圧と放電部ボアー径の増大と共に高くなる.しかしガス圧の増大はランプ点灯性の悪化を招くと同時に,動作時の管内圧力の増大による管破壊を起こしやすくするため,通常6気圧以下の封入圧力で使用される.またボア径の増大によって集光器の集光効率が低下すると同時にやはり管破壊を招きやすいため,ボア径 4～7 mm の範囲で,使用するロッド径と同等サイズのアークランプが用いられる.

ランプ動作時の石英管には,管の内,外壁の温度差による熱応力と,管内温度の上昇によって増大したガス圧力が加わる.さらに,両電極は,放電時の電子またはイオンの衝突とプラズマからの熱伝導などによって加熱される.特に,強い電子衝撃に曝されるアノード電極は高温に熱せられる.したがってランプの長寿命化にとって効果的冷却はキーポイントとなり,ロッド冷却同様,ランプ周囲にも流速を上げるためのガラス管が用いられる.また,厚さ 0.5～1 mm の薄肉石英管を使用するなど,冷却効果を上げる形状的工夫がなされている.

市販の CW 励起 Nd:YAG レーザでは最大電気入力 3 kW(ボアーサイズ直径 4 mm×長さ 75 mm)～10 kW(ボアサイズ直径 6 mm×長さ 150 mm)規模のクリプトン・アークランプが一般的に用いられており,その寿命は使用レベルによって数百時間から数千時間となる.

一方,パルスレーザ用励起ランプにはキセノンまたはクリプトン・フラッシュランプが使用される.その基本構造はアークランプと同等であるが,動作時のピーク電流が一桁以上大きくなるため,肉厚の石英管が用いられること,封入ガス圧が通常 300～700 Torr の低圧で用いられるという違いがある.

ランプのピーク電流が大きい高パルス尖頭値レーザでは発光効率が高い(40～60%)キセノン・フラッシュランプが使用され,キセノンガスの可視短波長域の連続スペクトル(図 1.4.20)が励起に寄与する.これに対して比較的ピーク電流の小さい,長パルス動作レーザ

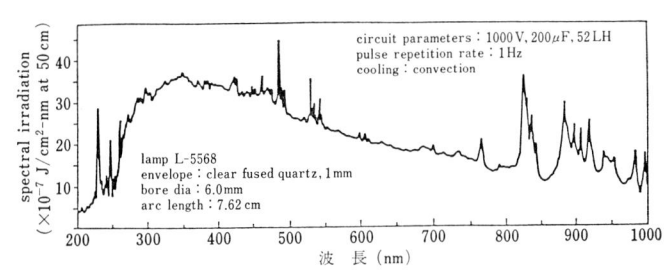

図 1.4.20 キセノンフラッシュランプの発光スペクトル[3]
内径 6.0 mm,アーク長 76.2 mm,Xe 390 Torr

では,可視長波長域に輝線スペクトルを有する.クリプトン・フラッシュランプを用いた方が高い発振効率が得られる.

フラッシュランプの動作寿命については以下の経験則が知られている[3].封入ガス圧 300～450 Torr で厚さ 1 mm の石英管を用いたキセノン・フラッシュランプの爆発エネルギ

— （1パルスでランプが破壊する電気入力）E_X（ジュール）は

$$E_X = 0.557 f(d) l d T^{1/2} \tag{1}$$

ここで，l：アーク長 (cm)，d：ボア径 (cm)，T：パルス幅 (s)，$f(d)$：定数（$d<8$ mm に対して24600，$d\geq19$ mm に対して17000）となる．このランプを電気入力 E_0（ジュール）で使用した場合の寿命はショット数で以下となる．

$$(E_0/E_X)^{-\beta} \tag{2}$$

ここで β は定数（$d<6$ mm に対して8.5，$d\geq15$ mm に対して14）である．

(2)式よりフラッシュランプの場合，寿命は入力レベルにきわめて急峻に依存することがわかる．

（iv）集光器 励起ランプの光をYAGロッドに集光する集光器の効率はレーザの発振効率を直接的に左右する．YAGレーザ用集光器としてはいくつかのタイプが実用化されているが，小形化と効率の面から楕円筒タイプが最も一般的に用いられる．これは楕円の一方の焦点から出射した光が楕円面で反射したのち他方の焦点に集光される性質を利用している．高効率の楕円筒集光器を得るための指針として一般的に以下のことが知られている[2]．

① 楕円の長軸とロッド径の比を小さくした小形集光器ほど効率が高い．これは直接入射または1回反射によってロッドに集光される割合が増えると同時に反射面の研磨精度，配置の寸法精度の影響を小さくできるためである．

② 楕円の離心率を小さくして円筒に近い形とし，ランプイメージが拡大されるのを防ぐ．

③ ロッド径とランプボアー径の比を大きくする．一方ボアー径を小さくするとランプの最大許容入力が低下するため，通常この比は1前後に選ばれる．

④ 反射面の反射率を極力上げる．

⑤ ロッド，ランプ，集光器長と同一にする．楕円筒集光器では筒長が長いほど多重反射によって入射する割合が減少するため，ロッド，ランプ，集光器をすべて長尺化した高出力レーザでは高い集光効率が得られる．

一方の焦点を共有する二つの楕円筒からなる2重楕円筒タイプは，2本の励起ランプによってより強い励起を行う場合に用いられ，一様な励起密度分布が得られやすいが，単楕円筒に比べて通常20～30％効率が低下する．

集光器反射面には黄銅，銅，ステンレスなどの材料に研磨精度を上げるためのニッケルメッキを付加して精密研磨した後，金メッキまたは金蒸着を施したものが一般的である．Nd：YAGの有効励起波長に対して金メッキ面で80～90％，金蒸着面で90％以上の反射率が得られ，集光器全体を水没して冷却する構造のものでは，数年以上にわたって安定に使用可能である．

一方，集光器反射面にセラミック材を使用して拡散反射とし，ロッド内の励起密度分布の一様化と反射筒の長寿命化を意図したものが，一部のパルスレーザにおいて製品化されている．

（v）レーザ反射鏡 Nd：YAGレーザ反射鏡には光学的に高品質なBK-7ガラスや溶融石英基板を面精度 $\lambda/10$ 以上で光学研磨したものに，1.06 μm 光に対して透明な酸化物

やフッ化物などのうち屈折率の異なる物質を真空蒸着法によって交互に蒸着して多層膜を形成した誘電体多層膜鏡が用いられる．レーザ共振器用反射鏡には，反射率 99.5% 以上の全反射鏡のほか，CW 励起レーザでは励起レベルに応じて 10～50% の透過鏡が，パルス励起レーザでは透過率 50% 以上の反射鏡が出力鏡として用いられる．これら所望の膜特性は多層膜境界面でのフレネル反射の干渉効果を制御することによって得られる．

レーザミラーでは膜の付着性，機械的強度，耐湿性，温度特性などが問題となるほか，高出力レーザ，Q スイッチレーザなどでは高い耐光強度が要求される．高出力 YAG レーザに使用される主要な蒸着材料とその特性を表 1.4.2 に示す[4]．多層膜を形成する高屈折率膜と低屈折率膜のうち，ミラー

表 1.4.2　1.06 μm 帯における高出力レーザ用光学薄膜の膜物質[4]

	屈折率	吸収係数 (cm^{-1})	融点 (°C)
TiO$_2$	2.0～2.4	10^{-4}～10^{-5}	1850
ZrO$_2$	1.8～2.0	10^{-5}	2700
Ta$_2$O$_5$	1.8～2.0	10^{-4}～10^{-5}	2100
SiO$_2$	1.45	10^{-6}	1470
MgF$_2$	1.38	10^{-6}	1395
Al$_2$O$_3$	1.6～1.7	10^{-5}～10^{-6}	2050

ーの耐光強度は TiO$_2$，ZrO$_2$ などの高屈折率膜によって支配される．製品化されている Nd:YAG レーザでは CW レーザ光に対して 10kW/cm^2 以上，Q スイッチパルスに対して 10 J/cm^2 以上の耐光強度のレーザミラーが使用されている．

（vi）**レーザ電源**　CW YAG レーザの励起用クリプトン・アークランプは通常 10～50 A の放電電流で，電極間電圧が 100～300 V の特性を示し，点灯時には約 20kV のトリガパルスが必要である．アークランプ駆動用 CW YAG レーザ電源は DC 回路，補助高圧回路，トリガ回路および制御回路より構成される．図 1.4.21 にそのブロック図を示す．

アークランプ点灯時の電源動作はまず DC 回路が動作し，約 300 V のオープン電圧を出力すると同時に，補助高圧回路が動作して DC 回路に並列に設けられたコンデンサ C_1 を約 1kV まで充電する．トリガパルスの印加によってアークランプ内に放電路が形成されるとコンデンサ C_1 からパルス幅数 ms の予備電流が流れこみ，次いで DC 回路から直流電流が流れてアーク点灯に移行する．

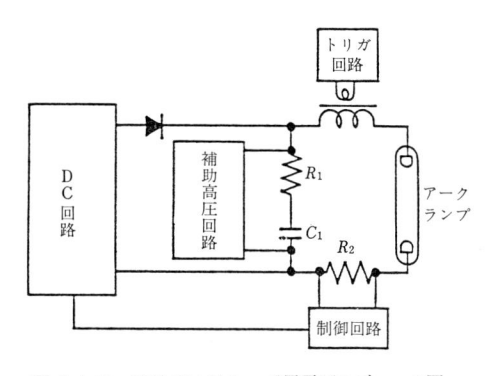

図 1.4.21　CW YAG レーザ用電源のブロック図

CW レーザ電源の性能は主として DC 回路によって決まる．DC 回路にはシリーズレギュレータ方式，SCR 位相制御方式なども用いられたが，最近では小形軽量，高効率，高速応答で高精度制御が可能なチョッパー式スイッチング制御方式が主流である．この方式の DC 回路は，高耐圧，大電流容量の FET やトランジスタをスイッチング素子として用いた，周波数数十 kHz のチョッパ式パルス幅制御のスイッチングレギュレータであり，出力は数 kW から数十 kW の電源まで製品化さ

れている．効率80%以上，応答時間は1ms前後，電流リップル成分は0.5%以下と高性能であるが，高周波数のスイッチングを行うため電気ノイズが発生し，周辺機器へのノイズ対策に注意を要する．図1.4.22にCWレーザ用スイッチング電源の構成例を示す．スイッ

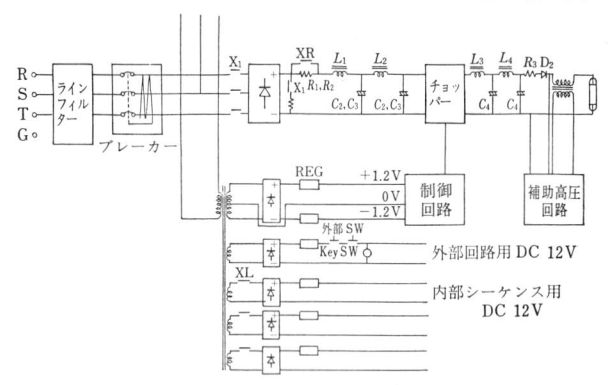

図 1.4.22 CW YAG レーザ用スイッチング電源の構成例

チング方式のCWレーザ電源は応答時間が速いため，工場の電力ライン電圧の急激な変動に対しても安定な定電流特性が維持され，大形設備機械の運転/停止が頻繁な鉄鋼・自動車をはじめとする重機械工場においても安定なレーザ動作が可能である．その上，図1.4.23に示すような任意の電流変調が外部信号により容易に行える．この機能はレーザ加工におけ

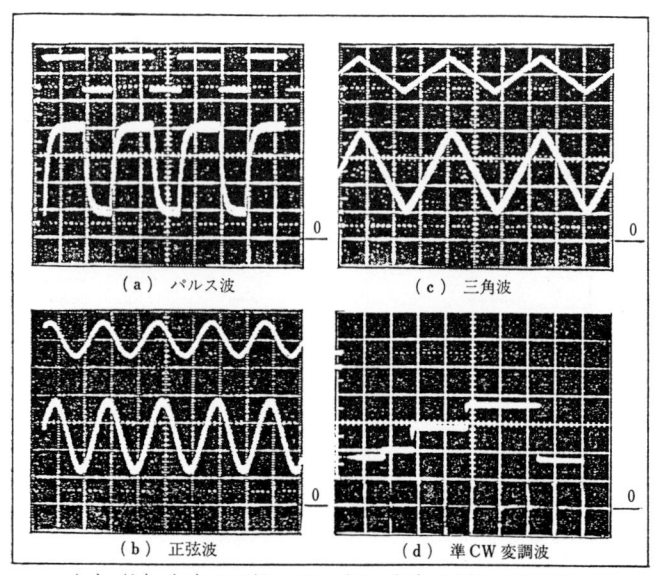

(a) パルス波
(c) 三角波
(b) 正弦波
(d) 準CW変調波

(a), (b), (c) 10A/div, 10ms/div (d) 5A/div, 0.5s/div

図 1.4.23 CWレーザのパルス変調（ランプ電流波形）

る入熱の最適化を図る上で有効である．励起ランプ電流のパルス変調によって，レーザ出力のピーク出力を CW 出力レベルの 2〜3 倍高めることが可能で，溶接においてはより深い溶け込みが得られ，鋼板などの切断においては，ドロスの少ない高品質切断特性，より厚い鋼板の切断が可能となっている．

一方，パルスレーザ電源は，充電回路と PFN（Pulse Forming Network），トリガ回路，シマー回路などから構成される．充電回路は PFN のコンデンサを 1 kV 以上まで充電する高電圧定電流電源で，その出力は数 kW から数十 kW が必要となるため，やはりスイッチング方式の採用によって小形，軽量，高効率化が図られる．200 V 3 相入力を整流し，高出力インバータによって数十 kHz の電流パルスに変換し，これを高周波トランスで昇圧した後再び整流して PFN コンデンサを充電する．この方式では高圧トランスや出力フィルタのコイル，コンデンサが商用トランスに比べて大幅に小形化できるため，電源全体の小形化と，充電繰返しの高速化，充電電圧の高精度制御が可能である．

PFN はコンデンサとチョークコイルとからなる LC 回路を多段接続した回路であり，これからフラッシュランプを通じて放電される電流波形は台形に近く，発光時間の制御は LC 回路の段数切替えによって行われる．このため，発光時間制御は通常非連続的となるが，大電流遮断回路の付加によって発光時間の準連続可変を行うことも可能である．図 1.4.24 に放電パルス幅制御の例を示す．これによって，パルスレーザの高ピーク出力特性を維持しつ

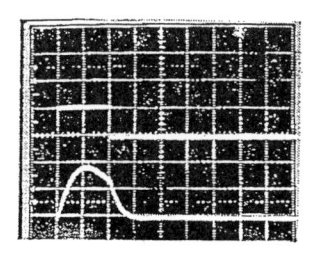

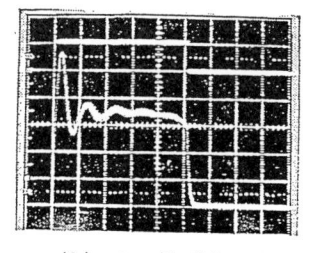

（a）パルス幅 約1ms　　（b）パルス幅 約10ms

図 1.4.24　パルスレーザにおけるパルス幅制御
(a) 0.5 ms/div, (b) 2 ms/div
いずれも（上）外部入力信号（下）フラッシュランプの電流波形

つ，パルス幅を 0.1 ms 単位で制御可能となり，レーザ加工特性制御の高精度が実現されている．

シマー電流はフラッシュランプに流す数百 mA の予備放電電流であり，これにより主放電ごとの高電圧トリガの印加が不要となると同時にミスフラッシュをなくすることができる．またシマー電流によってランプ内にあらかじめ放電路が形成されているため，主放電によるアークへの移行が円滑，速やかとなりボアの中心に高密度で再現性のよいアークが集中する．シマー電流の付加により，カソードスパッタ減少によるフラッシュランプの長寿命化，発光効率の向上，集光効率の改善，レーザ出力の再現性向上などの効果があることが知られている．

半導体素子の高電力化・高耐圧化・高速化と高周波スイッチング技術の進歩により，レー

ザ電源の小形,軽量,省エネルギー化とレーザ出力制御の高安定化,多様化,高機能化が一層進展するものと予想される.

(vii) 冷却器 YAG レーザ用の冷却器はレーザヘッド内で発生する 1～数十 kW の熱を除去する能力が必要である.またレーザ出力の安定性,再現性を確保するため冷却水温度が一定温度に制御されること,YAG ロッド,アークランプ,集光器反射面などに汚れが付着するのを防ぐため,1 次冷却水の水質を一定レベルに保つことなどが要求される.冷却器の基本構成を図 1.4.25 に示す.

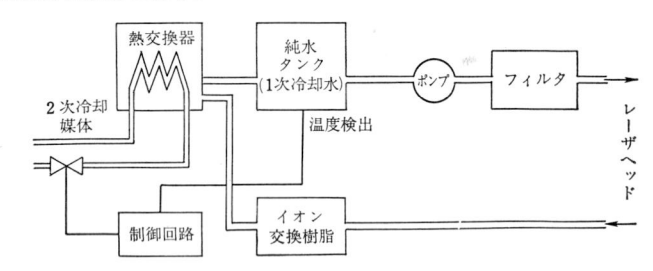

図 1.4.25 YAG レーザ冷却装置の構成例

レーザヘッド内を冷却する 1 次冷却水にはイオン交換水が使用され,その配管材料には金属イオンの混入を防止するために,ステンレス鋼,プラスチックが使用される.また混入した金属イオンを除去するために 1 次冷却系路にイオン交換樹脂を挿入する.

1 次冷却水の冷却および温度制御は 2 次冷却媒体の ON・OFF によって行われる.冷却器には,2 次冷却の種類によって,水道水を用いる水冷式,ラジエータファンを用いる空冷式,冷凍機を用いるチラー方式などがある.水冷式は高効率で冷却能力も高く,コンパクトであるが,ランニングコストが割高である.空冷式は効率が低いため,電気入力数 kW 以下の低出力レーザ用に限られるが,2 次冷却用力が不要であり,ランニングコストの面でも有利である.チラー方式は装置コストが高く,一般的に大形となるが,1 次冷却水温度を,周囲環境温度によらず任意温度に設定できるという利点がある.

c. Nd:YAG レーザの発振制御

(i) レーザロッド内の温度分布と熱ひずみ,熱レンズ効果,複屈折性[2] ランプ励起の固体レーザでは,ロッドに吸収されて発振に寄与しない無駄な光エネルギーや励起光と発振光のエネルギー差などが熱発生の原因となる.ロッドタイプのレーザではロッド外周の水流によって冷却が行われるため,径方向に温度勾配が生じる.均一な発熱の場合,径方向の温度分布 $T(r)$ は

$$T(r)=T(r_0)+(Q/4K)(r_0^2-r^2) \qquad (3)$$

の放物線分布(K:ロッドの熱伝導率,r_0:ロッド半径,r:径座標,$Q=P_a/(\pi r_0^2 L)$:単位体積当りの発熱量,P_a:ロッド内の総発熱量,L:ロッドの長さ)となることが知られている.この温度分布によって,ロッド内には,熱破壊の原因となる熱応力と,固体レーザ特有の熱レンズ効果および複屈折効果が生じる.

解析によるとロッドに生じる熱応力はロッド表面で最大となり,

$$\sigma_{\max} = \frac{\alpha E}{8\pi K(1-\nu)} \frac{P_a}{L} \qquad (4)$$

となる[2]）（α：熱膨張係数，E：ヤング率，ν：ポアソン比）．これから最大応力はロッドの単位長さ当りの発熱量に依存し，ロッドの径には依存しないことがわかる．(4) 式より，$\sigma_{\max}$ が Nd:YAG の破壊応力と等しくなる発熱量は，115 W/cm と計算されるが，ロッドの表面状態によってはこの値がさらに小さくなる．

一方，温度勾配の結果生じる屈折率分布と熱ひずみの結果，ロッド内には熱レンズ効果が生じる．レンズの焦点距離 f は

$$f = \frac{K\pi r_0^2}{P_a}\left[\frac{1}{2}\frac{dn}{dT} + \alpha C_{r,\phi} n_0^3 + \frac{\alpha r_0(n_0-1)}{L}\right]^{-1}$$

(dn/dT：屈折率の温度係数，$C_{r,\phi}$：径方向または円周方向の偏光に対する光弾性係数，n_0：屈折率）となる．f は三つの項からなるが屈折率の温度係数による第 1 項の効果が最も大きい．また，直線偏光または無偏光に対して 2 値の焦点距離が生ずることがわかる．たとえば直径 4 mm，長さ 75 mm のロッド，ランプ入力 3 kW の CW YAG レーザの f は 30 cm 前後の値となる．

ロッド内の温度分布によって誘起された熱ひずみは径方向および円周方向の偏光成分に対して屈折率が異なる複屈折性を生ずる．複屈折効果は中心軸からの距離と共に大きくなるため，直線偏光がロッド通過時に受ける偏光解消効果はビーム径と共に大きくなり，これが Nd:YAG レーザにおける直線偏光発振または基本横モード発振での高出力化を妨げる原因となっている．

(ii) **発振横モード制御**　Nd:YAG レーザの基本横モード発振の高出力化のためには，ロッド中心部での励起密度を高めると共に，ロッド内でのビームスポットサイズを大きくする共振器構成を設計することが必要である．内部にレンズを含む共振器のパラメータ g_1, g_2 は[2,5]，

$$g_1 = 1 - L_2/f - L_0/R_1$$
$$g_2 = 1 - L_1/f - L_0/R_2$$
$$L_0 = L_1 + L_2 - (L_1 L_2 / f)$$

となる（L_1, L_2 はロッドとミラー間の距離，R_1, R_2 はミラーの曲率，f はレンズの焦点距離）．

共振器の安定条件は

$$0 < g_1 g_2 < 1$$

であり，ミラー面上での基本モードのスポット径 ω_1, ω_2 は

$$\omega_1^2 = \lambda L/\pi \cdot \sqrt{g_2/g_1(1-g_1 g_2)}$$
$$\omega_1/\omega_2 = \sqrt{g_2/g_1}$$

となり，これからロッド内のビーム径が求められる．

特定の励起レベルにおける熱レンズ効果を低減させる方法として，ロッド端面にあらかじめ凹面研磨を施しておき，使用励起レベルにおいて熱レンズ効果を相殺する方法がある．焦点距離 f のレンズ効果を相殺するロッド両端面の曲率半径 R は

$$R=(n_0-1)/(n_0/l-\sqrt{(n_0/l)^2+n_0/fl})$$

となる[6]．この方式は基本横モード出力の高出力化，発振ビーム広がり角の低減に有効であるが，低入力レベルではロッドが負のレンズ効果を有するため，一般に発振しきい値が上昇し，レーザ発振の入出力特性が急峻になるという欠点がある．

利得の高いパルス励起 Nd：YAG レーザでは共振器内にビームエキスパンダを挿入する方式や，不安定共振器を用いる方式，不安定共振器の出力結合法として偏光子を用いる方式 などが用いられ（図1.4.26），ビーム広がり角が小さい高品質ビームが高出力で得られている．

(iii) **Qスイッチ発振**[7]   Qスイッチ技術は，固体レーザのレーザ始準位の緩和寿命（Nd：YAG では 230 μs）が長いことを利用して，共振器Q値を低くし，レーザ発振を抑止した状態で励起エネルギーをレーザ媒質内に反転分布エネルギーとして蓄積した後，高Q値状態にスイッチして発振を開始させることにより，時間幅が短く尖頭値の高い光パルスを得る方法であり，Nd：YAG レーザの加工応用上きわめて有効な技術である．特に，CW レーザに超音波変調器（AOQ スイッチ）を組み込むことによって得られる高速繰り返しQスイッチレーザは，① パルス繰り返し周波数が 1 Hz～数十 kHz まで電気的に任意に変えられ，尖頭値，パルス幅，平均出力などの発振特性を広範囲に制御可能，② パルス発振の ON・OFF 制御が高速，高精度で可能，③ 光学的品質の高い AOQ スイッチが利用可能で高安定，高出力が得られる，などによ

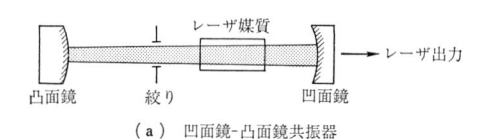

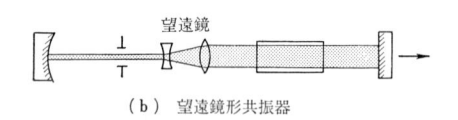

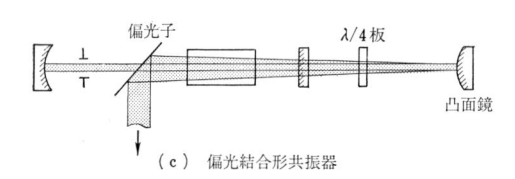

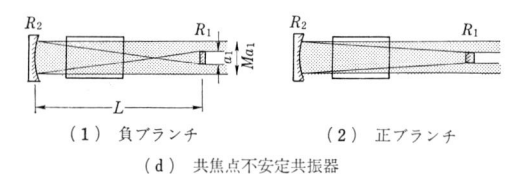

図 1.4.26 パルス励起 YAG レーザにおける単一横モード共振器の構成

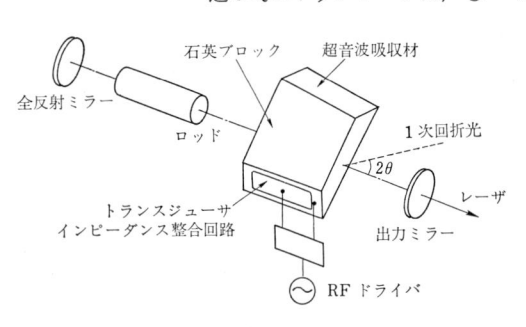

図 1.4.27 超音波 Q スイッチ原理

り，トリミング，マーキング，スクライビングなどの，主としてマイクロ除去加工分野において必須のレーザとなっている．

図1.4.27にAOQスイッチCWYAGレーザの構成例を示す．AOQスイッチの超音波媒体には光学的品質が高く，低挿入損失，高耐光強度の溶融石英を用いるのが一般的であり，これに水晶，$LiNbO_3$ などの圧電材料がトランスデューサとして接着されている．RFドライバは周波数十MHz，出力数10Wの高周波電源と，高周波出力を内部または外部信号によってON・OFFする制御回路からなり，AOQに付加されたインピーダンス整合回路を介してトランスデューサをドライブする．RF出力がON時には石英ブロック内に超音波の進行波すなわち石英媒質の粗密波が発生し，その進行方向とほぼ直角（ブラッグ角）に入射するレーザ光に対して位相回折格子として作用する結果，レーザ光が散乱されて共振器損失が増加し，レーザ発振が抑止される．この間にNd:YAGロッド内に蓄えられた反転分布エネルギーは，RF出力のOFFによってレーザ発振が開始すると同時に急速にレーザ光エネルギーに変換されるため，急峻で高尖頭値の光パルスが発生する．CWレーザのQスイッチパルス尖頭出力はCW発振出力レベルの $10^3 \sim 10^4$ 倍であり，パルス繰り返し周波数は50kHz前後まで可能である．

CWNd:YAGレーザ（TEM_{00} モード）の高繰り返しQスイッチ発振特性例を図1.4.28に示す．繰り返し周波数～2kHz以上でパルス幅が増大し，尖頭値が急速に減少すること

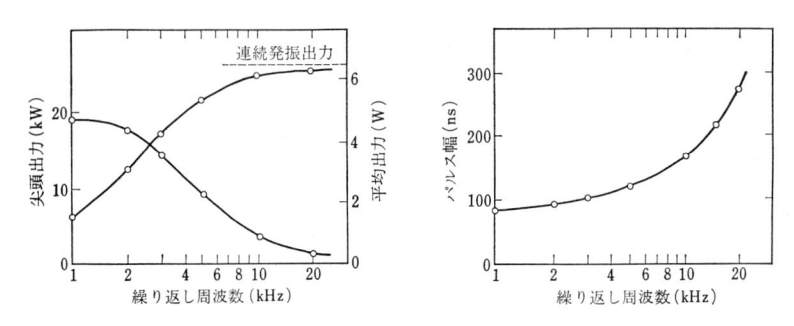

図 1.4.28 CW Nd:YAGレーザの繰り返しQスイッチ発生特性
 尖頭出力と平均出力（左），パルス幅（右）

がわかる．これは，繰り返し周波数の増大とともに発振停止間隔が短くなり，発振開始時の反転分布量が減少するためである．1kHz以下の周波数では，尖頭値，パルス幅ともほぼ一定値となる．

連続出力300Wの高出力レーザでは，発振抑止能力を高めるため複数のAOQスイッチを同時に使用して，最大尖頭出力463kWが得られている[8]．

レーザ加工に数kHz以上の高繰り返しQスイッチレーザを応用する場合，加工停止時間が～1msを超えると，最初のパルス尖頭値が後続パルスに比べて極端に大きくなり，不都合な場合がある．任意のタイミングの最初のQスイッチパルス尖頭値を後続パルスとほぼ同レベルに合わせる第1パルス抑制機能（first pulse killer）は薄膜などの微細加工では重要

であり，Qスイッチ直前の反転分布量が一定となるべく，過剰な部分を数 ms 間の予備発振 (Prelase) によって放出する方法[9]や，励起レベルを高速で変調する方法などが用いられる．

一方，IC のホトマスクリペアや一部の薄膜加工分野では，周辺への熱変質層を最小限に抑える必要性から，より短パルス発生が可能なパルス励起Qスイッチレーザが使用される．CW 励起に比べて励起強度が2桁以上高いパルスレーザでは，発振抑止能力の大きな電気光学（ポッケルス効果）Qスイッチが用いられる場合が多い．反転分布エネルギーの大きいパルス励起レーザでは，パルス幅 5〜20 ns，尖頭値 MW オーダの光パルス（ジャイアントパルス）が容易に得られる．TEM_{00} モード，200 mJ/パルス，繰り返し 50 Hz 前後のレーザが市販されており，さらに増幅器を用いて 〜1 J/パルス の出力を得ることもできるが，このような高出力レーザ光は集光によって空気の絶縁破壊現象を容易に引き起こすことが可能で，主として理化学分野で使用される．

サブミクロン領域の超精密加工用には数 mJ/パルス，パルス幅 10 ns 以下の小出力の光パルスが使用されるが加工の均一性，再現性の必要性から，高い発振ビーム品質とレーザ出力の安定性が要求される．Qスイッチレーザの不安定性要因としては多重縦モード発振によるビートの発生が最も根本的であり，これを改善する方法として後述の LD 励起による単一縦モード発振レーザを利用した注入同期方式のレーザが開発されている．

(iv) **高調波発生** Nd:YAG レーザの 1.06 μm 光は非線形光学結晶を用いた波長変換技術によって，0.532 μm, 0.355 μm, 0.266 μm などの可視光，紫外光へ高効率で変換可能であり，これらの短波長レーザ光は，ホトマスクリペア，薄膜加工，メモリリペアなどの微細加工分野やレーザ CVD 応用のホトマスク修正装置，LSI 配線修正装置などに利用されている．

(1) **非線形光学結晶:** 表 1.4.3 に種々の非線形光学結晶の特性を示す[2]．近年 KTP

表 1.4.3 非線形結晶の位相整合パラメータと損傷しきい値[2]

結晶	位相整合パラメータ			温度許容範囲 ($°Ccm$)	角度許容範囲[*] (mrad cm[*]) (mrad(cm)$^{1/2}$)	バンド幅許容範囲 ($Åcm$)	損傷しきい値 (MW/cm^2)
	波長 (μm)	温度 ($°C^{-1}$)	角度 (deg)				
KDP	0.69	25	50.6	3.4	1.0*	〜6	400
KD*P	1.06	25	40.5	6.7	1.7*	〜65	400
ADP	0.53	46	90	0.8	32	〜1.2	400
RDA	0.69	97	90	3.3	40	—	300
CDA	1.06	42	90	5.8	69	—	300
CD*A	1.06	102	90	5.9	72	—	300
$Ba_2NaNb_5O_{15}$	1.06	105	90	0.5	43	—	10〜25
$LiNbO_3$	1.06	165	90	0.6	47	〜2.3	6〜40
$LiIO_3$	1.06	20	29.4	—	0.7*	—	10
KTP	1.06	25	90	25	15	5.6	250
BBO	1.06	25	23	55	1.5	—	4600

* measured external to crystal

（KTiOPO$_4$）結晶が実用化されたことにより，Nd：YAG レーザの SH（Second Harmonic）光（0.53 μm）が加工，プロセス分野で本格的に利用可能となった．KTP は水熱合成法またはフラックス法により育成され，0.35～4.5 μm の波長域で透明である．角度位相整合タイプで非線形光学定数が大きい，角度および温度許容範囲が大きい，潮解性がない，損傷しきい値が 100～250 MW/cm^2 と大きい，などの実用上すぐれた特性を有する．一方，現状で入手可能な結晶のサイズが 5×5×5 mm 程度以下で大口径のレーザビームには利用できない，吸収や散乱損失特性など結晶品質にバラツキがあるなどの問題もある．

UV 発生用の結晶としては従来 KDP（KH$_2$PO$_4$）およびその同形結晶が多用されてきたが，最近中国で発明された BBO（β-BaB$_2$O$_4$）結晶[10] が注目され始めている．BBO の透過域は 0.19～2.5 μm で，高品質の大形結晶が得られると同時に，角度位相整合タイプで非線形光学定数が大きい（KD*P の約 4 倍），潮解性が弱く化学的に安定，光損傷しきい値が 2～20 GW/cm^2 ときわめて大きい，などの特性がある．BBO 結晶は UV 域の透過率が高くて温度許容値も大きいことから UV 光吸収の自己発熱による位相不整合が発生しにくいため安定した UV 発生が可能である．

（2） **Nd：YAG レーザの SHG：** SHG（Second Harmonic Generation）方式には非線形光学結晶をレーザ共振器内部に置く内部 SHG 方式と，外部に置く外部 SHG 方式がある．内部 SHG は基本波（1.06 μm）出力レベルが低い CW 励起レーザで用いられ，基本波に対して全反射のレーザ反射鏡を用いて共振器内部電界を高めることにより高い変換効率を得る方式である．非線形光学定数が大きく，挿入損失の小さい結晶を用いた場合には，100% に近い変換効率が得られることが知られている．図 1.4.29 に AOQ スイッチ CW YAG レーザの内部 SHG 発振器構成を示す[11]．KTP は第 2 種の SHG 結晶であり，結晶中で基本波の偏光解消が生ずるため，λ/4 位相板によってこれを補償することにより共振器損失の増加を抑えると同時に，結晶の温度変化によるレーザ出力変動を防止する構成となっている．また折り返し鏡構成により，結晶中で発生する両方向の SH 光を同時に一方向に取り出すことが可能である．この方式により Q スイッチ繰り返し周波数 7 kHz において平均出力 6.5 W の TEM$_{00}$ モード SH 出力が報告されている．マルチモードの CWYAG レーザでは KTP 結晶と折り返し鏡構成により，平均出力 28 W（25 kHz）の SH 出力が得られた例がある[12]．

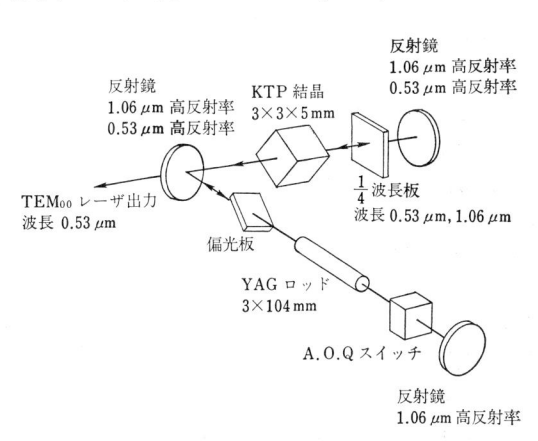

図 1.4.29　KTP 結晶を用いた AOQ スイッチ CW Nd：YAG レーザの内部 SHG 発振器構成[11]

パルス励起のQスイッチレーザでは基本波パルスの尖頭値が高いため，外部SHG方式により高い変換効率が得られる．TEM$_{00}$モード，パルス幅15nsのQスイッチパルスのKTPによる外部SHGでは，パワー密度 ～200 MW/cm^2 において30～50%の変換効率が得られる．

(3) **Nd：YAGレーザのT-HG, FHG**： 非線形結晶を用いて基本波とSH光との和周波発生を行うTHG（Third Harmonic Generation）によって0.355 μm光が，またSH光を基本波として再度SHGを行うFHG（Fourth Harmonic Generation）によって0.266 μmのUV光が得られる．AOQスイッチCW YAGレーザをベースとした，KTP, BBO結晶を用いた波長変換において，平均出力4WのモードロックQスイッチ光を基本波（繰り返し2.5 kHz）としたTHGで平均出力0.7W以上が，また平均出力2.8WのSH光（繰り返し2.7kHz）によるFHGで平均出力1W以上のUV光（TEM$_{00}$モード）が，それぞれ報告されている（図1.4.30）[13]．

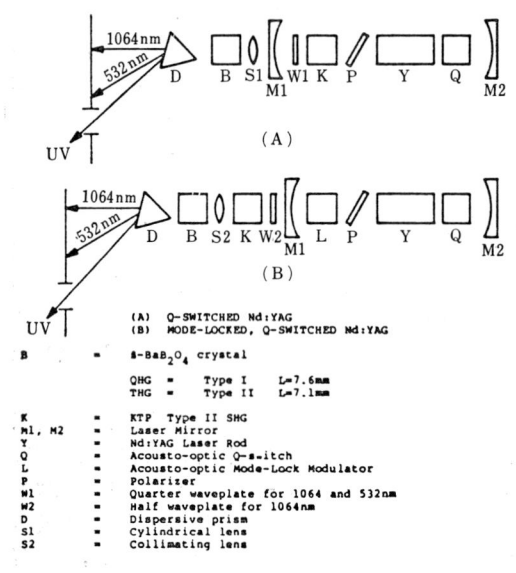

図 1.4.30 AOQスイッチCW Nd：YAGレーザによるUV発生の構成図[13]

(A) Q-SWITCHED Nd:YAG
(B) MODE-LOCKED, Q-SWITCHED Nd:YAG

B = β-BaB$_2$O$_4$ crystal
QHG — Type I L=7.6mm
THG — Type II L=7.1mm
K = KTP Type II SHG
M1, M2 = Laser Mirror
Y = Nd:YAG Laser Rod
Q = Acousto-optic Q-switch
L = Acousto-optic Mode-Lock Modulator
P = Polarizer
W1 = Quarter waveplate for 1064 and 532nm
W2 = Half waveplate for 1064nm
D = Dispersive prism
S1 = Cylindrical lens
S2 = Collimating lens

d. 工業用Nd：YAGレーザの製品例

表1.4.4にCWおよびパルス励起Nd：YAGレーザの製品系列例とその主要性能を示す．

CWレーザではTEM$_{00}$モード発振出力10～30Wのものが製品化されており，これにAOQスイッチを付加することにより，ピーク出力数10kWの高繰り返しQスイッチパルスが得られ，これらは主としてトリミング，マーキング，スリライビングなどのマイクロ除去加工に利用される．またマルチモード発振では出力100～300Wの製品があり，主として溶接，切断，半田付けなどの用途に利用される．マルチモード発振レーザにAOQスイッチを付加するとピーク出力数100kWのQスイッチパルスが得られ，マーキングや鋼板の表面改質などに用いられている．

マルチモード発振出力300Wが得られるレーザヘッドを共振器内に複数，直列に配置する，いわゆるカスケードタイプレーザで，1.8kWの最大出力が得られるレーザが製品化されている[14]．ロッドタイプの固体レーザでは（4）式より，単位長さのレーザ媒質から取り出し得るレーザ出力に限界がある．一方，現状のレーザ結晶育成技術では，YAGロッドの

1.4 実用化されている加工用レーザ

表 1.4.4 CW およびパルス励起 Nd：YAG レーザの製品系列例（NEC）

励起法	横モード	型名	平均出力(W)	ピーク出力*(kW)	繰り返し(Hz, pps)	出力エネルギー(J/pulse)
CW	TEM$_{00}$	SL 114 L	7	10 (Q-SW, 1kHz)	～50 kHz	1×10^{-3}
		SL 115 L	12	20 (Q-SW, 1kHz)	～50 kHz	2×10^{-3}
		SL 116 E	16	20 (Q-SW, 1kHz)	～50 kHz	3×10^{-3}
	マルチ	SL 115 K	100	100 (Q-SW, 1kHz)	～50 kHz	10×10^{-3}
		SL 116 D	200	200 (Q-SW, 1kHz)	～50 kHz	20×10^{-3}
		SL 117 C	300	250 (Q-SW, 1kHz)	～50 kHz	25×10^{-3}
		SL 117-2 C	600	1.2(パルス変調, duty 1/2)	～150 Hz	12
		SL 117-6 C	1,800	3.6(パルス変調, duty 1/2)	～150 Hz	36
パルス	マルチ	SL 122	50	5	～50 pps	50
		SL 124	150	5	～100 pps	50
		SL 126	350	10	～200 pps	100
		SL 136	150	30	～10 pps	15
	TEM$_{00}$	ポッケルス Q-SW (OSC)	2	15,000	～10 pps	0.2

* CW レーザにおけるピーク出力は超音波 Q スイッチ（SL 231 G（TEM$_{00}$），SL 231 H（マルチ））と組み合わせたとき

長さ 20 cm 前後が最大である．カスケード方式は，実効的ロッド長を長くして限界入力の増大を図り，高出力を得る方法である．この方式の特長は，共振器内に直列配置するレーザヘッドの台数にほぼ比例してレーザ出力が増加する一方，ビーム広が

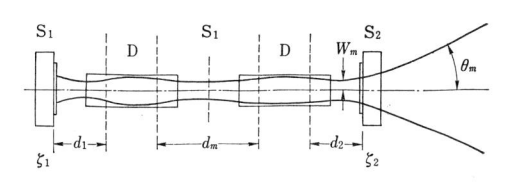

図 1.4.31 カスケード方式におけるビームガイド作用[14]

図 1.4.32 1.8 kW Nd：YAG レーザ（NEC SL 117-6 C）

り角はロッド1本当りの励起入力で決まり，ロッドの本数にはよらないことである．これは図1.4.31に示すように，ロッドの熱レンズ効果によって共振器内に周期的なビームガイド作用が生ずるためと考えられる[15]．このようにしてカスケードレーザではビーム品質を維持しつつ高出力化が可能である．図1.4.32，1.4.33に1.8kWレーザの製品例およびそのレーザ特性を示す．これらの高出力CWレーザの出力は石英光ファイバによる伝送が可能なため，溶接，切断などの金属加工分野において，加工光学系のフレキシビリティーを最大限に利用した形態でライン導入されている．

パルス励起レーザでは最大繰り返し周波数50〜200pps，パルスエネルギー50〜100J/パルス，平均出力50〜350Wのノーマルパルスレーザ（パルス幅0.1〜10ms）が，電子部品のスポット溶接やシーム溶接，種々の材料の穴あけ加工や切断に利用される．ノーマルパルスレーザ光も，石英光ファイバ伝送が可能であり，その利用はレーザ加工システムの高機能化とコスト低減のためにきわめて有効な手段となっている．

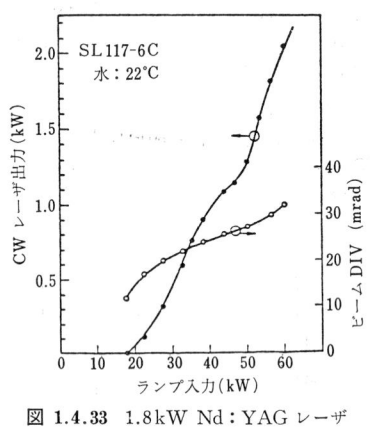

図1.4.33 1.8kW Nd:YAGレーザの発振特性

e．LD励起固体レーザ[16〜18]

近年，コンパクトディスク，レーザプリンタなどの民生分野や光通信分野への応用を目的とした，LDの高効率化，高出力化，長寿命の研究開発が精力的に進められた結果，LDの性能が大幅に向上した．現在では固体レーザ励起用として多用される発振波長 $0.7 \sim 0.9 \mu m$ のAlGaAs系LDにおいて，Wクラスの連続出力を有するものが入手可能となり[19]，これら高出力LDを利用した固体レーザが複数メーカで製品化されるに至っている．レーザ加工分野においても，ICメモリーのヒューズを切断するメモリーリペアや薄膜加工など比較的低出力のレーザを利用する装置において，LD励起固体レーザが導入されつつある．

（i）LD励起固体レーザの特長：

単色で指向性の高いLDを励起源とする固体レーザでは，レーザ始準位近くの吸収帯を選択的に励起できる（図1.4.34）[16] ため，高い発振効率が得られると同時に，レーザ媒質中の熱発生を最小限に抑えることができ，高品質の発振ビー

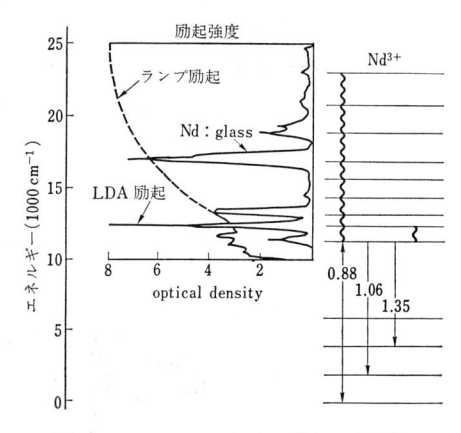

図1.4.34 LDおよびランプ励起Nd固体レーザの特性[16]

ムが得られやすい．LD 励起固体レーザの特長は，① 電気入力から発振効率への高い総合効率（10％以上），② 高ビーム品質，③ 装置がコンパクト，④ レーザ出力が高安定，⑤ 励起用 LD 光源が長寿命（5000 H 以上），などにある．また，W 級の出力レベルではレーザ媒質の水冷は不要であり，装置全体の信頼性が向上すること，放電管で問題となる電気的ノイズの発生が抑えられる，などの点も応用上重要な特長といえる．

（ii）**LD 励起固体レーザの構成と高出力化の現状**： LD による固体レーザ媒質の励起方式には構成上大別して 2 方式がある．LD ビームを，レーザ発振ビームと同軸に入射する端面励起方式（図 1.4.35 (a)）[20]）と，直交方向から入射する側面励起方式（図 1.4.35 (b)）[21]）である．端面励起方式では励起ビームと発振ビームの空間的整合性が高く，レーザ媒質中の有効吸収長が大きくとれることから，励起効率が高く TEM_{00} モード発振が得られやすい反面，利用可能な LD の数，発光領域面積に制限があり，高出力化が難しいという欠点がある．一方，側面励起方式は励起効率が低くマルチモード発振となりやすいという欠点がある反面，レーザ媒質の大形化と，LD の集積化によって容易に高出力化できるという利点がある．

表 1.4.5 は最近の高出力 LD 励起固体レーザの報告例である．端面励起方式によって高出力化を図る一方式として，7 個の LD 出力（各 500 mW）をそれぞれ光ファイバーで導き，出力端をバンドルとして Nd：YAG を励起することにより，TEM_{00} モード発振出力 660 mW，電気入力に対する効率 4.4％ が報告されている（図 1.4.36）[22]）．レーザ媒質として，吸収帯域幅が Nd：YAG に比べて広いため，LD の波長チューニング精度が緩和され，LD 励起用レーザ媒質として最近注目され始めた Nd：YVO_4 を用いた，端面励起レーザでは TEM_{00} モード出力 750 mW が効率的 12％ で得られている[23]）．

一方，側面励起方式では，$\phi 3.5 \times 20$ mm の Nd：YAG 結晶を連続出力 5 W の LD アレ

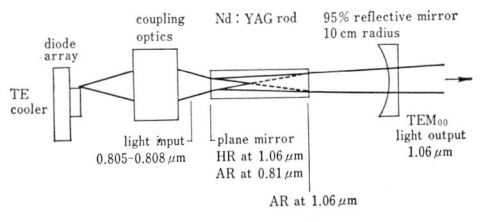

(a) 端面励起方式

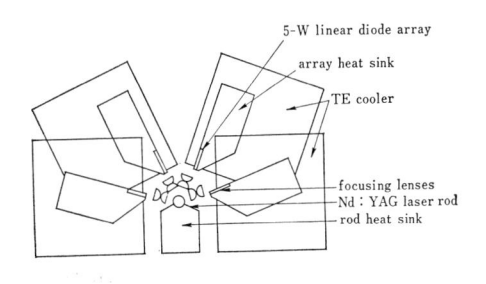

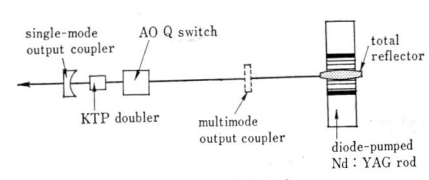

(b) 側面励起方式

図 1.4.35 LD 励起レーザの 2 方式[20,21]）

表 1.4.5 最近の LD 励起固体レーザの報告例

研究機関	発表年	結晶	励起方式	発振モード	励起光出力形態	励起光入力	レーザ出力	効率(%)
米 SDL 社他	1988	Nd:YAG	端面励起	TEM$_{00}$	CW	1.91W	0.66W	35
米 Aerospace 社	1988	Nd:YVO4	端面励起	TEM$_{00}$	CW	1.35W	0.75W	56
米 McDonnell Douglas 社	1987	Nd:YAG	側面励起	TEM$_{00}$	CW	15W	1.8W	12
米 Fibertek 社	1988	Nd:YAG	側面励起	マルチモード	CW	22W	3.3W	15
				TEM$_{00}$		17.5W	1.6W	9.1
米 Stanford 社	1987	Nd:YAG (スラブ)	側面励起	マルチモード	パルス幅 200 μs	76 mJ	13 mJ	17
三菱電機	1988	Nd:YAG	側面励起	マルチモード	CW	8.4W	1W	12

* 効率＝光―光変換効率（レーザ出力/励起光入力）

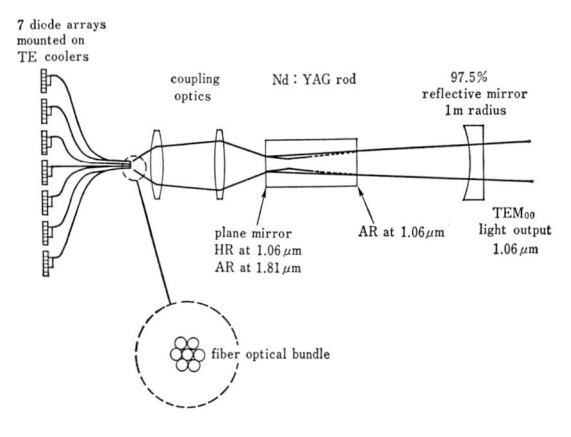

図 1.4.36 ファイバーバンドル励起方式[22]

イ 4 個で励起して（図 1.4.23 (b)），マルチモード 3.3 W（効率 3.5%），TEM$_{00}$ モード出力 1.6 W が得られている．

(iii) **LD 励起固体レーザの今後の展望**： 現状において LD 励起レーザの最大課題は LD の高価格問題である．今後，LD の高出力化，長寿命化と共に，低価格化が実現することによって，従来のランプ励起型レーザとの交替が進むと予想される．また，熱伝導率などの物理的諸特性，大形結晶育成上の問題点などから，従来のランプ励起レーザでは着目されなかった既存レーザ材料の見直しを含めて，LD 励起用新レーザ媒質が登場し，レーザ性能の向上が進展していくものと期待される．

〔山根 毅士〕

文　献

1) J. Marling: *IEEE, J. Quant. Elect.,* **QE-4**, (1) (1978), 56.
2) W. Koechner: "Solid State Laser Engineering", Springer-Verlag.
3) ILC Technology 社: Technical Bulletin 3.
4) 伊沢, 他: オプトエレクトロニクス, No. 5, (1985), 73.
5) J. Steffen, et al.: *IEEE*, **QE-8** (2) (1972), 239.
6) F. A. Levine: *IEEE, J. Quant. Elect.,* April (1971), 170.
7) R. B. Chesler, et al.: *Proc. IEEE*, **58**, (12) (1970), 1899.
8) 佐藤, 他: 昭和62年レーザー学会学術講演会第7回年次大会.
9) 渡部, 他: 昭和57年電子通信学会総合全国大会.
10) C. Chen, et al.: CLEO '86 Paper ThQ 4 (1986).
11) K. C. Liu, et al.: CLEO '86 Paper TVK 36 (1986).
12) P. E. Perkins, et al.: *J. Opt. Soc. Am. B*, **4**, (7) (1987), 1066.
13) K. C. Liu, et al.: CLEO '87 Paper THA 2 (1987).
14) K. Okino, et al.: SPIE Proceedings, (1988), 1021.
15) K. P. Driedger, et al.: *IEEE J. Quant. Elect.,* **24**, (4) (1988), 665.
16) W. F. Krupke: Lasers & Optronics, March (1988), 79.
17) R. L. Buyer: *Science*, **239**, (1988), 742.
18) T. Y. Fan, et al.: *IEEE, J. Quant. Elect.,* **24**, (1988), 895.
19) 真峯, 他: レーザ研究, **16**, (3) (1988), 41.
20) J. Berger, et al.: *Appl. Phys. Lett.,* **51**, (1987), 1213.
21) R. Burnham, et al.: *Optics Lett.,* **14**, (1989), 27.
22) J. Berger, et al.: *Optics Lett.,* **13**, (4), (1988), 306.
23) R. A. Fields, et al.: CLEO '88 Paper PD 3-1.

1.4.3　Ar^+ レーザ

Ar^+ レーザ（アルゴンイオンレーザ）は1964年米国の Bridges[1] らにより発明された．Ar^+ レーザは 1 Torr 前後の圧力の Ar ガスを大電流で放電励起し，原子のイオンレベルでのレーザ遷移を用いたガスレーザである．短波長の可視光で W 級の連続出力が安定に得られる特徴があり，発振効率が低いにもかかわらず応用上重要な位置を占めている．

a. Ar^+ レーザの性質

Ar^+ レーザ固有の性質と，この性質を利用，あるいは補完した機能を示せば次のとおりである．

（1）　放電電流の累乗に比例してレーザ出力が増大し，出力飽和値が高い．

このことは高出力を得やすいことを意味する．研究段階では可視光で 500 W の連続出力[2] が報告されている．

しかし放電電流を安定化するか，光フィードバック制御を行わないと出力を安定し難い．

（2）　レーザ発振のしきい値電流が高く，大放電電流を必要とする．

放電電流は商品レベルで 3〜40 A，前述の 500 W は 390 A で得ている．

（3）　大電流放電によりレーザ管内に Ar ガスの片寄りが生じるので，レーザ管の陰極―陽極間に Ar ガスの帰還路を必要とする．

この帰還路を設けないと，数分で放電が停止することが確認されている．

（4）　多波長で発振し，単一波長発振を得るには，空冷形では狭帯域ミラーを用い，水冷形ではレーザ共振器内部にプリズムを設置する．

プリズムの角度を変えることにより，青～緑色で数本以上の発振線の選択ができる．大形の Ar^+ レーザでは，適当なミラーを用いて紫外域での発振も得られる．

（5） Ar ガスの消耗が激しく，ガス補給が必要である．

放電電流の増大と共にガスの消費速度も増加する．放電電流の低い空冷形では，特別の補給機構は設けず，放電管の外囲器が Ar ガスタンクとなる．

（6） レーザ利得が高く，共振器内部にプリズムを挿入して波長選択した上，さらにエタロン板を挿入して W 級の単一周波数発振が得られる．

（7） 放電電流を制御してレーザ出力パワーの安定化が容易である．

定電流動作のほかに，出力光の一部をフィードバックさせる光フィードバック動作が可能

表 1.4.6 冷却方式による Ar^+ レーザの比較

冷却方式	発振波長	出力パワー(商品レベル全波長)	横モード	共振器構造	プラズマ細管材料	Arガス補給	光フィードバック動作	特徴	用途
空冷形	0.488 μm 0.515	5～300 mW 短時間動作で W 級のものもあり	TEM_{00} が主 マルチライン，高出力ではマルチモードもあり	内部ミラー形が主	ベリリア	無	可能	小形，軽量，無調整	グラフィックス，プリンタ，医用（検査），ディスプレイ
水冷形	0.488 0.515 その他青～緑色にかけて6～8本，紫外も可能	～25 W	TEM_{00} およびマルチモード	外部ミラー形が主	グラファイト，ベリリア，タングステン，炭化けい素	補給機構あり	可能	高出力，単一周波数化可能，紫外光も可	分光，ホログラフィ，医用（治療，検査），製版，アニール，ディスプレイ

表 1.4.7 Ar イオンレーザ用細管材料の比較

材質	プラズマ細管材料				細管構造	外囲器材料	冷却方式	細管動作温度	特徴
	熱伝導率 cal/(cm·sec·°C)	融点 °C	真空気密性	電気絶縁性				°C	
グラファイト	0.15	3550	×	×	ディスク	石英	放射	～1000	頑丈・単純な構造 運搬・取付姿勢に制約
ベリリア (BeO)	0.53	2570	○	○	連続	—	伝導	<100	低温動作で立上り早い．毒性に注意が必要，材料高価
タングステン (W)	0.41	3387	○	×	ディスク	アルミナ	伝導	～400	頑丈な構造，短波長発振有利 製法複雑
炭化けい素	0.3	2830	○	×	ディスク	窒化アルミ	伝導	～200	頑丈 ろう付可能

であり，出力パワーの電気制御もできる．この点は He-Ne レーザよりも工業用として使いやすい．

（8） レーザ管の軸方向に磁界を印加すると出力パワーが増大する．

数百ガウスの磁界で出力が 50% 以上増加する．効果の大きさは細管構造により異なるが，市販の水冷形 Ar^+ レーザはこの効果を利用している．

（9） レーザ発振効率が 0.1% 以下であって，大電流放電のためにレーザ管の強制冷却（空冷または水冷）が必要である．

b． Ar^+ レーザ発振器

Ar^+ レーザは出力パワーによる冷却方式で空冷形と水冷形に分けられる．それぞれの特質を表 1.4.6 に示す．

Ar^+ レーザの最も重要な構成要素は，レーザ管（プラズマチューブ）である．

Ar^+ レーザ管では，小口径大電流放電に耐えるプラズマ細管の材料と構造が設計の要点

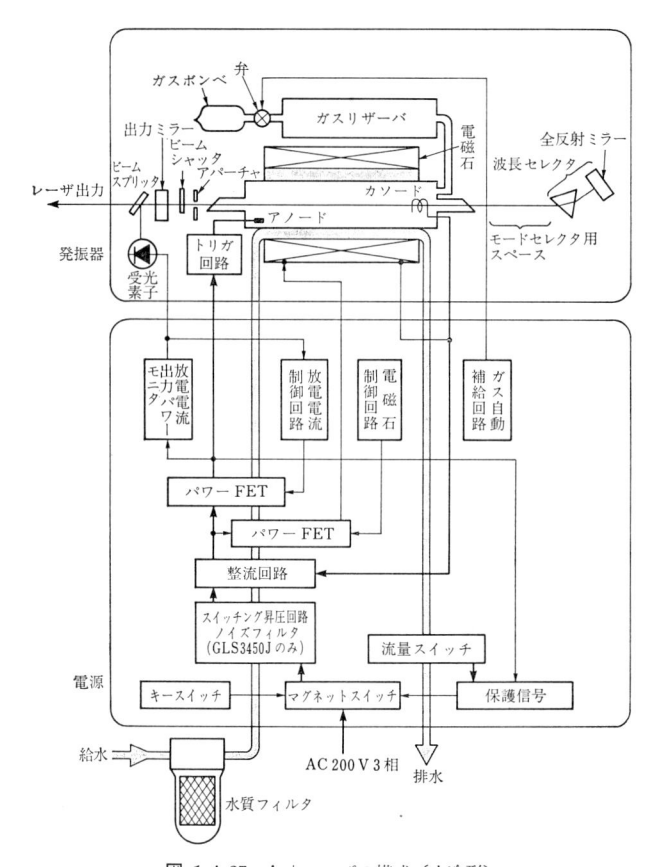

図 1.4.37 Ar^+ レーザの構成（水冷形）

となる.

プラズマ細管の材料別に見た市販の Ar$^+$ レーザの比較を表 1.4.7 に示す.

Ar$^+$ レーザ管のブルースタ窓は通常合成石英材料を用いる. 高出力や紫外発振をねらったものでは水晶を用いるものもある.

陰極, 陽極については比較的問題が少ない. このほかに Ar$^+$ レーザ発振器の主要構成要素として, 他のレーザと同様に光共振器, 励起用電源がある. これらを統合した実用的な水冷形 Ar$^+$ レーザ発振器の構成例を図 1.4.37 に示す.

図 1.4.38〜1.4.41 にそれぞれ水冷形 Ar$^+$ レーザ発振器, 炭化けい素細管の水冷形 Ar$^+$ レーザ管, 空冷形 Ar$^+$ レーザ発振器, 内部ミラー形空冷 Ar$^+$ レーザ管の製品例を示す.

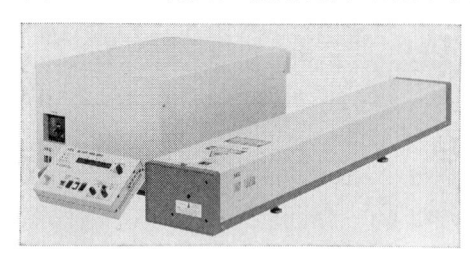

c. Ar$^+$ レーザの特性

図 1.4.42 は定格 4 W (可視光の合計出力) の水冷形 Ar$^+$ レーザの放電電流に対する出力特性例である.

それぞれの発振線は, 異なる発振しきい値, レーザ利得, 飽和出力などの特性をもっているが, 514.5 nm と 488 nm の 2 本が支配的である.

共振器ミラーを交換することにより, 紫外域の発振も得られるが, 出力パワー, 発振効率は一段と低くなる.

Ar$^+$ レーザ管の動作寿命は放電電流に大きく依存する. 図 1.4.43 は空冷形 Ar$^+$ レーザの寿命特性例であって, 水冷形 Ar$^+$ レーザも同様な放電電流依存性をもつ.

したがって実用上は, できるだけ出力パワーを小さく (使用放電電流を小さく) することが長寿命動作の要点である.

寿命の要因は Ar ガスの欠乏, 陰極の電子放射低下, レーザ管内汚染などであるが, 機械的な破壊によるものも珍しくない.

出力パワー安定度は, 光フィードバック動作により 1%/10 H 以下が容易に得

図 1.4.38 水冷形 Ar$^+$ レーザ発振器

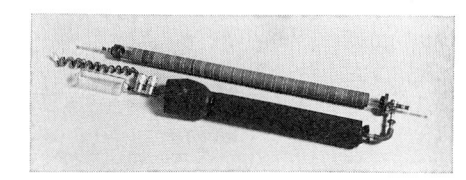

図 1.4.39 水冷形 Ar$^+$ レーザ管

図 1.4.40 空冷形 Ar$^+$ レーザ発振器

図 1.4.41 内部ミラー形空冷 Ar$^+$ レーザ管

られる.

光軸安定度についても空冷形 Ar$^+$ レーザでは He–Ne レーザに匹敵する特性が得られる. 水冷形 Ar$^+$ レーザでは共振器内部にエタロン板を挿入して, 約50％ の出力の単一周波数発振が得られ, ホログラフィー, ブリルアン散乱などに有効に利用されている.

最近の水冷形 Ar$^+$ レーザには, 内部ミラー形のもの,

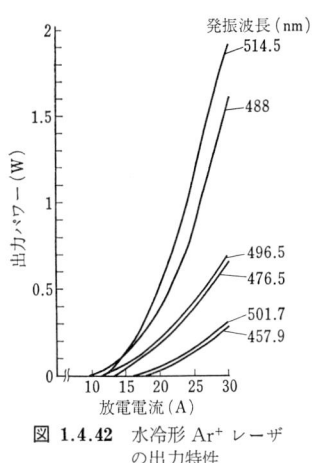

図 1.4.42 水冷形 Ar$^+$ レーザの出力特性

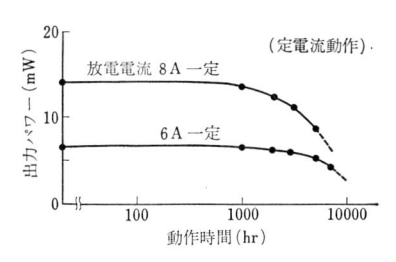

図 1.4.43 空冷形 Ar$^+$ レーザの寿命特性

多波長・マルチモード専用機などもある.

空冷形 Ar$^+$ レーザでは, 内部ミラー形が主流となり, 取扱, 寿命共に He–Ne レーザ並になっている. 電源についてもトランス方式からスイッチング方式に移行し, 小形軽量化が図られつつある.

〈小林　功〉

文　献

1) W. B. Bridges: *Appl. Phys. Lett.*, **4** (128).
2) G. N. Alferov, et al.: *JETP Lett.*, **18** (369).

1.4.4　金属蒸気レーザ

a.　概　要

レーザ媒質として金属蒸気を使い, 通常は放電による電子衝突で励起してレーザ遷移させるのが金属蒸気レーザである. 一般に金属では, 電離電圧が低いので, 効率よく励起状態の原子, イオンが生成され, これまでに, 種々の金属蒸気によりきわめて多くのレーザ発振が報告されている.

最初の金属蒸気レーザは, ガスレーザの草分けともいえる He–Ne や Ar イオンレーザと同時期の 1963～4 年に, 水銀 (Hg) を使って試みられ, HgⅡ による 615.0 nm などの発振に成功し, 最初のイオンレーザともなった[1]. その後, Ge, Sn, Pb, In, Cd, Zn などにより多数のパルスレーザ発振が報告され[2], 1968 年には, 441.6 nm の連続発振 (CW) He–Cd レーザが登場するにおよび[3,4], 金属蒸気レーザなる範疇が広く認知されるまでになった. 金属レーザの最初の市販製品は, 441.6 nm, 325.0 nm の連続発振 He–Cd レーザとして, 早

くも1969年に登場した．諸性能の向上により，現在も可視・紫外の短波長域において安定なCW発振が得られる数少ないレーザとして，情報処理機器などに組み込まれ実用されている．

他の金属蒸気レーザでは，最近になり，特にCu I による 510.6 nm，578.2 nm 発振の銅蒸気レーザ（CVL, Copper Vapor Laser）に対する関心に，急激な高まりが見られる．これは，CVL で励起した色素レーザによりウラン同位体分離をする方法が有力視され，大規模な開発が進み始めたことによる．

一方，これら以外の金属蒸気レーザでは，可視全域で多数の連続発振線をもつHe-Seレーザ[5]，放電遮断後のイオンと電子の再結合で励起状態を生成する 430.5 nm の He-Sr レーザなどに，実用の期待を込めた関心が寄せられている．以下，これらの主要な金属蒸気レーザの諸特性とプロセシングへの適用性などについて述べる．

b. 主要な金属蒸気レーザ

（i）He-Cd レーザ 図 1.4.44 (a) は，直流連続放電の陽光柱部をレーザ媒質として使った He-Cd レーザ管の代表例を示す．Cd 溜をヒータで加熱，適当な蒸気圧で Cd を放

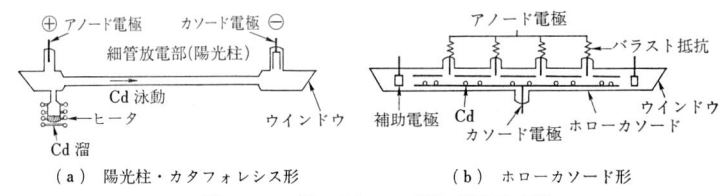

図 1.4.44 He-Cd レーザ管の構造概略図
（a）陽光柱・カタフォレシス形
（b）ホローカソード形

電部に供給する．Cd 蒸気は，電気泳動（カタフォレシス）により陽光柱全域に広がり，電子衝突やペニング過程などによりイオン化され励起状態が作られる．この場合，He を 5 Torr 程度バッファガスとして封入する．レーザ管全体を電気炉内に入れる例もあるが，He-Cd レーザでは，比較的低温の 240°C 前後が適値となるので，このような方式が，微妙な Cd 蒸気圧の制御性もよく，構造も簡単なため，多く使われている．

図 1.4.45 に，He バッファガス圧をパラメータとし，Cd 加熱温度に対する 441.6 nm レーザ出力特性の一例を示す．出力は，±3°C の Cd 温度変化に対して，最大値より 10% 程度低減するので，高精度の Cd 温度や放電電流の制御が必要である．また，種々の発振動作条件により差異があるが，細管径 D，長さ L の積にレーザ出力 P はおおむね比例し，$P/D \cdot L$ (mW/cm²) ≃ 4.3 となる．したがって，実用性から，$D ≃ 0.2$ cm，$L ≃ 100$ cm のレーザ管では，50〜100 mW の出力が得られ，放電電圧，電流は，それぞれ 4 kV，0.1 A がほぼ適値となるので，効率は 〜0.02% と概算される[6]．現在，このよう

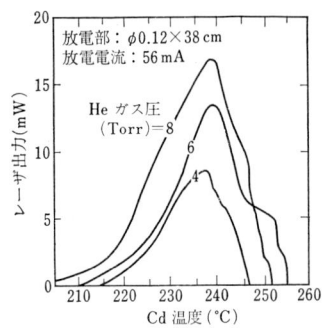

図 1.4.45 Cd の加熱温度に対する陽光柱形 He-Cd レーザ出力特性[6]

なものが，もっとも高出力が得られる製品として市販されるようになった．このレーザ管により，325.0 nm での出力は，441.6 nm の 1/4 程度が得られる．

次に，最近白色レーザとして製品化され始めた装置に使われている，図1.4.44(b)に示すホローカソード形構造のレーザ管について述べる．円筒状金属内面（ホロー）をカソードとし，円筒内部にできる電子温度の高い負グロー部でCdを励起するようになっている[7]．このため，励起機構として，陽光柱の場合には準安定状態のHe原子からペニング過程でCdⅡが励起されたのに対し，HeⅡが電荷転移過程でCdⅡを高い準位に励起していると考えられている．この関係を示すエネルギー遷移図を，図1.4.46に示す．ホローカソード形では，紫外から赤外域において10本以上の発振線が得られるが，R (635.5 nm, 636.0 nm)，G (533.8 nm, 537.8 nm)，B (441.6 nm) を3原色として，諸発振動作条件を適正に設定することにより強度バランスをとり，白色レーザ化することができる．現在，長さ約50 cm，径0.5 cm のホローカソード放電容積で，50～100 mW の白色レーザ出力が得られ，効率は陽光柱の場合と同程度となる．

一方，これらのレーザでは，Cd の管壁付着に伴う出力減の問題が大きく，補助電極による放電でCd拡散を阻止したり，吸着によるHe減少分を補給する機構を付けるなどで長寿命化が図られた．また，動作開始時にCd蒸気圧を10分以内で定常値にし，立上り時間を短縮するなどで，性能が近年大幅に向上しており，今後の実用普及に期待が寄せられている．

(ii) 銅蒸気レーザ (CVL) CVLでは，必要なCu蒸気圧とするのに，レーザ細管部を

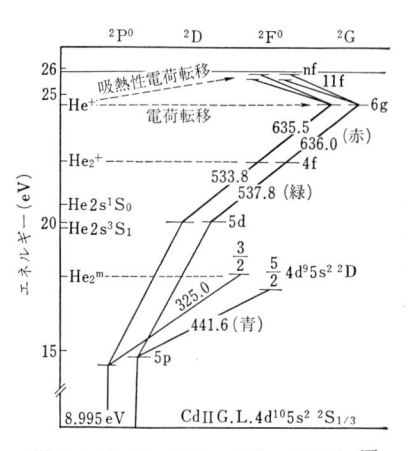

図 1.4.46 He-Cdレーザのエネルギー遷移図（波長：nm）[8]

1500℃程度にする加熱を要し，He-Cdレーザのようなカタフォレシス形は適さない．通常は，陽光柱の細管部に高耐熱性をもつセラミック管を使い，この外周部で熱遮へいして，放電による自己加熱で管内のCuペレットを蒸気化する．

最初は，高効率のガスレーザを実現する検討過程で，量子効率が高いなどから有力候補とされ開発が始まった．レーザ遷移の下準位が準安定準位であるため，反転分布は短時間のパルス動作に限り実現される[9]．図1.4.47は，CVLのエネルギー遷移図を示し，図1.4.48は，サイラトロンをスイッチとして使い，高速立上り，短パルス，高繰返し動作ができる駆動電気回路である．通常，パルス幅20～40 ns，繰返し数5 kHz程度で動作させている．大出力化，高効率化を主眼とする研究開発に関心が高く，

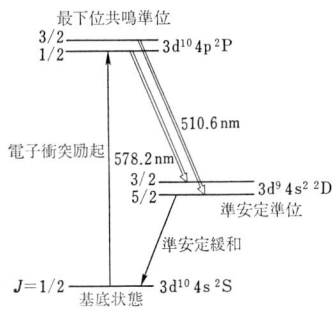

図 1.4.47 CVLのエネルギー遷移図[10]

放電部細管長150cm, 内径4cm のレーザ管により, 平均出力30W, 効率1%, 寿命が数千時間程度のCVLが, 最近では製品レベルで使えるようになっている[10].

一方, Cu 蒸気源にCuCl, CuBr などのハロゲン化銅を使い, 放電部温度を500°C程度の低温で動作させる研究開発も, 一時活発に行われ, 金属銅を使う場合と同程度の出力や効率が得られることが実証された[11]. しかし, 大出力化では, 大放電容積を必要とし, 放電安定性の点で不利となる. TEACO$_2$レーザ, エキシマレーザなどと同じような横方向放電や, ホローカソード放電による試みもあるが, いずれも今のところ陽光柱形との総合的比較で優位性が見られない.

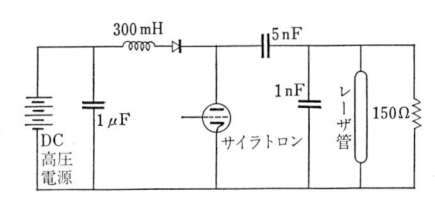

図1.4.48 高速スイッチングを使ったCVL駆動電気回路[10]

(iii) その他の金属蒸気レーザ 表1.4.8は, 主要と思われる金属蒸気レーザを選び出し, 原子番号順にそれぞれの特性を示したものである. He-Cd レーザ, CVL 以外の金属蒸

表 1.4.8 主要な金属蒸気レーザ

金属 (At. No.)		発振波長 (nm)	動作方法	特徴, 他
Cu (29)	I	510.6, 578.2	パルス発振, 陽光柱	短パルス, 大出力, 高効率
	II	248.6, 270.3, 780.8	連続発振, ホローカソード形	780.8 nm では 1 W
Zn (30)	II	589.4, 610.3 747.8, 758.9	連続発振, 陽光柱形, ホローカソード形	He-Cd レーザと同様の動作条件
Se (34)	II	499.3, 506.9 517.6, 522.8 他	連続発振, 陽光柱形, ホローカソード形	He-Cd レーザと同様の動作条件, 可視, 赤外域にて40本以上の連続発振線
Sr (38)	II	430.5	パルス発振, 再結合励起	高ガス圧下で縦方向放電, 長パルス動作横方向放電の試みもあり
Ag (47)	II	224.3, 227.8 318.1, 478.8	連続発振, ホローカソード形	紫外域で強い連続発振
Cd (48)	II	325.0, 441.6 533.8, 635.5他	連続発振, 陽光柱形, ホローカソード形	陽光柱形は製品化 (~100 mW) ホローカソード形で白色発振
Sn (50)	II	579.9	パルス発振, 陽光柱	He-Cd レーザと同様の動作条件
		645.3, 684.4	連続発振, 陽光柱	
Au (79)	I	627.8	パルス発振, 陽光柱	CVL と同様の動作条件
	II	282.3, 760.1	連続発振, ホローカソード形	226.4~859.9 nm にて20本以上
Hg (80)	II	567.8	パルス発振, 陽光柱	最初の金属蒸気イオンレーザ, Hg 蒸気のみで 650.2 nm 準連続発振
		615.0, 794.5	ホローカソード形で連続発振	
Pb (82)	I	722.9	パルス発振, 陽光柱	高量子効率, 高利得 (6 dB/cm)
	II	537.2		CVL と類似

気レーザは，まだ実用例はないが，研究報告例はきわめて多い．

He-Se レーザ，He-Zn レーザは，ほとんど He-Cd レーザと同じ動作条件で，可視域を中心に安定な連続発振が得られる．Se Ⅱ 連続発振線は，赤外域も含め 40 本以上が確認されている．放電長 200 cm，管径 0.3 cm のレーザ管により，506.9 nm，517.6 nm，522.8 nm では 50 mW 程度の出力が得られる[12]．

430.5 nm の He-Sr レーザは，アフタグローでの Sr Ⅲ 再結合により Sr Ⅱ を励起する，いわゆる再結合レーザとして開発が行われており，連続発振，高効率化，高繰返し動作などの可能性があるため，大きな期待が寄せられている．最近の研究記録値としては，放電長 33 cm，径 1 cm，パルス繰返し数 29 kHz の動作条件で，平均出力 3.9 W が得られたとの報告があり，実用に向け大きく前進した[13]．

ホローカソード形放電で，紫外域に多くの連続発振ができる，Au Ⅱ，Ag Ⅱ，Cu Ⅱ によるレーザ発振は[14]，光化学反応を使う諸プロセシング光源として有望であり，今後も活発な開発が続くであろう．

c．応 用

現在，研究用途を別にすると，金属蒸気レーザで製品として実用の実績があるのは，He-Cd レーザだけである．この用途は，高速プリンタ，光ディスク原盤カッティング，血液分析などで，その短波長性が要求を満たしている．しかし，この強敵として，Ar イオンレーザが控えており，独走は許されない．レーザ出力は，同程度の装置サイズで比べれば，He-Ne レーザを多少上回るが，Ar イオンレーザには及ばず，エネルギー的応用の適用性は乏しい．したがって，He-Cd レーザは，ホローカソード形放電による多色発振で，カラー化時代の進展に寄与するような適用を考えなくてはならない．

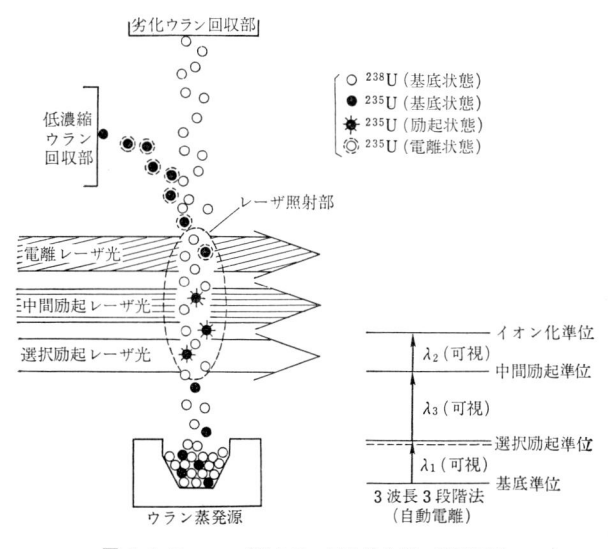

図 1.4.49 レーザ法ウラン同位体分離の原理図[15]

CVLは，ウラン同位体分離を，将来レーザ法に切り換えるという世界的動きの中で，波長可変の色素レーザ励起光源用として，大規模な開発が行われている[15]．図1.4.49は，この方法の原理図である．まず，色素レーザの波長を ^{235}U の吸収線に同調し，これを選択励起する．励起状態の ^{235}U は，さらに，波長 λ_2, λ_3 のレーザ光を吸収しイオン化され，電磁界で分離，回収する．このようなプロセシングスキームは，保守性の問題はあるが，他分野でも広く応用できるであろう．

d. まとめ

金属蒸気レーザでは，紫外から可視，赤外域において，きわめて多くの発振が可能であり，高温で動作させるため，操作性や保守性，信頼性などに問題があるものの，多様な応用が考えられる．

CVLを使ったウラン同位体分離研究が，装置技術，応用技術に与えたインパクトはきわめて大きく，金属蒸気レーザ開発は，これにより，今後急加速されようとしている．

(後藤達美)

文　献

1) W. E. Bell: Visible Laser Transitions in Hg⁺. *Appl. Phys. Lett.*, **4** (2), (Jan. 1964), 34-35.
2) W. T. Silfvast, C. R. Fowles and B. D. Hopkins: Laser Action in Singly Ionized Ge, Sn, Pd, In, Cd and Zn. *Appl. Phys. Lett.*, **8** (12), (June 1966), 318-319.
3) G. R. Fowles and B. D. Hopkins: CW Laser Oscillation at 4416 Å in Cadmium. *IEEE J. Quantum Elect.*, **QE-3** (Oct. 1967), 419.
4) W. T. Silfvast: Efficient CW Laser Oscilation at 4416 Å in Cd (II). *Appl. Phys. Lett.*, **13** (5), (Sept. 1968), 169-171.
5) W. T. Silfvast and M. B. Klein: CW Laser Action on 24 Visible Wavelength in Se II. *Appl. Phys. Lett.*, **17** (9), (Nov. 1970), 400-403.
6) T. F. Johnston, Jr. and W. P. Kolb: The Self-heated 442 nm He-Cd Laser Optimizing the Power Output, and the Origin of Beam Noise. *IEEE J. Quantum Elect.*, **QE-12** (8), (Aug. 1976), 482-493.
7) W. K. Schuebel: New CW Cd-Vapor Laser Transitions in a Hollow Cathode Structure. *Appl. Phys. Lett.*, **16** (11) (June 1970), 470-472.
8) 藤井寛一：白色光レーザーの新局面と課題，応用物理, **55** (12), (Dec. 1986), 1124-1137.
9) W. T. Walter, N. Solimene, M. Piltch and G. Gould: Efficient Pulsed Gas Discharge Lasers. *IEEE J. Quantum Elect.*, **QE-2** (Sept. 1966), 474-479.
10) R. E. Grove: Copper Vapor Lasers Come of Age. *Laser Focus*, **18** (7), (July 1982). 45-50.
11) C. J. Chen, A. M. Bhanji and G. R. Russell: Long Duration High-Efficiency Operation of a Continuously Pulsed Copper Laser Utilizing Copper Bromide as a Lasant. *Appl. Phys. Lett.*, **33** (2), (July 1978), 146-148.
12) M. B. Klein and W. T. Silfvast: New CW Laser Transitions in Se II. *Appl. Phys. Lett.*, **18** (11), (June 1971), 482-485.
13) L. M. Bukshpun, E. L. Latush and M. F. Sém: Influence of the Temperature of the Active Medium on the Stimulated Emission Characteristics of an Sr-He Recombination Laser. *Sov. J. Quantum Elect.*, **18** (9), (Sept. 1988), 1098-1100.
14) D. C. Gerstenberger, R. Solanki and G. J. Collins: Hollow Cathode Metal Ion Lasers. *IEEE J. Quantum Elect.*, **QE-16** (8), (Aug. 1980), 820-834.
15) 浜田博義：レーザーウラン濃縮の原理と動向．オプトロニクス, **6** (6) (June 1987), 81-85.

1.4.5 エキシマレーザ

エキシマレーザは紫外域の高効率・大出力レーザとして，リソグラフィー用光源をはじめとし，電子部品などの各種部品・材料への高品位薄膜形成や高速表層改質，材料の合成・精製など化学産業への適用，同位体分離などの分光学的応用，あるいは医療用などに広範な応用が期待されている．

エキシマレーザは1970年ソ連の Basov らが，電子ビーム励起の液体 Xe_2 レーザ（波長173 nm）において初めて発振に成功した[1]．その後電子ビーム励起により種々のエキシマレーザの発振が実現されたが，[産業用レーザとしての道が開けたのは1976年の，放電励起による XeF エキシマレーザ（波長351 nm）の発振成功である[2]．

エキシマレーザには，希ガスダイマー（Xe_2, Ar_2），希ガスハライド（ArF, ArCl, KrF, KrCl, XeF, XeCl, XeBr），希ガス酸素（XeO, KrO, ArO），水銀ハライド（HgCl, HgBr, HgI），多原子エキシマ（Kr_2F, Xe_2Cl）などに多数の発振線が知られている．

このうち，製品として市販され，よく利用されているエキシマレーザは希ガスハライド系で，中でも ArF（波長193 nm），KrF（波長248 nm），XeCl（波長308 nm）などが代表例である．表1.4.9に関連の波長を示す．

表 1.4.9 代表的希ガスハライドエキシマレーザの発振波長（nm）

希ガス＼ハロゲン	F	Cl	Br
Xe	351	308	282
Kr	248	222	
Ar	193	175	

a. エキシマレーザの原理[3]

エキシマ（excimer）とは"excited dimer"の略語であり，その語源が示すように，励起状態でのみ強い結合を有し，安定に存在する2原子分子である．エキシマレーザの発振原理図を図1.4.50に示す．よく知られているように Ar, Kr, Xe などの希ガス（R）は反応性に乏しく，他原子と化合物を作りにくい原子である．しかし，これが電子ビームや放電などにより励起され，イオン化されると反応性が著しく増し，フッ素や塩素などのハロゲン原子（X）あるいは分子と結合し，励起状態でのみ存在する分子（RX*）すなわちエキシマを形成する．

励起状態でのエキシマの寿命は5〜10 ns 程度ときわめて短く，紫外光を自然放出してたちまち基底状態に落ちる．基底状態での希ガスとハロゲンは結合が弱く，解離して再び元の状態（R+X）に戻る．この遷移を bound-free 遷移（束縛のない遷移）あるいはエキシマ遷移と呼ぶ．このため，エキシマ RX* は基底状態には存在せず，これらの準位間に，ArF, KrF, XeCl などのエキシマ

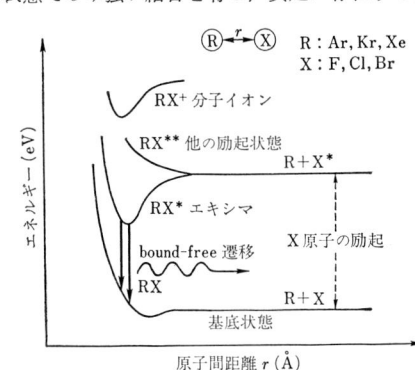

図 1.4.50 エキシマレーザのポテンシャルエネルギー準位

について容易に反転分布が形成される．エキシマレーザが本質的に高効率，大出力といわれるゆえんは，以上のようにレーザ遷移の下位準位である基底状態にエキシマが存在しえないことにある．

b．励起方式

エキシマの自然寿命がきわめて短いということは，寿命時間内に励起を行わないかぎり，反転分布が形成されないことを意味している．したがって，きわめて速い励起すなわち高電力密度の励起が不可欠となる．このため，初期の頃は電子ビーム励起が利用され，先に述べた種々の発振はすべてこれで実現された．その後，電子ビーム制御放電なども試みられたが，実用装置はすべて放電のみの励起による．放電励起方式では高電力密度の安定放電励起が重要な技術課題となり，最低 $0.1 \sim 1\,\mathrm{MW/cm^3}$ の空間電力密度が必要である．この値は連続発振の CO_2 レーザ放電の 1,000 倍から 10,000 倍である．

励起にはグロー状の高電力密度の安定放電が必要であり，このため主放電に先だって予備

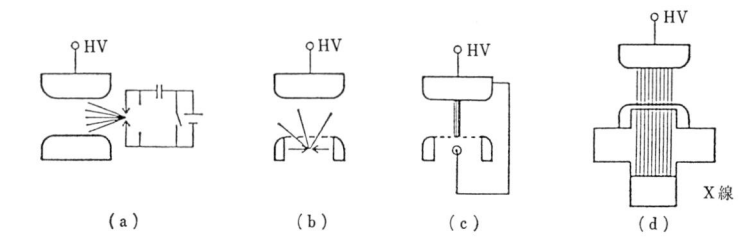

図 **1.4.51** エキシマレーザの各種の予備電離方式[4]
(a) 横方向からの紫外線 (UV) 予備電離，(b) 後方からの UV 予備電離，
(c) コロナ予備電離，(d) X 線予備電離．

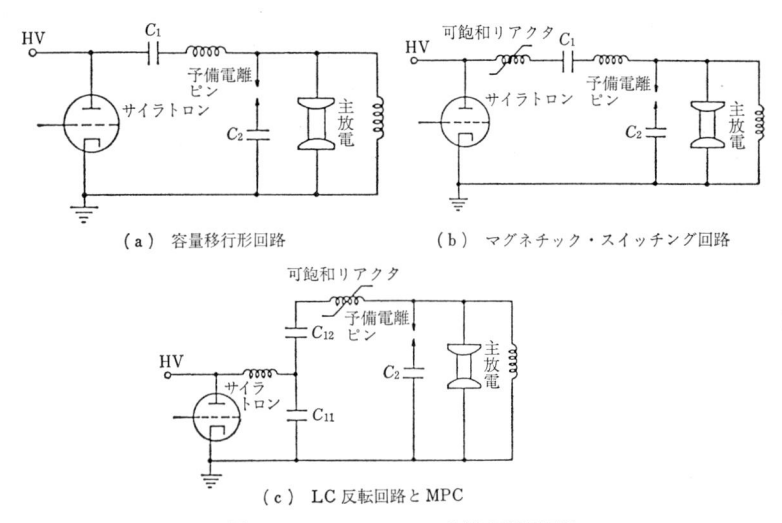

(a) 容量移行形回路　　(b) マグネチック・スイッチング回路

(c) LC 反転回路と MPC

図 **1.4.52** エキシマレーザ励起用放電回路

電離放電が不可欠である．予備電離方式としては図1.4.51に示すように，紫外線（UV），X線，コロナ放電などが試みられているが，実用装置の大半は図1.4.51(a)の横からの紫外線予備電離方式を採用している．X線予備電離方式は大断面放電に適しており，大きなパルスエネルギーの発生に有効である．図1.4.52に励起用放電回路を示す．基本形は図1.4.52(a)の容量移行形回路である．これはキャパシタ C_1 に充電された電荷をサイラトロンスイッチによりキャパシタ C_2 へ移行し，C_2 に蓄えられた電荷を主放電空間に供給する方式である．このようにして，主放電回路のループをできるだけ短くし，インダクタンスを小さくすることにより，立上がりの速い，安定な主放電を得ようとするものである．しかし，このままではサイラトロンスイッチに数百 kA/μs 以上の電流が流れ，寿命制限の原因となる．このため，図1.4.52(b)に示したように，磁気飽和スイッチング素子として過飽和リアクタを利用し，サイラトロンスイッチでの電流の立上がりを遅らせることにより，電力消費を抑制する方法も採られている．さらに，図1.4.52(c)に示したように，LC反転回路で2倍近い電圧を発生させると，サイラトロンスイッチに印加される電圧の低減が図られると共に，C_2 充電回路における電流パルスが圧縮（MPC, Magnetic Pulse Compression）され，放電の安定化に有効である．

c．エキシマレーザ装置

実用化されているエキシマレーザ装置の大半は紫外線予備電離方式であり，図1.4.53にその本体の構造を示す．放電，光軸，ガス流の3方向が互いに直交した，いわゆる3軸直交形 CO_2 レーザと同一の構成である．図1.4.54に容量移行形回路と結合した構成図を示す．主放電電極の両側には多数のピン電極列が配設され，これらのピン電極間に流れる大電流のスパーク放電から発生される紫外線を主放電空間の予備電離に利用している．繰返しパルス発振をさせる場合，前の放電で発生した荷電粒子や不均質な媒質を次の放電までに流し去っておくこ

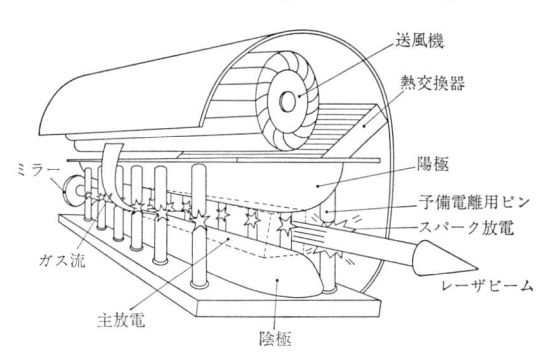

図 1.4.53 紫外線予備電離方式エキシマレーザ本体の構造

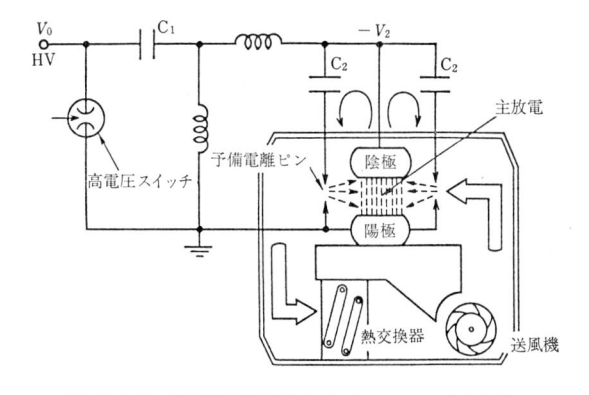

図 1.4.54 紫外線予備電離方式エキシマレーザの構成

とが安定放電を得るためには不可欠であるが，ガス流はこのために必要である．

レーザ本体容器の中には約3気圧の混合ガスが充填され，使用ガスの入れ換えによりいろいろな波長の発振が可能である．たとえば，ArF レーザでは Ar, F_2, He あるいは Ne, KrF レーザでは Kr, F_2, He あるいは Ne, XeCl レーザでは Xe, HCl, He あるいは Ne などのガスが利用される．

d. 特　　性[5]

実用化されている高繰返しエキシマレーザの出力特性を表 1.4.10 に示す．また，研究段階にある放電励起方式の大出力パルスエキシマレーザの出力特性を表 1.4.11 に示す．

表 1.4.10　高繰返しエキシマレーザの出力特性（実用装置）

予備電離方式		パルスエネルギー (mJ)	最大繰返し周波数 (Hz)	最大平均出力 (W)	パルス出力安定度 (%)
UV	ArF	180〜300	140〜250	20〜60	±5〜6
	KrF	400	150〜250	60〜100	±3〜5
	XeCl	200〜400	165〜250	30〜100	±3〜5
コロナ	XeCl	300	500	150	±5
X 線	XeCl	1,000	100	100	±1

表 1.4.11　大出力パルスエキシマレーザの出力特性（研究）

予備電離方式	レーザ	パルスエネルギー (J)	パルス幅 (ns)	ビーム断面 (cm^2)	参考文献
UV 予備電離	XeCl	13.8	80	7×7	6)
X線予備電離	XeCl	44	85	10×8	7)
X線予備電離	XeCl	60	〜200	20×15	8)

紫外線（UV）予備電離方式の高繰返し KrF レーザと XeCl レーザではほぼ同じ出力が得られ，そのパルスエネルギーは 400 mJ 以下である．最大平均出力は KrF レーザと XeCl レーザで 100 W，ArF レーザで 60 W である．繰返しパルスの安定度は ArF レーザがやや劣り 5〜6%，KrF レーザと XeCl レーザでは ±3〜5% である．

コロナ予備電離方式では XeCl レーザで平均出力 150 W のものが製品化されている．X 線予備電離方式は繰返しが 100 Hz と低く，XeCl レーザで平均出力 100 W まで製品化されている．

研究レベルではX線予備電離方式による大口径ビームパルス発振で，最大パルスエネルギー 60 J まで達成されており[8]，また高繰返し発振では平均出力 300 W が実現されている[9]．

エキシマレーザは F_2 や HCl のような腐食性の強いガスを使用しているので，レーザガスの劣化による出力の

表 1.4.12　高繰返しエキシマレーザのガス寿命（実用装置）

レーザ	液体窒素トラップ	液体窒素トラップとハロゲンガス注入
ArF	10^5〜10^6 ショット	$5×10^6$ ショット
KrF	〜10^6　〃	$1×10^7$　〃
XeCl	〜10^7　〃	$1×10^8$　〃

注）50% 出力減基準

低下が最大の課題である．表1.4.12に高繰返しエキシマレーザのガス寿命を示す．液体窒素トラップによる不純物の除去方式では，ArFレーザで10^5~10^6ショット，KrFレーザで~10^6ショット，XeClレーザで~10^7ショット程度である．また，F_2やHClのようなハロゲンガスの補給，および一部ガスの交換と合わせて印加電圧を制御する方法で，さらに1桁程度ショット数を伸ばすことも可能である．

サイラトロンスイッチの寿命は使用条件に依存するが，最大陽極電圧が35~40kV，最大ピーク電流が10~15kA，繰り返し周波数が500Hz（短時間では1kHz）の性能をもち，寿命は10^8~10^9ショットである．

レーザ共振器の窓やミラーも不純物ガスや飛散粒子により汚染される．フィルターや電気集塵器，あるいは清浄なガスの吹付けなどの対策を講じても，XeClレーザで10^8ショット，ArFレーザで10^7ショット程度につき1回，光学部品の洗浄や交換をする必要が生じる．

実用化されているエキシマレーザのビーム品質を表1.4.13に示す．パルス幅の延長はビームの品質をよくするので，重要な研究課題である．ビームの形状は細長で，電極方向の分

表 1.4.13　高繰返しエキシマレーザのビーム品質（実用装置）

パルス幅 (ns)	ビーム径 (mm)	発散角 (m rad)	スペクトル幅 (Å)
UV予備電離方式 8~35 X線，コロナ予備電離方式 （≧100 W） ~55	縦（放電方向） 20~33 横（ガス流方向） 5~15	安定形共振器 2~3 不安定形共振器 0.4~0.8 エタロン，グレーティングなどの使用 0.1~0.3	通常　3~5 エタロン，グレーティングなどの使用 0.003~0.1

布は矩形に近く，ガス流方向はガウス分布に近い形を示す．発散角は光学系により著しく異なる．スペクトル幅は通常3~5Åと広いが，エタロンやグレーティングなどを複数個使う

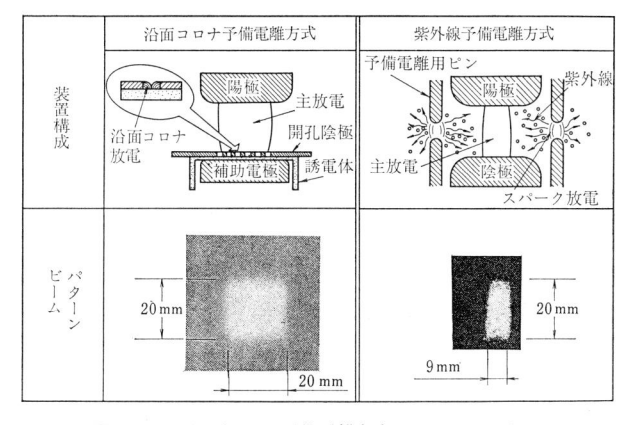

	沿面コロナ予備電離方式	紫外線予備電離方式
装置構成	陽極／主放電／沿面コロナ放電／開孔陰極／補助電極／誘電体	予備電離用ピン／陽極／紫外線／主放電／陰極／スパーク放電
パターンビーム	20 mm × 20 mm	20 mm × 9 mm

図 1.4.55　沿面コロナ予備電離方式エキシマレーザ

方法によりその千分の一程度まで狭くできる。

e. 今後の動向

大出力化や高効率化の点では新しい予備電離方式や回路方式が開発されよう。図1.4.55は誘電体を介して，開口陰極の多数の穴の内周壁から誘電体表面に沿って発生するコロナからグロー状の放電を予備電離源に利用した方式で，幅の広い放電の発生が可能である[10]．また，放電の開始をプリパルス回路で行い，エネルギーの注入をPFN (Pulse Forming Network)回路から効率よく行うSpiker-Sustainerなどの回路方式の実用化も今後の課題である[11]．

高繰り返し，長寿命化の点ではまずスイッチング素子の固体化があげられる．図1.4.56はサイリスタにMPCを組み合わせた回路の一例で，過飽和リアクタを使い，電流パルスの

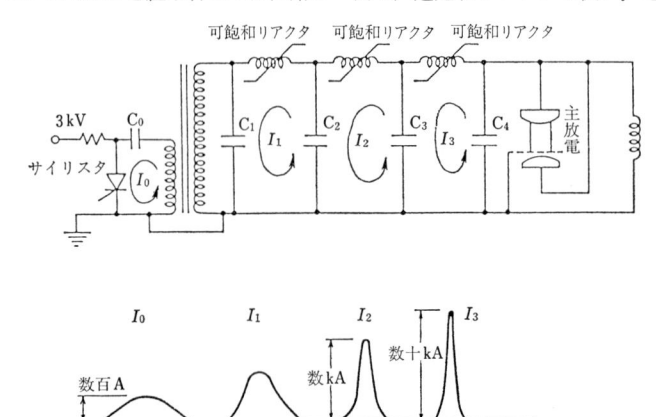

図 1.4.56 固体スイッチング素子を用いた磁気パルス圧縮回路

圧縮を図った磁気パルス圧縮回路である．kHzオーダの繰返し動作には，ガス流の高速化と共に必須の技術である．ガスの長寿命化では先に述べた対策に加えて，ハロゲンを希ガスから精度よく分離する高温トラップ（ゲッタトラップ）の併用が必要である．

発振時間を伸ばす長パルス化はむずかしい課題であるが，ビーム品質と共に効率の向上にも有効であり，今後注力すべき課題の一つである．　　　　　　　　　　（永井治彦）

文　献

1) N. G. Basov, et al.: Laser operating in the vacuum region of the spectrum by excitation of liquid xenon with an electron beam, *JETP LETTERS*, **12** (1970), 329-331.
2) R. Burham, et al.: Xenon fluoride laser excitation by transverse electric discharge, *Appl. Phys. Lett.*, **28** (1976), 86-87.
3) 秋葉稔光編著：レーザ技術読本，日刊工業新聞社（昭和60年）45.
4) M. Bass and M. L. Stitch (ed.): Laser Handbook volume 5, North-Holland (1985), pp. 1-202.
5) 永井治彦：エキシマレーザの現状，電気学会全国大会（昭和62年）S. 1-13.
6) S. Watanabe, et al.: Wide aperture self-sustaind discharge KrF and XeCl lasers, *Appl.*

Phys. Lett., **41** (1982), 799-810.
7) 狭間, 他：大容量X線予備電離XeClレーザーの開発, レーザー研究, **14** (1986), 108-116.
8) L. F. Champagne, et al.: Large volume X-ray preionized XeCl laser, CLEO '84 Post deadline Papers, ThR8-1 (1984).
9) B. L. Fontaine, et al.: Parametric studies of a 300-W high prf X-ray preionized discharge XeCl laser, CLEO '87 FC1 (1987), 310.
10) 春田健雄, 他：高繰返しエキシマレーザ, レーザー学会研究会報告 (1986), RTM-86-29.
11) C. H. Fisher, et al.: High efficiency XeCl laser with spiker and magnetic isolation, *Appl. Phys. Lett.*, **48** (1986), 1574-1576.

1.4.6 これからの加工用固体レーザ
a. スラブ

はじめに　Nd：YAGレーザで代表される固体レーザは, CO_2 レーザに比べ発振波長が短いことから, 一般に, 金属のその光に対する吸収率が高く, 集光性にすぐれ, かつ光ファイバが使用できるという特長がある反面, 加工用レーザとしては, 出力の点で十分とはいえなかった. 近年, 固体レーザにおいても高出力化の努力がはらわれ, kW級のものが開発されてきた. しかし, ロッド型の固体レーザでは, 高入力化に伴い耐熱負荷の限界やビーム品質の低下といった問題が生ずる. このような問題を解消できるものとしてスラブレーザが期待されている.

スラブレーザはレーザ媒質を板状にしたもので, 通常の円筒状のものとは媒質の形状が異なっている. この方式では, レーザ光をスラブ型レーザ媒質の内部をジグザグに通すことにより, 円筒状レーザ媒質では避けることのできない熱的問題を補償できるという特長がある.

このような特長を有するスラブレーザの研究開発は, 大きなレーザ媒質を作成できる技術が確立してきたことにより, アメリカをはじめ, わが国や西欧において進められてきた. レーザ媒質としては, Nd：YAG, Nd：GGG, Nd：ガラスが使用されているが[1〜4], ここではNd：YAGを用いたスラブレーザを中心としてその特長や性能について述べる.

（ⅰ）原理　レーザ媒質は図1.4.57に示すような板状になっているために, 内部の蓄熱による温度分布は, 原則として x 方向のみに存在する. レーザ光は温度分布の存在する方向に励起面で全反射しながら, ジグザグに進行するために, 熱に起因する波面ひずみは相殺される. この結果, 固体レーザ特有の熱レンズ効果や熱的複屈折効果の低減をもたらし, ビーム品質の高いレーザ光が得られる[5].

耐熱負荷はスラブの幅と厚さとの比に比例

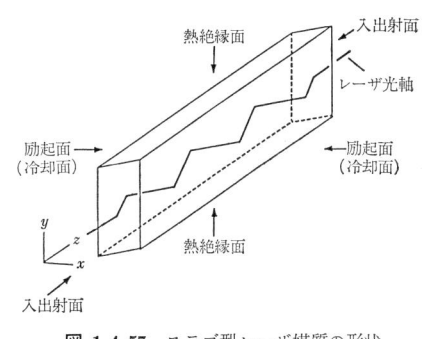

図 1.4.57　スラブ型レーザ媒質の形状

するので, その比を大きくすることによって高入力に耐えることができる. したがって, スラブレーザは小形・高出力で高ビーム品質の装置といえる.

(ii) 構成 Nd：YAG スラブレーザの一例として，厚さ 5.6 mm，幅 18.4 mm，長さ 154 mm の大きさで，Nd^{3+} イオンの濃度が 1.1 at.% の YAG 結晶を用いたレーザ共振器の基本的構成を図 1.4.58 に示す[6]．Nd：YAG スラブは励起面の両側から 2 本のクリプトン・フラッシュランプによって励起され，レーザ光はその結晶内を 6 回ずつの全反射をしながら伝搬する．

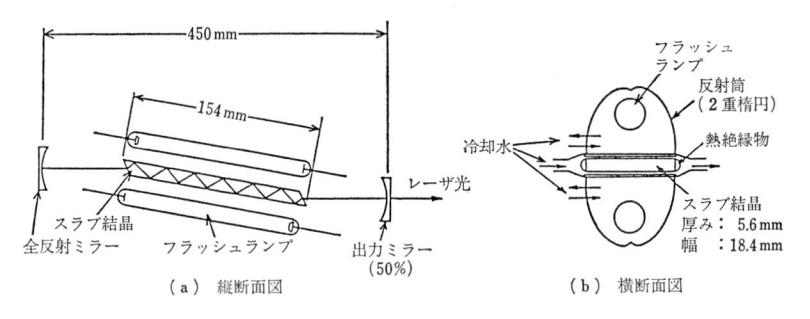

図 1.4.58 スラブ型 Nd：YAG レーザ共振器の基本構成図
電源はパルス運転で，最大平均出力 25 kW を供給できる．YAG 結晶およびフラッシュランプは約 25 kW の冷却能力をもつ冷却装置から送られる純水によって冷却される．

レーザ媒質として Nd：GGG や Nd：ガラスを使用した場合も基本的な構成は同様であるが，特殊な構造の Nd：ガラススラブレーザがある．つまり，ガラスは大きなスラブを作成できる利点があるものの，熱伝導率が低い欠点があるために，光軸と垂直方向に往復運動させることによって，蓄熱効果を軽減させようとする方式である[4]．図 1.4.59 に示す構造でムービングスラブレーザと呼ばれている．この場合，ガラスは屈折率が小さいために，励起面の隙間にガスを流すことによって冷却される．

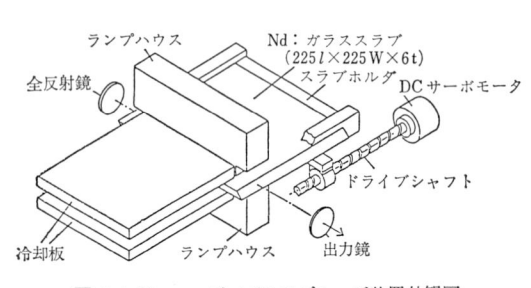

図 1.4.59 ムービングスラブレーザ装置外観図

(iii) レーザ特性 基本的構成で示した Nd：YAG スラブレーザ共振器におけるノーマルモードのパルス発振の例では，パルス幅 3 ms，繰返し数 19 pps，平均出力 24.3 kW の運転条件において 600 W を超えるレーザ平均出力が得られている[6]．入出力特性を図 1.4.60 に示すが，最大出力での効率は 2.4% である．パルス幅を短くし，繰返し数を高くしても同様の出力特性が得られる．

出力されるレーザのビーム形状は矩形であり，YAG 結晶の幅方向と厚さ方向に対する特性が異なる．一例として，ビーム広がりの入力依存性を図 1.4.61 に示す．入力に対し，ほぼ一定であるが，厚さ方向は約 10 m rad，幅方向は約 20 m rad である．

図 1.4.60 で示した特性の場合には，1 パルス当りのレーザエネルギーは約 30 J である

が，繰返し数を低下させ，1パルス当りの入力エネルギーを増大させた場合には，1パルス当り200J以上のエネルギーが得られる．

幅方向のビーム広がりを向上させることを目的として，共振器内に円筒レンズを挿入した場合には，10mrad を下まわるビーム広がりが得られる．この場合，出力が70%程度に低下するもの

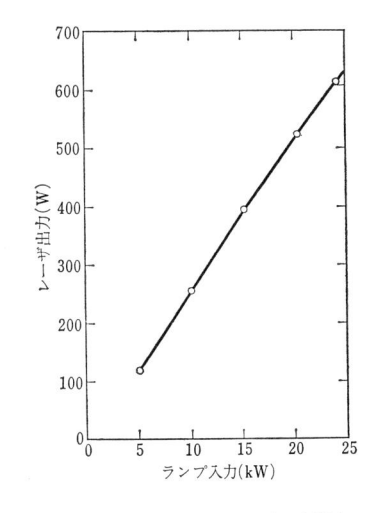

図 1.4.60 Nd:YAG レーザの入出力特性（パルス幅3ms）

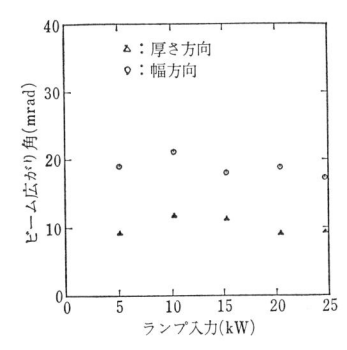

図 1.4.61 Nd:YAG レーザのビーム広がり角の入力依存性

の集光時のパワー密度は増加し，焦点距離100mmのレンズでの集光を仮定すると，図1.4.60に相当する運転条件のときでも 10^6 W/cm² を超えるピークパワー密度が期待できる．これはレーザ加工に適用できる大きさである．

出力安定度は連続8時間運転において ±2% 以下であった．

一方，Nd:GGGスラブレーザでは最大出力830W が[2]，また Nd:ガラスムービングスラブレーザでは1kW を超える出力が得られているが[7]，繰返し数は数pps程度である．

むすび 以上，述べてきたように，スラブレーザは小形，高出力で，集光性が優れている装置である．実際に，これらの性能を利用して，CO_2 レーザでは加工困難なアルミニウムや銅のような非鉄金属への切断，溶接，マーキングといった加工実験が実施され始めている[8]．これは現在開発されている程度のものでも，加工には十分適用可能なことを示している．

今後，スラブレーザ特有の矩形ビームを利用した加工への適用や，レーザ装置の性能向上によるいっそう広範な加工への適用が期待できる．さらに，効率を高め，励起源の長寿命化をはかるために，半導体レーザ励起を考慮していく必要があろう． 　　　　　（葛西　彰）

文　献

1) T. Kasai, et al.: High average power Nd:YAG slab laser, High Power and Solid State Lasers Ⅱ, *SPIE*, **1040** (1989), 32.
2) T. Kawazoe, et al.: High Average Power Neodymium-doped Gadolinium Gallium Garnet

Slab Laser. IQEC '88 PD-27 (1988), 60.
3) M.K. Reed and R.L. Byer: Performance of a Conduction Cooled Nd:glass Zigzag Slab Laser, High Power Solid State Lasers, *SPIE*, **1021** (1988), 128.
4) T. Mochizuki, et al.: Development of high power solid state lasers at HOYA Corp., *ibid.*, 32.
5) R.L. Byer: Slab Geometry Lasers. レーザー研究, **13**〔3〕(1985), 241.
6) 葛西, 他:大出力スラブ形 Nd:YAG レーザ発振器. 富士時報, **63**〔8〕(1990), 584.
7) H. Sekiguchi, et al.: 1-kW class moving slab glass laser, Conference on Lasers and Electro-Optics '90, CTUJ 3 (1990), 186.
8) 今村, 他:固体レーザによる加工, 平成2年電気学会全国大会, S.6-3-4 (1990), S.6-29.

b. アレキサンドライトレーザ

アレキサンドライトは光照射条件によって深紅, 緑, 青に変色する天然の宝石として知られている. レーザ発振用のアレキサンドライト結晶は合成結晶であり, ベリリウムアルミネート ($BeAl_2O_4$, クリソベリル) に Cr^{3+} をドープしたものである. 1970年代の初め, 米国のアライド社で Be の酸化物結晶の成長とその特性について研究された産物である. 1974年に発振が確認された[1]. 当初はルビーレーザと同様な Cr^{3+} の R 線と考えられていたが, 1977年発振波長の測定の結果R線以外に連続的波長可変の4準位レーザであることがわかった. 以後, 改良が続けられ, YAG, ルビー, ガラスなどの固定波長動作の在来の固体レーザと同程度の動作特性が得られるようになってきた.

この結晶は斜方晶系の一つで, 点群 Pnma (格子定数 $a=0.9404$ nm, $b=0.5476$ nm, $c=0.4425$ nm) に属する. レーザ活性イオン (Cr^{3+}) は $BeAl_2O_4$ 結晶の Al イオンと置換する. Al サイトは結晶構造上, 2種類 (鏡映対称と反転対称をもつサイト) あって, 全 Cr^{3+} イオンのうち78%程度が鏡映対称サイトに置換している. このサイトにある Cr^{3+} イオンがレーザ発振に大きく寄与している. Cr^{3+} は $3d$ 電子をもつ遷移金属の一つであるがこの $3d$ 電子は結晶場の影響を受けやすく, そのエネルギー準位は格子の振動モードと結合し, 振動的な状態を形成する. 図1.4.62のように光子緩和を伴った終準位が振動的な幅をもった準位であるため, 波長可変レーザが得られる. 図1.4.63に吸収スペクトル特性を示した[2]. 380〜680 nm にわたって幅の広い吸収スペクトルを有している.

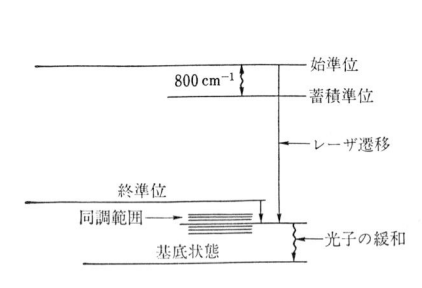

図 1.4.62 アレキサンドライトのエネルギー準位図

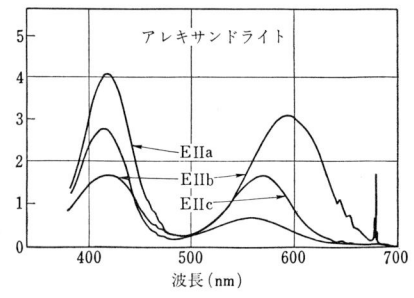

図 1.4.63 アレキサンドライトの吸収スペクトル[2]

1.4 実用化されている加工用レーザ

表1.4.14にアレキサンドライトの物理的特性を示す．比較のため，他の結晶の特性も記した．アレキサンドライトは，結晶の硬さ，熱的・機械的性質ではYAGよりすぐれている性質を有し，誘導放出断面積は可変波長域で小さい．Qスイッチパルス発振動作のように大きなエネルギーを蓄積する性質を利用する動作においてはYAGより高出力が得られる．

表 1.4.14 アレキサンドライトの諸特性

		アレキサンドライト	ルビー	YAG
熱伝導率	(W/cm·K)	0.23	0.42	0.13
熱膨張係数	($\times 10^6$/K)	6.3	5.8	7.9（平均値）
ヤング係数	($\times 10^{12}$ Pa)	0.469	0.46—0.52	0.33
破壊応力	(10^9 Pa)	0.46—0.95	0.34—1.03	0.14—0.27
熱衝撃抵抗	(W/cm)	35—74	47—162	7—14
非線形屈折率	($\times 10^{-16}$ cm^2)	0.8	1.1	3.2
屈 折 率		1.74	1.75—1.76	1.83
dn/dT	($\times 10^{-6}$/K)	8.9（平均）	12.6	7.3
誘導放出断面積	($\times 10^{-19}$ cm^2)	0.07—0.3	0.25	8.8
蛍光寿命	(μs)	260	3,000	260
損傷しきい値	(GW/cm^2)	30（波長 0.75 μm）	—	$\sim$10（波長 1.06 μm）

主な特長を列記すると，① 700～820 nm で連続的に波長選択ができる．② 室温での蛍光寿命は 262 μs で CW，ノーマルパルス，Qスイッチパルス，モード同期パルスなど各種発振形態をとる．③ 発振しきい値がルビーより低く，発振効率が高い．④ 熱的・機械的に安定な性質をもった結晶で化学的に安定である．⑤ 誘導放出断面積は 200°C で室温の約 3 倍になり，高温動作で高い発振効率が得られる．⑥ チョコラルスキー法で大形結晶が育成でき，直径 10 mm，長さ 12 cm までのレーザロッドやスラブが得られる．

（ⅰ）発振器の構成 図 1.4.64に発振器の構成を示す．レーザロッドはチョコラルスキー法でC軸方向に育成されたブールから不均一な性質をもった中心部のコア部を避けてレーザ用ロッドが切り出される．ロッドの両端面は平面や凹面に光学的な面に研磨後，反射防止膜が施される．側面はロッド内部に光励起光が均一に照射されるように光散乱用の粗面に仕上げられている．Cr^{3+} のドープ濃度は 0.05～0.3 原子パーセントのものが用いられる．高い熱伝導性，材料の高い機械的強度，比較的等方的な膨張係数を有していることなどのために強力な光励起によって破壊することはまれである．ロッド形レーザ材料で単位長当りに破壊されることなく吸収される最大限界パワーは，アレキサンドライトは 600 W/cm，ルビーは 1,000 W/cm，YAG は 120 W/cm である．熱伝導率は YAG の 2 倍，ルビーの約半分である．高い電界の下での非線形屈折率はサファイヤや YAG よ

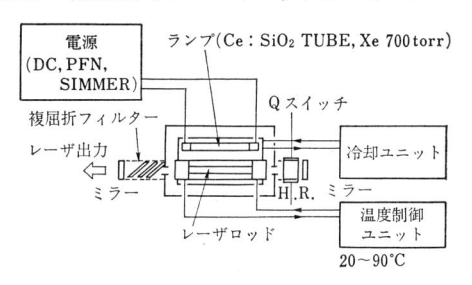

図 1.4.64 アレキサンドライトレーザ発振部構成

りも小さい．表面の損傷しきい値もルビーと同等に大きい．Cr^{3+}の濃度が高い方が破壊しやすい．結晶育成時に高濃度結晶は均一性が悪いことが主な原因であると考えられている．

4準位動作の常温での蛍光寿命は$260\mu s$であり，高温で短くなる傾向がある．一方レーザ発振誘導放出断面積は300 Kで$7\times10^{-21} cm^2$，475 Kでは$2\times10^{-20} cm^2$に増加し，高温動作の方が高い発振効率が得られる．三準位動作のR線は波長680.4 nmで生じ，誘導放出断面積は3×10^{-19}でルビーの約10倍，Nd：YAGの約1/2である．

波長同調には色素レーザで用いられる複屈折フィルターが用いられる．加工用として出力エネルギーのみを利用する場合には不要である．複屈折フィルターとしては水晶板が用いられ，常光線と異常光線の屈折がレーザ共振器光軸に対して変化していることを利用し，P偏光で入射するビームに対して通過後もその偏光性を維持できる波長に対し，レーザ発振が起こる．フィルタの構成は厚さ1, 2, 9 mmの3枚組の構成が通常利用される．

パルス励起用のランプにはXeフラッシュランプが，連続励起用には水銀アークランプが用いられる．励起効率を向上するために，ランプもしくはランプを同軸に取りかこんだ冷却水用の流水パイプ外壁にコーティングが施されることが試みられている．これで励起スペクトル以外の成分（380〜680 nm）を多く放出させて発振効率を約20％向上できる[3]．

レーザヘッドの温度制御はレーザ結晶が高温で高効率が得られる特性を生かすため80〜90℃の高温水中に浸して利用する．一方励起ランプは常温水で冷却して利用するよう設計されている．したがって両者を一つのレーザヘッド中で最適動作条件を実現するため，二つの水温制御系統をもった構造がとられている[4]．レーザヘッド内の集光鏡は銀の反射鏡が用いられている．これは380〜680 nmと比較的短波長域の励起スペクトルをもった光を高効率で集光するためである．銀はそのまま大気などに触れると酸化により光沢を失い，反射率の低下をまねく．そのためSiO_2膜を銀の反射膜上に施し，耐久性を増す工夫がなされている．

Qスイッチパルスはポッケルスセルや超音波Qスイッチ[5,6]を駆動して発生させるが，駆動しなければ，ノーマルパルスやCW発振はQスイッチを共振器内に置いたまま可能である．アレキサンドライトレーザはb軸方向に偏光した利得が大きい．したがってポッケルスセルのみで偏光成分の利得制御が行え，偏光子なしでQスイッチ動作ができる．

図1.4.65にはアレキサンドライトレーザ装置の外観を示した．右からレーザ発振部，電源部，温度制御部（冷却器も含む）である．加工用途ばかりでなく，科学的用途にも利用できる．平均出力は100〜150 Wである．

(ⅱ) アレキサンドライトレーザ発振特性　表1.4.15に発表されたレーザ発振性能表を示す[2]．ここに示された以外の例で，レーザ発振ヘッドの構成において，2本のXeフラッシュランプとレーザロッド（直径0.63 cm，長さ11 cm）および60％の透過率の出力ミラーを用い，Qスイッチ動作で，出力1 J，パルス幅30 ns，スロープ効率1％以上が得られる．このビーム広がり角は回折限界の10倍である．また上記構成に直径3 mmのアパチャと，ロッドの熱ひずみ作用を補正することでビームの指向性を改善し，出力30 mJ，パルス幅15 ns，回折限界の4倍以下の指向性のよいビームが得られる．また表1.4.15の中の例ではQスイッチ動作により出力2 J，パルス幅40 nsのパルスが上記と同サイズのロッドか

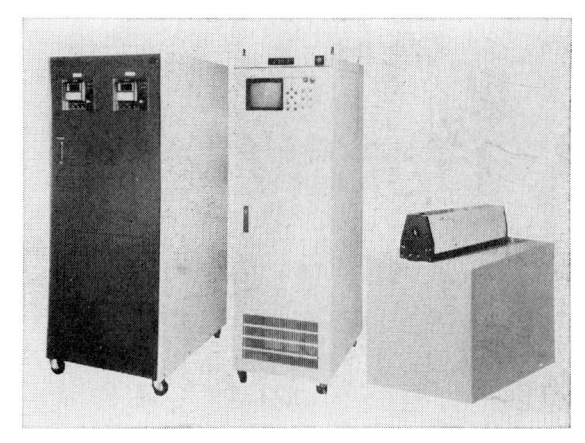

図 1.4.65 アレキサンドライトレーザの外観
右から，ヘッド部，電源部，温度制御部（冷却器も含む）である．東芝製 LAX-10 形.

ら得られている．また，高平均出力特性例としてノーマルパルス発振では平均出力 150 W，パルス幅 150 μs，1.2 J の出力が回折限界の 15 倍のビーム広がり角で得られている．

3.3％の比較的高い発振効率を得たデータ[4]では，1本の励起ランプを LC の PFN[7~9]でパルス幅 240 μs で直径 6 mm，長さ 102 mm ロッドを励起し，入力 3.5 kW で出力 115 W，ビーム広がり角 6 m rad が得られた[10]．レーザ加工においてはレーザ発振パターンの真円度が要求される場合が多い．アレキサンドライトは異方性結晶であるため，集光鏡のそれぞれの焦点に置かれた励起ランプとロッドの結晶の相対位置によって発振効率や発振パターンが影響を受ける．図 1.4.66 には楕円筒内で結晶 b 軸方向を回転させると，出力が変わることが示してある．b 軸がランプ励起方向であると，効率は高いが，発振パターンはひずむ．b 軸が励起ランプ方向に垂直であると，効率は低下するが，ほぼ円形のパターンが得られる．

波長同調 Q スイッチパルスでは米国ロスアラモス国立研究所にアライド社の納入した平均出力 100 W 発振波長 790～793 nm，パルス繰り返し 250 Hz，出力 0.4 J/p，ランプ全入力 18 kW 発振線幅 0.05 Å のものがある．これは，二つの発振器を 125 Hz で交互に動作させ全体として 250 Hz の高繰り返しを実現したものである[3]．このシステムは熱加工

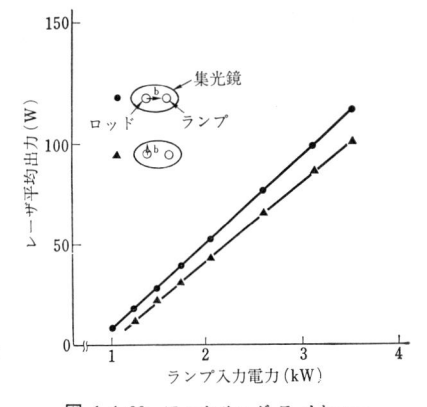

図 1.4.66 アレキサンドライトレーザの入出力特性の例
ロッドの結晶軸の配置方向によって，効率，発振パターンが異なる．

表 1.4.15　アレキサンドライトレーザ発振特性例[2]

動作形態	ロッド寸法 直径(mm)/長さ(cm)	Cr^{3+}ドープ濃度(at.%)	波長(nm)	ライン幅(nm)	パルスエネルギー(J)	パルス持続時間(μs)	パルス繰り返し周波数(Hz)	平均出力(W)	モード特性	回折限界の倍数	発振効率(%)
ノーマル	6.3/10	0.28	755	1.0	7	200 μs	5	35	マルチモード	…	2.5
ノーマル	6.3/10	0.14	750	1.0	4.5	150 μs	20	90	マルチモード	30X	1.2
ノーマル	6.3/11	0.14	750	1.0	0.5	150 μs	20	12	マルチモード	5X	0.3
ノーマル	6.3/11	0.14	750	1.0	1.2	150 μs	125	150	マルチモード	15X	…
Qスイッチ	6.3/2×11	0.14	790	0.01	0.4	<1 μs	125	50	マルチモード	15X	0.4
Qスイッチ	6.3/11	0.14	750	0.1	1.5	28	20	30	マルチモード	30X	0.55
Qスイッチ	6.3/11	0.14	740	0.1	2.0	40	20	40	マルチモード	30X	0.19
Qスイッチ	6.3/11	0.14	750	0.1	0.55	25	10	5.5	マルチモード	10X	0.21
Qスイッチ	6.3/11	0.14	765	0.1	0.55	16	10	5.5	マルチモード	12X	0.19
Qスイッチ	6.3/11	0.14	750	0.025	0.55	26	10	5.5	TEM_{00}(回折限界)	10X	0.19
同期同期周期	6.3/11	0.14	750	0.025	0.5 mJ	38 ps	10	…	TEM_{00}(回折限界)	1.5X	…
能動モードとQスイッチ	6.3/11	0.14	750	0.02	2 mJ	150 ps	10	…	TEM_{00}	…	…
CW励起	3/10	0.2	755	1	…	…	…	60	マルチモード	…	1.21
CW励起	5/10	0.09	755	1	…	…	…	2	TEM_{00}	1.3X	0.31
発振／増幅	6.3/11	0.14	755	1	3	30	10	30	マルチモード	7X	…
発振／増幅	6.3/11	0.14	755	1	0.5	30	10	5	TEM_{00}	1.2X	…
発振／増幅	6.3/11	0.14	755	1	1	10	10	10	マルチモード	7X	…

よりもむしろ光化学プロセスに用いると考えられる.

モードロック発振ではパルス幅 8 ps～300 ns のパルスの発振が報告されている. モード制御手段としては過飽和色素や超音波モードロッカなどが利用され, 出力は 1～2 mJ に達している.

CW 発振では水銀アークランプ励起でマルチモード出力 50 W, Xe アークランプ励起で TEM_{00} モード 2 W の出力が得られている.

連続励起高速繰り返しQスイッチパルスレーザでは 1～80 kHz の発振が報告されている[2]. 波長可変短波長レーザとしては, ベータバリウムボレート (β-BaB_2O_4) や KDP などの非線形結晶で高調波を発生し, 360～400 nm の短波長レーザを得る努力が行われている. 最近の報告では SHG によって波長 380 nm で, 出力 200 mJ が KDP 結晶から 10 Hz のパルス繰返しで得られている[2].

（石　川　　　憲）

文　献

1) J. C. Walling, et al.: Usp 4, 272, 733.
2) J. C. Walling, et al.: Tunable Alexandrite Lasers: Development and Performance. *IEEE*, **QE-21** (10) (Oct. 1985), 1568-1581.
3) R. C. Sam, et al.: Proc. SPIE Vol. 504 Southwest Conference on Optics (1985), p. 264.
4) 石川：レーザ発振装置. 実開昭 58-11268.
5) 石川：レーザ装置. 実公昭 57-52943.
6) 石川：Qスイッチレーザ装置. 特公昭 51-2850.
7) 石川：レーザ装置. 特公昭 52-50515.
8) 石川：充放電装置. 実開昭 56-22520.
9) 石川：電源装置. 特公昭 49-42609.
10) 今井, 他：電子通信学会技術報告, **OQE-85** (57) (1986).

1.4.7 これからの加工用気体レーザ

現在最も新しい工業用高出力レーザとして注目されているものに, 波長 5 μm 帯で発振する放電励起 CO レーザと波長 1.3 μm で発振する化学励起ヨウ素レーザがある. いずれの場合も, わが国が最も進んでおり, CO レーザについてはすでに 1 kW[1], 3 kW[2], 級装置が実現し, さらに高出力化が進められている. またヨウ素レーザもキロワット級の出力と長時間動作を目指して開発されている[3].

特にこれらのレーザは, 光ファイバーによる kW 級のパワー伝送が可能であり, 従来加工用 CO_2 レーザで用いられてきたような複雑な鏡の伝送系にかわり得る点で, 超自由加工用レーザ源としての可能性をもっている. 波長 5 μm 帯の CO レーザに関しては, As_2Se_3 系のカルコゲンガラスファイバーが, 波長 1.3 μm のヨウ素レーザには通常の石英ファイバーが利用可能である. すでに慶応大学, NTT 茨城通研の研究では[4], コア径 700 μm の As_2S_3 のファイバーで 62 W のレーザ光が伝送され, 伝送密度が 16 kW/cm^2 と CO_2 レーザと KRS-5 ファイバーの組み合わせより高い性能が得られている[5]. このパワー密度から推算すると, コア径 2 mm の光ファイバーで約 500 W のレーザ光が伝送できることになり, ファイバーの入出力端面への無反射コーティングを施すことや素材自身の低損失化が進めば, kW 級のパワー伝送も現実のものとなる.

COレーザの現状と発振機構は以下のようになる．COレーザはCO分子の振動-回転遷移により得られ，発振波長が4.7〜8.2 μmと広くYAGレーザとCO$_2$レーザの中間の5.3 μm帯で最も強い出力が得られる．励起方法は，CO$_2$レーザと同じように放電によるものが一般的である．国内では出力3kWを越える性能を[2)]，またソ連で10kWの性能をもつ装置が開発されている．詳細な発振機構や現状については，電総研の恩田ら[7)]がまとめているので参照されたい．図1.4.67にレーザ利用されるCO分子のエネルギー準位を示した．CO分子の振動準位は，約1.2%の非調和性をもつはしご状であり，レーザ発振が隣接する2準位間の遷移により起こる．放電電子との衝突により振動励起された分子同士が振動量子交換を行い，いわゆるself-pumping過程で，より振動準位間隔の狭い高振動準位へ励起され，強い非ボルツマン分布（Treaner分布）を形成しレーザ発振する．

特徴は，その高い量子効率により明らかに理論上90%以上，実験的にも30%を越える効率が達成されている[7)]．COレーザを高効率，高出力かつガス消費量の少ないものにするために，筆者らは液体窒素を冷媒とし，ガス温度100〜200Kまで任意に設定でき，さらにガス循環用の大形風胴を製作し5kW級への出力アップを目指し研究を進めている．

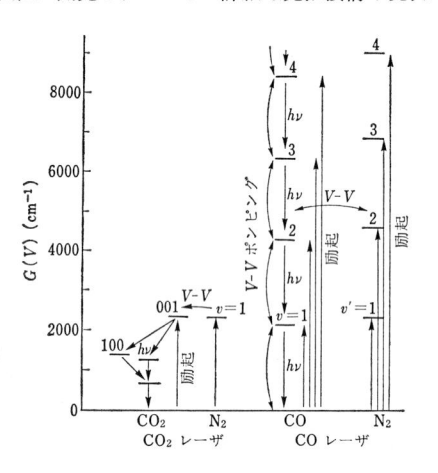

図1.4.67 COレーザのエネルギー準位図（比較のためCO$_2$を列挙）(Ref. 7)

化学励起ヨウ素レーザは，次の反応により化学的に発生する活性な酸素（O$_2$*($^1\Delta$)）をエネルギーキャリアーとして，O$_2$*の流れの下流側でI$_2$蒸気と衝突，励起状態のヨウ素原子（I*（$^2P_{1/2}$））をつくり，波長1.315 μmのヨウ素レーザとして発振する．O$_2$*($^1\Delta$)の発生方法にもバブリング法[8)]，噴霧法[5)]と種々ある．反応式は，以下である．

$$H_2O_2 + \frac{1}{2}Cl_2 + NaOH \longrightarrow H_2O + HCl + O_2^*(^1\Delta)$$

$$O_2^*(^1\Delta) + I \longrightarrow I^*(^2P_{1/2}) + O_2$$

$$I^*(^2P_{1/2}) + h\nu(\lambda=1.315\ \mu m) \longrightarrow I(^2P_{3/2}) + 2h\nu$$

最初の発振は1978年Benardら[9)]によって報告された．波長1.3 μmは，工業用YAGレーザに近い波長帯域ではあるが，高出力化のスケーリングとO$_2$*の発生効率が高く化学エネルギー効率が高いなどの点ですぐれている．特にヨウ素分子の単位質量流量に対するレーザ出力としては，220 W/(g/s)であり，出力1kW級では1秒当り5〜6g/sのI$_2$の燃料で十分である．図1.4.68にヨウ素レーザ装置の模式図を示す．また表1.4.16に最近の報告例を示し[10)]，現状の理解に供する．

（藤岡知夫・斉藤英明）

1.4 実用化されている加工用レーザ

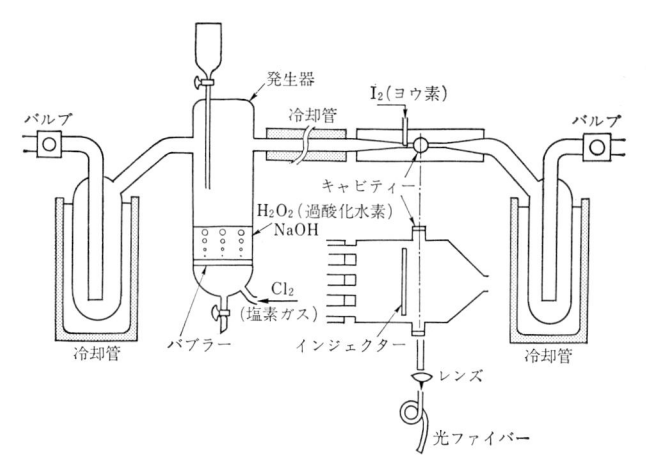

図 1.4.68 ヨウ素レーザ模式図

表 1.4.16 ヨウ素レーザの最近の報告例[10]

研究所	溶液	塩素流量 (mol/min)	酸素圧 (Torr)	励起酸素の割合 (%)	流速 (m/s)	出力 (W)	流管断面積 (cm²)	効率* (%)
AFWL アメリカ 文献(93)	H_2O_2 5.01 NaOH 2.01	1.8	1.0	≒40	60	100	50×2.5	3.7
マクダネルダグラス アメリカ 文献(94)	H_2O_2 4.01 NaOH 4.01	1.02	?	?	?	125	200×5	8.1
TRW 社 アメリカ 文献(95)	H_2O_2 4.0 kg NaOH 9.0 kg	4.8	0.8	>50	sub-sonic	1,080	60×?	14.9
ベングリオン大 イスラエル 文献(96)	H_2O_2 0.501 NaOH 0.251	0.024	0.32	44	20	5	10×1	13.8
防衛大学校 日本 文献(97)	H_2O_2 0.401 NaOH 0.151	0.126	0.75	51	6	25	50×1	13.8
ONERA フランス 文献(98)	H_2O_2 ? NaOH ?	1.8	0.3	35	40	80	50×3	2.9
慶応義塾大学 日本 文献(92)	H_2O_2 1.01 NaOH 0.51	0.413	1.80	≧50	15	103	25×2	16.5

*効率＝(取出し光子モル数)/(注入塩素モル数)
(文献は 10 を参照)

文　献

1) S. Sato, et al.: High Power closed-cycle subsonic cw CO laser excited by a transverse self-sustained discharge. *Appl. Phys. Lett.*, **46** (6) (1985), 537.
2) H. Saito, et al.: Scaling up of a closedcycle self-sustained discharge-excited CO laser. *Rev. Sci. Instrum.*, **58** (8) (1987), 1417.
3) S. Yoshida, et al.: New singlet oxgen generator for chemical oxgen-iodine laser. *Appl. Phys. Lett.*, **49** (3) (1986), 1143.
4) S. Sato, et al.: High power, high intensity CO infrared laser transmission through As_2S_3 glass fibers. *Appl. Physi. Letters*, **48** (4) (1986), 960.
5) T. Miyata: R & D of Optics for high power cw CO_2 lasers in the Japanese National Program. *SPIE*, **650** (1986), 131.
6) A.P. Averin, et al.: High Power Industrial Lasers. *Sov. J. of Quantum Electron.*, **13** (1983), 1391.
7) 恩田和夫, 他: CO レーザー, 電子総合研究所調査報告 第190号 (1977).
8) E. George, et al.: Theoretical and Experimental Studies on Singlet Delta Oxgen Generation and Transfer, Springer Verlag, New York, Proceedings of Gas Flow and Chemical Lasers (1986), p.163.
9) D.J. Benard, et al.: *Appl. Phys. Letters*, **34** (1979), 40.
10) 電気学会: レーザ技術とレーザ応用システム, 電気学会技術報告 (II部), 第243号, (1987), p.20.

2. 加工技術

2.1 レーザ加工の基礎

2.1.1 光と材料との相互作用

光と材料の相互作用を利用した多くの応用があるが,ここではレーザ加工とレーザを支える光学部品について材料の観点から述べることにする(両者は表裏の関係にある).

光と材料との相互作用を考えるとき,光の側からすれば光の基本的性質[振幅(強度),周波数(波長),位相,偏光状態,進行方向]および光ビームの性質[断面形状(空間的強度分布,エネルギー密度),広がり角,パルス波形(時間的強度分布),スペクトル幅など]が基本的要素であり,材料の側からすれば材料の光学的特性[吸収率,反射率,散乱率(表面特性)]および熱的特性[熱伝導率,比熱,融点,線膨張係数など]が基本的要素である.

光による材料の加工には,CO_2レーザ($10.6\,\mu m$)やYAGレーザ($1.06\,\mu m$)で代表される熱加工が生産に使われており,また最近,エキシマレーザ($\sim 0.25\,\mu m$)によるフォトン微細加工が注目され始めた.レーザ光照射初期における材料の光吸収率を始めとした光学的特性や熱的特性は加工能率を支配する重要な検討課題である.

CO_2レーザを代表とした大出力レーザ用の光学部品は高エネルギー密度のレーザ光照射により,しばしば劣化(光学部品がレーザ加工されたと見ることもできる)が生じレーザ加工に大きな支障をきたすため材料の光学的・熱的諸特性の検討が重要な課題となる.

a. 光の吸収,反射,散乱

材料表面にレーザ光が照射されると,一部は表面で反射・散乱され,他は吸収あるいは透過光となる.反射率R,散乱率S,吸収率A,透過率Tの間には次の関係が成立する.

$$R+S+A+T=1 \qquad (1)$$

ここで,散乱率Sは表面粗さあるいは材料の不均一さに依存する量で材料固有のものではない.

材料固有の光学特性を決める光学定数は複素屈折率Nであり次式で表わされる.

$$N(\lambda)=n(\lambda)-i\cdot k(\lambda) \qquad (2)$$

ここで,$n(\lambda)$を屈折率,$k(\lambda)$を消衰係数と呼ぶ.

$k(\lambda)$は材料の光吸収の度合を表わす量であり,材料の吸収係数$\beta(\lambda)$との間に次の関係がある.

$$\beta(\lambda)=4\pi k(\lambda)/\lambda \qquad (3)$$

材料の不透明度を表わす吸収係数$\beta(\lambda)$は次のLambertの法則から求められる.

$$I(\lambda)=I_0(\lambda)\exp\{-\beta(\lambda)\cdot L\} \qquad (4)$$

ここで,$I_0(\lambda)$,$I(\lambda)$はそれぞれの波長における入射光,透過光の強さであり,Lは試料の厚みである.$\beta(\lambda)$が小さな値をもてば,それは透明度がよく吸収が少ないことを意味する.

垂直入射光に対する完全に滑らかな材料表面の反射率 R は次式で与えられる．
$$R=[(n-1)^2+k^2]/[(n+1)^2+k^2] \quad (5)$$
最近，Palik ら[1] により多くの材料について，X線から遠赤外線にわたる広い波長領域での $n(\lambda)$ と $k(\lambda)$ の実験値がデータハンドブックにまとめられた．参考までに，集録されている材料を以下にあげる：

Cu, Au, Ir, Mo, Ni, Os, Pt, Rh, Ag, W, Al, CdTe, GaAs, GaP, Ge, InAs, InSb, InP, PbSe, PbS, PbTe, Si, α-Si, SiC, ZnS, As_2Se_3, As_2S_3, diamond, LiF, $LiNbO_3$, KCl, SiO_2(α crystalline, glass,) SiO, Si_3N_4, NaCl, TiO_2,

一例として，誘電体材料である SiO_2 についての $n(\lambda)$ と $k(\lambda)$ のスペクトルを図2.1.1 に示す．破線で示される吸収を表わす $k(\lambda)$ スペクトルに注目すると，二つの大きなピーク

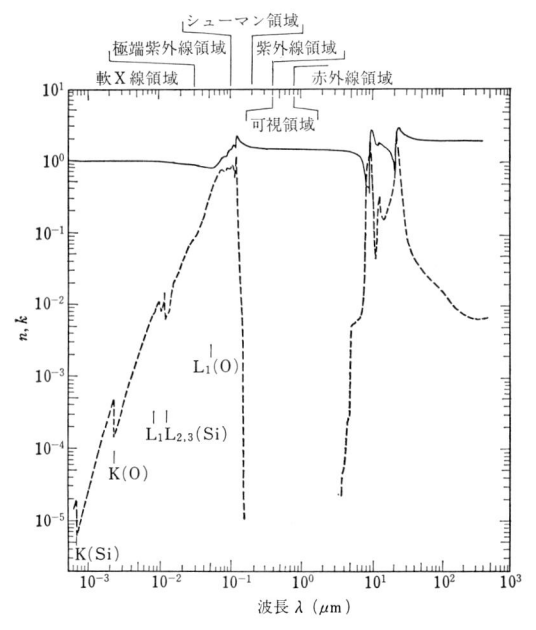

図 2.1.1 石英ガラスについての n (——) と k (---)
値波長依存性

が見られる．赤外線領域のピークは格子振動による固有吸収で，紫外線領域におけるものはバンド間電子遷移による固有吸収である．これらから，誘電体材料のレーザ加工に CO_2 レーザなどの赤外線レーザやエキシマレーザなどの紫外線レーザが適しているといえる．その反対に，CO_2 レーザやエキシマレーザ用の透明光学部品材料が非常に限定されることになる．

図2.1.2(a), (b) に窓やレンズの基板や誘電体多層膜に使われる各種光学材料の透明波長領域と屈折率を示した[2]．図からわかるように波長 $0.1\mu m$ 以下で透明な材料はなく，し

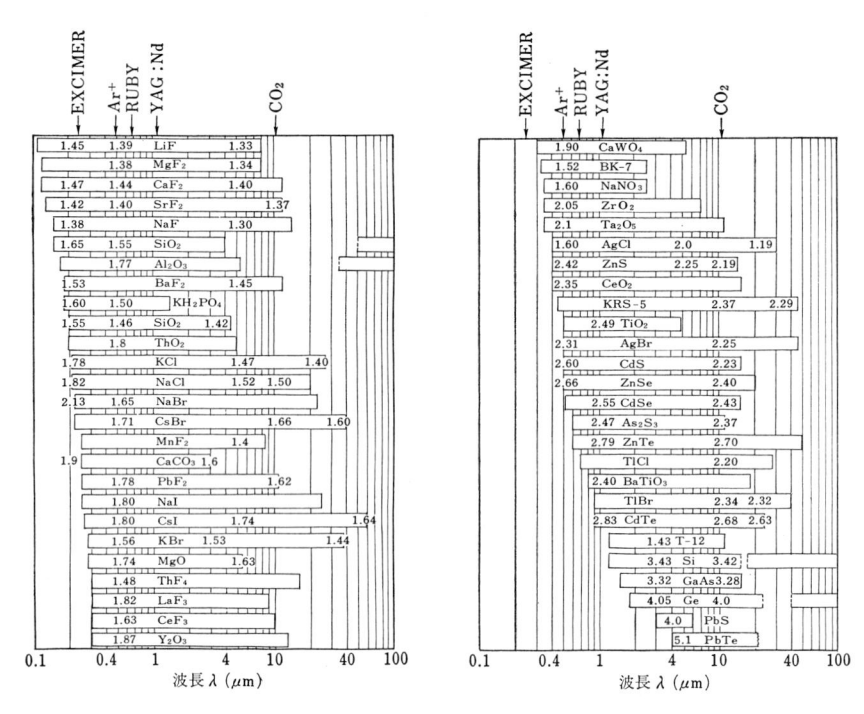

図 2.1.2-a　各種誘電体材料の透明領域と屈折率

図 2.1.2-b　各種誘電体材料の透明領域と屈折率

たがって真空紫外線領域や軟X線領域ではレンズのような屈折光学素子を実現することは不可能となる．エキシマレーザ波長領域においても使用し得る材料は CaF_2, MgF_2 で代表されるフッ化物か SiO_2, Al_2O_3 などの酸化物に限られる．一方，10.6 μm の CO_2 レーザ用材料としても ZnSe, ZnS, GaAs, Ge, KCl, As_2S_3, PbF_2, ThF_4 などに限られる．

赤外線領域の CO_2 (10.6 μm), CO (5.2 μm), DF (3.8 μm), HF (μm) などの大出力レーザ用透明材料について現在報告されている吸収係数のトップデータを図 2.1.3 に示した[3]．

表 2.1.1 にわれわれが大出力 CO_2 レーザ用のコーティングの開発の時に検討した蒸着材料の特性一覧を示した[4]．蒸着膜の吸収係数 β_{film} が $1 cm^{-1}$ 以下でなければならないという制約から使用できる材料は高屈折率材料としては ZnSe, As_2S_3, As_2Se_3, 低屈折率材料としては KCl, PbF_2 に限られることが表からわかる．

紫外および真空紫外線領域における各種材料の透過率波長依存性を図 2.1.4 に示す．最近，Rainer ら[5] は KrF (0.248 μm) の蒸着材料について詳細な研究結果を報告している．表 2.1.2 に彼らの検討した材料の一覧を示した．なお参考のために石英基板上のそれぞれの材料の $\lambda/2$ 膜の吸収率の計算値を付加した．

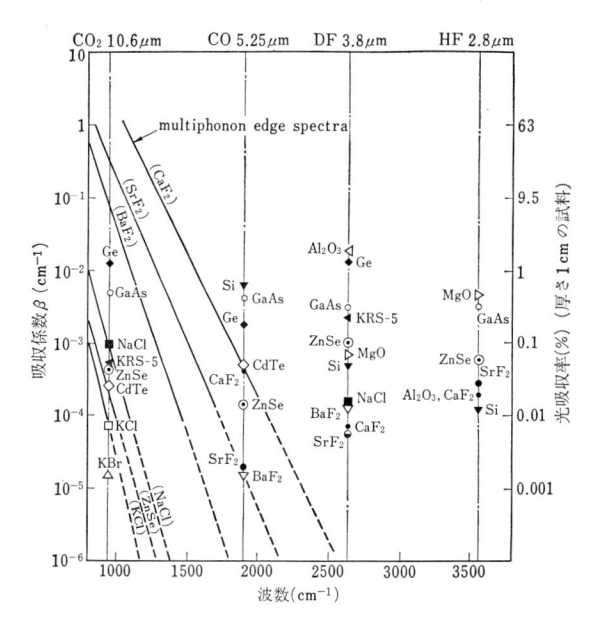

図 2.1.3 各種レーザ波長における透明材料の吸収係数トップデータ

表 2.1.1 CO_2 レーザ用各種蒸着材料の諸特性

材料	屈折率 $n(10.6\mu m)$	母材吸収係数 β_{bulk} (cm^{-1})	膜吸収係数 β_{film} (cm^{-1})	溶融温度 (°C)	熱伝導性 K(W/cm·°C)	線膨張係数 (10^{-6}/°C)	溶解度 (g/100 ccH$_2$O)	注
NaF	1.2	0.5 ⟨b⟩	7 ⟨a⟩	997	0.065	36	4.2	
ThF$_4$	1.35		~60 ⟨a⟩	~1000		~1.4	不溶解	放射能
BaF$_2$	1.40	0.19 ⟨c⟩	~25 ⟨a⟩	1355	0.12	18	0.12	
KCl	1.45	2.5×10^{-4} ⟨a⟩	<0.1 ⟨a⟩	776	0.065	36	34.7	
PbF$_2$	1.63	0.25 ⟨d⟩	~1 ⟨a⟩	822		~30	6.4×10^{-2}	
As$_2$S$_3$	2.31	1.1 ⟨e⟩	<0.1 ⟨a⟩	軟化点 210	0.0036	25	5×10^{-5}	再蒸発 60°C以上
ZnSe	2.40	1×10^{-3} ⟨a⟩	<1 ⟨a⟩	1100	0.18	7.6	$<1\times10^{-3}$	
As$_2$Se$_3$	2.8	1×10^{-2} ⟨f⟩	<0.1 ⟨a⟩	軟化点 202		19	不溶解	再蒸発 60°C以上
GATS	3.1	7.5×10^{-3} ⟨g⟩	2.5 ⟨g⟩					Ge$_{30}$As$_{17}$ Te$_{30}$Se$_{23}$

a: 筆者による.
b: L. L. Boyer et al.: *Physical Review*, **B 11** (1975), 1665-1680.
c: T. F. Deutsch: *J. Electronic Materials*, **4** (1975), 663-719.
d: Catalog: "Optical Crystals" by OPTOVAC, INC. (1982).
e: P. A. Young: *J. Phys. C: Solid St. Phys.*, **4** (1971), 93-106.
f: C. T. Moynihan et al.: *Journal of Non-Crystalline Solids*, **17** (1975), 369-385.
g: A. D. McLachlan et al.: *NBS. SP.*, **509** (1977), 222-228.

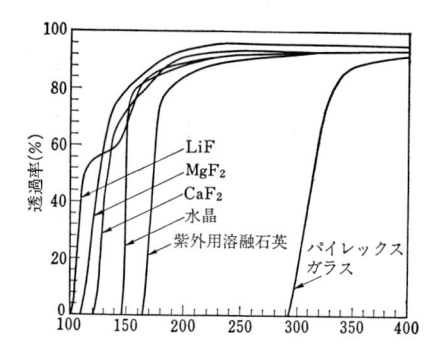

図 2.1.4 紫外線領域における各種基板材料の透過率波長依存性

表 2.1.2 エキシマレーザ用各種蒸着材料の諸特性 (nd＝124nm 単層膜)

蒸着材料	屈折率 (n) at 248nm	消衰係数 (k) at 248nm	吸収端 edge, nm	ストレス[b] KPSI	石英基板上 $\lambda/2$ 膜の吸収率 (%)
ZrO_2	2.25	0.006	230	−39	1.8
Na_3AlF_6	1.35	0.007	S	−4	3.3
ThO_2	1.90	0.005	200	−72	1.7
Y_2O_3	2.10	0.002	210	+11	0.6
HfO_2	2.25	0.002	215	−59	0.6
Sc_2O_3	2.11	0.002	205	−23	0.6
MgO	1.83	0.002	200	−5	0.7
Al_2O_3	1.72	<0.001	<200	−86	<0.4
YF_3	1.54	<0.001	<200	−49	<0.4
NaF	1.35	0.009	S	−8	4.2
LiF	1.37	0.001	≪200	−1	0.5
MgF_2	1.43	<0.001	<200	−50	<0.4
LaF_3	1.59	0.001	<200	−91	0.4
SiO_2	1.44	0.001	<200	+4	0.4
ThF_4	1.59	<0.001	≪200	−30	<0.4

a) 透過率が50%になる吸収端波長．<200は波長200nmで吸収の存在することを意味する．≪200は波長200nmで吸収の無いことを意味する．Sは吸収端が散乱によってマスクされているだろうことを意味する．
b) ＋：圧縮応力，−：引張応力．

次に，垂直反射率について見てみる．各種材料について $n(\lambda)$，$k(\lambda)$ の値[1]から式 (5) を使って求めた $R(\lambda)$ スペクトルを図 2.1.5 に示した．金属は遠赤外領域になると一般に反射率が図に示すように100%に近くなるため加工しにくくなるが，その反面よいミラーとなる．

一般に，材料の垂直反射率は短波長になるにつれて低下し，波長が $0.05\,\mu m$ (50nm) 以

下になるとPtですら20％しか示さない．ほとんどの材料の垂直反射率は波長が0.02μm (20nm) になると1％以下となる．このことは図2.1.1に示すようにこの波長領域になると屈折率nがほとんど1に近く，かつ消衰係数kが1に比べて十分小さいことから理解される．したがって，この軟X線領域で高い反射率を得るには1度以下の表面にすれすれの入射角による全反射を利用する．実際にSR光などで使われているX線ミラーはこの種の斜入射ミラーで，斜入射であるがゆえに長さが約1mにも及ぶ大形となる．近赤外線から近紫外線までの領域では図2.1.2(a)，(b)に示したように透明な各種高・低屈折率材料があるため誘電体多層膜技術により垂直入射高反射率ミラーが得られる．波長が0.02μm (20nm) 以下になると，

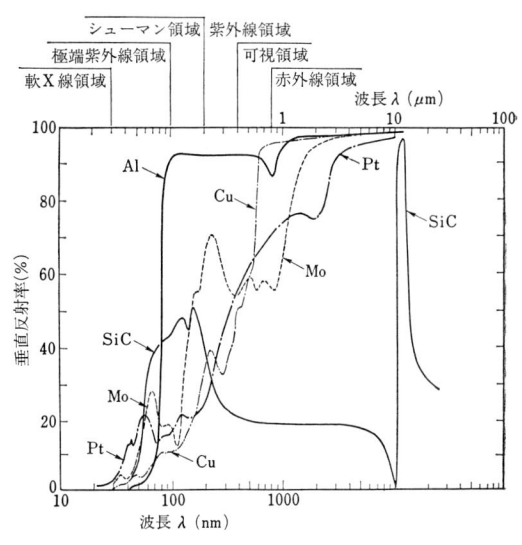

図 2.1.5 各種材料の垂直反射率波長依存性

図2.1.1に見るように再び$k(\lambda)$が小さくなるため多層膜ミラーの可能性が出てくる．現に，ここ十年来垂直反射率の高い軟X線用多層膜ミラーの開発が盛んで50％に近い反射率の報告[6]もある．これが実現されるとコンパクトで収差の少ない集光光学系が期待される．

次に，散乱率Sについて考察する．材料表面における鏡面反射率R_s (specular reflectance) はその表面の粗さに依存する．Davies[7]は統計的考察により2乗平均根粗さδ (root mean square roughness) とR_sとの関係を以下のように表わした．

$$R_s = R_0 \exp[-(4\pi\delta/\lambda)^2] \qquad (6)$$

ここでR_0は完全に滑らかな表面からの反射率で，λは注目している光の波長である．この関係が成立するためには以下の仮定が成立することが前提となっている．

1) $\delta \ll \lambda$，
2) 表面の突起の高さの分布が平均値を中心にガウス分布していることなど．

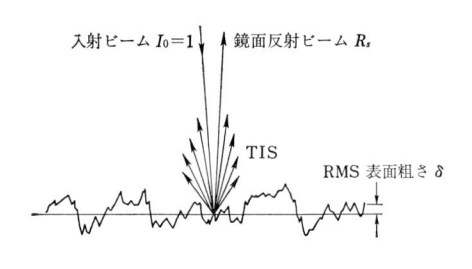

図 2.1.6 粗い表面からのTISの説明

粗い表面からの全積分散乱TIS (Total Integrated Scattering) の説明を図2.1.6に示した[8]．また，TISは以下のように定義される．

$$\mathrm{TIS} = (R_0 - R_s)/R_0 = 1 - \exp[-(4\pi\delta/\lambda)^2]$$
$$\fallingdotseq (4\pi\delta/\lambda)^2 \tag{7}$$

また，全拡散反射率 R_d (total diffuse reflectance) は次のように定義され
$$R_d = (R_0 - R_s) \tag{8}$$
TIS とは次の関係となる．
$$R_d = R_0 \cdot \mathrm{TIS} \tag{9}$$

　式 (7) によれば，散乱は $1/\lambda^2$ に比例するため同じ表面粗さに対して波長が短ければ短いほど散乱損失が大きくなることを意味する．したがって，エキシマレーザや軟X線用のミラーにとって表面を超平滑に仕上げることが重要な課題である．この関係をよりわかりやすくするために粗さ δ をパラメータとして TIS と波長 λ の関係を図 2.1.7 に示した．

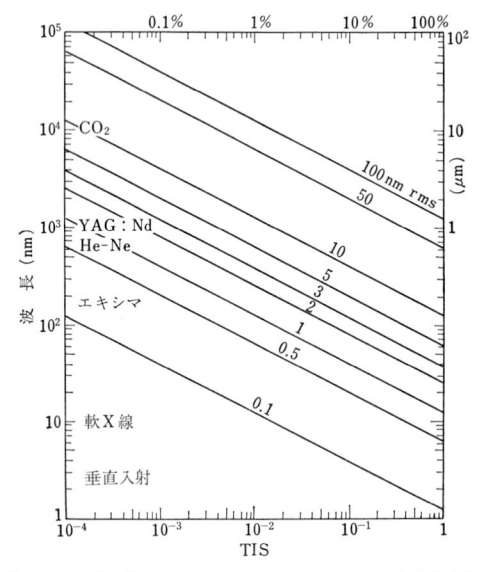

図 2.1.7　表面粗さをパラメータとした TIS の波長依存性

b. 材料の熱定数と熱・物理的性質

　強力なレーザビームを材料に照射すれば光と材料とがいろいろな相互作用（熱発生，膨張変形，溶融，蒸発，プラズマ発生など）を起こし，種々の加工（穴あけ，切断，溶接，表面処理，化学加工など）を行うことができる．

　ここでは，特に熱加工に重要となる材料の熱的特性について述べることにする．表 2.1.3，表 2.1.4 に加工や光学部品に使われる代表的材料の熱的諸特性をまとめて示した．

　まず，各種基板材料表面に反射率 99% の金がコーティングされたミラー表面に 1kW の CO_2 レーザを照射した時，表面温度のおよそのオーダを求めることにより，基板材料の熱伝導度がいかに表面温度に影響するかを見てみよう．

表 2.1.3 各種材料の熱的諸特性

材料	密度 ρ (g/cc) [20°C]	融点 T_m (°C)	熱伝導度 K (W/cm°C) [0°C]	線膨張係数 α (10^{-6}/°C) [20°C]	定圧比熱 C_p (cal/g·°C) [25°C]
Al	2.69	660.2	2.35	23	0.215
Be	1.83	1254	2.20	11.2	0.44
Cr	7.22	1857	0.95	5.0	0.107
Cu	8.95	1083.5	4.01	16.7	0.092
Au	19.4	1063	3.18	14.2	0.031
Fe	7.92	760	0.84	11.8	0.107
Mo	10.20	2617	1.35	5.0	0.059
Ni	9.04	1453	0.91	12.8	0.106
Pt	21.5	1770	0.73	8.9	0.032
Ag	10.49	960	4.28	19.0	0.056
Ta	17.1	2977	0.57	6.5	0.033
Ti	4.58	894	0.22	8.6	0.125
W	19.3	3380	1.70	4.5	0.032
BeCu	8.2	864〜955 (a)	0.9 (a)	16.6 (a)	0.1 (a)
SUS (304)	7.91 (a)	1400〜1420 (a)	0.163 (a)	17.1 (a)	0.12
inconel	8.51 (a)	1425〜1395 (a)	0.15	11.5 (a)	0.109 (a)
invar	8.15 (a)	1425 (a)	0.096	1.2 (a)	0.123 (a)
C (graphite)	2.25	3727 (a) 昇華	1.60	0.6〜4.3 (a)	0.165 (a)
Ge	5.38	937.4	0.67	5.7	0.077
Si	2.34	1412	1.70	2.5	0.171

（無印）: AIPH, （a）: 機械工学便覧第 6 版

金属表面ではレーザビームはほとんど表層で吸収されるので（数百 Å），これを平面熱源と見なし表面からの再放射による損失はないと仮定する．また，材料の熱定数は温度によらず一定と仮定する．今，半無限体のミラー表面に半径 a の一様な強さの矩形波パルスビームが照射されるとする．この場合，照射円の中心 z 軸上の温度 T は次式で表わされる[9]．

$$T(z, t) = A \cdot (B - C) \tag{10}$$

ここで，

$$A \equiv [2(1-r)P\sqrt{(\kappa T)/(\pi a^2 K)}],$$
$$B \equiv \mathrm{ierfc}[z/2\sqrt{\kappa T}\,],$$
$$C \equiv \mathrm{ierfc}[\sqrt{(z^2+a^2)}/2\sqrt{\kappa T}\,],$$
$$\mathrm{ierfc}\,x = (1/\sqrt{\pi})\exp(-x^2) - x\,\mathrm{erfc}\,x,$$
$$\mathrm{erfc}\,x = 1 - (2/\sqrt{\pi})\int_0^x \exp(-y^2)dy,$$

r: 反射率
P: レーザパワー (W)
κ: 熱拡散率 $(K/\rho C)$ (cm²/sec)
K: 熱伝導度 (W/cm °C)

表 2.1.4 各種材料の熱的諸特性

材料＼特性	密度 ρ (g/cc) [20°C]	融点 T_m (°C)	熱伝導度 K (W/cm°C) [〜20°C]	線膨張係数 α (10^{-6}/°C) [〜20°C]	定圧比熱 C_p (cal/g·°C)
LiF	2.64 (g)	848	0.113 (a)	33.2	0.373 (e)
MgF$_2$	3.14 (g)	1252	0.151 (c)	10.7 (a)	0.209 (e)
CaF$_2$	3.18 (g)	1151	0.1	20 (a)	0.204 (e)
SiO$_2$ (quartz)	2.648 (d)	1700 (d)	0.12/c, 0.068	7.4/c, 13.6	0.188 (e)
(fused)	2.202 (d)	1700 (d)	0.014	0.41	0.22 (e)
KCl	1.99 (d)	771	0.07	37.1	0.162 (e)
ZnSe	5.42 (g)	1526 (d)	0.13 (a)	7.7 (a)	0.081 (e)
As$_2$S$_3$	3.43 (g)	300 (g)	0.0016	25 (a)	
KRS-5	7.371 (d)	415 (d)	0.0054 (a)	58 (a)	
CdTe	6.20 (g)	1097 (d)	0.07 (a)	4.5 (a)	
GaAs	5.3 (d)	1237 (d)	0.37 (a)	5.7 (a)	0.087 (f)
Al$_2$O$_3$ (sapphire)	3.98 (d)	2040 (d)	0.25/c, 0.21 (c)	5.6/c, 5.0	0.18 (e)
diamond	3.52 (d)	3550 (d)	20 (b)	1.05 (b)	
TiO$_2$	4.25 (d)	1840 (f)	0.126/c, 0.088(e)	9.19/c, 7.14(e)	0.17 (e)
YAG	4.55 (f)	1970 (f)	0.134 (f)	〜8 (f)	0.14 (f)
GGG	7.09 (f)	1735 (f)	0.1 (f)	〜8 (f)	
CaP	4.13 (f)	1466 (f)	1.1 (f)	5.3 (f)	
SiC	3.21 (f)	2830 (f) 分解	5.0 (f)	〜5 (f)	0.17 (f)

(無印): AIPH, (a): J. App. Phys. vol. 42, No.12, (1971), 5029, (b): SPECAC カタログ, (c): AFCRL-72-0170 (1972), S. R. No.135, (d): ORIEL カタログ, (e): MELLER カタログ, (f): 新金属データブック（金属時評）, (g): 化学便覧（日本化学会）, (h): CVD Inc., カタログ.

表 2.1.5 レーザビーム照射時のミラー表面温度

| ビーム半径 a(cm) | 1.0 | 0.5 | 0.1 | 0.05 | 0.01 | 0.005 |
| パワー密度(W/cm) | 3.2×10^2 | 1.3×10^3 | 3.2×10^4 | 1.3×10^5 | 3.2×10^6 | 1.3×10^7 |
基板材料						
diamond	0.16	0.32	1.6	3.2	16	32
SiC	0.64	1.3	6.4	13	64	130
Cu	0.79	1.6	7.9	16	79	160
Si	1.9	3.8	19	38	190	380
Mo	2.4	4.8	24	48	240	480
Ni	3.5	7	35	70	350	700
SUS	19.5	39	195	390	melt	melt
invar	33.1	66	331	660	melt	melt
fused quartz	227	454	melt	melt	melt	melt
KB-7	318	melt	melt	melt	melt	melt

注：ミラー表面には反射率99％の金がコートされている，入射パワーは1kW．

ρ: 密度 (g/cc)
C: 比熱 (W sec/g °C)
t: パルス幅 (sec)

a: レーザビームの半径 (cm) である.

連続な一定の強さのビームを照射した場合, 中心の表面温度 $T(0, \infty)$（飽和温度）は, 式 (10) で $z=0$, $T=\infty$ とおけば次式で表わされる.

$$T(0, \infty) = (1-r)P/\pi aK \tag{11}$$

この式を使って，金コートされた各種基板ミラーに 1kW の CW CO_2 レーザを照射した場合の表面温度の計算値を表 2.1.5 に示した. この表はミラー表面の温度上昇を 10°C 以下におさえるための基板材料および照射パワー密度の選択指針を与える. また, 加工の観点からもこの表は有益である. この表の値は表面の反射率を 99%（吸収率 1%）として計算してあるが, 材料固有の反射率で校正しなおせばその材料を溶融させるに必要なパワー密度の概略値を容易に推定できる.

次に, レーザ照射によるミラー表面の変形（光学ひずみ）という観点から基板材料を考察してみよう. 発熱による変形が少ないためには局所的に温度が上がらないように熱伝導率 (K) が大きいことと線膨張係数 (α) が小さいことが重要である. したがって, ミラー基板の性能評価指数 (F.M.) は (K/α) で定義される[10]. ミラー基板材料の選択指針が得やすいように各種材料の熱伝導率を縦軸に線膨張係数を横軸にプロットしたのが図 2.1.8 である. Zerodur は (F.M.) は大きいが熱伝導率が小さいために大パワー用基板には不向きであることがわかる. SiC は熱伝導率が大きく, 線膨張係数が小さいため有力な候補材料である. 光学材料選択にはこれまで述べてきた光学的, 熱的性質のほかにヤング率, 抗張力, 硬度, 加工性などの機械的性質や雰囲気に対する安定性, 毒性などの化学的性質, さらには入手し得る大きさ, 価格などを検討する必要がある[10].

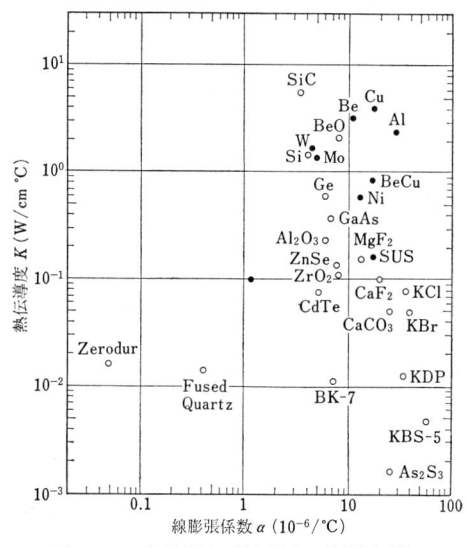

図 2.1.8 各種材料の熱伝導率と線膨張係数

(宮田威男)

文　献

1) E. D. Palik: Hanbook of Optical Constants of Solids, Academic Press, Inc., (1985).
2) 宮田威男: レーザ加工技術実用マニュアル, (株)新技術開発センター (1987), p.303.
3) 宮田威男: 大出力を支える透明光学材料, 日本の科学と技術, **22**, 208 (1980), 36.
4) T. Miyata: R&D of optics for high power cw CO_2 Lasers in Japanese National Program, *SPIE Proceedings*, **650** (1986), 130.
5) F. Rainer et al.: Materials for Optical Coatings in the Ultraviolet. *Applied Optics*, **24**, (4) (1985), 496.
6) T. W. Barbee, Jr.: Multilayers for X-ray optics. *SPIE Proceedings*, **563** (1985), **2**.

7) H. Davis: *Proc. Inst. Elec. Engrs.*, **101** (1954), 209.
8) J.M. Bennett and J.M. Elson: Surface Statistics of Selected Optical Materials, N.B.S. special publication **509** (1977), 146.
9) H.S. Carlaw and J.C. Jaeger: Conduction of Heat in Solids, Clarendon Press, Oxford (1959).
10) 宮田威男：レーザ応用技術ハンドブック，朝倉書店 (1984), p.158.

2.1.2 レーザ加工の特徴と分類
a. レーザ加工の特徴
レーザプロセス（広い意味の加工）はレーザ光を照射した材料の温度上昇による相変態，溶融，蒸発や原子・分子の光励起による化学反応などの諸現象を指している．この加工法の特徴を整理すると，

（1） $10^7 \sim 10^9$ W/cm^2 の高パワー密度の光で局所的な急速加熱ができる．

（2） 特定の波長の光を使用できるので加熱だけでなく，特定の分子や原子を選択的に励起したりあるいは必要な化学反応だけを効率的に行える．

（3） 非接触加工であり，加工中は加工物に大きな力が加わらないので固定する必要はほとんどない．工具摩耗，材料変形，汚れがなく，高純度材料も純度を低下させずに加工できる．

（4） 真空中，各種ガス中，大気中などの任意の雰囲気中で加工できる．

（5） 加工部とその周辺の影響領域は狭い．不純物ガスの発生が少なく，残留応力や熱ひずみが小さい．

（6） 高融点材料，耐熱材料，高硬度材料，セラミックスなどの加工が容易である．

（7） レーザ光の照射条件（レーザ出力，パワー密度，照射時間など）を制御し，加工ヘッドを選択することにより各種の加工が1台のレーザ発振器でできる．

（8） 金属材料，プラスチックス，セラミックス，複合材料などあらゆる材料の加工ができる．

（9） 加工中のX線の発生は少ない．

（10） レーザ光に対し透明な材料を透して加工できる．

などがあげられる．

b. レーザ加工法の種類
加工のメカニズムによって分類するのが一般的である．ここでは加工現象を基にして分類した．この分類法でも従来の加工法と新しい加工法を一緒にして分類しているため多少の不合理さは残っている．

加工は除去，接合，表面改質，新しい応用に大別される．

（i） 除去加工（removing）　材料を溶融，蒸発などで除去する加工で最初に実用化された工法である．

（イ）切断

（ロ）立体形状成形（shaping）

（ハ）穴あけ

(ニ) 微少量除去（マスク修正，回路修正，抵抗値調整，振動子同調，回転体釣合調整など）
(ホ) けがき，マーキング，セラミックスクライビングなど
(ヘ) ダル加工

(ロ)はセラミックスなど3次元形状物をレーザ光で直接削り出す加工法であり，(ヘ)はプレス成形品の塗装品位を向上させるため鉄板の圧延ロール表面に特殊な浅いマークをつける加工である．

(ii) 接合加工（joining）　二つの材料を直接つける加工法である．基板の上に膜を形成する加工は表面改質に分類してある．
(イ) 溶接（突合わせ，重ね合わせ，スポット，マイクロ，肉盛り）
(ロ) ろう付け
(ハ) ハンダ付け

(iii) 表面改質（surface modification）　材料表層の耐摩耗性，耐腐食性などの特性を改善したり，新しい機能を付与する処理である．この加工法はレーザを使ったレーザでなければむずかしいと考えられている応用である．これから実用化が期待されており，今後発展するものと考えられる．しかし，現在実用化されているのは焼入れ加工などごく限られている．

加工は組織や結晶の構造を変える処理，組成を制御する処理と表面に膜を付ける処理に分けられる．
(イ) 構造改質（変態焼き入れ，焼なまし，結晶改良，半導体アニーリング）
(ロ) 組成改質（合金化，セラミックス・金属共晶化，非晶質化）
(ハ) 成膜（レーザ CVD，レーザ PVD，溶射，金属被覆）

結晶改良はケイ素鋼板の透磁率を改良するために結晶を微細化したり，局所的に結晶粒を大きくする処理である．非晶質化は一種の構造改質であるが，アモルファスとなる特殊な組成にする必要があるので組成改質にいれてある．

レーザ CVD は化学反応あるいは化学組成をレーザ光で制御しながら，または基板上の特定の位置に選択的に膜を形成する技術である．レーザ PVD はセラミックスなど普通の熱源では溶融することのできない高融点材料をレーザ光で溶融蒸着する技術である．

(iv) 新応用（new application）　前項にあげたレーザ加工の特徴の1)～5)を使った応用である．大部分が表面改質と同様に研究段階にあり，実用化されているものは少ない．
(イ) 結晶成長（リボン，ロッド，薄膜，微細（指定の位置，寸法で））
(ロ) 材料合成（パウダ，結晶，セラミックス）
(ハ) 複合加工（レーザ補助加熱切削，レーザ補助エッチング，レーザメッキ，フォトエッチング）
(ニ) 原子・分子の励起（同位体分離，濃縮，レーザ誘起化学反応）

レーザ補助エッチングはレーザ光を照射した部分だけエッチング速度を速くして加工する方法であり，フォトエッチングはレーザ光でエッチング反応を生じさせて行う加工法である．

〔池田正幸〕

2.2 レーザ溶接

2.2.1 レーザ溶接の機構
a. レーザ溶接の特徴
レーザビーム（YAG, CO_2 レーザ）は高パワー密度の微細な光熱源であるため、溶接に利用したとき
1) 精密・微細加工ができる（集光性良好）
2) 深溶込み溶接ができる（高パワー密度）
3) 熱変形が小さい（低入熱）
4) 光ファイバなどを用いるとレーザ装置から離れた所で溶接ができる（伝送可能）
5) ビームスポット位置・サイズの制御が容易（制御性）

などの特長がある。

また、レーザよりも早く実用化された電子ビーム（EB）に比べて、真空室を必要としない、磁場の影響を受けない、X線放射の危険性がない、などのメリットがある。しかしその反面、レーザビームは
1) 金属の吸収率が低い（常温で10％以下）
2) 焦点深度が浅い
3) 溶接部に生じるプラズマのビーム吸収・散乱等の影響を受ける

などの問題点もあり、取り組むべき問題も多い。

b. ビード形成現象
（ⅰ）ビード形態の分類　　レーザ溶接時の材料内部の加熱形態によって溶接ビードは熱

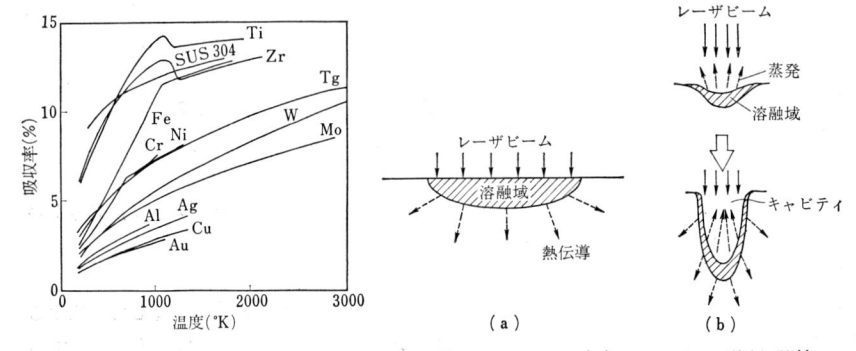

図 2.2.1　金属材料の CO_2 レーザビームの反射率

図 2.2.2　パワー密度によるビード形成の比較

伝導型と深溶込み型に分類される．

レーザエネルギーは波長の数十分の一の極く薄い表面層で吸収される．パワー密度が低いとき，表面からの熱伝導によって材料内部を加熱する熱伝導型ビードとなる．熱伝導型ビードではビード幅の1/2以上に深くならず，ビーム反射損失が大きい（CO_2 レーザで 80～90％：図 2.2.1[1]）ため，溶接の効率はきわめて低い．

パワー密度が限界値 w_c 以上になると，高温に加熱された部分に高い蒸気圧力を生じ，溶融金属を押し下げることによりキャビティーを形成する（図 2.2.2）．このキャビティーを通して材料内部をレーザビームが直接照射するため，熱伝導に制限されない深くて幅の狭い深溶込みビードができる．キャビティーには重力ヘッドと表面張力が働くが，これに抗し蒸気圧力がキャビティーを維持する．熱源の移動にともない溶融金属はキャビティー側壁に沿って流れ，後方を埋めてビードが形成される．このような深溶込み溶接ビードの形成機構は基本的には電子ビーム溶接と同じである．レーザ溶接での溶融金属の温度はアーク溶接などの従来法より高く，2170～2200°C[2] と評価されている．

(ii) **ビード形態の遷移** 深溶込み溶接の限界レーザパワー密度 w_c は材料の熱伝導率，融点と共に上昇するため，Cu, W などの高熱伝導，高融点材料ほどレーザ溶接が困難となる．w_c は溶接速度が遅くなると低下し，鉄鋼材料では約 $3 \times 10^5 \mathrm{W/cm^2}$ [3]（図 2.2.3）となる．これは EB 溶接の（3～4 $\times 10^4 \mathrm{W/cm^2}$）[4] の約 10 倍も高いが，レーザビームの反射損失を考慮した実効的な値は両者でほぼ等しい．

電子ビーム溶接では材料表面を焦点に近づけてパワー密度を増大すると，溶込深さはなだらかに増加する．しかし，レーザ溶接では，w_c 付近で材料表面が焦点に少し近づくだけで溶込深さが急激に増大する現象がある．これを「ビードの遷移現象」[5] と呼ぶが，図 2.2.4 はこの現象を図解している．w_c に達して浅いキャビティーが形成されると，壁面で反射したビームの底部への集中，反射回数の増加，プラズマ吸収などによって溶込深さが急激に増大することになる．EB 溶接では，反射損失が無視できるので，このような急激なビードの遷移は起こらず，焦点位置と共に溶込深さはなだらかに変化する[6]．

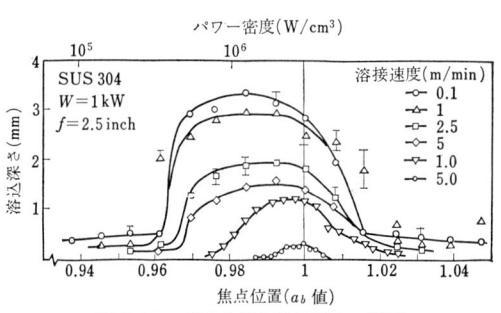

図 2.2.3 焦点位置と溶込深さの関係
（1kW, f=2.5 インチ, SUS 304）

(iii) **薄板のキーホール溶接** アーク熱源で薄板を溶接すると，熱変形・ビードの不安定を生じるが，レーザを用いるとアーク溶接よりもはるかに薄板の溶接が可能となる．レーザ溶接では前述のように溶融池に働く蒸気圧によりキャビティーが形成されるが，薄板ではそれが貫通してキーホールが形成される．キーホールはビーム直径にほぼ等しいが，これを直径 a の円筒で近似すると，溶融部の表面積 S は

$$S = \pi a h + \pi (D^2 - a^2)/2 \tag{1}$$

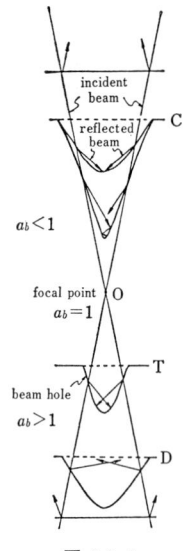

図 2.2.4 レーザ溶接におけるキャビティーとビームの相互作用. Cでビードが急激に深くなるビード遷移を生じる.

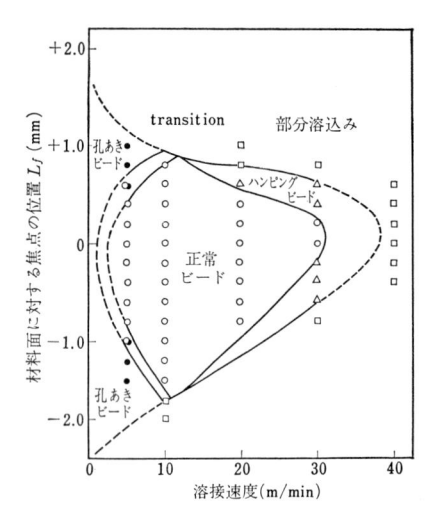

図 2.2.5 薄板で正常ビードが得られる領域（レーザパワー：1kW, 材料：Ti 0.3 mmt）

(D=溶融部直径, h=板厚) で与えられる. このとき

$$dS/da = \pi(h-a) \quad (2)$$

が負となればエネルギー的に安定である. いま $a>h$ では dS/da が負となるため, 穴あきの欠陥ビードが形成され, 連続キーホール溶接はできない. 図2.2.5に溶接可能領域を示す. 溶接速度が遅くなるとキーホールがいくぶん大きくなるので, 穴あき領域は広がる.

レーザ熱源は薄板の高速精密溶接に適しており, 1kW級の低次モードレーザでは0.1〜0.3mmの薄板が30〜40m/min[7]ではとんど変形なしに貫通溶接ができる. しかし, これ以上の高速では溶融金属の流れが不安定となり, ハンピング状の欠陥ビードとなる. これは溶融溶接の限界であり, さらに高速の接合を行うには圧接と融接を複合した接合（レーザプレッシャー溶接；最大 200〜250m/min[8]) など特殊な方法によらねばならない.

c. レーザ誘起プラズマ

（i）レーザ誘起プラズマとビードの形状　図2.2.6は板表面にプラズマ（レーザ誘起プラズマ）が発生したときの典型的な CO_2 レーザ溶接ビードで, 表面幅の広いワインカップ状の浅いビードとなる. 溶接速度が遅く, 電離電圧・拡散係数の小さいシールドガスを用いるとこの傾向が強く, 後述のごとく板表面のプラズマを除去すると細くて深いビードとなる. レーザパワーが高いとき, プラズマは球状となり周期的に上昇・消滅を繰り返すLSCプラズマ[9]を生じる.

2.2 レーザ溶接

　レーザ誘起プラズマでは電子密度が重要な役割を果たすが，最初の電子はレーザ加熱された高温領域から熱電子放射により供給されると考えられる．この電子はレーザビームを吸収（逆制動輻射）して加熱され，さらに高温のプラズマとなる．金属原子の電離電圧はシールドガスよりも低いので，レーザ誘起プラズマ中のイオンは金属蒸気イオンがほとんどである．板の表面のプラズマは，エネルギーの供給（ビーム吸収）と損失（拡散・輻射等）が平衡するまで成長する．したがってシールドガスが Ar のように拡散係数と電離電圧が小さいとプラズマ中心部の温度が上昇し，電子密度が増大する．その結果，図 2.2.7 に示すようにプラズマからの発光量が増大し，溶込み深さも小さくなる[10]．

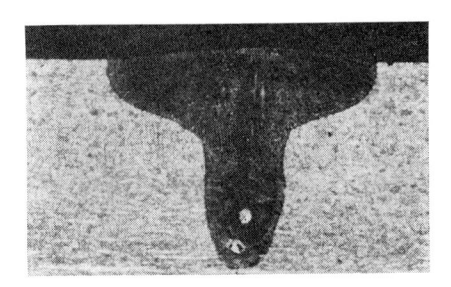

図 2.2.6 レーザ誘起プラズマ影響下での典型的なビード

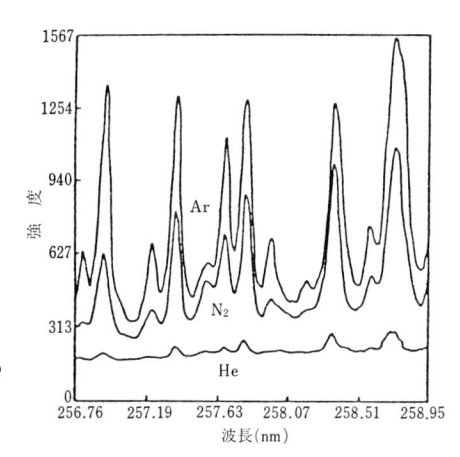

図 2.2.7 鉄に CO_2 レーザを照射したときのプラズマの発光スペクトル

（ii）レーザ誘起プラズマの物理的性質　プラズマの性質は温度 T と電子密度 N_e によって記述されるが，通常これらは分光的手法で測定される．図 2.2.8 は CO_2 レーザ溶接時に発生した Fe プラズマのスペクトル例[11)]であるが，Fe(I)（原子線），Fe(II)（1価イオン線）が検出されている．プラズマが熱平衡状態にあるとき，これらスペクトル線の強度比から温度，電子密度を求めることができる．表 2.2.1[24)] に溶接時に誘起されるプラズマの温度 T と電子密度 N_e の測定値をまとめた．これらのデータのほとんどはプラズマプルーム

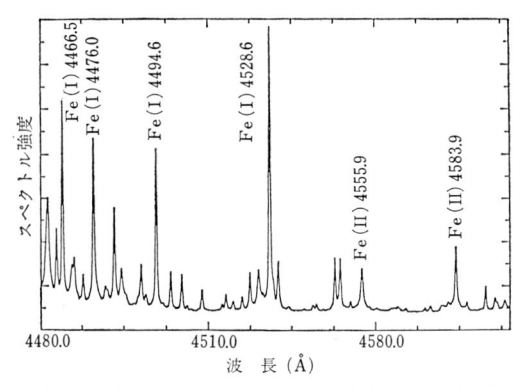

図 2.2.8 軟鋼の CO_2 レーザ溶接におけるレーザ誘起プラズマのスペクトル（ビーム強度：$4\times10^6 W/cm^2$）[11]

表 2.2.1 レーザ溶接時のプラズマの温度と電子密度[24]

	パワー密度 ($10^5 W/cm^2$)	電子温度 $T(K)$	電子密度 $N_e(cm^{-3})$	材料	備考	年	文献
CO_2	14	6380	2.8×10^{15}	Fe		88	11
	40	7660	1.2×10^{16}				
	10	6330	7×10^{16}	Fe	レーザパワー：$1\sim1.5$ kW	91	12
	50	6500	$6\sim7\times10^{14}$		レーザパワー：20 kW		
	50	8500	6×10^{16}	Fe	プラズマプルーム中の平均値	91	13
			2×10^{17}		アーベル変換によるプラズマプルーム中心の評価値		
		$9600\sim12000$	$10^{16}\sim3\times10^{18}$	Fe	キャビティー内の測定値	89	14
		6500	2.6×10^{14}	Fe	キャビティー内の測定値	90	15
	40	17400	6.5×10^{16}	Al	シールドガス：N_2	89	11
		16100	4.7×10^{16}		：He		
		17000	6.2×10^{16}		：Ar		
YAG	6	4200	5×10^{15}	Al	He-Ne レーザによりレーリー散乱の影響も測定	87	16

の時間・空間的な平均温度であるが，Fe の CO_2 レーザ溶接では，温度は，$6500\sim8500$ K，電子密度は $(1\sim7)\times10^{16}/cm^3$ と測定者によりかなりの幅があり，現状では測定精度は十分とはいえない．ただし，筆者らの最近の実験によると，プラズマプルームの中心では $T>9000$ K，$N_e>10^{17}/cm^3$ オーダの高い値が測定されている[13]．YAG レーザ溶接における電子密度の測定値は $5\times10^{15}/cm^3$ と低いため[16]，後述のごとくプラズマの影響は無視してさしつかえない．

（iii）**プラズマとビームの相互作用**　レーザ誘起プラズマがビード形状に影響するメカ

ニズムとしては，次の3つが考えられる．
(1) プラズマのビーム吸収
(2) プラズマ中での電子密度勾配によるビームの屈折
(3) 蒸発粒子によるビームの散乱

これら個々の影響は T や N_e，蒸発粒子のサイズ等がわかれば明確になるが，表2.2.1のように T や N_e は測定者によって大きく異なるため，これらのいずれが支配的なのか明確になっていないのが現状である．以下では(1)～(3)がどのように影響するかを述べる．

(1)はプラズマ中でのビーム吸収により，材料に直接到達するレーザパワーが減少することを意味している．ビーム吸収により高温となったプラズマは，熱伝達または金属に吸収されやすい紫外光の2次放射により，板表面を2次的に加熱してビード幅を広げると考えられている．プラズマによるレーザビーム吸収は逆制動輻射が支配的であり，その吸収係数は，

$$K_B = 3.69 \times 10^8 \frac{Z^3 N_e^3}{\sqrt{T}\nu^3}\left[1-\exp\left(\frac{h\nu}{kT}\right)\right] \qquad (3)$$

で与えられる[17]．ただし，N_e＝電子密度(cm^{-3})，ν＝レーザ周波数，T＝温度，Z＝平均電荷，k＝ボルツマン定数，h＝プランク定数である．レーザ波長が長く $h\nu/kT \ll 1$ のとき，K_B は

$$K_B = 0.0177 \frac{N_e^2}{T^{3/2}\nu^2} \qquad (4)$$

とレーザ波長の2乗に比例する($Z=1$)．強度 P_0 のレーザビームが均一なプラズマ中を距離 x 進むと，その強度 $P(x)$ は $P(x)=P_0 \cdot \exp(-K_B x)=P_0 \cdot \exp(-x/\alpha)$ で与えられる．ただし，α は浸透深さで，強度が $1/e$ に減衰する距離である．図2.2.9は CO_2，YAG レーザビームに対する電子密度 N_e と α の関係を示す．$T=6500\sim9000 K$ とすると表2.2.1の電子密度の値(プルームの平均値)，$N_e=(1\sim7)\times10^{16}/cm^3$ は $\alpha=20\sim500 cm$ に対応し，プラズマは透明度が高いものと推察される(ただし，プルーム中心の測定値 $2\times10^{17}/cm^3$ を適用するとかなりの吸収となる)．YAG レーザの場合，CO_2 レーザと同一の α となるには約2桁も大きい電子密度を必要とするため，逆制動輻射の影響は無視してさしつかえない．

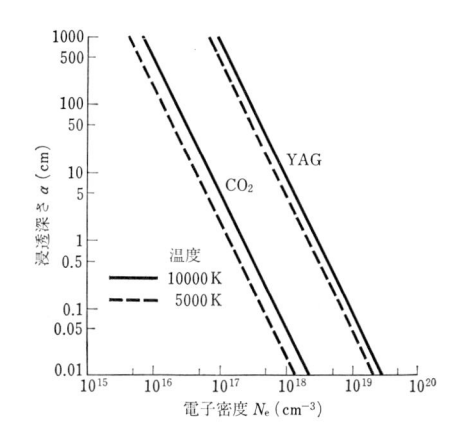

図2.2.9 電密子度 N_e とレーザビーム(CO_2, YAG)の浸透深さの関係[24]

（2）はレーザビームが密度勾配のあるプラズマ中を伝搬するとき屈折し，集光ビームスポットを広げる現象である．いま半径 R, 高さ L のプラズマ柱の中心における電子密度が N_e とすると，軸方向に通過するレーザビームは次式で与えられる角度 θ だけ屈折する[12]．

$$\theta = \frac{N^2 \cdot L}{2 N_c \cdot R} \tag{5}$$

ただし N_c は臨界密度で，CO_2 レーザの場合，$N_c = 10^{19}/cm^3$ である．たとえば，$L=20$ mm, $R=5$ mm, $N_e=5\times10^{16}/cm^3$ の場合を試算すると，プラズマを通過することによりビーム直径は約 0.2 mm 増大することになる．実際には，吸収と屈折の相乗効果によりビード形態が影響を受けることも考えられる．

（3）は蒸発した金属微粒子が光を散乱する現象で，レイリー散乱と呼ばれる．レイリー散乱は波長の 4 乗に逆比例するので，CO_2 レーザよりも YAG レーザ溶接で問題となる．図 2.2.10 は YAG レーザによる蒸気プルーム内の He-Ne レーザの減衰の測定例[16]であり，レイリー散乱はほとんど無視できることがわかる．これは蒸発粒子の凝縮・成長がレーザパルスが終了後に進行するためと説明されている．

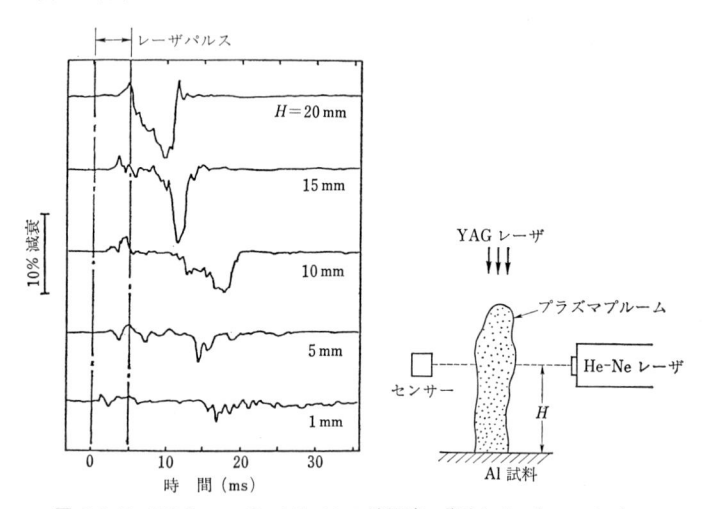

図 2.2.10 YAG レーザによる Al の溶接時に発生したプルームによる He-Ne レーザビームの減衰（パルス長さ 5 ms）[16]

（iv）アシストガスによるプラズマの抑制[2,18]　　不活性ガスを溶接部に吹き付けると，キャビティーから流出する金属蒸気を冷却するとともに流出経路をビーム照射領域から外すことができ，板上方のプラズマ発生を抑制することができる．キャビティーのすぐ後方から傾斜した細いノズルで送給するのがもっとも有効で，いわゆるセンターガスや板表面に平行なガスジェットなどはほとんど効果がない．

アシストガス圧力 p や吹き付け位置によってビード形態が微妙に変化するので，その設定には注意を要する．アシストガス圧力 p が増大すると，ビード形状は図 2.2.11 に示すように，(1) ワインカップ状ビード（溶込み深さ小），(2) 正常ビード（細くて深いビード），

2.2 レーザー溶接

(3) 欠陥ビード(ハンピングとポロシティ)と変化する.

図2.2.12は雰囲気ガスプラズマの除去機構を図解している. キャビティーから圧力 p_g ($p_g ≒ γ/d$; $γ=$表面張力, $d=$キャビティー直径)の金属プラズマが噴出するが, 良好なビードが得られるか否かはアシストガス圧力 p と p_g の大小関係で決まる.

$p<p_g$ ではキャビティーから金属蒸気は光軸に沿って噴出するためレーザビームで加熱されるため雰囲気ガスのプラズマ化は避けられず, ワインカップ状のビードを生じる((a)①

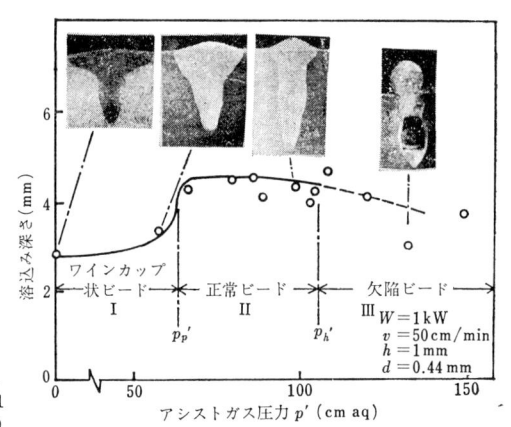

図 2.2.11 アシストガス圧力と溶込み深さの関係(レーザパワー1 kW, 溶接速度 50 cm/min)

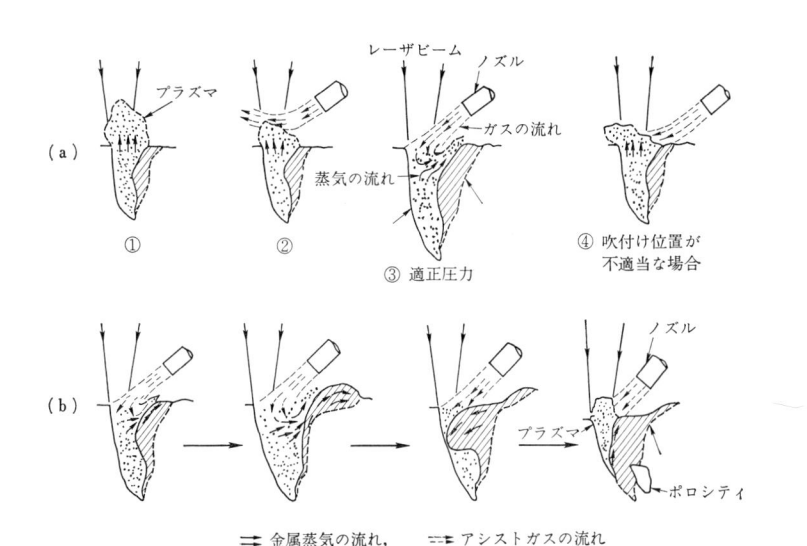

図 2.2.12 アシストガスの役割
 (a) アシストガスの圧力 p による溶接状況の変化
 (b) アシストガスが強すぎる場合に生じるキャビティーの不安定

②).p が p_g より少し高いとき金属蒸気の噴出経路はキャビティー後方に変えられる．その結果，金属蒸気はビーム加熱を免れるため，雰囲気ガスのプラズマ化が抑制される((a)③).しかし，p があまり高いと表面張力 p_g とのバランスが崩れ，キャビティーを取り巻く溶融金属が押し出されてしまう．押し出された金属蒸気はいったん後方に盛り上がり，周期的にキャビティーに流入するため，溶接は不安定となる（b）．その結果ハンピングとポロシティを有する欠陥ビードとなり，溶込み深さも減少する．

プラズマの除去はノズルの高さ・直径，吹き付け位置などのアシストガスの条件に依存する．各パラメータの影響ならびにプラズマコントロールのモニタリングは詳しく調べられているが，これについては文献[2,18]を参照されたい．

（v）**キャビティー内のプラズマの影響**　アシストガスで除去できるのは板上方のプラズマのみで，最終的にはキャビティー内部のプラズマが溶込み深さを制限する．キャビティー内でのビームの減衰状況をシミュレーションすることによりプラズマの性質を推定することができる．いま，図2.2.13に示すように強度 W_0 のビームが入射したとき，キャビティー内でのビーム強度は次式で与えられる[19]．

$$W = W_0 \cdot (1-A)^n \cdot \exp(-K_B x) \tag{6}$$

ここで，$x=\sum x_i$，$x_i=$反射ごとに進む距離，$n=$反射回数，$A=$キャビティー壁のフレネル吸収率（50～60％）[19]，$K_B=$プラズマの吸収係数である．キャビティーが底部で 10^4J/cm^2 となるまで成長すると仮定すると，種々の α での溶込み深さの計算値は図2.2.14のようになる．計算値と実験値が $\alpha=1.2\sim1.5\text{cm}^{-1}$ のときほぼ一致するので，図2.2.9からキャビティー内の電子密度は $N_e=(2\sim3)\times10^{17}/\text{cm}^3$ と推定される．この値は分光法によるキャビティー中の N_e の測定値（表2.2.1参照）[14]の範囲内にある．

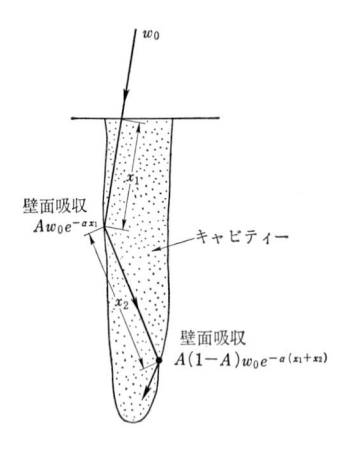

図 2.2.13　プラズマで満たされたキャビティー内でのレーザビームの挙動

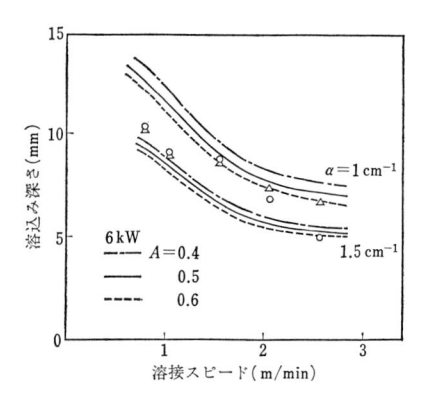

図 2.2.14　CO_2 レーザによる溶接速度と溶込深さの関係
（6kW，α はプラズマの吸収係数）

d. 溶込み深さ

（i）溶接特性 図 2.2.15 に 1 kW での CO_2 レーザと真空中電子ビームによる溶込み深さ h の速度変化を示す。速度低下に伴って，電子ビーム溶接では h が単調増加するのに対し，CO_2 レーザでは低速域で鈍化傾向にある。特に 30〜50 cm/min 以下では h はほとんど飽和するが，これはキャビティー中のプラズマ温度の上昇に伴って N_e が増大するためである。

レーザ溶接でも K_B を小さくすると，低速領域での溶込み深さを大きくすることができる式（3）によると K_B を低下させる。真空中での溶接と短波長レーザの使用が考えられる。図 2.2.16 に示すように真空排気によりキャビティー中の N_e が減少するため，10 kW で

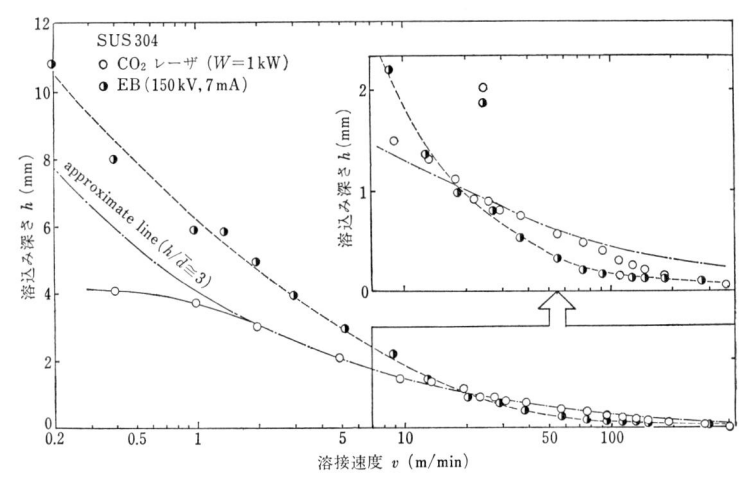

図 2.2.15 CO_2 レーザと電子ビームによる溶込み深さの比較（1 kw）

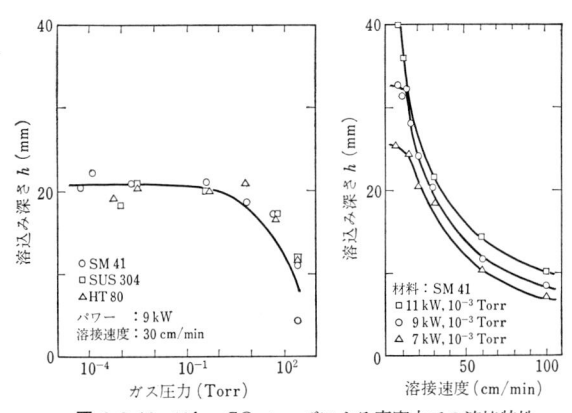

図 2.2.16 10 kw CO_2 レーザによる真空中での溶接特性

40 mm もの溶込み深さが得られている[20]．図2.2.17はパルス YAG レーザによるデータで，溶込深さは数 10 cm/min 以下でも飽和せず，1 kW と低パワーでも 20 mm の溶込み深さが達成されている[21]．

直線偏光レーザビームで溶接すると，偏光ベクトルの方向により溶込み深さが異なる場合がある．これは電離電圧の高い材料（Fe 等）では，フレネル吸収の効果が大きくなるためである．すなわちキャビティーの前壁に p 偏光が入射すると前壁にビーム吸収が集中するため，幅が狭く深い溶込みとなる（図2.2.18）[22]．ただし電離電圧の低い Al のレーザ溶接ではプラズマ吸収が非常に大きいので，偏光の方向による壁面吸収の差異はほとんどなくなる．

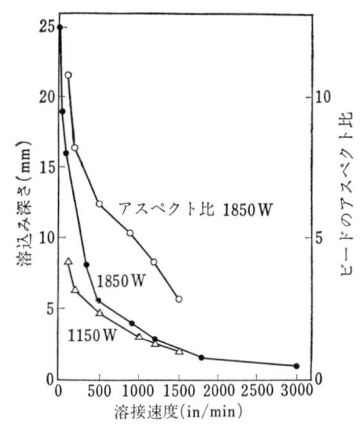

図 2.2.17 YAG レーザによる溶接速度と溶込み深さの関係（SUS 304）

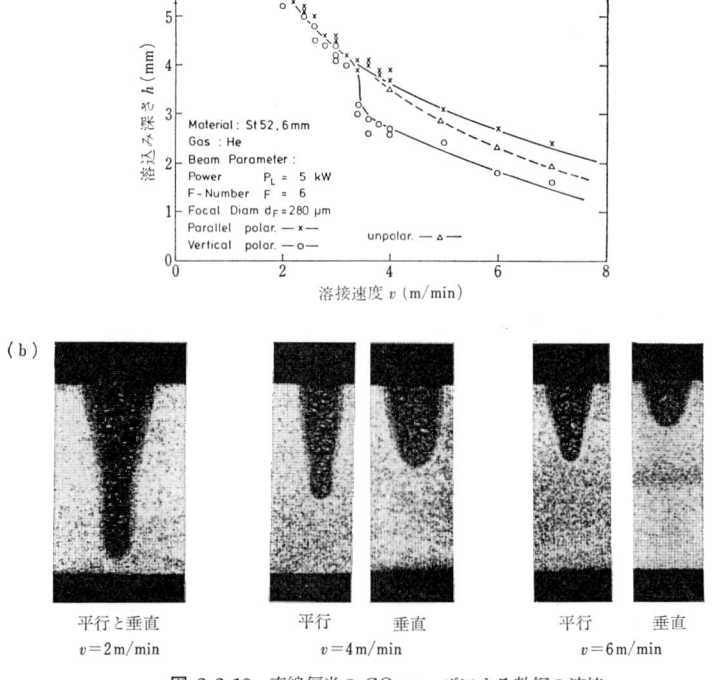

図 2.2.18 直線偏光の CO_2 レーザによる軟鋼の溶接
(a) 溶込み深さと溶接線の角度，(b) 偏光ベクトルと溶接線の角度．

2.2 レーザ溶接

(ii) **限界溶込み深さ:** 図 2.2.19 に与えられたレーザパワーで達成できる最大溶込み深さ h_{max} を示す．CO_2 レーザ溶接の場合，h_{max} はレーザパワーの 0.7 乗にほぼ比例し，100 kW 級レーザによる約 50 mm 板の溶接がこれまでに知られている最大板厚である．集光性の高い CO_2 レーザ溶接では横向き溶接により 10 kW で 25 mm 厚の板がシングルパス溶接できる[23]が，その値は同じパワーの EB 溶接に比べてはるかに小さい．これはキャビティー内の金属蒸気プラズマがレーザビームを遮閉するためである．

真空中での CO_2 レーザ溶接ではプラズマ吸収の影響が低減されるため溶込み深さは大幅に増大する．とくに YAG レーザではプラズマ吸収がほとんど無視できるため，EB 溶接に匹敵する溶込み深さが報告されている．

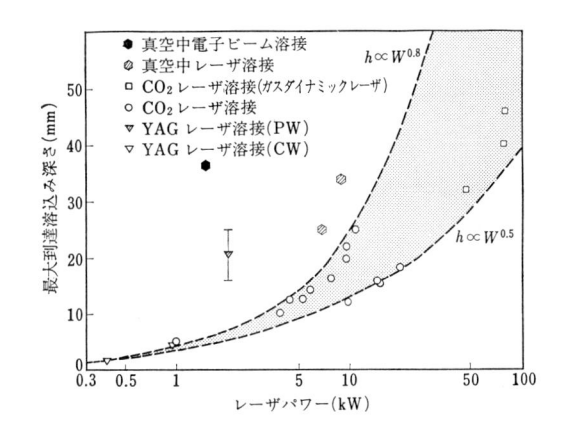

図 2.2.19 与えられたレーザパワーで到達できる最大溶込み深さ

表 2.2.2 厚板のレーザ溶接技術

原理	方法	備考	文献
プラズマ吸収の低減	アシストガス	1 kW で 4 mm 以上の溶込み深さ達成 （板表面のプラズマの除去）	18
	真空中のレーザ溶接	溶込み深さ：10 kW で最大 40 mm 部分真空チャンバーの可能性	20
	短波長レーザによる溶接	パルス YAG：最大 20 mm （キャビティープラズマの除去）	21
	パルス溶接	プラズマ成長までに溶接完了	25
フィラー材料添加	多層盛り溶接	4～5 層溶接で 50 mm 板厚の溶接達成	26
	フィラー材添加	ビード整形・機械的性質向上	27
他加工法を併用	誘導加熱の併用	誘導加熱の補助にレーザを使用	28

このように実用的な CO_2 レーザ溶接では, 比較的薄板の溶接に限定される. より厚板の溶接には特殊な溶接方法が試みられているが, それらを表2.2.2にまとめた.

(宮本 勇)

文　献

1) 荒田, 宮本, 山田: 大出力炭酸ガスレーザの熱源的研究 (2)―金属材料による炭酸ガスレーザビームの吸収特性. 溶接学会誌, **40** (12) (1971), 1249.
2) 丸尾, 宮本, 荒田: 金属材料のレーザ溶接 (3)―CO_2 レーザ溶接における吹き付けガスの役割. 溶接学会論文集, **3** (2) (1985), 276.
3) 荒田, 丸尾, 宮本, 川端: 金属材料のレーザ溶接―集光系によるビード形態の変化―. 溶接学会誌, **49** (10) (1980), 687.
4) 松田: 電子ビームにおける素材の溶融機構について. 超高温研究, **2** (3) (1965), 121.
5) I. Miyamoto, H. Maruo and Y. Arata: Mechanics of Bead transition in Laser Welding, Proceedings of International Conference on Welding Research in the 1980's (1980), 103.
6) 丸尾, 宮本, 荒田: CO_2 レーザ溶接のメカニズム. 機械と工具, **25** (6) (1981), 24.
7) 丸尾, 宮本, 川端, 荒田: 金属材料のレーザ溶接 (2)―ビード形状に対する移動速度の影響―. 溶接学会誌, **50**―(4) (1981), 404.
8) G. Sepold, R. Rothe and K. Teske: Laser Beam Pressure Weldings A New welding Technique. Proceedings of LAMP' 87, Osaka(1987), 151.
9) R.D. Dixon, et al.: The Influence of Plasma during Laser Welding. Proceedings of ICALEO' 83, **38** (1983), 38.
10) 小野ら: レーザプラズマの解析, 第26回レーザ熱加工研究会論文集 (1991), 83.
11) W. Sokolowski, et al.: Spectral Plasma Diagnostics in Welding with CO_2 Lasers, Proc. 1st European Congress on Optics, SPIE Vol. 1020 (1988), 96.
12) A. Poueyo, et al.: Experimental Study of the Palameters of the Laser-induced Plasa Observed in Welding of Iron Targets, Proc. 2nd European Congress on Optics, SPIE Vol. 1132 (1989), to be published.
13) 丸尾, 宮本ら: レーザ溶接のプルームの解析とモニタリングへの応用, 第26回レーザ熱加工研究会論文集 (1991), 97.
14) W. Sokolowski, et al.: Spectroscopic Study of Laserinduced Plasma in the Welding of Steel and Aluminium, Proc. 2nd European Congress on Optics, SPIE Vol. 1132 (1929), 288.
15) D. Bermejo, et al.: Spectroscopic Studies of Iron Plasma Induced by Continuous High Power CO_2 Laser, Proc. 3rd European Congress on Optics, SPIE Vol. 1279 (1990), 118.
16) H.C. Peebles and R.L. Williamson: The Role of the Metal Vapor Plume in Pulsed Nd: YAG Laser Welding on Aluminum 1100, Proc. Int. Conf. Laser Advanced Materials Processing (1987), 19.
17) J.F. Ready: Effect of High-Power Laser Radiation, Academic Press (1971), 188.
18) I. Miyamoto, H. Maruo and Y. Arata: The Role of Assist Gas in CO_2 Laser Welding. Proceedings of ICALEO '84, Vol. **44** (1984), 68.
19) I. Miyamoto, H. Maruo and Y. Arata: Beam Absorption Mechanism in Laser Welding. Proceedings of SPIE, vol. 668, Quebec (1986), 11.
20) Y. Arata, A. Abe, T. Oda and N. Tsujii: Fundamental Phenomena during Vacuum Laser Welding, Proceedings of Vol. 44, Boston (1984), 1.
21) G. Burrows, N. Croxford, A.P. Hoult, C.L.M. Ireland and T.M. Weedon: Welding Characteristics of a 2kW YAG Laser, Proceedings of International Congress on Optical Science & Engineering, Vol. 1021 (1988).
22) E. Bayer, K. Behler and G. Herziger: Influence of Laser Beam Polarination in Welding, Proceedings of LM-5 (1988).
23) I.J. Spalding, A.C. Selden, M. Hill, J.H.P.C. Megaw and B.A. Ward: High Power Lasers Proceeding of GCL-7, Vol. 1031 (1988).

24) 宮本: レーザ溶接の基礎, 第26回レーザ熱加工研究会論文集 (1991), 1.
25) Y. Arata, et al.: Beam Hole Behavior during Laser Beam Welding, Proc. ICALEO '83 (1983), 59.
26) Y. Arata, H. Maruo, I. Miyamoto and R. Nishio: CO_2 Laser Welding of Thick Plate-Multipass Welding with Filler Wire, Proc. Int. Conf. on Electron and Laser Beam Welding (1986), 159.
27) M. Itoh, et al.: 10 kW Laser Beam Welder for Stainless Steel Processing Line, Proc. Laser Advanced Materials Processing (1987), 535.
28) K. Minamida, et al.: Wedge Shape Welding with Multiple Reflecting Effect of High Power CO_2 Laser Beam, Proc. ICALEO '86 (1986), 97.

2.2.2 中厚板の溶接

キロワット級大出力 CO_2 レーザ加工機の普及にともない, 中厚板 (板厚が 3 mm を超えるものを一般に中厚板という) 溶接への実用化が推進されている. ここでは大出力 CO_2 レーザ溶接の溶接特性について説明する.

a. 溶接特性

(i) 溶込み深さに及ぼす溶接パラメータの影響 溶込み深さに影響を及ぼす重要な要因として, レーザ出力, 溶接速度, ビームのエネルギー密度, シールドガスなどがある.

(1) レーザ出力: 図 2.2.20 は 20 kW 級大出力 CO_2 レーザ加工機によるステンレス鋼の溶接特性を示すものである[1]. KCl レンズを用い, プラズマ除去なしの条件で溶接したものであるが, 溶接速度が 20 m/min と高速の場合には, ハンピングなどビード形成の不安定現象が生じ, 不斉ビードとなるものの, 15 m/min 以下では不連続ビードが発生せず, 溶込み比 (溶込み深さ/ビード幅) が 4 以上の深溶込みが得られている.

(2) 溶接速度: レーザ出力と同様, 溶接速度も溶込み深さに大きな影響を及ぼす. 図 2.2.21 に溶接速度と溶込み深さの関係を示す[2]. レーザと同様, 高エネルギー密度熱源である電子ビーム溶接と溶込み性能を比較したものが, 図 2.2.22 である[3,4]. いずれの溶接法においても溶接速度の増加に従い溶込み深さは減少していく.

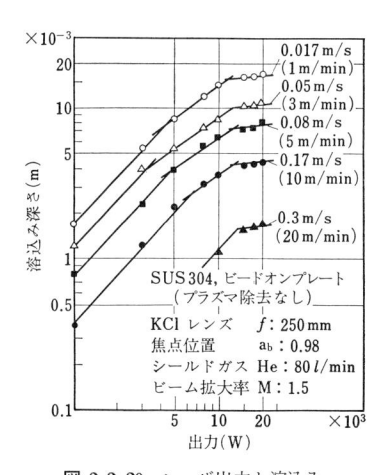

図 2.2.20 レーザ出力と溶込み深さの関係

すなわち, 低速度になるほど溶込みは大きくなるが, 電子ビームの場合に比べて溶込み深さの増加率は小さい. これは, レーザ溶接の場合には低速になるほどプラズマの生成が顕著になり, レーザビームが吸収され, 母材への到達エネルギーが減衰するためである.

(3) 集光条件: 集光条件はビームのエネルギー密度 (パワー密度) に重要な影響を及ぼす因子である. ビームの集光状態を支配する因子として, 集光レンズやミラーなど集光系の焦点距離, 焦点深度, ビームモード, 焦点位置などがある. これらはいずれもビームのパワー密度を決定する要因であり, 加工条件に応じて最適に調整する必要がある.

図 2.2.21 溶接速度と溶込み深さの関係

図 2.2.22 レーザ溶接と電子ビーム溶接における溶接性能の比較

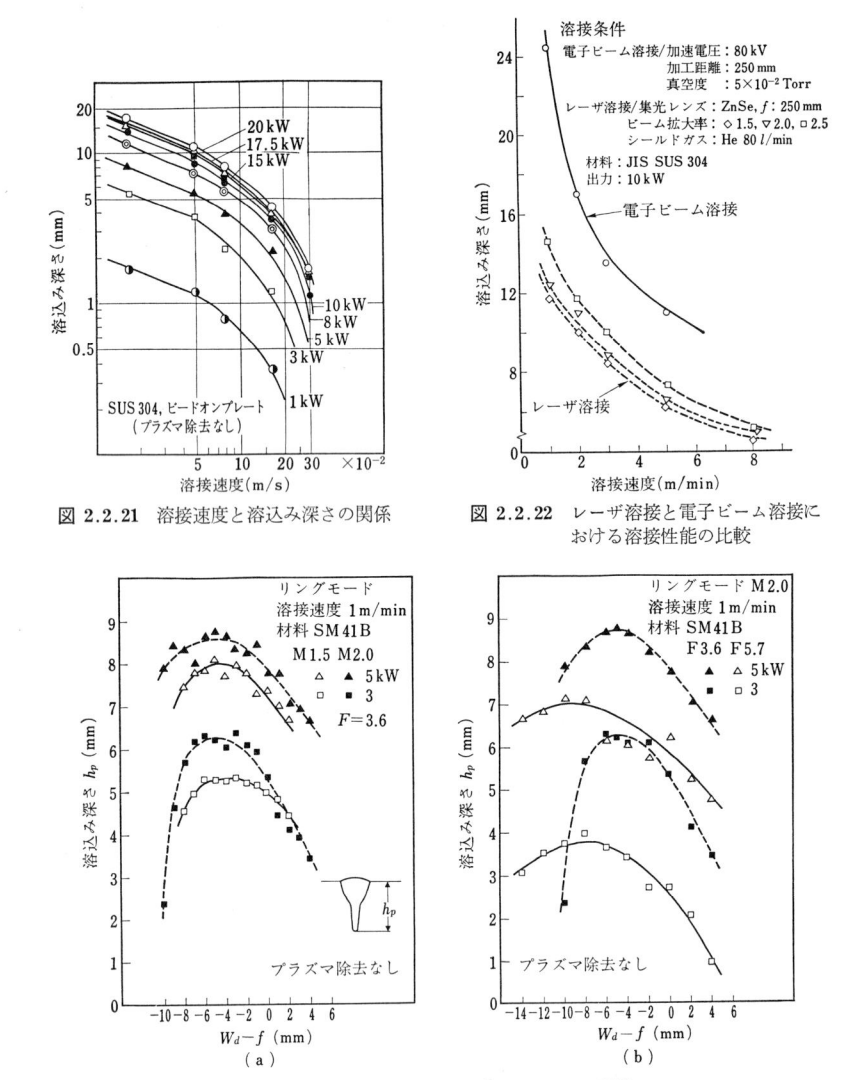

図 2.2.23 焦点位置の溶込み深さに及ぼす影響

焦点位置の溶込み深さに及ぼす影響を図 2.2.23 に示す[5]. 横軸 W_d-f は焦点はずし量を表わすもので, 焦点位置が母材表面上に一致する場合を0とし, 上方を＋, 下方を－としている (ここで W_d は集光レンズから母材までの距離). 図中, M はリングモードビームのビーム拡大率 (外径/内径) を, F は集光レンズの焦点距離 (f) を入射ビーム径 (D) で除したもの ($F=f/D$) である. (a), (b) 図ともに溶込み深さが急激に変化する"ビードの遷移現象[6]"を示しており, 最大溶込みを与える焦点位置が存在することがわかる. さ

らに、いずれの M, F においてもビーム焦点位置が母材の下方に位置するとき最大溶込みが得られる。また、M の値が大きいほど、そして F の値が小さいほど溶込み深さは大きくなる。

図 2.2.24 はビーム拡大率の溶込み深さに及ぼす影響を示したものである[3]。M 値の増大とともに溶込み深さは増加しており、ビード形状もネイルヘッド部が小さくなり、くさび型のビードとなっている。

図 2.2.25 は F 値の溶込み深さに及ぼす効果を示したものである[3]。F が大きくなると焦点深度は深くなり、ビームの活性領域が長くなるので、母材と加工ヘッドとの距離（加工距離）を大きくとることができる。したがって、レンズやミラーの保護という点からは、長焦点レンズなどを使用するほうが有利であるが、その反面、焦点面での集光スポット径は大きくなる[5]のでビームのパワー密度が減少し、溶込み深さは F 値の増加とともに浅くなっていく。ただし、溶接速度が低い場合には、照射エネルギーの絶対値そのものが支配的となり、溶込み深さに顕著な差異は認められない。

次にビームモードの影響について述べる。大出力 CO_2 レーザではリングおよびマルチモードビームが用いられている。一般にリングモードの方が集光特性にすぐれているが、図 2.2.26

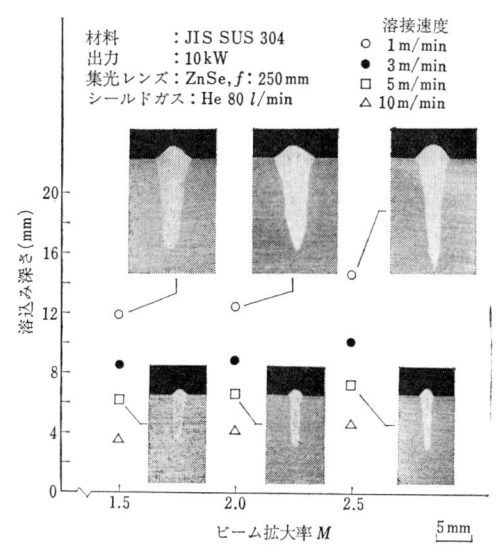

図 2.2.24 ビーム拡大率の溶込み深さに及ぼす影響

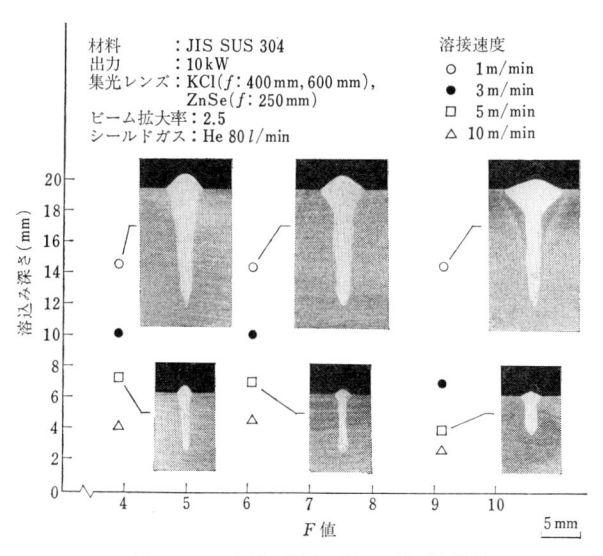

図 2.2.25 F 値の溶込み深さに及ぼす影響

に見るようにレーザ出力が大きい場合には，溶接時に大量に発生するプラズマの影響で，両者に大きな差が現われないという結果が報告されている[7]．

図2.2.27は集光用素子(レンズやミラー)の溶込み深さに与える影響を示したものである．前述したように焦点距離の短いレンズのほうがすべての溶接速度にわたって深溶込みが得ら

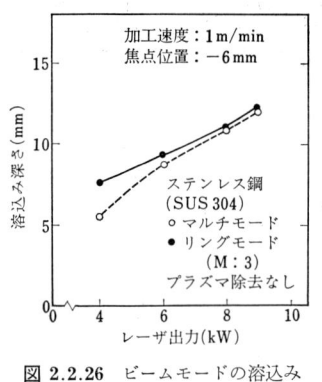

図 2.2.26 ビームモードの溶込み深さに及ぼす影響

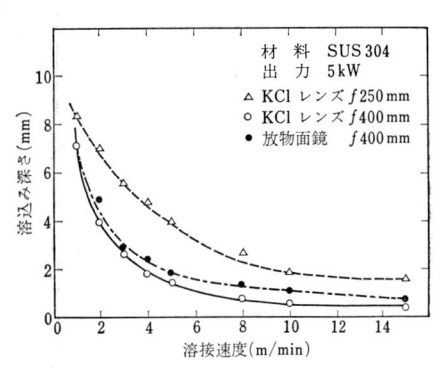

図 2.2.27 各種集光系における溶込み深さの変化

れている．同じ焦点距離のレンズとミラーではほとんど差はないが，ミラーに比べて球面収差が減少したぶんだけ集光特性が向上し，中高速度域で若干溶込みが深くなっている[8,9]．また，同じ材質，焦点距離のレンズでもメニスカスレンズのほうがプラノコンベックスレンズに比べて理論上の集光スポット径は小さく，溶込み深さも深くなることが示されている[10]．

ミラー集光系は耐光強度，耐熱性にすぐれ，そのうえレンズ同様のすぐれた集光特性が得られるため，近年，中厚板の大出力レーザ溶接用に採用されるようになってきた．

（4）シールドガス： シールドガスは溶融金属を大気から保護する役目をはたすとともに，キーホール近傍に生成するプラズマを除去する役割を兼ねており，その種類，供給方式によっては溶込みに大きな影響をもたらす．シールドガスはビームと同軸状に流す方法とサイドノズルから供給する方法がある．図2.2.28は両者をもちいたものである[5]．プラズマ除去用サイドノズルの噴出口はキーホールの直上をねらってセットし，溶融金属にガスが直接作用しないようにすることが大

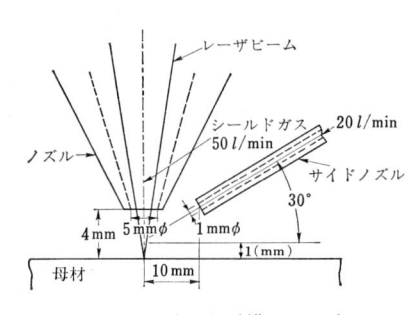

図 2.2.28 プラズマ制御ガスノズル

切である．溶融金属（溶融池）に直接吹付けるか，もしくはガス圧が高い場合には，キーホール内の溶融金属がほとんど外へ押し出され，キーホール上部が閉塞されて盛り上がり，ハンピングビードとなる．また金属蒸気の一部がキーホール内に閉じ込められてポロシティー

を形成する．図2.2.29にその結果を示す[11]．

図2.2.30は図2.2.28と同様のシステムで実験した結果[2]であるが，高出力側でプラズマ

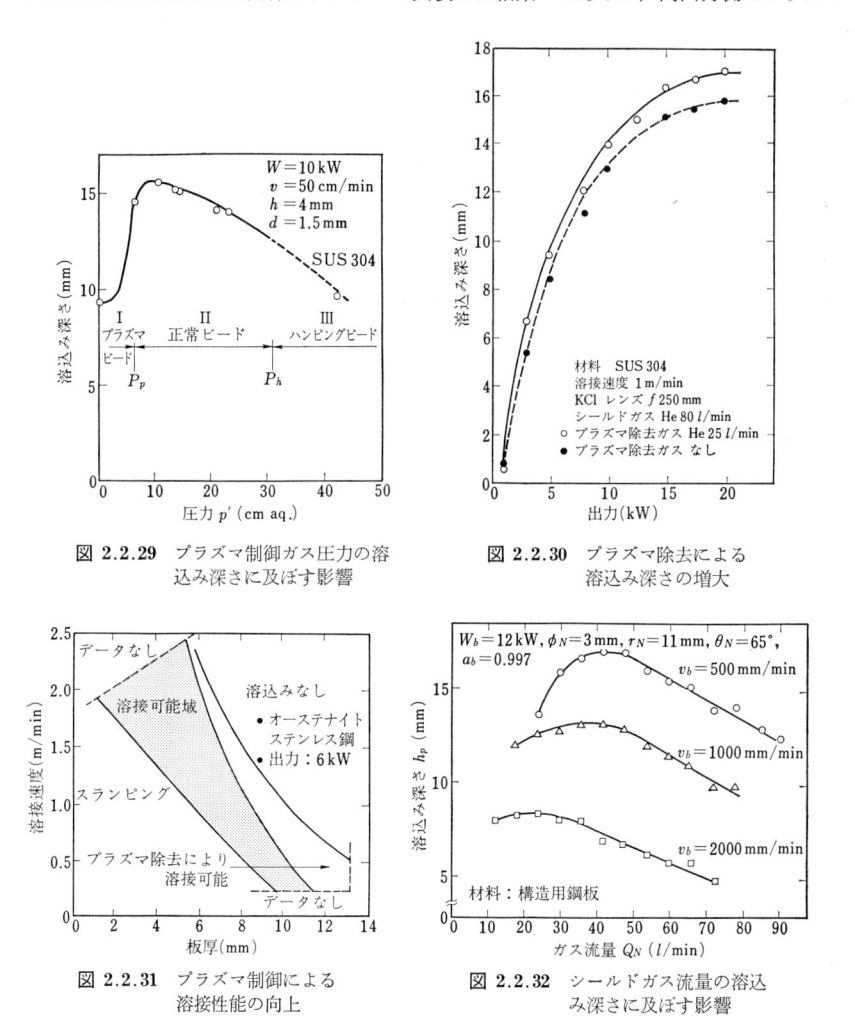

図 2.2.29 プラズマ制御ガス圧力の溶込み深さに及ぼす影響

図 2.2.30 プラズマ除去による溶込み深さの増大

図 2.2.31 プラズマ制御による溶接性能の向上

図 2.2.32 シールドガス流量の溶込み深さに及ぼす影響

除去の効果が表われている．この場合，同軸ノズルから供給されるシールドガスもプラズマ除去の効果を有しているため，改善効果は図2.2.29の場合に比べて小さい．同様の実施効果例を図2.2.31に示す[12]．プラズマの発生量が多くなる低速域で溶接可能領域が大幅に拡大している．

シールドガス流量も図2.2.32に示すように，溶込み深さに影響する[13]．この場合は，サイドノズルからのみガスを供給したもので，溶接速度が小さいほど最大溶込みを与えるガス

流量値は大流量側に移行している．これは低速時には高速時に比してプラズマの発生量が多いため，除去に必要とするガス流量は多くなる．また過大なガス流量下ではビード形成が乱れ，ルートポロシティーが増加する．ビード幅はプラズマ除去を行うと狭くなる．

ところで，レーザ溶接では一般にシールドガスとして He が多く用いられているが，高価であるので実用的な見地から Ar などの安価なガスの利用も行われている．しかし，ガス種の溶込み深さに及ぼす影響は大きく（図2.2.33[13]，図2.2.34[14]），たとえば，図2.2.33 に示すように大出力条件下では He と Ar では溶込み深さは4倍くらい違う．Ar は He に比べてイオン化エネルギーが低く（Ar: 15 eV, He: 25 eV），プラズマ化しやすいので，これにビームのエネルギーが吸収されてしまうからである[15]．またこの図では空気が最も深い溶込みを与えているが，空気シールドの場合には，母材表面が酸化され，この酸化膜がビームをよく吸収するため，溶込みが大きくなったものである[13]．

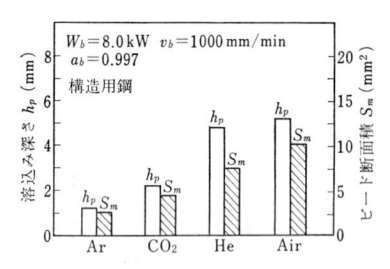

図 2.2.33　各種ガスシールドにおける溶込み深さの比較

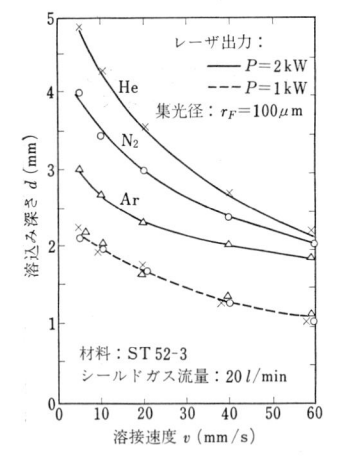

図 2.2.34　各種ガスシールドにおける溶込み深さの比較（溶接速度の影響）

（ii）継手条件　レーザ溶接では特別な開先加工をせずに溶接できることが大きな特徴であるが，集光ビームスポット径が通常 1 mm 以下であるので，継手精度を高める必要がある．

図2.2.35 は板厚 9 mm のステンレス鋼板 I 型突合せ継手におけるルートギャップの許容度を示す[16]．フィラワイヤ（溶加材）を用いないで溶接した場合，最大許容ギャップ幅は 0.1 mm となっているが，フィラワイヤを用いると 0.8 mm まで拡大されている．フィラワイヤの送給量や集光ビームスポット径を調整することにより，さらに領域を広げることが可能である．たとえば，8 mm 厚の C-Mn 鋼の突合せ溶接において，1.2 mm のワイヤを供給することにより，溶接速度 0.35 m/min，レーザ出力 5.2 kW の条件で最大ギャップ 2 mm まで溶接できたと報告されている[17]．また，鉄鋼プロセスの実ラインでは，4.5 mm 厚の軟鋼板の突合せ溶接においては，許容ギャップ幅が 0.2 mm から 0.75 mm に拡大されている[18]．このようにフィラワイヤをうまく利用すれば，ワンパス貫通溶接というレーザ溶接の特徴を生かして高速溶接を行うことができる．

図2.2.36 はシヤカット面のだれの条件裕度に及ぼす影響を示したもので[16]，タイプ A, B によって許容ギャップ量が大いに異なっている．また，板厚の異なる材料の組合せや目違いを有する継手においては，板厚の 50% の目違い（4 mm 厚の板に対して 2 mm の段差）ま

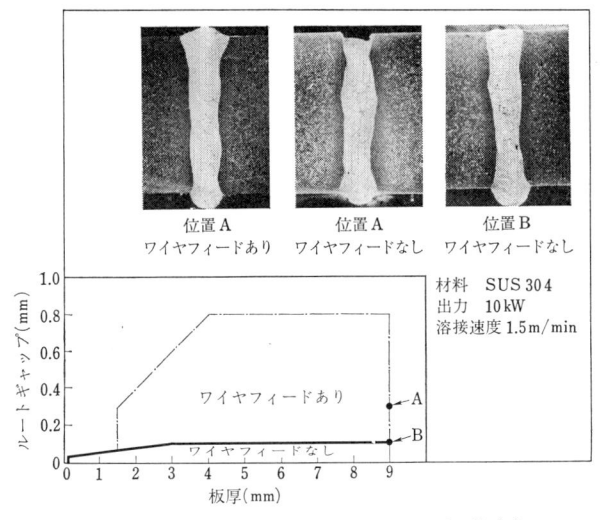

図 2.2.35 厚板溶接におけるルートギャップの許容度

で良好な溶接ができ，ギャップほどクリティカルでないという報告がある[17].

b. 溶接部の特性

（i）**ポロシティー**　レーザ溶接ではキーホール内に充満した金属蒸気の巻き込みによるルートポロシティーの発生が多い．出力，速度などのパラメータとポロシティー発生傾向に関する研究[19,20]によると，出力に関しては大出力になるほど，速度に関しては低速になるほどポロシティーは増加する．これは金属蒸気の発生量が大出力低速条件になるほど増加するためである．高速になるとキーホールの開口部が広くなり，蒸気の排出が容易になったため，ポロシティーがなくなったものと考えられている[19].

ステンレス鋼，軟鋼の溶接におけるポロシティー防止策としては，He シールドに N_2 や O_2 の混合が効果的であり，O_2 添加では 5% 程度の混合でポロシティーはほぼ皆無となったと報告されている[19].

また，ビームオシレートを行うこともポロシティー防止に有効で，図 2.2.37 に示すように，40 Hz 以上のオシレートでポロシティーが防止されている[20]．これは，オシレートによ

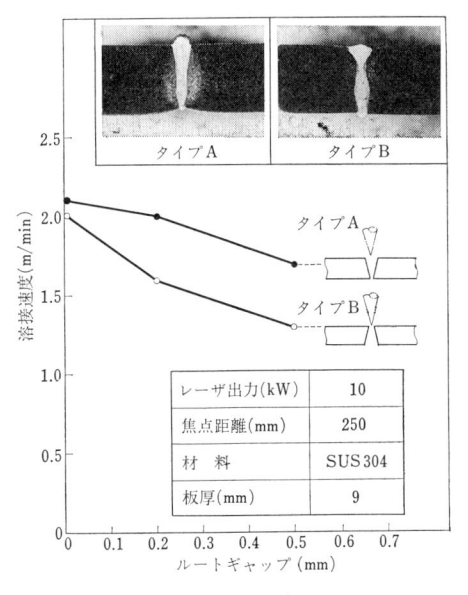

図 2.2.36 切断面のギャップ許容度に及ぼす影響

りキーホール開口部が広げられ，キーホール内の金属蒸気やプラズマの排出が容易になったと考えられる．

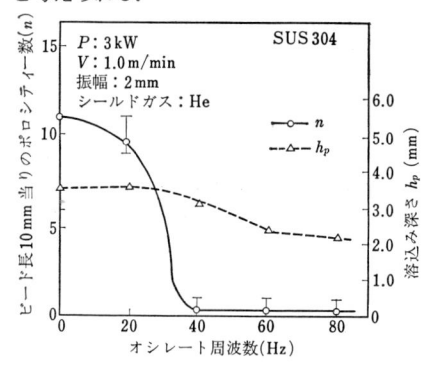

図 2.2.37 ビームオシレーションのポロシティー防止効果

(ii) **溶着金属の残留ガス**　40キロ級構造用鋼板の大気中，Ar雰囲気中溶接において，母材にミルスケールが付いている場合の，溶着金属中に残留するN_2，O_2量測定結果の一例を図 2.2.38-a，2.2.38-b に示す[13]．

N_2の場合には，大気中，Ar中ともに溶着金属中に残留することは少なく，せいぜい2倍程度であるが，O_2の場合，ミルスケールの影響を受けて，かなりばらつく．しかし，スケールを除去すれば，Ar中でも母材とほぼ同程度のO_2量となることがわかった．これらのことから，大気中溶接も可能である

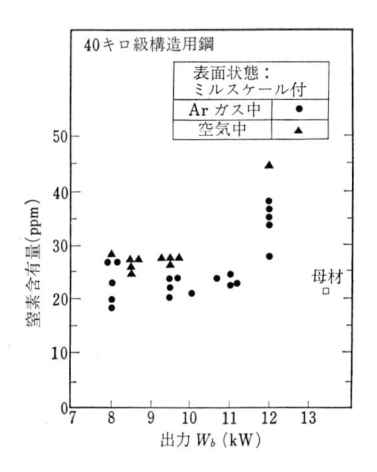

図 2.2.38-a 溶着金属中の窒素含有量　　図 2.2.38-b 溶着金属中の酸素含有量

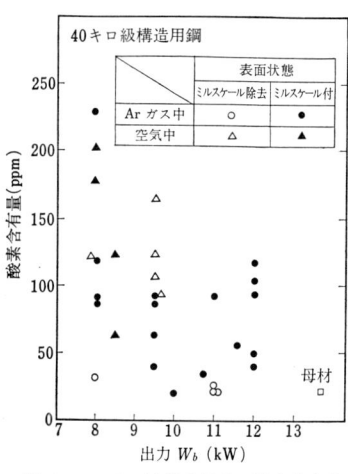

が，溶着金属の組成変化を抑制する必要がある場合にはガスシールドを行ったほうがよいことがわかる．

(iii) **溶接部の機械的性質**　構造用鋼板レーザ溶接部の機械的性質の評価として，引張り強度，硬度，シャルピーテストについて，紹介する．

貫通溶接材の板厚中央部から取り出した JIS 2号試験片により実施された引張り強度試験結果では，破断はすべて溶接部から離れた母材で生じており，強度は母材と同等以上の値を示している[13]．

溶接部の硬度は50キロ級構造用鋼板では図 2.2.39に示すように若干高くなるが，圧延鋼板では比較的低い結果が得られている[13]．

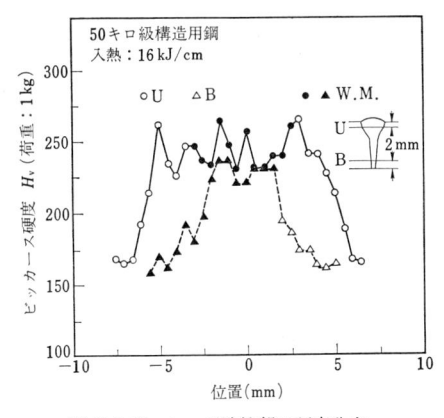

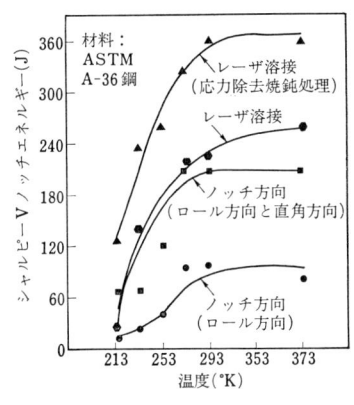

図 2.2.39 レーザ溶接部の硬度分布   図 2.2.40 レーザ溶接部の吸収エネルギー

シャルピーテストについて興味深い結果の一例を示す[21]．図 2.2.40 は ASTM A-36 鋼レーザ溶接部（溶接条件：板厚 12.7 mm，出力：12 kW，速度：380 mm/min）のシャルピーVノッチ衝撃試験において，応力除去焼鈍（635 °C/1 hr）を行うと，母材の約 2～5 倍に吸収エネルギーが増加したという報告がある．A-36 の組織は通常フェライトとパーライトであるが，レーザ溶接を行うと HAS は微細化され，結晶粒の小さなフェライト/パーライト組織になる．一方，溶接部はベイナイト組織である．SR 処理によりベイナイト層におけるカーバイドフィルムの球状化と再分布が吸収エネルギー向上に寄与していると考えられている[22]．

c．深溶込み化の工夫

深溶込み化の工夫が種々検討されているので，一，二紹介する．

（i）**アーク併用**　TIG や MIG アークなどを溶接部に重畳して溶接するもので，小出力レーザ加工機で大出力機に匹敵する溶接性能を得ようとするものである．

図 2.2.41 は 5 kW レーザと 300 A TIG を組み合わせた時の溶込み深さと溶接速度との関係を示すものである[23]．とくに中・高速度領域で溶込み深さが倍増していること，高速でアンダカットが起こりにくいことなど，が特徴的である．

これらの結果はアーク点弧位置をレーザ照射側と同一とした場合であるが，裏面から照射した場合も裏ビード幅を拡大するとともにビード形状を安定化させ，ポロシティー抑制効果のあることが示されている[24]．

（ii）**減圧雰囲気**　大出力低速溶接では前述したように，プラズマのため溶込みが抑制され

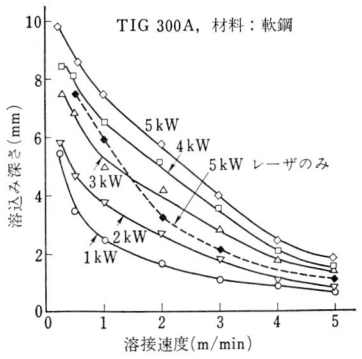

図 2.2.41 TIG アーク併用レーザ溶接における溶込み深さと溶接速度の関係

る.この対策としてガス噴射による対策が行われているが,噴射位置やガス圧などかなり精度よく制御しないと効果がでないなど問題が残されている.減圧雰囲気はプラズマの密度を低くし,レーザの吸収を防止するのが目的であり,いくつか基礎的な研究がなされている[25~27].

図2.2.42は雰囲気圧力と溶込み深さの関係を示したものである.圧力の低下にしたがって溶込み深さは増加しており,10^{-1} Torr以下の圧力になると材料の種別にかかわりなくほぼ一

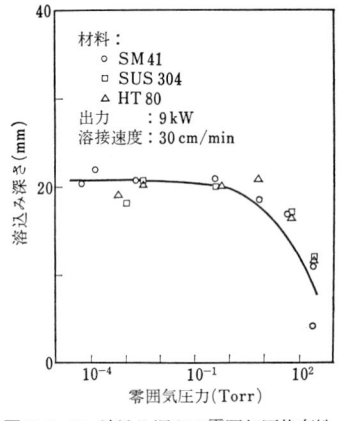

図 2.2 42 溶込み深さの雰囲気圧依存性　　**図 2.2.43** 雰囲気圧力と溶込み深さの関係

定となり,最大の溶込み深さを示す[25].溶接速度に関しては,図2.2.43のように低速になるほどその効果が顕著であるが,2m/min以上の速度では雰囲気圧力に依存しなくなる[27].

(iii) 多層盛溶接　　大気中レーザ溶接では20mmを超える厚板になると,1層1パス溶接が困難となる.フィラワイヤを用いた多層盛溶接について,いくつか研究開発が進められている[28~30].図2.2.44はその一例を示す.(a)は25mm厚鋼板の4パス溶接[30]を,(b)は50mm軟鋼板の5パス溶接[29]を行うための開先形状を示すものである.いずれも欠

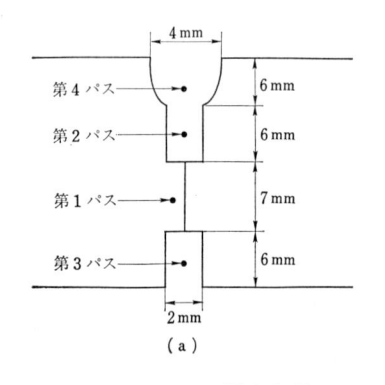

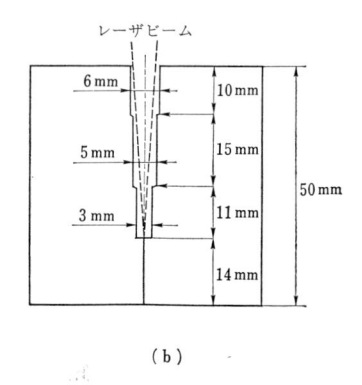

図 2.2.44　マルチパスレーザ溶接用開先形状例

陥のない溶接ができたと報告されている．(a)の溶接条件は1層目：5kW, 0.5m/min, フィラなし，2層目，3層目：5kW, フィラあり（ワイヤフィード：3.75m/min），4層目：5kW, 0.3m/min, フィラあり（ワイヤフィード：4.75m/min）である．(b)の溶接条件は10kW, 35cm/minと示されている．

(iv) 実用例 マルチキロワット級加工機によるレーザ溶接の実用例としては，鉄鋼プロセスラインにおける板継ぎ溶接への適用例がある[16,31,32]．板厚6mmまでは5kW機，板厚8mmまでは10kWが用いられ，高速溶接が行われている．米国では海軍関連の分野で適用化が進められており[33]，一例として従来サブマージアーク溶接で7パス溶接を行っていた22mm厚い軟鋼板を15kW機でノン・フィラシングルパス溶接していると報告されている[34]．

（平本誠剛・大峯　恩）

文　献

1) 秋葉，他：20kW CO_2 レーザーとその応用．超高性能レーザー応用複合生産システム研究開発成果発表会論文集, (1985), 295.
2) レーザ応用複合生産システム研究成果報告書, 1985.
3) 平本，他：大出力 CO_2 レーザ溶接技術，三菱電機技報, **60** (11) (1986), 799.
4) S. Hiramoto, et al.: Deep penetration welding with high power CO_2 laser. Proceedings of LAMP '87, May (1987), 157.
5) 高浜，他：リングモード5kW CO_2 レーザーの溶接性能．レーザー研究, **13** (4) (1985), 339.
6) 荒田，他：金属材料のレーザ溶接（第1報），溶接学会誌, **49** (19) (1980), 29.
7) 牧野，他：大出力レーザ溶接の諸特性溶接法研究委員会資料, SW-1782-87, (1987).
8) 木村，他：10kW級 CO_2 レーザによる溶接特性，昭和61年度精密工学会秋季大会学術講演会論文集, (1986), 297.
9) 山田，他：大出力 CO_2 レーザ用放物面鏡集光光学系の開発と集光性評価，昭和61年度精密工学会秋季大会学術講演会論文集, (1986), 291.
10) 西川，他：レーザ溶接における集光条件の影響，溶接学会全国大会講演概要　第40集, (1987).
11) 丸尾，他：CO_2 レーザ溶接における吹付けガスの役割，溶接学会論文集, **3** (2) (1985), 40.
12) M.N. Watson, C.J. Dawes: Laser welding deep drawing steel sheet and microalloyed plate, Metal Construction, September, (1985), 561.
13) 荒田，他：構造用鋼板に対するレーザー溶接の基礎的研究，高温学会誌, **10** (3) (1984), 118.
14) H.G. Rosen: Influence of system parameters on laser materials processing, Proceedings of ICALEO '86, 201.
15) M. Bass: Laser materials processing, North-Holland Publishing Company, (1983), 131.
16) A. Shinmi, et al.: Laser welding and its applications for steel making process, Proceedings of ICAEO '85, 65.
17) M.N. Watson, et al.: Laser welding-techniques and testing, METAL CONSTRUCTION (May, 1985), 288.
18) 佐々木，他：5kW級 CO_2 レーザ突合せ溶接の実用化，東芝レビュー, **39** (6) (1984), 529.
19) 大前，他：CO_2 レーザ溶接に関する基礎研究（第2報），溶接学会全国大会講演概要　第30集, (1981), 42.
20) 大前，他：CO_2 レーザ溶接に関する基礎研究（第3報），溶接学会全国大会講演概要　第32集, (1983), 230.
21) R. Strychor, et al.: Microstructure of ASTM A-36 Steel Laser Beam Weldments, Journal of Metals, May (1984), 59.
22) E.A. Metzbower, et al.: Mechanical properties of laser beam welds, Welding Journal, July (1984), 39.
23) 浜崎，他：ティグ・レーザ併用溶接におけるティグ電流の影響について，高温学会誌, **9** (2) (1983), 79.

24) 小菅, 他: レーザ・TIG 同時照射方式溶接法, 溶接学会全国大会講演概要 第38集, (1986), 170.
25) Y. Arata, et al.: Fundamental Phenomena During Vacuum Laser Welding, L. I. A. 44, ICALEO (1986), 1.
26) C. O. Brown, C. M. Banas: High Power Laser Bean Welding in Ruduced-Pressure Atmospheres, Welding Journal, (July 1986), 48.
27) 小菅, 他: レーザ溶接性に及ぼす雰囲気の影響, 溶接法研究委員会資料, SW-1645-85, (1985).
28) 荒田, 他: 大出力レーザによる狭開先多層盛り溶接, 溶接学会全国大会講演概要 第39集, (1986), 64.
29) Y. Arata, et al.: CO_2 laser welding of thick plate multipass welding with filler wire, Electron and Laser Beam Welding, Pergamon Press (1986), p.159.
30) C. J. Dawes, et al.: Developments in laser welding of sheet and plate, Electron and Laser Beam Welding, Pergamon Press (1986), 213.
31) 河合, 他: ステンレス焼鈍酸洗ラインへの 10kW レーザ溶接機の導入, 川崎製鉄技報, **19** (1) (1987), 31.
32) 河合, 他: プロセスライン用レーザ溶接機の開発, 川崎製鉄技報, **16** (1) (1984), 53.
33) E. A. Metzbower: High power laser beam welding production, Electron and Laser Beam Welding, Pergamon Press (1986), 271.
34) J. Weber: Laser Offers Key Economies in Heavy Section Welding, Welding Journal, Feb. (1983), 23.

2.2.3 薄板の溶接

レーザ溶接において, その高速溶接の利点を最大限に生かせるのが薄板の溶接分野である. ここでは薄板の定義として 3mm 以下の板厚としてとらえ, 実製品に適用する上での溶接施工上の検討課題とレーザ溶接の実施例について述べる.

a. 実製品のレーザ溶接のための検討項目

集束された高密度エネルギービームを用いた溶接施工では, 図2.2.45 に示すように, 製品完成までに種々のプロセスを検討しておくことが必要である[1]. プロセスは大きくわけて事前確認事項, 条件設定, モデル試験および実生産に分類される. 事前確認する内容としては, 用途, 数量, 形状といった製品仕様の確認がある. この時点でどの部分をどう接合するのかといった継手設計も考慮される. 次にどの装置を使ってどの治具を用いるのかといった使用装置の選定が必要である. 次に使用される材料の溶接性, 溶接した時にもろい金属間化合物ができない組合せであるか, また溶接により極端に硬化する材料であるかどうかといった基本的なレーザ溶接性の確認が必要である. これらの事前確認事項は, 何をどう作るのかがわかれば, 通常机上で検討できる.

次にレーザ溶接条件を設定することが必要である. レーザ溶接条件は, 要求される継手の性能に対して, これを満足するための条件を設定することである. 溶込みのタイプが, 完全溶込みであるか部分溶込みであるか, また溶込みの形状, 溶接欠陥の有無, 溶接部の機械的性能, 冶金的性能がどうであるのか, さらには, 溶接に際して予熱後熱の処理が必要か, 最後に溶接部の検査方法をどうするのかといった, 最終的な継手の要求性能をすべて満足させるための周辺条件を考慮した上で, 溶接条件が設定される必要がある. これらの検討内容は, 通常溶接のデータベースを利用しある程度明確に把握できるが, 部分的には, 実験を通じて確認することが必要である.

次に設定された溶接条件を実体もしくはモデルに適用し，設定した条件が本当に有効であるか，拘束治具などとのなじみがよいかどうか，さらには溶接された部材の精度および継手の諸特性が満足されているかどうか，そして検査方法は適切であるというチェックが必要である．ここまでのプロセスが満足される場合には，実生産への移行は比較的スムーズであるが，実生産においては，加工数量，能率，品質の安定化など検討する項目は多い．

実生産としては，被加工物にレーザ溶接を実施するプロセスと，できあがった加工物の精度，溶接部の内容を検査するプロセスがある．検査の手法は種々あるが，被加工物の要求性能，重要度の程度により最適な検査手法がとられるが，通常表面検査に対してはカラーチェック（染色探傷法）が，内部の検査としてはRT（放射線検査）が採用されることが多い．また多量生産の場合には，抜取りによる破壊検査などもとられることが多い．これらの検査に合格したものが製品となるわけであるが，多量生産の場合には，コスト低減のための設計へのフィードバックや，品質の安定化のためのフィードバックのプロセスが適用される．

以上レーザ溶接を実製品に適用する上での検討項目を述べたが，通常はこれらのプロセスのうち相当部分が省略される場合がある．これは，多くの経験に基づくノーハウの蓄積量により決まるといえる．

b. 薄板溶接時の留意点

（ⅰ）**開先形式**　レーザによる薄板溶接に適用される継手形式は，図2.2.46に示すように，中厚板に適用される開先形式とほとんど同じであるが，板厚が薄いために特に注意すべきは，板のもつ剛性との関連で合せ精度が異なる点である．合せの精度を高く保つためにはリップ継手が有効であるが，継手強度や特に疲労強度を求められる継手に対しては，完全突合せの継手が要求される．また薄板の場合には開先形状を自由に加工することが板厚の関連で難しい場合もある．通常開先加工は機械切削によるのが一般的であるが，シャー切断，ニブリング加工，レーザ切断加工と，加工方法は種々存在し，各加工方法に特有の開先形式をとる場合がある．板厚が薄くなると突合せ継手は難しくなり重ね（ラップ）継手が採用される．またT字の継手の形式も適用可能である．

（ⅱ）**開先合せ精度**　板厚が薄くなるほど，突合せおよびラップ溶接により程度は異なるが，継手の形式により開先部に要求される精度は厳しくなる．開先精度としては開先面粗さ，傾き，合せ時の開先ギャップおよび目違いなどがあり，これらの位置関係を図2.2.47に示す．薄板のレーザ溶接では特に開先ギャップの大小が溶接結果に大きくひびき，開先ギャップが大きい場合には，溶融幅を広くしてもカバーできず，充塡材としてフィラワイヤの添加が必要となる[2]．この場合フィラワイヤの添加は中厚板の部材の溶接に比べて比較的簡単である．通常許容されるギャップは，板厚をtとして$g \leq 0.1t$また目違い量は$a \leq 0.3t$が目安である．

図2.2.48は，突合せ継手およびT字継手の開先ギャップと溶接部断面マクロの関係を示したものである[3]．開先ギャップはテーパ状に連続的に0.25mmから0mmまで変化させており，板厚は2mmの軟鋼である．同図より開先ギャップが0.245mmの突合せ継手では表面に大きなアンダーフィルが生じているが，0.125mmのギャップではアンダーフィルの程度は少なく，0.01mmの開先ギャップでは，良好な溶接部となっている．これに対して，

2. 加 工 技 術

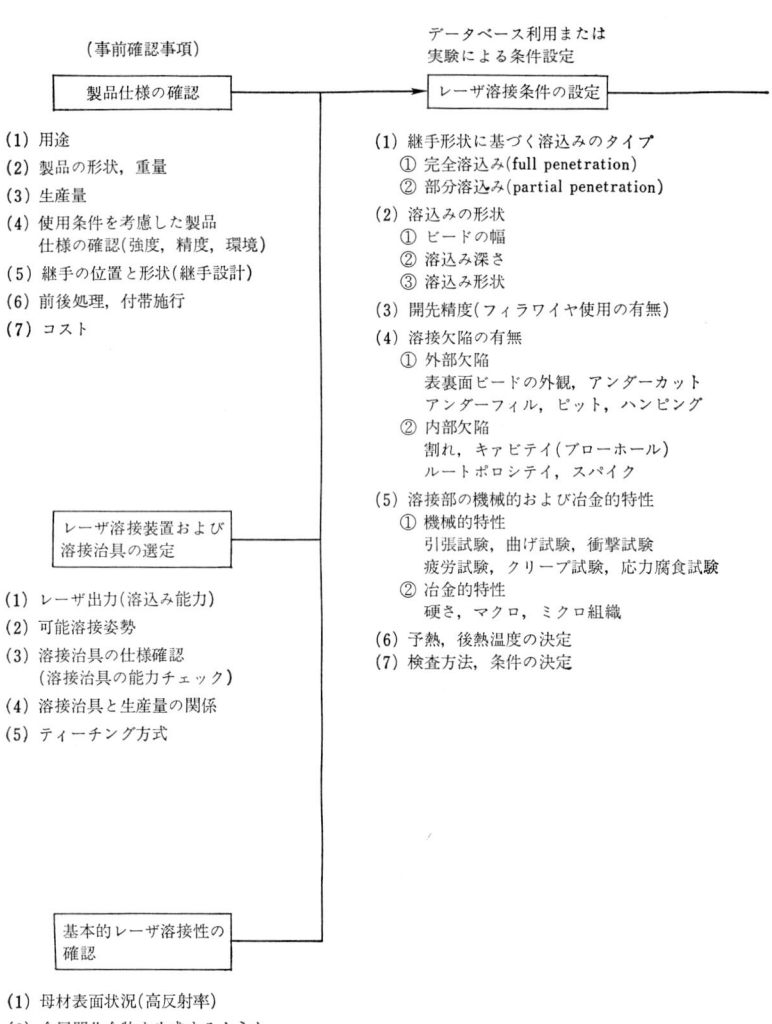

```
(事前確認事項)                              データベース利用または
                                          実験による条件設定
┌─────────────────┐                    ┌─────────────────┐
│ 製品仕様の確認    ├──────────────────→│ レーザ溶接条件の設定 ├──────→
└─────────────────┘                    └─────────────────┘
```

(1) 用途
(2) 製品の形状, 重量
(3) 生産量
(4) 使用条件を考慮した製品
    仕様の確認(強度, 精度, 環境)
(5) 継手の位置と形状(継手設計)
(6) 前後処理, 付帯施行
(7) コスト

(1) 継手形状に基づく溶込みのタイプ
    ① 完全溶込み(full penetration)
    ② 部分溶込み(partial penetration)
(2) 溶込みの形状
    ① ビードの幅
    ② 溶込み深さ
    ③ 溶込み形状
(3) 開先精度(フィラワイヤ使用の有無)
(4) 溶接欠陥の有無
    ① 外部欠陥
       表裏面ビードの外観, アンダーカット
       アンダーフィル, ピット, ハンピング
    ② 内部欠陥
       割れ, キャビテイ(ブローホール)
       ルートポロシテイ, スパイク
(5) 溶接部の機械的および冶金的特性
    ① 機械的特性
       引張試験, 曲げ試験, 衝撃試験
       疲労試験, クリープ試験, 応力腐食試験
    ② 冶金的特性
       硬さ, マクロ, ミクロ組織
(6) 予熱, 後熱温度の決定
(7) 検査方法, 条件の決定

```
┌─────────────────┐
│ レーザ溶接装置および │
│ 溶接治具の選定    │
└─────────────────┘
```

(1) レーザ出力(溶込み能力)
(2) 可能溶接姿勢
(3) 溶接治具の仕様確認
    (溶接治具の能力チェック)
(4) 溶接治具と生産量の関係
(5) ティーチング方式

```
┌─────────────────┐
│ 基本的レーザ溶接性の │
│ 確認             │
└─────────────────┘
```

(1) 母材表面状況(高反射率)
(2) 金属間化合物を生成するような
    異材の組合せ
(3) 硬化性の検討
    (予熱, 後熱処理の検討)
(4) 実験データ, 性能データ

図 2.2.45 レーザ溶接適用

2.2 レーザ溶接

(モデル試験)　　　　　　(実 生 産)　　　　　　　　　　　　(製品)

モデルおよび実体試験 → レーザ溶接実施 → 検 査 → 製品完成

(1) レーザ溶接施工性の確認
　① 溶接条件
　② 装置ならびに治具の適合性
　③ 運搬, 移動, 段取り時間の確認
(2) 性能の確認
　① 精度
　② 強度ならびに諸特性
(3) 検査方法の確認

(1) 脱脂
(2) セッティング精度
(3) クレータ処理
(4) アンダーカット防止
(5) アンダーフィル防止

(1) 寸法検査
(2) 目視検査
(3) PT(カラーチェック)
(4) UT(超音波)
(5) RT(放射線)
(6) 抜取破壊検査

生産性の改善

(1) 設計
(2) コスト

補修および各種問題点の解決

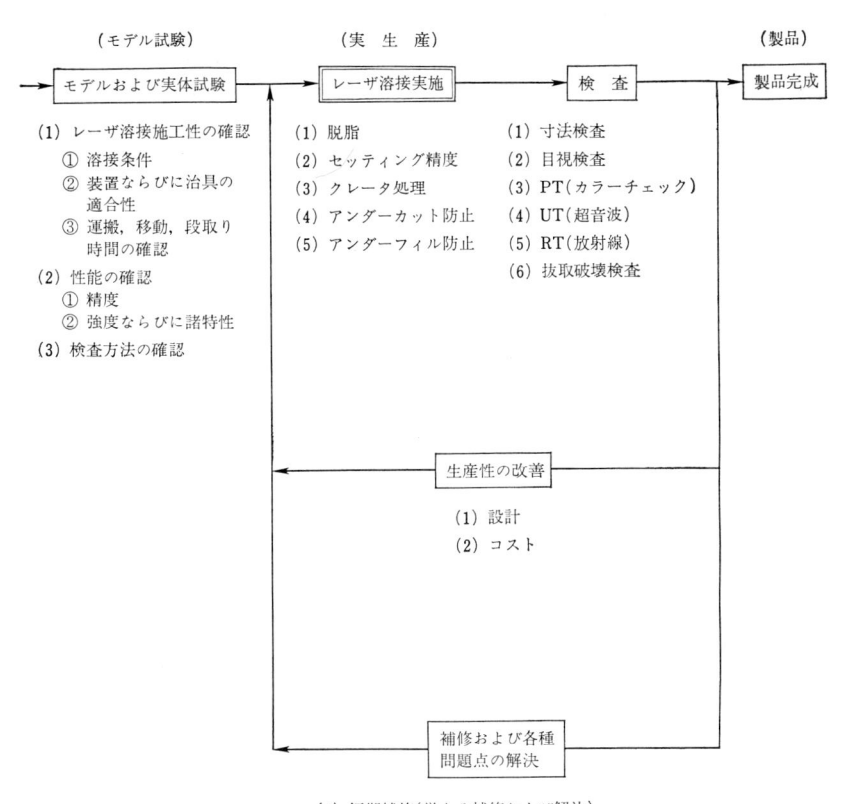

(2) 短期補修(単なる補修および解決)
　① レーザによる再溶融補修(フィラー材なし)
　　(表面ビード, 内部欠陥)
　② インサート, フィラー材を使った補修
　　(表面欠陥)
(2) 長期補修(再発防止)
　① 施工改善
　② 設計改善

のための検討項目

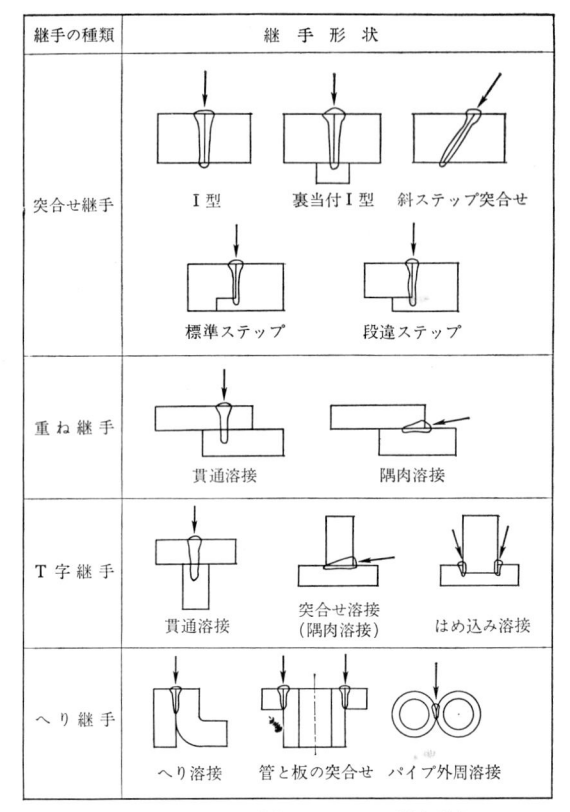

継手の種類	継手形状
突合せ継手	I型／裏当付I型／斜ステップ突合せ／標準ステップ／段違ステップ
重ね継手	貫通溶接／隅肉溶接
T字継手	貫通溶接／突合せ溶接（隅肉溶接）／はめ込み溶接
へり継手	へり溶接／管と板の突合せ／パイプ外周溶接

図 2.2.46 レーザ溶接に用いられる開先形式

突合せ継手：開先ギャップ：g、目違い：a、板厚 t
重ね継手：板厚 t、合わせギャップ

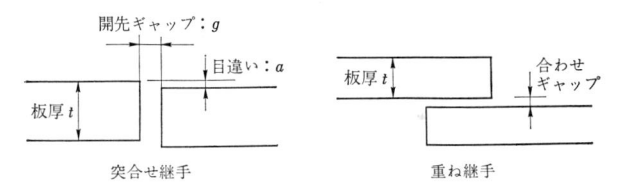

図 2.2.47 開先合せ精度

T字継手での許容開先ギャップは，突合せの場合のほぼ2倍程度広くなることがわかる．

　開先面粗さおよび傾きについては，シャーリングのままの場合には肩部のだれが生じる．このため溶接時の合せ面精度が悪くなる．0.5mm以下の板厚でシャーリングをしたままの状態で突合せ溶接をする場合には，特殊なシャーリング方式が採用される．また最近では，レーザ切断により開先加工をした後にレーザ溶接をする試みもなされているが，この場合には切断面精度の良否および切断部の酸化物層の付着残存部の量が，溶接結果に直接影響を及

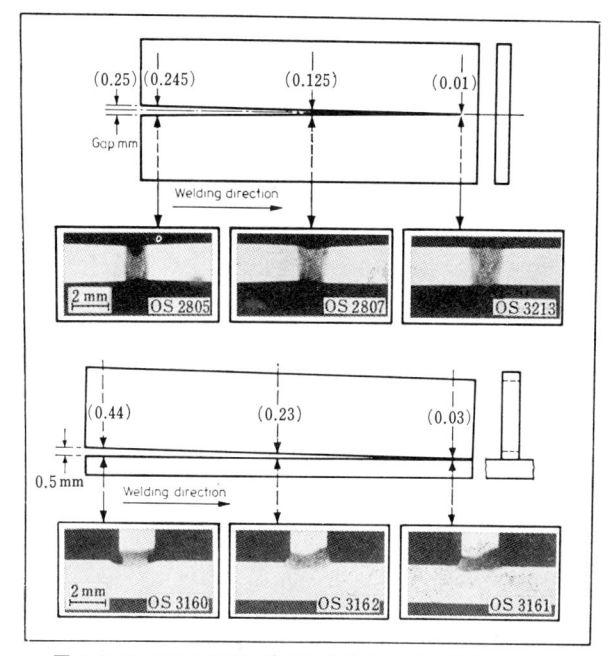

図 2.2.48 突合せ継手および T 字継手に対する開先ギャップと溶接状況との関係

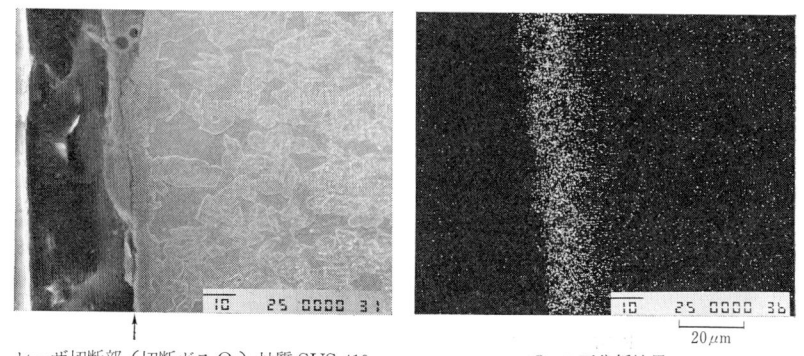

レーザ切断部（切断ガス O_2）材質 SUS 410　　　　O_2 の面分析結果
図 2.2.49 レーザ切断部の酸化物付着状況

ぼす[4~6]．このため酸化物層を極力少なくするかまたは切断ガスとして不活性ガスを用いるなどの工夫が必要である．図2.2.49にステンレス鋼のレーザ切断部に存在する酸化物層の状況を示す．

　（iii）　**拘束方法**　　薄板の開先合せ時の精度を確保するためには拘束治具が必要となる．溶接に先立ち何らかの方法で開先面を合せ仮付する方法と，最初からレーザ溶接できる状態で拘束治具を用いる方法の二通りが考えられる．薄板の溶接では一般に被溶接物の剛性は比

較的小さく，溶接中に生じる溶接ひずみはそのまま溶接後の面内および面外の変形として残るため，溶接加工精度を著しく低下させる．図2.2.50はビードオンプレート溶接および突合せ溶接時に生じる各種の溶接変形を示したものである[7]．薄板の場合は厚板に比べて，面外のたわみ変形が著しく，これを防止するため拘束治具の強い剛性で溶接時の変形を拘束することが大切である．またレーザ溶接の場合にも従来溶接法と同じく溶接の順序を変えて溶接を行い，ひずみを極力低減させる工夫が大切である．拘束治具の一般的形式としては，図2.2.51に示すように突合せ溶接では固定式が，円周の溶接では，円板全体をおおう固定式のものと，レーザビームが照射される部分のみをローラで拘束する方法などが考えられる[8,9]．溶接により一度発生した溶接ひずみは除去することが大変であるので，拘束治具の使用によるひずみの低減方法は特に薄板の場合に重要といえる．またひずみ発生の程度は材質の影響が大きく，特にステンレス鋼の場合には注意を要する．

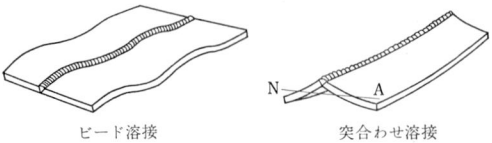

図 2.2.50　薄板溶接時の変形例

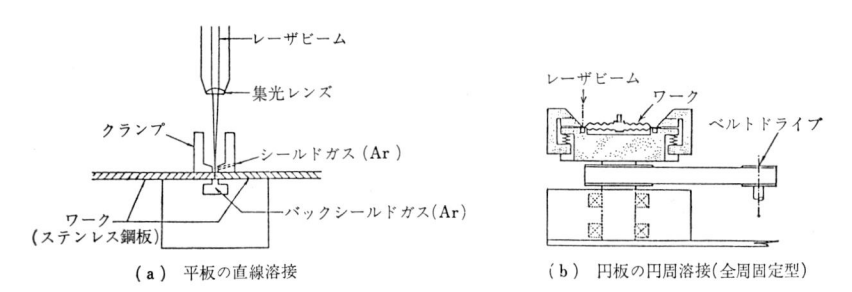

図 2.2.51　各種拘束治具の例

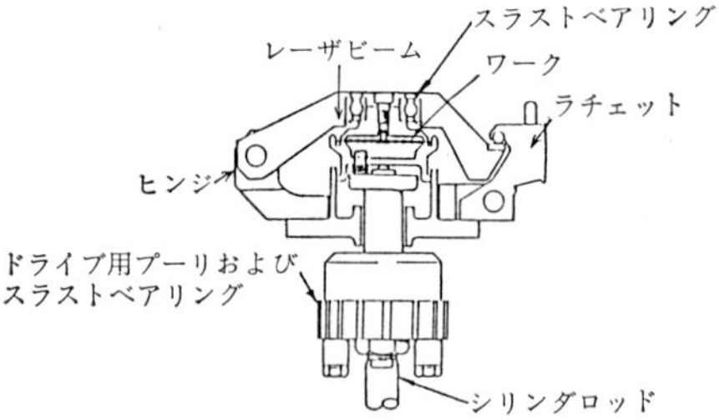

(ⅳ) **溶接条件**　レーザによる薄板の溶接では，他の溶接法に比べて高速の溶接速度が採用される．このため，高速溶接時に特有なアンダーカットやハンピングビード（中央が盛

2.2 レーザ溶接

上がり周期的に山と谷が溶接部に生じる溶接欠陥)さらには,素材の組成によっては割れの発生がある.したがってこれらの溶接欠陥が生じない溶接条件域を選定する必要がある.溶接の因子としては,ビームの焦点位置,レーザ出力,速度,レーザ溶接時に発生するプラズマの除去ガスの供給方法およびシールドガスの供給などがあげられるが,最も重要なのはビームの焦点位置,レーザ出力および溶接速度の三つの因子である.これらの因子を種々変化させることにより,溶込み形状が変化するし,これに伴って発生する溶接欠陥が微妙に変化する.要求される板厚に対して適正条件であるかどうかは,以上の条件を総合的に判断して求める必要がある.図2.2.52は突合せの完全溶込み溶接を板厚2〜4mmの鋼について示したものである[3].板厚が厚くなると適正溶接条件域は減少し,溶接速度は遅く,レーザ出力を高くする必要がある.また板厚2mmの鋼板に対して,使用する集光レンズの影響を調べると焦点距離が短くて集光性のよい方が同一レーザ出力に対して溶接速度が高速側になる[3].

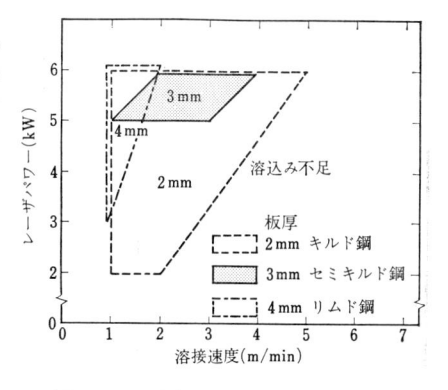

図2.2.52 突合せ継手の適正溶接条件域

また開先ギャップのある継手に対しては,フィラワイヤを用いた溶接も採用されるが,この場合には送給が容易でかつ送給位置が常にレーザビームに対して一定となるようなワイヤ径が選ばれる.通常このワイヤ径は0.8mmから1mmのものが用いられている.また薄板のフィラワイヤを用いた溶接では,フィラワイヤは溶接線前方から送給する方が溶接が容易である.

一方被溶接材の部材形状が大きくなり,溶接線が長くなると,レーザ溶接が高速だといえども溶接時間が長くなる.したがって長い時間にわたって溶接条件が一定していることが必要であり,特に集光レンズ系の熱ひずみによる焦点位置の変動は問題となる.図2.2.53に焦点位置の時間変動の例を示す.これを防止するためには,常に新しいレンズを用いるか焦点位置を常に一定に保つ工夫,たとえばミラー光学系を積極的に採用するか,または焦点位置を検出しフィードバックにより対物距離を変化させるなどの方法が採用できる.

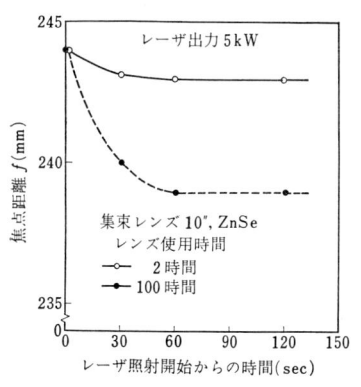

図2.2.53 集光レンズ焦点距離の時間変動の例

(v) **溶接部の性質** 薄板のレーザ溶接部の性能は,溶接部の状況(冶金組織,継手形式,アンダーカット,アンダーフィル,ブローホール,割れなど)によって左右される.したがって継手の強度が求められる場合には,溶接施工条件を決定する際に,溶接により発生が予想される欠陥の発生状況をよく調べ,適正施工条件域を明確に把握した上で実製品の溶

接を行うことが必要である．製品の種類，用途により，溶接部に要求される性能は異なるが，一般的に要求される性能は，継手の強度，疲労強度および耐食性などである．また低温環境で使用される継手の場合には，低温での靱性が要求されるため，これらの製品に要求される仕様により，必要な試験を前もって実施することが大切である．

（vi）検査 レーザ溶接部を検査する方法は，従来溶接で扱う非破壊検査手法をそのまま用いることができるが，特に薄板の場合には，表面欠陥の把握が大切である．図2.2.54に溶接割れの種類を示す[10]．発生する欠陥に対して外観だけで明らかに判別されるアンダーカットやアンダーフィルとは別に微細な割れやピットなどの欠陥は，PT（染色探傷試験）やMT（磁気探傷試験）が一般的であり，表面欠陥の検出感度は高い．また内部の欠陥に対してはRT（放射線探傷試験やX線探傷試験）が有効であり，ブローホール，割れなどの欠陥の把握ができる．また破壊試験方法としては，溶接部の断面ミクロ，マクロ試験があり，微小なブローホールやミクロ割れなどが検出できる．重要部材の溶接の場合には，以上述べた種々の検査方法を併用しながら，継手を評価する必要があるが，通常の場合にはなるべく有害な欠陥がよく把握できる検査のうち一方法を採用して全体を評価する，または，抜き取り試験により，製品全体を評価する方法などがとられる．適正溶接条件の選定にあたっては，この検査手法との関連でとらえておくことが大切であり，また最終製品において検査できる検査方法を考慮しておくことも大切である．

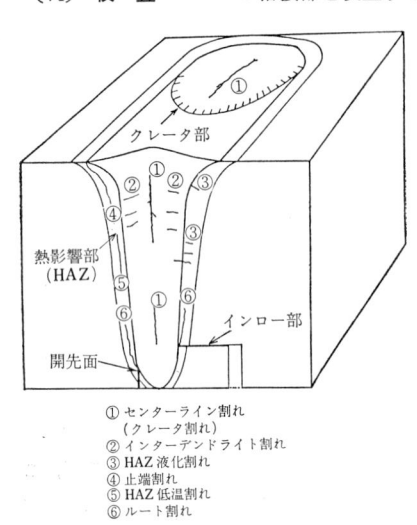

図 2.2.54 溶接割れの種類および発生位置
① センターライン割れ（クレータ割れ）
② インターデンドライト割れ
③ HAZ液化割れ
④ 止端割れ
⑤ HAZ低温割れ
⑥ ルート割れ

（vii）レーザ溶接における施工上の注意点 表2.2.3に薄板のレーザ溶接における施工上の注意点をまとめて示す[1,11]．板厚が極端に薄い場合には，開先合せの方法特にラップ継手の板間のギャップをなくすことがポイントである．また溶接後に高い精度を求める場合には，溶接前の精度（合せ精度，開先ギャップなど）が重要である．また高炭素鋼の溶接時の予熱後熱条件も低温割れを防止する上で大切である．いずれにしても従来溶接法で実施されている種々の注意点は，レーザ溶接の場合でも同じように考慮しておく必要があるといえる．

c．薄板溶接の実施例

薄板を対象としたレーザ溶接の実施例のうち比較的最近の例について述べる．

（i）密封回路パッケージ ICを内蔵したFe-Co-Ni（コバール）合金のパッケージがレーザ溶接で組み立てられている[12]．パッケージの寸法は50×19×6mmおよび31×29×4mmの2種類で板厚は1mmである．ふたの部分は板厚0.4mmでNiメッキを電解およ

2.2 レーザ溶接

表 2.2.3 レーザ溶接における施工上の注意

No.	レーザ溶接施工上の注意点
1	丸棒やパイプの突合せ溶接において，低応力の場合はステップ継手（印ろう）にすべきである．パイプにおいて内面にビードが生ずるのを嫌う場合にも，ステップ継手が適している．
2	高い応力，特に大きい疲れ強さを要求される部分では重ね溶接は避けること．
3	突合せ継手のすき間は，フィラーワイヤを用いない場合 0.2 mm 以下に保つのが好ましい．溶接後の精度は開先準備の精度による．
4	はめ込み部の円周溶接をする場合プレス・フィットを採用することが望ましいが，この方法がとれない場合はシール・パス法を用いるべきである（はめ合いがゆるい場合には右図に示すように，はじめの方の溶接によって，反対側にギャップを生ずるおそれがある）．〔円周溶接におけるシールパス〕
5	突合せ継手において裏当金を使用する場合は共金を用いるものとし，冶金的に母材と異なる材料の使用は避けることが必要である．
6	重ね溶接を利用する場合は，板間のギャップがないように，密着させることが大切である．
7	0.35％C 以上の炭素鋼を溶接する場合には，予熱および後熱を考慮すべきである．
8	浸炭鋼を溶接する場合には，溶接面は防炭処置を施すべきである．表面硬化鋼を溶接せねばならない場合には，表面硬化層が溶接部では最小限になるよう配慮すべきである．

び無電解でメッキしている．溶接は箱部とふた部のヘリ溶接である．溶接に用いた治具は，図 2.2.55 に示すように自動装着機構を備えたシールドガス供給付のものであり，レーザ光と同軸に He ガスが流されている．図 2.2.56 は溶接部の断面マクロを示したものであり連続（CW）出力で 1.3 kW，3 M/min の条件のものが良好な溶接となっている．この溶接では，溶融が少ない場合にはシール性が不安であり，溶かし過ぎると金属蒸気がパッケージ内部の回路に損傷を与える．次に Ni メッキをしたコバールをふたとして用いる場合には CW

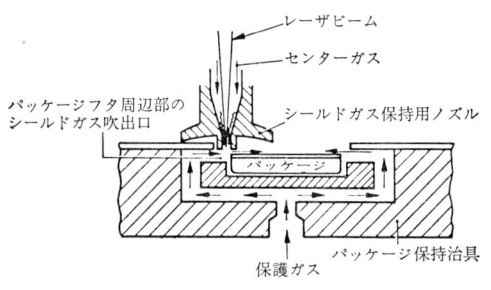

図 2.2.55 パッケージ保持治具の機構

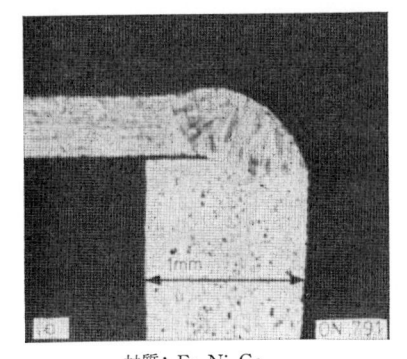

では微小割れが認められたため，パルスを用いレーザ溶接時の入熱を低減させている．この結果割れのない良好な溶接部が得られた．溶接後のHeリーク試験の結果も良好であり，この種のパッケージのレーザ溶接が実用化できた．

(ii) **自動車部品の溶接**　現在自動車の部品にはレーザ溶接が多用されている[13,14]．これはレーザ溶接の溶接速度が速く，電子ビーム溶接に比べてサイクルタイムが速くとれることにより，従来電子ビーム溶接で組み立てられていた部品が，レーザ溶接される例が多くでてきている．

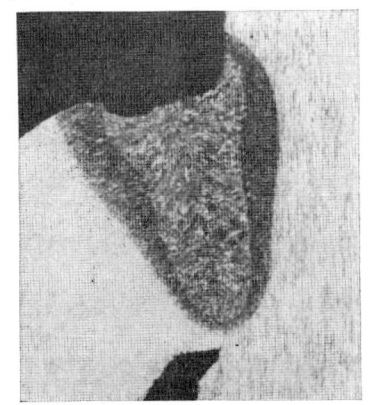

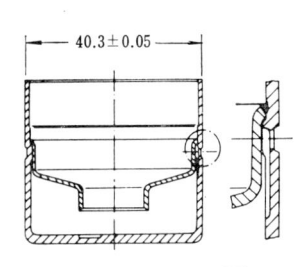

材質：Fe-Ni-Co
溶接条件：1.3kW，3 M/min
図 2.2.56　パッケージ溶接部の断面マクロ

タペットハウジング形状　　断面マクロ組織
図 2.2.57　タペットハウジングの溶接例

メルセデスベンツでのタペットハウジングのプレス成形された鋼（16 MnCr 5/15 Cr 3）の溶接におけるレーザ溶接例として図2.2.57に継手形状と溶接部断面マクロを示す[15]．レーザ溶接を採用するにあたっては電子ビーム溶接とろう付とが検討されたが，生産性の点でレーザ溶接が採用された．溶接条件は 1.5kW のレーザ出力で，溶接速度 2.7 M/min アシストガスにアルゴンを 30 l/min 流し，サイクルタイム 4 sec で2シフト 8,000 個で生産されている．

一方，自動車の車体構成部材（板厚 0.7〜1.5 mm の耐候性鋼板）へのレーザ溶接も試みられている[15]．図2.2.58は衝撃吸収用のボックス構造のレーザ溶接の例である．衝撃吸収用であ

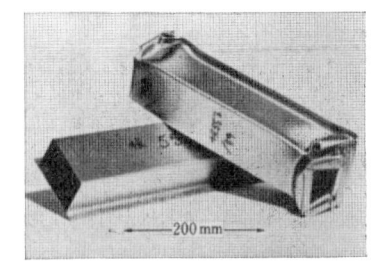

図 2.2.58　レーザ溶接された自動車ボックスセクションの衝撃試験結果

るため耐衝撃性が試験されるが，従来法の抵抗溶接による組み立てに比べて耐衝撃特性がレーザ溶接では向上していることが確認された．

(iii) Niクラッド鋼の溶接 レーザ溶接をNiクラッド部の溶接に試みた例を図2.2.59に示す[16]．クラクラッド鋼は，板厚1.6mmの鋼に0.6mmのNiがクラッドされてお

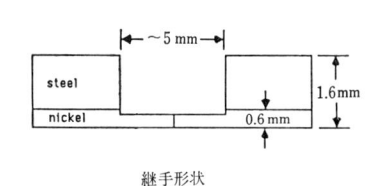

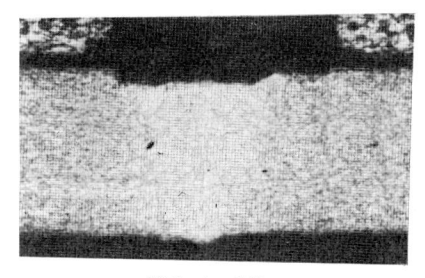

継手形状　　　　　　　　断面マクロ組織

図2.2.59 クラッド鋼のレーザ溶接例

り，鋼の溶接に先立ちNiクラッド部が溶接される．クラッド部分はNd-YAGレーザで溶接後，CO_2アーク溶接したものと，クラッド部分も炭素鋼の部分もともにCO_2レーザ溶接したものとが比べられた．この結果生産性を考慮すると溶接速度の速いCO_2レーザ溶接がよいとの結論を得ている．また溶接部の特性も良好であった．

(iv) 缶の溶接 各種の缶は従来ろう付または抵抗シーム溶接で製作されている．これに対して材質の影響が少なく，基本的に高速溶接が可能なレーザ溶接の試みがなされている[17,18]．

図2.2.60 缶の溶接例
右下挿図は断面マクロ（板層0.2mm）

缶の材質として亜鉛メッキされたブリキが多く使用されるが，最近では素材価格の安価なクロムメッキ缶が使用されている．またアルミ缶の使用も多い．

図2.2.60は板厚0.2mmの亜鉛メッキ鋼板の缶のレーザ溶接を示したものである．使用したレーザ装置は高速軸流型で高いビーム安定性を有しており，800Wで30M/minの高速溶接が達成されている．溶接は突合せ継手の位置を正確に拘束することと，レーザビームの出力スポット径および位置の変動を最小限におさえる工夫を行っている．

(v) 箱の溶接 Nd-YAGレーザを使った板厚0.12mmのアルミニウム（A 1100）の溶接の例を図2.2.61に示す[19]．薄板の溶接では継手の形状および拘束治具が決め手となるが，この場合にはコーナ部の継ぎ手を示しており，銅製の拘束および吸熱用の治具で完全に

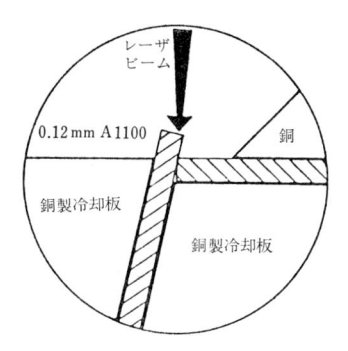

図 2.2.61 アルミ板（0.12mm）の溶接例

おおわれている．また板厚がさらに薄くなって 0.012mm ニッケルの箔をステンレス鋼の上に溶接する場合には，よく研磨されたクリスタルガラスで溶接部を押えクリスタルガラスを通じて YAG レーザ溶接すると良好に溶接される．

（vi）**電磁鋼板の溶接**　製鉄ラインにおいて，ケイ素を多く含む電磁鋼板のコイルを長尺化するためにレーザ溶接が採用されている[20]．レーザを採用するにあたり TIG 溶接や各種の溶接法を比較検討した結果，溶接部の品質がすぐれたレーザ溶接が実施された．実用化にあたって板厚が 0.3mm と薄く，溶接部の盛上がりが許容されないために継手の形状は突合せとなる．したがって開先加工の精度は特別なダブルカットシャーで切断し，次にレーザ溶接のためにクランプ治具で拘束する．クランプ部分は精度を高めるために溶接線より 1.5mm まで接近させ高いクランプ力で保持しており，クランプ精度を 0.01mm 以下に，鋼板の直線性を 0.02mm また突合せギャップを 0mm に保

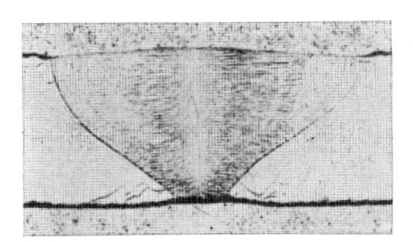

図 2.2.62　電磁鋼板（0.3mm）の溶接部断面マクロ組織

っている．レーザ装置は低速軸流型の 1kWCW であり，溶接された断面マクロを図 2.2.62 に示す．シャー切断から溶接終了までの時間は約 3 分である．

（vii）**レーザによる高速溶接**

薄板のレーザ溶接の高速化の試みとして図 2.2.63 に示すように，ロール加圧とレーザ溶接を組み合わされた方法が研究されている[21]．従来は抵抗シーム溶接が用いられているが，材質によっては通電性が悪くなり溶接できないことがある．これを解消するためにシーム溶接部をわずかにラップさせ上

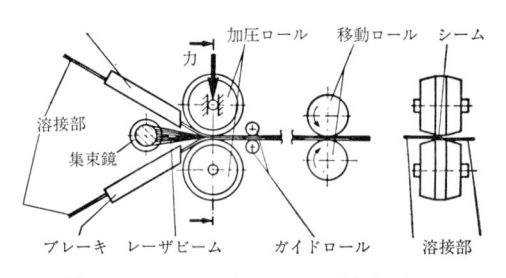

図 2.2.63　レーザプレッシャー溶接法の概略

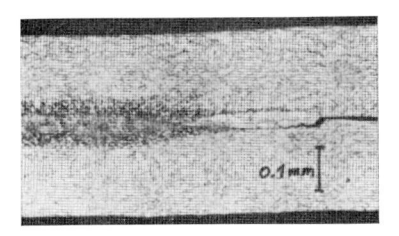

図 2.2.64 レーザプレッシャー溶接部の断面マクロ

下のローラで加圧し，加圧部分に集束されたレーザビームを照射することで開面が溶融して接合する．この方法の採用によりレーザ出力 5kW で 240 M/min の溶接速度が得られている．図 2.2.64 に溶接部の断面ミクロ組織を示すが，接合部の溶融層は薄く，熱影響幅も非常に小さい．また継手部の強度も母材と同等である．さらにこの方式は T 継手にも採用することができ，今後が期待される接合法であるといえる．

〔安田耕三〕

文　献

1) 永井，安田：当社における電子ビーム溶接実用化の現状．溶接技術，**30** (10) (1982), 55-62.
2) 河合，他：プロセスライン用レーザ溶接機の開発．川崎製鉄技報，**16** (1) (1984), 53-59.
3) C. J. Dawes: CO_2 laser welding low carbon steel sheet, The Welding Institute Research Bulletin, (August 1983), 260-265.
4) S. E. Nielsen, et al.: Improved weldability of stainless steel cut by laser, First International Conference Power Beam technology, (Sep 1986), 3-1〜3-13.
5) J. R. Thyseen: Nickel Brazing of Laser Beam Cut Stainless Steel, Welding Journal, **63** (10) (1984), 26-30.
6) T. Atsuta, et al.: The Application of Laser and Electron Beam to the Manufacturing of Gas Turbine and Steam Turbine Engine Components, Proceedings of LAMP '87, (May 1987), 561-565.
7) 溶接学会：新版溶接便覧，丸善 (1966).
8) 保立：フォトンソーセス社製 CO_2 レーザによる溶接の実稼働例．溶接技術，**29** (9) (1981) 77-79.
9) P. Stevenson: Proceedings of the 3rd International Conference on Laser in manufacturing (1986)
10) 電子ビーム溶接開発研究委員会成果集，昭和 54 年 5 月．
11) 川崎重工業（株）：社内資料．
12) N. R. Stockham and C. J. Dawes: Welding large hybrid metal packages Part 2 Laser Welding. The Welding Institute Research Bulletin, (March 1984), 79-82.
13) 池田：レーザ加工技術の開発と展開，OHM, **4** (1983), 21.
14) M. N. Uddin et al.: A Five-axis Robotic Laser and Vision Integrated on-Line Welding System. SPIE '86 (1986), 260-264.
15) C. J. Dawes: Laser Welding in Automobile Manufacture, Proceedings of LAMP '87 (May 1987), 523-528.
16) P. A. Newsome, et al.: The Feasibility of Single Sided Laser Welding of Thin Nickel Clad Steel. Proceedings of LAMP '87, (May 1987), 193-204.
17) J. Mazumder and W. M. Steen: The Laser Welding of Steels Used in Can Making. Welding Journal, **60** (6) (1981), 19-25.
18) C. M. Sharp: Development and Implementation of High Speed Laser Welding in the Can Making Industry. Proceedings of LAMP '87, (May 1987), 541-547.

19) A.C. Lingenfelter: Laser Welding Thin Cross Sections. Proceedings of LAMP '87, (May 1987), 211-216.
20) 小野, 他：電磁鋼板製品へのレーザ溶接の適用. 川崎製鉄技報, 14 (2) (1982), 40-48.
21) G. Sepold et al.: Laser Beam Pressure Welding-A New Welding Technique, Proceedings of LAMP '87, (May 1987), 151-156.

2.2.4 レーザろう接

レーザろう接は, 一般的にろう材の融点が接合する金属の融点より低いことによって, 母材そのものを溶融するレーザ溶接に比べて接合のための入熱を低くできる. このためレーザろう接はレーザ溶接よりさらに高精度が要求される接合に用いられる. また, 加熱部が大きくなる従来のろう付熱源が適用できないガラス, プラスチックや接着剤が近くにある箇所のろう付にも用いられる. さらに, 冶金学的に溶接が不可能な金属同士の微細, 精密ろう付にも使用されている.

C. E. Witherell らは, 0.25~0.025 mm 厚さのステンレス, ニッケル, モリブデン, アルミニウム, チタンなど13種類の金属のレーザろう付のテストを行った[1]. 試料はVブロックの両サイドにTジョイントの型で置き, 試料下には熱拡散を防ぐために, ファイバーグラスを接着してある. ろう材はパウダー状のものと, フラックスを混入したものを使用している. 後者の場合, クリーム状態を作るために, 水を混入している. クリーム状のろう材

表 2.2.4 レーザろう付に用いられたろう材の例[1]

AWSろう付分類	ろう付温度範囲 (°C)	ろう材形状	ろう材の化学組成 (%)							
			Ag	Cu	Zn	Cd	Ni	Sn	P	Au
BAg-1	620—760	パウダー	45	15	16	24				
BAg-6	775—870	パウダー	50	34	16					
BAg-8	780—900	パウダー	72	18						
BAg-18	720—845	パウダー	60					10	0.025	
BCu-1	1,093—1,149	フォイル		99.9					0.075	

は, 試料に塗布したあと, 乾燥させている. 表2.2.4は用いたろう材の一部を示す. レーザはパルスYAGレーザのTEM$_{01}$モード（ドーナツモード）を用い, パルス当り0.25 mm の間隔で照射するとろう材の流れがよく, シームろう付が可能となった. レーザ照射部には酸化防止用にアルゴンガスを吹付けている. この結果, レーザで溶融されたろう材は微小グレイン構造を示し, 従来のろう付法による場合と比較して2倍の硬度を示している. ただし, Al-Si 合金や銅からなる高反射率, 高熱伝導率をもつろう材の場合には, 高いレーザエネルギーを要し, パウダー状のろう材は, レーザ照射によって, 吹きとばされる. この場合は, ろう材を金

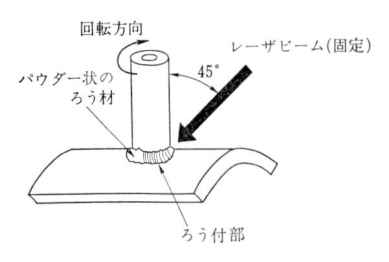

図 2.2.65 C. E. Witherell らによる0.18 mm 径の Cu-Ni 合金細管の0.13 mm 厚ステンレスへのレーザろう付[2]

属フォイルから得たストリップとし，これをろう付すべき母材ではさみつける．図2.2.65はC. E. Witherellらがよい結果を得た，0.18 mm径の銅-ニッケル合金を0.13 mm厚さのステンレスにろう付した時のスケッチ図である[2]．

図2.2.66は，連続発振YAGレーザによるドットインパクトプリンタの印字部のアーマチュアとワイヤのろう付部を示す．この場合，ワイヤの材質として，ハイス鋼や，タングス

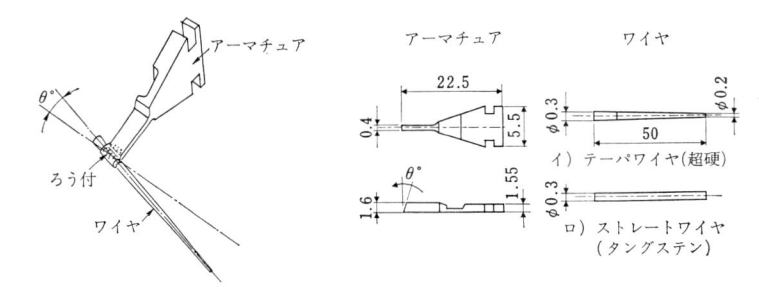

図 2.2.66 連続発振YAGレーザでろう付されるドットプリンタの印字部

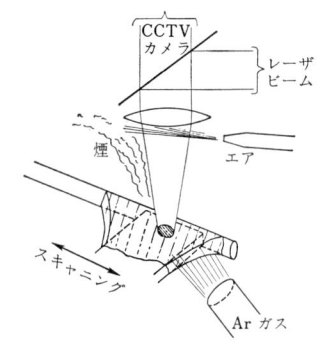

図 2.2.67 ドットプリンタの印字部のろう付におけるレーザ照射方向，スキャニング方向とArガス吹付方向の関係

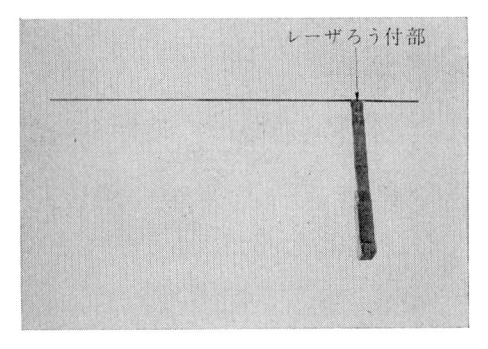

図 2.2.68 YAGレーザでろう付されたドットプリンタの印字部

テンなど溶接が不可能な材料が用いられ，またワイヤ径が0.3 mmと細いために，レーザによる微小加熱のろう付が採用されている．レーザビームは固定で，数mmにわたるろう付長さを得るために，母材をスキャニングしている．ろう材に混入されているフラックスがレーザ照射によって蒸発し，これがレーザ集光用のレンズに付着するのを防止するために，図2.2.67に示すように，レンズに平行にエアを流している．またろう材が酸化すると母材へのヌレが行われず，これを防止するためにArガスを吹付けている．図2.2.68にレーザろう付されたこの部分の写真を示す．

（三浦　宏）

文　献

1) C. E. Witherell and T. J. Ramos: Laser Brazing. Welding Journal, (Oct 1980), 267-s.
2) C. E. Witherell: Laser Micro-Brazing to Join Small Parts. Laser focus (Nov 1981), 73.

2.2.5　セラミックスの接合

　セラミックスは焼結時に寸法精度誤差や密度の不均一が生じやすいため，複雑形状の部品を作ることは困難である．そこで単純形状の焼結部品を接合して，任意形状の部品を組上げることが望まれる．しかし，セラミックスの接合は金属のように容易ではなく，その実用化の妨げとなっている．とくに最近，機械構造用セラミックスに対する関心が高まりつつあり，高温でも継手強度の高いセラミックスの接合技術の開発が期待されるところである．

　既存のセラミックスの接合法の中では，接合材をインサートする方法[1,2]がもっとも有力である．接合強度を高くするにはインサート層の厚さが薄いほど望ましいが，そのためには複雑な前処理が必要であり，また母材とインサート層の反応が遅いため長時間の高温加熱（30～60分程度）が必要であるなど問題点が多い．最近，CO_2 レーザを用いた溶融溶接[3~7]や耐熱性ろう接[11]によるセラミックスの接合法が開発され，その動向が注目されている．レーザビームを用いると加熱炉は低温でよく，ごく短時間で接合ができるなどの特長がある．これらの接合法はまだ研究段階にあるが，今後の進展が期待されるところである．表2.2.5はセラミックスのレーザ接合例を要約している．溶融溶接はガラス相の多い酸化系セラミックスに，ろう接は高純度の酸化・非酸化系セラミックスの接合に適している．

表 2.2.5　セラミックスのレーザ接合例

接合方法	材　　料	備　　考
溶 融 溶 接	バイコールガラス ムライトセラミック フォルステライト 99.5％アルミナ 安定化ジルコニア	予熱なしに接合可能 59％ Al_2O_3 で継手効率100％ 溶接可 フィラー添加により割れ防止 ガラス組成の多いものは接合可
ろ　う　接	Si_3N_4 SiC 安定化ジルコニア 99.5％ Al_2O_3 99.9％ Al_2O_3（透明）	継手効率75％（従来法と同等） 接合可 約10秒で接合（継手効率90～100％） 接合可（継手効率100％） 接合可

a．溶融接合法

（i）**溶接割れ防止**　セラミックスの溶融溶接が実現すると接合部と母材が連続となる理想的な継手が得られ，接合能率も毎分数十 cm ときわめて高い．これまでに真空中電子ビームによりアルミナセラミックスを接合した例[9]が報告されているが，溶接熱源としてはレーザビームのほうが実用性が高い．

　一般に，セラミックは熱衝撃抵抗がきわめて小さいので，割れの防止のためには高温の予

2.2 レーザ溶接

熱が必要である．セラミックスの溶接割れは，溶接部の熱膨張を拘束する周囲母材への引張り応力（加熱過程：縦割れ）と溶接ビード部に生じる収縮応力（冷却過程：横割れ）が原因となる．前者は接合材料の形状を工夫すると防げるので，後者の割れ防止が課題となる．

図2.2.69に示すように，ムライトセラミックスでは800°C以上では結晶粒界のガラス相の塑性変形能が大きくなるため[4]，ビードの収縮変形による横割れを防止できる．しかしアルミナ純度が高くなると，熱膨張係数が上昇し，ガラス相が減少するので，割れ防止が困難となる．そのため1,400°C以上の予熱温度でもビードの周辺に微細な割れが発生しやすい．この材料は溶接部にガラス材を含んだフィラー材を添加すると，割れが生じにくくなる[4]．

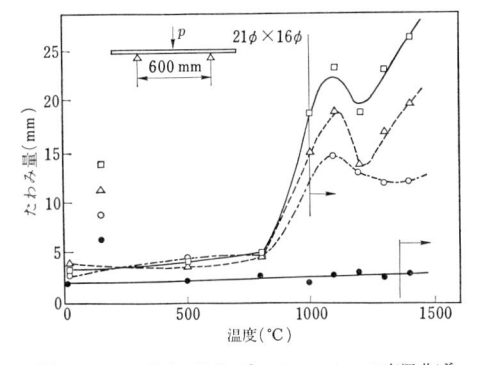

図2.2.69 Al_2O_3-SiO_2系セラミックスの高温曲げ試験におけるたわみ量

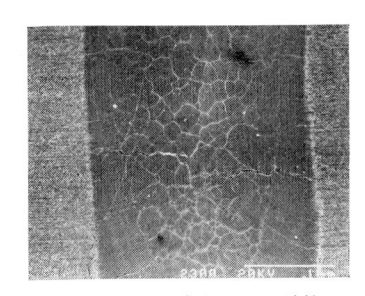

図2.2.70 安定化 ZrO_2 の溶接ビードの横割れ

安定化 ZrO_2 も高純度のものは溶接により横割れが発生しやすい（図2.2.70）．母材中にCaOやSiO₂などがある一定量以上含まれていると，粒界にガラス層が形成されるので，割れのない溶接ができる[6]．

炉による全体加熱温度を低下させる方法としては，ぼかしたレーザビームにより接合部付近を予熱する試みがあり，常温でムライトセラミックスを接合した例が報告されている[8]．

(ii) SiO_2-Al_2O_3系の溶接[3,4]

熱膨張係数が小さいシリカガラスやバイコールガラスでは，全く予熱しなくても割れのない溶接ができる．ただし，溶接速度を1～2cm/min以下にしないとビード部に蒸発によるくぼみや，ビードに大きな気泡が生じる[10]．

図2.2.71は48% Al_2O_3 ムライトのビード断面写真である．ビードの表面はガラス状（分相ガラス）になるが，他の部分には温度勾配に沿って緻密な柱状晶が成長している．溶

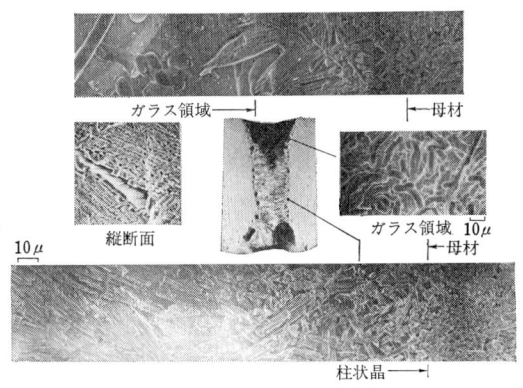

図2.2.71 48% Al_2O_3 ムライトセラミックスのビード断面写真

接速度が速いほど，またSiO₂組成が多いほどガラス部の占める割合が増大する．59% Al_2O_3 ではビード全体が結晶となる．図2.2.72は48% Al_2O_3 ムライトの継手強度である．ボンド部の気泡が継手強度低下の原因となり，継手効率は約70%である．

Al_2O_3組成が増大すると湯の粘性が低下し，気泡は容易に脱出するためボンド部に気泡は生じなくなる．しかし，図2.2.73に見られるようにビード表面中央部に引け巣状の切欠きが発生しやすくなり，継手効率は50%以下と低い．母材と同じ組成のフィラー材を添加するとこの引け巣は防止され，母材と同じ強度にまで上昇する．また，この継手部の熱衝撃抵抗も母材と全く差が見られない．このようにムライトセラミックスはきわめて溶接性がよく，図2.2.74のようにI, L,

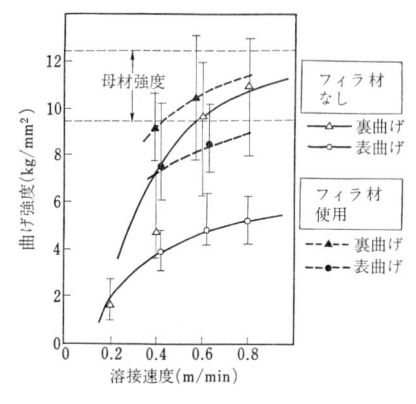

図 2.2.72 59% Al_2O_3 ムライトの曲げ強度

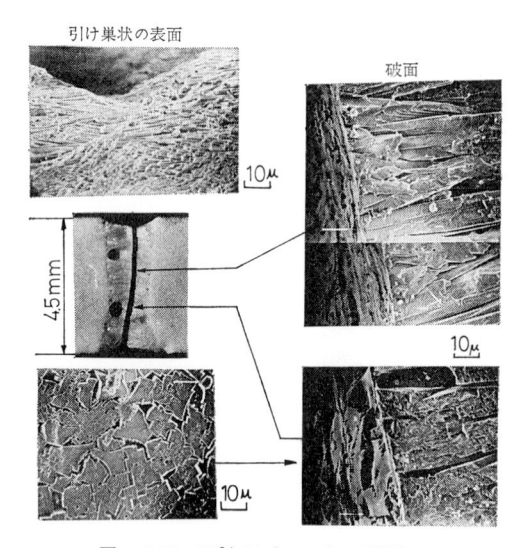

図 2.2.73 59% Al_2O_3 のビード断面

T継手が可能であり，複雑な形状の部品の接合が可能である．

(iii) **安定化 ZrO_2 の接合**[6] 図2.2.75は安定化ZrO_2の継手強度である．溶接速度が遅いと気泡が成長しやすいため，低速ほど継手強度が低い．最大継手効率は約85%である．図2.2.76に示すように継手部のワイブル係数は母材の$m=7.7$よりわずかに低いだけで，$m=6.5$が得られている．

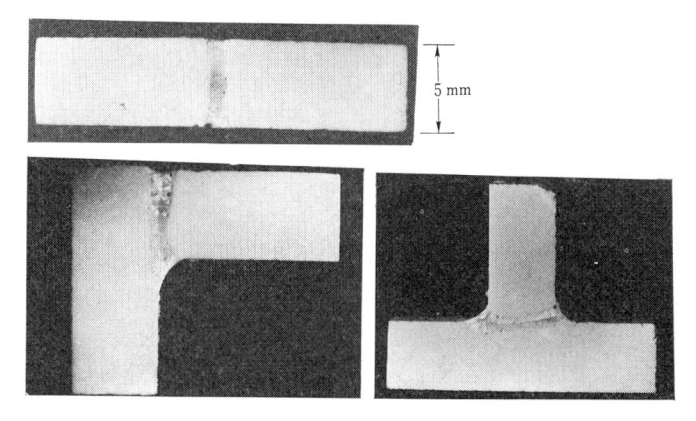

図 2.2.74 ムライトセラミックス継手例

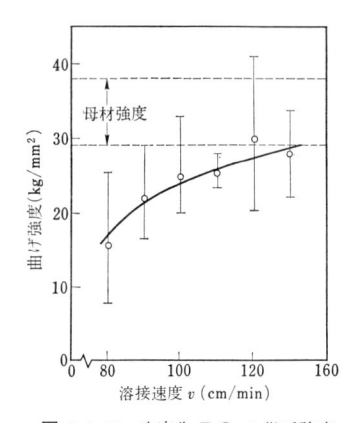

図 2.2.75 安定化 ZrO_2 の継手強度

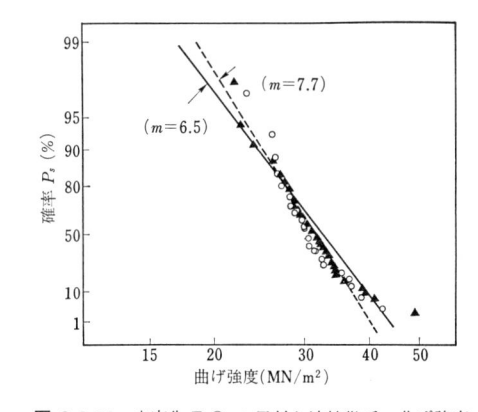

図 2.2.76 安定化 ZrO_2 の母材と溶接継手の曲げ強度

b. ろう接法[11]

（i） **接合装置** 図 2.2.77 にセラミックスのろう接装置の略図を示す．セラミックの混合粉末ろう材を密着して突き合わせた板表面に置き，2 分割したレーザビームで試料の上下から接合部を加熱する（図 2.2.78）．下ビームは接合部付近を局所的な予熱を行うので，炉による全体加熱の温度を低くすることができる．上ビームはろう材の溶融と接合部の加熱に用いられる．

図 2.2.79 に示すように，両ビームの照射によりごく低いレーザパワーで接合部を 1,800 °C の高温に加熱できる．このような高温では Si_3N_4 の分解が始まるが，接合時の加熱時間が 100 秒程度と短いので，N_2 雰囲気中で加熱すると母材強度はほとんど低下しない．

（ii） **接合プロセス** 接合層は結晶粒界の組成に近く，厚さが薄いほど望ましい．Si_3N_4 の接合には $Y_2O_3 \cdot La_2O_3 \cdot Si_3N_4 \cdot MgO$ からなる混合粉末ろう材を用いているが，その溶融温

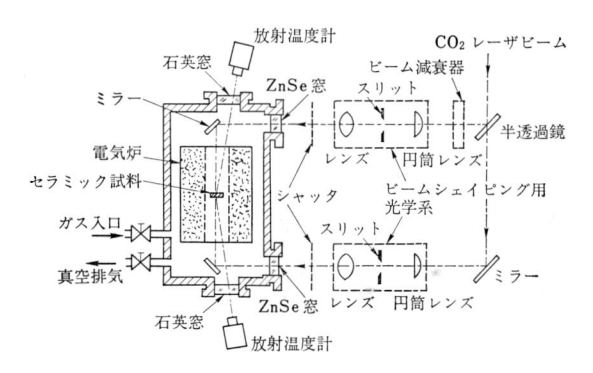

図 2.2.77 セラミックスのレーザろう接装置

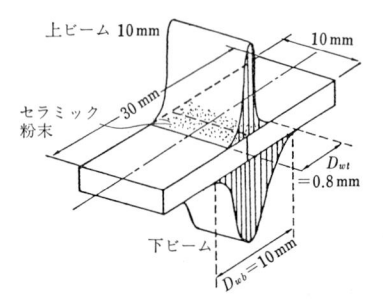

図 2.2.78 セラミックス接合部のレーザビームによる両面加熱

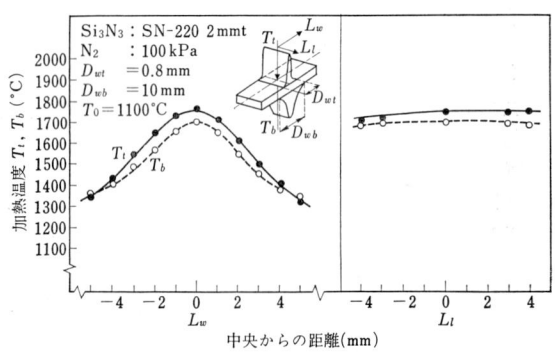

図 2.2.79 Si_3N_4 板の表裏面の温度分布
（上ビーム 45 W, 下ビーム 75 W）

度と母材にぬれる温度は図 2.2.80 に示す．ろう材中の MgO 割合が増大すると，ぬれ温度が低下して接合が容易になるが，分解温度も低下するので高温強度が低下する．

図 2.2.81 はビーム照射後のろう材の温度変化と接合の過程を示す．炉の中で温度 T_0 に

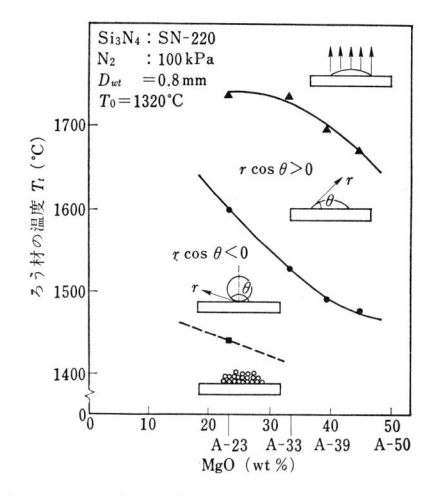

図 2.2.80 Y$_2$O$_3$-La$_2$O$_3$-Si$_3$N$_4$-MgO 混合粉末の溶融, ぬれ, 分解の各温度

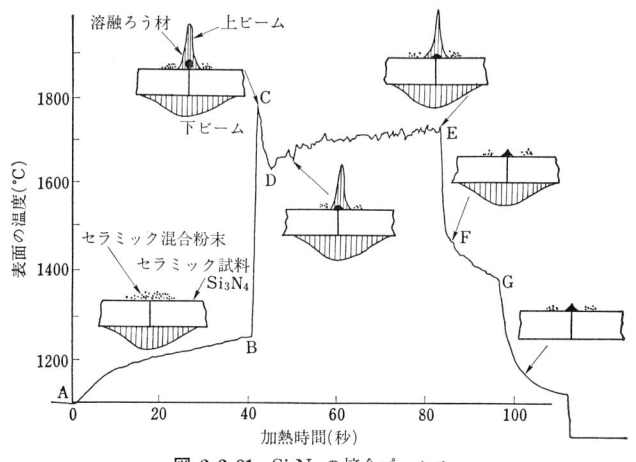

図 2.2.81 Si$_3$N$_4$ の接合プロセス

均一加熱されたセラミックの接合部は下ビームにより接合部付近のみが T_p に局所予熱される. 続いて上ビームを照射するとその直後に表面ろう材は 1,800°C 以上に上昇する. そのとき母材表面温度はまだぬれ温度に達していないため, 溶融ろう材は球状になる. このようにレーザビームの照射によりろう材の温度が母材よりも高い温度に加熱できるのが大きな特長である. その結果, ろう材は反応性・流動性に富む活性化された状態となる.

母材がぬれ温度に達すると, ろう材は毛細管圧力で隙間に浸透する. このとき, 接合面の隙間が非常に狭いので毛細管圧力は 100 MPa ときわめて高い値になる. 板全体にろう材が

浸透すると，上ビーム，下ビームの順に停止して接合が完了する．接合時間は 100 秒程度と，従来法の数10分の1ときわめて短い．

(iii) Si_3N_4 の接合　図2.2.82は接合部の断面 SEM 写真である．接合層の幅は密着した接合面間にろう材が浸透するため，約 5 μm と従来のインサート法（最小で約 20 μm）に比べてきわめて狭いのが特長である．また，接合層内には多数の細かい Si_3N_4 粒子が分布しており，母材と接合層の間の熱膨張係数差を緩和するものと思われる．狭い接合面間においては，高温の溶融セラミックろう材が高い毛細管圧力によって駆動されるが，その際接合面から Si_3N_4 粒子がはぎ取られたものと考えられる．

図 2.2.82　Si_3N_4 継手の断面 SEM 写真

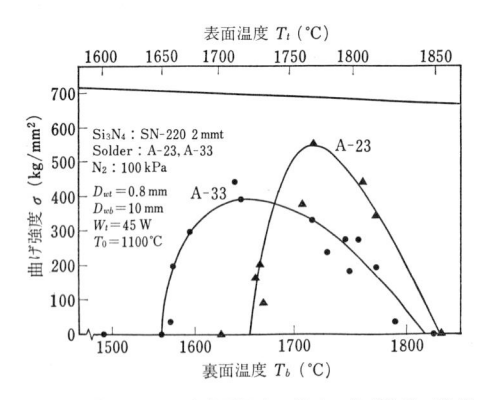

図 2.2.83　表裏面温度と継手の曲げ強度の関係

図2.2.83に示すように接合部の強度は 33%MgO のろう材の場合，約 1,700°C の接合温度で最大 400 kg/mm² が得られる．より耐熱性の高い 23% MgO では，1800°C 近い高温で最大強度約 55 kg/mm² となる．

(iv) **酸化物系セラミックスの接合**[12]　Al_2O_3 や安定化 ZrO_2 の接合も同様の方法で接合できる．図2.2.84に示すように ZrO_2 は10秒程度のごく短時間で接合が完了し，それ以上加熱しても強度は上昇しない．接合層には Si_3N_4 の場合と同様，接合面から細かい粒が

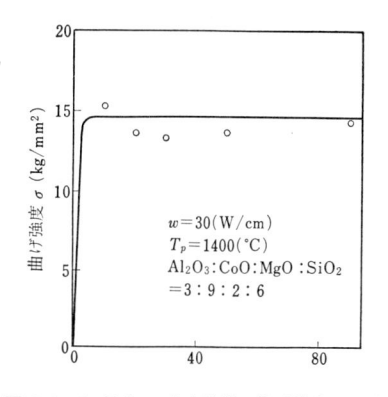

図 2.2.84　ZrO_2 の接合時間と継手強度の関係

図 2.2.85　ZrO_2 の接合部断面写真

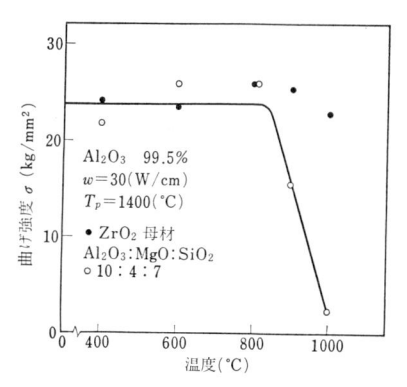

図 2.2.86　Al_2O_3 継手の高温曲げ強度

引きはがされる様子がうかがえる（図2.2.85）．このように短時間で接合が可能であるので，大型部材の連続シーム接合が可能である．図2.2.86は Al_2O_3 継手の高温強度である．

(宮本　勇)

文　献

1) S. M. Johnson and D. J. Rowcliffe: Mechanical Propertied of Joined Silicon Nitride. *J. Am. Ceram. Soc.*, **68** (9) (1985), 486.
2) M. L. Mecartney and R. Sinclair: Silicon Nitride Joining. *J. Am. Ceram. Soc.*, **68** (9) (1985), 472.
3) 丸尾，他: セラミックスのレーザ溶接（第1, 2報）．溶接学会誌，**51** (2) (1982), 182; **51** (8)

(1982), 672.
4) H. Maruo, et al.: CO_2 Laser Welding of Ceramics, Proc. ILPC (Anaheim) (1981)
5) 宮本: セラミックスのレーザ溶接. 高温学会誌, **10** (6)(1984), 267.
6) H. Maruo, et al.: Laser Welding of Sintered Zirconia, IIW Doc. Ⅳ-391-85 (1985)
7) 塚本, 他: 昭和51年度精機学会秋期大会学術講演前刷 (1976) p.315.
8) 池田: レーザによるセラミックスの溶接. 溶接技術, **30** (8) (1982), 28.
9) N. A. Olshansky and V. M. Mecharekov: Electron-Beam Welding of Ceramics, 2nd International Conference on Electron and Ion Beam Science and Technology (1966), 535.
10) Y. Arata, et al.: Dynamic Behavior of Laser Welding and Cutting, Proc. International Conference on Electron and Ion Beam Science and Technology (1976), p.111.
11) I. Miyamoto, et al.: Proc. LAMP' 87 (Osaka) (1987), 237.
12) 丸尾, 他: レーザ活性化ろう付け (1), 溶接学会全国大会講演概要集, 第40集 (1987).

2.3 レーザ切断

2.3.1 レーザ切断機構
a. レーザ切断の特徴
　レーザ切断（またはレーザガス切断）では $10^5\sim10^7\,\mathrm{W/cm^2}$ と高パワー密度（ガス切断やプラズマ切断の $100\sim100,000$ 倍）のよく絞れた光熱源（直径 $0.1\sim0.3\,\mathrm{mm}$）を用いるので，あらゆる金属・非金属をごく短時間に蒸発・溶融でき，すぐれた切断性能が得られる．レーザ切断の特長は

1) 加工速度が速い
2) 切断面の品質が高く，熱変形が小さい
3) カーフ幅・熱影響部幅が狭く
4) 硬度がいくら高い材料でも切断できる
5) 非接触のため波板など特殊材の切断も可能
6) 多品種少量生産に向いている
7) レーザ装置から遠く離れた所で加工が可能
8) 3次元の形状切断が可能
9) レーザによる溶接・穴明け・表面改質等と複合加工ができる

などがあげられる．ただし，レーザ切断は以下に示す限界もある．

1) 機械的切断より速度が遅い
2) 熱切断のため加工変質層は避けられない
3) 放電加工や機械加工より精度が劣る
4) 焦点深度が浅いので厚板の切断に不向き
5) 加工機・ランニングコストが高価

　レーザ切断では図2.3.1に示すように，溶融層の除去や光学系を蒸気やスパッタから保護するために，レーザビームと同軸または，異軸のノズルからガスが吹き付けられる．実用の切断に利用できるレーザは，現状では連続（CW）またはパルス（PW）の YAG レーザ（波長 $1.06\,\mu\mathrm{m}$）と CO_2 レーザ（$10.6\,\mu\mathrm{m}$）である．YAG レーザはパルス発振でのピークパワーを高くでき，光ファイバーが利用できる長所があるが，広がり角が大きいため集光性が悪く，加工精度がやや劣る．一方 CO_2 レーザは基本的

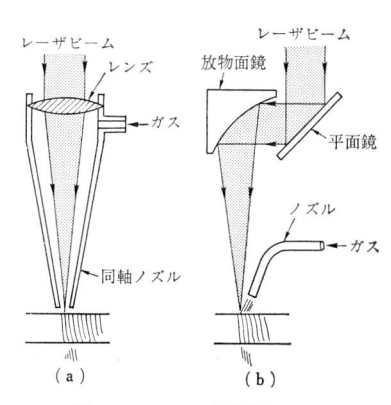

図 2.3.1　レーザ切断用トーチ
(a) 同軸ノズル，(b) 異軸ノズル．

に低次モードであるため集光性がよいが，光ファイバーの代わりに大がかりな多関節型ビームガイドを用いなくてはならない欠点がある．

b．レーザ切断の分類

レーザ切断は図2.3.2のように分類されるが，材料は（a）蒸発，（b）溶融，（c）化学結合の解離によって除去される．（a）は蒸発エネルギーの小さい有機材料や脆いセラミックスなどの非金属材料が中心である．金属材料でもパルスレーザを用いると，蒸発切断に近くなる．蒸発切断では切断面を薄い溶融層が覆うこともあるが，レーザエネルギーはほとんどの材料の分解または蒸発に費やされる．

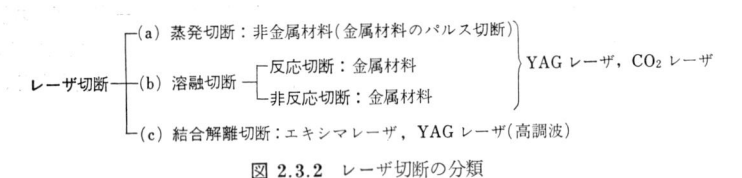

```
              ┌ (a) 蒸発切断：非金属材料（金属材料のパルス切断）
              │                ┌ 反応切断：金属材料       ┐
レーザ切断 ──┤ (b) 溶融切断 ──┤                          ├ YAG レーザ，CO₂ レーザ
              │                └ 非反応切断：金属材料     ┘
              └ (c) 結合解離切断：エキシマレーザ，YAG レーザ（高調波）
```

図 2.3.2　レーザ切断の分類

（b）は溶融温度域の広い金属材料が中心である．金属材料を蒸発させるのに有機材料の数十倍もの熱が必要であるため，溶融状態で除去するほうがはるかに少ない熱量で切断できる．このうち非反応切断ではレーザエネルギーのみで切断するが，反応切断では O_2 や N_2 などの切断ガスと材料の反応生成熱も切断に寄与する．また反応切断では，切断面を覆う反応生成層がレーザビームをよく吸収するだけでなく，材料によっては金属よりも酸化物層の粘性と表面張力が低下してその排除が容易となる効果もある．

以上が熱切断（"熱い切断"）であり，切断部を加熱して溶融または蒸発させる．そのため，切断部周辺の熱変質や熱変形は避けられず，加工精度にも限界がある．

これに対し（c）はレーザビームを熱エネルギーとして利用するのではなく，レーザ波長に共鳴して光化学反応により結合を直接分断する，いわゆる"冷たい切断"である．そのため，原理的に熱影響層や熱変形のない理想的な切断となる．図2.3.3に代表的な分子の結合解離エネルギーを示すが，この目的には紫外線領域のレーザ（エキシマレーザ）が必要である．ただし，エキシマレーザはまだ開発段階にあり，次世代の切断といえよう．

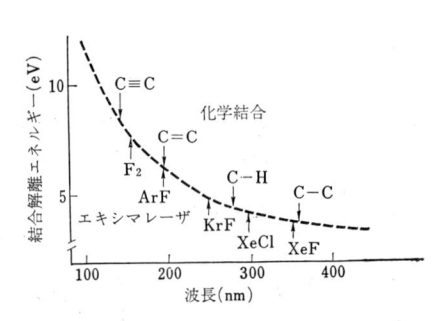

図 2.3.3　化学結合の解離エネルギーとレーザ波長の関係（これらの波長は自由電子レーザで連続的に得られる）

c．切断面の光学的性質

金属材料は融点付近で $10.6\ \mu m$ の反射率は 85〜90%（垂直入射）ときわめて高い[1]．しかし，金属面が酸化膜で覆われると，反射率は軟鋼で 30〜40% 程度，Al で 10% 以下にまで低下する．

2.3 レーザ切断

一般に，レーザビームは切断前面に対して 80 度以上の大きな角度で入射するが，そのとき切断面がレーザビームを反射して再収束するウオールフォーカス効果[2]によって実効的に焦点深度が深くなるので，切断溝はかなり平行になる．

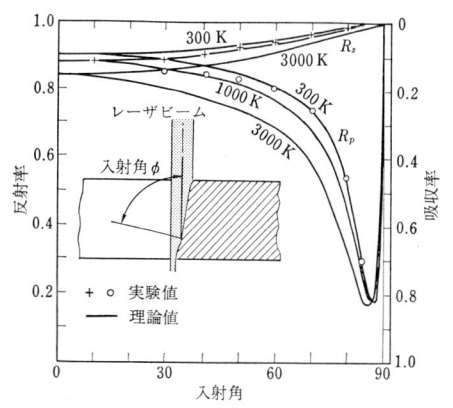

図 2.3.4 直線偏光した CO_2 レーザビームの反射率と入射角の関係（R_s, R_p は入射面に垂直および平行な偏光成分，材料：鋼）[3]

しかし図 2.3.4 に示すように，偏光成分による反射率の差異が大きい[3]ため，直線偏光したビームで切断すると切断溝がいびつになるので注意を要する．すなわち，溝の上部で一次反射したビームが溝下部を加熱するとき左右の壁で強度差を生じる（図 2.3.5）．そのため，切断溝は板の下部で湾曲するが，切断方向が逆になると湾曲方向は逆になる．これを防ぐために円偏光ビームが用いられるが，金属の酸素切断では円偏光度が 65〜70% であれば実用的に差し支えないとされている（図 2.3.6）[4]．

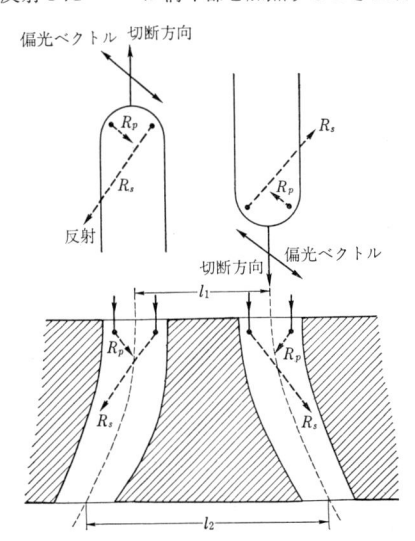

図 2.3.5 直線偏光ビームを用いた切断時のビームの反射と溝の湾曲

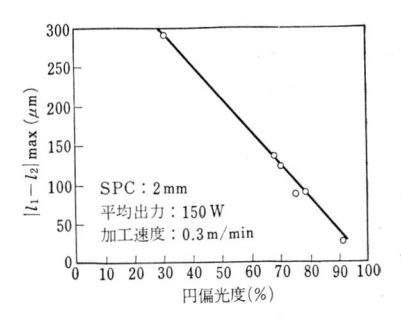

図 2.3.6 円偏光度による溝の湾曲度の変化（図 2.3.5 参照）

d. 非金属材料の切断現象（蒸発切断）

プラスチック・紙・木材・布などの有機材料は熱伝導損失ならびにレーザビームの反射損失が非常に小さく，蒸発熱が $2.5～3.5 kJ/cm^3$ と小さいので（表2.3.1），きわめて切断性がよい．たとえば，1kW レーザでは 2mmt のアクリルを約 50m/min の高速切断（幅 0.2mm）ができる．これらの材料では，ビーム照射部が材料の分解で生じた高圧の蒸気で覆われて，ガスと材料が反応しないため，酸化などの反応熱の寄与はほとんどない．そのため，吹付けガスの種類によって切断速度はほとんど変化しない．ただし，反応性のガスを用いると，加工面は薄く反応層で覆われる．

表 2.3.1 溶融・蒸発に必要なエネルギー

材料		溶融熱量 (kJ/cm^3)	蒸発熱量 (kJ/cm^3)
有機材料	アクリル	―	3
	布	―	2.5
	木材	―	
	紙	―	
セラミックス	Si_3N_4		100～200
	SiC		
	ZrO_2		
	パイレックスガラス		40～60
金属	Fe	20	63*
	Cu		

*は計算値．

セラミックスの切断も蒸発切断の範疇に入る．特に Si_3N_4, SiC などの非酸化系セラミックスは高温で分解するので蒸発切断となる．セラミックスの表面加工であるマシーニング（ねじ切り，溝加工など）[5] も同様の機構で材料が除去される．セラミックスは表 2.3.1 に示すように単位体積を除去するエネルギーは Si_3N_4 で $100～200 kJ/cm^3$ と有機物の値よりも 30 倍以上も大きい．このため切断能率は有機材料に比べて低い．ただし，硬度が非常に高いのでダイアモンドなどの機械的切断に比べると能率的である．

セラミックスはレーザ切断によってクラック発生などの熱損傷を受けるため，切断面の強度が低下する．クラックの大きさはピークパワーの高いパルスレーザを用いると小さくすることができる．Si_3N_4 では，エキシマレーザを用いると，全くクラックのない切断を行うことができる[6]．

酸化物セラミックスやガラスの切断では溶融または流動状態の層が形成されるが，粘性が高いのでガス噴流では除去されにくく，材料除去は蒸発が主体となる．

e. 金属材料の切断機構

レーザ切断は鉄鋼材料を中心とする金

図 2.3.7 各種金属（1mmt）の限界切断速度（1kW）

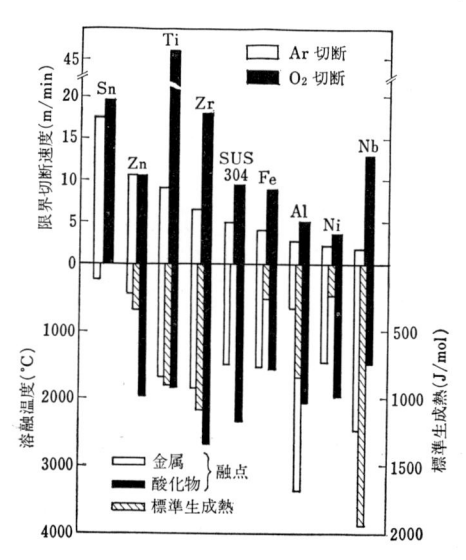

2.3 レーザ切断

属材料の切断が実用のほとんどを占めている．以下では主として鋼材の酸素切断の機構について述べる．

（i）溶融層の性質 O_2 および Ar を用いて各種金属材料（板厚 2 mm）をレーザ切断したときの，板を分離することのできるぎりぎりの速度（分離限界速度）を図 2.3.7 に示す．ただし，切断面の品質は問題にしていない．

Ar 切断（非反応切断）では融点・熱伝導率が低い材料ほど，限界切断が速いことがわかる．O_2 切断（反応切断）では酸化反応熱の寄与があるので非反応切断よりも切断限界速度が上昇する．特に，Nb, Zr, Ti などの反応生成熱が大きい金属は大幅に上昇するが，Fe, Ni などの生成熱の小さいものは上昇効果が比較的小さい．また，図 2.3.8 に示すように板が厚いほど両者の限界速度差が大きくなることがわかる．

酸化物の融点によっても分離限界速度は影響される．Al や Zn などでは反応生成熱が大きいが，酸化物の融点が金属よりも著しく高いために，O_2 により切断しても限界速度はあまり上昇しない．

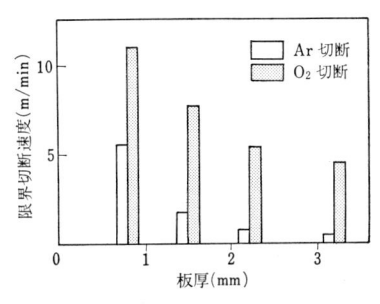

図 2.3.8 軟鋼の切断限界速度（1kW）

一方，切断面の品質は，反応生成熱が比較的小さい Fe がもっとも良好で，Nb, Zr, Ti などの反応生成熱の大きい材料はセルフバーン状の粗い切断となる．軟鋼でも O_2 圧力を 10～20 気圧に上げるとセルフバーンになりやすく[7]，切断品質の観点からは反応生成熱はある程度以下に抑える必要がある．

板裏面にドロスが付着すると，切断品質が著しく悪化する．その場合，溶融層の粘性係数と表面張力が低いほど，ドロスは排除しやすくなり，板裏面への付着が防げる．図 2.3.9 に示すように，粘性係数は温度とともに指数関数的に低下するので，切断面の温度が高いほどドロス付着のない切断ができる．特に FeO は Fe の融点直上でも粘性はかなり小さく，1,700°C 以上では Fe よりも低下するので，軟鋼の酸素切断はきわめて良好となる．

ドロスの粘性係数は上記の加熱以外に冶金的にも低下させることができる．ステンレス鋼は，Cr_2O_3 などを含むドロスの粘性が高いため付着傾向が強いが，軟鋼を重ねて切断する重ね切断法[8]により FeO でドロスを希釈することにより粘性が低下して，面精度が著しく改善される．

図 2.3.9 粘性係数

$$\mu = 1.1 \times 10^{-5} \exp \frac{25200}{T [°K]}$$

一般に，金属は酸化物に比べて表面張力が大きい（表2.3.2）ので，非反応切断では板の裏面にドロスが付着しやすくなる．表面張力も温度上昇と共に低下するので，パワー密度の高いビームやパルスビームを用いると，非反応切断や Al などの難切断材でもドロスが付着しにくくなる．

表 2.3.2 各種材料の表面張力

	温度（℃）	表面張力（dyn/cm）
Fe	1,570	1,700—1,800
Cu	1,083	1,350
Al_2O_3	2,050—2,400	360—570
Cr_2O_3	2,350—2,500	810
FeO		580

（ii）レーザエネルギーの役割　鉄は O_2 との反応生成熱により燃焼温度以上に加熱できるので，一度燃焼温度に加熱すると，O_2 を吹き付けるだけで自続切断ができる．従来のガス切断では，この原理を利用するが，その場合，

1) 鉄—酸素の反応速度 $V_R \fallingdotseq 1.5$ m/min 以上の速度で切断はできない
2) カーフ幅が広い（反応は酸素噴流直径まで広がる）
3) 熱変形が大きい
4) O_2 との反応性の高い軟鋼しか切断できない，などの限界があった．

しかし，レーザ切断のように反応領域が狭いと温度勾配が大きくなるため，熱伝導損失が増大し，酸化反応を自続できなくなる．その場合，酸化反応維持と切断の高速化にはレーザエネルギーが重要な役割を果たすようになり，酸化反応は基本的にレーザ加熱領域のみに限定されるようになる．

図2.3.10[9]は軟鋼を切断する時に，単位体積を除去するのに消費されたレーザエネルギー Q_L と酸化反応エネルギー Q_R を表わしている．図2.3.11はそのときに排除されたドロスの組成である．1.5m/min 以下の切断速度ではほとんどの Fe は酸素と反応して FeO または Fe_3O_4 となり，エネルギー的には酸化反応 Q_R が主体の切断となる．このとき，切断面の温度（表面付近）はほぼ一定で，1,600～1,700℃（図2.3.12）[10]と比較的低い．このような温度では，ドロスの粘性が高いため離脱しにくく，裏面に付着しやすくなる．ドロスが付着すると高温に加熱された領域が広がるので，ビーム照射域をはるかに越えてノズル直径

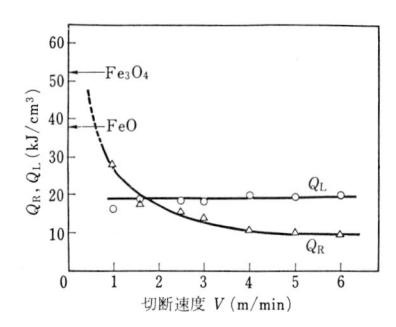

図 2.3.10　軟鋼のレーザ切断時の単位体積当りのレーザエネルギー Q_L と酸化反応エネルギー Q_R[9]

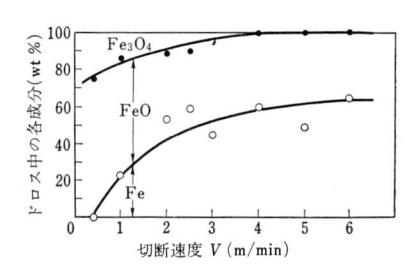

図 2.3.11　切断速度によるドロス成分の変化（軟鋼2mmt）[9]

まで酸化反応が広がってしまう（セルフバーン）.

レーザ切断では切断部が高温に加熱されるため，1.5～2m/min 以上でも酸化反応を維持することができる．ただし，そのとき切断に要するエネルギーはレーザエネルギーが主体（$Q_L>Q_R$）となる．切断面の温度は直線的に上昇し，6～7m/min 以上では 2,000°C の高温に達する．その結果ドロスの流動性がよくなるため，板裏面に付着しなくなる（ドロスフリー切断）．また，反応域はビーム照射域内に限定されるので，カーフ幅はビーム直径と同じになる．切断速度が変化しても Q_L は 20kJ/cm³ とほぼ一定であるが，Q_R は次第に減少し，ドロス中の未反応鉄の割合が増大する．

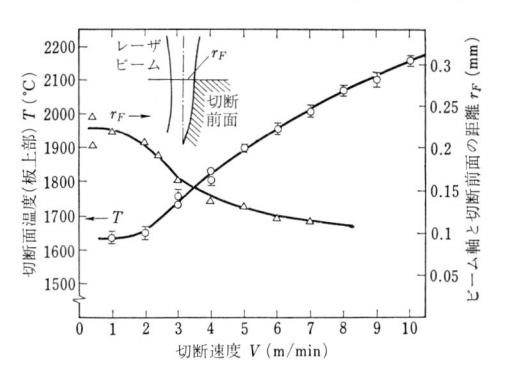

図 2.3.12 切断面温度の速度変化（軟鋼 0.8mmt）[10]

板厚方向の単位体積当りに消費されるレーザエネルギー Q_L の分布を図 2.3.13 に示す．良質切断領域では板の表面から裏面に至るまで Q_L ≒20kJ/cm³ と一定で，条痕はほぼ垂直である．板の表面よりも裏面の方が温度が高く，厚さ方向には温度はほぼ直線的に上昇するのがわかる．一般に板厚方向にドロス量が増大するが，温度上昇による粘性の低下によって板厚方向に増大するドロスの排除が可能になる．しかし，ある限度以上に切断速度が速くなると，板裏面付近でレーザエネルギーが不足するようになるため温度は低下し，ドロスが付着しやすくなるとともに条痕が湾曲し始める．そのとき Q_L は 20kJ/cm³ 以下に低下する．

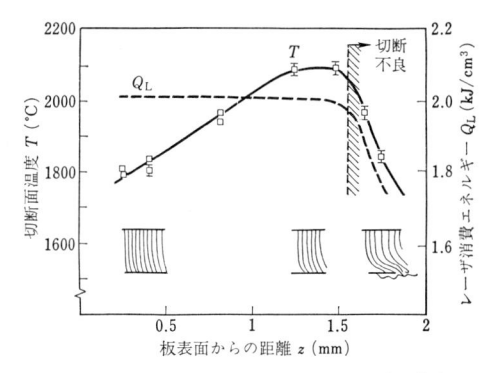

図 2.3.13 レーザ消費エネルギーと温度の分布（1kW, 4m/min）[10]

(iii) **切断溝の形成プロセス**[10] 図 2.3.14 に連続レーザによる軟鋼の反応切断のプロセスを図解している．切断速度 V が $V<V_R$ のとき，切断現象は周期的・間欠的となる．切断前面は集光ビームに接触して酸化反応開始の限界温度 T_S に達すると，速度 V_R で酸化反応維持の限界温度 T_E の位置まで先行して停止する．高速度カメラにより観察すると，この間酸化反応は切断前面の上端から点状に始まり，扇状に広がりながら全体に流れ落ちる（図 2.3.15）．ビームが切断前面に追いつくと，切断周期が完了して1条痕が形成される．この速度領域では酸化反応熱が主体の切断であり，レーザビームは反応の引金の役割をする．

条痕のピッチは温度が T_E と T_S の距離に相当する．ビームの裾が広い（ビーム直径大）ほど，また，切断速度が遅いほど熱伝導により $T_E<T<T_S$ の領域は広がり，切断面は粗くなる．切断速度がある程度以上速いと熱伝導広がりは無視できるようになり，T_E に加熱される領域は基本的にレーザ照射領域程度にコントロールされる．

切断速度があまり遅いとドロスが付着しやすいが，熱伝導と付着ドロスの保有熱量によって極端に広い領域が T_E に加熱される．最終的には，カーフ幅が酸素噴流の直径にまで広がるセルフバーンとなる．

$V>V_R$ の切断速度になると，ガス切断では酸化反応が停止してしまうが，レーザビーム加熱により切断前面が活性化されるので，反応が維持できる．その結果，切断面はビームと同じ速度で前進し，切断は連続的となる．切断速度の上昇につれて，高速反応にはより高い温度が要求されるが，切断面がその温度に上昇するまでビーム中心軸に近く食い込むように自己調節機構が働く．

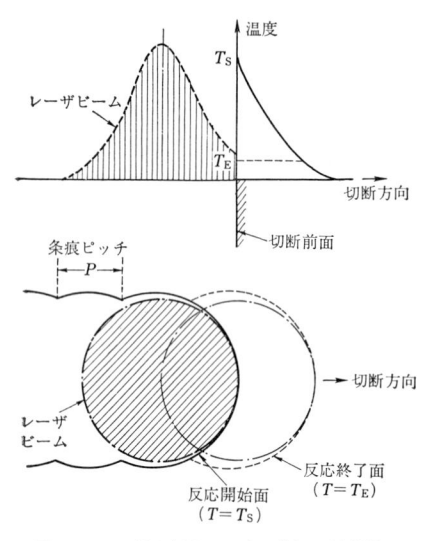

図 2.3.14 低速領域における軟鋼の周期的切断現象[10]（$V<V_R$）

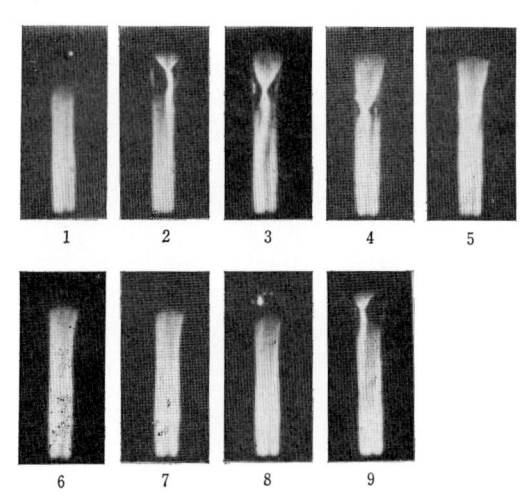

図 2.3.15 切断前面の高速度カメラ撮影
各コマ間は 1/500 秒．板厚 3 mm，パワー 1 kW，速度 1 m/min.

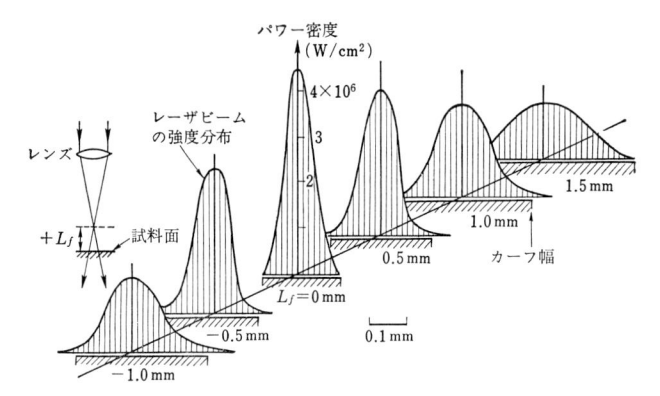

図 2.3.16 板面上でのレーザビームの強度分布と表カーフ幅の比較
レーザパワー 500 W, $f=64.5$ mm.

上記の単純化した切断モデルでは，$V>V_R$ の切断速度では切断は完全に定常的となるが，細かく見ると実際には若干の周期的切断傾向は残るようである．すなわち，ビーム中心軸へ大きく食い込むほどレーザ加熱により反応速度は加速され，ビームより若干先行することにより細かい条痕を形成すると考えられる．この速度域では材料とビームの相互作用はきわめて短時であるので，熱伝導広がりはほとんど無視でき，カーフ幅はビーム直径によって決まる．図 2.3.16 は焦点位置を変えたときのビーム強度分布と表カーフ幅の関係である．

（iv） **パルス切断現象** パルスレーザを用いると，蒸発切断の傾向が強く，エネルギー的にはレーザビームの役割が連続レーザ切断より強くなる．図 2.3.17 に示すように切断面の温度は 2,500～3,000 °C と連続レーザ切断に比べて高くなる．ただし，パルス OFF の周期には 1,000 °C 以下に低下して酸化反応が停止するので，母材に蓄積される熱量が小さくなる．ON 周期に高温に加熱されるのは，OFF 周期に加工前面がビーム強度の強い中心軸付近に食い込むためであり，板上部付近で温度のピークが生じる．パルス切断の

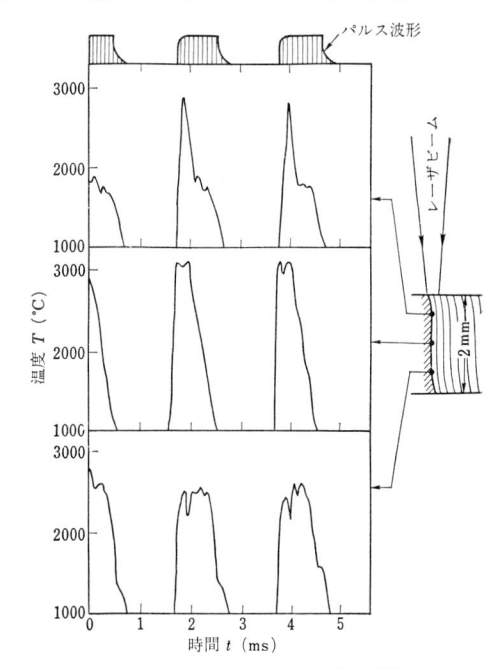

図 2.3.17 パルス切断における温度変化

カーフ幅は連続切断と大差ないが，熱影響幅はきわめて狭く，パルスデューティが小さくなるにつれてその傾向が強くなる[9,11]（図2.3.18）．

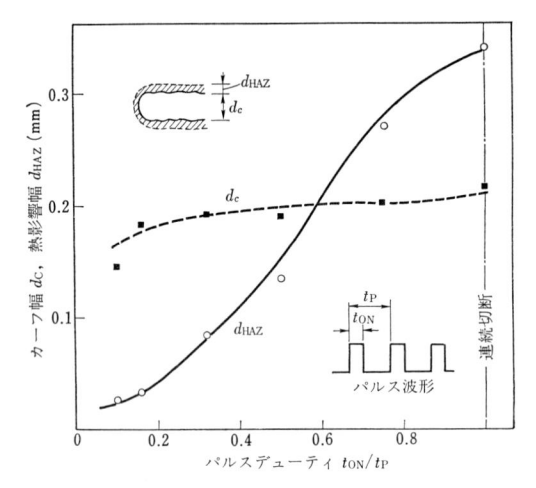

図 2.3.18 パルスデューティによるカーフ幅と熱影響幅の変化
平均パワー 100W, $V=40\,\mathrm{cm/min}$, 1mmt, $f=2.5''$.

薄い加工層のみを高温に加熱できるので，酸化物の融点が非常に高い Al や熱伝導率の高い Cu などの難切断材の切断も可能になる．ただし，切断部を融点よりきわめて高い温度に加熱すると共に，蒸発潜熱も必要なため，加工速度は著しく低下する．パルスのデューティが小さいほど変質層の薄い加工ができるが，加工能率は低下することになる．

（宮本　勇）

文　献

1) 荒田, 宮本: 大出力炭酸ガスレーザの熱源的研究 (2)―金属材料による炭酸ガスレーザビームの吸収特性―. 溶接学会誌, **40** (12) (1971), 1249.
2) 荒田, 宮本: 大出力炭酸ガスレーザの熱源的研究 (5)―炭酸ガスレーザによる熱加工―. 溶接学会誌, **40** (4) (1972), 425.
3) K. Wissenbach, et al.: Transformation Hardening by CO_2 Laser Radiation. Laser und Optoelektronik (1985), 291.
4) 木谷, 金岡: レーザ切断の適正加工条件の選定. プレス技術, **24** (7) (1986), 26.
5) S. M. Copley: Laser Machining-Ceramics. Proc. ILPC (Anaheim) (1981).
6) I. Miyamoto and H. Maruo: Processing of Ceramics by Excimer Lasers, Proceedings of Laser Assisted Processing II (ECO-3), SPLE Vol. 1279 (1990), 66.
7) S. E. Nielsen: Laser Cutting with High Pressure Cutting Gases and Mixed Gases. Proc. 3rd International Conference on LIM. (1986), 25.
8) V. Arata, et al.: Quality in Laser-Gas-Cutting Stainless Steel and its Improvement. Trans. JWRI, Vol. 10, No. 2 (1982).
9) 宮本: レーザ切断の基礎, 第19回レーザ熱加工研究会論文集 (1988), 1.
10) Y. Arata, et al.: Dynamic Behavior in Laser Gas Cutting of Mild Steel, Trans. JWRI,

8, (2) 1979, 175.
11) 宮本：レーザ加工現象の基礎，溶接学会関西支部シンポジウム（高度レーザ熱加工技術の現状と将来動向）(1987), 1.

2.3.2 鉄鋼材料の切断特性

a. 切断要因と切断特性

レーザガス切断[1]の切断特性は与えられた材質，板厚，材料の姿勢，設定の自由な加工条件，発振器により定まるレーザ光のモードと質に依存する．加工条件には切断速度，レーザ光の出力形態（連続＝CW 出力，パルス出力），集光レンズの焦点距離，焦点位置およびノズル形状・ノズル間隔・ガスの種類などのアシストガス条件がある．

（ⅰ）**切断速度**[2] 切断特性は切断速度に大きく依存する．図2.3.19に9mm厚さの軟鋼を酸素ガスアシストによりレーザ切断した典型例を示す．切断速度の範囲によって低速

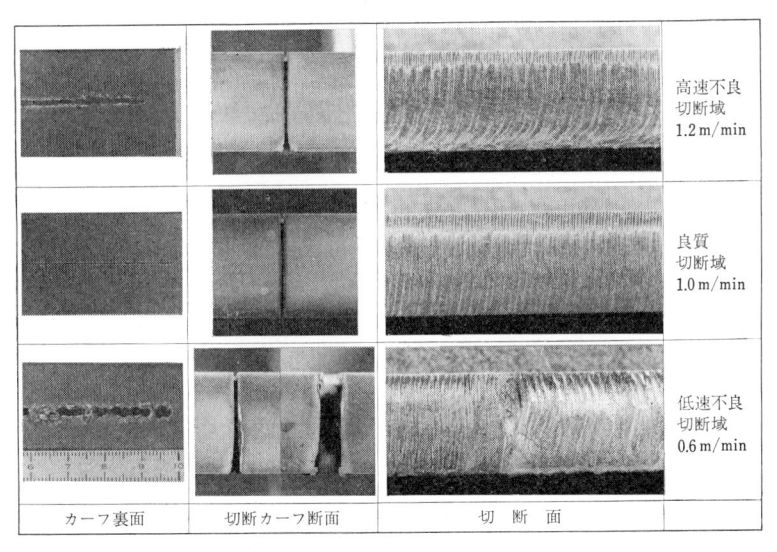

図 2.3.19 軟鋼切断部特性
板厚 9 mm, 出力 1 kW, $f = 127$ mm.

不良切断，良質切断，高速不良切断の三つの領域に分けることができる．低速では入熱過多による材料の燃焼が原因で，ドロス量が多く，切断下部にドロスが付着し，切断下部が荒れる．著しい場合は酸化反応が進行し，間欠的または連続的にレーザ光のスポット径よりはるかに大きな切断カーフ（セルフバーニング）を形成する．切断速度の上昇とともにドロスの付着しない平行な切断カーフの良質切断領域が現われ，その切断面には平行なドラグラインが見られる．さらに切断速度を増すと，切断下部に再びドロスを付着し下部カーフに拡がりをもつ高速不良切断領域となる．この領域では切断面下部のドラグラインは切断進行方向に対し遅れ曲線状を呈し，スラグが切断下縁を伝わって離脱するため，切断下縁はやや広がり

丸みをもつ．この点で低速不良切断領域と異なる．ステンレス鋼の場合は切断速度の変化に応じて軟鋼の場合と同様の領域に分類できるが，低速域でのセルフバーニングは起こらない．図 2.3.20 にステンレス鋼（SUS 304）の CW 切断特性を示す．TEM_{00} モードのレーザ光による軟鋼良質切断領域の板厚，速度依存性と切断面粗さを考慮した高品質切断限界速度を図 2.3.21 に示す．TEM_{01*+10} の 2.5 kW レーザによる厚板切断特性[3]を図 2.3.22 に示

高速不良
切断域
10 m/min

良質
切断域
7 m/min

低速不良
切断域
5 m/min

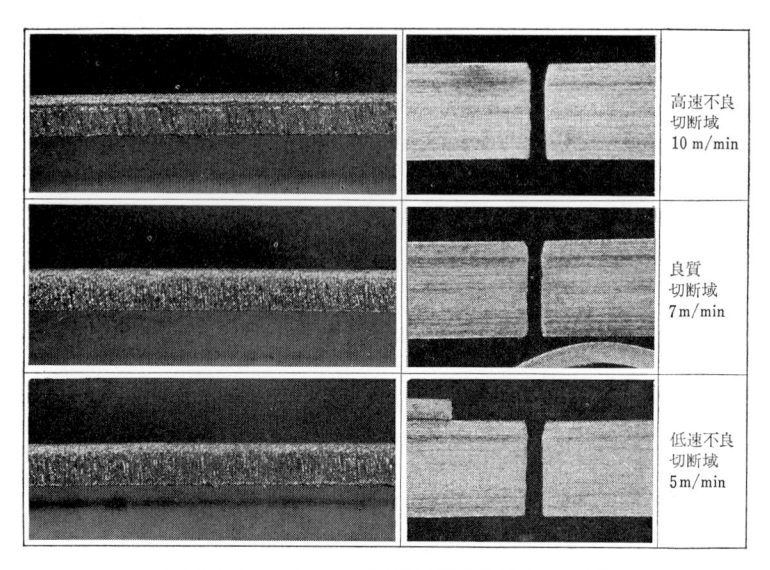

図 **2.3.20** ステンレス鋼 CW 切断部特性（1 mm 厚）
レーザ出力 0.95 kW, f=95 mm.

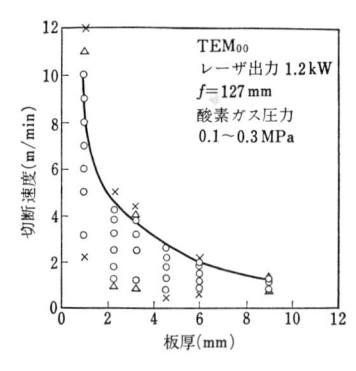

図 **2.3.21** 高品質切断の板厚と切断速度（軟鋼）

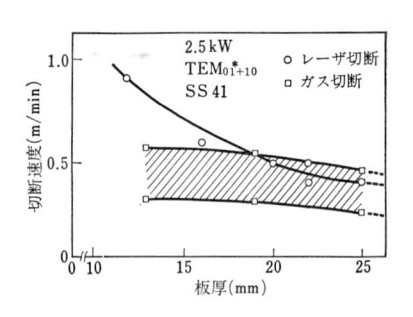

図 **2.3.22** 軟鋼の板厚に対する適正な切断速度[3]

2.3 レーザ切断

す.

(ii) ビームモード　焦点距離 f で集光されるレーザ光のスポット径は発散角 θ (=全角)に依存し, $\omega=f\theta$ の関係[4]で,また TEM_{mn} モードのレーザ光(波長 λ,ビームウエスト径 D_{mn})の発散角は $\theta_{mn}=K_{mn}\lambda/D_{mn}$ で与えられる[5]ので,スポット径は $\omega=K_{mn}\lambda\cdot f/D_{mn}$

$$\omega = K_{mn}\lambda \frac{f}{D_{mn}}$$
$$Z = \pm \frac{\omega^2}{\lambda}$$

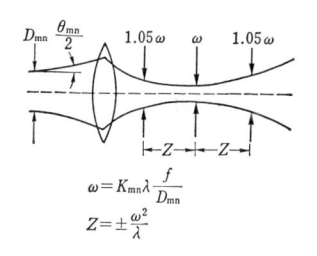

図 2.3.23 レーザ光集光特性（理想レンズ）[4,5]

表 2.3.3 ビームダイバージェンスの比較[5]

モード	K_{mn}
TEM_{00}	1.27
01*	2.88
10	4.63
11*	5.94

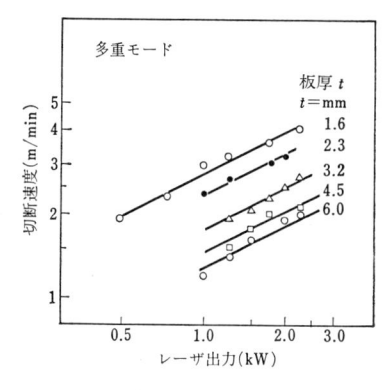

図 2.3.24 良質切断速度とレーザ出力の関係[7]（軟鋼）

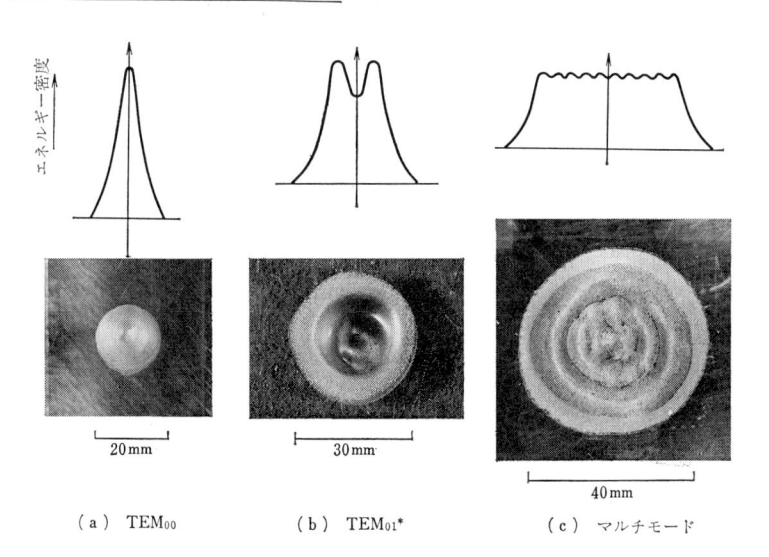

(a) TEM_{00}　　(b) TEM_{01}*　　(c) マルチモード

図 2.3.25 レーザ光の横モード説明図[5]（アクリル板への焼付け例）

で計算できる．ここでビーム径は外側ピーク値の $1/e^2$ のエネルギー密度を与える径をいう．これらの関係および TEM_{mn} モードの定数 K_{mn} の値[5]を図2.3.23，表2.3.3に示す．切断には TEM_{00}（シングル），TEM_{01*}（低次）モードが適する．図2.3.24はマルチモード[6]（図2.3.25）による軟鋼切断の特性データ[7]である．TEM_{01*} モードの切断特性（図2.3.26）と比較すると，TEM_{01*} モードが切断速度においてすぐれ，板厚が小さいほどその差が大きいことがわかる．

（iii）レーザ出力 軟鋼の切断特性（図2.3.24）および TEM_{00} モードによるステンレス鋼良質切断領域のレーザ出力依存性（図2.3.27）に示すように，良質切断の限界速度はレーザ出力の増加とともに上昇し，良質切断速度範囲も広がる．良質切断の限界速度はレーザ出力のほぼ0.5乗に比例する[7]（図2.3.24）．レーザ出力が小さい場合には良質切断を得る速度領域がない[8),9]．以上はCW切断の特性である．

パルス発振レーザ光の切断特性をステンレス鋼を例にとり，図2.3.28に示す．CW切断ではドロスフリーが得られないレーザ出力の小さい領域でドロスフリーが得られる．しかし切断速度においてCW切断に劣る．低出力CW切断でドロスフリーが得られず，

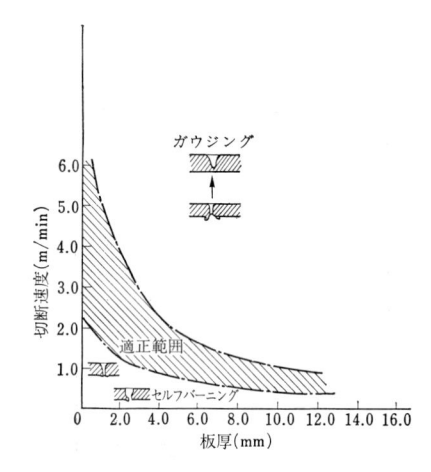

照射パワー ：1.5 kW
集光レンズ焦点距離：254 mm
ノズル間距離 ：4 mm
焦点外し距離 ：−1 mm

図 2.3.26 軟鋼良質切断特性[16]
TEM_{01*}, $f=254$ mm．

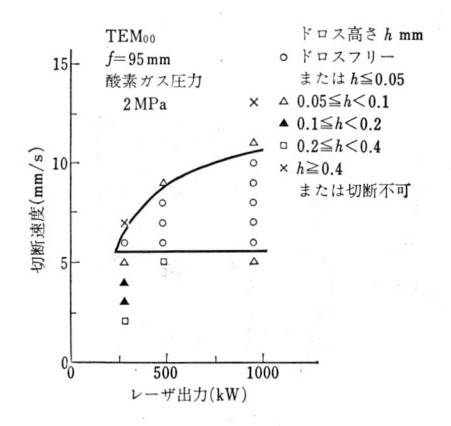

図 2.3.27 薄板ステンレス鋼（SUS 1 mm）のCW切断

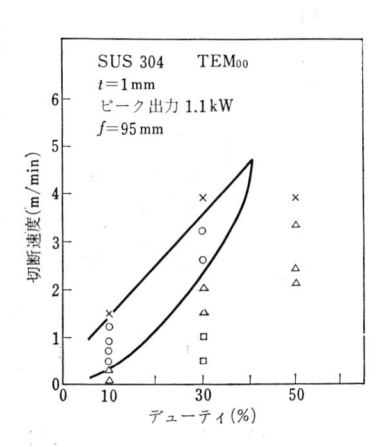

図 2.3.28 薄いステンレス鋼のパルス切断

平均出力が同じパルス切断でドロスフリーが得られる理由は，荒田らが移動熱源としてCW加熱とパルス加熱に対する母材の温度上昇の差異について明らかにし，パルス加熱の方がCW加熱よりビーム直下温度が高いと報告している[10]こと，パルス切断は冷却時間の存在により余分な過熱が少ないことを考えると，パルス出力の場合はスラグ温度が高く，流れがよいため低出力においてもドロスフリーが得られるものと推察される．

パルス切断における高速限界速度 v は，ビームスポット径 ω とパルス休止時間にビームが移動する距離 s に密接な関係がある．パルス周波数 f，デューティ d，定数 a とすると $s=(1-d)v/f \leq a\omega$ で v は決まる．a は板厚によって異なるが，経験的におよそ $a \leq 0.5$ である．したがって高速パルス切断を行う場合は高い周波数が必要となる．

ステンレス鋼のCW切断では板厚が増すとドロスフリー切断が難しい．これは切断進行面の，クロム酸化物を含むスラグの温度が低く粘性が高い[11]ためといわれている．ステンレス鋼のCW切断におけるドロス付着特性を改良する目的で荒田らの軟鋼板重ね切断法[11]，タンデムノズル切断法[11]，村川らのトレーシング切断法[12]が提案されドロス付着特性を大幅に改善している．最近では焦点位置を母材内部に下げ，切断底部のドロス流動性を上げる方法で，5mm程度のCW切断が可能となっている[13]．パルス出力によればステンレス鋼の板の厚い場合でも図2.3.29のように良質切断が可能である．パルスデューティには適当な範囲があり，高いデューティでは速度範囲が大きく高速性もよくなるが，高過ぎると平均の入熱がCWに近くなり良質切断の下限速度が上昇する．パルスデューティが低い場合は高速性が損われる．長尺ステンレス管（$t=7.6$mm）に対するパルス切断実施例を図2.3.30に示す．

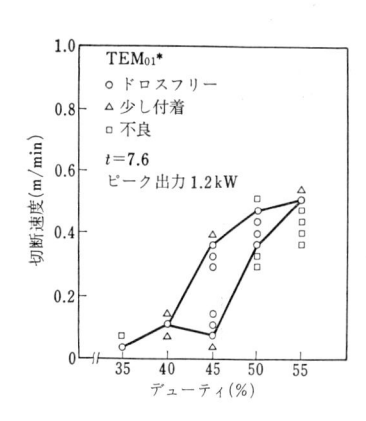

図 2.3.29 中厚ステンレス鋼のパルス切断（17Cr系）

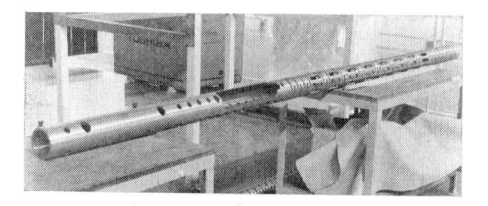

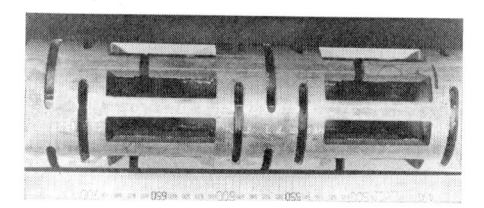

図 2.3.30 ステンレス鋼切断事例（外観と拡大）$t=7.6$mm．

パルス出力の切断特性はピアッシング（穿孔）[15]に活用できる．鉄鋼材料に対するピアッシングはCWモードの場合は入熱過多によるセルフバーニングを起こしやすい．パルス出力で入熱を抑えると深いピアッシングが可能である．平均出力を一定とし，デューティ（ピーク出力の逆数）に対するピアッシング時間特性を図2.3.31に示す．高いピーク出力ほど

加工能率がよく，よりきれいな円孔が得られる．

(iv) 集光レンズの焦点距離　集光レンズの集光特性は，図2.3.23で述べたようにビームスポット径の大きさおよび焦点深度というレーザ切断にとって相反する二面性をもっている．径 15 mm ϕ の TEM_{00} ビームについて平凸面の ZnSe レンズを使う場合の両者の計算値を表2.3.4に示す．高いエネルギー密度が得られ

図 2.3.31-a
パルス出力によるピアッシング時間特性（ステンレス鋼）
パルスデューティと所要時間[14]

表 2.3.4　集光レンズによるビームスポット径と焦点深度の計算例
（TEM_{00}, $D_{00}=15$ mmϕ）

焦点距離 f (mm)	ビームスポット径 ω (mmϕ)	焦点深度 $\pm z$ (mm)
63.5	0.08	0.6
95	0.10	0.9
127	0.12	1.4
254	0.23	4.9

収差は平凸 ZnSe レンズにて計算．図2.3.23参照．

デューティ 10%　デューティ 30%

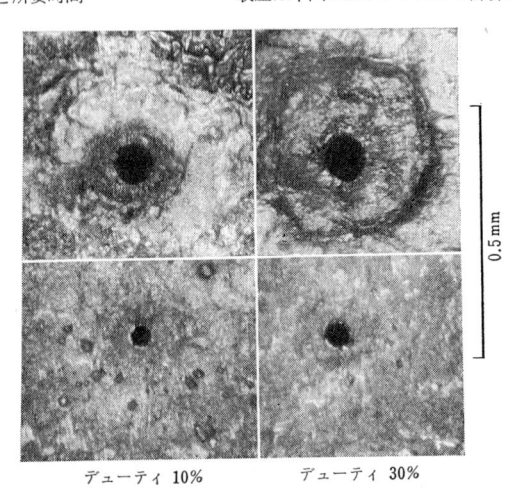

図 2.3.31-b　表面（上）と裏面外観（0.2 kW, SUS 304, 6 mm）[14]

る短焦点距離のレンズは，高速切断に適するが焦点深度の点で厚い板に不向きで，また焦点位置の変動による切断特性への影響が大きい．図2.3.21，図2.3.26[16]にそれぞれ焦点距離が 127 mm と 254 mm の切断特性を示す．両者の高速切断性に差が見られる．図2.3.32[6]にレーザ光の焦点位置，板厚，速度の関係，図2.3.53に焦点位置をパラメータとし，焦点距

離の差が良質切断へ及ぼす影響をそれぞれ示す．長焦点距離のレンズほど焦点位置の変動に余裕があることがわかる．

（v）アシストガス条件 切断アシストガスの目的は，ガスジェットが表面張力に打ち勝つだけの運動量をもちスラグを吹き飛ばすこと，酸化反応熱を利用し切断速度を向上させること，切断進行部を冷却し熱影響を低減すること，特殊な場合として切断部の酸化を防止することである．酸素を用いる鉄鋼材料の切断では酸化反応のエネルギーの寄与率によって切断能力が変わる．軟鋼の場合，低速では酸化反応熱がレーザ光エネルギーを上回り，高速ではレーザ光エネルギーが主になる[2]．

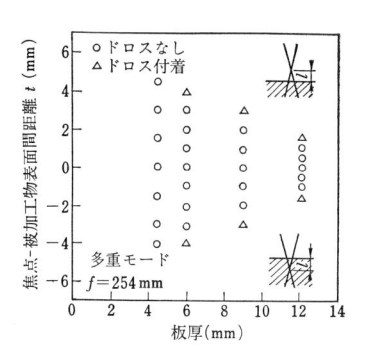

図 2.3.32 焦点位置と良質切断の範囲（軟鋼）[6]

アシストガス条件について Kamalu らの報告[17]がある．図 2.3.33 はアルゴンガス，酸素ガスを一定の圧力に保持した場合のノズル径とドロスフリー切断速度との関係を示している．アルゴンガスと酸素ガスとを比較して，この場合の酸化反応が寄与するエネルギーは 60〜70% と評価している．図 2.3.34[17]は酸素ガス圧と切断速度の関係を示している．ガス圧が高過ぎると切断速度はかえって減少する．これはガスの冷却効果ではなく，照射部に生

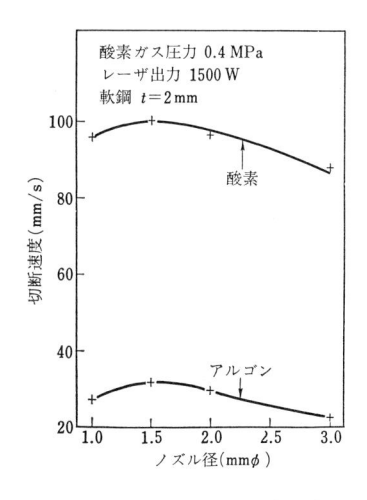

図 2.3.33 ノズル径と切断速度の関係[17]

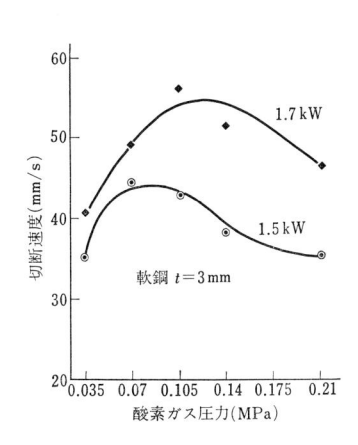

図 2.3.34 酸素ガス圧力と切断速度の関係[17]

ずる不連続な密度勾配場が，散乱，非集光，モード変化などレーザ光に悪影響を及ぼすとしている．

松野はノズル形状と切断限界速度について報告している[18]．テーパ形断面のノズルでは，

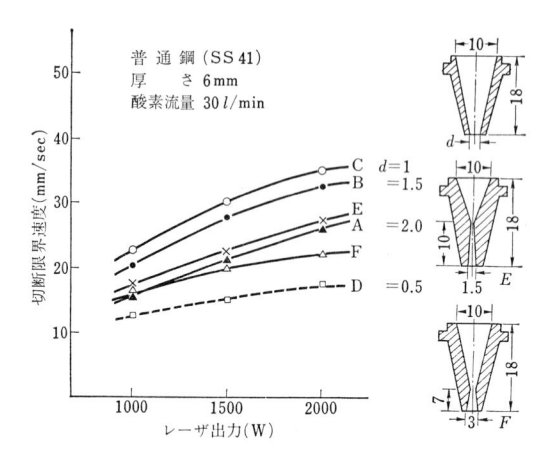

図 2.3.35 ノズルの種類によるレーザ切断能力[18]

その径が小さいほど切断限界速度が高い．ダイバーゼント形ノズルはテーパ形よりも劣る（図 2.3.35）．この理由はノズル中心軸上の圧力が径の小さいほど大きいためで，ダイバーゼント形はテーパ形より圧力が低いことによるとしている．筆者らの実験ではテーパ形のスロート部にストレート部を設けたノズル（図 2.3.36）が切断性能がよい．2.3.2 項に掲げたオリジナルデータはすべてストレート形ノズルによっている．大峯もストレート形ノズルが切断能力が高いと報告している[19]．厚板のレーザガス切断ではアシストガスの純度

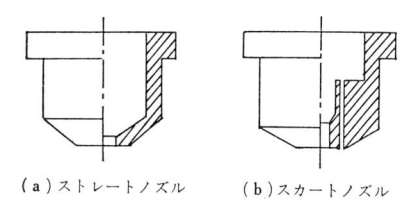

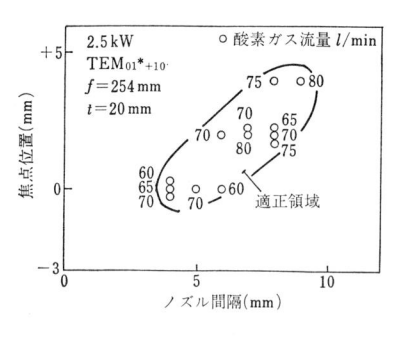

図 2.3.36 切断用ノズル[18]

(a) 特性データ

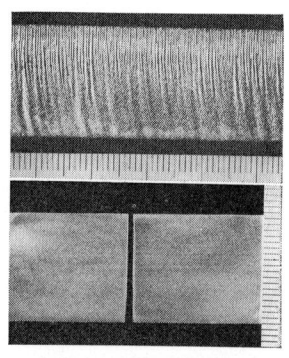

(b) $t=20$ mm の例（切断面とカーフ）
出力 2.5 kW，$f=254$ mm，切断速度 0.5 m/min．

図 2.3.37 軟鋼良質切断のノズル間隔と焦点位置の関係[20]

を保持する目的で，図 2.3.36 に示すように主ノズルの周囲に溝を設け，主切断ガスを大気からシールドするノズルが開発されている[16,20]．このノズルの利点は材料との間隔の裕度が大きいことである．厚さ 20 mm の軟鋼におけるノズル間隔と焦点位置の関係[3] および切断速度 0.5 m/min での切断面と切断カーフを図 2.3.37[20] に示す．

（vi）**傾斜切断** レーザ光に対し材料が傾斜する場合は，実質的な板厚の増加，材料と切断カーフが形成するカーフ入口，出口の熱容量，スラグの流れに対する重力の影響を受ける．CW 切断ではバーニングを起こしやすく，許容傾斜角の範囲は狭い．村川らの厚さ 2 mm の軟鋼の傾斜切断の報告では，傾斜角 20° を超えるとバーニングにより CW 切断が不可能で，下進の場合にバーニングが発生しやすい．入熱を制御するパルス切断は傾斜切断特性を大きく向上させる．傾斜角 30° のパルス切断における村川らの結果[21] を図 2.3.38 に示す．デューティが高いほど許容切断速度範囲は狭い．6 mm 厚のステンレス鋼（13 Cr 鋼系）の形状切断における，ドロスフリー切断速度と傾斜角の関係を図 2.3.39 に示す．傾斜角の

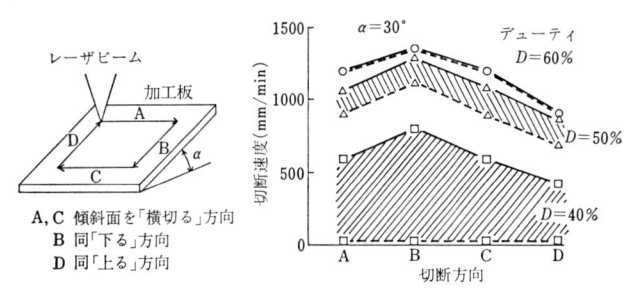

図 2.3.38 傾斜切断の切断方向と切断可能速度[21]
軟鋼 $t = 2$ mm, $f = 63.5$, 200 Hz．

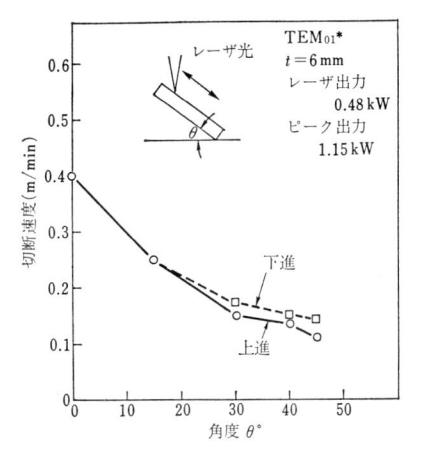

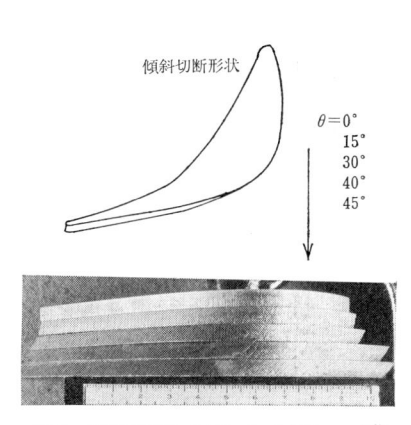

（a）傾斜角度と切断速度　　（b）切断実施例（ステンレス鋼 6 mm 厚）
図 2.3.39 傾斜切断の切断特性（SUS 405）

増加とともに板厚が増大すること,バーニングを発生しやすいことから適正切断速度は漸減する.また下進の方が適正速度は大きい.図2.3.39にその実施例を示す.

b. 高品質,高精度切断

高品質,高精度切断の評価項目には切断面粗さ(ノッチ=不規則に現われる深いキズを含む),切断カーフ幅,切断カーフの直角度,平面度,熱影響層(HAZ)の厚さ,熱影響の評価の一つである微細加工性がある.直角度,平面度は紙数の関係で触れないが,ドロスフリー切断の範囲で良質化している[11]).

(i) 切断面粗さ 2.3.1項で詳述されているように,酸化反応を伴うレーザガス切断では,酸化反応の開始,終了のレーザ光エネルギー密度 p_s, p_f が異なるため,レーザ光の移動速度(切断速度)v_c が酸化反応速度 v_r より遅い場合,切断面に規則的な条痕が生じる[22])(図2.3.19参照).したがって切断面粗さには切断速度のほかにレーザエネルギー密度,材質,板厚,アシストガスの流れが影響する.詳細は省くが偏波,レーザ光強度の脈動などビームの質および光軸振動も影響を与える.荒田らの切断機構の研究報告[22])からレーザ切断面に生じる条痕のピッチ l_p は,$(\omega_f - \omega_s)$ と $v_r/(v_r - v_c)$ に比例する.ここに図2.3.40に示すように ω_f, ω_s はエネルギー密度 p_f, p_s を与えるレーザスポット径である.切断速度 v_c が酸化反応速度 v_r を超えると規則的な条痕は生じない.

図2.3.40はエネルギー密度に関して,焦点距離 f, $f'(< f)$ のレンズで集光したときのガウスビーム(TEM_{00})のエネルギー密度と切断前面の関係を示している.この場合 $(\omega_f - \omega_s) < (\omega_f' - \omega_s')$ であるから条痕ピッチ l_p は短焦点距離の集光レンズの方が小さい.図2.3.41に切断速度に対する条痕のピッチを示す.

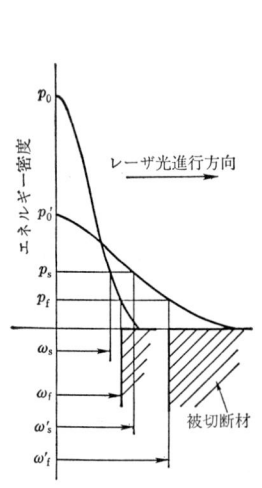

図 2.3.40 ビームエネルギー密度分布と切断前面の関係

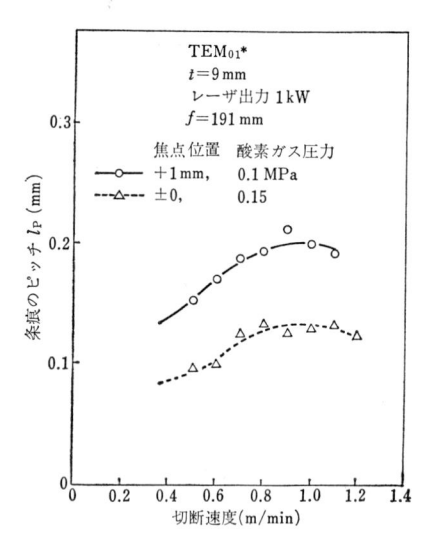

図 2.3.41 軟鋼切断条痕ピッチと切断速度の関係

2.3 レーザ切断

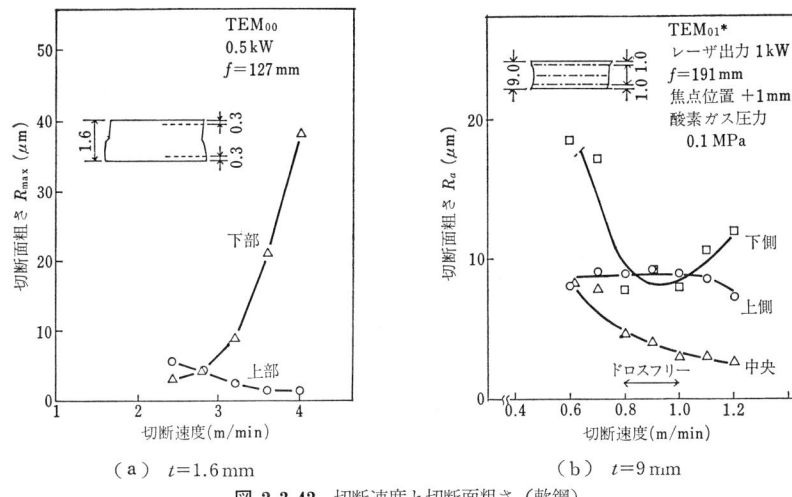

図2.3.42 切断速度と切断面粗さ（軟鋼）
(a) $t=1.6$ mm
(b) $t=9$ mm

軟鋼（$t=1.6$ mm, 9 mm）の切断面粗さと切断速度の関係を図2.3.42に示す．9 mm厚のデータはドロスがやや付着する速度範囲も含んでいる．この範囲で条痕の生ずる上部の平均面粗さ（R_a）はほぼ一定値を示し，下部の面粗さは完全ドロスフリー領域で最も小さい．1.6 mm厚のデータ（TEM$_{00}$）では，上部の面粗さは速度の上昇に従い減少し，下部のそれは次第に増加する傾向が見られる．9 mm厚の場合の傾向の一部と考えてよい．切断前面へのレーザ光のエネルギーの供給が速度の上昇とともに減少し，下部において面粗さを大きくする．各板厚において適正な加工条件を選定して得た最大切断面粗さ（R_{max}）と板厚の関係を図2.3.43に，$t=2.3$ mm, 6 mmの切断面と粗さ測定例を図2.3.44に示す．図2.3.43では最大切断面粗さは板厚が増すほど増大しまた下部ほど大である．これは荒田らのレーザパワー伝達に関する報告[2]，レーザ光の単位板厚当りの消費率（＝レーザパワー伝達効率）は平行カーフが得られる間は一定で，板が厚くなり下部においてレーザ入熱不足が生じ始めると高速不良切断域になること，v_r（軟鋼で約2 m/min）を超える切断速度において条痕が消失することから説明できる．またレーザ出力を増加させれば切断面粗さをより小さくすることが可能であることを

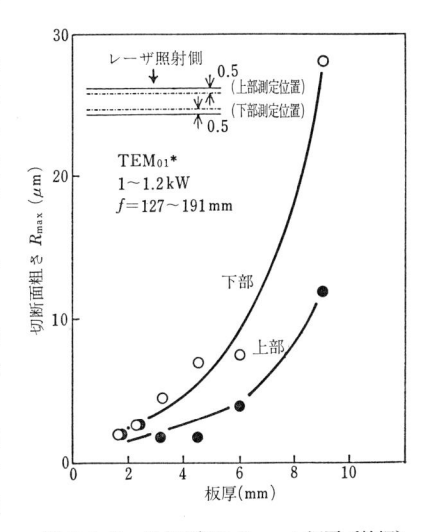

図2.3.43 最大面粗さ R_{max} と板厚（軟鋼）

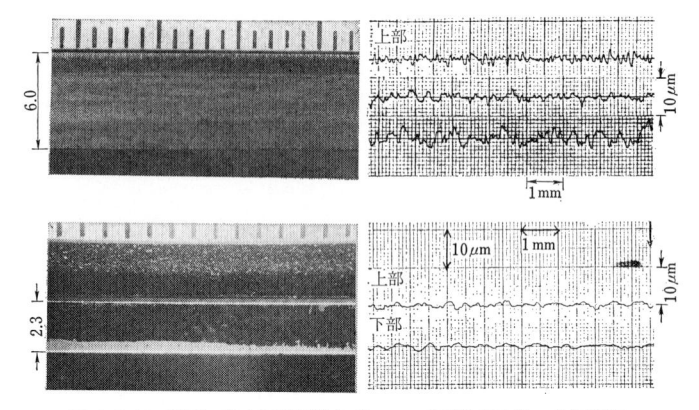

図 2.3.44 軟鋼の最大切断面粗さ R_{max} の外観と粗さ計による測定
（上）$t=6$ mm, 1.2 kW, 速度 1.6 m/min
（下）$t=2.3$ mm, 1.2 kW, 速度 2.6 m/min

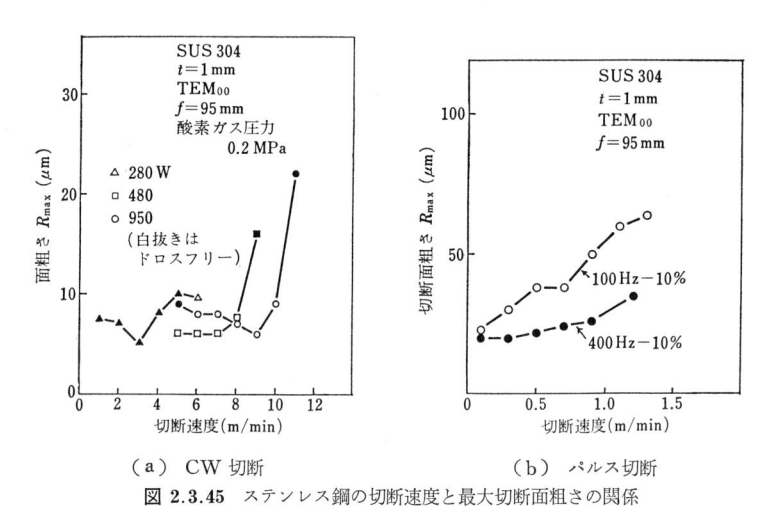

（a）CW 切断　　　　　　（b）パルス切断
図 2.3.45 ステンレス鋼の切断速度と最大切断面粗さの関係

示している.

ステンレス鋼では図 2.3.20 に示すように軟鋼の場合の条痕は生じない. 図 2.3.45 にステンレス鋼（SUS 304, 1 mm 厚）の CW 切断面粗さ, パルス切断面粗さと切断速度の関係を示す. CW 切断ではドロスフリーが得られる速度領域において面粗さの小さい良質切断が可能である. パルス切断の場合はドロスの付着する低速領域においても軟鋼の場合のように面粗さは大きくならない. 低速域でのドロスフリーが可能なパルス切断では, 切断速度の増加とともに面粗さも大となる. 同一出力でのパルス周波数依存性については, パルス周波数が高いほど 1 パルスのエネルギーが小さいために, 切断面粗さは小さくなる. 図 2.3.46 は

2.3 レーザ切断

さらに高精度切断を行うために,パルスデューティを小さくして切断した場合の面粗さを示している。1パルスエネルギーを小さくすることでほぼ CW 並みの面粗さが得られる.また板厚との関係をパルス周波数 100 Hz の場合について図 2.3.47 に,切断面の例を図 2.3.48 に示す.

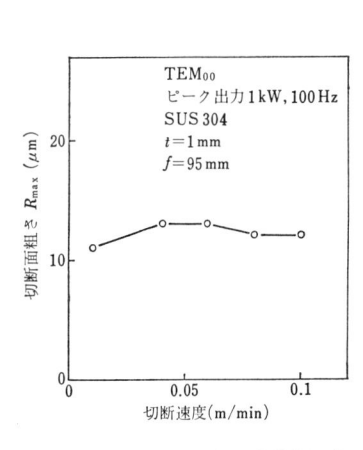

図 2.3.46 ステンレス鋼の高精度切断における最大切断面粗さ

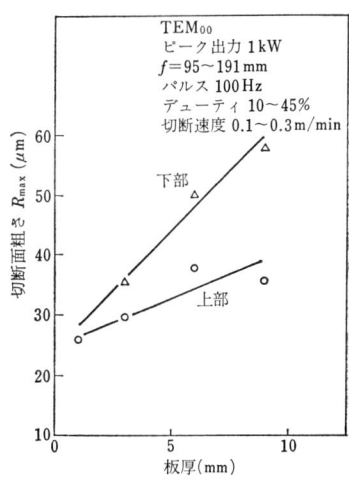

図 2.3.47 ステンレス鋼パルス切断の板厚と最大面粗さ(100 Hz の場合)

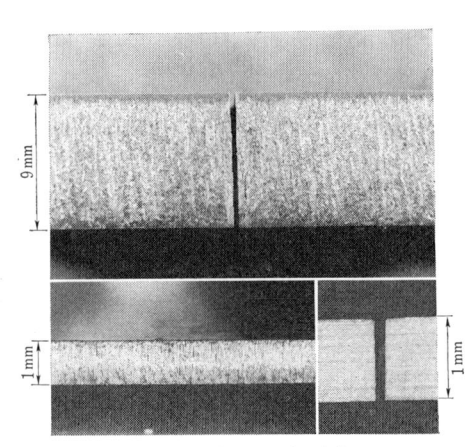

図 2.3.48 ステンレス鋼パルス切断面とカーフの外観(SUS 304)
切断条件 上: 100 Hz, 0.47 kW, 0.2 m/min
下: 100 Hz, 0.02 kW, 0.06 m/min, $f=95$ mm

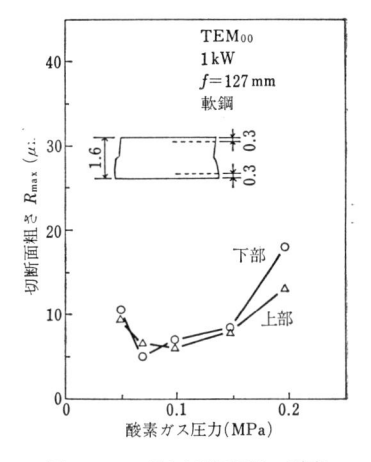

図 2.3.49 最大切断面粗さの酸素ガス圧力依存性[23]

酸素ガス圧力が切断条痕のピッチ l_p に影響するのが図2.3.41によって知られる．軟鋼薄板について酸素ガス圧力と切断粗さの関係を図2.3.49に示す．他のパラメータを固定すれば最大切断面粗さを最小とする酸素ガス圧が存在する．

以上はレーザ光出力に質的変化がないことを前提に考察した．レーザ発振器によっては時間的に速い出力脈動（光出力リップルという）を内在する場合がある．高精度切断を考慮するときレーザ発振器に固有の光出力リップルは切断面粗さへ影響を与える．光出力リップルは周波数数十 Hz～数 kHz のランダムな出力脈動で通常の熱感応形パワーメータには感じない．光出力リップル波形と切断面粗さ測定例を図2.3.50に示す[24]．光出力リップル率（ピークtoピーク/平均出力）と最大切断面粗さ（R_{max}）の関係についての実験結果[24]を図2.3.51に示す．

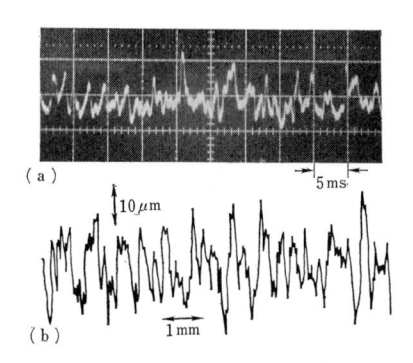

図 2.3.50 光出力リップル波形 (a) と切断面粗さ (b) の例[24]

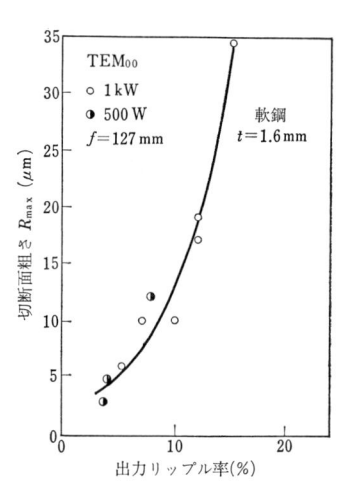

図 2.3.51 光出力リップル率と最大切断面粗さの関係[24]

レーザ出力リップルと最大切断面粗さとの間によい対応関係がある．

（ⅱ）カーフ幅 レーザ光と切断前面の関係（図2.3.40）がカーフ幅を基本的に律する．切断カーフの大きさは，条痕の生成サイクルの間にレーザ光，酸素ガスが材料を進行方向に直角，および板厚方向に材料を開拓する能力に依存する．図2.3.52は酸素ガス圧力のカーフ幅への影響を，焦点位置をパラメータとして調べたものである．酸素ガス圧力が低い場合，切断下部のガスの通りが悪くややカーフが広がるが，圧力依存性は顕著でない．カーフ幅はビームの焦点位置に影響を受け，材料表面に対して板の内部側で小さい[7]．カーフ幅の速度依存性は集光レンズの焦点距離によって大きく異なる．図2.3.53

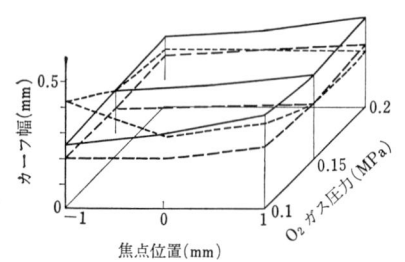

図 2.3.52 カーフ幅と酸素ガス圧力・焦点位置の関係

(a) $f=191$ mm

(b) $f=127$ mm

図 2.3.53 カーフ幅と切断速度

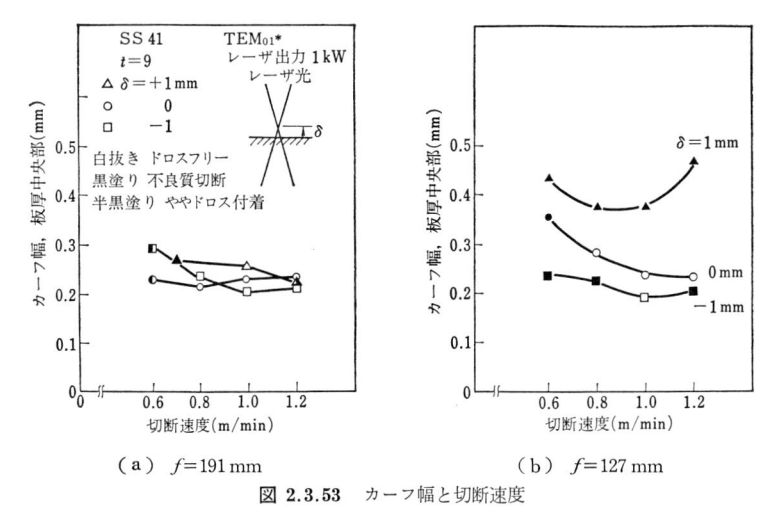

に焦点距離 191 mm, 127 mm による軟鋼 9 mm 厚の切断データをドロス付着評価とあわせて示す. ドロスフリーの良質切断の速度領域においてはカーフ幅に大きな変化はない. 焦点距離を比べた場合, 長焦点のものが焦点位置の変化に対し安定したカーフ幅が得られる. 焦点距離 63.5 mm, 127 mm のレンズによるステンレス鋼 (SUS 304, 3 mm 厚) 切断のカーフ幅速度依存性を図 2.3.54 に示す. ステンレス鋼の CW 切断では, 板が厚い場合図中に示すように下部カーフが広がる傾向にあり, カーフが平行な速度領域は狭い. 下部カーフを最小とする切断速度条件では付着ドロスも最小となる. このとき表面カーフ幅は変化しない. 短焦点距離のレンズではビームスポット径に応じた狭いカーフが得られ, 付着ドロス, カーフ幅を最小にする良質切断領域も, より高速側に移動する. 短焦点距離のレンズの場合低速域で下部カーフが大きい. 長焦点距離のレンズの場合と比べ, より大きな余剰レーザパワー (カーフが狭いので) が, 粘度の高いスラグ流を下部において燃焼させるためである. 高速側ではレーザパワー

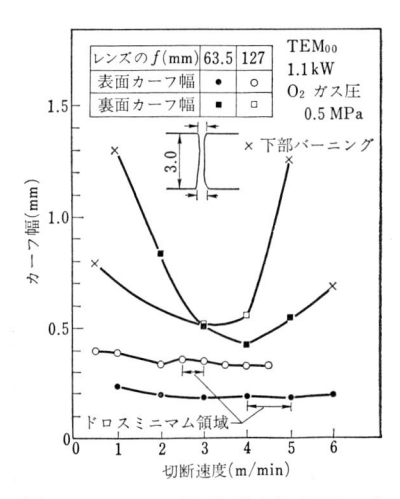

図 2.3.54 カーフ幅と切断速度 (SUS 304)

が下部まで注入されるので, レーザエネルギー不足を原因とする高速側下部バーニングは長焦点距離のレンズに比べて発生しにくい. 薄いステンレス鋼の CW 切断の場合を図 2.3.55 に, パルス切断の場合を図 2.3.56 に示す. いずれもドロスフリー領域ではカーフ幅は速度

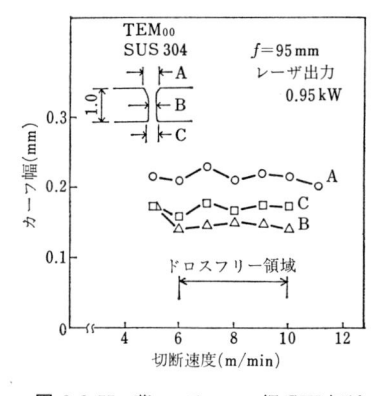

図 2.3.55 薄いステンレス鋼 CW 切断におけるカーフ幅と速度の関係

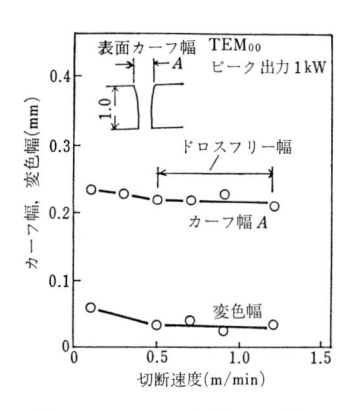

図 2.3.56 パルス切断カーフ幅と切断速度（SUS 304）

によってほとんど変化しない．パルス切断では図2.3.48に示すように切断面の平行性はCWよりすぐれる．

レーザ出力はレーザ進行方向および板厚方向への切断面の開拓に大きく影響を与える．図2.3.57にステンレス鋼でのレーザ出力とカーフ幅の関係を示す．出力の増大とともにカーフ幅は直線的に増加する．これは図2.3.40において酸化反応が停止するエネルギー密度 P_t に対するビーム径 ω_f がレーザ出力とともに増大することに起因する．平均出力一定のパルス切断においてもピークが大きいほどカーフ幅は大きく，平均出力，ピーク出力とも同じパルス切断においても1パルス当りのエネルギーが大きい（パルス周波数が小さい）ほどカーフ幅は大きい．図2.3.58に平均出力を一定としてピーク出力比（＝ピーク出力/平均出力）

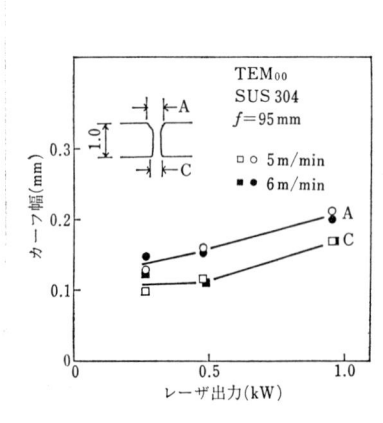

図 2.3.57 カーフ幅のレーザ出力依存性

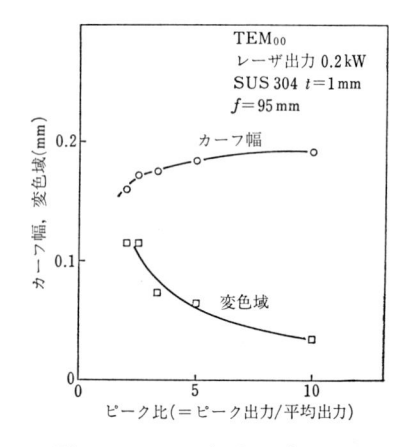

図 2.3.58 パルス切断におけるピーク比率とカーフ幅，変色域[23]

に対するカーフ幅の変化を示す．カーフ幅はピーク出力に対し漸増している．

(iii) 熱影響 レーザ光の通過時間 $t(=1/v_0)$ 後の温度上昇の浸透厚さ δ は $\delta=\sqrt{\kappa/v_0}$ で表わされる[25]．ただし t 時間切断面が一定温度に保持され，板面からの熱の出入がないと仮定している．これは厚さ δ が熱拡散率 κ と切断速度 v_0 に依存することを示す．実際には温度上昇浸透厚さ δ はレーザ光の集光性（カーフ以外のビーム加熱）や薄板の場合のアシストガスの冷却効果（ガス流量[26]，ノズル径〈図2.3.59〉[17]，二重ノズル）の影響を受ける．

軟鋼中厚の熱影響層（HAZ）の切断速度依存性を図2.3.60に示す．切断面から浅い部分の硬度は速度の増加により急速に減少する．熱影響層厚さはおよそ 0.2～0.3 mm，軟鋼 20 mm 厚の場合でも 0.3～0.4 mm（図2.3.37）である．工具鋼，ステンレス鋼の事例を図2.3.61に示す．熱影響層厚さは板の下方でやや広がる特性をもつ．ステンレス鋼における熱影響層厚さの速度依存性を，表面の変色域として評価し図2.3.56に示す．熱影響層厚さはドロスフリー領域でほぼ一定と考えてよく，またアシストガスの冷却効果により速度依存性は減少する．

図2.3.58に熱影響層厚さとピーク出力比との関係を示す．平均出力が一定の場合でもピーク出力の増加とともに熱影響層厚さは減少する．切断中のパルス休止比率すなわち冷却時間比率が大きくなるためと考えられる．熱影響の大きさは鋭角切断など[27,28]の熱容量の小さい形状切断の可否において評価できる．パルス出力による軟鋼の鋭角切断の角度と熱影響による溶損長さの関係を図2.3.62に示す．溶損長さは角度の減少とともに急速に増大する．図2.3.63にステンレス鋼の 5° 鋭角切断における先端溶損長さのデューティ依存性を示す．高精度加工には低入熱が重要であることがわかる．ステンレス鋼（$t=1$ mm）の高精度切断例を図2.3.64に示す．この例では 0.1 mm の円孔，幅 0.1 mm の 2 本の線状切り残しが加工されている．

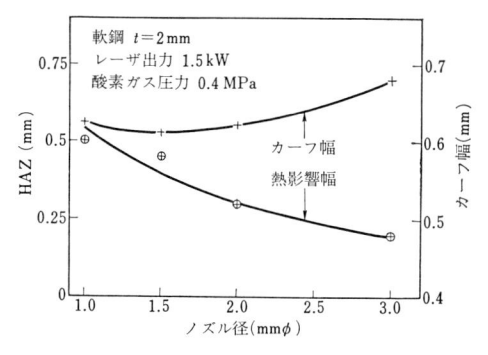

図 2.3.59 ノズル径による HAZ への影響

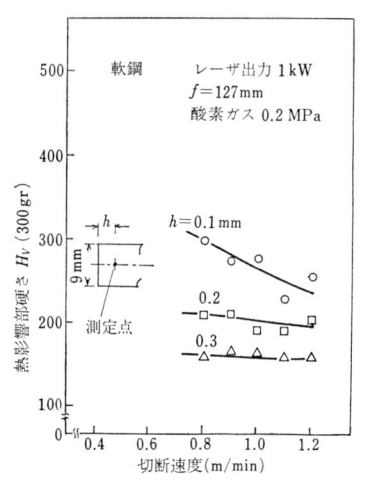

図 2.3.60 切断速度と熱影響部の硬さ（軟鋼-板厚中央）

（宮崎俊秋）

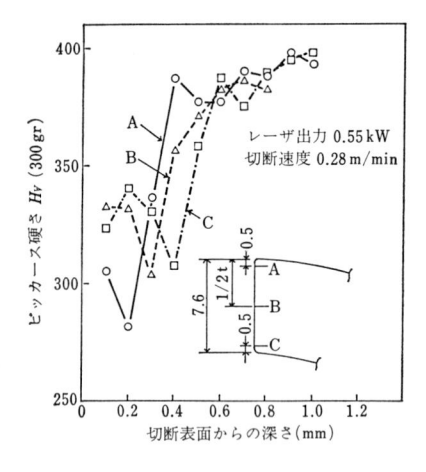

(a) 調質ステンレス鋼（17Cr系）

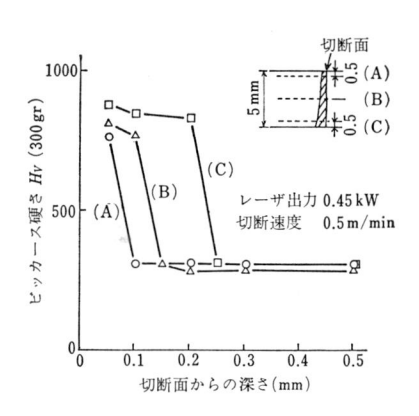

(b) 工具鋼（SKS3）のパルス切断

(c) (b)の断面マクロ写真

図 2.3.61 熱影響部の特性

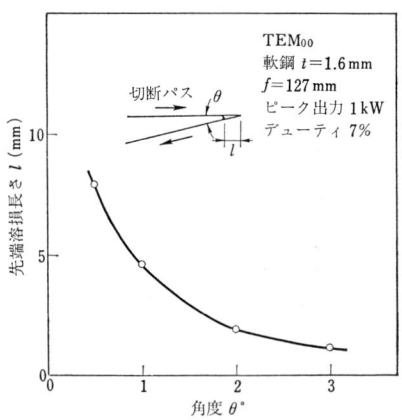

図 2.3.62 鋭角切断における角度と溶損長さ

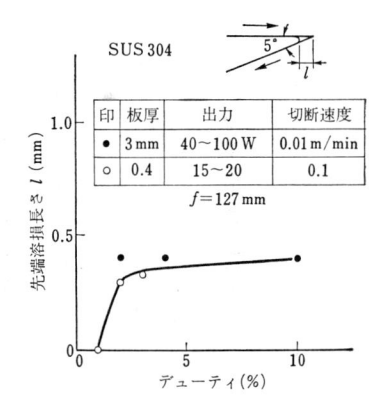

図 2.3.63 鋭角切断のデューティと溶損長さ[23]

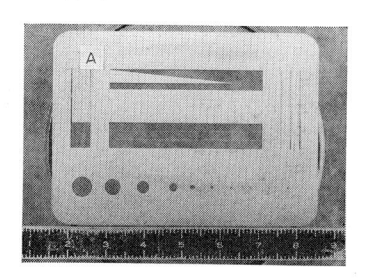

図 2.3.64 高精度切断例（SUS 304, $t=1$ mm）[23]

文　献

1) 荒田，宮本：大出力炭酸ガスレーザの熱源的研究（第5報）—炭酸ガスレーザによる熱加工—．溶接学会誌，**41** (1972), 81.
2) 荒田，竹内，宮本：レーザガス切断に関する基礎的研究（第1部）．高温学会誌，**4** (3) (1978), 122.
3) 木下，木村：CO_2 レーザによる厚板鋼板の切断，昭60精機学会春季大会学術講演会論文集，(1985), p.139.
4) F. P. Gagliano and V. J. Zaleckas: Optics Considerations for material processing, Lasers in Industry (1972), p.138.
5) R. J. Freiberg and A. S. Halsted: Properties of Low Order Transverse Modes in Argon Ion Laser. *Applied Optics*, **8** (2) (1969), 355.
6) 水溜，宮崎：製缶工場における大出力レーザ加工機の実用化．機械学会誌，**86** (776) (1983), 69.
7) T. Miyazaki, and M. Mizutame: Cutting Steels and Steel Products with a 2.5 kW Multi mode CO_2 Laser. International Laser Processing Conference, Anaheim. Cal. (1981), p.77.
8) 後藤，浦井，西川：高速軸流形炭酸ガスレーザの切断特性—パルス切断について—，第83回レーザ協会例会資料，(1985. 6), p.11.
9) 荒田：高エネルギー密度熱加工．機械学会誌，**85** (761) (1982), 414.
10) 荒田，宮本：大出力炭酸ガスレーザの熱源的研究（第3報）．溶接学会誌，**41** (2) (1972), 170.
11) Y. Arata, H. Maruo, et al.: Quality in Laser-Gas-Cutting Stainless Steel and its Improvement. *Transactions of JWRI*, **10** (2) 1981, 131.
12) 村川，宮沢，他：ステンレス鋼板の高速ドロスレスレーザ切断に関する研究．精密工学会誌，**52** (12) (1986), 2113.
13) 宮崎，玉川：CO_2 レーザとその適用事例，レーザ学会主催国際レーザ/アプリケーション'91セミナー「レーザ加工」, (1991.1), 22.
14) 宮崎：高速軸流形炭酸ガスレーザの特性と加工性能，レーザ熱加工研究会資料 WG-88-012, (1988.7).
15) 宮沢，村川，他：CO_2 レーザによる微細穴加工，精機学会秋季大会学術講演会論文集 (1985), 675.
16) 木村，門：CO_2 レーザによる厚板鋼板の切断，昭57精機学会春季大会学術講演会論文集(1982), 847.
17) J. N. Kamalu and W. M. Steen: The Importance of Gas Flow Parameters in Laser Cutting. The Metallurgical Society of AIME Paper Selection, **A 81** (38) (1981), 1.
18) 松野：CO_2 レーザによる鋼板の切断，溶接技術9月号，(1981), 27.
19) 大峯，平本，星之内：CO_2 レーザによる加工実験—溶接・切断—昭60精機学会秋季大会シンポジウム資料，(1985), 67.
20) S. Kimura, J. Kinoshita: Thick Mild Steel Cutting with High Power CO_2 Laser, Second International Metal Cutting Conf. 中国華中工学院及香港理工学院連合主催，武漢，(1985). p.1.
21) 村川，宮沢，他：板材のレーザ切断に関する研究，昭61精密工学会秋季大会学術講演会論文集，(1986), 293.
22) 荒田，丸尾，他：レーザガス切断に関する基礎的研究（第2報）—切断前面の動的挙動—．高温

学会誌, **5** (2)(1979), 101.
23) 宮崎：レーザによる形状加工技術，精密工学会主催，講習会「エネルギービーム加工の現状と将来」テキスト，(1989.7), 6
24) 宮崎，篠永：レーザ切断面粗さにおよぼすレーザ出力脈動の影響について，溶接学会秋季全国大会講演概要集，第41集(1987.10), p.332.
25) 甲藤：伝熱概論，養賢堂(1964), p.38.
26) 荒田，宮本：大出力炭酸ガスレーザの熱源的研究(第5報)—炭酸ガスレーザによる熱加工—. 溶接学会誌, **41** (4)(1972), 425.
27) 森安，平本，他：加工条件のリアルタイム制御による高速・高品質レーザ，溶接学会全国大会講演概要 第37集，(1985.10), 278.
28) 星之内，木谷：CO_2 レーザによる加工例. Ō plus E, **57** (8)(1984), 60.

2.3.3 非鉄材料の切断特性

金属材料の中でも鉄鋼材料(軟鋼，ステンレス鋼など)の CO_2 レーザ切断は，現象研究や応用研究が進み，板金加工を中心としてここ数年の間に急速に普及してきた．一方，アルミニウム，銅，チタニウムおよびこれらをベースとする合金などの非鉄金属材料のレーザ切断については，その加工メカニズムや加工例に関する報告はほとんどないが，今後の実用化が強く期待されている．特にアルミニウムや銅の場合，レーザ光の反射率や熱伝導率が高いので，大出力レーザや反射レーザ光の対策が必要であるなどの問題点から，ほとんど実用には至っていない．しかし，応用技術開発が精力的に進められ，各種ノウハウの蓄積によって一部では実用レベルの加工特性が得られるようになっており，今後実用化が進んでいくものと思われる．

a. 切断能力

図 2.3.65 は代表的な4種類の鉄鋼および非鉄金属材料(軟鋼，ステンレス鋼，アルミニウム，チタニウム)を CW(連続出力)1,000 W の CO_2 レーザで，アシストガスとして酸素(O_2)を使用して切断した場合の分離切断速度と板厚との関係を示したものである[1]．軟鋼の場合は酸化反応熱を効率よく利用できるので最も高速で加工でき，切断品質も一番すぐれている．ステンレス鋼の場合，成分元素のクロム(Cr)やニッケル(Ni)の影響で酸化反応が抑制されるので，分離切断速度は軟鋼より少し遅く，溶融金属の粘性が大きいため裏面にドロスが付着しやすい．鉄鋼材料の場合，アシストガスにアルゴン(Ar)などの不活性ガスを用いると酸化反応熱が利用できなくなるので切断能力は 1/3〜1/4 になる．チタニウムの場合は，鉄よりも酸化燃焼しやすいのでアシストガスに

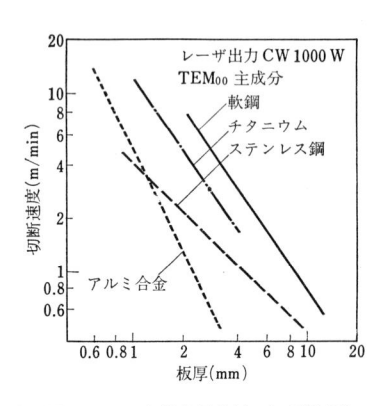

図 2.3.65 各種金属材料の切断能力[1]

酸素(O_2)を用いると軟鋼と同様に高速で切断できるが，逆に酸化燃焼反応を制御することが難しくセルフバーニングが発生するので良好な切断品質は得られない．アシストガスとしてアルゴン(Ar)などの不活性ガスを用いればセルフバーニングの発生をなくして良好

2.3 レーザ切断

な切断ができるが,この場合には切断速度は1/4程度に低下する.アルミニウムの場合には,CO_2レーザの反射率や熱伝導率が高く,かつ,アルミ酸化物になると融点が非常に高くなるのでアシストガスに酸素(O_2)を用いても切断速度はほとんど速くならない.

一般に非鉄金属材料の場合には,鉄鋼材料の場合のように酸化反応を有効に利用して高速かつ高品質な切断をすることは難しいようである.

通常,アルミニウムや銅などの高反射率材料の場合には,レーザの吸収を改善するために材料表面にレーザ吸収剤としてカーボンパウダやセラミックスパウダなどを塗布してから切断することが有効である.図2.3.66はアルミニウム(板厚1.0mm)を切断する場合にレーザ吸収剤としてカーボンパウダを表面に塗布した場合の効果を示したものである.レーザ出力が大きな範囲では顕著な差はないが,800W以下の小出力では吸収剤を塗布しないと切断できないのに対して,吸収剤を塗布すれば500Wでも切断可能となる.図2.3.67はレーザ吸収剤として表面にカーボンパウダを塗布し,レーザ出力CW 1,500W,アシストガスに酸素(O_2)を用いた場合の,アルミニウム,銅および黄銅の分離切断限界を比較したものである.融点の低いアルミニウムはCW 1,500Wで板厚6mmまで分離できるが,融点の高い銅は板厚3mmが分離限界になる.黄銅はこの中間で板厚4mmが限界である.

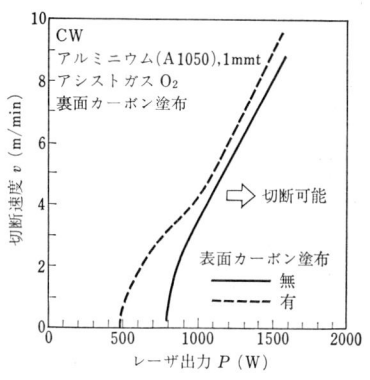

図 2.3.66 表面へのカーボンパウダ塗布の効果

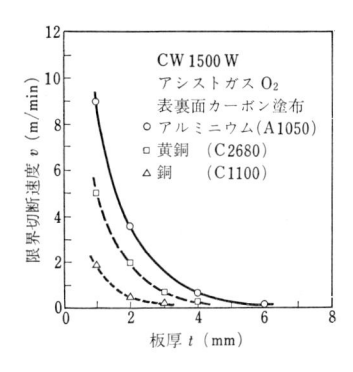

図 2.3.67 各種非鉄材料の切断能力の比較

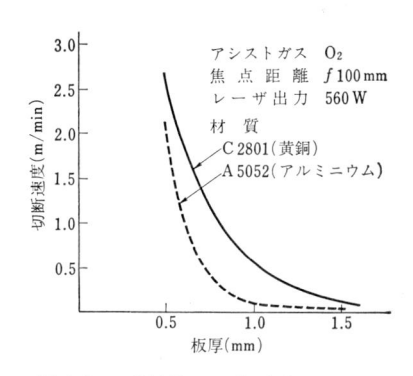

図 2.3.68 YAGレーザによるアルミニウム,黄銅の切断能力[2]

図2.3.68にYAGレーザによるアルミニウム,黄銅の切断能力を示す[2].切断にはほとんどCO_2レーザが用いられているが,YAGレーザの大出力化により切断への適用が検討されている.YAGレーザはCO_2レーザと比べて金属の反射率が低いので,アルミニウム

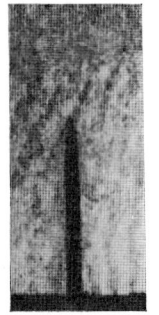

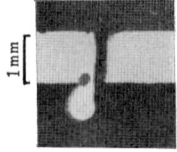

図 2.3.69 チタニウム（板厚 1mm）のレーザ切断部[4]
レーザ出力，CW 900 W，切断速度 4 m/min.
アシストガス アルゴン（1.5 kg/cm²）．

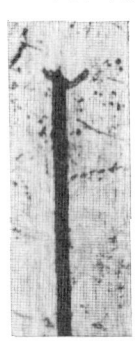

(a) 表面
(b) 横断面 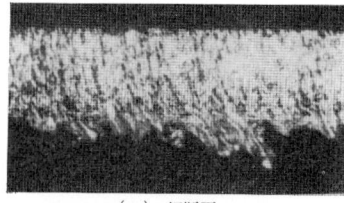
(c) 切断面
(d) 切断面（SEM 写真） 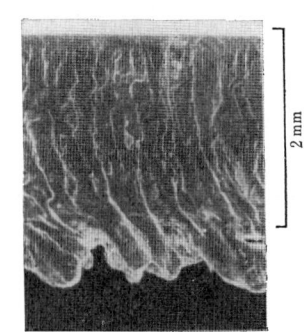

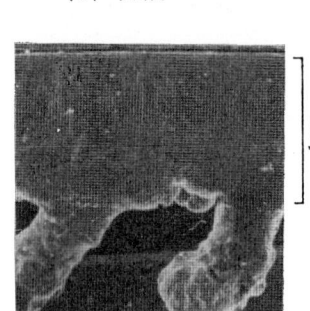

図 2.3.70 アルミニウム（板厚 2mm）のレーザ切断部[4]
レーザ出力 CW 900 W，切断速度 0.1 m/min.
アシストガス O_2（2.5 kg/cm²）．

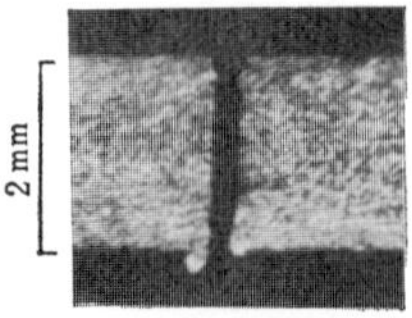

(a) 表面
(b) 横断面
(c) 切断面
(d) 切断面（SEM 写真）

や黄銅などの高反射率材料の切断に基本的には有利である．しかし，たとえば板厚 1.6 mm の黄銅の場合に出力 560 W で切断速度が 10 mm/min 以下と極端に遅く実用レベルの切断性能は得られていない．

YAG レーザの場合には，ビーム品質がよく集光性がすぐれた小出力機を使用して，厚さ 5〜500 μm 程度の金，銀，銅などの金属箔の加工に用いられている[3]．

b. 切断品質

図 2.3.69，図 2.3.70 はそれぞれ CW 900 W でチタニウム（アシストガス：Ar），アルミニウム（アシストガス：O_2）を切断した場合の表面，横断面，切断面の写真，また図 2.3.71 は切断面粗さ[2]を示したものである[4]．裏面にはドロスが付着し，切断面粗さはチタニウムの場合は R_z が 10〜20 μm と比較的よいがアルミニウムの場合は R_z が 100 μm 以上と鉄鋼材料より切断品質が劣っている．

裏面へのドロスの付着は，カーボンパウダやセラミックスパウダなどを裏面に塗布してから切断することにより抑制できるとともに，付着したドロスの除去が容易になる．図 2.3.72

2.3 レーザ切断

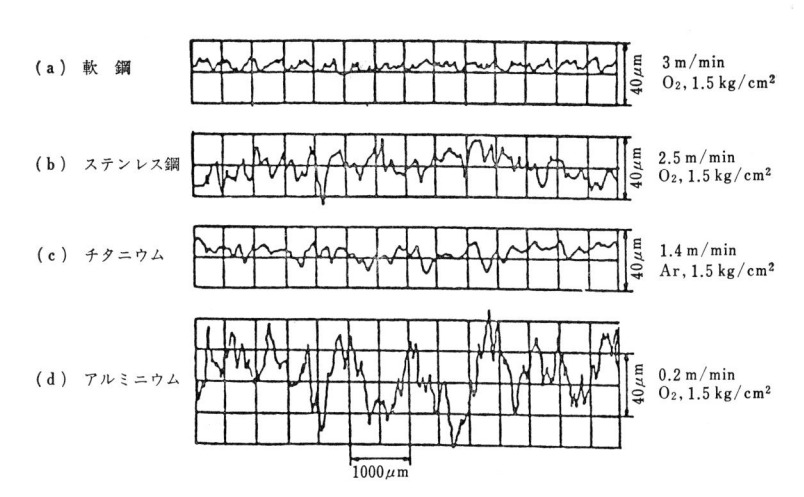

(a) 軟鋼 　3 m/min, O_2, 1.5 kg/cm^2
(b) ステンレス鋼 　2.5 m/min, O_2, 1.5 kg/cm^2
(c) チタニウム 　1.4 m/min, Ar, 1.5 kg/cm^2
(d) アルミニウム 　0.2 m/min, O_2, 1.5 kg/cm^2

図 2.3.71 各種金属材料のレーザ切断面の上部の表面粗さ[4]
CW 900 W でそれぞれの材料の適正条件にて切断した場合.

はアルミニウム，黄銅，銅をアシストガスに酸素（O_2）を用いて切断した場合のカーボンパウダのドロス付着防止効果を示す切断面の比較写真である．カーボンパウダの塗布によりドロスの付着量が減少するとともに，アルミニウムや銅の場合は付着したドロスの除去も容易になる．

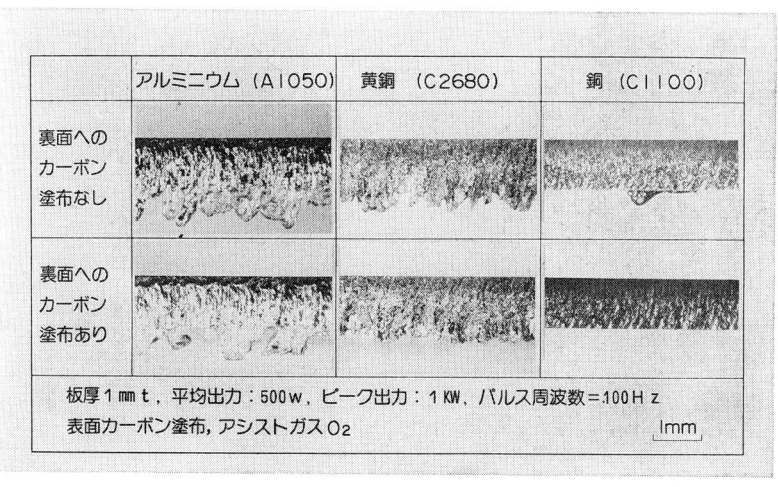

板厚 1 mm t, 平均出力：500 w, ピーク出力：1 KW, パルス周波数＝100 Hz
表面カーボン塗布, アシストガス O_2

図 2.3.72 裏面へのカーボンパウダ塗布の効果

ドロスの付着や切断面の状態など切断品質は溶融金属の物性に大きく左右されるので，雰囲気（アシストガス）を変えると切断品質が変わる．図2.3.73はアルミニウムをアシストガスに酸素とアルゴンを用いて切断した場合の切断面の比較例である．アルゴンの方が若干

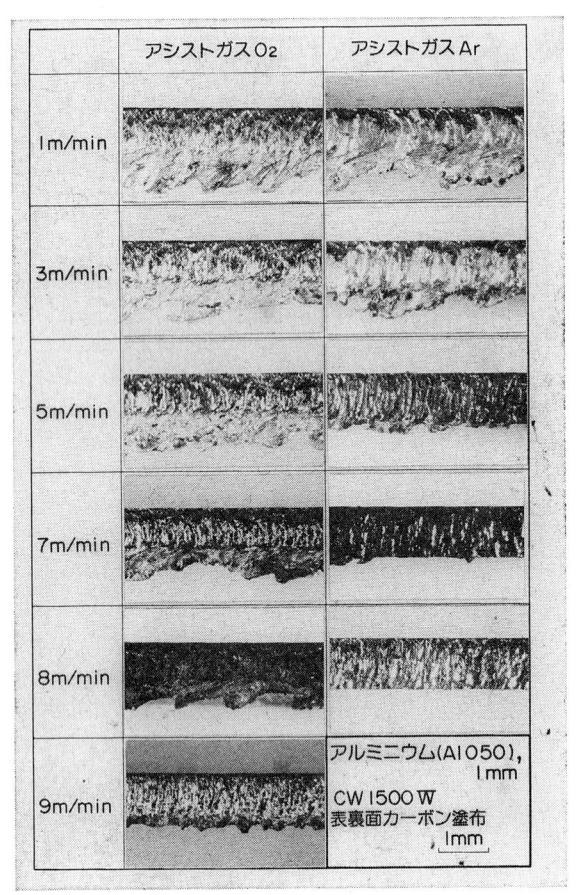

図 2.3.73　アシストガスが切断品質におよぼす影響
アルミニウム A 1050，板厚 1 mm の場合．

最大切断速度は遅くなるが，切断面が滑らかになり高速条件でドロスフリーになるなど切断品質が向上している．また，図2.3.74は黄銅をアシストガスに酸素，アルゴン，窒素を用いて切断した場合の切断面の比較例である．アルゴンまたは窒素を用いるとカーボンパウダを塗布しなくてもドロスフリー切断が可能である．

さらに，切断面粗さはパルス周波数やピーク出力により大きく変わる[5]ことから，今後はパルス出力が積極的に使用され切断品質の向上が図られていくものと思われる．

最近では，切断品質の改善のために加工方法や加工条件が検討され，種々のノウハウが蓄積され，切断品質も日進月歩である．アシストガスとしてアルゴンや窒素をはじめこれらにさまざまなガスを混合したものが，またレーザの出力形態も CW ではなくパルスが使用され，切断面粗さの大幅向上，ドロスフリー切断が達成されている．

c. 非鉄金属切断用レーザ加工機

一般に非金属材料は CO_2 レーザの反射率が高いうえ，熱伝導率も高いため，切断には大きな出力が必要である．切断に適する集光性能がすぐれた TEM_{00} モードで平均出力が 1,000 W，ピーク出力が 2,500 W の矩形波ハイピークパルスの発振器が製品化され，非金属材料などへの適用が期待されている[6]．また，レーザ出力を高速で検出，フィードバック制御して出力を常に一定にする出力制御技術によって，反射レーザ光による異常出力の発生や共振器ミラーの損傷を防止することにより，銅やアルミニウムなど高反射率材料の安定な切断を実現している[7]．

さらに，従来の鉄鋼材料の切断の場合とは異なる非鉄金属材料切断のノウハウを活用するために，特殊仕様の加工ヘッドが使用されるなど，非鉄金属材料の切断に適したレーザ加工機が開発されている．

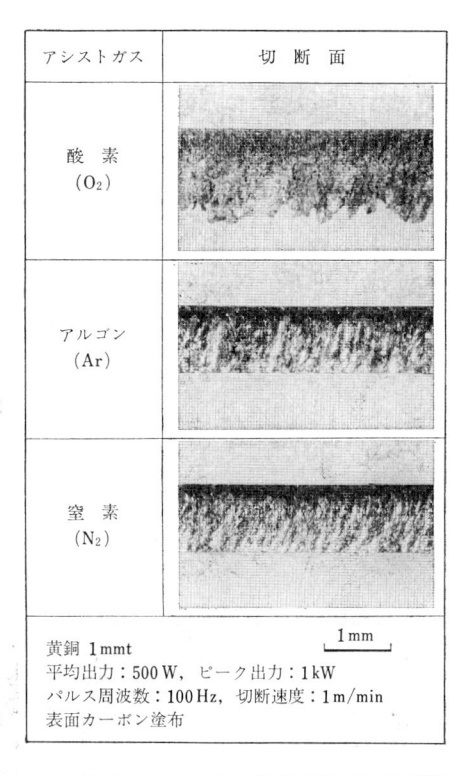

図 2.3.74 アシストガスが切断品質に及ぼす影響 黄銅，板厚 1 mm の場合．

黄銅 1 mmt
平均出力：500 W，ピーク出力：1 kW
パルス周波数：100 Hz，切断速度：1 m/min
表面カーボン塗布

d. 各種非鉄材料の切断例

(i) アルミニウム A 1050～A 1100 の純アルミニウムおよび A 5052, A 6061 などのアルミニウム合金の切断条件例を表 2.3.5 に示す．この場合にはアシストガスとして酸素を使用している．

アルミニウムの場合，合金成分が増すほど，切断速度が速くなりドロスの付着も少なくなるなど，加工性は向上する[8]．

レーザ光の反射防止およびドロス付着の軽減のためにカーボンパウダを表裏面に塗布することにより，切断の安定かつ高品質化が図れる．

図 2.3.75 は板厚 2 mm のアルミニウム合金 A 5052 の切断サンプルと，切断面の走査電

表 2.3.5 アルミニウムの切断条件例

材 質	板厚 (mm)	出力形態	平均出力 (W)	デューティ (%)	周波数 (Hz)	加工速度 (m/min)
紙アルミニウム	1.0	パルス CW	500 1,500	50 —	100 —	0.2 5.0
	2.0	パルス CW	700 1,500	50 —	100 —	0.5 2.0
	3.0	パルス CW	900 1,500	60 —	100 —	0.4 1.0
	4.0	CW	1,500	—	—	0.3
アルミニウム合金	0.5	パルス	250	25	100	0.4
	1.5	パルス CW	500 1,500	50 —	100 —	0.4 3.0
	2.0	パルス CW	700 1,500	50 —	100 —	0.7 3.0
	6.0	CW	1,500	—	—	0.1

（a） 新切断方法による加工サンプル

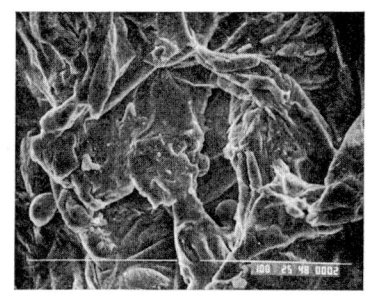

（c） 従来切断方法による切断面 SEM 写真

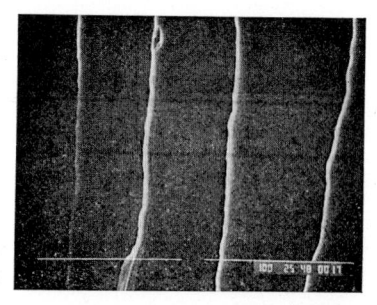

（b） 新切断方法による切断面 SEM 写真

図 2.3.75 アルミニウムの高品質切断例[5]
アルミニウム合金 A 5052，板厚 2 mm.

子顕微鏡（SEM）写真である[9]．ピーク出力 2,500 W の矩形ハイピークパルス，反射光による変動をなくす出力制御，および特殊加工ヘッドなどによる加工条件を最適化した新切断方法によって，ドロスフリーで，切断面粗さも板厚 2 mm で 15 μmR$_{max}$ 前後の加工品質が得られるようになっている．酸素をアシストガスに用いた従来法では切断面が荒れているが，新方法では切断面に溶融金属の流れた筋がわずかにつくだけで，軟鋼なみの切断品質を得ている．

(ii) 銅　　純銅およびリン青銅やベリリウム銅（BeCu）など銅合金の切断条件例を表 2.3.6 に示す．アシストガスは酸素を使用する．アルミニウムの場合と同様にレーザ光の反射やドロス付着防止のためにカーボンパウダを表裏面に塗布することによって，切断の安定かつ高品質化を図ることができる．

表 2.3.6　銅の切断条件例

材質	板厚 (mm)	出力形態	平均出力 (W)	デューティ (%)	周波数 (Hz)	加工速度 (m/min)
Cu	1.0	パルス	400	60	500	0.1〜0.2
	2.0	パルス CW	1,000 1,500	70 —	80 —	0.1 0.5
	3.0	CW	1,500	—	—	0.1
リン青銅	0.15	パルス	120	15	700	0.3
	0.25	パルス CW	200 500	20 —	250 —	0.3 0.5
BeCu	0.5	パルス	150	15	80	0.7

銅材料は切断により軟化しやすく，薄板の場合には切断時にひずんで焦点位置が変化して切断できなくなることがあるので，特に注意を要する．図 2.3.76 に板厚 3 mm の銅板の切断例を，図 2.3.77 に板厚 0.2 mm のリン青銅をレーザ切断して試作した IC リードフレームを示す．

図 2.3.76　銅板（板厚 3 mm）の切断例

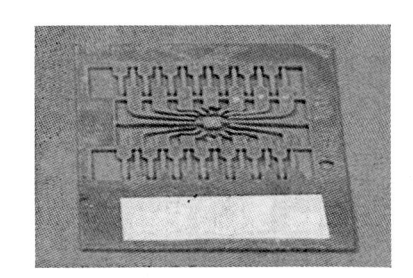

図 2.3.77　レーザ切断による IC リードフレーム試作例（リン青銅，板厚 0.2 mm）

(iii) 黄銅　黄銅の切断条件例を表2.3.7に示す．アシストガスとして窒素やアルゴンを用いると，切断速度は酸素の場合より遅くなるが，ドロスフリーの良質切断ができる．図2.3.78に板厚2mmの黄銅板の切断例を示す．

表 2.3.7　黄銅の切断条件例

材質	板厚 (mm)	出力形態	平均出力 (W)	デューティ (％)	周波数 (Hz)	加工速度 (m/min)
黄銅	0.5	パルス	300	35	300	0.5〜0.3
	1.0	パルス	700	40	100	0.5
	1.5	パルス	800	60	600	0.3
	2.0	パルス	1,000	80	80	0.5
	3.0	パルス CW	1,000 1,500	60 —	200 —	0.1 0.8

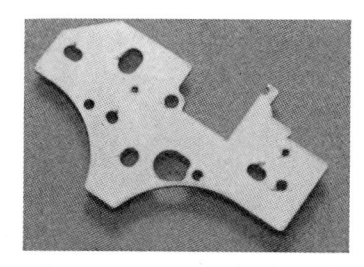

図 2.3.78　黄銅（板厚2mm）の切断例

図 2.3.79　チタニウム（板厚2mm）の切断例[10]

表 2.3.8　チタニウムの切断条件例

材質	板厚 (mm)	出力形態	平均出力 (W)	デューティ (％)	周波数 (Hz)	加工速度 (m/min)
Tiおよび Ti合金	0.6	パルス CW	180 1,500	20 —	150 —	0.8 3.0
	1.0	パルス	240	30	300	0.3
	2.3	パルス CW	500 1,300	40 —	200 —	0.6 2.0
	3.0	パルス	350	25	50	0.3
	3.5	パルス	650	40	80	0.2
	6.0	パルス CW	900 1,500	60 —	80 —	0.1 0.3

(iv) チタニウム　チタニウムおよびチタニウム合金の切断条件例を表2.3.8に示す．チタニウムは非常に酸化燃焼しやすいのでアシストガスにはアルゴンや窒素，エアーを使用

する．アルゴンの場合に最もよい切断結果が得られる．ドロスは薄板の場合には比較的とれやすいが，厚板になるとドロスの除去は困難である．図2.3.79に板厚2mmのチタニウム板の切断例[10]を示す．

（v）洋白　　洋白の切断条件例を表2.3.9に示す．

表2.3.9　洋白の切断条件例

材　質	板厚(mm)	出力形態	平均出力(W)	デューティ(%)	周波数(Hz)	加工速度(m/min)
洋　白	1.2	パルス	250	20	150	0.3

（vi）タングステン　非常に加工し難い材料であるが，板厚1mm程度までの薄板は切断できるようになっている．図2.3.80に板厚0.8mmのタングステン板の加工例[10]を示す．

非鉄金属材料のレーザ切断に関する系統的な研究がなく，メカニズムはほとんどわからないというのが現状である．一方，応用技術開発により各種ノウハウが蓄積され，アルミニウムの切断など一部ではすでに実用可能なレベルまで達している．今後，系統的な研究が進みメカニズムが解明されるとともに，レーザ加工機および周辺技術の発展により，非鉄金属材料のレーザ切断は飛躍的に普及していくものと予想される．

図2.3.80　タングステン（板厚0.8mmの加工例[10]）

（森安雅治・大峯　恩）

文　献

1) 精機学会エネルギービーム分科会編：エネルギービーム加工，リアライズ社，(1985)，125．
2) 三浦　宏，笹川　隆：レーザによる金属加工は今後どう進むか．溶接技術，**32** (2) (1984)，30．
3) 森川　洋：YAGレーザによる高精度微細切断・微細穴あけ加工．機械技術，**35** (14) (1987)，46．
4) Vladimir S., Kovalenko, et al.: Experimental Study of Cutting Different Materials with a 1.5 kW CO_2 Laser, Transactions of JWRI, **7** (2) (1978), 101.
5) 木谷　基ほか：レーザ切断性能に及ぼすパルス特性の影響，溶接学会第109回溶接法研究委員会資料．
6) 菱井正夫，他：炭酸ガスレーザ発振器．三菱電機技報，**61** (6) (1987)，36．
7) 特集・レーザ加工　第1部　加工機．日経メカニカル，**218** (1986. 5-5)，32．
8) 最新切断技術総覧編集委員会編：最新切断技術総覧，産業技術サービスセンター(1985)，p.411．
9) 木谷　基ほか：炭酸ガスレーザ加工技術．三菱電機技報，**61** (6) (1987)，44．
10) 吉田正雄：難加工材・複雑形状のレーザ加工．プレス技術，**24** (9) (1986)，65．

2.3.4　非金属材料の切断
a. 全　般
レーザ切断は高いエネルギー密度をもつレーザビームにより材料を蒸発もしくは溶融して

行うものであり，金属材料，非金属材料を問わず加工でき，生産現場への導入が広範に進められている．蒸発除去による切断は原理的には可能であるが，このような切断はごく薄い金属箔あるいは特定の非金属材料に限定される．

溶融を主体とする切断においては多くの場合，ガスジェットが併用される．ガスジェットはレーザ照射によって溶融した材料を吹き飛ばす働きがあり，切断能力と切断品質を向上させるために使われる．また，加工時に発生する蒸発物質から集光レンズを保護する働きがある．酸化を嫌う場合は窒素やアルゴンのような不活性ガスが用いられる．O_2などの活性ガスを用いると，レーザによる加熱に酸化反応のエネルギーが重畳されて切断能力を著しく向上させることができる．

一般に刃物などを用いた機械的切断では，刃物が絶えず切断面に接触し摩滅するため，工具の交換が必要である．また，機械的切断では材料を複雑な形状に切断することは困難である．レーザ切断は機械的に接触しないので，これらの問題点が解決できる．また，石英ガラスやセラミックスなどの材料は機械加工が困難であるが，熱加工であるレーザ切断は容易である．レーザ切断は，切断速度が速い，切断幅が狭い，精度が高い，任意の箇所から切断できるなどの特徴をもっている．特に，薄板を高速で切断するのに適している．

b. セラミックスの切断

現在，セラミックスの切断に用いられているレーザは，CO_2レーザおよびYAGレーザである．前者はセラミックスにおけるビームの吸収率が高く，かつ大出力が利用可能であるという特長をもち，後者は制御性がよく短波長で微細加工に適した特長をもっている．現在，加工速度として通常の切断砥石による研削加工の数倍の値が得られている．

図2.3.81にパルス励起YAGレーザを用いて得られた窒化ケイ素の切断速度と切断面の表面粗さの関係を示す[1]．パルス出力を用いた加工では，切断速度を小さく設定することにより表面粗さは向上する．

レーザ切断では加工物を局部的に高温にするため，表面層に組織変化が生じたり，クラックが発生する可能性がある．セラミックスの強度は，このような加工変質層の存在に大きく影響されるため，加工物への熱的影響をできるだけ小さくする加工条件の選択が必要である．

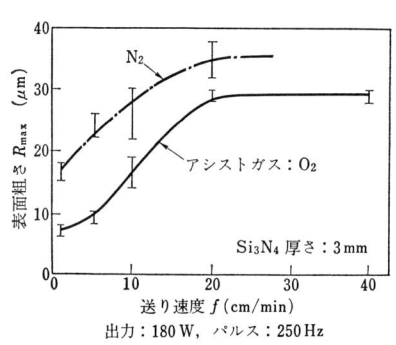

図 2.3.81 窒化ケイ素のレーザ切断（送り速度と面粗さ）[1]

現在セラミックスの強度の信頼性の尺度としてワイブル係数（Weibull modulus）が一般的に用いられている．すなわち，セラミックスの強度がワイブル分布に従うとしたとき，強度分布は

$$F = 1 - \exp\left[-\left\{\frac{\sigma R}{\mu}\Gamma\left(\frac{m+1}{m}\right)\right\}^m\right]$$

σR：最大応力，μ：平均強度，$\Gamma(x)$：ガンマ関数

2.3 レーザ切断

で表わされる．式中の m がワイブル係数で，大きいほど強度のばらつきが小さいことを示している．ワイブル分布は寿命試験や信頼性の問題に特に用いられ，指数分布の拡張された分布と考えることができる．ファインセラミックスでは大気中で $1,200 \sim 1,300°C$ の高温環境下に $1,000$ 時間置いた後，同じ環境下でワイブル係数が20以上であることが目標とされている．

セラミックスをレーザ切断したままの状態では，加工変質層のためワイブル係数は小さい．図 2.3.82 はレーザ切断した窒化ケイ素の切断面を所定の深さだけ除去した時の曲げ強度を示したものである[1]．レーザ加工したままの強度は素材の強度の約30%にまで低下する．加工変質層の厚さは約 $70\,\mu m$ であり，これを除去すると素材強度に復帰することがわかる．

このように，レーザ加工は加工変質層による強度低下が問題である．現状では，所要の精度と強度を得るために2次的な加工が必要である．ただし，パルス幅の短いレーザ出力を用いることにより，加工変質層を大幅に減少させることは可能であり，連続励起 YAG レーザの Q スイッチ出力（パルス幅：100 ns）を

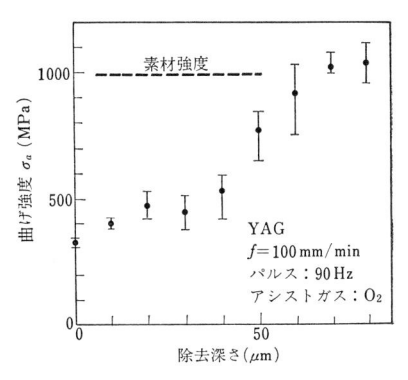

図 2.3.82 窒化ケイ素のレーザ切断（変質層の除去による強度の回復）[1]

(b) 切断溝（幅 $40\,\mu m$）

(a)

(c) 切断面

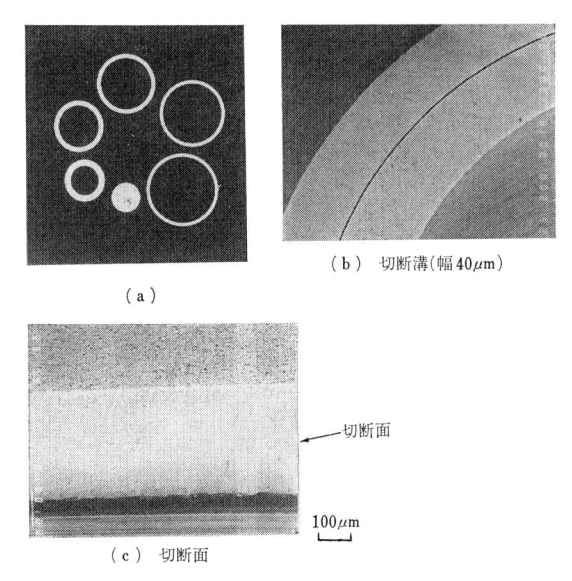

図 2.3.83 水中加工法による圧電セラミックス $PbTiO_3$ のリング状分割[2]

用いることによりクラックが大幅に減少することが確認されている[2]．また，高温において昇華分解する特性を有するセラミックス（Si_3N_4，AlN など）においては Q スイッチ出力を用いて水中で加工することにより加工変質層のない加工を実現することが可能であり，この技術を用いて圧電素子の分割が試みられている[2]．水中加工法により切断された圧電セラミックスを図 2.3.83 に示す．

セラミックス基板の加工では，強度低下はさほど問題とならないため，スクライビングや穴あけに多くのレーザが用いられている．レーザ加工例を図 2.3.84 に示す[3]．この例では切断，スクライビングおよび穴あけの 3 種類の加工をレーザで行っている．

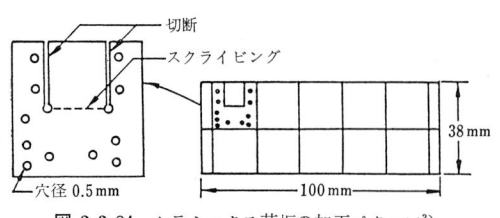

図 2.3.84 セラミックス基板の加工パターン[3]

c．ガラスの切断

ガラスの切断にとって最も問題となるのは，熱ひずみによって切断面付近で割れを生じることである．熱膨張率の小さい石英ガラスなどは，板厚 2mm 程度までの薄い材料であれば割れの心配もなく容易に切断できるが，厚い材料や熱膨張率の大きい材料では応力による割れの心配があるので，パルス入熱での加工が行われる．

表 2.3.10 にパルス発振のレーザを用いた石英ガラスの切断例を示す[4]．割れ防止策としてはパルス入熱のほかに予熱が効果的であり，軟化点近くまで予熱しておくと割れを避けることができる．

表 2.3.10　石英ガラスのレーザ切断[4]

厚さ (mm)	出力 (W)	パルス繰返し (Hz)	加工速度 (mm/min)	アシストガス・酸素 (kg/cm^2)
2	200	100	160	2
3	200	100	120	2.5
4	200	100	80	2.5
5	240	100	60	2.5
6	240	100	50	3
8	300	80	30	3
10	320	75	20	3

d．コンクリート，岩石の切断

コンクリートは解体工事などの場合，非常に扱いにくい材料であるが，熱伝導率が低いことを生かしてレーザによる破壊が可能である．岩石やコンクリートの切断にレーザを用いる場合には，対象となる物が比較的厚いため，高い出力が必要である．したがって，レーザとしては CO_2 レーザが適している．

岩石そしてコンクリートの破壊は，レーザ光の加熱に起因するクラックで始まる．レーザ照射によって生じたノッチから，クラックは外側へ伸びていく．熱の拡散を考慮に入れたと

2.3 レーザ切断

きの実際的な温度分布および応力状態を図 2.3.85 に示す[5]. 照射後の熱拡散によって応力は緩和されるので, 破壊には速やかな熱衝撃が必要である.

応力は温度勾配に比例するので, 出力が一定の場合は熱が拡散しなければ大となる. また応力は熱膨張率 α と弾性係数 E にも比例する. すなわち, 熱衝撃に対する効率 f (figure of merit) は次のような簡単な式になる.

$$f = E\alpha\rho c / K$$

ここで, K は熱伝導率, ρ は密度, c は比熱である. この式より, 岩石やコンクリートのような材料はレーザの熱衝撃を受けやすいといえる. たとえば, コンクリートの熱衝撃の受けやすさは銅の 10^3 倍である. しかし, この値は熱衝撃メカニズムの重要な条件, 特にクラックが伝わっていく時のエネルギーなどを考えていないので, 単なる指針にすぎない. コンクリートの場合, 破壊に達する一つの条件として, パワー密度 $200 W/cm^2$ 以上, 出力 $500 W$ 以上が

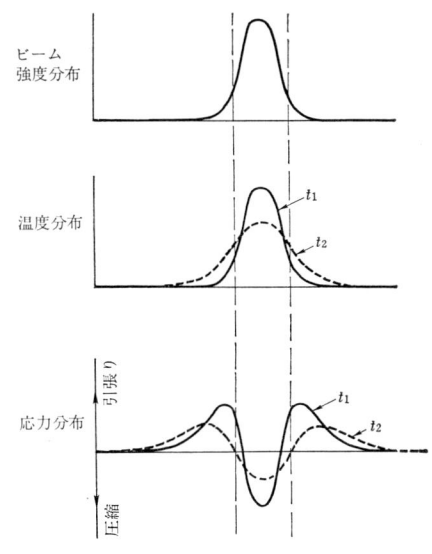

図 2.3.85 温度分布と応力分布[5]

必要といわれている[5]. 1kW の CO_2 レーザを用い, 照射直径 25 mm で $1 \times 1 \times 25$ in の大きさの花こう岩や大理石に照射した場合, クラックは照射後 5 秒で生じている[6]. そして 30 秒後には可視クラックが現われ, 材料は破断されている.

表 2.3.11 は岩石を破壊する際の種々の方法を比較したものである[7]. ここで比エネルギ

表 2.3.11 各種の岩石切断法の効率[7]

方法	材料	比エネルギー (J/cm³)	方法	材料	比エネルギー (J/cm³)
ジャックハンマ	硬質岩	260〜390	フレーム切断	頁岩 ジャスパ	134,000 33,000
回転ローラドリル	硬質岩	210〜840	集束フレームドリル	鉄珪岩	16,000
ダイヤモンドドリル	硬質岩	1,120〜4,500	電流加熱	鉄珪岩 銅鉱石 花こう岩	10 100〜1,000
ペレットドリル	ピンク珪岩	67,000	電気アーク	—	5,000〜100,000
爆薬	石灰岩	160〜680	電子ビーム	花こう岩 砂岩	110〜240
ウォータジェット	花こう岩 砂岩	56,000 11,000	CO_2 レーザ	大理石 花こう岩 コンクリート	200〜600
超音波	石英ジャスパ	19,000			

―(specific energy)とは材料を $1\,cm^3$ だけ除去するのに必要なエネルギーを表わしている. CO_2 レーザの比エネルギーは通常使用される他の方法と同程度に低い値であり, 解体技術として有望であることがわかる.

e. プラスチックの切断

プラスチックは CO_2 レーザ光をよく吸収するので切断は容易である. 図2.3.86はメタクリル樹脂を空気ジェットを併用して CO_2 レーザで切断したとき, レーザ出力と空気ジェットの圧力が切断深さに及ぼす影響を示したものである[8]. 空気ジェットを併用すると, 切断溝の表面入口部分が拡大されないで, 切断面がストレートに近い加工ができる. また空気ジェットを併用すると, 切断深さも増大する. 出力一定の場合, 切断速度は切断深さとほぼ反比例の関係にあり, 板厚が厚くなるにしたがって切断速度は遅くなる.

メタクリル樹脂は適当な加工条件を選ぶと切断幅が小さく, 透明さを失わないきれいな切断面で文字や絵柄が切り抜ける. 切断例を図2.3.87に示す[9].

また, レーザの金属と非金属における反射率の差を利用して, 電線などのストリッピングが行われている. 電線を被覆している絶縁体は, レーザ光により加熱されて蒸発する. 一方, 電線は何の影響も受けずにすむので, 良好なストリッピングが可能となる. 図2.3.88はフラットリボンワイヤのプラスチック被覆を除去したものである.

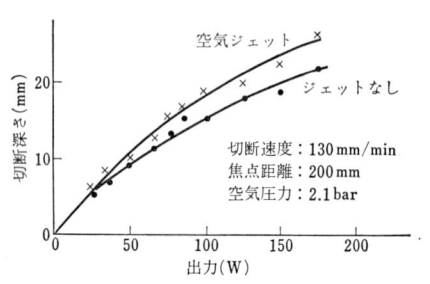

図 2.3.86 メタクリル樹脂の切断[8]

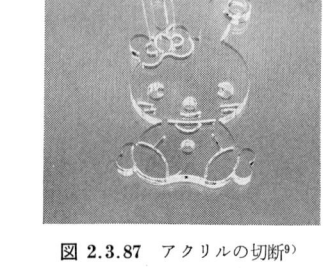

図 2.3.87 アクリルの切断[9]

図 2.3.88 フラットリボンケーブルのストリッピング

f. 複合材料の切断

複合材料とは, 物理的, 化学的特性の異なった二つ以上の素材の組合せで構成され, もとの素材よりもすぐれた, あるいはもとの素材にはない新しい有用な特性をもつ材料と定義さ

れる．繊維強化プラスチック（FRP；Fiber Reinforced Plastic）は，繊維と樹脂で構成された複合材料ということになる．

FRPを最もよく利用しているのは航空機産業である．航空機は完全性と性能を極限まで追求されることから，強度が高くて軽量，さらにその強度の配分設計ができるなど，FRPの特徴を最大限に活用している．航空機では，内装部品から構造部材にいたるまでさまざまなFRPが使われているが，アラミド繊維強化エポキシプラスチック（AFRP）と炭素繊維強化エポキシプラスチック（CFRP）の二つが代表的なものである．

AFRPを構成するアラミド繊維の軟化点は650°C，エポキシ樹脂のガラス転移温度は240°C程度で比較的近い．このため，二つの素材に対するレーザ加工条件に大きな差はなく，AFRPはレーザ加工に適した材料といえる．図2.3.89はCO_2レーザを用いて切断した場合，良好な加工面品質が得られる加工条件の一例である[10]．AFRPのレーザ切断では繊維のけばだちや層間剝離がなく，また加工変質域もごくわずかである．加工面の品質がよい，摩耗が問題の工具が不要，粉塵が発生しない，作業の自動化が容易などメリットは大きい．

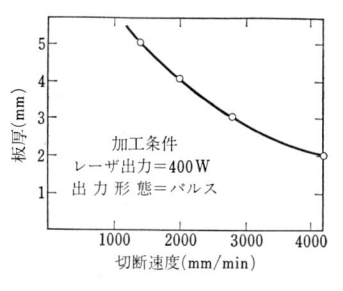

図 **2.3.89** AFRPのレーザ切断[10]

炭素繊維の軟化点は3,650°C程度で，エポキシ樹脂のガラス転移温度と非常に大きな差がある．レーザでCFRPを切断する場合，耐熱温度の高い炭素繊維に加工条件を合せるため，エポキシ樹脂に対してはかなり過剰なエネルギーが供給されることになる．また炭素繊維は熱伝導性がよいため，繊維方向に熱が伝わりやすく，熱変質域が大きくなってしまう．この熱変質域を小さく抑えるためには，切断速度を10 m/min以上の高速にすることが必要とされている．

g. 木材の切断

レーザによる木材の切断の利点としては，
（a）ノコくずが出ない
（b）切断代が小さい
（c）複雑な形状が自由に切断できる
（d）切断面が滑らかである
（e）加工物に働く力が少ない
（f）工具の摩耗がない
（g）騒音がほとんど出ない

などをあげることができる．

代表的な実用化例は，図2.3.90に示すようなダイブロックの加工である[9]．機械的な方法で加工するのに比べて10倍の加工速度と高い加工精度が得られている．装置としては，図2.3.91に示すような全自動で原画をトレースしながら加工できる装置が開発されている[11]．レーザとしては200WのCO_2レーザが用いられ，厚さ18mmの合板を0.7mmの

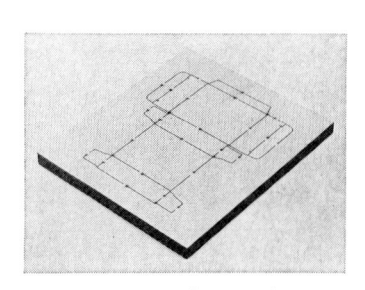

図 2.3.90 ダイブロックの切断[9] 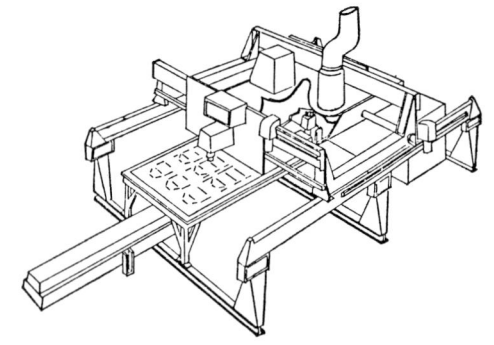   図 2.3.91 レーザダイボード切断機[11]

幅でストレートに切断している.

h. 紙や布地類の切断

紙や布地類の切断にレーザを適用すると，次のような利点がある.

（a） 非接触加工なので工具の摩耗がない
（b） 加工面にケバやムシレを残すことがない
（c） ほこりが出ない
（d） 鋭い角度をもったパターンでも容易に切断できる
（e） 布の場合，加工面に近い繊維は溶けて固まるので破れにくくなる

図2.3.92はダンボール紙の切断例である[12]．ダンボール紙は複雑な形状に切断することが多い．刃物で切断するとつぶれてしまうという問題があるが，レーザ切断では加工の際にほとんど力がかからないので，つぶれる心配はなくなる．レーザ切断に適した材料といえる.

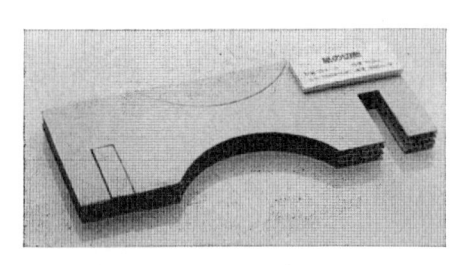

コンピュータのプリンタ用紙，多機能複写機用紙，宅配便の伝票用紙などミシン目が必要な印刷物は急速に増えている．こうした用紙をつくるフォーム印刷

図 2.3.92 ダンボール紙の切断[12]

機は紙を切り離すときのミシン目も印刷と同時に加工する．現在は刃物でミシン目を入れているが，刃物の代わりにレーザで小さい穴をあけ，省人化，生産性向上，コスト低減を目指す考えも出されている[13]．

布地やじゅうたんの切断にはレーザ切断が実用化されている．レーザ裁断システムは，裁断指令用のコンピュータ，位置決め装置，レーザ装置，コンベアの四つの主要部から構成されている．布地ロールから引き出された布地はコンベアに乗って位置決め装置の下に移動したのち，レーザヘッドがコンピュータの指令どおりに裁断していく方式である．何着分かを正確にそして迅速にすることができ，省力化に役立っている．最近では小形ミシンとロボッ

トを用いた縫装の自動化も図られ，レーザによる裁断と組合せた全自動縫装システムも出現している．

(長野幸隆・石田修一)

文　献

1) 伊藤, 中村, 兼松: 精密工学会誌, **52** (3) (1986), 403.
2) 森田, 塩田, 石田: 電気学会, 光・量子デバイス研究会資料, OQD-86-5, (1986).
3) 難波: レーザと加工, 共立出版 (1983), p.64.
4) 上田, 今岡: 機械と工具, **28** (4) (1984), 106.
5) J. W. Jones, B. F. Scott: Building Research and Practice (1973-11/12), 335.
6) G. Farrar, et al.: MIT Research Report R 69/16 (1969).
7) B. W. Schumacher, et al.: Proc. 10th Symp. on electron, ion, and laser beam technology (1969-5).
8) F. W. Lunau, et al.: Optics Technology (1969-11), 255.
9) 浦井, 西川: 溶接技術, **2** (1988).
10) 長谷川: 機械技術, **35** (2) (1987), 90.
11) 小林: 続・レーザ加工, 開発社 (1980), 60.
12) 高石, 杉山: 機械の研究, **38** (7) (1986), 772.
13) 日経産業新聞 (1986-12-25).

2.4 レーザ表面処理

2.4.1 レーザ表面処理における熱伝導

均質かつ等方な物体内の熱伝導を考える．物体の領域を V，その表面を S とすると，非定常熱伝導方程式は

$$\kappa \nabla^2 T - \frac{\partial T}{\partial t} = -\frac{w(x, y, z, t)}{\rho c} \tag{1}$$

で与えられる．ただし，

$$\nabla^2 = \frac{\partial^2}{\partial x^2} + \frac{\partial^2}{\partial y^2} + \frac{\partial^2}{\partial z^2} \tag{2}$$

である．また，T は温度，κ は熱拡散率，ρ, c はそれぞれ密度および比熱，w は単位時間，単位体積当りの発熱量である．K を熱伝導率とすると，$\kappa = K/\rho c$ である．境界条件と初期条件は，一般にそれぞれ

$$\frac{\partial T}{\partial n} + h(T - T_\infty) - \frac{q(x, y, z, t)}{K} = 0, \quad (x, y, z) \in S \tag{3}$$

$$T(x, y, z, 0) = f(x, y, z) \tag{4}$$

で表わされる．ただし，n は S 上での外向き単位法線である．h は相対熱伝達率で，α を熱伝達率とすると，$h = \alpha/K$ で定義される．また，T_∞ は物体周囲の温度，q は境界表面における単位時間，単位面積当りの流入熱量，$f(x, y, z)$ は初期温度分布である．

ここで，(1) 式の左辺を

$$L[T] \equiv \kappa \nabla^2 T - \frac{\partial T}{\partial t} \tag{5}$$

と表わす．$\delta(x)$ を Dirac の δ 関数とするとき，偏微分方程式

$$L[G(x, y, z, t; \xi, \eta, \zeta, \tau)] = -\delta(x-\xi)\delta(y-\eta)\delta(z-\zeta)\delta(t-\tau) \tag{6}$$

を満たし，表面 S 上で境界条件

$$\frac{\partial G(x, y, z, t; \xi, \eta, \zeta, \tau)}{\partial n} + hG(x, y, z, t; \xi, \eta, \zeta, \tau) = 0 \tag{7}$$

を満足する解 $G(x, y, z, t; \xi, \eta, \zeta, \tau)$ を L に関する Green 関数という．また，偏微分式 $L[u]$ に対し

$$M[v] \equiv \kappa \nabla^2 v + \frac{\partial v}{\partial t} \tag{8}$$

を L の随伴微分式という．偏微分方程式

$$M[H(x, y, z, t; \xi, \eta, \zeta, \tau)] = -\delta(x-\xi)\delta(y-\eta)\delta(z-\zeta)\delta(t-\tau) \tag{9}$$

を満足し，表面 S 上で式 (7) と同じ境界条件

$$\frac{\partial H(x, y, z, t; \xi, \eta, \zeta, \tau)}{\partial n} + hH(x, y, z, t; \xi, \eta, \zeta, \tau) = 0 \tag{10}$$

2.4 レーザ表面処理

を満たす解 $H(x, y, z, t; \xi, \eta, \zeta, \tau)$ を随伴 Green 関数という．G, H 両 Green 関数には，
$$H(x, y, z, t; \xi, \eta, \zeta, \tau) = G(\xi, \eta, \zeta, \tau; x, y, z, t) \tag{11}$$
なる関係が成り立つ．これを相反性という．

　物理的には Green 関数は，$t < \tau$, すなわち時刻 τ よりも前の時刻に温度が 0 であった物体（周囲の温度も 0 で，適当な境界条件が与えられている）の中の点 (ξ, η, ζ) において，$t = \tau$ の瞬間に単位強さ（ρc[J] の熱量）の瞬間熱源が発生した場合の，時刻 τ 以後の物体内の温度変化を表わしている．これに対し随伴 Green 関数は，過去において物体内に一様に分散していた熱が時間とともに点 (ξ, η, ζ) に向かって集中し始め，$t = \tau$ の瞬間に単位強さの熱源となり，突然消滅して τ 以後は 0 になるという，エントロピーの増大する実在の世界とは逆の物理現象を表わしている．

　ところで，広義の Green の公式[1]は，L, M に関して次式のようになる．
$$\int_0^t \iiint_V (vL[u] - uM[v]) dVdt = -\iiint_V [uv]_0^t dV + \kappa \int_0^t \iint_S \left(v\frac{\partial u}{\partial n} - u\frac{\partial v}{\partial n} \right) dSdt \tag{12}$$

$u = T(x, y, z, t)$, $v = H(x, y, z, t; \xi, \eta, \zeta, \tau)$ とおいて，(1), (9) 式を (12) 式に代入し，(3), (4) 式および (10) 式を考慮すれば，結局
$$T(\xi, \eta, \zeta, \tau) = \iiint_V f(x, y, z) H(x, y, z, 0; \xi, \eta, \zeta, \tau) dV$$
$$+ \frac{1}{\rho c} \int_0^\tau \iint_S [\alpha T_\infty + q(x, y, z, t)] H(x, y, z, t; \xi, \eta, \zeta, \tau) dSdt$$
$$+ \frac{1}{\rho c} \int_0^\tau \iiint_V w(x, y, z, t) H(x, y, z, t; \xi, \eta, \zeta, \tau) dVdt \tag{13}$$

を得る．したがって，(11) 式の関係を利用し，主変数 x, y, z, t と副変数 ξ, η, ζ, τ を置き換えることによって
$$T(x, y, z, t) = \iiint_V f(\xi, \eta, \zeta) G(x, y, z, t; \xi, \eta, \zeta, 0) dV$$
$$+ \frac{1}{\rho c} \int_0^t \iint_S [\alpha T_\infty + q(\xi, \eta, \zeta, \tau)] G(x, y, z, t; \xi, \eta, \zeta, \tau) dSd\tau$$
$$+ \frac{1}{\rho c} \int_0^t \iiint_V w(\xi, \eta, \zeta, \tau) G(x, y, z, t; \xi, \eta, \zeta, \tau) dVd\tau \tag{14}$$

が求まる．これが (3), (4) 式の下での (1) 式の解である．

　なお，(3) 式において $h = \infty$, すなわち境界 S 上で
$$T = g(x, y, z, t) \tag{15}$$
と表わされるときは，偏微分方程式 (6) を満たし，表面 S 上で
$$G(x, y, z, t; \xi, \eta, \zeta, \tau) = 0 \tag{16}$$
なる境界条件を満足する Green 関数 $G(x, y, z, t; \xi, \eta, \zeta, \tau)$ を用いて
$$T(x, y, z, t) = \iiint_V f(\xi, \eta, \zeta) G(x, y, z, t; \xi, \eta, \zeta, 0) dV$$

表 2.4.1 一次元 Green 関数の例

番号	物体の形状	$h=\infty$ (表面温度 0)	$0<h<\infty$ (熱伝達)	$h=0$ (断熱)
1	無限固体 $(-\infty<x<\infty)$	$\dfrac{1}{\pi}\int_0^\infty e^{-\varepsilon p^2(t-\tau)}(\sin px\sin p\xi+\cos px\cos p\xi)dp=\dfrac{1}{\pi}\int_0^\infty e^{-\varepsilon p^2(t-\tau)}\cos p(x-\xi)dp=\dfrac{1}{2\sqrt{\pi\kappa}}e^{-\frac{(x-\xi)^2}{4\kappa(t-\tau)}}$		
2	半無限固体 $(0\le x<\infty)$	$\dfrac{2}{\pi}\int_0^\infty e^{-\varepsilon p^2(t-\tau)}\sin px\sin p\xi\,dp$ $=\dfrac{1}{2\sqrt{\pi\kappa}\sqrt{t-\tau}}\left[e^{-\frac{(x-\xi)^2}{4\kappa(t-\tau)}}-e^{-\frac{(x+\xi)^2}{4\kappa(t-\tau)}}\right]$	$\dfrac{2}{\pi}\int_0^\infty e^{-\varepsilon p^2(t-\tau)}\dfrac{(h\sin px+p\cos px)}{h^2+p^2}\times(h\sin p\xi+p\cos p\xi)dp$ $=\dfrac{1}{2\sqrt{\pi\kappa(t-\tau)}}\left[e^{-\frac{(x-\xi)^2}{4\kappa(t-\tau)}}+e^{-\frac{(x+\xi)^2}{4\kappa(t-\tau)}}\right]$ $-2h\int_0^\infty e^{-hz-\frac{(x+\xi+z)^2}{4\kappa(t-\tau)}}dz$	$\dfrac{2}{\pi}\int_0^\infty e^{-\varepsilon p^2(t-\tau)}\cos px\cos p\xi\,dp$ $=\dfrac{1}{2\sqrt{\pi\kappa(t-\tau)}}\left[e^{-\frac{(x-\xi)^2}{4\kappa(t-\tau)}}+e^{-\frac{(x+\xi)^2}{4\kappa(t-\tau)}}\right]$
3	平板 $(0\le x\le L)$ h は両面共通の値をとる	$\dfrac{2}{L}\sum_{n=1}^\infty e^{-\varepsilon(\frac{n\pi}{L})^2(t-\tau)}\sin\dfrac{n\pi x}{L}\sin\dfrac{n\pi\xi}{L}$ $[x=0$ で $h=\infty$, $x=L$ で $0<h<\infty$ の場合] $\dfrac{2}{L}\sum_{n=1}^\infty e^{-\varepsilon p_n^2(t-\tau)}\dfrac{h^2+p_n^2}{(h^2+p_n^2)L+h}\sin p_n x\sin p_n\xi$ $p_n:p\cot pL=-h$ の正根	$\dfrac{2\sum_{n=1}^\infty e^{-\varepsilon p_n^2(t-\tau)}\dfrac{h\sin p_n x+p_n\cos p_n x}{(h^2+p_n^2)L+2h}}{\times(h\sin p_n\xi+p_n\cos p_n\xi)}$ $p_m:\tan pL=2ph/(p^2-h^2)$ の正根 $[x=0$ で $h=0$, $x=L$ で $0<h<\infty$ の場合] $\dfrac{2}{L}\sum_{n=1}^\infty e^{-\varepsilon(\frac{(2n-1)\pi}{2L})^2(t-\tau)}\cos\dfrac{(2n-1)\pi x}{2L}\cos\dfrac{(2n-1)\pi\xi}{2L}$	$\dfrac{1}{L}+\sum_{n=1}^\infty e^{-\varepsilon(\frac{n\pi}{L})^2(t-\tau)}\cos\dfrac{n\pi x}{L}\cos\dfrac{n\pi\xi}{L}$ $[x=0$ で $h=0$, $x=L$ で $0<h<\infty$ の場合] $\dfrac{2}{L}\sum_{n=1}^\infty e^{-\varepsilon p_n^2(t-\tau)}\dfrac{h^2+p_n^2}{(h^2+p_n^2)L+h}\cos p_n x\cos p_n\xi$ $p_n:p\tan pL=h$ の正根
4	円柱 $(0\le r\le R)$	$\dfrac{1}{\pi R^2}\sum_{n=1}^\infty e^{-\varepsilon p_n^2(t-\tau)}\dfrac{J_0(p_n r)J_0(p_n\rho)}{J_1^2(p_n R)}$ $p_n:J_0(pR)=0$ の正根	$\dfrac{1}{\pi R^2}\sum_{n=1}^\infty e^{-\varepsilon p_n^2(t-\tau)}\dfrac{p_n^2 J_0(p_n r)J_0(p_n\rho)}{(h^2+p_n^2)J_0^2(pR)}$ $p_n:hJ_0(pR)=pJ_1(pR)$ の正根	$\dfrac{1}{\pi R^2}+\dfrac{1}{\pi R^2}\sum_{n=1}^\infty e^{-\varepsilon p_n^2(t-\tau)}\dfrac{J_0(p_n r)J_0(p_n\rho)}{J_0^2(p_n R)}=0$ の正根
5	球 $(0\le r\le R)$	$\dfrac{1}{2\pi Rr\rho}\sum_{n=1}^\infty e^{-\varepsilon(p_n)^2(t-\tau)}\sin\dfrac{n\pi r}{R}\sin\dfrac{n\pi\rho}{R}$ $p_n:R_2\cot R_2+(Rh-1)=0$ の正根	$\dfrac{1}{2\pi Rr\rho}\sum_{n=1}^\infty e^{-\varepsilon(p_n)^2(t-\tau)}\dfrac{R^2 p_n^2+(Rh-1)^2}{R^2 p_n^2+Rh(Rh-1)}\times\sin p_n r\sin p_n\rho$ $p_n:R_2\cot R_2+(Rh-1)=0$ の正根	$\dfrac{3}{4\pi R^3}+\dfrac{1}{2\pi Rr\rho}\sum_{n=1}^\infty e^{-\varepsilon(p_n)^2(t-\tau)}\dfrac{1+R^2 p_n^2}{R^2 p_n^2}\times\sin p_n r\sin p_n\rho$

$$-\kappa \int_0^t \iint_S g(\xi, \eta, \zeta, \tau) \frac{\partial G}{\partial n}(x, y, z, t; \xi, \eta, \zeta, \tau) dS d\tau$$
$$+\frac{1}{\rho c} \int_0^t \iiint_V w(\xi, \eta, \zeta, \tau) G(x, y, z, t; \xi, \eta, \zeta, \tau) dV d\tau \qquad (17)$$

のように表わされる.

表 2.4.1[2] に, 1 次元 Green 関数の例を示す. この表は, 各物体に対し, $h=\infty$, $\infty > h > 0$, $h=0$ の 3 種類の境界条件の場合の Green 関数を示している. 2 次元, 3 次元の場合の Green 関数は, その次元に含まれる各座標軸ごとの 1 次元 Green 関数の積として表される. これを Green 関数の可積性という.

レーザ表面処理における温度上昇を考える場合は, 通常, $h=0$, $f(x, y, z)=0$ であり, レーザビームが物体表面で吸収されるときは $w(x, y, z, t)=0$, 物体内部で吸収されるときは, $q(x, y, z, t)=0$ となる. 以下, 熱源 (レーザビーム) が静止した場合と移動する場合に大別し, 各種熱源による半無限体と無限平板の温度上昇について述べる.

a. 静止熱源

(i) 平面一様分布熱源による半無限体の温度上昇　　半無限体の表面 $z=0$ に, 単位時間, 単位面積当たり q_0 の熱流束が与えられたとき, t 時間後の深さ z における温度上昇は

$$T(z, t) = \frac{2 q_0 \sqrt{\kappa t}}{K} \text{ierfc} \frac{z}{2\sqrt{\kappa t}} \qquad (18)$$

あるいは

$$T(z, t) = \frac{2 q_0}{K} \left[\sqrt{\frac{\kappa t}{\pi}} \exp\left(-\frac{z^2}{4\kappa t}\right) - \frac{z}{2} \text{erfc} \frac{z}{2\sqrt{\kappa t}} \right] \qquad (19)$$

で表わされる[3]. ただし,

$$\text{ierfc}\, x = \int_x^\infty \text{erfc}\, \xi d\xi \qquad (20)$$

$$\text{erfc}\, x = \frac{2}{\sqrt{\pi}} \int_x^\infty e^{-\xi^2} d\xi \qquad (21)$$

である. (18) 式より, 深さが $2\sqrt{\kappa t}$ より大きいところでは, 温度上昇はほとんどないことがわかる. 表面温度は, (18) 式で $z=0$ とおけば,

$$T(0, t) = \frac{2 q_0}{K} \sqrt{\frac{\kappa t}{\pi}} \qquad (22)$$

のようになり, $\sqrt{t}$ に比例する.

ところで, レーザビームが工作物内部で吸収される場合, 吸収係数を μ とすると, 深さ z における温度上昇は,

$$T(z, t) = \frac{2 q_0 \sqrt{\kappa t}}{K} \text{ierfc} \frac{z}{2\sqrt{\kappa t}} - \frac{q_0}{2\mu K} \left[2 e^{-\mu z} - e^{\mu(\mu \kappa t - z)} \text{erfc}\left(\mu\sqrt{\kappa t} - \frac{z}{2\sqrt{\kappa t}}\right) \right.$$
$$\left. - e^{\mu(\mu \kappa t + z)} \text{erfc}\left(\mu\sqrt{\kappa t} + \frac{z}{2\sqrt{\kappa t}}\right) \right] \qquad (23)$$

となる[4].

(ii) 円形一様分布熱源による半無限体の温度上昇　　図 2.4.1 に示すように, ビームパワー P, スポット径 a のレーザビームを半無限体表面に照射したとき, 表面からの熱損失

はないとすると，点 (r, z) における温度上昇は，次式のように表わされる[3].

$$T(r, z, t) = \frac{\varepsilon P}{2\pi aK} \int_0^\infty J_0(\lambda r) J_1(\lambda a) \left[e^{-\lambda z} \mathrm{erfc}\left(\frac{z}{2\sqrt{\kappa t}} - \lambda\sqrt{\kappa t}\right) \right.$$
$$\left. - e^{\lambda z} \mathrm{erfc}\left(\frac{z}{2\sqrt{\kappa t}} + \lambda\sqrt{\kappa t}\right) \right] \frac{d\lambda}{\lambda} \tag{24}$$

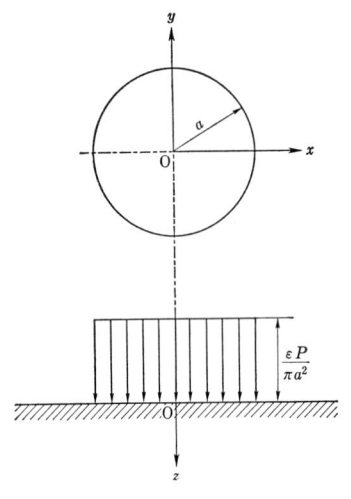

図 2.4.1 円形一様分布熱源

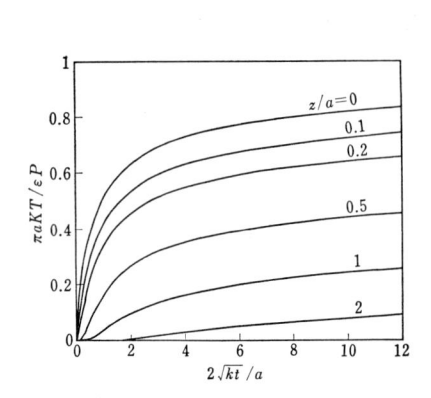

図 2.4.2 円形一様分布熱源による半無限体の熱源中心軸上の温度変化

ただし，ε は表面での熱吸収率，J_0 と J_1 は，それぞれ 0 次および 1 次の第 1 種ベッセル関数である．このとき z 軸上では，

$$T(0, z, t) = \frac{2\varepsilon P\sqrt{\kappa t}}{\pi a^2 K}\left(\mathrm{ierfc}\frac{z}{2\sqrt{\kappa t}} - \mathrm{ierfc}\frac{\sqrt{z^2+a^2}}{2\sqrt{\kappa z}}\right) \tag{25}$$

となり，図 2.4.2 のように温度上昇する．

点 (r, z) の $t \to \infty$ における定常温度は，式 (24) より

$$T(r, z, \infty) = \frac{\varepsilon P}{\pi aK} \int_0^\infty e^{-\lambda z} J_0(\lambda r) J_1(\lambda a) \frac{d\lambda}{\lambda} \tag{26}$$

z 軸上の定常温度は，

$$T(0, z, \infty) = \frac{\varepsilon P}{\pi a^2 K}(\sqrt{z^2+a^2} - z) \tag{27}$$

である．

特に点 $(0, 0)$ での温度上昇は，(25) 式より

$$T(0, 0, t) = \frac{2\varepsilon P\sqrt{\kappa t}}{\pi a^2 K}\left(\frac{1}{\sqrt{\pi}} - \mathrm{ierfc}\frac{a}{2\sqrt{\kappa t}}\right) \tag{28}$$

となり，$a/2\sqrt{\kappa t} > 1$ のとき，平面一様分布熱源における表面温度 ((22) 式) に近づく．定常状態 ($t \to \infty$) での点 $(0, 0)$ における温度上昇，すなわち円形一様分布熱源による最高温度上昇は，

$$T_{\max} \equiv T(0, 0, \infty) = \frac{\varepsilon P}{\pi a K} \tag{29}$$

となり, P/a に比例する. 平面一様分布熱源の場合と異なり, $t \to \infty$ のとき $T_{\max} \to \infty$ とならない. なお, 定常状態における熱源内平均温度は,

$$T_{\mathrm{av}} = \frac{8 \varepsilon P}{3 \pi^2 a K} = 0.849\, T_{\max} \tag{30}$$

で, $T_{\mathrm{av}}/T_{\max}$ は, 材料に無関係に一定となる.

(iii) 矩形一様分布熱源による半無限体の温度上昇

強度分布が図 2.4.3 のような矩形分布のレーザビームを半無限体表面に照射したとき, 表面からの熱損失がないとすると, 点 (x, y, z) における温度上昇は,

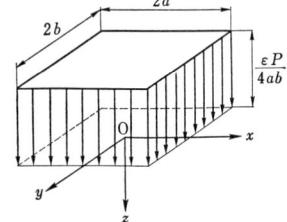

図 2.4.3 矩形一様分布熱源

$$T(x, y, z, t) = \frac{\varepsilon P \sqrt{\kappa}}{16 \sqrt{\pi}\, abK} \int_0^t \frac{1}{\sqrt{\tau}} \left(\mathrm{erf}\frac{x+a}{2\sqrt{\kappa\tau}} - \mathrm{erf}\frac{x-a}{2\sqrt{\kappa\tau}} \right)$$

$$\times \left(\mathrm{erf}\frac{y+b}{2\sqrt{\kappa\tau}} - \mathrm{erf}\frac{y-b}{2\sqrt{\kappa\tau}} \right) \exp\left(-\frac{z^2}{4\kappa\tau} \right) d\tau \tag{31}$$

で表わされる. ただし,

$$\mathrm{erf}\, x = 1 - \mathrm{erfc}\, x \tag{32}$$

である.

表面上の $t \to \infty$ における定常温度は, 次式のようになる[5].

$$T(x, y, 0, \infty) = \frac{\varepsilon P}{8 \pi abK} \left[|x+a| \left(\sinh^{-1}\frac{y+b}{x+a} - \sinh^{-1}\frac{y-b}{x+a} \right) \right.$$

$$+ |x-a| \left(\sinh^{-1}\frac{y-b}{x-a} - \sinh^{-1}\frac{y+b}{x-a} \right) + |y+b| \left(\sinh^{-1}\frac{x+a}{y+b} \right.$$

$$\left. - \sinh^{-1}\frac{x-a}{y+b} \right) + |y-b| \left(\sinh^{-1}\frac{x-a}{y-b} - \sinh^{-1}\frac{x+a}{y-b} \right) \right] \tag{33}$$

したがって, 熱源内の平均温度は, (33) 式を熱源内で積分することにより,

$$T_{\mathrm{av}} = \frac{\varepsilon P}{2\pi (ab)^2 K} \left\{ a^2 b \sinh^{-1}\frac{b}{a} + ab^2 \sinh^{-1}\frac{a}{b} \right.$$

$$\left. + \frac{1}{3} [a^3 + b^3 - (a^2 + b^2)^{3/2}] \right\} \tag{34}$$

のように得られる. 特に $a = b$ の場合,

$$T_{\mathrm{av}} = \frac{\varepsilon P}{\pi aK} \left[\log_e(1+\sqrt{2}) - \frac{\sqrt{2}-1}{3} \right] = 0.237 \frac{\varepsilon P}{aK} \tag{35}$$

となる[6].

また, 定常状態での熱源中心の温度上昇, すなわち矩形分布熱源による最高温度上昇は, (33) 式より,

$$T_{\max} \equiv T(0, 0, 0, \infty) = \frac{\varepsilon P}{2\pi abK} \left(a \sinh^{-1}\frac{b}{a} + b \sinh^{-1}\frac{a}{b} \right) \tag{36}$$

と表わされる. (29), (36) 式における P をそれぞれ P_1, P_2 と表わし, 共通の a 値で同じ

最高温度上昇を得るのに必要なパワーを比較すると，

$$\frac{P_1}{P_2} = \frac{1}{2b}\left(a \sinh^{-1}\frac{b}{a} + b \sinh^{-1}\frac{a}{b}\right) \tag{37}$$

のようになる．(37) 式は，図2.4.4[7] のような曲線で表わされる．円形一様分布熱源と同じ最高温度上昇を得るには，$b/a=2.7$ のとき，ほぼ2倍のパワーが必要なことがわかる．なお，特に $a=b$ の場合の最高温度上昇は

$$T_{\max} = \frac{\varepsilon P}{\pi a K}\log_e(1+\sqrt{2}) = 0.281\frac{\varepsilon P}{aK} \tag{38}$$

であり，円形一様分布熱源の約88％となる．

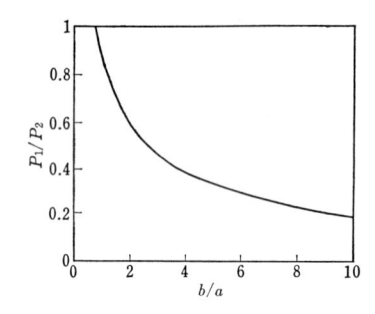

図 2.4.4 半無限体で同じ最高温度上昇を得るのに必要な円形一様分布熱源と矩形一様分布熱源のパワーの比較（a 値は共通）

図 2.4.5 ガウス形分布熱源

(iv) ガウス形分布熱源による半無限体の温度上昇　図2.4.5に示すようなガウス形分布熱源の強度分布は，次式のように表わされる．

$$q(x, y) = \frac{2\varepsilon P}{\pi r_0^2}\exp\left[-\frac{2}{r_0^2}(x^2+y^2)\right] \tag{39}$$

ここで，P はビームパワー，ε は半無限体表面での熱吸収率である．また，r_0 は，パワー密度がその最大値の $1/e^2$ になる点を通る円の半径である．このような強度分布のレーザビームを半無限体表面に照射したときの点 (r, z) における温度上昇の理論式は，Rykalin-Krasulin によって導かれ，

$$T(r, z, t) = \frac{2\varepsilon P\sqrt{\kappa}}{\pi^{3/2}K}\int_0^t \frac{1}{\sqrt{\tau}(8\kappa\tau+r_0^2)}\exp\left(-\frac{2r^2}{8\kappa\tau+r_0^2} - \frac{z^2}{4\kappa\tau}\right)d\tau \tag{40}$$

で与えられる[8]．熱源中心における温度上昇は

$$T(0, 0, t) = \frac{\sqrt{2}}{\pi^{3/2}r_0 K}\varepsilon P \tan^{-1}\frac{\sqrt{8\kappa t}}{r_0} \tag{41}$$

となる．(41) 式は，図2.4.6[8] のような曲線で表わされ，$\kappa t/a^2 < 10^{-2}$ ではほぼ直線となる．定常状態 ($t\to\infty$) での熱源中心における温度上昇，すなわちガウス形分布熱源による最高温度上昇は，

2.4 レーザ表面処理

$$T_{\max} \equiv T(0, 0, \infty) = \frac{\varepsilon P}{\sqrt{2\pi}\, r_0 K} \tag{42}$$

である．(29), (42)式における P をそれぞれ P_1, P_3 と表わし，同じ最高温度上昇を得るのに必要なパワーを比較すると，

$$\frac{P_1}{P_3} = \sqrt{\frac{\pi}{2}} \frac{a}{r_0} = 1.25 \frac{a}{r_0} \tag{43}$$

のようになる．したがって，同じパワーで円形一様分布熱源と同じ最高温度上昇を得るには，$r_0 = 1.25a$ とすればよいことがわかる．

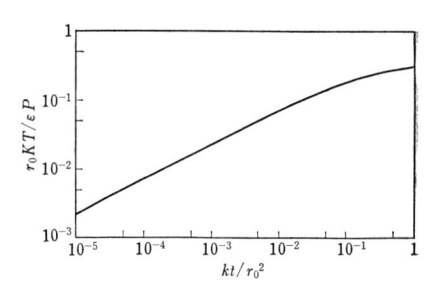

図 2.4.6 ガウス形分布熱源による半無限体の熱源中心における温度変化

ところで，レーザビームが工作物内部で吸収される場合，吸収係数を μ とすると，熱源の強度分布は

$$w(x, y, z) = \frac{2\mu\varepsilon P}{\pi r_0^2} \exp\left[-\frac{2}{r_0^2}(x^2 + y^2) - \mu z\right] \tag{44}$$

のように表わされる．このとき，半無限体内の点 (r, z) における定常状態での温度上昇は，(42)式を T_0 とすると，

$$T(r, z, \infty) = T_0 N(r^*, z^*, \mu^*) \tag{45}$$

で表わされる[9]．ここで，

$$N(r^*, z^*, \mu^*) = \frac{\mu^*}{\sqrt{2\pi}} \int_0^\infty J_0(\lambda r^*) \exp\left(-\frac{\lambda^2}{8}\right) \frac{\mu^* e^{-\lambda z^*} - \lambda e^{-\mu^* z^*}}{\mu^{*2} - \lambda^2} d\lambda \tag{46}$$

であり，

$$r^* = \frac{r}{r_0}, \quad z^* = \frac{z}{r_0}, \quad \mu^* = \mu r_0 \tag{47}$$

とおいた．特に，表面上の熱源中心Oにおける温度上昇，すなわち最高温度上昇時は

$$N(0, 0, \mu^*) = \frac{\mu^*}{\sqrt{2}} \left[D\left(\frac{\mu^*}{2\sqrt{2}}\right) - \frac{1}{2\sqrt{\pi}} \exp\left(-\frac{\mu^{*2}}{8}\right) \mathrm{Ei}\left(\frac{\mu^{*2}}{8}\right)\right] \tag{48}$$

となる[9]．ただし，

$$D(x) = e^{-x^2} \int_0^x e^{\xi^2} d\xi \tag{49}$$

$$\mathrm{Ei}\, x = \int_{-\infty}^x \frac{e^\xi}{\xi} d\xi \tag{50}$$

である．(50)式において，$x>0$ のときは，$\xi=0$ では積分の主値をとる．(48)式は図 2.4.7[9] で示され，μ^* が大きくなるにつれて，

$$N(0, 0, \mu^*) \fallingdotseq 1 - \frac{2\sqrt{2}}{\sqrt{\pi}} \frac{1}{\mu^*} \tag{51}$$

で，逆に，μ^* が小さくなるにつれて，

$$N(0, 0, \mu^*) \fallingdotseq \frac{\mu^*}{\sqrt{2\pi}} \left(\log_e \frac{2\sqrt{2}}{\mu^*} - \frac{\gamma}{2}\right) \tag{52}$$

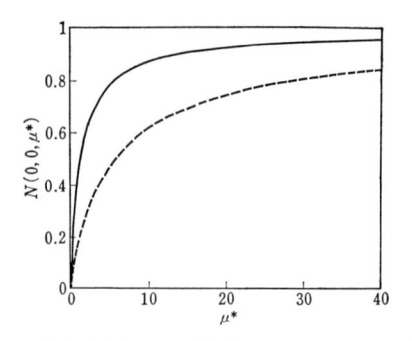

図 2.4.7 強度分布がガウス形分布のレーザビームが半無限体の内部で吸収される場合の,最高温度上昇と吸収係数の関係(破線は横軸を10倍拡大して示している)

で近似できる[9]. ただし,γ は Euler の定数で,

$$\gamma=\int_0^\infty e^{-x}\left(\frac{1}{1-e^{-x}}-\frac{1}{x}\right)dx=0.5772156649\cdots \quad (53)$$

である.

表 2.4.2[9] は,全入熱量 εP が 100 mW のとき,GaP ($K=77$ W/(m·K),$1/\mu \fallingdotseq 15\,\mu$m) と GaAs ($K=45.5$ W/(m·K),$1/\mu \fallingdotseq 1\,\mu$m) の最高温度上昇を(42)式,(48)によって求めた結果を示している.正規化した温度上昇 N は,$\mu^* \gg 1$ である GaAs よりも μ^* が1に近い GaP のほうが小さくなることがわかる.

表 2.4.2 全入熱量 εP が 100 mW のときの GaP ($1/\mu \fallingdotseq 15\,\mu$m) および GaAs ($1/\mu \fallingdotseq 1\,\mu$m) の最高温度上昇

ビーム半径 r_0 μm	GaP			GaAs		
	μ^*	T_0 °C	N	μ^*	T_0 °C	N
36.8	1.73	14	0.655	26	24	0.959
17.0	0.8	31	0.497	12	52	0.918
7.1	0.33	73	0.317	5	124	0.830
KW/(m·K)	77			45.5		

(v) 平面一様分布熱源による無限平板の温度上昇 厚さ l の無限平板の表面 $z=l$ に,単位時間,単位面積当り q_0 の熱流束が与えられたとき,t 時間後の深さ z における温度上昇は,裏面 $z=0$ からの熱損失がない場合

$$T(z,t)=\frac{q_0 t}{\rho c l}+\frac{q_0 l}{K}\left[\frac{3z^2-l^2}{6l^2}-\frac{2}{\pi^2}\sum_{n=1}^{\infty}\frac{(-1)^n}{n^2}\exp\left(-\frac{n^2\pi^2\kappa t}{l^2}\right)\cos\frac{n\pi z}{l}\right] \quad (54)$$

あるいは

$$T(z,\,t)=\frac{2q_0\sqrt{\kappa t}}{K}\sum_{n=0}^{\infty}\left[\mathrm{ierfc}\,\frac{(2n+1)l-x}{2\sqrt{\kappa t}}+\mathrm{ierfc}\,\frac{(2n+1)l+x}{2\sqrt{\kappa t}}\right] \tag{55}$$

で表わされる[3]．(54)式の第1項は時間 t に比例する．第2項は場所と時間に依存し，図2.4.8[3] に示すような曲線となる．第2項の寄与は $\kappa t/l^2<0.5$ で最も大きく，$t\to\infty$ につれてすべての点の温度は時間 t に比例して上昇する．

表面 $z=l$ における温度上昇は，(54)式より

$$T(l,\,t)=\frac{q_0 t}{\rho c l}+\frac{q_0 l}{K}\left[\frac{1}{3}-\frac{2}{\pi^2}\sum_{n=1}^{\infty}\frac{1}{n^2}\exp\left(-\frac{n^2\pi^2\kappa t}{l^2}\right)\right] \tag{56}$$

となる．

ところで，表面 $z=0$ に照射したレーザビームが工作物内部で吸収される場合，吸収係数を μ とし，両表面（$z=0,\ l$）から熱損失がないとすると，深さ z における温度上昇は，

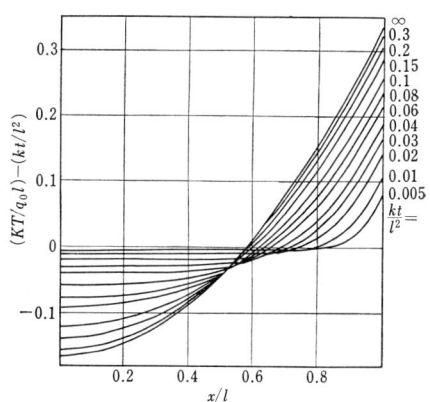

図 2.4.8 平面一様分布熱源による無限平板内温度分布の時間的変化

$$T(z,\,t)=\frac{q_0}{2\mu K}\sum_{n=-\infty}^{\infty}A_n+\frac{q_0\sqrt{\kappa t}}{K}\sum_{n=-\infty}^{\infty}B_n-\frac{q_0}{\mu K}e^{-\mu z} \tag{57}$$

で表わされる[10]．ここに，

$$A_n=e^{\mu[\mu\kappa t\pm(z-2nl)]}\left[\mathrm{erfc}\left(\mu\sqrt{\kappa t}\pm\frac{z-2nl}{2\sqrt{\kappa t}}\right)\right.$$
$$\left.-\mathrm{erfc}\left(\mu\sqrt{\kappa t}\pm\frac{z-2nl}{2\sqrt{\kappa t}}+\frac{l}{2\sqrt{\kappa t}}\right)\right] \tag{58}$$

$$B_n=2\,\mathrm{ierfc}\left(\frac{|z-2nl|}{2\sqrt{\kappa t}}\right)-e^{-\mu l}\,\mathrm{ierfc}\left(\frac{|z-(2n\pm1)l|}{2\sqrt{\kappa t}}\right) \tag{59}$$

である．

(vi) 円形一様分布熱源による無限平板の温度上昇　厚さ l の無限平板の表面（$z=0$）に，図2.4.1に示すようなスポット径 a のレーザビームを照射したとき，点 (r,z) における t 時間後の温度上昇は，両表面からの熱損失がない場合

$$T(r,\,z,\,t)=\frac{\varepsilon P}{2\pi a K}\sum_{n=-\infty}^{\infty}\int_{0}^{\infty}J_0(r\lambda)J_1(a\lambda)S_n(z,\,\lambda)d\lambda \tag{60}$$

で表わされる[10]．ただし

$$S_n(z,\,\lambda)=\frac{1}{\lambda}\left[e^{-\lambda|z-2nl|}\mathrm{erfc}\left(\frac{|z-2nl|}{2\sqrt{\kappa t}}-\lambda\sqrt{\kappa t}\right)\right.$$
$$\left.-e^{\lambda|z-2nl|}\mathrm{erfc}\left(\frac{|z-2nl|}{2\sqrt{\kappa t}}+\lambda\sqrt{\kappa t}\right)\right] \tag{61}$$

である．このとき，熱源中心（$r=0$）を通る z 軸上の温度上昇は，

$$T(0, z, t) = \frac{2\varepsilon P\sqrt{\kappa t}}{\pi a^2 K} \sum_{n=-\infty}^{\infty} \left(\mathrm{ierfc}\frac{|z-2nl|}{2\sqrt{\kappa t}} - \mathrm{ierfc}\frac{\sqrt{(z-2nl)^2+a^2}}{2\sqrt{\kappa t}} \right) \quad (62)$$

となる[10]. $a > l$ の場合, (62)式は平面一様分布熱源による温度上昇の式 (54), (55) で十分近似できる.

図 2.4.9[11]は, $a=l$ の場合の時刻 $\kappa t/a^2 = 0.45$ における温度上昇の等温線と, (24)式によって得られた半無限体の同じ時刻の等温線を比較して示したものである. 深さ $z/a = 0.5$ あたりから板厚の効果が顕著になっているのがわかる.

(vii) ガウス形分布熱源による無限平板の温度上昇 厚さ l の無限平板の表面 ($z=0$) に強度分布が図 2.4.5 のようなガウス形分布のレーザビームを照射したとき, 点 (r, z) における t 時間後の温度上昇は, 両表面からの熱損失がない場合

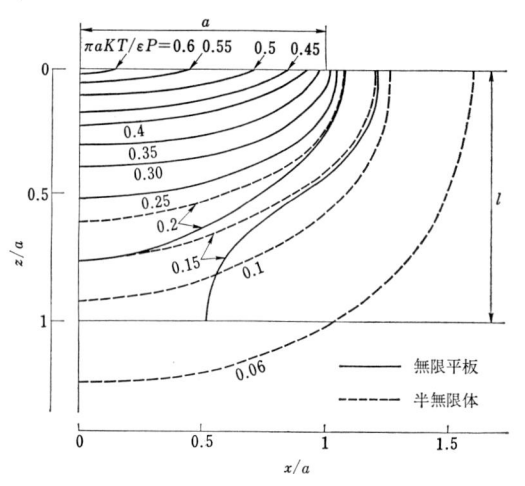

図 2.4.9 円形一様分布熱源による無限平板 ($l=\sigma$ の場合) と半無限体の時刻 $\kappa t/a^2 = 0.45$ における温度上昇の等温線

$$T(r, z, t) = \frac{2\varepsilon P}{\pi \rho c l} \sum_{n=0}^{\infty} k_n \cos\frac{n\pi z}{l}$$
$$\times \int_0^t \frac{1}{8\kappa\tau + r_0^2} \exp\left[-\frac{2r^2}{8\kappa\tau + r_0^2} - \left(\frac{n\pi}{l}\right)^2 \kappa\tau \right] d\tau \quad (63)$$

で表わされる. ただし,
$$k_0 = 1, \quad k_1 = k_2 = k_3 = \cdots = 2$$
である. このとき, 熱源中心の温度上昇は, テータ関数 ϑ_3 を用いて

$$T(0, 0, t) = \frac{2\varepsilon P}{\pi \rho c l} \int_0^t \frac{1}{8\kappa\tau + r_0^2} \vartheta_3\left(0, \frac{i\pi\kappa\tau}{l^2}\right) d\tau \quad (64)$$

と書ける.

b. 移動熱源

(i) 円形一様分布熱源による半無限体の温度上昇 図 2.4.1 のような円形分布熱源が, 半無限体表面上を速度 v で移動する場合を考える (これより, 特に断らない限り座標の原点を熱源中心に固定し, x 軸を半無限体の移動する方向と逆向きに, z 軸を深さ方向にとる). 表面より熱損失がない場合には, t 時間後の点 (x, y, z) における温度上昇は,

$$T_v(x, y, z, t) = \frac{\varepsilon P}{\pi^{3/2} a^2 K} \int_{-a}^{a} \int_{-\sqrt{a^2-\eta^2}}^{\sqrt{a^2-\eta^2}} \frac{1}{D} \exp\left[-\frac{v(x-\xi)}{2\kappa} \right] d\xi d\eta$$
$$\times \int_{1/2\sqrt{\kappa t}}^{\infty} \exp\left[-\lambda^2 - \left(\frac{vD}{4\kappa\lambda}\right)^2 \right] d\lambda \quad (65)$$

で表わされる[12]. ただし,

$$D^2 = (x-\xi)^2 + (y-\eta)^2 + z^2 \tag{66}$$

である. $t \to \infty$ の定常状態では

$$T_v(x, y, z, \infty) = \frac{\varepsilon P}{2\pi^2 a^2 K} \int_{-a}^{a} \int_{-\sqrt{a^2-\eta^2}}^{\sqrt{a^2-\eta^2}} \frac{1}{D} \exp\left[-\frac{v(D+x-\xi)}{2\kappa}\right] d\xi d\eta \tag{67}$$

となる. このとき, 熱源中心Oにおける温度上昇は,

$$T_v = (0, 0, 0, \infty) = \frac{\varepsilon P}{\pi a K} e^{-L} \left[I_0(L) + I_1(L)\right] \tag{68}$$

である[12]. ただし,

$$L = \frac{va}{2\kappa} \tag{69}$$

I_0, I_1 は変形ベッセル関数である. $L \to 0$ のときは, 円形分布静止熱源による最高温度上昇 ((29)式) と等しくなる. L が大きい場合には,

$$T_v(0, 0, 0, \infty) \fallingdotseq \frac{\sqrt{2}\, \varepsilon P}{\pi^{3/2} aK\sqrt{L}}$$

$$= 0.254 \frac{\varepsilon P}{aK\sqrt{L}} \tag{70}$$

となる. (68), (29) および (70) 式の関係は図2.4.10[12] のようであり, $L < 0.1$, $L > 3$ のとき, それぞれ (29), (70) 式で十分近似できる.

(ii) 矩形一様分布熱源による半無限体の温度上昇 強度分布が図2.4.3のような矩形分

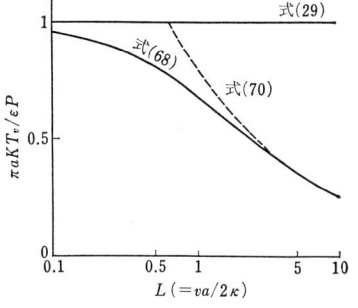

図 2.4.10 (68)式と近似式 (29), (70) との関係

布熱源が, 半無限体表面上を速度 v で移動するとき, 座標の原点を熱源に固定すると, 点 (x, y, z) における温度上昇は, 表面より熱損失がない場合, 定常状態では

$$T_v(x, y, z, \infty) = \frac{\varepsilon P \sqrt{\kappa}}{16\sqrt{\pi}\, abK} \int_0^\infty \frac{1}{\sqrt{\tau}} \left(\mathrm{erf}\frac{x+a+v\tau}{2\sqrt{\kappa\tau}} - \mathrm{erf}\frac{x-a+v\tau}{2\sqrt{\kappa\tau}}\right)$$

$$\times \left(\mathrm{erf}\frac{y+b}{2\sqrt{\kappa\tau}} - \mathrm{erf}\frac{y-b}{2\sqrt{\kappa\tau}}\right) \exp\left(-\frac{z^2}{4\kappa\tau}\right) d\tau \tag{71}$$

のように表わされる[3].

(71)式によって得られた熱源近傍の温度分布の一例を, 図2.4.11, 図2.4.12[13] に示す. 最高温度は, 表面では熱源の終端部付近で生じ, 深さが増すにつれて熱源の移動方向に対して尾を引くように移動する.

ところで, 温度分布 T_v が O-xyz 座標に関して定常状態にあるとき, 点 (x, y, z) における加熱速度 $\dot{T}_v$ は,

$$\dot{T}_v = \lim_{\Delta t \to 0} \frac{T_v(x, y, z, \infty) - T_v(x+\Delta x, y, z, \infty)}{\Delta t} \tag{72}$$

で与えられる. ここで $\Delta x = v \Delta t$ であることを考慮すれば,

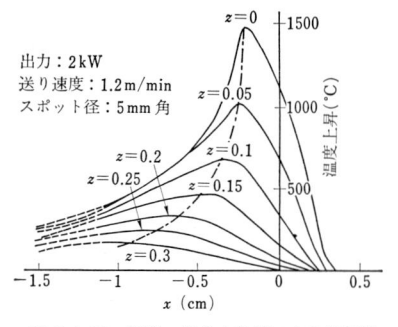

図 2.4.11 矩形一様分布熱源による半無限体の x-z 面の温度分布

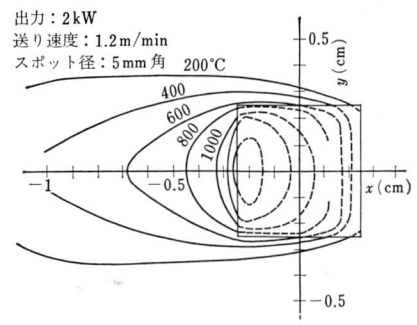

図 2.4.12 矩形一様分布熱源による半無限体の x-y 面の温度分布

$$\dot{T}_v = -v \lim_{\Delta x \to 0} \frac{T_v(x+\Delta x, y, z, \infty) - T_v(x, y, z, \infty)}{\Delta x} = -v \frac{\partial T_v}{\partial x} \tag{73}$$

となる．したがって，(71)式を(73)式に代入すれば

$$\dot{T}_v(x, y, z, \infty) = \frac{\varepsilon P v}{16 \pi a b K} \int_0^\infty \frac{1}{\tau} \left\{ \exp\left[-\frac{(x-a+v\tau)^2}{4\kappa\tau}\right] - \exp\left[-\frac{(x+a+v\tau)^2}{4\kappa\tau}\right] \right\}$$

$$\times \left[\mathrm{erf}\left(\frac{y+b}{2\sqrt{\kappa\tau}}\right) - \mathrm{erf}\left(\frac{y-b}{2\sqrt{\kappa\tau}}\right) \right] \exp\left(-\frac{z^2}{4\kappa\tau}\right) d\tau \tag{74}$$

が得られる．

(iii) ガウス形分布熱源による半無限体の温度上昇 強度分布が図 2.4.5 のようなガウス形分布熱源が，半無限体表面上を速度 v で移動するとき，座標の原点を熱源に固定すると，点 (x, y, z) における温度上昇は，定常状態では

$$T_v(x, y, z, \infty) = \frac{2\varepsilon P \sqrt{\kappa}}{\pi^{3/2} K} \int_0^\infty \frac{1}{\sqrt{\tau}(8\kappa\tau + r_0^2)}$$

$$\times \exp\left[-\frac{2(x+v\tau)^2 + 2y^2}{8\kappa\tau + r_0^2} - \frac{z^2}{4\kappa\tau}\right] d\tau \tag{75}$$

のように表わされる[14]．このとき，加熱速度は，(73)式より

$$\dot{T}_v(x, y, z, \infty) = \frac{8\varepsilon P \sqrt{\kappa} \, v}{\pi^{3/2} K} \int_0^\infty \frac{x+v\tau}{\sqrt{\tau}(8\kappa\tau + r_0^2)^2}$$

$$\times \exp\left[-\frac{2(x+v\tau)^2 + 2y^2}{8\kappa\tau + r_0^2} - \frac{z^2}{4\kappa\tau}\right] d\tau \tag{76}$$

となる[15]．

図 2.4.13[15] は，(75)式によって求めた熱源近傍の温度分布の等温線図の一例である．図 (a) における半無限体表面上のガウス分布曲線は，(39)式で与えられる熱源の強度分布を示しており，図 (b) における破線は，その直径がビーム径 $2r_0$ に相当する半円を示している．最高温度に達する点 P は，熱源中心より約 $r_0/4$ ほど後ろの表面上に存在し，等温線は，熱源中心から見て熱源の移動する側で密に，後ろ側で疎となり長く尾を引く形になる．これを加熱・冷却過程と対応させるため，(76)式によって加熱速度および冷却速度を

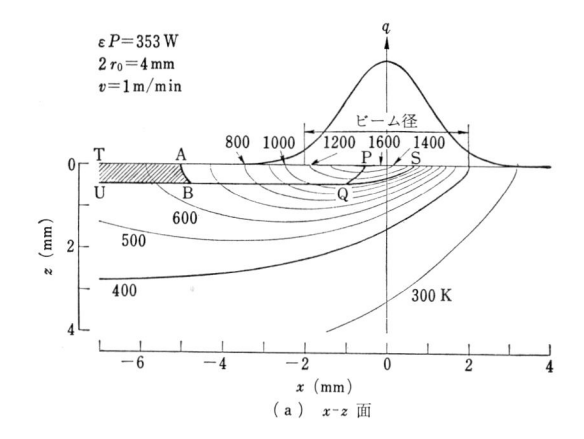

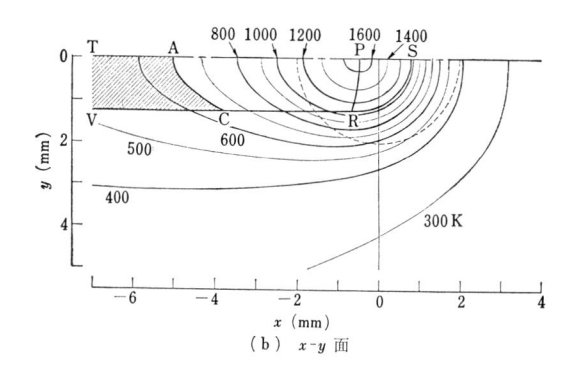

図 2.4.13 ガウス形分布熱源による半無限体（S 45 C）の温度分布（初期温度，293 K）

求めたものが図 2.4.14[15]である．図中の点 P は図 2.4.13 の点 P と一致しており，最高温度到達点を示している．実線と破線は，それぞれ等加熱速度線と等冷却速度線を表わしており，点 P を通る一点鎖線は，$\dot{T}_v=0$，すなわち加熱状態から冷却状態へ変わる境界線を表わしている．加熱速度が最大になる点は熱源中心より約 $3r_0/8$ ほど前に存在し，冷却速度が最大になる点は熱源中心より約 $3r_0/4$ ほど後ろに存在する．その点での加熱速度と冷却速度は，それぞれ約 12,000 K/s と 7,300 K/s で，加熱速度の方が大きい．

なお，図 2.4.13，図 2.4.14 の曲線 SQ, SR は Ac_1 変態点を連ねたものであり，曲線 AB, AC は S 45 C の Ms 点を連ねたものである．すなわち，工作物は，SQ, SR 線上で Ac_1 変態した後 PQ, PR 線上で最高温度に到達し，以後急速に自己冷却する．そして，ほぼ AB, AC 線あたりでマルテンサイト変態を開始し，領域 ABUT, ACVT（斜線部）のような硬化層が生じることを示している．

ところで，レーザビームが工作物内部で吸収される場合，熱源の強度分布は（44）式で与

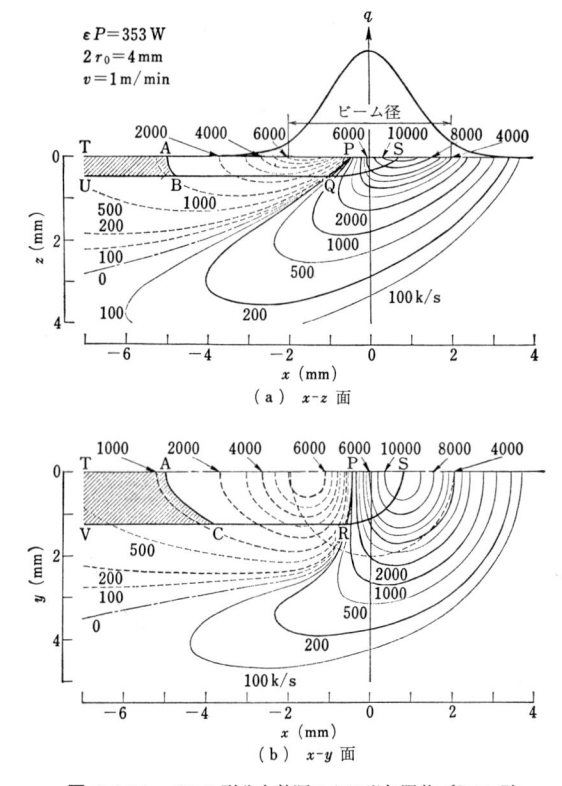

図 2.4.14 ガウス形分布熱源による半無限体（S 45 C）の加熱・冷却速度分布（初期温度；293 K）

えられる．このような熱源が x 軸方向に沿って速度 v で移動し，熱源中心が時刻 $t=0$ に原点Oを通過するとする．この熱源が時刻 $-t_1$ から t_2 まで矩形波パルス熱源として作用したとき，半無限体内の点 (x, y, z) における時刻 t での温度上昇は，式 (42) を T_0 とすれば

$$\frac{T_v(x, y, z, t)}{T_0} = \frac{\mu^*}{2\sqrt{\pi}} \int_{t_0^*}^{t^*+t_1^*} \frac{1}{\tau^*+1} \exp\left\{\mu^{*2}\tau^* - \frac{[x^*-v^*(t^*-\tau^*)]^2+y^{*2}}{\tau^*+1}\right\}$$
$$\times \left[e^{z^*}\mathrm{erfc}\left(\mu^*\sqrt{\tau^*}+\frac{z^*}{2\mu^*\sqrt{\tau^*}}\right)+e^{-z^*}\mathrm{erfc}\left(\mu^*\sqrt{\tau^*}-\frac{z^*}{2\mu^*\sqrt{\tau^*}}\right)\right]d\tau^* \qquad (77)$$

で表わされる[16]．ここで，

$$\left.\begin{array}{l} x^* = \dfrac{\sqrt{2}\,x}{r_0},\ y^* = \dfrac{\sqrt{2}\,y}{r_0},\ z^* = \mu z,\ \mu^* = \dfrac{\mu r_0}{2\sqrt{2}} \\[2mm] v^* = \dfrac{v r_0}{4\sqrt{2}\,\kappa},\ t^* = \dfrac{8\kappa t}{r_0^2},\ \tau^* = \dfrac{8\kappa\tau}{r_0^2} \end{array}\right\} \qquad (78)$$

とおいた．また，

$$t_0^* = 0, \quad -t_1^* < t^* < t_2^*$$
$$= t^* - t_2^*, \quad t^* > t_2^*$$

である.

熱源が連続して作用する場合, すなわち $t_1, t_2 \to \infty$ のとき, 原点 O の温度上昇は

$$\frac{T_v(0,0,0,t)}{T_0} = \frac{\mu^*}{\sqrt{\pi}} \int_0^\infty \frac{1}{\tau^*+1} \exp\left[\mu^{*2}\tau^* - \frac{v^{*2}(t^*-\tau^*)^2}{\tau^*+1}\right]$$
$$\times \mathrm{erfc}(\mu^*\sqrt{\tau^*}) d\tau^* \tag{79}$$

となる.

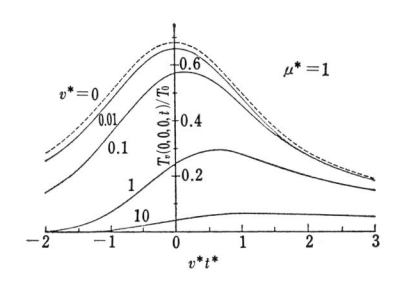

図 2.4.15 強度分布がガウス形分布のレーザビームが半無限体の内部で吸収される場合の, 原点 O の温度上昇(破線は静止熱源のときを示す)

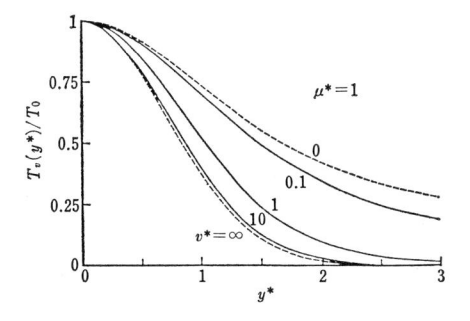

図 2.4.16 強度分布がガウス形分布のレーザビームが半無限体の内部で吸収される場合の, 時刻 $t=0$ における y 軸上の温度分布(破線は静止熱源のときと, $v \to \infty$ の極限状態を示す)

$\mu^*=1$ のとき, さまざまな v^* 値に対する原点 O の温度上昇は図 2.4.15[16] のようになる. v^* の増加とともに最高温度は低下し, その到達時間は $t>0$ の方にずれる. $v^* \to 0$ のときは静止熱源の解(図中の破線;(45)式参照)に漸近する. 同じく $\mu^*=1$ のとき, さまざまな v^* 値に対する $t=0$ における y 軸および z 軸上の温度分布は, それぞれ図2.4.16, 図2.4.17[16] のようになる. $v^* \to \infty$ の場合, $T_v(y^*)/T_0 \to (\mu^*/2v^*)e^{-y^*}$, $T_v(z^*)/T_0 \to (\mu^*/2v^*)e^{-z^*}$ とそれぞれの軸上の熱源形状に一致してくることがわかる.

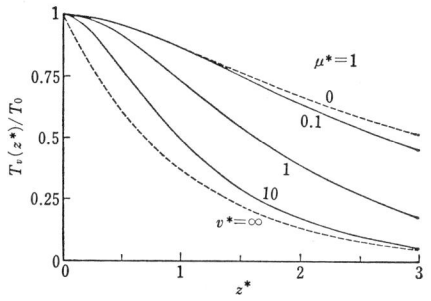

図 2.4.17 強度分布がガウス形分布のレーザビームが半無限体の内部で吸収される場合の, 時刻 $t=0$ における z 軸上の温度分布(破線は静止熱源のときと, $v \to \infty$ の極限状態を示す)

一方, $v^* \to 0$ の場合は静止熱源の解に漸近する.

(iv) **ガウス形分布熱源による無限平板の温度上昇** 強度分布が図2.4.5のようなガウス形分布熱源が, 無限平板の表面($z=0$)上を速度 v で移動するとき, 座標系の原点を熱源に固定すると, 点 (x, y, z) における温度上昇は, 定常状態では

$$T_v(x, y, z, \infty) = \frac{2\varepsilon P}{\pi \rho c l} \sum_{n=0}^{\infty} k_n \cos\frac{n\pi z}{l} \int_0^{\infty} \frac{1}{8\kappa\tau + r_0^2}$$
$$\times \exp\left[-\left(\frac{n\pi}{l}\right)^2 \kappa\tau - \frac{2(x+v\tau)^2 + 2y^2}{8\kappa\tau + r_0^2}\right]d\tau \tag{80}$$

のように表わされる[17]。ただし,

$$k_0 = 1, \quad k_1 = k_2 = k_3 = \cdots = 2$$

である.このとき,加熱速度は,(73)式より

$$\dot{T}_v(x, y, z, \infty) = \frac{8\varepsilon Pv}{\pi \rho c l} \sum_{n=0}^{\infty} k_n \cos\frac{n\pi z}{l} \int_0^{\infty} \frac{x+v\tau}{(8\kappa\tau + r_0^2)^2}$$
$$\times \exp\left[-\left(\frac{n\pi}{l}\right)^2 \kappa\tau - \frac{2(x+v\tau)^2 + 2y^2}{8\kappa\tau + r_0^2}\right]d\tau \tag{81}$$

となる[17].

以上の温度上昇の理論式は,主に,(14)式により Green 関数を利用して得られたものである.ここでは熱物性値の温度依存性や表面の溶融は考慮されていない.表面の溶融問題を解析的に扱ったものとしては,文献 18)がある.熱物性値の温度依存性を考慮し,差分法によって温度履歴を求めたものとしては,文献 19)や 20)などがある.また,材料の組織変化に伴う変態潜熱の影響を考慮して,有限要素法による熱伝導解析を行った研究[20]もある.

〈大 村 悦 二〉

文 献

1) 寺沢寛一編:自然科学者のための数学概論(応用編),岩波書店(1960), p.93.
2) 甲藤好郎:熱伝導論,共立出版(1956), p.65.
3) H. S. Carslaw and J. C. Jaeger: Conduction of Heat in Solids, 2nd ed., Oxford Univ. Press (1959), p. 75, 264, 112, 113, 270.
4) J. F. Ready: Effects of High Power Laser Radiation, Academic Press (1971), p. 72.
5) E. G. Loewen and M. C. Shaw: On the Analysis of Cutting-Tool Temperatures. *Trans. ASME*, **76** (1954-2), p. 217.
6) J. C. Jaeger: Moving Sources of Heat and the Temperature at Sliding Contacts. *J. Proc. Roy. Soc. N. S. W.*, **76** (1943), p. 203.
7) W. W. Duley: CO_2 Lasers –Effects and Applications–, Academic Press (1976), p. 148.
8) M. I. Cohen: Material Processing, Laser Handbook vol. 2 (F. T. Arecchi and E. O. Schulz-Dubois, eds.), North-Holland Publishing Company (1972), p. 1577.
9) M. Lax: Temperature Rise Induced by a Laser Beam. *J. Appl. Phys.*, **48** (9) (1977), p. 3919.
10) K. Brugger: Exact Solutions for the Temperature Rise in a Laser-Heated Slab. *J. Appl. Phys.*, **43** (2) (1972), p. 577.
11) R. Guenot and J. Racinet: Heat Conduction Problems in Laser Welding. *Brit. Weld. J.*, (1967-8), p. 427.
12) 山本雄二:摩擦面の温度上昇,潤滑, **27** (11) (1982), p. 789.
13) 川澄博通,新井武二:精密機械, **47** (6) (1981), p. 669.
14) H. E. Cline and T. R. Anthony: Heat Treating and Melting Material with a Scanning Laser or Electron Beam. *J. Appl. Phys.*, **48** (9) (1977), p. 3895.
15) 難波義治,他:レーザ硬化処理に関する研究(第2報,硬化層生成過程の解析),日本機械学会論文集(C編), **50** (454) (1984), p. 1099.
16) D. J. Sanders: Temperature Distributions Produced by Scanning Gaussian Laser Beams, *Applied Optics*, **23** (1) (1984), p. 30.
17) 大村悦二,他:レーザ硬化処理に関する研究(第3報,レーザ照射条件の最適化),日本機械学

会論文集（C編），**51** (469) (1985), p.2373.
18) M. Bertolotti and C. Sibilia : IEEE J. Quantum Electron, **QE**-17-10 (1981), 1980.
19) S. Kou et al.: A Fundamental Study of Laser Transformation Hardening. *Metall. Trans. A.*, **14 A** (4) (1983), p.643.
20) E. Ohmura et al.: Computer Simulation on Structural Changes of Hypoeutectoid Steel in Laser Transformation Hardening Process, *JSME Int. J.*, **32** (1) (1989), p.45.
21) 大村悦二，他：速度論に基づく亜共析鋼のレーザ変態硬化過程の解析，日本機械学会論文集（A編），**56** (526) (1990), p.1496.

2.4.2 変 態 硬 化

レーザによる変態硬化すなわちレーザ焼入れは表面処理の中でも代表的な技術である．米国の自動車産業を中心に，生産ラインでの実用化例も多く，生産性向上，自動化，品質向上などに大きく寄与している．しかし，ここ数年著しく発展したレーザ加工技術全体に占める割合は非常に少なく，研究開発段階の域を脱していない．これはレーザ焼入れに必要な大出力レーザ発振器の開発の遅れ，それに伴う信頼性に今一歩の感があることに加え，周辺機器を含む生産プロセスに関する技術が未確立の上，レーザ焼入れ品の品質，特にこれと競合する従来技術と比較した場合の品質に関するデータベースが不十分であることなどが原因であろう．しかしレーザ焼入れは他の技術には見られない数多くの特徴を有する技術であり，今後大きな発展が期待できる．以下その基本的特性，応用例，今後の動向について述べる．

a. レーザ焼入れに使用するレーザビームと基本的なビーム形状

レーザビームは位相，波長が一定な電磁波であり，非常にコヒーレント（coherent）な光であるため，伝搬性，集光性にすぐれる．このためレンズやミラーを使用し，その形状やエネルギー密度を自由にコントロールすることが可能で，発振器から出た同一ビームで各種の加工に使用可能となる．切断，溶接などではその集光性がポイントとなるが，焼入れではある面積を均一かつ一定温度（変態点以上に温度を上昇させかつ表面溶融を防止する）に制御する必要がある．

金属加工用に使われる炭酸ガスレーザ発振器から取り出されるビームのエネルギー分布は種類も多く，大別すると表2.4.3に示すように分けられる．シングルモードビーム（A）はそのエネルギー分布がほぼガウス分布しており，そのままでは焼入れ用としては不適当であり，適切なビーム成形をして使用される．焼入れにはマルチモードビーム（B, C, D）が使用しやすく，元のビームの安定性，均一性によってはそのままの形で単にエネルギー密度

表 2.4.3 レーザビームの種類

記号	A	B	C	D	E
区分	シングルモード	マルチモード	マルチモード	マルチモード	リングモード
エネルギー分布					

のみ調整すれば使用可能となる．5kW 以上の大出力レーザ発振器からは，発振方式によっては，リング状ビーム（E）が取り出される．このビームは溶接には最適であるが，焼入れ用とするには，ビーム成形が必要となる．

表 2.4.4 レーザ焼入れ用ビーム成形方法

名　称	ディフォーカスビーム (defocussed beam)	オシレーテッドビーム (oscillated beam)	インテグレーテッドビーム (integrated beam)
ビーム成形方法	ab値=D/FL	レーザビーム／凹面鏡／スキャナ／固定ミラー／集束ビーム／オシレーション	セグメントミラー
適用ビーム	B, D	A, B, C, D	C, D
エネルギ分　布	（元のビームの分布と同じ）		
特　徴	・装置が簡単で安価である	・装置が複雑で高価である ・大出力(3～5kW)以上になると製作困難(三角波が得られない)	・原理は単純で信頼性も高い ・非常に高価である

ビーム成形法の基本的な例を表2.4.4に示す．上述したように，元のビームパターンが安定して均一であれば，凸レンズや凹面鏡により，集光し焦点からの距離を調整することにより最適エネルギー密度を得る．ディフォーカスビーム方式（defocuss beam）が利用される．構造も簡単で一番安価な方法である．オシレーティドビーム方式（oscillated beam）は 1～3kW レーザシステムにて用いられる方法で，シングルモードビームやピークを有するマルチモードビームをディフォーカス方式で用いた場合生じやすい，表面溶融を防止する目的で使われる．反射ミラーを50～100Hz以上で可能な限り三角波に近い形に振ること，波形，振幅の時間変化がないことが，安定した成形ビームを得るための重要なポイントである．一般に大出力レーザの反射ミラーは銅やモリブデン製で重く，このオシレーションシステムの長時間信頼性が必要で，装置は大形で高価なものになる．インテグレーティドミラー方式（integrated mirror）は 5kW レーザ出現とともに米国で開発されたもので，凹面鏡上に多数の平面ミラーをすき間なく並べ，すべてのミラーからの反射光が同一点に集まる構造のものである（図2.4.36参照）．可動部分がなく，各ミラー（セグメント）上でのエネルギー密度も低く，大出力レーザを生産ラインにて長時間安定して使用するのに適している．本方式は，レーザビームの一部にピークが発生したり，エネルギー均一性が変化した場合でもその影響を最小限に抑えることができる利点がある一方，形成されるビーム形状が固定され，フレキシビリティに欠け，対象部品ごとに対応したミラーが必要となる上，現状では非常に高価である欠点を有する．最近では国産品も販売されている．他にも，特殊形状部品用やエネルギ

－効率改善のため，各種のビーム成形法が開発されつつあるが，これらについてはc項について詳しく述べる．

b．レーザビームの吸収と反射

炭酸ガスレーザ発振器から取り出されるビームは波長が $10.6\mu m$ で赤外波長域の光であるため，図2.4.18に示すように金属に照射されたビームの大部分が反射される[1]．このためレーザ焼入れでは，対象部品表面にビーム吸収材をコーティングする．コーティング材としてはリン酸亜鉛，リン酸マンガン皮膜や黒色塗料が一般的である．前者は化成処理皮膜で焼入れ部品表面のうち比較的広い面積を焼入れする場合や大量生産する小物部品に適している．一方，大形部品の部分焼入れには塗料が有効である．

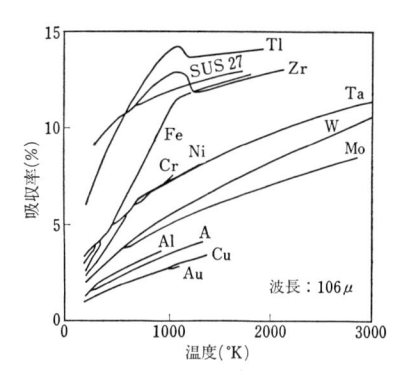

図 2.4.18 金属の吸収率

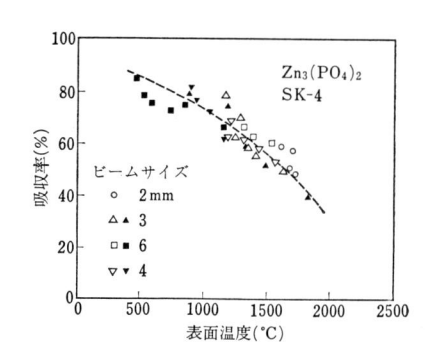

図 2.4.19 リン酸亜鉛をコーティングした場合のビーム吸収率の変化

図2.4.19はリン酸亜鉛皮膜をコーティングした場合のビーム速度と吸収率の関係を示している[2]．レーザビーム受光と同時にコーティング皮膜も劣化するため，照射ビームのエネルギー密度や移動速度により吸収率も変化する．いずれにせよ，コーティングにより吸収率の大幅な改善が図れる．深い硬化層を得ようとする場合，塗膜の劣化を抑える目的で塗料にマイカなどを混入させる例も見られる[3]．

c．レーザ焼入れの特徴

レーザ焼入れの原理はビーム吸収材を塗布した対象物にレーザビームを照射し，表面近傍の温度を急速上昇させた後そのビームを他へ移動させると対象物内部への熱伝導により急冷効果が得られ変態硬化が生じることを利用するものである．その結果次に示すような特徴がある．

① 急速加熱，急速冷却によりすぐれた硬化層品質が得られる（高硬度で微細金属組織など）．
② 少入熱のため焼入れひずみが極端に小さく，長尺部品や薄肉部品で焼入れ後のひずみ取り工程の大幅省略が可能となるうえ，母材への熱影響も小さい．
③ 自己冷却焼入れのため焼入れ液は不要でクリーンなインライン熱処理が可能となる．

④部分焼入れのため必要部分のみの焼入れや特殊な硬化パターン焼入れが可能となる。
⑤非接触焼入れのためせまい溝の側面や底面の硬化も可能である。
⑥同一のレーザシステムを使って切断や溶接の次に焼入れを行うといった複合加工も可能となる。

一方短所としては
① レーザ発振器エネルギー効率が電子ビームなどに比べて小さく，対象物へのエネルギー伝達（ビーム吸収）も悪くランニングコストは割高である．
② 設備費が非常に高いうえ発振器の信頼性に改善の余地があり，フルパワー，フル稼働に不安が残る．
③ ビーム制御系を含む周辺機器技術が不十分でレーザ焼入れのメリットを最大限引き出すに至っていない．

など，残された課題も多い．

本項では，ディフォーカスビーム（1 kW級）での焼入れの例により，レーザ焼入れの基本的特性について解説する．

(ⅰ) レーザ焼入れ部の硬化品質

図2.4.20 はレーザ焼入れと従来からある熱処理の中で最も硬度の得やすい高周波焼入れを行った場合の硬度分布を，図2.4.21 はそれらの金属組織を比較したものである．両者の硬度分布の間には表面付近の硬度と不完全焼入れ部（HAZ; Heat Affected Zone）の幅に顕著な差が見られる．すなわちレーザ焼入れ品の硬度は高周波焼入れ品に比べて H_V スケールにて50程度高い．一方 HAZ 部での硬度低下が急激である．このことは金属組織からもよく観察できる．

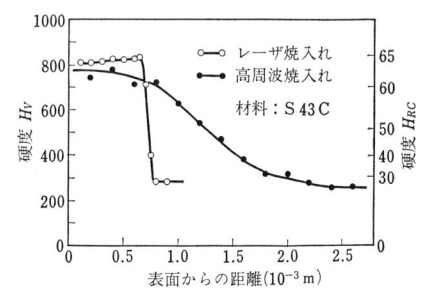

図 2.4.20 レーザ焼入れと高周波焼入れの硬度分布の比較

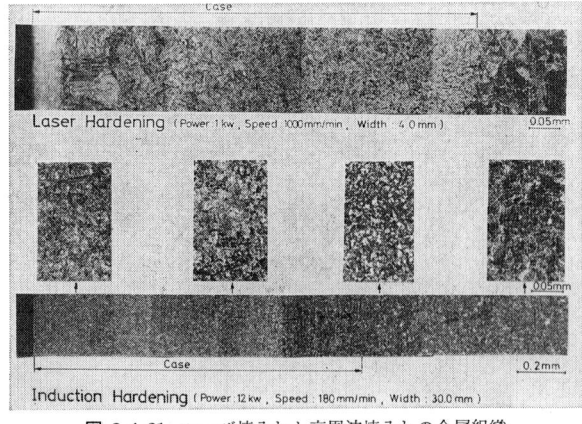

図 2.4.21 レーザ焼入れと高周波焼入れの金属組織

レーザ焼入れ品は非常に微細なマルテンサイト組織が硬化層全域に見られ，不完全焼入れ組織部は非常に狭い．一方高周波焼入れ品は最表面部に微細なマルテンサイト組織が見られるものの，内側に移動するに従い不完全焼入れ組織の占める割合が徐々に増える．これらの差は冷却形態の差に帰因すると考えられる．

図2.4.22 は各種鋼材を

レーザ焼入れおよび高周波焼入れし得られた表面硬度と各材質の含有C量との関係を示したものである．レーザ焼入れ品はいずれも高硬度でスーパーハードネス；super hardness 領域にある．特に少入熱で急冷効果の大きい 1kW レーザ焼入れの方が 5kW レーザ焼入れよりも高硬度が得られていることがわかる．筆者らはこれらの変態硬化現象を裏付けるため，表面直下の位置（表面より 0.22mm の深さ）に極細に加工した熱電対を取り付けレーザ焼入れ時のその地点での加熱冷却カーブを実測した．その結果を図 2.4.23 に示す．レーザ焼入れ条件は図中に示す通りである．この条件下ではワーク表面近傍は約 0.3 秒で最高温度に達し冷却水のない自己冷却にもかかわらず 1 秒以内でマルテンサイト変態開始温度（Ms 点）を通過することを確認した[4]．

この冷却カーブは熱伝導解析による計算冷却カーブとよく一致し非常に高速冷却が行われていることがわかる．同カーブを連続冷却変態曲線（C.C.T 曲線；ここでは急速加熱冷却時の同曲線がなく従来のものを使用）にあてはめて見ると図 2.4.24 のようになり，理想的なフルマルテンサイト変態が裏付けられる[5]．

図 2.4.25 は上述のレーザ焼入れしたものの硬化層近傍の残留応力分布の測定結果である．小スポット熱源を用いた急速冷却変態のため，母材の非加熱部からの拘束が大きく変態膨張後硬化層内には $75\,kg/mm^2$ もの大きな圧縮残留応力が発生，焼入れ後の硬度上昇にも寄与しているものと考えられる．

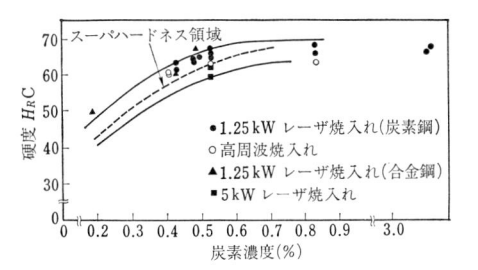

図 2.4.22 各種鋼材をレーザおよび高周波焼入れした時の最高硬度

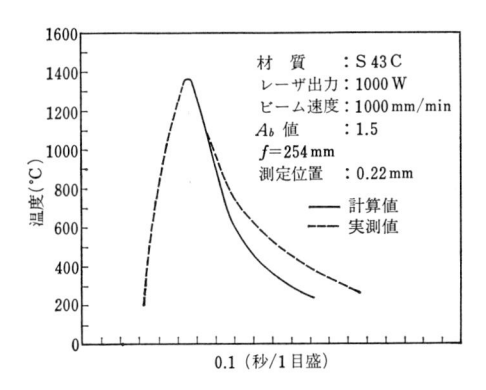

図 2.4.23 レーザ焼入れ時の加熱冷却カーブ

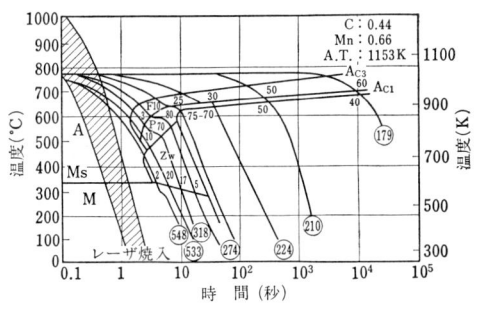

図 2.4.24 C.C.T 曲線上におけるレーザ焼入れの冷却曲線

（ii）**焼入れ特性** 図 2.4.26 は十分な厚さの各種鋼材をレーザ焼入れした場合のビーム速度と焼入れ深さの関係を示したものである．通常の焼入れにおいては焼入れ深さはその鋼

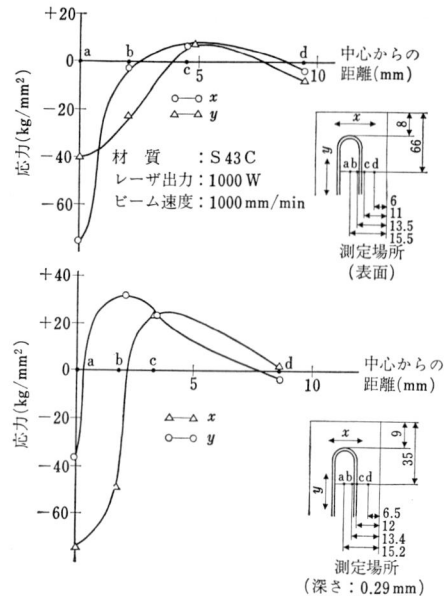

図 2.4.25 レーザ焼入れ後の残留応力分布

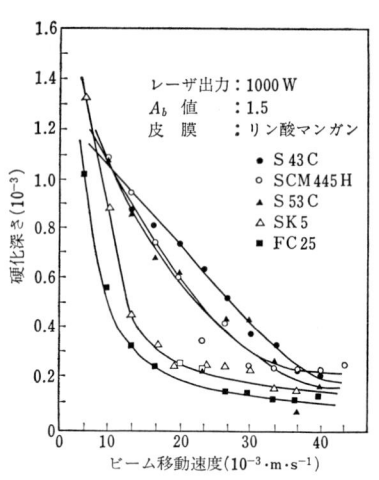

図 2.4.26 各種鋼材におけるビーム速度と硬化深さの関係

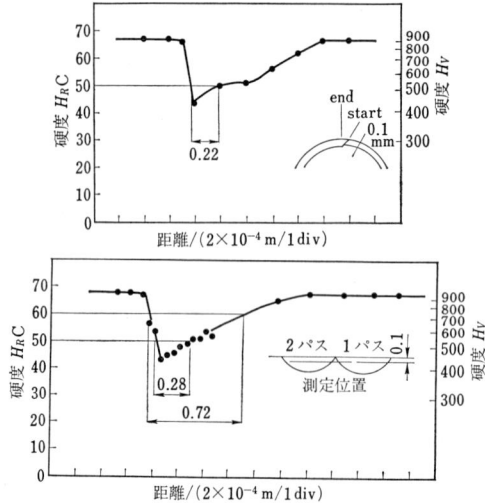

図 2.4.27 ビーム重なり部分における軟化層の発生状況

材のもつ焼入れ性能により決まるものであるが，レーザ焼入れでは事情が異なる．上述したように比較的浅い硬化深さを得るレーザ焼入れでは，冷却速度がマルテンサイト変態臨界速度に比べ十分大きく所定温度以上に上昇し，オーステナイト化した部分はすべてマルテンサイト変態が可能となる．その結果，焼入れ深さは加熱深さにより決まり，焼入れ性能には関係がなくなる．その結果，図2.4.26に見られるように炭素鋼と合金鋼とで焼入れ深さに差が生じない．レーザ焼入れでは各鋼材の熱伝導特性から深さが決まってくるといえる．

対象ワークの板厚や大きさが小さい場合，上述の冷却速度が得られず，硬度，硬化パターンの悪化を招く．上述のレーザ焼入れの特徴を最大限発揮させるには，目的

2.4 レーザ表面処理

とする焼入れ深さの約 10 倍以上の板厚が必要とされる[6,7]．

(iii) 重ね焼入れによる軟化層の発生　レーザ焼入れは小スポット熱源を用いるので広い面積を硬化する場合は硬化帯を並べていったり，らせん状に硬化する．その際，後の焼入れパスの熱影響により，すでに変態硬化した部分のうちビームパスの重なり部分が焼き戻され軟化される[4]．軟化層の幅や硬度低下の程度は図 2.4.27 に見られるように予想外に小さい．しかし，強度部品では応力集中部とこの部分が一致しないようにする必要がある．耐摩耗耐焼付性試験の結果，この軟化層の影響は認められなかった[4]．硬度分布から見てもこの程度の硬度低下は全く影響なしとの報告もある[8]．

(iv) 焼入れひずみと面性状変化　レーザ焼入れの大きな特徴の一つに，少入熱による焼入れひずみの小さなことがあげられる．

図 2.4.28 は棒状テストピースにおける高周波焼入れとレーザ焼入れの焼入れひずみ量の比較である．レーザ焼入れは高周波焼入れの場合の 1/3〜1/10 のひずみ量となり，後工程のひずみ取りや研削仕上げ工数の大幅な低減につながる．自動車用カムシャフト（四気筒，20 インチ）のカム部の焼入れ後のひずみ量が TIR 0.13 mm との報告もある[9]．

図 2.4.29 は断面が凹型の長軸の機械部品をレーザ焼入れした際のひずみ発生状況を示す．この部品に必要な硬化部は凹面内側の C 面で，ここを高周波焼入れすると A 面で 2〜4 mm のひずみ発生となるがレーザ焼入れでは 0.7〜0.8 mm と大幅に減少する．さらに背面に特殊なレーザ硬化パターンを付加するとひずみ量はさらに 1/4〜1/5 に低減でき，長尺部品の高精度焼入れが可能となる[10]．

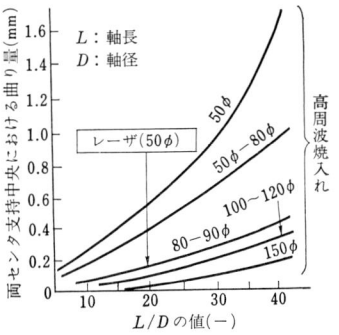

図 2.4.28　高周波焼入れとレーザ焼入れのひずみの比較

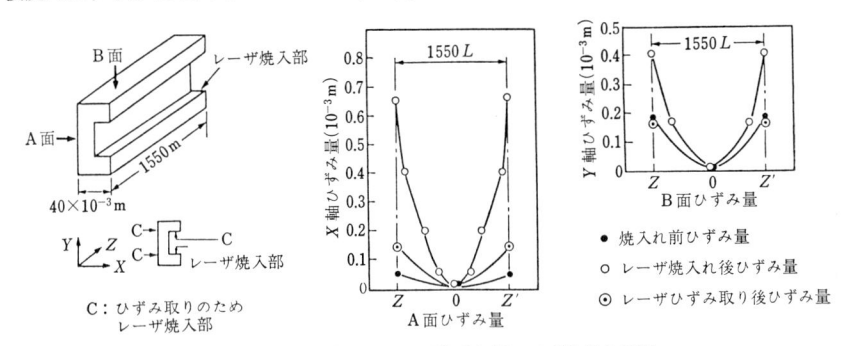

図 2.4.29　長尺部品のレーザ焼入れ時のひずみ発生状況

一方レーザ焼入れは高速処理で水などの焼入れ液を使用せず表面性状の変化は小さいと考えられる．しかし図 2.4.23 に見られたように，レーザ焼入れ直前のワーク表面温度は融点近くまで上昇するため，表面の酸化などによる荒れは避けられない．良好な表面性状を必要

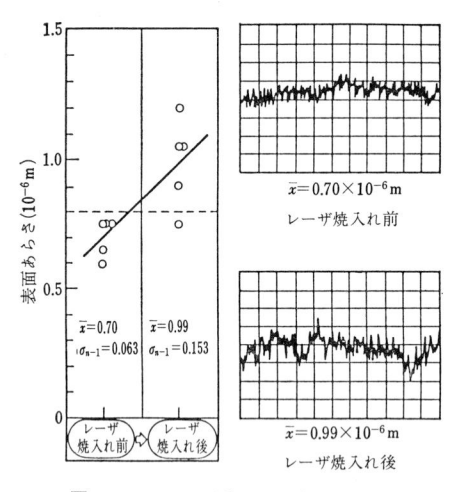

図 2.4.30 レーザ焼入れの表面あらさに及ぼす影響

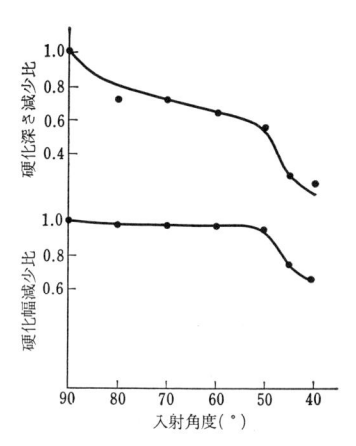

図 2.4.31 レーザビーム入射角による硬化幅, 深さの変化

図 2.4.32 レーザ入射角の変化による硬化パターンの変化

材質: S 43 C,
レーザ出力: 1,000 W,
ビーム速度: 1,000 m/min,
A_b 値: 1.5.

とする場合，焼入れ条件や雰囲気を考慮すると図2.4.30に示す程度に面粗さの低下を抑えることが可能であり，これは完品焼入れの可能性を示すものである．

（v）入射角の影響 これまではすべてレーザビームがワーク表面に対して垂直に入射した場合の例で説明してきた．実用上はレーザビームが常に垂直入射可能とは限らない．

図2.4.31, 図2.4.32はレーザ入射角が変化した時の硬化幅や硬化深さの変化を示している．入射角の傾きが増加するにしたがい照射面積が増加しエネルギー密度低下を招き硬化深さが減少する．入射角が30°変化しただけで深さは約半分になり，この点を考慮した条件設定を行う必要がある．傾きの増加とともにエネルギー分布が左右でアンバランスとなりこの影響が出ることもある．部品端部（エッジ部）など入射角の異なる二面を同一ビームで焼入れする場合でも，光学系を工夫し特殊形状ビームにすれば焼入れ可能となる（後述）．

（vi）疲労強度と耐摩耗性 レーザ焼入れ品は高硬度で大きな圧縮残留応力を有するので疲労強度改善も期待できる．

図2.4.33はUノッチ付き丸棒テストピースを円周方向にレーザ焼入れし，回転曲げ疲労試験を行った結果である．焼鈍品や素材調質（焼入れ焼戻し）品に比べてレーザ焼入れ品は 約 10 kgf/mm^2 の疲労限度の向上が図れる．Copleyらは切欠きのないテストピースで同傾向の試験結果を報告している[11]．

図2.4.34はテストピースに負荷（引

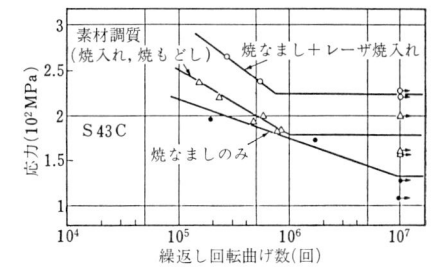

図 2.4.33 レーザ焼入れ品の疲労強度（小野式回転曲げ疲労試験）

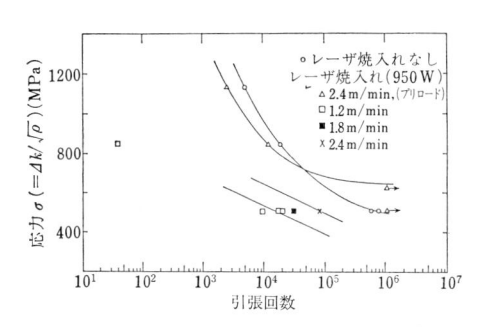

図 2.4.34 プリロード下でレーザ焼入れしたものの疲労強度

張り）をかけた状態でレーザ焼入れを行った場合の疲労強度向上を図った例を示す．負荷状態でのレーザ焼入れにより残留応力は約 27 kgf/mm^2 アップし，引張り疲労強度（10^6 回負荷）が30〜50向上することが確認された[12]．

レーザ焼入れによる表面硬度上昇は高負荷での耐摩耗性，耐焼付性の改善にも寄与する．

図2.4.35は図中に示す形状，負荷条件にてレーザ焼入れ品，高周波焼入れ品のこれらを調べた結果である．レーザ焼入れ品は高周波焼入れ品に比べて，耐摩耗性で約2倍，耐焼付

性もすぐれていることがわかった．
本試験に用いたテストピースは摺動
円筒面を重ね焼入れし，軟化層を有
するものであるが，この部分からの
優先的な摩耗や剝離現象は全く見ら
れなかった[4]．

d．レーザ焼入れ用光学装置

　大出力レーザの出現とともに広い
範囲を均一かつ効率よくレーザ焼入
れするニーズが高まり，これに応え
る多くの光学装置が開発されつつあ
るので，その代表例について述べ
る．

　図2.4.36はインテグレーティド
ミラーの外観である[13]．その利点，
欠点は前述（a項）のとおりである．

　図2.4.37は国内で開発された表
面処理用ビーム成形装置の一つである．ガウス分布したレーザビームを二分割したうえの
おのを円筒凹面鏡で線状化した後再び重ね合せてエネルギー分布を均一化している．本装置

〈試験条件〉
1. 試験片：$\phi 45\,mm \times 30\,mm$（試験面積）
2. 相手材：Cr-P 鋳鉄
3. 潤　滑：強制オイル潤滑（$4\sim5\times10^{-6}\,m^3/s$）
4. 試験方法：

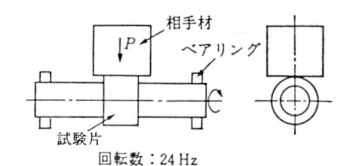

回転数：24 Hz

材　　質	レーザ焼入れ	高周波焼入れ
	SK 5	
硬　　さ	$H_RC\,64\sim67$	$H_RC\,60\sim63$
硬 化 深 さ	$0.7\sim0.9\times10^{-3}\,m$	$2\sim3\times10^{-3}\,m$
試 験 負 荷	990 MPa	
スカッフィング発生有無	スカッフィングなし	微小スカッフィング発生
摩耗量比率	1/2	1

図 2.4.35　摩擦摩耗試験方法とその結果

図 2.4.36　インテグレーティドミラーの外観

を用いると，ディフォーカスビームでの使用時に比べ焼入れ幅も硬化深さも増加する[14]．二
つの円筒凹面鏡の角度と対象物までの距離を調整することによりエネルギー密度を適度に調
整可能な構造となっている．

　5〜10kW以上の大出力不安定型レーザ発振器からは表2.4.3に示すような環状ビームが
取り出されるが，図2.4.38に示すような特殊曲面を有するミラーによりシリンダ形状部品
の内面や外面を重ね焼入れによる軟化層なく連続焼入れが可能となる[15]．

　図2.4.39は一つの矩形ビーム内でエネルギー分布をステップ状に変化させ変態点以上で
の保持時間を増加させる目的で開発されたもので，プロファイルビーム（profile beam）と

2.4 レーザ表面処理

ビーム出力分布　ビーム出力分布

円筒凹面鏡　円筒凹面鏡　平面鏡

レーザビーム　レーザビーム

分割鏡　円筒凹面鏡

被加工材　線状ビーム(b)

環状ビーム　出力分布均一　出力分布均一

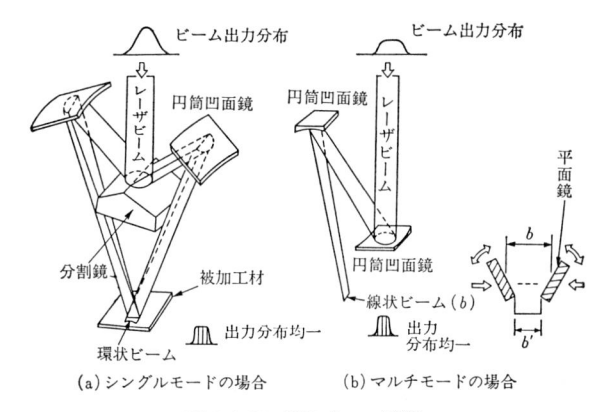

(a) シングルモードの場合　(b) マルチモードの場合

図 2.4.37　線状ビーム成形法

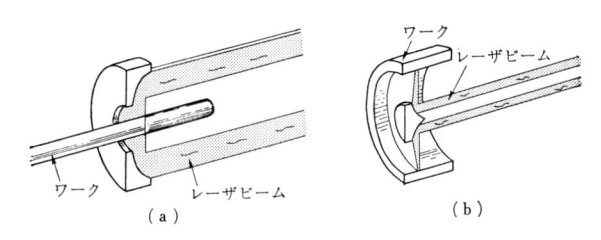

ワーク　ワーク　レーザビーム

ワーク　レーザビーム

(a)　(b)

図 2.4.38　環状ビームと特殊ミラーによるシリンダ外面 (a) および内面 (b) の焼入れ

名づけられている．図に示すようにオーステナイト化温度への到達時間が早い一方で温度上昇を抑え，図 2.4.40 に示すように均一矩形ビームの場合に比べて深い焼入れを可能にした．

図 2.4.41 はカライドスコープによる矩形均一化ビーム成形法の原理を示す．この方法は集光後の発散ビームを平行角管内で多重反射させ，その出口での均一ビームを凸レンズまたは凹面鏡を用いて任意の大きさに結像させるものである[17]．インテグレーティドミラー方式で生じる"すそ野"が全くなく，オシレーティドミラー方式のような可動部分も全くなく，非常に汎用性のある表面処理用ビーム成形装置の一つといえる．

以上のようなビーム成形装置の使用によりレーザ発振器でのビームの不安定性（ピークが生じたり，モードが変化するなど）は最小限に抑えら

ビームスプリッタからのレーザビーム

ビーム移動方向　マスク

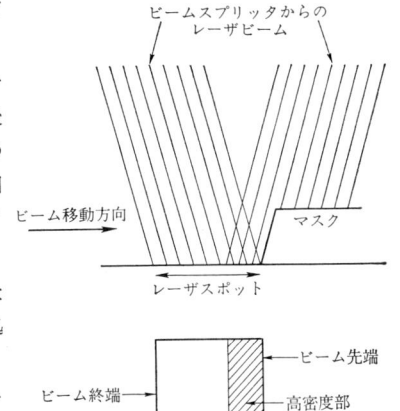

レーザスポット

ビーム終端　ビーム先端　高密度部

図 2.4.39　プロファイルビームの成形法

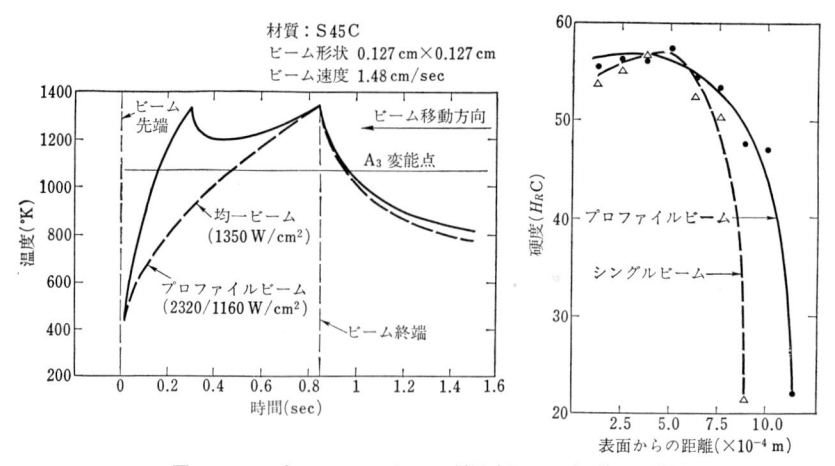

図 2.4.40 プロファイルビームの昇温冷却カーブと焼入れ結果

れ，生産ラインでの長時間使用に対する信頼性向上に大きく前進することになる．しかし，これら光学装置は一部を除いて研究開発段階にあり，実用化までには多少の時間を要すると考えられる．

e. 特殊なレーザ焼入れ
（i）深い硬化層入れ　これまでは 1～3kW レーザを用いた比較的硬化深さの浅い（1mm 以下）場合について述べてきた．

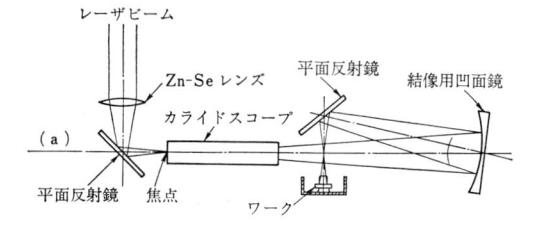

図 2.4.41 カライドスコープによるビーム成形法

米国においては従来の常識からは考えられない深い硬化深さを得るレーザ焼入れが行われている．焼入性の良好な材料と大きな均一矩形ビームの組合せにより可能となった．ビーム形成にはインテグレーティドミラー方式か二軸オシレーティドビーム方式が用いられている．図 2.4.42 に硬度分布の一例を示す．

これは 5kW レーザを用いてタンクの足回り部品を焼入れしたものの硬化パターンで硬化深さは約 3.5mm と深

図 2.4.42 深い硬化層を得るレーザ焼入れの例

部　品：T-142 エンドコレクタ
レーザ出力：4kW
速　度：5.1mm/s（12in/min）
コーティング：KRYLON 1602
ビーム源：Spectra・Physics cw CO_2 レーザ

い.従来は高周波焼入れを行っていたが,部品形状のバラツキへの対処,複雑形状品の高周波コイルの製作,メンテナンスの面からレーザ焼入れに変更された.

このような深い焼入れはこれまでのレーザ焼入れのイメージを刷新するものであり,今後高負荷用ギヤや高面圧高強度部品への適用が有望となる.

(ii) FCD の焼入れ 球状黒鉛鋳鉄(FCD)はフェライト素地(一部パーライト)に球状の黒鉛が存在する金属組織を有し強靭性や耐摩耗性が必要な機械部品に適用されている.このような金属組織においても適切な熱処理を施せば,耐摩耗性などの飛躍的な向上が図れる.

FCD 材を適切なレーザ照射条件で加熱すると,黒鉛からフェライト地に炭素原子が拡散していく.その後の急冷効果により炭素を含有したフェライト地はマルテンサイト変態し,黒鉛粒子の周囲に非常に硬いマルテンサイト環がとり囲む形の環状第二相組織となる.

図 2.4.43 はレーザ焼入れ前後の金属組織を示す.FCD の焼入れは,表面溶融を防ぎつつ一定時間高温に保持し,十分な炭素原子のフェライト中への拡散を促進させることがポイントである.従来は高周波加熱などで試みられているが,温度制御精度,割れ防止,形状バ

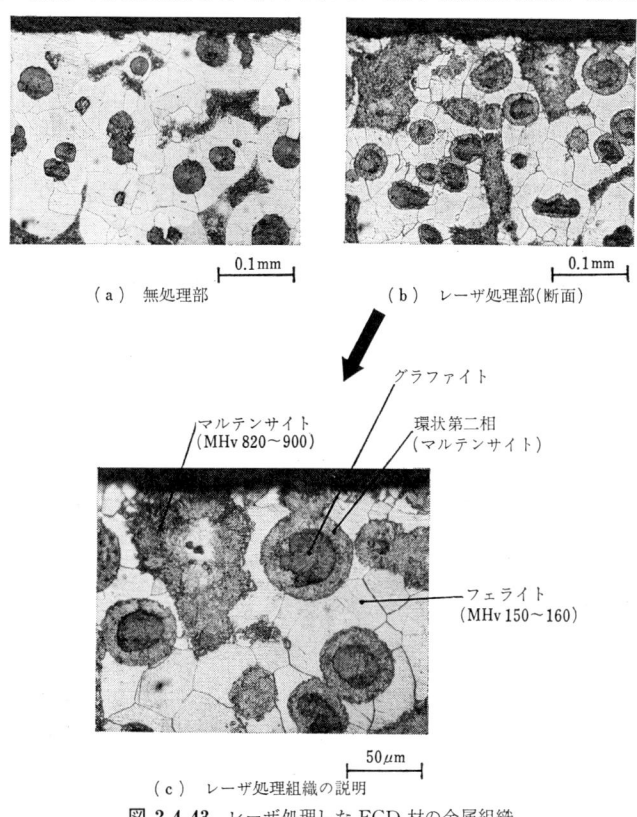

(a) 無処理部　　　　(b) レーザ処理部(断面)

(c) レーザ処理組織の説明

図 2.4.43 レーザ処理した FCD 材の金属組織

ラツキへの許容性の点からレーザビームが最適の手段と考えられる．

この環状第二相組織の耐摩耗性を Tip-on-Disc 型油潤滑摩耗試験機にて評価した結果を図2.4.44に示す．レーザ焼入れ品は未処理品のみならず，Si-Mn 鋳鋼（0.45% C）の高周波焼入れ品に比べても格段にすぐれた耐摩耗性を有することがわかる．これは，フェライト素地硬度に差はなくとも環状第二相の存在により摩耗最表面での塑性流動が抑制されるため，その結果として耐摩耗性が向上すると考えられる．

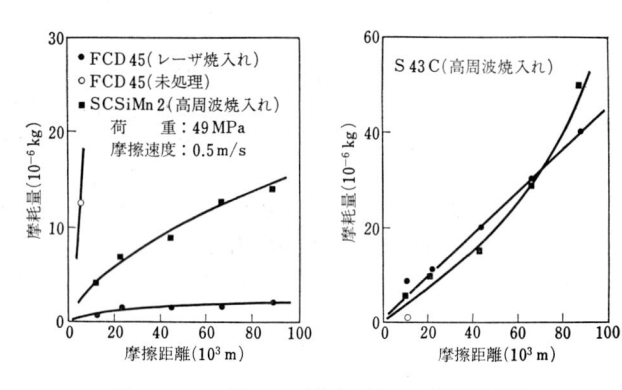

図 2.4.44 FCD レーザ焼入れ品の耐摩耗試験結果

(iii) 焼結品のレーザ焼入れ 最近の焼結技術は自動車，精密機械からのニーズの高まりと相まってその進歩が著しい．粉末の状態から最小限の工程で高精度，高強度部品が製造できるメリットは大きく，その生産量も年々拡大しつつある．この焼結部品も鋼材部品と同様，強度や耐摩耗性を増すため熱処理を追加して使われることも多い．

焼結品の熱処理にレーザを適用する試みはほとんど見られず，最近中国で一部実施されつつあるのみである．焼結品には空孔が存在し熱伝導特性が通常の鋼と異なるためレーザ焼入れ特性にも差が生じる．すなわち，焼結品では熱伝導性が20%以上も低下し，レーザ焼入れ時の加熱範囲が小さいうえ自己冷却時の焼入れカーブも緩かになり硬化品質も悪化する．このため S 45 C 材と同等レベルのレーザ焼入れ品質を得るには，焼結密度を $6.8\,\text{g/cm}^3$ 以上にすることと炭素量を $0.6 \sim 0.8\%$ にする必要がある[20]．

f．レーザ焼入れの応用例

レーザ焼入れがレーザ加工技術全体に占める割合は現段階では図2.4.45に示すように非常にわずかで1%にも満たない[21]．しかしこれまで述べてきたように，レーザ焼入れには多くのメリットがあり，処理品の品質に関するデータベースの蓄積や周辺機器を含むレーザ加工ハードウェア，ソフトウェア面での発達とともにかなりの規模（加工機生産額で約

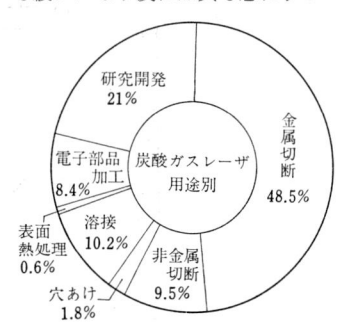

図 2.4.45 レーザ加工機の用途別使用状況

2.4 レーザ表面処理

500億円/年)まで適用拡大が進んでいくと予測される[22]。

レーザ焼入れの実稼働ラインにおける量産化の先陣を切ったのは米国 GM 社 (General Motors Co.) である。同社サギナウ部門 (Sagnaw Div.) では図 2.4.46 に示す方法で自動車パワーステアリング・ギヤ・ハウジングを 1 日 30,000 個生産している。鋳鉄部品の内径部 (ϕ70mm) に幅 1.5～2.5mm の硬化帯を 5 本生成させるだけで、この摺動面の耐摩耗性を 10 倍に、処理コストを高周波焼入れ、仕上げ加工実施時の半分に低減した。この部品は重量が 1 個当り 6.4kg あるが、熱処理される部分はわずか 57g と、レーザ焼入れのメリットを最大限生かしている。

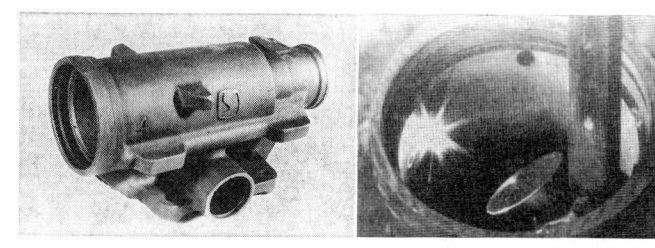

(a) 外観　　　(b) 焼入れ状況

図 2.4.46 パワーステアリング・ギヤ・ハウジングのレーザ焼入れ

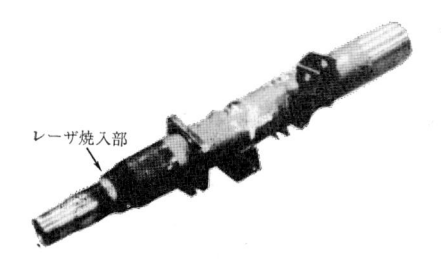

図 2.4.47 トラック用リヤシャフトのレーザ焼入れ

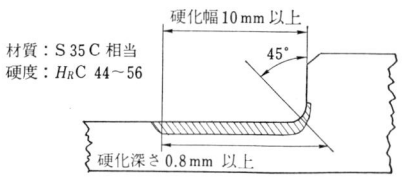

図 2.4.48 トラック用リヤシャフトの硬化パターン

材質：S35C 相当
硬度：H_RC 44～56
硬化幅 10mm 以上
硬化深さ 0.8mm 以上

同じく GM 社では図 2.4.47 のようなトラック用リヤシャフトのコーナ部にレーザ焼入れを適用している。レーザ焼入れの低ひずみ性、圧縮残留応力生成のメリットを生かし図 2.4.48 に示すような硬化パターンに焼入れしている。黒色塗料塗布も含めて、すべて生産加工ライン内で稼働しており、生産性は 1 本当り処理時間 48 秒と非常によい。焼入れ品質を保証するため一定時間間隔でサンプルの破断検査が行われている[24]。

GM 社 Electro-Motive Div. ではさらにディーゼル機関車に搭載する大形ディーゼルエンジン用シリンダライナの内径面の部分焼入れを行っている。同エンジンは 2 サイクル用で図 2.4.49 に示すように、シリンダライナ中央部にある排気孔の上下約 50mm 程度を 10～12mm 幅でスパイラル状に硬化し耐焼付性、耐摩耗性の両面での向上を図っている。同工場内では 5kW レーザ焼入れシステムが 5 台設置され 1 本 17 分サイクルで常時 4 台が稼働

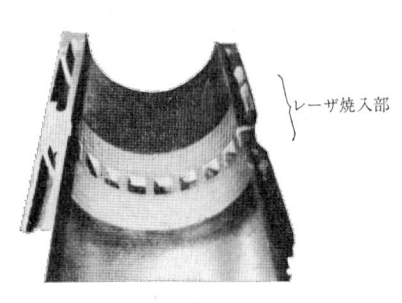

図 2.4.49 機関車用ディーゼルエンジン用のシリンダライナのレーザ焼入れ

図 2.4.50 工作機械ベッドの焼入れ

している．残りの1台は前述の4台のレーザシステムダウン時のバックアップ用として置かれている．レーザ焼入れの採用で硬度に帰因する不具合が8％から0.1％まで減少したといわれる[25,26]．

国内でいち早く実用化されたのは，工作機械用ベッドの焼入れである．ファナック社では，1.5kWレーザを使用し，図2.4.50に示すように小形旋盤用ベッドの摺動面をクロスハッチ状に焼入れしている．FC 30～35相当のミーハナイト鋳鉄の幅70mm，全長900mmの面を$\phi 12$mmのビームを用い硬化深さ約0.6mmに硬化している．焼入れ時のひずみ量は最大で0.02mmと小さく，高周波焼入れ採用時の1/10～1/15に減少した[27]．同摺動面は長時間使用中に未処理部が硬化部よりわずかに深く摩耗し，オイルポケットの役目をはたし，潤滑性能の向上にも役立っている．

ヤンマディーゼル社では図2.4.51に示すようなエ

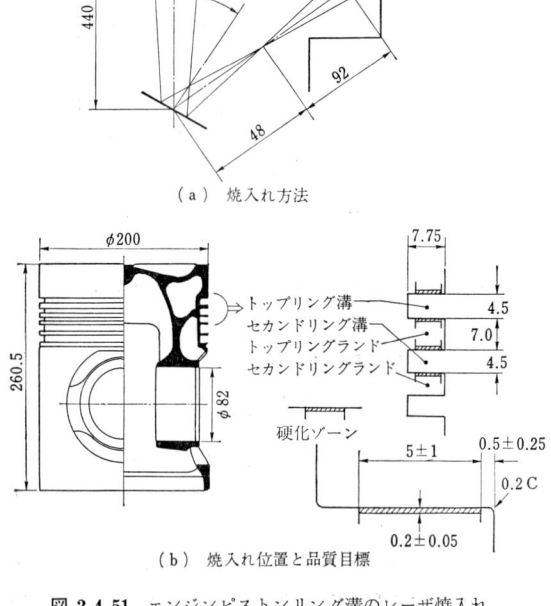

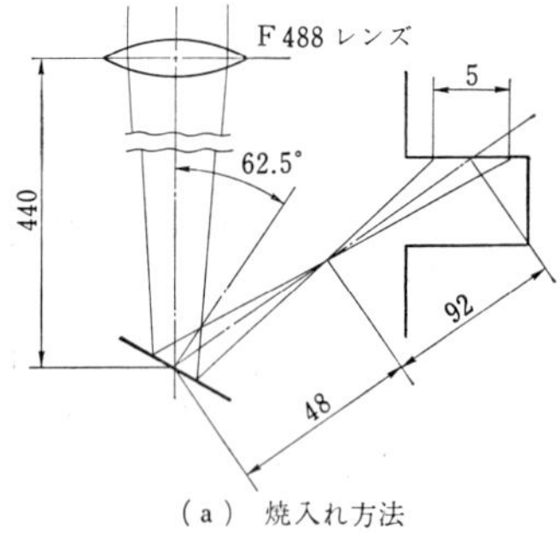

(a) 焼入れ方法

(b) 焼入れ位置と品質目標

図 2.4.51 エンジンピストンリング溝のレーザ焼入れ

ンジンピストンのピストンリング溝の硬化にレーザ焼入れの採用を進めている．ディーゼル用燃料油の低質化に対処するためピストン本体を Al 合金から FCD 材に変更するとともに同リング溝の耐摩耗性向上を図る目的でレーザ焼入れを行っている．1kW クラスのマルチモードビームを用い図 2.4.51（a）に示すようにディフォーカスビームを実験結果から見出された最適角度 62.5° で入射させ硬化している．ディフォーカスビームを用いているため，発振器から出たビームのピーク発生による表面溶融が生じやすく，この点に特に注意が払われている．このレーザ焼入れの採用で溝幅の精度は 25 μm 以内に抑えられるため，高周波焼入れ時に追加していた研磨工程が廃止可能となり，焼入れコストの 50% 低減を達成した．約 7,000 個での焼入れ結果によると不良率は 0.1% 以下と良好である[28]．

図 2.4.52 は鋳鉄シリンダヘッドの排気バルブシート部のレーザ焼入れの例を示す．英国自動車メーカで行われているもので，内面側に反射ミラーを置き，これを回転し，サイクルタイム 9 秒という高生産性を達成している．

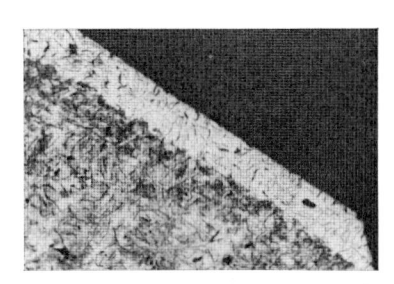

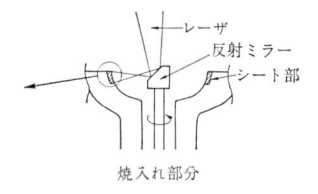

図 **2.4.52** エンジンバルブシート部の焼入れ

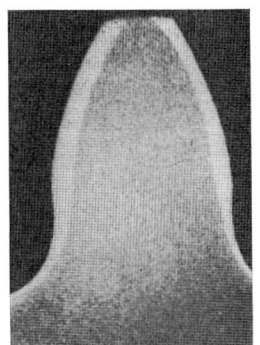

（a）焼入れ状況 （b）硬化パターン
図 **2.4.53** 歯車のレーザ焼入れ

図 2.4.53 はシート部の金属組織を示すもので深さは約 0.37 mm，硬度は Hv 500 以上が得られる[29]．

そのほかクランクシャフトジャーナル部の耐摩耗性向上やフィレット部の疲労強度向上の

目的でレーザ焼入れの採用が検討されつつある．

1977年より開始された通産省工業技術院における大形プロジェクト「超高性能レーザ応用複合生産システム研究開発」は内外に大きな波紋を投げかけた．このプロジェクトでは図2.4.53に示すような工作機械用ギヤの表面焼入れ技術が開発された．ここでは5kWレーザを使用し，マルチモードビームをϕ2mmまで集光したものをオシレーション(100Hz)させ歯面に照射している．当初2本のビームを用い両歯車の同時焼入れが試みられたが冷却能が不足することが明らかとなった．最終的には，片面ずつを裏面を水冷しつつ焼入れする方法がとられた．得られた品質は次のとおりである．表面硬度 Hv 600～700，硬化深さ 0.4～0.5mm，焼入れひずみは同軸度で2μm，単一ピッチ誤差の平均値5μm，累積ピッチ誤差27.5μmとなり，JIS 3級並みのギヤ精度が確保可能となった[31]．

海外においても浸炭焼入れの代替技術としてレーザ焼入れの適用が検討されている．超大形レーザのビームを分割し，表面溶融防止のためインテグレーティドミラーによる成形ビームにより歯面，歯底の同時焼入れが検討されている．その構想を図2.4.54に示す．

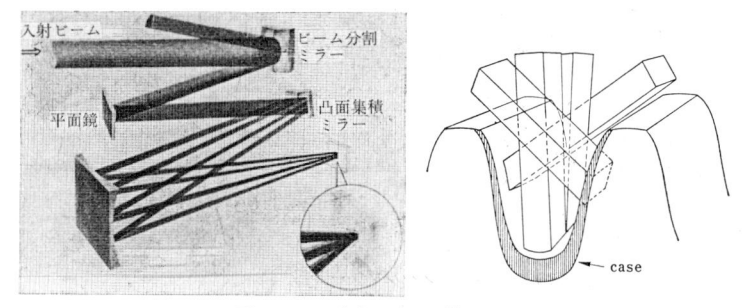

図 2.4.54　歯車の焼入れ構想図（IITRI）

高合金浸炭鋼でできていたヘリコプタ用ギヤはこの手法で耐久性を保証しつつ大幅なコストダウンを実現したといわれる．このコストダウンは部分焼入れ化によるむだな部分の焼入れ廃止，仕上げ加工の大幅省略に帰因する．

g. 今後の動向

以上述べてきたように，レーザ焼入れの実用化例は非常に少なく，研究段階の域を脱していない感がある．しかし，今後レーザ焼入れのデータベースが構築され，安価で信頼性の高い大出力レーザが量産化されるようになれば生産サイドにおける多種少量生産システムへのフレキシビリティニーズの高まりとともにその実用化は急速に進むと考えられる．

鉄鋼8社においては10年間の長期プロジェクトとしてレーザ照射により耐食性などのすぐれる高性能表面を有する構造材料を共同開発する計画が進みつつあり[33]，レーザによる表面処理技術開発も新しい段階に入りつつある．

今後は単に現状の熱処理をレーザ焼入れに置き換えるだけでなく，レーザ焼入れを前提とした材料設計，形状設計，生産プロセス設計など総合的に検討していかねばならない．また生産ラインでの信頼性をさらに向上させるため，自動化技術，モニタリング技術の向上が不可欠となろう．

〔久田秀夫〕

文　献

1) Y. Arata and I. Miyamoto: *Trans. Japan. Welding Society*, **13** (1) (1972).
2) Y. Arata, et al.: IIW Doc. Ⅳ-24-78 (1978).
3) M. Inagaki, et al.: Proceeding of 3rd Int. Collq. on Welding and Melting by Elect. and Laser Beam, Lyon France (1983), p. 183.
4) Kikuchi, et al.: Proceedings of 1st. Int. Laser Proces. Conf., Anaheim, CA. U. S. A. (1981).
5) 日本鉄鋼協会編，鉄鋼便覧 (1973).
6) 天野和男：愛知県工業技術センタ報告．第21号 (1985), 51.
7) 川澄博通，新井武二：精密機械，**48** (9) (1982), 104.
8) M. Roth and M. Cantello: Proceedings of 2nd Int. Conf. on Laser in Manufacturing, Birmingham, U. K. (1985), 119.
9) D. A. Belforte: Laser Electro Optics Seminar, Tokyo (1978).
10) 浅野省二，他：*OHM*, **70** (4) (1983), 38.
11) M. C. Stephen: Proceedings of ICALEO '82, **31** (1982), 1.
12) Y. Iino and K. Shimoda: Proceedings of LAMP '87, Osaka, (1987), 329.
13) 原田商会株式会社技術資料．
14) R. Jimbow, et al.: Proceedings of 1st Int. Laser Proces. Conf., Anaheim, U. S. A. (1981).
15) O. A. Sandven: Proceedings of 23rd Annual-SIPE Int. Conf., San Diago, U. S. A. (1979).
16) O. A. Sandven: Proceedings of 1st Int. Laser Proces. Conf., Anaheim, U. S. A. (1981).
17) 丸尾　大，他：溶接学会全国大会講演集 第40集 (1987), 76.
18) J. S. Eckersley: Advances in Surface Treatments Technology-Application Efforts, vol. 1, Pergamon Press, U. K. (1984), p. 211.
19) T. Fukuda, et al.: Proceedings of 3rd Int. Cong. on Heat Treatment of Metals Shanghai (1983), 8.41,
20) Tang Zuyao: Proceedings of LAMP '87, Osaka (1987), 341.
21) 日刊工業新聞：1986年1月3日号，
22) 光産業技術振興協会：光産業の将来ビジョンⅡ, (1982).
23) American Machinist Special Report, 768, American Machinist, **128** (8) (1984), 99.
24) Y. C. Peng and L. Osterink: Wear Fract. Prev. (1981), 135.
25) W. Lausch: MTZ Motor-technische Zeitshrift. **46** (5) (1985), 163.
26) G. Eberhart: Proceedings of 1st Int Conf. on Lasers in Manufacturing, Brighton U.K. (1984), 13.
27) 武岡義彦：日経メカニカル, 1981, 3, 2, (1981), 43.
28) Yuji Asaka, et al.: Proceedings of LAMP '87 Osaka (1987), 555.
29) Gerard H. Parsons: Proceedings of Ist. Int. Conf. on Lasers in Manufacturing, Brighton U.K. (1984), 117.
30) E. Nakamura, et al.: Proceedings of ICALEO '84 LIA (1984), 261.
31) 木島和彦：応用機械工学, **24** (7) (1983), 49.
32) Subrata Bhattacharyya & F. D. Seaman Leser Processing of Materials Metal. Soc. AIME (1984), 211.
33) 日経産業新聞：1985年12月28日号．

2.4.3　レーザクラッディング

　レーザクラッディングは，レーザビームを熱源として，基材とは異なる成分，特性を有する材料を供給して，基材の表層とともに溶融し，次いで凝固させることによって基材上に被覆層を形成させる技術である．これによって，基材表面の性能（耐摩耗性，耐食性，耐熱性など）を向上でき，材料の長寿命化，または，より厳しい使用環境に耐えられる材料の開発などを期待できる．レーザクラッディングは次項で紹介するレーザアロイングと技術的に近

いプロセスであり，両者を区別せずに同一の技術として取り扱っている場合もあるが，通常は，基材の溶融が少なく基材による被覆層の希釈が小さい場合をクラッディング，希釈の大きい場合をアロイングと称しており，本節においてもこれに従って両者を区別する．

a．クラッディング方法

被覆層の厚さは通常 0.1 mm を超える．このため比較的大きなレーザエネルギーが必要であり，高出力が得られる CO_2 レーザが用いられている．被覆材料は粉末，ワイヤ，棒または薄板の形で用いられるが，下記理由から粉末状で供給されるのが一般的である．

（1） 粉末法では種々の粉末を混合することによりきわめて多種類の被覆材を提供できる．一方，ワイヤなどはそれぞれの形状に加工を要する問題があり，選択できる被覆材組成には自ずから限界がある．

（2） レーザ吸収率はソリッド材よりも粉末の方が著しく大きく，エネルギー効率，能率の面ですぐれている．

以降，粉末方式のレーザクラッディングについて紹介する．

図 2.4.55 に示すように，粉末供給方法は，(1) スラリー方式（前置方式）：バインダを混合したスラリー状の粉末を基材上に塗布する方式[1,3~5,8,9]，(2) ガス搬送方式：キャリアガスを用いて粉末を連続的にレーザ照射部に供給する方式[2,13,19]．粉末を高速度で溶融金属の中に吹き込むインジェクション法[3,7]もこれに含まれる，(3) 自重落下方式（連続前置方式）：キャリアガスを用いず，粉末の自重を利用し，レーザ照射部前方に連続的に粉末を落下堆積させる方式[6,11]，とに大別される．

図 2.4.56 に示すように[17~19]，スラリーおよび自重落下方式においては，レーザはまず粉末被覆層に吸収され，粉末が溶融する．その後，基材表層が溶融し，次いでこれらが一体化して凝固しクラッド層を形成する．

レーザは主に容量 5～15 kW の炭酸ガスレーザが用いられている．スラリーまたは自重落下方式で粉末を供給す

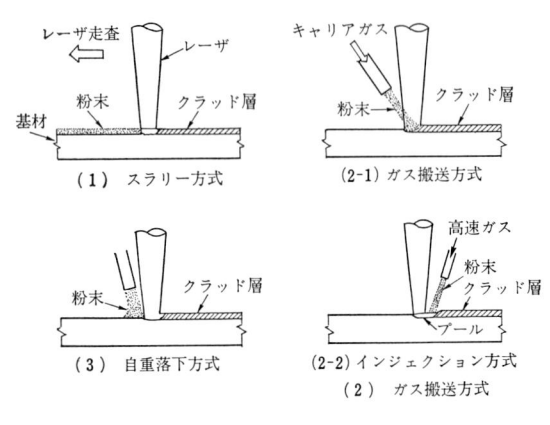

図 2.4.55　各種粉末方式レーザクラッディング

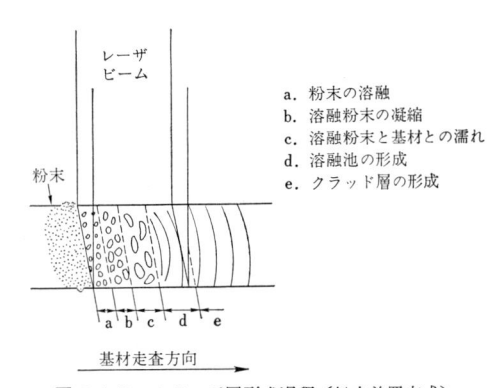

a．粉末の溶融
b．溶融粉末の凝縮
c．溶融粉末と基材との濡れ
d．溶融池の形成
e．クラッド層の形成

図 2.4.56　クラッド層形成過程（粉末前置方式）

る場合には，レーザは，インテグレーティドミラーを用いて均一なエネルギー分布を有する10〜13mm角の矩形ビームに変換するか，または，3〜6mmϕのデフォーカスビームの形で照射することが多い．インジェクション方式による粉末供給においては，まず基材を溶融してプールをつくる必要上，高いパワー密度を必要とし，径1〜2mmに集光されたビームが用いられている[3,7]．

b. 各種材料のクラッディング

(i) 超合金（被覆材）/鋼（基材） 炭素鋼，低合金鋼，ステンレス鋼などの基材表層の耐食，耐摩耗性を向上させるべく，Ni基合金（ハステロイなど）[2,4,19]，Co基合金（ステライトなど）[8,13,19,20]，Ni-Cr合金[14,17,19] および MCrAlY（M: Fe, Co, Ni）合金[5,6] などのクラッディングが検討されている．

レーザクラッディング性に影響を及ぼす主要な因子として，粉末および基材の物理的性質（融点，沸点，熱伝導率など），粉末供給方法，レーザビーム照射条件，ならびに粉末および基材のレーザ吸収率がある．融点および蒸気圧の低い粉末の方がクラッディング性は良好である[11,17,19]．たとえば，Ni-Cr合金でも，80Ni-20Cr合金のクラッディング性は良好であるが，Cr含有量が増加するにつれクラッディング性は低下し，30Ni-70Crでは安定したクラッド層を得るのが困難になる[11]．これはCr量の増加とともに粉末の融点および蒸気圧が高くなるためであり，100%Crになるともはやクラッド層の形成は不可能になる[11]．

基材と粉末の物理的性質のマッチングも検討を要する項目である．図2.4.57に，ステライトを同条件で，SUS 304 ステンレス鋼と 2-1/4 Cr-1 Mo 鋼上に，クラッディングした時のクラッド層の断面形状を示す（いずれも基材の方が融点が高い）[19]．融点が高く熱伝導率の大きい 2-1/4 Cr-1 Mo 鋼基材の方が，基材の溶融が少なく被覆材の希釈が小さい．希釈率はSUS 304 基材で 20〜25%，2-1/4 Cr-1 Mo 鋼基材で 1〜4% である．なお，被覆材の融点が基材よりも高い場合には，希釈率が著しく大きくなる．

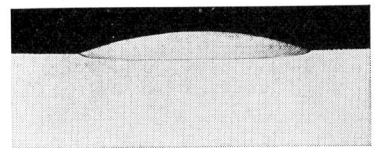

基材：SUS 304   基材：2-1/4 Cr-1 Mo 鋼（倍率5倍）

図 2.4.57 クラッド層の断面形状

クラッド層形成に大きな影響を及ぼすプロセス因子は，レーザパワー密度と照射エネルギー密度（$=P/l\cdot v$.；P: レーザパワー，l: ビーム幅，v: レーザ走査速度）である[11,13,17]．図2.4.58に，粉末前置方式におけるこれら因子とクラッド層形状との関係を示す．粉末はハステロイCで粉末層の厚さは1.2mm，基材はSUS 304である[11,19]．照射エネルギー密度 15kJ/cm^2 以上においては，クラッド層の形状はほぼパワー密度によって律せられる．パワー密度が約 3kW/cm^2 以下では，基材と溶融粉末との濡れ性が悪く，溶融粉末の凝集が認められ，クラッド層の形状は不連続的である．パワー密度約 3.5〜5.5kW の間では良好

なクラッド層が得られる．5.5kW/cm² を超えると基材による希釈が問題になる．これら臨界値は，被覆材料，基材および粉末層の厚さによって異なるが，全体的な傾向には変化はない．

基材および粉末のレーザ吸収率もクラッディング性に影響を及ぼす[17]．図2.4.56で示したように a～c の領域では基材が一部露出した状態になっており，基材のレーザ吸収率が低いと基材表層が溶融に至らず，安定したクラッド層を形成できない．基材のレーザ吸収率を増大させる方法として，基材ブラスト処理が行われており[14,16,17]，これによってクラッド層の安定形成およびクラッディング速度の向上が図られている．レーザ吸収率増大のため，基材に，あらかじめ，グラファイトをコーティングする方法も試みられている[2,4]．粉末のレーザ吸収に関しては，酸化物の CO_2 レーザ吸収率は非常に高いため，粉末の酸素含有量が多いほど，レーザは効率よく粉末に吸収されクラッディング速度が増大する[17]．ただし，酸素量が過度になると，スラグオフによる成分損失の問題があるので注意を要する．

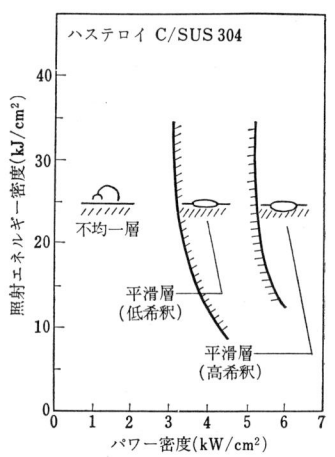

図 2.4.58 クラッド層の形状に及ぼすパワー密度，照射エネルギー密度の影響

クラッディング性については，ハステロイを始めとする Ni 基合金，ステライトおよび Ni-Cr 合金（Cr 含有量50%以下）をステンレス鋼や炭素鋼，低合金鋼上に被覆する場合のクラッディング性はいずれも良好である．ただし，鋳鉄基材にステライトを被覆する場合には[13]，空孔と割れが問題になる．MCrAlY（M: Fe, Co, Ni）の中では，FeCrAlY と NiCrAlY のクラッティング性は良好であるが[5,6]，CoCrAlY は割れが発生しやすい[5]．またクラッド層の特性は，MCrAlY は耐高温酸化に効果があり[5]，CoCrAlY は 1,000～1,200 °C における耐酸化性を著しく向上する[5]．Ni 基合金は 700°C における高温腐食，および硫酸腐食の向上に効果がある[2]．なお，Ni-Cr-Si-C-B を被覆するのに図 2.4.59 に示すように 3台の粉末ホッパを用い，Ni-Si-Cr, Cr-C および Ni-B 粉末をそれぞれのホッパから溶融池に供給し混合する方法も報告されている[14]．成分をフレキシブルに変動できる特徴がある．この合金は耐摩耗，耐食用途であり，硬さ Hv 450 以下（B 量

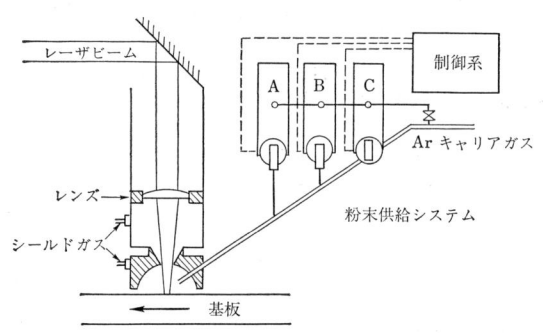

図 2.4.59 Triple ホッパによる粉末供給

と関係）において，割れのないクラッド層が得られる．

（ii）**炭化物/鋼**　TiC, SiC, WC などの炭化物を被覆することにより，耐摩耗性の向上を図る検討が行われている[7,9,13,20]．炭化物のクラッディングで問題になるのは，炭化物の溶解である．炭化物が溶解すると，クラッド層の硬さが低下するのみならず，割れの危険性が高まる[9,19]．

粉末にレーザが直接照射される粉末前置方法においては，炭化物によっては激しい蒸発が認められ，連続したクラッド層の形成が不可能な場合があり，かつ，割れの問題を避けることができない[19]．この問題を解決するのに適した粉末供給方法がインジェクション法である[7,19]．この方法は，まず基材を溶融してプールをつくり，次いで，プール中にレーザと極力接触しないようにして炭化物を吹き込み，炭化物を溶解させないでプールを凝固させる方法である．この方法では，基材を溶融させる必要上から，基材のレーザ吸収率が粉末前置方法以上に問題になり，グラファイト，カーボンブラックなどのレーザ吸収剤を，あらかじめ基材に塗布することも行われている．なお，粒径の大きい WC 粉末（粒径 500 μm）と小さい鉄粉（粒径数十 μm）を混合した粉末を用いることにより，粉末前置方法でも WC の溶解を防止できる[9]．この場合，粒径の小さい鉄粉のみが溶融する．

性能に関しては，レーザクラッティングで形成した Cr_3C_2 被覆層の耐摩耗性は，溶射のそれよりもすぐれるとの報告がある[13]．

（iii）**Si, 炭・窒化物/アルミニウム合金**　アルミニウム合金表層の耐摩耗性の向上を図るため，Si または TiC, TiN のクラッディングが検討されている[3,4,12,13,20]．

Si 被覆の場合は，Al-Si の合金層が表層に形成される．Si の融点は基材であるアルミ合金よりもはるかに高いため，基材による希釈が大きく，希釈率は 25～60% になる．比較的平滑なクラッド層が形成され，その耐摩耗性は基材の約 4 倍程度まで向上する[13]．TiC, TiN 被覆の場合は，粉末の溶解を防ぐ必要があるため，インジェクション法で粉末が供給される．基材はレーザ吸収率を上げるため，あらかじめグラファイトコーティングされることが多い[4]．粉末がクラッド層に均一に分散するか否かは，粉末密度・粒径と基材密度との関係に依存するところが大きい[3]．粉末密度が基材密度より大きい場合には，微粒（－200 メッシュ）の方が安定して均一に分散し，逆の場合には粗粒の方が望ましい．また，この他，Al_2O_3[9]，ステライト[4]の被覆についても検討されている．

（iv）**その他**　摺動部材への Cu 合金のクラッディングも試みられており[15]，Si, B の添加により空孔および酸化物のないクラッド層が得られている．また Ti 合金表面の TiC 被覆による耐摩耗性向上も試みられている[20]．

従来の被覆法である，溶接肉盛，プラズマ粉体肉盛と比較してレーザクラッティングの特長的なことは，(1) 低希釈率，(2) 高速・低ひずみ，(3) 組織が微細，などの点である．

c．応用化の現状

航空エンジンのタービンブレード（Ni 基超合金）に Co 基超合金をクラッディングして耐摩耗性の向上が達成されている[21]．従来は，手動の肉盛溶接でクラッディングしていたが，自動式レーザ法に置き換えることにより，希釈率が低下するとともに，安定性，再現性および精密性が飛躍的に向上している．この結果，施工が単純化され，グラインダ作業の大

幅な低減が達成されている．また，従来ガス溶接で行っていた摺動部材への銅合金のクラッティングをレーザ法に置き換え10％のコストダウンが図られている[15]．エンジンのバルブシートへの適用も試みられている．

この他，実用化までには至っていないが，タービンブレードへの適用を目指した開発研究はこの他にも数例ある[15,16,20]．以上のように，レーザクラッディングの実用化は，エンジン部品，機械部品の耐摩耗，耐食被覆で

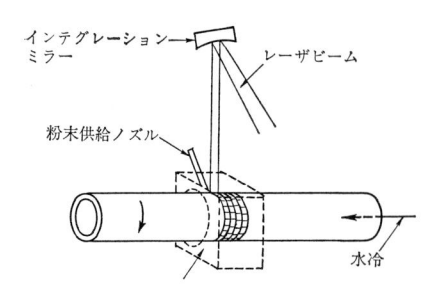

図 2.4.60 鋼管外面のクラッティング

先行し，進展している．また，図2.4.60に示すように，高耐食超合金（50 Ni-50 Cr）をSUS 304鋼管外面にクラッディングすることも試みられており[17,19]，1m長さのレーザクラッド鋼管の製造に成功している．この場合，自動落下方式で粉末を自動連続送給することにより，広範囲な面積のクラッディングに対応している．

（渡邊　之）

文　献

1) E. Ramous, et al.: Proc. of 1st Int. Conference on Surface Engineering, pp. 207-214.
2) C. A. Be, et al.: *ibid.*, pp. 215-220.
3) J. D. Ayers: *Thin solid films*, **84** (1981), pp. 323-331.
4) F. Ferrano, et al.: Proc. of 1st Int. Conference on Surface Engineering, pp. 233-243.
5) C. A. LIU, et al.: *Thin solid films*, **107** (1983), 269-275.
6) J. Singh and J. Mazumder: Proc. of 1st Int. Confernce on Surface Engineering, pp. 169-179.
7) B. L. Mordike and H. W. Bergmann: Proc. 4th Int. Conf. on Rapid Quenched Metals. pp. 463-483.
8) C. A. LIU, et al.: *Thin solid films*, **107** (1983), pp. 251-257.
9) 佐藤：金属プレス (1982. 6), pp. 102-109.
10) F. D. Seaman, et al.: Metal progress, August, 1975, pp. 67-74.
11) 小菅：レーザ協会会報, **12** (3) (1987), pp. 1～5.
12) G. Nicolas: Proc. of 3rd Int. Colloquium on welding and melting by electrons and laser beams (1983), pp. 253-262.
13) J. H. P. C. Megaw, et al.: *ibid.*, pp. 269-277.
14) P. J. E. Monson, et al.: Proc. of LAMP '87, Osaka, pp. 377-382.
15) T. Takeda, et al.: *ibid.*, pp. 383-388.
16) J. Com-Nougue, et al.: *ibid.*, pp. 389-394.
17) S. Ono, et al.: *ibid.*, pp. 395-400.
18) S. Kosuge, et al.: Proc. of ICALEO '86.
19) I. Watanabe, et al.: Proc. of 2nd Int. Conference on Surface Engineering, (1987) pp. 28-1～28-10.
20) G. Coquerelle, et al.: Proc. of LAMP '87, Osaka, pp. 197-205.
21) R. M. Macintyre: Applications of Laser in Materials Processing, (1983), pp. 253-261.

2.4.4 レーザアロイング

レーザアロイングはレーザビームを熱源として，基材表面上に合金層を形成させ，基材表層の高機能化を図る技術である．前項のレーザクラッディングとの主な相異点は，基材による合金層の希釈が大きい，および合金層の厚さが μm から mm オーダまで広範囲に及ぶ点である．レーザは，CO_2 レーザが用いられることが多いが，合金層が薄い場合には YAG レーザ（Q スイッチ YAG レーザも含む）も用いられている．

a. アロイング方法

合金材料は，クラッディングの場合と同様に，粉末状で供給されることが多いが，めっき[1,2]あるいはイオンプレーティング[3]によって，基材表面に合金材料をあらかじめコーティングする方法も検討されている．粉末は図 2.4.61 に示すように，通常，前置き方式で供給され，レーザで粉末と基材表層の双方を同時に溶融して合金層を形成させるのは，クラッディングの場合と同様であるが，基材による希釈率は 35～75% に達する．メッキは，金または Cr のコーティングに適用されており，イオンプレーティングは，Ti のコーティングに適用されている．コーティング層と基材表層を溶融することによって合金層を形成させるが，Ti の場合は，Ti コーティングの上にグラファイトをコーティングし，Ti とグラファイトを同時に溶融することによって TiC の生成を試みている．

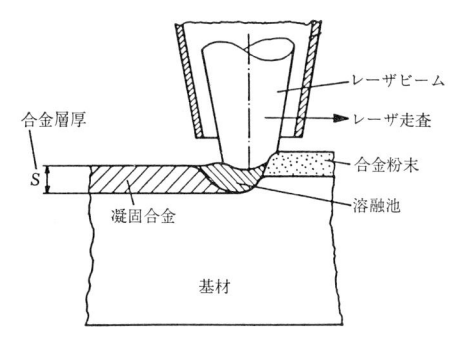

図 2.4.61 粉末方式のレーザアロイング

また合金材料を添加せずに，窒素雰囲気下で Ti および Ti 合金の表層を溶融することによって，基材表層に TiC 層を形成させることも検討されている[4,5]．

b. 各種材料のアロイング

(i) Cr[2,6]　前項で Cr のレーザクラッディングは容易でなく，安定したクラッド層の形成が難しいことを示した．この場合，基材による Cr クラッド層の希釈の程度は 5% 以下であった．一方，基材希釈の大きいプロセスであるレーザアロイングでは，Cr 合金層の形成も可能である．基材希釈率は 35～75% の範囲にあり，クラッディングのそれに対し著しく大きい．したがって合金層中の Cr 含有量は，基材によっても異なるが約 25～70% 程度になる．このように安定した Cr 合金層を形成するには大きな基材希釈が必要であり，ビーム形状およびパワー密度が Cr 合金のアロイングにあたっての重要因子になる．合金材料は粉末またはめっきの形で供給される．粉末の場合は，あらかじめ基材上に粉末を前置きする方式が用いられている．

粉末方式の場合，レーザビームはパワー密度の高い集光ビーム，または矩形ビームの形で照射されている．集光ビームの場合のビーム走査は，ストレート法とオシレーション法がある．ストレート法では[2]，0.3mm 厚の Cr 粉末層を炭素鋼上に前置きし，希釈率約 70% で

第1層を形成し，次いで第2，第3層を重ねて，最外層の第3層で Cr 濃度約 50％ の合金層を得ている．この組成では通常 σ 相が析出するが冷却速度が大きいため σ 相の析出が抑制される．オシレーション法では，10 kHz 以上の高周波数でビームを走査することによってスムーズな合金層表面が得られている[2]．Cr 粉末層の厚さは約 0.2 mm で合金層の Cr 濃度は約 60％ である．この場合には σ 相の析出が認められている．また 6.4×19 mm の矩形状にオシレーションを行う方法も検討されている[6]．

インテグレーテッドミラーを用いて，ビーム形状を矩形に変換して照射する場合には，集光ビームの場合に比べパワー密度が低いため，安定した合金相を得るには，基材をより大きく溶融させる必要がある[2]．たとえば，0.3 mm 厚の Cr 粉末層に対し，炭素鋼基材の溶融深さが約 0.6 mm 必要になる（基材希釈率に換算すると約 65％）．ビームを矩形状にオシレーションする方法とこの方法とを比較すると，オシレーション法の方が合金相のミクロ組織および組成が均一である[6]．

あらかじめ基材表面に Cr めっきを施す方法においては，電気めっきで 0.4 mm 厚の Cr めっき層を形成させ，次いでパワー密度の高い集光ビームを照射して Cr 濃度約 70％ の合金層を得ている．この方法では約 30％ のオーバラップ代を設けて複数ランの検討を行っているが，合金層表面のスムーズさが今後の課題である．また図 2.4.62 に示すように，Cr 粉末を用いてのレーザ溶射（この場合，従来のガス溶射，プラズマ溶射などと異なり基材も溶融する）も検討されているが，粉末を吹き付ける位置などに精密な制御を必要とするため，安定性および再現性の向上が今後の課題である[2]．

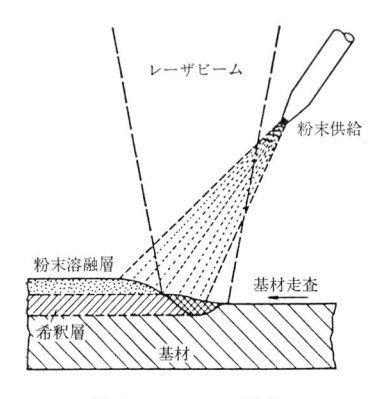

図 2.4.62 レーザ溶射

(ii) その他の合金材　工具鋼表面の耐摩耗，耐熱性を向上させるため W と Co の混合粉末をスラリー状で基材に 70 μm 厚塗布後，レーザ照射して約 250 μm 厚の合金層を形成させ（W 含有量 10％）ビッカース硬さ 1000 Hv を得ている[7]．ニッケル基合金である Nimonic 80 A の耐摩耗性改善のため $Cr_{23}C_6$，Cr_7C_3 の合金層を基材希釈率 50％ で形成させている[5]．

また YAG レーザを用いてレニウム合金層の形成が試みられている[8]．30 μm 厚の Re 粉末層を基材上に前置きし，まず粉末層の表層を1次溶融し，次いで，基材を含めて溶融（2次）し，合金層を形成させることも試みられている[1,9]．合金層の厚さは 0.5 μm 以下でありこの場合の凝固速度は 1～20 m/s である．

(iii) その他　反応性ガス雰囲気下で，基材にレーザを照射して基材表層を溶融させ，溶融金属とガスを反応させることによって金属化合物を基材表層に形成させる方法が検討されている[4,5]．窒素雰囲気下で，Ti 基材に YAG レーザを照射して基材表層を溶融させ，5～12 μm 深さの TiN 層を形成させた[4]．この層のビッカース硬さは 700～1200 Hv であ

る．窒素富化層は約 0.2mm である．CO_2 レーザを用いての Ti および Ti 合金の表面窒化も行われている[5]．

また低合金鋼表面上に TiC 層を形成させる方法として，次の方法が試みられている[3]．

まずイオンプレーティングによって Ti を基材上にコーティングした後，Ti コーティング上にグラファイトをコーティングし，次いで CO_2 レーザを照射することによってこれらコーティング層と基材表面を溶融させ，TiC 層を形成させる．初期の Ti コーティング層の厚さは約 5 μm であり，TiC 層の厚さは 20〜30 μm である．グラファイトコーティングとレーザ溶融のプロセスを繰り返すことにより合金層の硬さが上昇する（繰返し 1 回：900 Hv，10 回：1700 Hv）．

c. 応用化

基材の耐摩耗性，耐食性および耐熱性を向上させることにより，材料寿命を延長すべくレーザアロイングの応用性について検討されている[10〜12]．12% Cr 合金鋼からなるタービンブレード（テストブレード）上に，Co 基超合金のアロイングが行われている[10]．原料粉末はビーム照射点に連続的に供給され，13mm 厚の合金層を複数ランで形成させている．2.5 kW CO_2 レーザを基材上で集光させ，ラン間のオーバラッピングを 20〜50% にしている．ビーム吸収率を高めるために，ブレードはあらかじめサンドブラスト処理が施されている．発電プラント（タービン）関係部材である SUS 420（12 Cr，0.2 C）基材表面に C を富化するため，基材表面にまずカーボンコーティングを施し，次いでレーザ照射を行う方法が試みられている[11]．4% 程度まで C を富化することが可能であり，硬さは 900 Hv まで上昇する．

また工具鋼表面に W, Mo, Co, Co-Ni をアロイングすることによる耐熱，耐摩耗性の改善が検討されている[12]．亜共析鋼からなる基材の場合は，上記の合金を 20% 程度まで添加することが可能であるのに対し，過共析鋼ではブローホールおよび割れの問題があり，基材の予熱，後熱が必要になる．熱間加工用工具に 52 Co-28 Mo-17 Cr-38 Si をアロイングすることによって耐エロージョン性を向上できることが確認されている．

（渡邊 之）

文　献

1) C.W. Draper, et al.: *Applications of Surface Science*, **7** (1981), pp. 276-280.
2) R. Becker, et al.: Proc. of 3 rd Int. Colloquium on welding and melting by electrons and laser beams (1983), pp. 279-288.
3) K. Kawachi, et al.: Proc. of LAMP '87, Osaka, pp. 471-476.
4) A. Matsunawa, et al.: Proc. of 3 rd Int. Colloquium on welding and melting by electrons and laser beams. (1983), pp. 219-226.
5) G. Coquerelle, et al.: Proc. of 1st Int. Conference on Surface Engineering, pp. 197-205.
6) D.S. Gnanamuthu: *Optical Engineering*, **19**, (5) (1980), pp. 783-792.
7) T.H. Kim and M.G. Suk: Proc. of LAMP '87, Osaka, pp. 413-418.
8) K. Takei, et al.: *J. Appl. Phys.*, **51** (5), May (1980), pp. 2903-2908.
9) C.W. Draper: *Journal of Metals*, June(1982), pp. 24-32.
10) J. Com-Nougue, et al.: Proc. of LAMP '87 Osaka, pp. 389-394.
11) C.F. Marsden: *ibid.*, pp. 401-406.
12) S. Yoshiwara and T. Kawanami: *ibid.*, pp. 407-412.

2.4.5 レーザによる急冷凝固表面合金の作製

普通の状態では複数の結晶相からなり，よい特性が得られない合金でも，溶融状態から急冷凝固するとこれまで知られていなかったさまざまな性質を備えた材料が得られる．急冷凝固は熱力学的に安定な結晶相が十分に生長しない内に冷却してしまう処理であるため，過飽和固溶体を形成させ，かつ析出あるいは偏析する介在物が細かく分散した均一性の高い特殊な材料を提供してくれる．特に，合金組成が適切に選ばれかつ冷却速度が十分に速ければ，結晶の長周期秩序が形成する暇がなくアモルファス構造になる．これは結晶状態に基づく各種欠陥を含まない上に，冷却の過程で生じやすい組成のゆらぎがない構造である．したがって，アモルファス合金は化学的には理想に近い均一性を備えた材料と見なすことができる．固溶限が拡大し，従来知られている金属材料よりはるかに多種多量の元素を含む均一な合金が得られる急冷凝固は，特定の性質を備えた材料を合金化によって作り出すのにきわめて適した方法である．

一方，レーザビーム，電子ビームなどの高エネルギー密度ビーム処理による急冷凝固は，金属材料表面の局部を瞬間的に溶融することを原理としている．これらのビーム照射によって小さな体積を瞬間的に溶融すると溶融金属の熱はまわりの固体に迅速に奪われるため，急冷凝固が実現する．したがって，これらのビーム照射溶融とそれに引き続く自己急冷を金属材料全表面に適用すると，金属材料表面を急冷凝固相で覆うことができる．バルクの材料に求められる強度，電気伝導性などの性質は，通常の厚さあるいは大きさをもつ実用金属材料に負わせ，その表面に急冷凝固でしか得られない性質を付与することを実現する有力な方法の一つがレーザ溶融急冷法である．レーザ照射表面溶融と引き続く自己急冷による処理は，これまで，合金表面の急冷凝固のほか，表面の合金化およびアモルファス表面合金の作製の三つの目的で行われてきた．

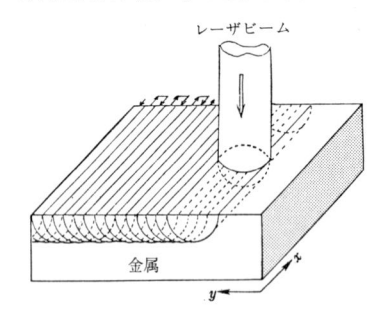

図 2.4.63 金属表面のレーザ処理模式図

図 2.4.63 にレーザ溶融急冷処理の原理図を示す．溶融深さと急冷速度は，照射エネルギー密度と各部の溶融時間で決まる．

a. 急冷凝固

Anthony と Cline[1] は結晶粒界にクロムの炭化物が析出してそのまわりのクロム欠乏層が腐食される粒界腐食が起こりやすくなっている 304 オーステナイトステンレス鋼表面に 350 W の CO_2 レーザビームを照射して走査し，表面を溶融することによって耐食性に有効な Cr の再分布を試みた．この結果，沸騰 H_2SO_4-$CuSO_4$ 溶液中で鋼に発生する粒界腐食を防止することができた．Draper ら[2] は 90Cu-6.3Al-3.7Fe のアルミ青銅の塩酸酸性 3% NaCl 溶液中での腐食試験を行い，アルミニウムの選択溶解腐食を防止するのにレーザ処理が有効であることを見出した．また 5% H_2SO_4 中で測定したこのアルミ青銅とさらに Al 量の多いアルミ青銅のアノード溶解電流もレーザ処理によってかなり減少し，これらはレーザ処理により均一性が向上したためと説明されている[3]．Bonora ら[4] はルビーレーザを用い

て高純度アルミニウム表面に溶融急冷凝固処理を施し，酒石酸アンモニウム溶液中で陽極酸化皮膜が形成するまでの金属の初期溶解電流および皮膜形成後の皮膜中の欠陥を反映する定常状態の電流密度は共に処理前の1/2程度に減少することを報告した．McCafferty ら[5]はパルス CO_2 レーザを用いて 3003 Al-1.2% Mn 合金表面に溶融急冷処理を施すと，塩酸中の全面腐食に対する耐食性が向上し，これは表面の均一性が増したためと説明されている．Lewis と Stutt[6] は各種工具鋼表面に電子ビーム溶融急冷処理を施すことによって硬度が上昇するとともに中性溶液中で耐食性が向上することを報告した．中尾[7] はオーステナイトステンレス鋼溶接部にレーザ溶融急冷処理を施し，クロム欠乏層形成の原因となる $M_{23}C_6$ の析出を防止することによってクロム欠乏部に局所的腐食が起こりにくくなり孔食電位が上昇することを認めた．

レーザ処理による急冷凝固が常に好結果を生むとは限らない．照射時間 150 nsec のパルス Nd-YAG レーザ処理を 19 Cr フェライトステンレス鋼に施し，表面より $0.8〜1\,\mu m$ の深さまで急冷凝固させたのち，1 N H_2SO_4 中での分極挙動を調べると，レーザビーム照射処理で酸化クロム介在物が蒸発した場所はクレータとなり，不働態から活性態に電位を下げることによって，クレータ部で皮膜破壊が起こることが認められた[8]．さらにパルスビーム照射スポットの重畳した部分には熱応力に起因したと見られる孔食も発生した．これらの結果は，きわめて短時間の浅い表面の処理は有害で，さらに深く，かつ完全に表面層を溶融する処理が必要なことを示唆している．

急冷凝固は耐高温酸化性の向上にも，有効であることが知られている．Wade ら[9] は 430 鋼，304 鋼，インコロイ 800，ハステロイ X に連続 CO_2 レーザビーム照射処理を施したのち，$800〜1,200°C$ の大気中での酸化挙動を調べた．いずれの合金の場合も耐酸化性がいちじるしく向上し，厚く生長したスケールが割れてはげ落ちるスポーリングの程度が少なかった．これは，結晶粒微細化により Cr, Si, Mn の粒界拡散が容易なため，Cr_2O_3, SiO_2 や $MnCr_2O_4$ のような保護スケールが迅速に形成するためと説明されている[10]．

このように急冷凝固は通常用いられている材料のいわゆる表面改質に用いられ，基礎的には多くの成果をあげている．しかし急冷の必要から急冷凝固層の厚さには限界があり，実用化はかなり特殊な用途に限定されよう．

b. 表面合金化

Ayers ら[11] は炭素鋼にチタンのプラズマ溶射を行った後，溶射層の孔をレーザビーム照射再溶融によって除くことを試みた．海水中の浸漬試験によるとチタンを溶射したままの試料は最初はチタンの効果で耐食性のよいことを意味する高い自然浸漬電位を示すが，徐々に海水が孔を浸透し，下地の炭素鋼に達し，自然浸漬電位は下り下地炭素鋼が選択腐食を受ける．これに対し，レーザ溶融処理を施した試料は高い自然浸漬電位を示し，15 日程度の腐食試験では外観にも何ら変化を生じていなかった．

炭素鋼に Cr をスパッタデポジットさせたのち，7.5 kW の連続 CO_2 レーザビーム照射処理を行い鋼表面を Fe-Cr 合金化する試みも行われた[12]．しかし Cr を合金化することによる耐食性の向上は認められたが，処理法が不完全だったため対応する Cr 濃度のフェライトステンレス鋼ほどの耐食性は得られていない．同様の結果は Fe-Cr 合金に Cr をめっきした

試料についても得られている[13]．オーステナイトステンレス鋼表面の Cr および Ni の濃度を上げるとともに Mo を添加する試みも行われた[14]．304 オーステナイトステンレス鋼を下地とし，これに Cr, Ni, Mo をスパッタデポジットしたのち，CO_2 レーザ処理を行った結果 4% Mo を含む表面合金の孔食電位は 316 鋼にほぼ等しく，6% Mo を含む表面合金には 0.1 N NaCl 中 Cr の過不働態溶解が起こる電位以下では孔食が発生しなかった．Lumsden ら[15] は，AISI 4140 鋼上に Ni と Cr の混合粉を塗布し，レーザ溶融処理を施すことによって，オーステナイトステンレス鋼被覆を試み，18 Cr-8 Ni 表面合金が 304 鋼と同程度のアノード分極曲線を示すことを報告した．Bornstein と Smeggil[16] は，ガスタービン部品の耐酸化性向上を目的とし MCrAlY を PVD などで被覆し，この被覆層の表面をレーザ処理すると，酸化スケールの耐スポーリング性の向上の可能性があることを報告した．

SS 41 炭素鋼を下地とし，これに Cr あるいは Ni と Cr をめっきしたのち，レーザ溶融表面処理を行い，炭素鋼をステンレス鋼あるいは耐食高ニッケル合金で被覆する試みが行われた[17]．図 2.4.64 はフェライトステンレス鋼被覆を作製する目的で炭素鋼板上に約 14 μm の Cr めっきを施したのち図 2.4.63 に示したように，500 W 連続 CO_2 レーザビーム照射溶融処理を施したのち断面を切り出し，表面から深さ 10 μm の場所で表面に平行に X 線マイクロアナライザによる線分析を行った結果である．図 2.4.63 においては，一度の処理の間に，一部重ねてレーザビームを照射することによって，表面の各部は 5 回溶融凝固を繰り返している．この間 Cr めっきと下地の炭素鋼が溶融され，かつ混合されはするが，一度の処理では図 2.4.64 の上図に見られるように，レーザ処理中の混合が不十分で Fe および Cr の濃度は不均一である．図 2.4.63 に示す処理を 3 度繰り返し，表面の各部を合計 15 回溶融凝固すると図 2.4.64 下のようにかなり均一性の高い被覆が得られた．図 2.4.65 は高ニッケル耐食表面合金を作製する目的で炭素鋼上に約 40 μm の Ni めっきを施し，次いで約 30 μm の厚さに Cr めっきしたのち図 2.4.63 に示したレーザ処理を行った表面合金のアノード分極

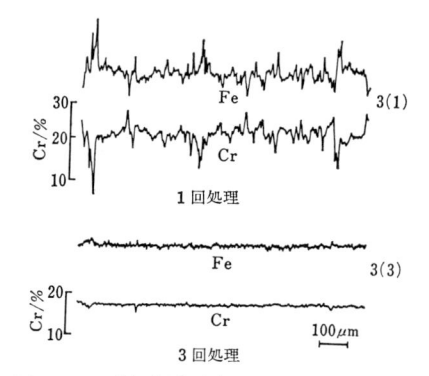

図 2.4.64 軟鋼表面に厚さ 14 μm のクロムをめっきした試料を用いレーザ処理を 1 回および 3 回行った際の表面から 10 μm 下における濃度の変化[17]

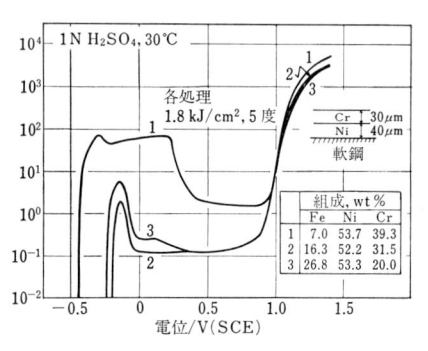

図 2.4.65 軟鋼にニッケルとクロムをめっきした試料を用いレーザ処理を 1〜3 回行った後測定したアノード分極曲線[17]

曲線である．分極曲線に付した数字は図2.4.63に示したレーザ照射処理の繰り返し数である．レーザビーム照射処理を一回だけ行い表面の各部を5度溶融凝固したのみの試料1は，レーザ処理層の混合が不十分でほとんど炭素鋼の組成のままの部分が表面に表われているため，鉄に類似した分極曲線を示す．これに対し，レーザ処理を2回繰り返した試料2では，表面の各部の溶融凝固を合計10度行ったことによってきわめて均一性の高い表面被覆層が生じ，オーステナイト合金特有の分極曲線を示す．さらに興味深いのは，レーザ処理を3回繰り返した試料3では試料2より活性態および不働態の低い電位における電流が増大してしまうことである．図2.4.65に挿入したレーザ処理層の平均組成の表から明らかなように，レーザ処理を繰り返すと下地のFeがレーザ処理層に溶け込み，蒸気圧の高いCrが失われている．一方，Niの濃度は，レーザ処理回数の影響をたまたま受けていない．このように，層状に異なる金属が重なった材料を出発物質として，合金化および均一化するためのレーザ照射溶融凝固の繰返しは，均一化を増すと同時に，蒸発しやすいCrなどの元素の濃度を低下させ，耐食性を低下させてしまうこともある．したがって，合金化を目的とする場合，均一化のための繰返し溶融の必要性と，繰り返し溶融による高蒸気圧元素の蒸発とのために最適繰返し溶融凝固条件が存在する．これまで報告されたレーザ処理合金の耐食性が対応するステンレス鋼より低いのは，この繰り返し処理による均質化が十分に行われていないためである．

しかしこのように通常の金属材料の表面によりよい特性をもつ表面を作るといっても均質な表面を $100\,\mu m$ 以上の厚さに作ることはきわめて難しい．したがってこのような処理はよほど特殊な用途に限定されよう．

c．アモルファス表面合金の作製

1974年筆者ら[18]が初めて，Crを含むリボン状アモルファス鉄-半金属合金が異常な高耐食性を備えていることを世界に発表して以来，この特性を高耐食性構造材料として活用することが切望されてきた．アモルファス合金は通常の合金とはけた違いの性質を備えているため，通常のクラッドとは異なり，数十 μm の厚さに表面を覆うことができれば十分に広い応用が期待できる．炭素鋼のような実用金属材料にレーザ溶融急冷法によりアモルファス表面合金を作ることがその一つの方法であることは，当時筆者らが世界各地の講演などで触れてきたことであった．その後世界各国の科学者が，レーザ処理によるアモルファス化を試みた結果，レーザビーム照射によって限られた体積を一度だけ溶融すると，組成さえ適切ならアモルファス化することが確認された[19~23]．このことは溶融池を囲んでまわりに結晶が存在し，結晶の成長に結晶核の発生が必要ないにもかかわらず，溶融金属の組成が適切ならまわりの結晶質固体に熱を奪われることによって，結晶核から結晶が成長せずにアモルファス化し得ることを示した．

種々のアモルファス合金作製法と比べて，レーザ溶融急冷法の大きな違いは，結晶化温度以上に一定時間加熱すると結晶化してアモルファス合金の特性を失ってしまう熱力学的に準安定なアモルファス合金を作ることが目的であるにもかかわらず，先にアモルファス化した部分の隣をアモルファス化するための加熱溶融によって先にアモルファス化した部分が再び加熱されることである．図2.4.66はレーザ処理の際の合金の冷却曲線と等温変態図を示し

たものである[24]．最初にアモルファス化した領域①に重ねてレーザビーム照射により溶融池②が生じると，これは②の冷却曲線のようにアモルファス化する．一方，領域③は領域①と②の境界で，本来領域①に属するアモルファス相であったが，1 msecのレーザビーム照射によって溶融池②が生じた際融点付近まで加熱された．しかし領域③は溶融しなかったため溶融池②が作られる際の昇温も領域③の熱履歴に含まれ，冷却曲線が時間ゼロから出発しないため，③の冷却曲線は結晶化の鼻と交差してしまい結晶相が生じる．あらかじめアモルファス化している相の熱影響部の結晶化を避けるためには，ガラス形成能の高い合金組成に変えて結晶化の鼻の表われる時間を遅らせることである．熱伝導のよい金属を下地として冷却速度を上げ

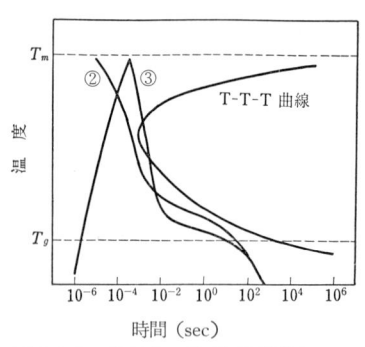

図 2.4.66 結晶化のT-T-T曲線とレーザ処理の際の冷却曲線

ることも一つの方法とは考えられるが，図2.4.66から明らかなようにこの方法によって冷却曲線の勾配を急にすることの効果はあまり期待できない．

（i）**バルク合金表面のアモルファス化** Pd-6Cu-16Si合金はガラス化能がきわめて高いため，$10^3\,°C/sec$程度の冷却速度でもアモルファス化できることが知られている．この合金を連続CO_2レーザビームで処理すると，試料全表面がアモルファス化する．図2.4.67は，レーザ処理試料断面を王水でエッチングして観察した走査電子顕微鏡写真である[25]．レーザビームを上から下に照射している間に試料を写真面に垂直に動かし垂直方向の一方向の移動終了ごとに，左から右へ約75 μm 移動することを繰り返したものである．レーザ処理部には何も見えず，レーザビーム照射を重畳して行っても熱影響部に結晶が発生しないことを示している．

この結果は，表面組成を適切に選択すれば，あらかじめアモルファス化している部分が隣接部へのレーザビーム照射によって再加熱されても，熱影響部が必ず結晶化するとは限らず，全表面をアモルファス化できることを示している．

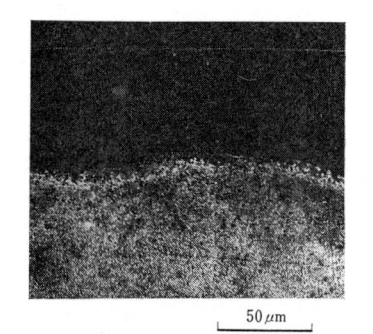

図 2.4.67 レーザ処理を施したPd-Cu-Si合金の断面[25]

（ii）**耐食アモルファス表面合金の作製** 液体急冷アモルファス合金リボンの耐食性が著しく高いことが知られているCrとMoを含むアモルファスFe-半金属合金をレーザ溶融急冷法によって結晶質実用金属上に作製する試みがなされた[26]．このような鉄基アモルファス合金による被覆には一応成功したが，アモルファス合金の硬度があまりにも高いため表面合金に割れが発生しやすく，実用化は困難なことが判明した．そこで超耐食性を備えながらFe-Cr-Mo-P-C合金よりアモルファス化しやすいクロムを含むニッケル基合金を表面合金

2.4 レーザ表面処理

として作製する試みが行われた.

結晶質軟鋼を下地として用い，この上に 10~30 μm の厚さの Ni-Cr-P-B 合金薄板を真空中で加熱して溶着したのちレーザ処理を行った[27]．図 2.4.68 は，1 N HCl 中で測定した試料のアノード分極曲線である．アノード溶解電流は，測定する試料の表面の一部にでも溶解

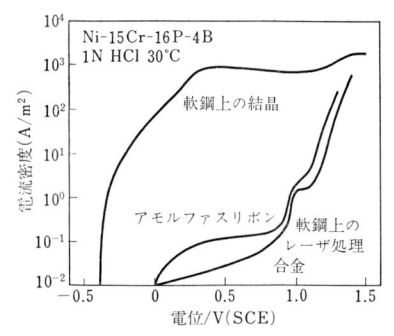

図 2.4.68 片ロール方で作製した Ni-15 Cr-16 P-4 B 合金と軟鋼上の Ni-15 Cr-16 P-4 B 合金のレーザ処理前後に測定したアノード分極曲線[27]

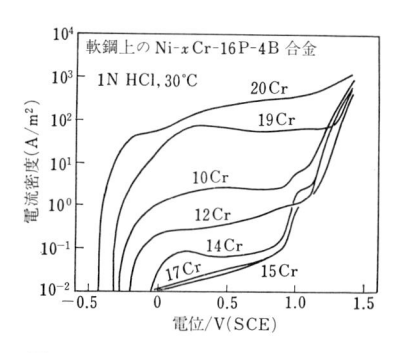

図 2.4.69 レーザ処理を施した軟鋼上の Ni-Cr-16 P-4 B 合金のアノード分極曲線のクロム量による変化[27]

しやすい結晶相が現われていると，敏感にそれを検出して大きくなる．単ロール法で作製したリボン状アモルファス合金とレーザ処理を施した軟鋼上の合金はともにアモルファス化が完全であるため，酸化物保護皮膜で自然に覆われる自己不働態化が起こっており，0.8 V (SCE) 付近まで低い電流密度を示す．一方，軟鋼下地上の結晶質合金は同じ組成でも多相からなる不均一合金であるため，きわめて高いアノード電流を示す．

図 2.4.69 は同じ合金系でクロム濃度を変えてレーザ処理を行った場合の分極曲線の変化を示す．単ロール法などを用いてアモルファス合金を作製する場合は，この系統の合金はクロム含量が 0-43 原子% の範囲でアモルファス合金となるが，図 2.4.69 から明らかなようにクロム含量が 14-17 原子% の範囲の合金のみが自己不働態化して超耐食性を示している．これよりクロム量が減っても増えても電流密度が上昇してしまう．X 線回折の例を図 2.4.70 に示すように，電流密度が大きくなる表面合金は，表面の大部分がアモルファス化していても，先にレーザー処理でアモルファス化した部分のとなりをレーザ照射溶融すると熱影響部が結晶化するため，アモルファス相の緩やかな山に結晶相の鋭い回折線が重なっている．

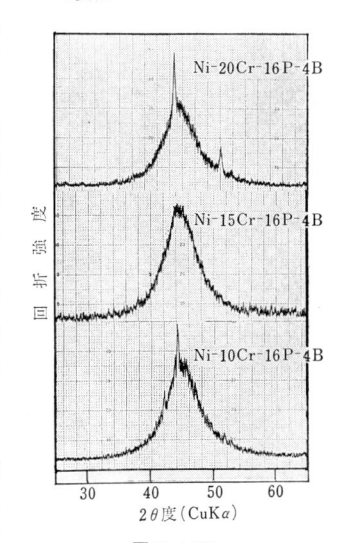

図 2.4.70 レーザ処理を施した軟鋼上の Ni-Cr-16 P-4 B 合金の X 線回折像のクロム量による変化[27]

このように，レーザ法によるアモルファス合金作製法は，先にアモルファス化した部分に重ねて溶融を行うというきわめて困難な方法であり，ガラス形成能の非常に高い合金に限定されるが，超耐食合金がこの方法で作製できることが判明した．

(iii) 電極用アモルファス表面合金の作製 アモルファス Pd 基合金の中には，塩化ナトリウム水溶液を電解して塩素を製造するのにきわめてすぐれた電極触媒活性を備え，かつ発生期の塩素にさらされる激しい腐食性環境にも耐える材料が見出されている[28~30]．しかしいかにすぐれた電極触媒活性を備えていようとも厚さ数十 μm のアモルファス合金リボンは厚さの制限のために電気抵抗が大きく電極として実用性に欠ける．したがって，電気導伝体としての働きは下地の実用金属に委ね，その表面に電極触媒活性のすぐれたアモルファス合金層を作製することを試みた．その結果，Ti を始めとする耐食金属下地上に電極触媒活性の高い Pd 基合金薄板を溶着した後，レーザ溶融急冷法を施し，すぐれた電極触媒活性と耐食性を備えたアモルファス Pd 基合金で Ti 表面を覆った高活性・高耐食電極を作製できた[31~33]．

一方，高価な Pd 基合金にかわって Nb, Ta などのバルブメタルと Ni との2元アモルファス合金を主成分とし，これに 1-2 原子％の白金族元素を添加したアモルファス合金を作製し，これをフッ化水素酸に浸漬する活性化処理を施すと高活性電極が得られることが見出された[34]．そこでこれらの高活性アモルファス合金を耐食金属下地上に作製することが試みられた[35]．たとえばアモルファス Ni-Nb-白金族合金を作製する場合には，図 2.4.71 に示すように Nb を下地金属として用い，これに Ni と白金族元素をめっきした後レーザ処理を施すことによって，所定の組成の表面合金を作製し，さらにこれをアモルファス化する方法が採用された．このためにまず Ni-Nb 2元合金表面にレーザ処理を施し，表面全体をアモルファス化できる組成範囲の検討を行った．図 2.4.72 は表面にレーザ処理を施した 2 元合金の X 線回折像である．Ni-35 Nb 合金および Ni-40 Nb 合金表面は完全にアモル

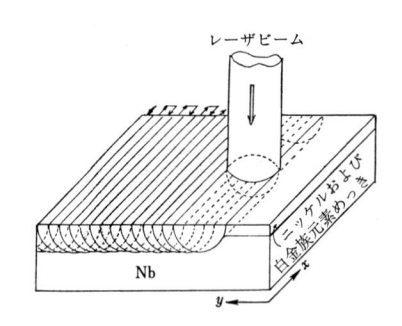

図 2.4.71 ニオブ下地上にニッケルと白金族元素をめっきした試料のレーザ処理の模式図[35]

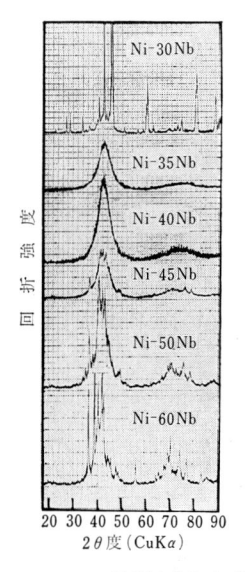

図 2.4.72 レーザ処理を施した Ni-Nb 2元合金のX線像のニオブ含量による変化

ファス化しているが，それより Nb 量が少なくても多くてもアモルファス相と結晶相の混合相が生じている．これは先にアモルファス化した部分に一部重ねるようにレーザ照射を行ったことによって先にアモルファス化した相の熱影響部が結晶化したためである．一方片ロール法などの通常のアモルファス合金製造法を適用すると，Ni-25Nb 合金から Ni-65Nb 合金の範囲までがアモルファス化する．レーザ溶融急冷法がアモルファス合金の作製法の中で最も難しい方法であることがここでも改めて確認される．

図 2.4.70 に示した試料のうち下地金属である Nb の上に Ni めっきのみを施した試料を用い，図 2.4.71 のようなレーザ処理をアモルファス化の前の合金化および均一化を目的とする前処理として繰り返したことによるレーザ処理層中の Nb 濃度の変化を図 2.4.73 に示す．レーザ前処理を繰り返すことによってレーザ処理層中の Nb 濃度が増大し最大濃度に近づいていくのが認められる．この前処理を 3 回繰り返した試料表面の Nb 濃度はアモルファス化が可能な 40 原子％となっており，実際にこの試料の表面のみが完全にアモルファス化され，2 回または 4 回レーザ前処理を繰り返した試料では Nb 濃度が適正でなくガラス形成能が低いために熱影響部に結晶化が起こるとともに脆い結晶相に割れが生じていた．図 2.4.74 はこのようにして作製したアモルファス表面合金とこれにフッ化水素酸浸漬による活性化処理を施したもののアノード分極曲線である．レーザ処理したままの合金がこのような電解条件で高耐食性を備えていること，およびこれに活性化処理を施すときわめて高活性な電極が得られることがよくわかる．

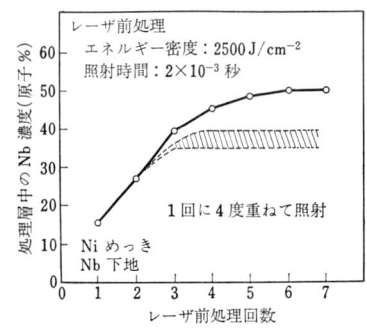

図 2.4.73 ニッケルめっきしたニオブにレーザ処理を施した回数によるレーザ処理中のニオブ含量の変化[35)]

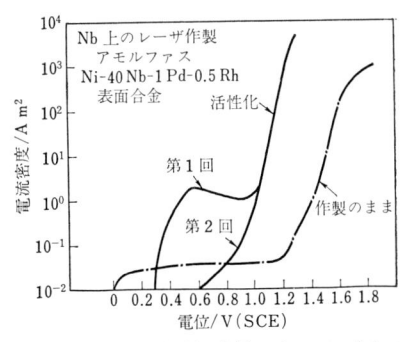

図 2.4.74 レーザ処理で作製したニオブ上の Ni-40Nb-1Pd-0.5Rh 表面合金に活性化処理を施す前後のアノード分極曲線[35)]

一方レーザ処理によって，実用可能な大きな電極を作ることに問題がないわけではない．レーザ処理には大きな重い試料を乗せた重い作業台を図 2.4.71 における x 方向に往復運動させなければならず，その速度には自ずから限界がある．その上，波長 $10.6\,\mu\mathrm{m}$ の赤外線である CO_2 レーザビームはそのほとんどが試料表面で反射され溶融に利用されるのは照射エネルギーの数％にすぎない．このためレーザ処理によるアモルファス表面合金の作製は，実用的な生産性がきわめて低い．これに対しもう一つの高密度エネルギー源である電子ビームを用いてもレーザビーム処理と全く同じ成果をあげられることが判明した[36)]．この場合電

子ビームは数百 Hz で振動させることができるため，図2.4.75に示すように試料上での電子ビーム照射の振幅方向に直角の方向にゆっくりと試料を移動させるだけできわめて短時間に所定の面積をアモルファス化できる．たとえば Nb 下地に厚さ15 μm の Ni めっきを施した試料を用い表面の $1m^2$ をアモルファス Ni-40 Nb 表面合金に変えるのに 6kW の電子ビームを用いると約22分ですむが，2kW のレーザビームを用いると25時間以上かかることが判明した．このようにただ平板の表面にアモルファス合金を生成させるためには電子ビーム処理の方がレーザビーム処理より効果的であるが，レーザ処理で得られた知見がそのまま使えるため，レーザビームを用いる基礎的研究は有効であり，その上，光としてのレーザビームにはロボットが使えることなど電子ビームが及ばない利点があり，今後さらに短波長で金属に吸収されやすいレーザの開発が待たれる．

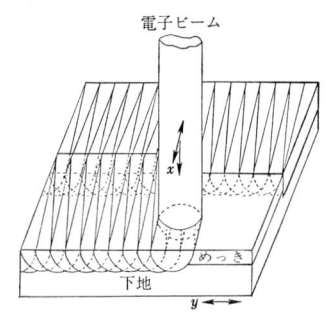

図 2.4.75 電子ビーム処理の模式図

　レーザ照射による各種急冷凝固合金の作製法を概説した．実用金属材料の表面を溶融急冷凝固することは，表面の組成を均一化し，結晶粒を微細化するためさまざまな利点があり，特殊な応用が期待される．レーザ溶融急冷法は，スパッタ法とともにアモルファス表面合金の作製のきわめて有力な方法であり，今後いろいろな合金について試みてみる価値がある．

(橋本功二)

文　献

1) T. Q. Anthony and H. E. Cline: *J. Appl. Phys.*, **49**, (1978), 1248.
2) C. W. Draper, et al.: *Corrosion*, **36** (1980) 405.
3) J. Javadpour, et al.: Corrosion of Metals Processed by Directed Energy Beams (C. R. Clayton and C. M. Preece, eds.), The Metallurgical Society of AIME (1982), p. 135.
4) P. L. Bonora, et al.: *Electrochim. Acta*, **25** (1980), 1497.
5) E. McCafferty, et al.: *J. Electrochem. Soc.*, **129** (9) (1982).
6) B. G. Lewis and P. R. Stutt: Corrosion of Metals Processed by Directed Energy Beams (C. R. Clayton and C. M. Preece, eds.), The Metallurgical Society of AIME (1982), p. 119.
7) 中尾嘉邦, 他: 腐食防食'86, 腐食防食協会 (1986), P. 183.
8) P. T. Cottrell, et al.: *J. Electrochem. Soc.*, **130** (1983), 998.
9) N. Wada, et al.: Proc. 4th Asian-Pacific Corrosion Control Conf. Tokyo, Vol. 1 (1985), p. 61.
10) G. J. Yurek, et al.: Met. Trans. A., **13 A** (1982), 473.
11) J. D. Ayers, et al.: *Corrosion*, **37** (1981), 55.
12) P. G. Moore and E. McCafferty: *Corrosion*, **128** (1981), 1391.
13) C. R. Molock, et al.: *J. Electrochem. Soc.*, **134** (1987), 289.
14) P. G. Moore and E. McCafferty: 9 th Int. Cong. Metallic Corrosion, Vol. 2, National Research Council of Canada, Ottawa (1984), p. 636.
15) J. B. Lumsden, et al.: Corrosion of Metals Processed by Directed Energy Beams (C. R.

Clayton and C. M. Preece, eds.), The Metallurgical Society of AIME (1982), P. 129.
16) N. S. Bornstein and J. S. Smeggil: Corrision of Metals Processed by Directed Energy Beams (C. R. Claytonand C. M. Preece, eds.), The Metallurgical Society of AIME (1982), p. 147.
17) S. Chiba et al.: *Corros. Sci.*, **26** (1986), 311.
18) 奈賀正明, 橋本功二, 増本 健: 日本金属学会誌, **38** (1974), 835.
19) R. Becker, et al.: *Scripta Met.*, **14** (1980), 1238.
20) S. Yatsuya and T. B. Massalski: Proc. 4th Int. Conf. on Rapidly Quenched Metals (T. Masumoto and K. Suzuki, eds.,) The Japan Institute of Metals, Sendai, Vol. 1, (1982), p. 169.
21) K. Asami, et al.: Corrosion of Metals Processed by Directed Energy Beams (C. R. Clayton and C. M. Preece, eds.), The Metallurgical Society of AIME (1982), p. 177.
22) H. W. Bergmann and B. L. Mordike: Corrosion of Metals Processed by Directed Energy Beams (C. R. Clayton and C. M. Preece, Eds.), The Metallurgical Society of AIME (1982), p. 181.
23) R. Beckeret, et al.: Chemistry and Physics of Rapidly Solidified Materials, (B. J. Berkwitz and R. O. Scattergood, eds.) The Metallurgical Society of AIME,Warrendale (1983), p. 235.
24) K. Asami, et al.: *J. Non-Cryst. Solids*, **68** (1984), 261.
25) H. Yoshioka, et al.: *Scripta Met.*, **18** (1984), 1215.
26) H. Yoshioka: Rapidly Quenched Metals, (S. Steeb and H. Warlimont, eds.) Elsevier, Amsterdam, Vol. 1, (1985), p. 123.
27) H. Yoshioka, et al.: *Corros. Sci.*, 27. (1987).
28) M. Hara, et al.: *J. Appl. Electrochem.*, **13** (1983), 295.
29) M. Hara: *J. Non-Cryst. Solids*, **54** (1983), 85.
30) N. Kumagai, et al.: *J. Appl. Electrochem.*, **16** (1986), 565.
31) N. Kumagai: Rapidly Quenched Metals Vol. 2 (S. Steeb and H. Warlimont, eds.) Elsevier, Amsterdam (1985), p. 1795.
32) N. Kumagai: *J. Non-Cryst. Solids*, **87** (1986), 123.
33) N. Kumagai: *J. Electrochem.*, Soc., **133** (1986), 1876.
34) N. Kumagai: *J. Appl. Electrochem.*, **17** (1987), 347.
35) N. Kumagai, et all.: *J. Non-Cryst. Solids*, (1987).
36) N. Kumagai, et al.: Proc. 6th Int. Conf. Rapidly Quenched Metals, Montreal (1987).

2.4.6 新しい表面処理技術

表面処理あるいは表層改質には種々の目的がある．たとえば，物質表面の耐摩耗性，耐エロージョン性，耐疲労強度などの機械的特性向上を目的とするもの，耐腐食性，耐熱性などの耐環境特性の向上を目的としたもの，電磁気的・光学的特性の向上を目的としたもの，あるいは装飾性を目的としたものなどがある．これらの目的を達成するために古くから多くの技術が開発・実用化されており，効果を上げている．

近年，大出力レーザの発達に伴い，レーザを利用した表面処理技術も非常に多くの種類が提唱されており，世界中で開発研究が積極的に推進されている．しかし，現状では前項までに述べられた各種表面処理方法の内，変態効果，クラッディングおよびアロイングなど，機械的特性向上を目的としたものが一部実用化されているにすぎない．とくに，これらの処理も全面処理ではなく局所処理またはパターン処理が多い．すなわち，現在のレーザでは広範囲な表面処理は容易ではなく，したがって耐環境性向上表面処理などに要求される全面処理よりも，材料の一部についての微細機能化表面処理が中心である．これは広領域表面処理法には種々の代替技術があるのに対し，局所処理あるいは微細パターン処理はレーザや電子ビ

ームなどの高エネルギー密度熱源でのみ達成可能であり，ビーム熱源の特性がよく活かされるためである．

　高エネルギー密度ビームの表面における二次元的微細加工性の優位性に加えて，近年注目されている表面処理技術に高エネルギー密度ビームを用いて材料表面に高機能薄膜を付与する方法がある．これの代表的なものは蒸着法（vapor deposition）と呼ばれるもので，原子・分子オーダでの薄膜積層を行うものである．蒸着法には大別して，物理蒸着法（pysical vapor deposition，通称 PVD）と化学蒸着法（chemical vapor deposition，通称 CVD）とがある．本項では種々提案されている新しいレーザ表面処理法の内，蒸着法についてのみ触れることとする．

a. レーザ PVD

　物理蒸着法（PVD）は古くからある技術で，物質を何らかの方法で蒸発させこれを物体表面に付着接合して薄膜形成を図る方法の総称である．最も一般的な PVD 法は抵抗加熱真空蒸着法と呼ばれるもので，高真空中で物質を抵抗加熱により蒸発させ基板状に膜を堆積させる方法である．この方法の問題点は加熱用ヒータの耐熱性の制約から高融点物質の蒸発が困難なことおよび蒸着速度が遅いことなどである．

　一方，レーザや電子ビームは収束性にすぐれ，収束部におけるパワー密度は共に 10^7 kW/cm^2 以上と実用化されている熱源の中では最高のパワー密度を得ることができる．このような高パワー密度のビーム照射を受けると，この世に存在するいかなる物質も瞬時に蒸発させることが可能となり，かつ蒸着速度がきわめて大きくなることが特徴である．

　電子ビーム蒸着法は比較的早くから実用化され，磁気テープの製造や光学レンズの多層膜無反射コーティングなどに応用され効果を上げている．しかし，電子ビーム蒸着では主として電導物質の蒸発および高真空条件などの制約があり，セラミックスなどの蒸着には適していない．一方レーザ蒸着法では，蒸発物質の種類あるいは雰囲気条件に関して電子ビームのような制約がない．このため，近年各種セラミックスや難融点金属のレーザ PVD によるコーティング技術の開発が注目を集めている．

　レーザ PVD 法はレーザ照射により蒸発したターゲット物質を基板に蒸着する方法で，図 2.4.76 に原理を模式的に示す[1]．ターゲットは通常固体状あるいは粉体状のものを使用するが，液体状であっても構わない．セラミックスなどをターゲット材料とするときは，レーザ照射時の熱衝撃で割れが発生するのを抑える目的でターゲット加熱用ヒータを設けることが多い．レーザビームはターゲット表面に斜め照射される．高パワー密度ビームが照射された場合，かなり広範な入射角範囲で蒸気流はターゲット表面に垂直に発生するので[2]，適当な入射角

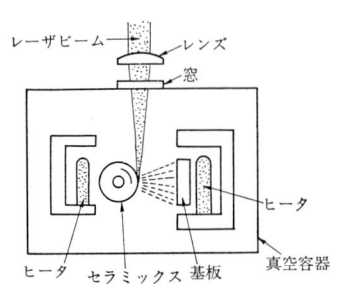

図 2.4.76　レーザ PVD 装置原理図[1]

を選定することによりビーム入射窓の蒸発物質による汚れを最小に抑えることができる．加熱用レーザとしては CO_2 レーザ，YAG レーザあるいはエキシマレーザなどがよく使われ

る．基板（サブストレート）は蒸気流にほぼ垂直になるようにしてターゲットから適当な位置に置かれている．なお，蒸着膜の接合強度および膜質には蒸着時の基板温度が重要な影響を与えるので基板温度制御用の加熱ヒータが設置されている．

レーザ PVD の研究では高硬度の Al_2O_3，ムライト，Si_3N_4，BN，SiAlON などの各種セラミックスコーティングおよび酸化物超伝導セラミックス被膜の形成に関するものが多い[3]．図2.4.77はアルミナ（Al_2O_3）のレーザ PVD 薄膜の成膜速度と CW-CO_2 レーザ出力との関係を示す一例[4]である．図中には比較のためイオンプレーティングによる成膜速度を併せて示してある．蒸着速度はレーザ出力に比例して上昇し，同出力のイオンプレーティング法に比して千倍以上の成膜速度を有することがわかる．

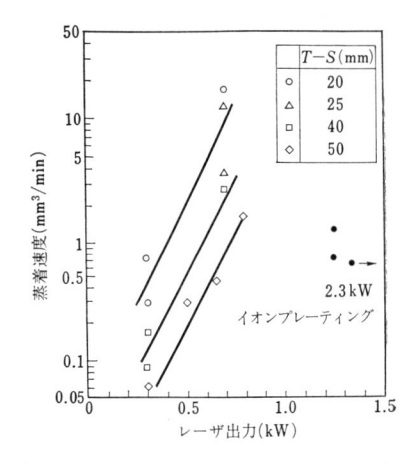

図2.4.78は蒸着膜の被断面写真[4]を，ま

図 2.4.77 アルミナのレーザ PVD 蒸着速度

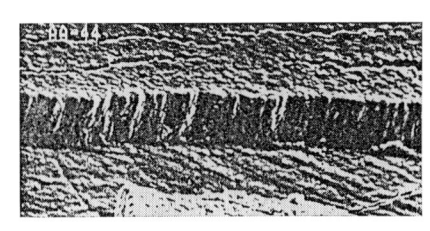

（a） 真空度 10^{-1}Torr, $H_k=300$ （b） 真空度 10^{-2}Torr, $H_k=1000$
図 2.4.78 生成被膜の破断面写真[3]

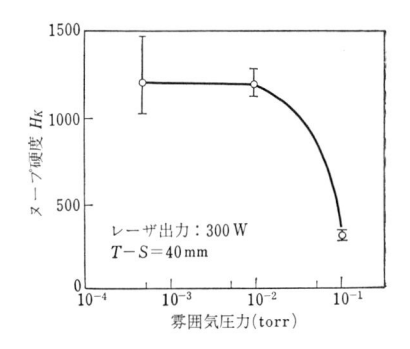

た図2.4.79は被膜の硬度と蒸着雰囲気圧力の関係[4]を示す．10^{-2}Torr 以下の圧力で平滑で割れがなく，非常に硬い膜が得られる．なお，ここに示した例では基板温度 550°C までの範囲では被膜はすべて非晶質である．また硬度は基板温度およびターゲット–基板間の距離にも影響される．

多成分系のターゲットを用いて蒸着膜を作る場合，膜の化学成分は一般にターゲットのものとは異なることが多い．これは温度と蒸気圧の関係が元素により異なるためである．特に酸素や窒素のように常温・常圧で気体を呈するもの

図 2.4.79 生成被膜の硬度と蒸着雰囲気圧力の関係[4]

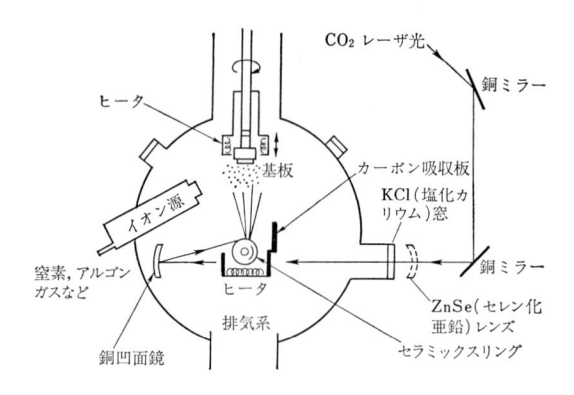

図 2.4.80 イオンビーム併用レーザ PVD 法[4]

は被膜からぬけやすい．図 2.4.80 はダイヤモンドより硬いといわれる c-BN のレーザ PVD において不足する窒素を別系統のイオンガンを併用して成分調整を図っている例[5]を示す．

b. レーザ CVD

レーザ化学蒸着法（LCVD）は反応性ガス中にレーザ光を作用させ，生じた反応生成物を基板上に薄膜として堆積させる方法である．この方法は半導体分野ではシリコン薄膜生成などに広く使われている技術であるが，近年半導体素子以外への適用研究が進んでいる．レーザ CVD には基本的に熱 CVD 法と光 CVD の二種の方法がある．

レーザ熱 CVD は，レーザにより原料ガスに発熱反応を生じさせ，反応生成物を基板上に堆積させる方法である．一例として，ボロン塩化物から高硬度のボロン炭化物（B_4C）を堆積させる基礎反応過程を記すと，

$$4BCl_3(g) + CH_4(g) + 4H_2(g)$$
$$\longrightarrow B_4C(s) + 12HCl(g) \quad (1)$$
$$CH_4(g) \longrightarrow C(s) + 2H_2 \quad (2)$$
$$2BCl_3(g) + 3H_2(g)$$
$$\longrightarrow 2B(s) + 6HCl(g) \quad (3)$$

のようになる．すなわち，(1) 式の B_4C 反応生成は (2) 式の熱分解反応と (3) 式の水素還元反応の複合反応である．(1) 式の反応によれば，B_4C 生成のための BCl_3 と CH_4 の分圧比は 4 である．一方，デュカロアら[6]による B-C-H-Cl 系気相からの B_4C 生成に関する熱力学的計算結果によれば，反応温度 1,800 K，全圧 1 気圧の場合図 2.4.81 のようになり，B_4C 単相生成物が得られる分圧範囲

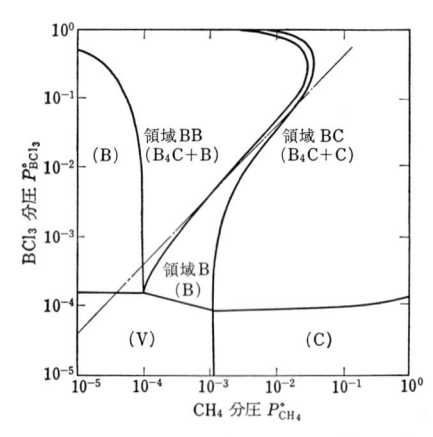

図 2.4.81 B-C-H-Cl 系気相からの反応生成物に関する熱力学的計算結果（1,800 K，1 気圧）

は非常に狭く，適性分圧範囲を外れると B_4C+C あるいは B_4C+B の混合物が得られることを示している．

上記の反応温度をレーザ照射により達成するには次の二つの方法がある．一つは，原料ガスがレーザ波長を吸収しない場合，図 2.4.82 に示すように基板に直接レーザを照射して基板温度を上昇させ，これに接するガスを加熱して反応生成物を堆積させる方法である．この場合，基板表面に形成される境界層での熱伝達が気相の温度上昇に重要な役割をはたす．もう一つは，原料ガスがレーザ波長を吸収・発熱する場合で，気相中のレーザ光路中で発熱反応が生じる．このような場合は，図 2.4.83 に示すように基板表面近くにビームを平行に照射して生成物を基板上に堆積させる方法が採られる．このような例として，シランガスとアンモニアガスの混合ガスに炭酸ガスレーザを照射して Si_3N_4 被膜を形成する方法が報告されている[7]．

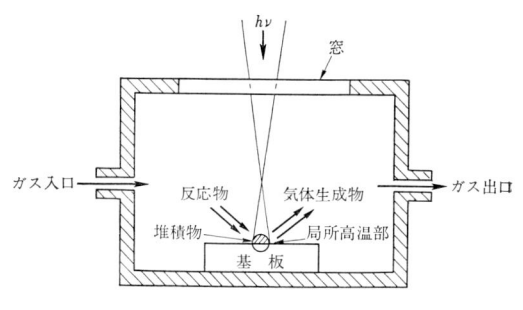

図 2.4.82 レーザ CVD 法におけるビーム照射方法（基板加熱法）

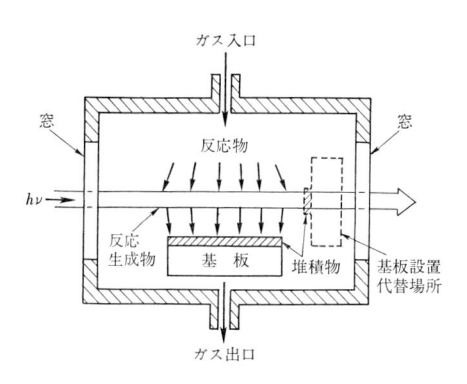

図 2.4.83 レーザ CVD 法におけるビーム照射方法（ガス加熱法）

レーザ CVD 法による金属被膜形成については，金属のカルボニルガスを原料として，たとえば W や Mo などの純金属薄膜を堆積させる方法があり，すでに半導体関係で実用化の域に達している．しかしこの場合，表面処理法としてよりは半導体内の配線修理や IC 用マスクの修正など，微細加工処理法としての価値が高い．

近年，エキシマレーザなどの短波長レーザを用いたレーザ光 CVD 法が注目されている．光子エネルギーは，プランク定数 h，光の振動数 ν，波長 λ および光速 c とすると，

$$E = h\nu = hc/\lambda$$

で表わされるように，波長が短くなると光子エネルギーは非常に高くなり，簡単な分子の結合エネルギーと同程度になる．図 2.4.84 は波長と光子エネルギーおよびいくつかの炭素化合物の結合エネルギーを示す[8]．分子の結合エネルギーと同じエネルギーを有する光子が分子に吸収されるか（1光子吸収）あるいは複数の光子エネルギーの和が結合エネルギーに等しくなるような多光子吸収が生じると，熱の発生を伴わずに光子を吸収した分子のみが分解

反応を生じる.すなわち,レーザ誘起反応は低温プロセスであり,同時に反応の選択性がきわめて高くなることが特徴である.光CVDを行うためのレーザ照射法は基本的には前掲の図2.4.82および83と同じであるが,反応領域で熱の発生がほとんどないことが異なる.これを利用したレーザ光CVD法の研究は現在多方面で行われている.

(松縄 朗)

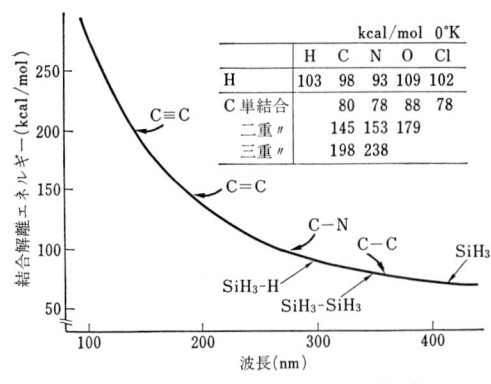

	kcal/mol 0°K				
	H	C	N	O	Cl
H	103	98	93	109	102
C 単結合		80	78	88	78
二重 〃		145	153	179	
三重 〃		198	238		

図 2.4.84 波長と光子エネルギーおよびいくつかの炭素化合物の結合エネルギー[8]

文 献

1) T. Morita, et al.: Ceramic Vapor Deposition on Aluminium Alloy with CO_2 Laser, Proc. of Intl. Conf. on Laser Advanced Materials Processing (LAMP '87), May, 1987, Osaka, High Temperature Soc. of Japan, p. 497-502.
2) 松縄 朗, 他:レーザ加熱蒸発法による金属超微粒子の生成. 高温学会誌, **13**, (1) (1987), 30-42.
3) 精密工学会編:表面改質技術―ドライプロセスとその応用―, 日刊工業新聞社(東京), (1988), pp. 87-93.
4) 小菅茂義, 他:「レーザ蒸着法によるアルミナ薄膜の作成」, 溶接学会春期全国大会講演概要集, vol. 42 (1988), 148-149.
5) 峰田進栄, 他:大出力 CO_2 レーザ光によるセラミックコーティング法の開発. 精密工学会誌, **53**, (1) (1987), 85-90.
6) M. Ducarroir and C. Bernard: Thermodynamic Domains of the Various Solid Deposits in the B-C-H-Cl Vapor System, J. Electrochem. Soc., vol. 123, No. 1 (1976), p. 136-140.
7) J. S. Haggerty & W. R. Cannon: Laser-Induced Chemical Processes, (Ed. by J. I. Steinfeld), Plenum Press (1981), p. 165.
8) (財)光産業技術振興協会監修:光エレクトロニクス材料マニュアル, オプトロニクス社, (東京), (1987), p. 533.

2.5 微細加工

2.5.1 穴あけ
a. レーザ穴あけ加工の特徴

　レーザ穴あけ加工は，レーザ光のすぐれた指向性と高出力特性を利用している．レーザ光をレンズなどの光学系により集光すると，焦点位置でのレーザ光パワー密度は非常に高くなる．この位置に置かれた物体の表面は，そのパワーの一部を吸収して温度が上昇する．金属の場合，温度上昇が沸点まで達すると穴あけ加工となる．

　照射されるレーザのパワー密度が高いと，照射点の温度は急激に融点まで上昇し，そこで融解の潜熱を吸収する時間だけ一定温度に留まり，次いで再び沸点に向かって上昇をはじめ，沸点に達すると，蒸発の潜熱を得た後は表面から盛んに蒸発するようになる．さらに，照射が続くと，表面に生じた金属蒸気はついにはプラズマ化する．レーザ穴あけは，このような蒸発プロセスによるものとすると，加工に必要な最大エネルギーが見積れる．

　光エネルギーの加工物への侵入深さは，金属の場合，10^{-2} μm オーダなので，光エネルギーの大部分は，加工物表面で吸収され熱エネルギーに変換されると考えてよい．この熱エネルギーは，金属での熱伝導によって失われていくので，表面での温度分布を一次元の熱伝導モデルで扱ってみると，表面の中心温度 T は，

$$T = 0.48 \frac{P}{K} \sqrt{\frac{kt}{\pi}}$$

となる．ここに，P：レーザ光のパワー密度，K：熱伝導率，k：温度拡散率，t：照射時間である．この式を用いて，金属などの表面を沸点以上に上げるために必要なパワー密度は，ほとんどの金属において，$10^5 \sim 10^6$ W/cm² である．金属での反射率が50％ 近辺にあることを考慮して，必要なレーザパワーを計算すると，数 J（パルス幅 1 ms）で，φ1 mm の穴があけられることになる．

　実際のレーザ穴あけでは，もう少し複雑な機構が存在している．レーザ光を吸収して，材料の一部が蒸発するころには，まだ周囲では溶けている場所もある．このとき，溶融部分中の不純物などの気化しやすい成分の蒸気圧により，溶融物が爆発的に噴出除去される．このような除去過程をスプラッシュと呼んでいる．このスプラッシュ発生を効果的に行うには，照射点でのパワー密度を大きくして，短い時間で沸点に到達させる．このように，同じ照射密度で照射しても，その作用する時間幅（いいかえると入力されるエネルギー）によって，生じる加工現象が異なってくる．レーザ穴あけ加工は，相互の作用時間が $10^{-5} \sim 10^{-3}$ s の範囲を用いている．

　つぎに，他の加工方法との比較を含めて，レーザ加工の特徴をまとめる．

　（1）平行性のよい光パワー密度のレーザ光を集光すると，そのスポット径は，理論的に

は 1 μm 以下となり，非常に微細な加工が可能となる．
　これは，焦点におけるスポット径 d が，
$$d = 2f\theta$$
と導かれることで説明される．ここで，θ（広がり角）は，
$$\theta = \lambda/D$$
で表わされる．これは，光源の寸法 D と，光源の波長 λ とで決まる回折の広がりを与えている．

　直径 10 mm のレーザロッドでは，上記回折広がり角は 10^{-4} rad なので，f: 10 mm で集光すると理論上は 2 μm のスポットとなる．しかし，現状では，結晶ロッドの光学的な不均一や，ポンピング光源とロッドとの相対位置関係，ロッド内の温度分布などにより，多重モード発振がおこるので，広がり角は，10^{-2}〜10^{-3} rad まで悪くなる．すると，焦点距離が 10 mm のレンズでは，100〜10 μm にしか絞れなくなる．しかし，加工エネルギー密度にしきい値の存在するような加工では，スポット径より小さい穴あけも可能である．

　（2）加工パワー密度を 10^8〜10^9 W/cm^2 と非常に大きくすることができるので，従来の方法では加工困難な材料，たとえばダイヤモンドや超硬合金でも穴あけ加工が可能である．さらに，短時間での熱入力であり，空間的に選択的な熱入力なので，加工時の熱影響は小さく，材料の変質やひずみなどは少ない．

　（3）加工物をレーザから適当に離して，非接触加工ができるので，加工面に対して斜めからの加工も可能である．機械加工において問題となる工具の摩耗や破損が起こらず，加工物に対して，力がほとんどかからないので，頑丈な治具を必要としない．

　（4）加工に用いるレーザ光に対して，透明なものを通して内側で穴あけ加工が可能である．

　（5）レーザ光は，空気や各種雰囲気中でもほとんど減衰することがないので，レーザ装置から遠く離れた場所でも加工ができる．石英ファイバを用いると，YAG レーザ光などは数十 m 以上伝送できるので，光の供給が容易となっている．

　（6）加工場所の位置決めは，レンズやミラーを用いて容易にできるので，テーブルなどの重いものを動かすことなく高速の加工ができる．

　（7）レーザ出力のコントロールを，電気的な信号で行うことができるので，加工の自動化が容易である．さらに，加工条件が決まれば，作業自身については，熟練を要しない．

b．レーザ穴あけ加工用機器

　（i）レーザ発振器　　現在，1 mm レベルの穴あけ用のレーザ装置には，主に，YAG レーザと CO_2 レーザとがある．YAG レーザは，加工目的に応じて，連続発振，ノーマルパルス発振，さらにパルス幅の狭い Q スイッチパルス発振などの発振モードを選ぶことができる．これを，表 2.5.1 にまとめて示す．ここでは，連続発振とノーマルパルス発振との分類の中がさらに，二つに分けられており，AO・Q スイッチを用いたものもある．ここで AO・Q スイッチとは，超音波を用いたスイッチのことをいう．このうち，穴あけ用の波形として適しているのは，ピーク出力値を大きくしたパルス状のものである．CO_2 レーザでは，連続出力のものを，外部でチョッピングしてパルスにして使ったり，パルス放電をさせ

2.5 微細加工

表 2.5.1 レーザの種類（*に穴あけ用を示す）

発振形態		出力波形	レーザ	出　力	ピーク値
連続励起	連続（CW）		Nd-YAG CO_2	<800 W <15 kW	—
	連続 $+AO\cdot Q_{sw}$	~1 ms ~100 ns	Nd-YAG	<50 W （<50 mJ/パルス）	<100 kW
パルス励起	ノーマルパルス		Ruby Nd-YAG Nd-Glass	<400 J <400 J <1 kJ	<40 kW
	ノーマルパルス $+AO\cdot Q_{sw}$		Nd-YAG		
	$GP\cdot Q_{sw}$	~10 ns	Ruby Nd-YAG	<1 J <1 J	<10 MW

表 2.5.2 穴あけ用 YAG レーザ発振器

諸　　元	単　位	LAY-601 形			LAY-606 A 形	LAY-608 A 形
出力エネルギー	J/P	3.0	1.5	0.4	80	150 J
パルス幅	ms	1.0	0.6	0.2	1~9.9	1~9.9
繰り返し（最大）	pps	10	15	50	200	200
最大平均出力	W	30	22	20	250	600

て使う．

表 2.5.2 に，加工用の YAG レーザ装置の仕様値の一例をあげる．LAY-601 形は，0.4 J/P（50 pps）から，3.0 J/P（10 pps）までの範囲の出力エネルギーをだせる．LAY-606 A 形と，LAY-608 A 形は，大出力のタイプであり，それぞれ，80 J/P と 150 J/P のものである．LAY-601 形の装置は，3 章で述べる微小な穴あけにもっぱら用いられるものである．図 2.5.1 に外形写真を示す．LAY-608 A 形を用いると，ニッケル基合金に 1.5 mm 径の穴を深さ 15 mm まであけられ，2 mm 径の穴では，25 mm まであけられる．この時の加工条件としては，レーザ出力 60 J/P，繰り返し 1 pps である．

図 2.5.1　穴あけ用レーザ加工機
（LAY-601 形，東芝）

（ii）**集光光学系を含む加工条件**　集光光学系などの設定条件が，加工結果に及ぼす影

響について述べる．

（1） **焦点位置の影響**： レンズなどにより収束させられたレーザ光の収束位置は，穴の形状と深さに大きな影響を与える．炭素鋼 S 35 C に焦点距離 20 mm のレンズで穴あけをした場合の加工穴の断面を図 2.5.2 に示す．焦点が加工面より加工物の内側にくると，穴形状は円錐状となり，表面にあるときはやや中太りとなり，焦点が加工物の表面から離れて外側にあるときは，中太りの位置が表面に近づいてくる．この焦点の位置と，加工面との間隔を焦点はずし距離という．焦点はずし距離と穴深さについては，図 2.5.3 に示すようになるので，深い穴をあけるだけが目的なら表面のいくぶん内側に焦点をもってくるのが好ましい．この時の，焦点はずし距離は，加工物の材質，レンズの焦点距離によっても当然変わってくる．

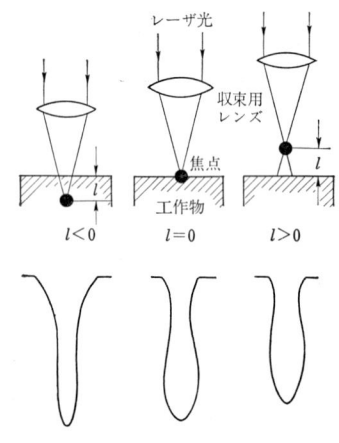

図 2.5.2 焦点位置による穴断面形状の変化

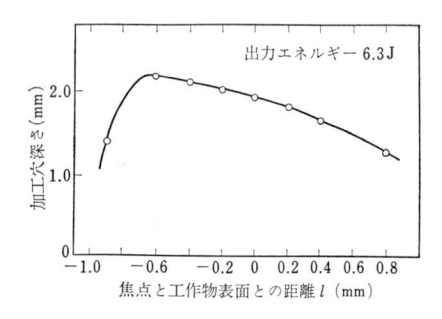

図 2.5.3 加工面位置と加工穴深さの関係

深い穴をあける場合は，加工が進むにしたがい，材料の内側に焦点を送り込んでいく加工も行われる．

（2） **レンズの焦点距離の影響**： レンズの焦点距離を変えてサファイヤを加工した実験では，加工穴の側面形状を図 2.5.4 に示す．この場合，レンズの焦点位置は材料表面に固定されている．1 回の照射では，レンズの焦点距離が短いほうが，加工量，深さともに大きい．さらに，繰り返し照射した場合，その側面形状の相違は著しくなる．しかし，照射回数を増やしたあとでは，照射エネルギーが同じなら，加工量（除去量）は，図 2.5.5 に示すように，焦点距離にかかわらずほぼ同じである．このことは，焦点距離の短いレンズほど，中太りの穴になることを意味している．

焦点距離の短いレンズでは，収束する角度も大きいが，より小さく収束できる．よって焦点位置のパワー密度は高いが，焦点位置から離れるにしたがい急速にパワー密度は低くなる．

深さがいらず，穴径が小さいことが要求される場合には，焦点距離を短くすればよいが，実際には，レンズ自身の破壊や，穴あけの際に飛散する除去物によるレンズの汚れのため，焦点距離あるいは作動距離は 20 mm ぐらいまでしか短くできない．

（3） **繰り返し照射の影響**： 1 回のパルスレーザ照射による加工穴深さは，表面径の

2.5 微細加工

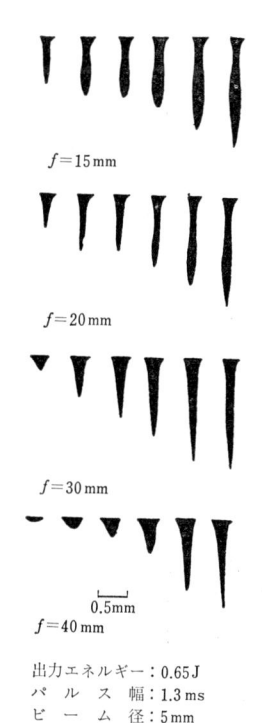

図 2.5.4 サファイアの穴の側面形状に及ぼすレンズの焦点距離の影響

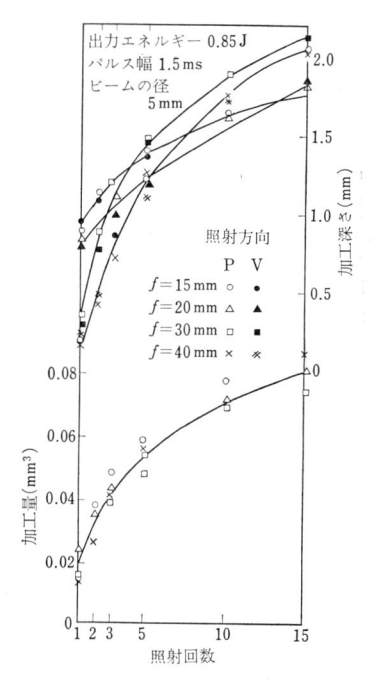

出力エネルギー：0.65J
パルス幅：1.3ms
ビーム径：5mm

図 2.5.5 サファイアの穴あけにおける加工深さ加工量

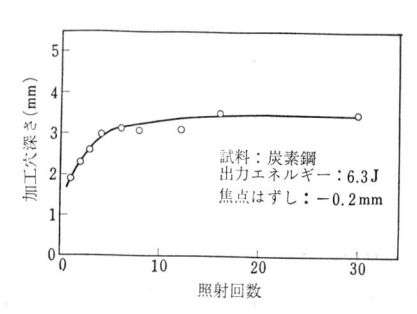

出力エネルギー 0.85J
パルス幅 1.5ms
ビームの径 5mm

照射方向
　　　　P　V
$f=15$mm ○　●
$f=20$mm △　▲
$f=30$mm □　■
$f=40$mm ×　＊

図 2.5.6 照射回数と加工深さの関係

試料：炭素鋼
出力エネルギー：6.3J
焦点はずし：-0.2mm

3〜4倍である．レーザのパルスエネルギーを増大させれば，深さは増大するが，同時に穴の表面径も大きくなり，アスペクト比（穴深さ/穴の最大径）は，変わらないので，細く長い穴はあけられない．これに対し，レーザ光を繰り返し照射すると，表面径はほとんど変わらずに，中太りの部分が伸びて加工穴深さが増大する．この繰返し照射法は，入射レーザ光を，穴の側面で反射させて，穴の底へ導くと考えればよい．だから，反射回数が増えるような深い穴になると，パルスの照射回数を増やしても，加工が進まなくなる．図2.5.6では，炭素鋼を加工した例を示す．5パルスまでは，穴深さは増加しているが，そのあとでは，変化しなくなる．

(iii) 穴径コントロール系 2の項で述べたように，加工条件を，要求される穴形状，穴深さ，加工能率などを満たすように選んで穴加工を行うわけであるが，熱加工であるこ

と，加工物の表面状態（粗さ，汚れ）の違い，加工物内部の不均質さの違いなどで，穴の形状にばらつきが生じる．穴の最小径の精度が要求される各種線引き用ダイス，ノズル，電子線のアパーチャなどでは，このばらつきが問題となる場合がある．

たとえば，厚さ 130 μm のステンレス鋼板に 30 μm 径の穴をあける場合，最適の一定条件で行っても，3σ で $\pm 6 \mu$m のばらつきとなる．このようなばらつきを，$\pm 3 \mu$m まで抑える方法について述べる．

繰り返しパルスによる通し穴加工では，照射パルス数と，穴径（最小値）との関係は，図 2.5.7 のようになる．いくつかのパルス照射の後に，穴は貫通し，その後，急速に穴径は大きくなり，スポット形状に近い所で飽和する．しかし，飽和した時の穴形状は，一般に真円とはならず，よくないので，図で示された時点でのパ

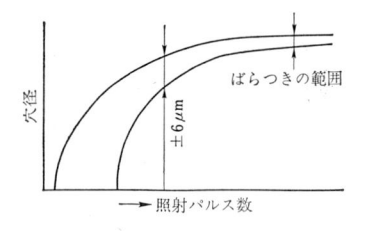

図 2.5.7 照射パルス数と穴径の関係

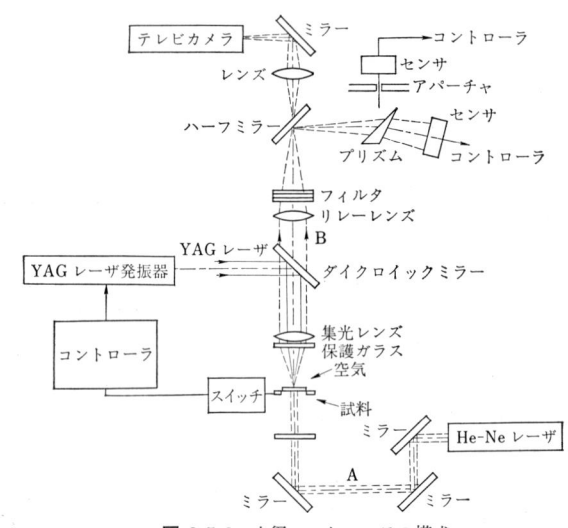

図 2.5.8 穴径コントローラの構成

ルス数で，従来は加工している．これに対し，穴径コントロール系は穴径（もしくは，穴の面積）を測定して，一定の値以上になったら，パルスの照射をやめるというシステムである．図 2.5.8 に，加工，測定光学系を示す．He-Ne レーザで，下側から試料を照射し，試料を通りぬけた光を，上部にとりつけられたセンサで検出する．試料テーブル下部の He-Ne 系とハーフミラーを含むセンサ系は，従来の YAG レーザ加工機の加工ヘッド部にオプションでつけられる．穴を通りぬける光量は，穴の面積に比例しており，レーザ発振パルスとパルスとの間にサンプリングされる．

このようにして，32 μm の穴をあける目的で，30 μm の穴径になったときにパルス照射を

2.5 微細加工

やめるようにして，穴径分布を求めたものを図 2.5.9 に示す．コントロールした場合には，非対称な形ではあるが，$33\pm3\,\mu\text{m}$ (3σ) で分布した．

一度に除去する量をもっと減らすことにより，さらに精度を上げることは可能であるが，加工時間が逆に長くなる欠点をもっている．

c. レーザ穴あけ加工例

YAG レーザを用いた種々の材質についての穴あけ加工を主として述べ，最後に CO_2 レーザを用いた窒化ケイ素および紙への穴あけについて述べる．

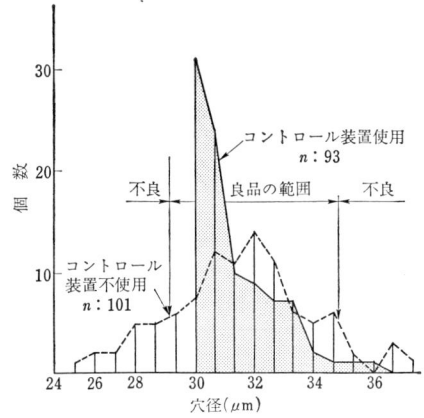

図 2.5.9 穴径分布の比較

（ⅰ） **ダイヤモンド**　レーザ加工はダイヤモンドダイスの下穴をあけるために用いられている．金属線の伸線用のダイスとして，ダイヤモンドダイスは寿命が長く，引抜く線径にも高精度が得られる．しかし，この特長はダイスを製作することが難しいということを意味している．

レーザによる方法は，エネルギー密度を $10^8\sim10^9\,\text{W/cm}^2$ まで高められるので，熱伝導のよいダイヤモンドでも穴あけ加工ができる．また，ダイスの形状は，テーパ状をしているので，短い焦点距離のレンズで加工した時の形状に近く，最適である．加工結果の例を図 2.5.10 に示す．ダイヤモンドは，吸収が少ないので，加工部表面に黒マジックあるいは銅粉を塗布しておいて，パルスレーザを照射する．最初の 1 パルスで少し掘られると，穴の表面には炭化層ができるので，続くパルスは効率よく吸収される．パルスごとのエネルギーを大きくすると，加工能率はよくなるが，クラックや割れが発生するので，ダイヤモンドの冷却条件を考慮したエネルギー設定が必要である．

（a）入口側　　（b）側面　　（c）出口側

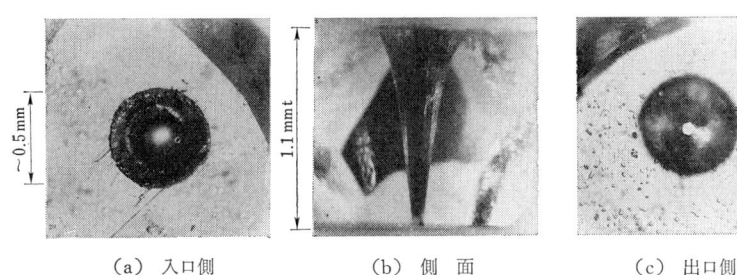

図 2.5.10 ダイヤモンドダイスの下穴加工

（ⅱ） **ルビー**　ルビーは，軸受として用いられることが多いので，ストレート穴あけを要求される．レーザであけられた穴は，研磨して加工変質層を除去するので，加工変質層は薄い方が好ましい．穴あけ用のパルスレーザでは，加工変質層の厚さは $20\,\mu\text{m}$ 程度，GP．

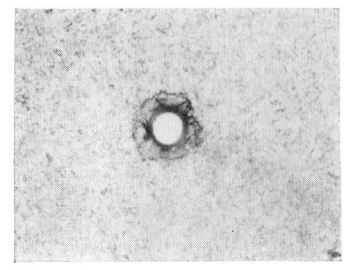

(a) 入口側

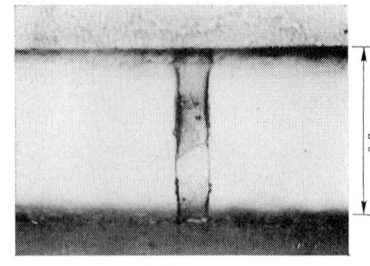

(b) 断面

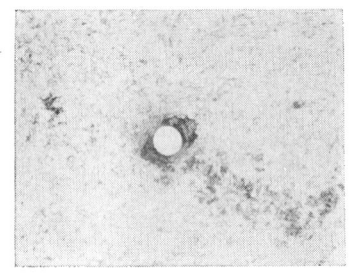

(c) 出口側

図 2.5.11 軸受穴加工, ルビー
(30 mJ/パルスで 6 パルス照射)

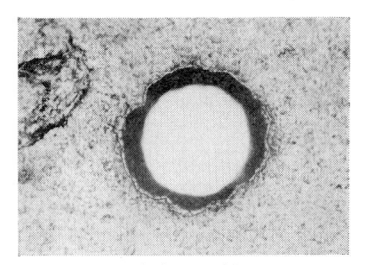

(a) 入口側

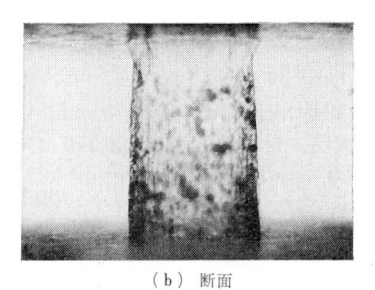

(b) 断面

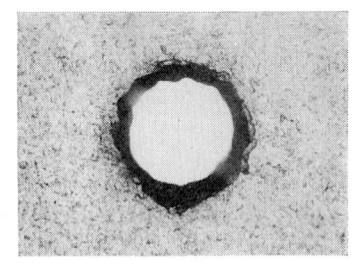

(c) 出口側

図 2.5.12 軸受穴加工
ルビー試料を 0.1 mm 偏心させて回転
(90 mJ, 40 pps で 20～30 秒照射)

Qスイッチレーザでは数 μm 程度である.

図 2.5.11 に一例をあげる. YAG レーザの 30 mJ のパルスを, 6 パルス照射することにより, 厚さ 0.3 mm の板材に, 50～60 μm の穴をあけている. パルス繰返しは, 40 pps, 焦点はずし距離は +0.45 mm である.

図 2.5.12 は, ワークを偏心回転して穴あけをした例である. 偏心量 0.1 mm で 800～1,200 パルスを照射した. レーザのエネルギーは 90 mJ/P で 40 pps の繰り返しである.

(iii) **サファイア**　サファイアに対して, 出口側から加工し, 焦点をだんだん上げていき, 10 mm の穴をあけた例を図 2.5.13 に示す.

(iv) **SUS**　熱入力が小さくかつ外力をかけることなく加工できる特徴を生かして, 細い線材や薄膜状の材料に小さい穴をあける用途が多い. ここでは, 二つ例をあげる. 一つは, 図 2.5.14 に示されるように ϕ0.3～0.5 mm の SUS の丸棒に, 軸方向に縦穴をあけるものである. この穴は, ϕ0.1～0.2 mm で深さが 1 mm の止まり穴である. 別の例は, 50 μm のすきまをあけた 2 枚の SUS 板に, 貫通穴をあけるもので, 図 2.5.15 に示されている. 板厚は, それぞれ, 100 μm, 50 μm であり, 約 50 μm の穴があけられる.

このような, 小さい材料の場合には, サンプルの熱容量が加工条件を決めるのに影響を与える.

(v) **SKS-3**　図 2.5.12 の例でもそうであるが, 0.1 mm 径以上の穴を精度よくあける場合は, 材料を偏心回転させるとよい. 偏心量は, ((穴径)−(レーザ加工径))/2 で与えられる. 図 2.5.16 に加工例を示す. c), d) のような加工穴でもって, 偏心量を 0.9 mm 与えて加工した. 板厚は 2 mm である. 加工された穴の入口径は 2.17 mm, 出口径は 2.15 mm であった. パルス繰返しは 40 pps で, 回転速度は 2 rpm であり, 3 回転で穴はあくが, 側面の仕上げ効果を含め, もう 1 回転させている.

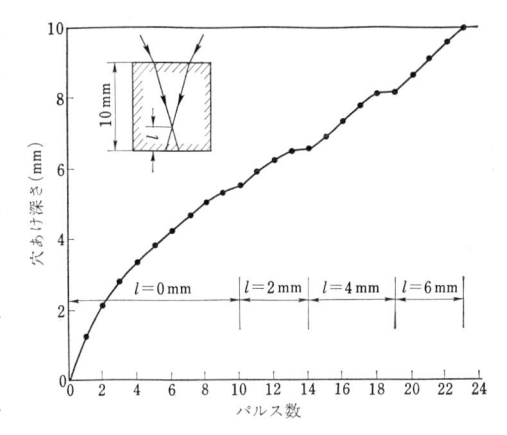

図 2.5.13　10 t のサファイアの穴あけ

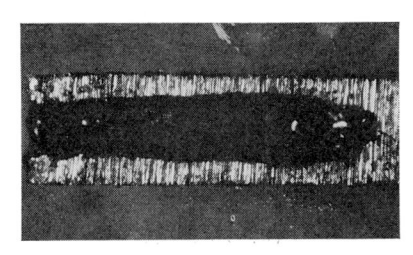

図 2.5.14　SUS 製手術針への縦穴あけ
(断面図, 針太さ 0.35 ϕ, 穴深さ 1.1 mm)

(vi) **超硬**　超硬で作られた空気軸受の空気穴の加工例を示す. 外径 6 mm, 内径 5 mm のパイプに穴をあけた (図 2.5.17). 焦点距離 20 mm, 焦点はずし量 −0.1 mm, 2 J/パルスの条件で, 60 パルスで穴をあけた. 入口径 0.15～0.16 mm, 中間径 0.12～0.14 mm,

(a) 入口側

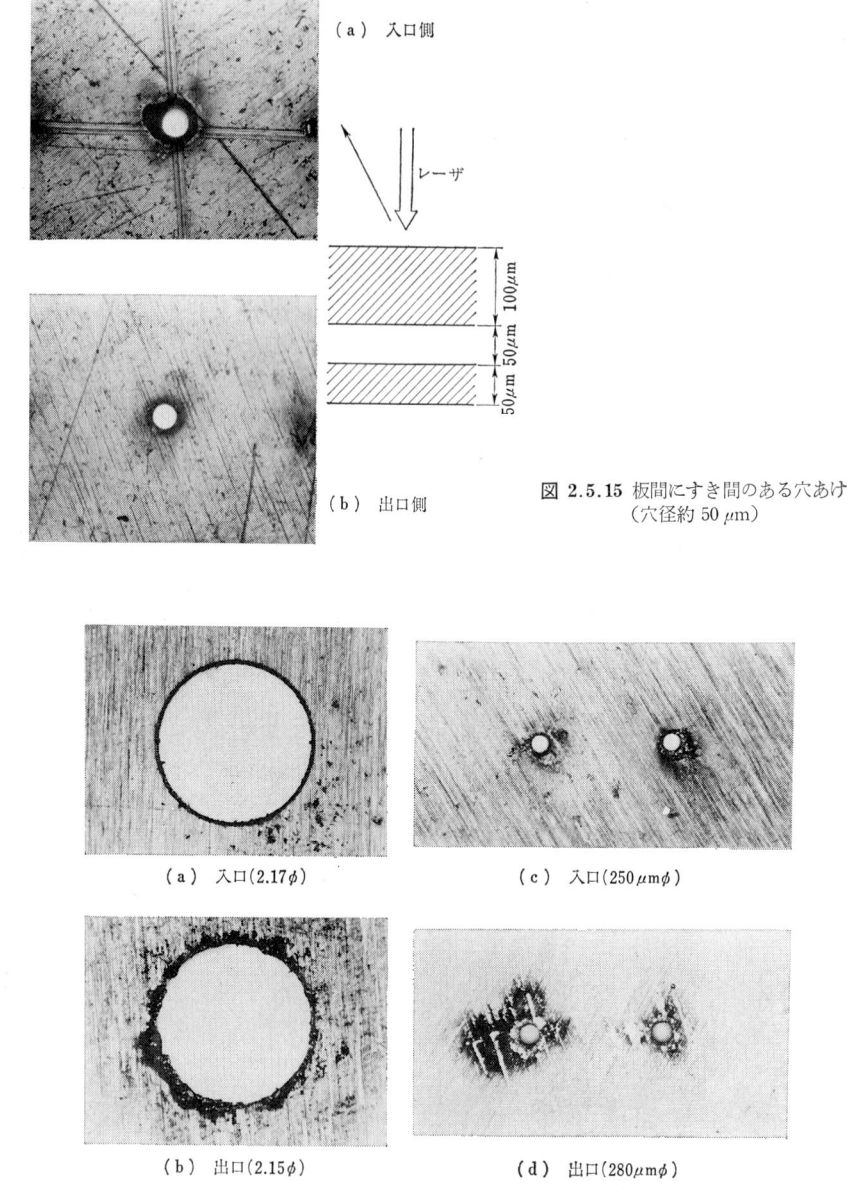

(b) 出口側

レーザ

100μm
50μm
50μm

図 2.5.15 板間にすき間のある穴あけ
（穴径約 50 μm）

(a) 入口(2.17φ)

(b) 出口(2.15φ)

(c) 入口(250μmφ)

(d) 出口(280μmφ)

図 2.5.16 SKS-3 金型用ダイスの穴あけ
(a), (b) 材料を偏心回転させたもの．(c), (d) 材料を移転させずにあけたもの

2.5 微細加工

出口径 0.12～0.14 mm となった. パイプの外周から穴をあけるため, 内部に銅棒のような加工性の悪い材料を入れておかないと, 反対側に損傷が生じる.

（vii）ニッケル ニッケル板（60 μmt）にノズル穴をあけた. 図2.5.18 に示す. 穴径

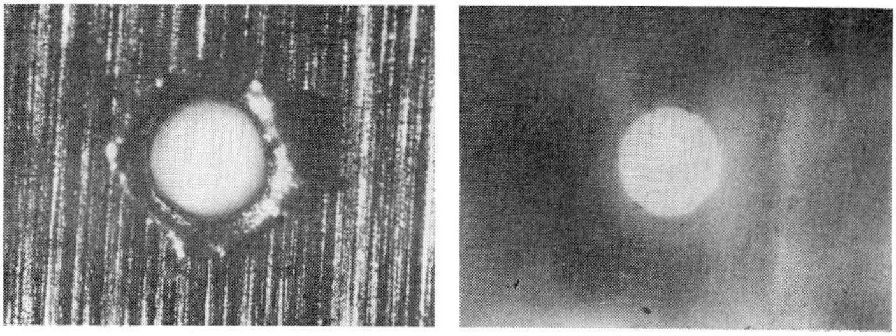

(a) 入口 (0.15 mmφ)　　(b) 出口 (0.12 mmφ)

図 2.5.17 超硬軸受の穴あけ
$t=0.5$ mm, $\phi 0.12～0.15$ mm の穴
(2 J/パルス, 60 パルスで貫通, 35 l/分の空気吹付け)

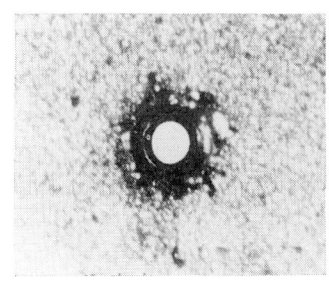

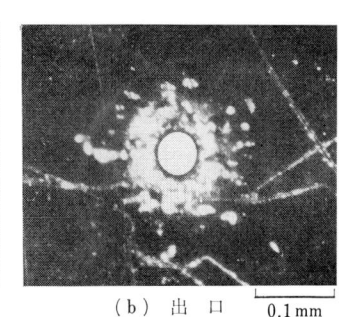

(a) 入 口　　(b) 出 口　0.1 mm

図 2.5.18 ニッケル板 (60 μm 厚) へ 50 μmφ の穴あけ
((60 mJ/P)×10 パルス)

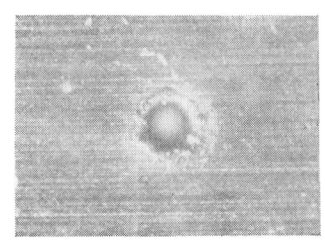

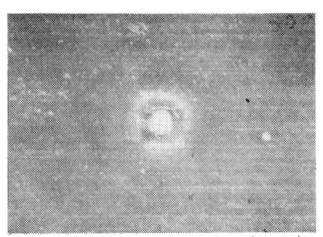

(a) 入 口　　(b) 出 口　50 μm

図 2.5.19 窒化ケイ素 (1 mm 厚) への穴あけ
(入口径 40 μm, 出口径 30 μm, (20 mJ/P)×300 パルス)

は50μmであり，条件は，焦点距離20mm，焦点はずし距離0mm，エネルギー60mJ/Pで，10パルス照射である.

(viii) 窒化ケイ素　　1mm厚の窒化ケイ素の板に穴をあけた. 図2.5.19に示す. 用途は，これもノズルである. 20～50mJ/Pのエネルギーで40ppsのパルス繰返しで，約300パルスで貫通させた. CO_2レーザでは，200Wの出力を0.1sのパルスにして加工した例を，図2.5.20に示す. パルス数は2パルスである. 入口径は0.2mmで，出口径は0.22mmである.

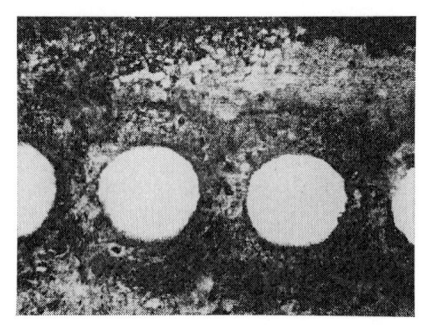

図 2.5.20　CO_2レーザによる窒化ケイ素の加工
（入口径0.2mm）

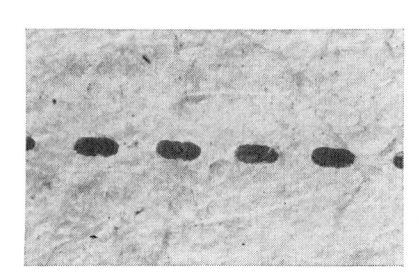

図 2.5.21　CO_2レーザによる紙への穴あけ
（$t=0.11$）

(ix) 紙　　CO_2レーザで紙を加工した例を図2.5.21に示す. 出力は3Wで，2m/分の加工速度である. 紙の厚みは0.11mmである.

（藤森康朝）

2.5.2　スクライビング

レーザスクライビング加工とは，レーザビームによって，板状の加工物に点々とした溝を入れる加工である（スクライビング：点々と溝を入れること）. この加工によって，加工物を容易に割ることが，可能となる.

レーザスクライビング加工の具体的な方法は，おおむね次のようになる.

レーザとしては，パルス発振のレーザを用い，そのビームをレンズで集光して加工物に照射する. かつ，レーザビームを加工物上で，一定速度で移動する. こうすることにより，集光されたレーザビームは，加工物上に，一定間隔の点状の溝を作ることになる.

レーザスクライビング加工の応用分野は，現状では電子部品用セラミクス，特にハイブリッドICの基板用として用いられるアルミナセラミクス（Al_2O_3）を加工対象としているものが圧倒的に多い. この加工は，従来の金型によるスナップライン（後で，その線に沿って割るための溝）形成や，部品取付用およびスルーホール用の穴形成にとって替わりつつある.

本稿では，主に電子部品用のアルミナセラミクスを加工対象としたスクライビング加工について詳述する. また，これらのアルミナセラミクスのスクライビング加工装置には，スクライビングのみでなく，穴形成のための切断機能をも要求されるため，アルミナセラミクス

の切断加工についても，合わせて述べる．

a. レーザスクライビング加工の原理

レーザスクライビング加工の原理の概略を次に述べる（図2.5.22参照）．

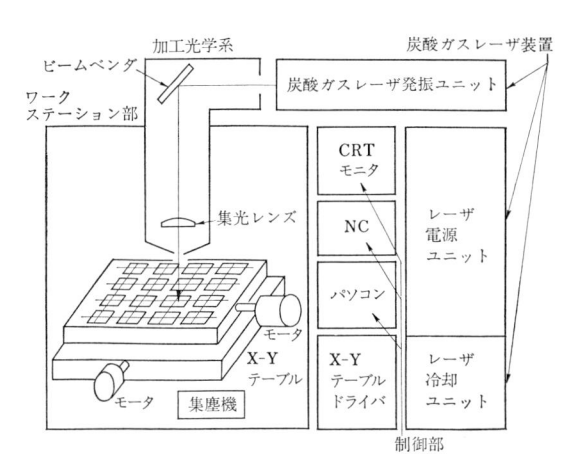

図 2.5.22 レーザスクライビング装置概略構成図

パルスレーザのビームを，レンズで加工物の表面に集光する．スポット径は，一般に約0.1 mmほどである．しかも，パルスのピークパワーが高いレーザを用いる．そして，レーザビームを，加工物表面上でスクライビング加工ができる範囲内で，できるだけ速いスピード（一定）で，所定の軌跡を描くように，移動する．

こうすることにより，加工物をある軌跡に沿って，周期的に点状に加熱し，その部分を蒸発および溶融，吹き飛ばしを行ってスクライビング加工ができる．

アルミナセラミクスのスクライビングの深さは，板厚の1/3〜1/4である．

穴形成のための切断の原理も，上記のスクライビングの原理と同様である．ただし，加工後の軌跡が，スクライビングのように点状ではなく，連続した線となる必要があるため，そして板厚を100%切断する必要があるため，レーザパルスのピークパワーおよびエネルギーをスクライビングのときよりも上げ，かつレーザビームの移動速度を遅くする．

b. レーザスクライビング加工の実際

次に，アルミナセラミクスに対するレーザスクライビングおよび切断加工の実際を，各項目別に説明する（図2.5.22参照）．

（i）**レーザ**　アルミナセラミクス加工には，炭酸ガスレーザを使用する．

その理由は，炭酸ガスレーザの発振波長 $10.6\,\mu m$ を，アルミナセラミクスが約100%吸収するからである．ちなみに，YAGレーザの発振波長 $1.06\,\mu m$ は，約20%しか吸収されない（図2.5.23参照）．

また，エンハンストパルスを発振する機能をもったレーザでなければならない．

その理由は，エンハンストパルスにより，瞬時の加工が可能となるためである．瞬時加工

は，加工点周囲に及ぼす熱影響を少なくし，その結果，残留熱影響の少ない，高品質な加工，すなわち加工点周囲のヒビや割れのない加工を可能とする（図2.5.24参照）．なお，レーザのパルス幅は，約150 μs である．

さらに，横モードが低次のレーザでなければならない．

この理由は，レンズで集光した場合，横モードが低次であるほど小さなスポットに集光できる，すなわち局所的に大きなパワー密度が得られ，かつ，加工点周囲への熱影響が小さくできるからである．

(ii) **加工光学系** 水平方向に発射されるレーザビームを，ビームベンダー（ミラー）で垂直方向に折り曲げる（安全上の理由から）．この垂直方向のレーザビームを，焦点距離が1.5インチ前後の集光レンズで，加工物上に集光する．

以上が一般的なビーム伝送系である．

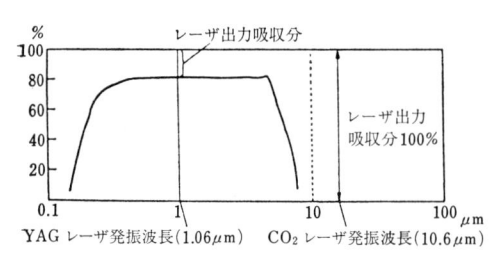

図2.5.23 アルミナセラミクスの光透過率 (YAG, CO_2)

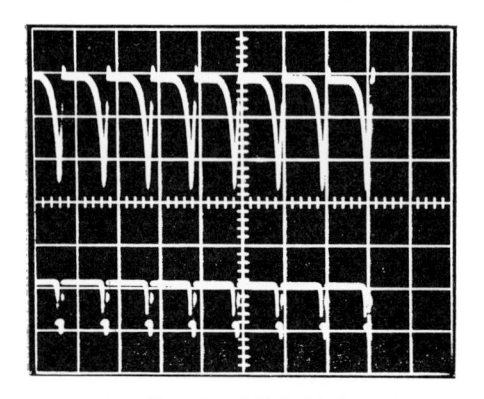

0.2ms/div 上：放電電流波形
下：レーザパルス波形
図2.5.24 エンハンストパルス波形

さらに加工品質を上げるためには，加工物に照射するレーザビームの偏光特性にも気を配らなければならない．なぜならば，スクライビングや切断加工の際，加工幅および深さが，たとえば X 方向に加工するときは狭く，深くなり，Y 方向に加工するときは広く，浅くなるというように，方向性がでる場合があるが，この方向性がレーザビームの偏光性（たとえば直線偏光）に起因することが多いためである．したがって，高品質のスクライビングおよび切断加工を必要とする場合は，加工光学系の中に，円偏光化光学系を組み込み，加工物に照射されるビームをおおむね円偏光にするとよい．

その他，アシストガスとしては，ノズルを介して，その先端から，レーザビームと同軸に，乾燥空気を吹きつけるのが一般的である．アシストガスの機能は，加工物のレーザによって溶融した部分を吹き飛ばすこと，および，この部分から発生する蒸気，飛散物の集光レンズへの付着を防止することである．

(iii) **ワークステーション部** レーザビームを加工物表面で，所定の軌跡に従って移動するための，精密XYテーブル，集塵機および安全用の囲いという構成からなるのが，一般的ワークステーション部である．

2.5 微細加工

レーザビームの移動は，実際には，加工物を移動するわけである．

XYテーブルの上に，加工物であるアルミナセラミクス基板を載せる方法は，直接にではなく，専用の着脱可能なトレーを介する．

加工物である基板のトレーに対する位置決め，トレーのXYテーブルに対する位置決めが，作業者にとって容易にかつ正確にできるように工夫されていることはいうまでもない．

なお，上記は着脱できるトレーに作業者が加工物を並べるという半自動システムであるが，これを全自動化する場合は，トレーを固定にし，このトレーにローダ，アンローダというハンドラーで加工物を供給，排出する方式をとる．

(iv) システム制御部　主にNCとパーソナルコンピュータからなる．

システム制御部は，XYテーブルとレーザを制御する．直接に制御を行うのはNCであり，パソコンがNCと作業者のインタフェース機能を果たしているものが多い．すなわち，作業者は，何種類かのNCのプログラムをパソコン上で容易に作成し，パソコンにストアしておき，必要な時にこのプログラムを随時NCへ転送して加工を行う．作業者にとって，NCの知識は不要である．

具体的な制御項目を下記にあげる．

a) XYテーブルの動作モードを決めるプログラム（具体的には，加工基板の数，加工開始点，動作軌跡，動作速度を決めるプログラム）

b) レーザのパルス特性を選択するプログラム（スクライビング用または切断用のパルス繰り返し数，デューティ比を決めるプログラム）

c) レーザを加工物に照射するか否かを選択するプログラム（レーザビームシャッタを開閉するプログラム）

以上にアルミナセラミクスのスクライビングおよび切断加工に必要な事柄，望ましい事柄を要素別に述べた．参考として，東芝製レーザスクライビング装置LAC-761形の外観写真および仕様をおのおの図2.5.25および表2.5.3に示す．

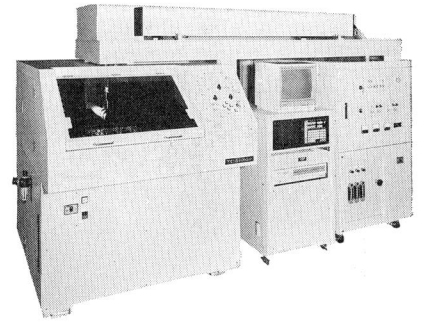

図 2.5.25　東芝製レーザスクライビング装置 LAC-761形の外観写真

c. レーザスクライビングの加工例

ハイブリッドIC基板によく使われる厚さのアルミナセラミクス基板に対する，スクライビングおよび切断性能を示す例を表2.5.4に示す．

0.635mm厚のアルミナセラミクス基板をスクライビング加工した断面の写真を（図2.5.26）に示す．

加工条件は表2.5.5に示す．

この例では，深さが板厚の約40%入っている．

加工品質上，スクライビング加工で問題になるのは，次の項目が多い．

表 2.5.3 東芝製レーザスクライビング装置 LAC-761 形の主な仕様

1. ワークステーション部		
X-Y テーブル	有効ストローク 最高速度 位置決め精度 繰り返し位置決め精度	400 mm (X, Y 軸共) 200 mm/s 30 μm/400 mm ±10 μm
トレー (ワークを固定する台でX-Y テーブルに載せる.)	搭載基板	16 枚 (3×3 インチ基盤)
集塵機	風 量	6 m³/min
2. 制御部		
NC	メモリ容量 機 能	400 ブロック 2 軸同時制御
パソコン (NC のプログラムを作成する.)	東芝 16 ビットパソコン	パソピア 1600 +9 インチディスプレイ
操作パネル		レーザスタート/ストップ, レーザ用シャッタ開/閉, 非常停止, アラーム表示等
3. 加工光学系		
集光レンズ		焦点距離1.5 インチ, ZnSe 製
その他: ビームベンダ, 加工用ノズル, ビームガイド用 He-Ne レーザ		
4. 炭酸ガスレーザ装置 LAC-103 B		
	波 長 レーザ出力 出力安定度 パルス動作	10.6 μm 定格 120 W (CW* モードにて) ±5%/8 H 以内(CW モード, 定格出力にて) パルス幅 0.1〜99.99 ms 繰り返し 1〜1,999 Hz
エンハンストパルス発振可能. パルサー 2 式内蔵. (スクライビング用および切断用)		

* CW: 連続波発振

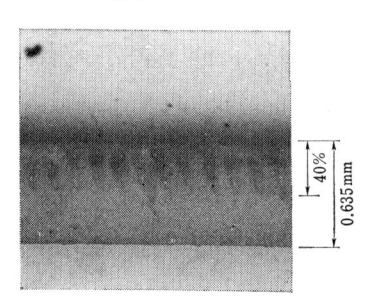

図 2.5.26 アルミナセラミクス (0.635 mm 厚) のスクライビング加工断面

表 2.5.4 加工性能例
東芝製レーザスクライビング装置
LAC-761 形の加工性能（アルミナセラミックに対して）

1. 加工速度

厚さ	スクライビング	切断
0.635 mm	150 mm/s 以上	2.5 mm/s 以上
0.8 mm	100 mm/s 以上	1.7 mm/s 以上
1.0 mm	50 mm/s 以上	0.83 mm/s 以上

（スクライビング深さ：板厚の 1/3〜1/4）

2. 最小穴あけ加工径	ϕ 0.15 mm

表 2.5.5 図 2.5.26 の加工条件

レーザパルス 繰り返し デューティ比 ピークパワー	1 kHz 10%（パルス幅，約 0.1 ms） 約 600 W
アシストガス 乾燥空気	150 l/min
加工速度	150 mm/s

表 2.5.6 図 2.5.27 の加工条件

レーザパルス 繰り返し デューティ比 ピークパワー	100 Hz 8%（パルス幅，約 8 ms）
アシストガス 乾燥空気	150 l/min
加工速度	300 mm/s

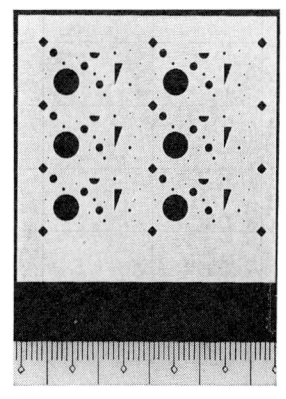

図 2.5.27 アルミナセラミクス（0.635 mm 厚）の切断加工

a) 加工表面に盛り上がりができる．
b) スクライビング幅が広くなる．
c) 除去が困難なスパッタ片が表面に付着する．

a), b) は，レーザパルスのエネルギーが大きすぎるときに発生し，c) はピークパワーが不足したときに発生すると考えられる．

次に，同じ 0.635 mm 厚のアルミナセラミクス基板を，切断およびスクライビングの両方を行った写真を図 2.5.27 に示す．加工条件は表 2.5.6 に示す．

加工品質上，切断加工で問題になるのは，次の項目である[2]．まず，スクライビング加工と同様に

d) 加工表面に盛り上がりができる．
その他
　e) 除去困難なドロスが裏面に付着する．
　f) 切断ムラ（切り残し）が発生する．
　g) 穴などの形状にひずみができる．
　h) 熱ひずみによるクラックが発生する．
　d) はレーザパルスのエネルギーが大きすぎるときに，e)，h) はエネルギーが大きいのに，ピークパワーが不足であるときに，そして f) はピークパワーが十分でも，ネルギーが不足であるときに発生すると考えられる．g) は，XY テーブルの動きに原因があるときと，光軸が加工物に対し垂直でない場合，さらにレーザビームが偏光していることに原因があると考えられる．
　いずれにしても，上記の問題のない加工を行うためには，メーカの推奨条件（一般的な）をもとにして，より細く最適条件を見出す必要がある．具体的には，レーザパルスに関する条件（繰り返し数，デューティ比），レーザパワーに関する条件（平均パワー，ピークパワー）そして加工速度に関する条件の最適化である．

d. レーザスクライビング加工の特徴

　アルミナセラミクスのレーザスクライビングおよび切断加工は，レーザ加工の諸特徴のうち，次のものを利用している[3]．
　a) レンズなど光学系で，必要な位置にきわめてエネルギー密度の高い，きれいなスポット（一般に円形）を容易に作ることができる．
　b) 非接触加工であり，加工物に変形を与えない．また，機械加工と異なり加工物の硬さを選ばない．
　c) 一般にドライな加工であり，レーザ加工のための前処理，後処理が不要．
　d) 熱加工であるが，ビームスポットを小さく絞れるため，周辺部に与える熱影響が少ない．そのため，加工箇所に歪や縮みなどが発生しにくい．
　e) パワーの制御性にすぐれ，自動化に適する．
　その結果，アルミナセラミクスに対する，スナップラインおよび穴形成の方法は次のように変わる．
　従来，セラミクスの焼結前に，金型でスナップラインを入れ，穴形成を行っていた．この場合，焼結後にセラミクスが縮んでしまい，必要な寸法精度が得られなくなることや，焼結後に回路変更の要求が出され基板を拡大しなければならなくなることがあった．レーザ加工においては，セラミクスを焼結した後で加工を行うために，上記の問題を解決することができる．
　アルミナセラミクスをレーザスクライビングおよび切断加工する結果をまとめると，次のようになる．
　f) 試作品をはじめとして，少量多品種生産に特に威力を発揮する．量産に対しても，ハンドリングマシンと組み合わせて，適合させることができる．
　g) 寸法精度の向上が，歩留り向上につながる．

まとめ

以上，アルミナセラミックスに関するレーザスクライビングおよび切断に集中して，詳述した．現在，シリコンナイトライド（Si_3N_4）やジルコニア（ZrO_2）など他のセラミックスに対する加工も研究段階にあるが，本稿では割愛した．

アルミナセラミックスに対するレーザスクライビングおよび切断加工は，その特長がユーザに認められ，広く実用化の段階に入りつつある技術であり，現在生産性向上に役立ちつつある．

（小松　巖）

文　献

1) 佐藤　明：レーザスクライバ．*Electronic Packaging Technology*, **3** (5), 61-62.
2) 杉島述昭，若林浩次：セラミックスのレーザ加工．機械技術, **32** (8), 66-70.
3) 高岡　隆，高橋　忠：レーザー技術入門，秋葉出版，東京 (1986), pp. 175-187.

2.5.3　マイクロ接合
a．YAG レーザによるマイクロ溶接

現在市場に出まわり，オンラインで用いられている溶接用レーザとしては，① CO_2 レーザ，② Nd:YAG レーザが，ほとんどである．CO_2 レーザは，レーザ発振を行っている媒体が気体であり，電気入力に対するレーザ出力の変換効率が大きいこと，レーザビームの集光性がすぐれているシングルモードで大出力が得られること，発振波長が $10.6\,\mu m$ と金属が高い反射率を示す普通赤外域にあることなどが特徴である．

一方，Nd:YAG レーザは，レーザ媒体が固体であり，シングルモードで高出力が得にくいが，発振波長が $1.06\,\mu m$ と短いため，この点では CO_2 レーザに比べ集光性がよい．金属表面の反射率も CO_2 より小さく，発振形態はパルス発振，連続発振のいずれもが可能である．

以上のことから一般に比較的厚物のレーザ溶接には CO_2 レーザが適しており，高精度を要するスポット溶接や金属薄膜の溶接には，Nd:YAG レーザが適しているといえる．

（i）**溶接熱源としてのレーザ**　最初にレーザ光照射による金属物体の温度上昇について考える．金属に照射された光子は金属中の自由電子によって吸収される．この吸収は波長の短いほど大きい．光を吸収し，励起された自由電子は，その他の電子や結晶格子に衝突して金属の温度を上昇させる．レーザは指向性がよいため，レンズで集光すると集光径を小さくでき，単位面積あたりの光子の数が極端に多く，この温度上昇は金属融点さらには沸点にまで達する．

ほとんどの場合，金属の光学的吸収係数は $10^5 \sim 10^6\,cm^{-1}$ と大きいため，照射されたレーザは金属表面の $1\,\mu m$ 以内で吸収される．したがって，深い溶融の溶接を行うためにはレーザ照射時間を長くして熱伝導を利用する．しかし，後述するようにレーザ溶接の場合も，電子ビーム溶接の場合ほどではないが，深溶込みの状態を作ることができる．

（1）**長　所**：　前述したように，レーザ溶接は，集光されたレーザ光を金属が吸収して熱となり，この熱が物質を溶融して同種あるいは異種の金属を溶接するものである．したが

って，熱となった以後のプロセスは，熱源が異なるのみで質的には従来の溶接法と異なる所はない．逆にレーザ光を集光し，この光を金属が吸収するプロセスまでにレーザ溶接の長・短所があるといえる．

ビーム広がり角が θ で発振持続時間 t の間にエネルギー E を出すレーザ光を焦点距離 f のレンズで集光したとすると集光点でのパワー密度 P は次式で与えられる[1]．

$$P = 4E/\pi f^2 \theta^2 t \tag{1}$$

たとえば，レーザ溶接用発振器の場合の典型的な使用例の場合

$E = 10$ J

$t = 6$ ms

$\theta = 4$ m rad（全角）

$f = 4$ cm

となる．ここでビーム広がり角 θ はビーム径拡大レンズ（本章（ii）項参照）を通ったあとの値である．（1）式より

$$P \approx 10^9 \text{ W/cm}^2$$

表 2.5.7 各種溶接法における試料表面でのパワー密度

溶 接 法	試料表面でのパワー密度 (W/cm²)
ガ ス 溶 接	1,000
ア ー ク 溶 接	15,000
電子ビーム溶接	1,000,000,000
レ ー ザ 溶 接	1,000,000,000

となり，これを従来溶接法の場合のパワー密度と比較すると表2.5.7のようになる．

このようにレーザ溶接は，従来溶接法とは比較にならない大きなパワー密度をもっており，これがレーザ溶接を特長づける．つまり，

○ よい位置精度で微小部分の溶接が可能．
○ 溶接時間を短くできる．

後者の特長は，さらに，① 大気中での溶接箇所の汚れが少ない，② 熱変質層が小．③ 大きな物へ小さな形状のものを溶接できる，などの利点が生ずる．また上記二つの特長の結果として，従来電子ビームでしか可能でなかった薄膜（数十 μm）金属の溶接が可能となる[2]．

電子ビーム溶接と比較しても，機器が安価，空気中雰囲気（あるいは望みのガス雰囲気中）での溶接が可能，磁場があっても溶接位置ぎめができる，といった長所をもっている．また，レーザ光に対して透明な物質を通しての溶接が可能となる．

（2） 短 所： 後述するように電子ビームほどの深溶込み溶接ができず，溶接可能な大きさに限度がある．また，金属表面から熱発生が生じるため，重ね合せ溶接の場合図2.5.28

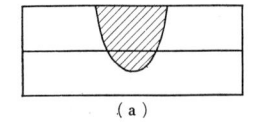

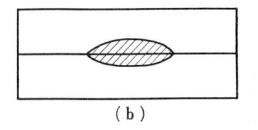

図 2.5.28 重ね合せ溶接における（a）レーザ溶接と（b）抵抗溶接の場合の溶融形状

(a)のように上部溶融に要する熱量は接合に意味をもたず，図2.5.28(b)の抵抗溶接の場合ほど効率がよくない．形状的には突合せ溶接がレーザ溶接の特質を生かした溶接であるといえる．

（3）**深溶込み溶接**： 電子ビーム溶接の場合，ビームエネルギーがあるパワー密度以上になるとビーム照射の間は溶融した融液の表面張力と金属蒸気の圧力とのバランスで溶融孔（capillary）が生じ，このため電子ビームは孔の底まで到達できる結果，さらに孔の底は溶融と蒸発が進み，深溶込みが得られる．レーザ溶接の場合も，パワー密度が 10^4 W/cm^2 以上になると深溶込みの溶接が可能になる．ただし，電子ビームと異なりほとんどの場合，レーザ光は金属蒸気に対して不透明となり，電子ビームほど溶融孔の底まで到達しない．

極端な場合の深溶込み溶接は，電子ビームの場合と同じように気孔（porosity）が生じやすく，冶金的には好ましくない影響が生じる．図2.5.29はパルス励起 Nd：YAG レーザを

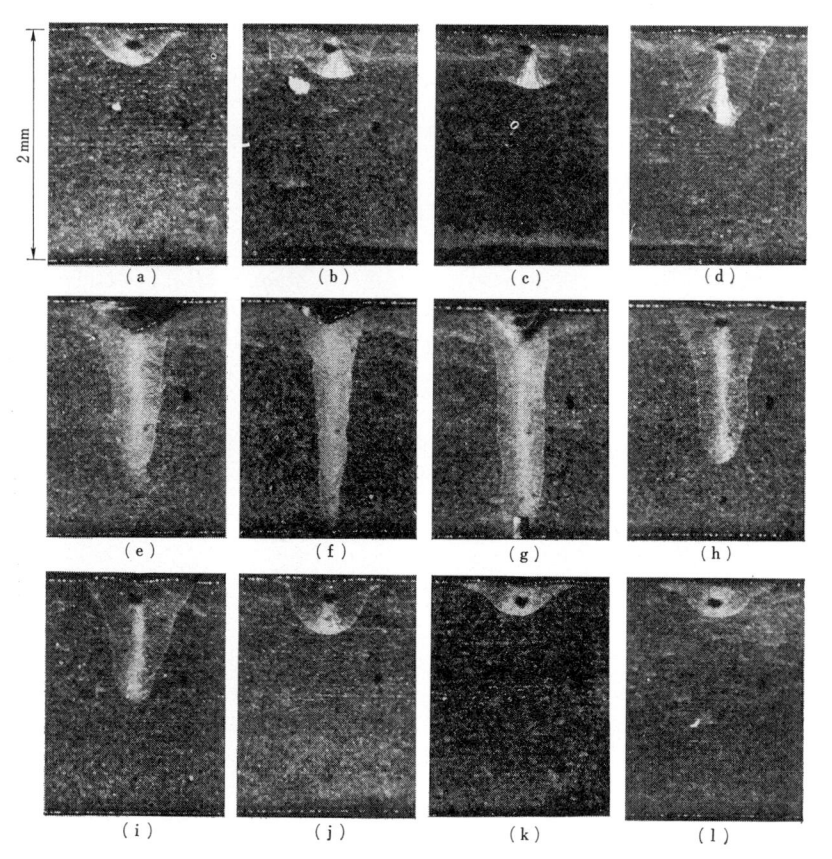

図 **2.5.29** 焦点はずし量を変えたときの溶込み形状の関係（レーザエネルギー一定）
（詳細説明は本文参照）

用い，レーザ照射エネルギーを一定（10J）とし，焦点はずし量を変えることにより，パワー密度を変えた場合の SUS304 の溶込み断面を示す．(g) の状態が試料表面に焦点が合っている．(h) から (1) までは順に試料より下方に焦点が下がっていく（アンダーフォーカス）（図 2.5.30 参照）．図 2.5.29 の (a) から (c)，および (j) から (1) までは，溶込み深さがこれと直角の横方向の溶融幅より小さいかほぼ等しく，熱伝導タイプの溶融を示す．(d) から (i) までが深溶込み状態を示す．この図で (g) がパワー密度がいちばん大きい．この時レーザビーム径と溶融径が等しいと仮定し (1) 式を用いると，パワー密度は $2.2 \times 10^6 \mathrm{W/cm^2}$ となる．レーザ溶接の場合の深溶込みは，パワー密度が大きい領域では金属の溶融塊が飛散し，溶融表面にクレータが生じ

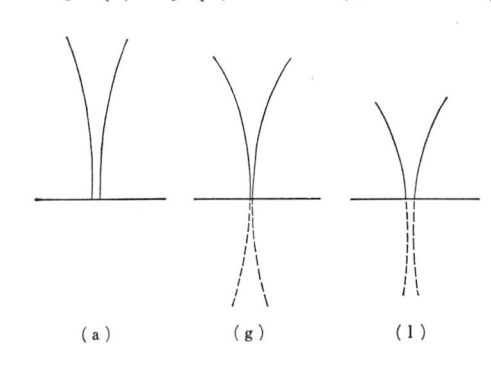

図 2.5.30 図 2.5.29 の (a), (g), (1) におけるレーザビームの焦点位置模式図

る．逆にこのスパッタの状態を観察することによって溶融深さをある程度予測できる．

（ii）**溶接性能と装置の関係** レーザ溶接を行うための装置としては，① レーザ光を出すもとになる発振器，② 発振器から出てくるレーザ光を集光したり，溶接すべき箇所にレーザ光を照準し，拡大観察するための加工光学系，③ 溶接物を保持し，溶接内容によって直線移動したり，回転するテーブルが必要となる．①のレーザ発振器は，発振媒体であるYAG 結晶を励起する方式によってパルス発振型と連続発振型とがある．このうち，パルス発振のものは主にスポット溶接に，連続発振のものはシーム溶接の用途に用いられる．高い繰返しのパルス発振から得られる溶接ナゲットをオーバラップしてもシーム溶接が得られるが，この場合は，1) 溶接速度に限度がある．2) ある種のメッキを施した金属ではクラックが入ることがある，といった問題がある．

（1）**溶接用レーザ発振器：** レーザ溶接を行う場合，溶接物の材質，形状，大きさによってレーザ発振器を選択する必要がある．溶接すべき材質の性質のうちレーザ発振器の選択に関係のあるのは，① 金属表面のレーザ発振波長における反射率，② 熱伝導率，③ 溶融温度，④ 蒸発温度，⑤ 比熱，密度，などである．これらと溶接物の大きさでレーザの種類，発振形態，レーザ出力レベルを決める．

特に反射率の大きな金属（金，銀，銅，アルミニウムなど）では発振波長の短いレーザを用いると有利になる．これらの金属は熱伝導率も大きく，短い時間に溶接部分の温度を溶融点に達せしめる必要があるため，瞬間的に大きなパワーの得られるパルス発振のレーザが有利である．溶融物を精度よく溶接するためにはレーザの種類の選択も必要となる．つまり焦点スポット径は，波長に比例するのでなるべく短波長のレーザを選択する必要が生じる．たとえば同一出力の基本モードの CO_2 レーザ光と YAG レーザ光を 焦点距離が等しい対物レンズで集光すると，後者が前者の 1/10 まで微小に絞りこめ，理論上パワー密度は 100 倍大

2.5 微細加工

きくなる.

（a）連続発振 Nd: YAG レーザ： この型の Nd: YAG レーザは，通常励起ランプにクリプトンアークランプを用いており，主にランプと YAG 結晶の大きさによってレーザ出力レベルが決まる.

（b）パルス発振 Nd: YAG レーザ： この場合は，励起ランプに通常キセノンフラッシュランプを用いる．溶接用レーザ発振器として，重要なパラメータにレーザ出力レベルと照射時間がある．たとえば，熱伝導率の大きな金属に低いレーザ出力で長時間照射しても，金属全体の温度を上昇させるだけで溶融には至らない．逆に熱伝導率の小さな金属に高い出力のレーザを照射すると，短い照射時間でも金属の蒸発温度にまで達し，この場合は穴あけ加工となり，やはり溶接には適さない．前述（a）項の連続発振型のレーザの場合は，レーザ発振器中に挿入された機械的シャッタを開閉することにより任意の照射時間を得られるが，パルス励起型レーザの場合はフラッシュランプの放電用コンデンサー C とパルス整形用インダクタンス L により発振時間 t を制御することができる.

$$t \approx \sqrt{LC}$$

この場合のレーザ出力レベル（W）は，コンデンサーへの充電電圧 V で制御できる．また，全レーザ出力（J）は全電気入力 $1/2 CV^2$ を介して制御する.

（c）準連続発振 Nd: YAG レーザ： レーザによる金属の溶接を行う場合，金属表面の反射率がレーザ光から溶融すべき金属への熱変換の大きな妨げとなっている．しかし，いったん金属が溶融をはじめると，この反射率は低下し，レーザ光のほとんどが溶融のためのエネルギーに変換される．このためレーザ照射の最初の時期に Q スイッチ状の尖頭値の高いレーザ光を照射し，このレーザ光により溶融すべき金属の表面を低反射率の状態に変え，以後の連続発振レーザ光を効率よく金属に吸収せしめることも試みられている．この目的のための準連続発振モードについてのべる[3]．基本的には従来の連続発振を有するレーザ用電源の簡単な変更によって，レーザ光を効率よく金属表面に吸収し得るパルス状のレーザ出力を得るものである.

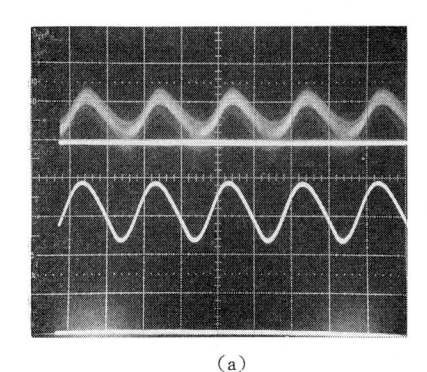

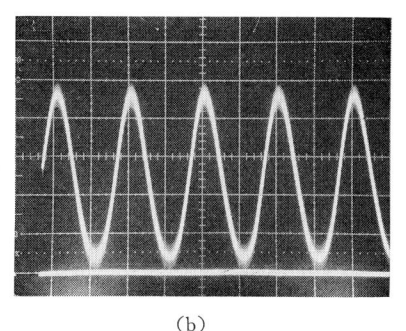

図 2.5.31 (a) ランプ入力波形．（上）ランプ電流 24 A (ave)，（下）ランプ電圧 170 V (ave)
(b) (a)のランプ波形励起によるレーザ出力 125 W (ave) 5 ms/div

パルス状を有する準連続レーザ発振器は，通常の連続レーザ発振器の励起ランプに図2.5.31（a）に示すような変調をかけた電圧を与える．この時のレーザ出力波長は図2.5.31（b）のようになり，平均出力125W，尖頭値は平均出力の約2倍に相当する約250Wを得ることができる．また，発振の繰返しは電源の周波数（50Hz）を両波整流していることから100Hzのレーザ発振が得られている．

このような出力波形を有するレーザにおいては，通常の連続レーザの同一出力レベルと比較して，(1) 尖頭値が高いため金属の溶融によるエネルギー吸収が起こりやすく，より低いレベルのレーザ出力で溶接が可能である．(2) パルス状の入熱であることから，熱伝導による溶接部分近傍の温度上昇が少なく，溶接による材料の変形が少ない．また，溶接部近くにガラスハーメチックシールやセラミックなどの熱膨張の異なる材質がある場合でも，これらに割れの発生などの障害が発生しないなど，多くの利点を有している．

この発振方式による溶接性能を通常の連続発振のそれと比較すると，図2.5.32のようになる．図2.5.32はSUS304を溶接速度10mm/sで連続発振および準連続発振の各平均出力のレーザで溶接した場合の溶込み深さを示すデータである．これから準連続発振の場合，通常の連続発振に比べて1.5～2倍の溶込み深さの増加が見られる．

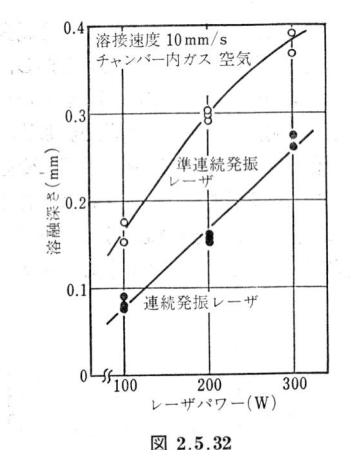

図 2.5.32 準連続発振と連続発振YAGレーザによる溶融深さの比較（材質SUS304）

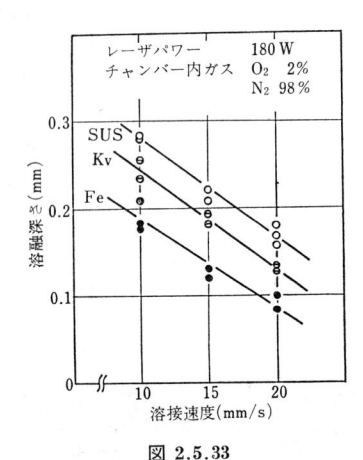

図 2.5.33 準連続発振YAGレーザによる各種材質の溶接速度に対する溶込み深さの関係

この準連続レーザを用い，各種材料にビードオンプレートした場合の溶接速度，レーザ出力（平均）と溶融深さの関係を図2.5.33，2.5.34に示す．図2.5.33において溶接速度と溶融深さの関係は，直線的な逆比例関係にあり，溶融深さは単位長さあたりのレーザ照射エネルギーに大きく依存することがわかる．また，図2.5.33，2.5.34とも材質による溶融深さの差が顕著に現われているが，これは，各材質の熱伝導率の差が大きく影響している結果である．次に溶接時の熱影響を調べた結果を図2.5.35に示す．この結果から準連続発振のレーザ溶接が非常に局部的な加工であり，溶接による熱影響の小さいことがわかる．このた

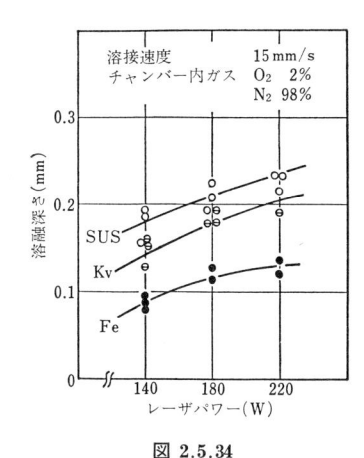

図 2.5.34 準連続 YAG レーザの平均パワーに対する各種溶接深さの関係

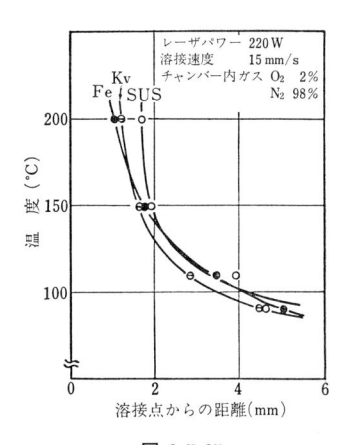

図 2.5.35 準連続発振 YAG レーザで溶接した場合の溶接周辺部の温度上昇

め,最近では以上で述べた方法のほかにスイッチング電源で直流化したランプ点灯用電流を外部信号で変調して,より高い周波数のパルス状発振が得られる方法がとられている.

（2） 加工光学系： YAG レーザ発振器からのレーザ光のビーム径は,マルチモード発振で大出力を得る場合,ほぼ YAG ロッドの径に等しく,このままでは溶接を行うパワー密度を得ることができない.溶接を行うためには,レーザビームを集光し,溶接点にレーザ光を照準するための加工光学系が必要となる.図 2.5.36 は YAG レーザ加工

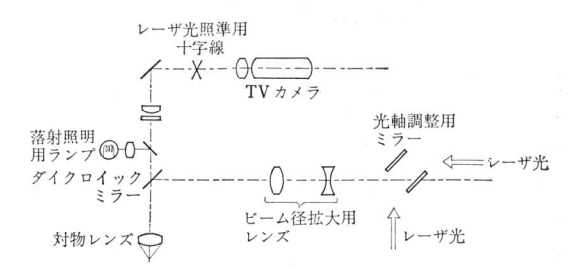

図 2.5.36 YAG レーザ用固定型光学系

に用いられる一般的な加工光学系の構造図を示す.この光学系は主に入射レーザビーム径を拡大してビーム広がり角を改善するためのビーム径拡大用レンズと,この拡大されたレーザビームを集光して,パワー密度をあげるための対物レンズ,対物レンズ下の被加工点を拡大して T・V モニターに写すための観測光学系とからなる.観測光学系の光路には,クロスヘアラインが入れられ,このクロスポイントをレーザ照射点と一致するように調整しておけば T・V 画面上のクロスポイントに加工物の溶接点を合せることにより,レーザ集光点との照準を行うことができる.この光学系ではレーザ光の走査ができないため,たとえば多点のスポット溶接を行う場合は,加工物を移動テーブルに載せて移動する必要がある.加工物を移動することなく,多点のスポット溶接や,連続のシーム溶接を行うための光学系の構造図を図 2.5.37 に示す.レーザ走査用の光学系として,レーザトリマーなどに用いられてい

るガルバノメータを用いたスキャナ型光学系があるが，この光学系はレーザ走査範囲を大きくとると，焦点距離が長くなり，溶接を行うためのパワー密度を得るためには，レーザビームの拡大倍率を大きくとる必要があり，スキャニングミラーが大きくなって実用的でなくなる．図2.5.37に示す移動型光学系の場合，X-Yテーブルを加工範囲，精度に合せて作ることができ，2次元の平面上のレーザ加工に対して汎用性のある光学系である．しかし，3次元に位置する加工点，加工機との位置とり合いが複雑となるFMSへ，集光したレーザ光を導入するのは，この光学系では不可能である．このような場合に有効となるのが3.1.1項で述べたファイバ光学系である．YAGレーザの発振波長である1.06 μm は，通信用石英ファイバのロスが極小となる波長の一つであり，このファイバを用いることによってこのレーザ光を効率よく伝送が可能となり，2次元以外の加工への応用が可能となる．

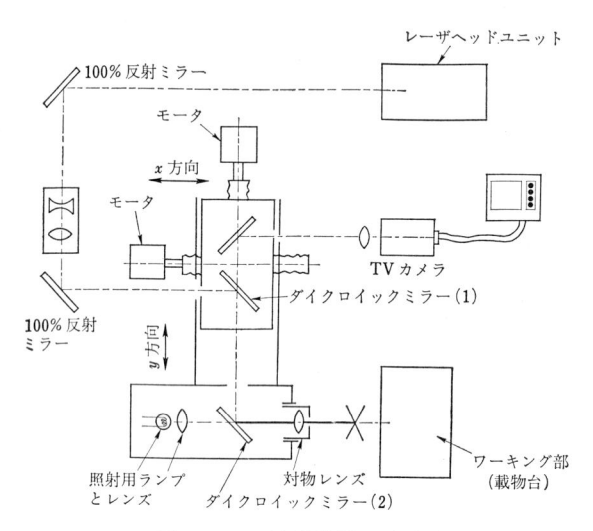

図 2.5.37 平行移動型加工光学系
——の光線はダイクロイックミラー(2)で紙面に垂直下方に曲げられる．

（3）**溶接用治具**： シーム溶接の場合はもちろんのこと，スポット溶接の場合も，オンラインで多数のスポットを自動的に溶接する場合は，溶接する箇所をレーザ焦点位置に移動させる試料送り機構が必要である．これらの設計に際してレーザ溶接の場合に特有に発生する条件としては，(1) 特定の開先精度を保つための試料拘束手段をもっていること，(2) この精度を保って試料を送れる機構であること，(3) 使用する対物レンズの焦点距離できまる焦点深度以内の平面度で移動可能のこと，などがある．

薄板の突合せ溶接は焦光性の良いレーザ光による局所溶融で可能となるが，この場合溶融部のボリウムが小さいために，開先精度が悪いと穴が生じる．このため上記(1)については試料自身の開先精度は試料厚さの15%以下にすべきとされている[4]．また，(2)については，ミスアライメントを含め試料厚さの25%以内，(3)についても25%以内とされている．(1)の試料拘束手段については，特に薄膜の突合せ溶接の場合，図2.5.38に示すように，突合せ線下に10T×10T（Tは試料厚さ）の溝をつける

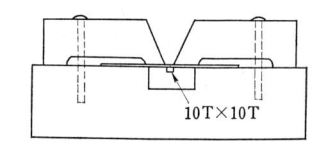

図 2.5.38 溶接ジグの形状

次にレーザ溶接は，一般に大気中で行われるのが通常であるが，溶接による金属表面の酸化が問題となることも多い．この場合，酸化を防ぐには，特殊ガス雰囲気のチャンバー内で溶接する方法と，ガスを吹付ける方法がある．電子デバイスのための金属キャンケースを封止する場合は，ガスをケース内に封入する必要があり，前者の方法がとられる．一方，ガスを吹き付ける場合には図2.5.39に示すような溶接ジグを使用し，上下のジグ内に挟持された金属板の上下からガスを吹き付けて酸化を防止する．

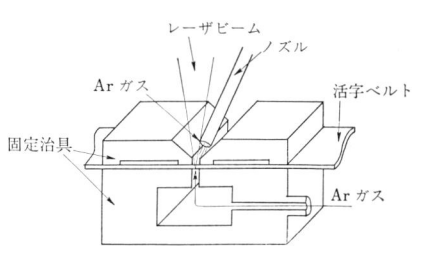

図 2.5.39 ガス吹付による酸化の防止方法

(iii) 溶接例 Nd: YAG レーザを使用した溶接機は，すでに各種部品の生産ラインにおいて稼動しており，今後も，高精度，高能率を必要とする小形部品の溶接に適用範囲を拡大されるものと考えられる．

以下に，現在までにすでに実用化されているものを中心に，その溶接例についてのべる．

パルス励起 Nd: YAG レーザによる溶接

(1) カラーテレビブラウン管カソード部の溶接： 図2.5.40に示すようなカラーテレビブラウン管カソード部のキャップ溶接にレーザが使用されている．従来の抵抗溶接と比較すると，図2.5.41に示すように，抵抗溶

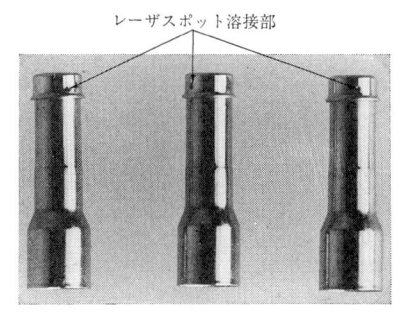

図 2.5.40 カラーブラウン管のカソード部のパルスレーザによるスポット溶接

$R_1 \neq R_2 (R_1 > R_2)$ $R_1 = R_2$
(a) (b)

図 2.5.41 カラーブラウン管のカソード溶接部の断面写真
(a) 抵抗溶接，(b) レーザスポット溶接

2. 加工技術

接の場合，電極によって溶接物が加圧されるため，溶接物に変形が生じるが，レーザ溶接は非接触溶接であるため溶接物に変形を生じさせることなく高精度の接合が行える利点がある．また非接触であることから溶接の自動化も容易である．

（2） フロッピーディスクヘッドのスポット溶接： 図2.5.42は，パルスYAGレーザでスポット溶接されたフロッピーディスクヘッドを示す．溶接は50μm厚のステンレス薄板と約1mm厚の同材とを重ね合わせて行われている．平面上に多くの溶接点があるため，パルスレーザ光をファイバで伝送し，ファイバ出射部の集光レンズを市販のロボットにより把持して溶接点ごとに移動して行っている．図2.5.40に示す場合と同様に，重ね合せ上部の板厚が薄いため，溶接下部との間にギャップが生ずる(図2.5.41の(b)を参照)．このような場合熱伝導型の溶接では，溶接下部材に熱が伝わらず上部材のみにレーザエネルギーが過度に加えられるため，上部材のみが穴あけの状態になることがある．この状態を避けるため，レーザパワー密度を熱伝導型と深溶込み型の中間に設定し，図2.5.29の(i)または(d)の溶融形状が得られる溶接を行っている．

（3） リレー用接点のスポット溶接： 図2.5.43の(a)は交換機のリレー接点となる可動バネで，0.1mm厚のステンレス板を1mm厚の同材にパルスYAGレーザにより重ね合せ溶接しているものである．この場合は抵抗溶接で加圧して溶接すると，(1)固定接点と可動バネのギャップが一定せず，リレー動作の信

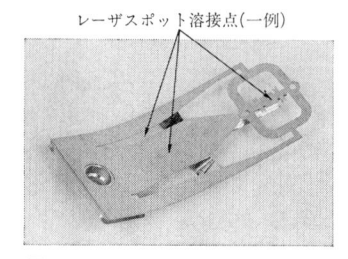

図 2.5.42 パルスYAGレーザでスポット溶接されたフロッピーディスクヘッド

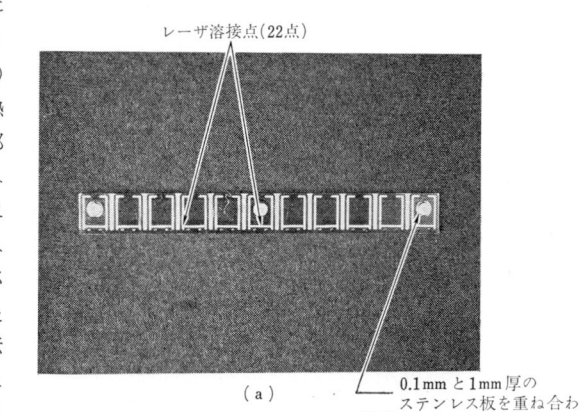

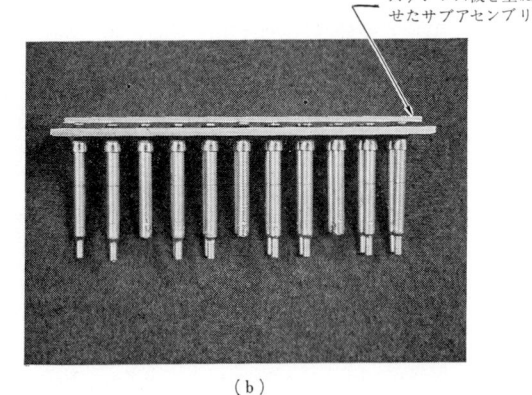

図 2.5.43 パルスYAGレーザでスポット溶接されたリレー接点の可動部(a)と組立部(b)

頼性が低下する，(2) 抵抗溶接の場合に電極形状，加圧力，などの管理のため完全自動機にできない，などの理由でレーザ溶接が採用された．抵抗溶接でこの加工を行った場合の効果を想定して，レーザの実績効果と比較すると[5]，表2.5.8のようになる．

(4) 金属キャンケースの封止溶接: 図2.5.43で示したレーザでスポット溶接されたリレー群は長期間の使用に耐えるために窒素98%，酸素2%の雰囲気でシーム溶接される．溶接すべきケースとベースはコバー製で，図2.5.44に外形を示すように15mm×58mmと細長い角形の形状を有している．このため，従来のプロジェクション抵抗溶接においては均一な加圧がむずかしくハーメチックシール部の気密性をそこなう問題があるほか，溶接部のスパッタリングによる接点の汚れが大きな問

表 2.5.8 リレー接点のスポット溶接を行う場合のレーザと抵抗溶接法の比較（抵抗溶接は推定）

	レーザ溶接法	抵抗溶接法
歩留り	98%	40〜45%
設備稼動率	90%	65%
MTBF（比率）	200	1
MTTR（比率）	1.5	1
溶接点当りのメンテナンス費	4.20円	12.00円
フロアー効率（比率）	2.4	1

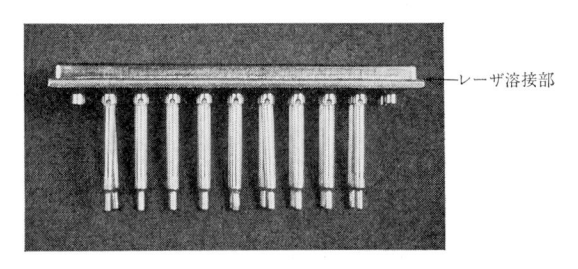

図 2.5.44 準連続 YAG レーザでシーム溶接されたリレー用金属ケース

題となり，レーザ溶接が適用されている．レーザ溶接においては，ケース外周の端部を溶接するためにプロジェクション部が不要となり，ケースの大型化による上記のような問題は解消され，ヘリウムディテクタを用いたテストにおいて，10^{-9} cc/cm 以上という高い気密信頼性を得ている．

このような金属ケースには，一般に溶接部近傍にハーメチックシールが設けられているが，レーザ溶接は入熱が非常に小さいことから溶接近傍の熱影響が小さくハーメチックシール部や内部の素子を損傷することなく溶接を行うことができる．このようなケース封止は，通常150W出力において 15mm/s の速度で溶接が可能である．溶接データは図2.5.32〜2.5.35に示した通りである．この溶接を行う場合，溶接形状を (A) 重ね合せ溶接，(B) スミ肉溶接，(C) 突合せの斜めレーザ照射，(D) 突合せ溶接とした場合のレーザ溶接位置ズレの許容度を調べた[5]．レーザ照射位置を 0.05mm の間隔でずらし，その時の溶接外観とヘリウム気密度テストにより，良否の判定を行った．結果を図2.5.45に示す．これからレーザ封止溶接の場合，突合せ形状が適していることがわかる．

YAGレーザの封止溶接は，図2.5.46に示すような，大型のハイブリッドICケースや衛星搭載用の高信頼性ICの金属ケースにも適用されている．

(5) 金属積層板のシーム溶接: 図2.5.47は，磁気ヘッド用ラミネーションの固定溶

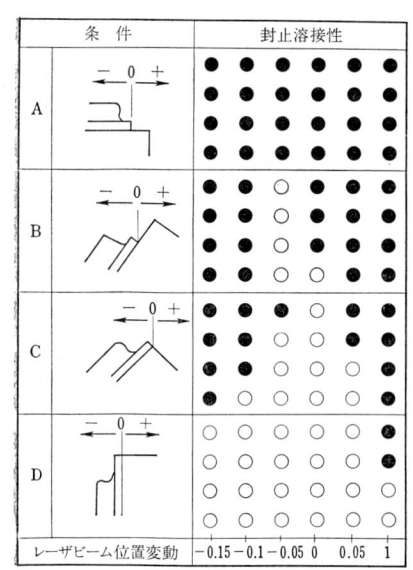

図 2.5.45 YAG レーザのシーム溶接において，溶接形状を変えた場合のレーザビーム位置ズレに対する封止溶接性の関係[5]

図 2.5.46 YAG レーザでシーム溶接されたハイブリッド IC 用大型金属ケース

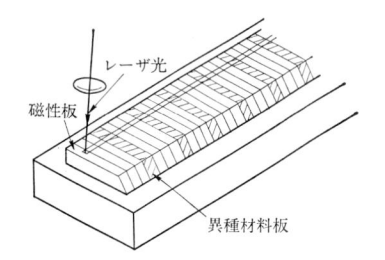

図 2.5.47 磁気ヘッドの溶接方法

接を示したもので，通常，パーマロイ薄板材料をプレス加工したものを数枚積層した構造を有している．この磁性板は，従来，プレス加工，焼なまし，接着という工程で行われていたが，レーザ溶接を導入すると，プレス加工，レーザ溶接，焼なましという工程変更を行うことができ，生産工程は自動化され，大幅な合理化が可能となった．磁性板のレーザ溶接は図 2.5.47 に示すように，ジグ内に所定枚数の磁性板間に，溶接性の悪い異種材料板（たとえば銅板，アルミ板，合成樹脂板など）を配列し，レーザ溶接することによって行われる．レーザ溶接は，非常に微小な部分を溶接することが可能であり，溶接部周辺の熱影響が少ないため，磁気ヘッドの特性にはほとんど影響を与えることなく溶接することができる．

（6）ラインプリンタ用活字ベルトのシーム溶接： ラインプリンタ用活字ベルトは，従来電子ビーム溶接源によって溶接されていたものであるが，レーザ溶接は熱源の集光性がよいことから，電子ビーム溶接と同等の高い精度で溶接が可能であり，大気中で溶接することができるため，溶接の作業性が大幅に改善された例である．

活字ベルトの突合せ溶接には，前述図 2.5.39 のような溶接ジグが使用され，ジグ間に挟持された活字ベルトの上下から不活性ガスを吹付けることによって，活字ベルト表裏面の酸化を防止している．また，活字ベルトの材料は，一般にマルテンサイト系のステンレス鋼板が使用されているため，溶接部分は溶接時の急熱急冷によって焼入れが起こる．このため溶接部分の機械的性質が劣化することから，溶接のあとに同じレーザ発振器を用いて焼なましを

行っている.この焼なましは,レーザ光の焦点を溶接面に対してデフォーカスし,低速で溶接部分に照射することによって行われる.このようにして溶接および熱処理された活字ベルトはリング状のエンドレスベルトになり,高速の繰返し曲げに耐え得るものとなっている.このように,溶接と熱処理が同じ装置で行えるのもレーザ加工の特徴である.

b. レーザはんだ付

レーザ光をはんだ付に用いる試みは,主に CO_2 レーザを用いて,特に熱影響が問題となり一括加熱ができない電気部品を対象に行われていたが,一般に普及するまでに至っていなかった.これは,CO_2 レーザは非接触で微小部分の加熱を行える,という点では従来のリフロー熱源よりすぐれているが,後述するように,その発振波長が原因で,このレーザを用いてはんだ付を行う場合,種々の問題が生じていたためである.

しかし,最近,はんだ付に適した波長で発振する YAG レーザが比較的安価に入手できる

表 2.5.9 YAG レーザはんだ付の用途

YAG レーザはんだ付を適用している部品,部位	出荷台数全体に対する比率
(1) 表面実装型フラットパック IC の実装	20%
(2) 温度センシティブな部品のリード(水晶振動子,サーミスタなど)	11%
(3) セラミック上のパターンと各種リード	18%
(4) 後付メカニカル部品(リレー,ディップスイッチ,バリオームなど)	12%
(5) フレキシブル基板とプリント配線板または各種部品	10%
(6) 銅細線とリード端子	16%
(7) 研究用,その他	8%

ようになり,また,このレーザ光はファイバで容易に望みのはんだ付点に伝送できることと相まって,急激に現場への導入が始まっている.表 2.5.9 は,YAG レーザのはんだ付が用いられているはんだ付適用箇所を分類して示したものである.フラットパック IC(以下 FP・IC)を代表とする表面実装型デバイスの実装はレーザはんだ付の主なテーマであるが[6],微小電子部品の製造工程におけるマイクロソルダリングも大きな用途になりつつある.ここでは主として FP・IC を中心とした表面実装デバイスの実装の観点から,YAG レーザはんだ付の特長を各種リフロー法と対比して述べ,その装置,はんだ付技術について述べ,このあと FP・IC 以外の適用実例などについて述べる.

(i) YAG レーザはんだ付の特長

(1) **一般的特長:** レーザ光によるはんだ付は,リフロー法(reflow soldering)に属する.特に浸漬はんだ付法に対するリフロー法の特長は他の文献[7]に詳しいため,ここでは他のリフロー法のうち,特に FP・IC の実装で競合する工法である VPS 法やサーモコントロール法,赤外線加熱法と比較しながら,YAG レーザソルダリングの特長について述べる.

レーザソルダリングは集光されたレーザ光をはんだ金属が吸収して熱となり,この熱によってはんだが溶融するものである.したがって,前項のマイクロ溶接で述べたと同様にはんだ付の場合も熱となった以後のプロセスは,熱源が異なるのみで,質的には従来のリフロー

法と異なる所はない．逆に，① レーザ光を伝送し，② このレーザ光をレンズで集光し，③ 集光したレーザ光をはんだが吸収するプロセスまでにレーザリフロー法の長・短所がある．

以下，この順に YAG レーザソルダリングの特長を述べる．

（1） リフロー熱源をファイバで伝送できる： YAG レーザソルダリングの場合，レーザ光伝送はほとんど石英ファイバによって行われる．この伝送用ファイバ他端に設けられたレーザ集光部を，ほとんど重量がないこと（集光レンズと光ファイバ）から，容易に他の作業（たとえば，ペーストはんだ供給．FP・IC 搭載）を行うロボットと同居してもたせることができる．このことは切削加工における FMS の定義[5]と似ており，同所で異種の作業が行える結果，ベルトコンベアなどの搬送装置が不要になり，はんだ付工程における一種のマシニングセンタを作りうることを意味する．

同一場所で部品搭載とこれのはんだ付が可能になると，はんだ付を行うプリント配線板をはんだ付ステーションにもち込む必要がなくなり，搬送による搭載部品の位置ずれ防止のための接着剤塗布，この接着剤の硬化ステーションも不要になる（はんだ付時も次に述べる非接触熱源のため位置ずれが生じない）．

さらに，1台の YAG レーザ発振器のレーザ出力を複数本のファイバに分割，導入できる同時多点加工用ファイバ光学系や，この複数本のファイバに付加して分割したレーザを独立

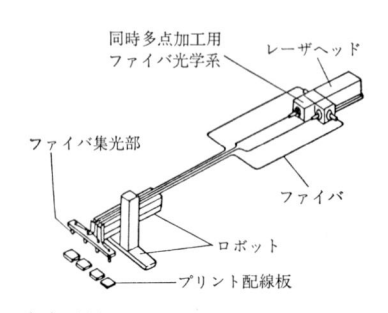

（a） 同時に複数枚の同じ基板のはんだ付

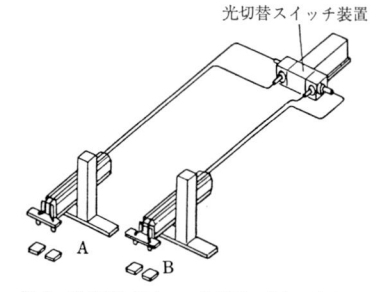

（b） 時分割に異なった複数種の基板を複数枚はんだ付

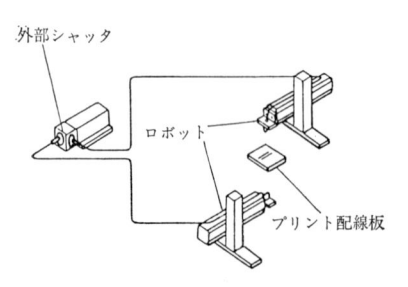

（c） 同時に異なった基板のはんだ付

図 2.5.48 ファイバ伝送したレーザとロボットによるはんだ付の FA 化

2.5 微細加工

に ON-OFF する外部シャッタ, 時分割に複数本のファイバにレーザ光を切り換える光切換スイッチ装置が市販されており, これらとロボットを組み合わせることにより, レーザによるはんだ付の FA 化が可能になる. これらの一例を図 2.5.48 の (a), (b), (c) に示した.

(2) 非接触リフロー熱源である: YAG レーザソルダリングは, ファイバ伝送されたレーザ光をレンズで集光して行う非接触法である. 非接触リフロー法の特長は,

① はんだ付に影響するパラメータはレーザ出力のみで, パラレルギャップ法, ホットラム法のように熱源になる物体の表面状態, 表面温度, 圧着力, 平行度 (大きな FP・IC の場合に重要) のすべてをコントロールする必要がない.

② 光が吸収されて初めて熱になるコールドな熱源であり, はんだ付する近くに熱影響を嫌うデバイスがある場合, これにレーザ光が触れなければ, たとえば, はんだゴテが近づいてこの熱でデバイスを温めるような種類の事故はない.

③ 加圧によるはんだシミ出しがない.

④ ガラス越しにはんだ付ができる (任意のガス雰囲気中のはんだ付が可能). 大きなフレキシブル基板に対してガラス板を押さえ治具に使える.

などである.

(3) 単色で波長 1.06 μm のリフロー熱源である: 一般にデバイスをはんだ付する箇所は, セラミック, ガラスエポキシ, ガラス, ポリミドなどの基板上に導電性物質を印刷, あるいは銅箔を張り付けたものが多い. これらの基板は当然絶縁体であり, 一般に可視領域の波長で透過性がよく, 赤外領域で吸収帯をもっている. 逆に, はんだのような金属に対しては短い波長のほうが吸収しやすい.

図 2.5.49 はポリミド絶縁体と未融解のはんだ表面の反射率を波長 1.06 μm (a), CO_2 レ

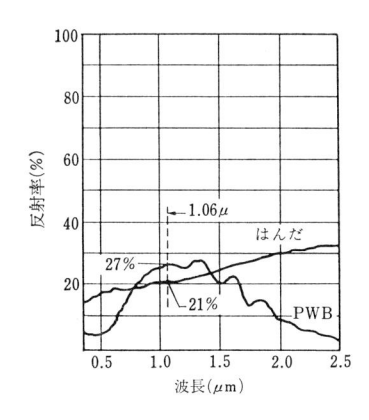

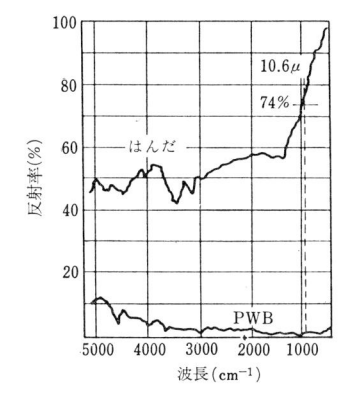

(a) 波長 1.06 μm における, はんだと PWB の反射率

(b) 波長 10.6 μm における, はんだと PWB の反射率

図 2.5.49 YAG レーザ (a) と CO_2 レーザ (b) の波長におけるはんだと PWB の反射率[9]

ーザの 10.6 μm (b) 領域で示したものである[9]．この図から YAG レーザの場合，CO_2 レーザに比べて基板に対する反射率が大きく（したがって吸収率が小さく）レーザ光自身およびはんだ鏡面からの反射光による絶縁基板の損傷が CO_2 レーザの場合に比べて小さいことがわかる．さらにはんだ金属そのものによるレーザ光の吸収は YAG レーザのほうがすぐれており，効率のよい入熱が可能となる．

（2） **SMT における YAG レーザソルダリングの導入効果**： 以上のように YAG レーザソルダリングは，リフロー熱源として，ほとんど理想に近いものであるということができる．しかし，理想的なリフロー熱源の，裏返しの短所として，VPS 法や赤外線炉のような一括加熱方法によるものに比べると処理能力が劣るのはいなめない．したがって，チップ部品が多数搭載されている基板をレーザ光で一点一点はんだ付するのは得策ではなく，この場合は VPS のような一括処理型のリフロー法が有利となる．

以上のことから，SMT における YAG レーザソルダリングの導入は，次のようなケースが多くなっている．

① 樹脂モールドケースまたは素子が熱影響を受けやすく，VPS のような一括加熱が使えない FP・IC，あるいは表面実装型混成 IC のプリント配線板への実装
② 両面実装基板において，片面実装後の FP・IC の実装
③ リードピッチ 0.8mm 以下の多ピン FP・IC の実装
④ 一括加熱が行えないフレキシブル基板への FP・IC をはじめとする SMD の実装
⑤ フレキシブル基板の各種基板（プリント配線板，ガラス基板など）へのはんだ付
⑥ フラットケーブルとコネクタとのはんだ付

表 2.5.10 に，SMD の実装において YAG レーザソルダリングと競合する工法である VPS との比較を示した．イニシャルコストを決める装置形態では，YAG レーザソルダリングの場合，一番簡単な構成では 50 W クラスの発振器にファイバ 1 本を付加したものから，後述するようにベルトコンベアラインに複数台のロボットを配置して，ペーストはんだの供給，100 ピン FP・IC のパターン認識による位置決め搭載，レーザによる FP・IC の 2 辺同時加熱によるはんだ付を行うシステムまで幅広くある．これは YAG レーザの場合，ファイバでリフロー熱源を実装ラインのどこへでも，いつでももち込めることから，搭載と同じ場所ではんだ付を行うなど実装ラインの構築に自由度ができることによる．

一方，VPS の場合，バッチ処理型，インライン型のいずれの場合も，はんだ供給，部品搭載などの前工程とはんだ付工程は，明確に区別する必要がある．FA 化の容易さの比較では，以上のことを考慮して行った．表 2.5.10 で，はんだ付性の項の IMC (Inter Metallic Compaund) の発生の少ないこと，はんだ金属の grain サイズの小さいことは，いずれもレーザソルダリングの急熱，急冷からくる優位性である．

IMC は，はんだ付の母体とはんだとの間に生ずる硬くて脆い金属間化合物で，これがはんだ付部に形成されると機械的強度が低下し，導電性や耐食性も劣化する[10]．この合金層は，はんだ付時の加熱時間の平方根にほぼ比例するもので，レーザはんだ付の場合，加熱時間が短いこと，加熱部分が小さい部分加熱であることから，加熱していない周囲からの self quenching 効果もあり，通常のはんだ付方法に比較して，この有害な合金層がきわめて生

2.5 微細加工

表 2.5.10 YAG レーザソルダリングと VPS 法の比較

比較項目		YAG レーザソルダリング	VPS
装置能力	イニシャルコスト	500〜5,000 万円	500〜2,000 万円
	オペレーティングコスト	50 円/1 時間	1,000 円/1 時間
	処理能力	劣	優
	FA 化の容易さ	搭載と同所ではんだ付	はんだ付ステーション必要
	安全性	眼に対する保護が必要	飽和蒸気の毒性
はんだ付性	IMC の発性	少ない（急熱・急冷）	ありうる
	はんだ金属の grain サイズ	小さい（急熱・急冷）	大きい
	セルフアライメント	できない	できる
	適さないはんだ付	光が到達しない部分へのはんだ付	熱敏感な素子
			ヒートシンクに接着された PWB へ SMD をつける
部品と基板への影響	部品の接着の必要性	なし	ある
	LSI への熱ダメージ	なし	熱ダメージの有無をチェックする必要がある
	樹脂モールドケースの気密性	気密は損われない	気密性のチェックをする必要がある
	基板の反り	少ない	ある
	多層基板の剥離	ない	ありうる
	基板のこげ	条件によってはありうる	なし

じにくい．はんだ金属の grain サイズは小さいほうがはんだ付部の機械的強度が増し，これもレーザ加熱の急熱，急冷によって得られるものである[11]．

セルフアライメントは，FP・IC などの搭載が多少ずれていても，リード全体を一度に加熱する VPS 法では，溶融はんだの表面張力により PWB のはんだパターンに IC が引きよせられて搭載ずれが補正される現象であり，レーザのような部分加熱では期待できない．しかし，VPS の場合，1 枚の PWB に多数のデバイスを搭載してバッチ処理あるいはインラインの加熱領域に搬入する際に，デバイスの大幅な位置ずれを防止するためこれを接着剤で固定する必要があり，この場合はセルフアライメントは期待できない．

部品と基板への影響の項における樹脂モールドケースの気密性では，通常市販の FP・IC の場合，VPS のような一括加熱で処理できる場合も増えてきたが，ハイブリッド IC 回路を比較的大きなサイズの表面実装型ケースに接着剤などを利用してまとめた場合や，実装密度の要求から樹脂モールド部の厚みを薄くせざるを得なくなる一部のメモリー用 LSI で問題となる場合が多くレーザソルダリングが使われている．

表 2.5.10 の最後の項の基板の焦げは，レーザソルダリングの場合，いったん集光したレーザ光をパワー密度を下げるため，この集光レンズの上下移動でデフォーカスした位置で使用しており，この調整を誤りジャストフォーカスになると基板を焦がすパワー密度になる結果生ずるものである．レーザソルダリングはこのような危険を内在しているリフロー法であることを認識する必要がある．

レーザと同じ非接触リフロー法として，光ビーム加熱法があり，レーザより安価な非接触

熱源として競合する工法である．この方法とレーザはんだ付を比較すると以下のようになる．

① レーザの場合，はんだ付を行う上空間にはファイバと集光部がくるのみで空間的に自由度が大きい．集光部とPWBの距離はワークディスタンスといわれ，この距離が大きいと既実装部品の高さがあっても，後付が可能となる．レーザの場合，ワークディスタンスは50～100mmが可能であるが，光ビームはんだ付では18mm程度となる．

② 光ビームはんだ付の場合，FP・ICの4辺を同時に加熱できるため，前述したVPSと同じく，セルフアライメント効果がある．

③ レーザの場合，集光部は$30\phi \times 100$ mm程度で軽量・小型であり，マウンタやはんだ供給ディスペンサと一緒に同一ロボットで把持できる．また後述する球面レンズを用いて集光したレーザを走査するタイプの場合，ロボットのプログラミングにより，あらゆる部品のはんだ付が可能になる．これに対して光ビームはんだ付の場合，ヘッドが重いため，ロボットで移動することができず，複数のFP・ICをはんだ付する場合，FP・IC ごとにPWBを移動する．またFP・ICの専用ヘッドのため，他の部品のはんだ付はできない．

④ 装置価格は，光ビームはんだ付の方が安価である．

⑤ 図2.5.50に示すように光ビームはんだ付の場合，光源であるXeランプの発光波長域が広く，PWBを加熱する波長を含むのに対して，YAGレーザ光の場合は，図2.5.49(a)に示すようにPWBを加熱する波長を含まず，PWBのソリや，多層基板の剥離の可能性が少ない．

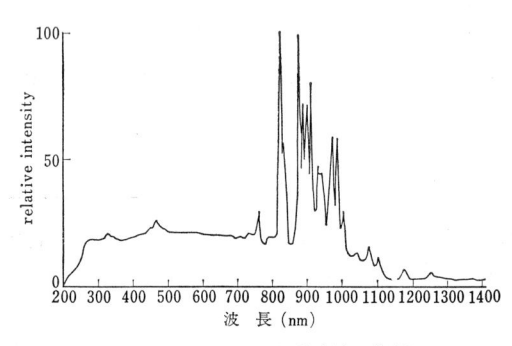

図2.5.50 Xeランプの発光波長特性[12]

(ii) **YAGはんだ付装置** 先に述べたように，YAGレーザ光はリフロー熱源として理想に近く，また，ファイバにより，いつでもどこへでももち込めることから，従来のリフロー熱源と置き換わる形で多くの装置が実用化されている．FP・ICの実装の領域ではロボットによるはんだ供給，部品搭載などの前工程をとり込んだものが多くなり，この場合も処理能力と装置コストにより次の二つのタイプがある．

(1) **同所処理型：** この型は，はんだ供給や部品搭載と同一場所ではんだ付を行うことができる．したがって，ベルトコンベアが不要になることから装置が小形になり，装置のローコスト化が可能となるが，作業時間はこれら各作業の総和となる．このためこのタイプは多品種小量生産ロットのFP・IC実装に適している．この型のレーザはんだ付装置は既存のFP・IC搭載機の搭載ハンドにほとんど重量のないディスペンサとレーザ集光部を付加しても実現できる．

図2.5.51にこの型のロボットハンドの実例を示す．

2.5 微細加工

このハンドは，現在市販されているなかでも，ピン数の多い100ピンおよび80ピンのFP・ICを1台のロボットで実装するものである．

ロボットハンドにはペーストはんだ塗布のためのディスペンサ，ICのトレーからFP・ICをつかみセンタリングするための搭載ハンド，FP・ICのパッドの近くにあるマークを読み取るためのパターン認識用2次元CCDカメラ，レーザはんだ付するためのレーザ集光用レンズが設けられている．

ベルトコンベアの横にはロボットハンドがFP・ICをつかんだ状態を確認するための1次元CCDカメラが置かれている．

（図ラベル：ファイバ／集光用レンズ／ディスペンサ／PWBマーク読取用CCDカメラ／FP・IC搭載用ハンド／1次元CCDカメラ）

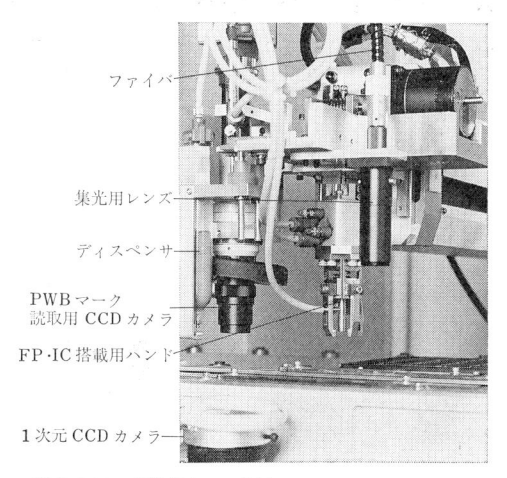

図 2.5.51 高密度リードを持つ，フラットパックICのための同所処理型レーザはんだ付装置のロボットハンド部

100ピンのFP・ICはリードピッチが0.65mmと狭いため，PWBのマークおよびFP・ICのハンド状態をパターン認識して搭載する必要がある．

このシステムの場合，これよりややリードピッチの大きな80ピンFP・IC（リードピッチが0.8mm）では，搭載ハンドによって吸着したのち，まずIC外形でセンタリングし，外形公差±0.4mmの位置情報を得，こののちICリード間に治具を挿入して，アライメントをしなおすことによって，リードピッチ間の公差±0.15mmに相当する位置精度で搭載を行っている．本方式は純メカニカルに精度出しを行っているため，安価な搭載装置となる．

図2.5.52は，このタイプのもう一つのロボットハンド例である．この場合，FP・ICのリード間隔は1mm以上あり，位置決め搭載はICの外形をロボット

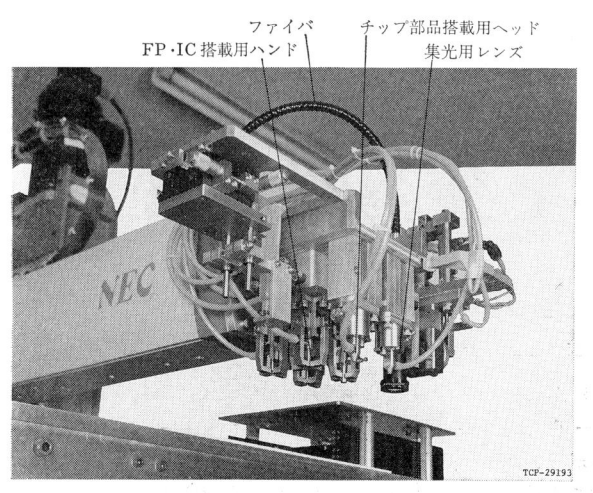

（図ラベル：ファイバ／FP・IC搭載用ハンド／チップ部品搭載用ヘッド／集光用レンズ）

図 2.5.52 フラットパック搭載用ロボットに，ファイバを付加したレーザはんだ付装置

ハンドの爪でセンタリングして行っている．図ではこのタイプの搭載ハンド4個（各外形のFP・ICに対応），チップ部品搭載ハンド2個にレーザ集光用レンズを同居させている．

この場合，FP・ICのはんだ付はロボットがこの集光用レンズをICリード辺上にそって走行させて行う．

（2）**並列処理型**： 同所処理型では処理能力上問題となる場合，ベルトコンベア上に複

図 2.5.53 並列処理型レーザはんだ付装置

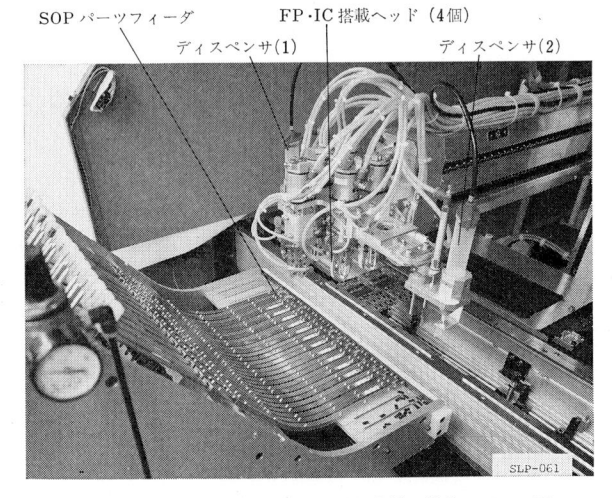

図 2.5.54 並列処理型レーザはんだ付装置の前段ロボット部

数台のロボットを配置して，はんだの供給，部品搭載，はんだ付の各作業を並列処理する．

図2.5.53は，この型のレーザはんだ付装置である．この装置はベルトコンベア上に2台のロボットを配置し，前段ロボットではディスペンサ2本による2枚のPWBへの同時はんだ供給，80ピンFP・ICと15種類のS.O.P.（Small Outline Package）型ICの搭載を行い，予熱炉を通過したあと，後段ロボットでレーザはんだ付を行うものである．

2.5 微細加工

図 2.5.54, 2.5.55 に, 前・後段ロボット部の写真を示す. FP・IC を YAG レーザではんだ付する場合, 図 2.5.56 に示すような, レーザ照射方法がある. 図 2.5.51, 2.5.52, 2.5.55 に示したものは図 2.5.56 (a) の方法によるものである. この図の (c) で示す方法は, ファイバ伝送した YAG レーザをプリズムで 2 分割し, 半円筒形レンズにより短冊状の集光パターンを作り出して, FP・IC の 2 辺を同時にはんだ付して処理能力を上げるものである[13]. この方法の集光ヘッドを図 2.5.57 に示す.

100 ピンの FP・IC を, これらの方法ではんだ付した場合のはんだ付スピードを表 2.5.11 に示す. FP・IC はディスクリート形のデバイスと異なり, その搭載もパターン認識法を用いる必要があるなど, 5〜10 秒の時間を要するので, はんだ付速度を必要以上に上げても装置コストがかかり, 前工程の搭載ステージとのラインバランスがとれなくなる. 搭載スピードとマッチした方式を表 2.5.11 のなかから選ぶ必要がある. 図 2.5.56 (a) の方法ではんだ付時間を短縮するためには, 図 2.5.48 (a) に示すように, 1 台のレーザ発振器のレーザ出力を分割して, 複数本のファイバにより, 同一基板を複数枚, 1 台のロボットではんだ付する方法がある. この実例システムを図 2.5.58 に示す. この場合

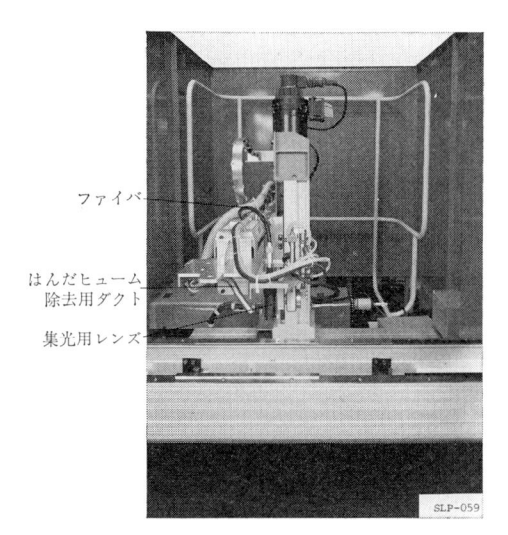

図 2.5.55 並列処理型レーザはんだ付装置の後段ロボット部

(a) 4 辺スキャニングによる FP・IC のレーザはんだ付

(b) 2 辺同時スキャニングによる FP・IC のレーザはんだ付

(c) 2 辺同時照射による FP・IC のレーザはんだ付

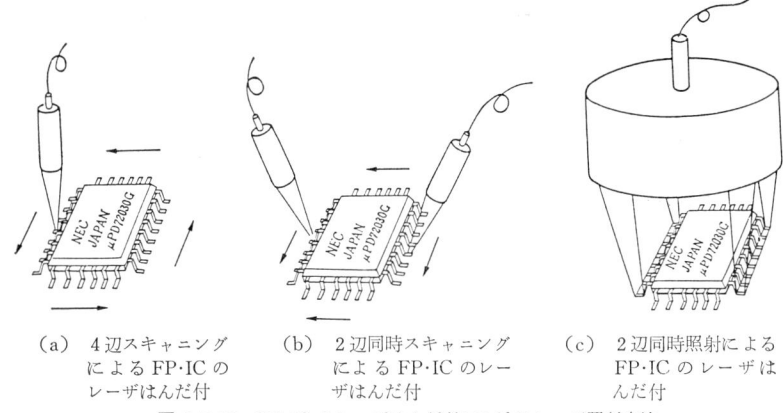

図 2.5.56 FP・IC のレーザはんだ付におけるレーザ照射方法

はレーザを3分割した例で，ベルトコンベアに同一PWBの位置決めステーションを3個設けて，同時に3個のPWBをレーザはんだ付するものである．

(iii) **YAG レーザソルダリング**[14]

図2.5.59は図2.5.51の装置を用いてリード間隔1.27 mmの2方向にリードをもつ20ピンFP·ICを実装した場合のはんだ付特性を示す．リード間隔が広いためIC搭載はロボットハンドのセンタリング機構のみとし，はんだの供給は作業性を上げるために，ICリードのパターン列にロボットを走行しつつ連続してデスペンサでペーストはんだを塗布する方式をとっている．はんだ量はデスペン

図 2.5.57 2辺同時集光装置を搭載したロボット

表 2.5.11 レーザ照射法（図2.5.56）による100ピンFP·ICのはんだ付時間

レーザ照射法	はんだ付時間
4辺スキャニング法（図2.5.56(a)）	7秒
2辺スキャニング法（図2.5.56(b)）	5秒
2辺同時照射法　　（図2.5.56(c)）	3秒

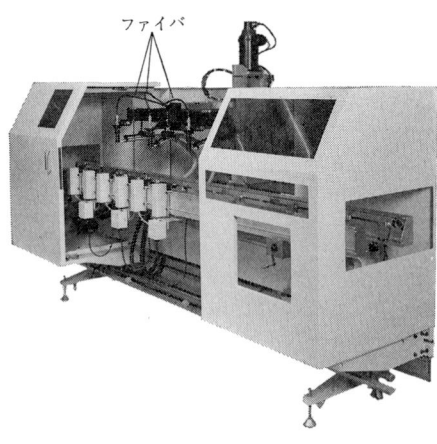

図 2.5.58 FP·ICの4辺をレーザ走査してはんだ付する方法（図2.5.56(a)）で同時に3個のPWBをはんだ付する装置

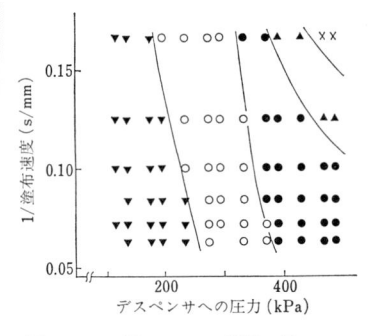

図 2.5.59 図2.5.51の装置を用いて，20ピン2方向FP·ICをはんだ付した場合の特性（詳細説明は本文参照）

サに加えるエアーの圧力とロボットの塗布速度を変えてコントロールし,良好なはんだ付が得られる特性を調べた.図2.5.59の右上方の×の領域ははんだ量が多く,連続して塗布したはんだのうち,主にリードとリード間に塗布したはんだがリードとパターンに引き寄せられずはんだブリッジとなった領域である.この領域から単位塗布長さのはんだ供給量が少ない左下方の領域に移行するにつれて,未溶融はんだが残る▲の領域から,リードとリードの間に発生したはんだボールの数が10個以内であるが溶融はんだ量が多い●の領域に移る.さらに供給はんだの量が少ない図の左下に移行すると,はんだフィレットが良好に形成される○の領域からはんだ量が少ないために良好なフィレットが得られない▼の領域になる.○の領域ではんだの量を減らしていくと,発生するはんだボールが減少していき,この領域の左側境界でははんだボールの発生がリード間で3個以下となる.

図2.5.60は以上の推移を4方向にリードを持つFP・ICで示した.

図2.5.61は図2.5.59と同様のことを予熱を加えて行ったもので,この場合,良好にはんだフィレットが形成される○の領域が広がり,はんだ供給量の多い領域にシフトしている.これは,予熱を与えない場合に良好なはんだ付が行われたこの図の左側点線領域では,はんだの供給が少なくフラックスも少ないために,予熱によってリードとパターンが再酸化して良好なはんだ付が行われる領域がはんだ供給の多い右上方向に移行したためである.また,右側点線領域でははんだ

図2.5.59のはんだ付特性を示す記号

FP・IC リード	×
	▲
	●
	○
	▼

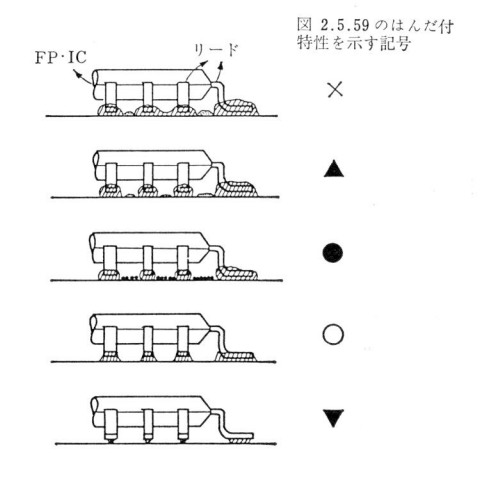

▨ 溶融はんだ ● はんだボール
▧ 未溶融はんだ

図2.5.60 図2.5.59のはんだ付特性記号の図解

の量が多いために予熱によってフラックスが失われず,予熱の熱量で溶融されたはんだの量の分だけ良好なはんだ付が行われる領域が拡大したものである.

図2.5.62は,同様の装置を用いて52ピン4方向FP・ICをレーザはんだ付した場合の,ICパッケージ各部の温度上昇特性を,はんだ付開始の時間とともに非接触温度計で測定したものである.パワー28Wのレーザ光をファイバ他端の集光用レンズで約3.5mmの径に集光し,ロボットの移動速度3.5mm/sで図に示す順序で走行した.このはんだ付条件は本方式の場合,レーザ走行方向の単位長さと時間当り

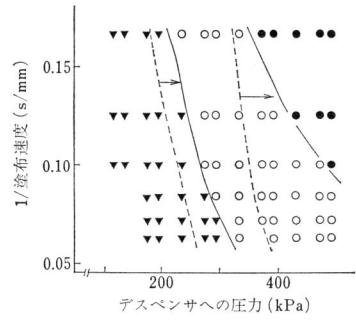

図2.5.61 予熱を行った場合のはんだ付特性

点線は図2.5.59で良好なはんだ付が行われた○領域の境界.詳細説明は本文参照.

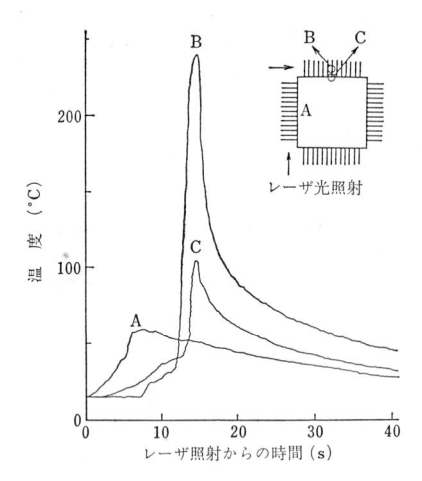

図 2.5.62 図 2.5.51 の装置を用いて，52 ピン 4 方向 FP·IC をはんだ付した場合のパッケージ各部の温度上昇特性（はんだ付条件は本文参照）．

最大の入熱に近く，得られた温度上昇特性は良好なはんだ付が得られる条件のうちの最大値と考えられる．これから，本方式のレーザはんだ付は，IC リード部とパッケージ各部の上昇最高温度と上昇温度の時間間隔が従来のリフロー方式に比べてきわめて低く，短いため IC に対して熱負荷の少ないリフロー法であることがわかる．

図 2.5.63 は，レーザはんだ付された FP·IC のリード部分の引張強度を得るために行なったピールテストの結果を示す．20 ピン，100 ピン IC とも，図 2.5.59 で ○ の領域の条件ではんだ付を行ったのち，パルス YAG レーザ光で非接触に切断し，前者では 170 個，後者では 300 個のリードのピールテストの結果を図に示す範囲の引張強度に分類したものである．この結果は，同じ

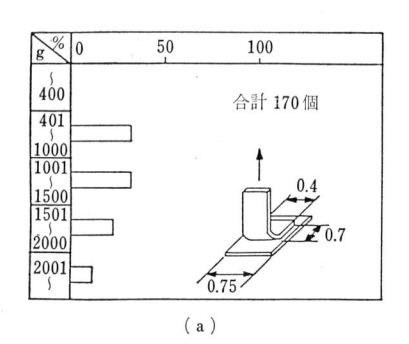

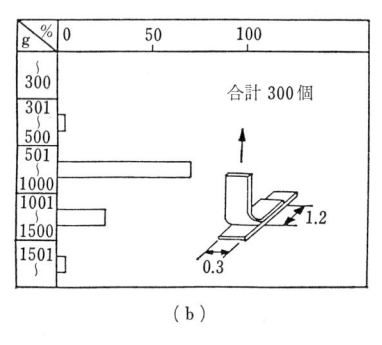

図 2.5.63 レーザはんだ付された FP·IC リードのピールテスト結果
(a) 20 ピン 2 方 IC，(b) 100 ピン 4 方向 IC．

幅の銅箔パターンのガラスエポキシ基板に対する接着強度にほぼ等しい[15]．また，ピールテストを行なったリードのすべては銅箔パターンとガラスエポキシ基板の接着部分からはがれた．以上のことからレーザはんだ付した場合，この接着強度は低下せず，またはんだ付部の強度が接着強度より大きいことがわかる．

通常 FP·IC は吸湿性の樹脂モールドで成形されているが，実装効率の要請からこの樹脂モールド部を薄くする必要のある FP·IC がある．これらの IC は通常の環境で放置したものを赤外線加熱や VPS 法ではんだ付すると，吸湿された水分が蒸発してこの時の膨張力で薄い樹脂モールドやシリコンペレットを破壊する．このため，はんだ付の直前まで乾燥した

2.5 微細加工

状態で保管し,この後コテによる手付法ではんだ付が行われていた.この IC に対しても,この項で述べた図 2.5.56 (a) または (b) の方法による YAG レーザソルダリングは各種の信頼性試験の結果[14] 良好なはんだ付法であることが確認され,IC メーカの推奨する自動はんだ付法となっている.

図 2.5.64 は図 2.5.56 (a) または (b) の方式でメタルスクリーン印刷でペーストはんだを供給した場合のはんだ付状態をはんだ印刷体積,レーザ出力/移動速度をパラメータにして示す.また,図 2.5.65 は,メタルスクリーン印刷厚を変えた場合の FP・IC のリードの浮きによる未はんだ状態を圧着力の有無の場合について求めたものである.はんだ付時に FP・IC に圧着力がある場合,印刷厚み 150 μm 以上ではリードの浮きが皆無となっている.図 2.5.66 はレーザはんだ付された FP・IC を示す.図 2.5.67 は,FP・IC 以外の表面実装デバイスの例として,SMD 型バリオームのレーザはんだ付を示す.表 2.5.9 で示した通り,FP・IC につぐ,レーザはんだ付の対象加工物として,セラミック基板,あるいはセラミック製の各種素子へのリード付があり,以下にその例を示す.図 2.5.68 はセラミック基板へのリードフレームのレーザはんだ付である.従来,浸漬はんだ付法で行われていたが,実装効率からリードフレーム用パターンと回路パターンが接近し,浸漬はんだ付の場合,上下位置精度を要し,レーザはんだ付が採用された例である.図 2.5.69 はハイブリッド IC ケースとピンのレーザはんだ付を示す.この場合は,正確な入熱による自動はんだ付が可能なために,レーザ

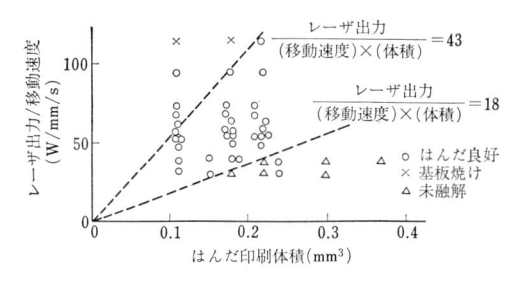

図 2.5.64 メタルスクリーン印刷による場合のはんだ印刷体積と,レーザ出力,レーザ走査速度に対するレーザはんだ付特性

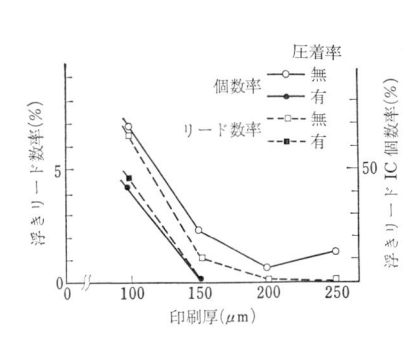

図 2.5.65 FP・IC のはんだ浮き確率

図 2.5.66 レーザはんだ付された FP・IC

図 2.5.67 レーザはんだ付された表面実装型バリオーム

図 2.5.68 セラミック基板へのリードフレームのレーザはんだ付

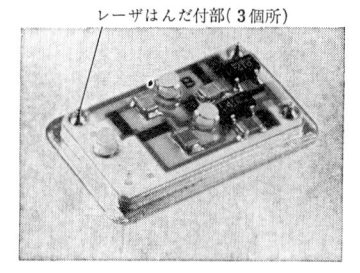

図 2.5.69 ハイブリッド IC 回路ケースとピンのレーザはんだ付

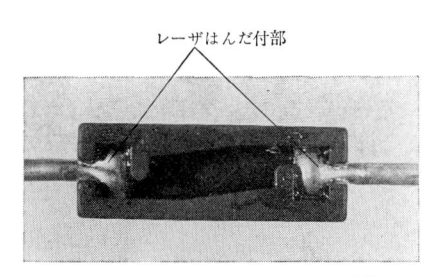

図 2.5.70 ヒューズのレーザはんだ付

が採用されたものである．セラミックは熱伝導率が高いうえに，過剰な熱を加えたり，はんだ付用パッド以外を加熱すると破損する場合がある．レーザ光は照射位置と入熱量が正確にコントロールできるためセラミック上のパターンへの各種はんだ付に採用される場合が多い．図 2.5.70 はレーザはんだ付されたヒューズで，セラミックケースのパターンと外部リードとのレーザはんだ付を行ったものである．図 2.5.71 は，フレキシブル基板とガラスエポキシ基板のレーザはんだ付例を示す．この場合，はんだは，どちらかの基板にディップ法で供給される．図 2.5.72 は，ウレタン皮膜銅細線のレーザはんだ付例である．この場合ウレタン皮膜はレーザ照射によって加熱された銅線の熱によって溶融し，窒素ガスでこれを吹き飛ばすことによって除去され，ワイヤストリッピングが可能になる．この後，ディスペンサによってペーストはんだを供給をし，つづいてレーザ光を照射してはんだ付を行う．図 2.5.73 は，セルフォックレンズの位置決め固定用にレーザはんだ付が使われた例である．セルフォックレンズとセラミックの台は，はんだ付のために金メッキされている．はんだゴ

図 2.5.71 フレキシブル基板とガラスエポキシ
　　　　 製プリント基板のレーザはんだ付

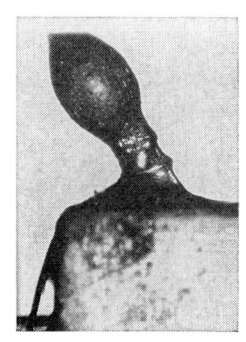

図 2.5.72 ウレタン皮膜銅細線
　　　　 のレーザはんだ付

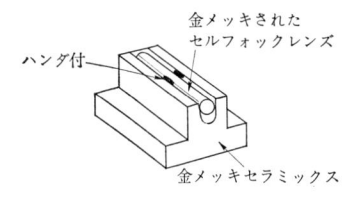

図 2.5.73 セルフォックレンズのレーザ
　　　　 はんだ付による位置決め固定

図 2.5.74 フィルムコンデンサーにおけ
　　　　 るリード線のレーザはんだ付

テのような接触型リフロー法では，はんだ付時に，正確に位置決めされた加工物が移動する可能性があり，また正確な入熱量のコントロールを要するためにレーザが採用された．図2.5.74はフィルムコンデンサーにおけるリード線のはんだ付をレーザで行ったもので，この場合は接触型リフローでは，フィルムコンデンサーを損傷することがあり，レーザが採用されたものである．

（三浦　宏）

文　献

1) F. P. Gagliano, R. M. Lumley and L. S. Watkins: "Lasers in industry", Proc. IEEE, **57** (2), (Feb. 1979) 114.
2) Hugh Casey: Fusion Welding of Thin Metal Foils, Society of Manufacturing Engineers, (1975) AD 75-869.
3) 山岡康洋，三浦　宏，吉川省吾：準 CW Nd: YAG レーザによるシーム溶接，昭和53年度電通学会, p. 435.
4) R. R. Irving: Laser Welding Becomes Competitive Welding System, I. A. M. I; Iron Age metalworking International, December (1975), p. 21.
5) 細井為政：YAG レーザによる溶接の自動化，レーザ協会第7回ウインターセミナー予稿集 (1984), p. 40.
6) Earl F. Lish: Application of Laser Microsoldering to SMDS, Proc. of 1985 ISHM, (1985),

p. 1.
7) 青野,他:リフロ・ソルダリング装置と応用,日本アビオニクス技報,No.2,(1980),p.75.
8) 大型プロジェクト,超高性能レーザ応用複合性産システム研究成果中間発表会論文集,(1981),p.3.
9) Earl F. Lish: Laser Tackle Tough Soldering Problems, Electronic Packaging and Production, June, (1984), p. 154.
10) R. J. K. Wassink: Soldering in Electronics, chap. 4, Electrochemical Pablications hemited, Scotland (1984).
11) S. S. Charshan: Lasers in Industry, p. 177, Van Nostrand Rein Hold Company (1972).
12) ウシオ電機,カタログ.
13) Okino, Ishikawa and Miura: YAG Laser Soldering System for Fine Pitch QUAD Flat Package (QFP), *Proc. IEEE/CHMTInt. Elect. Manuf. Tech. Symp.*, (1986), p. 152.
14) 三浦 宏,石川和美,有賀 哲:フラットパッケージ IC のための YAG レーザーはんだ付け装置とそのはんだ付け性,レーザ研究,vol. 16, (1988), p. 847.
15) 網島瑛一:ユーザーは材料品質として何を求めるか,電子技術 vol. 28 (1986) 9月別冊, p. 47.

2.5.4 トリミング，マーキング
a. トリミング

レーザの電子機器や部品製造への応用分野の中でトリミング技術は，現在最も実用化が進んでおり，装置としてもすでに日本国内のみで1,000台を大幅に越えるシステムが稼動していると推定され，広く普及している．

近年，軽薄短小で高機能な電子機器製品が急増してきている．これらの製品の急増に伴い，IC, LSI も伸びているが，これらだけでは電子機器はできず，周辺回路を含んだハイブリッド IC，また周辺回路部品であるチップ抵抗，ネットワーク抵抗などの生産量の伸びも著しい．また最近のクオーツ時計の普及の影では，水晶振動子が大量生産されている．このような部品や電子機器の特性値を設計値に合わせるためには，製造工程の中で何らかの方法で特性値を調整する必要がある．この作業がトリミングである．トリミング技術が多く駆使されているのは厚膜および薄膜のハイブリッド IC，チップ抵抗あるいはネットワーク抵抗の製造工程である．これらの多くはアルミナセラミック基板上に，スクリーン印刷あるいはスパッタによって電極や抵抗体のパターン形成を行い，主としてこの抵抗体の一部を除去することにより部品の特性値が，またアナログ回路のハイブリッド IC の場合には，実装した半導体デバイスを動作状態にして，同様に抵抗体の一部を除去することにより，回路の特性値が調整される．

特に生産量の多い厚膜ハイブリッド IC の中の抵抗体を例にとると，この抵抗値の精度はスクリーン技術に依存し，膜厚など，変動を抑えることは事実上困難であり，±20％程度が上限とされている．しかし，回路の要求する抵抗値精度は，これをはるかに上回り，抵抗値を調整するトリミングは，必須のプロセスとなっている．図 2.5.75 にトリミングの役割を図式で示した．トリミング法の従来技術として，アルミナの粉体を抵抗体に吹きつけて抵抗体の一部を削りとるサンドブラスト法や，金属加工に用いるドリルで抵抗体の一部を削り取る研削法などがあるが，レーザ光を抵抗体に照射，走査することにより抵抗体の一部を除去するレーザトリミング法が，現在では従来法に代わって主役の座についている．

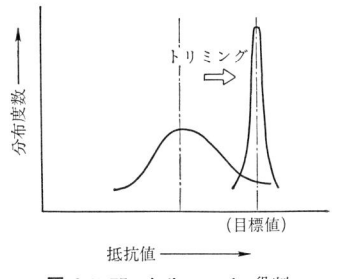

図 2.5.75 トリミングの役割

従来法に置き換わったレーザトリミングの特徴としては，1) 反射鏡の回転角度制御などによりレーザ光の高速移動が可能なこと，また超音波変調器を利用する Q スイッチ制御によりレーザ光の高速オン・オフが可能なことなどにより，高精度で高生産性のトリミングであること．2) レーザ光を数 μm～数十 μm の微小スポットに集光することが可能なため，従来法では困難な微小抵抗体のトリミングに対応できること．3) 非接触加工で，周辺の回路に影響を与えることがほとんどなく，回路を動作状態にする機能トリミングが可能なこと．4) 各要素が電気的に制御でき，全体をコンピュータでシステム化することにより自動化が可能，省力化に適していること，などがあげられる．

レーザトリミングに用いるレーザ発振器としては，ガスレーザの例なども文献で見られるが，自動式レーザトリミング装置として市販されているのは Nd：YAG レーザを用いたものがほぼ唯一といえる．Nd：YAG レーザはシングル横モード（TEM$_{00}$）の連続発振であり，これを超音波変調器で Q スイッチパルス化して使用する．レーザ出力は加工対象となる抵抗体の種類あるいは Q スイッチ周波数によって異なるが，厚膜抵抗の場合で平均出力 1～10 W，薄膜抵抗の場合で 0.1～1 W 程度である．Q スイッチ周波数は滑らかな加工跡を得るためにトリミング速度にほぼ比例して設定される．レーザ光はビームポジショナにより被加工物上の定められた抵抗体のトリミング開始位置へ位置決め後，発射され，集光レンズを通して被加工物へ照射される．トリミングは，コンピュータの指示によりビームポジショナで移動するレーザ光で行われる．図 2.5.76 は Q スイッチレーザによるトリミング加工の様子を示す．抵抗体の抵抗値またはその他の特性値はプローブを通じて抵抗測定器またはその他の測定器によって計測され，抵抗値または特性値が所定値に達すると，コンピュータを通じ，レーザ照射を停止する．また被加工物の出し入れは

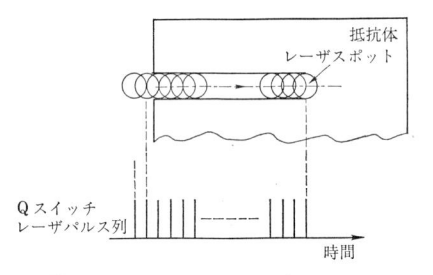

図 2.5.76　Q スイッチレーザによるトリミング加工

図 2.5.77　レーザトリマの模式図

パーツハンドラによって行われるが，これらの制御を含めレーザトリミングは一連の動作がコンピュータで制御され，自動的に行われる．図 2.5.77 はレーザトリマの模式図である．
　レーザトリミングで使用され，レーザ光を移動させるビームポジショナには通常図 2.5.78 に示す 2 方式がある．一つはガルバノメータにより反射鏡を回転させる光偏光型で，高速のレーザ光の移動が可能で主に厚膜抵抗のトリミングに使用される．また他の一つはモータ駆動の XY テーブル上にプリズム反射鏡と集光レンズを配し，XY 平面上で移動させる光平行移動型で，前者に比べて高精度の位置決めが可能な点，微小なスポット径のレーザ光が容易

2.5 微細加工

に得られるため，よりファインパターンの回路が形成される薄膜抵抗のレーザトリミングに使用される．

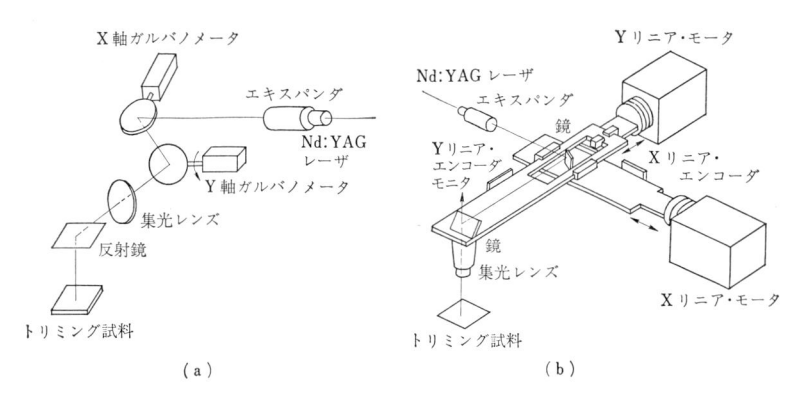

図 2.5.78 ビームポジショナの方式

次にレーザトリミングの加工プロセスと抵抗体の信頼性について厚膜抵抗を例にとって述べる．厚膜抵抗体をレーザトリミングした場合の断面とレーザビームの強度分布を図2.5.79に示す．集光ビームの中心部は抵抗体を気化するのに十分なエネルギーをもっているが周辺部にいくに従って強度が低下し，溶融，加熱の状態になる．中心部ではレーザパワー密度

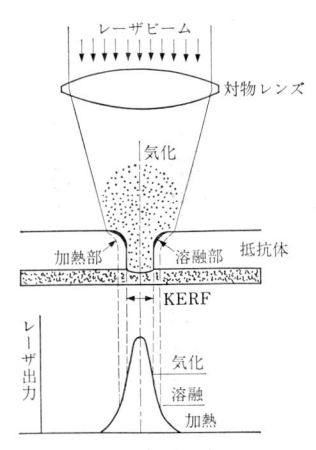

図 2.5.79 抵抗体の断面とレーザビームの強度分布[1]

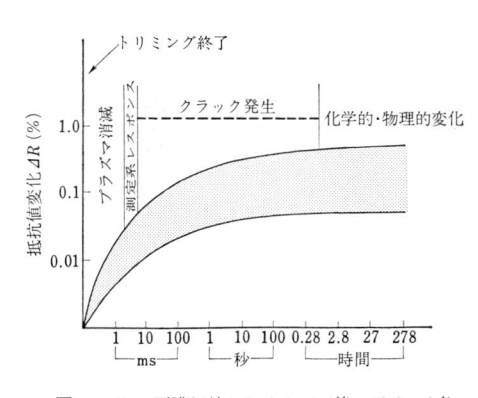

図 2.5.80 厚膜抵抗のトリミング後のドリフト[1]

10^9 W/cm^2 で気化温度 3,000°C に達する．レーザパルスの終了とともに溶融部の再凝固と加熱部の冷却が始まり，ストレスが発生し，これが後述するドリフトの原因となる．レーザトリミングした抵抗体の信頼性は，トリミング後の抵抗値のドリフトの小ささで評価でき

る．厚膜抵抗のトリミング後のドリフトを模式的に示したのが図2.5.80である．ドリフトを起こす原因にはプラズマの消滅や，測定系の応答遅れ，クラックの発生および抵抗体の化学的・物理的変化などがある．このうちレーザトリミングに固有でかつ，重要なドリフトの要因としてクラックの発生がある．クラックの発生要因としては次の二つが考えられる．一つは抵抗体の不十分な切断状態によって溝の底部に残された溶融塊や溝の間に発生したブリッジ部が凝固の際ひび割れを起こすものである．これらはレーザ出力，Qスイッチ周波数，トリミング速度の最適設定で避けられる．二つ目は抵抗体の切断部先端に主に発生するマイクロクラックと呼ぶものである．マイクロクラックは溶融した抵抗体が再凝固する際に生じるストレスと加熱部の冷却過程に生じる熱的ストレスにより発生する．このマイクロクラックの発生による抵抗値のドリフトは図2.5.80に示すようにレーザトリミング直後に顕著である．トリミング形状などが不適切な場合，レーザトリミングした回路を実際に動作させた場合，電流の集中により，局部的に加熱し，不均一な熱膨張を起こして，マイクロクラックを成長させ，長時間のドリフトの原因となることがある．マイクロクラックの発生を抑えたり，ドリフトに及ぼす影響を小さくするために，厚膜ペースト材料，膜厚，レーザ出力，Qスイッチ周波数，トリミング速度，トリミング形状の設定が重要であるが，ここでは簡単に触れるだけにする．厚膜抵抗ではシート抵抗値によって何種類かのペーストに分けられるが，シート抵抗値の低い抵抗に比べて，シート抵抗値の高い抵抗はガラス成分が多く，熱的影響を受けやすく，ドリフトしやすい．したがって高抵抗ではレーザ出力をむやみに上げることはできない．カットの形状については直線状の切れ込みを入れるストレートカットとLカットおよびその組み合わせが多用される．Lカットはストレートカットに比べてマイクロクラックによるドリフトの影響を受けにくいといわれている．最近はJカット円弧状のカットなども可能であり，図2.5.81にカット形状の写真例を示す．

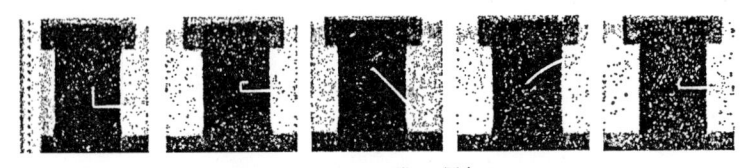

図 2.5.81 カット形状の写真例

レーザトリミング装置への要求の基本はより高い生産性とより高いトリミング精度にあり，これは従来より変わってない．ただし，ハイブリッドICパターンの微小化，チップ抵抗の生産量の増加，大型基板の出現あるいは省力化のためのオートローダとの組み合わせなど，位置の高精度化とワークの多様化に対する対応が必要になっている．特に最近は回路を動作させて特性を調整する機能トリミングへの応用例が増加しており，ソフトウェアの重要性が増している．最後にレーザトリミング装置の仕様例を表2.5.12に示す． 〔井上廣治〕

文 献

1) M. Oakes: An Introduction to Thick Film Resistor Trimming, Optical Engineering, vol. 17 (1978), p.217.

2.5 微細加工

表 2.5.12 レーザトリミング装置仕様例（NEC SL 432 F₃）

レーザ発振器およびQスイッチユニット	
Nd:YAG レーザ	SL 114 L
超音波Qスイッチユニット	SL 231 G₂
レーザ出力	5 W (10 kHz)
Qスイッチパルス周波数	0.1～50 kHz 0.1 kHz 単位でプログラム可能
	ただし，トリミング時の最大周波数は 32 kHz となる．
ビームポジショナ部	
方式	ガルバノメータ型オプティカルスキャナ
移動範囲	80×80 mm
位置分解能	2.5 μm
位置再現性	±10 μm（短時間）
位置合わせ速度	10,000 mm/s
トリミング速度	0.1～500 mm/s
スポット径	約 50 μm
焦点深度	±0.3 mm
焦点距離調整範囲	±3 mm
モニタ光学系	モニタ#1（基盤上部より全体像を監視）
	倍率　約 1.7～2.6 倍（ズーム可能）
	モニタ#2（ガルバノメータ型オプティカルスキャナを通しての局部的監視）
	倍率　約 20 倍
	出射光位置　クロスラインで表示
モニタ TV	CCTV 9 型
	ただし，モニタ#1, #2共用で，スイッチにより切り換え，モニタ#2とコンソール上のアロースイッチによりトリミング開始位置の自動入力（ティーチング機能）が可能．
DC サーボモータ駆動 XY テーブルパーツハンドラ	
駆動源	DC サーボモータ
移動速度	最大 300 mm/s
位置分解能	10 μm
位置再現性	±10 μm
トリミング基板寸法	最大 127×127 mm
トリミング基板固定	真空吸着
オートローダ制御用パラレル I/O インタフェース	標準装備
プローブユニット	
方式	プローブカード上下方式
駆動源	ステッピングモータ
上昇・下降ストローク	3～20 mm
上昇・下降所要時間	各約 0.15 秒（ただし，ストローク 3 mm の時）
DC スキャナ	
形式	マトリクススキャナ
チャンネル数	プローブ側 48 チャンネル
	測定器側 3 チャンネル（High, Low, Active Guard）
リレー	リードリレー
多重ルーペ	5 重指定まで可能

測定器
　〔抵抗測定〕
　　方式　　　　　　　　　　4線式（ケルビン）
　　測定範囲　　　　　　　　$0.1\,\Omega \sim 40\,\mathrm{M}\Omega$
　　測定精度
　　　高精度モード　　　　　$\pm(0.001/\mathrm{R}+0.02+0.0001\times\mathrm{R})\%$
　　　高速度モード　　　　　$\pm(0.001/\mathrm{R}+0.05+0.0001\times\mathrm{R})\%$　　R は $\mathrm{k}\Omega$
　　測定時間
　　　高精度モード　　　　　$20\,\mathrm{ms}/16.7\,\mathrm{ms}$（50 Hz/60 Hz）
　　　高速度モード　　　　　最小 $25\,\mu\mathrm{s}$
　〔DC 電圧測定〕
　　測定範囲　　　　　　　　$\pm 120\,\mathrm{V}$
　　測定精度　　　　　　　　±（フルスケール電圧×0.05％+1 mV）
　〔AC 電圧測定〕
　　測定方法　　　　　　　　正負ピーク電圧測定
　　測定電圧レンジ　　　　　$\pm 1\,\mathrm{V}/\pm 2\,\mathrm{V}/\pm 4\,\mathrm{V}/\pm 8\,\mathrm{V}/\pm 16\,\mathrm{V}$
　　周波数範囲　　　　　　　$10\,\mathrm{Hz} \sim 10\,\mathrm{kHz}$
　　入力インピーダンス　　　$1\,\mathrm{M}\Omega$
　　測定精度　　　　　　　　±（フルスケール電圧×0.5％±10 mV）
　　測定信号波形　　　　　　サイン波，三角波など明確なピークのある波形
　　　　　　　　　　　　　　（パルス信号は測定できない）
　〔周波数測定〕
　　時間分解能　　　　　　　約 15 ns
　　スケーラ倍率　　　　　　$1 \sim 2^{22}$
　　基準周波数精度　　　　　$\pm 1\,\mathrm{ppm}$
　　カウント誤差　　　　　　±1 カウント
　　入力1（DC スキャナ入力）　　　　　　　　入力2（BNC 入力）
　　　周波数測定範囲　　　　$1\,\mathrm{Hz} \sim 1\,\mathrm{MHz}$　　　　　　$1\,\mathrm{Hz} \sim 30\,\mathrm{MHz}$
　　　周期測定範囲　　　　　$1\,\mu\mathrm{s} \sim 1\,\mathrm{s}$　　　　　　　　$33\,\mathrm{ns} \sim 1\,\mathrm{s}$
　　　パルス幅測定範囲　　　$500\,\mathrm{ns} \sim 500\,\mathrm{ms}$　　　　　$500\,\mathrm{ns} \sim 500\,\mathrm{ms}$
　　　入力電圧範囲　　　　　$\pm 16\,\mathrm{V}$ 以内　　　　　　　TTL レベル
　　　トリガレベル範囲　　　$\pm 16\,\mathrm{V}$ 以内
　　　入力インピーダンス　　約 $1\,\mathrm{M}\Omega$

ファンクショントリミング用 DC 電源
　電圧　　　　　　　　　　　5 V(1 A), 24 V (1 A) スイッチングタイプ

コンピュータシステム部
　本木 CPU　　　　　　　　μPD 70116-10（クロック 8 MHz）数値演算プロセッサ内蔵
　CRT　　　　　　　　　　14 インチカラーディスプレイ
　フロッピーディスク　　　　5 インチ 2 ドライブ内蔵
　RAM 容量　　　　　　　　640 kB
　インタフェース　　　　　　16 ビットパラレル I/O（トリマ制御に使用）GP-IB, RS-232 C

ソフトウェア
　OS　　　　　　　　　　　日本語 MS-DOS
　　　　　　　　　　　　　　N 88-拡張 BASIC 汎用プログラムパッケージ
　　　　　　　　　　　　　　　（文字マーキングプログラムを含む）
　　　　　　　　　　　　　　抵抗および DC 電圧トリミング用ターンキープログラム

2) J.S. Shah and L. Berrin: Mechanism and Control of Post-Trim Drift of Laser Trimmed Thick Film Resistors IEEE Trans on CHMT, CHMT-1, (1978), p.130.
3) J.H. Wood: One Percent Thick Film Resistor are Made, Not born, Proceedings ISHM (1977), p.81.
4) J.S. Shah: Strain Sensitivity of Thick Film Resistors IEEE CH 1568-5, (1980), p.410.
5) R.E. Cote: Laser Cutting Power, Circuits Manufacturing, vol.21. no.11, (1981), p.62.
6) R.E. Cote: The Effect of High Speed Laser Trimming on Accuvacy and Stability of Thick Film Resistors, Proceedings IMC, (1980), p.218.

b. 彫刻モードマーキング

彫刻モードのマーキングを行うレーザマーカは文字や任意の図形などを，一筆書き的に，高速度かつ高精度にマーキングする装置である．その原理図を図2.5.82に示す．

Nd:YAG レーザの波長は $1.06\,\mu\mathrm{m}$ であるが，このレーザ光は多くの金属に吸収される．ハイパワーのレーザ光が，集光レンズによって小スポットに収束されて，対象物に照射されることにより，非接触的に対象物の表面を蒸発・融解させるか，熱変成させることにより，レーザマーキングが行われる．

非金属に対しては，透明なガラスや樹脂以外には加工することができる．しかし対象物がレーザ加工に適した特性をもっていないと，良好なマーキング結果は得られない．

実用化されている例としては，電子部品，機構部品，電装部品，銘板などに品名，型番，製造番号，ロット管理番号，製造年月あるいはバーコード，商標，任意のパターンをマーキングするケースがある．

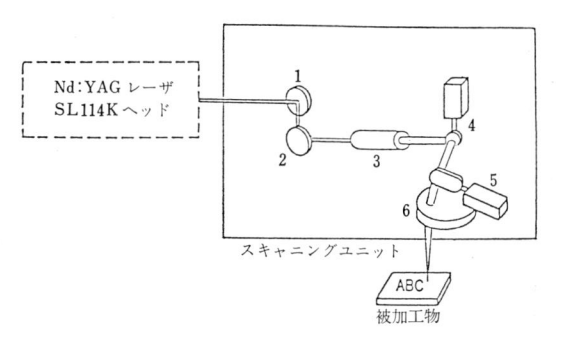

1. 光軸調整ミラー（1）
2. 光軸調整ミラー（2）
3. ビームエキスパンダ
4. X軸ガルバノメータ型オプティカルスキャナと反射ミラー
5. Y軸ガルバノメータ型オプティカルスキャナと反射ミラー
6. 集光レンズ

図 2.5.82 彫刻モードによるレーザマーカの原理図

（i）**彫刻モードマーキングの加工品質** 彫刻モードのレーザマーカにおいて，レーザマーキングの加工品質（特に視認性）を決定する要因としては以下のものがある．

（1）**レーザ光の属性：** 被加工物に照射されるレーザ光のレーザパワー，レーザパワー密度および照射時間がマーキング状態に関与する．

レーザパワー： 加工面におけるレーザ光の単位時間当りのエネルギーをレーザパワーというが，これは励起ランプへの入力電力，発振媒体の体積，光学系のパワー透過率などによって決定される．被加工物の違いや加工に適するレーザ周波数に応じて $0.2\sim60\,\mathrm{W}$ の広範囲に設定することが可能である．

所望の出力を得るためにはレーザ発振器の構成を選択する必要がある．レーザパワーは

YAG ロッドの径と長さ，反射ミラーの形状，共振器長あるいはアパーチャの有無などによって決まる．

レーザのパワーに関しては，一般的に次のような経験則が成り立つ．

マーキングラインの幅は，レーザパワーにほぼ比例する．ただしあるところ以上で，スポットの径によって限定され，ほとんど増加しない．

マーキングラインの深さは，レーザパワーにほぼ比例する．

レーザパワー密度：単位面積に照射されるレーザのパワーをレーザパワー密度という．集光レンズにより集光されたレーザビームの加工面上におけるスポットの径（$\phi 30 \sim 180\ \mu m$）により決まるレーザビームの面積で，レーザパワーを割ることにより，レーザパワー密度が得られる．

レーザビームを直径数十 μm ほどの微小なスポット径に集束させると，レーザパワー密度が $10^6\ W/cm^2$ 以上となって，金属を蒸発させて，加工することができる．

レーザパワー密度とレーザ光の照射時間の積が大きいほど，局所的に加えられるエネルギーが高くなるので，より強い加工が可能となる．

レーザビームの径と広がり角はレーザ発振器の構成に依存するが，そのほかに光学系の各要素によって，加工位置でのレーザのスポット径は異なる．集光レンズの焦点距離を短くするか，ビームエキスパンダの倍率を上げるとスポット径はより小さくなる．

レーザパワーが与えられたとき，発振周波数が低いほど，パルス化されたレーザ光のピークパワーは高くなり，1 パルスがもつレーザパワー密度を上げることが可能である．

（2） 加工条件：

マーキング速度：オプティカルスキャナ型のガルバノメータに取りつけられた反射ミラーを動かして，レーザビームを 2 次元面内で移動させる速度がマーキング速度である．2 次元面上で 1～700 mm/s の範囲で設定が可能である．なお直線ならば 3000 mm/s の速さでマーキングができる．

レーザ周波数が一定のとき，マーキング速度を遅くするほど単位面積当りに照射されるドットの数が増加するので，単位面積当りのレーザパワー密度を上げることができる．

バイトサイズ：パルス化されたレーザ光により撃たれて，対象物の表面に形成される各ドット間の中心間隔をバイトサイズという．0.1～200 μm の範囲で設定可能である．

レーザビームの位置を 1 バイトサイズ分だけ増減させる時刻のたびに，レーザパルスを 1 ショットずつ出力していくことにより，直線または円弧を均一にマーキングすることが可能である．

またマーキングラインの幅はスポット径に大きく依存する．細いラインをマーキングする場合には，すでに述べたような方法でスポット径を小さく絞る必要がある．

（3） **被加工物**：被加工物の反射率，熱伝導率，熱容量などの物理的な特性によっても，加工性は異なる．一般的にこれらのどれについても，その値が大きいほど加工性は悪くなる．反射率は表面粗さや表面残留応力などによって変わってくる．

（4） **雰囲気**：レーザにより熱加工されるときの反応の度合を制御するために，加工部分を特定のガスの雰囲気にすることがある．一般に酸素を使用すると，酸化が進み，このとき

2.5 微細加工

の発熱により熱加工が促進される．またアルゴンやヘリウムなどの不活性ガスや窒素を使用すると，熱加工が抑制される．

(ii) 彫刻モードマーキングの加工条件　各種の材料に対して，典型的な加工の条件を以下に示す．

(1) シャープな加工または，金属に深彫り加工：　加工条件は対象物の材質や所望する加工形態（深彫りか表面変色かなど）によって異なってくる．できるだけシャープに深く加工する場合や，金属に深彫り加工をするには，レーザパワー密度を大きくして，対象物に瞬間的に大きいエネルギーを供給する．鉄，アルミニウムなどの金属に対しては，数十～100 μm の深さでマーキングすることができる．

(2) 金属に焼入れ的な加工：　金属に焼入れ的な加工をして表面変色させる場合には，大量の熱量を必要とするためレーザパワーを大きくした方がよい．予備加熱をすると非常に効果的な場合がある．精密機械部品やある種の工具などでは加工した際の盛り上がりが許されないので，連続発振させるかレーザ周波数を高くしてピークパワーを抑える必要がある．
なお超硬合金を加工する場合には，連続発振させてできるだけピークパワーを抑えないと，マイクロクラックが発生することがある．

(3) プラスチックなどのマーキング：　多くの非金属材料に対しては，レーザパワーの強度分布を絞って，瞬時に目的の位置のみを加工する必要がある．特にプラスチックなどでは，加工周辺部に対する不要な熱の伝導が，周辺部に焼け，変色などの好ましくない加工状態を与えることがある．

(4) キートップ：　カーオーディオなどのキートップの場合は，樹脂上の塗装膜部分に対して，パターン内部を剥離させてマーキングする．この場合は剥離させてぬりつぶす面積が大きいので，高速でマーキングして処理能力を向上させる必要がある．

またパターンの輪郭に沿ってマーキングして，エッジをシャープにできる．キートップのマーキングの例を図 2.5.83 に示す．

(5) IC パッケージ：　IC パッケージのマーキングには，通常はマスクマーカが使用される．しかしマーキングパターンの種類が多種にわたる場合には，パターンデータの作成時間が短く，マスクの管理が不要のため彫刻タイプのマーカが使用されることがある．

図 2.5.83 キートップのマーキング例

このときは視認性をよくするために，スポット径をできるだけ大きくして，マーキング線幅を 180 μm 前後まで太くする．

また印刷機に匹敵するような高い処理能力が要求されるのでマーキング速度を 700 mm/s まで上げる．

この場合速い速度に応答させるために小さい慣性モーメントのミラーを使用する．

(6) 半導体のウェハ：　半導体のウェハへのマーキングは古くから，ロット管理のため

図 2.5.84 半導体ウェハへのソフトマーキング例

に行われている．

生のウェハをマーキングする場合は，深さ数十 μm の深さに加工する必要がある場合と，深さ数 μm の浅めの加工でも，ウェハの飛沫の発生を抑制して，ゴミがほとんど生じない加工が必要な場合とがある．前者をハードマーキングといい，被加工物を蒸発させるのに対して，後者をソフトマーキングといい，被加工物を融溶させる．

ソフトマーキングの例を図 2.5.84 に示す．

（7）均一な深さのマーキング： どのような対象物に対しても，各点で均一にマーキングするためには，パターンの接続点や交点でのオーバーラップを極力除去する必要がある．

二つ以上のラインの一部が重なって，レーザ光によって 2 度以上撃たれて，ほかの点よりも，より深くマーキングされることがないように，マーキングのパターンを補正する必要がある．

上述したような，各種の処理を行ったとしても，レーザの 1 発目のパルスが，より大きいピークパワーをもつので，材料によってはマーキングの初めが，ほかの部分に比べてより深く加工される場合がある．

このためレーザのファーストパルスを制御し，ピークパワーを平均化して，加工の均一化を図る方法がとられることがある．この場合若干処理時間が余計にかかる．

（8）濃淡のあるパターンのマーキング： 内部をぬりつぶすパターンマーキングの変形として，各画素をいくつかのドットであらわし，濃淡レベルに応じて，マーキングするドットの数を変える方式がある．この方法により写真のようなマーキングが可能となる．

（iii）今後の展望 マーキング対象物の組成や含有物がマーキングの結果を大きく左右する．そこでレーザ光による加工性という観点から材料の組成を研究する動きがある．視認性のよい加工状態を再現よく実現できる材料が見つかっていけば，レーザマーキングの用途はさらに広がっていくであろう．

〔高橋利定〕

c．マスクマーキング

レーザマーキングには前項の彫刻モードによるマーキングのほかに，マスクパターンを焼付ける「マスクマーキング」と呼ばれる方式がある．これは半導体などの小形電子部品の樹脂モールドケースに型名・商標などを刻印する方法として近年急速に使われるようになった．このレーザマスクマーキング方式を IC パッケージのマーキングに適用した場合，① 非接触マーキングであること，② 印刷に比べてマーキング品質が安定しており，熟練作業を必要としないこと，③ マーキング前の表面洗浄，後の乾燥を必要としないこと，④ 消え難いこと，などの特徴をもっており，ドライプロセス対応，自動化対応に適したマーキング方法として高く評価されている．

このような電子部品に対するマーキングのほかに「ガラス」，「印刷紙」などにもレーザマ

スクマーキングが利用されている．TEA-CO₂ レーザを用いたガラスへのマーキングは，高速・簡便なマーキング方法として大量生産の瓶類とか光学部品に古くから利用されている．

（i）マスクマーキングの加工品質　マスクマーキングの原理は図 2.5.85 に示すように広い光束をもつレーザビームでマスクを照射し，光学的に透明なパターン部分を通過したレーザビームを用いて結像レンズにて被加工物の表面に，$1/a+1/b=1/f$ で表わされる幾何光学式に従って倍率 b/a の像をつくる．この時，被加工物の表面はレーザビームの高いエネルギー密度により瞬時に高温となり，像の形状に対応して焼損する．

マスクマーキングが多く利用されている黒色 IC モールドパッケージは，通常 0.3% 程度のカーボン顔料を含有したエポキシ系樹脂が多く使用されている．高いエネルギー密度をもつレーザ光がパッケージに照射されると，樹脂中のカーボンがレーザ光を効率よく吸収するため瞬時に高温となって爆発的に燃焼もしくは昇華し 3～10 μm 程度の凹みができる．同時にその際の発熱のためにエポキシ樹脂が茶色っぽく熱変色し未照射部の黒色と際立ったコントラストをなす．

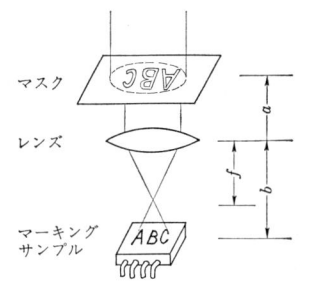

図 2.5.85　マスクマーキングの原理

したがってマーキング品質を左右する見えのよさ（視認性）は，まず第 1 にレーザ光の吸収率を左右する樹脂成分に大きく依存する．カーボン顔料を含まない樹脂たとえば色物と呼ばれるダイオード・コンデンサなどに対しては，1.06 μm の YAG レーザ光はほとんど吸収されないためマーキング不可能であるが，10.6 μm の TEA-CO₂ レーザ光はこれらモールド材の主成分であるシリカ（SiO₂）などの樹脂に比較的よく吸収されるため視認性もよくマーキング可能である．

また最も典型的な例としてはガラスへのマーキングである．ガラスは YAG レーザ光に対してほぼ完全に透明であるためマーキング不可であるが，CO₂ レーザ光に対してはほとんど不透明すなわちガラス表面にて吸収されるため照射部が変質する．

この結果照射部は可視光に対して不透明（乱反射）となりマーキングが行える．

視認性を左右する第 2 の要因は照射するレーザ光のパワー密度である．これは単位面積当りのエネルギー量およびその時のピーク出力がパラメータとなる．パワー密度が低過ぎる時は樹脂の熱変色度が低く，一方パワー密度が高過ぎる時は樹脂が茶褐色に変色し（焼け過ぎ）コントラストは悪くなる．また TEA-CO₂ レーザや超音波 Q スイッチ YAG レーザのようにパルス幅が短くピーク出力が高いレーザ光の場合は，激しい蒸発のため熱変色が少なく視認性は悪くなる傾向がある．

視認性に対する第 3 の要因はマーキング面の表面粗さである．たとえば YAG レーザ光による IC パッケージへのマーキングの場合，照射部の粗さは樹脂とか加工条件により異なるが通常 5 μm 程度である．したがってパッケージ表面粗さが 2 μm 程度の「鏡面」へのマーキングの方が 5～10 μm 程度の「梨地面」に比べて視認性はよい．

その他，視認性を変化させる要因として，パッケージ材の主成分であるシリカの粒径があ

図 3.5.86　YAG レーザによる IC パッケージへのマーキング例

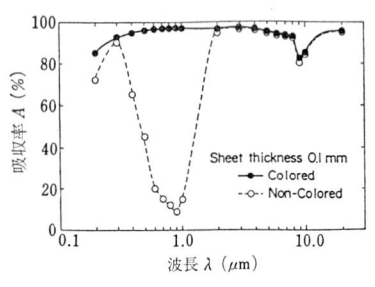

図 2.5.87　着色樹脂と無着色樹脂の吸収特性

るが，実用範囲においては大きな差はないといわれている．

図 2.5.86 には，YAG レーザによる IC パッケージへのマーキング例を示す．加工条件はレーザパルス幅 0.5 ms（波高値の 90％ レベル）レーザエネルギー 4.8 J，マーキング面積は 3×12 mm である．

(ii)　**YAG レーザと CO_2 レーザの加工メカニズム**　マスクマーキング時の加工メカニズムについて考察した資料は少ないようである．村上ら[1] は IC パッケージに対し YAG レーザと CO_2 レーザの2種類について，エネルギー量，パルス幅をそれぞれ変化させてマーキングの鮮明度を調査し，レーザ波長の加工メカニズムへの影響について検討している．パッケージ材質は表 2.5.13 に示すようにエポキシ系樹脂2種類であり，その波長～吸収特性は図 2.5.87 に示すようになっている．これらの材質に対し

表 2.5.13　パッケージ材質の成分表

構成材料		着色樹脂	無着色樹脂
充てん剤	SiO_2（平均粒径 20 μm）	70 (wt%)	
主　剤	クレゾールノボラックエポキシ	15	
硬化剤	フェノールノボラック	10	
主難燃剤	ブロム化エポキシ	5	
顔　料	カーボンブラック	あり (0.3)	なし
その他	天然エステル系離型剤 シラン系カップリング剤	微量	

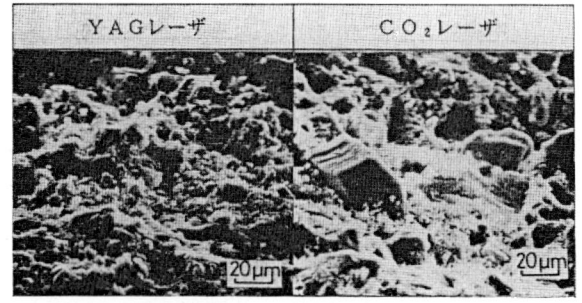

図 2.5.88　レーザ照射部の SEM 像
レーザエネルギー量 0.216 J/P，パルス幅 0.27 ms，ビーム径 1.5 mm.

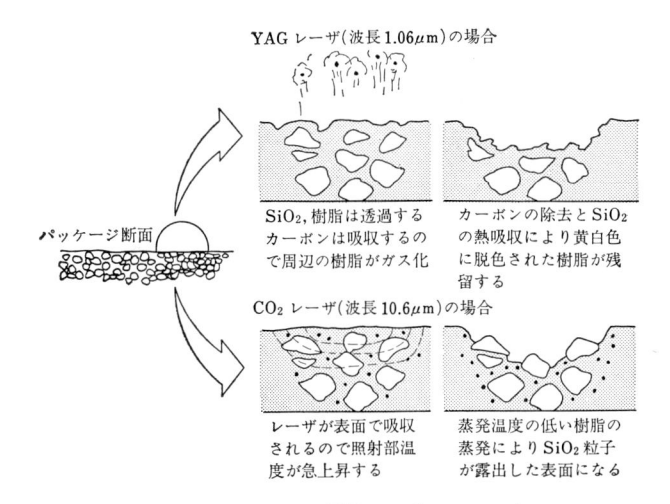

図 2.5.89 レーザの種類による加工メカニズム

て種々のレーザエネルギーを照射してマーキングの鮮明度を調査する過程において，図 2.5.88 に示す SEM 像の観察を基に図 2.5.89 に示す加工メカニズムを考察し，波長の差による鮮明度の差を説明している．すなわち，CO_2 レーザではカーボン以外の材料にも吸収されるため，蒸発温度の低い成分のガス化により表面に SiO_2 粒子が露出した状態となり見やすさに難があるが，YAG レーザではカーボンを介して吸収されるため，カーボンの温度上昇による周辺樹脂のガス化に伴ってカーボンが除去されてマーク部全体の樹脂が脱色されること，また YAG レーザ光を吸収しないため温度の低い SiO_2 粒子が熱吸収を行い，その結果樹脂が表面に残留することにより黄白色の見やすいマーキングができる，と考察している．

一方，筆者らの実験では YAG レーザにおいても，AOQ スイッチによりピーク出力の高いエネルギーを用いかつレーザビームを数十〜100 μm と細く絞りスキャン方式により同様の樹脂にマーキングした場合は，CO_2 レーザの場合とよく似た結果となり，表面に SiO_2 粒子がより多く露出したやや見にくいマーキングとなることが確かめられている．

〈長谷隆裕〉

文　献

1) 村上光平，他：レーザによる IC パッケージ樹脂へのマーキング，第 21 回熱加工研究会資料，平成元年 1 月 26 日．

2.6 化学加工

2.6.1 概説

　前節までの加工は，すべてレーザの熱によって行われる．しかし，最近，エキシマレーザのような高エネルギー光を用いて，直接に化学反応を起こさせる加工法が国内外で盛んに研究，開発されるようになった．その背景の一つに，超 LSI に代表されるマイクロエレクトロニクスの急速な発展に重要な役割を果たしてきたプラズマプロセスが，イオンや電子のような荷電粒子の衝撃で，デバイスへ重大な照射損傷を生じ，サブミクロンへと進むデバイスへの適用が懸念されるようになったことにある．つまり，プラズマ中の広範囲な電子エネルギーは，化学反応を起こすのに必要以上の過剰なエネルギー粒子を照射するからである．それに対し，光エネルギーを用いた化学反応の主な特長は，(1) 特定の波長光の照射で，原子，分子の特定の化学結合を切断や再配列して，特定の反応を極小のエネルギー系で起こさせ，さらに反応を中性系で行えることにあり，したがって，微妙なデバイス表面に「ソフト」な加工が可能になる．その上，(2) レーザの指向性を活かし，方向性の反応を起こすことができる，(3) レーザを微細に絞り，瞬時に局所的に反応を高分解に行える，(4) 光学系を用い，レーザを試料上に絞り，直接描画をしたり，パターン転写が行える，などのすぐれた特長がある．

　このように夢多き加工法であり，以下にその実例が，半導体応用のみならず，化学合成や同位体分離などに関し述べられている．しかし，その多くは可能性に留まり，実用化にはまだ難しいのが現状である．その主な理由に，マイクロエレクトロニクスの分野を例にとれば，微細化が進行する一方，多層化，三次元化するため，高アスペクト比（深さ，高さ/幅比）構造になり，その加工とその後の埋め込み堆積が困難になっている．すなわち，加工では，光のもつ本質的な回折効果により解像度の限界に直面し，一方，埋め込みは，気相で生じた反応種が優先し，まず開口部に堆積するため，深い溝や孔の内部にボイドを生じるからである．直接描画やパターン転写でも，前者は，現状では化学反応より熱的反応に頼っているため，その熱分布により，そして後者は，回折効果による投影光学系の低コントラストにより，やはり微細な線幅解像に悩んでいる．これらの問題の背景には，気相や表面で分子の解離で生じた吸着種の表面との相互作用，その後の反応生成物の脱離反応などの素過程の解明があまり進んでない現状がある．

　これらの低迷の打開には，まず (1)「気相から表面」への思考の転換が必要であり，基板冷却などによる積極的な表面吸着層の形成とその反応研究が一つの解になると考えられる．その一つの適用として，(2) 深い段差への均一な膜堆積には，一層ずつ「ディジタル的」に行うことで克服できる可能性がある．(3) また，解像度の向上には，非線形性効果をもった膜の導入により，光照射分布を「ステップ化」することで道が開けるだろう．(4) これらを

実現するには，肝心の光源に大きな進展が要求され，特にエキシマレーザに，信頼性，量産性などのほかに，特に化学反応に必要な，低出力でも長パルス化，高繰返し化が要求され，この方面の大きな進展を期待する．

しかし，レーザ化学反応加工は，注目され始めてまだ日も浅く，現在研究，開発が鋭意行われている真っ最中であり，マイクロエレクトロニクスの順調な発展に注視しながら，基礎科学と応用技術が手を携えて問題解決に向かうならば，早晩必ず多くの「夢」が実現するであろう．

〔堀池靖浩〕

2.6.2 レーザ光化学反応の基礎

a. 光励起と熱励起

われわれのまわりで起こっている化学反応の多くは熱反応であり，光化学反応はむしろ特殊なものといえよう．そこで，光化学反応の特徴を熱反応と対比して説明しよう．分子はエネルギーを核の運動が関与する並進，回転，振動エネルギーと電子運動が関与する電子エネルギーとして保持する．熱平衡にある分子のエネルギー状態はボルツマン分布に従う．この分布則によると，エネルギー差 $\Delta E(=E_2-E_1)$ の二つの準位の分布数 n_1 と n_2 の間には，

$$n_2/n_1 = \exp(-\Delta E/kT) \quad (1)$$

の関係がある．ここで，k はボルツマン定数，T は絶対温度である．室温では，$kT \fallingdotseq 200\,cm^{-1}$ であり，並進とエネルギー量子の小さい回転運動にエネルギーが分配されるが，振動は一部のエネルギーの低いモードが励起されるにすぎない．振動のエネルギー量子は，通常数百〜3,000 cm^{-1} 程度なので，温度が高くなると振動励起が起こり，一部の分子は反応過程のポテンシャル障壁を越えて化学反応を引き起こす．熱解離を例として，その様子を図2.6.1(a)に示す．一方，基底状態と電子励起状態のエネルギー差は数万 cm^{-1} あるので，1,000℃ 程度の加熱では電子状態は励起されない．このように熱反応は，単一のポテンシャル曲面（基底状態）の中で起き，このような過程は断熱(adiabatic)反応と呼ばれる．

光励起では光と分子の相互作用が重要である．分子が電磁波を吸収すると分子の運動状態が変化する．マイクロ波吸収は回転状態を，赤外吸収は振動状態を，可視・紫外光は電子状態を変化させる．可視・紫外吸収では図2.6.1(b),(c)のように電子励起状態が生成し，そこから化学反応をはじめとして各種の緩和過程が起きる．図2.6.1(b)は光解離の例であり，反発型のポテンシャルに励起される

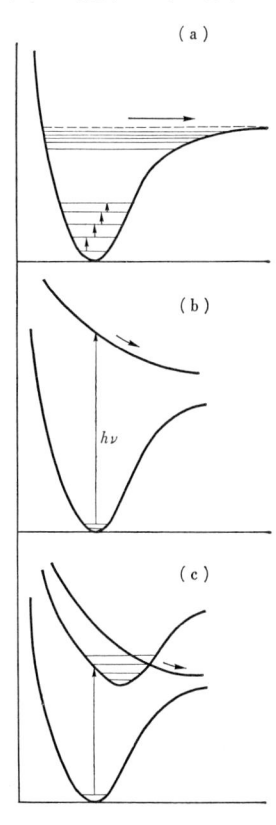

図 2.6.1 熱反応と光反応
(a) 熱分解，(b) 直接光解離，(c) 前期解離．

と直ちに解離する．図2.6.1(c)のように極小をもつポテンシャルに励起されても，それが反発型のポテンシャルと交差している場合には，そのポテンシャルに移って分子は解離することができる．このような過程は前期解離といわれる．このように光化学反応では，基底状態と異なったポテンシャル曲面から反応が開始するので，熱反応とは異なった反応が期待される．このようにポテンシャル曲面の移行をともなう反応過程は非断熱(non-adiabatic)反応と呼ばれる．

b. 光の吸収

電子遷移に関与する光は可視・紫外光である．この領域の光の波長とエネルギーを表2.6.1に示す．空気の構成分子の中では酸素が最も長波長に吸収をもち，約190nmから吸収が始まる．このため190nmより短波長領域の光を取り扱うには光路を真空にする必要がある．これがこの領域の光を真空紫外光と呼ぶゆえんである．

表 2.6.1 電子遷移に関与する光の波長とエネルギー

領　　域	波長/nm	波長/cm^{-1}	エネルギー/eV
可視光			
赤	~700	~14,000	~1.8
オレンジ	~620	~16,000	~2.0
黄	~580	~17,000	~2.1
緑	~530	~19,000	~2.3
青	~470	~21,000	~2.6
紫	~420	~24,000	~3.0
紫外	390~190	26,000~53,000	3.2~6.5
真空紫外	190 以下	53,000 以下	6.5 以下

光吸収の強さは吸収係数または吸収断面積で表わされる．強度 I_0 の単色光が，濃度 c (mol・l^{-1})の試料が入った厚さ l (cm)のセルを通過したとき，試料により吸収される光はLambert-Beerの法則に従い

$$I_{\mathrm{abs}} = I_0(1 - e^{-\alpha cl}) \qquad (2)$$

で与えられる．ここで α (M^{-1}cm^{-1}) は波長によって決まる定数で吸光係数と呼ばれる．また，常用対数を用いた場合は

$$I_{\mathrm{abs}} = I_0(1 - 10^{-\varepsilon cl}) \qquad (3)$$

となる．ここで，ε (M^{-1}cm^{-1}) はモル吸光係数と呼ばれ，光吸収を表わす最も一般的な定数である．許容遷移では $\varepsilon = 10^4 \sim 10^6$ M^{-1}cm^{-1} である．モル吸光係数の異なる物質が共存する系では

$$I_{\mathrm{abs}} = I_0 \{1 - 10^{-(\varepsilon_1 c_1 + \varepsilon_2 c_2 + \cdots + \varepsilon_n c_n)l}\} \qquad (4)$$

となる．

気体では，分子濃度が密度 N(molecule cm^{-3})または圧力 (atm)で与えられるので，

$$I_{\mathrm{abs}} = I_0(1 - e^{-\sigma Nl}) \qquad (5\mathrm{a})$$
$$I_{\mathrm{abs}} = I_0(1 - e^{-\kappa Pl}) \qquad (5\mathrm{b})$$

を用いることが多い．ここで，σ (cm^2 molecule^{-1}) は吸収断面積，κ (atm cm^{-1}) は吸光係数

2.6 化学加工

と呼ばれる．これらの定数の間には

$$\sigma = 3.82 \times 10^{-21} \varepsilon = 3.72 \times 10^{-20} \kappa \quad (0°C) \tag{6}$$

の関係がある．

c．多光子吸収

多光子吸収とは1個の分子が2個以上の光子を同時に吸収する過程である．多光子吸収は非コヒーレントな通常の光源では起こすことができないが，コヒーレントで高強度のレーザによって初めて可能になった非線形現象である．レーザを試料中に集光することにより，容易に多光子吸収を起こすことができる．ここでは2光子吸収について述べよう．二つの光子 $h\nu_1$ と $h\nu_2$ による2光子吸収を図2.6.2に示す．これらの光子と共鳴する中間状態が存在しない場合（図2.6.2(a)）は同時2光子吸収（simultanious two-photon absorption）と呼ばれる．この過程によると分子が吸収をもたない長波長の光でも分子を励起することが可能となる．光子の一つと共鳴する中間状態が実在する場合は連続（sequential）2光子吸収と

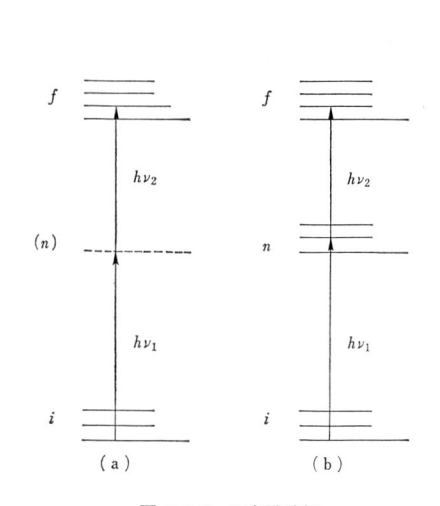

図 2.6.2　2光子吸収
(a) 同時2光子吸収．
(b) 連続2光子吸収．

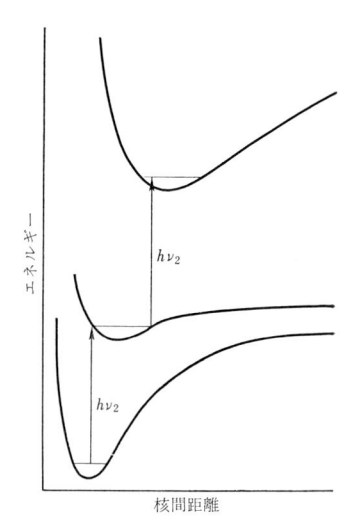

図 2.6.3　連続2光子吸収による非垂直遷移

呼ばれ，同時2光子吸収に比べると励起の効率ははるかに高い．この過程は中間状態の寿命が長い場合，非コヒーレント現象である段階的2光子励起と区別が難しい．連続2光子吸収では1番目の光子で分子が中間状態 n に励起された後，第2の光子で終状態に励起されるため，1番目の光子を吸収した後，2番目の光子を吸収するまでに時間的な遅れが許される．この結果，図2.6.3に示すような非垂直遷移が可能となり，1光子吸収では実現できない，基底状態とは構造の異なった励起分子を直接生成することが期待される．

2光子吸収では励起過程に中間状態が介在するため，1光子吸収とは励起の選択則が異なる．このため2光子吸収によると通常の光吸収では励起することができない状態を生成する

表 2.6.2　1光子吸収と2光子吸収の選択則

	1 光 子 吸 収	2 光 子 吸 収
対 称 性	g↔u, g↔g, u↔u	g↔g, u↔u, g↔u
直線分子	$\Delta\Lambda=0$ のとき $\Delta J=\pm1$	$\Delta\Lambda=0$ のとき $\Delta J=0, \pm2$
	$\Delta\Lambda=\pm1$ のとき $\Delta J=0, \pm1$	$\Delta\Lambda=\pm1, \pm2$ のとき $\Delta J=0, \pm1, \pm2$
非直線分子*	$\Gamma_i\otimes\Gamma_r\otimes\Gamma_f=$全対称	$\Gamma_i\otimes\Gamma_r\otimes\Gamma_n$ および $\Gamma_n\otimes\Gamma_{r'}\otimes\Gamma_f$ がともに全対称
スピン	$\Delta S=0$	$\Delta S=0$
核配置	垂直遷移	垂直遷移 (同時および連続2光子吸収)
		非垂直遷移 (段階的2光子吸収)

* Γ は既約表現, 添字 i は始状態, n は中間状態, f は終状態, r', r は遷移ベクトル.

ことができる. 表 2.6.2 に 1 光子吸収と 2 光子吸収の選択則をまとめてある.

d. 光励起状態の緩和

光吸収では選択則により分子は励起一重項状態に励起される. 励起一重項状態は何らかの物理過程および化学過程をへて緩和していく. これらの緩和過程をまとめると次のようになる.

分子内過程
1) 蛍光
2) 内部変換
3) 項間交差
4) 分子内反応 (分解, 異性化など)

分子間過程
5) エネルギー移動
6) 分子間反応 (付加, 電子移動など)

これらの過程は競争的に起こり, その様子を図 2.6.4 に示す.

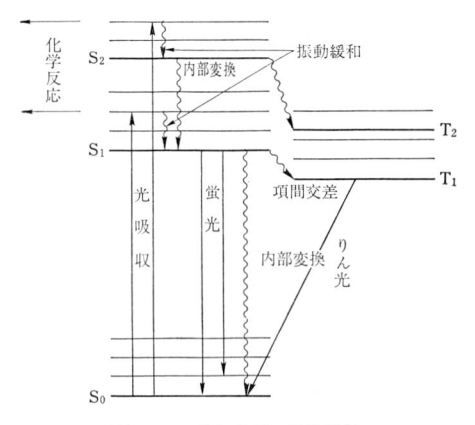

図 2.6.4　励起分子の緩和過程

まず, 物理過程としては発光を伴って基底状態に戻る蛍光がある. 蛍光はスピン多重度が変わらない遷移なのでスピン許容遷移である. その速度定数は一般に $10^8\sim10^9$ s^{-1} 程度に達する. 内部変換はスピン多重度が同一の状態間で起こる無放射過程であり, $S_2\to S_1$ のように励起状態間では $k_{ic}=10^{11}\sim10^{12}$ s^{-1} と速いが, 最低励起一重項状態から基底状態への遷移では 10^6 s^{-1} 程度と遅い過程である. 項間交差はスピン多重度が異なる状態間の無放射遷移である. その速度は分子により大きく異なり, 速いものでは $k_{isc}=10^{12}$ s^{-1} にも達する. 内部変換や項間交差の無放射過程で放出された過剰エネルギーは, 熱エネルギーとしてその分子内や周囲の分子に散逸される. 直接反発型のポテンシャルに励起されて起こる光分解や異性化反応の速度は分子の振動や分子内回

転の周期と同じくらい速く，$10^{13}\,\mathrm{s}^{-1}$ 程度の速度定数をもつ．一方，前期解離あるいは前期異性化の場合にはポテンシャル曲面の遷移を伴うので内部変換や項間交差の速度と同程度となる．

励起分子はその分子より励起エネルギーの低い分子が近づくと励起エネルギーを移動することができる．エネルギー移動の際にはスピン保存則が働く．エネルギー供与体Dから受容体Aへのエネルギー移動の際，錯合体Cを考えることにする．

$$\mathrm{D^*} + \mathrm{A} \longrightarrow (\mathrm{C}) \longrightarrow \mathrm{D} + \mathrm{A^*} \tag{7}$$

これらのスピン多重度をそれぞれ S_D, S_A, S_C とすると，

$$S_\mathrm{C} = S_\mathrm{D} + S_\mathrm{A},\quad S_\mathrm{D} + S_\mathrm{A} - 1,\quad S_\mathrm{D} + S_\mathrm{A} - 2, \cdots, |S_\mathrm{D} - S_\mathrm{A}| \tag{8}$$

が成り立ち，これをまとめると表2.6.3の関係が得られる．これがスピン保存則である．

表 2.6.3 スピン保存則

A	B	C
一重項	一重項	一重項
一重項	二重項	二重項
一重項	三重項	三重項
二重項	二重項	一重項, 三重項
二重項	三重項	二重項, 四重項
三重項	三重項	一重項, 三重項, 五重項

いま $\mathrm{D^*}$ が三重項，Aが一重項であるとすると，Cは三重項となる．一方，三重項のCが解離するときには一重項—三重項，三重項—三重項，二重項—二重項の組合せが可能である．したがって，Dが一重項であるならば，$\mathrm{A^*}$ は三重項でなければならない．この過程は三重項光増感反応でしばしば見られる．

エネルギー移動には二つの機構がある．第1はFörster機構と呼ばれ，双極子-双極子相互作用により引き起こされる．Förster機構によるエネルギー移動の速度定数は

$$k = \frac{8.8 \times 10^{-25} K^2 \phi_\mathrm{D}}{n^4 \tau_\mathrm{D} R^6} \int_0^\infty F_\mathrm{D}(\nu) \varepsilon_\mathrm{A}(\nu) \frac{d\nu}{\nu^4} \tag{9}$$

でえられる．ここで，$\varepsilon_\mathrm{A}(\nu)$ は吸収スペクトル，$F_\mathrm{D}(\nu)$ は1に規格化された蛍光スペクトル，K は配向因子でランダムな分布では $(2/3)^{1/2}$，n は媒体の屈折率，R は供与体と受容体間の距離 (cm)，ϕ_D は発光の量子収率，τ_D は発光寿命で，下添え字 D, A はそれぞれエネルギー供与体および受容体を表す．このエネルギー移動機構では，(9)式の積分からわかるとおり，エネルギー供与体の発光スペクトルと受容体の吸収スペクトルの重なりが重要である．また，供与体の発光寿命に反比例することから，一重項—一重項に有効である．Förster機構では数十Å離れた，長距離のエネルギー移動が可能である．

第2はDexter機構と呼ばれ，電子交換に伴うエネルギー移動である．電子交換のためには，供与体と受容体の電子雲が重なる程度に接近する必要があり，したがってDexter機構は近距離の相互作用となる．Dexter機構は三重項—三重項エネルギー移動に有効である．

e. 表面光化学における励起過程

光プロセスでは気相—固相界面での表面現象が重要である．ここでは，表面光化学反応について簡単に述べよう．まず，表面過程における光励起について述べよう．励起過程としては

1) 気相励起
2) 吸着種励起

3) 基板励起

に分類できる.

　気相における光吸収についてはすでに述べた.気相励起では,電子励起分子,振動励起分子,遊離基といった活性種が気相中に生成し,これら自身またはこれらと気相分子の反応によって生じた活性種が表面に吸着された分子あるいは基板自身を攻撃することにより反応が開始される.また,これらが基板上に堆積することにより薄膜成長が達成される.

　吸着種励起では,吸着分子の光吸収が問題になる.吸着分子は基板との相互作用が生じるため,気相に比べ,スペクトルのシフトやブロードニングが起こる.このような相互作用としては,分子の遷移モーメントと表面プラズモン間の相互作用,吸着分子から基板への電荷移動,表面吸着による分子の対称性の低下やスピン軌道相互作用の寄与などがあげられる.しかし,吸着分子の吸収スペクトルのデータは少なく,詳細は明らかになっていない.図

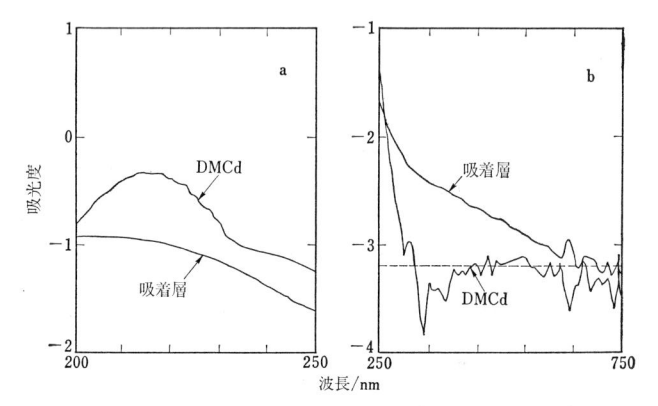

図 2.6.5 　$Cd(CH_3)_2$ の吸着層（Film）と気相（DMCd）の吸収スペクトル

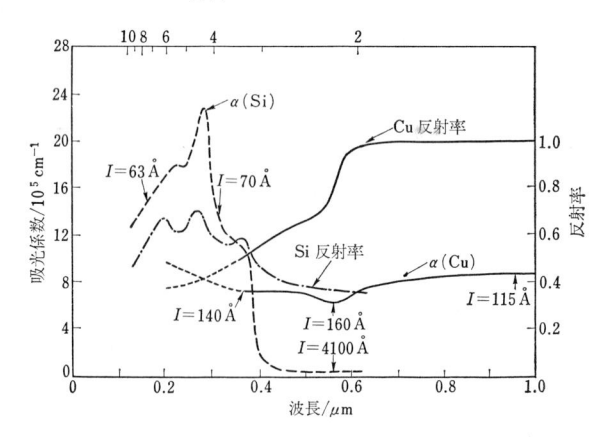

図 2.6.6 　ケイ素と銅の吸光係数と反射率

2.6.5は石英に吸着されたジメチルカドミウム（Cd(CH$_3$)$_2$）の吸収スペクトルを気相と比べたものである[7]．吸着状態では吸収端が長波長に延びていることが認められる．

照射光波長が基板の吸収帯に合うときには基板励起が起こる．このような励起には，バンドギャップ励起，バンド間励起，自由電子励起などがある．ここで，金属はすべて紫外から赤外領域にかけて吸収があることを注意しておこう．図2.6.6に銅とケイ素の吸収スペクトルを例示する[5]．ケイ素では400 nmから吸収が鋭く立ち上がり，紫外部の光は表面から10 nm位の深さまでしか達しない．

f．表面光化学反応

表面光化学過程では，局所的電磁場の増大，表面プラズモン励起，吸着種—基板錯体励起，吸着種振動励起，フォノン励起，電子—正孔対生成，キャリアーの生成と拡散，イオン放出などが起こり，気相や液相の反応とは異なる過程が起こる．表面過程は次のように分類できる

1) 光誘起吸着
2) 光誘起表面反応
3) 光誘起脱着
4) エネルギー移動と緩和

光励起により物理吸着や化学吸着が促進される例がある．これらの過程には光解離によるラジカル生成，電子励起，電子—正孔生成などが関与する．不活性な親分子が光解離してラジカルを生成することにより化学吸着が促進されることは容易に理解できよう．電子—正孔生成に伴う吸着の促進は半導体や絶縁体表面，とくに酸素の吸着について比較的よく研究がなされている．この促進の機構は，充満帯から伝導帯への光励起と吸着種への電子移動により説明される．

$$e^- + O_2(g) \longrightarrow O_2^-(ads) \quad (10)$$

類似の機構は光誘起脱着にも適用できる．すなわち，電荷移動型で吸着している酸素は，光吸収で生じた正孔と再結合すると脱着が起こることになる．

$$hole^+ + O_2^-(ads) \longrightarrow O_2(gas)$$
$$(11)$$

吸着分子の光化学反応については多くの研究がなされている．まず，LiF上に物理吸着されたCH$_3$Brの光分解の例を示そう[8]．193 nmのArFエキシマレーザで照射すると光分解生成物である，CH$_3$とBrが脱離してくる．これらの生成物の速度分布を図2.6.7に示す．光分解

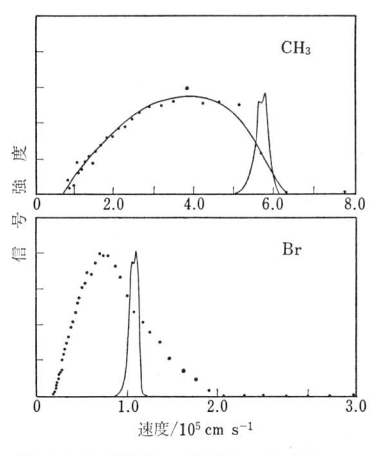

図 2.6.7 CH$_3$Brの光分解で生成するCH$_3$とBrの速度分布．鋭いピークは気相光分解

の際，過剰エネルギー（E_{ex}）は分解生成物の内部エネルギー（E_{int}）と並進エネルギー（E_{tran}）に分配される．すなわち，AB+$h\nu$→A+Bの光分解では

$$E_{\text{ex}} = h\nu - \Delta H = E_{\text{tran}} + E^{\text{A}}_{\text{int}} + E^{\text{B}}_{\text{int}} \qquad (12)$$

となる．ここで ΔH は反応熱である．気相光分解の場合，並進エネルギーは運動量保存の法則にしたがって分解生成物に分配される．図 2.6.7 で，CH_3 の並進速度は吸着系の場合，気相光分解に比べてひろがった分布をもつが，その最大値は気相の速度に一致している．これは，Br が重いため CH_3 から見ると基板に吸着されていてもその影響があまり現われないためである．一方，Br では吸着した場合，気相光分解の約 2 倍の速度をもつ早い成分までの生成が見られる．これは，Br から見ると，気相では軽い CH_3 を弾き飛ばしていたのが，吸着系では CH_3 の後ろにいる基板を感じるため Br 自身が弾き飛ばされるためと解釈される．

2 種の分子を共吸着することにより，新しい反応が起こる例を示そう[9]．四塩化チタン-トリメチルアルミニウム共吸着系を Ar^+ レーザの倍波（257.2 nm）で照射すると，それぞれの試料を単独に吸着させた系では見られない新しい反応過程が開かれ，また共吸着により光分解速度が早くなることが認められている．この機構として

$$TiCl_4(\text{ads}) + h\nu \longrightarrow TiCl_n(\text{ads}) + (4-n)Cl \qquad (13)$$
$$TiCl_n(\text{ads}) + Al_2(CH_3)_6(\text{ads}) \longrightarrow Ti:Cl:Al:CH_3 \qquad (14)$$

が提唱されており，Ziegler-Natta 重合触媒と類似の構造の生成物が考えられる．

光誘起脱離は表面光化学の中では比較的よく研究されている分野である．電子励起過程としては，金属基板の充満帯からフェルミ準位より高い非充満帯への電子励起とそれに続く吸着種へのトンネル効果による電子移動，吸着種—基板結合の反結合軌道への直接励起，吸着種のイオン化とそのイオンの中性化に伴う運動エネルギーの放出，基板励起とそれに続く緩和に伴う光音響波など，種々の機構が考えられている．

表面における光化学反応は，光プロセスにおいて非常に重要であるが，励起過程を含めてその基礎過程についてはまだ解明されていない部分が多く，今後の研究の発展がまたれる分野である．

(小尾欣一)

文　献

[光化学一般]
1) H. Okabe: Photochemistry of Simple Molecules, Wiley-Intersci. (1978).
2) N. J. Turro: Modern Molecular Photochemistry, Benjamin (1978).
[レーザ化学]
3) 土屋荘次編：レーザー化学，学会出版センター，東京 (1984).
4) 矢島達夫，他編：レーザーハンドブック，朝倉書店，東京 (1989).
[表面光化学]
5) T. J. Chuang: *Surf. Sci. Rep.*, **3** (1983), 1.
6) R. M. Osgood, Jr.: *Ann. Rev. Phys. Chem.*, **34** (1983), 77.
引用文献：
7) Y. Rytz-Froidevaux, et al.: *Appl. Phys.*, A 27 (1982), 133.

8) F.L. Tabares, et al.: *J. Chem. Phys.*, **86** (1987), 738.
9) J.Y. Tsao and D.J. Ehrich: *J. Chem. Phys.*, **81** (1984), 4620.

2.6.3 レーザ光化学反応応用
2.6.3.1 エレクトロニクス/半導体応用
A. CVD
a. 無機/絶縁膜

近年の半導体集積回路の進展に伴って，デバイスの微細化・高集積化が要求され，その実現のために，低温で，損傷のない半導体プロセスとして，光化学反応プロセスが取り上げられている．励起光源に紫外域エキシマレーザが用いられ，無機絶縁膜の堆積に利用されている．レーザを用いると，(1) 高密度励起によって低温・高速で膜堆積ができる，(2) 局所照射が可能であるので選択堆積ができる，(3) 単色光であるので堆積機構の解明に寄与できる，などの特長がある．

（ⅰ）**堆積装置** 図2.6.8のようなステンレス製の反応容器に原料ガスを流し，スプラジル（合成石英）などの窓を通してエキシマレーザを照射する．水平照射の場合には基板からわずか上の気相部分に焦点を結ばせるので，レーザ光は膜堆積に関係する活性化学種の形成だけに寄与する．垂直照射の場合には，レーザ光は気相および基板に照射されるので，活性化学種の形成のほかに基板表面での化学反応の促進にも関与することが期待される．いずれの場合でも，窓部での膜堆積を防ぐために，N_2 などのパージ（purge）ガスを流すか，シリコーン系の油を塗布する．

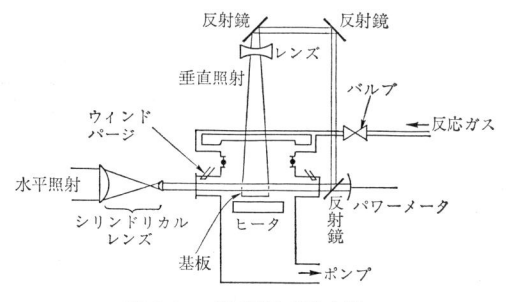

図 2.6.8 光 CVD 反応容器

（ⅱ）**膜堆積と物性**

（1）**SiO_2 膜**： 原料ガスとして，5% SiH_4（N_2 希釈）70 sccm と N_2O 800 sccm を流し，真空度を 8 Torr にして集光した ArF エキシマレーザ光（波長：193 nm）を水平照射して SiO_2 膜が堆積されている[1,2]．レーザ光は幅 10 ns のパルス状で，繰り返し周波数 100 Hz，平均出力 40 W/cm^2 で動作させ，300 nm/min でストイキオメトリに近い SiO_2 膜が得られている．

波長 193 nm 付近での SiH_4 の光吸収断面積は 1.2×10^{-21} cm^2 と非常に小さいが，レーザのピーク出力が大きく，N_2O を流さなければアモルファス Si が堆積するので，SiH_4 が分解していることがわかる．N_2O は波長 138〜210 nm において大きな光吸収を示し，励起 O 原子を生成する．この系における SiO_2 の形成は，励起 O 原子の消滅，Si の水素化物の酸化，活性な N 酸化物の形成，および，基板表面反応の諸過程で制御されているといえる．

堆積膜の赤外吸収特性から，図2.6.9に示すように，基板温度の上昇につれて膜内のSi-OH ($3,650\,cm^{-1}$) や H_2O ($3,330\,cm^{-1}$) が減り，Si-H ($2,220\,cm^{-1}$, $885\,cm^{-1}$) が増加していくことがわかる[2]．レーザ光を垂直に照射すると，Si-HやSi-OHの形態で入るHの量が大きく減り，H_2O も減少する[2]．表2.6.4にレーザCVDとプラズマCVD法で製作した SiO_2 膜の代表的特性を示す[2]．レーザCVD膜は，抵抗率，絶縁破壊特性，および，

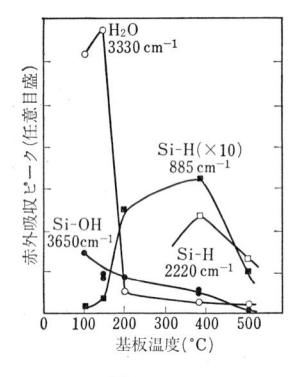

図 2.6.9
基板温度の違いによる SiO_2 膜内結合の変化[2]
（赤外吸収のピーク変化）

表 2.6.4 SiO_2 膜の物性[2]

物性		レーザCVD膜	プラズマCVD膜
堆積速度 (nm/min)		80	30
ストイキオメトリ		SiO_2	SiO_2
H 濃度(at %) by IR	Si-H	1〜4	<4
	Si-OH	<1	<1
屈折率		1.48	1.49
応力 ($10^9\,dyn/cm^2$)		1.5 (圧縮)	3.6 (圧縮)
ピンホール密度 (cm^{-2})		1 (厚さ100 nm)	1 (厚さ200 nm)
エッチ速度 (nm/s)		<5.5 (5:1 BHF*)	2.2 (7:1 BHF*)
抵抗率 (Ωcm) at 5 MV/cm		6.7×10^{13}	10^{16}
絶縁破壊電界(MV/cm)		6.5〜8 (厚さ100 nm)	10 (厚さ200 nm)

* BHF: buffered HF

エッチング速度の面でプラズマCVD膜よりやや劣るが，内部応力が小さく，ピンホール密度も低い．大規模集積回路で大切なステップカバレッジはプラズマCVD膜とほぼ同様の特性を示し[3]，層間絶縁膜やパッシベーション膜として有用である．半導体Siとの界面特性として，440°Cで堆積したレーザCVD膜を用いると，界面準位密度 $7.4\times10^{11}\,cm^{-2}eV^{-1}$，フラットバンド電圧 $-8.3\,V$，絶縁破壊電界 $7.9\times10^6\,V/cm$ が報告されている[1]．

集光した $XeCl_2$ エキシマレーザ（波長：308 nm）を O_2 雰囲気中に置いたSi表面に照射すると，400°Cで10 nm/sの高速でSiが直接酸化され，SiO_2 膜が形成される[4,5]．高速酸化はレーザ光照射によるSiの融解に起因しているとしている．

（2） Si_3N_4 膜：図2.6.8の容器で SiH_4 と NH_3 を用い，$NH_3/SiH_4/N_2=1:1:40$ として，真空度2 Torrの条件でArFエキシマレーザを照射して，堆積速度70 nm/minで Si_3N_4 膜が得られている[2]．波長193 nmでの NH_3 の光吸収断面積が N_2O の 10^3 倍程度あるので，SiO_2 堆積時の N_2O 流量に比べて，NH_3 流量は2桁程度少なくしなければならない．レーザCVDとプラズマCVD法による Si_3N_4 膜の代表的特性を表2.6.5に示す[2]．堆積速度はプラズマCVD法の35 nm/minより大きい．ピンホール密度は同程度である．膜のエッチ速度は，レーザの水平照射で製作した場合，プラズマCVD膜よりかなり大きいが，通過レーザ光を反射鏡を用いて折り返させ，基板を水平・垂直同時照射をすると，水平照射の場合の約1/5までに下がる．垂直照射強度は小さいので，温度上昇をもたらすのではなく，表面反応に関与しているといえる．

2.6 化 学 加 工

表 2.6.5 Si_3N_4 膜の物性[2]

物　性	レーザ CVD 膜	プラズマ CVD 膜
堆積速度 (nm/min)	70	35
ストイキオメトリ	<SiN	>SiN
H 濃度 (at %) by IR　{Si–H	12	12～16
{N–H	11～20	2～7
O 濃度 (at %) by ESCA	<5	—
エッチ速度 (nm/s)	1.5(5:1 BOE)*	0.17(7:1 BOE)

 * 380°C で堆積した膜のエッチ速度 (nm/s).
  レーザ水平照射 0.73, レーザ垂直照射 0.13.
  BOE: buffered oxide etch.

ArF エキシマレーザを用いて NH_3 を光分解し，Si 表面を垂直照射して，400°C で Si_3N_4 が堆積されている[6]．レーザ光は NH_3 を分解して NH または NH_2 の活性化学種を生成するとともに，Si 表面付近で電子・正孔対を生成する．これが Si の結合を弱めて窒化が進展すると説明している．絶縁破壊電界は 10^7 V/cm に近く，熱窒化膜より良好である．

石英製のホットウォール (hot wall) の低圧 (0.25 Torr) 反応容器を用い，NH_3 と SiH_4 または Si_2H_6 を原料ガスとして，ArF エキシマレーザを水平照射して，基板温度 225～625°C で Si_3N_4 が堆積された[7]．堆積速度は基板温度 225°C で 2.1 nm/min と比較的小さいが，最もよい電気的性質として，絶縁破壊電界 8.8 MV/cm，Si との界面準位密度 1.7×10^{11} $cm^{-2} eV^{-1}$，誘電率 4.8 が得られている．

（3）**Al_2O_3 膜**：　図 2.6.8 の容器に $Al(CH_3)_3$ (0.08～0.12 Torr) と N_2O (200～800 sccm) を流し，ArF エキシマレーザを水平照射して，Al_2O_3 膜が堆積されている[2,8]．基板温度 450°C，堆積速度 200 nm/min でストイキオメトリを満足した Al_2O_3 膜となる．スパッタ膜に比べて，レーザ CVD 膜は，付着力，応力，屈折率などはほぼ同じである．上述した Si 系の絶縁膜と同様にエッチ速度が 10 倍程度大きいが，ピンホールについては，厚さ 110 nm のレーザ CVD 膜で 5 cm^2 内に検出できないが，rf スパッタ膜では厚さ 250 nm の膜で 36 cm^{-2} と顕著な差が見られる．Al_2O_3 膜内に 1% 程度の C が存在するが，電気的性質に及ぼす影響は判明していない．レーザ CVD 膜と rf スパッタ膜の物性比較を表 2.6.6

表 2.6.6 Al_2O_3 の物性[8]

物　性	レーザ CVD 膜	rf スパッタ膜
堆積速度 (nm/min)	200	35
ストイキオメトリ	Al_2O_3	$Al_{2.1}O_3$
不純物 (at %)	C<1	Ar～5
屈折率	1.63	1.66
応力 (dyn/cm^2)	$<6\times10^9$ (引張)	2.8×10^9 (圧縮)
ピンホール密度 (cm^{-2})	<0.2 (厚さ 110 nm)	31 (厚さ 250 nm)
エッチ速度 (nm/s)	10 (10% HF)	—
抵抗率 (Ωcm)	10^{11}	10^{12}
比誘電率 (1 MHz)	9.74	9.96

に示す.

KrF エキシマレーザを用い, 基板温度 450°C 以下で, 直径 3 インチの Si ウェーハ全面に膜厚のバラツキが ±5% の均一さで, 200 nm/min の堆積速度が得られている[8].

(iii) 膜堆積機構 光化学反応を用いた膜堆積機構はまだ解明されてはいないが, KrF エキシマレーザ (波長: 249 nm) を用いた SiO_2 膜の堆積条件が詳細に調べられ, 機構解明の一助になっている[9,10].

反応容器内に 10% SiH_4 (H_2 希釈) 4〜14 ml/min, O_2 8〜18 ml/min, および, N_2 250 ml/min を原料ガスとして流し, 真空度を 20 Torr に保つ. KrF レーザ光を 10 mm×0.3 mm に集光して, 基板上 1 mm の位置を通過させる. レーザ光はパルス幅 10 ns, 繰り返し周波数 100 Hz で, 平均出力 0.2〜3 W で変えられる. 基板温度が 250°C 以下では, レーザ光を照射しないと膜は堆積しない*.

原料ガスの流量比 O_2/SiH_4=21.4, レーザ平均出力 2.35 W のとき, 基板温度が 175°C 以上で SiO_2 膜が堆積し始め, 基板温度の上昇とともに堆積速度が増加する. これは, SiO_2 膜堆積のために基板温度にしきい値が存在すること, および, 膜堆積に基板の表面反応が関与していることを示唆している.

堆積速度のレーザ平均出力依存性を図 2.6.10 に示す. パルスの繰り返し周波数を固定し, 高さを変えてレーザ出力を変化させてあるので, 横軸は 1 パルス当りの光子数を示している (ほぼ $4×10^{16}$ 光子/パルス). 基板温度が 175°C の場合には, 膜堆積のためにレーザ出力 (パルス当りの光子数) にしきい値があり, レーザ出力がしきい値を越えて増加しても堆積速度は増えず, 飽和の傾向を示す. レーザ出力のしきい値, 堆積速度の飽和値はともに O_2/SiH_4 の値によって異なる. 基板温度を 250°C に上げると, O_2/SiH_4=21.4 の場合, レーザ出力が小さくても膜が堆積し, 基板温度が低い場合に比べて堆積速度が大きくなるとともに, レーザ出力の増加につれて直線的に増加する.

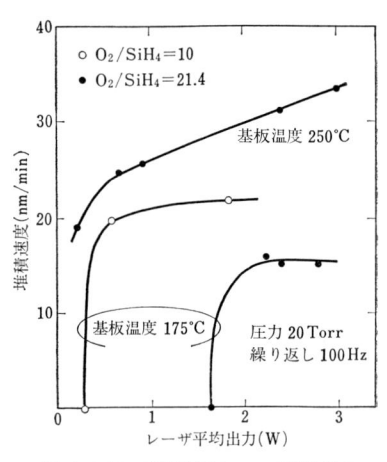

図 2.6.10 堆積速度のレーザ平均出力依存性[9,10]

基板温度が低いと表面での反応が活発でないので, レーザ出力を増して活性反応種を増加させても, 膜の堆積速度は増加しない. 堆積速度が O_2/SiH_4 によって異なるのは, 膜堆積が基板表面の吸着 O_2 (または O) 量に強く依存しているためと考えられる. 基板温度が高くなると表面反応が活発になり, レーザ光照射によってつくられた活性種が基板に到達すれば膜堆積に寄与するので, 堆積速度がレーザ出力に比例して増加することになる.

---

* SiH_4 は波長 249 nm の光をほとんど吸収しない. SiH_4 だけを流しながら, 集光した KrF エキシマレーザ光を照射すると, アモルファス Si が堆積する. なお, N_2 は SiH_4 と O_2 の直接反応を防ぐための希釈用である.

基板温度を一定に保ち，レーザの平均出力をパラメータとしたとき，堆積速度のO_2/SiH_4依存性は図2.6.11に示すようになる．レーザ出力0.27Wでは膜は堆積しない．出力が0.54Wになると堆積速度は流量比の増加とともに徐々に減少し，流量比が1.5になると膜は堆積しなくなる．レーザ出力をさらに増して1.8Wになると，流量比が大きくなってO_2（またはO）が多くなってもSiH_4の分解が増えるので膜が堆積する．流量比の増加とともに堆積速度が減少する傾向は，低いレーザ出力の場合と同様である．堆積速度が流量比の増加とともに減少し，ある値以上で膜が堆積しなくなる傾向は，熱CVDによるSiO_2膜堆積にも見られ[11]，2分子吸着理論によって説明できる．

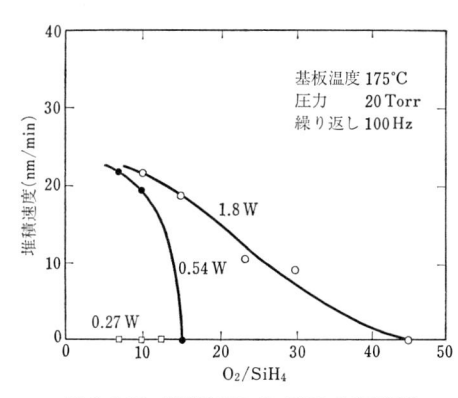

図 2.6.11 堆積速度のO_2/SiH_4依存性[9,10]

上記の三つのしきい値（基板温度 T_0，レーザ出力 P_0，流量比 F_0）を考慮すると，堆積速度 G は，

$$G = A\exp\left(-\frac{E_A}{kT}\right)u\left\{1-\left(\frac{T_0}{T}\right)\left(\frac{P_0}{P}\right)\left(\frac{F}{F_0}\right)\right\}$$

と書ける[9]．ここで $A\exp(-E_A/kT)$ はアレニウスの関係で基板温度上昇につれて堆積速度が増加する特性を示す．活性化エネルギー E_A は，基板温度が高くなれば，一定値でなくなり，レーザ出力依存性をもつようになる．u はステップ関数を意味し，膜が堆積するための条件はステップ関数 u が1であることを必要とする．これより，$1=(T_0/T)(P_0/P)(F/F_0)$ の関係から，レーザ出力を大きくするほど，また流量比を小さくするほど，T_0 が低くなると予測できる．

レーザ光が果たす役割を明確にする詳細な実験から，レーザ光照射によってSiO_2膜の堆積が開始すれば，以後は照射なしでもSiO_2膜が堆積し続けるフォトイニシエーション（photo initiation）現象が見つけられている[9,10]．

エキシマレーザを用いた無機絶縁膜の堆積は，低温化，光化学反応の活用，素過程の選択性など，従来の方法とは異なるプロセスとして期待できる．反応の基礎過程の丹念な研究が新しい展開をもたらすであろう．

（松波弘之）

文　献

1) P. K. Boyer, G. A. Roche, W. H. Ritchie and G. J. Collins: *Appl. Phys. Lett.*, **40** (1982), 716.
2) P. K. Boyer, C. A. Moore, B. Solanki, W. K. Ritchie and G. J. Collins: Ext. Abstr. 15th Conf. SSDM, Tokyo (1983), 109.
3) P. K. Boyer, W. H. Ritchie and G. J. Collins: *J. Electrochem. Soc.*, **129** (1982), 2155.
4) T. E. Oriowski and H. Richter: *Appl. Phys. Lett.*, **45** (1984), 241.
5) H. Richter, T. E. Oriowski, M. Kelly and G. Margaritondo: *J. Appl. Phys.*, **56** (1984),

2351.
6) T. Sugii, T. Ito and H. Ishikawa: Ext. Abstr. 16 th Conf. SSDM, Kobe (1984), 433.
7) J.M. Jasinski, B.S. Meyerson and T.N. Nguyen: *J. Appl. Phys.*, **61** (1987), 431.
8) R. Solanki, W.H. Ritchie and G.J. Collins: *Appl. Phys. Lett.*, **43** (1983), 454.
9) 西野, 本田, 松波: 信学技報, (1985), SSD 84-156.
10) S. Nishino, H. Honda and H. Matsunami: *Jpn. J. Appl. Phys.*, **25** (1986), L 87.
11) C. Cobianu and C. Pavelescu: *J. Electrochem. Soc.*, **130** (1983), 1888.

b. a-Si 膜

アモルファス Si (a-Si) の新成膜法として, 光 CVD 法が注目されている. これまでアモルファス Si は, プラズマ CVD 法により形成されていたが, プラズマ CVD 法では多かれ少なかれイオンによる損傷が避けられず, 膜質や界面特性が制限されるものと考えられる. 光 CVD 法では中性ラジカルのみによって膜形成が行われるため, 膜質の向上のほか, 界面の改善が考えられ, アモルファス Si デバイス特性の大幅な向上が期待される.

a-Si の光 CVD には, ランプ光を用いたものと, エキシマレーザを用いたものがあるが, ここでは, レーザを用いた a-Si の CVD 技術を紹介する. ランプ光を用いた光 CVD 法に関しては文献[1]に詳しく記述されている. a-Si のレーザ CVD は, 励起の方法により電子状態の励起によるものと振動状態の励起によるものに分類される. 特にレーザを用いた場合には, ランプ光の場合と比較して, 堆積速度の向上, 窓のくもりの除去が容易, 反応空間の制御が可能などのメリットがある. 一方, レーザ CVD 法の課題は, 膜質の向上である.

(i) **電子状態の励起によるレーザ CVD** a-Si 用原料ガスにはシランが用いられる.
シランガスにレーザ光を照射したとき, 反応が起こるかどうかは, フォトンが吸収されるかどうかに依存する. 図 2.6.12 は, シランガスの吸収係数を示したものである[2]. 光源に ArF エキシマレーザ (193 nm) を用いた場合, 通常, モノシランは光分解をしない. ただし, 2 光子吸収を利用すれば, 光分解が生ずる. 一方, 高次シランに対しては, ArF, F_2 エキシマレーザ (157 nm) などで光分解を起こすことが可能である.

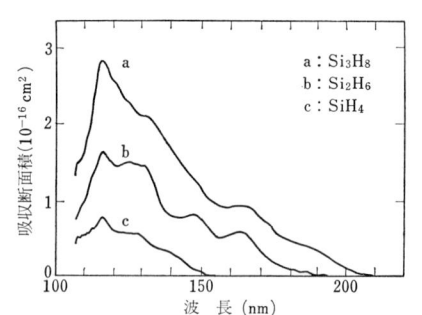

図 2.6.12 シランガスの吸収係数[2]

(ii) **エキシマレーザによる a-Si の特性**
(1) **ArF エキシマレーザによる a-Si**: 図 2.6.13 は, 代表的な a-Si 用レーザ CVD 装置である. レーザは, 基板面に平行に照射する場合と, 垂直に照射する場合がある. 垂直照射の場合は, 表面温度の上昇を考慮する必要がある. 反応圧力は, 1 Torr 前後, 基板温度は 200〜300°C であり, プラズマ CVD の場合と同様である.

膜堆積速度は, 反応ガスの流量やガス圧に大きく依存する. 反応ガスに Si_2H_6 を用いると, 容易に 1〜60 Å/s の堆積速度を得ることができる[3,4] (従来のプラズマ CVD では 1〜3 Å/s で膜形成が行われている). しかし, 膜質 (a-Si の膜質評価には, 通常, 暗状態の導電率 σ_d と AM 1, 100 mW/cm^2 光照射下の光導電率 σ_{ph} 測定が行われる. σ_{ph} が高く, しかも

2.6 化学加工

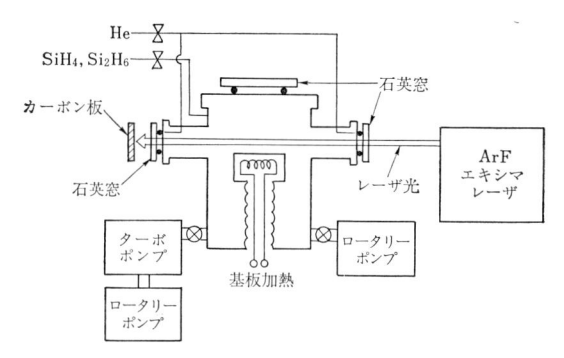

図 2.6.13 エキシマレーザ励起光 CVD 装置

σ_{ph}/σ_d が大きいほど, 良質である) は図 2.6.14 に示すように堆積速度と共に急激に低下する. これは, 膜中に多量の水素が含まれ, これらのほとんどが Si-H$_2$ 結合となっているためである. プラズマ法でも反応条件の調整により 10Å/s 以上の堆積速度を得ることは可能である. しかし, 同一の堆積速度で比較すると, エキシマレーザ法によるものの方が膜質が劣る. これは, エキシマレーザが, 10ns 程度のパルス幅で, パルス数も高々 200 程度であることと関連がある. ミクロな目で見れば, 実際に堆積している時間はずっと少なく, 堆積速度は数桁速くなる. したがって, より水素を膜中に含みやすい状態となる. 基板温度を上げれば, 膜質は改善されるが, 350°C を超すとデバイス応用上問題が生ずる.

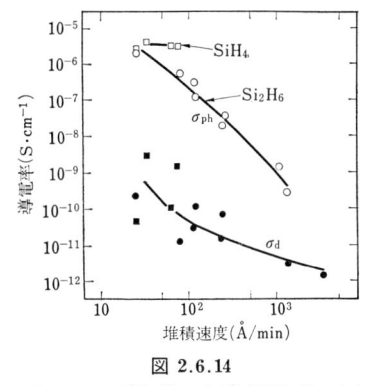

図 2.6.14 エキシマレーザを用いた光 CVD 法により形成された a-Si の導電率. σ_{ph} は AM1, 100mW/cm^2 ソーラシミュレータ光照射下の値

2 光子吸収を利用すれば, モノシランガスから膜形成を行うことが可能となる. 2 光子吸収を起こさせるには, 反応圧力を 10 Torr 程度まで上げ, シリンドリカルレンズで集光する必要がある. 2 光子吸収が起こっている場合は, 堆積速度が入射強度の 2 乗に比例する. モノシランから作製した a-Si 膜の特性は, ジシランの場合と比較すると光導電率が少し高くなっているが, やはり堆積速度の増加と共に劣化する (図 2.6.14). また, 図中, 100Å/min 以上では粉の発生のため良好な膜が得られない.

このほか, エキシマレーザを用いた光 CVD 法でも p 型, n 型のドーピングが可能なことが吉川らにより[5], また, エキシマレーザによる a-SiGe の形成例が市川らにより報告されている[6].

(2) **F$_2$ レーザ**: 波長 157nm の F$_2$ エキシマレーザを用いて膜形成した例が熊田らにより報告されている[7]. F$_2$ レーザを用いれば SiH$_4$ を 1 光子吸収で分解可能であり, また, σ_{ph}/σ_d 比が 10^4 以上と良好な a-Si が得られる. ただし, レーザの寿命が短いのが今後の課

題である.

(iii) **ラジカルジェット** 市川らは，生成するラジカル種を容易に制御できる新しい手法としてラジカルジェット形レーザCVD法を提案している[6]. 装置を図2.6.15に示す. この装置では，基板に対向する位置に原料ガス噴射ノズルが置かれており，レーザ光はガスの噴射に同期して照射される. レーザ光がフォーカスされた点で多光子吸収が誘起され，光解離によるラジカルが発生し，それが直接，低圧反応室で超音速ジェットを形成して基板上に達する. したがって，ラジカル種を直接制御することが可能である. 現時点では，SiH_4，Si_2H_6を用いて膜形成が確認されただけであるが，今後は，膜質と膜形成に関与するラジカル種の関係を議論するのに有用であると考えられている.

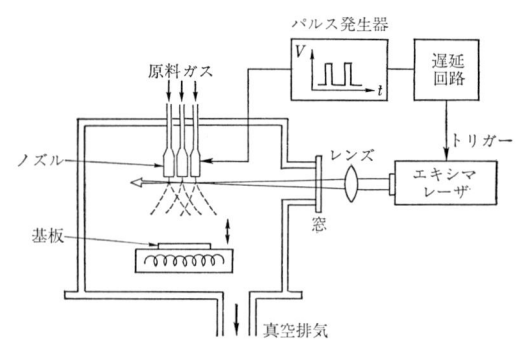

図 2.6.15 ラジカルジェット・レーザCVD装置[6]

(iv) **振動励起によるa-Siの成膜** モノシランは，赤外領域に共鳴振動による吸収をもっている. したがって，この波長に対応する光を照射すれば，振動状態が励起され，ガスは分解する. たとえば，SiH_4に波長 10.59 μm のCO_2レーザを照射する. すると，シランの振動エネルギーが励起され分子結合が切れて膜が形成される.

アンドープ a-Si 膜の膜質は Meunier らにより詳しく調べられており，基板温度に対してスピン密度が $N_s=(1.5\times10^{22}\,\mathrm{cm}^{-3})\exp(-0.57\,\mathrm{eV}/kT_s)$ で変化すると報告されている[8]. N_sの最小値は $10^{16}\,\mathrm{cm}^{-3}\mathrm{eV}^{-1}$ と良好である（プラズマCVD法によるa-Si膜では，$N_s=5\times10^{15}\,\mathrm{cm}^{-3}\mathrm{eV}^{-1}$）.

このほか，英らによりCO_2レーザ励起光CVD法が報告されている[9].

まとめ 以上で述べたように，エキシマレーザを用いた場合には，堆積速度の向上という点でメリットはあるが，膜質の向上に大きな課題を残していることがわかる. エキシマレーザプロセスの問題点は，エキシマレーザがパルス発振（10 ns, 100 パルス程度）でしかも1パルスのエネルギーがきわめて大きい（100 mJ 程度）ことにある. 1パルスのエネルギーは小さくてよいから，繰返し数がもっと多い（1,000 あるいは 10,000 程度）レーザができれば，膜質は格段に向上するものと期待される.

（小長井 誠）

文 献

1) 高橋 清, 小長井誠（編著）: 光励起プロセスハンドブック, サイエンスフォーラム (1987).
2) U. Itoh, Y. Toyoshima, H. Onuki, N. Washida and T. Ibuki: *J. Chem. Phys.*, **85** 4867 (1986).

3) A. Yamada, M. Konagai and K. Takahashi: *Jpn. J. Appl. Phys.*, **24** 1586 (1985).
4) A. Yamada, M. Konagai and K. Takahashi: 1985 Fall Meeting of the Materials Research Society (1985).
5) 吉川明彦, 山賀重来, 松本光一: 応用電子物性分科会研究報告, No. 400, p. 7 (1983).
6) 市川幸美, 酒井 博, 内田喜之, 応用物理, **55** (1986), 1177.
7) 熊田, 塚本, 伊東, 豊島, 松田, 田中, 山本, 田中: 第33回応用物理春季大会予稿集, 2p-E-4 (1986).
8) M. Meunier, J. H. Flint, D. Adler and J. S. Haggerty, Proc. 10th ICALS, (1983), 699.
9) M. Hanabusa, S. Moriyama and H. Kikuchi: Proc. 10th ICALS, (1983), 703.

c. 単結晶/表面洗浄（Si）

LSI デバイスの一層の高性能化と高集積化をはかるため Si エピタキシャル単結晶の成長の低温化と高品質化が要請されている．エピタキシャル成長の低温化をはかる方法として分子線結晶成長やプラズマ CVD が研究されているが，実用的な課題も多く残されている．ほかの有力な手法としては，フォトンのエネルギーを直接利用する光励起エピタキシャル法がある[1]．

気相からのエピタキシャル成長の考えられる過程は，図 2.6.16 に示すように，① 気相中で原料がエネルギーを得て解離するか活性な状態になる．② それらが基板表面に吸着し，エネルギーを得て表面を泳動する．その際，表面上にてさらに分解などの反応を起こし，泳動を容易にする．③ そして，最後に結晶のキンク点などの安定点に到達する．それぞれの過程では，気相反応エネルギー，吸着表面反応エネルギー，表面泳動エネルギーが必要とされる．こ

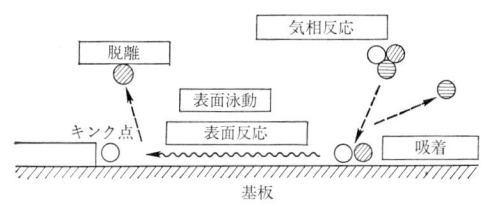

図 2.6.16 Si エピタキシャル結晶成長過程

れらのミクロな解析は今後の課題であるが，エピタキシャル成長に必要なそれらのエネルギーをフォトンのエネルギーで直接与えれば，従来の熱で与えていたエネルギーを低減あるいは省略でき，エピタキシャル成長温度の低温化あるいは成長膜の高品質化が可能になる．また，それぞれの過程に有効な固有のフォトンエネルギーすなわち照射する光の波長が見出されれば，波長の選択によって成長過程を制御できる可能性もある．また，不純物を結晶中にドーピングする際も，その原料ガスの分解に有効な光を用いれば，平面的にもまた成長方向にも不純物分布を制御できることになる．これらの方法によって，新しいデバイスが実現できる可能性もある．

表 2.6.7 に，これまでに報告された Si 光エピタキシャル成長の報告例を示す．エピタキシャル成長に用いることのできる Si 原料ガスと光源との組み合せが限られていることから，報告はまだ少ない．レーザを用いて良質の単結晶を形成した報告はないので，ここでは，紫外線ランプを用いた実験について述べる．

常圧雰囲気における Si エピタキシャル成長は，$SiCl_4$, $SiHCl_3$, Si_2Cl_6, SiH_4, Si_2H_6 を原料に用いた試みがある．光源としては，高圧あるいは低圧水銀ランプ，Hg-Xe 超高圧ショ

表 2.6.7 Si の光エピタキシーの報告例

原料ガス	光源	報告者	発表年	文献
$SiCl_4$, $SiHCl_3$, SiH_4, Si_2Cl_6	低圧 Hg ランプ	Frieser	1968	5)
$SiCl_4$	高圧 Hg ランプ	Kumagawa, et al.	1968	2)
Si_2H_6	Hg-Xe ショートアーク	Yamazaki, et al.	1984	3)
SiH_2Cl_2	Hg-Xe ショートアーク	Ishitani, et al.	1984	6)
SiH_4	KrF エキシマレーザ	Suzuki, et al.	1985	7)
SiH_4	CO_2 レーザ	Meguro, et al.	1985	8)
Si_2H_6/SiH_2F_2	低圧 Hg ランプ	Yamada, et al.	1986	9)
Si_2H_6	高圧 Hg ランプ	Yamazaki, et al.	1986	4)

ートアークランプが用いられたため，Si_2H_6 を除いては直接原料ガスの光解離はほとんどない．これらはおもに紫外線によって基板表面における反応種の泳動を促進する目的で行われた．Kumagawa ら[2] の実験では，紫外線照射によって成長の活性化エネルギーが 25.4 kcal/mol から 23.3 kcal/mol へと，2.1 kcal/mol 低下し，その結果，単結晶が得られる最低温度が 735°C まで低下した．図 2.6.17 に，常圧 Si 光エピタキシー装置の例を示す[3]．光源は 3.5 kW の超高圧 Hg-Xe ランプで，合成石英の光学系を用い平行均一ビームにしている．さらに選択反射ミラーで 260 nm 以上の光をカットし，原料に用いた Si_2H_6 を励起するのに必要な成分を Si 基板表面に照射するようになっている．この場合は，反応律速領域の活性化エネルギーが 39 kcal/mol から 25 kcal/mol へ 14 kcal/mol 低下し，630°C の基板温度でも単結晶が形成できることが報告されている．

エピタキシャル成長雰囲気を減

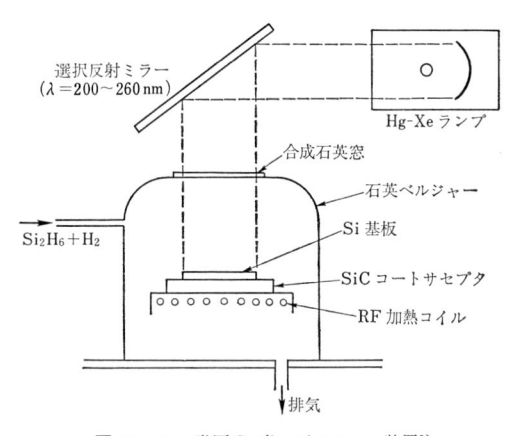

図 2.6.17 常圧 Si 光エピタキシー装置[3]

圧状態にすることによって，① 活性反応種の気相中での衝突確率の低減，したがって気相反応によるパーティクル付着の低減，② エピタキシャル反応生成物の表面からの速やかな離脱，③ 反応ガスおよびキャリアガスの有効利用，④ 反応ガスの均一化などが可能になる．さらに，光エピタキシャル成長においては，気相中での光の吸収が低減でき，表面反応を一層促進できる．図 2.6.18 は，200 Torr における Si の減圧光エピタキシャル成長速度である[4]．原料ガスは Si_2H_6 で，光源は高圧水銀ランプである．300 nm 以下の光強度は約 1 W/cm である．常圧の時と同じように，光照射によって成長速度の活性化エネルギーが低下することのほかに，650°C 以下の低温側では成長速度の基板温度依存性が小さくなり，

光励起した反応種の供給によりエピタキシャル成長が支配されていることが示されている．すなわち，強力な紫外線が Si 基板表面に照射されることによって，表面が非常に活性な状態になり，光励起された反応種が成長を律速すると考えられる．

このような方法で成長した Si エピタキシャル膜は，良好な結晶性を有しており，電子あるいは正孔の移動度も従来の高温熱成長法で形成した膜と比べても遜色ないものが得られている．ただし，成長速度は従来法に比べ約 1 桁小さいので，今後，連続発振紫外光レーザなどの開発によって紫外線強度を上げ，改良する余地はある．

前述の Si エピタキシャル成長はじめ CVD，ドライエッチング，酸化あるいは不純物拡散などの前処理として，基板の表面洗浄は重要である．これまでは，主に薬品によって基板に付着する微粒子や汚染物質をエッチング除去する方法が採用されてきたが，ガスを用いたドライクリーニングへの転換が望まれている．ドライクリーニング法としては，プラズマやイオン照射を利用する方法があるが，制御性が十分といえず，さらに基板の損傷や二次汚染の問題があるため一般的にはなっていない．これらに代わって最近注目されている方法が紫外線を照射する光クリーニングである．

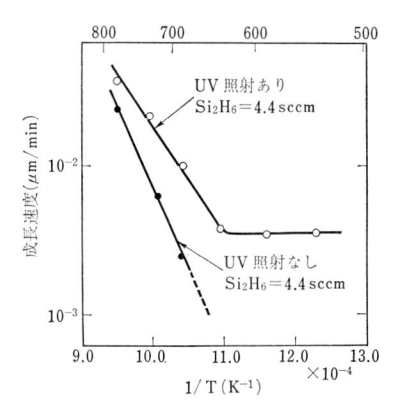

図 2.6.18 減圧 Si 光エピタキシャル成長例[4]

有機物に起因する付着物の除去には，紫外線により励起した酸素との反応が有効である．光源としては，ArF エキシマレーザ（$\lambda=193$ nm）や低圧水銀ランプの輝線（$\lambda=185$ nm）が利用できる．酸素分子は，光の波長によって次のような励起状態をとる．

$$O_2 \xrightarrow{h\nu} O(^3P) + O(^3P), \quad \lambda<242.4 \text{ nm}$$

$$O_2 \xrightarrow{h\nu} O(^3P) + O(^1D), \quad \lambda<175.0 \text{ nm}$$

$$O_2 \xrightarrow{h\nu} O(^3P) + O(^1S), \quad \lambda<133.2 \text{ nm}$$

また，オゾンを用いれば 300 nm 以下の光で分解するので，低圧水銀ランプの他の輝線（253.7 nm）や KrF エキシマレーザ（249 nm）を利用できる．

$$O_3 \xrightarrow{h\nu} O(^3P) + O_2, \quad \lambda<300 \text{ nm}$$

これらの励起された酸素原子によって付着有機物は酸化され，蒸気圧の高い H_2O と CO_2 が生成される．この時，基板が Si であると，その表面に薄い SiO_2 膜が形成される．また，大気中の塵埃などの中には酸化して無機物が残留するものもあり，一般には酸素を用いたドライ光洗浄だけでは十分清浄な表面は得られない．

無機物の除去には，基板のエッチングが有効である．Si 基板の場合には反応ガスとしてハロゲンが用いられる．塩素を用いると，400 nm 以下の紫外線を吸収して，塩素ラジカル

を発生する．

$$Cl_2 \xrightarrow{h\nu} Cl + Cl, \quad \lambda < 400\,nm$$

光源には，ArFまたはKrFエキシマレーザあるいは低圧水銀ランプを用いる．図2.6.19は，Siの紫外線照射下の塩素エッチング特性例である[10]．低温側ではSiの塩化物（$SiCl_4$，$SiCl_2$など）の脱離がエッチングを支配する．高温側では，熱的反応が支配的になり，紫外線照射の効果は少なくなる．光励起した塩素ラジカルと反応する金属はSiと同様塩化物となり，そのうち蒸気圧の高い化合物は表面から除去される．揮発性の低い塩化物あるいは不活性な金属はSiのエッチング中に，リフトオフされる可能性がある．

Si基板表面上の金属微粒子として，Cu, Fe, Ni, Cr, Mg, Al, Na, Caなどが問題になる．塩素ラジカルで除去あるいは減少が確認されているものに，Al, Fe, Na, Crがある．表2.6.8に従来の溶液洗浄と紫外線照射洗浄の比較をしたものを示す[11]．

Si基板の清浄度は特にSiエピタキシャル成長膜やSi熱酸化膜の品質に直接影響する．図2.6.20は比較的低温（860°C）でSiを成長した時の表面結晶欠陥密度と前処理温度の関係をとったものである．一般に，前処理温度が低下すると欠陥が増加

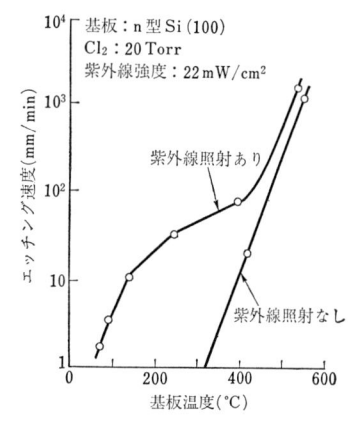

図 2.6.19 塩素を用いたSiの光エッチング[10]

表 2.6.8 溶液洗浄と紫外線照射塩素洗浄との比較（単位：ppb）

	Na	Mg	Ca	Fe	Cr	Al
溶 液 洗 浄	3.9	2.2	1.2	1.4	0.1	<10
紫外線照射塩素洗浄	1.0	0.3	0.2	0.8	0.1	<10

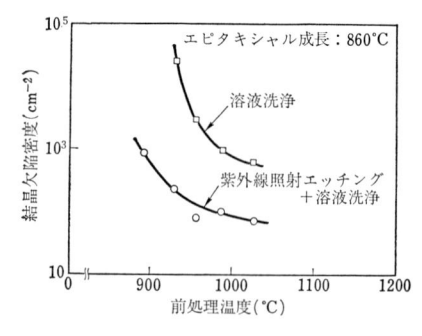

図 2.6.20 Siエピタキシャル成長膜の欠陥密度[12]

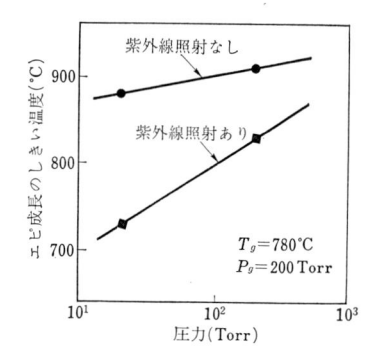

図 2.6.21 Siエピタキシャル成長前処理における紫外線照射効果[4]

2.6 化学加工

し，ついには多結晶化するようになる．この前処理前に塩素中で Si 基板をエッチングすると欠陥密度は約 1 桁低下する．これは，Si 基板表面の溶液洗浄で除去しきれなかった付着微粒子が紫外線照射下の塩素エッチングで除去されたためである．

また，Si 基板をエッチングしなくとも，水素雰囲気中で紫外線を照射することで，Si 基板表面の付着物が除去されることも確認されている．図 2.6.21 は 780°C で Si エピタキシャル成長させる時の，前処理温度の下限を示す[4]．通常，このしきい温度は約 900°C であるが，紫外線照射により約 150°C 低下する．

(伊藤隆司)

文 献

1) 西澤潤一: 金属学会誌, **177** (1961), 25-6.
2) M. Kumazawa, H. Sunami, T. Terasaki and J. Nishizawa: *Jpn. J. Appl. Phys.*, **7** (11), (1968), 1332.
3) T. Yamazaki, T. Ito and H. Ishikawa: *Symp. VLSI Tech.*, (1984) 56.
4) T. Yamazaki, R. Sugino, T. Ito and H. Ishikawa: Ext. Abs. 1986 Int. Conf. Solid State Dev. Mat., (1986), 211.
5) R.G. Frieser: *J. Electrochem. Soc.*, **115**, (1968), 401.
6) 石谷, 伊藤: 1985 年秋季応用物理学会講演予稿集, 2p-W-11 (1985).
7) K. Suzuki, D. Lubben and J.E. Greene: *J. Appl. Phys.*, **58** (2), (1985), 979.
8) 目黒, 井出, 中原, 伊藤, 田代: 1985 年秋季応用物理学会講演予稿集 2p-W-12 (1985).
9) A. Yamada, S. Nishida, M. Konagai, K. Takahashi: Ext. Abs. 1986 Int. Conf. Solid State Dev. Mat., (1986), 217.
10) R. Sugino, Y. Nara, T. Yamazaki, S. Watanabe and T. Ito: Ext. Abs. 19 th Conf. Solid State Dev. Mat., (1987), 207.
11) T. Ito, R. Sugino, T. Yamazaki, S. Watanabe and Y. Nara: *Ext. Abs.* 172nd ECS Meeting, (1987), 751.
12) 伊藤: 電気化学協会第 53 回大会講演要旨集 (1986), 219.

d．単結晶成長（III-V, II-VI）

最近光を用いたエピタキシャル単結晶成長（光エピタキシー）が数多く試みられるようになってきた．それは光エネルギーの助けにより低温結晶成長を可能にし，ヘテロエピタキシャル成長において，不純物，あるいは組成をできるだけ急峻に変化させようとするためであり，また不純物や組成，あるいは膜厚の空間的な制御を光で行う，いわゆる光選択結晶成長を実現し，デバイスプロセスを簡略化しようとするものである．また，光を用いることにより GaAs で単原子層制御結晶成長が可能となるため，光エピタキシーのこの方面への応用も注目されている．

光エピタキシャル成長は現在主に GaAs[1~21], GaAlAs[18] で試みられているが，それ以外に III-V 族化合物では InP[22~24], また，II-VI 族化合物では CdTe[25], CdHgTe[26], HgTe[27,28] あるいは，ZnSe[29] などで行われている．

光エピタキシーに用いる光源は通常の光 CVD と同様に ArF (193 nm) あるいは KrF (248 nm) などのエキシマレーザ[4~6,17~20,22,23,26,28] がよく用いられている．これはエピタキシーに用いる有機金属化合物の吸収がこの近傍の波長にあるためである．しかしこの波長の光源を用いると，気相で有機金属化合物の光分解が起こり，分解生成物がエピタキシャル成長表

面に堆積し，結晶表面のモルフォロシーや結晶の質を悪くする場合がある．また，エキシマレーザ以外に励起光源として Ar イオンレーザ[8,11,12,14,15,21,24] もよく用いられる．また，Q スイッチ YAG レーザの第 2 高調 (523 nm) を用いた例もある[1~3]．有機金属化合物は Ar イオンレーザ (355~514.5 nm)，あるいは Q スイッチレーザの第 2 高調波 (532 nm) の発振波長域では通常気相中で吸収をもたないため，光エピタキシーの光照射効果としてはエピタキシャル表面での光化学反応，あるいは熱反応のみが期待される．この場合エピタキシャル成長のパターン化がレーザ掃引の直接描画によって可能になる．レーザ以外には超高圧 Hg ランプ[7,9,13,25,27] も光源としてよく用いられている．

光エピタキシーは通常の MOVPE 結晶成長炉に光を導入することによって行われる場合が多いが，光を導入するために種々の工夫がなされている．たとえば UV 光，あるいはエキシマレーザを光源とする場合，原料ガスの気相分解に伴う窓の汚れを避けることが必要不可欠である．そのために炉の構造を工夫したり窓に H_2 ガスを吹き付けたり，あるいは不活性なオイルを窓に塗っておくなどがなされている．また，レーザも目的によって CW モードで照射したり，あるいは変調モード，パルスモードで照射する場合がある．原料ガスも連続的に流す場合，あるいはレーザと同期したパルスモードで供給する場合などがある．光エピタキシーは MOVPE 炉ばかりでなく，MBE[24] 炉を用いても行われており，結晶成長への光照射効果が調べられている．

光エピタキシーの特長の一つは結晶成長温度の低温化にあるがその一例[27]を図 2.6.22 に示す．この図は減圧 Hg-ジエチルテルライド (Et_2Te) 系 MOVPE において UV 照射 (Hg ランプ) 下における HgTe の (100) 結晶成長速度を基板温度の関数として示している．通常 HgTe/CdTe ヘテロエピタキシーを製作する場合成長温度を 400°C ぐらいにすれば界面遷移幅は 0.1 μm ぐらいとなるが，この値は超格子などの製作で要求される 10 Å 以下のシャープさからは大幅に大きい．界面での相互拡散を減らすため，もっと温度を下げると Te のソースガスである Et_2Te の熱分解が不十分となり，安定なソースガスの供給ができなくなり，したがって，400°C 以下の低温化は従来の方法では不可能である．しかし図 2.6.22 から明らかな通り照射下では 200~300°C の低温でも約 1~2 μm/h

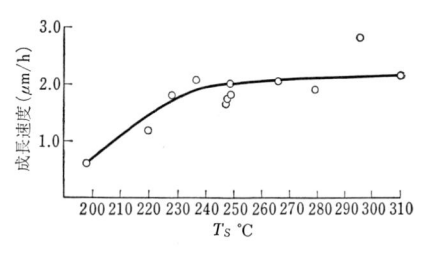

図 2.6.22 HgTe の成長速度の基板温度依存性

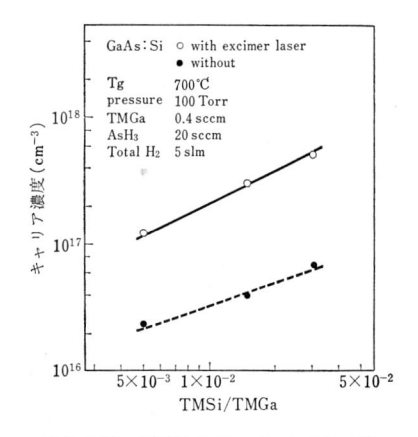

図 2.6.23 TMSi をドーパントとして用いた場合のキャリア濃度の TMSi/TMG の比依存性

2.6 化学加工

の成長速度を得ることができており，HgTe/CdTe ヘテロエピタキシーにおいても低温化に伴う界面での相互拡散が大きく抑えられることが期待される．

光エピタキシーの他の特長は組成あるいはドーピング[17,19]を光によって制御できるところにある．図 2.6.23 は光励起により GaAs に Si ドープを行った例[17]を示す．この場合減圧 AsH_3-トリメチルガリウム（TMG）系 MOVPE で結晶成長を行っており，ドーピングガスとしてテトラメチルシラン（TMSi）を用いている．照射光は ArF エキシマレーザ（193 nm）であり，基板は GaAs (100)，成長温度は 700℃ である．Hall 効果の測定より光を照射すると 1 桁近くドーピング量が上がることがわかった．また，CdTe のドーピングの実験では MBE 結晶成長中に Ar レーザ（150 mW/cm², 514〜528 nm）を照射し基板温度 230℃ で In のドーピングが光の照射しない場合の値 2×10^{16} から 6×10^{17} まで 30 倍増速されることが報告[24]されている．

また図 2.6.24 は $Ga_{1-x}Al_xAs$ の組成比 x が ArF エキシマ（193 nm）光照射によって制御されている様子[18]を示している．この場合光照射部（左側）は，Al のモル比が約 0.03 上がっていることがわかる．変化の量はまだ十分には大きくないが，このように光照射により組成やドープ量を外部より制御できることがわかる．

また，光エピタキシーではパターン化結晶成長[3,15,18]が可能であるが，図 2.6.25 に Ar イオンレーザを用いてドット，あるいは線状の結晶成長をさせた例[10]で示す．このデータは Si (100) 基板

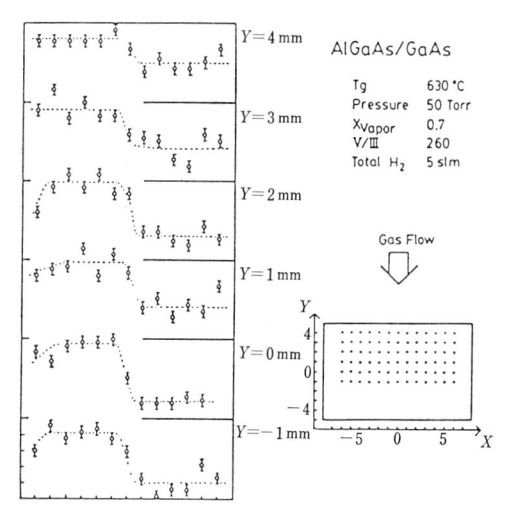

図 2.6.24 $Ga_{1-x}Al_xAs$ の組成比 x の光照射による変化とマスクによるパターニング例

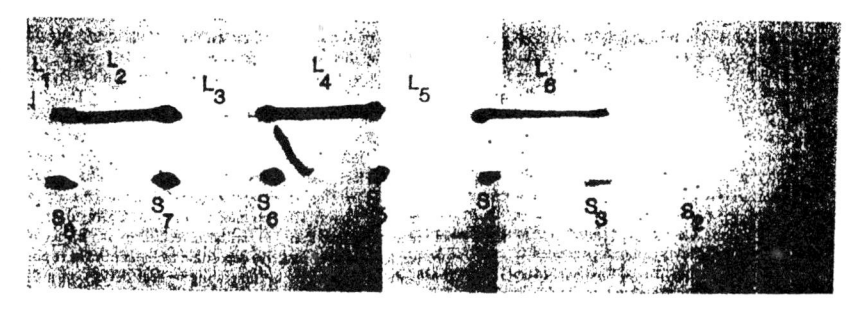

図 2.6.25 Si の上に GaAs を Ar レーザ照射によりパターン結晶成長させた例

上に常圧 AsH$_3$-TMG 系 MOVPE を用いて GaAs の光選択成長をさせたものである。この時の基板温度は350°C である。 L$_2$, L$_4$, L$_6$ はレーザのスポットサイズを 20～30 μm とし，パワーを 6, 5, 4 W と各々変え 2.5 μm/s でレーザを掃引した時の例，L$_1$, L$_3$, L$_5$ は同一レーザ強度で掃引速度を 170 μm/s に変えた時の例である。また，S$_1$～S$_8$ はレーザを静止させ 2 W から 5.5 W まで 0.5 W きざみにレーザ強度を上げていった場合の例である。実験データはまだ初歩的なものであるが，この実験はパターン化結晶成長が可能であることを原理的に示しており，将来このパターン化と同時に組成比あるいはドープ量を光で制御すればマスクレスでデバイスを作り出せるようになる。

図 2.6.26 はレーザを用いた単原子層制御結晶成長[4～6,14,17]の例[14]を示す。この場合図 2.6.26 に示すように原料ガス TMG ならびに AsH$_3$ を交互に 1 秒間ずつ，1 秒の間隔をおい

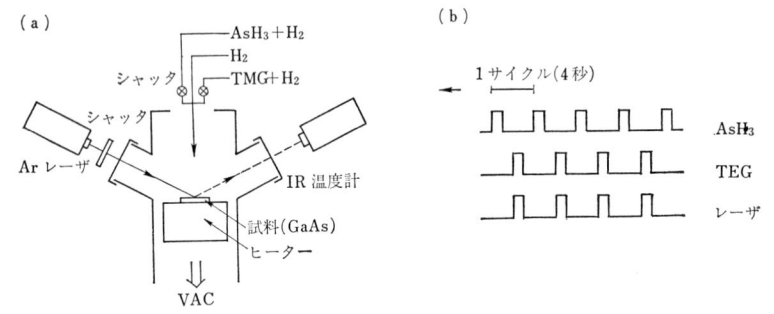

図 2.6.26 単原子層結晶成長のための原料ガスとレーザパルスの時系列例

て供給する。同時に基板を原料ガス供給に同期した 1 秒の Ar レーザ光パルスで照射する。この場合単原子層制御の結晶成長を実現するためには 1 サイクルごとに 1 原子層ずつ結晶成長が起こることが必要条件となる。また，完全な単原子層制御の結晶成長を実現するためには，単原子層結晶成長が起こるたびに成長が自動的にそこで停止する必要がある。MBE や MOVPE で単原子層ずつ結晶成長させる場合，成長時間を厳密に制御し，単原子層制御を達成させている。しかしこの場合，成長条件は外部温度や原料ガスの供給量，あるいは強度に強く依存し厳密な時間制御は必要不可欠である。しかし何らかの方法で単原子層成長が起こった所で結晶成長が止まれば結晶成長パラメータの変化には無関係に単原子層成長ができることとなる。図 2.6.27 は GaAs の 100 面での成長速度の温度依存性を光を当てた場合と当てない場合について記述してある。光を当てた場合，370～430°C の間で成長速度は温度によらず 1 サイクル当り単原子層 (2.83 Å) の成長速度になっていることがわかる。これは単原子層成長がこの温度範囲で達成されているこ

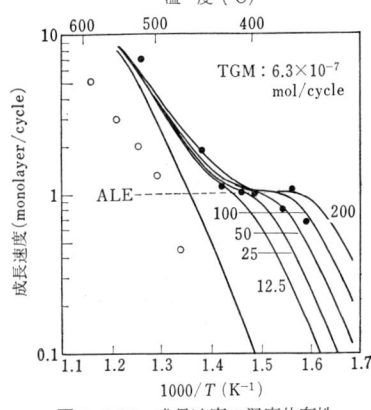

図 2.6.27 成長速度の温度依存性
●はレーザ照射，○はレーザ非照射

とを示している．ここでは述べないが，原料ガスの供給量，あるいはレーザ強度を変えても1サイクル当り単原子層で結晶成長が止まることが見いだされている．GaAsは（100）面ではGa原子面とAs原子面が交互に積み重なっているが，ArレーザがGaAs表面に当たった時，表面がAs原子面の時のみTMGが光表面反応で分解でき，Ga原子面では光が当たってもほとんど分解できないといういわゆる原子選択光表面分解反応が起こっているとし図中の実線で示すように理論的にもよく説明された．図中の数値はAs面でのTMGの分解速度とGa面での分解速度の比である．この比が100の時よく実験結果を説明できる．光照射は気相あるいはエピタキシャル成長表面での原料ガスの分解，表面吸着種の吸着，脱離，あるいは吸着種の表面移動過程に寄与していると考えられる．しかし光照射効果が結晶成長のどの段階に寄与しているのかその機構を調べることはさほどたやすくなく，詳細な光照射効果の機構[5,13,20,21,23]がいろいろ調べられようとしている．また光エピタキシー技術を用いて光検出器[2]などを作りデバイスに応用しようとする試みもなされている．

（青柳克信）

文　献

1) W. Roth, et al.: *Mat. Res. Soc. Symp. Proc.*, **17** (1983), 193.
2) W. Roth, et al.: Fast Photoconductive GaAs Detectors Made by Laser Stimulated MOCVD. *Elector. Lett.*, **19** (1983), 142.
3) W. Roth, et al.: GaAs mesa diodes made by directwriting laser stimulated MOCVD. *Micro. J.*, **15** (1984) 26.
4) J. Nishizawa and Y. Kokubun: Recent Progress in Low Temperature Photochemical Processes, Extended Abstracts of the 16th SSDM Kobe 1984, (1984), 1-4.
5) J. Nishizawa, et al.: Photoexcitation Effects on the Growth Rate in the Vapor Phase Epitaxial Growth of GaAs. *J. Electro. Chem. Soc.*, **132** (1985), 1939.
6) J. Nishizawa, et al.: Molecular Layer Epitaxy. *J. Electro. Chem. Soc.*, **132** (1985), 1197.
7) N. Putz, et al.: Photostimulated Growth of GaAs in the MOCVD System. *J. Cryst. Growth*, **68** (1984), 194-199.
8) Y. Aoyagi, et al.: Laser enhanced metalorganic chemical vapor deposition crystal growth in GaAs. *Appl. Phys. Lett.*, **47** (1985), 95.
9) J. Nishizawa, et al.: Photostimulated molecular layer epitaxy. *J. Vac. Sci. Technol.*, **A 4 (3)** (1986), 706.
10) S.M. Bedair, et al.: Laser selective deposition of GaAs on Si. *Appl. Phys. Lett.*, **48** (1986). 174.
11) Y. Aoyagi, et al.: Characteristics of laser metalorganic vapor-phase epitaxy in GaAs. *J. Appl. Phys.*, **60** (1986), 3131.
12) A. Doi, et al.: Growth of GaAs by switched laser metalorganic vapor phase epitaxy. *Appl. Phys. Lett.*, **48** (1986), 1787.
13) J. Nishizawa, et al.: Deposition Mechanism of GaAs Epitaxy. *J. Electro. Chem.*, **134** (1986), 945.
14) A. Doi, et al.: Stepwise monolayer growth of GaAs by switched laser metalorganic vapor phase epitaxy. *Appl. Phys. Lett.*, **49** (1986), 785.
15) N.H. Karam, et al.: Laser direct writing of single-crystal Ⅲ-V compounds on GaAs. *Appl. Phys. Lett.*, **49** (1986), 880.
16) V.M. Donnelly, et al.: ArF excimer-laser-stimulated growth of polycrystalline GaAs thin films. *J. Appl. Phys.*, **61** (1987), 1410.
17) Y. Ban, et al.: Laser-Irradiation Effects on the Incorporation of Impurities in GaAs

during MOVPE Growth. *J. J. Appl. Phys.*, **25** (1986), L 967.
18) H. Kukimoto, et al.: Selective Area Control of Material Properties in Laser Assisted MOVPE of GaAs and AlGaAs. *J. Crys. Growth*, **77** (1986), 223.
19) K. Kimura, et al.: Doping Enhancement by Excimer Laser Irradiation in GaAs Source Molecular Beam Epitaxy of GaAs. *J. J. Appl. Phys.*, **26** (1987), L-200.
20) Y. Tamaki, et al.: Proceeding of the 13th Conference on Solid State Devices **21**(1981), 37,
21) Y. Aoyagi, et al.: Atomic-layer growth of GaAs by modulated-continuous-wave laser metal-organic vapor-phase epitaxy. *J. Vac. Sci. Technol.*, to be published.
22) V. M. Donnelly: Excimer laser induced deposition of InP. 1985 DRY PROCESS SYMPOSIUM.
23) V. M. Donnelly: Excimer laser-induced deposition of InP: Crystallographic and mechanistic studies. *J. Appl. Phys.*, **58** (1985), 2022.
24) R. N. Bicknell, et al.: Growth of high mobility n-type CdTe by photoassisted molecular beam epitaxy. *Appl. Phys. Lett.*, **49** (1986), 1095.
25) S. J. C. Irvine, et al.: Photo-metal organic vapor phase epitaxy: A low temperature method for the growth of $Cd_xHg_{1-x}Te$. *J. Vac. Sci. Technol.*, **B 3 (5)** (1985), 1450.
26) B. J. Morris: Photochemical organometallic vapor phase epitaxy of mercury cadmium telluride. *Appl. Phys. Lett.*, **48** (1986), 867.
27) S. J. C. Irvine, et al.: Photosensitisation: A Stimulant for the Low Temperature Growth of Epitaxial HgTe. *J. Crys. Growth*, **68** (1984), 188.
28) 川久慶人，他：ZnSe の光励起 MOCVD (II)，33 回応用物理学会（春）予稿集 1986，(1986), 673.
29) 清沢昭雄，他：光励起 MBE 法による GaAs の結晶成長, 33 回応用物理学会（春）予稿集 1986，(1986), 719.

B. 酸化/窒化

Si の酸化はデバイス製造の基本プロセスの一つである．デバイスのいっそうの高集積化・高性能化のために，酸化工程の温度を下げることが要求されている．高圧酸化雰囲気中における Si の加熱により酸化温度をある程度下げられるが，形成される Si 酸化膜の品質や取扱いがむずかしいなどの理由で一般的な方法にはなっていない．フォトンエネルギーを利用して酸化が可能になれば低温化プロセスとして非常に有用である．

Si の酸化過程は，形成される SiO_2 膜厚によって律速過程が異なる．SiO_2 が比較的薄い時には酸化種と Si との反応が律速し，膜が厚くなると SiO_2 中の酸化種の拡散速度が酸化速度を律速するようになる．光照射で期待される効果は，反応または拡散の促進である．

図 2.6.28 に，水銀ランプを用いた紫外線照射下の Si 乾燥酸素酸化特性を示す[1]．紫外線照射によって膜厚が増加することが確認されているが，増加率は 10% 程度であまり大きくない．この膜厚増加率は光の強度とともに増大し，また Si 基板の電子濃度に依存する．図 2.6.29 は，アルゴンイオンレーザを Si 基板に照射した例である[2]．バックグランドの電子濃度の低い p 型基板では，不純物濃度が高くなるにつれて膜厚増加率は大きくなる．反対に，n 型基板ではレーザ照射の効果はほとんど見られない．

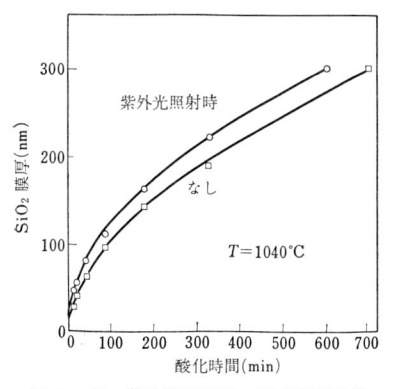

図 2.6.28 紫外線照射下の Si 高温酸化[1]

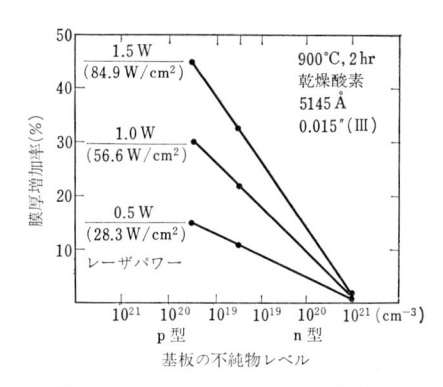

図 2.6.29 アルゴンイオンレーザ照射下の Si 酸化膜増加率の基板依存性[2]

これらのことから，現在考えられている光照射の効果を表 2.6.9 に示す．図 2.6.28 および 2.6.29 に見られるものは，そのフォトンエネルギーから見て SiO_2 伝導帯へ電子を励起あるいは注入することにより，次の反応が促進され，発生した酸素負イオンが Si の酸化反応種となるためと考えられる．

$$O_2 + e^- \longrightarrow O + O^-$$

フォトンエネルギーが酸素を直接解離するように高ければ，次式に従って酸素原子ラジカルが発生するが，この効果による SiO_2 膜厚増加率は現在のところ 10% 以下と見られる．

$$O_2 \xrightarrow{h\nu} O + O$$

さらにフォトンエネルギーを高くして，SiO_2 中のバンド間で光を吸収し，電子一正孔対

表 2.6.9 Si/SiO$_2$ 系のエネルギー過程

エネルギー過程	エネルギー (eV)	波長 (nm)
Si 中の熱励起	～0.1	12,000
Si 中のバンド間光励起	1.1	1,127
(Si 伝導帯から SiO$_2$ 中へトンネルまたはホットエレクトロン注入)	(2.41)	(514.5)
Si 伝導体から SiO$_2$ 伝導体へ電子励起	3.15	394
Si 価電子帯から SiO$_2$ 伝導体へ電子励起	4.25	292
O$_2$ の解離	5.1	243
SiO$_2$ 中のバンド間光励起	8	155

を発生させるとさらに効果的と考えられるが，これに相当する実験はまだ報告されていない．一方，Si 窒化の場合には，形成される Si$_3$N$_4$ のエネルギー禁止帯幅が約 6 eV であるから，ArF エキシマレーザ（6.42 eV）あるいは低圧水銀ランプの輝線（6.71 eV）でバンド間光励起が可能になる．図 2.6.30 は，アンモニアガス雰囲気中で Si 基板に ArF エキシマレーザを照射した例である[3]．Si 窒化膜は雰囲気に残留する酸素あるいは表面自然酸化膜の影響で化学量論的組成の Si$_3$N$_4$ にはなっていないが，熱的に 1,000℃ で形成した Si 窒化膜の組成に近いものが得られる．

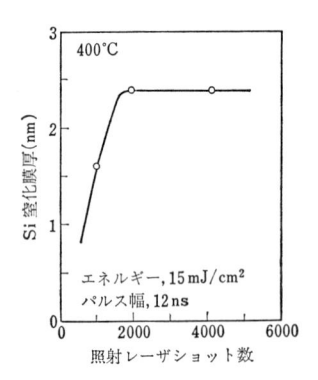

図 2.6.30 アンモニアガス中 ArF エキシマレーザ照射下の Si 窒化[3]

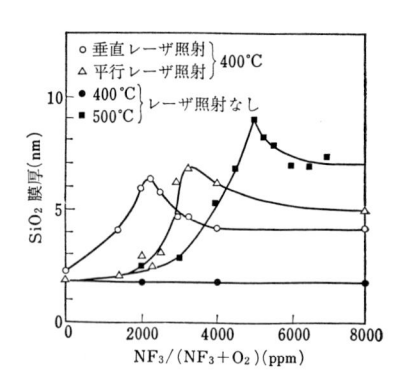

図 2.6.31 フッ素添加酵素中の ArF エキシマレーザ照射酸化[4]

酸化雰囲気にフッ素を混入させると，電気陰性度が大きいため Si/SiO$_2$ 界面における反応性を高めるためと，SiO$_2$ 中の Si-O 結合を切断することで酸化種の拡散を速めることが確認されている．図 2.6.31 には，フッ素添加酸素中の Si 酸化とこれに ArF エキシマレーザを照射した結果を示す[4]．レーザ照射を行わないと，400℃ ではフッ素による増速酸化の効果はないが，その温度でもレーザによって添加ガスの NF$_3$ が光解離され，活性なフッ素

ラジカルができるため，フッ素の効果が現われる．しかし，いずれの場合もフッ素がある程度以上の濃度になると SiO_2 のエッチングが併発し，膜厚は減少する． 　　　　　　（伊藤隆司）

文　献
1) R. Oren and S.K. Ghandhi: *J. Appl. Phys.*, **42** (2) (1971), 752.
2) E.M. Young: *Appl. Phys. Lett.*, **50** (5) (1987), 46.
3) T. Sugii, T. Ito and H. Ishikawa: *Appl. Phys. Lett.*, **45** (9) (1984), 966.
4) M. Morita, S. Aritome and M. Hirose: Proc. 17 th Conf. Solid State Dev. Mat., (1985), 181.

C. ドーピング

半導体への不純物ドーピングにレーザを利用する試みは，比較的古くから行われており，1968年には Fairfield ら[1]が，ペイント法によりリンを塗布したシリコンにルビーレーザを照射し，また，1970年には Harper ら[2]が，Al 蒸着シリコンに Nd:YAG レーザを照射し，それぞれダイオードを作製した．しかし，共にシリコン表面の損傷が激しく良好な電気的特性は得られなかった．その後，イオン注入半導体に対するレーザアニーリングが脚光を浴びたこともあり，レーザドーピングの研究は進展しなかった．1981年になり，Deutsch ら[3~5]が紫外エキシマレーザをドーパントガス雰囲気のシリコン，ガリウムひ素に照射し，不純物ドーピングを単純なプロセスで実現し，良好な特性の太陽電池を作製し，再び注目された．従来の可視レーザに比べ，エキシマレーザは，さまざまな特徴を有しており今後その技術の実用化が期待されている．

a. レーザドーピングの特徴

レーザドーピングの特徴として，第1に，レーザ照射領域のみを加熱し，しかもマスクを用いることなく選択的にドーピングできるという点があげられる．これは，たとえば集積回路チップ上の決められた位置のみに不純物ドーピングが可能であるため，集積回路設計において大変有利な点となる．また，プロセス時間がきわめて短くスループットが高いという特徴もある．これらはレーザドーピングに共通の利点であるが，紫外エキシマレーザを用いた場合には，発振波長が短いため，さらに次のような特徴も加わる．すなわち，レーザエネルギーが半導体表面のみに吸収されるため，イオン注入では困難となるきわめて浅い接合を形成することが可能である．また，ドーピングガスの熱分解に加え光分解を利用することにより，効率的なドーピングを行うことができることなどである．ここでは，主として，紫外エキシマレーザを光源とした場合のドーピングについて述べる．

b. レーザドーピングのタイプ

レーザドーピングの機構に注目してそのタイプを考えると，大きく分けてドーピング原子の生成の方法，すなわちドーピングガスがエキシマレーザにより光分解されるかどうか，さらにドーピング原子の拡散の形態，すなわち半導体基板がレーザ照射により溶融するかどうかによりそれぞれ二つのタイプがあり結局四つのタイプがある．従来，次の三つのタイプが報告されており，これを表2.6.10に示す．

（i）ガス光分解・吸着層熱分解，液相拡散　　　（ii）吸着層熱分解，液相拡散

表 2.6.10 レーザドーピングの実際例

反応タイプ		ドーピングガス	レーザ	基板状態	対象	文献
（ⅰ）	ガス光分解 ＋ 吸着層熱分解	$B(CH_3)_3$, $Al(CH_3)_3$	ArF	溶融	Si	3)
		BCl_3, PCl_3	ArF	溶融	Si	4)
		$B(C_2H_5)_3$	ArF	溶融	Si	12)
		$POCl_3$	ArF	溶融	Si	13)
		H_2S	ArF, XeF	溶融	GaAs	5)
		$Cd(CH_3)_2$, $Zn(CH_3)_2$	ArF	溶融	InP	6)
（ⅱ）	吸着層熱分解	BCl_3, PCl_3	XeF	溶融	Si	4)
		B_2H_6, PH_3	XeCl	溶融	Si	7)
		BF_3	ArF	溶融	Si	8)
		a–B	XeCl	溶融	Si	11)
（ⅲ）	吸着層熱分解	BCl_3, PCl_3	Ar イオン	非溶融	Si	9)

（ⅲ） 吸着層熱分解，固相拡散
このほかにガスを用いるのではなく，半導体基板上に付着させた固体のドーピング源を利用する方法も行われているが，本質的に（ⅱ）あるいは（ⅲ）のタイプのドーピングと同一と考えられるので便宜上これらに分類する．それぞれのタイプについて簡単に説明する．

（ⅰ） ガス光分解・吸着層熱分解，液相拡散　　ドーピングガスの吸収波長が用いるレーザの発振波長付近にあり，光分解により容易にドーパント原子が生成される場合である．たとえば，BCl_3, PCl_3 は共に ArF エキシマレーザの発振波長（193 nm）付近で吸収を示す．Deutsch ら[4] はこれらのガス雰囲気内のシリコンに ArF レーザを照射し，ドーパント原子の生成と同時にシリコン基板の溶融により B, P のドーピングを実現した．図 2.6.32 にこの結果を示す．シート抵抗のレーザエネルギー密度依存性が示されており，高エネルギー密度では 60 Ω/□ という低い値が得られている．一方，XeF エキシマレーザの発振波長（351 nm）付近では，BCl_3, PCl_3 は共に吸収を示さないが，図 2.6.32 に示すように XeF レーザによってもドーピングが可能である．この場合は，シリコン表面にドーピングガスの吸着層が形成されており，この吸着層の熱分解により B, P のドーピングがなされている．これは，次に述べる（ⅱ）のタイプの場合である．結局，（ⅰ）のタイプでは，ドーピングガスの光分解のみならず表面吸着層の熱分解による B, P のドーピングの寄与もある．このようにシート抵抗からドーピング効率を見るとタイプ（ⅰ）が有効なことがわかる．

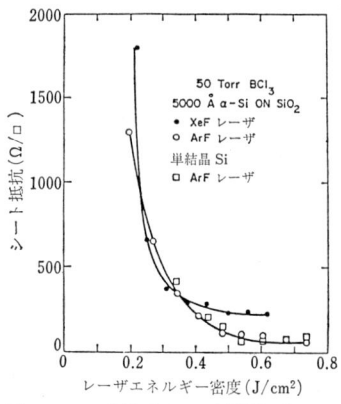

図 2.6.32　単結晶および CVD Si シート抵抗の ArF, XeF レーザエネルギー密度依存性[4]

しかし，両者の分離に関する詳細な検討はまだなされていない．なお，GaAs, InP などの化合物半導体に対しても本方法によりドーピング[5,6] がなされている．

(ii) **吸着層熱分解,液相拡散** タイプ(i)ですでに説明したように,ドーピングガスが,用いるレーザの発振波長付近に吸収をもたない場合であり,吸着層の熱分解によりドーパント原子が生成される.(i)で述べた例のほかに,B_2H_2, PH_3 と XeCl レーザ (308

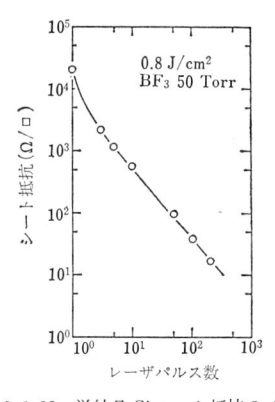

図 2.6.33 単結晶 Si シート抵抗の ArF レーザパルス数依存性[8]

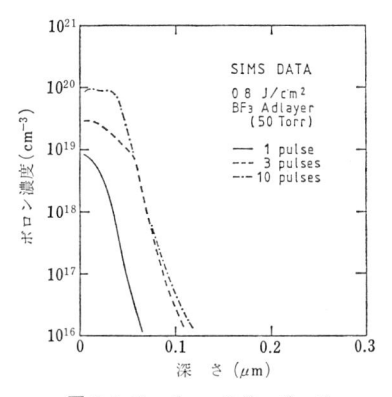

図 2.6.34 ボロンのドーピングプロファイル[8]

nm)の組合せ[7],あるいは,BF_3 と ArF レーザの組合せ[8] による B, P のシリコンへのドーピングが報告されている.この場合,シリコン表面上の吸着層はレーザ照射による基板加熱で分解し,溶融シリコン内へ取り込まれる.図 2.6.33 は 50 Torr BF_3 雰囲気中のシリコンに ArF レーザを照射した際のシート抵抗の照射パルス数依存性を示したものである.ドーピング特性はエネルギー密度のみならずパルス数にも強く依存することがわかる.この条件において 1, 3, 10 パルス照射した際の SIMS (二次イオン質量分析)によるボロンのドーピングプロファイルを図 2.6.34 に示す.表面濃度および接合深さがパルス数と共に増加していることがわかる.また,0.1 μm 以下のきわめて浅い接合が得られている.

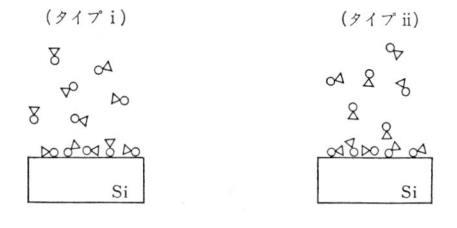

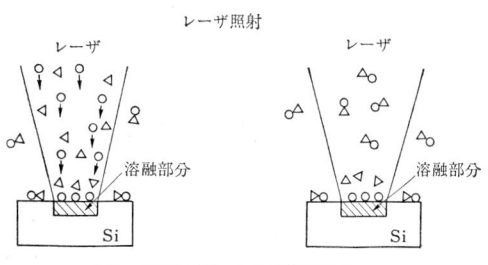

以上の説明をまとめて,タイプ(i)とタイプ(ii)のドーピング機構を図 2.6.35 に示した.

図 2.6.35 ドーピング機構の図式

(iii) **吸着層熱分解,固相拡散** シリコン表面の吸着層をドーピング源とすることはタ

イプ (ii) と同じであるが，この場合レーザ照射により，シリコン基板を溶融させることなく，したがってドーパント原子は通常の熱拡散と同様固体中を拡散する．このタイプの例として，BCl_3 雰囲気中のシリコンに Ar イオンレーザを照射し，$0.1\,\mu m$ 以下の線幅という高い空間分解能の局所ドーピング[9] が実現されている．

c．レーザドーピングの応用

エキシマレーザドーピングの特徴は，プロセスが単純であることである．したがって，今後，大出力のエキシマレーザの開発により，大面積の太陽電池作製への本技術の応用が期待される．また，きわめて浅い接合を形成することが可能なため，MOSFET の微細化に伴い顕著となるショートチャネル効果の抑制に有効と期待される．すでに，MOSFET のソース・ドレインをエキシマレーザドーピング法により形成した素子が試作されており，図 2.5.36 に示すように良好な電流―電圧特性が報告[10] されている．実際の集積回路作製プロセスへの適用に関しては，まだ解決すべき多くの問題が残されているが，サブミクロン素子作製の有望な技術の一つと期待される．さらに局所的加熱の利点を利用したものとして，ガラス基板上に多結晶シリコン薄膜トランジスタを XeCl エキシマレーザドーピングにより作製した報告[11] がある．このほかにもエキシマレーザの特徴を生かした応用の展開が期待される．　　　　　　　（松本　智）

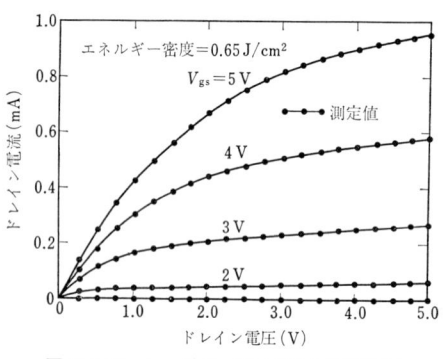

図 2.6.36 レーザドーピングにより作製された MOSFET のドレイン特性[10]

文　献

1) J.M. Fairfield, et al.: Silicon diodes made by laser irradiation, Solid-State Electron., 11, (1968) pp.1175-1176.
2) F.E. Harper, et al.: Properties of Si diodes prepared by alloying Al into n-type Si with heat pulses from a Nd: YAG laser, Solid-State Electron., 13, (1970) pp.1103-1109.
3) T.F. Deutsch, et al.: Efficient Si solar cells by laser photochemical doping. *Appl. Phys. Lett.*, **38** (1981), 144-146.
4) T.F. Deutsch, et al.: Electrical properties of laser chemically doped silicon. *Appl. Phys. Lett.*, **39** (1981), 825-827.
5) T.F. Deutsch, et al.: Efficient GaAs solor cells formed by UV laser chemical doping. *Appl. Phys. Lett.*, **40** (1982), 722-724.
6) T.F. Deutsch, et al.: Ohmic contact formation on InP by pulsed laser photochemical doping, *Appl. Phys. Lett.*, **36** (1980), 847-849.
7) P.G. Carey, et al.: Ultrashallow high concentration boron profiles for CMOS processing, IEEE Electron Device Lett., EDL-6 (1985) pp.291-293.
8) S. Kato, et al.: ArF excimer laser doping of boron in silicon. *J. Appl. Phys.*, 62(1987), 3656-3659
9) D.J. Ehrlich, et al.: Submicrometerlinewidth doping and relief definition in silicon by laser-controlled diffusion. *Appl. Phys. Lett.*, **41** (1982), 297-299.
10) P.G. Carey, et al: Fabrication of submicrometer MOSFET using gas immersion laser

doping (GILD), IEEE Electron Device Lett., EDL-7 (1986) pp. 440-442.
11) T. Sameshima, et al.: XeCl excimer laser annealing used so fabricate poly-Si TFTS. *Mat. Res. Soc. Symp. Proc.*, **71** (1986), 435-440.
12) K.G. Ibbs, et al.: Characteristics of laser implantation doping. *Mat. Res. Soc. Symp. Proc.*, 17 (1983), 243-246.
13) S. Kato, et al.: Phosphorus doping into silicon using ArF excimer laser. *J. Electrochem. SoC.*, **135** (1988), 1030-1032.

D. エッチング

レーザエッチングが注目されるようになってきた大きな理由は，次世代超高密度集積回路のプロセス技術として期待されているためである．つまりプラズマを用いた場合に比べ，反応系が高エネルギーイオンを含まず半導体表面への照射損傷が少ないこと，およびフォトレジストを使わずにパターン転写ができること，などの特長が，サブミクロンデバイス製作のためのプロセスとして適合しているからである．レーザエッチングには，ArF (193 nm)，KrF (248 nm)，XeCl (308 nm) エキシマレーザ，Ar イオンレーザ (514.5 nm)，CO_2 レーザ (10.6 μm) などが使われる．これらのレーザによって，ガスが分解されてラジカルを生成したり，また基板に吸着した吸着種が励起されたりして，基板と反応しエッチングが起こる．また反応によってはレーザ光による基板自身の励起がエッチングにとって重要になってくる．これらの光化学反応の研究は最近特に，エキシマレーザの進歩によって活発に行われるようになってきた．

これまで種々の材料のレーザエッチングが試みられているが，ここでは主に半導体とそれに関係した材料のエッチングとその反応メカニズムについて述べる．

Ehrlich らは[1] フォトリソグラフィを使わずに，シリコン上にレリーフを直描することが可能であることを示した．つまり，1～500 Torr の Cl_2 または HCl ガス中でシリコン基板上に，5 μm 程度に絞った Ar イオンレーザ光を照射することによって，エッチングを行った（図2.6.37）．入射レーザパワーが 4 W を越えると，熱励起表面反応が律速となるが，低パワー領域では光解離反応がエッチング反応の主要な律速過程となる．4 W 以上でエッチング速度が飽和するのは，シリコンの融点に近く反射率が変化することおよび熱の横方向への拡散があるためである．Ar イオンレーザの波長は Cl_2 の吸収帯のすそに含まれているが，HCl 吸収帯より長波長側にあるため低パワーでは Cl_2 ガス中でのみエッチングが起こる．また Si(100) 表面の反応性は Si(111) より高く，両者でエッチング速度に大きな差が生じる．

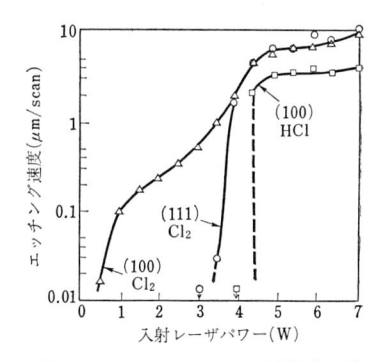

図 2.6.37 Ar イオンレーザ光強度に対する Cl_2 および HCl 雰囲気中でのエッチング速度

Horiike ら[2] も Cl_2/Si 系のエッチングを XeCl エキシマレーザを用いて試みた．図 2.6.38 には n 型, p 型単結晶シリコンの単位エネルギー当りのエッチング深さを示している．

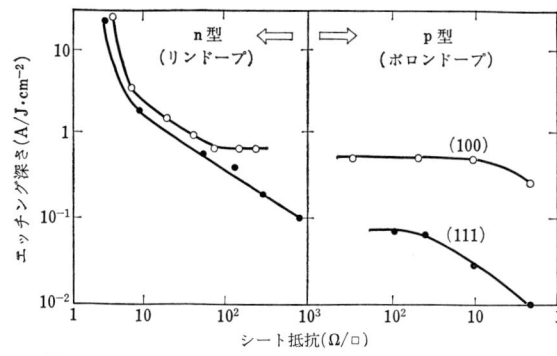

図 2.6.38 単結晶シリコンの Cl_2 ガス中で XeCl エキシマレーザ光を照射したときのエッチング深さの基板伝導型, 面指数依存性

電子濃度の低い領域ではエッチング速度は (100) 面が常に (111) 面より大きく, その断面形状は側壁に (111) 面が現われる. 一方, 基板電子濃度の大きな領域では両者のエッチング速度の差は減少し, 断面形状も等方的になる. このエッチング速度の基板伝導型依存性は Sekine ら[3] が Xe-Hg ランプ (200 W) を用いて行った多結晶シリコンの場合と同じで, 以下のような電場支援反応の機構が考えられる.

光解離した Cl 原子が Si 表面に吸着すると, 基板への光照射によって生じた自由電子の一部が Cl 原子に移動し Cl^- となる. この Cl^- は, 正に帯電した基板シリコン表面格子に引き込まれ

$$Cl^- + Si^+ \longrightarrow SiCl_4(gas) \quad (1)$$

のような反応が進むと考えられる (図 2.6.39).

シリコンは Cl, F 系いずれのガスでもエッチングされる. 中性粒子系の光エッチングにおいては, 反応性イオンエッチング (RIE) の場合のようにイオン誘起表面反応が起こらないため, Cl 原子と F 原子の性質の違いを強く反映したエッチング反応が起こる. 堀池ら[4], Hirose ら[5] は NF_3 ガス中に ArF エキシマレーザを照射することによりシリコンのエッチングを行った. 図 2.6.40 に示すように F 原子によるエッチングでは, 基板キャリア濃度, 伝導型, 結晶方位にほとんど依存しない. 図 2.6.41 にシリコンのおのおのの結

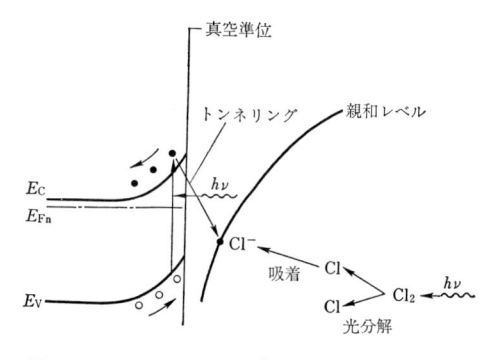

図 2.6.39 シリコンの Cl 系エッチングの反応モデル

晶面での原子空隙半径を示す. F 原子の共有結合原子半径は $0.672 Å$ とこの原子空隙半径よりも小さいために容易にシリコン格子に侵入することができる. 一方先に述べた Cl 原子の場合には共有結合原子半径は $1.127 Å$ であり (111) 面では侵入しにくいことがわかる. このためにエッチング速度の面方位依存性は Cl 系において顕著になってくる. また F 原子は全元素中最大の電気陰性度 4.0 をもっているために, 吸着状態でシリコンから価電子を奪って事実上 F^- となり, シリコンの残りの三つの共有結合にイオン性を付与する. フッ素

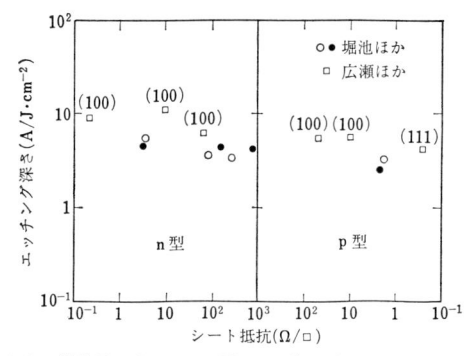

図 2.6.40 単結晶シリコンの NF₃ ガス中で ArF エキシマレーザ光を照射した場合のエッチング深さの基板伝導型および面指数依存性. 白丸は (100) 面, 黒丸は (111) 面を示す

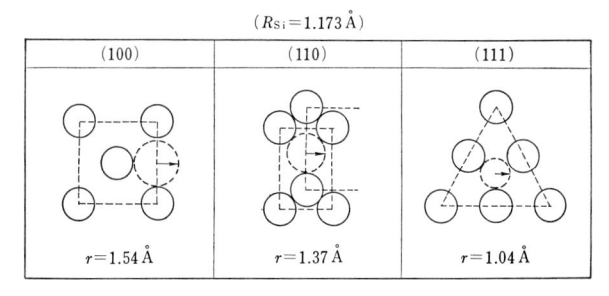

図 2.6.41 シリコンの各面における原子空隙半径

によるこのようなエッチング機構は,当然基板キャリア濃度や面方位に依存しない等方的なエッチングを引き起こす.また,シリコン表面層は十数 Å 程度フッ化されている[5]. エッチング中の表面の in-situ X線光電子分光 (XPS) によれば,シリコン表面層には図 2.6.42 に示すように SiF_x (x =1〜4, SiF_4 分子も表面層にトラップされていることに注意) 分子結合が存在することがわかっている.

次に発光素子として使われる GaAs のレーザエッチングについて述べる. HCl ガス中で ArF エキシマレーザ光を照射することによりエッチングできることがわかっている[6,7]. エッチングは HCl ガス (5% He 希釈) の光分解によって生じた Cl ラジカルと GaAs が表面で反応して $AsCl_3$, $GaCl_3$ を形成し,これが離脱してエッチングが進む[7]. エッチン

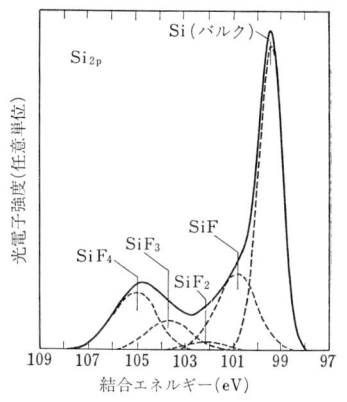

図 2.6.42 フッ素系ガスによる光エッチング時のシリコン表面の XPS スペクトル

グは室温でも起こるが,蒸気圧の低い$GaCl_3$が表面にpile upし,エッチング速度は低下する.基板を200℃に加熱することにより$GaCl_3$の蒸発が加速され,容易に清浄表面を得ることができることがXPSによってわかっている.エッチング後のGaAs表面の結晶性については,フォトルミネッセンスにより評価している.図2.6.43に種々のエッチングを行った後のサンプルについて比較してある.光エッチングした後のサンプルではウェットエッチングしたものに比べ十倍以上のルミネッセンス強度があり欠陥の少ない表面が得られていることがわかる.その後,空気中に存在する酸素や水による表面の酸化によって強度は減少する.ウェットエッチング後のサンプルのルミネッセンス強度が小さいのは純水洗浄時において表面に酸化膜が形成されるためである.またRIEにおけるサンプルのルミネッセンス強度が時間とともに変わらないのは表面に損傷層があるためと考えられる.

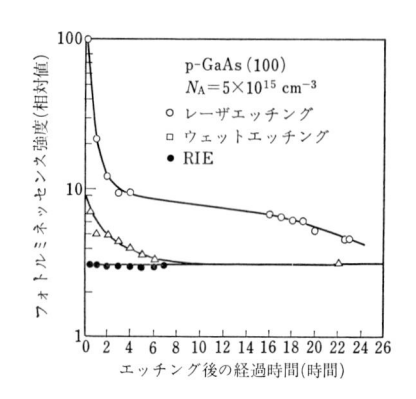

図 2.6.43 GaAs基板を種々の方法でエッチングした後のフォトルミネッセンス強度の変化

ウェットエッチングは$H_3PO_4+H_2O_2+C_2H_6O$溶液中で,またRIEは$Cl_2(0.4pa)+Ar(2.2pa)$混合ガス中パワー密度$0.5W/cm^2$でそれぞれエッチングを行った.

SiLSIの集積度が上がるにつれてゲート絶縁膜の加工の際に生じる照射損傷に起因する絶縁破壊が問題となってきているが,光エッチングは損傷の少ない表面を得るのに適していると考えられ,次にこの技術をMOSトランジスタのゲート絶縁膜としてよく用いられるSiO_2に適用した例について述べる.これまでに試みられた例はArイオンレーザまたはCO_2レーザを用いた熱反応が主流であった[8,9].Hiroseら[6,10]はNF_3+H_2混合ガス中でArFエキシマレーザ光照射によってエッチングを行い,その反応メカニズムを*in-situ* XPSおよび*in-situ*赤外吸収分光(IR)によって調べた.その結果,SiO_2表面には光照射によってO_2SiF_2と$OSiF_3$が形成されていることがわかった.またレーザ照射によって生じたエッチング生成物を*in-situ* IRによって調べた結果,図2.6.44のようにNF_3ガスの吸収スペクトル以外にN_2O,NO_2,およびSiF_4による吸収が新たに現われている.これによりSiO_2の光化学エッチングはオーバーオールには次の反応で表わされることがわかった.

$$SiO_2 + NF_3 + H_2 \longrightarrow SiF_4 + NO_2 + N_2O + H_2 \quad (2)$$

ただしHFは感度が小さいためにIR測定で直接観測されていないが,NF_3とH_2の高い反応性を考えると存在すると考えられる.また,この反応系においてH_2の分圧を増加させると堆積現象が観測される.この堆積物はXPSの組成分析によりN_2SiF_6と考えられ,この堆積膜を側壁保護膜として利用しSiO_2の異方性エッチングを達成している[11].

n^+-Si,Alなど多量の自由電子をもつ場合のCl系のエッチングや,SiのF系のエッチングにおいては,反応は等方的なラジカルモードで進むので局所光照射効果による異方性エッチングを実現できない.この場合エッチングガスに膜堆積性のガスを微量添加し,一定以上

2.6 化学加工

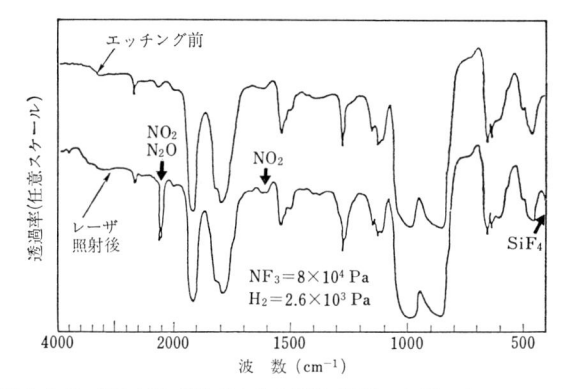

図 2.6.44 NF₃+H₂ 混合ガス中で SiO₂ 基板に ArF エキシマレーザ光を照射しエッチングを行う前後の *in-situ* IR スペクトル SiF₄ の吸収は独立に確認している.

の光強度ではアブレーション（ablation）または光化学反応によって膜堆積が阻止され光照射の弱い部分では膜堆積が起こる条件が実現されれば，投影光学系を用いたパターン転写エッチングが実現され，かつ側壁は堆積膜で保護されるので異方性も実現される．この方式ではエッチング形状の制御は，全面的に堆積膜の特性に依存することになるので，堆積速度と光強度との非線形性によるコントラストの増大，堆積膜の確実な除去法が重要である．このような思想で poly-Si[1] の異方性エッチングを実現した例がある[12]．また SiO₂ 上の poly-Si は Cl₂ ガス中で無限選択比のエッチングが可能であることが示されている．

今後さらに光化学表面反応による1原子（分子）層ずつのエッチングを行うことができるようになれば，任意の系で無限選択比に近いエッチングが可能となる．分子層エピタキシーの場合と同様に，エッチング種の飽和吸着と光励起離脱の繰り返しにより，光照射部分を選択的にエッチングする方法を見いだすことは重要な今後の挑戦である． （広瀬全孝）

文 献

1) D. J. Ehrlich, et al.: *Appl. Phys. Lett.*, **38** (1981), 1018.
2) Y. Horiike, et al.: Extended Abstracts of the 16 th (1984 intern.) Conf. on Solid State Devices and Materials (1984) p. 441.
3) M. Sekine, et al.: Proc. of the Symp. on Dry Process (1983) p. 97.
4) 堀池, 他: 半導体研究, **23** (1985) 149.
5) M. Hirose and T. Ogura: *Mat. Res. Soc. Symp.* (1986), to be published.
6) M. Hirose, et al.: *J. Vac. Sci. Technol.*, B 3 (1985), 1445.
7) S. Yokoyama, et al.: Proc. of the 12 th Intern. Symp. on GaAs and Related Compounds, (1985), 325.
8) J. I. Steinfeld, et al.: *J. Electrochem. Soc.*, **127** (1980), 514.
9) T. J. Chuang: *IBM J. Res. Develop.*, **26** (1982), 145.
10) S. Yokoyama, et al.: Extended Abstracts of the 16 th (1984 Intern.) Conf. on Solid State Devices and Materials, (1984), p. 451.
11) S. Yokoyama, et al.: Proc. of Symp. on Dry Process (1985), p. 39.
12) N. Hayasaka, et al.: *Appl. Phys. Lett.*, **48** (1986) 1165.

E. パターン転写

LSIデバイスの製造工程では，写真食刻技術（ウェハ上へのマスクの焼付けとこのマスク以外の領域をエッチングする工程）が何度となく繰り返されて1枚のウェハ上に電気回路が構築される．したがって，デバイスによってはウェハの仕込みから仕上りまで数カ月も費されることもある．一方，製造工程が長いと歩留り低下の大きな要因となるとともに，LSIの激しい競争の中ではできるだけ短い回転でデバイスを市場へ送り出すことが義務付けられている．

写真食刻技術の方法を使って露光中に直接エッチングやデポジションなどを行わせることができれば，ウェハ上へのマスクの焼付けが不要となるため大幅な工程の短縮が可能となる．本節では，このような要求を背景に研究が行われているパターン転写技術に関して，現状とその可能性についてまとめた．

a. パターン転写の基本について

コンタクト/プロキシミティ露光システムによる簡単なパターン転写実験に代わって，最近ではより実用的な縮小投影露光システムを使った研究例が報告されている．光学系としては，シュバルツチャイルド型の反射対物鏡（Numerical Aperture：NA=0.5）[1]やオフナ型の反射鏡（NA=0.17）[2]が用いられた．

図2.6.45にオフナ型の反射鏡を用いたパターン転写装置の概略を示す．照明光学系は合成石英製のシリンドリカルレンズと蠅の目レンズからなり，波長249nmのKrFレーザ光を整形するとともにそのコヒーレンスを低下させる．ICマスクのパターンは，反射光学系によりウェハ上に結像される．

図 2.6.45

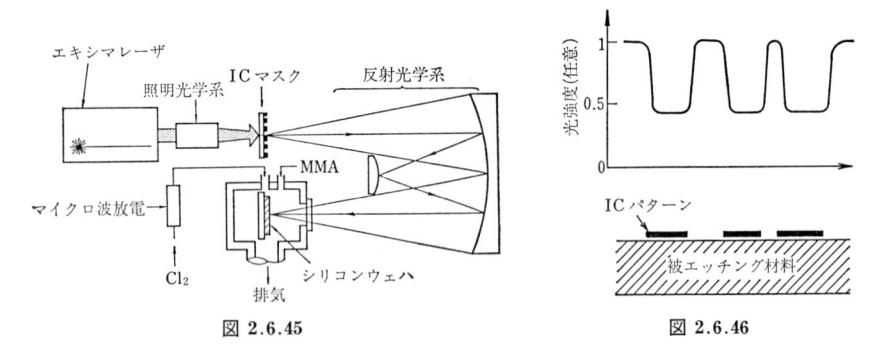

図 2.6.46

図2.6.46にICマスクのパターンをウェハ上に結像した時の光学像の光強度分布を示す．投影露光システムでは，ICマスクをレーザ光が通過する際のパターン端部でのフレネル回折により，ウェハ上で本来暗い領域にもレーザ光が照射される．したがって，たとえばエッチングへ応用する場合，レーザ光の強度とエッチング速度が比例関係にあると，光の回り込んだ領域もそれなりにエッチングされてしまうため高いコントラストのパターンを得ることはできない．したがって，光の強度が高い領域だけで反応が起こるよう"しきい値"の存在がパターン転写を成功させるための前提となる．

2.6 化学加工

b. 高コントラストのパターン転写

（i）エッチング　図2.6.47に波長308 nm，パルス幅160 fsのXeClレーザ光をポリメチルメタクリレート（PMMA）に照射した時のエッチング速度とレーザ光の強度の関係を示す[3]．PMMAのエッチング速度は光の強度に対してしきい値をもっていることがわかる．これは，PMMAが2光子を吸収して高い励起状態へ励起され，光分解を起こして蒸発することに起因しておりアブレーション（溶発）[4]と呼ばれている．実際，このようなレジストポリマに対する非線形の反応を利用して，AZレジスト上に線幅0.2 μmの微細なパターンが形成された[1]．また，コンタクト/プロキシミテイ露光システムを用いて種々のレジストポリマへのパターン転写が試みられている[5〜9]．

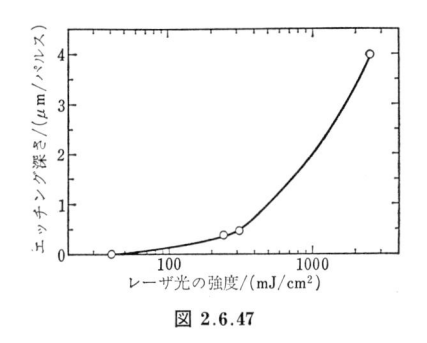

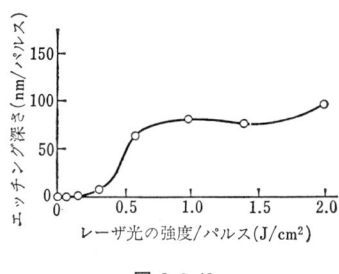

図 2.6.47

図 2.6.48

図2.6.48に波長193 nmのArFレーザ光をH_2中でパイレックスガラスに照射した時のエッチング速度とレーザ光の強度の関係を示す[1]．光の強度が200 mJ/cm^2以上でパイレックスガラスのエッチング速度が急に大きくなっており，この特性を利用して0.4 μmのLine & Spaceのパターンが転写された．光の強度が高い領域では，ガラス中に含まれている不純物のNaからの発光が観察されている．したがって，レーザ光を吸収してパイレックスガラスの温度が上昇し，アブレーションを起こしたと考えられている[10]．

熱反応に対するしきい値を利用して非線形なエッチング特性を示すものとして，Si[11〜13]，SiO_2[13]，Si_3N_4[13]，種々の金属[14〜16]，さらにダイヤモンドやカーボン[17]などが報告されている．また，プラズマと組み合わせた例もある[18]．これらの内のいくつかは，実際に投影露光やコンタクト/プロキシミテイ露光システムを用いてパターン転写が行われている．

図2.6.49にCl_2およびCl_2+メタクリル酸メチル（MMA）のそれぞれのガス中にリンを添加したn形のPoly-Siを置き，KrFレーザ光を照射した時のエッチング速度とレーザ光の強度の関係を示す[19]．n形のPoly-Siは，Cl_2の光分解で生じたCl原子と容易に化学反応を起こすため[20]，そのエッチング速度には熱反応の場合と違って光の強度依存性が全くなく，パターン転写が非常に難しい材料の一つである．しかし，MMAと共存させるとしきい値が現われる．これは，Cl原子とMMAが反応して生じた重合膜がPoly-Si表面に付着して光の強度の低い領域ではエッチングを防げるが，光の強度が高い領域ではこの膜がアブレーションで除去され下地のPoly-SiがCl原子でエッチングされることに起因している[21]．

図 2.6.49

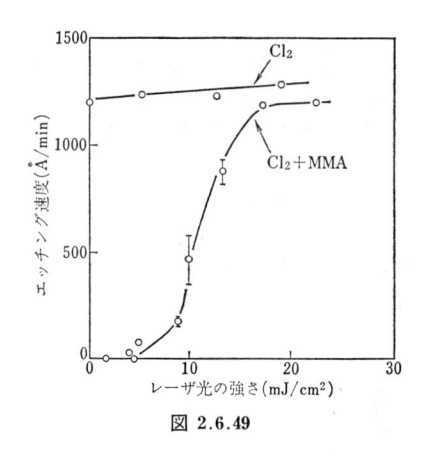

図 2.6.50

図 2.6.50 に最小寸法 1 μm のテストパターンを n 形の Poly-Si へ転写した写真を示す[19]。
F 原子と Si も Cl 原子の場合と同様に容易に化学反応を起こすが，COF_2 中で ArF レーザ光を照射することにより 0.3 μm の Line & Space のパターンが転写されている[22]。たぶん，COF_2 から分解した C が Poly-Si 上に付着し，図 2.6.49 と同様の理由で非線形性をもたらしたのではないかと推測される。

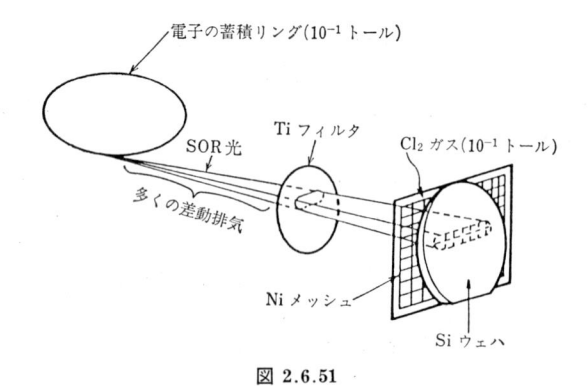

図 2.6.51

これに対して，図 2.6.51 のように波長 10～200 Å の SOR 光を Cl_2 中に置いたメッシュを通して n 形の Poly-Si に照射した結果，光の照射された領域だけがエッチングされ，MMA がなくてもパターンが転写されることが示された（図 2.6.52）[23]。本結果の詳細なメカニズムは，今のところ不明である．しかし，SOR 光のエネルギーは 100 eV 以上と大きく，Cl_2 から Cl^+ が生成されることが明らかにされた．また，Si の内殻励起が起こっている可能性もありエキシマレーザ光の場合と全く違った反応を考える必要があることを示唆してい

2.6 化学加工

図 2.6.52

る．SOR 光を用いたエッチングの例としては，カーボン[24]，SiO_2[25] などが報告されており，いずれも光が照射された表面が励起されてエッチングされることが見出された．

（ii）**デポジション**　最近，Al のパターン転写を MOSFET のゲートおよびソース/ドレイン領域のメタライゼーションへ応用し，トランジスタの特性を評価した結果が報告された[26]．この例では，まず KrF レーザ光をトリイソブチルアルミニウム（TIBA）中に置かれたウェハ上に照射してトランジスタの配線パターンを結像する．この段階で表面に吸着した TIBA が光の強度の高い領域だけで分解する．次に，この単原子層ほどの Al が核となってその上に選択的にデポジションが起こる．

このような光の照射された領域だけで吸着種の分解により核を形成するという考え方[27] はデポジションだけでなく，拡散層の形成[28] などにも適用されており，パターン転写の可能性を示している．

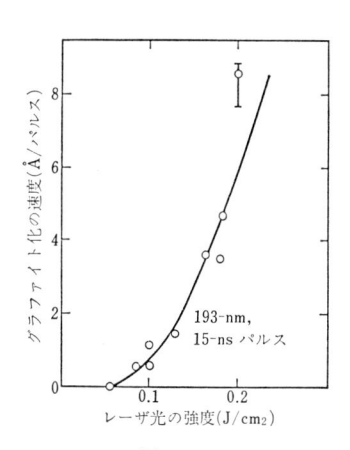

（iii）**表面層の改質**　図 2.6.54 に示すように，ダイヤモンドに ArF レーザ光の照射を続けると光の照射された領域だけがグラファイトに変わり，ついにカーボンが昇華していく現象が見出された[17]．この相転移の速度もレーザ光の強度に対してしきい値をもち，パターン転写が可能である．

ま　と　め

本節で示した非線形な反応は，エッチングやデポジションだけでなく，洗浄，酸化などの他のプロセスにおいても見出されており，これらを組み合わせれば，全工程にパターン転写方式のプロセスを導入

図 2.6.53
グラファイト化の速度(Å/パルス)
レーザ光の強度(J/cm^2)
193-nm, 15-ns パルス

するのも夢ではない．

しかし，これまでの研究は平坦な面へのパターン転写に限られている．これからの LSI デバイスの表面は，パターンのアスペクト比（深さ/幅）が高くなる一方で凹凸が激しくなり，逆に露光システムの焦点深度はますます浅くなる．したがって，パターン転写だけでプロセスを構築するためには，今後このような"ボケ"の問題をどう解決していくかが重要な課題となる．実用的には，現状の平坦化プロセスとの整合をはかりながら，ハイブリッド方式で使われていくことになろう．　　　　　　　　　　　　　　　　　　　　　　　　（岡野晴雄）

文　献

1) D. J. Ehrlich, et al.: Submicrometer patterning by projected excimer-laserbeam induced chemistry. *J. Vac. Sci. Technol.*, **B 3** (1) (1985), 1-8.
2) 堀池靖浩，他：光励起プロセス（西澤潤一編），半導体研究24「超 LSI 技術10，超 LSI 回路とプロセス」工業調査会刊，第7章 (1986), pp. 171-207.
3) R. Srinivasan, et al.: Ablation and etching of Polymethylmethacrylate by very short (160 fs) ultraviolet (380 μm) laser pulse. *Appl. Phys. Lett.*, **51** (16) (1987), 1285-1287.
4) E. Sutcliffe and R. Srinivasan: Dynamics of UV laser ablation of organic polymer surfaces. *J. Appl. Phys.*, **60** (9) (1986), 3315-3322.
5) B. Stangl, et al.: Excimer laser replication of ion-implanted photomasks. *J. Vac. Sci. Technol.*, **B 3** (2) (1985), 477-480.
6) D. Henderson, et al.: Self-developing photoresist using a vacuum ultraviolet F_2 excimer laser exposure. *Appl. Phys. Lett.*, **46** (9) (1985), 900-902.
7) K. Kawamura, et al.: Deep UV submicron lithography by using a pulsed highpower excimer laser. *J. Appl. Phys.*, **53** (9) (1982), 6489-6490.
8) K. Jain, et al.: Ultrafast high-resolution contact lithography with excimer lasers. *IBM J. RES. DEVELOP.*, **26** (2) (1982), 151-159.
9) J. C. White, et al.: Submicron, vacuum ultraviolet contact lithography with an F_2 excimer laser. *Appl. Phys. Lett.*, **44** (1) (1984), 22-24.
10) V. Daneu, et al.: Laser-chemical processing of surface(eds. A. W. Johnson, D. J. Ehrlich and H. R. Schlossberg), Elsevier, New York (1984)
11) D. J. Ehrlich, et al.: Laser chemical technique for rapid direct writing of surface relief in silicon. *Appl. Phys. Lett.*, **38** (12) (1981), 1018-1020.
12) G. B. Shinn, et al.: Excimer laser photoablation of silicon. *J. Vac. Sci. Technol.*, **B 4** (6) (1986), 1273-1277.
13) T. Fujii, et al.: Excimer laser etching of Si and SiN, Ext. Abst. 18 th Conf. on Solid State Devices and Materials, Tokyo, 1986, 201-204.
14) G. Koren, et al.: Excimer laser etching of Al metal films in chlorine environments. *Appl. Phys. Lett.*, **46** (10) (1985), 1006-1008.
15) J. E. Andrew, et al.: Metal film removal and patterning using axecl laser. *Appl. Phys. Lett.*, **43** (11) (1983), 1076-1078.
16) M. Rothschild, et al.: Visible-laser photochemical etching of Cr, Mo and W. *J. Vac. Sci. Technol.*, **B 5** (1) (1987), 414-418.
17) M. Rothschild, et al.: Excimer-laser etching of diamond and hard carbon films by direct writing and optical projection. *J. Vac. Sci. Technol.*, **B 4** (1) (1986), 310-314.
18) G. M. Reksten, et al.: Wavelength dependence of laser enhanced plasme etching of semiconductors. *Appl. Phys. Lett.*, **48** (8) (1986), 551-853.
19) N. Hayasaka, et al.: Contrast enhancement pattern transfer etching of phosphorous-doped polycrystalline silicon. *Appl. Phys. Lett.*, **51** (17) (1987), 1328-1330.
20) H. Okano, et al.: Photo-excited etching of poly-crystalline and single-crystalline silicon

in Cl₂ atmosphere. *Jpn. J. Appl. Phys.*, **24** (1) (1985), 68-74.
21) N. Hayasaka, et al.: Photo-assisted anisotropic etching of phosphorous-doped polycrystalline silicon employing reactive species generated by a microwave discharge. *Appl. Phys. Lett.*, **48** (17) (1986), 1165-1166.
22) G. L. Loper and M. D. Tabat: Submicrometer-resolution etching of integrated circuit materials with laser-generated atomic fluorine. *J. Appl. Phys.*, **58** (9) (1985), 3649-3651.
23) N. Hayasaka, et al.: Synchrotron radiation-assisted etching of silicon surface. *Jpn. J. Appl. Phys.*, **26** (7) (1987), L1110-L1112.
24) H. Kyuragi and T. Urisu: Synchrotron radiation-induced etching of a carbon film in an oxygen gas. *Appl. Phys. Lett.*, **50** (18) (1987), 1254-1256.
25) T. Urisu and H. Kyuragi: Synchrotron radiation-excited chemical-vapor deposition and etching. *J. Vac. Sci. Technol.*, **B5** (5) (1987), 1436-1440.
26) G. E. Blonder, et al.: Laser projection patterned aluminum metallization for integrated circuit applications. *Appl. Phys. Lett.*, **50** (12) (1987), 766-768.
27) D. J. Ehrlich, et al.: Photodeposition of metal films with ultraviolet laser light. *J. Vac. Sci. Technol.*, **21** (1) (1982), 23-32.
28) D. J. Ehrlich, et al.: Laser photochemical processing for microelectronics. *Jpn. J. Appl. Phys.*, **22**, Supplement 22-1 (1963), 161-166.

F. リソグラフィ

エキシマレーザを用いた縮小投影露光装置（エキシマレーザ・ステッパ）の特徴は，超高圧水銀灯の輝線スペクトルであるg線やi線を用いたステッパに比べ，解像度が格段にすぐれていることにある．また，光源および光学系を変えるだけで，従来のステッパの周辺技術がすべて使用可能であるという大きなメリットもある．たとえば，マスク製作も材料を石英に変えるだけで従来技術をそのまま用いることができる．さらに，スループットも従来のステッパと同程度が期待される．図2.6.54に各種露光装置の解像度と処理能力の相関を示す[1]．図2.6.54より明らかなように，光露技術では，従来g線またはi線が用いられているが，この程度の波長ではせいぜい$0.6\,\mu$mが限界であると思われている．この点，エキシマレーザを用いれば，波長は193nm（ArF），248nm（KrF），308nm（XeCl）などを利用できるので，最大解像度は$0.25\,\mu$m程度まで期待できる．さらに，従来の光露光におけるホトプロセス技術がすべて使用可能であり，次世代のリソグラフィとして，最も有力であると思われる．

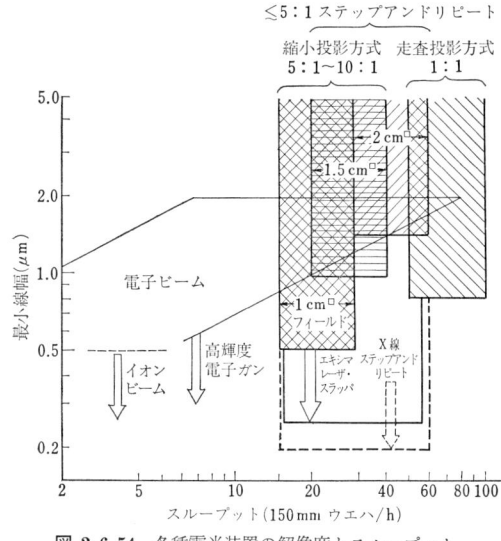

図2.6.54 各種露光装置の解像度とスループット（S.M. Sze[1]の図を一部補正）

a. エキシマレーザを用いた露光装置

短波長で高出力が得られるエキシマレーザを半導体ホトリソグラフィに応用しようという試みは,すでに数多くなされている.たとえば,密着露光法としては,K. Jain らのXeClレーザ (308nm) を用いたもの[2] や H. G. Craighead らの F_2 レーザ (157nm) を用いたもの[3] があり,それぞれ新しい露光技術としての可能性を詳しく検討している.また,投影露光の例としては,K. Jain ら[4] や中瀬ら[5] の XeCl レーザと従来よりミラープロジェクション露光装置に採用されているオフナー型反射光学系[6]を用いたもの,あるいは D. J. Ehrlich らの,ArF レーザと Schwartzchild 型反射対物ミラーを用いたもの[7] がある.

反射光学系では,色収差補正の必要がなく反射ミラーも Al 蒸着膜が利用でき,さらに短波長化が比較的に容易に行える特徴があるが,大面積露光は期待できずステッパとしては,不適当である.やはり大面積露光が可能なステッパを考えると屈折レンズ型縮小投影光学系が理想であろう.

屈折光学系のレンズの解像度 (R) は,露光光の波長を (λ),縮小投影レンズの開口数を NA,プロセスファクターで決まる定数を k とすると,解像度 R は Rayleigh の式 (1) で表わされる.

$$R = k \cdot \lambda / NA \tag{1}$$

なお,k は工場レベルで0.8,研究所レベルで0.6程度とされている.

また,焦点深度 (D.F) は次式 (2) で表わされる.

$$D.F = \lambda / 2(NA)^2 \tag{2}$$

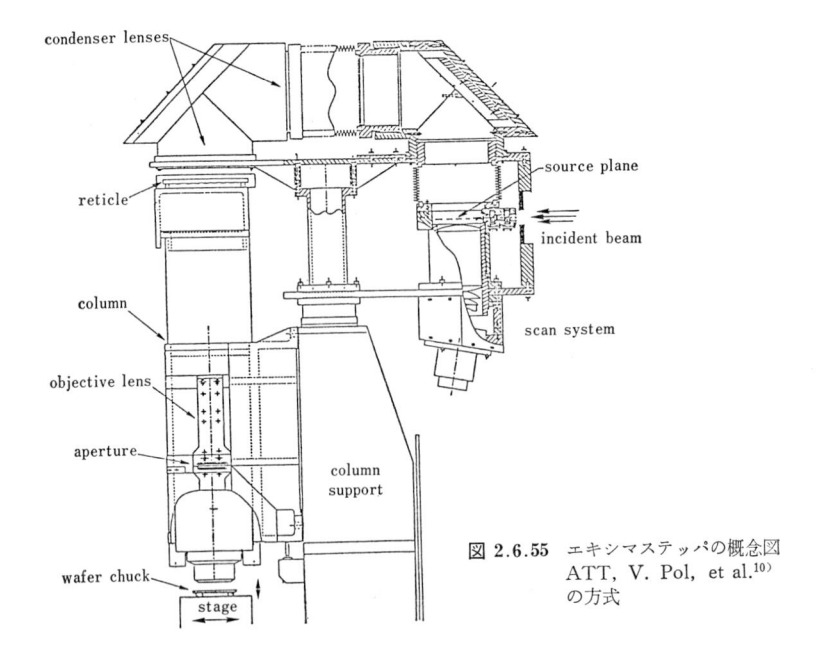

図 2.6.55 エキシマステッパの概念図 ATT, V. Pol, et al.[10] の方式

2.6 化 学 加 工

以上の式から明らかなように，高解像度を得るためには，波長を短く NA を大きくすればよい．ところが，NA を大きくすると (2) 式より焦点深度が浅くなる．半導体デバイスは通常 1〜2 μm の凹凸があるためこのことは問題となる．したがって，半導体基板上で微細パターンを形成しようとする場合，適切な NA を選び露光光源を短波長化することが望ましい．

さらに，屈折レンズを用いたエキシマレーザステッパを実現するためには，大きく分けて二つの方法がある．

その一つは，従来のステッパと同じ色収差補正方式による縮小レンズと，単に，露光光源として超高圧水銀灯の代わりにエキシマレーザとを用いたものである．

この方式は，すでに G. M. Dubroeucq らの KrF レーザと紫外線顕微鏡の対物レンズを用いたもの[8]や中瀬らのもの[9]がある．しかしながら，この方法はレーザのスペクトル分散に対する自由度はあるが，大面積露光用となるとレンズ設計が難しく，メモリー・デバイス製作に必要とされる $15 \times 15 mm^2$ では，実現の可能性がきわめて小さいと思われる．

他の一つは，単色設計による縮小レンズと，露光光源として単色光に近いレーザ光源とを用いたものである．

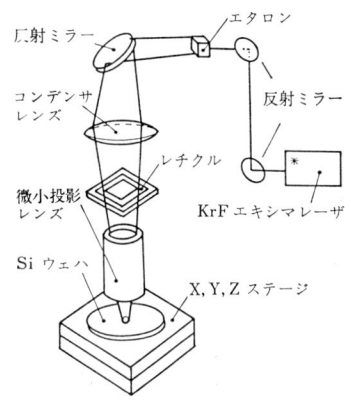

図 2.6.56 エキシマステッパの概念図
松下電器産業(株)笹子ら[11]の方式

この方式は，スペクトル分散を狭くした KrF レーザと単色レンズを用いた V. Pol らのもの（図 2.6.55）[10]や笹子らのもの（図 2.6.56）[11]があり，いずれもかなり有望である．

b. レジスト材料およびホトプロセス技術

0.5 μm パターン形成用レジストに必要とされる特性は，微細パターンを高スループットで形成できることである．したがって，ポジ型の高感度，高解像度，さらに耐ドライエッチ性，基板への密着性の高いレジストが要求される．従来のステッパ用としては，すでにノボラック系の高性能ポジレジストが開発実用化されているが，エキシマ用の生産レベルで使用可能なレジストは，今のところ存在しない．この目的のため，笹子ら[12]により，新たにエキシマ用レジスト（NOEL）の開発が試みられている．

NOEL は，ノボラック系のポジレジストであり，従来と同様アルカリ現像が可能である．

図 2.6.57 に分光特性を示す．図 2.6.57 より明らかなように，MP 2400 に比べて 250 nm で吸収が少なくなっているもののいまだ改良の余地が残されている．なお，この波長領域のレジ

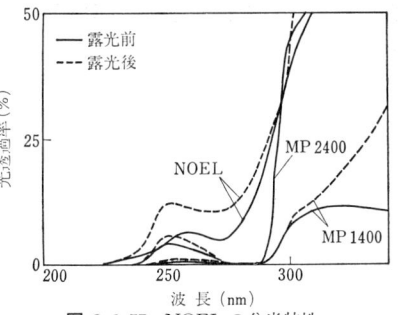

図 2.6.57 NOEL の分光特性

スト開発は，ほとんど未踏の分野であり，今後まだまだ有望な材料が見出されることであろう．

一方，レジストの問題と共に，露光波長の短波長化に伴う焦点深度の低下が問題となる．遠藤らの実験では，$0.7\,\mu m$ パターンで深度は $\pm 1.0\,\mu m$ 程度になることが確認されている[12]．このことは，段差の大きな IC 基板で今後問題となるであろう．そこで，これらの問題を解決するため，コントラストと焦点深度の改善効果が期待されるコントラストエンハンスド材料（CEM-EX）の開発が試みられている．図 2.6.58 に分光特性を，また図 2.6.59 に光漂白特性を示す．250 nm に強い吸収をもち，露光後は非常に高い透過率を示すため，大きなコントラストエンハンス効果と焦点深度の拡大効果が期待できる．

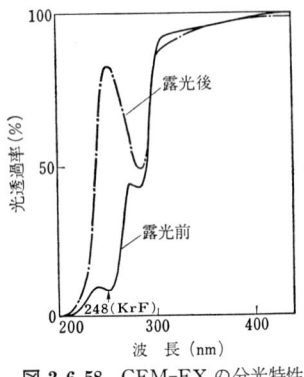

図 2.6.58 CEM-EX の分光特性

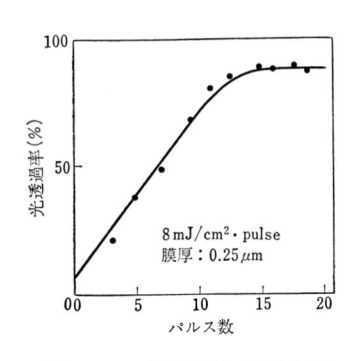

図 2.6.59 CEM-EX の光漂白特性

また，ホトプロセス技術には MLR（多層レジスト）[13]，ARC（反射防止コーティング）[14]，CEL（コントラストエンハンスドリソグラフィ）[15]，PCM（ポータブルコンフォーマブルマスク）[16]，IR（イメージリバーサル法）[17] などがある．中でも，エキシマステッパに適したプロセスは，MLR と CEL であろう．

たとえば，MLR の一種である 3 層レジスト法では，図 2.6.60 に示すように下層レジストを厚く，上層レジストを薄くコートし，中間層として O_2 ガスプラズマに対して耐性のある薄い膜を用いている．つまり，上層のパターンを一度中間膜に転写した後リアクティブイオンエッチ（RIE）などを用いて下層レジストに転写する方法である．この方法では，上層レジストを薄くすることにより焦点深度が浅い露光装置でも露光パターンの解像度を向上させることができる．遠藤らの実施例を図 2.6.61 に示す[18]．なお，最近では，上層と中間層の機能を兼ねた Si 系レジストの開発も活発に行われている．

また，CEL 法は露光パターンのコントラストそのものを強調する方式である．この技術は，図 2.6.62 に示

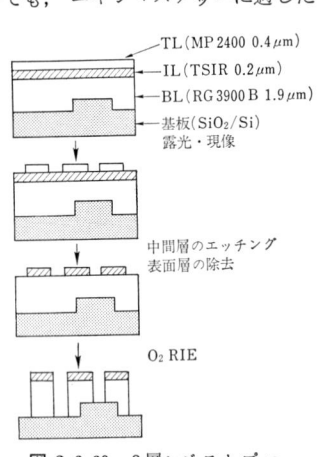

図 2.6.60 3 層レジストプロセス概念図

2.6 化学加工

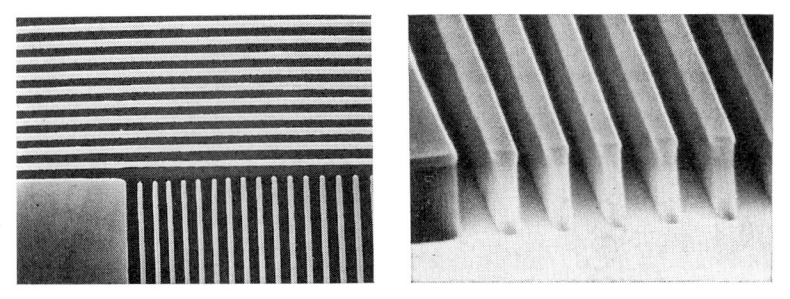

図 2.6.61 エキシマレーザステッパと3層レジストプロセスを用いて形成されたレジストパターン写真
TL: MP 2400 (0.4 μm), IL: TSIR (0.2 μm), BL: RG-3900B (1.9 μm)

すように，下層レジスト上に光を吸収して分解する試薬を含む膜（CEL膜）を形成した2層構造のレジスト技術である．すなわち，上層の CEL 膜に光をパターン状に照射すると，CEL 膜中では光が照射された部分のみ試薬が分解漂白されて光の透過率が上昇する．したがって，コントラストの低い光（c）がレンズ系（b）より入射しても，光強度の弱い部分は，下層まで透過するのに時間がかかり，光の強い部分は早く透明になるので，適切な露

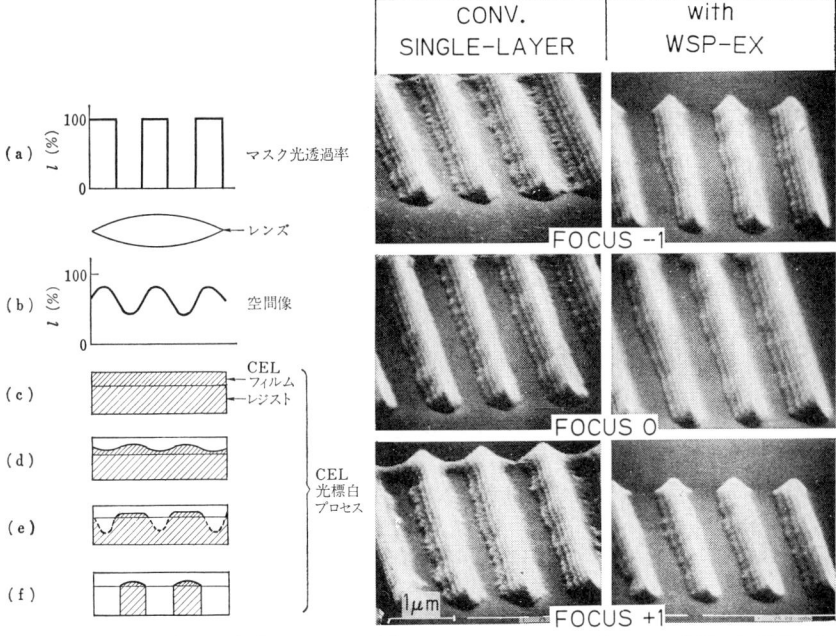

図 2.6.62 CEL プロセス概念図

図 2.6.63 エキシマレーザステッパを用いた CEL プロセスと通常プロセスの解像度比較写真

光時間では，CEL 膜は光を透過する部分と全く透過しない部分が形成されてホトマスクとして働く．すなわち，下層レジストは，照射パターンのコントラストが強調されて露光されることになる．遠藤らの実施例を図 2.6.63 に示す[18]．この写真によると，明らかに CEL の効果が認められる．

まとめ

いまのところ，単色光に近いレーザ光源と単色設計による縮小レンズを用いることにより，0.3～0.4 μm の解像度で $15 \times 15 \text{mm}^2$ の露光エリアを有するステッパが実現できる見通しである．しかしながら，単色方式の唯一の欠点は，アライメント光の波長が制限されることである．すなわち，0.5 μm の設計ルールでデバイスを作るとすれば，アライメント精度は 0.1 μm 程度が必要となる．この精度を得るためには，TTL アライメント法を用いるのが理想である．ところが TTL アライメントを採用しようとすれば，レンズが単色設計のため露光波長と同じ波長の光しか使用できない．したがって，レジストを通して，いかにしてアライメントキーを感知するかが問題となる．今後，レジストの開発を含めたアライメントシステムの開発が，エキシマレーザステッパ実用化の重要な課題であろう． （小川一文）

文　献

1) S. M. Sze: Proc. 14 th Conf. Solid State Devices, (1982), 3.
2) K. Jain, C. G. Willson and B. J. Lin: *IBM J. Res. Develop.*, **26** (1982), 151.
3) H. G. Craighead, J. C. White, R. E. Howard, L. D. Jackel, R. E. Behringer, J. E. Sweeney and R. W. Epworth: *J. Vac. Sci. Technol.*, **B1** (4) (1983), 1186.
4) K. Jain and R. T. Kerth, Appl. Opt., **23** (1984), 648.
5) 中瀬，関根，佐藤：第32回応用物理学関係連合講演会予稿, (1985), 294.
6) R. Srinivasan and V. Mayne Banton: *Appl. Lett.*, **41** (1982), 576.
7) D. J. Ehrlich, J. Y. Tsao and C. O. Bozler: *J. Vac. Sci. Technol.*, **B3** (1) (1985), 1.
8) G. M. Dubroeucq and D. Zahorsky: Proc. Int. Con. Microcircuit Eng., (1982), 73.
9) 佐藤，中瀬，堀池：第47回応用物理学会学術講演会予稿 (1986), 324.
10) V. Pol, et al.: Proc. of SPIE, 6 Mar. (1986), 633-1.
11) 笹子，遠藤，平井，小川：第47回応用物理学会学術講演会予稿 (1986), 323.
12) M. Sasago, M. Endo, K. Ogawa and T. Ishihara: IEDM 86, 12.7, Dec. (1986).
13) J. M. Moran and D. Maydan: *J. Vac. Sci. and Technol.*, **16** (1979), 114.
14) T. Brewer, R. Carlson and J. Arnold: *J. Appl. Photo. Eng.*, **7** (6) (1981), 184.
15) B. F. Griffing and P. R. West: IEEE Electron Device Letter, EDK-4, (1983), 14.
16) B. J. Lin and T. H. P. Chang: *J. Vac. Sci. Technol.*, **16** (1879), 1669.
17) F. A. Vollenbroek, H. J. J. Kroon, J. W. Bartsen and J. D. Dil: Microcircuit Engineering, Berlin, (1984), 555.
18) M. Endo, H. Nakagawa, Y. Hirai, M. Sasago, K. Ogawa and T. Ishihara: 1987 Symposium on VLSI Technology (1987), 11-1.

2.6.3.2　化学合成応用

a. レーザ誘起化学合成反応

レーザ光の基本的な特色は，時間的，空間的に高いコヒーレンスにあり，その帰結として，高い単色性，極超短パルス，強い光子場，高い指向性や回折限界まで絞ったビームなどを達成できる．これらの特徴は物理化学の諸研究に大きく貢献しており，また光化学反応の既存の分野に加えて，赤外多光子吸収の光化学などの，従来の光源では考えられなかった新

2.6 化学加工

しい分野をいくつも開いている.

しかしながら基礎研究における華々しいレーザ応用に比べ, 実用的な化学合成応用へ向けての進歩は未だしの感がある. その原因の一つはレーザ光のコストの問題であると考えられる. 図2.6.64は光化学によく用いられる光源の1光子当りのコストを示したものである[1]. 代表的な通常光源である水銀灯に比べてレーザ光が1桁以上高価なこと, 波長可変光, 短波長光となるほど高価なことなどが読みとれる. また図2.6.65は, 代表的な合成化学品の価格とレーザ光子コストを比較したものである. 両者が釣り合うために必要な1光子当りの生成量, すなわち量子収率が横軸に目盛ってある. 汎用の化成品をレーザを用いて経済的に見合うように合成するためには 10^3 程度の量子収率が要求されることがわかる.

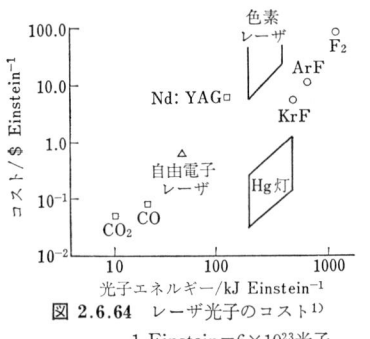

図 2.6.64 レーザ光子のコスト[1]
1 Einstein = 6×10^{23} 光子

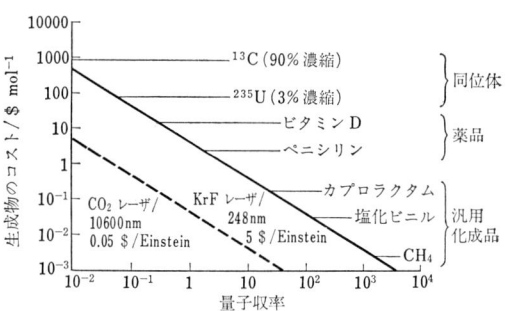

図 2.6.65 量子収率と生成物のコストの関係[1]
縦軸は, 通常法による生成物のコスト. ななめ線は, それぞれ, KrF, CO_2 レーザを用いた時, 通常法のコストと釣り合うためにレーザ法に要求される量子収率をつないだもの.

したがって, この高価な光子をいかに有効に利用するかが実用的な化学合成反応に重要である. レーザ光の特徴を以下のような面で利用することが考えられる.

a) 高い波長選択性 (たとえば可視光領域で色素レーザにエタロンを付加すれば 10^{-2} cm^{-1} オーダーの単色性が比較的たやすく実現できる) を用いた混合物中の特定の化学種や同位体のみの選択励起.

b) 強い光子場による励起化学種の高濃度の生成. そのような化学種同士の反応による特異な生成物.

c) 多光子励起による高いエネルギー状態や1光子励起では禁制の状態の生成と, そこからの特有な反応の誘起.

d) 短パルスを用いた励起による, 二次的な反応や副反応の抑制.

e) 高度の偏光性を利用した不斉合成.

f) レーザ光によって生成したラジカル種やイオン種による連鎖反応の誘起. これは量子収率の大幅な増加をもたらす.

g) 触媒反応のレーザによる制御.

以下には赤外と可視・紫外の領域別に項目を分けて簡単な解説と例を示し, 代表的な少数の例について詳しく説明する.

b. 赤外レーザによる振動励起分子の生成とその化学反応

分子が赤外光を吸収すると，振動励起分子が生成する．このような振動励起分子の生成は赤外レーザによって容易になった．通常の分子においてはエネルギーが不足するため，このような低振動励起分子が単分子的に反応することはほとんどないが，他の分子との間の二分子的な反応の速度が大幅に増加することがある．振動の緩和速度に比べて化学反応の速度の方が速い場合には赤外光励起の光化学反応が見られることになる．物理化学における研究例では，O_3 と NO や O_2 ($^1\Delta_g$) との反応において O_3 の ν_3 モードを励起したり，H_2 と H との反応において H_2 の振動を励起すると反応速度が大幅に上昇することが知られている[2]．多原子分子では分子内のエネルギー移動が速やかなために，振動のモード選択的な反応はほとんど知られていなかったが，マトリックスを用いることによって，Pimentel ら[3]はエチレンへの F_2 の付加反応，

$$CH_2=CH_2 + F_2 \longrightarrow products \qquad (1)$$

がエチレンのどの振動モードを赤外光源ないしレーザで励起するかによって，異なった速度定数で進行することを報告している．類似の例もいくつか報告されるようになった[4]．

c. 赤外多光子吸収による光化学反応

非常に強い光子場を与える赤外パルスレーザの出現によって初めて可能になったのが赤外多光子吸収と，その結果得られた高振動励起分子からの化学反応である．代表的なのは CO_2 TEA レーザ（10.6, 9.6 μm 領域）であり，実験室のごく小規模なもので1パルス 100 ns，1 J，したがって，集光することによって容易に 1 GW cm^{-2} のパワー密度が得られる．広く研究されているのは単分子の分解ないし異性化反応であるが，高振動励起分子からの他の分子への振動エネルギー移動による反応（光増感反応）や二分子反応もある．赤外多光子吸収もその第一ステップは単一赤外光子の吸収であるから，可視・紫外波長領域に比較して化学種間の選択励起がより容易であることが多い．

（ⅰ）単分子反応 赤外多光子吸収による単分子反応の研究は多数にのぼり，また同位体分離には実用的なものが出はじめている．後者については次項で解説される．しかし化学合成の側面からはまだ基礎的な立場にとどまっている．

多光子吸収により達成された高振動励起状態の分子の内部エネルギーは，ほぼ統計的に分布していると考えられており[5]，この点からは熱的な反応と異ならない．しかし，多くの場合，特に気相の低圧下では，振動と並進の自由度の間には平衡が成立していない．また内部エネルギーの分子間の分布は熱的なボルツマン分布からは大幅にずれていることが多く，熱的に最も容易な反応チャネルのしきいエネルギーよりかなり高いエネルギーまで励起されていることも多い．このようにして見かけ上，熱反応生成物とは異なった生成物を与えることがある．下記のような反応，

$$\begin{array}{l} \longrightarrow cyclo\text{-}C_3H_6 + CO \qquad (2\text{-}1) \\ \longrightarrow CH_2=CH_2 + CH_2=C=O \quad (2\text{-}2) \end{array} \qquad (2)$$

$$\begin{array}{l} \longrightarrow CH_3=CH_2 + CH_2CHO \\ \longrightarrow CH_2=CH_2 + CH_3CHO \end{array} \qquad (3)$$

$$CF_2Cl_2 \begin{array}{c} \longrightarrow CF_2 + Cl_2 \\ \longrightarrow CF_2Cl + Cl \end{array} \tag{4}$$

では二つのチャネルの分岐比は図2.6.66に示すようにレーザの強度，照射波長などを選ぶことにより変化させることができ，熱反応とは大幅に異なった生成物分布となる[6]．これは，図2.6.67[7]に示したようにチャネルごとの分解速度の内部エネルギー依存性が異なり，その内部エネルギーの分子間の分布がレーザの照射条件で変えられるためである．このほか，下記のコープ転移[8]や電子環化反応[9]，

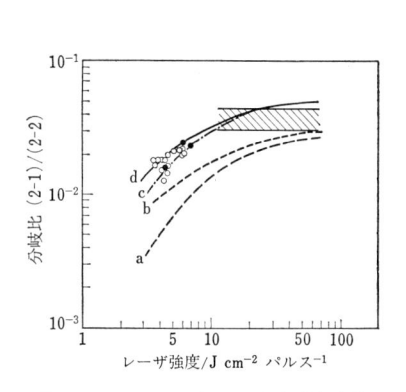

図 2.6.66 シクロブタノンの赤外多光子吸収分解における反応分岐比とレーザ強度の関係[6]
各印と斜線部は実験結果，a, b, c, d は種々のモデルに基づく予測を表わす．

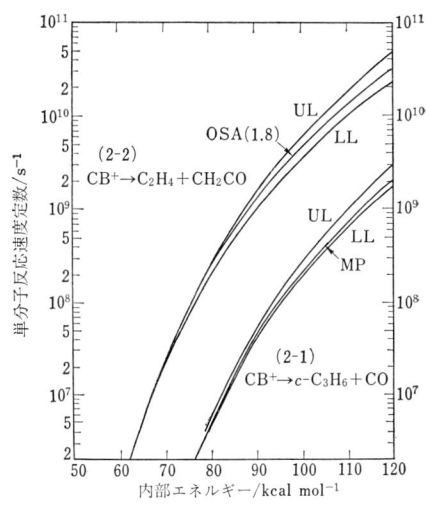

図 2.6.67 シクロブタノンの単分子反応の2チャネルの各々の速度定数（計算値）[7]
図中の符号は，計算モデルを示す．

$$\tag{5}$$

$$\tag{6}$$

においても熱平衡とは異なって，一方の生成物へ大きく偏った分布が得られるが，これは異性体間の赤外光の吸収の差と，分子間で内部エネルギーが平衡に達していないためと考えられる．

合成反応の観点からはエタノールからエチレンなどの生成物が得られる反応などが興味深い[10]．

$$CH_3CH_2OH \longrightarrow CH_2=CH_2 + H_2O \text{ 他} \tag{7}$$

(ii) **2分子反応および光増感反応**　単分子分解を起こしにくい SF_6, SiF_4, C_6F_6 など を赤外パルスレーザ光照射によって高振動励起し，これらの分子からのエネルギー移動によ って赤外光を吸収しない分子を励起して反応させる例も多数知られている．本質的には熱反 応と異なる生成物を与える可能性は少ないが，単パルス，高温度（1,000 K 以上）への容易 な励起の結果として見かけ上興味深い生成物が得られることもある．たとえばノルボルナジ エンの赤外多光子光増感分解ではシクロペンタジエンとアセチレンが得られる[11]が，

$$\text{ノルボルナジエン} \xrightarrow[\text{(SiF}_4\text{光増感)}]{\text{CO}_2 \text{ レーザ}} \text{シクロペンタジエン} + HC \equiv CH \xrightarrow{\text{加熱}} \text{シクロヘプタトリエン} \quad (8)$$

これは通常の熱反応生成物のシクロ ヘプタトリエンとは異なる．

また C_6F_6 と SiH_4 の混合気体に C_6F_6 が吸収する赤外パルス光（1,027 cm^{-1}）を照射すると図 2.6.68 に示 したように C_6F_6 の分解の収率が純 粋な C_6F_6 の場合よりも大幅に増加 する．C_6F_6 の分解で生成した F 原 子と SiH_4 の反応などが関係してい るものと考えられるが，詳細な機構 はまだ明らかではない[12]．単一の化 学種の赤外多光子吸収分解において も系の圧力が高いときにはエネルギ ー移動やその他の二次的な反応が関 与している可能性がある．

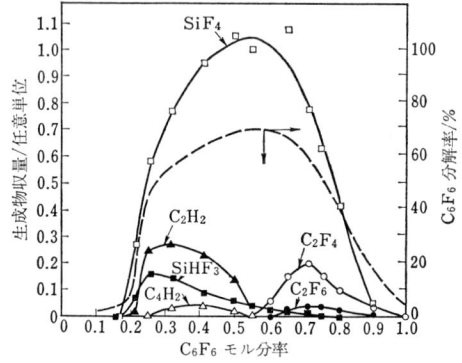

図 2.6.68　C_6F_6/SiH_4 混合気体の赤外多光子吸収 反応の生成物と，C_6F_6 分解率の C_6F_6 モル分率に対する依存性[12] 1,027 cm^{-1}, 0.7 Jcm^{-2} の照射，破線は C_6F_6 分解率 を示す．1,027 cm^{-1} の光は，C_6F_6 のみが吸収する．

d. ローカルモード励起による高振動励起状態の生成と反応

可視波長領域の一光子によってC-H結合などの，分子内で比較的孤立した結合に多数 の振動量子を集中する（これをローカルモード励起という）ことがレーザ光の強い光子場に よって可能となる．その励起状態は一番初期には，エネルギーが分子内部の特定の結合に集 中した高振動励起状態と見なすことができ，赤外多光子励起と似た結果を，より選択的に与 えることができる．ただし速い分子内部のエネルギーのランダム化（1 ps のオーダー）がや はり反応の選択性にとって障害となる．

たとえば液相中，1,5-ヘキサジエン-3-オールをC-Hの5ないし6倍音（おのおの1.41， $1.67 \times 10^4 cm^{-1}$）で励起すると5-ヘキセナールへ異性化するがO-Hの4ないし5倍音（お

$$\text{1,5-ヘキサジエン-3-オール} \longrightarrow \text{5-ヘキセナール} \quad (9)$$

のおの 1.35, 1.66×10⁴ cm⁻¹) の励起では反応はほとんど進行しない[13].
このほか主に気相においてイソニトリル類[14]やシクロブテン[15]の異性化, パーオキサイドの分解[16], その他が検討されている.

e. 可視・紫外レーザによる電子励起状態からの有機合成反応

レーザの出現以前から通常光源を用いた多彩な有機光化学反応の研究がある. 可視・紫外波長領域の光吸収により, 分子は電子励起状態に達し, 前節 (2.6.2 をさす) で解説されたような経路を経て, 多くの場合, 熱反応とは異なった生成物を与える. レーザ光によっても同一の反応を進行させることは当然可能である. ただし, レーザ光の有する高い波長選択性

図 2.6.69 ビタミン D 関連化学種の相互変換過程
実線は光化学変化, 点線は熱変化を示す[17,18].
7-DHC: 7-デヒドロコレステロール
P: プレビタミンD
D: ビタミンD
T: タチステロール
L: ルミステロール

や, 強い光子場を与える短パルスとしての特徴を利用することにより副反応や熱反応を効果的に制御するなどの, 合成反応上の効果を期待することができる.

ビタミン D (D) はプレビタミン (P) の熱分解で合成されるが, このプレビタミンは 7-デヒドロコレステロール (7-DHC) の光分解により得られる. しかし水銀灯照射では図 2.6.69 に示されたルミステロール (L), タチステロール (T) との間で, 光化学変換が起こり収率はよくない. Hackett ら[17,18]は関連する化学種のスペクトル (図 2.6.70) の違いを考慮の上, 異なる光源に対する光照射平衡を求めた. 表 2.6.11

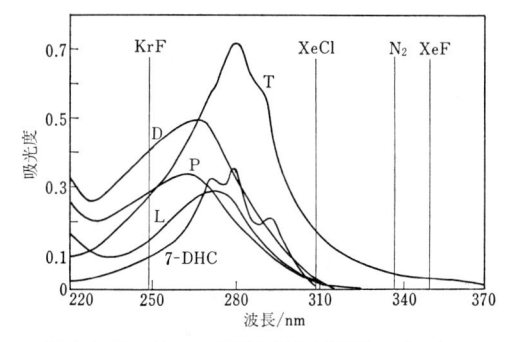

図 2.6.70 ビタミン関連化学種の光吸収スペクトルとレーザ発振波長[17,18]
各化学種の記号は図 2.6.69 に同じ

に示されたように，KrF と N_2 レーザの組み合わせで，高いプレビタミンの収率が得られた．この場合まず，KrF（254 nm），次いで，N_2（337 nm）レーザで照射している．また 7-デヒドロコレステロールの光異性化には短いパルスほど，他への異性化が進行しないため有利と考えられる．表 2.6.12 に示されたように ps レーザは ns レーザより高い選択率でプレビタミンを与えている[19]．これはレーザのパルス幅により反応の制御ができる一つの例である．

表 2.6.11 光照射平衡下のビタミン D 関連化学種の組成[17,18]

光　源	%7-DHC	%T	%L	%P
低圧水銀灯	1.5	75	2.5	20
中圧水銀灯	3.4	26	17	53
KrF レーザ	2.9	71		26
XeCl レーザ	13	3.4	42	35
KrF+N_2 レーザ	0.1	11	9	80

各化学種の記号は図 2.6.69 に同じ．

表 2.6.12 ビタミン D 関連化学種のレーザ照射による生成物組成比に及ぼすパルス幅の効果[19]

出発物質	パルス幅	生成物組成 / %				P/T 地
		7-DHC	L	P	T	
7-DHC	5 ns	81	<1	15	3.7	4.0±0.4
	4 ps	81	<1	17	1.5	11±1
ルミステロール	5 ns	<1	72	22	6.0	3.6±0.4
	4 ps	<1	72	26	2.1	12±1

各化学種の記号は図 2.6.69 に同じ．
レーザ波長は 263.5 nm，エネルギーは 2 mJ．

アゾアルカンの光増感分解により生成するビラジカルを O_2 によってトラップしてパーオキサイドを作り，昆虫フェロモン関連化合物を合成するときに，レーザ光の単色性を有効に利用しようという試みもある[20]．反応は図 2.6.71 に示したように進行するが，光増感剤のベンゾフェノンのみが吸収する波長の光源を用いることが重要であり，レーザ光源が有利である．

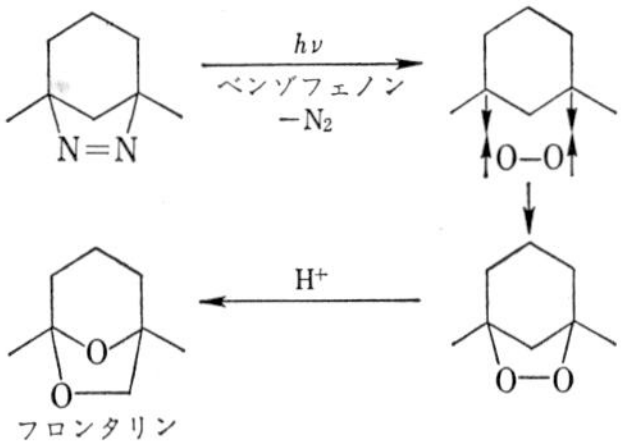

可視・紫外波長領域においても，その強い光子場によって，分子の多光子励起を行い，通常光では達成できない励起状態を生成することが可能である．多段階励起によるハロゲン分子のイオンペア状態，シランなどの可視・紫外領域に吸収を有しない分子についての直接的な光分解状態の生成や，多光子イオン化などである．あるいはジカルボン酸のアンモニア塩溶液の UV ps レーザ励起によるアミノ酸の合成反応[21]，

図 2.6.71 アゾ化合物からのフロンタリンの合成経路[20]

$$\underset{ONH_4}{\overset{O\ H}{\underset{|\ |}{C-C}}}=\underset{ONH_4}{\overset{H\ O}{\underset{|\ |}{C-C}}} \xrightarrow{2h\nu} \underset{OH}{\overset{O}{C}}-CH_2-\underset{NH_2}{\overset{}{CH}}-\underset{OH}{\overset{O}{C}} \qquad (10)$$

が報告されているが，これは2光子過程と考えられる．

レーザ光の偏光性を利用した不斉反応の試みもある．たとえば円偏光 Kr イオンレーザ光による 2-メトキシトロポンからの絶対不斉合成や生成物の対掌体の分離の試み[22]があるがまだその収率はごく低い．

f. レーザ誘起ラジカル連鎖反応

赤外多光子吸収，可視・紫外1光子や多光子吸収によって達成された励起状態からラジカル種やイオン種が得られ，これらが誘起する連鎖反応を合成反応に利用することができる．光子あたりの量子収率を 10^4 のような大きな値にすることができれば，その逆数に比例して光子のコストを下げたことになり，実用性が高められる．この観点から特に注目されるのはラジカル連鎖反応による塩化ビニルモノマーの合成反応[23]，クメンのヒドロパーオキサイドの合成[24]，メタンの酸素酸化によるメタノールの合成[25,26]，メタンの塩素化によるメチルクロライドの合成とそのエチレンへの誘導[27]，エチレンのラジカル重合反応[28]などである．一般にラジカル連鎖反応においては，連鎖開始反応の活性化エネルギーが大きく，このため熱反応開始にはかなりの加熱を必要とする．この加熱は後続の連鎖成長反応にとって不必要ないし有害であり，レーザ光開始により加熱の程度を下げられる所にもレーザ光応用の一つの利点がある．

1,2-ジクロロエタンから塩化ビニルの合成反応は以下の連鎖反応に従う[23]．

$$CH_2ClCH_2Cl \longrightarrow CH_2ClCH_2 + Cl \qquad \Delta H=334\,kJ\,mol^{-1} \qquad (11)$$
$$Cl + CH_2ClCH_2Cl \longrightarrow CH_2ClCHCl + HCl$$
$$\qquad \Delta H=-24\,kJ\,mol^{-1} \qquad (12)$$
$$CH_2ClCHCl \longrightarrow CH_2=CHCl + Cl \qquad \Delta H=95\,kJ\,mol^{-1} \qquad (13)$$

連鎖の開始のために熱分解法は 500°C 以上の温度下で行われるが，KrF レーザによる光分

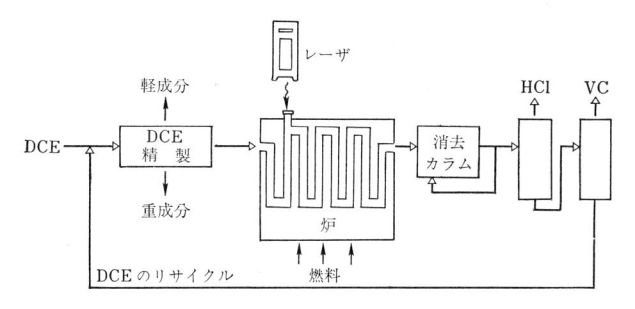

図 2.6.72 レーザによる塩化ビニル合成パイロットプラントのフローチャート[1]
DCE: 1,2-ジクロロエタン
VC: 塩化ビニル

解法では温度を 300°C 程度まで下げることができ，エネルギーコストの低下，選択率の向上が可能である．量子収率は 10^4 程度であるが，Cl_2 を添加し，レーザ波長を 308 nm (XeCl レーザ) に選ぶことによって 10^5 以上とすることもできる．図 2.6.72 に実現性のあるパイロットプラントのフローチャート[1]を示した．

高圧のエチレンに KrF レーザ光を照射することにより，光誘起ラジカル重合を行うことができる[28]．初期の吸収はたぶん $^1\pi \to {}^3\pi^*$ のスピン禁制遷移で，生成したビラジカルから重合反応が進むと考えられる．$0.54 \, g \, cm^{-3}$ 密度，200°C 前後のエチレンに 38 mJ の KrF レーザ光を照射したときの光量子収率は 5,000 前後である．

重合の機構としてはラジカルに限らず，イオン重合も可能である．エポキシ/無水マレイン酸などの種々のシステム[29,30]についてレーザ光重合が研究されている．

g. レーザ誘起触媒反応

通常光による光触媒反応には多数の研究例がある．レーザ光によっても同様な，あるいはより特異的な光触媒反応が可能であると考えられる．触媒反応では，ラジカル連鎖反応と同様に生成物当たりの光子コストの大幅な低減が期待できる．

遷移金属のカルボニル錯体から配位子の CO をはずし配位不飽和な状態にすると，アルケンの異性化[31]，ヒドロシリル化[31]，水性ガス反応[32]などの均一系での触媒として働く．

$$1\text{-}C_5H_{10} \longrightarrow 2\text{-}C_5H_{10} \tag{14}$$

$$1\text{-}C_5H_{10} + HSiEt_3 \longrightarrow (1\text{-}C_5H_{11})SiEt_3 \tag{15}$$

$$CO + H_2O \longrightarrow H_2 + CO_2 \tag{16}$$

配位不飽和な状態をレーザ光照射で生成し，触媒反応を誘起，ないし制御することができる．

図 2.6.73, 2.6.74 に $Fe(CO)_5$ を用いた液相ペンタン中 1-ペンテンの 2-ペンテンへの XeCl (308 nm) ないし N_2 (337 nm) レーザ光による触媒反応の進行の様子と機構を示す[33]．量子収率は 1,000 程度である．触媒の平均の寿命は 0.1 s 程度と見積られており，触媒の回転速度は，速い酸素系に匹敵する $10^4 \, s^{-1}$ に達していると推定される．また触媒の回転速度からみて，連続よりはパルス照射の方が有効であると考えられ，レーザ光利用の実用的な価値がある．気相においてもこのような触媒作用が見出されてい

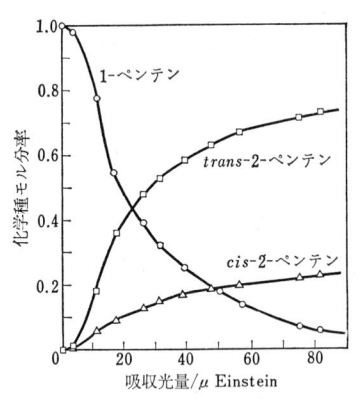

図 2.6.73 パルスレーザ照射による液相 $Fe(CO)_5$ 触媒系での 1-ペンテンの異性化[33]

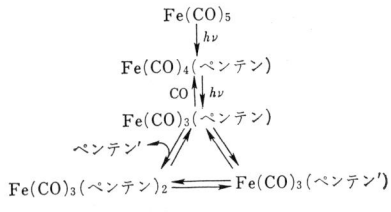

図 2.6.74 ペンテン異性化反応機構[33]

る.また触媒の初期の活性化のために,赤外多光子吸収を用いる方法もある.

固体表面上に触媒を作成することも考えられている.たとえばシリカ表面にレーザ光の作用により $TiCl_4$ と $Al_2(CH_3)_6$ から局所的に Ti-Al を析出させて,その触媒作用によって決められた配置で不飽和炭化水素のポリマーを析出させることができる[34].これは表面のミクロパターンの作成法として非常に興味深い.

固体触媒の反応に対するレーザ光の研究として,CaO 触媒による 1-ブテンの異性化に対する cw CO_2 レーザの効果[35],アルカリ土類金属硫酸塩触媒による 2-ブロモプロパンの脱臭化水素反応へのパルス CO_2 レーザの効果[35],Pt 上でのギ酸分解に対する cw CO_2 レーザの効果の研究[36]などがあげられるが,これらの機構は必ずしも解明されていない.

さらに直接的な方法としてレーザ光による触媒自体の合成も試みられているが,ここでは取りあげない. (幸田清一郎)

文　献

1) K. Kleinermanns and J. Wolfrum: Laser chemistry-What is its current status. *Angew. Chem. Int. Ed. Engl.*, **26** (1987), 38-58.
2) S. H. Bauer: How energy accumulation and disposal affect the rates of reactions. *Chem. Rev.*, **78** (1978), 147-184.
3) H. Frei and G. C. Pimentel: Selective vibrational excitation of the ethylene-fluorine reaction in a nitrogen matrix. I. *J. Chem. Phys.*, **78** (1983), 3698-3712.
4) A. K. Knudsen and G. C. Pimentel: Vibrational excitation of the allene-fluorine reaction in cryogenic matrices: Possible mode selectivity. *J. Chem. Phys.*, **78** (1983), 6780-6792.
5) 土屋荘次(編):レーザー化学.学会出版センター,東京 (1984), p.85.
6) S. Koda, Y. Ohnuma, T. Ohkawa and S. Tsuchiya: Infrared multiple photon dissociation of cyclobutanone. *Bull. Chem. Soc. Jpn.*, **53** (1980), 3447-3456.
7) G. M. Breuer, R. S. Lewis and E. K. C. Lee: Unimolecular decomposition rates of cyclobutanone, 3-oxetanone, and perfluorocyclobutanone. An RRKM calculation of internally converted hot molecules. *J. Phys. Chem.*, **79** (1975), 1985-1991.
8) I. Glatt and A. Yogev: Photochemistry in the electronic ground state. 4. Infrared laser induced isomerization of labeled compounds. A possible route for isotope separation. *J. Amer. Chem. Soc.*, **98** (1976), 7087-7088.
9) A. Yogev and R. M. J. Bermair: Photochemistry in the electronic ground state. Quantitative electrocyclic isomerization induced by multiphoton absorption of infrared laser radiation. *Chem. Phys. Lett.*, **46** (1977), 290-294.
10) S. R. A. Leite, P. C. Isolani and J. M. Riveros: Laser-induced chemical reactions in ethanol by multiphoton absorption. *Can. J. Chem.*, **62** (1984), 1380-1384.
11) D. Garcia and P. M. Keehn: Organic chemistry by infrared lasers. 2. Retro-Diels-Alder reactions. *J. Amer. Chem. Soc.*, **100** (1978), 6111-6113.
12) Y. Koga, R. M. Serino, R. Chen and P. M. Keehn: Single pulse laser induced reactions of hexafluorobenzene/silane mixtures at 1027 and 944 cm^{-1}, *J. Phys. Chem.*, **91** (1987), 298-305.
13) A. Schwebel, M. Brestel and A. Yogev: Site-selective liquid-phase vibrational overtone photochemistry of hydroxyhexadiene, *Chem. Phys. Lett.*, **107**, (1984), 579-584.
14) K. V. Reddy and M. J. Berry: Reaction dynamics of state-selected unimolecular reactions. Energy dependence of the rate coefficient for methyl isocyanide isomerization. *Faraday Discussion*, **67** (1979), 188-203.
15) J. M. Jasinski, J. K. Frisoli and C. B. Moore: High vibrational overtone photochemistry of cyclobutene. *J. Chem. Phys.*, **79** (1983), 1312-1319.

16) M.C. Chuang, J.E. Baggott, D.W. Chandler, W.E. Farneth and R.N. Zare: Unimolecular decomposition of *t*-butylhydroperoxide by direct excitation of the 6-0 O-H stretching overtone. *Faraday Discussion*, **75** (1983), 301-313.
17) V. Malatesta, C. Willis and P.A. Hackett: Laser photochemical production of vitamin D. *J. Amer. Chem. Soc.*, **103** (1981), 6781-6783.
18) P.A. Hackett, C. Willis, M. Gauthier and A.J. Alcock: Viable commercial ventures involving laser chemistry production: two medium-scale processes. *SPIE*, **458** (1984), 65-74.
19) N. Gottfried, W. Kaiser, M. Braun, W. Fuss and K.L. Kompa: Ultrafast electrocyclic ring opening in previtamin D photochemistry. *Chem. Phys. Lett.*, **110** (1984), 335-339.
20) R.M. Wilson: The trapping of laser-generated biradicals with oxygen: the synthesis of peroxides related to vitamin K, insect pheromones and prostaglandins. *SPIE*, **458** (1984), 58-64.
21) V.S. Letokhov, Yu. A. Matveetz and V.A. Semchishen: UV picosecond laser-induced formation of amino acits from aqueous solutions of ammonic salts of dicarboxylic acids. *Appl. Phys. B.*, **26**, (1981), 243-245.
22) M. Zandomeneghi, M. Cavazza, C. Festa and F. Pietra: Chiroptical studies of labile or difficult-to-resolve molecules generated by chiral laser photochemistry. 2. Products and steric course of the phototransformation of the racemate. *J. Amer. Chem. Soc.*, **105** (1983), 1839-1843.
23) J. Wolfrum: Laser induced chemical reactions in combustion and industrial processes. *Laser Chem.*, **6** (1986), 125-147.
24) R.G. Bray and M.S. Chou: Laser-initiated free radical chain reactions: synthesis of hydroperoxides. *SPIE*, **458** (1984), 75-81.
25) S.L. Baughcum, R.C. Oldenborg, W.C. Danen and G.E. Streit: Laser-initiated chain reactions in the partial oxidation of methane. *SPIE*, **669** (1986), 81-89.
26) 大島, 斉藤, 幸田, 冨永: メタンのレーザー光部分酸化, 第17回石油化学討論会 (1987).
27) K.V. Reddy: UV laser triggered chemical chain reactions. *SPIE*, **458** (1984), 53-57.
28) H. Brackemann, M. Buback, H.-P. Vogele, Exciplex laser-induced polymerization of pure ethylene at high pressure. *Makromol. Chem.*, **187** (1986), 1977-1992.
29) R.K. Sadhir, J.D.B. Smith, P.M. Castle: Laser-initiated polymeriation of epoxides in the presence of maleic anhydride, *J. Polymer Sci.*, **23** (1985), 411-427.
30) S.P. Pappas, B.C. Pappas, L.R. Gatechair: Photoinitiation of cationic polymerization. II. Laser flash photolysis of diphenyliodonium salts. *J. Polymer Sci.*, **22** (1984), 69-76.
31) M.S. Wrighton, J.L. Graff, R.J. Kazlauskas, J.C. Mitchener and C.L. Reichel: Photogeneration of reactive organometallic species. *Pure & Appl. Chem.*, **54** (1982), 161-176.
32) B.H. Weiller, J.-P. Liu and E.R. Grant: Kinetics of the $Cr(CO)_6$ and $W(CO)_6$ catalysed water gas shift reaction: photoinitiated formate decomposition as a probe of the catalytic cycle. *J. Amer. Chem. Soc.*, **107** (1985), 1595-1604.
33) K.-J. Fu, R.L. Whetten and E.R. Grant: Pulsed-laser-initiated photocatalysis in the liquid phase. *Ind. Eng. Chem. Prod. Res. Dev.*, **23** (1984), 33-40.
34) J.Y. Tsao and D.J. Ehrlich: UV-laser photodeposition from surface-adsorbed mixtures of trimethylaminium and titanium tetrachloride. *J. Chem. Phys.*, **81** (1984), 4620-4625.
35) W.C. Danen, S.-S. Cheng, P.K. Iyer and S.-J. Chiou: Infrared laser generation of heterogeneous catalysts and laser-induced reactions at catalytic surfaces. *SPIE*, **458** (1984), 124-130.
36) M.C. Lin and M.E. Umstead: Effect of laser radiation on the catalytic decomposition of formic acid on platium. *J. Phys. Chem.*, **82** (1978), 2047-2048.

2.6.3.3 同位体分離
A. 同位体分離の基礎反応

同位体の化学的性質は同じであり,物理的性質がわずかに異なるのみなので一般に同位体を分離することはきわめて困難である.こうしたことから非常に精密な原子・分子の分光学的な特性に基づく同位体選択的光反応を利用するレーザ同位体分離法が注目を集めている.同位体は核の質量および大きさが異なるため,エネルギーレベル値がわずかに異なり,光の吸収波長がわずかに変化する.この大きさは同位体シフトと呼ばれる.レーザ光源は,通常のランプに比べて波長幅当たりの強度がきわめて大きいため選択的な光反応を生じさせるのに最適である.レーザ同位体分離では対象とする物質が原子であるか分子であるかによって使用するレーザや分離装置の種類が大きく異なるため,表2.6.13に示すように便宜的に原子法および分子法に分類されている.

表 2.6.13 原子法および分子法同位体分離法に関する代表的な実験結果の比較

方法	選択励起用レーザ	物質固定用レーザ*	分離係数	分離例
(1) 原子法 1. 多段階光電離法	波長可変レーザ(可視,紫外)	波長可変レーザ(可視,紫外)	数十〜数千	$U^{1)}$, $Li^{2)}$, $Ti^{3)}$, $Hg^{4)}$, $Gd^{5)}$, $Sm^{5)}$, $Dy^{5)}$, $Eu^{5)}$, $Nd^{5)}$, $Zr^{5)}$
2. 選択化学反応法	波長可変レーザ(可視,紫外)	——	10以下	$Li^{6)}$
3. 光圧偏向法	波長可変レーザ(可視,紫外)	——	10以下	$Ba^{7)}$
(2) 分子法 1. 多光子光解離法	波長可変赤外高出力レーザ	同左	数〜数千	$S^{8)}$, $H^{9)}$, $Si^{10)}$, $W^{11)}$, $C^{12)}$, $Se^{13)}$, $B^{14)}$
2. 多段階光解離法	波長可変赤外高出力レーザ	波長可変赤外高出力レーザ	2.3〜4.7	$U^{15)}$
	波長可変赤外高出力レーザ	波長可変紫外レーザ	1.1	$U^{16)}$
3. 一光子解離法	波長可変紫外レーザ	——	10以下	$N^{17)}$, $C^{18)}$
4. 選択化学反応法	波長可変レーザ	——	10以下	$Cl^{19)}$
5. レーザ支援法	波長可変赤外レーザ	——	1.1	$S^{20)}$

* 選択励起過程も含まれる.

(i) **原子法** 図2.6.75に示すように原子の同位体シフトには質量効果および体積効果が含まれている.質量効果は電子と原子の換算質量の違いにより発生するが,体積効果は同位体の核により影響をうけた電子状態に関する波動関数の違いによって決定される.同位体シフトはきわめてわずかであるために,原子核と電子および電子間のクーロンポテンシャル場において決定される原子のエネルギー固有値に対する微小な摂動ポテンシャルがきわめて重要となる.これらは,核スピン-電子軌道相互作用,外部電場,外部磁場の効果などである.核スピン-電子軌道相互作用は,超微細構造を出現させる.これは,核子に付随する

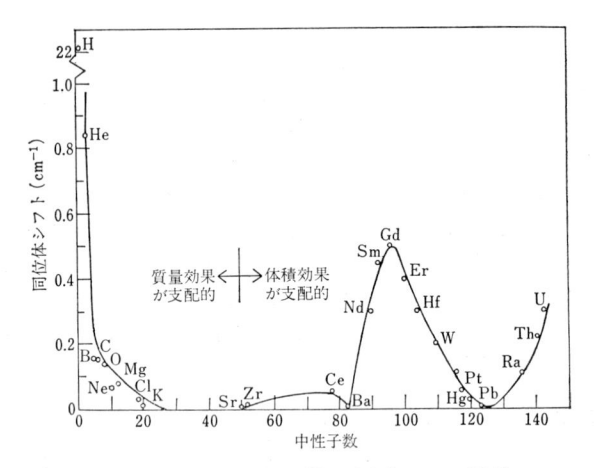

図 2.6.75 原子の中性子数と同位体シフトの関係

核磁気モーメントと軌道電子との相互作用と電子と核の電気四重極相互作用によって発生するもので，原子核のスピン角運動量 I，電子の全角運動量 J とによって決定される．通常，原子法では数種類の波長の可視域および紫外域レーザ光を利用して段階的に電離を行い，イ

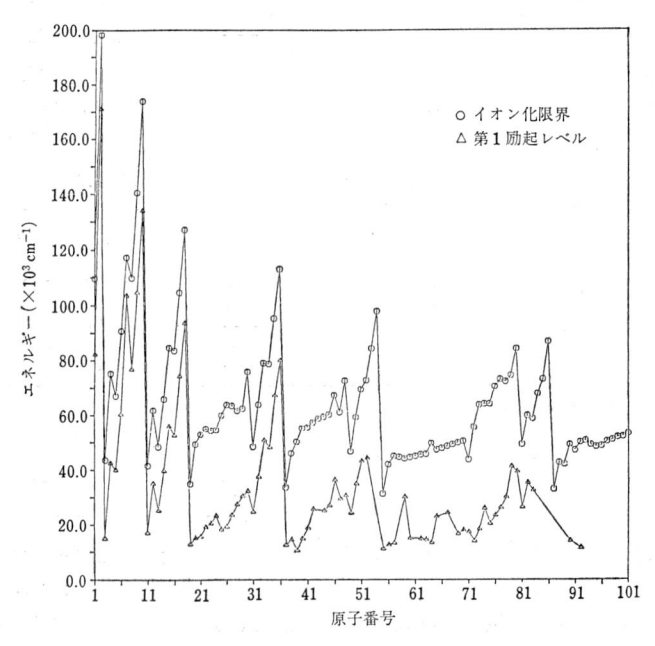

図 2.6.76 イオン化の限界および第1励起レベル

オンとして固定する多段階光電離法が最もよく用いられる．これは図2.6.76に示すように，各元素のイオン化ポテンシャルと基底状態より到達可能な最低準位のエネルギー値に依存しており，イオン化ポテンシャルが4eV程度の原子では2段階，6eV程度の原子では3段階光電離法が採用される．多段階光電離では同位体選択励起過程から物質固定過程すべてにレーザエネルギーが用いられるが，1種類のみのレーザで選択励起させた原子を別の原子や分子と反応させ固定させる選択化学反応法なども研究されている．また，同位体シフトを用いずに偏光を用いて分離する方法もある[5-b)]．

（ⅱ）分子法　分子の場合には，分子を構成する同位体原子の質量の差による違いによって同位体シフトが発生する．分子を構成する原子に同位体が存在し，その原子が関与する振動モードに共鳴する電磁波を用いるのでエネルギー範囲は赤外域となる．分子を構成するおのおのの原子に同位体が存在する場合にはそれらの同位体による効果も組入れられるので分離が困難となる場合もある．分子法では原子法と異なり，レーザ波長に合せた分子を合成し作業物質として選定できることに特徴がある．たとえばいくつかの種類のハロカーボンは $10\,\mu m$ 波長域に吸収帯が存在するため，特殊なレーザを開発することなく，通常の離散的波長可変能を有する炭酸ガスレーザを分離光源として使用することができる．もちろん特定の分子の吸収スペクトルに合致する選定された波長のレーザを開発する努力も行われている．光を吸収した分子は分解・解離されることにより固定される．特に，強力な共鳴赤外レーザ光の光子を数十個吸収することにより解離を生じさせる多光子解離法が分子法に特有な分離法として知られている．本方法においては多光子解離レーザ光の強力な電界強度によるスペクトルの広がりや，固有振動数の低い重金属原子が室温のように低い温度で熱的に励起され基底状態密度が著しく少なくなるといういわゆるホットバンド現象などを考慮する必要がある．

〔有沢　孝〕

文　献（p.397参照）

B．応用例
a．ウラン

便宜上，処理物質がウラン原子で電離エネルギーレベルに関する同位体シフトを利用するものを原子法レーザ濃縮と呼び，ウラン分子で振動エネルギーレベルに関する同位体シフトを用いるものを分子法レーザ濃縮と呼んでいる．分子法の場合，通常揮発性が高くウラン原子以外に同位体を含まない化合物として UF_6 が処理物質として用いられる．原子法ではウランを原子状態とするために2,500℃以上に加熱され原子ビームが形成されるが，分子法では，UF_6 のホットバンドを除去するために UF_6 はバッファーガス中に希釈されノズルより分子ビームとして放出され100K程度に冷却される．このようにして得られたビームにレーザ光を照射し，UF_6 あるいは U の同位体シフトを用いて濃縮を行うプロセスの概念を図2.6.77に示す[1)]．

ウラン濃縮用レーザとしては，同位体シフトを分別できる狭いライン幅を有する，パルスあたりの出力が高い，波長安定性がよい，高速で飛行する原子または分子ビームすべてにパルス光を照射できるように数〜数十kHz以上の発振繰返し数を有する，長距離を伝播でき

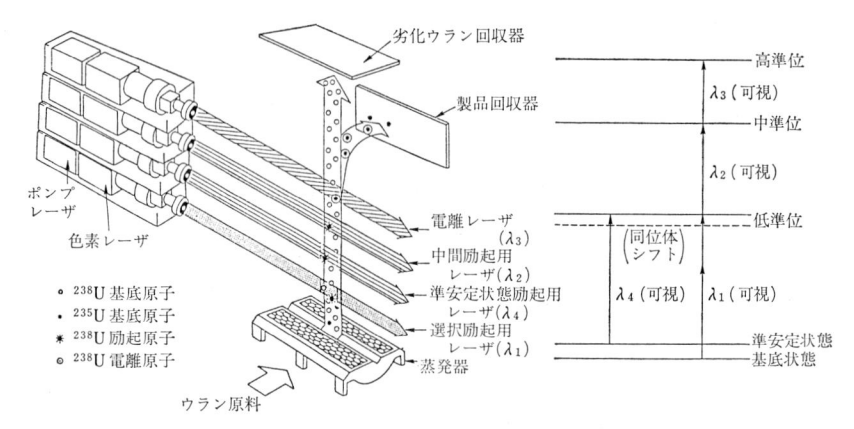

図 2.6.77 レーザウラン濃縮プロセス概念図

(上)原子法レーザウラン濃縮プロセス概念図および4波長3段階光電離法エネルギー図

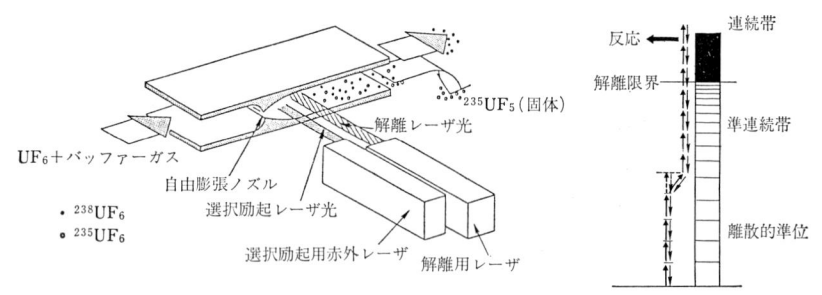

(下)分子法レーザウラン濃縮プロセス概念図および多段階光解離法エネルギー図[23]

る低いビーム広がりを有する.エネルギー効率の高いシステム発振効率を有する,ならびに製作コストが安価であるといったことが要求されている.

(ⅰ) **原子法** ウラン原子の電子は92個あるが,その内86個は内核にあり,残り6個の電子により2,000以上のエネルギーレベルが存在し,それから10万本以上のスペクトルが出現する.ウランの基底状態は $5f^36d7s^2(^5L_6^0)$ であるが,最低の準安定状態は,$620\,cm^{-1}$ ($^5K_5^0$) であり,$2,500\,K$ の熱平衡時のこのレベルの占有率は28%にも達する.このため処理量を増大させる目的でこの二つの準位の同位体原子を選択的に光電離する方法が用いられる.濃縮に利用できるスペクトルには,同位体シフトが大きく,光吸収断面積が大きく,他のスペクトルや超微細構造スペクトルとの重なりがないなどの条件が必要となる.典型的な値を示すと,$^{235}U \sim ^{238}U$ の同位体シフトは $0.05 \sim 0.15\,cm^{-1}$,光吸収断面積は $10^{-17} \sim 10^{-13}\,cm^2$ 程度である.同位体シフトおよび光の吸収断面積の大きいことも必要であるが,励起寿命も考慮に入れる必要がある.通常励起状態の寿命は $30 \sim 100\,ns$ 程度であるが,高リドベルグ状態の寿命は μs におよび,電離の場合に利用する自動電離レベルの寿命は数十〜数百

2.6 化学加工

fsのものが多い.

陽子数および中性子数が偶数である ^{238}U の核スピン I は 0 であり超微細構造はもたないが,^{235}U の核スピンは 7/2 であり,電子の全核運動量 J と核スピン I を加えた全角運動量 $F=J+I$ に分裂した超微細構造が出現する.この構造幅は,典型的な例では $0.05 \sim 0.2 \, \text{cm}^{-1}$ 程度である.ウランは多電子原子であり,選択的多段階光電離には多くのエネルギーレベルを用いる共鳴多段階遷移が可能であるため種々のスキームが考えられる.

ウラン原子同位体の共鳴遷移による光電離を行うためには,高出力レーザでポンピングされる色素レーザが用いられる.この際,ASE (Amplified Spontaneous Emission) をできるだけ小さくするために高品質色素レーザ発振部と大出力増幅部より構成される色素レーザシステムが用いられる.色素レーザをポンピングするためには,高効率・長寿命・高出力ポンプレーザが必要となり,銅蒸気レーザ,エキシマレーザ,固体レーザなどがその候補となる.このほか次世代の光源として波長可変固体レーザや半導体レーザ[24]などについても開発が進められている.現時点で最も開発が先行しているものは図 2.6.78 に示すような銅蒸気レーザでポンプされる色素レーザシステムである[22].

ウラン金属を高温度で蒸発させるには,電子ビームなどにより冷却るつぼ内に置かれたウラン金属を照射加熱する.濃縮装置の原子ビームは方向がそろっていないため,ドップラー幅を考慮して,すべての原子に万遍なく照射しなければならない.このため,AC シュタルクを誘起させたり,各ステップに相当する光を互いに反対方向から入射させドップラー幅を打ち消すなどの工夫が必要である.また,光反応体積をできるかぎり大きくするために,処理原子媒質中に数十 m レーザ光を伝播させる必要がある.こうした場合,回折などによる光の損失が発生するほか媒質のもつ非線形効果などによりレーザビームが変質する.

なお,レーザ光で誘起された同位体プラズ

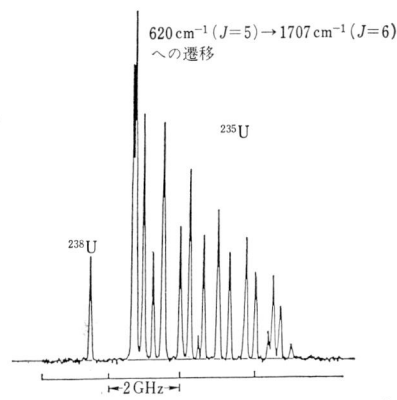

(a) U の同位体シフトおよび超微細構造スペクトル[23]

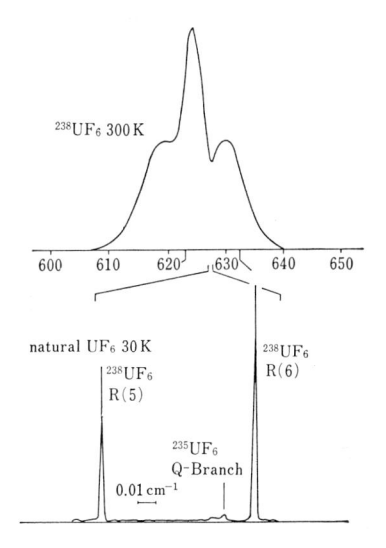

(b) UF_6 のガス温度と $^{238}UF_6$ の吸収スペクトル分離効果[24]

図 2.6.78 ウラン原子と分子の高解分光例

マは，電子温度が低いために電界を印加するのみでは電極面上へのイオンの回収は困難である．このため，磁界も同時に印加される．この際，電場と原子の双極子モーメントとの相互作用の2次の摂動項によるシュタルク効果や，電子の全核運動量に付随する磁気モーメントと外部磁場の相互作用によるゼーマン効果などの影響を考慮しつつ装置設計を行う必要がある．

米国リバモア研究所では直径5m，長さ20mにも及ぶ分離セルと波長可変レーザ出力10 kW規模の分離システムが建設されており一部試験も行われている．経済的な実証を目指して，米，仏，日，英などで研究開発が盛んである．

(ⅱ) 分子法　分子法の場合には，レーザの波長に分子の振動スペクトルが合致するように化合物を調製することも，分子の吸収スペクトルに合致するようなレーザを製作することも可能である．前者についての努力もいくつか行われたが，最終的にはUF_6分子が選定されている．UF_6は六つの基本振動モードを有するが，その中で同位体シフトが大きいのはν_3モードと呼ばれるもので，この時の同位体シフトは$0.5 cm^{-1}$程度である．UF_6のような複雑な多原子分子には，通常種々の回転—振動遷移に由来するスペクトルがあり，同位体の回転—振動スペクトルが重なりあう．室温におけるUF_6分子は基底状態から熱励起された状態にあり，いわゆるホットバンドを形成しており，孤立した重なり合わない回転—振動スペクトルを見出すことは困難である．このためUF_6を100K程度に冷却する必要があるが，低温における平衡蒸気圧はきわめて低い．そこでバッファーガスと混合してノズルから超音速で噴出させて過冷却の気体にして高い処理密度を維持しつつ吸収帯を先鋭化する．このようにして得られたν_3振動モード近辺の$16\mu m$域における光吸収スペクトルを図2.6.78に示す．UF_6のように，同位体シフトが小さいものでは1種類の高出力赤外レーザで多光子解離させると，レーザ光によるスペクトルの広がりが同位体シフトよりも大きくなるため，$^{235}UF_6$ばかりでなく$^{238}UF_6$をも非選択的に励起し解離に至らしめ，濃縮ができなくなる．

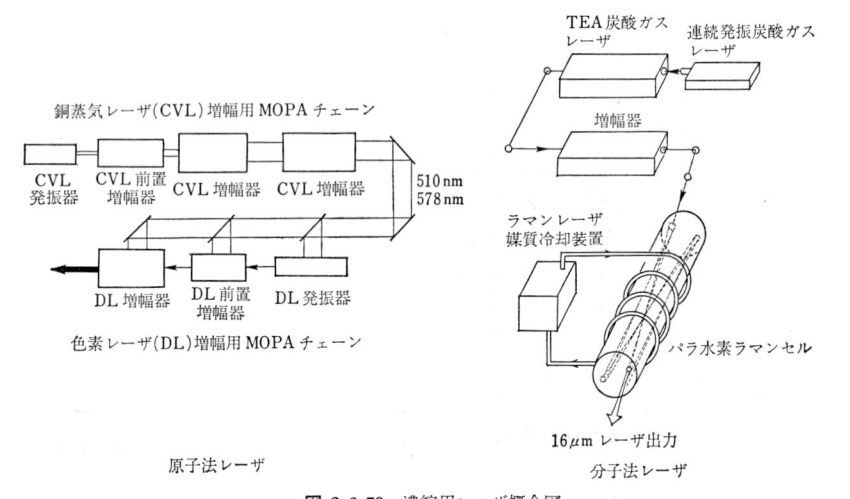

図 2.6.79　濃縮用レーザ概念図

このため，レーザの照射は2ないし3種類の波長を同時に用いて実施される．赤外励起・紫外解離法では $^{235}UF_6$ を $16\mu m$ レーザで選択的に励起した後，波長が300nm程度の紫外レーザで解離する．しかし，この方法では紫外レーザによって基底状態の $^{238}UF_6$ 分子が非選択的に解離されるので，十分な濃縮度が得られない．赤外励起・赤外多光子解離法は，選択励起された分子をさらに別の赤外レーザで上位励起状態にまで励起し，UF_5 に多光子解離させるもので，$^{238}UF_6$ の非選択解離を比較的抑制することができる．なお，ν_3 モードにチューニングできる $16\mu m$ レーザの開発については，現在のところスケールアップが可能なものとして，図2.6.79に示すような炭酸ガスレーザポンプのパラ水素ラマンレーザが最も有望である．パラ水素では $J=0$ からの回転ラマン遷移によるシフトは $354.37cm^{-1}$ となり，炭酸ガスレーザの波長はほぼ $16\mu m$ 帯に変換されることとなる．しかし，TEA炭酸ガスレーザの波長は離散的であり，仮にラマンレーザを用いても ν_3 共鳴吸収からはずれてしまう．そこで完全波長可変な光源とするために，波長可変高圧炭酸ガスレーザをラマンセル内で従来のラマンレーザ光と非線形混合することにより，波長可変赤外高出力・高繰り返しレーザを実現するための研究も行われている．

一方，分離セルの設計においては，断熱膨張時に発生する過冷却により UF_6 の凝縮を生じ，濃縮度が低下しないこと，高出力赤外レーザ光のセル入射によるウィンドウの破損を防止すること，効率よく UF_6 を解離して UF_5 とすること，噴出ガス中に適切なスカベンジャー分子を加え，解離時に発生する活性F原子を反応安定化させ除去することにより $UF_5 \rightarrow UF_6$ への逆反応を防止すること，および光解離した濃縮 UF_5 を濃縮度の損失を伴わないようにできるだけ大きいクラスターに形成させ濃縮製品として回収できることなどが重要なポイントとなる．

〈有沢 孝〉

文献

1-a) J.I. Davis, E.B. Rockower: *IEEE J. Quantum Electron.*, **QE-18** (1982), 233.
1-b) J.L. Emmett, W.F. Krupke, J.I. Davis: *IEEE J. Quantum Electron.*, **QE-20**(1984), 591.
1-c) J.I. Davis: *AIChE Symposium Series*, **78** (1982), 71.
2) T. Arisawa, Y. Suzuki, Y. Maruyama, K. Shiba: *J. Phys.*, **D. 15** (1982), 1955.
3) Y. Maruyama, Y. Suzuki, T. Arisawa, K. Shiba: *Appl. Phys.*, **B. 44** (1987).
4) J.K. Crane, G.V. Erbert: UCRL 94164.
5-a) N.V. Karlov, B.B. Krynetskii, V.A. Mishin, A.M. Prokhorov: *Appl. Phys.*, **17** (1978), 856.
5-b) E. Le Guyadec, "Resonance Ionization spectroscopy 1990", p.397-400 (1991), Institute of Physics.
5-c) P.A. Hackett, H.D. Morrison, O.L. Bourne, B. Simard, D.M. Rayner: *J. Opt. Soc. Am. B: Opt. Phys.*, **5** (1998), 2409.
6) T. Arisawa, Y. Suzuki, Y. Maruyama, K. Shiba: *Chem. Phys.*, **81** (1983), 473.
7) A.F. Bernhaldt: *Appl. Phys.*, **19** (1976), 19.
8) M. Cauthier, M. Luce, C. Angelie: *Chem. Phys. Lett.*, **88** (1982), 146.
9) 大山，荒井：レーザー研究，**10** (1982), 173.
10) J.L. Lymann, S.D. Rockwood: *J. Appl. Phys.*, **47** (1976), 595.
11) M. Takami, H. Kuze: *J. Chem. Phys.*, **80** (1984), 5994.
12-a) W.S. Nip, P.A. Hackett, C. Willis: *Can. J. Chem.*, **59** (1981), 2703.
12-b) M. Gauthier, C.G. Cureton, P.A. Hackett, C. Willis: *Appl. Phys.*, **B 28** (1982), 43.

12-c) A. V. Evseev, V. S. Letokov, A. A. Puretzky: *Appl. Phys.*, **B 36** (1985), 63.
12-d) O. N. Avatkov, A. B. Bakhtadze, V. Yu. Baranov, V. S. Doljikov, I. G. Gverdtsiteli, S. A. Kazakov, V. S. Letokhov, V. D. Pismmenyi, E. A. Ryabov, V. M. Vetsko: *Appl. Opt.*, **23** (1984), 26.
13) M. Takami: *J. Chem. Phys.*, **84** (1986), 73.
14) V. S. Letokhov: *Ann. Rev. Phys. Chem.*, **28** (1977), 133.
15) G. Koren, M. Dahan, U. P. Oppenheim: *Opt. Commun.*, **42** (1983), 35.
16) P. Rabinowitz, A. Kaldor, A. Gnauck, R. L. Woodin, J. S. Gethner: *Opt. Lett.*, **7**(1982), 212.
17) U. Boesl, H. J. Neusser, E. W. Schlag: *Chem. Phys. Lett.*, **61** (1979), 62.
18) J. H. Clark, Y. Haas, P. L. Houston, C. B. Moore: *Chem. Phys. Lett.*, **35** (1) (1975), 82.
19) C. Naulin, C. Enault, R. Bougon: *Chem. Phys. Lett.*, **85** (1982), 508.
20) T. Arisawa, M. Kato, Y. Naruse: *Chem. Phys. Lett.*, **86** (1982), 91.
21) 荒井, 石川, 大山: レーザー研究, **13** (1985), 46.
22) 丸山, 有沢: レーザー研究, **14** (1986), 33.
23) 田代: レーザー研究, **14** (1986), 46.
24) B. Comaskey, R. Beach, D. Mundinger, B. Benett, B. Freitas D. van Lue, G. Albrecht, R. Solarz: OSA Annual Meeting 1991, TuSS 2.

b. その他

レーザ同位体分離は高い濃縮係数による大量分離が可能なため,重元素あるいは軽元素の中間の同位体を大量かつ安価に供給できる.分離法としては原子蒸気を同位体選択的にイオン化し,捕集する原子法,気体分子の同位体選択的な光化学反応を利用する分子法に大別される.ウラン以外にもすでに多数の元素についてレーザ同位体分離の報告があり,特に分子法については光化学との関連から多くの研究が行われた.原子法は原理も簡単であり,すでに前節で解説されているので,ここでは分子法による軽元素の分離例で重要と思われるものをいくつか紹介する.その他の詳細については文献を参照されたい[1,2]。

(i) **H(D, T)** 水素のレーザ同位体分離は重水素 (D) および三重水素 (T) が対象となる. D のレーザ同位体分離は H_2CO の前期解離を利用した方法がかなり早い時期に行われた[3]. H_2CO は 353 nm より短波長側に $\tilde{A}-\tilde{X}$ バンドによる紫外吸収スペクトルがあり,353 nm より短波長の光を吸収すると,前期解離により

$$H_2CO \longrightarrow H_2 + CO \quad \lambda > 325\,nm \cdots\cdots (A)$$
$$H_2CO \longrightarrow H + HCO \quad \lambda < 325\,nm \cdots\cdots (B)$$

の分解を起こす. H, C, O による同位体シフトはかなり大きく,また前期解離であるため吸収線の線幅も狭いのでレーザ光による同位体選択励起が容易に行える.(B)の反応は HCO ラジカルを生じ,2次反応によって選択性が低下するので (A) の反応の方が望ましい.最初の実験では H_2CO と D_2CO の 1:1 の混合物をレーザで照射することにより解離生成物中の水素分子について $D_2/H_2=6.6$ が得られた.この方法は後に Marling によって改良され[4,5],また同様に 353〜325 nm の波長の紫外レーザ光で特定の同位体を含む H_2CO を選択的に照射することにより,D, ^{13}C, ^{14}C, ^{17}O, ^{18}O などの同位体が分離係数 27〜1,190 で分離されている[6,7]. 前期解離を利用したレーザ同位体分離の特徴は一波長のレーザ光で分離が可能なことで,可視・紫外レーザ光による前期解離が高い量子効率で起こる分子があればす

ぐれた同位体分離法となる．

Tは約12年の半減期でベータ崩壊してガンマ線を放出するので，原子力施設からの排水中に含まれるトリチウムの除去は環境汚染対策上極めて重要である．レーザによるトリチウムの分離はCTF_3の赤外多光子解離によって最初に行われた．トリチウム分離の前にすでにCDF_3などのフレオン化合物の赤外多光子解離によるDの分離が行われていたが[8]，CTF_3の赤外吸収スペクトルがTEA-CO_2レーザによる励起が可能な1,064 cm^{-1}付近にあることがまず計算によって示され[9]，次いでCO_2レーザによる赤外多光子解離の実験が行われた[10]．最初の実験ではCTF_3を0.2 ppm含むCHF_3をCO_2 9R (14) (1,075 cm^{-1})の線で照射したところ，分離係数として約10がえられた．その後研究が進むにつれて分離係数が増加し，195 Kに冷却した200 Torrの試料について照射フルエンスの最適化を行った実験では10^4以上の分離係数がえられた[11]．200 Torrという高い操作圧で大きな分離係数が得られたことで，レーザによるトリチウム分離は現実的なプロセスとして考えられるようになり，現実的な条件を考慮した実験室規模の連続反応装置がすでに試作されている[12]．

(ii) C, N　炭素には^{12}C, ^{13}C (1.11%)の安定同位体と^{14}Cの放射性同位体とが存在し，^{13}Cは標識同位体として，また^{14}Cは年代測定に利用されている．Cのレーザ同位体分離は先に述べたH_2COの前期解離を利用した方法も行われ，特に^{14}Cに関しては10^3以上の分離係数が得られているが[7]，現実的な同位体分離法として最も研究が進んでいるのはTEA-CO_2レーザの波長範囲に強い赤外吸収スペクトルをもつフレオン系化合物の赤外多光子解離を利用した方法で[13]，とくにCF_2HCl（フレオン―22）が多くの点ですぐれた化合物と考えられている．CF_2HClは^{12}Cの化合物の赤外吸収が1,110 cm^{-1}に，^{13}Cの吸収が1,080 cm^{-1}にあり，3 J/cm^{2}程度のフルエンスをもつ9P (12)―(32)のTEA-CO_2レーザで照射すると^{13}Cの成分が効率よく解離する．解離生成物はC_2F_4とHClであるが，C_2F_4には^{13}Cが約50%に濃縮される．高濃度の^{13}Cを得るため濃縮したC_2F_4をCF_2HClに変換し，再びレーザで照射することにより95%に濃縮された^{13}Cを得ることができる[14]．このプロセスは20 Torrの圧力で操作可能で，平均出力100 Wのレーザを1年間稼動することにより95%に濃縮した^{13}Cを3 kg得ることができるとの試算があるが，この量は1年間に世界中で消費される^{13}Cの量に匹敵する．

同じような2段階濃縮の方法にC_2F_6とCF_3Brとの赤外多光子解離を組み合わせる方法も報告されている[15]．Br_2と混合したC_2F_6をレーザで照射すると，分離生成物であるCF_3はBr_2と反応してCF_3Brとなるが，励起波長を1,045 cm^{-1}付近に選ぶことにより生成したCF_3Brのなかには^{13}Cが約20%に濃縮される．そこでいったんCF_3Br中に濃縮された^{13}Cを$^{13}CF_3Br$の多光子解離によりさらに濃縮することによって，^{13}Cが90%に濃縮されたC_2F_6を得ることができた．この方法はCF_2HClの場合とは異なり，途中に化合物を合成する過程がない点ですぐれた方法といえる．

^{13}Cのレーザ同位体分離はまた光異性化を利用しても行われている．異性体分子（分子量が同じで構造が異なる分子）は一般に赤外吸収スペクトルが異なり，分子を励起することにより相互の変換が可能である．光異性化を利用した同位体分離は1974年最初の提案が行われ[16]，赤外多光子励起により光異性化が起こることが$C_2H_2Cl_2$の*cis-trans*間の変化につい

て示された後[17]，CH₃NC を赤外多光子励起[18] あるいは色素レーザによる $v=5, 6$ の CH 伸縮振動準位への直接励起[19] により CH₃CN へ変換する方法によって ¹⁵N および ¹³C の濃縮が行われた．これまでの実験ではあまり高い分離係数は得られていないが，この方法は安定分子間の変換であることと，解離エネルギーよりかなり低いエネルギーで変換が起こるので，条件のよい分子が見つかればすぐれた同位体分離法となる．

C の同位体分離は先に紹介した H₂CO の前期解離によっても成功しているが，一波長励起のもう一つの例として s-テトラジン（C₂N₄H₂）の光解離を利用した同位体分離の例を紹介する．この分子は 400〜800 nm に二つの電子遷移による吸収があり，スペクトル線幅が狭いにもかかわらず光励起により

$$\text{s-テトラジン} \xrightarrow{h\nu} 2\text{HCN} + \text{N}_2$$

の解離が高い量子効率で起こる．振電準位に現われる C, N の同位体シフトを利用した同位体分離が気相あるいは低温マトリックス中で行われ，10³ 以上の高い分離係数で mg オーダーの量の濃縮同位体が得られている[20~22]．この方法も一波長励起であるため光エネルギーの利用効率が高く，適当な化合物がある場合には有力な分離法となる．

(iii) Si　レーザによる Si の同位体分離は SiF₄ の赤外多光子解離によるものが報告されているが[23]，最近 Si₂F₆ の多光子解離を利用する効率のよい ³⁰Si の分離法が開発された．Si₂F₆ には ²⁸Si₂F₆（85%），²⁸Si²⁹SiF₄（8.6%），²⁸Si³⁰SiF（5.7%）などの同位体が存在し，SiF の縮退伸縮振動による強い赤外吸収が 985 cm⁻¹ にある．Si₂F₆ を TEA-CO₂ レーザで照射したところ，0.15 J/cm² という低いフルエンスで赤外多光子解離が高い効率で起こり，解離生成物中の蒸気圧が高い成分は SiF₄ のみであった．Si による Si₂F₆ の同位体シフトは測定されていないが，重い Si を含む Si₂F₆ の吸収は長波長側にあるので，950 cm⁻¹ 近傍のレーザ線で Si₂F₆ を照射したところ，生成した SiF₄ 中に ³⁰SiF₄ が濃縮され，²⁸SiF₄ に対する分離係数として 30 という大きい値がえられた[24]．この方法の特徴は分離係数が高いことと，低フルエンスで解離が起こるため平行光による同位体濃縮が可能なことで，他に有効な分離法がないので実用的な同位体分離法となる可能性が強い．

(iv) S　レーザ分子法による同位体分離で技術的に最も進んでいる方法は赤外多光子解離を利用したものであるが，この方法は 1975 年にレトコフらが SF₆ について実験を行い，高い同位体分離係数が得られたことで一躍有名になった[25]．最初の実験ではパルス当たり 2 J の出力をもつ 10 P(16)TEA-CO₂ レーザ（946 cm⁻¹）の出力をレンズで集光して 0.18 Torr の SF₆ に照射したところ SF₆ が効率よく解離し，また非常に高い同位体選択性が得られた．S 原子には ³²S, ³³S, ³⁴S, ³⁶S の同位体がそれぞれ 95.6%，0.05%，4.2%，0.017% の割合で存在するが，レーザ照射後は ³⁴SF₆ が同位体選択的に解離し，その結果 ³⁴S が ³²S に対して 2,800 倍に濃縮された．この実験結果の意義は，第 1 に SF₆ が SF₅ と F 原子とに解

離するためには約 4 eV のエネルギーが必要であるにもかかわらず，1 光子あたり 0.12 eV のエネルギーしかもたない 10 ミクロン光で SF_6 が効率よく解離したこと，第 2 に非常に高い同位体選択性が得られたことである．第 1 の点はその後の研究により強い赤外光を照射することによって SF_6 が数十個の赤外光子を同時に吸収して解離する（赤外多光子解離）ことが明らかになった．この現象はこれまで見られなかった全く新しい効果であったため多くの関心を集め，赤外多光子解離に関する基礎研究とともにこの効果を利用した軽元素の同位体分離の研究が非常に盛んになった．　　　　　　　　　　　　　　　　　（髙見道生）

文　献

1) 大山俊之，荒井重義：レーザー研究，**10** (1982), 173.
2) 荒井重義, 石川洋一, 大山俊之：レーザー研究 **13** (1985), 46.
3) E. S. Yeung and C. B. Moore: *Appl. Phys. Lett.*, **21** (1972), 109.
4) J. B. Marling: *Chem. Phys. Lett.*, **34** (1975), 84.
5) J. B. Marling and I. P. Herman: *J. Chem. Phys.*, **72** (1980), 5603.
6) J. Marling: *J. Chem. Phys.*, **66** (1977), 4200.
7) L. Mannik and S. K. Brown: *Appl. Phys.*, **B 37**, (1985), 79.
8) I. P. Herman and J. B. Marling: *J. Chem. Phys.*, **72** (1980), 516.
9) Y. Ishikawa, S. Arai and R. Nakane: *J. Nucl. Sci. Technol.*, **17** (1980), 275.
10) Y. Makide, S. Hagiwara, O. Kurihara, K. Takeuchi, Y. Ishikawa, S. Arai, T. Tominaga, I. Inoue and R. Nakane: *J. Nuc. Sci. Technol.*, **17** (1980), 645.
11) K. Takeuchi, S. Satooka and Y. Makide: *Appl. Phys.*, **B 33** (1984), 83.
12) 武内一夫，井上一郎：レーザー研究，**12** (1984), 306.
13) P. A. Hackett：レーザー研究, **13** (1985), 334.
14) M. Gauthier, A. Outhouse, Y. Ishikawa, K. O. Kutschke and P. A. Hackett: *Appl. Phys.*, **B 35** (1984), 173.
15) S. Arai, T. Watanabe, Y. Ishikawa, T. Oyama, O. Hayashi and T. Ishii: *Chem. Phys. Lett.*, **112** (1984), 224.
16) J. I. Brauman, T. J. O'Leary and A. L. Schawlow: *Opt. Commun.*, **12** (1974), 223.
17) R. V. Ambartzumian, N. V. Chekalin, V. S. Doljikov, V. S. Letokhov and V. N. Lokhman: *Opt. Commun.*, **18** (1976), 400.
18) A. Hartford, Jr. and S. A. Tuccio: *Chem. Phys. Lett.*, **60** (1979), 431.
19) K. V. Reddy and M. J. Berry: *Chem. Phys. Lett.*, **72** (1980), 29.
20) R. R. Karl, Jr. and K. K. Innes: *Chem. Phys. Lett.*, **36** (1975), 275.
21) U. Boesl, H. J. Neusser and E. W. Schlag: *Chem. Phys. Lett.*, **61** (1979), 62.
22) R. M. Hochstrasser and D. S. King: *J. Am. Chem. Soc.*, **98** (1976), 5443.
23) J. L. Lyman and S. D. Rockwood: *J. Appl. Phys.*, **47** (1976), 595.
24) M. Kamioka, S. Arai, Y. Ishikawa, S. Isomura and N. Takamiya: *Chem. Phys. Lett.*, **119** (1985), 357.
25) R. V. Ambartsumyan, Yu. A. Gorokov, V. S. Letokhov and G. N. Makarov: *JETP Lett.*, **21** (1975), 171.

3. 加工装置

3.1 要素技術

3.1.1 光学系
3.1.1.1 光エネルギー伝送系—ファイバ

レーザ光をファイバで伝送できると,レーザ加工一般の特質である任意の加熱波形を取りうる時間軸の自由度と,集光点を任意の図形に高速でスキャンし,また集光形状を変え得るXY軸の自由度に,空間的自由度が加わることになりその意味するところはきわめて大きい.すなわち従来空間的な障害で実行できなかったレーザ加工の新しい適用が可能になり,また従来のレーザ加工装置の形態とコストを単純化,低減化できる[1].

パワー伝送用ファイバは加工に用いられているYAGレーザとCO_2レーザのためのものが主に開発されている.前者のレーザは発振波長が$1.06\,\mu m$であるため,基本的には光通信用に開発されたファイバの中で最もレーザ光に対するダメージスレッシュホールドが高く[2],ロスが少ない石英ファイバを用いればたりるためファイバ自身については大きな開発要素はない.しかし,後者のレーザでは波長$10.6\,\mu m$でロスの少ないファイバ材を得るのがむずかしく,現在得られている最小のロスは$50\,\mathrm{dB/km}$[3]程度で,これの低減のために種々の試みがなされている.

ここでは,加工に用いる場合のファイバに要求される性能について論じたあと,現在使用されているこれら2種類のファイバの特性について述べる.

a. 加工用ファイバに要求される性能
（ⅰ）**加工点でのパワー密度** 図3.1.1は加工に用いる場合のレーザ光のファイバ入射

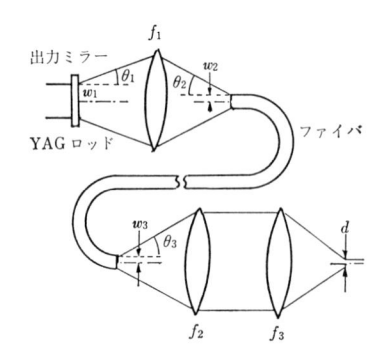

図 3.1.1 加工に用いる場合のレーザ光のファイバ入射,伝送と出射端での集光[4]

と伝送,ファイバ出射側での集光の様子を一部 G. Notenboom らの表記法[4]に従って示したものである.この図で加工点での集光半径が $d=w_3 \cdot f_3/f_2$ で与えられる.ここで,テーパなしのファイバとすれば,ファイバ入り口で w_2 に集光されて入射したレーザ光はファイ

バ出口ではファイバのコア径 w_3 に増加する．この増加率を $\gamma=w_3/w_2$ とする．$w_1\cdot\theta_1=w_2\cdot\theta_2$ であるから d は次式のように表せる．

$$d=w_3\cdot\frac{f_3}{f_2}=w_2\cdot\gamma\cdot\frac{f_3}{f_2}=\frac{(w_1\cdot\theta_1)}{\theta_2}\cdot\gamma\cdot\frac{f_3}{f_2} \qquad (1)$$

これから加工点の集光径を小さくしてこの点のパワー密度を上げるためには，(1)($w_1\cdot\theta_1$)の小さな，すなわち高輝度でビーム広がり角の小さなレーザ光を(2)大きな θ_2，すなわち f/number の小さなレンズで，(3)小さなコア径のファイバに入射する必要があることがわかる．また，ファイバ出射後の光学系 f_3/f_2 によっても改善が可能である．この中でファイバ自身の性能に関係があるのは(2)の項目で，ファイバへの受光角 θ_2 がファイバの NA 以下となる次式を満足する必要がある．

$$\text{ファイバの NA}=\sqrt{n_1^2-n_2^2}>\sin\theta_2 \qquad (2)$$

ここで，n_1 と n_2 はそれぞれファイバのコアとクラッドの屈折率である．この式はファイバに入射されたレーザ光がコアとクラッドの境界で全反射するための最大の入射角を θ_2 とし，全反射の臨界角を θ_c (図 3.1.2) とすれば，これらの間に次式で与えられる関係があることから得られる．

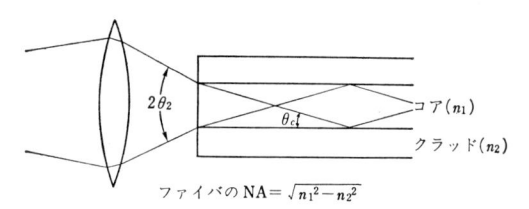

図 3.1.2 ファイバへのレーザ光の最大受光角 θ_2 と全反射の臨界角 θ_c の関係

$$\sin\theta_2=n_1\sin\theta_c \qquad (3)$$

ここに $\sin\theta_c=\sqrt{\dfrac{n_1^2-n_2^2}{n_1^2}}$

大きな θ_2 でレーザ光を細いコア径のファイバに入射して集光点でのパワー密度を上げるためにはファイバの NA を $\sin\theta_2$ 以上に大きくしなければならない．(1) 式の $\gamma=1$ とすると，$w_1\cdot\theta_1=w_2\cdot\theta_2=w_3\cdot\theta_3$ となり，これからファイバの各コア径にレーザ光を入射するために必要な NA の下限値を図 3.1.1 におけるレーザ光のビーム広がり角 θ_1 をパラメータにして求めると図 3.1.3 のようになる．ただし w_1 を 4 mm とし，この径全体にレーザ発振が行われているとした．次項で述べるようにファイバの NA には製作上の制限があり，この制限から ($w_1\cdot\theta_1$) が一定のレーザ光に対して使用可能なファイバのコア径の最小値が決まり，集光径の最小値が決まる．これ以下に集光径を下げるためには (1) 式において f_3/f_2 の値を 1 以下にする必要がある．現在パワー伝送用のファイバとして商品化されているなかで，最も大きい NA は 0.35 であり[5]，このファイバでビーム広がり角 35 mrad のレーザ光を伝送する場合のコア径の最小値は図 3.1.3 から約 400 μm となる．このファイバでレーザ

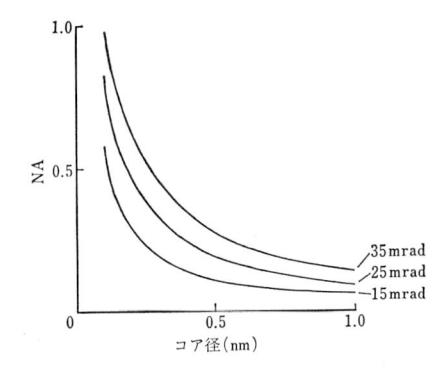

図 3.1.3 与えられたファイバのコア部にレーザ光を入射するためのビーム広がり角をパラメータとしたファイバの最小 NA の計算値

光を伝送した場合の，集光点でのパワー密度を，レーザパワーをパラメータにして各 f_3/f_2 の値に対して計算で求めると図3.1.4のようになる．ただし，ビーム広がり角を 35 mrad で一定とし，レンズ f_3 と f_2 の収差は無視し，焦点でのビーム強度は一様とした．集光点におけるパワー密度は f_2 を大きく f_3 を小さくすることによって上げられるが，前者の場合出射部の光学系が大きくなり，ロボットやツールホルダーで把持し移動するのが困難となる．また，後者の場合には短焦点を得るためには複合レンズが必要となり，反射面数の増加によるレーザパワーのロスが問題となる．さらに，f_3 小を小さくすると加工物とレンズ下端の間の距離であるワークデスタンスが小さくなり，実際的でなくなる．以上のことから f_3/f_2 の値は 0.5 程度が限度と考えられ，この時図 3.1.4 より，たとえば，パワーが 1,200 W のレーザ

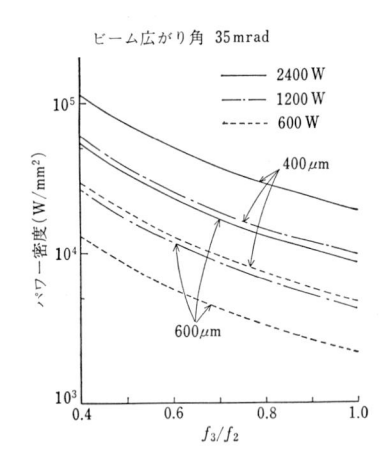

図 3.1.4 レーザパワーと使用するファイバのコア径をパラメータにした場合のファイバ出射側のレンズ焦点距離比（図3.1.1）に対する焦点におけるパワー密度の計算値（ビーム広がり角 35 mrad）

光をコア径 600 μm のファイバに入射すると焦点におけるパワー密度は 3.8×10^4 W/mm^2 と計算され，これは切断や溶接を行なうに十分な値である．また，この場合コア内で一様にレ

ーザ光が集光されているとすれば、ファイバ内部のパワー密度は $9.6\times10^3\,\mathrm{W/mm^2}$ となる.

(ii) **ファイバロス** いま、ファイバのロスを α (dB/km)としファイバ端面の反射率を R とすれば、長さ L km のファイバの透過率 P_a/P_b は次式で与えられる. なお、ここではファイバ出射端面で反射されてファイバ入り口に戻ったレーザ光のファイバ入射端面での再反射は無視した.

$$P_a/P_b = 10^{-0.1\alpha L}\cdot(1-R)^2 \tag{4}$$

図 3.1.5 はファイバのコアが純粋石英(したがって反射率 $R=1.471$)とし、L として通

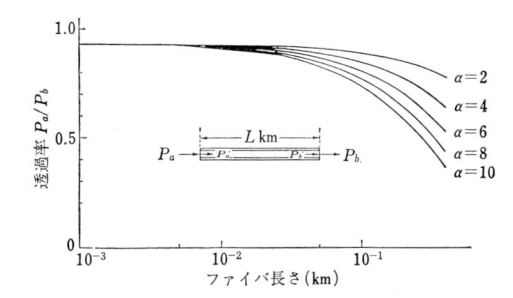

図 3.1.5 ファイバのロスをパラメータとした場合の加工に用いられるファイバ長さに対するファイバ透過率の計算値

常レーザ加工で使用する範囲におけるこの透過率を α をパラメータとして計算したものである. 図からわかるように加工に用いる場合の L の実用的範囲である数 m〜数十 m では、α は 10 dB/km 以下であれば十分であり、これ以下にロスを低減するのは意味がない. 特殊な用途で 100 m 前後の引き回しの場合に 2 dB/km 以下程度のロスが要求される. 次項で述べるように、10 dB/km 以下のロスは YAG レーザ光のためのパワー伝送用大口径石英ファイバでは容易に得られる値である.

以上の諸量のほかに加工に用いるパワー伝送用ファイバに要求される性能として耐光および機械強度があるが、これらは設計パラメータとしてとらえられず、現状のデータから策定あるいは実験で得てこの範囲で使用すべき量であるため次項で述べる.

つぎに本項で検討した加工に用いられるファイバに要求される性能にたいして、YAG レーザと CO_2 レーザ用に現在使われているパワー伝送用ファイバがどのような特性を持っているかについて述べる.

b. YAG レーザ光伝送用石英ファイバの諸特性

(i) **コア径, NA, ロス** 前項で述べたように集光点で高いパワー密度を得るためには、コア径の小さいファイバを用いる必要があり、このためには NA の大きなファイバを用いる必要がある. ステップインデックスファイバ(以後 SI 形ファイバ)で NA を上げていくとコア部とクラッド部の境界で屈折率が急に大きく変わり、母材内のひずみが大きくなり割れやすくなる[6]. このため高い NA のファイバはグレーデッドインデックスファイバ(以後 GI 形ファイバ)のほうが作りやすい. しかし、GI 形のファイバは次項で述べるように SI 形のファイバに比べてコア中心部のパワー密度が上がることと、コア部に屈折率を高

めるための不純物が入っていることのためにレーザ光に対する破壊スレッシュホールドが小さくなるなどの問題点がある.

表3.1.1は現在わが国のファイバメーカが大口径パワー伝送用ファイバとして商品化して

表 3.1.1 日本のメーカから供給されている大口径パワー伝送用石英ファイバの性能一覧

項目＼メーカ	A	B	C
コア径 (mm)	0.3, 0.4, 0.6, 0.8	0.2, 0.4, 0.6, 0.8	0.2[1], 0.4[2], 0.6[3], 0.8[3], 1.0[3]
コアの材質	GeO_2 ドープの SiO_2	GeO_2 ドープの SiO_2	純粋 SiO_2
クラッドの材質	純粋 SiO_2[4] F ドープの SiO_2[5]	純粋 SiO_2	F および B ドープの SiO_2
屈折率分布	SI	GI	SI
NA	0.3, 0.35	0.2, 0.25	0.2
損失 (dB/km)	10 以下	10 以下	[1]: 10以下 [2]: 15以下 [3]: 20以下

いるものをまとめたものである. これから現在得られる最も大きなファイバの NA は 0.35 であり, これと図 3.1.3 およびファイバ入射面でのレーザ集光の余裕を考えれば, ファイバのコア径として 100～1,000 μm が必要になる.

図 3.1.6 はコア径 200 μm, クラッド径 250 μm, NA 0.2 でコア部が純粋石英の SI 形ファ

	コア径/クラッド径	NA	コア材料
G 200/250	200/250 μm	0.2	純粋シリカ
S 200/250	200/250 μm	0.2	Ge ドープシリカ

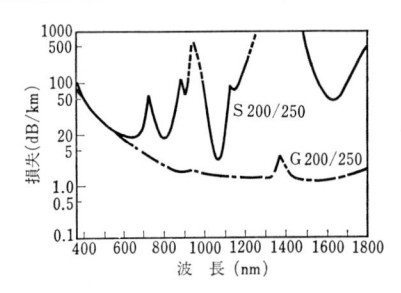

図 3.1.6 パワー伝送用石英ファイバの損失の波長依存[7]

イバとコア部にゲルマニウムをドープした GI 形ファイバにおける伝送損失の波長依存性を示す[7]. この図の SI 形ファイバは紫外波長域のロスを抑えるための OH 基の影響が他の波長域のロスを増加させている. このファイバは特に低損失を意図して作られたものではない

が，図3.1.5に示すように伝送距離が数十 m 以内では，この図のレベルの損失で十分である．

（ii）機械強度　a.項で述べたように加工に用いる場合のファイバは，通信用の場合に比べて外形が太く，このため最小許容曲げ半径が大きくなる．さらに，ロボットや ATC がファイバ出射側の集光レンズを把持して移動するために繰り返し屈曲する．このため通常固定して使用する通信用ファイバに比べて，大きな機械強度が要求される．図3.1.7はファイバのクラッド径に対する破断直径を，図の右部に示す試験方法で求めたものである[8]．また図3.1.8は SI 形ファイバを曲げた場合の損失増を，曲げ直径に対して求めたものである[8]．

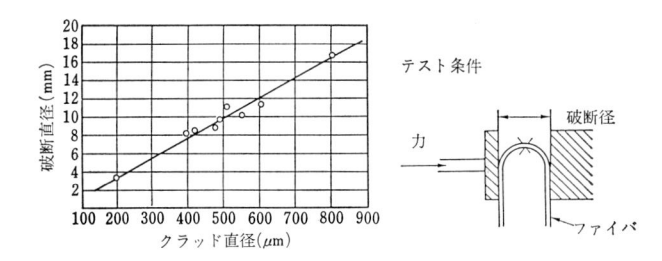

図 **3.1.7**　ファイバのクラッド直径に対する破断直径の関係[8]

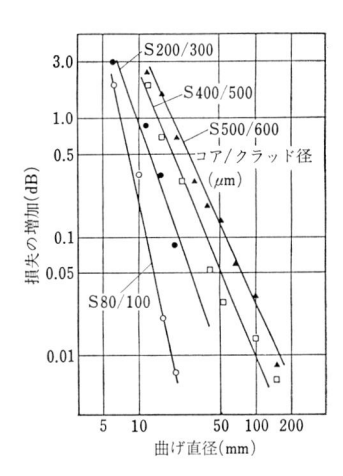

図 **3.1.8**　パワー伝送用ファイバの曲げに対する損失の増加特性[8]

この図と図3.1.7から破断直前まで曲げた場合でも，この曲げによる損失増は 3 dB/km 以下で，この値は図3.1.5より 10 m 以下の長さの使用ではパワー透過率にほとんど無関係であることがわかる．特殊な用途で 100 m 前後の長さのファイバの場合は，余裕を考えれば曲げ径を 100 mm 以上とすべきであろう．表3.1.2と3.1.3はコア径 600 μm，クラッド径 1.5 mm のファイバを外径 11 mm，内径 6 mm，長さ 2 m のステンレス製のスパイラル形フレキ

表 3.1.2 大口径石英ファイバの機械強度試験結果 (1)

試験項目	試験法と条件	結　果
(1) 振動試験	振幅 10 mm，周波数 10 Hz における 10^6 回の一定振動	良
(2) 曲げ試験	曲げ半径，75 mm 曲げ角度，180°：回数，5	良
(3) ねじれ試験	ねじれ角，±720°/2 m	ねじれ角 360〜720°間で両端の接着剤のはがれが生じたがファイバの損傷はない

表 3.1.3 大口径石英ファイバの機械強度試験結果 (2)

試験項目	試験法と条件	結　果
(4) 荷重試験	静荷重，5 kg および 10 kg，間隔，1分	良
(5) 熱サイクル試験	+80℃〜−30℃，3H,1H,3H,1H，1サイクル 試験サイクル数，10	良
(6) 温度ラン試験	100℃，24時間 150℃，24時間	ケーブルにダメージが，接着剤の色に変化があったがファイバには異常なし.

シブルチューブに挿入し，ファイバ両端面を接着剤で固め機械強度を測定した結果をまとめたものである．この結果からパワー伝送用石英ファイバは極端な曲げ，ねじれあるいは荷重をかけない場合，またロボットやATCの通常の動きに対して使用が可能であることがわかる．

(iii) **耐光強度** 溶融石英のレーザ光によるバルク破壊スレッシュホールド P_d は，実験で求められた誘電破壊電界 E_b と屈折率 n から次式で計算でき，$9.6 \times 10^8 \text{W/mm}^2$ が得られている[9]．

$$P_d = E_b^2 \cdot n / Z_0 \qquad (5)$$

(Z_0 は自由空間のインピーダンス）

これに近い実験値では，半値幅12nsのQスイッチYAGレーザ光を用いて表面破壊スレッシュホールドを求めたものとして，$2.4 \times 10^8 \text{W/mm}^2$ がある[10]．M. Bassらはこの破壊機構を電子なだれ現象として説明している．表面の破壊スレッシュホールドは $0.1 \mu\text{m}$ 以上の吸収含有物，溝，スクラッチ，クラックなどの構造欠陥があると，この部分で光電界が増加し，バルクのそれより2～5のファクタで低下すること[11]を考慮すれば，これらの値はよい一致を示している．以上の実験値は比較的理想状態に近い溶融石英をサンプルにして得たものであるが，コア部が純粋石英のファイバにパルス幅1nsの単発QスイッチYAGレーザ光をスポットサイズ径約 $30 \mu\text{m}$ に絞って入射させ，パワー密度 $3.7 \times 10^8 \text{W/mm}^2$ でファイバ内部に破壊を生じさせた報告がある[12]．

実際のファイバは以上のイントリンシックな破壊の前に，集光したレーザ光が端面に付着したよごれや油などを酸化させ，これらが契機となった入射部の燃焼，不良な端面仕上げ面からのレーザ光の散乱によるファイバ外皮の燃焼が問題となる場合が多い．比較的初期のパワー伝送用ファイバで見られたファイバ内部の不純物からの散乱によるファイバ外皮の燃焼は，最近のファイバでは生じなくなっている．これらのレーザ光による燃焼はファイバの製造工程での管理で避けることができるものである．

しかし，高パワー密度のレーザ光を長いファイバで伝送すると誘導ブリリアン散乱や誘導ラマン散乱が発生する[13]．これらの非線形現象が発生する際にファイバにはマルチホトン吸収によって生じたカラーセンタなどによると思われるロスが生じる[13]．さらにダウンシフトの誘導ラマン散乱などのように長波長への波長変換の場合には，ホノンを介して光エネルギーが失われ，誘導ブリリアン散乱などのように後方散乱がある場合にも，伝送パワーは減衰する．以上のことからパワー伝送の見地からは，これらの非線形現象の発生パワーが伝送可能上限パワーとなるとしてよいと考えられる．そこで，ここではファイバの長さに対して非線形現象の発生スレッシュホールドを計算で求めて伝送限界レーザパワーの概略値を得ることとする．ただし，ここで検討している大出力でマルチモード発振のYAGレーザの場合，発振線幅は約0.3nmと広いために，誘導ブリリアン散乱の発生しきい値は誘導ラマン散乱発生よりも大きく，後者の発生をもって伝送限界レーザパワーとする．誘導ラマン散乱発生のスレッシュホールド P_{cr} は以下の次式で与えられる[13]．

$$P_{cr} = \frac{32 \cdot A_{eff}}{g_r \cdot L_{eff}} \qquad (6)$$

ここに，A_{eff} はファイバの有効径，g_r はラマン利得係数，L_{eff} は α_0 をファイバ損失としファイバ長さを l とした場合に次式で与えられるファイバの有効長さである。

$$L_{\text{eff}} = \frac{1 - \exp(-\alpha_0 l)}{\alpha_0}$$

この式を用いて l に対する P_{cr} を計算で求めてこれをラマン散乱発生による伝送限界パワーとすると GI 形ファイバの場合図 3.1.9 が得られる。

図 3.1.9 はファイバとして SI 形を用いた場合の P_{cr} を求めて，GI 形ファイバの場合のコア中央部の光電場の集中[14] を考慮した補正をしてある。SI 形ファイバの場合はこれより若

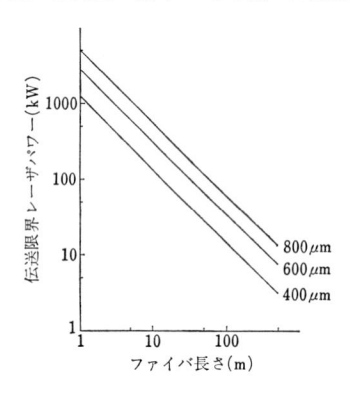

図 3.1.9 ファイバ長さに対する誘導ラマン散乱発生によるグレーデッドインデックスファイバの伝送限界パワー（計算値）

干 P_{cr} が高い値になる。さらに，GI 形ファイバはコア部の屈折率をクラッド部より高めるためのドーパントを入れているため，コア部に純粋石英を用いた SI 形ファイバより破壊スレッシュホールドは低いと考えられる。

c. CO_2 レーザ用パワー伝送用ファイバ

CO_2 レーザ光のパワー伝送用ファイバでは，発振波長である 10.6 μm で低損失なコア材を得るのがむずかしいために，YAG レーザにおける石英ファイバのような良好な伝送路がまだ得られていない。

CO_2 レーザ光のパワー伝送用ファイバは構造的に以下の 2 種類に分類できる。

（1）コア材に波長 10.6 μm で吸収の少ない KRS-5, KCl, CsBr, AgCl, TlBr を用い，クラッド材に空気を用いるもの。

（2）コアを中空としクラッド材にアルミニウム，酸化物ガラス，Ni＋Ag 上に Ge や ZnSe を蒸着したもの。

現在までに得られている最小の伝送損失として（1）のタイプでは AgBr に AgCl を添加したもので 170 dB/km[15] が得られており，（2）のタイプでは Ni＋Ag 上に Ge を蒸着したもので 50 dB/km[3] が得られている。

（三浦　宏）

文　献

1) 三浦，沖野：高出力 CW YAG レーザー光のファイバー伝送特性，レーザー研究, vol. 16,

(1988), 310.
2) 柳瀬, 山根：光ファイバを用いた高出力レーザー光伝送, レーザー研究, vol. 7, (1979), 371.
3) Y. Matsuura, et al.: Loss reduction of dielectric-coated metallic hollow waveguides for CO_2 laser light transmission, Optics and Laser Technology, vol. 22, (1990), 141.
4) G. Notenboom, et al.: Beam delivery technology in Nd: YAG laser processing, Proc. Inter. Conf. on Laser Advanced Materials Processing, May, Osaka, Japan (1987), 107.
5) 住友電工 カタログ.
6) 岡崎, 大森：MCVD法による高N.A.グレーデッド型光ファイバの作製, 電子通信学会論文誌, vol. J65-C (1982), 244.
7) 藤倉電線 技術資料.
8) 中島, 千吉良, 真田, 福田：光ファイババンドルの特性と応用, 藤倉電線技報第70号 (1985), 52.
9) R.M. Wood, et al.: Laser damage in optical materials at 1.06 μm, Optics and Laser Technology, vol. 7 (1975), 105.
10) M. Bass and H.H. Barett: Avalanche breakdown and the probabilistic nature of laser-induced damage, IEEE J. Quantum Electron., vol. QE-8 (1972), 338.
11) N. Bloembergen: Role of cracks, pores and absorbing inclusions on laser induced damage threshold at surfaces of transparent dielectrics, Appl. Opt., vol. 12 (1973), 661.
12) 大日本電線（株）技術資料
13) A.G. Chynoweth: Optical fiber telecommunications (ACADEMIC PRESS, New York, 1979) Chp. 5.
14) 森川：光ファイバのエネルギ伝送容量, 電子通信学会量子エレクトロニクス研究会資料 (1978), OQE78-53.
15) 萱島, 大嶋, 立石, 菅田：CO_2レーザー用の柔軟性赤外光ファイバーの開発応用物理 vol. 59 (1990), 1674.

3.1.1.2 光エネルギー伝送系―多関節

レーザ光を伝送するためには
（1） モードに変化を及ぼさないこと
（2） 出力の低下が少ないこと
（3） 出射点におけるレーザ光の位置と方向が変化しないこと

の3点が重要なポイントとなる．ファイバ方式も，上記3点をふまえた開発が行われている．しかし，ファイバ方式では，その素材自身によって，レーザ光の透過帯域が制限されてしまう．例えば，ガラスファイバの主成分であるシリカ（SiO_2）では，$2.5 \sim 3.0 \mu$m以下の波長しか透過しない．つまり，この範囲以外のレーザ光の伝送はできないことになり，逆にいえば，レーザ光の波長にあった素材が必要となる．ここでは，ファイバ伝送がむずかしい，たとえばCO_2レーザ（波長10.6μm）光の伝送方法について述べる．

レーザ光は，コヒーレント光なため，直進性は優れている．この特徴を生かした方法が，空間伝送である．

空間伝送では，レーザ光は，ある発散角で広がる．この角度θは，レーザ発振器の構成によって決まり，ガウスビームでは，

$$\theta = \tan^{-1}\left(\frac{\lambda}{\pi\omega_0}\right) \approx \frac{\lambda}{\pi\omega_0} \quad (1)$$

（λ: 波長, ω_0: ビームウェスト径）

で表される．したがって，ビーム伝送距離が長くなるほど，ビーム径が大きくなってしまう．また，大気中では，大気条件による外乱が，ビームに変化をもたらす．たとえば，温度による屈折率の変化，水分による吸収等があげられる．したがって，大気中での空間伝送は，最も容易な方法ではあるが，その安定性を確保するのは，むずかしい方法となる．

外乱を防ぐ方法として，パイプ内を伝送する方法が，よく用いられる．この場合，ビーム径の大きさ（(1)式）を考慮して，パイプ径を選択する必要がある．ビーム径を一定にする方法として，図 3.1.10 の方法がある．

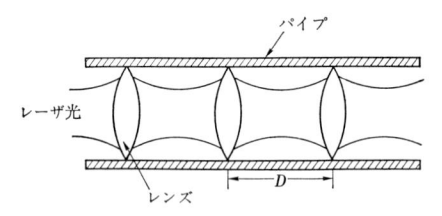

図 3.1.10 レンズ導波路

同じレンズを焦点距離の2倍の間隔 D で並べた，レンズ導波路である．この方法だと，レンズの焦点距離を選択することで，ビーム径を任意に選択できる．しかし，入射するレーザ光を100％透過するレンズがないため，伝送効率は，次式で表わされる．

$$\frac{P_{\text{out}}}{P_{\text{in}}} = T^n \tag{2}$$

（P_{in}：入射パワー，P_{out}：出射パワー，T：レンズの透過率，n：レンズ数）

空間伝送・レンズ導波路とも，レーザ光の特徴を生かした方法である．しかし，直進伝送しかできない．ビームの伝送方向変化を必要とする伝送系の場合，多関節を用いた光路が一般的に用いられている．

"関節"とは，ビームの伝送角度を変更する箇所をいい，その方法は，2とおりあり図 3.1.11 に示す．

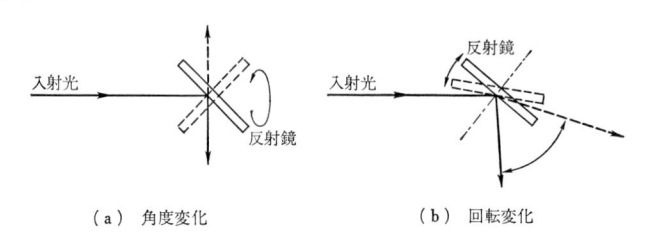

（a）角度変化　　　（b）回転変化

図 3.1.11 関節構造

（a）は，反射鏡の角度を変化させ，入射光に対する反射角度を変える方法である．この方法は，伝送光路というより，ビームをスキャンする方法として用いられる．というのも，伝送光路で用いた場合，構成が非常に複雑になるとともに，伝送角度精度を得るのが困難なためである．

（b）は，反射鏡を回転させる方法である．この場合，反射鏡への入射角・反射角を一定

に保ったまま，一平面上で回転を行えるため光路（パイプ）と反射鏡の取付け角度を変化する必要がなくなり，構成は簡単となる．したがって，伝送光路では，この方式が用いられる．

この（b）方式の関節を用いた光路が，多関節型光路と呼ばれている．多関節型光路は，基本的には，反射鏡による，光伝送である．反射鏡は，入射光を100％反射しないため，伝搬効率は次式で示される．

$$\frac{P_{out}}{P_{in}} = R^n$$

（P_{out}：出射パワー，P_{in}：入射パワー，R：反射率，n：ミラー数）

このような，多関節型光路は，CO_2 レーザの伝送に，よく用いられる．その理由は，ガラスファイバによる，伝送ができないためである．CO_2 レーザ（10.6 μm）用の，ファイバも開発されているが，入射パワーが低いこと，伝送損失が多いこと，高価であること等，まだまだ制約が多い．

CO_2 レーザは，切断・溶接・表面処理といった産業用と，医療用に用いられている．医療用に用いるためには，レーザ光を自由自在にあやつる必要がある．レーザメスの概略を図3.1.12に示す．

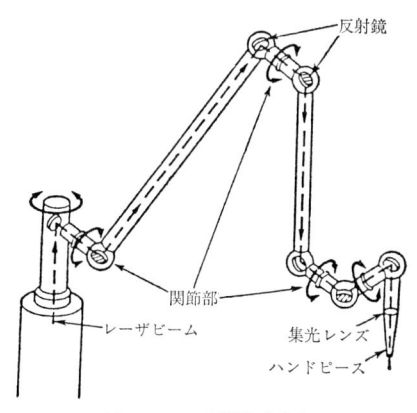

図 3.1.12 多関節型導光器

この多関節型光路は，7枚の反射鏡が用いられている．CO_2 レーザ光は，この7枚の反射鏡により，ハンドピースまで伝送される．関節部は，5箇所あり，各部で回転方向の1自由度を与えるため，5自由度のフレキシビリティがあるシステム構造となっており，ハンドピースを自由に動かすことができる．可動範囲は，関節間の長さを変えることで，調整可能である．しかし，ファイバ方式と比較すると，フレキシビリティが優れているとはいいがたい．医療用の CO_2 レーザは，低出力（50 W 程度）のため，ファイバ方式の確立が望まれている．

産業用の CO_2 レーザ光は，

1) 高出力である（約 500 W 以上）
2) ビーム品質がよいこと（スポット径約 0.5 mmφ）

の2点が重要であるため，伝送路には多関節光路が用いられる．

立体加工用の CO_2 レーザ加工機は，

（1） 多関節ロボット
（2） ガントリー型（含カンチレバー型）

の2種類に区別される．両者とも，多関節光路を含むレーザ加工機ではあるが，用いられ方は異なる．多関節ロボットは，レーザメスと同様，光路自体にフレキシビリティをもたせて，加工ヘッドを自由に動かすシステムである．それに対し，ガントリー型は，加工ヘッドまでの光路は平面加工機と同じとし，加工ヘッドに関節構造をもたせて，角度変更を行っている．ここでは，多関節ロボットを中心に，多関節光路の例を示す．

図3.1.13は，フレキシブルビームガイドを用いた，多関節ロボットである．レーザメスと同様の構造で，加工ヘッドをロボットが自由に動かす．このシステムの特徴として，

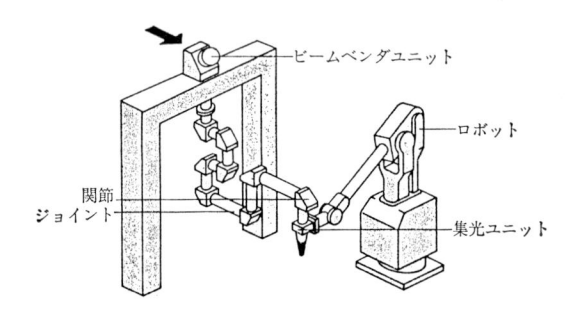

図 3.1.13 多関節ロボットの例（(株)東芝）

（1） 高品質のモードを保ちつつ，高出力レーザ光の伝送ができる
（2） 継手・関節の組み合わせで，自由な光路が設定できる
（3） 汎用のロボットが流用できる

などが，あげられる．

図3.1.14は，多関節ロボット1軸の直線運動（Y軸）を付加したシステムである．このシステムでは4軸の回転関節となる．

特徴としては，

（1） 反射鏡の枚数を減少し，伝送効率がよい
（2） ロボットの回転軸とレーザ光軸が一致するため，ポインティング変化が少ない

などがあげられる．

図3.1.15は，レーザフレックスと呼ばれるシステムである．多関節は，直線方向への変換は苦手である．そこで，直線運動にはテレスコープチューブを用いて関節数を減らし，反射鏡を最小限の4枚としたことが特徴である．そのため，メンテナンスが短時間で行なえ，しかも，シンプルなシステムとなっている．

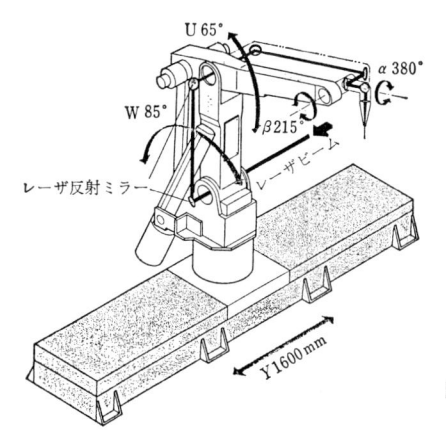

図 3.1.14 多関節ロボットの例（澁谷工業（株））

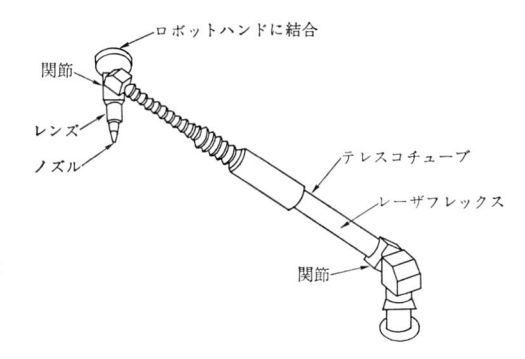

図 3.1.15 レーザフレックスを使用した多関節光路（ICALEO '85）

多関節型光路は，レーザ光伝搬には不可欠な要素である．しかし，関節数が多いほど，反射鏡枚数が増え，またその取付け精度を必要とするため，ポインティング変化の少ない，高効率のレーザ光伝送はむずかしくなってくる．多関節型光路による高精度立体加工を実現するためには，多関節の姿勢変化によって出射点のビームの位置・方向の変化がきわめて少ない多関節型光路を開発することにある．これは今後の課題である．　　　　　（菱井正夫）

3.1.1.3 走査光学系

レーザビームを偏向して被加工面上を走査するための光学系は光偏向器と結像レンズの配置関係によって，pre-objective タイプと post-objective タイプに分類される．一方，偏向器の製造誤差あるいは動的誤差に伴う走査線の位置ずれ（走査線に直交する方向）を補正する光学系を使用することにより高精度の加工がレーザビーム走査により可能になる．この項では，これらの走査光学系について，実用上，知っておきたいと考えられる基本的特徴と実際例について述べる．

a. Pre-objective タイプの走査光学系

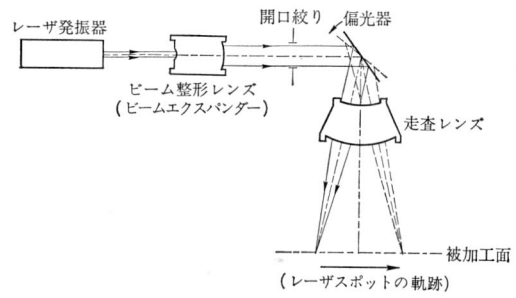

図3.1.16-aに示したように，pre-objective タイプの走査光学系は光偏向器によって偏向されたレーザビームを走査レンズを介して被加工面上において走査を行う光学系である．この走査光学系は後で述べる post-objective タイプと比較すると機能的利点が多く，レーザ加工分野においても多く実用化されているが，他の分野として，レーザプリンタ，レーザ製版，レーザファクシミリなどに広く活用されている．以下に pre-objective タイプの基本特性について述べる．

(i) **結像特性** まず，レーザビームに対する光軸上結像特性について述べる．図3.1.16-aにおいて，レーザ発振器から出射したビームはビーム整形レンズによってその径を拡大されたとする．今，便宜上，レーザビームはビームエクスパンダーによってトランケーショ

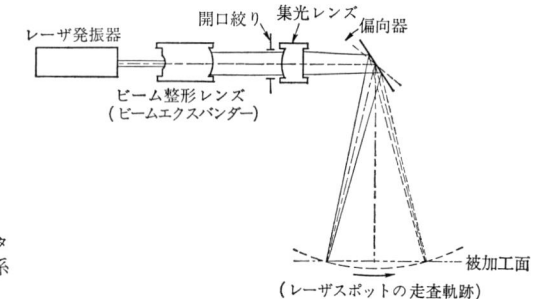

図 3.1.16-a post-objective タイプの走査光学系

図 3.1.16-b pre-objective タイプの走査光学系

ンがなく拡大された後に開口絞りによってビーム径が制約されるとする．走査レンズの球面収差が補正されている場合は，光軸上に下記に表わされるビームスポット径 d が得られる．

$$d = kF\lambda \qquad (1)$$

ここで，k はガウシアンビームに対するトランケーションに関する係数であり[1]，F は走査レンズの F ナンバー（$\equiv f/D$; f はレンズの焦点距離，D は開口絞りの径），そして λ はレーザビームの波長である．今，前記の開口絞りに入射するビームのビームウェスト径を w とし，開口径 D がビームウェスト径 w に対して十分大きい場合には，スポット径 d は，

$$d = 1.27(f/w) \cdot \lambda \qquad (2)$$

となる.逆に,ビームウェスト径 w が開口径 D に対して十分大きい場合には,スポットは Airy のパターンとなる.

(ii) 平面走査特性 走査レンズの球面収差と像面湾曲収差を補正することにより,被加工面上の所定の領域内において (1) 式で表わされるレーザスポット径が得られ,良好な平面走査を実現できる.その像面湾曲収差の補正は,一般の写真レンズと同様に,子午像面湾曲と球欠像面湾曲の二つの収差が補正される.ただ,pre-objective タイプの走査レンズの場合は,レンズの外部にある偏向器の近傍に瞳を設定して設計されるので,使用上レンズと偏向器を所定の位置関係にするように注意が必要である.その瞳位置(偏向点)を走査レンズの前側焦点と一致させることにより,テレセントリック系を実現でき,被加工面と走査ビームの主光線を所定の範囲内にて直交させることが可能になる.

(iii) 等速度走査特性 走査レンズの球面収差と像面湾曲が補正されると,回折限界のスポット径にて所定の範囲内の被加工面内において良好な平面走査が実現し得ることは前述のとおりである.しかし,その走査速度が一定でない場合には,均一露光を得ることができないので,たとえば直線状の溝を加工しようとしても溝の幅あるいは深さの均一性が保たれない.

被加工面上におけるレーザビームの走査速度は,偏向器の時間に関する偏向特性と走査レンズの歪曲収差によって決定される.走査レンズの光軸を基準とした偏向角を θ として偏向特性を一般に $\theta(t)$ と表わすことにする.そして走査レンズの歪み特性関数を $G(\theta)$ と書き,偏向されたレーザスポットの位置は光軸から

$$Y'(t) = G\{\theta(t)\} \tag{3}$$

で表わされるとする.ここで便宜上,$-T \leq t \leq T$ とし,$t=0$ のとき,$Y'(0)=0$, $\theta(0)=0$ とする.(3) 式の両辺を時間について微分すると

$$\frac{\partial Y'(t)}{\partial t} = \frac{\partial G(\theta)}{\partial \theta} \cdot \frac{\partial \{\theta(t)\}}{\partial t} \tag{4}$$

となり,(4) 式の左辺は被加工面上におけるレーザビームの走査速度である.したがって,この速度を一定にしようとするとき,走査レンズの歪み特性関数 $G(\theta)$ と偏向器の偏向特性 $\theta(t)$ のどちらかが設定されると,他方は (4) 式を使用して決定することができる.次に,その具体例を紹介する.

まず,よく知られている回転多面鏡のような等角速度回転の偏向器を使用する場合,その角速度を ω とすると,(4) 式において $\partial\{\theta(t)\}/\partial t = \omega$ であるから,左辺の走査速度を定数 v と置き換えることによって,走査レンズの歪み特性関数は,

$$G(\theta) = K\theta \quad (K \equiv v/\omega) \tag{5}$$

となり,したがって (3) 式は

$$Y'(t) = K \cdot \theta(t) \tag{6}$$

となる.その走査レンズに入射するレーザビームが平面波で,被加工面が焦点上にある場合には,(5) 式と (6) 式において $K=f$(走査レンズの焦点距離)であり,この走査レンズは $f \cdot \theta$ レンズと呼ばれる.

次に,

$$\theta(t) = 2\phi_0 \sin \omega t \qquad (7)$$

で表わされる偏向特性をもつ偏向器として正弦振動鏡を使用する場合は

$$G(\theta) = 2\phi_0 f \cdot \sin^{-1}\{\theta(t)/2\phi_0\} \qquad (8)$$

で表わされる歪特性関数をもつ走査レンズを使用することにより，それに入射する平面波ビームに対して焦点上に配置した被加工面上にて等速度で走査されるレーザスポットが得られる．この走査レンズはアークサインレンズと呼ばれる．以上のように，偏向器の特性を設定することにより，走査レンズの歪み特性関数が決定し，それは，レンズの歪曲収差を所定の値に設計することにより実現可能である[2]．

b．Post-objective タイプの走査光学系

図 3.1.16-b に示すように post-objective タイプの走査光学系の基本配置は pre-objective タイプと比較すると単純な機能しかもたない．開口絞りの後の集光レンズは，球面収差を良好に補正されれば十分であるが，被加工面に対して平面走査を行うことが不可能であり，限定された範囲においてのみ (1) 式で与えられるレーザスポットが得られる．ただし，F ナンバーを大きくするか，偏向角を小さくすることにより，レーザスポットの円弧状の軌跡を焦点深度内におさめて近似的平面走査を実現することが可能である．そして等速走査性に関しては偏向角を小さくして近似の範囲で使用するか，あるいは，偏向器の偏向特性を時間的に制御することにより実現可能である．

c．走査位置ずれを補正する光学系

レーザビームの偏向器として回転多面鏡，あるいはガルバノミラーのような機械式偏向器を使用するとき，ミラーの製造誤差や動的誤差により被加工面上のビーム位置がビームの走査方向に対して直交する方向にずれを生じ問題になる場合がある．このような走査線位置ずれを補正する光学系の中から，レーザプロセス技術において実用可能と考えられる例を選んで紹介する．

前述の pre-objective タイプの走査光学系をアナモフィックレンズにより構成することにより，前述の平面走査特性と等速度走査特性を保持した上で走査線位置ずれを補正することが可能である．その実際例として，図 3.1.17 はレーザビームプリンタに使用されている走査

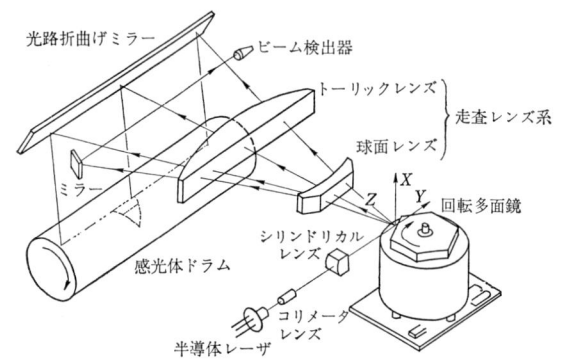

図 3.1.17 走査線位置ずれ補正走査光学系の例

光学系[3]であり，主軸と副軸の曲率半径が異なるトーリックレンズが使用されている．その光学系により得られるレーザスポット径はおおよそ$\phi 100 \mu m$であり，レーザプロセス技術においてはその光学系をそのまま適用できない場合がある．たとえばもっとレーザスポット径を小さくして微細パターンの加工を行いたいという場合には，レンズ構成枚数を多くして口径比の大きい（Fナンバーの小さい）光学系を必要とするであろう．図3.1.18[4]は比較的

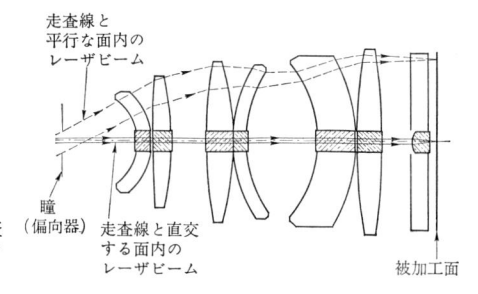

図3.1.18 走査線位置ずれ補正走査光学系の例（微細パターン用）

走査線と平行な面内のレーザビーム
瞳（偏向器）
走査線と直交する面内のレーザビーム
被加工面

微細パターンの加工に適していると考えられる光学系であり，平面走査，等速度走査の特性をもち，レーザビームは被加工面に対して直交して入射するテレセントリック系に設計されている．このレンズはすべてシリンドリカルレンズにより構成され，入射側から数えて第1番目から6番目のシリンドリカルレンズの母線をすべて走査線と平行とし，第7番目のシリンドリカルレンズの母線をそれと直交するように構成することにより走査線の位置ずれを補正することが可能である．

（箕浦一雄）

文　献

1) R. Rhyins: Lenses for low-order modes. *Laser Focus*, **10** (6) (1974), 55.
2) 箕浦一雄，他：レーザー走査用レンズの設計．光学，**10** (5) (1981), 350.
3) 箕浦一雄，山本碩徳：小型レーザビームプリンタの走査光学系．工業材料，**35**, (5) (1987), 75.
4) USP 4, 056, 307: Anamorphic Scanner Lens System.

3.1.1.4　集光光学系

a．レーザ光の伝搬

レーザ光線の集光を扱う場合，当然のことではあるが，レーザ光の伝搬特性を知る必要がある．コヒーレント光が空間を伝搬するとき，その空間分布がガウス形になることが知られている．図3.1.19はレーザ光が伝搬するときの状態を示した伝搬図である．伝搬を考える上での重要なパラメータは，ビームの半径を示すいわゆる"スポットサイズ"：wと，波面の半径：Rの二つである．ここでスポットサイズとは，強度が中心の$1/e$となる点の半径をいう．伝搬におけるビームの広がり法則は

$$w^2 = w_0^2 [1 + (\lambda z/\pi w_0^2)^2] \qquad (1)$$

$$R = z[1 + (\pi w_0^2/\lambda z)^2] \qquad (2)$$

の2式で表わされる．ここで，zはビームウェスト（ビームが最も細い部位）からの波面ま

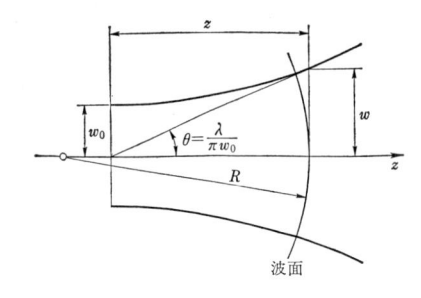

図 3.1.19 ガウス形ビームの伝搬波形

での距離, w_0 はビームウェストでのスポットサイズ, λ はレーザ光の波長である．この2式から,

$$\pi w^2/\lambda R = \lambda z/\pi w_0^2 \tag{3}$$

が得られ, w_0 と z を示す式として,

$$w_0^2 = w^2/[1+(\pi w^2/\lambda R)^2] \tag{4}$$

$$z = R/[1+(\lambda R/\pi w^2)^2] \tag{5}$$

が得られる．この五つの式が，レーザ光を扱う上での基本式となる．ビーム広がり角 θ は，ビームウェストから十分離れた位置で (1) 式から求められ,

$$\theta = \lambda/\pi w \tag{6}$$

で表わされる.

b. レンズによるビーム変換

図 3.1.20 にレンズによるガウスビームの変換を示す．レーザビームは左から右に伝搬するとする．図は，レンズから d_1 の位置にスポットサイズ w_1 のビームウェストをもつレーザビームが，焦点距離 f のレンズにより，レンズからの距離 d_2 にスポットサイズ w_2 のビームウェストをもつビームに変更される状態を示している．このとき，ビームウェストとの

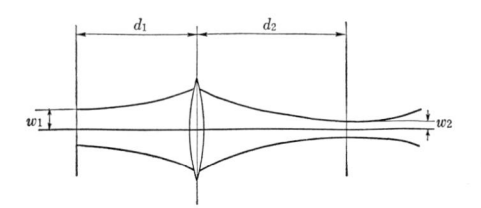

図 3.1.20 ガウス形ビームのレンズによる変換

半径とレンズからの距離の関係は以下の式で表される.

$$1/w_2^2 = 1/w_1^2(1-d_1/f)^2 + 1/f^2(\pi w_1/\lambda)^2 \tag{7}$$

$$d_2 - f = f^2(d_1-f)/[(d_1-f)^2 + (\pi w_1^2/\lambda)^2] \tag{8}$$

これらの関係式は，ガウス形ビームのレンズ変換を扱う上での基本式となる.

c. 集光光学系の設計

レーザ加工用の集光光学系を設計するに当って最も重要なことは，レーザビームを所望の

3.1 要素技術

スポットサイズに集光することである．そのためには，(1) ないし (8) の関係式，特に (7) ならびに (8) のレンズによるビーム変換式が役立つことになる．

実際の設計に当っては，所望の集光スポット（ビームウェストでのスポットサイズ）を得られるよう，初期のスポットサイズを数個のレンズにより変換していく方式が採られる．この場合の一般に採用されている構成を図3.1.21に示す．レーザ発振器をスポットサイズ w_0 で出射したビームは，ビームエキスパンダにより拡大されビームウェストが対物レンズの後部焦点になるよう調整される．このときのスポットサイズ w_1 は対物レンズにより変換され逆の焦点上にスポットサイズ w_2 のビームウェストを作る．レンズの一方の焦点にビームウェストがある場合，他の焦点にビームウェストを作り，w_1 と w_2 の関係は，$1/w_2 = \pi w_1/f_1\lambda$ となることは (7) および (8) 式から明らかである．

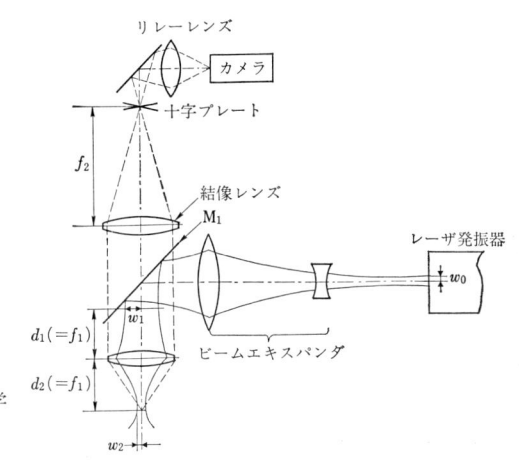

図 3.1.21 集光型加工光学系の構成

このように，ビームの集光点を対物レンズの焦点に設定した場合には，加工点の観察には結像レンズが必要となる．焦点上にある物体の光線はレンズを経た後は光軸に平行な光線となって進み，焦点距離 f_2 のレンズ L_2 によって倍率 f_1/f_2 で結像する．

また，(7) および (8) 式からわかるように，エキスパンダによるビーム変換を調整し，ビームウェストの位置およびスポットサイズ w_1 を変化させることにより，対物レンズを経たレーザビームの集光点を焦点の前後に移動させスポットサイズを微小量変化させることができる．

集光スポットサイズを大幅に変化させる場合には，ビームエキスパンダの倍率を変えたり，焦点距離の異なる対物レンズを使用することにより対応する．

レーザ加工光学系を評価するとき，他の光学系と同じように焦点深度という考え方がもち込まれることがある．ガウス形ビームを扱う場合に幾何光学と同じレンズの焦点深度という考え方は成り立たない．これに替える考え方として，ビームウェストのスポットサイズの10%増になる距離をもって，加工深度のような概念が導入され，一般的に使われている．この場合の加工深度は (1) 式から求められ，

3. 加 工 装 置

$$z_d = \pm\sqrt{0.21}\ \pi w_0^2/\lambda \tag{9}$$

となる．図3.1.22にこれを示す．

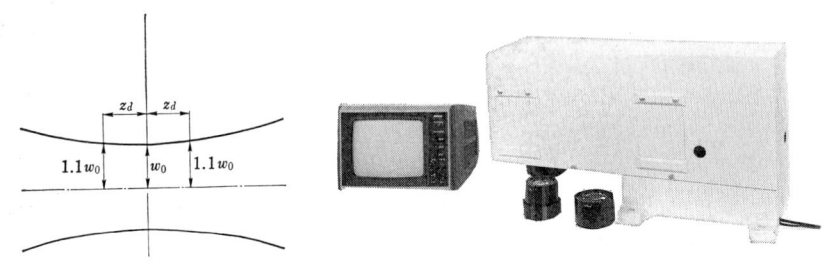

図 3.1.22 加工深度の概念図

図 3.1.23 加工用光学系の外観写真

さて，実際の加工光学系を構成する場合には，以上のような主要構成部に加えて，レーザ光路では，ビーム導入部の調整ミラーや，エキスパンダのレンズ間隔調整機構，レーザ光路と観察系を結合させる結合ミラー（図3.1.21 M_1）などが必要となる．観察光学系では，結

表 3.1.4 集光型加工光学系の性能例

エキスパンダ倍率	対物レンズ焦点距離 (mm)	集光スポットサイズ（μm）			
		TEM$_{00}$	マルチモード8φ	マルチモード6φ	マルチモード4φ
2 倍	25	9	—	—	30
	35	12	—	85	45
	50	18	180	120	60
	75	27	270	180	90
	100	36	370	250	125
3 倍	25	6	—	—	—
	35	8	—	—	30
	50	12	—	80	40
	75	18	—	125	65
	100	24	—	170	90
5 倍	25	4	—	—	—
	35	5	—	—	—
	50	7	—	—	25
	75	12	—	75	40
	100	16	150	100	50

像点に十字ガラスを置きこれをリレーレンズによりTVカメラに結像するのが一般的である．このようにして構成された加工光学系を図3.10に示す．また，表3.2に性能を示す．

d．結像加工光学系

レーザ加工用光学系として，上に述べた集光光学系のほかに結像加工光学系がある．集光光学系で集光されたレーザビームは，ガウス形分布を保っている．そのため，同じスポットサイズのビームでも，加工対象物の加工スレッショルドの高低により加工される大きさが異

なる．さらに，加工領域の中心部と周辺部では照射されるレーザエネルギーが異なり，一般に，中心部が高エネルギーにさらされ，過度の加工により悪影響を及ぼすこともある．

ホトマスクや液晶などのように，透明基板上の金属薄膜を高精度で加工する場合には，集光光学系では困難となる．このような加工の際に使用されるのが，結像加工光学系である．

図 3.1.24 に，結像加工光学系の構成を示す．対物レンズと開口板との距離を S_1，対物レンズと加工点の距離を S_2，レンズの焦点距離を f とすると，$1/S_1+1/S_2=1/f$ という関係となり，上述したガウスビームのレンズによる変換とは異なる．開口部を結像して加工する場合のメリットは図 3.1.25 に示すように，開口部の中心部と周辺部のレーザの強度比が1に近いことである．加工点でのレーザ光のエネルギーを必要最小限に制限し，加工の中心部でも過度のエネルギーが照射されることがないため，良質で精度のよい加工が可能となる．

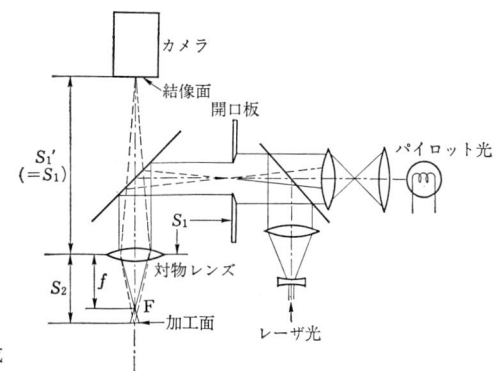

図 3.1.24 結像加工光学系の構成

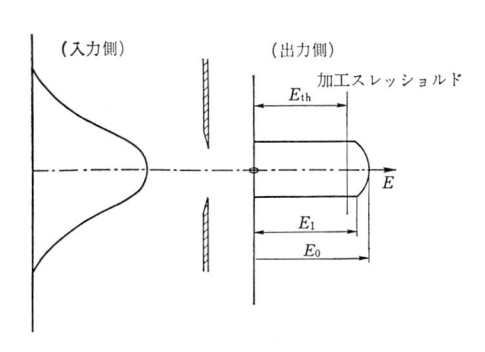

図 3.1.25 開口部を通して加工する場合の優位を示す概念図

この光学系では，対物レンズの後方 $S_1'(=S_1)$ の距離に加工点の像を観ることができる．したがって，この位置に観察装置を設けることにより，パイロット光により加工対象物上に作られた開口像と対象物を同時に観察することができ，レーザ加工に先立って，開口の調整や位置合わせができ高精度で良質な加工が可能となる．マスクリペアでは，Nd: YAG レーザの第2高調波光（波長 0.53 μm）を使って，1 μm 以下のスリット加工を実現している．

この光学系は，マスクや液晶パターンの修正だけでなく，加工幅を一定に保つことが要求される薄膜のパターン生成加工に応用されている．さらに，除去加工に限らず，CVDのような堆積膜の形状コントロールにもスリットの結像が使用されている．　　　（辰巳龍司）

文　献

1) H. Kogelnik: Imaging of Optical Modes-Resonators with Internal Lenses. B. S. T. J., (March, 1965), 455-494.
2) F. T. Arecchi and E. O. Schulz-Dubois: Laser Handbook, North-Holland Publishing, (1972) 1601.
3) 辰巳龍司：ホトマスク修正用加工技術，電子材料，3 (1978), 49.

3.1.2　加　工　系

レーザ加工機は
(1)　レーザビームを発生させる発振器
(2)　発振器から出射したレーザビームを所定の位置まで伝送するビーム伝送路
(3)　伝送されたレーザビームを集光させるとともに，加工に必要な加工ガス（酸素，空気，窒素など）を加工部に供給する加工ヘッド
(4)　被加工物を所定の形状に切断するために，レーザ集光点と被加工物を相対的に移動

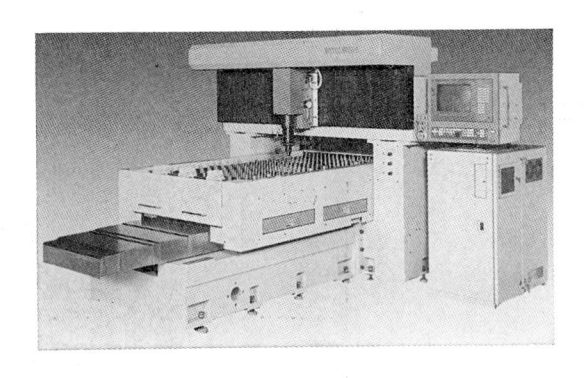

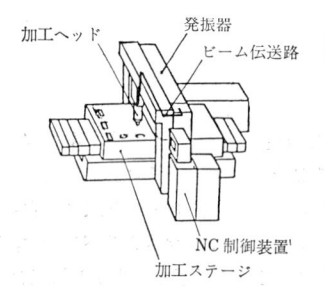

図 3.1.26　レーザ加工機のシステム構成[1]

させる加工ステージ
（5） 上記所定の形状にレーザ集光点または被加工物を移動させるための NC 制御装置
（6） 被加工物素材を加工ステージ上に移載し位置決めするローディング装置や加工完了後製品・廃材をステージ上から搬出するためのアンローディング装置などのパーツハンドラ
（7） 上記 NC 制御装置へ入力する NC データを作成する自動プログラミング装置
などの要素から構成されている．

CO_2 レーザ加工機の代表的なシステム構成を図 3.1.26 に示す．ただし，この図には，上記（6）のパーツハンドラおよび自動プログラミング装置は含まれていない．

この章では，レーザ加工機の主要要素である加工ヘッド，ステージ，およびパーツハンドラについてその構造・機能等について述べる．

3.1.2.1 加工ヘッド

加工ヘッドは発振器から伝送されたビームをレンズで集光するとともに，ビームと同軸状に加工ガス（酸素，空気，窒素など）をワークに噴出させる役割をもつ．加工ヘッド先端部分の構成図を図 3.1.27 に示す．加工ヘッド先端のノズル直径は通常 $1\sim2\,mm\phi$ 程度であ

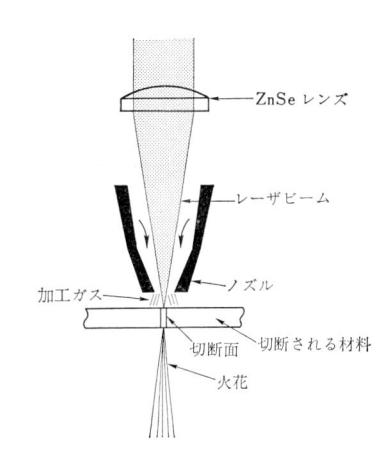

図 3.1.27 加工ヘッド先端部の構成

り，集光されたビームがそのノズル中心を精度よく通過するか否かが切断性能に大きく影響する．したがって，ノズル軸とビーム軸を一致させるための調整機構が必要となる．また，加工レンズによる焦点距離の差または対象とする材料・板厚による適正加工条件設定のためにノズルを上下に微調整する機構も必要となる．ノズル先端とワークとのギャップ長は通常 $1\sim3\,mm$ 程度に設定される．

実際のレーザ切断においては，ワークが完全な平面でなく必ずうねりがある．ワークの中央・端にかかわらず，常に安定に加工するためには，ノズル先端とワークのギャップをセンシングし一定に制御する必要がある．このためのセンサとして代表的な 2 例について以下に

述べる．

a．接触式倣いセンサ

このセンサの具体例の写真を図3.1.28に示す．加工ヘッド部に取り付けた固定端を基準として，Z方向に可動なスプーン状で先端部分に穴があり，その穴とノズル中心がほぼ同軸

図 3.1.28 接触式倣いセンサ

状の構成となっている．ノズル近傍でのワークの凹凸をスプーンのZ方向の位置で検出し，この位置が常に一定となるように加工ヘッドをZ方向に制御する．ワークの材料（非金属でも可）を選ばず汎用性の高いセンサである．

b．静電容量式倣いセンサ（非接触式）

このセンサの具体例の写真を図3.1.29に示す．このセンサは，ノズル自身がセンサであり，ノズルとワークの間に高周波電圧を印加し，その間の静電容量を測定することにより，ノズル－ワーク間のギャップ長を検出し，このギャップが一定となるように加工ヘッドを上下方向に制御する．このセンサは対象ワークが金属の場合に限られるが，接触式センサでは表面にキズの付きやすい鏡面仕上げ材，アルミ材に対して有効である．また，高速切断においては接触式センサはワークにひっかかることがあるが，その場合にも有効である．

図 3.1.29 静電容量式倣いセンサ

以上述べた加工ヘッドは主として切断用途のために使用される．その場合，レーザビームを集光させるためにZnSe製のレンズが使用される．レンズの焦点距離はその用途により異なるが，通常2.5～10インチの範囲内となっている．

また，溶接用途として使う場合の加工ヘッドとして，通常反射型集光系の放物面鏡加工ヘッドが用いられる．溶接の場合，対象ワークからのスパッタが，切断の場合に比べ大幅に多くそのスパッタがレンズに付着するとレンズの集光性が悪化し溶接の長時間安定性が得られにくい．そのため溶接用途に対しては，スパッタが付着しても集光性の悪化のきわめて少ない放電面鏡加工ヘッドが採用される場合がより一般的となっている．放物面鏡加工ヘッドの写真およびその構成を図3.1.30に示す．

さらに，表面改質用途として使う場合の加工ヘッドとして，ビームスキャナ，セグメンテ

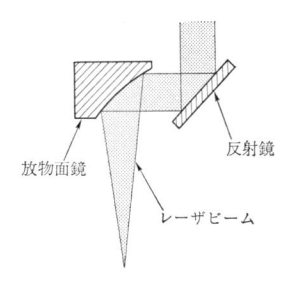

図 3.1.30 放物面鏡加工ヘッドとその構成

ッドミラー，カライドスコープなどの加工ヘッドが用いられている．

3.1.2.2 ステージ
ステージの駆動方式により下記3方式のレーザ加工機に分類できる．
（1） ビーム固定＋被加工物移動型
（2） ビーム移動＋被加工物移動型
（3） ビーム移動＋被加工物固定型
これらの駆動方式の構成，特徴，性能，用途などについて以下に述べる．

a．ビーム固定＋被加工物移動型
（i） 構 成　この駆動方式の基本構成を図3.1.31に示す．図の（a）はビーム固定で

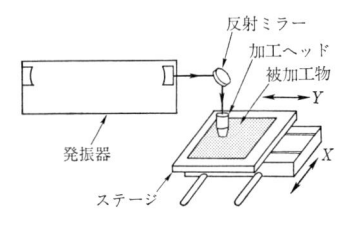

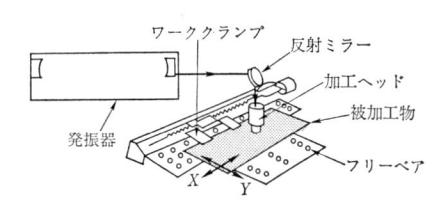

（a） XY軸ステージ移動方式　　（b） XY軸被加工物移動方式

図 3.1.31　ビーム固定＋被加工物移動型[1]

被加工物を加工ステージ（XYステージ）上面に位置決めクランプした状態で加工ステージをXY面内をサーボモータ駆動により移動する方式である．ステージ上面の被加工物支持は，できるだけ接触面積の小さい針山ピン支持またはナイフエッジ支持が採用される．これらの支持法は，被加工物を貫通したレーザビームを逃がし，ビームをディフォーカス後吸収させ，再度被加工物への逆行を防止するためである．

図の（b）はビーム固定で被加工物の端部をワーククランプで保持し，被加工物のみを静止ステージ上面でXY面内をサーボモータ駆動により移動する方式である．ステージ上面

は被加工物がステージ上面をなめらかに移動できるよう，フリベアがステージ上面に配置されている．また，被加工物を切断する部分では，ステージ上面に開口があり，レーザビームをディフォーカス後吸収させる（ビームコレクター）とともに，切断した製品と廃材を落下させ取り出せる構造（ワークシューター）となっている．

(ii) 特徴

(1) 光路系： 図3.1.31に示した(a), (b)の両方式とも，光路系のミラーは全て固定されるため，発振器から加工ヘッドまでの距離は一定である．したがって，加工ヘッド内加工レンズ部への入射ビーム径が基本的には一定に保持される．集光性能が一定に保たれるため，被加工物の切断位置にかかわらず，一定の切断性能が得られやすい．

また，光路系の光軸アライメントを機械軸（X軸，Y軸）と平行化させる必要もなく，光軸アライメントが容易である．光路系内のミラーの汚染防止のための光路密閉化を容易に達成することができる．以上のように，このビーム固定方式は光路系の見地からは利点の多い方式といえる．

(2) ステージ： 図3.1.31(a)のXY軸ステージ移動方式は，X軸，Y軸ともステージを移動するため，図3.1.32に示すようにステージの4倍の設置スペースが必要となる．たとえば板金における$4'×8'$板（約$1.2m×2.4m$）サイズのステージの場合，設置スペースとして$4×(1.2×2.4)=11.5m^2$が必要となる．さらに，この方式では，ステージ構造が必然的に2段となるために，XY軸のうち1軸（例：X軸）はステージのみの駆動ですむが，他の1軸（例：Y軸）はステージ＋X軸駆動系を駆動する必要がある．高速かつ高精度でステージを移動するためには，可動部重量を低減すべきところが，ステージのみならずX軸駆動系（サーボモータ，ボールネジ，直線ガイドほかとそれらを保持する構造体）をも駆動することが必要

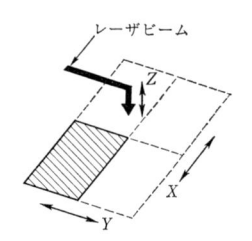

図 3.1.32 ビーム固定＋被加工物移動型の設置スペース[1]

となる．したがって，このXY軸ステージ移動方式は大物の定尺板金に対しては不向きである．逆に，小物の板金（大略$1m×1m$以下）切断に適した方式である．小物板金に限れば，上述した光路系の利点が生かされ高精度な切断が実現される．

図の(b)のXY軸ワーク（被加工物）移動方式も，X軸Y軸ともワークを移動させるために，図3.1.32に示したように基本的にはワークの4倍の設置スペースが必要となる．XY軸ステージ移動方式に比べこのワーク移動方式では，ワークとそのクランプ機構部分のみを移動させるため，可動部重量が小さく比較的大きなワーク（比較的薄い板材の場合）に対しても適応できる．

この方式は従来のパンチプレス加工機のプレス部をレーザ切断に置き換えたものであり，比較的薄いワークに対し，中精度（位置決め精度±0.01以上/300mm）の切断に適したものである．ワークの板厚が大きい場合（例：12mm）には，ワーク保持がクランプのみであるため，高速で移動する場合にはクランプ力が不足となる場合がある．ワークサイズとしては，$5'×10'$（約$1.5m×3m$）の大型のレーザ加工機まで製品化されている．

(iii) 性 能 　XY軸ステージ移動方式のレーザ加工機の写真を図3.1.33に示すとともに表3.1.5に仕様を示す．XY軸テーブル移動のため，対象ワーク寸法が850×650(mm)

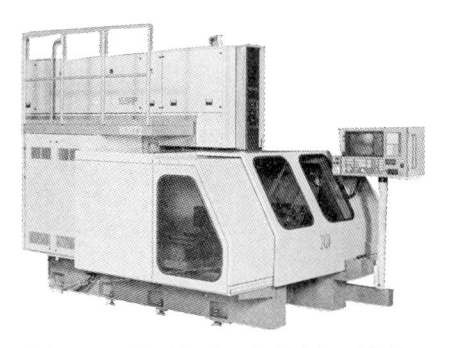

図 3.1.33 　XY軸ステージ移動方式の具体例
　　　　　　（三菱電機製 806 T2）

表 3.1.5 　XY軸ステージ移動方式の仕様（例）（三菱電機カタログ）

	項　　　　目	型　名	806 T 2
1	方　　　　式		ステージ移動方式
2	加工ストローク（X-Y）	(mm)	850×650
3	加工ヘッド上下ストローク	(mm)	300
4	対象ワーク寸法	(mm)	850×650
5	早　送　り　速　度	(m/min)	15
6	加　工　送　り　速　度	(m/min)	MAX 15
7	位　置　決　め　精　度	(mm)	0.005/500
8	繰返し位置決め精度	(mm)	±0.005
9	幅 × 奥行 × 高さ	(mm)	2330×4445×2615
10	重　　　　量	(kg)	5700

と小さい．しかしながら，精度に対しては，位置決め精度：0.005/500，繰返し位置決め精度：±0.005と高精度の機械精度が得られているとともに，実際に切断した場合の寸法精度も高い（穴加工（ϕ10）の場合の真円度＜長径－短径＞が10～15 μm）．

　XY軸ワーク移動方式における機械精度は，位置決め精度：±0.02～±0.03/300，繰返し位置決め精度：±0.01程度となっており，上記XY軸ステージ移動方式に比べ若干劣る．

(iv) 用 途 　XY軸ステージ移動方式の加工機においては，通常の小物平板（対象最大板厚12^t）の切断のみならず，箱物の切断加工，または，NC回転テーブルとの組合せによるパイプの切断，さらには溶接などの用途にも使用されている．これらの多目的な用途への適応を狙いとし，前述の806T2加工機では加工ヘッド上下ストローク300mmと大きくしている．XY軸ステージ移動方式は小物の板金の高精度切断を中心とした多目的レーザ加工機といえる．

一方，XY軸ワーク移動方式の加工機は，板金の中精度切断を対象とした板金用レーザ加工機といえる．

b. ビーム移動＋被加工物移動型

（i）**構　成**　この駆動方式の基本構成を図3.1.34に示す．図の（a）はX軸ステージ移動，Y軸ビーム移動の構成である．ステージはX軸方向のみに移動するので，前項のように駆動系が2重構造とはならずシンプルであるとともに，ステージとワークのみ駆動する構造となる．一方，加工ヘッドはステージを挟んだ門型コラムのクロスレール（Y軸方向）のY軸駆動系により移動する．X軸とY軸の駆動系は完全独立である．

図の（b）はX軸被加工物移動，Y軸ビーム移動の構成である．Y軸は上記と同様であり，またステージ部は前項で述べたものとほぼ同様にステージ上面にフリーベアが配置され，ワークはその上をX軸方向のみに移動する．また，ビームコレクターおよびワークシューターはY軸の全ストロークをカバーする必要があるので，Y軸方向に長い形状となる．この構成の門型コラムの代わりに片持アームを使用している例もある．

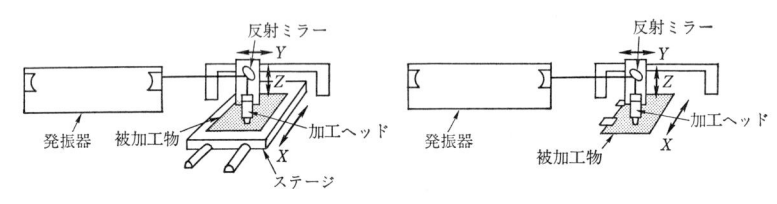

（a）X軸ステージY軸ビーム移動方式　　　（b）X軸被加工物Y軸ビーム移動式

図 3.1.34　ビーム移動＋被加工物移動型[1]

（ii）**特　徴**

（1）**光路系：**　この方式の光路系は，Y軸方向に伝送したビームを垂直下方に反射ミラーにより偏向させ加工ヘッド内のレンズに入射させる構造となっている．光路長の変化によらず常にレンズの中心にかつ垂直にビームを入射しようとすれば，Y軸方向のビームの中心軸が機械系のY軸と，Z軸方向のビームの中心軸が機械系のZ軸とそれぞれ平行の条件を満足させることが必要．そのための光路調整が必要となる．通常，炭酸ガスレーザのビームは赤外線（10.6 μm）で目に見えないため，このビームと同軸に調整をしたHe-Neレーザビームを用いて光路調整をおこなう．

また，この方式では1軸のみであるが，光路長が変化するので，ワーク上の近点と遠点ではレンズへの入射ビーム径が変化する．しかしながら，この近点と遠点の差は通常1m～2m程度であり，ビーム径に換算してその差は2～3mm程度となり，切断性能への影響は少ない．特にビームのコリメーションなどの必要性が少ない．

（2）**ステージ：**　X軸ステージY軸ビーム移動式の場合，ステージはX軸方向のみに限って駆動するため，可動部の重量はワーク＋ステージのみとなる．通常の板金の最大定尺板5′×10′（約1.5 m×3 m）対応の標準的な可動部重量は1,000 kg強のレベルであり，標準的な駆動系で高速高精度が達成できる．

3.1 要素技術

この方式はX軸をステージ移動にY軸をビーム移動に，それぞれの役割分担を特定化し，ステージ移動，ビーム移動のそれぞれの長所を生かした実用的な方式といえる．ただし，ステージサイズがさらに大型の場合には駆動系の能力が限界に達し，高速高精度加工が困難となる．

X軸ワークY軸ビーム移動方式の場合，前項で述べたように，ワークをクランプのみで保持して移動させる方式のため，薄板対応の中精度の板金切断に適したものである．ビームコレクター部およびワークシューター部は，前項のXY軸ワーク移動方式に比べ複雑となる．

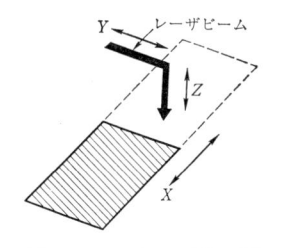

図 3.1.35 ビーム移動＋被加工物移動型の設置スペース

以上の2種類のビーム移動＋加工ステージ移動型の両方式とも，図3.1.35に示したように，基本的にはワークの2倍の設置スペースが必要となる．

(iii) 性能　X軸ステージY軸ビーム移動方式のレーザ加工機の写真を図3.1.36に示す．また，代表的な3機種の仕様を表3.1.6に示す．これら3機種：2512HB②，2012HB②，1212HB1のそれぞれの最大対象ワーク寸法は$4'×8'$，$3'×6'$，$4'×4'$となっており，通

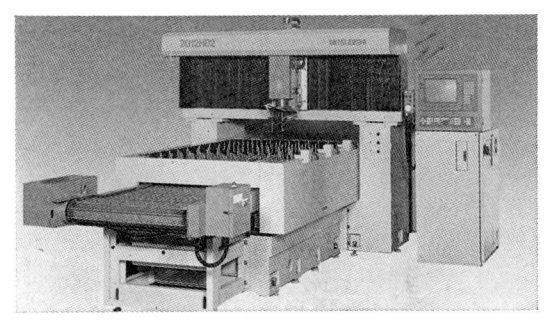

図 3.1.36 X軸ステージ移動Y軸ビーム移動方式の具体例（三菱電機製 2012HB2）

常の板金の定尺板の大部分をカバーできるステージサイズとなっている．さらに1ランク上の$5'×10'$のステージ（3015HA2）まで，このX軸ステージY軸ビーム移動方式で統一している．表3.1.6に示しているように，機械精度が前項のXY軸ステージ移動方式と比較して同一（2012HB2, 1212HB1）または2倍（2512HB2）と，ステージサイズが大きいにもかかわらず高精度が達成できている．一方，加工の高速化のために必要な最大早送り速度，最大加工送り速度とも20m/minと比較的大きな値となっている．以上のように，大きな対象ワークまで含め，高精度かつ高速が達成されているのは，X軸ステージY軸ビーム移動方式の特徴と考えられる．

一方X軸被加工物移動Y軸ビーム移動方式の製品の対象最大ワークは$3'×6'$〜$5'×10'$であり，機械精度は位置決め精度：±0.01/300〜±0.045/300，繰返し位置決め精度：±0.005〜0.0075，最大早送り速度：12〜15m/min，最大加工送り速度：〜12m/minとなっている．以上の仕様と表3.1.6の仕様を比較すると，表3.1.6の方が機械精度，加工速度等で若干上

表 3.1.6 X軸ステージ移動Y軸ビーム移動方式の仕様(例)(三菱電機カタログ)

項　　目				2512 HB 2	2012 HB 2	1212 HB 1
移　動　方　式				ハイブリッド方式(X軸:ステージ移動, Y軸:光移動)		
制　御　方　式				X-Y-Z 同時3軸制御(Z軸倣い制御も可能)		
対象ワーク寸法			(mm)	2,440×1,220	2,000×1,220	1,220×1,220
ストローク	X	軸	(mm)	2,500	2,030	1,250
	Y	軸	(mm)	1,250		
	Z	軸	(mm)	100		
速度	最大早送り速度		(m/min)	20		
	最大加工送り速度		(m/min)	20		
精度	位置決め精度		(mm)	0.01/500	0.005/500	
	繰り返し精度		(mm)	±0.01	±0.005	

まわっているが，今後のそれぞれの機種の技術開発により相対的な関係も変化するものと思われる．

(iv) 用　途　X軸ステージ移動Y軸ビーム移動方式においては，薄板から厚板(最大12mm^t)までの板材を製品の大きさや形状にかかわらず切断でき，かつ箱物やパイプの切断もできる非常に汎用性の高い高精度高速加工機といえる．一方，ワークの搬出入等の見地からは，まだまだ改善すべきところが残されている．

X軸ワーク移動Y軸ビーム移動方式(含:XY軸ワーク移動方式)においては，比較的薄板(たとえば4.5mm^{t}以下)の板材から比較的小さい製品を多数切断する場合には，製品がワークシューターから自動的に選別入手できる等の長所がある．この方式における改善点として，板厚，製品寸法，形状の適応範囲を拡大すること，精度を改善することなどが考えられる．

c. ビーム移動＋被加工物固定型
(i) 構　成　この駆動方式の基本構成を図3.1.37に示す．加工ステージは完全固定

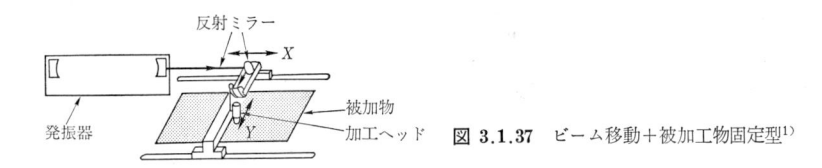

図 3.1.37　ビーム移動＋被加工物固定型[1]

で，X軸Y軸ともビームのみが移動する方式である．加工ヘッドは可動式の門型コラムのクロスレール部(Y軸方向)のY軸駆動系により移動する．一方，加工ヘッドY軸駆動系を搭載した可動式門型コラムがX軸駆動系により移動する．

この方式では重量の大きいワークまたはステージを移動させず，逆に重量の小さい加工ヘッドを移動させるため機械駆動系としては負荷が少ない方式といえる．また，ステージが移

動しないため設置スペースが基本的にステージの大きさだけでよい，などの利点がある．

光路系は第1にX軸と平行に加工ステージ部に入り，次に反射ミラーによりY軸と平行に偏向させ，さらに反射ミラーによりZ軸と平行に偏向させ，加工ヘッドのレンズの中心に垂直入射させる必要がある．この光路構成については次項で述べる．

(ⅱ) 特 徴

(1) 光路系： 現状レーザ加工機の光路調整は炭酸ガスレーザビームと同軸に調整したHe-Neレーザビームにより目視チェックでもっておこなわれている．炭酸ガスレーザビームとHe-Neレーザビームの同軸性も目視チェックである．光路調整の基準が不明瞭である．この条件下で，光路のアライメントをX軸，Y軸，Z軸の各軸に対し高精度の調整をすることに時間がかかる．また，光路のミラーメンテにおいても同様に時間がかかる．

レーザビームが加工ステージの近点の場合と遠点の場合のビーム伝送距離の差が大きい．たとえば$5' \times 10'$材の場合，その距離差は約 4.5 m となる．発振器から出射されたビームを 4.5 m の間ビーム径を大きく変化させることなく伝送することは困難であり，ワークの近点部と遠点部で切断性能を異にすることになる．この切断性能の差を抑制するために，ビームのコリメータが必要となる．コリメータを使っても若干の切断性能の差が発生するのは否めない．

以上のような光路系としての短所はあるものの，$5' \times 10'$材より大きな特殊レーザ加工機においては，長大なステージを機械的に駆動することは困難であり，このビーム移動（XY軸とも）方式が採用されている．

(2) ステージ： ステージはまったくの固定方式のため，ステージに必要とされる機能は前述の針山ピンまたはナイフエッジによるワークの支持，ワークを位置決め，簡易ワーククランプ（ワーク，ステージとも移動しない），ワーク搬入出の際のワークリフター，製品または廃材を集めるためのチップコンベア，切断により発生する粉塵の除去などである．これらの機能は前述の，X軸ステージY軸ビーム移動式の場合にも共通のものである．条件が大きく異なるのは，粉塵除去である．ビーム移動式（XY軸とも）の場合には，加工ヘッドがステージの全領域に移動するために，粉塵除去が困難となる．一方，X軸ステージY軸ビーム移動式の場合には，加工ヘッド位置がクロスレール部の直線部分のみに限られるので，粉塵除去の効率が高い．

(ⅲ) 性 能 ビーム移動（XY軸とも）方式のレーザ加工機の写真を図 3.1.38 に示す．また，2機種（廃止機種）の仕様を表 3.1.7 に示す．表 3.1.6 のX軸ステージY軸ビー

図 3.1.38 ビーム移動（XY軸とも）方式の具体例（三菱電機製 ML 30 L，現在廃止機種）

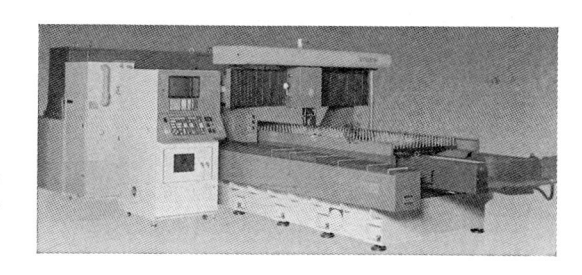

ム移動方式の仕様に比べ，速度，機械精度で若干劣るものの，これらの差は技術の進歩によるもので，基本的な構成の差ではないと考えられる．

問題は光路の調整をいかに精度よく行うか，光路をいかに安定かつ清浄に保つか，メンテをいかに着実に行うかなどにある．抜本的なビーム計測・制御技術の開発がない限り，汎用機としての強固な基盤はできないと思われる．

(iv) 用途　基本的には前述のX軸ステージ移動Y軸ビーム移動方式と同様であり用途に対する汎用性はある．

表 3.1.7　ビーム移動（XY軸とも）方式の仕様（例）
（三菱電機カタログ（旧），現在廃止機種）

	形　名 項　目		25L	30L
1	方　　　　式		\multicolumn{2}{c}{光走査式}
2	加工ストローク (X-Y)	(mm)	2,500×1,250	3,100×1,600
3	加工ヘッド上下ストローク	(mm)	\multicolumn{2}{c}{250}
4	対象ワーク寸法	(mm)	2,440×1,220	3,050×1,524
5	早　送　り　速　度	(m/min)	\multicolumn{2}{c}{15}
6	加　工　送　り　速　度	(m/min)	\multicolumn{2}{c}{MAX 15}
7	位　置　決　め　精　度	(mm)	\multicolumn{2}{c}{0.02/500}
8	繰返し位置決め精度	(mm)	\multicolumn{2}{c}{±0.01}
9	幅×奥行×高さ	(mm)	3,250×6,320×1,950	3,635×6,950×1,950
10	重　　　　量	(kg)	6,500	8,000

現状光路系の問題があるため，X軸ステージ移動Y軸ビーム移動方式で対応しきれない大物ワークの加工機に採用されている．光路系の問題，ワークの搬入出に対し改善がなされれば，将来的には汎用機となる可能性があると思われる．

3.1.2.3　パーツハンドラ

切断用途のレーザ加工機においては，素材である軟鋼やステンレス板等をステージの上に搬入・位置決めするとともに，加工完了後製品および端材をステージから搬出するためのローダ・アンローダをレーザ加工機本体に付加することにより，基本的には所定時間内の無人運転の加工セルを形成することができる．特に最近の生産現場における人手不足，3Kぎらいなどの環境下で，無人運転化に対する要望が高まっている．

この種のレーザ加工セルは，レーザ加工機の駆動方式等により形態が異なり，かつまた素材ストッカーから製品ストッカーまでをも含む大規模なものから，素材1パレット分のみを対象としたものまでの規模の大小がある．ここでは，図 3.1.39 に示す規模の小さいレーザ加工セルに対し，そのパーツハンドラの機能について述べる．

図 3.1.39 のレーザ加工セルは，4′×8′（1,219×2,438 mm）材，対象板厚 0.8〜6mm の軟鋼板・ステンレス板を対象とし，連続運転可能な素材量は1パレット分（積載高さ：最大 150 mm，または積載重量：最大2トン）である．ローデング装置内のパレットに収納された素材は1枚ごと吸盤吸着方式により取り出され，レーザ加工機ステージ上に移送され，かつ位置決めされる．位置決めの後，ステージ上のクランプ装置で固定されレーザ加工を開始

する．加工（ミクロジョイント付加工）完了後，製品と端材ともアンローダ装置のグリッパ把持引出し駆動系でステージ外に搬出され，アンローダ装置のパレット上に積載される．以上の一連の動作を繰り返し，ローダ装置のパレット内の素材が零になるまで連続的に加工することができる．

上記例はそれぞれ一軸駆動のローダ・アンローダ装置の例であったが，ローダ・アンロー

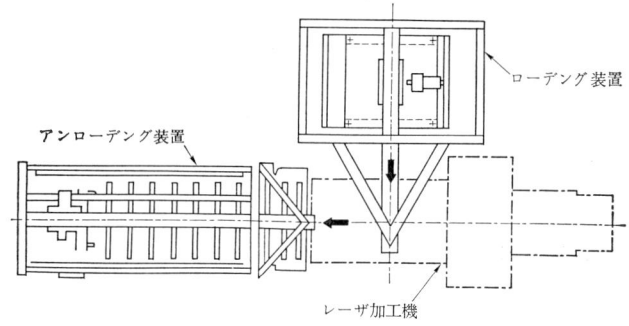

図 3.1.39 レーザ加工セルの全景写真とその構成

ダが水平多関節のロボットの場合もある．

また，溶接用途または表面改質用途においては，素材が部品であり，かつ生産ラインの中にレーザ加工機が持ち込まれるため，そのパーツハンドラは対象部品ごとに異なる．そのためここではそのパーツハンドラの事例説明を省略する． （菱井正夫）

文　献

1) レーザー学会編：レーザープロセシング，日経技術図書 (1990).

3.2 加 工 機

3.2.1 CO_2レーザ加工機
3.2.1.1 3次元切断加工機

3次元切断加工機は自動車部品の試作加工部門に導入されはじめて約7年が経過した．それまで手作業に頼っていたプレス部品のトリム加工の効率を大幅に向上させるとともに，車種の多様化，製品サイクルの短縮化を背景として，量産部品への適用も進んできた．現在国内で300台以上の3次元切断加工機が稼動中と推定される．

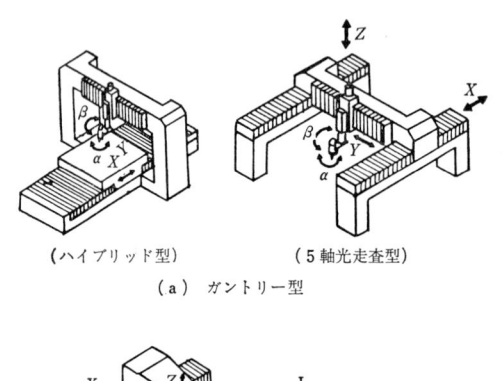

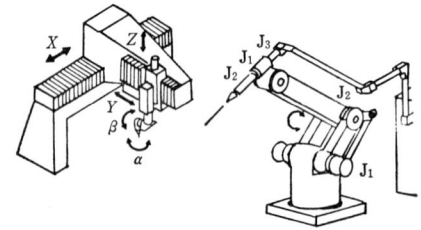

(ハイブリッド型)　　(5軸光走査型)
(a) ガントリー型

(b) カンチレバー型　(c) 多関節ロボット型

図 3.2.1　3次元加工機の種類[1)]

さらに最近では，自動車産業以外の電機産業，一般機械産業への3次元切断加工機の導入が着実に広がりつつある．その狙いとするところを大別すると，一つは穴加工（含むトリム加工）をプレス後におこない，より高精度化を狙うとともに型レス化を図ることであり，他の一つは穴加工を後工程化し，仕様の変化に即応化できる生産工程とすることである．

3次元切断加工機は今後とも，その用途分野を拡大しながら，かつそれぞれの分野での導入が増大するものと思われる．

3.2 加工機

この節では，以下の項目について述べる．
(1) 3次元加工機の方式と特長
(2) システム構成
(3) 具体例
(4) 加工 S/W 機能
(5) 加工事例
(6) 3次元加工機の今後の課題

a. 3次元加工機の方式と特徴

3次元加工機の代表的な方式を図 3.2.1 に示す．3種類の3次元加工機，すなわちガントリー型，カンチレバー型，多関節ロボット型があるが，切断に用いた場合の精度，および対象ワーク寸法に対する制約等の見地から，汎用性のある3次元切断加工機はガントリー型であろう．これらの方式の特徴を表 3.2.1 に示す．

表 3.2.1 各方式の特徴[1]

型 項目	ガントリー型		カンチレバー型	多関節ロボット型
	ハイブリッド型	5軸光走査型		
加工範囲	○	◎	△	△
加工精度	◎	○	△	△
加工安定性	◎	○	○	△
操作性	○	○	○	○
価格	△	△	○	◎

以下，3次元切断加工機として汎用的に使用されているガントリー型の2種についての比較を述べる．

機械構造的には，対象ワークが長大な場合，たとえばX方向が 4～5m の場合，ハイブリッド型の加工ステージの重量が大きくなり，その駆動系機械仕様が大掛かりとなる．一方，5軸光走査型においては，移動する加工ステージを必要とせず，長大なワークに対しても比較的容易に対応できる．また，機械剛性から決定される精度は両者とも良く，50 μm 以下の繰返し精度が容易に得られる．

一方，光軸の調整およびその安定性からは，5軸光走査型の場合，各軸とも機械軸と光軸を完全に平行化することはきわめて困難な作業であり，光走査の軸数が一つ少ないハイブリッド型の方が有利である．さらに，発振器から加工ヘッドまでの光伝送距離がX軸のストローク分，5軸光走査型の方が長くなり，発振器および光路ミラー系の温度変化等による光軸ポインティング変化の影響を受けやすい．これらの光軸調整の不完全さ，光伝送距離の長さの見地からは，ハイブリッド型の方が加工精度を高く保持できる．

また，加工ヘッドに入射するビーム径は5軸光走査型の方が走査距離が長い分大きく変化する．特に，厚板（SS材，6mm[t] 以上）を切断する場合は，その加工安定融度が薄板に比べ小さくなるため，上記ビーム径変化により加工の安定性を保てない場合が発生する．このビーム径変化による加工安定性不良の見地からはハイブリッド型の方が加工安定性が良いと

考えられる．

操作性，価格の面からは両者ともほぼ同等と考えられる．

以上の比較から，加工精度・加工安定性の面から高精度・高安定切断を狙う場合には，ハイブリッド型の方が適していると考えられる．ただし，対象ワークが長大化した場合には，5軸光走査型の方が適している．ただし，この場合ハイブリッド型に比べ加工精度・加工安定性が若干劣ることが前提となる．

次に，3次元加工機特有の加工ヘッドについて述べる．加工ヘッドの型とその特徴を表3.2.2に示す．表3.2.2中の3種の型とも回転2軸を保有している．3種の型の加工ヘッドの比較論から型の良否判定は困難であるが，レーザ光の立場からはオフセット型が，また機

表 3.2.2 加工ヘッドの型とその特徴

型	オフセット型	クランク型	一点指向型
構成	c軸／ミラー／a軸／レンズ	c軸／a軸	α軸／β軸
光軸安定性パワーロス	◎	○	△
コーナ部軸端速度	△	c軸◎　a軸△	◎
ワークとの干渉	○	○	○
重量	◎	○	○

械構成の立場からは一点指向型が良いと思われる．どの型にしろ，それぞれの欠点を排除する技術開発を進めること等により，表3.2.2の評点が変化するものと考える．

また，上述の加工ヘッド先端部のハイトセンサとして，静電容量式センサがよく用いられる．特に，3次元切断では凸R部，凹R部にも切断箇所があり，それらの部分でそのRの影響の少ないセンサが必要となる．そのため，指向性の高いセンサが必要となる．

b．システム構成

3次元切断加工機は基本的には
（1）レーザ発振器
（2）加工機本体
（3）制御装置（含ティーチング（教示）機能）

で構成される．2次元切断加工機との大きな差異は前項で述べた加工機本体が5軸（2次元の場合は3軸）制御であることと，制御装置にティーチング（教示）機能が付加されていることの2点である．現状では，対象となる立体3次元ワークの切断線上に教示点を選び，かつそれぞれの教示点で，レーザビームがその部のワーク面に対し垂直となるように加工ヘッド姿勢を教示することが必要．さらに，それらの教示点間を補間機能により結び切断線を教

示する．教示が完了すると，ティーチングプレイバックにより，対象ワークを切断することができる．将来は 3 次元 CAD の進歩により教示に必要な時間が大幅に減少すると思われるが，現在ではまだ教示が一般的である．

c. 具体例

図 3.2.2 に，最新鋭の小型 3 次元切断加工機の全景写真を示す．この加工機は前記のハイブリッド型でかつその加工ヘッドはオフセット型である．この製品は，高速・高精度・コンパクト・操作性簡単をキーワードとして開発されたもので，その仕様を表 3.2.3 に示す．対象ワークの最大寸法を $900^W \times 1,650^L \times 300^H$ (mm) と絞り，コーナ R 部での最大加工速度を約 1.5 倍（三菱電機従来比）と高速化を図るとともに，加工ヘッド部の機械-サーボ系をさらに高剛性化することによりシャープな切断面を実現させている．この製品は小物プレス

図 3.2.2 小型 3 次元切断加工機 ML 2012 HT（ML 2012 HT：三菱電機製, 91/2）

表 3.2.3 小型 3 次元切断加工機 ML 2012 HT の仕様
（ML 2012 HT：三菱電機製, 91/2）

項　　目	仕　様　内　容
方　　式	ハイブリッド式（X軸：ステージ移動，4軸：光移動）
対象ワーク寸法　　(mm)	900×1,650×300
ステージ寸法　　(mm)	1,350×2,100
ステージ高さ　　(mm)	750
ストローク (X, Y, Z)　(mm)	2,030×1,250×500
ストローク (C, A)　(°)	±270×±90
加工送り速度 (X, Y, Z) (m/min)	MAX 20
加工送り速度 (C, A) (°/sec)	MAX 180
繰返し精度 (X, Y, Z)　(mm)	±0.015
繰返し精度 (C, A)　(°)	±0.02
幅×奥行×高さ　　(mm)	2,400×4,510×3,100
重　　量　　(kg)	約 7,000

部品の 2 次加工分野へ今後浸透するものと考える．

図 3.2.3 に，汎用の 3 次元切断加工機の全景写真を，表 3.2.4 に，その仕様を示す．上記の加工機 (ML 2012 HT) に比べ，対象ワークの最大寸法 ($1,500^W \times 2,500^L \times 600^H$ (mm)) が

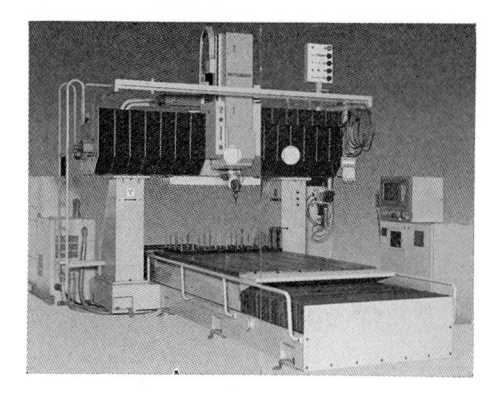

図 3.2.3　3次元切断加工機 ML 2515 TB
(ML 2515 TB：三菱電機製, 90/2)

表 3.2.4　3次元切断加工機 ML 2515 TB (ML 1507 TB) の仕様
(ML 2515 TB：三菱電機製, 90/2)

項　　目	(1507 TB)	2515 TB
方　　式	ハイブリッド式 (X軸：テージス移動, 4軸：光移動)	
対象ワーク寸法 (mm)	750×1,500×600	1,500×2,500×600
ステージ寸法 (mm)	1,150×2,100	1,600×2,600
ストローク (X, Y, Z) (mm)	2,000×1,250×850	3,000×2,000×850
ストローク (C, A) (°)	±270×±90	
加工送り速度 (X, Y, Z) (m/min)	MAX 20	
加工送り速度 (C, A) (°/sec)	MAX 180	
繰返し精度 (X, Y, Z) (mm)	±0.015	
繰返し精度 (C, A) (°)	±0.02	
幅×奥行×高さ (mm)	3,160×4,800×3,600	3,800×6,500×3,600
重　　量 (kg)	約7,200	約9,900

大きく，3次元切断加工機としては標準的な大きさである．自動車産業を中心として，汎用的に使われている機種である．

次に制御装置とそのティーチングボックスを図3.2.4に示すとともに，その主なH/W仕様を表3.2.5に示す．この制御装置は32ビットN/Cをベースとしたものであり，NC入力とティーチング入力の両方の入力を可としたものである．このティーチングボックスは液晶表示やテンキー等の新機能を付加したもので，ティーチング作業を含めて加工プログラム作成までの大部分をティーチングボックスの操作のみで行うことができる．

一方，平板を加工する場合は，通常の2次元の NC データを入力することにより，加工できるようになった．従来のロボットコントローラの場合には不可能な機能であった．この

3.2 加 工 機

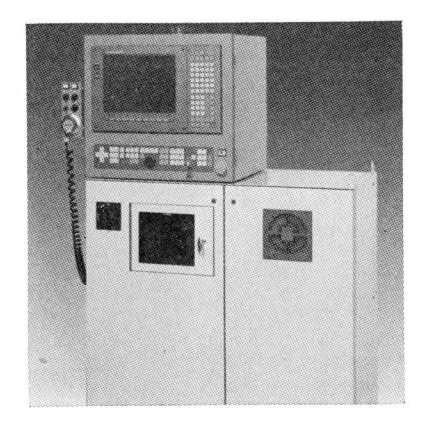

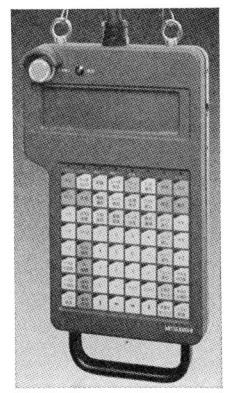

図 3.2.4 制御装置 LC 10 T とそのティーチングボックス
(LC 10 T：三菱電機製，90/2)

表 3.2.5 制御装置 LC 10 T の主な仕様，(LC 10 T：三菱電機製，90/2)

型　　　名	LC 10 T
形　　　式	簡易防塵自立形，屋内用
制 御 軸 数	同時5軸 (X, Y, Z, C, A)
入 力 方 法	NC入力またはPTP教示
制 御 方 式	デジタルソフトウエアサーボによるノズル先端速度一定のCP制御
位置検出方式	エンコーダ
記 憶 容 量	テープ記憶長2,500 m, 登録本数 400本
表　　　示	14インチカラーCRT (英数字，日本語，グラフィック)
付 属 装 置	テープリーダ, ハンドル箱, ティーチングボックス・フロッピーディスク装置

ように制御装置の改良により，2次元，3次元とも実質的に加工できる時代となった．

d. 加工 S/W 機能

3次元レーザ加工機では，複雑な立体形状の切断線に対して教示しなければならず，この教示作業に多大な時間を要し，また作業者にとっても非常な負担となっている．この教示時間は，実際レーザ光を出して切断する本来の加工時間ではなく，段取り時間の一つである．

したがって，この教示時間の短縮は，3次元レーザが世に登場して以来の重要な課題の一つである．この教示時間短縮と加工機としての稼動率向上のための加工 S/W 機能の改良・開発を各メーカ継続中である．以下に当社のおもな加工 S/W 機能を紹介する．

(i) 加工条件データベース　　レーザ加工に必要な条件〔速度，出力，出力形態（連続出力/パルス出力），パルス周波数，パルスデューティ，ガス種など〕を，対象ワークの板厚・材質に応じてそれぞれデータベースとして制御装置のメモリへ登録しておく．実加工時には，このデータベースを参照しながら行うので，加工速度が変化するたびに，上記加工条件をプログラム上に設定していた従来の方法に比べて，プログラム作成が容易になった．図 3.2.5 に加工条件データベースの画面例を示す．

#	<材質> SPC	<板厚> 1.2	<コメント>						
	出力 S (W)	周波数 B (Hz)	デューティ T (%)	速度 F* (mm/min)	補正 (μm)	ガス圧 (kg/cm²)	ガス種	ピアス (sec)	焦点 (mm)	メモ
1	200	200	20	0	0	L	1	0.3	0	
2	100	60	13	100	0	H	1	0.0	0	
3	130	200	16	300	0	H	1	0.0	0	
4	170	300	19	500	0	H	1	0.0	0	
5	250	500	26	1000	0	H	1	0.0	0	
6	330	750	33	1500	0	H	1	0.0	0	
7	410	1000	35	2000	0	H	1	0.0	0	
8	590	2000	38	3000	0	H	1	0.0	0	
9	790	3000	41	4000	0	H	1	0.0	0	
10	1010	3000	44	5000	0	H	1	0.0	0	

速度をパラメータにして加工条件を内そうして所望の加工条件を自動的に決定する．

加工条件設定例

速度 F = 2500mm/min の場合

出力 S (W)	周波数 (Hz)	デューティ (%)	補正 (mm)	ガス圧	ガス種	ピアス	焦点 (mm)
500	1500	36.5	0	H	1	0	0

図 3.2.5 加工条件データベース（画面例）

なお，このデータベースはユーザ側で自由に登録・修正が可能で，特殊な材料でも試験加工後に最適な加工条件を登録できる．

（ii）**速度自動設定** 空送り速度や加工速度はティーチング時に，オペレータがティーチングボックスのテンキーまたは制御装置の CRT から入力は可能である．しかし，加工機の各軸には速度制限があり，立体形状のワークでは加工ノズルの姿勢が大きく変化する箇所も多く，その箇所では速度を落とす必要がある．そのため，入力した速度で動作可能か，オペレータは実際に動作させて，確認または入力修正をしていかなければならない．

本機能は，最大空送り速度と板厚・材質に応じた最大加工速度を指定するだけで，プログラムのポイントデータより，自動的に各軸の動作シュミレーションを行い，最適な速度を設定していくものである．本機能により，オペレータが実機で動作確認・修正する時間が大幅に短縮される．

（iii）**穴加工命令** 立体ワークにおいても，丸穴などの穴加工は，空間上の平面に加工する場合がほとんどである．例えばコーナR付の角穴加工においては，従来は立体ワーク面にコーナRを含めてケガキ線を描き，そのケガキ線に沿って，ティーチングボックスで直線補間と円弧補間の点を合計17点教示しなければならなかった．本穴加工命令では，その中心点を姿勢を含めて教示し，穴寸法（横寸法，縦寸法，コーナR）値をティーチングボックスまたはCRTより入力するだけでよい．ただし角穴の方向は，中心点とつぎの教示点によって決定する．

現在サポートしている穴加工命令は，そのほかに丸穴，長穴，ダルマ穴加工であるが，こらの穴加工命令を使用する効果として，

（1）教示ポイントの大幅減少

（2） 穴加工精度の向上
（3） 穴寸法の変更が非常に簡単
（4） 穴の位置変更も容易
（5） 穴のケガキ作業が不要（中心点は必要）

があげられ，その結果大幅な教示時間短縮が可能となる．

（iv） 任意形状命令　　前項（iii）では穴加工専用命令でメーカ側が準備している形状であるが，本命令はユーザ側で自由に平面の加工形状を定義して，サブプログラムとして登録しておくものである．任意空間上の平面に，形状の基準点とその点の姿勢を含めて教示し，その方向を決める1点を教示するだけで，登録した平面図形が加工できる．これにより，複雑な平面図形はあらかじめ APT で作成して登録しておけば簡単に立体ワークへ転写可能となる．

（v） ピッチ送り機能　　立体ワークにおいても，穴加工のピッチはとくに精度を要求される場合が多い．そこで本機能はその穴加工等，ピッチが必要な方向に座標系（治具座標系と呼び）を新しく定義し，その座標系の指定された直交軸 (x', y', z') 方向へ所定の量だけ加工ヘッドを移動できる機能である．座標表示もその座標系 (x', y', z') にて行うので，図面等の比較確認も容易となる．これにより，ピッチ精度の向上と教示時間短縮が可能となる．

（vi） オフラインティーチング方式　　上記の機能はあくまで，加工機を動作させながら行う必要があり，その間は加工機は本来のレーザ加工はまったくできない．そこで加工機本来の稼動率を向上させる一つの方法として，ティーチングデータの作成をできるだけ外部の装置・機器を用いて行い，実機では簡単な確認や修正程度で済ませようとして登場したのが，本オフラインティーチング方式である．現在使用されているのは以下の3方式である．

（1） レイアウトマシン（測定器）のデータをティーチングデータへ変換する方式
（2） ティーチング専用マシン（加工機と同一軸構成）で教示する方式
（3） 上位計算機との CAD リンク方式（ユーザの CAD データをティーチングデータへ変換する方式．）

いずれの方式も，実機での確認・修正が必要であり，導入にあたっては，イニシャルコスト，対象ワークの形状，ロット数，加工精度などを合わせて決定すべきと考える．

e．加工事例

実際に3次元切断中の写真を図3.2.6に示す．また，3次元切断した加工事例を図3.2.7に示す．

図 3.2.6　3次元切断中の写真

現在までに多数の産業分野で3次元切断加工機が使用されはじめている．自動車産業を中心として，機械産業，電機産業，厨房，通信ほか多くの分野で試作または生産に使用されている．

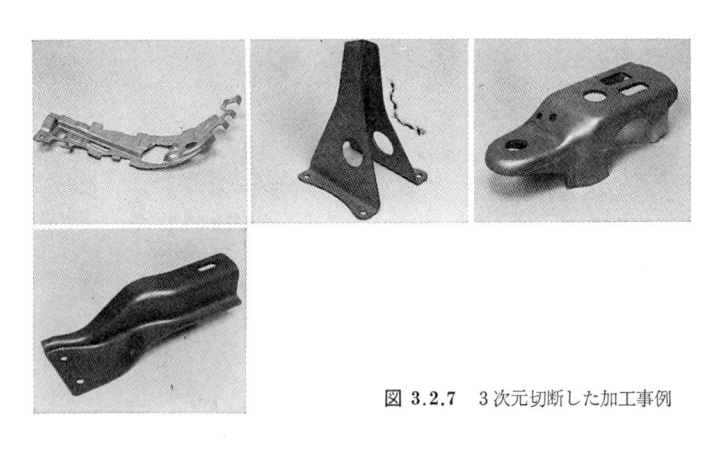

図 3.2.7　3次元切断した加工事例

f．3次元加工機の今後の課題
（1）適応分野の拡大
　（i）　自動車中心 → 他産業への拡大
　（ii）　試作加工分野 → 製品加工分野への拡大
　（iii）　トリミング中心 → 精密2次加工への拡大
　（iv）　軟鋼中心 → アルミ，SUS，非金属分野への拡大
　（v）　切断中心 → 溶接分野への拡大
（2）　3次元加工機の性能・機能改善
　（i）　ティーチング時間短縮（CADデータ入力，オフラインティーチングほか）
　（ii）　加工時間短縮（高速切断発振器，機械の高速化＜精度維持＞ほか）
　（iii）　ワークの搬入出の自動化（パレットチェンジャー，ロボットほか）
　（iv）　高精度加工化（NC入力化ほか）

〔菱井正夫〕

文　献

1）レーザー学会編：レーザープロセシング，日経技術図書（1990）．

3.2.1.2 溶接装置

レーザ加工機が各種製造ラインの中で，溶接をはじめ切断，除去，熱処理，表面改質などの加工分野で使用されるようになってきた．これは，レーザ加工装置の性能，操作性，信頼性が向上し，また，加工装置の生産台数の増加にともない価格も安価になってきたためと考えられる．

現在日本国内で産業用として使用されている CO_2 レーザの最大出力は 10 kW 級であり，YAG レーザでは，約 2 kW である．溶接分野においての使い分けとしては，溶込み深さとして約 1 mm を越えるものには CO_2 レーザが一般的に使用される．

CO_2 レーザの中では 2～5 kW クラスが深溶込み溶接として電子ビーム溶接に替わり特に自動車産業分野に普及してきている．その他にも，薄板の溶接を中心としたレーザ溶接システムの実用化が進められてきている．自動車部品の製造においては，3台の発振器を用いた7ステーションの溶接システムの実用化について設計方針ならびに溶接品質の確認が報告され[1]，レーザロボットなどの適用状況が報告されている[1]．また，10 kW 級のレーザを用いた連続冷間圧延機用レーザウエルダーの無人作業技術も報告されている[2,3]．

本項では，このように普及してきたレーザ溶接技術の特徴，欠点を述べながら最近のレーザ溶接装置について説明する．

a. CO_2 レーザによる溶接

レーザ溶接はエネルギーを真空中の電子ビームと同程度まで高密度に集束できるため，最も効率よく溶接したい加工物のごく一部分のみを溶融し精密に溶接できるほか，従来の溶接法では実用上不可能であったセラミックスなどの溶接も可能である．レーザ溶接は，レーザ発振器から得られるレーザ光をレンズなどの光学系を用いて微小スポットに集光させ，被加工物に照射，溶融させることにより溶接を行う方法である．パワー密度的にも電子ビーム溶接に近く，溶融現象も類似している．CO_2 レーザによる溶接の特徴をまとめると以下のものがあげられる．

1) ビード幅に比べて，溶込み深さの深いビードが得られ，熱影響層が狭い．
2) 高速低ずひみ溶接が可能である．
3) 磁場の影響を受けない．
4) ミラーなどの伝送系によって瞬時に熱源を移動できる．このため，タイムシェアリングにより複数の場所で使用できる．
5) 異種金属継手の溶接が広い範囲にわたり容易である．

しかし，一方では，レーザ溶接には電子ビーム溶接と同様被溶接物に高精度の取付治具や高精度な部品継手加工，また，部品の前処理として油，水，ほこりなどが溶融部に入らないような管理も必要とされる．材料や材料の表面状態によるレーザ光の吸収率の変化，およびレーザ光がレーザ照射によって発生するプラズマに吸収され溶融効率が低下し溶接品質にばらつきを起こさせる原因となることもある．

また，近年 CO_2 レーザ加工機を長時間，大出力で使用するとレーザ発振器の透過光学部品（レンズ，発振器取り出し窓）の劣化による熱誘起光学ひずみのため，ビーム集光特性が変化し，溶接などの加工に支障をきたす．このような基礎的な検討も長寿命化の要求のもと

に行われてきている．

b. レーザ溶接の基本的システム構成

　レーザ溶接装置は基本的にレーザ発振器，光伝送路，集光部，加工テーブル，およびこれらの制御装置から構成される．図3.2.8は，その加工装置の基本構成を示す．加工テーブルの構成は，レーザビームを固定し，テーブルを x, y 方向に操作させる方法やレーザビーム

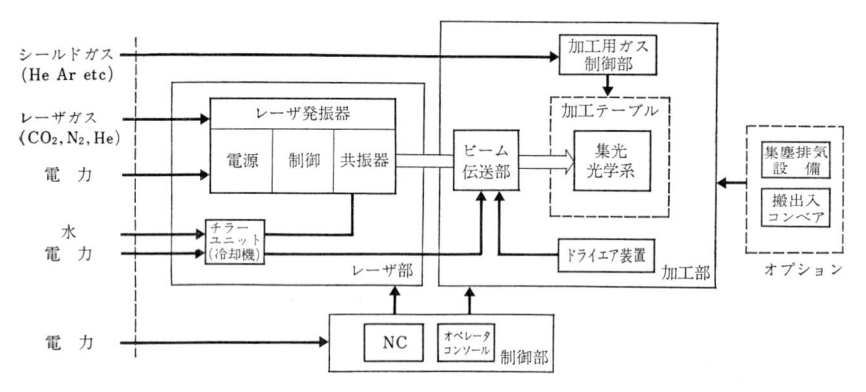

図 3.2.8　加工装置の基本構成

を x, y 方向に操作させる方法，あるいは，それらの組合わせによる方法がある．加工物の大きさや加工精度などにより選択される．集光部の上下動や，回転機構により5軸までの制御を行う場合もある．特にレーザ溶接システムの場合には，量産システムの場合と多品種小量システムの場合，さらに被加工物の溶接形状などにより大きくシステム構成が変わる．溶接システムで重要な点はいかにレーザの稼動率を向上させるかである．このためにタイムシ

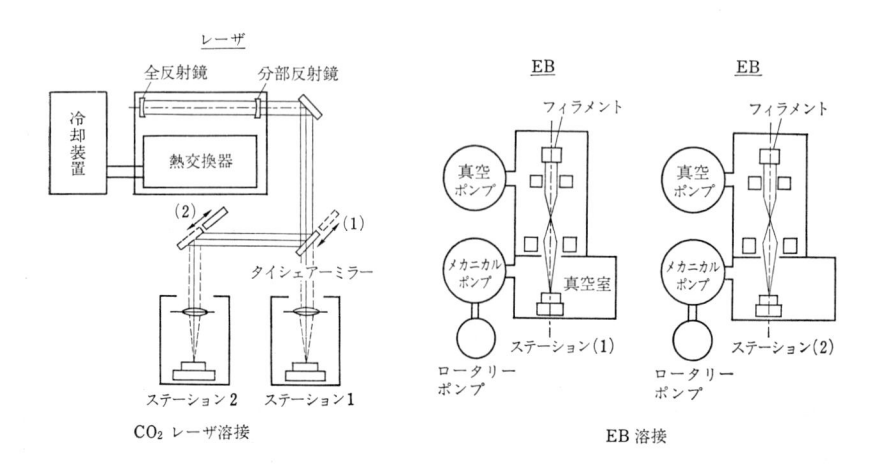

図 3.2.9　レーザ溶接システムと EB 溶接システムの比較[1]

ェアリングの発想が生まれるものと考えられる．歯車の溶接や，オートマチックのトランスミッションキャリヤー部の溶接などはその典型的な例である．これらは，電子ビーム溶接とよく比較される．図3.2.9にレーザ溶接システムと電子ビーム溶接システムの比較を示す．電子ビーム溶接の場合，一つのワークステーションに対し，電子銃と真空室がそれぞれ1個ずつ対で必要であった．これに対して，レーザ加工機の場合，加工能力に余裕がある間は，光をタイムシェアにより1台のレーザ発振器で多ステーションに分光することができる．これにより多品種異種形状部品への同時適用などフレキシブルな使い方が可能になる．また，電子ビーム溶接の場合，真空排気に要する時間が必要な分だけタイムロスがある．これに対し，レーザ加工機の場合は真空排気時間が必要ではなく，被加工物のロード，アンロード時間も節約することができ生産性を高くすることができる[1]．

c．レーザロボテックス加工システム

レーザロボテックス加工システムの一例と溶接対象物が単純形状ではなく複雑形状の3次元物体の製造方法について紹介する．図3.2.10は，レーザロボテックス加工システムの基本構成を示す．レーザ発振器3台，ロボットアームにレーザ照射ヘッドを取り付けた加工ロボット，ガントリー形3次元加工機，直交型ロボット2台，X-Yテーブル2台を組み合わせた複合加工システムの実用化を目指した実験システムである．レーザ発振器は，CO_2 レーザが5kWと，1.2kWの2台，YAGレーザが1台の合計3台ある．5kWCO_2レーザ光は，タイムシェアリングにより4ステーションに送られ，切断，溶接，表面処理などの加工を行うことができる．

このレーザロボテックス加工システムの中でガントリー形3次元加工機を用いた薄板構造物（板厚1.6mm）の3次元溶接組立製造方法を紹介する．

この溶接構造物は，従来方法では，肉厚3mmの角パイプを主として用いて穴あけ機械加工を施した後，アーク溶接で組み立て，グラインダーにより仕上げ加工を行ってきた製品である（図3.2.11(a)）．これをレーザ切断，精密曲げ加工，その後にレーザ溶接を実施する．溶接時には，最初，ティーチングを行い，センサ（超小型CCDカメラと高速濃淡画像処理装置を用いた溶接線位置補正装置）により溶接線を補正したのちにレーザ溶接を行う．このような組立方法により従来に比べて重量1/2，加工時間1/4を達成することができた（図3.2.11(b)）．

ここでのポイントは，治具を十分に検討し，再現性のあるものとすることが重要である．さらに各種溶接継手についてレーザ溶接特性を評価した結果，溶接継手の精度（目はずれ量，ギャップ）は，約0.2mm以下が必要となる．したがって，センサを利用したとしても構造物の場合には総合精度を0.2mm以内に押さえる必要がある．従来のアーク溶接に比べれば非常に小さい許容量であるが，治具や設計などの工夫次第で可能であると考える．また，このような薄板板金構造物の溶接継手形状の優先順位は，重ね継手，突合わせ継手，最後にT継手を採用するような設計とすべきであると考える．

今後，レーザ発振器の性能向上，加工機の精度，機能，性能向上により薄板板金構造物のような多種少量製品の製造部門へのレーザ溶接機の導入がますます期待されると思われる．

450   3. 加工装置

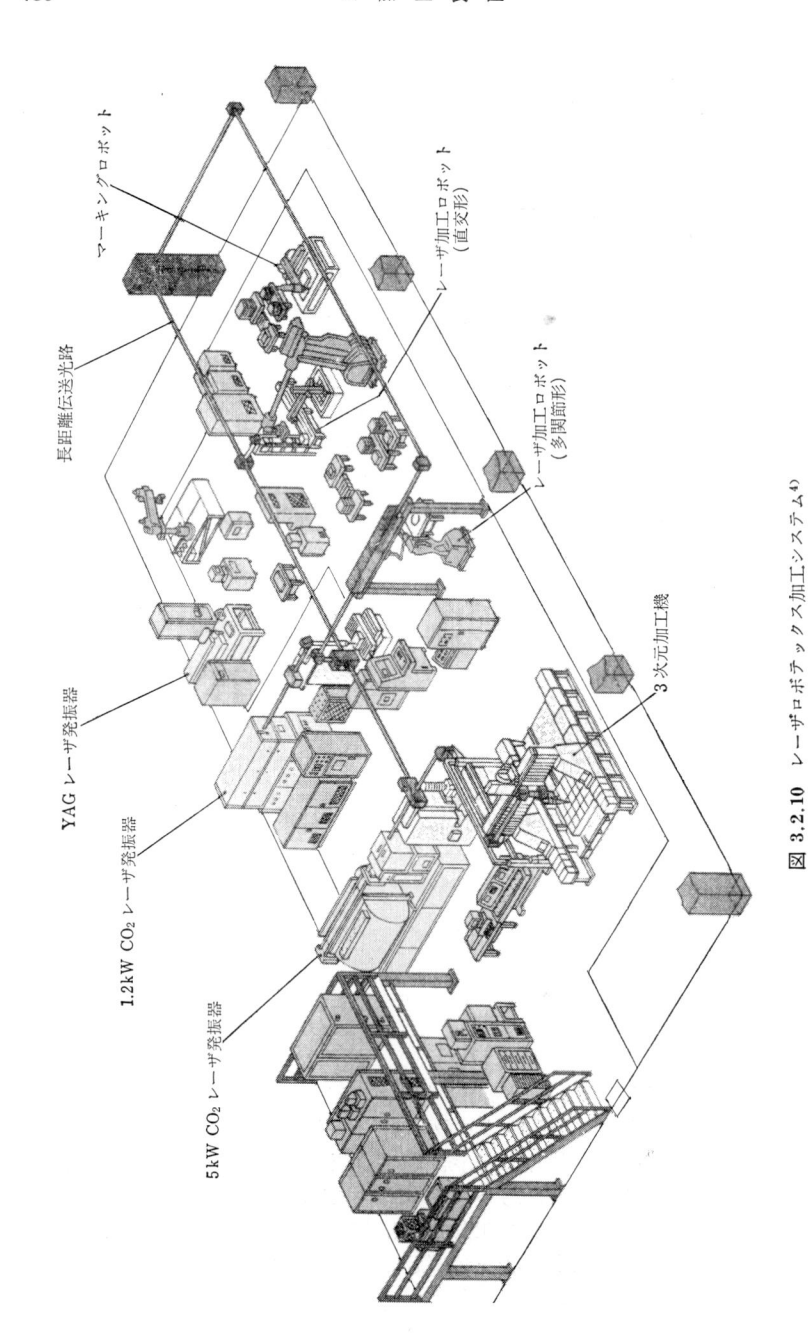

図 3.2.10 レーザロボテックス加工システム[4]

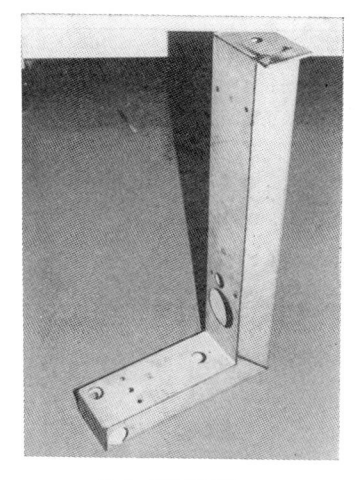

(a) 従来の方法　　　　　　　　　(b) 新製造方法
図 3.2.11　薄板板金構造物の製造方法の違い[4]

d. 鉄鋼システムの実用例

10kW 発振器を備えたレーザ溶接機をステンレス連続焼鈍酸洗ラインに導入した例を紹介する．従来の溶接方法の特徴は，溶接時の入熱が大きく，溶接ビード余盛（溶接の盛上がり）が多いことにある．フラッシュ溶接では，高炭素鋼，高級ケイ素鋼の溶接が困難であり，特にケイ素鋼，フェライト系ステンレス鋼では，溶接の入熱が大きいため熱影響部の結晶粒が粗大化し，継手の脆化が起こる．また，突合わせ溶接であるフラッシュ溶接が適用できない薄鋼板に対しては，シーム溶接が高能率溶接として存在している．しかし，この溶接方法では，重ね継手となるため，継手部の板厚が大となり，コイルドビルドアップ（溶接によるコイルの大形化）時に，腰折れを起こす．また余盛の少ない TIG 溶接も，溶接速度が遅いため積極的に用いられるに至っていない．図 3.2.12 は，圧延コイルの接続用として導入されたレーザ溶接機の概略図である．

このレーザ加工機の特徴は，突合わせ端面加工用としてデュアルカットシャーを使用し，

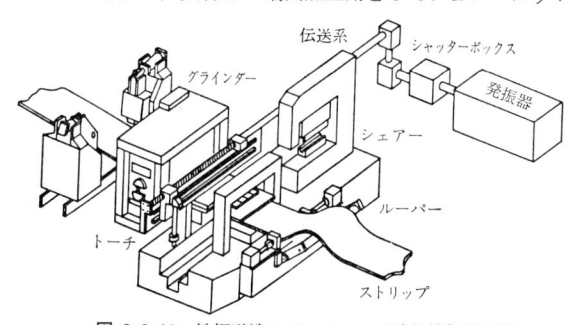

図 3.2.12　鉄鋼酸洗ラインのレーザ溶接機概略図[2,3]

クランプ後レーザ集光光学系が溶接線上を移動し溶接が行われる．全鋼種の安定した溶接品質を得るためにビードグラインダーや後熱処理装置を設置している．レーザ発振器は，10 kW の不安定型共振器（$M=3$）であり，集光光学系は放物面鏡を用いて高寿命化をはかっている．このシステムのレーザ光伝送距離は，溶接点まで 19 m であり，加工位置でのビームのズレや，広がりなどの防止対策を行っている．

本溶接機により板厚 0.15～8 mm までの普通鋼，高ケイ素鋼，高炭素鋼，ステンレス鋼の溶接が可能となった[2],[3]．

e．高精度倣いシステム

高エネルギー密度光源を用いるレーザ溶接は，低ひずみの溶接が可能となるが，反面溶込み幅が狭いので，レーザビームに対して，被加工物の溶接線を高精度に位置決めしなければならない．また，レーザビームを溶接線に倣わせるために，溶接線の検出はなるべく実時間で行いたい．溶接線倣いセンサとして，光切断法を利用して溶接部の開先形状を観測し，画像処理によって溶接線の中心位置を検出する開先センサが開発されている．

現在のところ，図 3.2.13 に示すように，溶接線がほぼ直線となるパイプ，平板などに限られるが，有効なシステムである．開先センサは，溶接トーチの溶接進行方向におかれ，ワークの開先を観測して溶接位置を検出する．

この検出した溶接位置に基づいて，溶接トーチを溶接線に垂直方向に動かすことで，位置決めを行う．また，ワーク搬送速度と，溶接点の間隔から求めた遅延時間後に溶接トーチを駆動することで，溶接点と検出点が離れてい

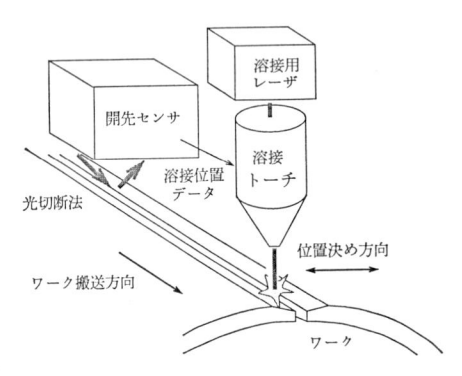

図 3.2.13　レーザ溶接システムの構成[5]

図 3.2.14-a　開先センサの構成[5]

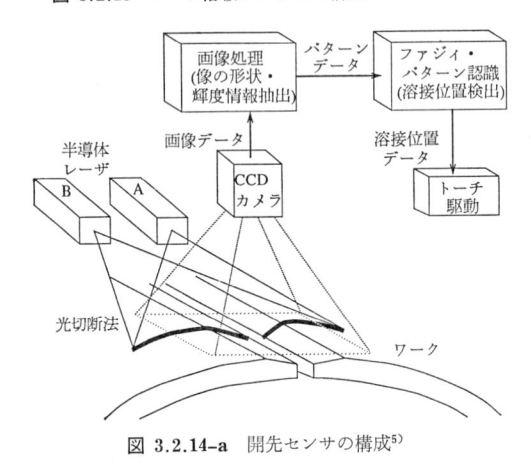

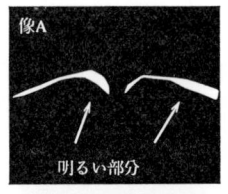

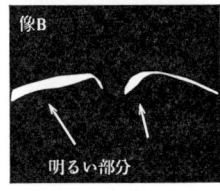

図 3.2.14-b　入力画像[5]

るために生じる誤差をなくしている．図3.2.14-aに，光切断法の原理を示す．照明用の半導体レーザを2個用いて，それぞれの光源に対応する光切断像を観測する．レーザAより得られる像AとレーザBより得られる像Bを図3.2.14-bに示す．画像処理では，得られた光切断像から溶接線に垂直方向の像の形状，輝度分布を抽出する．ここで抽出されたパターンデータをもとにファジー推論を用いたパターン認識によって溶接位置を検出する．画像の明るさの分布からゴミや，傷とスリット光を分別するファジールールを約30個備えている．推論と画像処理はビデオレートの1/30秒周期で行うことができ，±60 μm の高い位置精度を保ちながら10 m/min の速度まで溶接倣いが可能である．このようにファジー理論を応用することにより，被加工物表面の反射率の不均一や，傷やごみの付着などの要因でスリット光の画像にノイズが混じることなく正確な位置を検出することができるようになった．

まとめ

CO_2 レーザの実用化システムの一部を紹介してきたが，レーザ溶接の適用分野は小物部品から大形構造物までと幅広く，ますます急増するものと思われる．レーザ溶接の特徴を十分に理解した上でFA化を含むシステム全体でのコストダウン，品質向上を図るべきであると考える．

（木村盛一郎）

文献

1) 高木：自動車部品へのレーザ加工技術の適用．溶接技術，8月号 (1989), 62-68.
2) 河合，他：ステンレス焼鈍酸洗ラインにおける10 kW レーザ溶接機．鉄と鋼, 86-s 1190 (1986), p.398.
3) M. Ito, et al.: 10 kW laser beam welder for stainless steel processing line, Proceedings of LAMP '87, Osaka (1987) pp.535-540.
4) Y. Maikawa, et al.: Production of 3-D thin plate structure with laser robots, The 5 th International Symposium of the Japan welding Society, pp.543-548.
5) 鮫田，他：レーザ溶接センサへのファジー理論の応用．日本塑性加工学会，H 2 春期講演会技術懇談会資料 (1990), pp.29-32.

3.2.1.3 焼入れ装置

レーザを用いた表面熱処理は，母材表面に処理層を形成させ，耐摩耗性，耐食性，耐熱性，さらに電気特性などを向上させる材料加工に利用できる．

レーザによる表面熱処理は切断，溶接と比べてレーザ照射方法が特に重要である．一般には図3.2.15に示すように4通りの方法が使われている．焦点はずし方式（図3.2.15（a））は，切断，溶接と同じ光学系を用いるが，切断，溶接の場合ビームを加工物表面に集光照射するのに対し，集光点を加工物表面からはずして照射する方式である．ビームオシレーション方式（図3.2.15（b））は集光レンズまたは集光ミラーでレーザビームを集光し，ミラーを揺動させて集光点を揺動させ照射する方式である．一方向のみを揺動させる場合は線熱源になり，二方向にミラーを揺動させる場合は矩形熱源になる．セグメントミラー方式（図3.2.15（c））は制御機構，駆動機構を必要とせず，多数の平面鏡の集合体によって構成されたミラー構造だけで矩形熱源を得る方式である．多面体鏡方式（図3.2.15（d））は多面体鏡を回転させ集光ミラーにより集光したビームを一方向に振らせて線熱源を得る方式である．

(a) 焦点はずし方式

(b) オシレーション方式加工光学装置概略構成

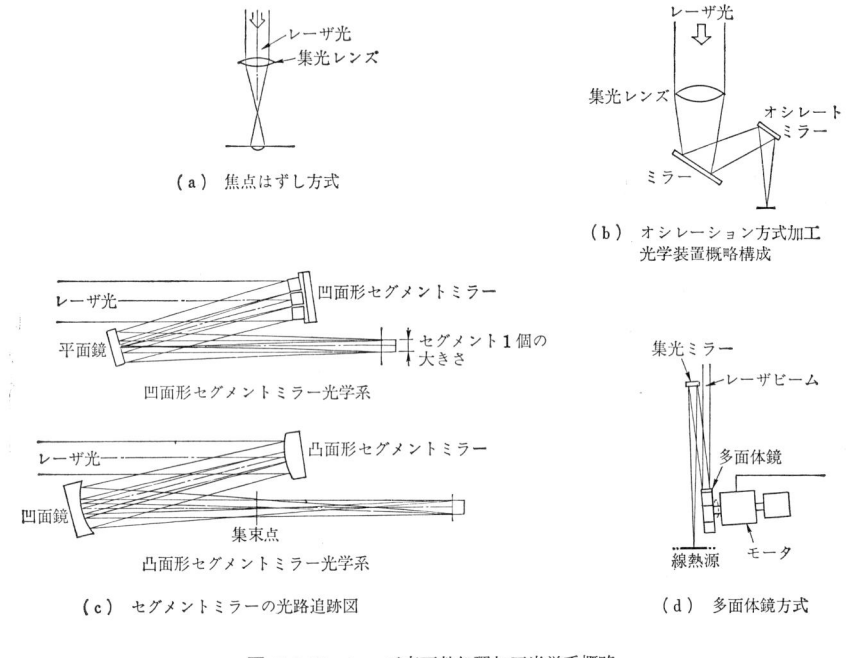

(c) セグメントミラーの光路追跡図

(d) 多面体鏡方式

図 3.2.15 レーザ表面熱処理加工光学系概略

CO_2 レーザによる焼入れを行う際には，加工物表面に CO_2 レーザ光の吸収をよくするための前処理を施す必要がある．

この前処理方法として，① 加熱着色，② リン酸系処理，③ 耐熱性塗料，④ グラファイ

ト，⑤ 防錆剤などによる被膜法がある．

このうち，レーザ照射時の被膜の気化のしやすさ，局部被膜形成の容易性，被膜形成時の作業性，被膜除去の作業性などを考慮してグラファイト水溶液を塗布する方法の一例としてその装置の概略構成および外観を示した（図 3.2.16-a, 3.2.16-b）．図 3.2.16-c はその特性の一例を示す[1]．

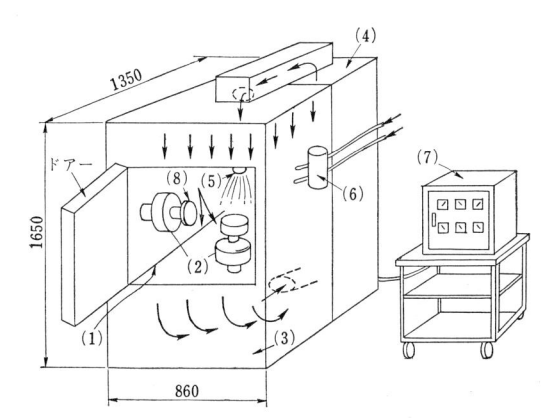

図 3.2.16-a 前処理装置構成
（1）塗布室 （2）加工物回転機構 （3）排気部 （4）乾燥機構 （5）スプレー機構 （6）タンク （7）制御操作盤 （8）加工物

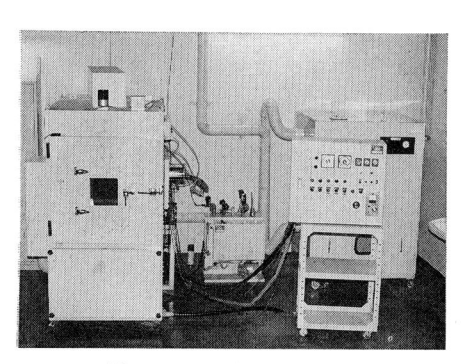

図 3.2.16-b 前処理装置外観

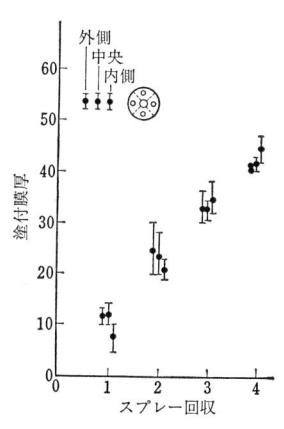

図 3.2.16-c 前処理特性

a．レーザ表面熱処理加工光学装置

（ⅰ）**オシレーション方式光学系** レーザ表面処理用として FMSC (Flexible Manufacturing System Complex 通産省大型プロジェクト "超高性能レーザ応用 複合 生産 システム") に適用するためには，加工ワークの形状に応じてプログラム処理が可能で柔軟に対応できるレーザ光照射機構が必要である．図 3.2.17 に示す光学装置はオシレーション方式を採用した装置であり，加工物の端面，内面および側面または歯車歯面に熱処理を施すことができる．

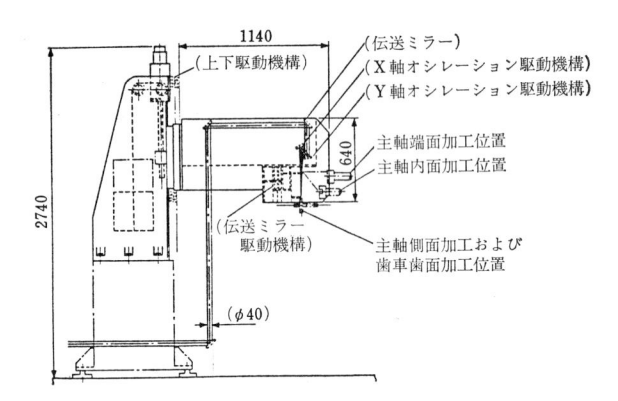

図 3.2.17-a　FMSC オンライン用熱処理加工光学系
加工物は別ステーションのチャック回転機構により回転と横方向の動きがあたえられる．

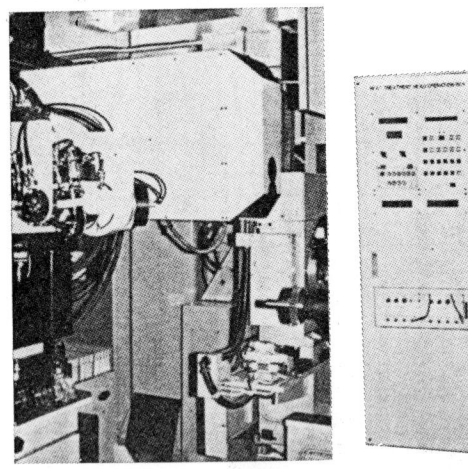

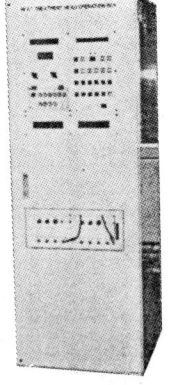

図 3.2.17-b　表面熱処理用加工装置外観
左側・加工光学系，右側・操作盤．

　加工光学系にはオシレーションミラー駆動機構，伝送ミラー駆動機構を内蔵している．オシレーションミラー駆動機構は伝送されたレーザ光をX軸またはY軸方向に走査させ，線熱源および矩形熱源を得るX軸・Y軸駆動ミラーを内蔵している．X軸駆動用ミラーは集光用ミラーでもあり，集光焦点距離は 500 mm である．X軸，Y軸とも最大振幅は焦点位置で 30 mm である．伝送ミラー駆動機構は，オシレーションミラー駆動機構から伝送されたレーザ光を加工部へ伝送する機構である．
　その装置を使って実際の焼入れ加工を機構部品に使われた主軸と歯車を例に紹介する．主

軸では加工物を回転させながら端，内面および側面の3箇所にレーザ光を照射して表面焼入れを実施する（図3.2.18（a）），レーザ光の照射方法は，端面の場合，オシレーションミラーから伝送されたレーザ光を反射角度90°に設定した伝送ミラー駆動機構のミラーで加工部へ照射する．内面は，オシレーションミラーから伝送されたレーザ光を反射角度を120°に設定した伝送ミラー駆動機構のミラーで加工部へ照射する．側面は，オシレーションミラーから伝送されたレーザ光を直接加工部へ照射する．

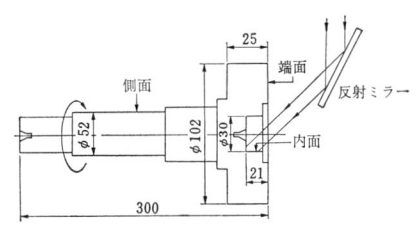

端面と内面焼入れでは，照射パワー，4kW，周波数120Hz，処理速度0.3m/min の条件で，端面では焼入れ深さ約0.3mm，内面では約0.6mm，最大硬さ $Hv\,800$ を得ている．図3.2.18（b）は内面での焼入れ断面を示す．側面は照射パワー5kW，周波数100Hz，処理速度0.3m/min で50mm 幅部のところを処理幅25mm で2回に分けて処理し，焼入れ深さ0.6mm，最大硬さ $Hv\,700$ を得ている．図3.2.18（c）は側面の幅広い一様な焼入れ断面を示す．歯車の歯面の場合は図3.2.19 に示すように光学系と歯車の中心軸位置をずらし，歯車を回転させて片側の歯面にまずレーザ光を照射する．ついで，歯車の中心軸を1回目の照射とは逆にはずした位置に移動させ，1回目とは逆の回転を与えて歯面にレーザ光を照射する．材質S45Cの歯車では，照射パワー4kW，処理速度0.4m/min の加工条件で，先に焼入れした歯面では焼入れ深さ約0.3mm，最大硬さ $Hv\,500$ を得ている．後に焼入れした歯面では焼入れ深さ約0.3mm，最大硬さ $Hv\,600$ を得ている[1]．

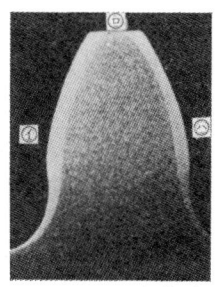

（a）主軸内面の焼入れ方法

（b）主軸内面

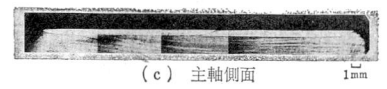

（c）主軸側面

図 **3.2.18** 主軸内面の焼入れ方法と主軸内面・側面の焼入れ断面
端面は反射角度90°，側面は直接照射する．焼入れ断面はいずれも一様な深さの焼入れ層を形成する．

図 **3.2.19** 歯車の断面への焼入れ方法と歯面焼入れ断面
④部は先に焼入れした面，◎部は後に焼入れした歯面．
回部は歯先が溶融しないように前処理はしていない．

なお，歯車などの歯面の焼入れに際して歯幅が小さい場合，自冷効果が現われ

にくい．この場合，先に焼入れした歯面に液体窒素などを吹きつけて先に焼入れした部分の熱処理部の硬度低下を防止しながら反対の歯面をレーザ照射する方法も必要である[7]．

(ii) 水冷ミラー構造オシレーション光学系　従来，オシレーション加工光学装置におけるX軸・Y軸駆動ミラーの冷却方法には，ミラーの裏面へ不活性ガスを吹きつける方法を用いる．この方法では5kW以上のパワーを長時間照射するとレーザ光の吸収と加工部からのふく射によりミラーなど構成部品の温度上昇があり，それに伴うオシレーション駆動用モータの温度上昇からモータの駆動特性に変化を生じる．このため冷却効率のよい水冷構造のミラーを用いる必要がある．図3.2.20は水冷ミラー構造オシレーション加工光学装置概略構成を示し，図3.2.21に水冷している場合の周波数に対するビーム振り幅と駆動モータ電圧特性を示す．周波数100Hzで焦点位置において最大振幅40mmである．

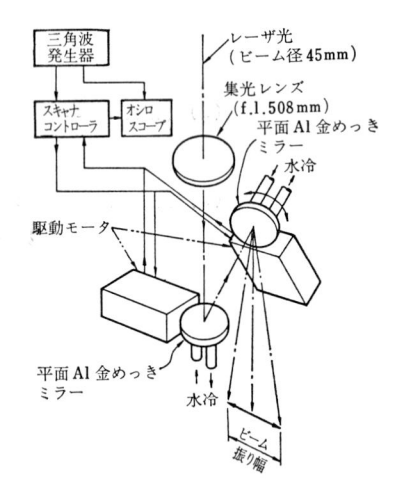

図 3.2.20 オシレーション方式加工光学装置概略構成

X軸・Y軸駆動ミラーを揺動制御することにより最大40mm幅の線熱源から最大40□mmまでの矩形熱源が得られる．

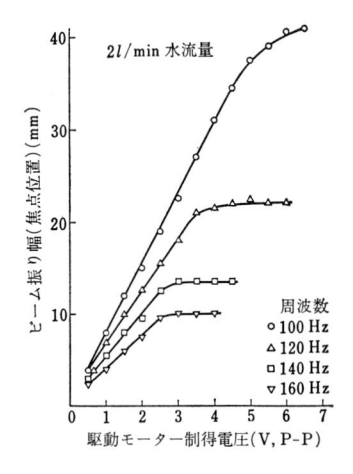

図 3.2.21 周波数に対するビーム振り幅と駆動モータ電圧特性

周波数100Hzで最大40mmのビーム振り幅が得られるが，周波数が高くなるにしたがってビーム振り幅が減少する．

平板20mm厚の高炭素鋼を用いて，10kW級の照射パワーによる焼入れ加工を例に紹介する．

10kW級の照射パワーを使うにあたり，ビーム振り幅をできるだけ広くとり従来より処理効果を上げて使うことが望ましい．加工物の処理速度と線状ビームの往復時間とのバランスを考慮した条件を選定する必要がある．

図3.2.22（a）は加工点でのスポット径約4mm，ビーム振り幅40mm（周波数100Hz，焦点はずし距離+60mm）におけるアクリル板上でのバーンパターン形状である．この条件で焼入れしたときの単位時間当り処理面積と硬化深さの関係を図3.2.23に示す．ビーム振り幅40mm，処理速度0.8m/minでS45C材の場合，焼入れ深さ0.45mm，硬化処理幅

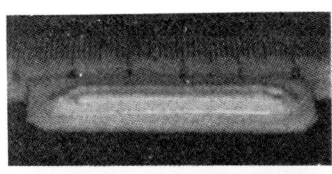

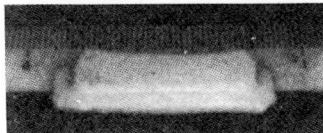

3.2 加 工 機

図 3.2.22 オシレーション方式による
バーンパターン

周波数 100 Hz，(a) ビーム振り幅 40 mm，スポット径約 4 mm および (b) ビーム振り幅 30 mm，スポット径約 1 mm で得られたパターン

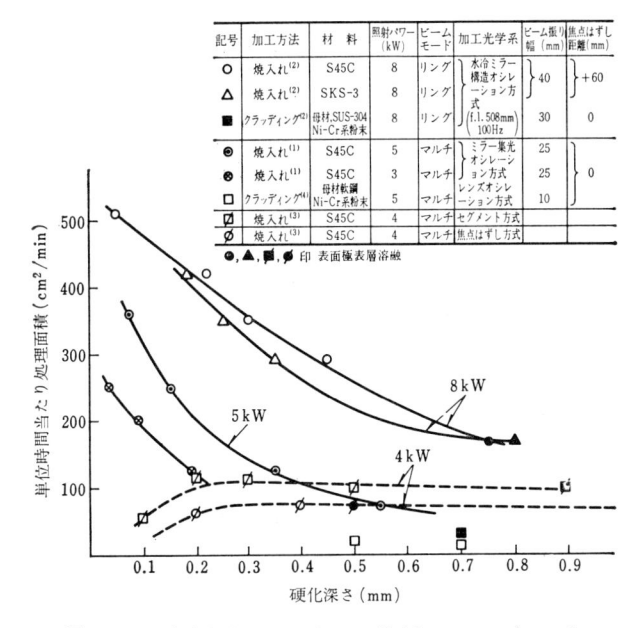

焦点はずし
距離
+60 mm
(a)

同 上
0 mm
(b)

記号	加工方法	材料	照射パワー(kW)	ビームモード	加工光学系	ビーム振り幅(mm)	焦点はずし距離(mm)
○	焼入れ[2]	S45C	8	リング	水冷ミラー構造オシレーション方式	40	+60
△	焼入れ[2]	SKS-3	8	リング			
■	クラッディング[2]	母材:SUS-304 Ni-Cr系粉末	8	リング	(f1.508mm) 100Hz	30	0
◎	焼入れ[1]	S45C	5	マルチ	ミラー集光オシレーション方式	25	
⊘	焼入れ[1]	S45C	3	マルチ	レンズオシレーション方式	25	0
□	クラッディング[4]	母材軟鋼 Ni-Cr系粉末	5	マルチ		10	
⌀	焼入れ[3]	S45C	4	マルチ	セグメント方式		
⌀	焼入れ[3]	S45C	4	マルチ	焦点はずし方式		

●，▲，∎，⌀ 印 表面極表層溶融

図 3.2.23 大出力 CO_2 レーザによる焼入れ・クラッディング単位時間当たり処理面積と硬化深さ特性

オシレーション方式，線熱源により照射パワー 8 kW，処理速度 0.8 m/min で硬化深さ 0.45 mm，処理幅 36 mm の幅広い焼入れ層を得た．

36 mm を得ている[2]．

(iii) **セグメントミラー光学系** セグメントミラー方式は制御機構，駆動機構を必要とせず，多数の平面鏡の集合体によって構成されたミラー構造だけで矩形熱源を得る方法である．セグメントミラーには凹面形のものと凸面形のものがある．凸面形セグメントミラーは凸面部をダイヤモンド切削により角形状平面ミラーを多数形成した一体形銅ミラーのものである（図 3.2.24）．このミラー光学系は凸面形セグメントミラーから分割されたレーザ光を

図 3.2.24 凸面形セグメントミラー外観

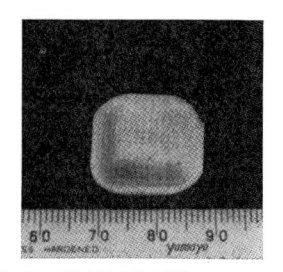

図 3.2.25 凸面形（東芝製）セグメントミラーによるバーンパターン
曲率 2,000 mm，外径 99 mm，角面 25 面（表面粗さ 0.01 μm）のミラーから得られたバーンパターン．

凹面鏡を用いて集光する構造である．凸面形セグメントミラー光学系により集光し，アクリル板にレーザ光を照射したときのバーンパターンを図 3.2.25 に示す．凹面形セグメントミラーによるバーンパターンと同形状であり，性能はほぼ同じである．なお，凸面形セグメントミラーは，一体加工ができるため調整が不要であり，凹面形セグメントミラーに比べて製作が容易である[3]．

セグメントミラー光学系および従来の焦点はずし方式により平板，S45C材を用いた焼入れ比較特性を図 3.28 に示す．

加工条件は照射パワー 4kW，処理速度 1.2 m/min の同条件である．両セグメントミラー光学系とも焼入れ断面形状はほぼ同等である．焦点はずし方式の場合は幅が狭く焼入れ断面形状は円弧状である．

b. 各種光学系による焼入れ特性比較

オシレーション方式は加工物の形状に応じてプログラム処理もでき，加工物形状に柔軟に対応できるため FA や FMSC に適した方式である．なお，レンズ集光方式とミラー集光方式オシレーション光学系による加工処理能力を比較した場合，深さ 0.45 mm の硬化層を得る場合 5 kW で約 90 cm^2/min の処理能力に対し 8 kW では約 290 cm^2/min の処理能力があり，約3倍の処理能力向上が見られる（図 3.2.23）．

セグメントミラー光学系は矩形熱源であるため，送り速度を上げた場合エネルギー密度に不足が生じ，単位時間当り処理面積が上がらない．しかし硬化深さを 0.5 mm 程度以上必要とし，加工形状が一定な量産焼入れに適している．

焦点はずし方式はセグメントミラー方式より処理形状，能力もやや劣るが，切断や溶接などの加工と共通した光学系を使用できる利点があり，簡易的な局部処理に適している．

c. 各種光学系による熱処理応用例

（ⅰ）分割鏡を用いた熱処理例　　図 3.2.26 は分割鏡を用いて伝送されたレーザビームを2分割してピストンリング溝内壁面，ラック歯面，クラッチボススプライン面に熱処理を施すレーザ照射方法である[4]．

3.2 加工機

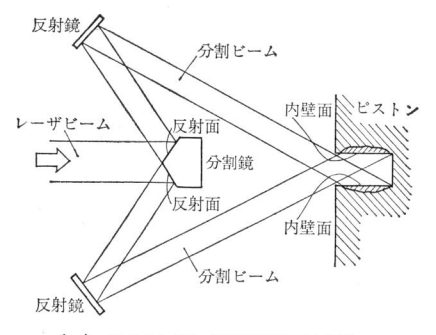

（a）ピストンリング溝内壁面の熱処理

（b）ラック歯面の熱処理

（c）クラッチボススプラインの熱処理

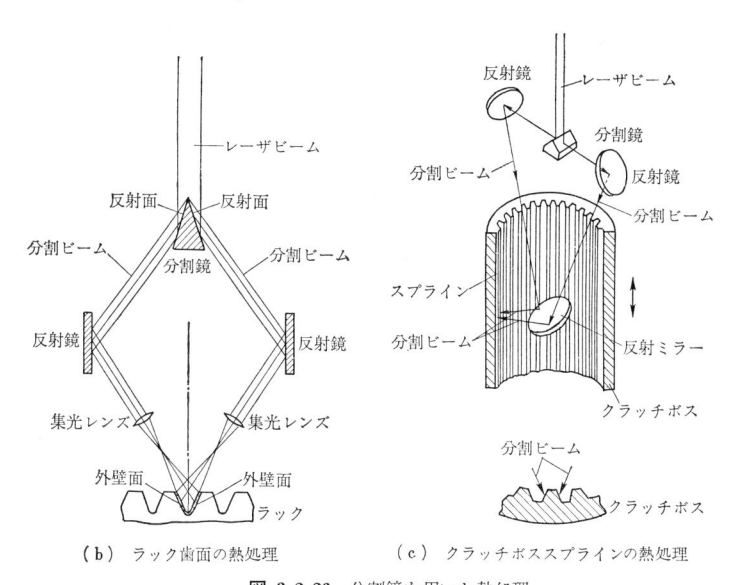

図 3.2.26 分割鏡を用いた熱処理

（ii）**円筒物の内面熱処理例** 図3.2.27は円筒物内面に熱処理を施すレーザ照射方法である．図3.2.27（a）は円筒物内面へレーザビームを斜めに照射する方法である．図3.2.27（b）は円筒物内面に対してレーザビームが直角に照射する方法であり，エンジンシリンダの内面焼入れにすでに実用されている．図3.2.27（c）は薄肉円筒物内面の熱処理であり，円筒物の外側にヒートシンク（熱吸収体）を装着して熱処理を行う[5]．

（iii）**多面体鏡による熱処理例** 伝送されたレーザビームを多面体鏡体の鏡面に伝送しフラットフィールドレンズを用いて楕円形ビームに成形後シリンドリカルレンズで加工物移動方向に直角に線熱源で照射し，加工物表面に熱処理を行う（図3.2.28）[6]．　（**中村　英**）

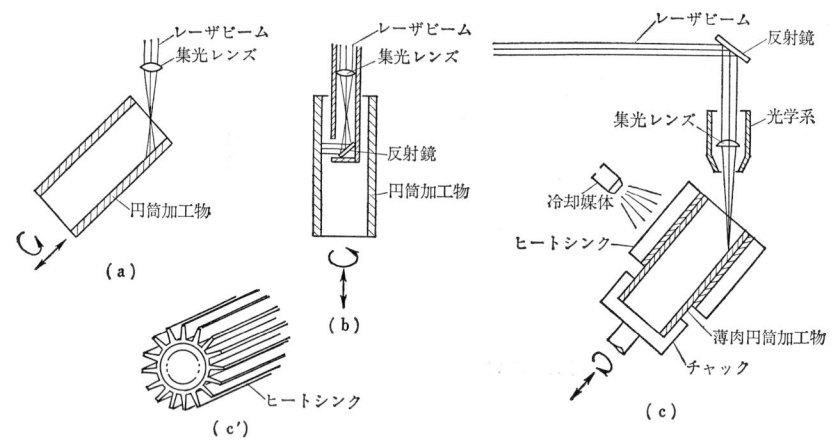

図 3.2.27 円筒物の内面熱処理

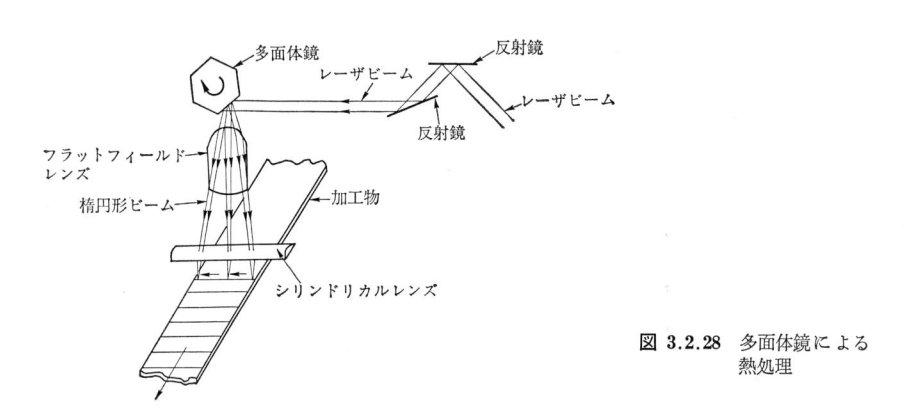

図 3.2.28 多面体鏡による熱処理

文　献

1) 中村　英，他：工業技術院大型プロジェクト超高性能レーザ応用複合生産システム，研究開発成果論文集，昭和60年3月.
2) 中村　英，他：昭和61年精密工学会春季大会学術講演論文集，p.926.
3) 木村盛一郎，他：昭和60年精機学会春季大会学術講演論文集，p.405.
4) 特開昭59-89711，レーザ焼入れ装置.
　　特開昭60-215715，熱処理装置.
　　特開昭61-60290，レーザを用いたワークの処理方法.
5) 特開昭60-251222，薄肉円筒の硬化処理方法.
6) 特開昭59-35893，材料のレーザ処理装置.
7) 特公昭61-3853，レーザ光による歯車の熱処理方法.

3.2.1.4 TEA CO_2 レーザマーカ

CO_2 レーザは，発振効率と波長域などの点から加工用には最適とされ，1960年代後半より実用化を目指した研究開発が積極的に進められた．この中で，封入ガス圧を上げると，レーザ遷移における上準位への励起と下準位の緩和がこれに比例して増大し，レーザ出力増加が望めるため，取り扱いが容易な大気圧付近での動作が試みられた．

一方，封入ガス圧を上げると，レーザ発振に必要な放電開始・維持電圧が上昇するため，従来の管軸方向放電は，絶縁や電源などの点で技術的に困難となる．この問題を解決する手法として，TEA (Transversely Excited Atmospheric-pressure) CO_2 レーザが考えられ，1970年に A. J. Beaulieu（カナダ）および R. Dumanchine ら（フランス）が相ついで発振の成功を初めて報告した[1,2]．以後は，安定なグロー放電の点弧，発振効率，動作寿命などについて性能向上の技術開発が急速に進み，また，その特性が活用できる用途についても種々検討され始めた．

TEA CO_2 レーザは，高ピーク・短パルス出力を特徴とし，諸物質に対し吸収性のよい赤外光であるため，産業分野での用途としてはマーキングに使うのが最適といえる．特に，半導体，各種電子・機械部品などにおいては，量産化，小形化が進み，一方，生産管理，品質管理上から分類記号，製造番号，商標などを，正確にオンラインでこれらに印字する必要性が強いため，従来もっとも多く使われてきたインクスタンプ方式では対応が困難になり，この代替として，TEA CO_2 レーザマーカが有力な手法として採用されるようになった．

この特長をまとめると次のようになる．
- 表層部が除去加工され印字が消えにくい．
- 非接触かつ瞬時での加工処理ができる．
- 微小，微細で良質な印字ができる．
- 凹凸のある面への印字ができ，前後の洗浄，乾燥処理などが不要．
- 印字の種類，内容が簡単に変えられ，メンティナンスが容易．

a．TEA CO_2 レーザの基本構成と動作特性

（ⅰ）**基本構成** 図3.2.29は電気回路の基本構成と，レーザ管の断面概略図を，一例として示したものである[3]．出力電圧数10 kVの高圧電源HVにより，まずコンデンサ C_1 を充電し，ギャップスイッチやサイラトロンなど高速の高圧大電流スイッチ素子Gを閉じると C_1 の電荷が流れ，カソードC，アノードAとの間でレーザ励起を行う放電が点弧される．コンデンサ C_2 は放電電流波形をレーザ発振に適するように整形する役割，Tはトリガ電極で放電を安定に点弧させる役割をもっている．この例では，Tは金属細線を内部に通したガラス，あるいは，セラミックスなどの絶縁物パイプで，カソードCの表面に適当な間隔で設けられた

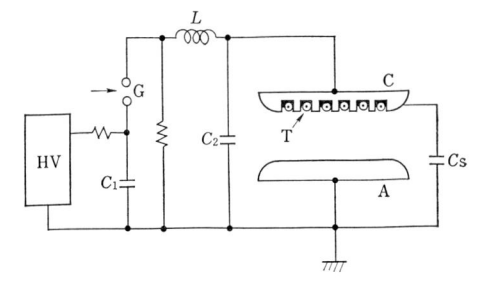

図 3.2.29 TEA CO_2 レーザの基本回路構成[3]

溝に埋め込まれている．G が閉じ C に高電圧が印加され始めると，絶縁物パイプ，金属細線，コンデンサ C_s を通して電流が流れ，T の表面にコロナ放電が発生して予備電離が行われる．これにより，主放電は，電極全面で一様なグロー状に点弧し，アーク状の部分集中放電が抑制される．

TEA CO_2 レーザのように，高封入ガス圧で放電させるレーザにおいては，予備電離の強度や一様性，タイミングが主放電の安定性に影響する．また，動作時間とともに CO_2 が CO と O_2 に分解するガス劣化や，レーザ管内部品劣化も，予備電離方式に関係する．図に示したものは，比較的ガス劣化が少ないといわれるコロナ方式であるが，他にも，主電極両側部で多数のアーク放電を点弧させ，これで発生する紫外（UV）光が主電極間を予備電離する UV 方式などがある．

図 3.2.30 は，TEA CO_2 レーザの構造を示す概略図である．高いパルス繰返し数で動作させる場合には，放電部のガスを交換したり冷却するためのファンや熱交換器がレーザ管に組み込まれる[3]．

(ii) 基本動作特性　図 3.2.31 は，レーザ管封入ガスの混合比をパラメータとした場合について，C_1 の充電電圧 V を変えてレーザ出力エネルギー P_0 を求めたものである．全封入ガス圧は 1 気圧，主電極間隔は 3 cm とし，放電体積がほぼ $3\times4\times60\,cm^3$ の場合を示す．V が 35 kV にて，P_0 は約 6 J/パルスであるから，C_1 充電エネルギーに対するレーザ交換効率は約 12% になり，きわめて高いことが注目される．また，CO_2 比率や充電電圧を上げると P_0 は増大するが，実際には，いずれも放電が不安定でアーキング発生が多くなるので，電極の損傷やガスの急激な劣化を招き望ましくない．したがって，動作適値はこれらのバランスを考慮して決められる．

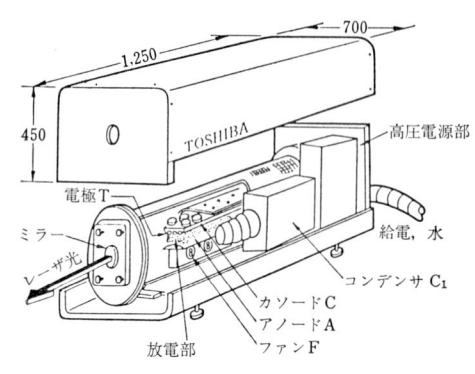

図 3.2.30　TEA CO_2 レーザの構造概略図[3]

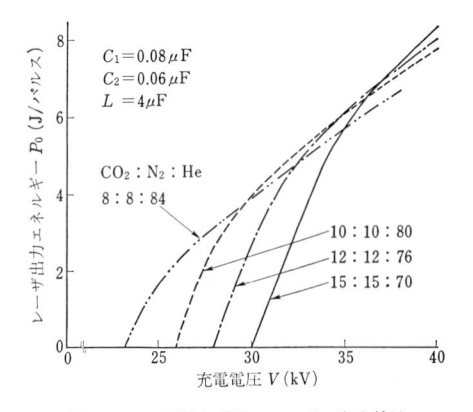

図 3.2.31　TEA CO_2 レーザの出力特性

レーザ出力波形は，主に，ガス混合比，L, C などの電気回路定数，充電電圧に関係する．通常は，電子の直接衝突による高ピーク値の波頭部と，励起された N_2 からのエネルギー移乗による波尾部からなるが，マーカ用としては，加工性がレーザエネルギーに大きく依存す

るので，効率の点で波尾部の成分比が多くなるような条件で動作させ，パルス幅は約 $1\,\mu s$ である．

同様に，加工性には，レーザビーム断面のエネルギー強度分布均一性が高いことを要求される．これには，効率と出力安定性がいずれも高いマルチ横モード発振が適するので，光学系の支持設計は比較的簡単なものでよい．

b. マーカの構成

図 3.2.32 は，マスキング方式レーザマーカ光学系の基本構成を示す．まず，強度均一性がよく，広い断面をもつレーザビームを，文字や図板を切り抜いた金属薄板のマスクに照射する．切抜き部を通過したレーザ光を，レンズや凹面鏡などによりマーキング対象物へ，切抜きを結像させるように集光することにより，その表層を瞬時に蒸散させて印字をする．マスクは，金属板にエッチングで文字や図柄を切り抜いたものが多いが，マスク面上でのレーザビーム強度を，それほど高くならないようにすれば，これが損傷されることはない[4]．レンズなどの透過光学素子は，光学調整用として同軸に可視レーザ光を通す場合には，セレン化亜鉛（ZnSe）などが適するが，大口径のものが必要で高価となるので，ゲルマニウム（Ge）などを使う例が多い．この光学系は，原理的にはスライドプロジェクタと全く同じである．必要に応じてレンズの位置や焦点距離を変えれば，自在に縮小・拡大や多重露光などができる．また，レーザパルス繰返し数を増し，マスク交換を高速化すれば，タイプライタに類する使い方もできる．

レーザを使ったマーキングには，他にビームを 2 次元に偏向走査して順次印字するスキャニング方式がある．これは，連続発振レーザか，高繰返しパルスレーザを使う場合に適用できるが，大パルスエネルギーが得られる TEA CO_2 レーザでは，この特徴が生かせるマスキング方式が適している．

図 3.2.33 は，TEA CO_2 レーザマーカを IC テスタに取り付けた場合の構成図である．

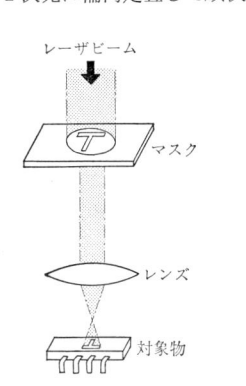

図 3.2.32 マスキング方式レーザマーカ光学系の基本構成

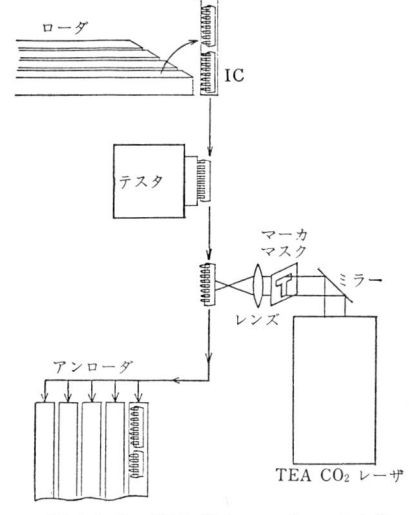

図 3.2.33 TEA CO_2 レーザマーカを使った IC テスタ

マーカは，レーザ装置と前述光学系とから構成される．ICは，テスタにて良否や特性を調べ選別された後，これに応じてレーザビームをパッケージに照射し印字が行われる．アンローダには，仕分けができた状態で収納されるので，生産工程の大幅な簡略化ができる．レーザ照射時間は，パルス幅が $1\,\mu{\rm s}$ 程度であるため，ICの位置を検出して，この信号に同期しレーザを動作させるような制御系を付ければ，ICをマーキング時に静止させる必要はない．また，インクマーキングのように洗浄や乾燥が必要ないので，従来のICテスタにも容易に付加することができる．このマーキングシステムは，簡単なコンピュータで制御されることはいうまでもない．何かの原因で，レーザが動作しなかったり出力が変動してマーキング不良となった場合には，光学的にこれを検出して仕分けるようなモニタ系などの制御も行っている．

図3.2.34は，TEA CO_2 レーザを使ったマスキング方式による各種部品へのマーキング例

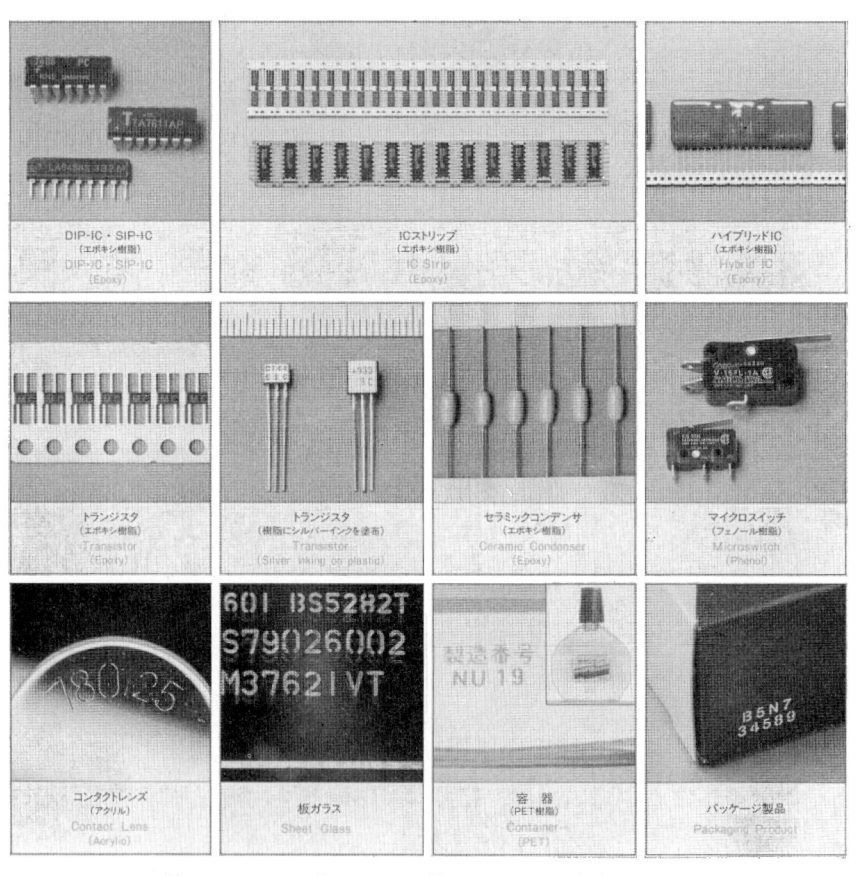

図 3.2.34 TEA CO_2 レーザを使ったマスキング方式による各種マーキング例（渋谷工業（株）カタログより）

3.2 加工機

グを示す.レーザの波長が 10.6 μm であり,大部分の材料は,この波長域で吸収係数がきわめて大きく,プラスチックなど有機材料はいうまでもなく,可視域では透明なガラス面にも効率よく印字ができる.小さな部品には,製造工程でフレームカットをする前に多数個に一括照射すれば,処理速度が上がり効果的である.また,通常の光学系で,印字線幅を 0.1 mm 以下にするのは容易であり,かつ,ある程度焦点距離の長い結像レンズを使えば,焦点深度が大きくできるので,マーキング面の形状や凹凸に関係なく鮮明な印字が得られる.したがって,非接触で処理できることもあり,軟質材料面へのマーキングにも適する.マーキング品質の評価基準はあまり明確ではないが,プラスチックの場合で一応良好と評価できるのに必要とされるレーザエネルギー強度は,$4 J/cm^2$ 程度である.レーザマーキング専用に,少量の増感材を,マーキング品質を向上させる目的で混入させた材料の開発も行われている.

レーザマーカの構成は,低コストの必要性が常に優先するため,できるだけ簡単で保守も容易なものが望まれる[5].図 3.2.35 は,既設の半導体生産ラインに導入する目的で専用機設計された TEA CO_2 レーザマーカである.レーザ管軸を垂直にし,できるだけ占有床面

仕　様　項　目	
レ　ー　ザ　出　力	4 J/パルス
パルス繰返し数	2 pps
ビ　ー　ム　断　面	$24 \times 12 \; mm^2$
出　力　変　動　分	±5%
交　換　部　品　寿　命	(10^7 ショット以上)
入　力　電　源	AC 100 V,単相 3 A
レーザガス消費量	0.1 l/min
冷　却　方　式	空冷
大きさ(電源一体)	$350 \times 1200 \times 450 \; mm^3$
重　さ　(同　上)	100 kg

図 3.2.35　生産ライン組込み用 TEA CO_2 レーザマーカ

図 3.2.36　IC マーキングシステム(渋谷工業(株)カタログより)

積を小さくしてある．図3.2.36は，ICマーキングシステムの製品例である．ICをマガジンより取り出して印字し，再び収納するようになっている．

TEA CO_2 レーザマーカは，このように簡単な構成であり，従来のインクマーカに対し多くの利点が認められ，実用化が進んでいるが，現在のところ，当初期待されたほどには伸びていない[6,7]．これは，主にレーザ装置の性能によるものと推察される．特に保守性に関しては，スイッチ素子，電極，共振器ミラー，ビーム伝送光学系などのクリーニングや交換が，通常は $10^{6\sim7}$ ショット動作後に必要となる．これにはある程度の熟練を要するが，インクマーカの場合にはゴム印の交換などで保守性が問題にされるものの，技術的には簡単であり馴染みやすい．また，レーザの場合，本体のみならず交換部品はいずれも高価である．これらのことから，比較的大きな工場の生産ラインで多数台使う場合には，保守専任の技術者，予備機や交換部品を常に確保して対応すれば，ある程度この問題は解決できるが，個別に使う場合には不利である．スイッチ素子では，ギャップスイッチは安価であるが，常に乾燥空気を供給したり，電極スパッタがあり，クリーニングや交換をする保守が必要，サイラトロンは，このような保守は不要であるが，高価であり寿命が 10^8 ショット程度なのでコスト高という問題がある．まだ研究段階であるが，これに高速半導体スイッチ素子を使う試みがあり，小形で半永久的寿命のスイッチ素子実用化は近いと思われ期待は大きい．光学素子については，特に反射膜コーティングの耐光強度に問題がある．高ピーク大出力エネルギーのレーザ光に長時間耐えられるように，コーティングの材料，方法の検討が行われている．光学素子の汚れは，耐光強度を劣化させるので，光学系の保守に際しては，クリーニングや密閉に十分注意する必要がある．

一方，レーザ媒質ガスについては，放電により，特に CO_2 が CO と O_2 に分解し，これが出力の低下や放電不安定の主因となる．通常は，高圧ボンベより媒質ガスを，常時少しずつレーザ管に供給するようになっているので，高圧ボンベの交換やガス配管・制御系の保守を必要とする．ギャップスイッチの場合と同様，同一場所で多数台使うときには，共通配管でガス系制御ができるようにすれば，保守の負担は軽減する．しかし，個別に使う場合には，使いやすさの点で問題とされる．長時間のガス封止動作ができるように，レーザ管構造材をセラミック化する，高性能の酸化触媒を封入して，分解した CO_2 を元に戻すなどの検討により，性能の改善が期待されている．

このような性能向上が実現されれば，インクマーカに対する優位性は増し，応用分野は飛躍的に拡大すると思われる．一方，ファイバ導光ができる YAG レーザマーカとの競合も控えているが，レーザエネルギー変換効率が数％程度と低いので，小形化，低価格化などの要求が強いマーカとしては，TEA CO_2 レーザを使う利点は大きい[8,9]．

TEA CO_2 レーザマーカは，すでに，その有用性は広く認められ，今後さらに使いやすさ，低コスト化で多くの性能改善が期待できるので，将来性の評価はきわめて高い．

（後藤達美）

文　献

1) A. J. Beaulieu: Transversely excited atmospheric pressure CO_2 lasers. *Appl. Phys. Lett.,*

16 (12) (1970), 504-505.
2) R. Dumanchine, et al.: High power density pulsed molecular laser, presented at 1970 Internat. Quantum Electron. Conf. (Kyoto, Japan)
3) 後藤達美, 他: TEA CO_2 レーザ装置, 東芝レビュー, **39** (12) (1984), 1059-1062.
4) 横田利夫: TEA CO_2 マーキング装置, Electronic Packing Technology, **2** (2) (1986), 89-98.
5) R. Iscoff: Component Marking Technology Trends, Semiconductor International, Dec. (1986), 38-42.
6) J. B. Willis: Techniques and Application of Laser Marking, Proc. 1st Inf. Conf. on Lasers in Manufacturing, IFC (Publications) Ltd. and North-Holland Publishing Company (1983), 53-61.
7) B. Bernard: Laser Marking Techniques, Lasers in Materials Processing, American Society for Metals, (1983), 48-52.
8) 改井 満: 高ピーク出力の TEA CO_2 レーザ, 日経メカニカル (1984.12.31.), 53-57.
9) A. Seth: Ceramic Component Marking with YAG Lasers, Semiconductor International, Oct. (1986) 80-83.

3.2.1.5 セラミックスクライバ

スクライビングとは，たとえばブロックをチップに分割する時に使用される溝入れ加工のことをいう．溝入れ加工としては表3.2.6に示したように，トリミング，マーキングなど幅広いレーザ加工を示すが，あらかじめ決まっている道のりに沿って溝入れ加工を施し，後で連続的に破砕することでより小さなサイズに分割する前工程のことを一般的にスクライビングと称している[1]．

表 3.2.6 溝入れ加工の分類

| スクライビング |
| レーザアシストエッチング |
| マーキング |
| イングレービング |
| ゲッタリング |
| トリミング |

レーザスクライビングは，レーザ加工のなかで最も初期に実用化されたものの一つである．最初に適用されたのは，Qスイッチ Nd:YAG レーザを用いた半導体用のシリコンウエハのスクライビングである．従来技術であったダイヤモンドポイントスクライバでは，マイクロクラックの発生，成長に伴う半導体形成領域の損傷，ウエハの不特定方向の割れなどの問題があったため，この新しいレーザスクライビング法は期待された．

しかし，今日ではこの方法は半導体産業のなかでも部分的にしか使用されていない．その理由は，この方法がもつ元来の弱点である加工時の加工飛散物の素子への付着が半導体素子の微細化，低電流化に支障をきたし，結局これが克服できなかったためである．そして，改良が進んだダイヤモンドダイシング方式がこれに置き替わったのが使用されなくなった最大の理由である．

今日レーザスクライバが最も適用されている分野は，CO_2 レーザによる HIC (Hybrid Integrated Circuit) の基板として定着しているアルミナセラミックスの加工であろう．1台でスクライビングと完全切断が実行でき，対象加工物の硬さに依存しないレーザ加工の特徴が最も発揮される応用分野だといえる．20年近く前に出現して以来 HIC 特有の多品種少量生産，短納期への要求に見事に応えることができたために一躍脚光を浴び，重要性はとみに増している．

図3.2.37に HIC 生産工程での適用例について示す．

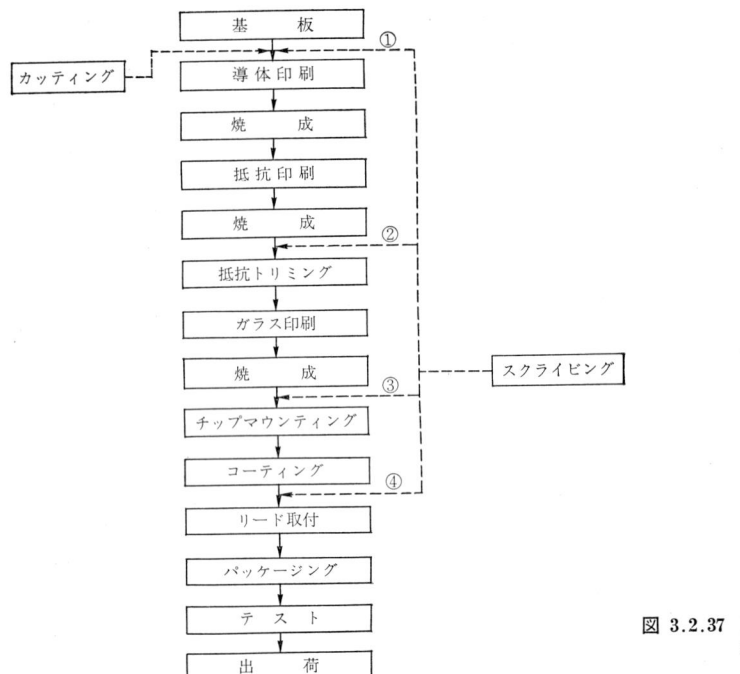

図 3.2.37 HIC 生産工程での適用例

本稿では，CO_2 レーザを用いたセラミックスのスクライビング装置（セラミックスクライバ）を主体に，スクライビングの実際についても記述する．

a. セラミックスクライバの構成

装置は大別して CO_2 レーザ発振器，加工光学系，制御部，ワークステーション部から構成される．以下に構成要素について説明する．構成のブロック図を図 3.2.38 に示す．

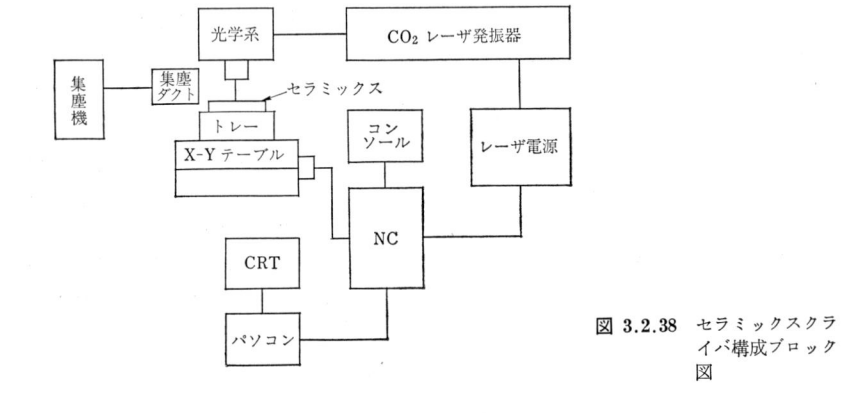

図 3.2.38 セラミックスクライバ構成ブロック図

（i）**CO_2レーザ発振器**　加工用CO_2レーザには高速軸流形と低速軸流形とがある．アルミナセラミックスのような硬脆材料は，連続的（CW）なレーザ光では熱の拡散により強い熱歪が発生するため，高い尖頭値をもったエンハンスドパルスのパルス発振が可能な低速軸流形レーザが適している[2,3]．図3.2.39にエンハンスドパルス波形を示す．

加工面への集光スポット径が小さいほど，より少ないパワーで加工ができ，セラミックスへのダメージも少ない．この集光径に影響を与える最も重要な要因の一つにレーザの横方向出力モードがある．小集光径を得る最良のモードは，TEM_{00}モードであり，いわゆるガウシアン分布である．

また，ビームの偏光状態も加工品質に大きな影響を与える．通常は，後述する光学系で数枚の全反射ミラーと$1/4\lambda$ミラーの組合せで円偏光に変換するが，共振器の折返し方向を45°傾けることにより，直線偏光のビームを発生させ，光学系のビームベンダーミラーに$1/4\lambda$ミラーを用いるだけで加工性のよい円偏光のビームを得ることができる．

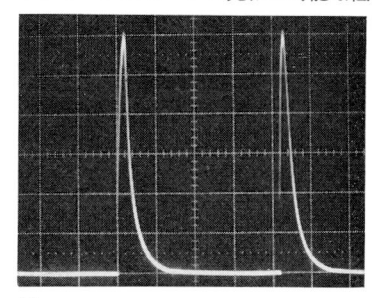

図3.2.39　パルス波形（エンハンスドパルス）

（ii）**加工光学系**　レーザ発振器から出射されたレーザ光を加工位置に導き加工するために，一般的に光学系はビームベンディングミラー，対物レンズ，焦点調整機構，アシストガス機構から構成される．

（1）**ビームベンディングミラー：**　レーザ光は通常レーザヘッドの構造，機能上水平方向に出射される．ベンディングミラーはこのレーザ光を，安全および作業性から垂直方向に折り曲げるミラーである．偏光上，全反射ミラーや$1/4\lambda$ミラーが用いられ，角度調整可能なミラーホルダーに取り付けられている．

（2）**対物レンズ：**　焦点距離1.5インチ，時には2.5インチのメニスカスレンズを用いる．材質はZnSeが一般的である．また，通常は1枚のレンズであるが，集光性がよい2枚組，3枚組のレンズもある．

（3）**焦点調整機構：**　対物レンズで集光されたレーザ光の焦点を加工位置に合わせるため，対物レンズを上下する機構である．移動量がわかるようにマイクロメータなどの目盛のついたものを用いる．

（4）**アシストガス：**　レーザ光と同軸にノズルを通して，加工物に吹き付ける．その役目は，加工時の飛散物の対物レンズへの付着防止，加工時の溶融物の除去および，セラミックスの冷却である[4,5]．また，一般的にはクリーンなドライエアを使用するが，N_2ガスを用いることによるアルミナセラミックスのスクライブ時の黒化の除去のように，ガスの種類を変えることにより，高品質な加工を得ることができる．

さらに高品質な加工を得ることができる二つの要素がある．一つは円偏光であり，他はビームエキスパンダーである．

通常レーザヘッドから出射されたレーザ光は，直線あるいはランダム偏光であり，これをミラーで折り返しても直線偏光になっている．この直線偏光でスクライビングや切断を行う

と，X方向とY方向の加工幅や深さが違ったり，丸穴切断では真円にならない場合がある．これを解消するために光路内に数枚の全反射ミラーと$1/4\lambda$ミラーで構成される円偏光ユニットを挿入したり，前述したように共振器内で$45°$傾いた直線偏光を発生させ$1/4\lambda$ミラーで円偏光に変換することにより高品質な加工が得られる．

また，集光スポット径が小さいほど，加工に有利なことは周知のことである．この場合対物レンズの焦点距離によって最小に絞れる入射ビーム径が決まっている．それを図3.2.40に示す．この最適なビーム径に修正するのが，2枚のレンズの組合わせで構成されるビームエキスパンダーである．

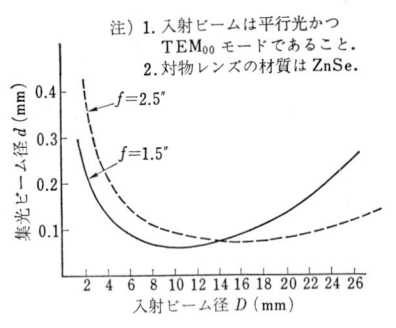

図 3.2.40 入射ビーム径と集光ビーム径の関係

(iii) 制御部　X-Yテーブル，レーザおよびシャッターのON/OFF，スクライビングと切断との加工条件（周波数，パルス幅，パワーなど）の切換え，アシストガスのON/OFFおよびガス圧の切換えなどの制御をするもので，数値制御装置（NC），パーソナルコンピュータ，コンソールから構成される．

（1） 数値制御装置（NC）：　NCについては，工作機械などに幅広く使用され一般化しており周知であるのでここでの記述はさけるが，4～5年前から登場してきたターミナルNC（TNC）について若干述べる．

従来のNCはシステムの主導権を握っており，パソコンは単にデータを作成し格納したり，NCに転送するだけの役目で通信も一方通行でしかなかった．それに対し，TNCは，パソコンと双方向通信を行うことができる．それによってNCデータのアップロード，ダウンロードのみでなく，NCのモード管理や，パラメータ管理までが可能なため，NC側本体の各種機能をあたかもコンピュータの端末機を扱うようにコントロールできる．これはFAやFMC指向が一段と進みつつある現在，パソコンを経由して容易に上位の大型コンピュータと通信が可能となり，FAシステムの端末機器として位置づけられるものである．

また，ここ1～2年前から，NCとDCモータの組合わせから，小型でノーメンテACモータを使用し，なめらかな運転が実行できるACモータコントローラとの組合わせに変わりつつある．

（2） 加工プログラムの作成：　マンマシンインターフェイスとしてパソコンを使用することにより，従来多工数を要していた加工プログラムの作成が，対話形式で簡単に作成することが可能となった．たとえばスクライビングであれば，基板の大きさ，スクライブピッチ，本数を，穴あけであれば，穴の中心座標と穴径を入力するだけで可能である．したがってNC言語で作成すると数時間要していた加工プログラムが，わずか十数分で作成できるし，またNCに関する知識もほとんど不要である．

（iv） ワークステーション部　実際にアルミナセラミックス基板を加工する部分で，X-Yテーブル，載物台（トレー），集塵機構，カバーなどから構成される．

3.2 加 工 機

（1） **X-Yテーブル**： NCなどで制御され加工プログラムに沿って移動するものであり，X-Yテーブルの精度が，そのまま加工精度に現われてくるので，精度の高いものが要求される．

ボールネジ，LMガイドなどの駆動部は，セラミック粉塵から守るため，ジャバラなどでおおわれている．

X-Yテーブル形式に対し，ビーム移動形式がある．これの特徴はテーブル固定で光学系をX-Y駆動するので，占有面積が小さくオートローダとの組合わせも容易なことであるが，その反面，光学系の剛性や光路長の変化が加工性に影響を与える可能性があることや，光軸調整がめんどうなことから実績台数は少ない．

（2） **載物台（トレー）**： X-Yテーブル上に設置され，セラミックス基板を載せ固定するものである．

一般的にはX-Yテーブル上に固定されているが，中量生産用として同形状の専用トレーを2組用意し，X-Yテーブル上への着脱と位置決めをレールなどを用いて容易にすることにより，一方のトレーが加工中に他方はセラミックス基板の給排を行うことでタクトタイムの低減を計るという方式もある．

セラミックスの固定方法としては，マグネット，スプリング，真空吸着などがあり，加工内容，基板寸法，作業形態などから最適な方法を選べばよい．

（3） **カバー**： セラミックス粉塵の飛散防止とともに，作業者をレーザ光から守る役目もある．したがってカバーは，すき間がなく，レーザ光のもれない構造にし，基板やトレーを給排する前面扉には，インタロックをつけなければならない．

以上構成要素について説明したが，ここで忘れてはならないのはレーザ放射に対する安全予防対策である．1988年にJIS C 6802「レーザ製品の放射安全基準」が制定され，露光量によってクラス区別がなされており，そのクラスに応じての安全予防対策が講じられている．いうまでもなくセラミックスクライバはクラスIになるように対策が必要である．

参考としてNEC製CO_2レーザスクライバの写真を図3.2.41に，仕様を表3.2.7に，加工性能の一例を表3.2.8に示す．

3. セラミックスクライバの特長

金型方式やダイヤモンドダイサと比較して下記のような特長がある．

① 量産，試作とも工程の柔軟性が増し，融通性，即応性が向上する．

② 基板の在庫管理の合理化，それによるコスト低減が図れる．

図3.2.41 CO_2レーザスクライバ（NEC製 CL 411 D_4）

③ 安定したスクライブにより歩留りが向上する．

④ 寸法精度が高く，後工程の自動化に寄与する．

⑤ 基板の大形化に伴う精度問題解決の決め手になる．

表 3.2.7　CO_2 レーザスクライバ CL 411 D_4 (NEC 製) 基本仕様

1. CO_2 レーザ発振器 CL 112 B

	波　長	: 10.6 μm
	横モード	: TEM_{00} (95% 以上)
	連続出力	: 150 W 以上
	パルス平均出力	: 50 W 以上 (ただし, 周波数 1,200 Hz, パルス 100 μsec)
	出力安定度	: ±5%/H (CW 時)
	動作モード	: CW, 単発, パルス発振
	外部インターフェース	: レーザ ON/OFF, パルサ A/B 選択, テーブルとの同期パルス発振など

2. 加工光学系

対物レンズ	焦点距離 材　質	: 1.5 インチ : ZnSe
その他	ビームベンダーミラ (1/4 λ), 焦点調整機構, アシストガス機構, ノズルから構成	

3. 制御部

NC (NEDAC TNC-3)	サーボ方式	: ディジタルサーボ
	モータ	: DC サーボモータ (400 W)
	早送り速度	: 12 m/min
	使用言語	: JIS 準拠 NC 言語
	メモリ容量	: 350 ブロック (オプション: 700 ブロック)
	機　能	: 早送り, 直線補間, 円弧補間座標指定, M 機能など
コンソール	ジョグ, スタート, ストップ, 非常停止などのスイッチ類からなる.	
パソコン	CPU CRT	: PC-9801 DX 5 : PC-KD 854 N

4. ワークステーション部

X-Y テーブル	有効ストローク 移動速度 位置精度 直角度	: 400 mm 以上 (X, Y とも) : MAX 200 mm/s : 0.03/400 mm : 20 秒以内
汎用トレー	載置枚数 固定方法	: 16 枚 (80×80 mm 基板) : 3 本の基準ピン, マグネット
集塵機	風量	: 9 m^3/min
カバー	安全および粉塵飛散防止のためカバーで覆われている.	

3.2 加工機

表 3.2.8 CO_2 レーザスクライバ CL 411 D_4 (NEC製) 加工性能例

板　厚		スクライビング	カッティング
0.635 mm	加 工 速 度 平 均 出 力 スクライブ深さ	200 mm/s 40 W 約 200 μm	200 mm/min 20 W ——
0.8 mm	加 工 速 度 平 均 出 力 スクライブ深さ	150 mm/s 45 W 約 250 μm	150 mm/min 25 W ——
1.0 mm	加 工 速 度 平 均 出 力 スクライブ深さ	100 mm/s 45 W 約 300 μm	100 mm/min 30 W ——

材質：アルミナセラミックス（Al_2O_3）

b. スクライビングの実際

　CO_2 レーザが無機・セラミックス系材料のスクライビングに適用されたのは，1970年頃からである．マイクロエレクトロニクスの基軸でもある HIC 用のセラミックス基板(Al_2O_3)のチップダイシングツールとして着目されだしたのである[6]．

　従来より，HIC 用セラミックス基板の最も一般的な方法として焼結前に溝，穴などを成形しておき焼結後に分割する金型方式がある．この方式は大量生産には向くが，HIC 特有の多品種少量生産への対応に問題を残す．また，基板への部品実装の高密度化にともなうスルーホールの接近，微細化による精度上の問題も抱えている．

　機械的なダイシング法としてダイヤモンドポイントスクライバやダイシングソーを用いた方法があるが，現在ほとんど使用されていない．

　アルミナは誘電率，熱伝導率の点ですぐれ，しかも焼結粉末が安価かつ容易に入手できることから最も普及している材料である．

　筆者らが見出した一般的なスクライビング条件は以下のとおりである．

　　速　　　度：200 mm/s
　　レーザパワー：40 W
　　パルス条件：1.2 kHz/0.1 ms

スクライブ深さは通常板厚の 1/4～1/3 で十分といわれている．

　セラミックスのような硬脆材料の熱加工の最大の問題は内部熱応力による材料の割れあるいは残留熱歪による材料強度の低下である．これを未然に防止する手段としてレーザパワー，スクライビング速度，レーザの偏光，アシストガス効果，ビーム集光状態を適切に設定する必要がある．軸流形 CO_2 レーザの場合，パルス幅は 0.1 ms 弱でピークパワー数 kW がほぼ限界であり，アルミナのスクライビングの場合 10 MW/cm^2 程度の集光強度が必要である．

　図 3.2.42 にスクライビングと切断加工を行ったアルミナセラミックスの写真を，図 3.2.43 (a), (b) にはスクライビングした時の上面および破断面の写真を示す．穴周囲に溶融物の盛り上りと高温飛散物の穴近傍への付着が見られる．穴の低部にもガラス質状の溶融凝

図 3.2.42 アルミナへの加工例

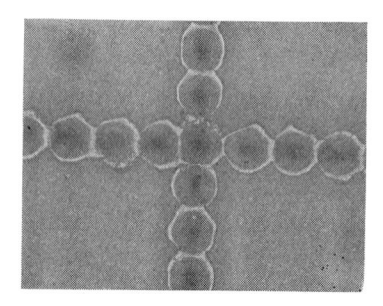

(a) 上面拡大（75倍）　　　　　　　　（b）断面拡大（75倍）

図 3.2.43 アルミナのスクライビング
スクライビング深さ約 200 μm

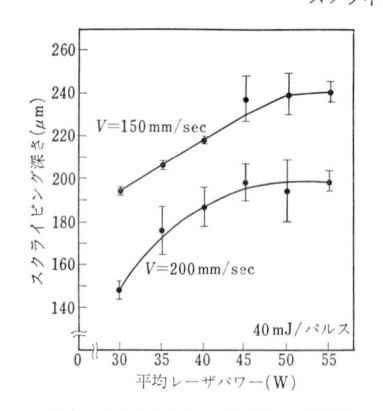

(a) 深さと平均レーザパワーの関係　　　（b）深さと加工速度の関係

図 3.2.44 アルミナ基板のスクライビング特性

固物が残留している．この溶融物は α アルミナと γ アルミナの混在した結晶体であることがX線解析からわかっている．

図 3.2.44 (a) には速度をパラメータとした時のスクライビング深さと平均レーザパワー

の関係を示し，(b)には平均レーザパワーをパラメータとした時のスクライビング深さと速度の関係を示した．レーザのビーム径は約 10 mm，広がり角は約 1 mrad で集光レンズとして 1.5 インチ，メニスカス形状のものを採用している．スクライビング深さは 200 μm 程度までレーザパワーに比例し，加工速度に反比例する．

HIC 基板用の材料としてはアルミナ以外に炭化ケイ素，ボロンナイトライド，窒化ケイ素，液晶ガラス，窒化アルミなどがあげられる．いずれも CO_2 レーザで加工が可能である．

おわりに

レーザ加工はレーザの強度，照射時間などを制御することにより各種の加工を行うことができる．材料をセラミックスに限っても，加熱，溶融，蒸発の物質の 3 状態にわたる加工が可能である．

実用段階にあるアルミナセラミックスのレーザ加工はまだ少なく，今後のソフト，ハード両面での加工技術の早期確立が肝要であろう． 　　　　　　　　　　　（木原伸雄）

文　献

1) I. P. Shkarofsky: Review on Industrial Application of High-Power Beams Ⅲ. *RCA Review*, **36** (1975), 336-368.
2) U. C. Paek: Thermal Analysis of Laser Drilling Processes. *IEEE J. Quantum Electron.*, **QE-8**, **2**, 1972, p.112-119.
3) Mansoor A. Saifi: Scribing Glass with Pulsed and Q-Switch CO_2 Laser. *Ceramic Bulletin*, **52** (11) (1973), 838-841.
4) J. Longfellow: "The Application of the CO_2 Laser to Cutting Ceramic Substrates", IEEE Int. Convention Digest 1969 Paper 3 C. 3, (1969), pp.146-147.
5) Y. Nakada: X-Ray and Scanning Electron Microscope Studies of Laser-Drilled Holes in Al2O3 Substrates. *J. Amer. Cerram. Soc.*, **54** (7) (1971), 354-356.
6) U. C. Paek: Scribing of Alumina Material by YAG and CO_2 Lasers. *Ceramic Bulletin*, **54** (6) (1975), 585-588.
7) K. Hashimoto: Laser Drilling of Alumina Substrates. Fujutsu S and TJ. (1978), pp. 123-133.

3.2.2　YAG レーザ加工機
3.2.2.1　ト リ マ

トリマはレーザ光により電子回路素子や振動子の一部を気化・除去し，特性を所定値に調整する装置である．最近の電子回路は小型・高集積化，高精度化などの高性能化と低価格化の要求により，ハイブリッド IC 化されモジュール化される．これはセラミック基板上などに蒸着やスクリーン印刷によって導体や抵抗回路を形成し，IC やチップ部品を搭載してモジュール回路とするものである．抵抗はスクリーン印刷や蒸着によって基板上に形成される場合とチップ抵抗が搭載される場合があるが，製造時のバラツキを補正するため微調整することが必要である．この際，抵抗値そのものを所定値に調整する方法（素子トリミング）と，回路の特性を所定値にするよう抵抗を調整する（機能トリミング）の 2 方法がある．レーザトリマはこのために不可欠な自動調整機であり，レーザの加工応用では最も普及しているものである．

レーザトリミングの特徴は
- レーザ光を数十 μm 以下のスポット径に集光し，金属薄膜抵抗や厚膜抵抗を瞬時に気化・除去するため，微小回路やチップ抵抗の高速トリミングが可能である．
- 1パルスまで ON-OFF 制御できる繰返し周波数の高いQスイッチパルスを使用するので，高速度・高精度のトリミングが可能である．
- 測定用の探針（プローブ）以外は非接触であるため，回路を動作状態にして行う機能（ファンクショナル）トリミングが可能である．
- 自動化と多品種，少量生産に対応できる．

などである．

a. レーザトリマの基本構成

トリマの基本構成を図3.2.45に示す．主要な構成部の機能は次の通りである．

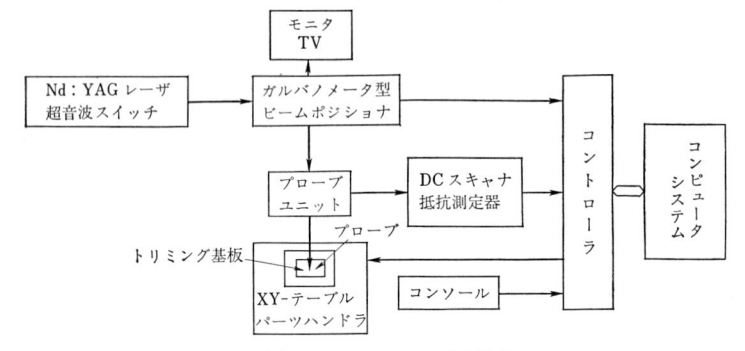

図 3.2.45 トリマの基本構成

（i）**レーザ発振器** トリマに使用されるのは，連続励起 Nd:YAG レーザのQスイッチ発振光であり，厚膜，薄膜用には基本波の $1.06\,\mu m$ が，モノリシック用には SHG（2次高周波）光の $0.53\,\mu m$ が使用されている．1パルスまで ON-OFF 制御できる繰返し周波数の高い，幅の狭いパルスが要求されるので音響光学的Qスイッチ（超音波Qスイッチ）が使用される．

（ii）**ビームポジショナ** トリミング中基板は固定され，レーザ光がビームポジショナにより，2次元に移動される．これは，プローブ（探針）の接触による測定の安定化と処理能力を上げるためである．ビームポジショナには処理速度を優先したガルバノメータ方式と，位置決め精度とスポット径を優先したリニアモータ駆動の XY テーブル方式が採用されている．厚膜用には前者が，薄膜・モノリシック用には後者が使用されるが，高速化の要請から前者が使用されることが多くなっている．図3.2.46にガルバノメータ方式の概略構成を示す．2個のムービングコイル型ガルバノメータの軸上に固定された反射鏡の移動量に比例した角度変化によって偏向されたビームを $f\theta$ レンズで微小スポットに集光する方式である．

（iii）**プローブと測定器** トリマでは測定値をモニターしながらレーザを制御するた

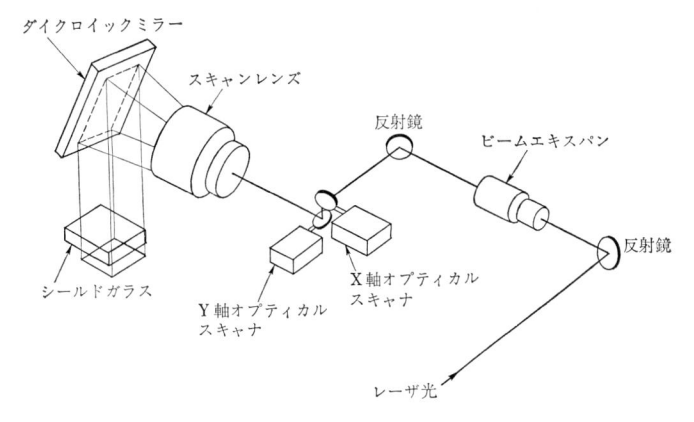

図 3.2.46 ガルバノメータ方式ビームポジショナの概略構成

め，測定用のプローブと測定器が重要な部分である．抵抗と DC 電圧の測定は Q スイッチパルスに同期したトラッキングモードが可能であり，通常は高速の A/D コンバータが使用されている．一方，AC 電圧，周波数，位相など機能トリミング用には，GP-IB インタフェイスをもつ汎用の測定器が使用される．

(ⅳ) パーツハンドラ　トリミング基板をプローブおよびビームポジショナの下に高速で出し入れしたり，ステップ・アンド・リピート動作させるためのテーブルである．処理能力を左右するので，リニアモータや DC サーボモータを駆動源とする XY テーブルが使用される．また，機能素子用やオートローダ用にはターンテーブルも使用されることもある．

(ⅴ) ソフトウェア　抵抗や DC 電圧トリミング用には，対話型や作表型による簡単なデータ入力方式が準備されている．また，機能トリミングには，種々の測定器と電源を使用し，演算やユーザ独自のアルゴリズムにより制御することが必要である．このため，プログラミングの容易性と拡張性が必要である．

b. トリマの実例

レーザによるトリミング技術は成熟したものとなっているが，特に，最近では多機能な機能トリミングと，チップ抵抗用トリミングの需要が大きい．機能（ファンクショナル）トリミングは，モジュール回路そのものの総合特性を調整するものである．たとえば，従来ポテンショメータ（可変抵抗器）により人手で調整していたものを固定抵抗に置換え，これをトリミングにより自動調整することが可能になる．これにより，自動化，高速化，高精度化はもちろん，ポテンショメータがチップ抵抗に置換されることにより，コストダウン，小型化，耐振性の向上が図られる．一方，表面実装技術（SMT）の進歩に伴い電子部品のチップ化率が上昇し，抵抗では 50% に達しようとしている[1]．チップ抵抗は超小型で低価格であることから，独特のトリマが使用される．以下にこれらの具体例を紹介する．

(ⅰ) 厚膜 HIC 用の汎用トリマ　厚膜用トリマの一例を図 3.2.47 に外観を表 3.2.9 に性能を示す．また抵抗トリミング例を図 3.2.48 に示す．このシステムの主な特長は，次の通りである．

表 3.2.9　厚膜用トリマの性能例 (NEC SL 432 F₂)

レーザ発振器およびQスイッチユニット		DCスキャナ	
・レーザ出力 (平均出力)	5W (10kHz)	・形式	マトリクススキャナ
・Qスイッチパルス周波数	0.1～50kHz (0.1kHz単位でプログラム可能)	・チャンネル数	プローブ側 48 チャンネル 測定器側 3 チャンネル (High, Low, Active Guard)
ビームポジショナ部		・リレー	リードリレー
・方式	ガルバノメータ型オプティカルスキャナ	・多重ループ	5重指定まで可能
・移動範囲	80×80 mm	抵抗電圧測定器	
・位置分解能	2.5 μm	〔抵抗測定〕	
・位置再現性	±10 μm (短時間)	・方式	4線式 (ケルビン)
・位置合わせ速度	10,000 mm/秒	・測定範囲	0.1Ω～40MΩ
・トリミング速度	0.1～500 mm/秒	・測定精度	
・スポット径	約 50 μm	高精度モード	±(0.001/R+0.02+0.0001×R)%
・焦点深度	±0.3 mm	高速度モード	±(0.001/R+0.05+0.0001×R)% (ただし R はkΩ)
・焦点距離調整範囲	±3 mm	・測定時間	
・モニタ光学系	モニタ♯1 (基板上部より全体像を監視)	高精度モード	20m秒/16.7m秒 (50Hz/60Hz)
	倍率 約1.7～2.6倍 (ズーム可能)	高速度モード	最小 25μ秒
	モニタ♯2 (ガルバノメータ型オプティカルスキャナを通して局部的監視)	〔直流電圧測定〕	
		・測定範囲	±8V 以内 (ただし, オプションにより±120V に拡大可能)
	倍率 約20倍	・測定精度	±(フルスケール電圧の 0.05%+1mV)
	出射光位置 クロスラインで表示		
・モニタ TV	CCTV 9 型	コンピュータシステム部	
リニアモータ駆動 XY テーブルパーツハンドラ		・CPU クロック周波数	約 8MHz
・駆動源	エアベアリング式リニアモータ	・RAM 容量	640 kB
・移動速度	最大 300 mm/秒	・ハードウェア制御	16 ビットパラレル I/O 使用
・加速度	1 G	・GP-IB	N₈₈-拡張 BASIC 汎用プログラムパッケージ U 3197 (オプション) を使用することによって可能
・位置分解能	10 μm		
・位置再現性	±3 μm	・RS 232 C	同上
・インデックス時間	約 0.065 秒/10 mm 移動	ソフトウェアパッケージ	
・トリミング基板寸法	最大 127×127 mm	・抵抗, DC 電圧トリミング用ターンキープログラム	
・トリミング基板固定	真空吸着	・N₈₈-拡張 BASIC 汎用プログラムパッケージ U 3197 (オプション)	
プローブユニット			
・方式	プローブカード上下方式		
・駆動源	ステッピングモータ		
・上昇・下降ストローク	3 mm		
・上昇・下降所要時間	各約 0.05 秒		

3.2 加 工 機

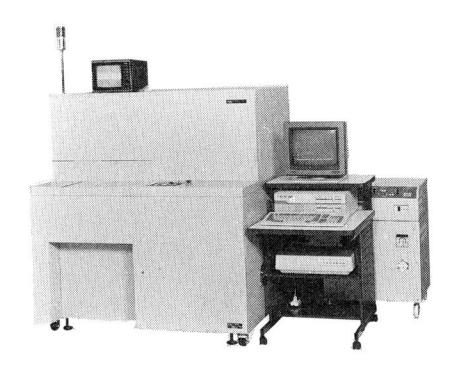

図 3.2.47 厚膜 HIC 用トリマの一例
（NEC SL 432 F₂）

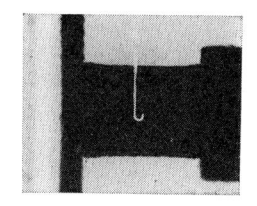

図 3.2.48 厚膜抵抗のトリミング
例（J-カット）

- スイッチング電源による安定な連続励起 YAG レーザを音響光学的 Q スイッチによりパルス化し, 繰返し周波数 10 kHz において, 出力 5 W（TEM_{00} モード）が得られ高速トリミングが可能である.
- ビームポジショナにガルバノメータ型を用い高速化を図っている. ガルバノメータ方式の欠点である糸巻き状の歪を電子回路的に補正している.
- 高倍率のクロスラインモニタ（20倍）付きのモニタにより, 座標のティーチング入力ができる.
- パーツハンドラとして, リニアパルスモータ駆動の高速 XY テーブル（主として素子トリミング用）と汎用的 DC サーボモータ駆動 XY テーブルが準備されている.
- 多様なカット形状に対応でき, 直線カット, Lカット, Jカット, 円弧カットなど安定性の高いカット形状が可能である.
- 機能トリミングのために, 汎用の測定器やプログラム電源が GP-IB インターフェイスにより接続可能である.
- これらを制御し, 演算やユーザ独自のアルゴリズムをプログラミングするために BASIC 言語とマクロ化されたトリミング専用のプログラムモジュールが準備されている.
- パターン認識, オートローダなどのオプションが準備されている.

このシステムによる機能トリミングの一例として, ビデオ信号回路のトリミングが

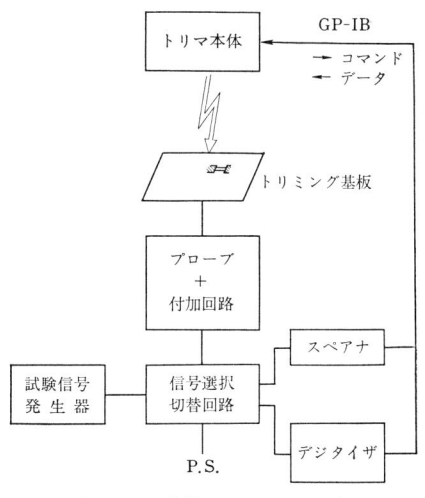

図 3.2.49 機能トリミングの構成例

普及している．

ビデオ信号回路の輝度信号，FM信号，色信号の調整に，パルス波形のレベル，キャリアの周波数などに対してトリミングが行われるもので，図3.2.49にシステム構成を示す．測定器としてスペクトラムアナライザー，ディジタイザーを使用し，トリマとは，GP-IBインターフェースにより接続され，プログラム制御される．これらの調整は，従来モニタ波形を見ながらポテンショメータの調整により，人手もしくは半自動で行われていたものである．トリミングは所定長のカットと測定を交互に繰り返す方法であるが，カット長の予測によりカット本数を減少させ処理時間を短縮している．1項目（抵抗）あたりのカット数は6〜10であり，所要時間は1〜2秒である．

(ⅱ) **チップ抵抗用トリマ**　チップ抵抗にはセラミック基板上にスクリーン印刷により作成される厚膜チップ抵抗と蒸着によって作成される薄膜チップ抵抗とがある．チップの大きさは，1/8 W 抵抗で3.2×1.6 mm，1/16 W 抵抗で1.6×0.8 mm であるが，通常は50×50 mm 位の基板状でトリミングされ，トリミング後チップに分割され，電極付けされ完成する．1基板内に600個（1/8 W），2,000個（1/16 W）の抵抗が含まれている．チップ抵抗はきわめて安価であるため，トリマには処理速度が高いこと，自動化されていること，装置価格の安いことが要求され，専用化されている．

図3.2.50に厚膜チップ抵抗トリマのオートローダ部を示す．トリマの基本的な構成は厚膜HIC用にオートロード・アンロード機構を付加したものであるが，次の特長をもっている．

図 3.2.50　チップ抵抗トリマのオートローダ部（NEC SL 436 E）

- マガジンから基板を取り出し，トリミング後，別のマガジンに収納するというオートローダを内蔵している．
- パーツハンドラに，2インデックスのターンテーブルを採用し，トリミングとロード・アンロードを並行処理しており，基板交換時間をターンテーブルの回転所要時間の0.7秒に留めている．
- プローブカードが一方向にステップ・アンド・リピートしている．
- 対話型や作表型プログラムにより，プログラミングがきわめて容易である．

このトリマでは，2,000抵抗/基板を約20秒でトリミング可能である．図3.2.51に厚膜チップ抵抗のトリミング例を示す．

薄膜チップ抵抗用のトリマには，微細パターンに対応させるため，ビームポジショナとパーツハンドラの位置精度が高い必要がある．従来はビー

図 3.2.51　厚膜チップ抵抗のトリミング例　トリミング速度30 mm/s，カット幅50 μm．

ムポジショナにリニアモータ駆動・リニアエンコーダ制御のXYテーブルを使用した薄膜用が使用されてきた．しかし，生産性の追及からガルバノメータ方式のビームポジショナが望まれ，前述した厚膜用トリマをグレードアップして使用される場合が増えている．この場合の主な性能の一例を次に示す．

- ガルバノメータ型ビームポジショナにより，位置分解能 $2.5\,\mu m$，位置再現精度 $\pm 10\,\mu m$，位置精度 $\pm 25\,\mu m$ を実現している．
- 集光されるスポット径は $35\,\mu m$ 以下である．
- レーザ光の強度をプログラムアッテネータにより，制御している．
- パーツハンドラには，リニアパルスモータ駆動の XY テーブルを使用し，位置分解能 $10\,\mu m$，位置再現性 $\pm 3\,\mu m$ を実現している．
- 基板上の2点の位置をモニタTVのクロスラインに一致させることにより，基板の位置合わせ調整が自動的に行える．またこの操作をパターン認識により自動化できる．
- モニタTVの倍率が高く（50倍），位置合わせ精度が高い．

〔関口紀昭〕

文　献

1) 日経エレクトロニクス, 4-4, (1988).

3.2.2.2　マ　ー　カ

レーザマーカはレーザ光によって材料を蒸発あるいは飛散させてマーキングする装置で，次のような特長をもっている．

（1）非接触マーキングのため，複雑な形状のものにもマーキングできる．
（2）コンピュータ制御が容易で，図形を含む自由なマーキング内容に対応できる．
（3）微細で高品位なマーキングが可能である．
（4）湿式マーキングと異なり，前後の乾燥工程が不要である．

レーザマーカにはいくつかの種類がある．それを図 3.57 に示す．

大きく分けて，マスク形マーカとスキャニング形マーカとに分類できる．

マスク形マーカは，文字や図形を記録したマスクを透過したレーザ光を，レンズにより結像して対象物に照射する方式の装置である．原理図は，図 3.2.32（p.465）に示した．

マスク形マーカに使用するレーザは，ほとんどがパルス発振形のレーザで，一般的に TEA CO_2 レーザと YAG レーザとを使用する．TEA CO_2 レーザの波長は $10.6\,\mu m$ なので，樹脂，紙などへのマーキングに適している．YAG レーザ

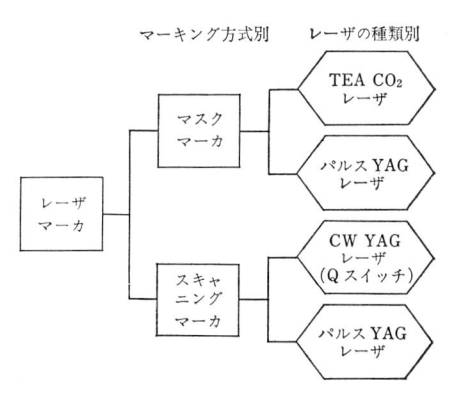

図 3.2.52　レーザマーカの種類

の波長は 1.06 μm と TEA CO_2 レーザより短く,このために電子部品などへの微細マーキングに適している.また,半導体のパッケージへのマーキングには両方のレーザが使用されており,表面処理状態,材質によっても適,不適が分かれる.

最近ではアレキサンドライト・レーザが実用化されるようになってきた.このレーザはYAG レーザと同程度のレーザ出力をもっており,パルス発振の周期も同等で,波長が 755 nm 近辺と短いことから,より微細なマーキングを行うことができる.

スキャニング形マーカは,レーザ光を走査して対象物にマーキングする方式の装置で,その原理図を図 3.2.53 に示す.この図はガルバノメータ形スキャナと呼ばれる 2 軸の振動ミラーでレーザ光を偏向し,特殊なレンズで対象物上にレーザ光を走査する方式のもので,その他にもレンズを通過した後のレーザ光を振動ミラーで走査する方式のものや,ファイバーでレーザ光を伝送し,ファイバーの先端部をロボットや XY テーブルで走査する方式のものなどがある.

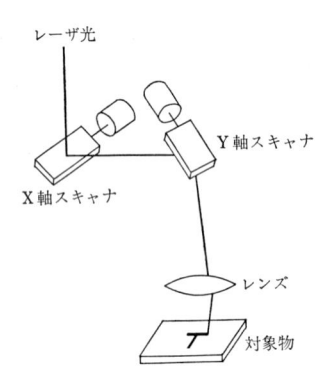

図 3.2.53 スキャニングマーキングの原理図

スキャニング形マーカに使用するレーザはほとんどが YAG レーザである.連続発振 (CW) YAG レーザは,Q スイッチ動作をさせることにより,高い尖頭値のパルス光と,数十 kHz という高速パルス繰り返しが得られる.このため,高速走査可能なガルバノメータ形ビームスキャナと組み合わせて使用するのに適している.

パルス発振形の YAG レーザは,1 パルス当りのエネルギーを大きくとれることから,特に金属への深彫りマーキングに適している.

アレキサンドライト・レーザはスキャニング形マーカにも応用可能で,銅,アルミニウムといった難加工材へのマーキングに威力を発揮する.

マスク形マーカの利点は高速性にある.レーザ光 1 パルスで指定の文字あるいは図形をマーキングできるため,たとえば 1 秒間に 10 パルスのレーザ光を放出できるレーザ装置を使用すれば,1 秒間に 10 個の製品にマーキングすることができる.その反面,マーキング内容を変更するにはマスクを交換する必要があり,マーキング面積が小さく,エネルギー密度が低くて金属へのマーキングには適さないという欠点がある.

スキャニング形マーカの利点は汎用性にある.コンピュータでレーザ,スキャナを制御することにより,マーキング文字,図形を瞬時に変更することができ,図形処理装置,画像処理装置との接続による高度なマーキングも可能である.またマーキング面積もマスク形の 100 倍以上と広く,エネルギー密度を高くとれることにより,深彫り形マーカでは金属に約 1 mm の深さのマーキングまで可能である.その反面,マーキング速度が遅いという欠点がある.レーザ光 1 パルスでマーキング内容すべてを瞬時にマーキングするマスク形と異なり,鉛筆で字を書くようにレーザ光を走査してマーキングするため,マーキング時間は字の大きさ,文字数,深さ,材料などに左右される.

3.2 加 工 機

表 3.2.10 レーザマーキング方式の比較

項目 \ 形式	スキャニングタイプ (YAG)	マスクタイプ (YAG)	マスクタイプ (TEA CO₂)
特徴	・マスクを不要とし、ビームスキャンニングで広範囲にマーキングができる。 ・文字、図形などの大きさが自由に変更できる。 ・パターンにフレキシビリティが要求される場合に便利。	・所定パターンの高速マーキング（最大10マーク/秒）ができる。 ・光ファイバ光学系と組み合わせて、マルチマーキング、遠隔マーキングができる。 ・一般に大量に高速に同一パターンのマーキングに適す。	・同 左 ・光ファイバは使用できない。 ・同 左
レーザ波長	1.06 μm	1.06 μm	1.06 μm
レーザパルス幅	約100〜500 ns	約1 ms	約1 μs
動作方法	連続またはQスイッチパルス動作	パルス動作	パルス動作
レーザエネルギ率	〜100 W	25 J/パルス	8 J/パルス

対象物	アルミ	金属	セラミック	プラスチック	塗装紙	ガラス（透明体）	アルミ	金属	セラミック	プラスチック	塗装紙	ガラス（透明体）	アルミ	金属	セラミック	プラスチック	塗装紙	ガラス（透明体）
○：適 △：一部可 ×：不適	△	○	○	○	×	×	素地× 表面膜除去○	素地× 表面膜除去○	×	○	△（黒色系）	×	素地× 表面膜除去○	金属× 表面膜除去○	△	○	○（色物可）	○

マーキングエリア	80〜120 mmφ	100 mm²（1マーク当り）	72 mm²（1マーク当り）
マーキング深さ	〜100 μm	〜数 μm	〜数 μm
字体の作成方法	コンピュータで入力	マスクを作成（ガラスマスク）	マスクを作成（金属マスク）
マーキング内容の変更	コンピュータコントロール	マスク変換	マスク変換
マーキングスピード	30文字/秒（平均）	0.07秒（1マーク）	0.1秒（1マーク）
マーキング音	平均的	やや高い	やや高い
使用例	・機械、工具類 ・電子部品 ・金属銘板 ・プラスチック部品 ・精密機械部品 ・セラミック部品	・半導体、電子部品パッケージ ・プラスチック ・黒色系樹脂	・半導体、電子部品パッケージ ・プラスチックボトル ・印刷パッケージ ・ガラス、透明体樹脂

表3.2.10に各マーキング方式の比較表を示す．スキャニング形として，最も普及しているQスイッチ動作を含んだCW YAG レーザ使用のマーカを載せた．

a. YAG レーザマーカ（マスク形）

図3.2.54はマスク形の YAG レーザマーカである．原理は TEA CO_2 レーザマーカと同じであるが，光源に波長 $1.06\,\mu m$ の YAG レーザを使用しているため，ガラスのマスクを使用できるという利点がある．ガラスのマスクを使用することにより，OやPのような中抜き文字や図形を，途中で断線することなくマーキングすることができる．

また YAG レーザ光は光ファイバーを容易に通過するため，光分岐が容易で，1台のレーザ装置から複数箇所に光分岐して生産性を高めることができる．

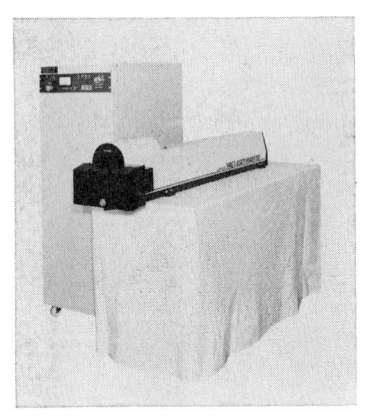

図 3.2.54 YAG レーザマーカ（東芝製 LAY-727 A 形）

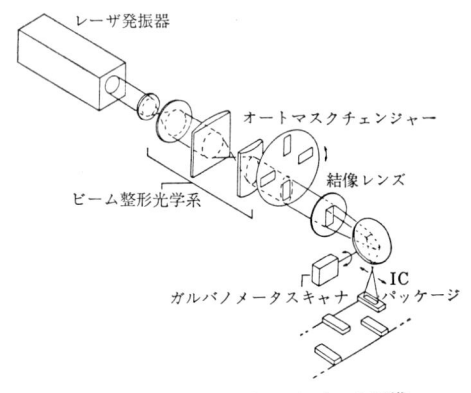

図 3.2.55 YAG レーザマーカ（マスク形）システム構成例

図3.2.55にシステム構成例を示す．マーキング内容の変更は，回転式のマスクチェンジャーでマスクを交換することにより行う．また，ガルバノメータ・スキャナでレーザ光を左右に振ることにより，千鳥配置の部品やデュアルラインの IC フレームにも対応できる．

図3.2.56にマーキング例を示す．

b. YAG レーザマーカ（スキャニング形）

図3.2.57はQスイッチ動作可能な CWYAG レーザを使用した，スキャニング形マーカである．レーザ光の走査をコンピュータで制御する

図 3.2.56 YAG レーザマーカ（マスク形）マーキング例

ことにより，文字，図形はもとより，画像処理のような高度なマーキングも可能である．また CAD, CAM との接続も容易で，汎用性に富んでいる．図3.2.58にシステム構成例を示す．

この種のマーカは金属のマーキングに多く使用されている．マーキング面積はレンズの焦

3.2 加工機

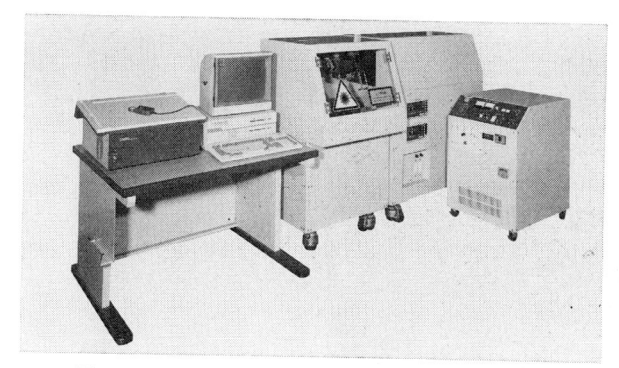

図 3.2.57 YAG レーザマーカ（東芝製 LAY-724 B 形）

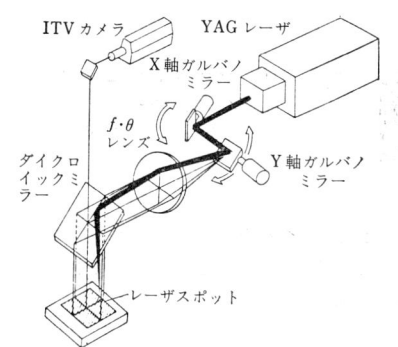

図 3.2.58 YAG レーザマーカ（スキャニング形）システム構成例

点距離に比例し，レーザ光の集光径もレンズの焦点距離に比例するため，マーキング面積を大きくとると，レーザ光の集光径が大きくなり，エネルギー密度が低下してマーキング深さが浅くなる．材料にもよるが，マーキング深さの最大は 0.2 mm 程度である．

図 3.2.59 YAG レーザマーカ（スキャニング形）マーキング例―彫り込みマーキング―

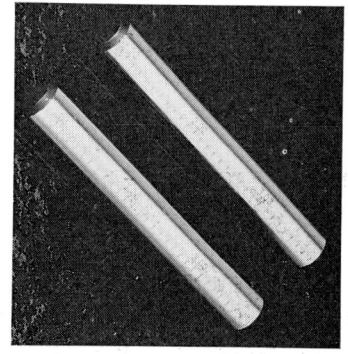

図 3.2.60 YAG レーザマーカ（スキャニング形）マーキング例―変色マーキング―

図3.2.59～3.2.61にマーキング例を示す.

図3.2.60は変色マーキングと呼ばれるもので, レーザ光の熱によって材料を変色させてマーキングするものである. マーキングによるバリが出ないことから, ベアリング, ドリルなどのマーキングに使用されている.

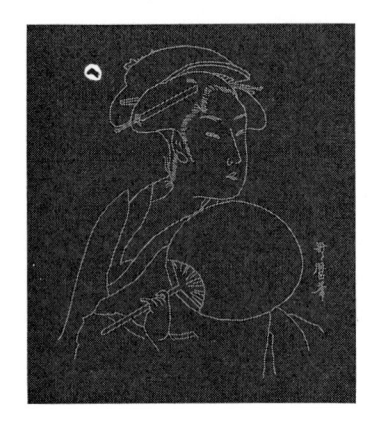

図3.2.61 YAGレーザマーカ（スキャニング形）マーキング例
—図形のマーキング—

c. YAGレーザマーカ（深彫り）

図3.2.62はパルス発振YAGレーザ装置と光ファイバを使用したマーカで, 直交ロボットと組み合わせてマーキングを行う. 穴あけ, 切断に使用するレーザ装置を使用しているので, マーキング深さは最大1mm程度まで可能である.

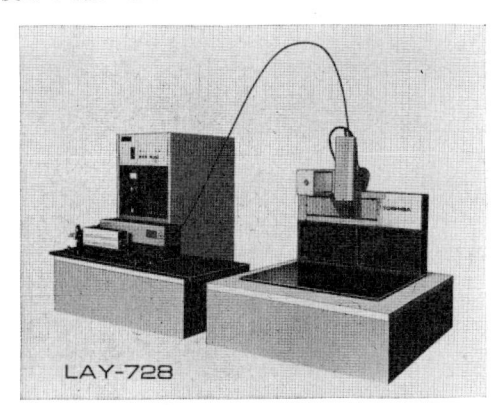

図3.2.62 YAGレーザマーカ（東芝製LAY-728形）

マーキング速度はパルスの繰り返し数とバイトサイズ（1パルス当りの進む長さ）との積になる. レーザ光の集光径を0.5mmとして, 50%の重なりとすれば, バイトサイズは0.25mm. パルスの繰り返し数を200PPSとすれば, マーキング速度は50mm/sとなる.

図3.2.63にシステム構成例を示す. このマーカは他のマーカに比べ, マーキング速度が

3.2 加 工 機

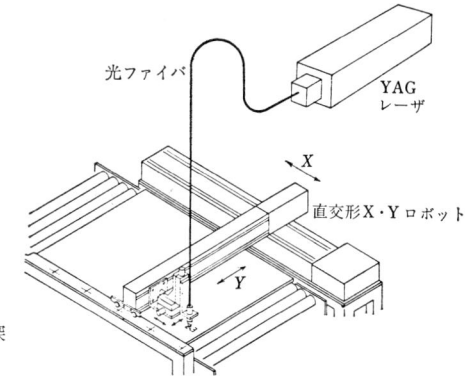

図 3.2.63 YAG レーザマーカ（深彫り）システム構成例

遅い反面深彫りが可能なことから，鋼板のマーキング，自動車部品のマーキングなどに使用されている．

（川田正敏）

3.2.2.3 マスクリペア

超 LSI 開発プロジェクトの一環として進められたホトマスクの自動検査とレーザによる修正技術は，マスク製造工程に定着し，さらに，液晶パターンや液晶用マスクなどの修正へと新たな応用面が開け始めている．この項では，マスク修正の意味，レーザによる修正技術の実際について概説する．

a．マスク修正の意味

（i）マスク欠陥の種類と対策　マスクの外観欠陥の種類を図3.2.64に示す．これらの欠陥を大別すると，ピンホール・素子脱落・断線・欠けのような欠損欠陥（以後白欠陥と呼ぶ）と，黒点・突起・接触・エッジ荒れのような残留欠陥（以後黒欠陥と呼ぶ）に分けられる．これらの欠陥は，空気中の塵埃，プロセス中でのいくつかの問題，取扱い，設計ミスなどを原因として現われる．無

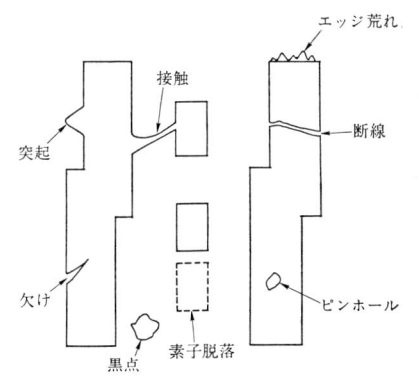

図 3.2.64 外観欠陥の種類

欠陥マスクを製造するため，これらの原因を取り除く諸処理が実行されてはいるが，パターンの微細化により，問題となる欠陥の大きさも小さくなってきている．

また IC 以外では，液晶パターン微細化に伴い，そのマスクや液晶パターンに存在する同様の欠陥が問題となっている．

（ii）修正の必要性　マスクの欠陥が，これらを使って生産される半導体デバイスの歩どまりと信頼性を低下させるであろうことは容易に理解されるが，IC 製造プロセスの変化

に伴い，修正の意味も変化している．

コンタクト露光やプロジェクション露光においては，マスクは，レチクル→マスタマスク→ワーキングマスクの順で制作され，ワーキングマスクがデバイス製造に使用される．レチクルに発生した欠陥は後工程のマスクに共通な欠陥となるため，その品質はきわめて重要視され，修正も優先された．デバイスの歩どまりを統計的に扱った式がある．

$$Y=\{1/(1+DA)\}^N$$

ここで，Y：デバイスの歩留り（％），D：マスクの欠陥密度（個/cm^2），A：チップ面積（cm^2），N：デバイス工程数．

この式は，チップサイズが拡大するに伴って欠陥密度を低下させないと歩どまりが低下することを示している．すなわち，チップサイズが大きくなるほど，すべてのマスクの修正が必要であることを示している．

一層の微細化により採用され，最先端で使用されているステッパ露光では，1枚のレチクルによりシリコンウエハに縮小露光を繰り返すため，欠陥のあるレチクルを使用すれば，全チップに欠陥を生むことになる．ステッパ露光では無欠陥レチクルが要求される．

b．修正技術の実際

（i）修正の基本技術　マスク修正は，加工形状の制御が重要なポイントである．この点で，他の多くのレーザ加工技術と異なっている．

レーザによる修正技術の特徴は，1回のレーザ照射による加工の「形」と「大きさ」を制御することにある．これは，黒欠陥修正時の除去加工の場合，白欠陥修正時の充填加工の場合のいずれにも共通した要件である．

黒欠陥の修正を行う場合のレーザ制御を図3.70により説明する．図3.2.65（a）はレーザ制御の原理を示している．レーザビームは，ビームエキスパンダで拡大され長方形スリットに入射する．スリットの開口部を通過したレーザ光は，結像レンズによりスリットの縮小像を作る．この結像面にホトマスクが置かれ，マスクの拡大図3.2.65（b）のように，スリット像と欠陥部が重畳するように整合される．

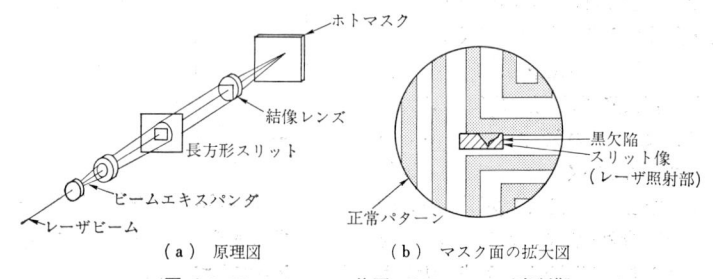

図 3.2.65　ホトマスク修正のためのレーザ光制御

マスク上に発生する欠陥の形状は一定したものではなく，発生する場所も特定できない．このように多様な欠陥に対応するため，上述したレーザ制御技術が必要となる．このレーザ制御により，加工すべき欠陥部に限定してレーザを照射し，その周辺には影響をおよぼさな

いようにすることができる．

(ii) 修正装置と修正例

(1) 黒欠陥修正： 上述したようにして欠陥部のみが除去され正常なパターンに影響をおよぼさない加工が可能となるが，実際の場合には，レーザビームによって作られるスリット像の位置，形，大きさをあらかじめ知り，調整することにより欠陥部と整合されることが必要である．

さらに，作業者の眼の保護に留意しなければならない．ホトマスクのような微細パターンを観察しその中で1 μm 前後の大きさの欠陥を確認し，加工部を精度よく合わせるには顕微鏡が不可欠である．また，作業能率上もレーザ照射時も観察を続けることになるため，眼の保護を確実にしかつ明るい光学系の構成が装置の要件となる．

次に，レーザ照射時に基板に傷をつけないことも重要な条件である．レーザ加工を行う場合，基板ガラスの傷の原因となるのは二つある．一つは，レーザ光が基板に吸収され傷となる場合で，これを避けるにはレーザ光の波長の選択がポイントとなる．もう一つは，薄膜が加工されるときに発生する2次的な傷で，これは膜の材料が溶けている時間を極力短くすることで避けられる．

また，修正作業の効率化を図ることも重要である．このため，欠陥場所を特定する検査装置とのデータによる結合が必要となる．

以上のような諸要件を考慮した修正装置として開発されたのが，初期には Nd: YAG レーザの 1.06 μm 光を用いた最小加工幅（以後，加工分解能 と呼ぶ）が 2 μm のマスクリペアであり，マスク製造ラインへ急速に普及した．パターンの微細化に伴い，サブミクロンの加工分解能の要求に応えたのが，Nd: YAG レーザの第2高調波（波長 0.53 μm）光を用いた装置である．図3.2.66は加工分解能 0.7 μm のレーザマスクリペア装置（例 SL 452 C）の外観写真である．この装置は，各種のマスク自動検査装置と，ケーブル，フロッピーディスク，磁気カード，カセットテープなどを介して結ぶことができる．この装置は次の各部から構成される．

(a) レーザ発振器部
(b) 光学系部
(c) X-Y ステージ部
(d) システム制御部

以下に，SL 452 C を例にとりレーザマスクリペアの構成各部について述べる．

(a) レーザ発振器部： マスクのようにガラス基板上の薄膜を加工する場合には尖頭

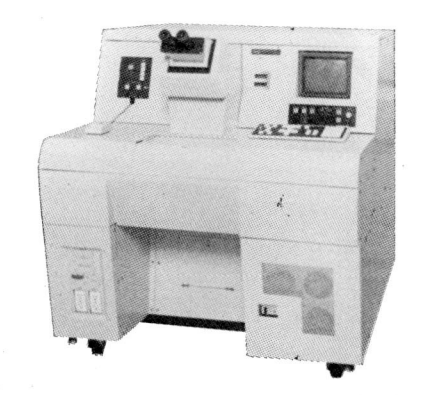

図 3.2.66 SL 452 C レーザマスクリペア (NEC) の外観写真

出力の高いレーザ光を極力短時間照射し，瞬時に加工を完了させなければならない．これは，金属のように熱伝導度が高く，かつ基板より溶融温度が高い物質の除去加工を行う場合

に特に留意すべき点である．これにより，レーザ加工時の熱拡散による加工精度の低下や，溶融金属による基板への損傷を防ぐことが可能となる．

熱影響を極力抑制できるレーザとして，尖頭出力が高く発振時間の短い，パルス励起 Nd：YAG レーザの Q スイッチパルスが適しており，図のマスク修正装置では，このレーザの第 2 高調波光である $0.53\,\mu m$ 光を採用している．この装置に用いられるレーザの出力は約 $0.7\,mJ$，発振パルス幅は 10 ns 以下で，TEM_{00} モードに制御されている．

（b）光学系部： マスク修正の基本技術の項で述べたように，修正加工はマスク上にレーザ光によるスリット像を結像させて行われる．図 3.2.67 はホトマスク修正加工用光学系の基本構成を示したもので，レーザビームとパイロット光の二つの光線を合成して用い，パイロット光によるスリット像を顕微鏡で観察し，レーザ照射に先立ってスリット像と欠陥部を整合することができる．ここで用いられる長方形スリットは X-Y-θ に可変であるため，種々のパターンに発生する欠陥に対応することができる．

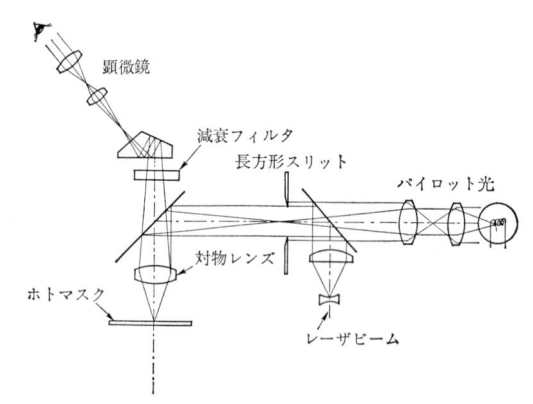

図 3.2.67 ホトマスク修正加工用光学系の基本構成

結像加工は，ピント合わせが重要であり，さらに，加工結果から人的要因を除くため自動焦点機構が組み込まれている．

（c）X-Y ステージ部： X-Y ステージ部は，除振・吸振効果のすぐれた定盤上に，X-Y スライド部，駆動部，微調機構部，載物台などを配置して構成されている．

（d）システム制御部： 自動検査機との結合，レーザ，X-Y ステージ，光学系などのコントロールをしている．特に，マスクの品質管理上の要請から，外部機器とのデータの送受，データ処理などの機能が要求される．

レーザ光は微細な加工に威力を発揮する反面，取扱いを誤ると人体に傷害を与える危険がある．特に，この装置のように，顕微鏡観察をしながらレーザ加工をする場合には，作業者の眼の安全確保が不可欠である．

この装置に使用されているレーザ光は，Nd：YAG レーザの基本波の $1.06\,\mu m$ 光とその第 2 高調波で修正加工に使用している $0.53\,\mu m$ 光，および自動焦点用光線として使用しているレーザダイオードの $0.78\,\mu m$ 光の 3 種類である．

3.2 加工機

この装置では，日本工業規格および米国の安全法規である CDRH 規格にのっとり安全対策を施している．特に観察光学系には，吸収フィルタと選択反射鏡の組合せによるレーザ光の減衰機構を設け，接眼部より出射されるレーザ光の強度を $0.1\,\mu\mathrm{J}$ 未満に抑え安全を確保している．

表3.2.11 にこの装置の性能の概要を示す．

表 3.2.11 SL 452 C レーザマスクリペアの性能

項　　　　目		規格または性能
加 工 分 解 能		$0.7\,\mu\mathrm{m}$
レ ー ザ 装 置	方　　　　式	パルス励起Qスイッチ Nd: YAG レーザの第2高調波
	波　　　　長	$0.53\,\mu\mathrm{m}$
	モ ー ド	TEM$_{00}$
	パ ル ス 幅	約 10 nsec
光　学　系	倍　　　　率	約 150 倍, 250 倍, 500 倍, 1,000 倍
	スリット幅(像)	$1\sim25\,\mu\mathrm{m}$
	照　明　方　式	透過および落射型
X-Y ステージ	分　解　能	$0.5\,\mu\mathrm{m}$
	精　　　度	$\pm7\,\mu\mathrm{m}$
	移　動　範　囲	200×200 mm

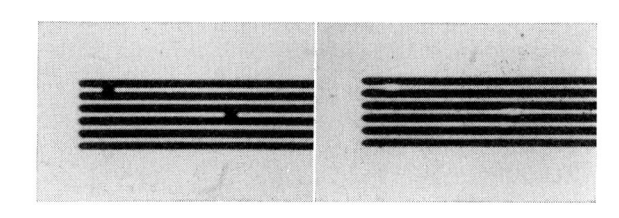

(a) 修正前　　　　(b) 修正後

図 3.2.68 SL 452 レーザマスクリペアによる残留欠陥の修正例
　　　　黒部 $1.3\,\mu\mathrm{m}$, 白部 $0.7\,\mu\mathrm{m}$.

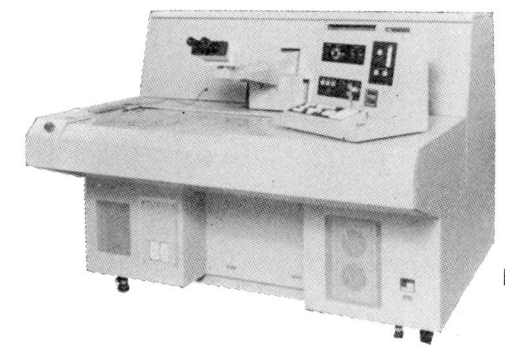

図 3.2.69 大型基板用リペア装置 SL 456 B (NEC)

この装置は，0.7 μm の加工が可能であるため，1 μm 幅のパターンに発生する欠陥の修正に利用されている．加工例を図 3.2.68 に示す．図 3.2.68 (a) は修正前の写真で，黒部 (1.3 μm) と白部 (0.7 μm) の間にある 2 箇所のブリッジを加工したのが (b) の写真である．

図 3.2.69 は大型のマスクあるいは薄膜パターンを対象にしたリペア装置である．この装置は，液晶およびマスクの修正に用いられており，加工性能は，IC マスク用と同じレベルである．

(2) 白欠陥修正: 無欠陥レチクルを必要とするステッパ露光が超 LSI 製造プロセスの主流となって白欠陥修正の要求が増えた．これに対応したレーザ修正法としてレーザ CVD 法を用いる方法がある．この方法は，アルゴンレーザの第 2 高調波（波長 0.257 μm）を用いてガス状態のジメチルカドミウムから光化学反応でカドミウムを析出させるのに成功して以来実用化開発が進められた．

マスク修正用としては，反応ガスにクロムカルボニル $Cr(CO)_6$，光源として CW 励起 Q スイッチ Nd:YAG レーザの第 4 高調波光（波長 0.266 μm）を用いている．反応ガスを流しながらホトマスク上に紫外レーザ光を照射すると，マスク表面上のクロムカルボニルが光解離反応によりクロムと CO ガスに分かれ，マスク上にクロム膜が形成される．

マスク修正でも，黒欠陥修正で述べたように，加工形状が重要である．そのため，レーザ CVD による修正を行う場合にも，堆積膜の形状が重要となる．この実現のため，光学系とレーザ制御がポイントとなっている．

光学系としては，黒欠陥修正と同様に，結像光学系を用いる．堆積膜の一様性を得るためには，照射されるレーザ光の強度分布が一様であることが必要である．したがって，光学系の長方形スリットを通過するレーザ光の強度分布はできるだけ一様であるようにすることが重要である．

また，CVD としては光 CVD のほかに熱 CVD 作用もある．熱 CVD はレーザ光の照射による加熱効果を利用しているため，熱拡散による周辺部への堆積が生じ形状制御は困難となる．そこで，レーザ光もパルス幅 100 ns 以下で kHz 程度の高繰り返しパルスレーザを使用してマスク表面での熱の蓄積を抑え，熱拡散によるレーザ光照射領域の周辺への堆積を防

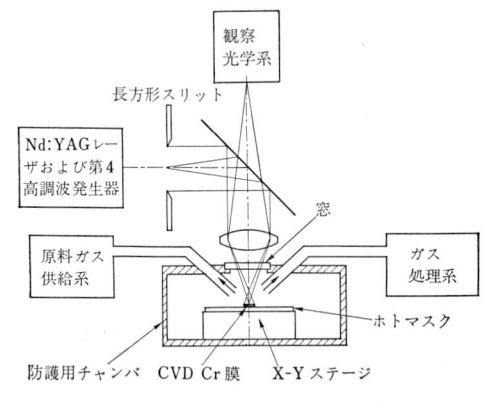

図 3.2.70 Nd:YAG レーザの第 4 高調波光による CVD 利用のマスク修正の装置構成

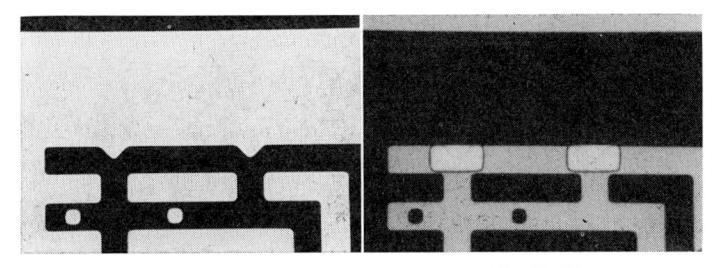

(a) 修正前　　　　　　　　　(b) 修正後

図 3.2.71　レーザ CVD によるクロムマスクの欠損欠陥（白欠陥）修正例

いでいる．図 3.2.70 はレーザ CVD 法を用いた修正機の加工部概要を示す構成図である．

図 3.2.71 はマスクへ修正加工を施したサンプルの光学写真である．(a) は修正前，(b) は修正後である．この堆積クロム膜は，良好な金属光沢と十分な遮光性を有している．さらに，堆積膜のエッジの直線性もよく，良好なパターニングが行われていることがわかる．このことは図 3.2.72 の SEM 写真でも明らかである．

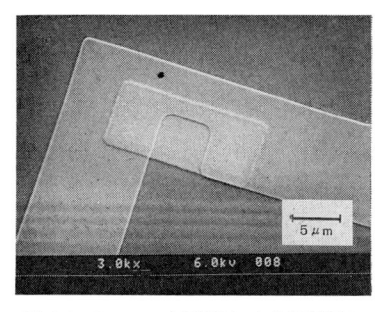

図 3.2.72　レーザ CVD による修正例の SEM 写真

この装置では，最小パターン幅 $1\,\mu m$ 幅，精度 $0.3\,\mu m$ が可能で，パターンの大きさによらず修正時間は 5〜20 秒程度である．

(辰巳龍司)

文　献

1) 中田富紘：マスク検査装置．電子材料 別冊 (1983), 188.
2) 辰巳龍司：ホトマスク修正加工技術．電子材料, **3** (1978), 49.
3) D. J. Ehrlich, et al.: One-step Repair of Transparent Defects in Hard-surface Photolithographic Masks via Laser Photodeposition. *IEEE, Electron Device Letters*, EDL **1**, (6) (1980), 101.
4) Y. Morishige, et al.: Practical Photomask Pinhole Defect Repair using Micrometer Scale Pattern CrCVD with kHz Repetition UV Light Pulses, CLEO '85, FK 3, Technical Digest, (1985) p. 286.
5) 吉野洋一，他：レーザ CVD 技術を利用したレーザマスクリペア SL 454 A, NEC 技報, **40** (1987) 164.

3.2.2.4　メモリーリペア

メモリー IC は約 3 年に 4 倍の割合で高集積化しており，それに伴って回路の設計ルールは微細化し，チップ面積は増加する．1M ビット DRAM を例にとると，設計ルールはほぼ 1〜1.3 μm でありチップ面積は最も小さいもので 48 mm^2 である[1]．さらに高集積度のメ

モリーICがすでに量産試作段階にある．このようにメモリーICの高集積化が進むと，製造工程でICチップに生じる欠陥の確率が高くなり，製造技術改善の努力にもかかわらず高い製造の歩留りを維持することが困難になってきた．ATT（米国）のBELL研究所では64KビットDRAMの量産時に，冗長（予備）メモリー回路を付加したメモリーリペアを採用して，歩留りを向上させることに成功した[2,3]．以来多くのメモリーICにメモリーリペアが採用され，1MビットDRAMに至ってはほとんどすべてのICメーカが採用している．メモリーリペアによる歩留り向上見込みの計算例では，1MビットDRAMの量産初期において5倍の歩留りが期待できるという[4]．

a．メモリーリペアの原理

メモリーICはチップ上の多数のメモリーセルに1個所でも欠陥があると不良品となる．メモリーリペアでは必要な正規のメモリー数のほかに予備のメモリーを設けて，正規のメモリーに欠陥があったとき欠陥メモリーを予備メモリーに置換して，不良チップを良品に変化させる．メモリーの置換は欠陥を含むメモリー行，または列単位で行われる．図3.2.73にメモリーリペアの例を示す．二つのメモリーブロックに2本の予備列メモリーと，それぞれのメモリーブロックにおのおの1本の予備行メモリーが用意されている．予備メモリーの数が多いほど多くの欠陥に対してリペアが可能になるが，発生する欠陥の種類や発生率を考慮して，最適な予備メモリーの配置および数が決められる[5]．次に置換の例を説明する．行メモリーのライン欠陥DRおよび列メモリーの欠陥DCは，それぞれ予備行メモリーR1，予備列メモリーC1によって置換される．点欠陥D2，D3は予備行メモリーR2によって同時に置換ができ，点欠陥D3は予備列メモリーC2によって置換する．これらメモリーの置換は，回路内に配置されたヒューズをレーザによって切断することにより行う．メモリーの置換はおよそ二つの工程に分けられる．一つはメ

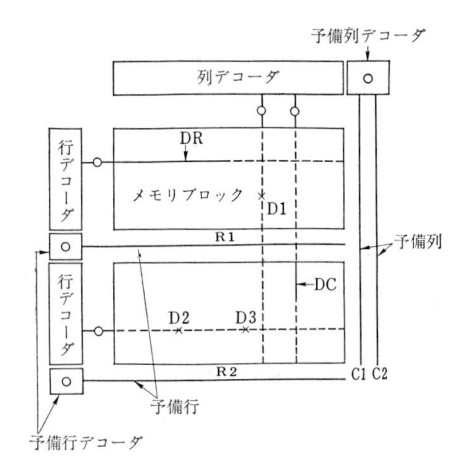

図3.2.73　メモリーリペアの概念
○はレーザ加工箇所

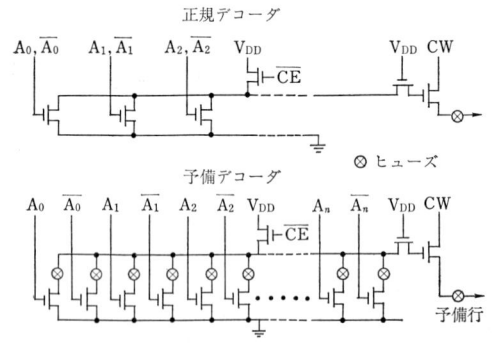

図3.2.74　簡略化した行デコーダ（文献3より引用）

リーをデコーダおよびセンスアンプに接続するヒューズを切断して，欠陥メモリーを切り離す．二つ目は予備デコーダ内に配置されたヒューズを適宜切断してプログラムし，欠陥メモリーのアドレスが指定されたとき予備メモリーに接続する．図 3.2.74 は簡略化したデコーダのモデルである[3]．正規のデコーダでは特定のアドレスが指定されたとき，メモリーを駆動するようにデコードトランジスタがアドレスビット線の True または False のいずれかに配線されている．一方予備デコーダではデコードトランジスタの数が正規のデコーダの 2 倍あり，アドレスの True および False の両方に接続されているため通常の状態ではメモリーを駆動しない．まず正規デコーダからヒューズを切断して欠陥メモリーを切り離す．次に欠陥メモリーのアドレスに従って，各アドレスビットの，True, False につながるデコードトランジスタのヒューズの一方を切断する（すなわちドレインとなるトランジスタを切り離す）ことによりメモリーの置換が行われる．ヒューズの切断はレーザによる方法のほか，電気的に切断する方法がある．電気的切断法は専用パッドを介してヒューズに電流を流し切断する方法で，特に高価な装置を必要としないがヒューズの配置や数に制約があり[6]，高集積メモリー IC のリペアではレーザ法が多く用いられている．

b．リペアデータ

メモリーリペア装置はメモリーテスターからのリペアデータに基づいてリペアを行う．リペアデータの媒介にはフロッピィディスクなどが用いられ，ウェハカセットと一対で扱われる（オフライン装置）．リペアデータの内容は主に，① ウェハ識別番号，② リペアチップ座標，③ 欠陥行および欠陥列，により構成される．リペア装置はこれらデータを回路設計値に基づくヒューズデータ・ファイルと参照して，加工ヒューズとその座標を算出し，逐時レーザを照射してヒューズを切断する．加工の済んだウェハは再度テストされ，リペアが正しく行われたかどうかが確認される．

c．ヒューズの切断

ヒューズの切断はショートパルス（半値幅約 40〜70 ns）の YAG レーザを用いて瞬時に行われる．そのため熱拡散による基板や周辺回路への悪影響が少ない．波長は基本波（1.06 μm）またはその 2 次高調波（0.53 μm）が用いられる．ヒューズの材料にはポリシリコンまたはメタルシリサイドが用いられることが多い．ヒューズ材料と波長の適性がしばしば議論されているが，あまり明確な答えはない．最近は波長が短くてレーザビームを微小に絞りやすく，また同じレーザビーム径で比較すると焦点深度の大きい 2 次高調波が多く採用されている．レーザビームを絞って微小スポットを得る方法は，TEM$_{00}$ モードのレーザビームをそのままレンズで絞る方法と，アパーチャで矩形に整形してウェハ上に結像投影する方法がある．前者の場合，レーザビームスポットの断面エネルギー分布はガウス分布である．後者の場合のエネルギー分布の計算値とヒューズの加工例をそれぞれ図 3.2.75，図 3.2.76 に示す．ヒューズは絶縁酸化膜上に形成され，しばしば PSG などの保護膜を被った上からレーザビームを照射して切断される．この場合，ヒューズに瞬間的に吸収されたレーザエネルギーによってヒューズが気化し，覆った保護膜を除去すると考えられる．ヒューズに照射されるレーザエネルギーが小さいとヒューズは切断されず，逆に大きすぎるとヒューズの下のウェハ基板に損傷を与えてしまう．ヒューズを切断できる最小のレーザエネルギー値と，ウ

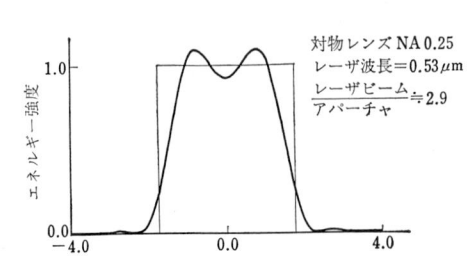

図 3.2.75 矩形アパーチャによるレーザスポット像のエネルギー分布

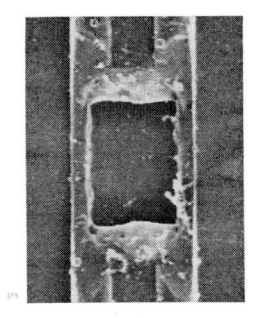

図 3.2.76 保護膜のついたヒューズの切断例
レーザビーム：3□μm, ヒューズ幅：2μm, ヒューズ材料：ポリシリコン, 保護膜：PSG 4,000 Å.

ウエハ基板上に損傷を与えないでヒューズを切断できる最大のレーザエネルギー値の間に，ヒューズを良好に加工できるレーザエネルギー値の幅が存在する．しかしこのエネルギー値の幅は，ヒューズ加工の諸々の条件のばらつきによって狭められる．適性な加工レーザエネルギー値の幅が大きいヒューズ構成であるほど，また加工条件のばらつきが小さく抑えられるほど，ヒューズを安定して切断できる．ちなみに20ヒューズを切断するメモリーチップの場合，90％以上のリペア成功率を得るには99.5％のヒューズ切断成功率が必要であり，ヒューズ数が増すほど，高い切断成功率が要求される．適正な加工レーザエネルギー値の幅を狭める要因として，

a) レーザ発振パルス間のエネルギーのばらつき
b) レーザエネルギーの設定誤差および経時変化
c) レーザビームの位置決め誤差
d) レーザビームのフォーカス誤差
e) ウエハプロセスのばらつき

などが考えられる．リペア装置に使用されるYAGレーザの，パルス間のエネルギーのば

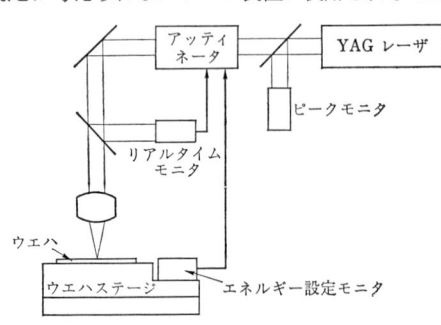

図 3.2.77 レーザエネルギー設定機構

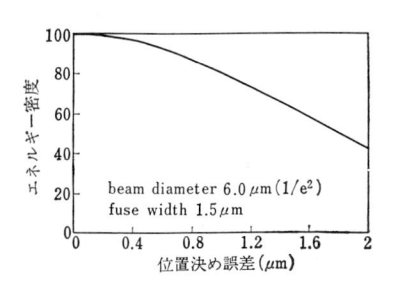

図 3.2.78 位置決め精度とレーザエネルギーの変化
beam diameter 6.0μm (1/e^2)
fuse width 1.5μm

らつきは5%以下である．図3.2.77はレーザエネルギーの設定機構である．リペア装置にあらかじめ実験によって得られたエネルギーの設定値がキー入力されると，ウエハステージはエネルギー設定モニタをレーザビームの下に移動し，設定値にレーザエネルギーが一致するようにアッテネータを駆動する．実際にヒューズを加工中のレーザエネルギーはリアルタイムモニタにより逐次計測されており，レーザエネルギーが変化した場合にはアッテネータを補正して，レーザエネルギーを設定値に保っている．レーザビームの位置決め誤差も加工エネルギーのばらつきにつながる．図3.2.78は断面エネルギー分布がガウス分布のレーザビームと，ヒューズの位置合せ誤差が，ヒューズに照射されるレーザエネルギーに与える影響の例を示す．レーザビームの位置決め誤差が1 μm 生ずると，ヒューズに照射されるレーザエネルギーは約20%減少する．このほかレーザビームのフォーカスが変化すると，ヒューズ上のレーザエネルギーの密度が変化する[7]．ウエハプロセスのばらつきによる加工レーザエネルギーの変化の一例を図3.2.80に示す．図3.2.79のヒューズ・モデルにおいて，保護膜の表面からのレーザ反射光とヒューズ表面でのレーザ反射光が干渉し，保護膜の厚さが変化すると合成された反射光量は保護膜の厚さ $\lambda/2n$（λ：レーザ波長，n：保護膜屈折率）の周期で変化する．もしウエハ上，またはウエハ間で保護膜に厚さの違いがあれば，ヒューズに到達する加工レーザエネルギーがばらつくことになる．

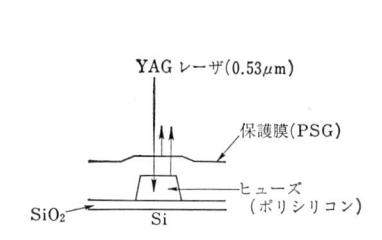

図 3.2.79　保護膜による干渉のモデル

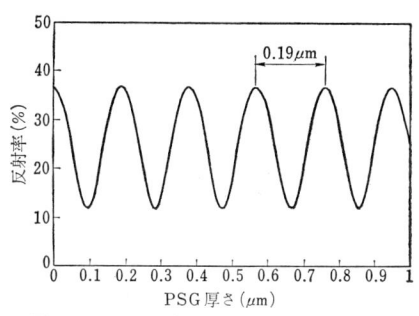

図 3.2.80　保護膜による反射率の変化（図3.84のモデルによる）

d．ウエハアライメントとレーザビームの位置決め

レーザビームの位置決めに誤差があると，加工レーザエネルギーがばらつくのみでなく，隣接したヒューズを誤って加工してしまうことがある．レーザビームの位置決め精度がよいほど，レーザビームのスポット径をヒューズ幅に近づけることができ，ヒューズピッチを小さくできる[8]．ヒューズピッチが大きくなるとヒューズ数の多いチップでは面積が増大し回路の配線が困難になる．256K DRAMのヒューズ寸法の一例を図3.2.81に示す．レーザビームの位置決めは，ウエハ上の製造

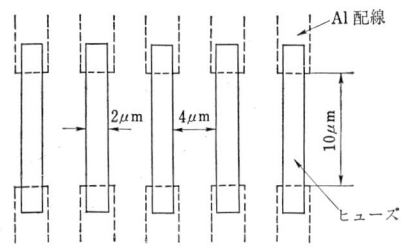

図 3.2.81　256 K DRAM におけるヒューズの寸法例

工程中に設けられたアライメントマークを基準にウエハをアライメントした後，チップの設計データ（ヒューズ座標）に基づき行われる．アライメントマークは製造工程中ヒューズを形成する層と同じ層に設けるのが最も精度がよい．しかしその後の工程を経てマークが劣化し，アライメント信号の S/N 比が小さくなる場合は他の層に設けられることもある．ウエハアライメントとレーザビーム位置決めの具体的な方法は，装置によりそれぞれ異なる．図 3.2.82 はガルバノメータでミラーを走査し，レーザビームの位置決めを行う装置である[9]．チップ単位の移動はウエハステージで行う．ミラー走査型の装置は駆動質量を小さくできるので高速走査と速い位置決めが可能になる．反面チップ全面でレーザビームを微小に絞るために，高精度のレンズが要求される．ウエハのアライメントはチップ単位で行う．図 3.2.83 に示すようにチップ周囲にアライメントマークが配置されている．マークに損傷を与えない

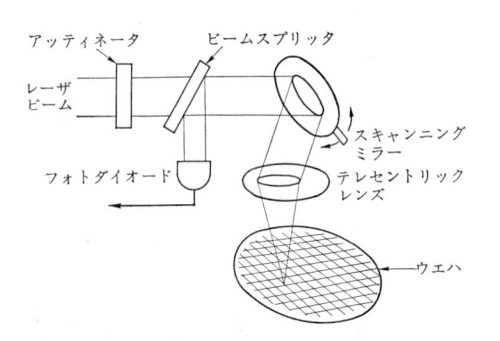

図 3.2.82　レーザビーム位置決めの装置概略（ガルバノメータ型：文献9より引用）

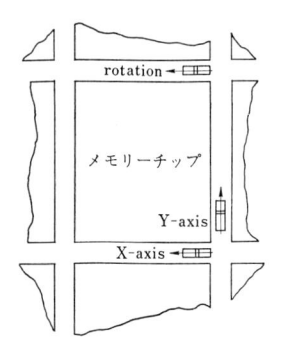

図 3.2.83　アライメントマーク（文献9より引用）

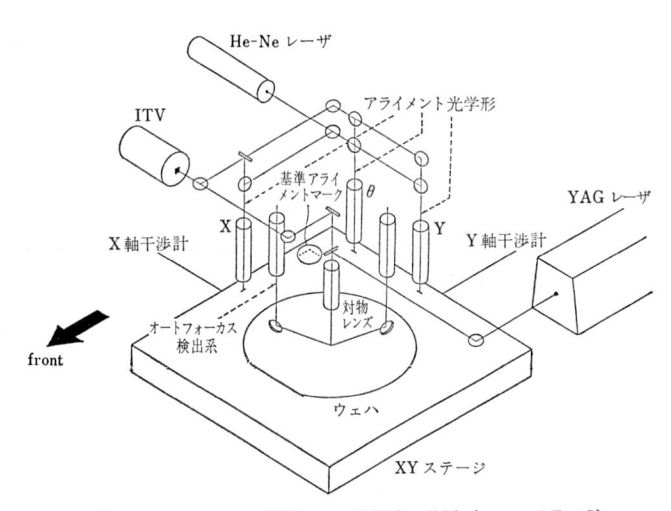

図 3.2.84　ステージ駆動による位置決め装置（ニコン LR-1S）

ように減衰させたレーザビームでアライメントマーク上を走査し，反射光を計測することによってマーク位置を検出する．レーザビームの位置決めは検出したマーク位置を基準にミラーの角度を制御して行われるが，ウエハの代りに格子状パターンの入った専用プレートを用いて，ミラー角度とレーザビームの位置関係が校正されている．位置決め精度は $1\mu m$ 以下が得られるとされている．図3.2.84はレーザビームを固定して，ウエハステージで位置決めを行う装置である．ウエハアライメントはストリート上に設けられた格子状マークからの反射回折光を検出して行われる（図3.2.85）．アライメント・レーザに He-Ne レーザを用いて振動ミラーによりレーザビームを微小振動させながらマークを走査し，変調されたアライメント信号を振動周期で同期検波してマーク位置を検出する．ウエハステージの移動量はレーザ干渉計により $0.02\mu m$ の単位で検出されており，ウエハをアライメントした後，ウエハ上のすべてのヒューズに対しステージの位置制御を行って，レーザビームに位置合せをする．この方法ではチップ単位のアライメントが不要であり，高いスループットが得られる．アライメント・レーザビームと YAG レーザビームの相対位置は，ウエハステージ上に設けられた基準アライメントマークを用いてレーザ干渉計で計測し，リペア工程の最初に自動的に校正される．位置決め精度は $0.5\mu m$ 以下が得られている．このほか，YAG レーザビームのスポット結像光学系を駆動して，レーザビームの位置決めを行う装置がある．1チップの範囲を光学系を移動して位置決めし，チップごとの移動をウエハステージによって行っている．

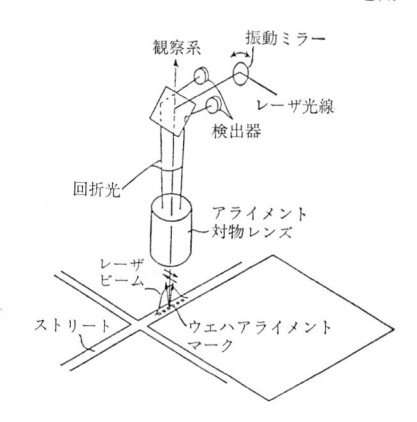

図 3.2.85 回折光を使ったウエハアライメント

e. その他の応用

メモリーリペア装置は各種メモリーのリペアのほかに，ASIC への応用が検討されている[10]．回路内に配置されたヒューズを切断して回路の機能をプログラムし，ユーザーの各種の要求に応える．この場合切断されるヒューズ数が多くなるので，より高速のレーザビーム位置決めと，切断の高安定性が要求される．

（白数　廣）

文　献

1) 津田建二：技術も製品も初めから多様な広がりを見せる1M DRAM. 日経マイクロデバイス (1986. 2), pp. 42-45.
2) Ronald P. Cenker, Donald G. Clemons, et al.: A Fault-Tolerant 64K Dynamic Random-Access Memory *JEEE Trans Electron Devices*, **ED-2** (6) (1979.6), 853-860.
3) Robert T. Smith, James D. Chlipala, et al.: Laser Programmable Redundancy and Yield Improvement in a 64K DRAM *IEEE J. of SOLID-STATE CIRCUITS*, **SC-16** (1981.10), pp. 506-514.
4) Donald M. Stewart: Lasers fix dynamic rams. Electronics Week, February 4 (1985), pp. 45-49.

5) ロバート・アボット，キム・コッコネン，他：各種 RAM に適した冗長構成を選択する．日経エレクトロニクス (1981. 12). pp. 239-245.
6) 豊岡啓介，長友良樹：大容量メモリにおける冗長技術．沖電気研究開発，**51** (2) (1984. 6), 11-18.
7) Tom Salicos: Do I need a frequency doubler for memory repair? Lasers & Applications, (1986.6), pp. 150-153.
8) Donald Stewart: Positioning Accuracy for 1 M DRAM Repair semi conductor international (1986.7), pp. 96-99.
9) D. Smart, R. Reilly, et al.: Laser targeting considerations in redundant memory repair. Proc. of SPIE, **385**. (1983), 97-101.
10) D. V. Smart, D. M. Stewart, C. M. Stewart: レーザを用いた ASIC のプログラミング．月刊 Semiconductor World, (1987. 4), pp. 125-130.

3.2.2.5 スポット溶接

パルス YAG レーザによるスポット溶接は，レーザ加工の中でも広く普及している分野である．特に，分割光学系と光ファイバを組み合わせた自動溶接システムはブラウン管電子銃の組立ラインをはじめ，各種の電子部品や精密機械部品などの組立ラインで実用化されて，従来の抵抗溶接に置きかわりつつある．

a．YAG レーザ溶接の特徴

加工用レーザとしては，CO_2 レーザと YAG レーザが代表的である．CO_2 レーザに対して YAG レーザは次のような特徴がある．
（1） ランプによる光励起であるため保守が容易である．ガスの消耗がなく，電極の清掃が不要である．
（2） 光の伝送および集光に通常の光学部品が使用できるので安価である．また，ガラス越しで加工が可能である．
（3） 光ファイバによる伝送が可能である．
（4） レーザビームを分割して多点同時溶接が可能である．
（5） パルス発振波形の制御性が良好で，スポット溶接に適している．
（6） 高精度で熱損傷が少ない溶接が可能である．
このような特徴から，CO_2 レーザが主として切断に利用されるのに対して，YAG レーザはマイクロ溶接に最も適している．
従来，スポット溶接の大部分は抵抗溶接が使われており，かなり安い費用で作業が行われていた．しかし，溶接点数が多くなると，全自動レーザ溶接の方がコスト的に安くなる．また精度の高い電子部品などには，溶接時の変形が起こりにくいレーザ溶接が適している．

b．加工装置

YAG レーザは CO_2 レーザほど大出力は得られていないが，連続発振，ノーマルパルス発振，Q スイッチ発振など加工の対象によって発振方式を選択し，加工対象に適した出力波形を得ることが容易である．また加工物へのレーザ光の伝送手段では光ファイバをはじめ通常の光学部品を利用できるため，CO_2 レーザに一歩先んじて実用化されている．
図 3.2.86 に YAG レーザ加工装置の代表的な例を示す．この装置は YAG レーザから得られる波長 1.06 μm の近赤外のパルス光を用いて，主にスポット溶接やシーム溶接を高速

に行うものである．レーザ光の発振時間（パルス幅）を1msから10msまで0.1ms単位で切り換えることができ，しかもパルスの繰り返しを200pps（パルス/秒）まで1pps単位で切り換えることができるので，多種多様な加工対象に適用できる．

c．レーザによる溶融の機構

レーザ光をレンズで加工物に集光したとき，そのエネルギーの一部は吸収されて表面温度が上昇し，加工が行われる．パルスレーザによる加工においては，加工物表面でのレーザ光のパワー密度と照射時間の組み合わせで表面の温度上昇を制御できる．

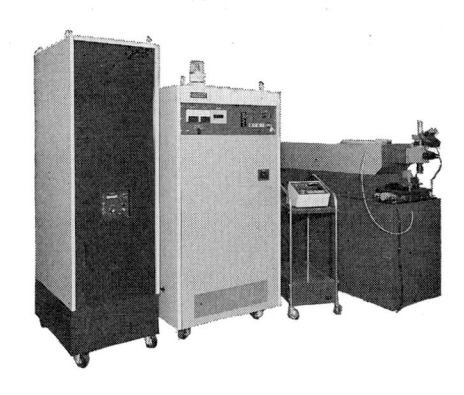

図 3.2.86 YAGレーザ加工装置（東芝 LAY-608 A）

パワー密度をコントロールして，表面温度が沸点に達しないように加熱すると，表面直下の温度は表面から熱が伝わり融点に達する．このとき，ある深さの溶接が行われる．

レーザ溶接における溶融プロセスを模式的に示すと図3.2.87のようになる[1]．すなわち，a）表面がまだ溶融していない段階，b）表面の溶融が始まった段階，c）蒸発が始まる段階，d）ビーム孔が形成される段階，e）照射パワーの低下とともにビーム孔の消失および凝固が進行する段階，f）凝固がほぼ完了した段階，の順にプロセスが進行する．

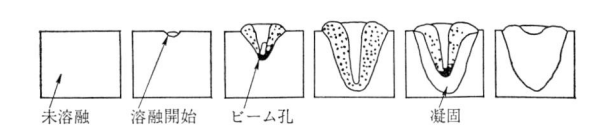

図 3.2.87 レーザ溶接における溶融プロセス

このうちレーザ光のエネルギーが効率よく吸収されるのは c）と d）である．レーザ溶接におけるエネルギー利用効率を高めるためには加熱速度を上げ，a）と b）の段階を短縮するのが効果的である．加熱速度を上げるためには，パワー密度を高める必要があるが，過度に高いパワー密度はスプラッシュを発生し，溶接部にブローホールを残す原因となる．

パルスYAGレーザによる溶接において，パワー密度はこのスプラッシュ発生により制限される．スプラッシュの発生限界を示すパワー密度 P_v は，レーザ光の発振波形および加工物の熱的な特性に影響を受ける．P_v はガウス分布型の熱源からの半無限体の熱伝導から求めることができる[2]．

$$P_v = \frac{T_b' \kappa \pi^{1/2}}{a \tan^{-1}\left(\frac{4\alpha t}{a^2}\right)^{1/2}}$$

ここで，T_b'：修正沸点，$=T_b+(L_m+L_b)/C$．T_b：沸点，L_m：融解熱，L_b：蒸発熱，C：比熱，κ：熱伝導率，α：熱伝達率，$=\kappa/\rho C$，ρ：密度，a：加熱半径，t：照射時間（パルス幅）である．

パワー密度が，この P_v よりも低くて，できるだけ P_v に近い値のとき最も効率のよい溶接ができる．また，沸点が高く，融解熱と蒸発熱が大きく，熱伝導がよい材料は溶接に必要なパワー密度が高いことがわかる．

d. レーザ溶接適用のメリット

溶接にはスポット溶接とシーム溶接があるが，いずれの場合も YAG レーザではパルス光によって行われる．現在，YAG レーザで得られる最大出力は実用的には 1 kW 程度である．また1パルスあたりのエネルギーは 100〜150 J である．この出力では，溶け込みの深さはスポット径にもよるが最大 3 mm くらいとなり，重ね合わせ溶接では 2 mm 程度の厚さのものが上限となっている．

材質的には抵抗溶接やアーク溶接で可能なものはほとんどが溶接可能である．図3.2.88 に材質がステンレス鋼の場合についてスポット溶接適用範囲の目安を示す[3]．

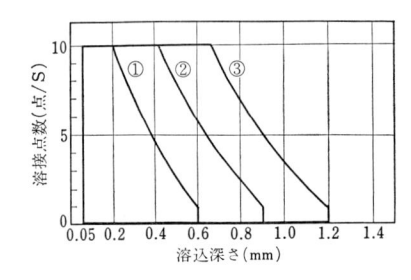

図 3.2.88 スポット溶接適用範囲
（平均パワー ① 80 W ② 150 W ③ 250 W の高速パルス YAG レーザを使用）

YAG レーザによる溶接は現在，電子部品のスポット溶接，シーム溶接に最も多く適用されている．

スポット溶接では，パルス発振のレーザが用いられ，ブラウン管の組立てや極小径パイプの溶接などに利用されている．この種の小物部品の溶接には，これまで一般の抵抗溶接が利用されてきたが，高品質・高精度が要求される電子部品に適用するには欠点がある．

抵抗溶接に対して，レーザ溶接は高パワー密度の光によって局部的，集中的に加熱するため，加工物の熱変形がなく，また加圧力を加えないので機械的な変形がないという利点がある．

e. 光ファイバの利用

CO_2 レーザに対する YAG レーザの最大で，かつ決定的ともいうべき特徴は，光ファイバを利用してレーザビームを伝送できることである．光ファイバも1本だけでなく，複数の光ファイバを利用できる．

YAG レーザのビーム伝送に，従来のミラー伝送系に代わって石英系光ファイバを用いたビーム伝送系が用いられるようになり，YAG レーザ加工システムはフレキシビリティの高いレーザ加工システムとして普及している．

石英系光ファイバは，YAGレーザ光に対する伝送損失が数 dB/km と非常に小さいため，数十mの距離の伝送も容易であり，また光ファイバの可撓性によりビームの移動も容易である．

図 3.2.89 に光ファイバの伝送特性を示す[4]．光ファイバとしては，パルス発振の高いピーク出力に対する耐久性を得るためにステップインデックス型の光ファイバを使用している．

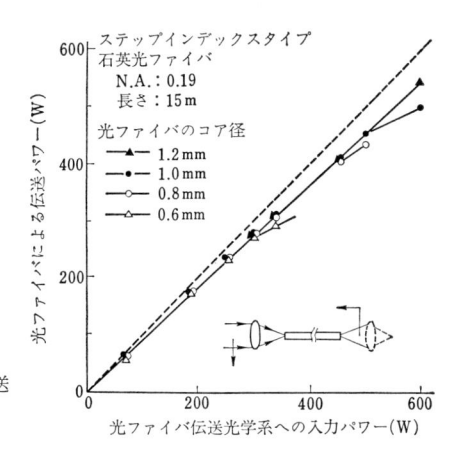

図 3.2.89 光ファイバのパワー伝送特性

光ファイバへの入力パワーに対してほぼ一定の割合で伝送損失があるが，この損失は入射のさいのレンズ表面およびファイバ端面での反射損失によるものである．

最大伝送パワーはコア径 1.2 mm の光ファイバを用いて 540 W，0.8 mm を用いて 400W，0.6 mm を用いて 270 W である．

この上限値以上のレーザパワーを光ファイバに入力しようとすると伝送損失は急激に増加していく．これは上限値以上のレーザパワーでは，光ファイバの入射端でのレーザビームのスポット径がコア径よりも大きくなっていくためである．

レーザビームのスポット径が大きくなるのは，ポンピング入力の増加に伴い，熱レンズ効果が増大してレーザ光の集光性が悪くなるという，固体レーザの特性に起因している．コア径の小さい光ファイバで，より大きいパワーを伝送するためには，光学系の開発だけではなく，レーザ発振光のより高品質化を図っていくことが必要である．

スポット溶接の場合，複数の光ファイバでレーザビームを分割することによって多点同時溶接ができる．数箇所の溶接部を同時に溶接できることは，溶接時間を短縮できることからくる生産性の向上だけにとどまらず，精度の向上が実現できる．

数箇所を 1 点ずつ溶接する方法では，最初の点の溶接によって引張り力を受けるため，部品の同心度がくずれることが問題になる用途も多い．光ファイバによる同時溶接では，このような問題も解決できる．

なお，光ファイバを用いないで多点同時溶接を行う集光光学系も実用化されている．図 3.2.90 に分割レンズを用いた集光光学系の一例を示す[5]．

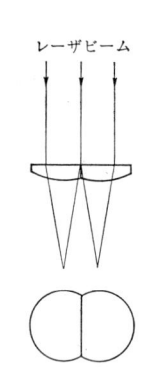

図 3.2.90 2点同時加工用レンズ

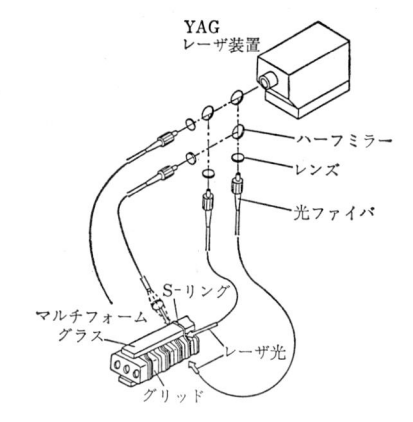

図 3.2.91 YAG レーザ自動溶接システムの構成

さらに光ファイバ利用のメリットとしては，レーザ装置と溶接点までを光ファイバでつないで，レーザビームを伝送することによって自動化が容易になることがあげられる．治具を活用することによって，自動溶接ラインをシステムとして構築できる．

またレーザ装置と溶接点を分離できるため，設置場所の問題も有利に解決できる．この点も自動化にあたって，大きなプラス要素である．溶接時間を切り替えることによって，1台のレーザ装置を必要な数だけの光ファイバと結び数箇所での溶接ができることも，自動化にあたっての大きな利点である．

治具にセットするのに時間を要するような加工物の場合，他の箇所で溶接している間に治具にセットするという方法で自動化できる．治具へのセッティング時間がかかるような加工物のシーム溶接に特に効果が期待できる．

光ファイバ利用による YAG レーザ自動溶接システムは，ブラウン管用電子銃の自動組立てに実用化されている[6]．光ファイバを利用し，4点同時溶接を行っている例を図 3.2.91 に示す．光ファイバの両端にはファイバへの入射のためと加工のための集光レンズが取り付けられている．レーザ溶接により電子銃組立ての均一性と品質が向上しており，特に組立て誤差が従来の手作業と比較して半減したこと，組立て工程の自動化により4倍以上の生産性が向上したことが報告されている．

YAG レーザと光ファイバを組み合わせた溶接の自動化は，今後ますます普及していくとともに，ロボットと組み合わせた自由度の高いシステムが生産ラインに導入されていくものと見られている．

f. YAG レーザの大出力化

YAG レーザの欠点といえば，溶け込みの浅いことだが，この点も大出力レーザ装置の開発が進みつつあることから改善への動きが見られる．すでに出力 1kW を超す装置が製品化され，YAG レーザのハイパワー化が急速に進んでいる[7]．これに伴って，従来の微細加工から，厚物溶接への発展と用途拡大が注目される．

YAG レーザの大出力化によって，電子ビーム溶接との競合も注目される．レーザ溶接は，加工物を真空中に置く必要がないため，コスト的に安いという利点を発揮できるものと考えられる．

(長野 幸隆)

文　献

1) 石田，下井：パルス YAG レーザの溶接に関する研究．精密機械，**50**, 12 (1984), 1944.
2) 下井，石田，長野：YAG レーザによる溶接（第2報）．昭和53年度精機学会春季大会講演前刷 (1978), 455.
3) 末永：YAG レーザの装置と応用．光エレクトロニクス材料マニュアル，オプトロニクス社(1986), 241.
4) 石田，吉田：YAG レーザ．機械と工具，**29**, 10 (1986), 29.
5) 特公昭 54-39334.
6) Y. Shimoi, et al.: Laser Welding in Automatic Assembly Line for Color-CRT Electron Gun, *Ann. CIRP*, **32**, 1 (1983), 135.
7) 吉田，他：1kW 級パルス YAG レーザ．第33回応用物理学関係連合講演会前刷 (1986), 217.

3.3 その他の加工機

3.3.1 アレキサンドライトレーザ加工機

アレキサンドレーザのパルス出力は，Nd：YAGレーザとほぼ同様な分野に適用がはかられる．その中で，特に短波長，高ピーク出力，高エネルギーのパルス出力などのすぐれた特性の生かせる加工には有効である．したがってNd：YAGレーザでは加工能力不足な赤外線の反射率の高い銅などの穴あけ加工や半導体類の除去加工などに有効である．アレキサンドライトレーザ加工機の特長を列記すると，

① Qスイッチパルス出力（～2J/P）が得られるので半導体や電子部品などの微細除去加工に適する．

② スパイクの多いノーマルパルス波形で発振するので穴あけ加工などにおいて熱影響層の小さな加工ができる．

③ 波長が同調可能であり，高調波発生でUV領域の出力も得られるので光化学的な反応誘起用の光源にも利用できる可能性がある．

④ 波長がCO_2レーザ，Nd：YAGレーザより短いので，金属表面での光吸収率が大きく，高い加工能率が期待できる．

さらに加工装置製作上からの特長では，

⑤ 光ファイバ伝送が可能であり，YAGレーザと同様な光ファイバ伝送光学系が利用できる[1,2]．

⑥ 波長が近赤外にあり，可視光用のレンズなどの可視域光学部品もNd：YAGレーザに比べ効果的に使用できる．

レーザ加工機の構成は1.4.6.bに記した発振器から出たレーザビームをその波長用に製作されたミラー，プリズム，レンズ，ビームスプリッタ，光ファイバなどの光学部品やガルバノメータ，ビーム走査器[4~6]，XYテーブル[8]などの加工機構成要素などを使って構成される．別項3.2.2項YAGレーザ加工機において，発振器をアレキサンドライトレーザに置き換え，発振波長に合った光学部品を利用することでアレキサンドレーザ加工機を構成することができる．これでトリマ[9]，マーカ，リペア，スポット溶接機，穴あけ機，切断機[10]，回転体のダイナミックバランシング装置[11]などを構成できる．

次にいくつかの加工適用性能例を示す．

a. 金属板の穴あけ[3]

アレキサンドライトレーザは発振しきい値が低く，誘導放出断面積が小さく，エネルギー蓄積形であるので，高ピークパワーとエネルギーを必要とする穴あけに適している．

耐熱合金板の穴あけテスト結果を図3.3.1に示す．レーザ発振器から出たレーザビームをビーム拡大器で直径を2倍の12mmにし，これを焦点距離100mmの集光レンズで板上に

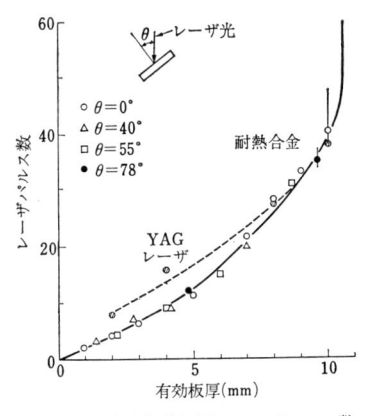

図 3.3.1 貫通有効板厚とレーザパルス数
被加工物は耐熱合金．照射レーザ出力は3J．
比較のため YAG レーザによる特性を破線
で示した．

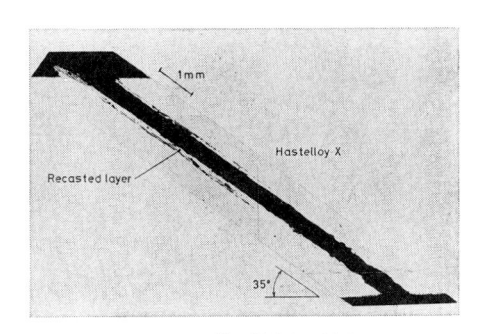

図 3.3.2 斜め貫通穴の断面
被加工物，照射レーザ出力は図3.97と同じ．パルス
照射数は35発．

集光した．板への入射角をパラメータとしてパルス数と貫通した有効厚さの関係を示す．加工焦点の移動なしでも，約40パルスで10mm厚の耐熱合金が貫通している．また，板を光軸から傾けてもほぼ同じ回数で穴があいている．YAG レーザに比べ，実効厚さ7mmまでは少ないパルス数で貫通している．図3.3.2に耐熱合金板の斜め貫通穴の断面写真を示す．比較的真直度がよく，溶融凝固層，熱影響層の少ない穴が得られている．

図3.3.3は垂直入射で銅，アルミ，真鍮の貫通板厚とレーザパルス数の関係をプロットしたものである．YAG レーザでは穴あけ困難な銅で5mm，アルミニウムで8mm，真鍮で7mmまで貫通している．

また，微細穴あけ例では，板材の厚さ0.5mmの SK 材で，直径約30μmの貫通穴が得られている．

以上のことからアレキサンドライトレーザは，耐熱合金や鋼の穴あけでは YAG レーザの性能と大差ないが，銅や微細な穴を対象とする加工においては高い性能を有している．

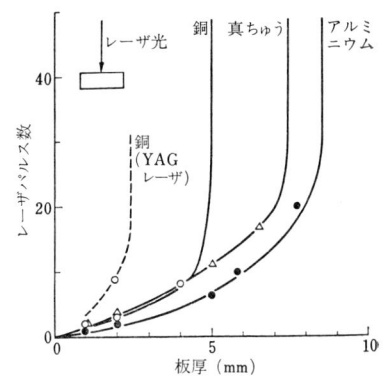

図 3.3.3 各種貫通板厚とレーザパルス数
照射レーザ出力は図3.97と同じであり，
垂直入射させている．特に銅については，
YAG レーザの倍の能力がある．

b．マーキング[3]

アレキサンドライトレーザは1パルスのエネルギーが大きく，発振波形がスパイク状の発振のためピーク値も高い．マスクの透通パタンをサンプルに照射し，レーザ光でサンプル表面にパタンを焼きつけるマスクマーキング法に適している．TEA CO_2 レーザは，波長が

10.6 μm で YAG レーザ (1.06 μm) よりも短いのでマーキング像の高い解像力が得られている.

マーキングの光学系は, レーザ光をビーム拡大器でマスクにあけられた文字などのパタンサイズまで拡大し, パタンを通過したビームをサンプル面に結像レンズで鮮明なパタンとして照射する構成をとっている. サンプル表面はパタン形状にしたがって蒸発しマーキングが行われる. 結像レンズとして, 可視光用レンズが使用できるので, 価格, 性能上 TEA CO_2 レーザなどより有利である. 図 3.3.4 に最小線幅 20 μm の得られるマーカで IC パッケージ上にマーキングしたサンプルを示した.

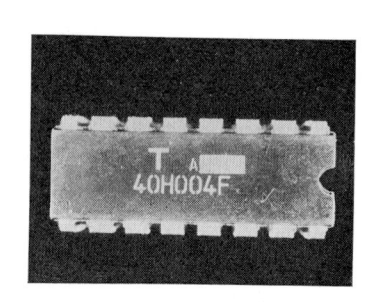

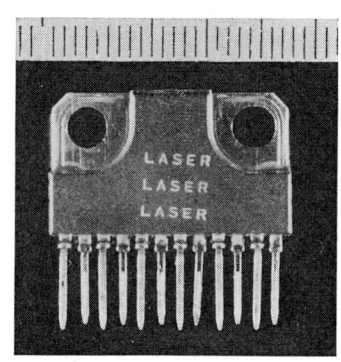

図 3.3.4 IC パッケージのマーキング例
照射レーザ出力は 5.5 J. 鮮明なマーキングが得られていることがわかる.

マスクマーキング法以外にレーザビームをガルバノメータで走査したり, 光ファイバ伝送出射光学系を XY テーブルで走査し蒸発除去加工しながら文字記号を刻印することも可能である.

c. 光化学反応への適用
紫外光による局所的な部所に光 CVD を施すプロセスにも適用が進むと考えられる.

(石 川　憲)

文　献

1) 石川: 光ファイバ, 実公昭 61-2964.
2) 石川: レーザ照射装置, 実公昭 61-16938.
3) 山田, 他: アレキサンドライトレーザとその応用, 東芝レビュー, **42** (7) (1987), 521-524.
4) 石川: レーザ光線走査装置, 特公昭 57-51275.
5) 石川: レーザビーム走査装置, 実公昭 56-20151.
6) 石川: レーザ光走査装置, 実公昭 59-27993.
7) 石川: レーザ加工装置, 特公昭 58-19396.
8) 石川: 走査装置, 実公昭 60-1913.
9) 石川: 機械振動子トリミング装置, 特公昭 57-11163.
10) 石川: レーザ線引き装置, 実公昭 54-6958.
11) 石川: 回転体のバランシング調整装置, 特公昭 60-50298.

3.3.2 エキシマレーザ加工機

a. 特　徴

エキシマレーザ加工機は，紫外域で高出力なエキシマレーザを加工エネルギー源としたレーザ加工機である．エキシマレーザは，光子エネルギーがたとえば波長193 nmのArFレーザ光で6.4 eV (147.2 kcal) と高く，エキシマレーザを用いることにより光と物質との強い相互作用を利用した効果的なレーザ加工が行える[1～3]．さらにまた，エキシマレーザは，パルス幅10^1～10^2 ns程度の短パルスで発振するのでピーク強度がきわめて大きく，照射強度として容易に10^6～10^8 W/cm^{2}程度が得られる．このため，物質の瞬時の蒸散やアブレーション (ablation) などを利用して，試料表層の微小域の除去加工なども効果的に行える[4～5]．

エキシマレーザは，一般に高次の横モードを含んだマルチモードで発振する．このため，エキシマレーザ加工においては，YAGレーザ加工やCO_2レーザ加工でしばしば用いられているような，TEM$_{00}$モードの回折限界近くまでレーザビームを小さなスポットに集光照射して加工する方法は，それほど一般的でない．むしろエキシマレーザ加工では，マスクなどを介しての広域への2次元的な照射や，円柱レンズなどを用いた1次元的な照射などが多用されている．

レーザの歴史の中で，エキシマレーザはその出現が比較的新しく，産業用としての実用化開発は現在まだ萌芽期の段階である．エキシマレーザ加工機は，レーザ発振器の保守に人手を要することやランニングコストがまだ割高であることなどの理由により，生産ラインへの本格的な導入には至っておらず，半導体や電子部品などの高付加価値製品の研究開発用や，パイロット生産ライン用の加工装置として実用化がはかられている．

エキシマレーザは，前述したように特長あるレーザであり，夢の多い多彩なレーザ加工が行えるので，出力，発振繰り返し速度，操作性・信頼性などの装置性能の向上，進展により，レーザ加工機としても大きく発展するものと期待される．

b. 種類と用途

レーザ加工に用いられるエキシマレーザの種類はXeClレーザ (308 nm)，KrFレーザ (248 nm)，ArF (193 nm) などである[6]．市販品としては平均出力150 W程度が得られているが，研究レベルとしては平均出力1～2 kWを目指した開発が活発になされている．しかし，レーザ加工機としてシステムに組み込まれるレーザ発振器は，単体の価格，維持管理の容易性，長時間動作の信頼性などの観点から出力はそれほど高くなく，XeClレーザで30 W，KrFレーザで50 W，ArFレーザで20 W程度がようやく用いられ始めた段階である．

前述したように，エキシマレーザの最大の特長は発振波長が短いことであり，短波長紫外域では物質の吸収係数がかなり大きくなり得ること，またエキシマレーザは短パルスで発振することなどから，薄膜の加工や表面処理など低温プロセスに適している．エキシマレーザは，平均出力や発振効率の点で比較するとCO$_2$レーザなどと比べて劣っているので，金属の切断や溶接などのように，大量の熱エネルギーを必要とするバルクの加工には，エキシマレーザ加工は適さない．

エキシマレーザ加工機は多様性に富んでいるが，加工対象，加工原理などの観点から便宜

上次の3種類に大別してよいであろう．

① 汎用加工装置

ガラス面上のマーキング，高分子フィルムの穿孔，金，銅，アルミなどの配線薄膜の切断，GaAs 基板などへのバイアホール形成など，主として電子部品加工用の除去加工を中心とした加工装置

② 半導体プロセス装置

ドーピング，アニーリング，クリーニング，ゲッタリング，レーザ CVD，レーザ酸化・窒化など，熱的・光化学的プロセスを利用した，半導体表面改質を中心とした加工装置

③ リソグラフィ用露光装置

レジストをパターン露光する目的で用いられる，パターンジェネレータ，マスクアライナ，ウエハステッパなどのリソグラフィ用加工装置

c．構成要素と周辺技術

エキシマレーザ加工機の基本的な構成要素は，レーザ，光学系，ステージ，ガス供給系，制御系などに大別できる．YAG レーザ加工機などに用いられるものと比べての類似点も多いので，共通的なことがらについては説明を省略し，エキシマレーザ加工機に特徴的なことがらについてここで言及する．

多様な被加工物質と広汎な応用が考えられるマーキング用を例として，レーザと光学系とのかかわりについてまず考えてみよう．

高分子のフィルムでは 0.1 J/cm^2 程度のエネルギー密度の光照射でアブレーション加工が可能なものもあるが，ガラスや金属膜では一般に $1 \text{ J/cm}^2 \sim$ 数 J/cm^2，あるいはそれ以上の照射エネルギー密度が必要である[5,7]．

これに対して，多くの市販のエキシマレーザは，出射部において出力エネルギー密度が 0.1 J/cm^2 程度以下であるため，効果的なマーキング加工には集光光学系を必要とすることがわかる．

エキシマレーザの発振繰返し周波数は高々 1 kHz 程度が現状であり，連続励起 Q スイッチ YAG レーザなどで得られる繰返し周波数数十 kHz にも達する高速の動作は困難である．このため，スポット状に集光してレーザビームをスキャンする方式の加工法はエキシマレーザ加工ではスループットの観点からも非能率であり，被加工面上にマーキング加工を施すには，照射光学系内にマスクを介在させ，そのマスク（スリット）の像を被加工面上に結像させるマスク結像方式を用いる必要がある．エキシマレーザの発振波長域で実用的なレンズ材質としては石英と蛍石（CaF_2）程度しか利用できないので，このような屈折率の低い光学材料を用いた光学系については，収差の低減に格段の配慮が必要である．

大面積にわたり，空間的に均一な加工品質を実現するには，ショットごとのレーザ出力の安定性やビーム断面内の強度分布の一様性がよいレーザ発振器を用いる必要がある．それでも不十分な場合には，繰返し多重照射による照射光量の平滑化処理やビームホモジナイザなどを用いたビーム強度の平坦化などが必要に応じて用いられている．

石英光ファイバはエキシマレーザの波長域である程度透明であり，XeCl レーザ光で数 m 程度は容易に伝送できる．このため，石英光ファイバを用いれば，光学部を高速かつフレキ

シブルに移動させることが容易に行える.高ピーク強度のエキシマレーザ光の照射により,光ファイバの端面にはレーザ損傷が生じる恐れがあるが,レーザ損傷の生じるパルスエネルギーしきい値はパルス幅の平方根にほぼ比例して高くなるため,たとえば XeCl レーザを用いる場合,パルス幅を300ns 程度まで長大化することにより,コア径 400 μm の光ファイバで 25 mJ,コア径 800 μm の光ファイバでは 100 mJ 程度はレーザ損傷を生じさせずに伝送できる[8].

エキシマレーザは光化学反応を誘起するのに適したレーザであり,試料室内に種々の原料ガスを導入することにより,レーザ CVD,レーザエッチング,レーザ酸化,レーザ窒化など,多様な表面改質処理が行える[1~3].

d. 種々のエキシマレーザ加工機

以下に具体的な実例をあげて,種々のレーザ加工機について説明する.

(ⅰ) 汎用加工装置 この種の加工装置は,加工対象が多様であるため,用いられるレーザの種類や装置の大きさなどに関してバラエティに富んでいる.多様な寸法,形状の試料が取り扱えるように,光学系やステージはレーザ発振器とは別置きとしたセパレートタイプの加工システムが種々開発されている.

表 3.3.1 に,そのような目的で開発された工業用エキシマレーザの一例として,Lumonics 社 INDEX 200 の主な仕様を示す[9].また,その概略の装置の形状と寸法とを図 3.3.5 に示す[9].ポリイミドフィルム(厚さ 75 μm)に直径約 300 μm の穴あけ加工を行った例について,高速軸流型 CO_2 レーザを用いた場合と KrF エキシマレーザを用いた場合とを比較して図 3.3.6 に示す[5,9].図から明らかなように,エキシマレーザを用いて加工したときの方

表 3.3.1 工業用エキシマレーザ Lumonics 社 INDEX 200 の主な仕様[9]

モデル	200-A	200-K	200-X
レーザ媒質	ArF	KrF	XeCl
発振波長	193 nm	248 nm	308 nm
平均出力*	20 W	50 W	30 W
パルスエネルギー*	100 mJ	250 mJ	150 mJ
パルス最大繰返し周波数	200	200	200
パルス幅	10	16	12
ビームサイズ	6×25 mm²	8×25 mm²	8×25 mm²

* 平均出力,パルスエネルギーは出力安定化動作モード時の仕様(最大出力はこれより約50%高い)

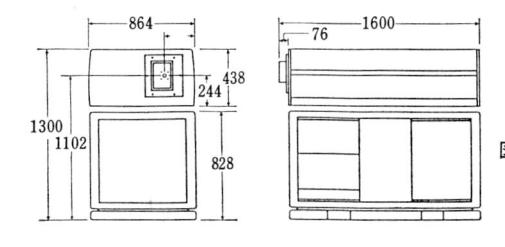

図 3.3.5 工業用エキシマレーザ Lumonics 社 INDEX 200 の外観(寸法単位は mm)[9]

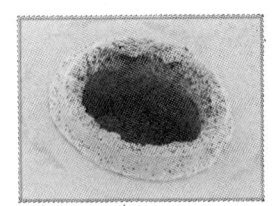

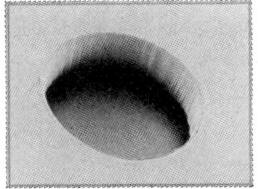

図 3.3.6 高速軸流型 CO_2 レーザを用いた場合（左）と KrF エキシマレーザを用いた場合（右）のポリイミドフィルムの穿孔例の比較[5,9]（厚さ 75 μm，孔径 300 μm）

が，周辺部の変質が少なく，エッジ部の鮮明な加工が実現している．

小型なエキシマレーザを用いた超微細加工用エキシマレーザ加工機の一例として，XMR 社の UV リサーチセンター（モデル 1100）の外観を図 3.3.7 に示す[10]．この加工機には，パルス出力 6 mJ，繰返し周波数 1～100 Hz（可変）の XeCl レーザが搭載されている．照射光ビームの形状は，円形ないし矩形の可変スリットを用いることにより，1×1 μm～50×50 μm の間で任意に変えられるようになっている．図 3.3.8 に，金属配線の切断加工例を示す[10]．厚さ 1 μm の Al 配線が，下地の SiO_2 に何ら目立った損傷を与えることなくきれいに切断されている．GaAs 基板へのバイアホール形成に XeCl レーザを用いた例では，光パルスを 20 J/cm² 程度のエネルギー密度で繰返し照射することにより，1ショットあたり深さ 1 μm 近い加工速度で，100 μm 以上にも達する深いバイアホールが形成されている[11]．

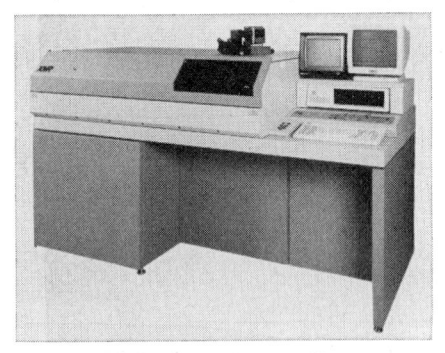

図 3.3.7 超微細加工装置 XMR 社 UV リサーチセンター（Model 1100）[10]（写真は（株）エム・ビー・ケイマイクロテック提供）

図 3.3.8 XMR 社 UV リサーチセンタによる加工例[10]
SiO_2 上に形成された厚さ 1 μm の Al 配線が下地に損傷を与えることなくきれいに切断されている．

（ii）半導体プロセス装置 ドーピングやアニーリングなどの各種半導体プロセス開発用の加工装置が製品化されている．その一例として，XMR 社の UV プロセシングセンターをとりあげて説明しよう[11,12]．その構成概念図を図 3.3.9 に，またモデル 4100 装置の仕様を表 3.3.2 に示す．この装置では，空間的に均一な照射が行えるように，ビームサイズが

3.3 その他の加工機

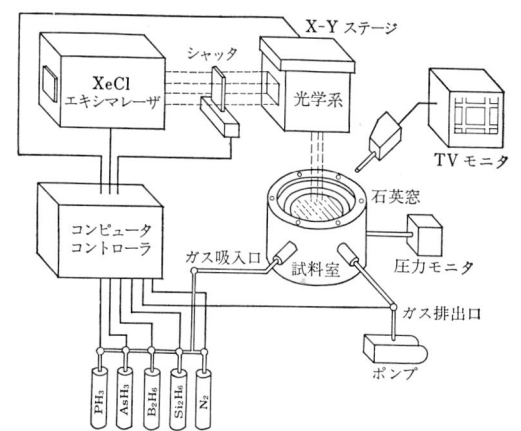

図 3.3.9 UV プロセシングセンター（XMR 社）の概念構成[12]

表 3.3.2 XMR 社 UV プロセシングセンターモデル 4100[10] の仕様

項　　　目		仕　　　様
ワークステージ（光学系が移動）	全移動距離	152×152 mm
	位置決め精度	±25 μm
	再現性	±2.5 μm
	移動速度	150 mm/s
試　料　室	試料径	最大 152 mm (6″)
	圧　力	10～760 Torr
レーザ発振器（XeCl レーザ）	波　長	308 nm
	定格出力	32 W (100 Hz 時)
	エネルギー密度	最大 2.5 J/cm² (3×3 mm)
	パルスエネルギー	320 mJ
	繰返し周波数	1～100 Hz (可変)
	パルス幅	50～80 ns (base to base)
アパーチャ	形　状	矩　形
ビームホモジナイザ	ビームサイズ	3×3 mm～10×10 mm
コントロールシステム	コンピュータ	IBM-PC
	外部インターフェイス	IEE-488
	オペレーティングシステム	MS/DOS
	プログラム言語	BASIC (Compiled)
モ　ニ　タ	倍率/ディスプレイ	1,000×/10″ カラー CRT
ガス供給システム	ガスの種類	Si_2H_6, B_2H_6, AsH_3, PH_3, N_2 (5 系統)
外形寸法 (mm)	W×D×H	3,240×900×1,950
ユーティリティ他	使用環境 (温度, 湿度)	20°C, 60% RH 以下
	所要電源	3φ 200 VAC, 40 A
	冷却水	最大 20°C, 4～8 l/分

3mm□ から 10mm□ の間で任意に変えられるビームホモジナイザが用いられている．また，多様なプロセスの開発研究が行えるように，5種類のガスが取り扱える構造になっている．

ドーピング用のガスとしては，ジボラン（B_2H_6），アルシン（AsH_3），フォスフィン（PH_3）などが用いられている．Si 表面へボロンをドーピングした例では，$5 \times 10^{19} \sim 5 \times 10^{20} \text{cm}^{-3}$ 程度の高濃度のドーピングが実現しており，深さ 0.1 μm 程度の浅い接合が形成されている[13]．このようなエキシマレーザドーピングは，0.5 μm ゲート長の CMOS トランジスタなど，サブミクロンデバイスのプロセス開発用として研究開発が活発化してきている[12]．

エキシマレーザ光のパルス照射は，低温プロセスとして有用である．液晶ディスプレイ駆動用の薄膜トランジスタの作成などでは，200～300℃ 程度の低温のプロセスが必要とされている．アモルファスシリコン上に XeCl レーザ光を 200 mJ/cm² 程度のエネルギー密度で照射することにより，低温のアニーリングが行え，再結晶化によりポリシリコン膜が形成されて高移動度の TFT が得られる[14]．

エキシマレーザの半導体プロセスへの応用としては，上述したドーピングやアニーリングなどのほかに，クリーニング[15]，レーザ酸化[15]，レーザ窒化[16]，レーザ CVD[1~3]，レーザエッチング[1~3] など多様な試みがなされている．いずれもまだ研究段階であり，量産用の加工装置が出現するには至っていない．

バックサイドダメージ法の一種であるレーザゲッタリング法はサンドブラスト法に比べてクリーンな加工法であるが，従来 YAG レーザなどを用いた場合には，基板奥深くにまで欠陥が発生するため実用にはなっていなかった．エキシマレーザ光を円柱レンズなどを用いて Si ウエハの裏面に線状に集光照射し，表層のみに選択的に積層欠陥を発生させるようにしたエキシマレーザゲッタリング法[17] は，実用的なゲッタリング方式となり得るものと考えられ，最近その製品化がはかられた[17]．今後その生産ラインへの展開が期待される．

(iii) リソグラフィ用露光装置 エキシマレーザを光源として用いたリソグラフィ用露光装置としては，パターンジェネレータ，マスクアライナ，ウエハステッパなどが知られている．以下，これらについて概略を説明する．

パターンジェネレータは，コンピュータから生成される逐次データに基づき，ホトマスク上に IC の回路パターンを形成する装置である．エキシマレーザ光を強力な露光用光源として用いることにより，マスクを搭載したステージを走らせながら，次々とパターン形成用のセグメントの露光を行うことができる．ステージをいちいち停止させて露光する必要はないので，比較的短時間にマスタマスク（レチクル）などが作成できる．パターンジェネレータとして代表的な GCA 社の M 3600 F には，波長 308 nm の XeCl レーザ（出力 150 mJ/パルス，最大繰返し周波数 200 Hz）が用いられており，光源部と光学部との間はフレキシブルな光ファイバで接続されている．その装置概念構成を図 3.3.10 に示す[18]．この装置では，最小線幅として 5 μm 以下程度のパターン形成が可能であり，縮小投影露光用の 5X レチクルや 10X レチクルの作成用として使用されている．本装置は e-ビーム露光装置などに比べると分解能の点でははるかに劣るが，回路パターンが単純な場合にはコストパフォーマンスのよいパターンジェネレータであると考えられる．

マスクアライナは，マスクパターンをウエハ上に原寸で転写する装置である．マスクアラ

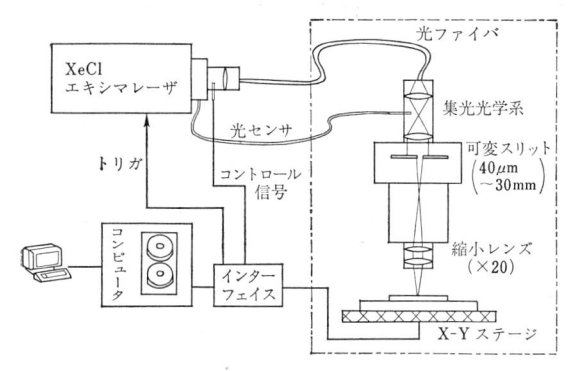

図 3.3.10 マスクパターンジェネレータ（GCA 社 M 3600 F）の概念構成[18]

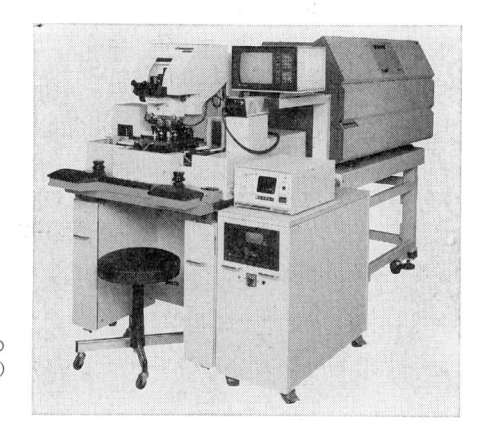

図 3.3.11 Carl Süss 社マスクアライナの外観（写真はエム・セテック（株）提供）

イナにはコンタクト露光ないしプロクシミティ露光が用いられているため，ステッパなどで用いられている高価な光学系は必要でない．一例として，Carl Süss 社のマスクアライナの外観を図 3.3.11 に示す．このマスクアライナには平均出力 20 W の ArF レーザ（波長 193 nm）が用いられており，最小線幅として 0.2 μm のパターン形成が，コンタクト露光方式にて得られている．

ウエハステッパは，1回の露光ごとにウエハをステップ状に移動させ，マスクパターンを次々とウエハ上に投影転写する露光装置であり，量産に適しているため大きな需要がある．投影転写の縮小率としては 5 : 1 がよく用いられている．高解像度を得る目的には，回折による像のボケを抑制する観点から，光源は短波長であるほど望ましいが，レンズ材料の透過特性による制約などがあるため，その妥協点として，波長 248 nm の KrF レーザを用いたウエハステッパに開発の努力が国内外とも集中してきている[19~21]．また，大口径 高NA のレンズ材料としては現状では合成石英 1 種類しか得られないため，色収差を抑制するには狭帯域なレーザ発振を得る必要があり[19~21]，通常の発振線幅 0.3～0.5 nm に比べて約 1/50～1/100 に狭帯域化した露光用のレーザ光源の開発が活発に進められている[22]．

微細な回路パターン形成例としては，縮小率を10：1とし，NA 0.37のレンズを用いて5×5mm²の領域を露光した場合に，線幅0.35 μmが得られているのが特筆される[23]．

露光面積は，VLSIなどの生産用には実用的には15×15mm²程度以上必要であるとされており，このような大きな露光面積全面にわたって解像力として0.5 μm以下を実現すべく，高性能なエキシマレーザステッパの開発が盛んに進められている．

一例として，GCA社エキシマレーザステッパの米国陸軍電子技術デバイス研究所による性能評価結果を表3.3.3に示す[24]．本装置は0.5 μm VHSIC-Ⅱの生産ライン用として開発されたものであるが，16M DRAMの量産にも対応しうるものとして注目された．

表3.3.3 エキシマレーザステッパ（GCA社）評価機性能

項　目	仕　様	評価結果
レンズ径/NA	14 mm/0.35	同左
解像力	0.5 μm	<0.5 μm
焦点深度	±0.5 μm	±0.6 μm
線幅制御	0.05 μm (3σ)	0.045 μm (3σ)
重ね合せ精度	0.30 μm (3σ)	0.24 μm (3σ)
ウェハサイズ	100 mm	同左
スループット	>25枚/時	30枚/時

表3.3.4 KrFエキシマレーザステッパの仕様の一例[21]
（松下電器）

項　目	仕　様
方式	縮小投影
縮小率	5：1
露光面積	15×15 mm² (21.2 mm径)
NA	0.36
波長	248.4 nm (KrF)
レーザ発振半値幅	0.007 nm
レンズ材質	石英
レンズ長	675.5 nm

また，国内で試作されたKrFエキシマレーザステッパとしては露光面積が15×15mm²程度と比較的大きなものの仕様例を表3.3.4に示す[21]．

（鷲尾邦彦）

文　献

1) R. J. Pressley: Excimer Laser Processing of Semiconductors. Laser & Applications(1985-5), p.93-98.
2) 鷲尾邦彦：エキシマレーザ加工．エネルギービーム加工（精機学会エネルギービーム分科会編），リアライズ社 (1980), pp.178-185.
3) 村原正隆：エキシマレーザによる光応用加工，精密工学会誌，**53** (11) (1987), 34-38.
4) J. E. Andrew, et al.: Metal film removal and patterning using a XeCl laser, *Appl. Phys. Lett.*, **43** (11) (1983), 1076-1078.
5) T. A. Znotins, et al.: Excimer lasers: An emerging technology in meterials processing,

Laser Focus/Electro-Optics, (1987.5), 54-70.
6) T. A. Znotins: Excimer lasers: An emerging technology in semiconductor processing, *Solid State Technol.*, **29** (1986.9), 99-104.
7) Glass marking, Highlights, a publication of Lambda Physik No.1, (1986.10).
8) R. S. Taylor, et al.: Damage measurements of fused silica fibers using long optical pulse XeCl lasers. *Opt. Commun.*, **63** (1) (1987), 26-31.
9) INDEX 200 Industrial Excimer Lasers. Lumonics 社カタログ, 1 ELA 45000, (1987.4).
10) XMR Excimer Systems. エム・ビー・ケイマイクロテック社カタログ (1987).
11) 入江隆博, 他: GaAs デバイスにおけるエキシマレーザ応用. 電子材料 (1986.12), 84-88.
12) 前田洋一, 他: XeCl エキシマレーザー応用プロセス装置, XMR 社 UV プロセシングセンターシリーズ 3 UVP-3, 三井物産 (株) 技術資料.
13) P. G. Carey, et al.: Ultra-shallow highconcentration boron profiles for CMOS processing, *IEEE Electron Device Lett.*, **EDL-6** (6) (1985), 291-293.
14) T. Sameshima, et al.: XeCl excimer laser annealing used in the fabrication of poly-Si TFT's. *IEEE Electron Device Lett.*, **EDL-7** (5) (1986), 276-278.
15) P. A. Maki and D. J. Ehrlich: Excimer laser in situ treatment of GaAs surfaces: Electrical properties of tungsten/GaAs diodes, *Appl. Phys. Lett.*, **51** (16) (1987), 1274-1276.
16) T. Sugii, et al.: Excimer laser enhanced nitridation of silicon substrates, *Appl. Phys. Lett.*, **45** (9) (1984), 966-968.
16') Y. Horiike, et al.: Excimer-laser etching on silicon, *Appl. Phys.*, **A 44** (1987), 313-322.
17) 竹村和美: Si 基板のエキシマレーザゲッタリング, 1987 年秋季第 48 回応用物理学会学術講演会 (1987), 20 p-Y-9.
17') 梶川敏和, 他: エキシマレーザゲッタリング装置 XL 560 A, NEC 技報 **41** (15) (1988), 115-119.
18) U. Böttiger und B. Hafner: Patterngenerator mit Excimer-Laser, in VDI Berichte, Nr. 621, VDI Verlag Düsseldorf (1986), pp.59-73.
19) V. Pol: High resolution optical lithography: A deep ultraviolet laser-based wafer stepper, Solid State Technol. (1987.1), pp.71-76.
20) 谷元昭一: エキシマレーザ光を用いたリソグラフィ技術の現状と今後の開発の焦点. 精密工学会誌, **53** (11) (1987), 1663-1666.
21) 笹子 勝: エキシマレーザリソグラフィその後. 月刊 Semiconductor World (1988.1), 52-54.
22) 斉藤 馨, 他: エキシマ・レーザステッパー用狭帯域エキシマレーザ技術の現状と展望, Semicon News (1987-12), 54-63.
23) 高山和良: KrF エキシマ・レーザーで 0.35 μm のパターンを転写, Nikkei Microdevices (1986.9), 42-44.
24) Industry News Update. Solid State Technol./日本版, (1987.12), p.10.

3.4 複合レーザ加工システム

　レーザの複合的な応用とフレキシビリティに着目して,レーザ化工機と工作機械とを組み合わせた生産システム研究の最初は通商産業省工業技術院の大型プロジェクト『超高性能レーザ応用複合生産システム（FMSC）』(1977〜1984)である．そこでは,「レーザはフレキシビリティの高い工具である」というレーザ加工に対する新しい概念のもとに,多品種少量生産を目的としてレーザ加工を応用した複合生産システム構成の可能性が実験的に実証された[1]．

　図3.4.1は,上記プロジェクトにおける要素研究の成果を集約して構築した筑波実験プラントのレイアウトである．出力10kWのCO_2レーザ発振器から複合切削機構Aセルへレーザビームが伝送され,そこで加工され組み立てられた歯車と軸の溶接と歯車表面の焼入れを行った．そのとき,複合切削機構はレーザ加工を行うための加工物のハンドリングを分担している．300WのYAGレーザ光は複合切削機構Bセルの加工ヘッドまで光ファイバーで伝送し,スピンドルの内面仕上げ切削時の連続して出て来る切りくずをバイトの位置で切りくず生成直後に短く高速で切断して,加工工程の自動化を図った．また,歯車切削時に生ずるバリを自動的に除去する加工を実証している．この研究が終了した後,イタリア[2],ドイツ[3,4],米合衆国[5]等で類似の研究が行われている．

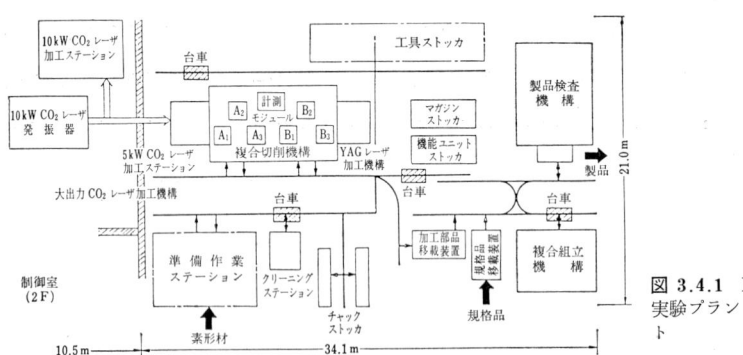

図 3.4.1 FMSC 筑波実験プラントのレイアウト

　当時は,レーザ加工機はレーザ発振器や週辺機器に開発すべき多くの課題がまだ残されており,加工システムの構成には困難が多かったが,レーザ技術が飛躍的に進歩して,高度な実用レベルのレーザ複合加工システムが開発されている．

3.4.1　レーザのフレキシビリティ

　レーザ加工におけるフレキシビリティは次のように整理できる．

(1) 各種加工の実施：レーザ出力，照射パワ密度，照射時間を制御することにより，除去，溶接，表面改質，薄膜形成のような加工を1台の発振器と複数の加工ステーションをつかって行うことが可能である．加工雰囲気も真空中はもとより，ガス雰囲気も選択できる．

(2) 加工対象材料：鉄鋼材料，非鉄金属材料，セラミックス，プラスチックス，複合材料と産業界で使用される材料の種類は非常に多く，単結晶，高純度，非晶質，多孔質，繊維強化複合材料など難加工材料が多くなっているが，レーザはあらゆる材料を加工できる．

(3) レーザ光の操作と制御：光路の切り替えや光走査，位置ぎめは反射鏡や多面体鏡を使うと容易である．可視から近赤外光は光ファイバーで高効率伝送が可能である．1台の発振器からのレーザ光を切り替えて（時分割）複数のステーションで各種加工が可能である．レーザ光を2分して（空間分割）材料の表裏から，あるいは多数分割して複数箇所を同時に加工することも可能である．材料や加工の種類に応じて発振形態（連続発振，パルス発振）やパルス波形（幅，間隔，周波数，エンハンスト波形，duty ratio），発振出力レベル，出力増加・減少などの制御が簡単にできる．

(4) 加工力：非接触加工であり，加工時に材料に加えられる力はきわめて小さいので加工物の固定法は簡単で，固定力も小さくてよい．レーザ加工ヘッドを組み込んだ高精度加工ロボットのような複雑な三次元形状の加工機も可能となる．

(5) 複合的利用：レーザ光は情報処理，情報伝送，計測，加工，医療と広い分野で応用されている．レーザ光を加工と同時に位置ぎめ，形状測定などに使用し，加工機に認識・判断機能を付加した高度化の可能性がある．また，LAM (laser asisted machining) レーザ加熱高速溶接などレーザと他の加工法を複合的に応用し高能率化，高精度化を実現できる．

3.4.2 生産システムにおけるレーザ加工機

シートメタルの高能率・高精度切断，薄板の高速突合せ溶接，オンライン部分焼入れなどが生産に適用されて，レーザ加工の重要性と問題点が明らかになってきた．レーザ加工を組み込んだ生産システムでは10～30％の工程削減が可能と推定され[6]，前述の大型プロジェクトの研究開発で，生産システムにおけるレーザ加工技術の地位は確立されたといえよう．

レーザ複合加工機はCNCタレット式パンチプレスとレーザ切断機を組み合わせた装置が最初である．高出力CO_2レーザ発振器は設備費，運転経費が割高であり，高能率加工が重要となる．この加工機はレーザでは加工率の低い微小丸穴はパンチング加工で行い，パンチング加工能力をこえる厚板，大面積の切断加工，異形穴などの加工にレーザ切断を適用することによって，加工効率と加工品質の向上を図っている．金型数を減らすことによって，その加工コスト，加工期間の圧縮と機械の騒音，振動の低減も期待している．

しかし，フレキシブルで高速な加工能力だけでは採算性が不十分である．そこで，切断加工と溶接加工を行う工業レベルで実用可能な板金用フレキシブル加工システムが検討された[3]．そこでは，3シフト運転，自動化，高速搬送，高速ビームハンドリング，マルチ加工ステーションを採用してレーザの使用効率向上をはかり，経済性を確保している．このシステム（図3.4.2）では加工ノズルと加工面の距離測定，ノズルと加工面の角度（垂直度）測定，溶接経路のトラッキングなど各種センサが重要である．また，加工物の形状や大きさの

変化に対応できるローディング・アンローディング装置，加工物設置ジグ，自動クランピング機構，多様な形状の加工物の搬送システムの開発が必要であった．

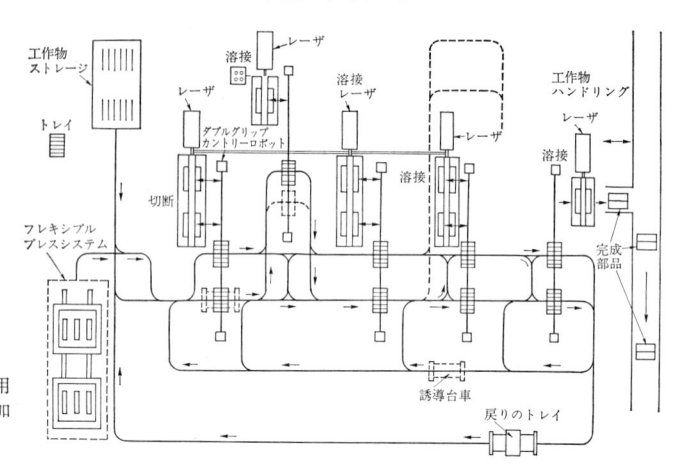

図 3.4.2 板金加工用フレキシブルレーザ加工システム

わが国では，レーザ加工機と板金 CAD/CAM システムを直結し，CNC プレス，ロボット溶接機を組み込んだ板金部品の多品種自動生産システムを構築して，生産必要時間を 1/10 (30日を3日に)，生産量 3.3 倍の生産性を実現している[7]．そこでは，工場面積が約 60% 縮小でき，必要作業人員は約半数となり，人員1人当りの売上は 2.6 倍となっている．過度の部品加工精度が要求され加工コストや加工技術上不利なレーザ溶接を採用せず，ロボットによる自動溶接を採用しているのが特長である．

乗用車のボデイ部品として CO_2 レーザ溶接で結合した素材をプレス加工して実用化している．その結果，素材の利用効率が向上し，設計変更によって加工工程のさらなる簡略化ができるものと期待されている[8]．

レーザ発振器と加工機はもとより，光学部品，各種センサ，治工具，搬出入装置，計測機などの周辺機器と加工技術の研究開発が高度な機能の装置の実用化には重要である．レーザ加工機のユーザとメーカが連携して研究開発をすすめることにより，世界の 40% 強をしめるまでに普及したわが国のレーザ加工技術はいっそう利用者の期待に添うものとなろう．

(池田正幸)

文献

1) 池田，藤野：精密機械，**49**，8 (1983)，p. 60.
2) A. V. ラロッカ：サイエンス (1982)，p. 102.
3) 機械と工具，1987 年，1月．
4) W. E. Bushor: Machine and Tool BLUE BOOK, Vol. 76, No 9. (1981), 976.
5) F. D. Seaman and S. Rajagopal: Laser Focus/Electro-Optics, 1983, Nov. p. 75.
6) M. Ikeda: Proceed. of Int. Conf. on Appl. Lasers and Electro-optics (ICALEO '83) (1984), p. 59.
7) 宮川，戸田：第 33 回レーザエネルギ応用機器懇談会資料 (1991, 12月)
8) 夏見文章：第 30 回 上記資料 (1991, 6月)

4. パラメータの測定

4.1 レーザパラメータの計測と測定器

4.1.1 レーザパラメータ
a. レーザパラメータの種類

レーザの特性を示すパラメータは数多くあり,目的によって必要とするパラメータは異なる.レーザの利用者にとっては,レーザ光(ビーム)の特性と,装置の設置・運転に関することが重要である.レーザを供給する側の技術者,あるいはレーザ現象の研究者にとっては,上記の仕様諸元に加えて,レーザの動作にかかわる内部のパラメータ,すなわちレーザ媒質の励起,緩和,飽和,光学的特性に関すること,光共振器の特性に関することも重要である.これらをまとめて表4.1.1に示す[1].

表 4.1.1

● レーザ光(ビーム)に関するもの: 　連続または平均パワー 　パルスエネルギー,パルス幅,波形 　波長(周波数)と単色性(縦モード) 　空間強度分布と指向性(横モード) 　干渉性,偏光特性 　上記パラメータの安定性	● レーザ作用に関するもの: 　活性媒質の励起,緩和,増幅,飽和特性 　光共振器特性 　発振出力対励起入力特性,効率 ● レーザ装置に関するもの: 　装置の大きさ,重さ 　運転に必要な電力,冷却水,消耗ガス等 　運転環境(温度,振動,塵埃)

レーザプロセス技術は広範囲にわたるのでそこに用いられるレーザの種類も多く,測定の範囲が広い.その発振波長は約 $0.2\,\mu m$(エキシマレーザ)から $10.6\,\mu m$(CO_2 レーザ)にわたり,波長変換や研究的なレーザではさらに短波長のものがある.発振出力についてみると,光ディスクメモリの記録や半導体回路の微細加工における小出力レーザから,光化学加工や金属厚板の加工のための大出力レーザまでが測定対象である.また,パルス幅についてみると,パルス放電気体レーザ,Qスイッチ固体レーザでは10ns,半導体レーザでは0.1ns,モード同期色素レーザではピコ秒以下の計測が必要になる.このように計測範囲が広いのはレーザパラメータ計測の一つの特長である.

レーザが応用システムの一部として組込み使用されるようになると,システム側からの要求でいくつかの新しいパラメータの計測やより高精度な計測が必要になることが多い.また,このために計測方法を開発する必要が生じることもまれではない.計測技術の向上は,レーザ装置や応用装置の性能を向上させることに役立ち,それがさらに計測技術の向上をもたらす結果になる.

b. レーザ光に関するパラメータ計測

レーザプロセスに直接関係するパラメータは,レーザ光に関するものである.レーザ光は

よく知られているように，単色であること，指向性が鋭くビーム状であること，コヒーレント（干渉性）であり強力であること，短パルス光が得られることなどの特長をもっている．これらの特長は，レーザ発振器を構成している増幅作用のあるレーザ媒質と光共振器の特性に由来するので，これらに対する理解はレーザ光パラメータの計測に役に立つ．

（i）**発振波長** レーザ光の波長とそのスペクトル幅を正しく知ることは，分光，同位体分離，リングラフィ用光学系設計，光波干渉測長などにおいて重要である．

波長の測定には，分光器や干渉計が用いられる．測定の際に既知の波長の光を用いて計測器をあらかじめ校正し，あるいは同時にこの光を計測器に導入しながら，波長を測定するのが普通である．波長の知られた実用光源として，Kr, Hg, Cd などの放電灯があり，$1 \sim 2 \times 10^{-7}$ の精度をもつ．簡便な可視レーザである He-Ne レーザ，Ar^+ レーザなどは輝度が高く使いやすいが，多周波同時発振のままでは精度は 10^{-5} 程度である．これに対して特別に安定化された He-Ne レーザ[2]では 10^{-9} の精度がある．

光波の波長の値は，それが伝わる媒質の屈折率によって変化する．これに対して周波数は一定の値をもつ．マイクロ波帯以下では，電磁波の周波数計測技術は確立されている．周波数が未知のレーザ光と，既知のレーザ光，マイクロ波帯電磁波の高調波との周波数混合を行い，ビート周波数を計測することによりレーザ光の発振周波数を決定することも行われている．

レーザ光は単色性にすぐれているが，完全ではなく，スペクトルに幅がある．1.2 に述べられているように，レーザ媒質の増幅帯域内に共振モードが多数存在し，したがって発振するレーザ光は近接した複数の周波数成分からなっているのが普通である（多モード発振）．これに対して共振器内にエタロンを用いるなどして唯一の周波数で発振を行わせることもできる．しかしこの場合でもスペクトルには小さな幅があり，用途によってはこの幅の測定が必要である．これらのスペクトルの微細構造と幅は，ファブリ・ペローのエタロン[3]や掃引形干渉計[4]で観測することができる．

（ii）**レーザパワーとエネルギー** 連続発振光に対してはパワー（単位は W），パルス発振光に対してはピークパワー（W），平均パワー（W），パルス当りのエネルギー（J）が出力測定の対象である．

測定方法は熱的な方法と光電的な方法に大別される．

熱的測定法は，光の吸収体にレーザ光を当てたときに生じる温度上昇を，熱起電力（熱電対），抵抗変化（ボロメータ）などとして検出する方法で，測定器はカロリメータと呼ばれる．感度の波長特性を広い範囲で平坦にしやすく，精度の高い測定にも適するが，応答速度は遅い．

光電測定法は，光電管，光電子増倍管，ホトダイオードなどの光検出器を用いる方法である．高感度で応答速度も速いが，使用できる波長範囲に制限があり，本質的に感度の波長依存性がある．

詳細については次項以下でのべる．

（iii）**モードパターンと広がり角** レーザ光は指向性のあるビーム状をしており，その断面上でモードパターンと呼ばれる強度分布の模様をもっている．この強度分布は 1.2 に述

べられているように，レーザ共振器内に生じた定在波のパターンである．安定形共振器において共振器が十分に細くて長い場合，広がり角の最も小さなTEM$_{00}$モードのレーザ光が得られる．このレーザ光は，ビーム中心からの径方向の距離をrとすると，$\exp\{-2(r/w)^2\}$に比例したガウス形の強度分布をもっている．ここにwはビーム半径（$2w$はビーム直径）と呼ばれ，その点の強度は中心強度の$1/e^2$（$=0.135$）になっている．波長λ，ビーム直径$2w_0$の平面波TEM$_{00}$モード光は，距離zを伝播するとビーム直径$2w(z)$は式（1）のように増大するが，強度分布の形状は上に述べたガウス形のままで変わらない．この様子を図4.1.1(a)に示す．十分遠方では，ビーム直径$2w$は距離zに比例し，その比例定数すなわちビーム広がり角θ（全角）は式（2）で与えられる．

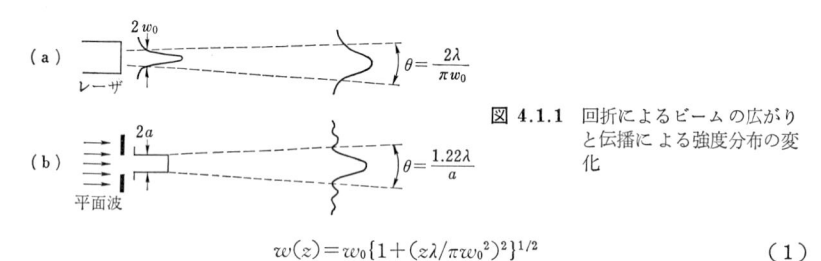

図 4.1.1 回折によるビームの広がりと伝播による強度分布の変化

$$w(z)=w_0\{1+(z\lambda/\pi w_0{}^2)^2\}^{1/2} \tag{1}$$

$$\theta=\lim_{z\to\infty}\frac{2w(z)}{z}=\frac{2\lambda}{\pi w_0} \tag{2}$$

この広がり角の内側（あるいはビーム直径の内側）に全パワーの86.5%が含まれている．

比較のために，ビーム直径$2a$の一様な強度分布をもった平面波が伝播して遠方に生じる分布を図4.1.1(b)に示す．これは光学において円形開口によるフラウンホーファの回折として知られており，中心に明るい円（エアリーのディスク）とそのまわりに多数の円環が現われる．

エアリーのディスクの直径（すなわち第1の暗環の直径）を広がり角で表現すると式（3）のようになり，その内部に全パワーの83.8%が含まれる[5]．

$$\text{拡がり角}=\frac{1.22\lambda}{a} \tag{3}$$

広がり角が式（2）または（3）で表わされるビームは「回折限界（diffraction limit）にある」といわれる．一般のビームの広がり角はこれらの式で与えられるよりも大きく，その場合広がり角は「回折限界の何倍」であると表現する場合がある． 〔高橋　忠〕

文　献

1) レーザパラメータ計測全般に関してたとえば次の文献がある．
   H. G. Heard: Laser Parameter Measurement Handbook, John Wiley & Sons, New York (1968).
   レーザー学会編：レーザーハンドブック，オーム社，東京 (1982).
   レーザー研究．レーザー学会誌，**14** (9) (1986).
2) メートル原器用にわが国では計量研究所が保有している．
3) M. Born and E. Wolf: Principles of Optics, Pergamon Press, Oxford (1974) p.329.

4) M. Hercher: The spherical mirror Fabry-Perot interferometer, *Appl. Opt.*, **7** (1968), 951.
5) M. Born and E. Wolf: Principles of Optics, Pergamon Press, Oxford (1980) p.398.

4.1.2 レーザパワー・エネルギーの測定
a. 測定原理

レーザパワー・エネルギーの測定法のうち,主なものについて表 4.1.2 に示すように原理別に,その特徴を記した[1]. 実用上レーザプロセス技術に利用されるレベルで重要な測定方法は熱的方法であり,以後詳しく述べることとする.

表 4.1.2 レーザ出力の測定法の分類

測定方法	原理,材料	特 徴
光 電 的	光電効果 　フォトダイオード 　アバランシェフォトダイオード 光導電効果	・高感度 ・高速応答 ・波長域は狭い
熱 的	温度検出 　熱電対 　サーモパイル 　抵抗変化 　体積変化 焦電効果	・絶対値校正 ・高精度 ・広波長域 ・安定である
光化学的	写 真	・波長域は狭い ・高感度 ・定量的測定に不適
非線形光学的	非線形光学効果 (光整流効果)	・パルスに適する ・低感度(大パワー用) ・透過形
機 械 的	輻射圧	・絶対測定 ・大パワーに適する

レーザパワーの熱的測定法はレーザ光を一度吸収体に吸収させて熱に変換し,その温度上昇を直接測定したり,または間接的に吸熱による体積や圧力の変化として測定する. この方法によれば吸収体の材質,形状を選ぶことにより波長依存性が小さく,高精度の測定が期待できる. 欠点は,感度が低い,時定数が長いなど,取り扱いづらいことである. 原理的には吸収体の重さ,比熱などがわかればパワーを計算することができ絶対測定が可能である. 実際には熱損失などの原因で測定精度を上げにくいため,吸収体にヒータを埋め込み,直流電力を供給してレーザパワーを校正する"直流電力置換法"がとられることが多い. その概念を図 4.1.2 に示す. 図において,受光部にレーザ光が吸収されるとその温度が上昇する. この温度上昇は熱電対のような温度検出素子で検出される. 温度検出素子の出力が吸収されたレーザパワーに比例しているならば,あらかじめ直流電力で校正しておくことにより,レーザパワーを容易に知ることができる. レーザパワーと直流電力が等価に置換される場合には,

原理的に直流電力の測定精度と同等の精度が得られる.

熱形測定器の一例としてカロリメータを用い,直流電力置換法によるレーザパワーの測定についてその原理を簡単に説明する.入力パワーPがカロリメータに加わると熱平衡状態では次式が得られる.

$$P = c\frac{d\theta}{dt} + \frac{\Delta\theta}{R} \qquad (1)$$

ここで,cは受光部の熱容量,θは受光部の温度上昇で$\Delta\theta = \theta - \theta_R$($\theta$:受光部の温度,$\theta_R$:基準温度),$R$は受光部と周囲の熱抵抗である.右辺の第1項は受光部に蓄えられる熱量,第2項は周囲へ失われる熱量を示している.Pが一定でかつ定常状態では,

$$\theta = RP \qquad (2)$$

である.温度検出器の熱起電力Vを$V=\alpha\theta$(α:比例係数)と表わすと,(2)式は,

$$P = \frac{V}{\alpha R} = kV \qquad (3)$$

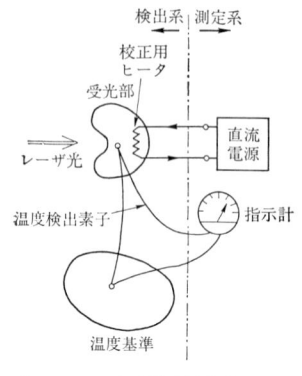

図 4.1.2 直流電力置換法によるレーザーパワー測定の概念

となる.ここで$k = 1/\alpha R$である.あらかじめ直流電力でkを求めておけば熱起電力の測定からレーザパワーが求まる.

一方,パルスエネルギーの測定で対象とする測定量は,パルス1個当りのエネルギー(Joule)とピークパワー(W)である.パルス波であっても,その繰り返し周期が検出器の応答時間より十分短く,かつ平均値を測定する場合は前述のパワー測定用機器が使用できる.

b. CO_2 レーザパワーの測定

CO_2 レーザは,発振波長が,10.6 μm,出力が 50 W から 20 kW と大きく,高効率のレーザ発振器が製作されている.このような大出力レーザパワーの測定では,測定器の受光部が高温になりやすく,それによって焼損したり,測定精度が低下したりする.吸収体としてよく用いられる黒色ペイント(たとえば Nextel 101-C 10, 3 M)を塗布した金属ディスク形のものでは,CO_2 レーザ光(10.6 μm)に対し損傷しきい値は 200 W/cm² 程度である.表 4.1.3 は受光部吸収体を構造別に分類したものである[1].表 4.1.3 において,面吸収はパワー,エネルギー双方の測定用に,体積吸収はもっぱら高エネルギー測定用の吸収体として用いられる.面吸収構造のうちディスク形のものは,構造が単純で応答速度も短くできるため,強制冷却を併用して数百 W 程度までのパワーメータ・ヘッドとして利用されている.それ以上の高レベル測定には多重反射形が用いられる.

図 4.1.3(a)は電子技術総合研究所において可視から赤外域で 1 W から 1 kW レベルを目標として開発されたレーザカロリメータの主吸収体である[2].カロリメータは広い波長域をカバーし,応答を速くするため,ディスク形の主吸収体と反射パワー吸収用のシリンダ形の副吸収体とからなる二分割構造である.測定誤差は 300 W レベルにおいて ±1.5% 以内である.

図 4.1.3(b)は 10 kW の大出力測定用である[3].レーザ光は,アルマイトコーンの水冷

4.1 レーザパラメータの計測と測定器

表 4.1.3 受光部吸収体の種類

分類		形状		備考
面吸収 (surface absorption)	ディスク型 (disc type)	(1) 基盤(マイカ,アルミナなど) 黒化物 金黒,ペイントなど サーモパイル バッキング材(銅,アルミなど) ヒータ	(2) 黒化物 冷却フィン ヒータ	○構造が単純 ○感度良好 ○時定数:短いもの可 ○吸収率,耐パワー性に難点
	多重反射型 (multi-reflection type)	(3) コーン(金属,グラファイト) ヒータ	(4) ガイド 黒化物 ヒータ	○耐パワー性大 ○大出力カロリメータに適している ○吸収率が高い ○波長依存性良好 ○時定数は長い
		(5) ガイド 円筒鏡 平面鏡 吸収面 拡散面	(6) 金属球 レンズ	
体積吸収 (volume absorption)	固体	吸収ガラス バッキング	エナメル線ボロメータ 真空	○耐エネルギー性大 ○時定数が長い ○形状が任意に選べる ○波長依存性が大きい ○流体式は冷却が大きい (フロー式) ○直流置換がむずかしい
	液体		ヒータ 吸収液体 ($CuSO_4$インクなど)	
	気体		吸収気体 (SF_6など)	

吸収体で熱に変換され,冷却水の入出口における温度差からパワーを測定する.

表4.1.3中(5)は,現在までに開発された吸収体のなかで最も測定パワーレベルの高いレーザカロリメータ・ヘッドでアメリカの国立標準局(NBS)によって開発されたものである[4]. 吸収体の構造は,レーザの第1照射面でパワー密度をさげるための円筒鏡,ついで平面鏡,拡散面,最後に吸収面となり,各部の吸収パワー密度は十分低く保たれている.外壁には校正用ヒータと冷却水用のパイプが取り付けられている.入射パワーは冷却水の温度上昇から知ることができる.測定パワー範囲は 300 W から 100 kW,測定誤差 ±3% 以内である.

c. Nd:YAG レーザパワーの測定

Nd:YAG レーザは 1.06 μm の波長で発振し,微細加工も可能であり,石英系ファイバを導波路として使用できるという特徴をもっている.そのパワーの測定は CO_2 レーザパワーの測定に準じる.異なるのは可視光用の吸収体がそのまま利用できることである.パワーレベル 10 W から 1 kW のため,吸収体の耐熱性や冷却を考慮したディスク形やコーン形状の多重反射形(表4.1.3中(2)-(4))の吸収体が用いられることが多い.いずれも外壁には冷却水用のパイプが取り付けられている.

さて,レーザパワー測定ではしばしばそのダイナミックレンジを拡大する必要性が生じ

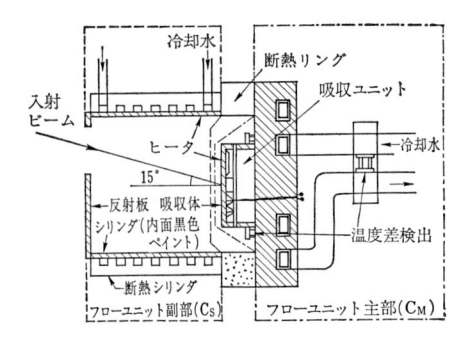

(a) 二分割形フローレーザカロリメータ

(b) コーン形フローレーザカロリメータ

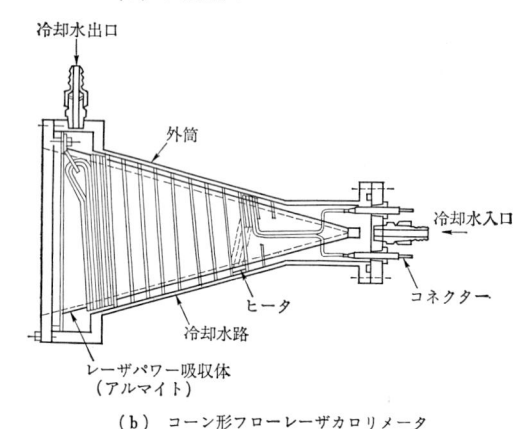

図 4.1.3 高パワーレーザカロリメータの構成例

る. すなわち，受光部に過大なレーザ光を入射させると，検出信号が飽和し正確な測定ができないだけでなく，ときには受光部を損傷させることにもなる．したがって，測定器の線形範囲で動作させるために，レーザ光の強度を適当に減衰させるレーザ減衰器が必要となる[5]．理想的なレーザ減衰器とは，入出力端において，空間的かつ時間的に，偏波，振幅分布，位相は一定で，振幅のみ線形に減衰させ，かつ減衰量が知れるものでなければならない．むろんこのような理想的なものはなく，実際の使用に当っては，波長，パワー密度，など減衰量に影響を与える種々のパラメータに注意を払う必要がある．

主なレーザ減衰器として，次のようなものがある．
(1) 吸収形；NDフィルタ，ワイヤーグリット，干渉フィルタ
(2) ビーム分割形；ビームスプリッタ，ダブルプリズム，拡散板，しぼり，偏光素子
(3) 再放射形；再生半導体

これらのうち，ワイヤーグリット，ビームスプリッタ，ダブルプリズムなどが高パワー用のレーザ減衰器としてよく利用される．

その他,空間的なビーム分割に対し,時間的なビーム分割を行うものとして,いわゆる機械チョッパーがあり,レーザビームを断続して平均エネルギーを減衰する.この方式はモータを用いて手軽に製作できること,簡単な割りには精度が高く,波長依存性がないことである.

d. パルスエネルギーの測定

パルス出力測定で対象とする測定量は,基本的には,パルス1個当りのエネルギー(Joule)とピークパワー(Watt)である.一方,市販されているパルスレーザでは,波長が157 nm～10.6 μm,エネルギーが10^{-9}～10^2 J,パルス幅が最小10^{-13} s,パルス繰り返しが,単一～10^9 ppsの範囲にわたっている.それゆえ,これらのパラメータによって,おのずと測定器,測定方式も異なってくる.

パルスレーザの出力測定方法には,CW と同様に,熱的,光電的,光化学的,非線形光学的および機械的など,種々の原理に基づくものがある.定量的な測定には,熱的および光電的方法が多く用いられる.

単一パルスの出力測定の基本的な方法を,図4.1.4に示す.エネルギーE_pは,瞬時パワ

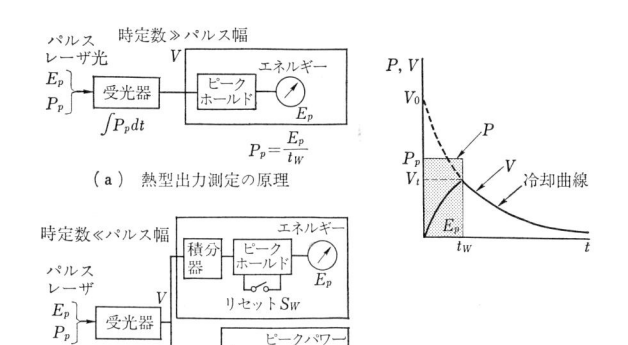

図 4.1.4 パルスエネルギー測定の原理

ーを積分したものである.したがって,同図(a)の熱型受光器のように,一般にパルス幅が,時定数より大きい場合には,そのピークがパルスのエネルギーを与える.すなわち,単一パルスに対する熱形受光器の応答V(V)は,一対の熱容量と熱抵抗からなるとすれば,次式で表される.

$$V = KR_cP_p(1-e^{-t/\tau})$$
$$; 0 \leqq t \leqq t_w \tag{4}$$
$$= KR_cP_p(e^{-(t-t_w)/\tau} - e^{-t/\tau})$$
$$; t_w < t \tag{5}$$

ただし,t_wはパルス幅,τは受光器の時定数,Kは受光器の温度に対する感度(V/℃),Rは熱放散定数(℃/W),P_pはピークパワーである.

τ が t より十分大きい場合には，$t=t_w$ における応答 V_t は，
$$V_t \fallingdotseq KR_c P_p t_w/\tau = KR_c E_p/\tau \tag{6}$$
となる．実際には，受光器の熱特性が高次の遅れ要素を含み，加熱時の特性は，式 (1) からずれる．このため，精密な測定を行うときには，(5) 式の冷却特性を用いる．式 (5) でパルスの始点側へ外挿した値が，$\tau \gg t_w$ ならば，式 (6) と同じ結果となり，E_p を求めることができる．

一方，ピークパワー P_p は，後で述べる波形観測によりパルス幅 t_w を求め，$P_p = E_p/t_w$ から決定する．

熱形のパルスエネルギーメータの例を図4.1.5に示す[6]．これは，多重反射形のカロリメータで，アメリカの NBS において，低いレーザエネルギーの標準（C3シリーズ）として用いられる．波長範囲は，$0.4 \sim 2\mu m$，エネルギーは，$0.03 \sim 10 \text{ J}$，パルス幅 $200 \mu s$ 以上，エネルギー密度 0.1 J/cm^2 以下，精度 1% の性能をもっている．

熱負荷は，くさび形構造の受光面に黒色塗料を塗り，多重反射により入射エネルギーの 97% をここで吸収し，残りを円筒部で吸収する．生じた温度上昇は，周囲のジャケットとの間に張ったサーモパイルにより検出する．くさび形の入口部に DC 校正用のヒータが埋め込まれている．この負荷は，周囲と断熱するため，光の入射口をガラスまたは溶融シリカ窓により封じ，気密ジャケット構造にして真空に引く．したがって入射窓材の反射，損失などは，あらかじめ別のカロリメータにより測定しておく．

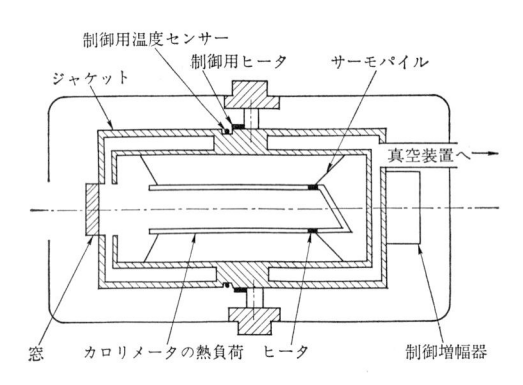

図 4.1.5 パルスレーザカロリメータ

熱的測定方法の一つである焦電素子を用いたレーザエネルギーメータは最近多く用いられるようになった．焦電素子は，強誘電体の加熱による温度変化に比例した自発分極を生じる焦電効果を利用したものである．TGS, PVF_2 などの薄片に電極を付けてコンデンサ状とし，受光面を黒化したものを吸収体とする．特徴は，高速応答，高感度で直線性もよいことである．

光電形受光器は，ふつうパルス幅より時定数が短く，図4.1.4 (b) のように，その出力がピークパワーに比例し，これを回路により積分してエネルギーを測定する．受光器には，Si, Ge などのフォトダイオードを用い，構成は，検出，積分回路，増幅器，ピーク検出・ホールド回路などからなる．可視，近赤外域の比較的低レベルで用いられる．

さて，繰り返しパルスでは，図4.1.6のように，CW 出力測定器により，平均パワーを測定するとともに，ビームスプリッタにより分割したレーザ光の一部について，高速の光電検出とオッシロスコープにより，波形観測を行いパルス幅を求める．

平均パワーを $\bar{P}$, パルス幅を t_w, 繰り返し時間を t_r とすれば, 1パルス当りのエネルギー E_p とピークパワー P_p は, 次式で求められる.

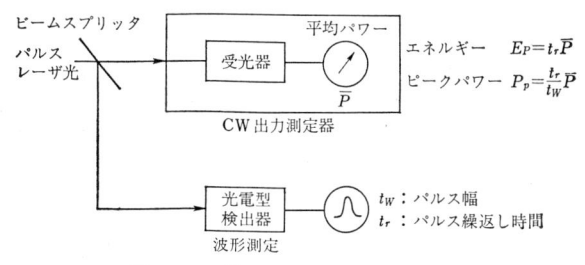

図 4.1.6 繰り返しパルスの出力測定

$$E_p = t_r \bar{P} \qquad (7)$$
$$P_p = (t_r/t_w)\bar{P} \qquad (8)$$

　以上の話は, 単純なパルス波形の場合で, 実際には, オーバシュート, プレシュート, 波形ひずみなどがあり, きれいなパルス波形とはいえないことが多い. また, 一つのパルス状包絡線内に多数のピークをもつこともある. したがって, エネルギーや平均パワーと波形観測からピークパワーを決める方法は注意が必要である. 完全な方形波でない場合は波形補正係数を乗じて求めることもあるが, 誤差が大きくなる.

　市販の出力測定器は, パルスエネルギーメータまたはジュールメータということが多い. 受光部の原理, 構造はCW出力測定器とほぼ同じであるが, 指示計部がエネルギー測定の機能をもつ.

　パルスレーザ出力測定器の重要な性能には以下のものがある.

（i）　波長範囲
（ii）　最大, 最小パワー/エネルギー（W, J）
（iii）　最大パワー密度（W/cm^2）
（iv）　最大, 最小パルス幅
（v）　受光部の有効開口と形状
（vi）　検出感度とその一様性
（vii）　応答性
（viii）　偏波依存性
（ix）　精度

　わが国では, パルスレーザ出力の標準は, まだ確立されていないため, 測定器メーカでは, 各社の副標準に基づいて構成を行っている. 精度は, ±3～5％のものが多い. 表4.1.4に, パルスレーザ出力測定器の例を示す.

　パルスレーザ出力の測定では, 以下の点に注意する必要がある. 受光器の位置決めは, 繰り返しパルスでは, CWに準じて行うことができる. 単一パルスでは, 近赤外域の場合, 市販の蛍光板を用いる方法がある. 正確な位置合わせをするには, フォトダイオードアレイや2次元検出器を用いる. パルス出力の測定時は, 受光器に仕様を越える過大なエネルギー密

表 4.1.4 パルスレーザ出力測定器（市販品）の例

測定原理	波長域（μm）	測定エネルギー	型　　式	製造メーカ
表面吸収形	0.19〜30	30 mJ〜200 J	210, 201, 2201	Coherent
〃	0.19〜40	1 mJ〜20 J	BS-10, 100, 1000	Gentec
〃	0.25〜20	10 mJ〜30 J	150 A, 300 W, 1000 W	Ophir
〃	0.25〜35	10 μJ〜300 J	36-0001, 36-0401	Scientech
体積吸収形	0.19〜11	10 μJ〜300 J	38-0101, 38-0805	〃
〃	0.3〜11	5 nJ〜300 J	LDC-30, 120	日本高周波
〃	0.4〜11	10 J〜800 kJ	P-100 Y, 500 Y	Optical Engineering
焦電形	0.2〜30	10 μJ〜100 mJ	LPD-01	日本高周波
〃	0.2〜30	0.5 mJ〜150 mJ	ED 100, 200, 500	Gentec
〃	0.2〜16	1 μJ〜10 J	Rk-5000, 7000	Laser Precision
〃	0.35〜10.6	0.1 mJ〜120 J	KFCL-90 N, 120 N	呉羽化学
Si	0.2〜1.1	10 pJ〜100 J	460, 581, LR 7000	EG & G
Si, Ge	0.22〜1.8	1 μJ〜2 J	66 XLA, 33 XLC	Photodyne
Si	0.3〜1.1	0.3 μJ〜100 J	PLEM	Delta Development
〃	0.35〜1.1	1 pJ〜1 mJ	S 390, 380, 371	United Detector

度やピークパワー密度が加えられないように十分注意する．一度表面が劣化したものは，局部的に反射率や感度分布が変化するため再度校正しても使用できないことがある．これらの劣化を避けるため，あらかじめレーザ出力や密度の推定値から，受光器の許容範囲にあることを確認する．許容密度を越える恐れのある場合は，適当な減衰器を用いる．

(本田辰篤・遠藤道幸・井上武海)

文　献

1) 本田辰篤：カロリメータ法によるレーザパワー精密測定に関する研究．電子技術総合研究所研究報告 (837) (1983)．
2) 遠藤道幸，本田辰篤：高パワーレーザ測定用カロリメータの開発．電子技術総合研究所彙報，**47** (12) (1983)．
3) 内山　太，他：10 kW 級 CW-CO_2 レーザの出力計測，電気学会，OQD-82-67 (1982) 27．
4) R. Smith, et al.: A calorimeter for high-power CW laser, IEEE IM **21** (4) (1972)．
5) 遠藤道幸，他：光減衰器，電子技術総合研究所彙報，**43** (3) (1979)．
6) E. D. West and W. E. Case: Current status of NBS low-power level laser energy measurement. IEEE IM, **23**, (4) (1974), p. 422．

4.1.3　モードパターンの測定

モードパターンはビームの集光性や伝送特性に大きな影響を与える．低パワーのレーザの出力モードは比較的安定しているが，高パワーレーザでは共振器の熱歪や共振器鏡の熱劣化・熱変形などのため，ある程度のモードの変動は避けられない．レーザ加工機を量産ラインに導入するには加工の信頼性・安定性が要求されるが，その場合モードパターンの測定・管理が重要な課題となる．以下では CO_2 レーザの出力ビームモードの測定法の現状を中心に述べるが，集光ビームについても若干ふれる．検知器を変えると，YAG などのレーザにも基本的には同じ原理が適用できる．

4.1 レーザパラメータの計測と測定器

a. 測定の原理

（i） 測定方法　レーザビームの2次元強度分布測定は，図4.1.7に示すように（a）単一素子の2次元走査，（b）アレイ素子の単一掃引，（c）2次元素子を使用する3方法に

(a) 単一素子　　**(b)** 1次元アレイ素子　　**(c)** 2次元素子

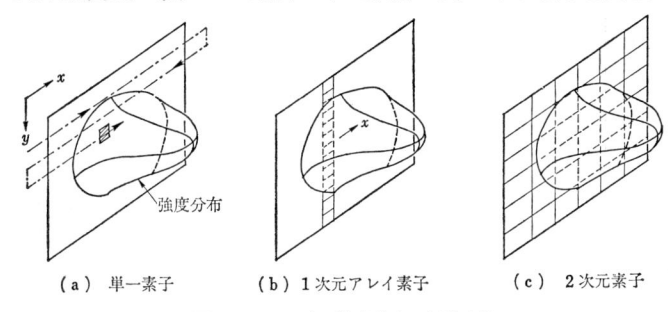

図 4.1.7　2次元強度分布の測定方法

大別される．（a）では素子の受光面積を小さくして走査線数を増すと分解能は向上するが，検出信号レベルが低下し，測定時間が長くなる．（a）の代わりにスリット（またはエッジ）プローブを多数の異なる方向にスキャンするCT技術[1]を応用することもできる．回転対称ビームの場合，スリットプローブを1回だけ掃引することにより分布が求められる．ガウス分布ビームではこの素子の出力信号はそのまま強度分布を表わすが，一般にはアーベル変換が必要である．（b），（c）を用いると測定時間が大幅に短縮されるので，実時間モニタリングが可能となるが，装置が複雑になる．

（ii） サンプリング　主ビームから数％以下のビームをサンプリングすると，レーザ加工中にビームモードがモニタできる．図4.1.8に示すように，（a）非出力鏡からのビーム採取，（b）ビームスプリッタ，（c）金属チョッパなどによりサンプリングされる．実用的には安価で高パワーに耐える（c）がすぐれているが，ビームが変調される．

（iii） 検知器の種類と性質
検知器の感度波長とその応答性を図4.1.9[2]に示すが，これらは光電効果型と熱型に大別される．光電効果型検知器（HgCdTe, Cu:Ge など）は赤外域でも感度・応答性にすぐれているが，低温冷却が必要である．これに対し，熱型の焦電素子（$BaTiO_3$, LiTa-

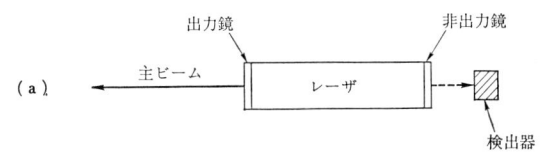

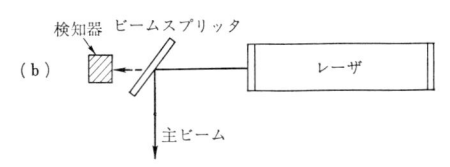

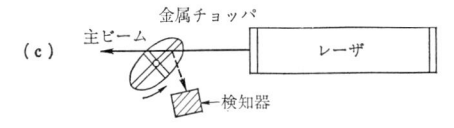

図 4.1.8　レーザビームのサンプリング方法

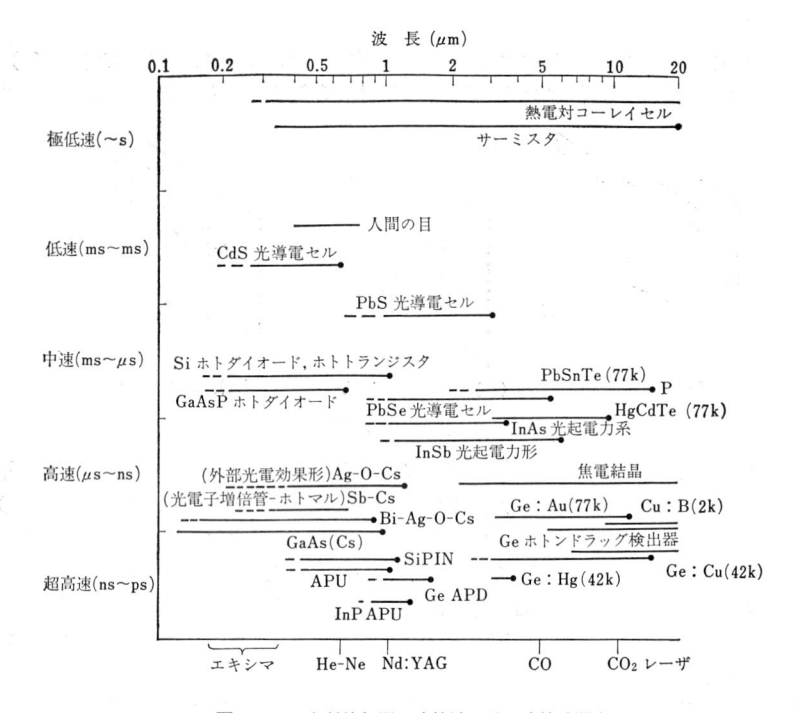

図 4.1.9 各種検知器の応答波長域と応答時間[2]

O_3 など)は常温で使用できるため実用的である．
　その他に透明アクリル樹脂，写真フィルム，蛍光スクリーンなども広義の2次元センサとして利用できる．

b. モードパターンの測定装置

　$HgCdTe$[3] (77 K) や焦電素子[4~6] (常温) などの単一素子を2次元的にすることによりモードパターンを測定した例が報告されている．図4.1.10に $LiTaO_3$ 焦電素子を用いた測定例 (28×128ドット)[6] を示す．掃引数が多いほど高分解能となり，任意パワー密度のスポット形状を正確に知ることができるが，データの取込みに要する時間が長くなる．
　スリットプローブを用いると，焦点位置を迅速に求められる（図4.1.11)[6]．これにより，熱レンズ効果（熱誘起光学ひずみ）による ZnSe レンズの焦点移動が報告されている[5,6]．
　1次元アレイ素子を用いると測定時間が大幅に短縮される．図4.1.12は16の焦電素子アレイを用いた2次元強度分布の測定例[7] である．この例ではレーザ励起用グロー放電が突発的にアーク放電へ移行して，レーザ発振が停止するまでの状況が実時間モニタされている．
　空間的分解能はアレイ素子数とともに向上するが，素子間の感度差が問題になり，装置も高価になる．少ない素子数で高分解能を得るために，3つの焦電素子と8本のチョッパを用いて24個の焦電素子アレイと等価な働きをする装置[8] が考案されている（図4.1.13)．回転

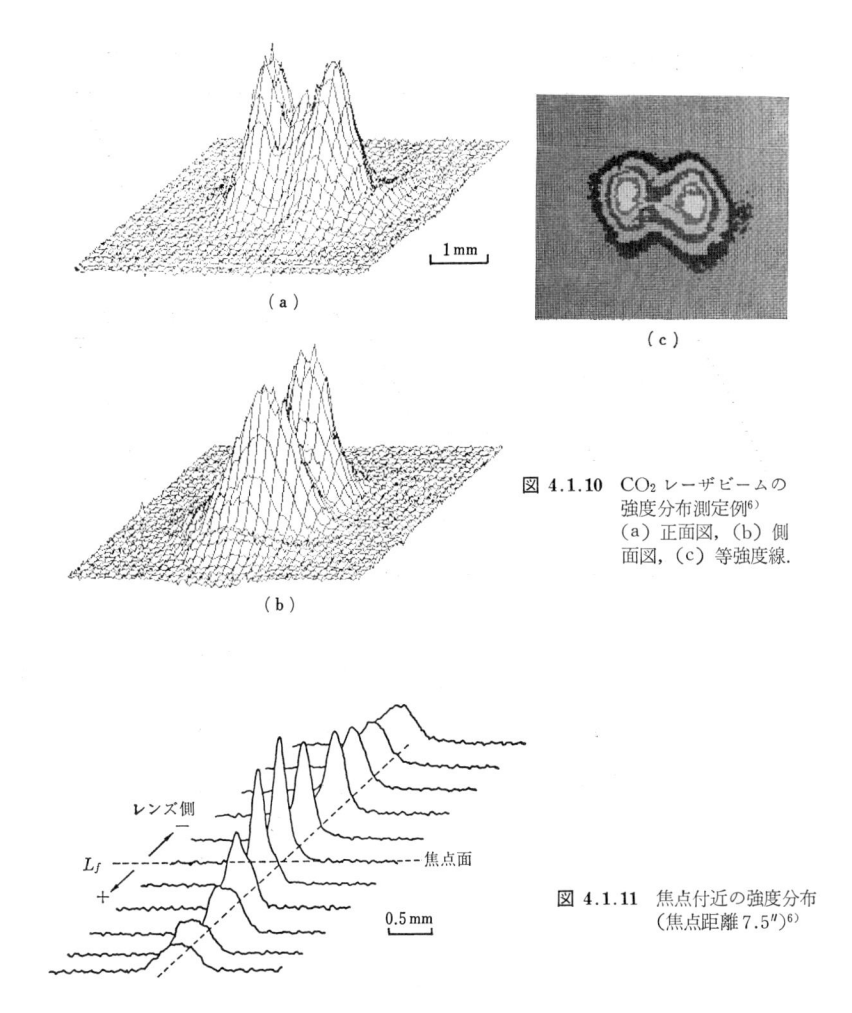

図 4.1.10 CO_2 レーザビームの強度分布測定例[6]
(a) 正面図, (b) 側面図, (c) 等強度線.

図 4.1.11 焦点付近の強度分布（焦点距離 7.5″）[6]

ワイヤと単一焦電素子によりビームプロファイルをモニタする簡単な装置も市販されている[9].

赤外線ビジコンでは，2次元素子の電子的走査によりビーム強度分布を TV 上にディスプレイできる．共振器の熱変形によるビームモード変化を実時間モニタした例[10]が報告されているが，分解能の改善が望まれる．

c. モードパターンの可視化

紫外線で励起した蛍光スクリーン (ZnCdS: AgNi) にレーザ照射すると，その部分がサーモグラフィック効果[11]により熱的にクエンチされて暗くなるために，モードパターンが可視化される（図 4.1.14）．スクリーンの構造によっては時定数約 0.1 秒，分解能 0.15

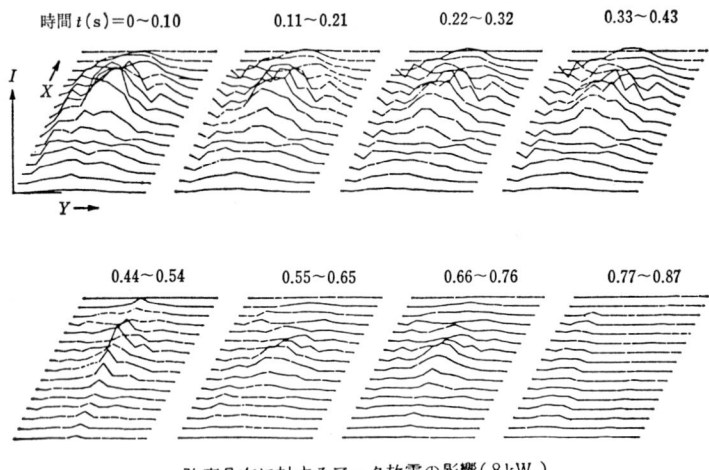

時間 $t(s) = 0〜0.10$ $0.11〜0.21$ $0.22〜0.32$ $0.33〜0.43$

$0.44〜0.54$ $0.55〜0.65$ $0.66〜0.76$ $0.77〜0.87$

強度分布に対するアーク放電の影響（8kW）

図 4.1.12 1次元アレイ焦電素子による強度分布の計測例[7]

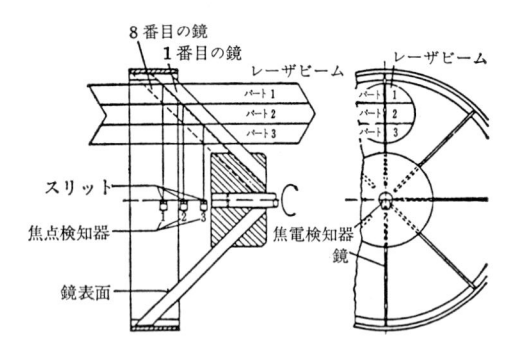

図 4.1.13 8本の帯状鏡を用いるビームアナライザ[8]
3個の焦電素子と8本のチョッパにより24個のアレイ素子と同等の効果が得られる．

mm[12] も可能である．コントラストが高いために定量測定はできないが，随時パターンを消去して繰り返し使用できるので，ビームの対称性や位置の検出に適している．蛍光スクリーン上のモードパターンを TV モニタ上で観察しながら，モードパターンの調整を行う装置の例[13]が報告されている（図 4.1.15）．

高速回転する 2 枚の同一 Nipkow ディスク（小孔を螺旋に沿ってあけた回転円盤），1 個の焦電素子，孔の数と同数の LED により，強度分布を直接観察できる[14]（図 4.1.16）．第 1 ディスクの各孔を通過した光は焦電素子に集め，各位置の LED 発光に変換することにより，第 2 ディスクを通して肉眼観察できる．

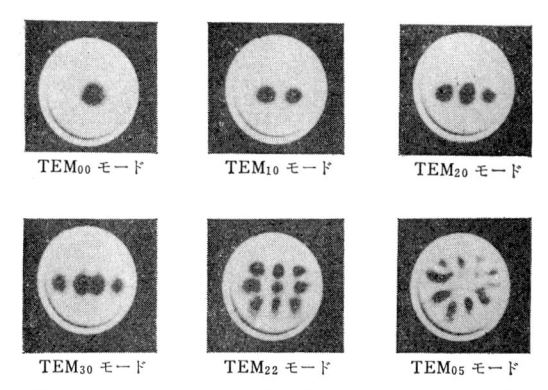

4.1 レーザパラメータの計測と測定器

図 4.1.14 蛍光スクリーン上の CO_2 レーザ出力パターン[12]
（円の直径は 1.5 in）

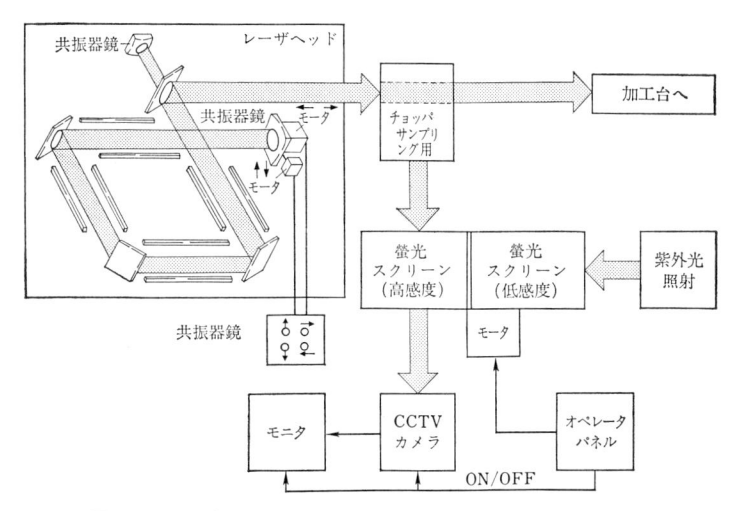

図 4.1.15 蛍光スクリーンを用いるモードパターンのモニタリング[13]

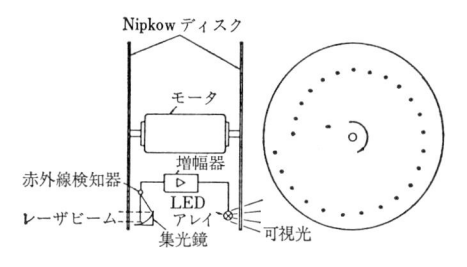

図 4.1.16 Nipkow ディスクを用いた CO_2 レーザビームの強度分布の可視化[14]

写真用フィルムは赤外域で感光しないが，可視光感度が温度とともに直線的に上昇する[15]ことを利用すると，CO_2 レーザ強度が求められる．パルス状に照射されたレーザ熱が乳剤内で熱拡散するまでに（約1ms以内）可視光を均一に露光すると，空間分解能 20 μm，検出限界 10 mJ/cm^2，ダイナミックレンジ100以上が可能である．図4.1.17は表面改質用カライドスコープの分布パターンの測定例[16]である．

その他アクリルのバーンパターン，感熱紙[17]などによりモードパターンが可視化できる．アクリルについては（d）で詳しく述べる．

d. アクリル樹脂のバーンパター

透明アクリル樹脂（PMMA）は特別な設備がなしに手軽に2次元分布を定量できる．（b）(c)に比べて原理は単純であるが，かなりの精度で評価できるので，CO_2 レーザのモードパターン検査に古くから最も多用されている．また，蒸発部にシリコンゴムを流し込んでレプリカをとることにより，分布を見やすくすることもできる[18]．

図4.1.17 カライドスコープでシェーピングされた CO_2 レーザビームの干渉パターン（写真法による）[16]

（i）アクリル樹脂の性質 アクリル樹脂は CO_2 レーザをよく吸収し熱伝導率が非常に小さいので，蒸発深さ $z(x, y)$ と強度分布 $W(x, y)$ の間には次の関係が成立する[19]．

$$W(x, y) = \frac{1}{t}\{H \cdot z(x, y) + G\} \tag{1}$$

ただし，H=蒸発エネルギー（3000 J/cm^3），G=蒸発のしきいエネルギー（6 J/cm^2），t=照射時間である．通常 G は他項に比べて小さいので，$z(x, y)$ はモードパターンを表わすことになる．このとき，蒸発による重量減少量 M から次式によりレーザパワー W が求められる（ρ=比重）．

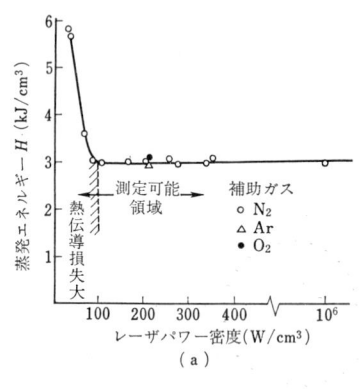

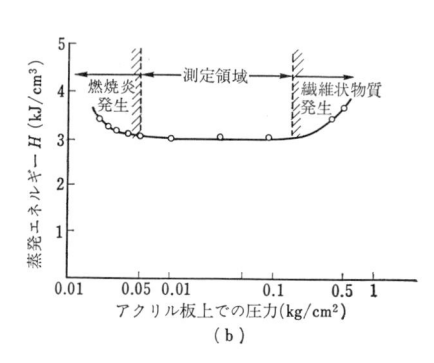

図4.1.18 レーザ照射条件によるアクリルの蒸発状況
(a) レーザパワー密度の影響
(b) 補助ガス圧力の影響

4.1 レーザパラメータの計測と測定器

$$W[\text{ワット}] = \frac{MH}{t\rho} = 3520 \frac{M[\text{g}]}{t[\text{秒}]} \tag{2}$$

この場合,ビーム照射部はアクリルの蒸気で覆われるので,雰囲気ガスとの燃焼反応は無視できる(図4.1.18).ただし,蒸発孔が深くなって孔壁への入射角が臨界値 θ_0 ($\theta_0 \fallingdotseq 70°$) 以上に大きくなると,反射の影響により $z(x, y)$ と $W(x, y)$ の差異が大きくなる(図4.1.19)[19,20].表4.1.5にアクリルの物理的性質をまとめた.

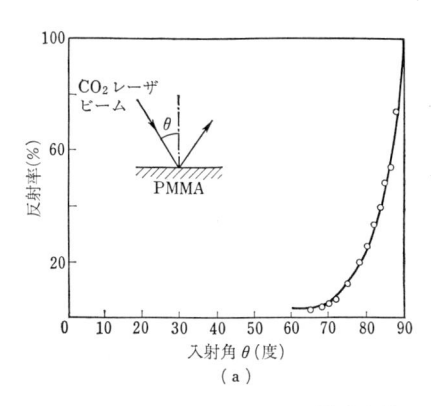

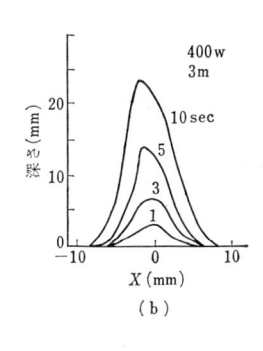

図 4.1.19
(a) アクリル(PMMA)面への CO_2 レーザビームの入射角と反射率の関係[21]
(b) 照射時間によるバーンパターンの変化[18]

(ii) バーンパターンの標準的条件

ビーム照射条件が異なると,必ずしも同じバーンパターンが得られない(図4.1.19)[18〜20].そのためバーンパターン条件の標準化が望まれる.以下に標準的条件を示す.

表 4.1.5 透明アクリル(PMMA)の性質

熱伝導率 k	0.0004 (cal/s·cm·°C)
反射率 (at 10.6 μm)	0.04
昇華温度	〜300 (°C)
比熱 c	0.8〜2.52 (cal/g·cm³)
密度 ρ	1.19 (g/cm³)

(1) 蒸発孔深さ: 蒸発孔があまり深くなるとモードに関係なく TEM_{00} に類似した蒸発孔に近づく性質がある.これは蒸発孔側壁へのビーム入射角が臨界値 θ_0 以上になり,反射ビームが蒸発孔底部に再収束[19,20]されるためである(図4.1.20.).蒸発孔は深いほど観察しやすいため,臨界入射角 θ_0 となる条件が最適と考えられる.

ガウス分布に近いビームのバーンパターンを取る際に,臨界入射角 θ_0 となる蒸発孔の深さ h(cm)と蒸発による減少重量 M(g)の関係を求めると,次式のようになる.

$$h = \left(\frac{eM}{2\pi\rho}\right)^{1/3} \tan^{2/3}\theta_0 \tag{3}$$

ビームがある程度の多重モードを含むことを考慮すると,θ_0 はやや小さめに $\theta_0 = 60°$ とする条件が推奨される.その場合,

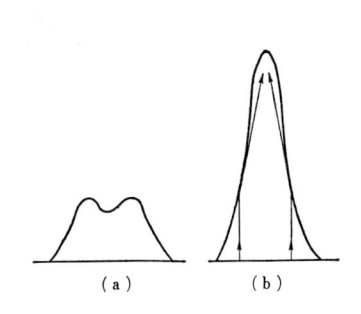

図 4.1.20 蒸発孔壁面での再収束（ウォールフォーカシング）効果
(a) 短期間照射, (b) 長時間照射.

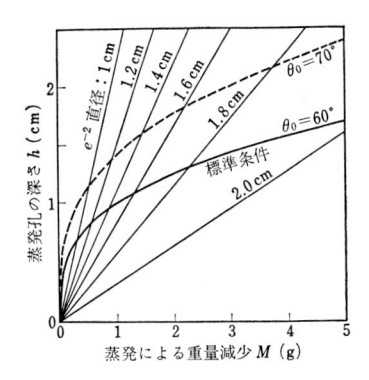

図 4.1.21 アクリルバーンパターンの標準条件を表わす曲線
アクリル重量は直線に沿って変化する.

$$h \fallingdotseq M^{1/3} \qquad (4)$$

となる. h と M の関係を図 4.1.21 に示す.

（2）**補助ガス圧力**： 補助ガス圧力が低すぎると燃焼炎が発生してビームが吸収・散乱され, 高すぎると冷却効果が無視できなくなる（繊維状物質発生）. 補助ガスとしては N_2, Ar, He などが望ましいが, 燃焼炎や繊維状物質が発生しない圧力であれば, 空気・酸素でもさしつかえない（図4.1.12）.

（3）**レーザパワー密度**： パワー密度が高すぎると吸収性プラズマ[21]が発生し, ビームを吸収・散乱する. また低すぎると（10^2 W/cm² 以下）, 熱伝導損失などが無視できなくなる. 測定可能なパワー密度範囲は

$$10^2 \text{ W/cm}^2 < W < 10^7 \text{ W/cm}^2 \qquad (5)$$

である. 通常の加工用 CO_2 レーザではこの条件は満足される.

（4）**集光ビームの測定**： 集光ビームの分布も精度よく測定できる[19,20]. 回転テーブルにアクリル板を取り付けてビーム軸に垂直に横切ると, 蒸発溝の断面から分布と径が求められる. その際の板の適正移動速度を図 4.1.22 に示す.

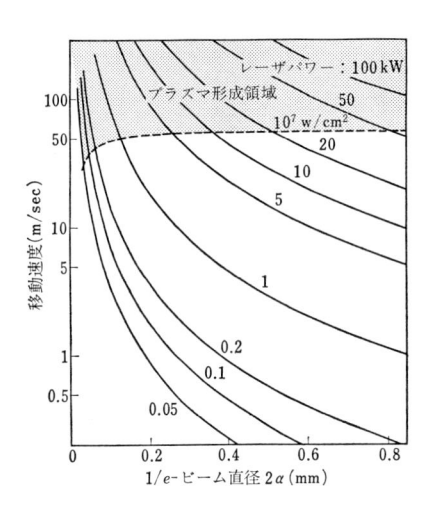

図 4.1.22 種々のレーザパワーとビーム径に対する PMMA の適正移動速度[4]
図の実線よりも速い移動速度が必要.

（宮本 勇）

文　献

1) F. K. Kirner and A. Schuler: High Resolution Method for Determination of Current-Density-Distribution in Electron Beam of Arbitrary Shape, Proc. 3 rd CISFFEL, (1983) 45.
2) レーザ学会編：レーザハンドブック. オーム社 (1988) 423.
3) 山田, 他：CO_2 レーザビームの強度分布測定機の試策と PMMA のクレータしきい値の評価, 精密機械, **48** (12) (1982. 12), 1584.
4) G. Herziger, et al.: Diagnositic System for Measurement of the Focus Diameter of High Power CO_2 Lasers, Proceedings of LAMP '87 (1987) 37.
5) I. Miyamoto, et al.: Analysis of Thermally Induced Optical Distortion in Lens during Focusing High Power CO_2 Laser Beam, CO_2 Lasers and Applications II (ECO 3), SPIE Vol. 1276 (1990) 112.
6) レーザ熱加工研究会編：レーザ加工機のビーム計測と光学部品の評価, セイエイ印刷 (1991).
7) D. F. Grosjean, et al.: High Power CO_2 Laser Beam Monitor. *Rev. Sci. Instrum.*, **49** (6) (1978) 778.
8) R. Rothe, et al.: Measuring Methods to Control a High Power CO_2-Laser Beam for Material Processing. ACTA IMEKO (1982) 439.
9) G. C. Lim and W. M. Steen: Instrument for Instantaneous in Situ Analysis of the Mode Structure of a High-Power Laser Beam. *J. Phys. E.*, **17** (1984) 999.
10) L. H. Skolnik, et al.: Infrared Vidicon Technique for Measuring Thermal Lensing from Laser Window. *Applied Optics*, **13** (4) (1974) 726.
11) F. Urbach and N. R. Nail: The Observation of Temperature Distributions and of Thermal Radiation by Means of Nonlinear Phosphors. *J. Opt. Soc. Am.*, **39** (12) (1949) 1011.
12) T. J. Bridges and E. G. Burkhardt: Observation of the Output CO_2 Laser by a High-resolution Thermographic Screen. *IEEE J. Quantum Electronics*, **QE 3** (4) (1967), 168.
13) P. D. Austin: High Power CO_2 Laser Beam Diagnostics and Controls, Proceedings of SPIE Vol. 668 (1986) 232.
14) G. Sepold, et al.: Remarks of Deep Penetration Cutting with CO_2-Lasers, Int. Conf. Wel. Research in 1980's, A 29 (1980).
15) D. Naor, et al.: Infrared Laser Photograph with Silver-halide Emulsion, *Applied Optics*, **20** (14) (1981. 6) 2574.
16) I. Miyamoto and H. Maruo: Shaping of CO_2 Laser Beam by Kaleidscope, Proceedings of GCL-7 (1988) 512.
17) D. U. Chang: A C-Radius Technique for Determination of Beam Profiles, ICALEO'83 Proceedings, Vol. 38 (1983) 22.
18) 若田, 他：大出力 CO_2 レーザビームの強度プロフィールとアクリルバーンパターンの比較―アクリルバーンパターンの変形の原因―, レーザ研究, **13** (10) (1986. 10) 780.
19) I. Miyamoto, et al.: Intensity Profile Measurement of Focused CO_2 Laser Beam Using PMMA, ICALEO'84 Proceedings, Vol. 44 (1984) 313.
20) 丸尾, 宮本他：アクリルによる集光 CO_2 レーザービームの分布計測. 溶接学会論文集, **3** (1) (1985) 185.
21) Y. Arata and I. Miyamoto: Wall-Focusing Effect of Laser Beam, 2 nd International Symposium of JWS (1975) 125.

4.1.4 パルス波形の測定

　レーザの動作特性を記述するパラメータの1つとして，出力光の瞬時強度の時間変化（レーザパルス時間波形）がある．レーザ出力光の時間的なふるまいを記述するため，このパルス波形を後述する方法で測定するのが一般的であるが，非常に速く変化する（ピコ秒＝10^{-12} 秒をわるパルス）場合にはパルス波形自身が直接測定できないので，間接的なパルス幅測定でもって，これにかえているのが現状である．表4.1.6に現在の測定法を要約する[1~3]．そ

表 4.1.6 光瞬時波形測定法

	測定可能時間分解能					
	1.0 s 秒(s)	10^{-3} s ミリ秒(ms)	10^{-6} s マイクロ秒(μs)	10^{-9} s ナノ秒(ns)	10^{-12} s ピコ秒(ps)	10^{-15} s フェムト秒(fs)
単一光瞬時現象			光電検出器+オシロスコープ			
				単一掃引ストリークカメラ		
				2光子蛍光2次自己相関法		
高繰返し光瞬時現象			光電検出器+オシロスコープ			
			光電検出器+サンプリングスコープ			
			シングルフォトンカウンティング			
			シンクロスキャンストリークカメラ			
					光カーシャッタ	
				第2次高調波発生2次自己相関法		
					ポンプアンドプローブ法	

の測定法は，被測定パルス光の時間変化の速さによって異なるだけでなく，パルス光が単一瞬時現象か，同一波形の繰返しパルス列かによっても異なる．これらの測定法は，レーザを制御することによって初めて可能となった短パルス光（ナノ秒（ns=10^{-9} 秒）からピコ秒（ps=10^{-12} 秒）へさらにフェムト秒（fs=10^{-15} 秒）へ）発生技術の発展に伴って[3~8,16]，急速に発展した．

ここでは，レーザパルス測定を行う時に実際に役立つよう，3つの異なった時間領域での代表的な測定法について紹介する．

a．サブナノ秒（~10^{-10} 秒）より長いパルス波形の測定

YAG レーザからの Q スイッチパルス（その遙倍光も含む）・エキシマレーザパルス・窒素レーザパルスのようにナノ秒以長の強い単一パルス波形は，平行平板形光電管（biplanarphototube，立上がり応答時間 $t_D \geqq 0.06$ ns，波長域 λ 185~1,100 nm）などの光電検出器を用いて測定する．同様に，赤外域の CO_2 レーザパルスはホトンドラッグ検出器（$t_D \geqq 1$ ns）を，半導体レーザパルスのように比較的弱いパルスは，PIN フォトダイオードやアバランシェフォトダイオード（$t_D \geqq 0.02$ ns，波長域 190~1,060 nm）を，さらに弱い蛍光減衰波形は光電子増倍管（$t_D \geqq 0.35$ ns，λ=160~1,060 nm）を用いて，電気的信号に変換して測定する．すなわち，その電気信号を各種高速オッシロスコープ（$t_D \geqq 0.35$ ns）に入力してブラウン管上に描かせ，それを写真などに記録する．パルス波形を忠実に測定するには，検出器，オッシロスコープ，(50Ω) ケーブルなどの測定系全体の応答時間 $\sqrt{\sum t_D^2}$ が，パルスの変化の速さよりも十分小さくなるように，測定系を選ぶ必要がある．この方法は安価で簡単であるが，~0.5 ns よりも速く変化するパルスは測定できない．

実際に測定を行う場合以下のことを知っておくと便利である．検出器が飽和に達しないよう光強度を適量にするため，また検出器に迷光が入らないようにするため，被測定パルス光の一部を薄いガラス板で反射（反射率約8%）させて検出器に導き（直線偏光なら入射角をブリュースタ角 ~55°に近づけるほど反射光は弱くできる），検出器のすぐ前に複数の減光

NDフィルタとピンホールとを置き,光量をあわせる.

モード同期CWガス（Ar^+, Kr^+, He–Ne）レーザからのパルス幅100ps前後の高繰返しパルス列のようなパルス波形は,高速PINフォトダイオード（$t_D \geq 20$ps,波長域300～1,100nm）とサンプリングスコープ（$t_D \geq 25$ps）とを用いて測定できる（パルス列繰返し周波数が1kHzより高いこと）.パルスの光強度が弱すぎる場合には,フォトダイオードの後に広域前置増幅器を用いればよい.ただし増幅帯域幅によってパルス波形は,変形することがある.

b. ピコ秒パルスのパルス波形測定

利得幅の広い色素レーザ・固体レーザ・半導体レーザがモード同期されて発生される1psオーダまでの超短光パルス波形の測定にはストリークカメラが用いられる[9～13].このイメージコンバータストリーク管の原理は,被測定パルス光により発生された光電子ビームの偏向を利用して,そのパルス光の時間的な強度変化を,蛍光面上に空間的な輝度分布（ストリーク像）に変換して測定するものである.このストリーク像を,SIT（silicon intensifier target）などの像増倍管を用いた高感度画像検出器（高感度テレビカメラ）により,準実時間で記録表示する.

最初に単一ピコ秒パルス波形の測定について述べる.被測定光の一部をガラス板で反射させ,電子ビーム偏向掃引同期用トリガーパルスとしてPINフォトダイオードに導く.ガラス板を透過してきた主パルス光は,ストリークカメラの偏向掃引動作の遅延時間（～30ns）を考慮して光路長遅延（～9m）させた後,入射スリット,集光レンズ,光電面に照射させる.ただし,光電面は光強度に対し非常に弱いので,スリットの前に数枚の光量調整用NDフィルタを用い掃引動作停止（フォーカス）モードで光量調整およびレンズ焦点距離調整（蛍光面の中央に結像するようガイド用He–Neレーザを使うと便利）を,画像検出器のスコープ上にストリーク像を観測しながら行う.次に掃引（ストリーク）モードにし,まず最も遅い掃引スピードで可変遅延回路を調整して入射光パルスと掃引動作のタイミングをあわせる.さらに,最適掃引スピードにあわせ,ストリーク像を画像検出器でとりこみ記録表示する.測定時間の校正は,ガラス板透過後の主パルスの光路にエタロン板を挿入しパルス列をつくりその間隔を測定することにより行う（例えばエタロンのミラー間隔2.5cmの場合,パルス間の遅延時間はその往復距離を光速cで割った値に等しいので166.7psである）.

この方法の測定可能最小時間は,主に電子ビームの初速度のばらつき,光電面の時間応答,電子レンズ収差による電子ビームの広がりと偏向速度,蛍光面上のストリーク像の空間解像度などによって決まり,その値は現在0.3psである[9,17].また測定可能波長領域は,光電面を種々工夫することによって近赤外から可視・紫外・X線領域にまで達している.

次に,電子ビーム偏向掃引が高繰返し可能なシンクロスキャンストリークカメラについて述べる（図4.1.23）[10～13].これは,モード同期CW色素レーザからの高繰返しパルス列のパルス波形（通常10^9程度のパルスを重ね合わせた波形を測定するのでパルス列間のジッタの影響もこみにした波形）やこのパルス列で励起された半導体や有機物質などからの微弱高速蛍光減衰波形の測定に用いる.高積算するのでシングルフォトン領域の高感度を有し,生体分子[9,11]からの極微弱高時間分解蛍光スペクトルの測定に最適である.すなわち,入射ス

リット・光電面は1次元的検出が可能であるため，時間軸 t と波長軸 λ とをあわせて2次元同時検出が可能で，入射スリット面に分光器（150本/mm グレーティング）をとりつける

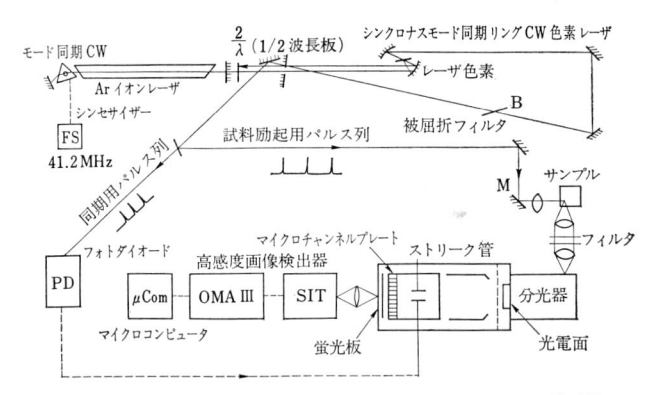

図 4.1.23 シンクロスキャンストリークカメラによるピコ秒時間領域発光波形の測定システム

ことによりブロードな発光スペクトルの超高速変化 $I(\lambda, t)$ が瞬時に測定できる．

実際の測定を行う場合の注意として以下の点があげられる．① 同期用トリガーパルスは被測定パルス光の一部から必ずとり（モード同期素子変調用周波数シンセサイザが周波数的に高安定であっても，レーザパルス列周期のジッタが生じることがある．これがピコ秒時間領域では被測定パルス波形のパルス幅拡がりとして現われるため，シンセサイザ出力の一部を利用しない）．PIN フォトダイオード出力が飽和しないよう減光用 ND フィルタで光強度を調整する．飽和した状態でトリガーパルスとして利用すると，掃引周期のジッタを大きくする原因となる．ただしこの場合上記のように入射する前に被測定パルス光を大きく遅延させる必要はない．② 光電面の前の入力光学系をとり除いて，分光器とストリークカメラとを直接結合させる．こうすることにより，時間分解スペクトル測定時に影響する複数レンズによる波長ひずみや波長依存光量損失を防ぐことができる．ただしこの場合分光器出射像の垂直水平ボケをなくすため，上下2つの入射スリットを独立に一定間隔でとりつける必要がある．③ 高感度画像検出器は，できるだけダイナミックレンジの大きいものを用いる．これは信号が弱い時 S/N に大きく影響する．④ 分光機の分散による時間分解能の低下を考慮する．

c．フェムト秒パルスのパルス幅測定

リング共振器型受動モード同期 CW 色素レーザ（Colliding Pulse Mode-Locked（CPM）CW 色素レーザともいう）から発生されるフェムト秒時間領域（～10^{-13}～10^{-14} 秒）[4～8,16,18,19,20]の極短パルス波形を直接測定することは現在の測定技術ではできない．このため第2高調波発生2次自己相関法（SHG 相関法と略す）によりパルス幅のみを測定することによって，パルスの短さを評価する共通の物差としている[1～3,14,15]．

被測定パルス光の瞬時強度波形 $I(t)$ の2次自己相関波形 $G^{(2)}(\tau)$

$$G^{(2)}(\tau)=\int_{-\infty}^{\infty} I(t)I(t+\tau)dt$$

の筆者らの測定系を図4.1.24に示す．測定系の光学配置はマイケルソン干渉計に類似している．被測定光をビームスプリッタ BS（薄い厚さで分散 $\partial^2\phi(\omega)/\partial\omega^2$ の小さい $\lambda_0/4$ 誘電体多層膜鏡を使用する）で等しい強度に分け，M_1 および M_2 のコーナリフレクターで平行反射させる．その2つの光をレンズ（焦点距離3cm）に平行に入射させ，両者のなす角が約5°になるよう S-HG 用結晶（厚さ0.2mmの KDP 結晶，625nm で位相整合角60°）上の同一場所に焦点を結ばせる．BS から結晶までの2つの

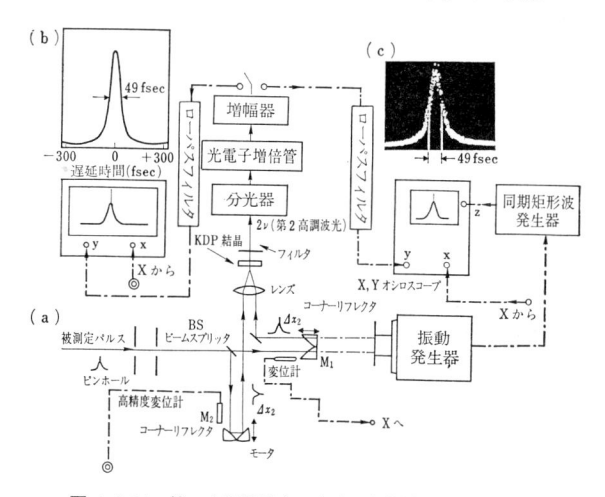

図 4.1.24 第2高調波発生2次自己相関波形測定によるフェムト秒パルス幅測定装置

の光路長（～15cm）が等しくなるよう光学系を配置する．結晶への入射角度を結晶を傾けながらあわせることによって位相整合条件を満足させると，入射光周波数 ν の2倍の周波数 2ν の光が発生し，その信号光 $S_{2\nu}(\tau)$ は入射光の電界の積 $E_\nu(t)E_\nu(t+\tau)$ の2乗に比例して強くなる．τ は両光路長差 $2\varDelta x = c\tau$（c に光速）によって与えられ，M_1, M_2 のいずれかをモータあるいは振動器で移動させ他を固定すると，移動鏡の変位 $\varDelta x$ に応じて変化する．

この $S_{2\nu}(\tau)$ を，光路長の関数として，UVフィルタをとりつけたフィルタ用スリットなし簡易分光器を通し，光電子増倍管で検出し，記録計あるいはオッシロスコープ上に描かせる．被測定パルス光の電界を $E_\nu(t)=\varepsilon(t)\cos\{\omega t+\phi(t)\}$ と表わすと

$$S_{2\nu}(\tau) \propto \int_{-\infty}^{\infty} |E_\nu(t)E_\nu(t+\tau)|^2 dt$$

$$= \frac{1}{8}\int_{-\infty}^{\infty} \{2\varepsilon^2(t)\varepsilon^2(t+\tau)+\varepsilon^2(t)\varepsilon^2(t+\tau)$$

$$\times \cos 2(\omega\tau-\phi(t)+\phi(t+\tau))\}dt$$

となり，第2項は2つの光の干渉項で急激に変化するため，この測定法では平均化され無視できる．したがって

$$S_{2\nu}(\tau) \propto \int_{-\infty}^{\infty} I_\nu(t)I_\nu(t+\tau)dt = G^{(2)}(\tau)$$

となり，$S_{2\nu}(\tau)$ が2次自己相関波形に比例した函数であることがわかる．典型的な測定波形例を図4.1.24 (b), (c) に示す．光路長差から求めた $G^{(2)}(\tau)$ の半値全幅 τ_m は瞬時波形

$I_\nu(t)$ の半値全幅 τ_t とは等しくなく,両者は比例関係にあるがその比例定数は $I_\nu(t)$ のパルス波形によって異なる[15]. たとえば CPM 色素レーザからのパルス波形は一般に sech^2 $(1.76\,t/\tau_t)$ で表わされるが, この時の τ_t は $\tau_m/1.55$ に等しい. このように正確な瞬時波形は測定できないがフェムト秒パルス列のパルス幅を評価するには最適な方法である.

実際測定するに当って以下の点を注意する必要がある. ①BS 後の両光路長を等しくあわせかつ結晶の位相整合角をみつけるための光学調整は, 一方の光路のコーナリフレクタ M_1 を振動器により ～15 Hz で大きく振り ($\Delta x_1 \leqq $ ～15 mm) ながらレンズの焦点距離付近で結晶の傾きを変化させて行う. XY オシロスコープの x 軸に非接触ギャップ変位センサーからの出力を, y 軸に光電子増倍管からの信号を増幅しローパスフィルタを通した出力を接続し, $S_{2\nu}(\tau)$ をブラウン管上に観測しながら調整を行う. ただし, コーナリフレクタの往復の変位で位相がずれた2つの $S_{2\nu}(\tau)$ が表われるので, x 軸の途中に同期矩形波回路を挿入しオシロスコープの z 軸を利用して輝度変調を行い, 片道の信号のみをブラウン管上に出すようにする. およその結晶の位置あわせ用に, 結晶厚の厚いもの (～1 mm) を他に準備しておくと便利である. この高速掃引モードは準実時間で $G^{(2)}(\tau)$ を観測できるので, CPM 色素レーザの調整にはかかせないものである. ②正確に $G^{(2)}(\tau)$ を測定する時には, 振動器を止め, 他方のコーナリフレクタ M_2 をモータでゆっくりと移動させて (その変位量を Δx_2 とする) レコーダ上に $G^{(2)}(\tau)$ を記録する. x 軸には非接触型デジタル表示も可能な高精度変位計 (たとえばサブミクロンの精度で測定可能なアンリツ製光マイクロ) の出力を接続する. ③測定可能感度はパルス幅・パルス列周期・結晶厚などに依存するが, ～0.1 mW 平均パワーのパルス列まで可能である. ロックインアンプとチョッパを用いて $S_{2\nu}(\tau)$ 信号を増幅すればさらに2桁ほどよくなる. また, ～GW 級のフェムト秒パルスのように繰返し周期が 10 Hz と低い場合には, ボックスカー積分器をシグナルアベレージャーとして使用することにより測定できる.

この方法は赤外から可視域にわたる波長のパルス光を測定できる (紫外域では, 2光子光イオン化法を用いる)[16]. 測定限界時間幅は, 主に被測定光と第2高調波に対する SHG 結晶の屈折率分散の差, およびスペクトル拡がりによる位相整合角のずれによって制限され, 厚さが薄いほど分解能はよくなる. たとえば 190 μm KDP 結晶では 600 nm 付近で ～1 fs である[8].

(山下幹雄)

文 献

1) 山下幹雄:電気電子工学大百科事典第3巻 計測, 電気書院 (1984), p. 243.
2) 山下幹雄, 佐藤卓蔵:レーザーパルス波形の測定, レーザー研究, **14** (1986), 788.
3) E. P. Ippen and C. V. Shank: "Ultrashort Light Pulses", ed. by S. L. Shapiro (Springer-Verlag Berlin, 1984), p. 83.
4) J. A. Valdmanis, et al.: *Opt. Lett.*, **10** (1985), 131.
5) M. Yamashita, et al.: *Opt. Lett.*, **11** (1986), 504.
6) M. Yamashita, et al.: *IEEE. J. Quantum Electron.*, **QE-23** (1987), 2005.
7) M. Yamashita, et al.: *Opt. Lett.*, **13** (1988), 24.
8) R. L. Fork, et al.: *Opt. Lett.*, **12** (1987), 483.
9) 土屋 裕:超高速ストリークカメラシステムの研究, 東京大学工学部学位論文 (1985).

10) M. Yamashita, et al.: *IEEE J. Quantum Electron.*, **QE-20** (1984), 1363.
11) S. Kobayashi, et al.: *IEEE J. Quantum Electron.*, **QE-20** (1984), 1383.
12) 山下幹雄, 他: 分光研究, **34** (3) (1985), 177.
13) M. Yamashita, et al.: *Clem. Phys. Lett.*, **137** (1987), 578.
14) 山下幹雄, 他: レーザー研究, **11** (6) (1983), 50.
15) K. L. Sala, et al.: *IEEE J. Quantum Electron.*, **QE-16** (1980), 990.
16) 山下幹雄: 超高速光技術, 丸善 (矢島達夫編, 1990), 第4章など.
17) Y. Tsuchiya, et al: Proc. SPIE, **832** (1987), 228.
18) M. Yamashita, et al: *Appl. Phys. Lett.*, **57** (1990), 1301.
19) M. Yamashita, et al.: *Appl. Phys. Lett.*, **58** (1991), 2727.
20) 山下幹雄: 超高速光エレクトロニクス, 培風館 (米田, 神谷編, 1991), 第2章など.

4.1.5 ビーム径・ビーム広がり角の測定
a. ビーム径の定義

レーザ光のビーム径の測定を行う前に, ビーム径の定義を明確にしなければならない. 図4.1.1のようにビーム断面の強度分布が数学的に簡単に表記できる場合には, 定義 (約束) も容易である. しかし多くの場合, レーザ光は次数の異なる複数の横モード光が重なり合っており, その成分比によって強度分布が変化する. 強度分布あるいはモードパターンの観測結果からこの成分比を求めることは困難であり実用的でもない. さらに, 光学系を用いてビームを縮小, 拡大, 集光, 整形を行い, あるいはビームに波面収差が加わると問題は複雑になる.

このような実情に対処するため, ビーム径の定義として (1) ビーム断面上の強度分布に注目して, 強度が最大値の何%かに低下する点までを径と定める方法, (2) ビーム断面上である径の内側に含まれるパワー (あるいはエネルギー) の全体に対する割合に注目して, 何%かを含む径と定める方法, のいずれかを用いることが多い. ビームが円形でなく楕円形ならば長径と短径, 長方形ならば底辺と高さで表わすなど実情に合わせた変更は必要である.

上記の定義で数値を何%に選ぶかは用途によって異なる. TEM_{00} モード光の場合に合わせて強度 13.5% の径, 相対パワー 86.5% を含む径とする選び方がある. また, たとえばあるプロセシングが強度 50% 以上の範囲で良好に行われるならば, 定義 (1) で強度 50% の径を選ぶのも一案であろう.

マイクロプロセッサを用いた画像処理技術が進歩した今日では, 強度分布データがあれば, これから等高線マッピング, 3次元表示, ビーム径, 径内に含まれるパワー, 任意の切断面の強度分布, 近似曲線の作成, ガウス分布からのずれなどを求めることは容易であり, ソフトウェアも市販されている.

b. ビーム径の測定

ビーム径の測定は実質的にモードパターンの測定に同じであり, その結果をもとにビーム径を決定することができる.

最も簡単なビーム径の測定方法は, レーザ光を物体に照射し, 物差を用いて肉眼の判断でビーム径を決定することである. レーザ光がエキシマレーザ光のような紫外光の場合には, これを蛍光板に当てて可視光のパターンに変換することができる. 通常の白い紙でも蛍光を発するものがあり, 十分用が足りる. CO_2 レーザ光, YAG レーザ光などの赤外光の場合に

は，特殊な蛍光板が用いられる．レーザ光が当って温度が上昇すると蛍光が弱まり暗くなる性質があり，パターンが黒い模様となって現われるのを利用するもので市販品がある．近赤外の YAG レーザ光に対しては，乾電池で動作するハンドヘルド型の暗視装置が市販されており，便利である．

レーザ光をカーボン紙や感熱紙に当ててパターンを記録することができる．レーザ光が強ければ，物体の表面が溶融，蒸発，あるいは焦げて痕跡が残る．パルスの YAG レーザ光，CO_2 レーザ光には，不要になったポラロイド写真の黒く露出された部分，同フィルムホルダの黒化処理されたアルミ板がよく利用される（レーザ応用の一つであるレーザマーキングは同じ原理による）．連続発振 CO_2 レーザ光には透明アクリル板が用いられる．アクリルはレーザ光によって気化され，空気中で勢いよく燃焼し，強度分布に対応したへこみのついたバーンパターンが得られる．レーザ光の強度（パワー密度）が高く（$>20\ \mathrm{W/cm^2}$），照射時間が短かければ，バーンパターンの断面は強度分布に近いものになる[1]．

ビーム径を正確に決定するためには，光検出器を用いた測定が必要になる．ビーム径を強度分布から決定しようとするならば，4.1.3 に述べられているいろいろな方法を用いて，まず強度分布を測定しなければならない．

ビーム径を，その内側に含まれる相対パワーで定義する場合の測定方法を図 4.1.25 に模式的に示す．絞りの内径と透過パワーの関係を測定によって求め，定義に従ってビーム径を決定すればよい．可変絞りの代りに，穴径の違った透過板を多数用いたり，可変スリットを複数個向きを変えて重ね，円形を近似させてもよい．

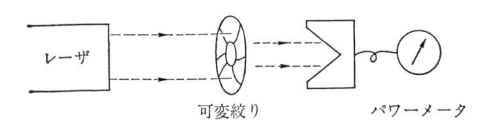

図 4.1.25 可変絞りを透過する相対パワーからビーム径を決定する方法

レーザプロセシングにおいて，レンズの集光点におけるビーム径を求めたい場合がある．集光スポット径は波長の 1〜100 倍程度に小さいので，測定系の分解能を高める必要がある．このためにピンホール，スリット，ナイフエッジ，針金などをビーム断面に機械的に横切らせ，そのときの反射光，透過光の変化量から強度分布，ビーム径を求めるのが普通である[2]．レーザ光を集光するとパワー密度が高くなるので，ピンホールや検出器が破損されないような配慮も必要になる．最後に，加工用 CO_2 レーザ光に用いられている簡便な方法を図 4.1.26 に示す．水平から少し傾けてアクリル板を加工テーブルに固定し，テーブルを移動させながらアクリル板に溝を加工する．こうして作った溝の幅からビーム径（と集光位置）の概略値を知ることができる．

c．広がり角の定義

レーザビームは発振器から十分遠方の領域（フラウンホーファ領域）では，その強度分布の形は変化せずにビーム径だけが伝播距離とともに比例して増大していく．したがって広がり角は十分遠方で一定の値をもち，そこで定義される．このとき広がり角の定義としてビームパターンのどの特長に注目するかは，上に述べたビーム径の定義の場合と同じ議論になる．すなわち，強度分布から定義する場合と，ある径の内側に含まれるパワーから定義する場合

とがある.

TEM$_{00}$ モード光の場合には,強度が中心強度の $1/e^2$ に低下する点までの直径でビーム径を表わすのが普通である.この場合,ビーム広がり角 θ(全角)とレーザ発振器出口におけるビーム直径 $2w_0$ とは,$\theta \cdot (2w_0) = 4\lambda/\pi$ の関係にある.ここに λ はレーザ光の波長である.波面収差の小さな He-Ne レーザ光などでは,実験的にもこの関係式はよくあてはまるので,広がり角とビーム直径のどちらか一方を測定し,他方を計算により求めることで十分である.さらに,安定形共振器から得られる高次の TEM$_{mn}$ モード光の広がり角とビーム径に関しては,TEM$_{00}$ モード光のそれらと密接な関係にあ

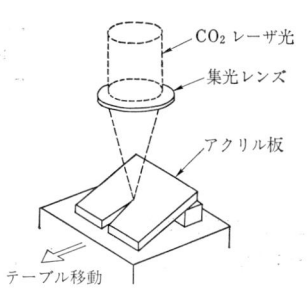

図 4.1.26 傾けたアクリル板を用いて集光したビームの径と集光位置を求める方法

ることが知られている[3]. すなわち TEM$_{mn}$ モード光の強度分布のある特長(たとえば断面上のピーク強度の $1/e^2$ となる強度の径)をそのモードの径と定めると,それはどの伝播距離においても常に TEM$_{00}$ モード径にある係数を掛けたものになっており,したがって広がり角もその係数倍の関係にある.

複数の高次モード光が重畳している場合や発振器の内部あるいは外部に有限の開口があってレーザ光の一部がけられている場合には,発振器出口の強度分布から遠方における広がり角を計算で求めることは困難なので,十分遠方において強度分布または径内に含まれるパワーを実測して広がり角を求めることになる. 広がり角は角度(単位はラジアン)あるいは 4.1.1 に述べたように回折限界の何倍として表現することができる.

d. 広がり角の測定

広がり角 θ の最も直接的な測定方法は,図 4.1.27 に示すように,十分遠方の距離 z_1, z_2 におけるビームの直径 d_1, d_2 を測定し,$\theta = (d_2-d_1)/(z_2-z_1)$ として求める方法である[4]. ここで十分遠方の距離 z とは,p.526 式(1)を参照して $z\lambda/\pi w_0^2 \gg 1$ が成立する距離をさしており,発振が高次横モードであっても w_0 としては TEM$_{00}$ モードがとるであろう数値を代入するものとする.また,不

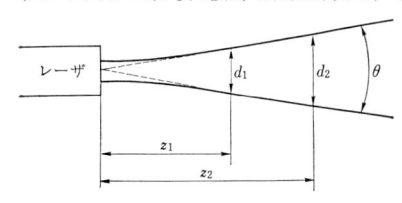

図 4.1.27 広がり角の測定方法(その1)

安定形共振器の場合には,発振器出口におけるビーム外径を $2a$ とすると,$z\lambda/a^2 \gg 1$ を満足する距離 z を指すが,不等号が $\gg$ であるから安定形の場合の条件式と大差はない. いずれの場合でもビーム径が発振器出口のそれよりもはるかに大きい距離 z_2 だけ離れて径 d_2 を測定するならば,$\theta = d_2/z_2$ として広がり角を計算しても誤差は小さい.

上記の測定に必要な広い空間がない場合には,図 4.1.28 に示すように発振器の近傍に焦点距離 f のレンズを置き,その焦点におけるビームの大きさ d を測定して広がり角 θ を $\theta = d/f$ として決定することができる.たとえば $f=1,000$ mm,$d=5$ mm と測定されれば,広がり角 θ は 0.5×10^{-3} ラジアン $= 0.5$ ミリラジアンと求められる. 無限遠に焦点を合わせた

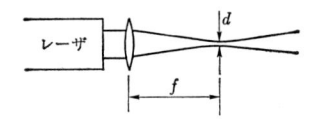

図 4.1.28 広がり角の測定方法
(その2)

望遠レンズ付カメラでビームをのぞき込むようにして写真撮影をすれば，焦点におけるパターンを記録に残すことができる．

(高橋 忠)

文 献

1) 若田，他：大出力 CO_2 レーザービームの強度プロフィールとアクリルバーンパターンの比較，レーザー研究, **13** (10) (1985), 780.
2) たとえば B. Cannon, et al.: Measurement of 1-μm diam beams. *Appl. Opt.*, **25** (17) (1986), 2981.
3) W. B. Bridges: Divergence of high order Gaussian modes. *Appl. Opt.*, **14** (10) (1975), 2346.
4) 日本電子機械工業会規格：固体レーザの特性及び試験方法，LS-304-1986, (1986.3.10).

4.2 加工用光学部品の測定

レーザシステムには，非常に多くの光学部品が使用されている．たとえばレーザ発振器には，共振器用反射鏡，窓板，レンズ，偏光板，プリズム，回折格子，エタロン，レーザガラス，レーザ結晶，非線形光学結晶，励起用光源（ランプ，半導体レーザ）などを列記できる．

レーザ用光学部品は，一般の光学部品に比べて特に高安定性，高品質を要求されるため次のような特性を満足することが必要となる．

（1） 透過および反射波面収差ができるだけ小さいこと．したがって，光学材料には脈理がなく，屈折率均質度の高いものを使う．

（2） 散乱，吸収損失が少ないこと．光学材料内部に泡や不純物の混入が少なく，レーザ光によってソラリゼーションの生じない材料を使う必要がある．さらに研磨による傷が少なく，表面粗さも小さい方がよい．

（3） レーザ光によって損傷しないこと．純度の悪い材料や研磨材が表面に残っている場合は，レーザによる損傷を受けやすい．

（4） 目的に応じた反射率，透過率を有すること．

（5） 物理的，化学的に安定で，経年変化がないこと．

以上のように，上述のような要求を満たす光学部品が一般に用いられる．本節では，加工用光学部品の種類と特性，加工法，レーザ耐力，検査，取扱い方法などについて述べる．

4.2.1 光学部品の種類と特性

光学部品は，従来からカメラ類，光学機器，印刷機などに広く使用されている．最近，レーザの応用分野が拡大するにつれてレーザに用いられている光学部品に対する要求が厳しくなってきた．すなわち，一般の光学部品に比べて材料，研磨，蒸着などに対して高性能，高精度化が必要とされるようになった．

レーザに用いられる光学部品の種類は次のように分類できる．

形状で分類すると，

（1） 平面をベースとした光学部品： 反射鏡，エタロン板，窓板，プリズム，偏光板，レーザガラス

（2） 球面をベースとした光学部品： 球面レンズ，非球面レンズ，シリンドリカルレンズ，トーリックレンズ

（3） その他の光学部品： 回折格子，フレネルレンズ，スリット，ピンホール，フィルタ

用途別に分類すると，

（1） 透過型光学部品
（2） 反射型光学部品
（3） 部分反射型光学部品
波長別に分類すると，
（1） 紫外域用光学部品
（2） 可視〜近赤外用光学部品
（3） 赤外用光学部品
ここでは，加工用光学部品を波長で分類して，その特性と問題点を述べる．

a. 紫外域用光学部品

Nd^{3+} を添加した固体レーザ光を非線形光学結晶によって波長変換させれば，$\lambda=351$ nm（3ω），266 nm（4ω）などの紫外レーザ光を50％以上の変換効率で発生できる．このような高調波変換やエキシマレーザからの高強度紫外レーザ光は，レーザCVD，新素材製造，リソグラフィー，高効率X線発生，同位体分離，核融合などの各分野で非常に有用となっている．

このような高強度紫外レーザに用いられる光学部品の開発は，現状ではあまり行われていない．現在市販されている光学部品は，窓板，反射鏡，レンズ，位相差板，偏光板，ビームスプリッタ，プリズムなどがあり，NDフィルタはソラリゼーション現象のため使用できるものがない．

（i） 基板材料 反射鏡用の基板材料には化学的に安定，加工が容易，研磨による表面粗さが小，熱膨張が小さい材料が用いられる．一般的にはBK-7で問題ないが，温度変化が問題とされる場合には石英やZerodurを使った方がよい．

（ii） 透過型材料 透過型で用いられる窓板，レンズ，偏光板，ビームスプリッタ，プリズム用の光学材料に要求される条件は（i）で述べた基板材料で必要とされる条件以外に，指定波長での吸収・散乱損失ができるだけ小さく，屈折率均質度にすぐれ，内部に泡や不純物の混入がない高レーザ耐力の材料を使用しなければならない．このため，サファイヤ（Al_2O_3），フッ化カルシウム（CaF_2），フッ化マグネシウム（MgF_2），フッ化リチウム（LiF），石英ガラスなどが使われる．図4.2.1に各種材料の透過率曲線を示す．

Al_2O_3 波長240 nm付近まで使用可能であり，寸法80 ϕmmくらいまで入手可能である．ほとんど輸入品であり，高価なため特別な用途を除いてエタロン板以外に使うには難点がある．

MgF_2 図4.2.1で示すようにMgF_2は，波長120 nm付近まで光を透過するが，製作可能な最大寸法は40 ϕmm程度であり，非常に高価なため主に真空紫外用の窓材として使われている．この結晶は，製造メーカによって透過

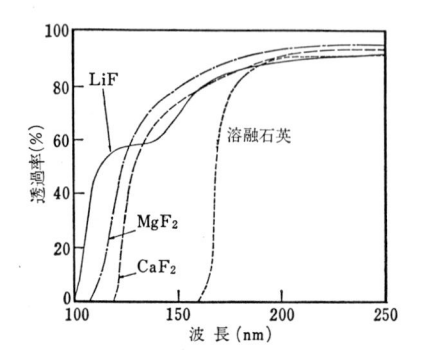

図 4.2.1 紫外用光学材料の分光特性

率および屈折率均質度に大きな差があるので注意を要する．

CaF₂ この結晶は，蛍石という名称でよく知られており，フッ化物結晶の中で最もよく使われている素材である．CaF₂は，水に対する溶解度が非常に小さく（MgF₂の1/2程度），透明度がよいため，光学顕微鏡の対物レンズ，カメラ用レンズなどに用いられている．エキシマレーザが登場すると，レーザ媒質部の窓板として使われ始めた．また，140 nmの波長まで光を透過し，250 ϕmmの寸法まで製作されており，他のフッ化物と比べて安価であるため，今後紫外レーザ用の光学材料として需要の増加が見込まれている．加工に関しても，CaF₂はダイヤモンド切削機で数分の1波長程度まで高速の超精密加工ができる．この場合，表面粗さは60〜80 Årms（6〜8 nm）であるから，さらにピッチポリシャーで研磨することによって容易に10 Årms（1 nm）以下の表面粗さを得ることができる．

ArFレーザ（193 nm）やF₂レーザ（157 nm）用の透過型光学部品としてCaF₂を用いる場合，材料固有のカラーセンタの問題がある．このカラーセンタの生成効率は不純物の種類，混入度によって大きく異なるため，できるだけ純度の高い原料を用いて結晶を製造する必要がある．また，屈折率均質度，透過率，カラーセンタの発生などがメーカによって大きく異なるため，これらの検査を十分に行うことが大事である．

LiF 波長100 nmまで光を透過する非常にすぐれた結晶であるが，水に対する溶解度がCaF₂より3桁も大きく，真空紫外光照射によりカラーセンタ（Fセンタ）が容易に生成されるために光学材料として好ましくない．

石英ガラス 石英ガラスは，天然の水晶を溶かして製造する溶融石英，ガスによって製造する合成石英に分類できる．

石英ガラスは古くから製造されており，品質に問題がないように思えるが，レーザ用として用いる場合，屈折率均質度，蛍光発生，吸収損失などが大きな問題となっている．均質度は，製造法に強く依存するため特に指定をしない限り1方向のみ均質度が保証されている石英ガラスが市販されている．プリズムには3方向の均質度がすぐれている石英ガラスを使用するが，非常に高価である．蛍光発生については，天然水晶を原料とする溶融石英は不純物を多く含むために紫外レーザ光によって蛍光を発生しやすい．また吸収損失も溶融石英の方が大きい．したがって，使用する波長によって石英ガラスの選択を行うことが必要で，筆者の経験では300 nm程度までのレーザ光に対しては溶融石英でよいが，それより短い波長のレーザに対しては，合成石英を使った方が問題発生が少ないといえる．ところで，合成石英も吸収，蛍光，均質度などは，同じ条件で製造した場合でも各ロットで異なる．これはSiO₂以外に酸素欠乏型のSiO$_{2-x}$が混入していると考えられ，SiO$_{2-x}$とならないような製造工程の改良が必要となろう．

フッ素ガスを用いるKrF，ArF，XeFレーザ用の窓材として石英を用いると，石英表面はフッ素ガスとの化学反応によって不透明となってくるので，このような場合はCaF₂やMgF₂を用いた方がよい．

入手可能な石英ガラスの最大寸法は，屈折率均質度4×10^{-6}，脈理なしの場合で溶融石英〜800 ϕmm，合成石英〜1000 ϕmm程度である．

b. 可視～近赤外域レーザ用光学部品

この波長領域で加工用として用いられるレーザは，Nd^{3+} を添加した YAG, GSGG, GS-AG, GGG, YLF 結晶，およびガラスレーザ，アレキサンドライトレーザ，ルビーレーザ，アルゴンイオンレーザ，金属蒸気レーザなどがあり，これらのレーザに用いられる光学部品について述べる．

(i) **基板材料** 反射鏡用の基板材料には主として BK-7 を用いるが，温度変化が問題となる場合には石英を使う．基板表面の研磨精度としては，平面度1/5波長以下，表面粗さ 20 Årms 以下が望ましい．これによって反射光の波面収差の劣化，および蒸着膜のレーザ耐力低下を防止できる．

(ii) **透過型材料** 透過型光学部品用に用いる材料としては，(i)と同じように主として BK-7 を，銅蒸気レーザの窓のように高温，あるいは温度変化が問題となる場合は石英を用いた方がよい．

(iii) **偏光素子** ポッケルスセルやファラデー回転子と組み合わせて用いる偏光素子としては，多数の平板をブルースター角配置にした積重ね平板や方解石などが古くから用いられていたが，蒸着技術の進歩によりガラス基板に誘電体多層膜を蒸着した薄膜偏光子が主に使用されている．

図 4.2.2 は 1.06 μm 用の薄膜偏光子の分光透過特性を示す[1]．BK-7 基板上に TiO_2 と SiO_2 を交互に 25 層蒸着して製作したものであり，入射角56°で波長 1.06 μm における p 成分の透過率は99%，s 成分の透過率が 0.1% である．この偏光子の各場所での透過率変化は数%以内であり，偏光子全面にわたっての膜厚の均一性が高い．また，1.06 μm 付近での p 成分の透過率変化はかなり平坦な特性を示しているが，これは偏光子の設定角の許容度があまり厳しくないことを意味している．

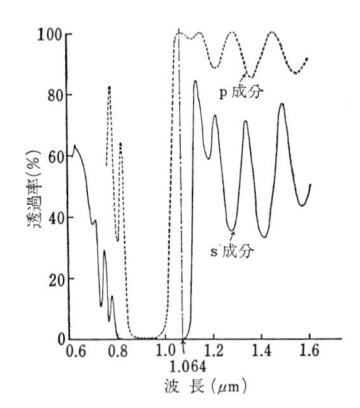

図 4.2.2 薄膜偏光子の透過率と波長の関係

(iv) **位相差板** 直線偏光の方位角の変換，直線偏光から円偏光への変換などに位相差板を用いる．位相差板には，1/4波長板と1/2波長板がよく用いられる．位相差板用の材料としては，プラスチックシート，水晶，雲母などがよく用いられるが，高精度でレーザ耐力の高い材料としては水晶がすぐれている．

c. CO_2 レーザ用光学部品

わが国における高出力 CO_2 レーザおよびその関連光学部品の開発は，通産省工業技術院大型プロジェクト「超高性能レーザ応用複合生産システム」の一環として，① 出力 20 kW の CO_2 レーザ，② レーザ加工機およびレーザ加工技術，③ 高出力レーザ用高耐力光学部品について実施された．

(i) **反射鏡** CO_2 レーザの反射鏡としては，① 金属を研磨あるいは切削した表面，② 表面粗さが小さく，熱伝導度のよい基板上に高反射金属薄膜を付着させて製作した表面，

③ 高反射金属面に誘電体保護膜を蒸着したもの，④ 誘電体多層膜を蒸着して製作した表面などが使われている．

CW 発振 CO_2 レーザ用の反射鏡としては，Si 基板あるいは銅基板上に金を蒸着またはメッキで付着させたものが最もよく用いられている．

パルス発振 CO_2 レーザ用の反射鏡には，電子ビーム溶融法で製造された多結晶モリブデンを研磨して製作した反射鏡[2]，および金反射鏡が用いられている．モリブデンは金より反射率が 0.5～1% 程度低いが，表面が傷つきにくい，レーザ耐力（波長 9.26 μm，パルス幅 50ns）が金より 2～3 倍高いなどの利点があるため，パルス発振の CO_2 レーザ用反射鏡として使用されるようになってきた．

(ii) **透過型光学部品**　透過型の光学部品としては，窓，レンズ，ビームスプリッタなどがあり，このための材料としては ZnSe, GaAs, KCl を用いる．高出力の CW CO_2 レーザ用の透過型部品の吸収が大きいと熱的破壊，熱レンズ効果などの問題が生じる．このため，吸収係数の小さな基板表面に吸収の少ない反射防止膜を蒸着して用いる．窓やレンズの材料には，反射防止膜として ThF_4 を蒸着した ZnSe が主に用いられている．　　　（吉田国雄）

d. 非線形光学結晶

非線形光学結晶はレーザの出現とともにその開発が進められ，今日に至るまで各種の材料が見出されてきたが主として無機材料を中心としたものであった．今まで開発されてきた材料の一例として P. Guenter がまとめた材料のうちで主なものについて，非線形光学効果の性能指数 d^2/n^3（d: 2 次の非線形感受率, n: 屈折率）と透過波長域の関係を図 4.2.3 に示す[3]．最近では光通信，光コンピュータ関係の非線形光学材料として LB 膜，蒸着膜などの有機薄膜がきわめて大きな非線形光学効果を有するゆえに注目されるようになってきている．同時にバルク状の有機結晶も新材料として次々と登場してきている．一方X線リソグラフィー，光誘起化学反応，レーザ加工，医用などの分野では高出力，高繰返し，短波長光（平均出力数 10W～1kW）が要求されるようになってきている．波長変換による方法は高い変換効率さえ得られるならばエキシマレーザなどの紫外レーザに対して安定性，寿命，コストなどの点から十分に対抗できる性能を有する可能性がある．ここでは高出力，高繰返し，短波長光を得るための結晶を対象とし，そのうちでも近年特に注目されている結晶について無機，有機に分けてのべ

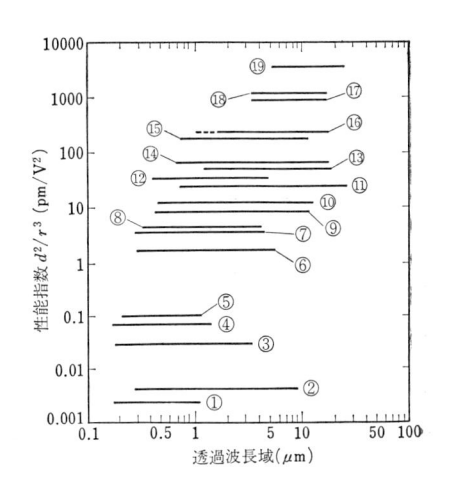

図 4.2.3 非線形光学結晶の透過域と性能指数[3]
1. KB5　2. Na_2SbF_5　3. SiO_2
4. $BeSO_4 \cdot 4H_2O$　5. ADP　6. $LiIO_3$
7. $LiNbO_3$　8. KTP　9. Ag_3AsS_3
10. $AgGaS_2$　11. CdSe　12. $KNbO_3$
13. Tl_3AsSe_3　14. $AgGaSe_2$　15. $ZnGeP_2$
16. GaAs　17. $CdGaAs_2$I　18. $CdGaAs_2$II
19. Te

る[4]).

　このような結晶に要求される条件は，(1) 高効率波長変換が可能なこと，(2) 入射レーザ光および発生高調波光に対し低損失であり熱の発生をできるだけ伴わないこと，(3) 温度上昇に対して変換効率が変動しにくいこと（温度許容角 temperature acceptance が大きいこと）(4) 熱変化に対し割れ，ひび，メルトなどが生じないこと，などである．

　従来までに開発され，かつよく知られている非線形光学結晶に対しては，たとえば文献 5)，また加工法に関しては文献 6) などを参照されたい．

(ⅰ) 無機材料

(1) **KTP（KTiOPO$_4$: potassium titanyl phosphate）**: KTP 結晶は 1975 年にデュポン社で水熱法により開発され，アメリカでは Airtron 社が独占的に製作してきた．ところが最近 flux 法で作れることがベル研究所から発表されて以来[7]，各所で KTP の製作が行われるようになった．表 4.2.1 にその特性を示す．この結晶はきわめて波長変換効率が高い，

表 4.2.1 KTP の諸特性

非線形光学係数	比熱: 0.1737 cal/g・°C
$d_{31} \sim 13\ d_{KDP}$	吸収率: 0.6%/cm at 1.06 μm
$d_{32} \sim 10\ d_{KDP}$	2.5〜4.5%/cm at 2ω
$d_{33} \sim 28\ d_{KDP}$	透過波長: 0.35 μm〜4.5 μm
2ω 変換効率	熱膨張係数
$\eta_{2\omega} \sim 30 \sim 40\%$ at 50 MW/cm^2, 1.06 μm	$k_x = 11 \times 10^{-6}/°C$
$\sim 60\%$ at 250 MW/cm^2, 1.06 μm	$k_y = 8.5 \times 10^{-6}/°C$
結晶構造: orthorhombic	$k_z = 0.6 \times 10^{-6}/°C$
（TiO が大きな非線形性を有する）	損傷しきい値
溶融点: 1,150°C	: 1〜3 J/cm^2 at 1 ns, 1.06 μm
モース硬さ: 〜5	許容温度: 25°C・cm
密度: 2.945 g/cm^2	許容角: 15〜68 mrad・cm

レーザ損傷しきい値が高い，位相整合に対する温度許容度，レーザ入射角許容度が大きい，非水溶性，材料が硬くて丈夫なため加工しやすいなど多くの長所を有し，理想的な波長変換材料である．ただレーザ光の材料吸収の点から 1.06 μm の 2 倍高調波（0.53 μm）の発生にしか使えず，3 倍，4 倍波発生が無理なのが欠点である．2 倍波発生のデータとしては共振器内部に KTP を入れる方法で平均出力数 10 W の Q スイッチグリーン光を得ている報告がある．水熱法では初期の 3,000 気圧，600°C を用いる育成法から最近では 1,000 気圧以下で製作できる方法が見つかったため大型のオートクレーブが使えるようになり，20〜30 mm 角のものが供給できるようになっている．Flux 法でも最初は 1 cm 角以下のものしか得られなかったが，最近中国では Flux の改善により 2〜3 cm 級のものができるようになっている．近々さらに大型のものが育成されるようになると思われる．

(2) **BBO（β-BaB$_2$O$_4$: beta barium borate）**: この結晶は '84 IQEC 国際会議で中国科学院福建物質結構研究所が初めて発表した結晶である．表 4.2.2 にその特性を示す．ガラスレーザ光の第 5 高調波（0.212 μm）までを高効率で発生できるということで紫外線発生用には今までにないすぐれた結晶である．トップシードの引上げ法で単一結晶を得るらしい

表 4.2.2 β-BaB$_2$O$_4$ の諸特性

非線形係数 　$d_{11} \sim 4 \times d_{\text{KDP}}$ 透過波長：$0.19\,\mu\text{m} \sim 3.5\,\mu\text{m}$ 損傷しきい値 　　$13.5 \pm 2\,\text{J/cm}^2$ ($1\,\text{ns},\ 1.06\,\mu\text{m}$) 　　$7 \pm 1\,\text{J/cm}^2$ ($250\,\text{ps},\ 0.532\,\mu\text{m}$) 許容温度：$55^\circ\text{C}$	機械的安定性：Mohs hardness～4 高温安定性 溶融点：$1,025^\circ\text{C}$ 相遷移 　α 相：$T > 925^\circ\text{C}$ (without nonlinearity) 　β 相：$T < 925^\circ\text{C}$ (with strong nonlinearity)

がその育成は困難なようで現在のところ得られる最大の結晶寸法は 10 mm 角程度である. 温度許容角が非常に大きく半値幅で 55°C もあるため, 高繰返し高出力レーザで結晶が少々加熱されても位相整合が狂わないという長所をもつ. 水に対しては若干溶けるようで大気中での長期使用には注意が必要である.

(3) DKDP (KD$_2$PO$_4$: deuterated potassium dyhydrogen phosphate): DKDP 自体は新しい結晶ではないが, 大型化 (断面 10 cm 以上) が容易であり, 1.06 μm での損失が小さいため連続出力 1 kW 以上の高調波光を得るような時には使用対象となる. このような高出力を得るには素子の大型化を計るとともに熱対策を十分に行う必要がある. 図 4.2.4 は出力 10～100 kW 用に提案された高調波発生装置で, 1 枚の素子を分割し熱効果を押えるものである. 素子間の冷却には基本波と高調波の位相差が大きくならないよう, かつ冷却が十分できるよう He などのガスを流すようになっている.

(ii) 有機材料

(1) 尿素結晶 (CH$_4$N$_2$O: urea): 尿素結晶は古くから知られているが 0.24 μm の紫外域まで透明でかつレーザ損傷しきい値も高いということで最近再び注目されている. 大型化が困難であったが最近 30×30×70 mm^3 のものも育成できるようになっている. 潮解性がきわめて大きいことと, 材料がやわらかいため加工仕上げが大変めんど

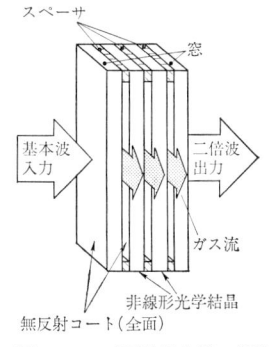

図 4.2.4　高平均出力用の高調波発生器設計

うであり, 使用時には屈折率整合液の中に入れる必要があるが, 紫外線発生用にはすぐれている.

表 4.2.3 に BBO, KTP, KDP, Urea の比較特性を示す[8].

(2) LAP (L-arginine phosphate monohydrate): 1981 年中国山東大学で初めて発表されたものである. 結晶の諸特性を表 4.2.4 に示す. ① 水溶液から育成するので KDP のような大型結晶を作れる見込みがある. ② 結晶が化学的に安定で比較的湿気にも強い. ③ KDP より波長変換効率が高い. ④ 紫外線発生が可能. ⑤ レーザ損傷しきい値が高い, などの長所を有する. 6.5 mm 厚の LAP に対しパルス幅 0.2 ns, 80 mJ の YAG レーザ 2 倍高調波を入力にした時, 変換効率 39% で 4 倍高調波が得られている. 重水素化 LAP の結晶を作ることにより, 1.06 μm の吸収を小さくすればかなり用途が見込める新材料と思われ

表 4.2.3 非線形結晶の高調波発生特性[8]

結晶	透過波長 (μ)	屈折率 $\lambda(\mu)$	屈折率 n_o	屈折率 n_e	非線形光学係数 d_{36}(KDP)比	位相整合可能な波長領域 (μm)	損傷しきい値 (GW/cm²)
β-BaB₂O₄	0.190～3.50	1.064	1.657	1.539	d_{11}=4.1	0.20～1.50	1.06μ: 13～14 (1 ns)
		0.53	1.6741	1.5541			0.53μ: ～10 (250 ps)
		0.266	1.7618	1.6161			
KTiOPO₄	0.35～4.50	1.00	n_a=1.740 n_c=1.831	n_b=1.749	$d_{31}\cong$13.46 d_{32}=10.38	0.53→	1.06μ: 1～3 GW/cm² (1ns)
		0.50	n_a=1.787 n_c=1.898	n_b=1.797	d_{33}=28.37		
KD₂PO₄	0.20～1.50	1.06	1.49	1.46	d_{36}=0.92	0.35～0.75	1.06μ: 6.0
		0.53	1.51	1.47			0.53μ: 3.0 (250 ps)
		0.347	1.53	1.49			
Urea	0.21～1.40	1.06	1.4766	1.583	d_{14}=2.98	0.240～0.700	1.06μ: 5.0
		0.53	1.490	1.596			0.53μ: 3.0

許容温度 (°C·cm)	許容角 (mrad·cm)	$\frac{\partial \Delta k}{\partial \theta}$ (mrad·cm⁻¹)	ρ (walk-off) (degree)	物理・化学的特性
55	1.454	−6.355(ex.) −10.33(cal.) −6.770(Type Ⅱ)	2.7358 (2 HG) 4.4428 (4 HG)	やや水に溶ける. 硬い.
25	15～68		1.00	非水溶性. 硬くて加工が容易.
6.7	1.70	−4.587(Type I) −2.445(Type Ⅱ)	1.4403 (2 HG)	水溶性. もろい.
8.3		−8.0707(Type I) −5.341(Type Ⅱ)	−2.960 (2 HG) −3.767 (4 HG)	非常によく水に溶ける. もろい.

表 4.2.4 LAP 結晶の諸特性

化学構造：(NH₂)₂CNH(CH₂)₃CH(NH₃)COO·H₃PO₄
格子定数：a=10.85 Å, b=7.91 Å, c=7.32 Å
化学的に安定
湿度に強い
水溶性結晶
融点：140°C

透過波長領域：260～1,940 nm
非線形光学係数：d_{23}=1.91 d_{36}(KDP)
　　　　　　　　d_{22}=1.45 d_{36}(KDP)
損傷しきい値：>1 GW/cm²
　　　　　　　(10 ns, Q-スイッチ YAG)

る．ヘキ開性を有しているので若干加工しにくい点がある．

（3） その他の新有機結晶： バルク状結晶が得られる新材料として organometallic complex が提案されている．この一例として BTCC を表 4.2.5 に示す．非線形係数として KDP の約 3 倍の大きさを有している．大きさ 1 cm×1 cm×2 cm 角程度のものができている．

最近では無機材料として新しい非線形光学材料を見出すことはかなり困難になっている．これに対し有機結晶はその開発がこれからといって過言でない．有機結晶の場合でもレーザ耐損傷性の高い材料が十分期待できるので，今後の開発研究に興味がもたれる．

表 4.2.5 BTCC の諸特性

化学構造： $Cd(NH_2CSNH_2)_2Cl_2$
非線形光学係数：
 $d_{effect}=2.75\ d_{36}(KDP)$
透過波長領域
 $285\sim500$ nm
結晶成長法：溶液法
密度： 2.32 g/cm^3
サイズ：最大 $10\times10\times20$ mm^3

（佐々木孝友）

4.2.2 加工法

加工用光学部品材料には，硬脆材料と金属材料とがあり，前者は荒摺り，研磨により，後者の場合は，一般にダイヤモンド切削によって部品の精度をだしている．

a．平面研磨[9]

光学部品の加工は，材料のプレス成形，荒摺り，研磨などに分けられる．光学部品の研磨は，研磨剤を介して加工物と工具とを摩擦させるという過程により高精度の加工を行う方法である．光学部品の研磨法は，①圧力研磨法，②強制研磨法に大別できる．圧力研磨は，一般にラップとしてピッチを用い，ラップとワークとの間に液体中に懸濁した研磨剤を介して相対運動させ，最終的に高精度の面を得る研磨をさす．この方法は，低速・低圧での高精度加工に主として用いられる．これに対し強制研磨は，ラップ材として硬いポリウレタンを用いた高速・高圧加工に用いられる．最近では，光学部品の大量生産，価格の引き下げという要求から，研磨を強制加工の方に近づけていく努力が進められている．

加工レーザ用光学部品の材料は，一般に硬度が小さく，平面度および表面状態に対して高精度の研磨を要求される．このため，主に圧力研磨法が用いられる．精度としては，一般的用途として $\lambda/5\sim\lambda/20$，エタロンの場合は $\lambda/100$ という仕様を満たすことが必要となってきた．従来から用いられている横振り研磨方式でこのような精度をだすことはきわめて困難である．この研磨では，必要寸法の 1.5 倍以上の材料を研磨した後，研磨精度の高い中心部だけを使用する．これに対して，輪帯ラップ面を用いた遊星研磨方式[10]が使われるようになった．また，大口径光学材料の高精度平面研磨に対する要求に応じて，最近では大型の研磨機が開発され，この要求に十分応えている．この遊星回転方式の研磨機はリングポリシャーと呼ばれてお

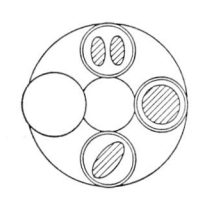

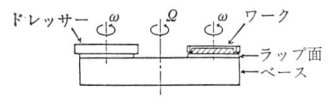

図 4.2.5 リングポリシャーの概略図

り，C. Johanson が 1896 年に導入した遊星運動研磨法によるもので，その原理図を図 4.2.5 に示す．リング状で中心部の抜けたラップ面がその中心を軸として角速度 Ω で回転する．ラップ面上にワークを置き，これを角速度 ω で回転させる．ω と Ω を等しくすると，ワークのすべての点とラップ面との相対速度が等しくなる．この場合，ラップ面が均一で圧力分布が一定であればワークの各点は同じ速さで研磨される．リングポリシャーのラップ面は，加工中にワークと接触した部分は変形するので，ドレッサーを用いてラップ面を常に修正しながら研磨する．この方式を用いてもワークおよびラップが内部温度分布をもち，サブミクロンオーダーの熱変形をもつ．加工中に熱発生を 0 とすることは不可能である．このため熱発生を最小とするには，リングポリシャーを低圧・低速で稼動すること，温度制御された研磨液をうまく循環させるなど熱管理に十分気を配る．また，光学材料として石英のような熱膨張係数の小さなものを選ぶことが大切である．

図 4.2.6 は，大阪大学で稼動中のリングポリシャーを示す．ラップ面の直径は 96 インチであり，平面度 $\lambda/10$ で仕上げることができるワークの最大寸法は約 60 cm である．リングポリシャーで短時間に高精度の平面を得るには，スムージングしたものを研磨するのではなく，横振りの研磨機で平面度を λ 程度まで研磨したものを用いる方がよい．たとえば，$40^\phi \times 5^t$ mm の BK-7 と石英を λ から $\lambda/10$ まで研磨するのに，それぞれ 1 日および 2〜3 日程度で仕上げることができた．また，この研磨工程で得られた研磨面の表面粗さは 7〜10 Årms であった．ラップ面の回転速度，研磨剤の種類，砥粒の大きさなどを最適化することによって 1 Årms 程度の表面粗さを得ることも可能である．

b．非球面研磨

集光レンズ系で，レンズの枚数を 1 枚ですませる目的で非球面加工をする．非球面といってもその表面形状はそれぞれ異なっており，非球面の加工を簡単に記述することは困難である．また，形状のみならず，凹凸の度合いや平均曲率，直径は加工機の仕様や作動範囲などの機械的制限を受ける．

ここでは，直径 100 mm 以上の非球面レンズの加工の一例について述べる．図 4.2.7 に非球面レンズの加工工程を示す．まず，研磨の完了した球面レンズを計算機制御の研削機で非球面

図 4.2.6 リングポリシャー（ラップ直径 96 インチ）

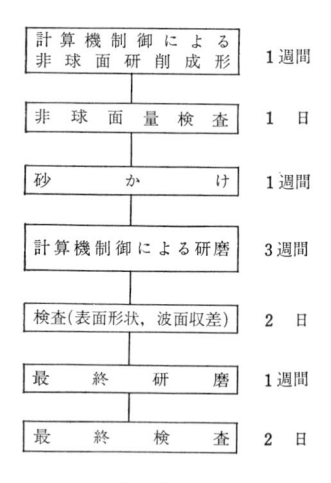

図 4.2.7 大口径非球面レンズの加工工程

計算機制御による非球面研削成形	1 週間
非球面量検査	1 日
砂かけ	1 週間
計算機制御による研磨	3 週間
検査（表面形状，波面収差）	2 日
最終研磨	1 週間
最終検査	2 日

量が 1μm 程度となるまで部分修正し，非球面形状検査を行う．検査終了後，砂かけをし，計算機制御の研磨機で仕上げる．研磨過程ではたえず表面形状をモニタすることが必要である．非球面レンズは，表面形状，波面収差，集光特性などを検査し，仕様を満足しなければならない．表 4.2.6 に，直径 400 mm の非球面レンズの仕様と非球面研磨したレンズの測定結果の一例を示す．レンズの材料が BK-7 の場合，非球面研磨に要する日数は約 1.5 カ月となる．また，石英材料では 2.5～3 カ月の日数を要する．

表 4.2.6 直径 400 mm の非球面レンズの仕様と測定結果

	仕　　様	測定結果	
		LT-001	LT-003
〔寸法〕(mm)			
a. 外径	400+0.0 　　−0.5	399.98	400
b. 肉厚	50±1.0	49.83	50.28
〔材種〕	BK-7 W	BK-7 W	BK-7 W
〔材質〕			
a. 均質度	$\leq 1.5 \times 10^{-6}$	$< 1.5 \times 10^{-6}$	$< 1.5 \times 10^{-6}$
b. 残留ひずみ (nm/cm)	≤ 8	1.1	2.2
c. 減衰係数 (cm^{-1})	≤ 0.002	≤ 0.002	≤ 0.002
d. 泡および不純物			
・断面積総和 ($mm^2/100\,cm^3$)	≤ 0.12	< 0.12	< 0.12
・最大径 (mm)	≤ 0.2	< 0.2	< 0.2
e. 脈理	シュリーレン法にて観測されないこと	なし	なし
〔研磨〕			
a. エッチップ最大径 (mm)	≤ 2.0	なし	なし
b. スクラッチ/ディグ	30/20	$< 30/20$	$< 30/20$
c. 透過波面収差 ($\lambda=6328$ Å)	$\leq \lambda/3$	$\lambda/3.32$	$\lambda/3.42$
勾配	$\leq \lambda/6/cm$	$\lambda/10/cm$	$\lambda/8/cm$
d. バックフォーカス (mm)	985 ± 0.8	984.72	984.7
〔レーザ耐力〕(J/cm^2) $\begin{pmatrix}1.053\,\mu m,\ 1\,ns\\ 0.526\,\mu m,\ 1\,ns\end{pmatrix}$	≥ 6	> 6	> 6

c. 補正加工

材料内部の屈折率均質度を修正する方法として補正加工（hand figuring）が行われるようになった．図 4.2.8 は，$80^\phi \times 350^l$ mm のレーザガラスの干渉縞を示す．同図 (a), (b) はレーザガラスの入出射面の反射波面収差，(c) は透過波面収差を示す．図から明らかなように，レーザガラスの均質度は (b) で示すような非常に悪い材料であるが，出射側端面の

補正加工によって材料内部の均質度を修正し，(c)で示すように約 $\lambda/8$ の良好な透過波面を得ている．このように研磨技術の向上により，端面の補正加工によって材料の均質度を補

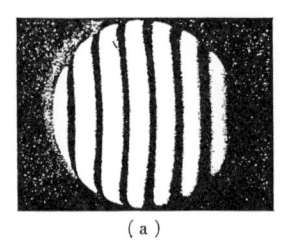

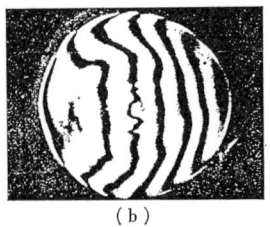

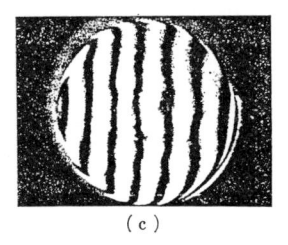

図 4.2.8 レーザロッド干渉写真
(a) 入射側表面の反射波面収差
(b) 出射側表面の反射波面収差
(c) 透過波面収差

正し，すぐれた透過波面を得ることができるようになった．この補正加工では，局部的な凹凸に応じた加工が必要で，高度な研磨技術が要求される．

(吉田国雄)

d．超精密切削加工機による加工

材質が脆く潮解性を有する光学部品の加工法として超精密切削加工機械を用いる方法がある[11]．D. L. Decker らは 1979 年に CaF_2, MgF_2, KCl, NaCl, Si, Ge, ZnS, ZnSe などのダイヤモンドバイトによる超精密切削を行い，良好な結果を得ている[12]．CaF_2 などは通常のポリッシュ法による面よりも約2倍の高精度の面粗さが得られている．しかしすべての素材に対して，うまく切削，鏡面仕上げができるわけではなく，その材料に適した加工法を検討する必要がある．

ダイヤモンド切削の最大の欠点は小さな浅い穴が加工表面に発生することで工作物材質とその結晶方向により発生する場所が違う．工具振動により材料表面がたたかれ，表面の一部が剝離するらしい．これは切削速度，工具すくい角を適切にすることで穴の発生を減少することができる．

最近レーザ核融合では短波長光発生用に大型非線形光学結晶 KDP が必要とされ，大型結晶育成が行われている(図4.2.9)．レーザのビーム径は 300 mm 以上に及ぶため大口径の KDP 結晶を単一結晶から得ることは結晶の育成時間上からも，変換素

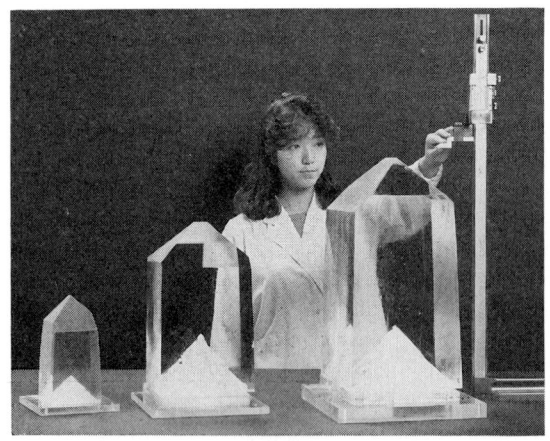

図 4.2.9 大型 KDP 単結晶
（大阪大学レーザー核融合研究センター，最大断面26 cm 角，高さ50 cm）

子の加工製作上からも必ずしも容易でない．このため複数枚の KDP 結晶板を組み合わせ一つの大口径変換素子として用いるアレー型セルが必要となる[13]．KDP 面の仕上げにダイヤモンド切削技術を利用することにより結晶板の位相整合角を数秒の誤差内に収めることができ，大口径で高変換効率のセルが実現できている．以下に結晶の超精密切削加工の一例として KDP 結晶について記述する[14]．

（ⅰ）**KDP 結晶の切削例**　　ダイヤモンド切削に使用した機械は静圧空気軸受で，主軸

表 4.2.7　ダイヤモンド切削条件

切削条件	切削速度	1,256 m/min
	送り	0.01 mm/rev
	切込み	5 μm
ダイヤバイトノーズ半径		2 mm
切削油剤		なし（乾式）

およびスライドを構成した鏡面切削機である．また結晶の位相整合角修正の行いやすさを考慮して，ダイヤモンドバイト回転・ワーク固定の正面フライス方式を採用した．図 4.2.10 に切削機の構成を，表 4.2.7 に切削条件を示す．

脆性材料を切断する場合は，背分力を強くかけると粉砕させた部分が表面に残ることが他の脆性材料切断の経験から得られているので，ダイヤバイトのワークに対する作用角を変化させて背分力を減らし，鏡面を得る方法を検討した．図 4.2.11 に切削時のバイトおよび被削物の界面の概念図を示す．また作用角を検討した結果を図 4.2.12 に示す．

図 4.2.10　鏡面切削機略図（平面図）　　図 4.2.11　切削界面概念図

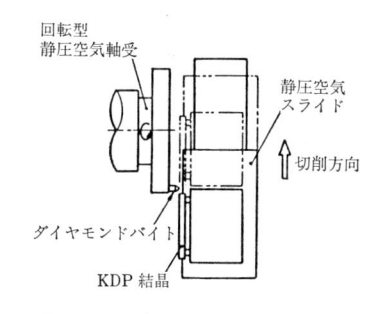

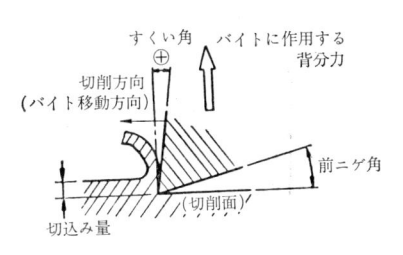

切削面の状態はバイトの前ニゲ角に大きく影響される．すなわち前ニゲ角 15° 以上では，すくい角の大小にかかわらず良好な切削面 $R_{max}=0.02\,\mu m$ 以下が得られる．

切削した KDP 結晶の平面度を図 4.2.13 に示す．ほぼ $\lambda/2$ 以下の平面度が得られた．図 4.2.13 の反射波面でうねり状の凹凸が見られる．表面粗さは $R_{max}=0.02\,\mu m$ が得られているが，約 $0.1\,\mu m$ のうねりをもつ部分があるからである．これは大型の結晶を切削するために加工機械も大型化することから起こった問題であり，さらに良好な精度を得るためには機械の改造が必要と思われる．セルの実用化から見た時に $0.1\,\mu m$ の変動は厚み変化として見

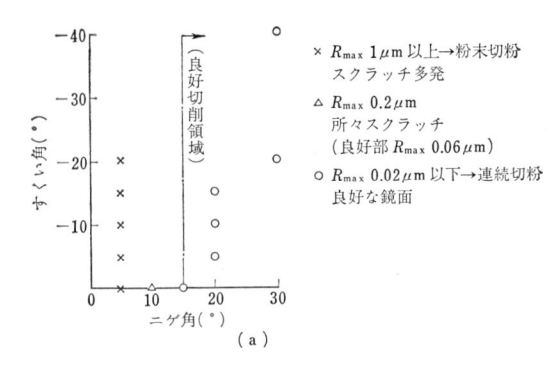

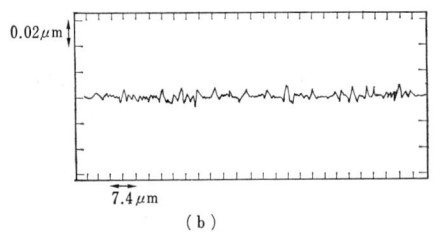

図 4.2.12 切削面精度
 (a) 作用角と切削面状態相関
 (b) 前ニゲ角 20° における面粗さ

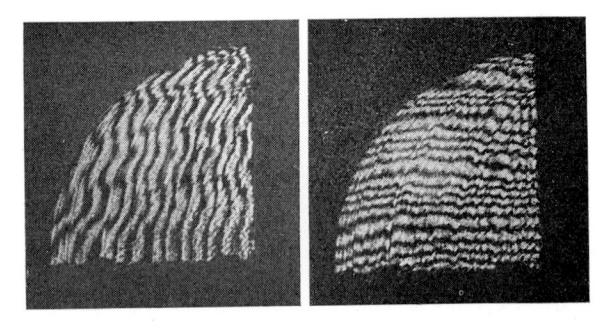

図 4.2.13 切削面平面度
　　半径 18 cm KDP 板，厚み 12 mm.

た時には微少であり，セルの内部には屈折率整合液を入れて使用するため実用上問題はない．

（佐々木孝友）

4.2.3 光学部品のレーザ耐力

　高出力レーザシステムでは，光学部品に生じる損傷が主としてレーザ出力を制限する要因となる．したがって，光学部品のレーザ損傷の機構を理解し，そのレーザ耐力を知ることがレーザシステムを取扱う上で非常に重要となる．光学部品のレーザ損傷の問題に関しては 1969 年 6 月にレーザガラスの損傷に関するシンポジウムが米国コロラド州 Boulder で開催

され[15]，その後年次シンポジウムとなり，あらゆるレーザ材料の損傷に関する問題点が議論されている．

レーザ損傷は，光学材料の内部，あるいは表面で生じる．内部損傷は，光学材料内部の不純物に起因するもの，自己集束[16,17]または吸収[18]が原因となって生じる損傷に分類できる．表面損傷は，表面に付着した不純物や表面粗さなどが原因であると考えられる．また，多数の光学部品には金属薄膜や，反射防止膜，反射膜，偏光膜などの誘電体多層蒸着膜が蒸着されており，これらのレーザ耐力は，光学材料の内部および表面のレーザ耐力より一般に低い値である．したがって，高出力レーザ装置の出力エネルギーは，主に蒸着膜のレーザ耐力に強く依存する．このため，これら蒸着膜のレーザ耐力向上によって高出力レーザシステムの信頼性と効率を大いに高めうる．

a. 光学部品のレーザ耐力測定装置

図 4.2.14 に大阪大学の光学部品用レーザ耐力測定装置の一例を示す．単一モードの Nd^{3+}: YLF Q スイッチおよび Kuizenga 方式の Nd^{3+} モード同期レーザを発振器として用い，0.4〜50 ns の広い範囲にわたってパルス幅を変化できる．発振器を出たレーザ光は直径 15 mm のガラスレーザ増幅器 2 段で増幅され，タイプ II の KDP 結晶により 2 倍，3 倍，および 4 倍高調波を発生させることができる．レーザ光を焦点距離 1 m のレンズでテストサンプル上に集光し，損傷の有無を実体顕微鏡とノマルスキー顕微鏡とで観測する．レーザ光の空間形状はガウス分布であり，$1/e^2$ でのスポット径は 400 μm である．

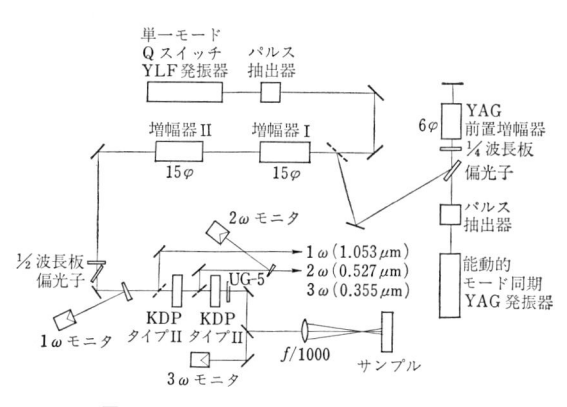

図 4.2.14 光学部品のレーザ耐力測定装置

レーザ損傷は実験条件に大きく依存するため，一連の損傷実験は連続的に行い，数時間以内で完了するようにしている．またレーザ損傷の発生は確率的な現象であるから 1 枚のサンプルに対して 20 カ所程度測定を行い，その結果からレーザ耐力を決定する方法を採用している．さらに，サンプル面上への照射位置は，損傷の有無にかかわらず照射ごとに変える．

b. 固体材料のレーザ耐力

各種光学材料内部のレーザ損傷しきい値を表 4.2.8 に示す．ここに，燐酸塩レーザガラス LHG-8 や LG-760 は白金るつぼで溶解されるため，白金がガラス内部に溶け込みレーザ耐力を大幅に低下させる．表 4.2.9 は[19,20]，レーザガラス製造メーカがカタログに掲載している白金フリーレーザガラスの内部損傷しきい値を示す．白金を含んだレーザガラスのレーザ損傷しきい値は 2〜3 J/cm² (パルス幅 1 ns) 程度であるから，白金フリーの場合は，10 倍以上のレーザ耐力を有することがわかる．最近ではレーザガラス製造法の改良が行われた結

果，白金混入を従来の 1/500 以下まで減少させることが可能となり，市販されているレーザガラスのレーザ耐力は 10 J/cm² 以上（パルス幅 8 ns）である．

表 4.2.8 各種光学材料内部のレーザ損傷しきい値

	レーザ耐力 (J/cm²)	レーザ		
		波長	パルス幅	入射角
溶融石英	8.8〜11			
合成石英	10〜13	355 nm	0.4 ns	0°
サファイヤ	9			
KDP[22]	20〜22	1,053 nm	1 ns	0°

表 4.2.9 白金フリーレーザガラスの内部損傷しきい値

レーザガラス	パルス幅 (ns)	レーザ損傷しきい値 (J/cm²)
Hoya LSG-91 H[19]	30	400
Hoya LHG-7[19]	30	400
Schott LG-660[20]	1	>25
Schott LG-750[20]	1	>25
Schott LG-760[20]	1	>25

白金混入に関しては，レーザガラス以外に光学ガラス BK-7 でも問題となっている．一般に，屈折率均質度の高い BK-7 は白金るつぼで溶解されるため，ガラス内部に白金が混入してくる．このため，白金粒子部分のレーザ耐力は 2〜3 J/cm²，白金酸化物部分では 6〜10 J/cm²，白金フリーの場合は 25〜30 J/cm² となる．ただし，レーザのパルス幅は 1 ns である．白金るつぼ以外にセラミックるつぼで溶解した場合は，セラミックるつぼから混入してくる不純物の問題があり，約 5 J/cm²（パルス幅 1 ns）で損傷が発生する．しかし，セラミックるつぼで製造した BK-7 内の不純物混入量は，白金るつぼ製造による BK-7 への白金混入量の 1/5〜1/10 程度である．このため，高出力レーザが照射される部分では，セラミックるつぼ溶解の BK-7 ガラスがよく使用されている．

波長変換用の非線形結晶 KDP は，液温 60〜20°C の範囲で数ヵ月にわたって育成が行われる．この結晶育成中に KDP の過飽和溶液内においてバクテリアが発生し，増殖する．これらバクテリアの死骸およびその一部が有機高分子不純物として結晶内に取り込まれ，KDP 結晶のレーザ耐力を低下させている[21]．したがって，従来の育成法で製造した KDP のレーザ耐力は 4〜12 J/cm²，紫外線と過酸化水素により有機炭素を分解した溶液から育成した KDP のレーザ耐力は 20〜22 J/cm² と大幅に向上した[22]．

表 4.2.10 は，各種光学材料表面のレーザ損傷しきい値を示す．光学材料表面のレーザ損傷は，研磨剤の種類，表面粗さ，表面の洗浄方法および表面処理などによってかなり異なるので注意を要する．

c．蒸着膜のレーザ耐力

レーザ装置に使用されている多数の光学部品には誘電体多層膜が蒸着してあり，これらの蒸着膜は目的に応じて所定の条件を満足し，かつ高エネルギー密度のレーザ光に対して十分な耐力を有する必要がある．誘電体多層膜のレーザ耐力は多くの条件に支配され，現状では満足できる強度が得られていない．光破壊の機構としてはレーザ光電界による絶縁破壊[23,24]，多光子吸収による電離[25]，不純物吸収[26]などが考えられる．したがって，高出力レーザ用蒸着膜を製作する場合，これらの機構を十分に考慮することが重要となる．

表 4.2.10 各種光学材料表面のレーザ損傷しきい値

種類		レーザ耐力(/Jcm²)	レーザ		
			波長	パルス幅	入射角
光学ガラス表面	LSG-91H	13.1±2.0	1,064 nm	125 ps	0°
	A(FR-5)	11.8±1.5			0°
	B(FR-5)	8.0±1.5			0°
	パイレックス(7740)	8.0±2.0			56°P偏光
	A(FK-51)	10.0±1.5			0°
	B(FK-51)	7.2±1.1			0°
	BK-7	9.2±1.5			0°
	溶融石英(7940)	10.0±1.6			0°
	BK-7	12.3	1,064 nm	0.4 ns	0°
	BK-7	23.4	1,064 nm	1 ns	0°
	BK-7	160	1,064 nm	20 ns	0°
	BK-7	500	1,064 nm	90 ns	0°
	溶融石英(OXL-1)	10-16	355 nm	0.4 ns	0°
	溶融石英(OXL-1)	5-6	266 nm	0.4 ns	0°
	合成石英	6	266 nm	0.4 ns	0°
	サファイヤ	6	266 nm	0.4 ns	0°
	サファイヤ	8	355 nm	0.4 ns	0°

　レーザ用蒸着膜の製作工程は一般の光学薄膜とほぼ同じであるが，各工程ごとにレーザ耐力に影響を与えるパラメータを把握することが重要な課題となる．製作工程は，膜設計，基板加工と洗浄，蒸着の3項目に大別できる．

　設計においては，使用するレーザ波長での吸収ができるだけ少ない蒸着物質を選ぶ．多層膜を製作する場合は，低屈折率物質と高屈折率物質の膜応力を緩和させる組合せにする必要がある[27]．高反射鏡の膜設計では，レーザ耐力が膜内で発生する定在波電界強度に依存するので，光学膜厚 $\lambda/4$ の交互層(QW)からずらした膜厚(NQW)とすることにより電界強度を減少させ，高耐力化を図っている．反射防止(AR)膜では，第1層目に膜厚 $\lambda/2$ の低屈折率材料をアンダーコートし[28]，高反射膜に対しては，膜厚 $\lambda/2$ の低屈折率材料を最終層にオーバコートする[29]ことによってレーザ耐力を向上させている．

　蒸着に用いる基板材料もレーザ耐力に大きな影響を与える．使用するレーザの波長に適しかつ第1層目の蒸着物質に対して付着性のよい基板を選ぶ．研磨や洗浄方法もレーザ耐力向上にとって重要である[30]．

　蒸着工程では，基板温度，真空度や蒸着の速度などによって製作される膜の特性が異なるためレーザ耐力も変化する．また，膜厚分布や膜厚精度は，膜の光学的特性やレーザ耐力に対して影響を与える．さらに，蒸着物質や膜の用途により最適な蒸着法を選ぶことが必要とされる．

　以上述べたように蒸着膜を製作する場合，設計から蒸着まで数多くのパラメータランを行ってレーザ耐力との関係を調べる．これらパラメータのレーザ耐力依存性を基礎データとし

て蓄積し，最適条件で膜を製作することによって蒸着膜の高耐力化を達成する．

表 4.2.11 に，各種蒸着膜のレーザ耐力を示す．ここで示したレーザ耐力は，多数回照射によるものでなく1回照射による値である．表から明らかなように AR 膜の場合は，膜厚 $\lambda/2$ の SiO_2 をアンダーコートすることによってレーザ耐力が数十％以上改良されている．

表 4.2.11 各種蒸着膜のレーザ耐力

蒸着膜		レーザ耐力 (J/cm^2)	レーザ	備考
AR				
	多層	3〜4		アンダーコートなし
	多層	4〜8		$\lambda/2$ SiO_2 アンダーコート
HR			1.065 μm	
	多層	7〜11	1 ns	QW 設計
	多層	8〜13		NQW 設計
偏光膜				
	多層	5〜7		NQW 設計
AR				
	多層	2.5〜3.5	0.53 μm	アンダーコートなし
	多層	4〜5	1 ns	$\lambda/2$ SiO_2 アンダーコート
AR				
	多層	1〜3	0.35 μm	$\lambda/2$ SiO_2 アンダーコート
	単層	2〜4	0.4 ns	$\lambda/4$ SiO_2

また，反射増加膜や偏光膜では，最終層付近の膜3〜4層を NQW 設計とし，膜内の電界強度を減少させることによってレーザ耐力を向上させている．

d. 蒸着膜の高耐力化技術

（i）透過型蒸着膜のレーザ耐力向上 透過型で使用する反射防止膜や偏光膜においては，レーザ光が蒸着した基板を透過するため，基板と第1層目の界面でレーザ損傷が発生する．この場合のレーザ損傷の原因としては，基板の表面粗さによる電界強度の増大[31]，あるいは基板と膜の界面に存在する不純物がレーザエネルギーを吸収し，ミクロンオーダーの極小領域が急激に加熱されるために応力破壊や溶融に至るとされている[32]．

蒸着基板表面には，研磨によって微視的なクラック，ピット，スクラッチなどが生じ，これらの表面欠陥による電場の増強が基板表面のレーザ耐力を低下させるという観測が Bloembergen によって発表された[31]．たとえば，光学ガラス BK-7 表面のクラック部にレーザ光が入射した場合，クラック内部の電界は約2.3倍まで増強される．基板表面の傷によって電界強度が増強されるので，蒸着基板としてはできる限り表面粗さの小さいものを使用することが要求される．図 4.2.15 は，BK-7 基板上に AR 膜を蒸着した場合の基板表面粗さに対する AR 膜のレーザ損傷しきい値を示す[33]．使用したレーザの波長は 1.064 μm，パルス幅 1ns であり，基板の表面粗さを小さくすると AR 膜のレーザ耐力は向上する．

基板と第1層目の膜との境界にある吸収物質としては，研磨過程で基板表面に強制的に埋め込まれた研磨粒子であることが明らかになった[34,35]．この粒子は手拭き，超音波洗浄など

では除去できないが，湿式および乾式エッチング，あるいは光照射法によって基板の表面粗さにほとんど影響を与えることなく除去できるようになった．この粒子を除去した基板に蒸着した AR 膜のレーザ耐力は，1.5～2 倍の向上をみた[34~36]．

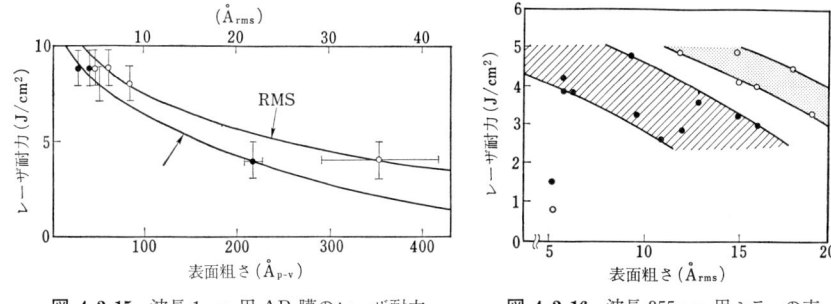

図 4.2.15 波長 1 μm 用 AR 膜のレーザ耐力の表面粗さ依存性

図 4.2.16 波長 355 nm 用ミラーの表面粗さとレーザ耐力の関係

(ⅱ) **高反射膜のレーザ耐力向上** 透過型で使用する蒸着膜のレーザ耐力は，入射レーザ光がほとんど損失することなく蒸着した基板を透過するため，基板の表面粗さの影響を受ける．これに対し，高反射膜の場合は入射レーザ光の大部分が多層膜で反射されるため，基板表面を透過するレーザ光はわずかである．このため，高反射膜用基板の表面粗さはレーザ耐力にほとんど影響を与えないと考えられていた．ところが高反射膜のレーザ耐力も基板の表面粗さに依存することがわかった[37]．図 4.2.16 は 3ω(355 nm) 用ミラーの表面粗さとレーザ耐力との関係を示す．レーザ耐力は，YLF レーザの 3ω 光（パルス幅 0.4 ns）で測定した．

e． **化学的手法による高耐力 AR 膜の製作**

ガラス表面を酸処理することによって表面に屈折率の小さな膜を作って反射率を減少させるエッチング法は古くから知られていた．1930～1940 年にかけてこのような方法で AR 膜を製作しようという努力が行われたが，安定性のよい真空蒸着法が主流を占めるに至り，十分に開発が行われていない．ところが，最近のレーザ出力の向上により，再び化学的手法が見直されてきた．

(ⅰ) **中性溶液処理による AR 膜の製作**

真空蒸着法で製作した AR 膜のレーザ耐力は，波長 1 μm，パルス幅 1 ns のレーザに対し 4～8 J/cm² 程度であり，満足すべき値ではない．このため，米国ショット社の Cook らは，硫酸ソーダと Al^{3+} を溶解した準中性溶液中で BK-7 を化学的に処理し，高耐力

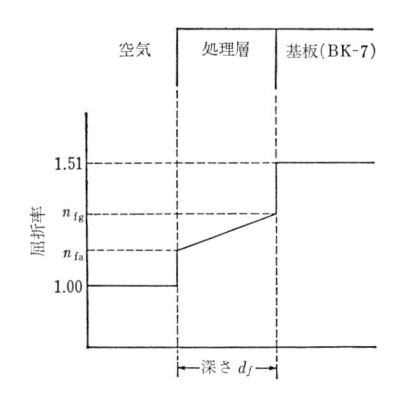

図 4.2.17 屈折率勾配をもつ AR 膜の屈折率変化

の AR 膜を製作する方法を開発した. 図4.2.17は, BK-7 の表面を化学的に処理して製作した AR 膜の屈折率変化を図示したものである. AR 膜は, 空気側から基板にかけて屈折率が徐々に増加していく不均質となっている. この AR 膜の反射率は Schröder によって示された青ヤケ層の反射率計算式[38]を使って計算でき, 実験値と計算値とはよく一致する.

図4.2.18は, 波長 0.53 μm と 1.053 μm で反射率が最小となるように製作した AR 膜の分光特性を示す. 0.53 μm 用 AR 膜の反射率変化の実測値を ○印で, 計算値を点線で示し, 1.053 μm に対しては, ●印が実測値, 実線は計算値である. 図で示すように, graded-index AR 膜の反射率は Schröder による青ヤケ層の計算式とよく一致するのがわかる. また, 波長 1.053 μm および 0.53 μm (パルス幅 1ns) でのレーザ耐力は, 蒸着膜の 2～3倍と大幅に向上した.

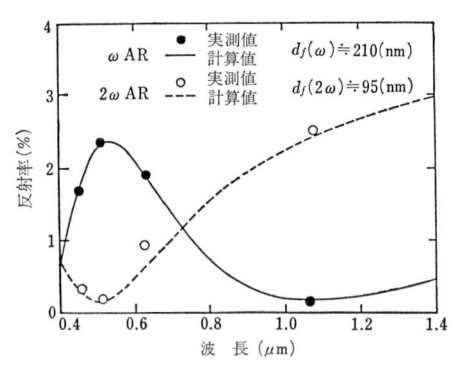

図 4.2.18 化学処理で製作した AR 膜の分光特性

(ii) **多孔性シリカ AR 膜**　紫外域では, 蒸着物質および基板表面での吸収が増加するため, 蒸着法による紫外レーザ用 AR 膜のレーザ耐力は大幅に低下する. たとえば, 0.35 μm, パルス幅 0.4 ns のレーザ光に対し 1～3 J/cm^2 となる. このため, 紫外レーザ用 AR 膜の新しい製作法が開発された.

米国の Thomas は, 無水エタノール中に SiO$_2$ 粒子の混入したコロイド状懸濁液をコーティング用ゾルとして準備した. SiO$_2$ 粒子は球状であり, その直径は約 200 Å であった. コーティングは, ディップコーティング法, あるいは高速度で回転する基板上に液を滴下して, 遠心力によって液を広げてコーティングするスピン法によって行う. 波長 350 nm 用の AR 膜は, ディップ法の場合は引き上げ速度を 5 cm/min とすればよく, 長い波長に対しては, ディップ, あるいはスピンを何回か繰り返して膜を厚くすればよい. 多孔性シリカ AR 膜の屈折率は 1.22, 多孔度は 50% であり, 石英基板の両面にコーティングした場合, 波長 220 nm での透過率は約 99.8% であった[39]. 表 4.2.12は, 石英と KDP 基板の表面に製作した多孔性シリカ AR 膜の各波長でのレーザ耐力を示す. 表から明らかなように, この AR 膜のレーザ損傷しきい値は, 蒸着法で製作された AR 膜より 2～3倍高い. なお, ゾルから製作した AR 膜の機械的強度は弱いため, 取り扱いには十分な注意が必要である.

表 4.2.12 ゾル-ゲル法で製作した多孔性シリカ AR 膜のレーザ耐力

レーザ	SiO$_2$ 基板	KDP 基板
248 nm, 15 ns パルス	4～5 J/cm^2	
355 nm, 0.6 ns パルス	8.5～10 J/cm^2	>4.5 J/cm^2
1,064 nm, 1.0 ns パルス	10～14 J/cm^2	

多孔性シリカ AR 膜の製作法として，2種類の蒸着物質を石英基板上に同時に蒸着して混合膜を作り，この膜を化学的に処理することによって多孔性の薄膜を製作する方法が開発された[40]．図 4.2.19 は，NaF と SiO_2 の混合膜を石英基板上に製作したのち，この膜を超純水で処理して NaF を選択的に溶出させることによって製作した多孔性シリカ膜の反射率の波長依存性を示す．図で，$n_f(a)=1.220$，$n_f(g)=1.303$，$d_f=70\,nm$ として計算した単層膜の反射率を点線で示す．●印は実測値であり，製作した多孔性シリカ膜は graded-index 膜となっている．ここに，$n_f(a)$：空気側の膜の屈折率，$n_f(g)$：基板側の膜の屈

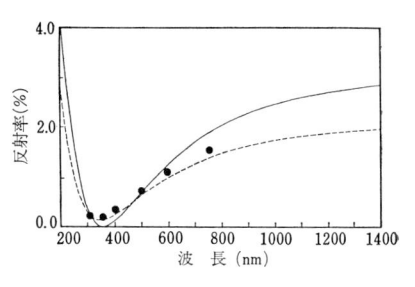

図 4.2.19 多孔性シリカ AR 膜の分光特性

表 4.2.13 多孔性シリカ AR 膜の各波長でのレーザ耐力

AR コーティング	損傷しきい値 (J/cm^2)	レーザ光		試験法
多　　層	3〜4		アンダーコートなし TiO_2/SiO_2，2〜6層	1-on-1
多　　層	4〜8	1,053 nm 1 ns	$\lambda/2$ SiO_2 アンダーコート：TiO_2/SiO_2，3〜7層	1-on-1
多孔性誘電体	12〜13			1-on-1
多　　層	2.5〜3.5		アンダーコートなし：TiO_2/SiO_2，2〜6層	1-on-1
多　　層	4〜5	527 nm 1 ns	$\lambda/2$ SiO_2 アンダーコート：TiO_2/SiO_2，3〜7層	1-on-1
多孔性誘電体	12			1-on-1
単　　層	2〜4		$\lambda/4$ SiO_2	1-on-1
	4.4〜6.4		$\lambda/4$ SiO_2	N-on-1
混合薄膜	2.5〜3.2		$NaF+SiO_2$	1-on-1
多　　層	1〜3	355 nm 0.4 ns	$\lambda/2$ SiO_2 アンダーコート：Al_2O_3/SiO_2，Sc_2O_3/SiO_2，3〜7層	1-on-1
多孔性誘電体	6〜9.5			1-on-1
	10.5〜11.5			N-on-1
石　　英	9.5〜16			1-on-1

折率，d_f：膜厚である．多孔性シリカ膜に 1,053 nm, 527 nm, 355 nm のレーザ光を照射してレーザ損傷しきい値を求めた結果を表 4.2.13 に示す．この方法で製作した膜のレーザ耐力は，ゾル-ゲル法によって製作した膜とほぼ同じであった．　　　　　　　　　（吉田国雄）

4.2.4　検　　査[41]

加工用レーザ装置では，レーザ光が反射あるいは透過する光学部品の数が非常に多くなり，個々の部品の光学精度を十分に高める必要がある．このため，各種光学部品の性能検査を多面的に行い，仕様を満足する部品をレーザシステムに導入するのが大切である．表 4.

4. パラメータの測定

表 4.2.14 光学部品の検査項目一覧

検査項目 \ 被測定資料	レーザガラス ロッド	レーザガラス ディスク	ファラデーガラス	窓ガラス	反射鏡	半透鏡	偏光子	ポッケルスセル	レンズ
寸法									
直　径	○	○	○	○	○	○		○	○
長さおよび幅	○			○			○		
厚　さ		○	○	○	○	○			○
エッジの欠け	○	○							○
面の平行度	○								
光学的特性									
透過波面ひずみ	○	○	○						
反射波面ひずみ					○				
表面の傷（スクラッチ・ディグ）	○	○	○	○	○	○	○	○	○
内部のあわ, 不純物	○	○	○	○				○	○
P 成分透過率				○		○	○	○	○
S 成分透過率				○		○	○	○	○
P 成分反射率	○			○	○				○
S 成分反射率					○				
減衰率	○	○							
複屈折	○	○						○	
消光比							○		
レーザ損傷	○		○	○	○	○	○	○	○

2.14 は，光学部品の検査項目の一例を示す．検査には干渉計，表面粗さ計，レーザ装置，ひずみ測定器，分光光度計，分光器，顕微鏡，フラッシュランプ検査装置などを用いる．光学部品の検査項目は非常に多く，しかも高い測定精度を要求されるため多くの労力と時間が必要となる．

a. 干渉計による検査

干渉計を用いた各種光学部品の検査，すなわち，① 平面，球面，非球面，放物面の面精度，② 光学材料の屈折率の均質性，③ 平行平板の平行度，④ 平面，プリズム，球面，非球面の透過波面収差などを高精度計測できる．

最近の干渉計は，干渉縞のパターンを TV 画面上に表示するのみならず，干渉パターンを TV カメラで 2 次元情報として読み取ったのち解析し，研磨面の形状，波面収差，球面収差からのずれなどを自動的に表示できる．

図 4.2.20 は，市販のフィゾー干渉計の構成を示す．実線の枠内で示した He–Ne レーザ，ビーム拡大器，偏光ビームスプリッタ，λ/4 板，結像レンズ，TV カメラ，TV モニタ，ハードコピーからなる光学系が干渉計の本体であり，コリメータレンズのあとに参照平面，参照球面および被検査部品をうまく配置することによって各種の光学部品を検査できる．

平板の面精度の検査は，図 4.2.20 で示すようにコリメータレンズのすぐあとに高い面精度の平行平板 M_T を参照基準平面として配置し，M_T の後方に被検査部品 M_I を置く．M_T

と M_I の各面からの反射光は偏光ビームスプリッタで折り曲げられて TV カメラに入射する．得られる干渉縞は 1/2 波長ごとの等高線を示すので，干渉縞の曲がりを読みとることによって平板の面精度を求めることができる．

プリズムや平板などの透過波面収差は，図 4.2.21(a) のように参照平面板 M_T と基準平面板 M_R の間に被検査部品を置くことによって求めることができる．また，透過波面収差は，同図 (b) で示したように参照平面板 M_T と参照球面 L_R の間に被検査レンズを置けばよい．

b. 残留ひずみ

光学部品内部の残留ひずみは複屈折性を示すためレーザシステムで損失の増加となり，S/N 比も

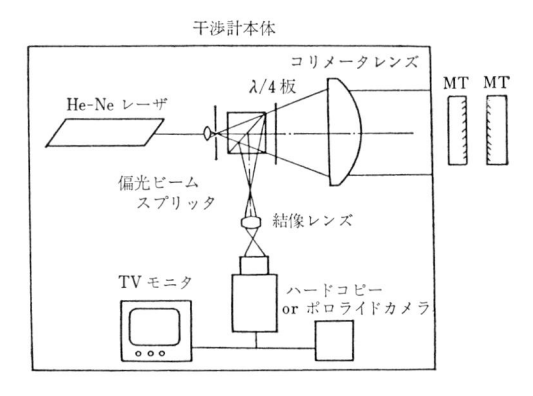

図 4.2.20 フィゾー干渉計の構成図

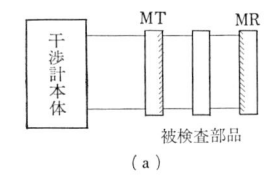

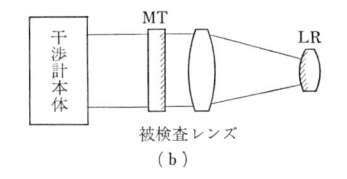

図 4.2.21 フィゾー干渉計による光学部品の透過波面収差測定例

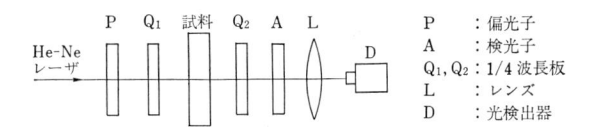

図 4.2.22 光弾性法による光学部品内部の残留ひずみ測定

低下するので好ましくない．残留ひずみは，図 4.2.22 で示す光弾性法によって測定できる[42]．図で，偏光子 P を通過した入射直線偏光は，偏光軸方向が 45° の傾きをなす 1/4 波長板 Q_1 を通って円偏光となったのち試料に入射する．試料を通過した円偏光は，入射直線偏光に対して 45° の傾きをなす 1/4 波長板 Q_2 を通り，入射直線偏光に直交する検光子 A を通過して検出器 D に入射する．D で受光された光強度 I_D は，Q_1 と Q_2 とが直交している場合には

$$I_D = I_0 \sin^2(\beta/2) \qquad (1)$$

となる．ここに，I_0：P と A が平行の場合に検出される光強度，β：残留ひずみによって生じた位相差である．試料の厚さを $t(\mathrm{cm})$ とすれば，

$$\beta = (2\pi/\lambda)\Delta N \cdot t \qquad (2)$$

したがって，I_D と I_0 を測定すれば残留ひずみ ΔN(nm/cm) を求めることができる．表 4.2.15 にロッド型レーザガラスの残留ひずみの測定例を示す．

表 4.2.15 レーザガラス内部の残留ひずみ

レーザガラス	No.	寸法 (mm)	残留ひずみ ΔN(nm/cm)
ロッド	R—15—1	15 ϕ×330l	1.42
	R—20—1	20 ϕ×330l	0.53
	R—30—2	30 ϕ×350l	0.92
	R—50—1	50 ϕ×350l	1.85

c. 光学部品表面の傷

光学部品表面のスクラッチ（Scratch）とディグ（Dig）は，高出力レーザ光によって損傷を受ける確率が高くなる，回折や散乱による損失が大きくなる，かつレーザ光のパターンが劣化するため好ましくない．光学部品表面の傷の検査は，50 W 以上の白色光を被検査部品の表面で反射させて行う反射法，光を透過させて検査する透過法の 2 方法によって行う．数 μm 以上の表面の傷は，このように目視による方法で検査できる．スクラッチの幅，長さ，深さおよびディグの直径，深さなどはノマルスキー顕微鏡，干渉顕微鏡，表面粗さ計などを用いて測定する．また，スクラッチとディグの仕様は，一般に MIL-O-13830 規格を適用する．

d. 表面粗さの測定

光学部品の表面粗さは，最近では非常に重要視されている．高出力レーザ用に用いる反射防止膜や反射鏡のレーザ耐力は，4.2.3 項で述べているように基板の表面粗さに強く依存する．また，レーザジャイロや X 線用の反射鏡の表面粗さとしては散乱損失を最小とするために 1 Årms 程度を要求されている．このような表面粗さの小さな面は，水中研磨，リングポリシャーやフロートポリシングによって得られる．

表面粗さの測定には触針方式と非接触方式とがある．前者の方式は，Rank Taylor Hobson 社製の Talystep（最小解読表面高さ：5 Årms）が最も精度が高く，Taly-data と組み合わせれば 2 Årms まで測定可能である[43]．非

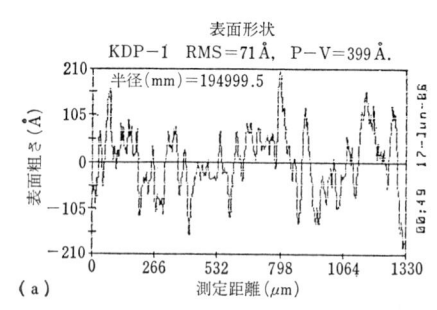

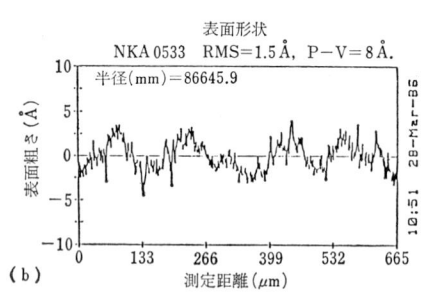

図 4.2.23 表面粗さの測定例

接触方式は，Wyko Optical 社の Digital Optical Profilometer NCP-1000 M，および Zygo 社製のヘテロダインプロファイラーシステム 5500 がある．NCP-1000 M は，光干渉を利用して表面粗さを測定する方法であり，得られた干渉縞から高精度で表面粗さを求めるのに，phase-shifting 法を用いて基準面と検査面での 2 本の反射光の位相差を測定し，これをもとに計算によって表面粗さを決定する．この測定器の最小解読高さは 1 Årms（カタログ値）となっている[44]．Zygo 社のタイプ 5500 は，ヘテロダイン干渉を利用したものであり，わずかに異なった周波数をもつ 2 本の直交した偏光ビームが同じ表面上に集光される．1 つの集光点は基準として働き，他の点はサンプル表面を円形に走査するため反射ビームのビート周波数の位相が表面高さに比例することになり，最小解読高さ 1 Årms（カタログ値）である[45]．

図 4.2.23 に光学部品の表面粗さを NCP-1000 M で測定した例を示す．図 4.2.23 (a)，(b) は，それぞれダイヤモンドで切削した KDP 結晶表面，Ar エキシマレーザ（波長 126 nm）用反射鏡および X 線反射鏡用基板として開発された単結晶モリブデン表面の粗さを示す．

〔吉田国雄〕

4.2.5 取扱い方法[46]

光学部品は，クリーニングや保管が非常に重要である．クリーニングによって光学部品表面に傷をつけたり，あるいは保管方法がずさんであると表面にヤケを生じたり，歪みを発生させることがある．

a. 光学部品のクリーニング

レーザ装置を分解して組み立てる時，光学部品をクリーニングする必要がある．クリーニングをする際に大切なことは，塵埃発生が少ないマスク，手袋，帽子，衣服を身につけて作業をする．これらは，半導体関係のクリーンルームで用いられている市販品を使えばよい．

光学部品のクリーニングは，装置周辺の塵埃が付着した場合と油脂成分を含んだもので汚れた場合とで方法が異なる．まず，クリーニングを必要とするミラーやレンズなどを光学部品保持台または真空チャックで保持する．

光学部品表面に塵埃が付着した場合は，クリーニングしたハケまたはエアクリーナ（1 μm

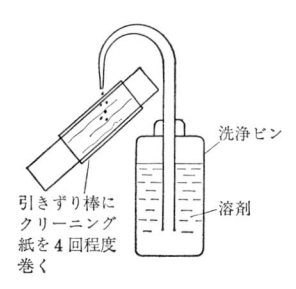

(a) 溶剤をクリーニング紙全面にたらす．
引きずり棒にクリーニング紙を 4 回程度巻く
洗浄ビン
溶剤

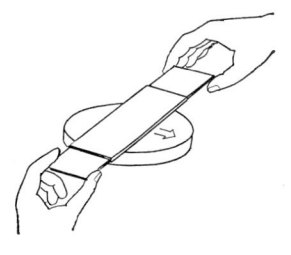

(b) 引きずり棒を手前に向って止めないでゆっくり引張る．

図 4.2.24 光学部品の引きずり洗浄法

程度のフィルタを通した圧縮空気や缶入りのフロンガス）で塵埃を除去する．この方法で塵埃が十分に除去できなければ図4.2.24で示す引きずり洗浄法によって表面をクリーニングする．引きずり棒としては，溶剤に溶けにくい厚さ5mm，幅10mm程度のテフロン板を用い，この棒に図（a）で示すように良質のクリーニング紙を4回ほど巻きつけ，引きずり面に溶剤をたらす．溶剤としては，エタノールとエチルエーテルの混合液（通常は4：6くらいであるが，湿度によって混合割合を変える）を用い，洗浄ビンにはテフロンまたはガラスビンを使った方がよい．引きずり棒を止めないで手前に向ってゆっくり引っ張ることによって表面をクリーニングできる．

超音波洗浄装置で洗浄する場合は，クリーニング紙に混合液を十分ひたして光学部品表面を手拭き洗浄し，次に石けん水，超純水，アルコール，フレオンペーパー槽などで順次洗浄する．超音波洗浄に用いる洗浄液は $1\mu m$ 以下のフィルタでろ過したものを使った方がよい．光学部品表面の清浄度の確認は，白色光で表面を検査するか，息を光学部品表面にふきかけることによって行う．

b. 光学部品の保管

光学部品の保管は非常に重要となる．精度の高い光学部品も，保管がずさんであると歪んだり，表面がヤケたりする．光学部品は，$1\mu m$ 程度のフィルタを通したクリーンな窒素ガスを保管庫に満たして保管すれば塵埃の光学表面への付着ならびに表面のヤケを防止できる．光学部品を紙で包んだ状態で保管するのは好ましくない．また，光学部品は立てた状態で保持する方がよい．

〔吉田国雄〕

文　献

1) 吉田国雄，他：誘電体多層薄膜偏光子の製作と取扱い方．レーザー研究，**4**（1976），37-41．
2) Y. Ichikawa, et al.: Highly damage-resistant Mo mirror for high-power TEA CO_2 laser systems. *Appl. Opt.*, **26** (1987), 3671-3675.
3) P. Guenter: *Ferroelectrics*, **24**, 35 (1980).
4) 佐々木孝友：レーザー研究，**14**, 923 (1986); **15**, 59 (1987)．
5) レーザー学会（編）：レーザーハンドブック，オーム社，東京 (1983)．
6) 中村輝太郎，他（編）：試料の作成と加工，共立出版，東京 (1981)．
7) A. A. Ballman, *et al.*: *J. Crystal Growth*, **75**, 390 (1986).
8) C. Chen: '86 CLEO 報告．
9) 佐柳和男：光学部品の高精度化．第20回応用物理学会サマー・セミナー論文集（昭和57年8月18日～20日），1-16．
10) F. Cooke, et al.: *Opt. Eng.*, **15** (1976), 407.
11) 新谷聰：光学技術コンタクト，**19** (1980), 30.
12) D. L. Decker, D. J. Grandjean and J. M. Bennett: NBS Special Publication, **562** (1979).
13) 佐々木孝友，他：レーザー研究，**13** (1985) 500．
14) 高橋公夫，他：信学技法，**87** (122) OQE 87-64 (1987), 121.
15) ASTM Special Technical Publication, No. 469 (1969).
16) E. S. Bliss: NBS Special Publication, No. 414 (1974), pp. 7.
17) J. H. Marburger: NBS Special Publication, No. 356 (1971), pp. 51.
18) R. W. Hopper and D. R. Uhlmann: *J. Appl. Phys.*, **41** (1970), 4023.
19) "Hoya Laser Glasses" Catalogue, pp. 2.
20) Schott Laser Glasses Bulletin.
21) A. Yokotani, et al.: Improvement of the bulk laser damage threshold of potassium dihy-

drogen phosphate crystals by ultraviolet irradiation. *Appl. Phys. Lett.*, **48** (1986), 1030-1032.
22) Y. Nishida, et al.: Improvement of the bulk laser damage threshold of potassium dihydrogen phosphate crystals by reducing the organic impurities in growth solution. *Appl. Phys. Lett.*, **52** (1988), 420-421.
23) J. H. Apfel, et al.: The role of electric field strength in laser damage of dielectric multilayers. *NBS Special Publication*, **462** (1976), 301-309.
24) D. H. Gill, et al.: Use of non-quarter wave designs to increase the damage resistance of reflectors at 532 and 1064 nanometers. *NBS Special Publ.*, **509** (1977), 260-270.
25) A. Vaidyanathan, et al.: The relative roles of avalanche multiplication and multiphoton absorption in laser-induced damage of dielectrics. *IEEE J. Quantum Electron.*, **QE-16** (1980), 89-93.
26) T. W. Walker, et al.: Pulsed laser-induced damage to thin-film optical coatings. Part I: Experimental. *IEEE J. Quantum Electron.*, **QE-17** (1981), 2041.
27) A. E. Ennos: *Appl. Opt.*, **5** (1966), 51.
28) W. J. Coleman: Evolution of optical thin films by sputtering. *Appl. Opt.*, **13** (1974), 946-951.
29) C. K. Carniglia. et al.: Recent damage results on silica/titania reflectors at 1 micron. *NBS Special Publ.*, **568** (1980), 377-390.
30) 大谷実, 他: 電子情報通信学会研究会資料 OQE-87-58, (1987), pp. 83.
31) N. Bloembergen: Role of cracks, pores and absorbing inclusions on laser-induced damage threshold at surfaces of transparent dielectrics. *Appl. Opt.*, **12** (1973), 661-664.
32) W. H. Lowdermilk, et al.: Damage to coatings and surfaces by 1.06-μm pulses. *NBS Special Publ.*, **568** (1980), 391-403.
33) Y. Nose, et al.: Dependence of laser-induced damage threshold of anti-reflection coatings on substrate surface roughness. *Jap. J. App. Phys.*, **26** (1987), 1256-1261.
34) K. Yoshida, et al.: 18 th Boulder Damage Symposium, Technical Digest, NBS, Boulder, (1986), pp. 56.
35) K. Yoshida, et al.: 19 th Boulder Damage Symposium, Technical Digest, NBS, Boulder, (1987), pp. 84.
36) K. Yoshida, et al.: 20 th Boulder Damage Symposium, NBS, Boulder (1988), pp. 73.
37) K. Yoshida, et al.: 18 th Boulder Damage Symposium, Technical Digest, NBS, Boulder, (1986), pp. 28.
38) H. Schröder: Bemerkung zur theorie des lichtdurchgangs durch inhomogene durchsichtige schichten. *Ann. Physik*, **39** (1941), pp. 55-58.
39) I. M. Thomas: *Appl. Opt.*, **24** (1986), 1481.
40) K. Yoshida, et al.: Highly damage resistant, broadband, hard antireflection coating for high power lasers in the ultraviolet to near-infrared wavelength regions. *Apl. Phys. Lett.*, **47** (1985), 911-913.
41) 吉田国雄, 他: 高出力ガラスレーザ用光学素子の性能検査. 電学誌, **100-C** (1980), 313-320.
42) 筒井俊正, 他: 応用光学概論, 金原出版, 東京 (1969), pp. 243.
43) Rank Taylor Hobson 社カタログ.
44) Wyko Optical 社カタログ.
45) G. E. Sommargren: Optical heterodyne profilometry. *Appl. Opt.*, **20** (1981), 610-618.
46) 吉田国雄: レーザ用光学部品の性能と取扱い方法. 生産技術誌, **36** (1984), 6-13.

付表　レーザ加工機製造・販売会社一覧

1) 関連会社・製品・用途

会　社　名	製　　　品	用　　　途
安 部 商 事(株)	YAG（ルモニクス社）～14 W	マーキング
(株)ア　マ　ダ	CO_2（自社製，ファナック）500～2,500 W	加工全般
アンリツメカニクス(株)	CO_2（ルモニクス社10～500 W，東芝1.2 kW）	切断，パンチ等
アイ・エイチ・アイ トルンプテクノロジー(株)	CO_2　750～6,000 W	加工全般
金 門 電 気(株)	CO_2　1～500 W	ガラス切断等
(株)コ　マ　ツ	CO_2（松下電器 1～2 kW），YAG 40 W	切断，マーキング
澁 谷 工 業(株)	CO_2　500～2,000 W，YAG，エキシマ	切断
新 日 本 工 機(株)	CO_2　1～3 kW	金属切断
進 和 テ ッ ク(株)	CO_2（ルモニクス社，カールバーゼル社）， YAG（カールバーゼル社，ルモニクス社， ベンチマーク社）	スクライビング，マーキング
住 友 金 属 鉱 山(株)	YAG 600～1,200 W（発振器）	加工全般
住 友 重 機 械 工 業(株)	YAG ～1 kW，エキシマ ～50 W	加工全般
精 電 舎 電 子 工 業(株)	CO_2　15～1,000 W，YAG 150,250 W	切断，溶接，穴あけ
(株)ダ　イ　ヘ　ン	CO_2　700～2,000 W	切断，溶接等
(株)東　　芝	YAG，CO_2，アレキサンドライト	加工全般
豊 田 工 機(株)	CO_2　700～2,000 W	加工全般
日 新 電 機(株)	エキシマ 5～30 W	穴あけ，マーキング，加工全般
日 清 紡(株)	CO_2（松下産業機器，ダイヘン）700～2,000 W	加工全般
(株)日 平 ト ヤ マ	CO_2　1.2～5 kW，YAG，50～200 W	加工全般
日 本 電 気(株)	CO_2　150 W，YAG 16～1,800 W，エキシマ 30 W	トリミング，マーキング，スクライビング，リペア，加工全般
(株)新 潟 鉄 工 所	CO_2　500～3,000 W	切断，溶接，表面処理
(株)日 本 レ ー ザ ー	CO_2（自社製，レーザーホトニクス社）17～80 W，YAG（コントロールレーザー社，レーザーホトニクス社）50～200 W	布切断，ハンダ，トリミング，マーキング
日 立 精 機(株)	CO_2（ファナック，他）1～3 kW	表面改質，切断
(株)日 立 製 作 所	YAG	マーキング
富 士 電 機(株)	YAG 50～100 W	マーキング
ファナック(株)	CO_2　1～3.6 kW	加工全般
Ｈ Ｏ Ｙ Ａ(株)	YAG ～1 kW	マーキング，トリミング，スクライビング，リペア
松 下 産 業 機 器(株)	CO_2　1～2 kW	加工全般
丸 紅(株)	CO_2（ロフィンジナール社）1.2～10 kW， YAG（ロフィンジナール社）50～1,000 W	切断，溶接，熱処理，マーキング
丸紅ロフィンレーザー(株)	CO_2　170～1,900 W	切断
三 菱 電 機(株)	CO_2　400～10,000 W	加工全般
ミヤチテクノス(株)	YAG ～800 W	加工全般

2) 関連会社連絡先

会社名	連絡先	電話
安部商事(株)	〒210 川崎市川崎区南町 1-1 日生川崎ビル 同社エレクトロニクス事業部	044-211-5961
(株)アマダ	〒259-11 伊勢原市石田 200 同社レーザー事業部	0463-96-3401
アンリツメカニクス(株)	〒106 東京都港区南麻布 5-10-27 同社営業第3本部メカニクス営業部	03-3446-1111
アイ・エイチ・アイ・トルンプテクノロジー(株)	〒226 横浜市緑区白山 1-18-2 ドイツ産業センター内 同社営業統括部	045-939-7815
金門電気(株)	〒356 川越市大字下赤坂 750 同社技術部	0492-66-2511
(株)コマツ	〒923-03 小松市符津町ツ 123 同社産機事業本部プラズマレーザ営業部（CO_2）	0761-43-1111
	〒108 東京都港区赤坂 2-3-6 同社エレクトロニクス事業本部視覚事業部（YAG マーカ）	03-5561-2649
澁谷工業(株)	〒920 金沢市出雲町ト 17 同社メカトロ事業部	0762-63-5000
新日本工機(株)	〒541 大阪市中央区北久宝寺町 2-4-1 同社LEG課	06-261-3131
進和テック(株)	〒102 東京都千代田区九段南 4-8-21 同社レーザシステム部	03-3264-2228
住友金属鉱山(株)	〒105 東京都港区新橋 5-11-3 同社商品事業センター	03-3436-7905
住友重機械工業(株)	〒254 平塚市久領堤 1-15 同社レーザ事業センター技術部	0463-21-8908
精電舎電子工業(株)	〒116 東京都荒川区西日暮里 2-2-17 同社営業部	03-3802-5101
(株)ダイヘン	〒566 摂津市南千里丘 5-1 同社メカトロ事業部技術部	06-317-2537
(株)東芝	〒210 川崎市幸区堀川町 72 同社電子営業統括部	044-522-2111
豊田工機(株)	〒448 刈谷市野田町北地蔵山 1-7 同社メカトロ技術部	0566-21-8358
日新電機(株)	〒615 京都市右京区梅津高畝町 47 同社研究開発本部高電圧機器開発部	075-864-8346
日清紡(株)	〒444 岡崎市美合町小豆坂 30 同社メカトロニクス事業本部美合工機工場	0564-55-1100
(株)日平トヤマ	〒105 東京都港区西新橋 3-23-5 御成門郵船ビル 同社レーザ事業部	03-3434-8269
日本電気(株)	〒229 相模原市下九沢 1120 同社レーザ装置事業部	0427-71-0820
(株)新潟鉄工所	〒100 東京都千代田区霞ガ関 1-4-1 日土地ビル 同社工作機械レーザ営業部	03-3504-2151
(株)日本レーザー	〒108 東京都港区芝浦 2-17-13 同社営業部	03-3798-0751
日立精機(株)	〒270-11 我孫子市我孫子 1 同社技術開発センター	0471-84-1111
(株)日立製作所	〒101 東京都千代田区神田駿河台 4-6 同社機電事業本部	03-3258-1111
富士電機(株)	〒100 東京都千代田区有楽町 1-12-1 有楽町ビル 同社FAシステム事業部	03-3211-7242

付表 レーザ加工機製造・販売会社一覧

会社名	住所	電話
ファナック(株)	〒401-05　山梨県忍野村　同社レーザ研究所	0555-84-5555
ＨＯＹＡ(株)	〒196　昭島市武蔵野 3-3-1　同社オプトロニクス事業部レーザ製品部	0425-46-2740
松下産業機器(株)	〒561　豊中市稲津町 3-18-1　同社レーザー部営業課	06-866-8583
丸紅(株)	〒100　東京都千代田区大手町 1-4-2　同社設備機械第1部工業設備課	03-3282-3437
丸紅ロフィンレーザー(株)	〒254　平塚市中原上宿 144	0463-31-1855
三菱電機(株)	〒100　東京都千代田区丸の内 2-2-3　同社産業メカトロニクス事業部	03-3218-3503
ミヤチテクノス(株)	〒116　東京都荒川区東日暮里 5-48-5　光陽社ビル　同社営業本部	03-3891-2211

索　　引

和　文　索　引

ア

アインシュタインのA係数　34
アーキング発生　464
アークサインレンズ　420
アーク併用　139
アーク放電　45,49
アクリル樹脂　540
浅い接合形成　361
アシストガス　124,183,196,471
アスペクト比　277
厚膜抵抗　320
穴あけ加工　513
穴加工命令　444
穴形成　290
アナモフィックレンズ　420
アニーリング　514,516
アブレーション　371,511
アモルファス Pd 基合金　264
アモルファス Si　346
アモルファス化(の作成)　258,261
アモルファス表面合金　261
アライメントマーク　500
アラミド繊維強化エポキシプラスチック(AFRP)　211
アルゴン(Ar^+)イオンレーザ　77,359
アルミナセラミクス　285
アレキサンドライトレーザ　96,508
アンサンブル平均　6
アンダーカット　148
アンダーフォーカス　294
安定化 ZrO_2　159,160
安定型共振器　48,54,526
アンローディング装置　427

イ

イオン化ポテンシャル　393
イオンプレーティング　269

異軸ノズル　167
位相差板　556
位相速度　15
位置決め精度　431,501
1次統計　7
一点指向型　440
移動熱源　224
異方性エッチング　369
陰極降下領域　52
インコヒーレント　4
インジェクション法　250
インテグレイションミラー(インテグレーティドミラー)　232,240,241,251

ウ

ウエハステージ　500
ウエハステッパ　517
ウエハへのマーキング　327
ウォールフォーカス効果　169
薄板構造物　449
薄板のキーホール溶接　119
薄板板金構造物　449
ウレタン皮膜銅細線のレーザはんだ付け　316

エ

鋭角切断　193
エキシマ　87
エキシマ遷移　87
エキシマレーザ　87,168,332,353,365,375
エキシマレーザステッパ　377,518
液相拡散　362
エタロン(エタロン板)　78,525
エッチング　371
エッチング速度　342
エネルギー　525
　　──のランダム化　384
エネルギー移動　337
エネルギー準位　31

エネルギー蓄積作用　57
エネルギー分布　497
エピタキシャル単結晶成長　353
エルゴード性　6
塩化ビニル　387
円形一様分布熱源　217,223,224
円形統計　11
遠赤外レーザ　46
塩素エッチング　353
塩素ラジカル　351
エンハンストパルス波形　286
円偏光化光学系　286

オ

凹面形セグメントミラー　460
オシレーション法　255
オシレーション方式光学系　455
オシレーションミラー　457
オフセット型　440
オフナ型反射鏡　370
オフラインティーチング方式　445
温度分布　66

カ

回折界スペックル　5
回折限界　98,526,551
回折による広がり角　48,49
開先ギャップ　146
開先精度　143,298
回転エネルギー　33
回転準位　50
界面準位密度　342
ガウス型(の広がり)関数　36
ガウス型分布熱源　220,224,226,229
ガウス的な光　8
ガウス的なスペックル　9
ガウス統計　8

索引

ガウスビーム(ガウシャンビーム) 14,16,51,418,535
化学蒸着法 268
核スピン 395
確率密度分布 8
加工ガス 427
加工機用 Nd:YAG レーザ 58
加工光学系 294,297,471
加工条件データベース 443
加工深度 423
加工ステージ 426
加工スレッショルド 424
加工プログラム 472
加工ヘッド 426
加工用ファイバ 404
——の機械強度 409
——の耐光強度 411
加工レーザエネルギー 498
重ね合せ溶接 301
重ね切断法 171
重ね(ラップ)継手 143
可視光 57
可視・紫外レーザ 385
下準位 45,46,48
下準位レベル 44
ガス寿命 91
ガス搬送方式 250
ガス光分解 362
ガス補給 78
型レス化 438
活性化エネルギー 350
カバー 473
カーフ幅 175,190
カーボン顔料 329
紙 284
——や布地類の切断 212
カライドスコープ 241,429,540
ガラス形成能 262
ガラスの切断 208
カラーチェック(染色探傷法) 143
カラーテレビブラウン管カソード部 299
ガリウムひ素 361
ガルバノメータ 298,320,326,500
ガルバノメータ形ビームスキャナ 484
ガルバノメータ方式ビームポジ

ショナ 479
カロリーメータ 528
干渉計 574
環状第二相組織 243
岩石の切断 208
関 節 414
カンチレバー型三次元加工機 439
ガントリー型三次元加工機 416,439

キ

機械強度(加工用ファイバの) 409
希ガスハライド 87
帰還路 77
気 孔 293
希釈率 251
キセノン → Xe
気相反応エネルギー 349
気相励起 337
基底準位 48
キートップのマーキング 327
機能トリミング 319,322,477
基板励起 338
気密信頼性 301
逆転分布状態 38
キャビティ 119,126
吸光係数 106,334
吸収(誘導吸収) 34
吸収体 527
吸収断面積 36,334
吸収率 233
球状黒鉛鋳鉄 243
吸着種 332
吸着種励起 337
吸着層熱分解 362
吸着表面反応エネルギー 349
急熱急冷 302
急冷凝固 258
急冷凝固表面合金 258
共軸型 CO_2 レーザ 51
共振器 18
——の安定条件 21
共振器ミラー 201
共振周波数 21
共振モード 18
強制循環冷却 45,51
狭帯域ミラー 77
鏡面反射率 111
均一な広がり(スペクトル線の)

36
金属材料 170
金属蒸気レーザ 81
金属積層板 301
金属組織 234
金属配線の切断加工 514
金属敷粒子 352

ク

空間的なコヒーレンス 4
空間ホールバーニング 28
空冷形 Ar^+ レーザ発振器 80
矩形一様分布熱源 219,225
矩形熱源 454
矩形ビーム 240,242
屈折率 106
屈折率導波(路) 26
クラクラッド鋼 153
クラック 279
グラファイト水溶液 455
クランク型 440
繰返し位置決め精度 431
繰返し照射 276
繰返しパルス 532
クリーニング 577
クリプトン・アークランプ 60
黒欠陥修正 490,491
クローズドサイクル 54
グロー放電 45,49,50
クロムカルボニル 494
群速度 26

ケ

蛍 光 336
蛍光スクリーン 536,537
傾斜切断 77
ケイ素 → Si
欠陥の確率 496
欠陥ビード 125
結合エネルギー 271
結合解離切断 168
結像加工 492
結像加工光学系 424
欠損欠陥 489
ゲート絶縁膜 368
減圧雰囲気 139
原子法 391,393,398
検知器 535

コ

コア径 405,407

和 文 索 引   587

高圧水銀ランプ　350
光学装置　240
光学部品　553
硬化ステーション　304
硬化パターン　245
硬化深さ　242,458
項間交差　336
工業用 Nd:YAG レーザ　72
高繰返しエキシマレーザ　90
光子エネルギー　271
光子コスト　381,388
格子振動による固有吸収　107
高次のガウスビーム　17
高集積化　495
高周波放電　51
高周波焼入れ　235
後進波　15
高精度切断　186,431
合成反応　380,385
高速軸流型 CO_2 レーザ　53
光弾性法　575
高調波発生　70,508
光電形受光器　532
光電効果型検知器　535
硬度分布　234
高ニッケル耐食表面合金　260
高反射膜　571
高封入ガス圧　464
光路調整　435
固相拡散　363
黒体輻射のスペクトル強度　34
固体触媒　389
コーティング材　233
コバール　151
コバルト → Co
コヒーレンス　2
コヒーレント時間　36
コヒーレントな光　4
固有モード　14
コロナ放電　464
コロナ予備電離　88
コンクリート　208
コントラストエンハンスド材料　378

サ

最大加工送り速度　433
最大切断面粗さ　187
最早送り速度　433
載物台(トレー)　473
サイライトロン　89

サファイヤ　281,554
サブプログラム　445
サーモコントロール法　303
サーモグラフィック効果　537
酸化反応　196
酸化反応エネルギー　172
酸化反応速度　186
酸化物系セラミックス　165
酸化物層　147
三次元切断加工機　438
3 準位モデル　39
酸素ガス圧力　183,189
酸素切断　171
サンプリングスコープ　535,545
散乱体　4
残留応力分布　235
残留欠陥　489
残留ひずみ　575

シ

四塩化チタン-トリメチルアルミニウム　340
紫外域用光学部品　554
紫外エキシマレーザ　361
紫外光　57
紫外線照射洗浄　352
紫外線(UV)予備電離　88
時間的なコヒーレンス　4
時間平均　4
しきい値電流　77
色素レーザ　395
磁気パルス圧縮　92
磁気飽和スイッチング素子　89
軸流型 CO_2 レーザ　51
指向性　525
自己相関法　546
自己調節機構　174
自己冷却　235
自己冷却焼入れ　233
自重落下方式　250
自然放出　34
自続切断　172
実時間モニタリング　535
質量効果　391
自動プログラミング装置　427
シート抵抗　362
シーム溶接用レーザ　297
シームろう付け　156
写真フィルム　536,540
周期的切断現象　174

集光器　62
集光光学系の設計　422
集光条件　131
集光スポット　423
集光スポット径　134
集光点でのパワー密度　292
集光ビームスポット　124
集光用素子　134
充電回路　65
周波数混合　525
周波数サンプリング　20
周波数プッシング　20
受光部　528
樹脂の熱変色度　329
出力安定度　95
出力鏡　44
出力飽和値　77
シュバルツチャイルド型反射対物鏡　370
準連続 Nd:YAG レーザ　295
焼結部品　244
条　痕　173,186
照射エネルギー密度　512
照射損傷　368
上準位レベル　44,48
小信号ゲイン　52
消衰係数　106
蒸着法　268
蒸着膜　568
冗長(予備)メモリー回路　496
焦点位置　133,276
　　――の変動　149
焦点距離　182,276
焦点深度　182
焦点素子　532,536
焦点調整機構　471
焦点はずし方式　454
焦点はずし量　132
蒸発温度　294
蒸発切断　168,170
触媒反応　381,388
シリコン　361
シールドガス　134
自冷効果　457
白欠陥修正　494
シングル縦モード　51
シングルモード　180
シングルモードビーム(A)　231
シングル横モード　51
シンクロスキャンストリークカメラ　545

索引

ス

振動モード 33
振動励起 348, 382, 384

水銀アークランプ 98
水晶振動子 319
水中加工法 208
随伴 Green 関数 215
随伴微分式 214
水冷形 Ar^+ レーザ発振器 80
水冷ミラー構造オシレーション光学系 458
数値制御装置 472
数密度 38
スキャニング形マーカ 483
スキャニング方式 465
スクライビング 284
スクライビング条件 475
ステッパ 375
ステップ型屈折率分布導波路 23
ステンレス鋼 178, 251, 278
ストリークカメラ 545
ストレート形ノズル 184
ストレート法 255
スナップライン 290
スパーク放電 89
スパッタ膜 343
スパッタリング 301
スピン許容遷移 336
スピン保存則 337
スプラッシュ 273
——の発生限界 503
スペクトル線形状関数 36
スペクトル幅 91, 525
スペックル 2
スポット径 179, 274, 499
スポット溶接 502
スポット溶接適用範囲 504
スミ肉溶接 301
スラブレーザ 93
スラリー方式(前置方式) 250

セ

制御部 472
制御放電励起型 CO_2 レーザ 48
静止熱源 217
静電容量式倣いセンサ 428
成膜速度 269
石英ガラス 555

石英光ファイバ 407, 512
赤外吸収特性 342
赤外吸収分光(IR) 368
赤外線加熱法 303
赤外線ビジコン 537
赤外多光子解離 401
赤外多光子吸収 382, 384
赤外レーザ 46, 382
セグメントミラー 428
セグメントミラー光学系 459
セグメントミラー方式 454
絶縁破壊特性 342
絶縁膜 341
接合加工 117
接触式倣いセンサ 428
切断溝の形成プロセス 173
切断速度 177
切断能力 197
切断面粗さ 186, 198
切断面の温度 173
接着剤塗布 304
セラミックス基板 475
セラミックススクライバ 469
セラミックスの接合 158
セラミックスの切断 206
セルフバーン(セルフバーニング) 171, 173, 177, 196
セルフアライメント 307
セルフフォッカスレンズ 316
全拡反射率 112
前期解離 334, 398
穿孔 181
センサ 449, 452
前進波 15
全積分散乱 111
選択励起 381
線熱源 454
全反射 94
全反射条件 24

ソ

像界スペックル 5
双極子-双極子相互作用 337
相互コヒーレンス関数 4
走査線の位置ずれ 417
増速酸化 360
増幅過程 37
増幅度 41
速度自動設定 444
側面焼入れ 457
素子トリミング 477

ソフトマーキング 328

タ

第1パルス抑制機能 69
耐高温酸化性 259
耐候性鋼板 148
大出力レーザパワーの測定 528
耐食アモルファス表面合金 262
耐食性(金属表面の) 258
体積吸収 528
体積効果 391
耐熱合金 509
ダイバージェント形ノズル 184
対物レンズ 471
耐摩耗性 239, 244, 245, 247
タイムシェアリング 448, 449
耐焼付け性 239
ダイヤモンド 279
ダイヤモンド切削 564
ダイヤモンドダイシング方式 469
ダイヤモンドポイントスクライバ 469
太陽電池 364
多関節 413
多関節ロボット 416
多関節型三次元加工機 439
多光子イオン化 386
多光子励起 381, 386
多重縦モード発振 27
多重反射型受光部吸収体 528
多重モード 180
多ステーション 449
多層基板の剥離 308
多層盛溶液 140
縦モード 14, 21
縦モード間隔 19
縦モード共振周波数 19
縦モード単一波長発振(シングル) 50
縦割れ 159
多点同時溶接 505
タービンブレード 253
ターミナル NC 472
多面体鏡方式 454
単一周波数発振 78
単一縦モード 50
単一波長発振 48

単一パルスの出力測定 531
単一モード 29
単一横モード発振 27
炭化ケイ素 78
単原子層制御 356
単原子層制御結晶成長 356
炭素鋼 251,277
断熱反応 333
短波長化 378
単分子反応 382
端面焼入れ 457

チ

窒化ケイ素 284
チップ抵抗 319,479
チップ抵抗用トリマ 482
チャンバー 299
柱状晶 159
中精度切断 432
チューナブル 50
超 硬 281
彫刻モードマーキング 325
超精密切削加工機械 564
超耐食合金 264
長方形スリット 490
直接解離 359
直流電力置換法 527
直交型 CO_2 レーザ 45,50
直交ロボット 488

ツ

突合せ溶接 148,301
継手効率 160
冷たい切断 168
強い散乱物体 8

テ

低圧水銀ランプ 351
低温プロセス 359,511
低合金鋼 251
抵抗体の信頼性 321
抵抗溶接 293,299
抵抗率 342
低次モード 180
ディスク型受光部吸収体 528
ディスペンサ 308
低速軸流型 CO_2 レーザ 51,53
ティーチング(教示)機能 440
ティーチングボックス 442
定電流動作 78

ディフォーカスビーム 232, 234,247
鉄鋼材料の切断 177
テーパ形ノズル 184
デポジション 373
デューティ 181
テレスコープチューブ 416
テレセントリック系 419
電気陰性度 366
電気泳動(カタフォレシス) 82
電気的切断法 497
電極用アモルファス表面合金 264
電磁鋼板 154
電子ビーム 265
電子ビーム溶接 119
電子ビーム励起 48
電子励起 385
伝送効率 414
天体強度干渉計 9
電場支援反応 366

ト

等位相面 15
同位体シフト 391,393,400
投影露光 376
等温変態図 261
透過型光学部品 557
透過型蒸着膜 570
透過率波長依存性 108
動作寿命 80
同軸型 CO_2 レーザ 50
同軸ノズル 167
銅蒸気レーザ 82,395
同所処理型 308
等速度走査特性 419
動的単一モード 29
導波型共振器 23
透明アクリル樹脂 536,540
溶込み比 131
溶込み深さ 121
凸面形セグメントミラー 459
ドーピング 514,516
ドライクリーニング 351
ドラグライン 177
トーリックレンズ 421
ドリフト 322
トリマ 477
トリミング 319
トレー(載物台) 287,473
ドロス 177,196

―の粘性 171
ドロス付着 171
ドロスフリー 180,200
ドロスフリー切断 173,200

ナ

内部変換 336
ナイフェッジ支持 429
内面焼入れ 457
軟化層 237
軟鋼板重ね切断法 181

ニ

2光子吸収 335,347
二酸化炭素 → CO_2
2次および高次統計 9
二軸直交型 CO_2 レーザ 51
2乗屈折率分布導波路 26
2段階濃縮 399
ニッケル → Ni
ニッケル基合金 275
2分子反応 384
日本工業規格 493
入射角 239
尿素結晶 559
任意形状命令 445

ヌ

ぬれ温度 162

ネ

熱影響層(HAZ) 186
熱影響層厚さ 193
熱影響部の結晶化 262
熱型焦電素子 535
熱吸収体(ヒートシンク) 461
熱交換器 54
熱CVD 270
熱衝撃 209
熱処理 460
 円筒物の内面の―― 461
 多面体鏡による―― 461
 分割鏡を用いた―― 460
熱切断 168
熱的光源 3
熱的測定法 527
熱の複屈折効果 93
熱伝導型の溶接 300
熱伝導型ビード 119
熱伝導タイプの溶融 294
熱伝導率 94,196,294

索引

ネットワーク抵抗　319
熱反応　333
熱ひずみ　66
熱変質層　292
熱誘起光学ひずみ　447
熱励起　46
熱レンズ効果　66,93,536
粘性係数　171

ノ

ノズル間隔　185
ノズル径　183
ノズル形状　183

ハ

バイアホール形式　512
バイトサイズ　326,488
ハイブリッドIC　319,322
ハイブリッドモード　25
バインダ　250
白色レーザ　83
薄膜金属の溶接　292
薄膜抵抗　320,321
薄膜トランジスタ　364
薄膜の加工　511
歯車の焼入れ　248
波　数　15
パターン化結晶成長　355
パターンジェネレータ　516
パターン転写　370
パターン認識用2次元CCDカメラ　309
波　長　525
波長可変　50
波長選択　97
波長選択性　381,385
発光スペクトル　60
発散角　179,413
発振過程　38
発振波長帯　56
発振モード制御　56
発振横モード制御　67
パーツハンドラ　427,436,479
波動方程式　14
ハードマーキング　328
ハーメチックシール　301
波　面　15
　──の曲率半径　16
波面収差　551
歯面焼入れ　457
パラメータ計測　524

針山ピン支持　429
パルスエネルギー　531
パルスエネルギーメーター　532
パルス周波数　200
パルス切断　181
パルス切断現象　175
パルスデューティ　176
パルス発振Nd:YAGレーザ　295
パルス励起Nd:YAGレーザ　492
パルス励起レーザ　59
パルスレーザの出力測定　531,533
パワー　525
パワー伝送用ファイバ　404
パワー密度　95,404
反射鏡　556
反射率　168,196,294
はんだ供給　304
はんだのgrainサイズ　306
はんだ表面の反射率　305
反転分布　44,45,46,88
半透過鏡　54
半導体表面改質　512
バンド間電子遷移による固有吸収　107
バンド幅　35
反応切断　168
反応律速領域　350
バーンパターン　540,541
ハンピング　148
半無限体の温度上昇　213,224

ヒ

ピアッシング　181
比エネルギー　210
非円形統計　11
非ガウス的スペックル　12
光異性化　399
光エネルギー　332
光エネルギー伝送系　413
光エネルギー伝送系ファイバ　404
光エピタキシー　353
光解離　333,399
光化学表面反応　369
光吸収の選択則　336
光共振器　40,80
光CVD　270

光出力リップル　190
光照射効果　357
光切断法　453
光増感　382,386
光増感反応　384
光導波路　23
光ビーム加熱法　307
光表面反応　357
光ファイバ　488,504
光フィードバック制御　77
光分岐　486
光偏向器　418
光誘起吸着　339
光誘起脱離　340
光励起エピタキシャル法　349
非球面研磨　562
非球面レンズ　563
非金属材料　170
　──の切断　205
ピーク出力　192,200
ピークパワー　531
引け巣状の切欠き　160
ピコ秒パルス　545
微細穴あけ　509
微小域の除去加工　511
非垂直遷移　335
ひずみ量　246
非線形光学結晶　57,70,557
ビタミン　385
非断熱反応　334
ピッチ送り機能　445
非定常熱伝導方程式　214
ビードオンプレート溶接　148
ビート形成現象　118
ヒートシンク(熱吸収体)　461
ビードの遷移現象　119,132
比　熱　294
非反応切断　168
非ボルツマン分布　102
ビームウェスト　16,421
ビームウェスト径　418
ビームエキスパンダ　423
ビームオシレーション方式　454
ビーム拡大率　132
ビーム吸収　123
ビーム吸収材　233
ビーム強度分布　537
ビーム径　549
ビーム径拡大用レンズ　297
ビームコレクター　430

和文索引　　　　　　　　　　　　　　　　　　　　　　　　　　　　　　　　　591

ビームスキャナ　428
ビーム成形　232,241
ビーム成形レンズ　418
ビーム伝送路　426
ビームパターン　232
ビーム半径　16
ビーム広がり　94
ビーム品質　93
ビームベンディングミラー　471
ビームポジショナ　478
ビームホモジナイザ　512
ビームモード　179
ヒューズの切断　497
ヒューズピッチ　499
表面泳動エネルギー　349
表面改質　117,259
表面硬度　235
表面実装　306,479
表面粗さの測定　576
表面の合金化　258
表面変色　327
表面焼入れ　457
疲労強度　239
広がり角　274,525,550

フ

ファイバ　484
ファジー推論　453
ファブリ・ペロー　525
ファブリ・ペロー共振器　20
不安定型共振器　23,49
フィネス　19
フィラワイヤ　136,143,149
フィルムコンデンサー　317
封止溶接　301
フェムト秒パルス　546
フェライトステンレス鋼被覆　260
フォトイニシエーション　345
フォトダイオード　532
フォトンエネルギー　359
負温度状態　38
深溶け込み　291
深彫り加工　327
深彫り形マーカ　484
不完全焼入れ部　234
不均一な広がり　36
不均質広がりレーザ　27
複屈折性　66
複屈折フィルタ　98

複合材料の切断　210
輻射のエネルギー密度　35
複素屈折率　106
複素コヒーレンス度　9
負指数分布　8
フッ化カルシウム　554
フッ化マグネシウム　554
フッ素ラジカル　361
物理蒸着法　268
歩留り　496
部分的にコヒーレントな光　4
ブラウン運動　8
プラスチックの切断　210
プラズマ　447
プラズマ細管　80
プラズマ CVD 膜　342
プラズマ除去　135
フラッシュ溶接　451
フラットケーブル　306
プリズム　77
フレキシブル基板　306
　――とガラスエポキシ基板のレーザはんだ付　316
フレネル数　51
プロジェクション抵抗溶接　301
フロッピーディスクヘッド　300
分子法　391,393,398
分相ガラス　159
粉末供給方法　250
分離限界速度　171
分離切断速度　196

ヘ

平均的コントラスト　10
平面一様分布熱源　217,222
平面研磨　561
平面波　14,15
並列処理型　310
ペニング過程　83
ヘテロエピタキシャル成長　353
ヘリウム　→ He
ヘリウムチックシール　301
ベリリア　78
ベリリウムアルミネート　96
ベルトコンベア　309
ヘルムホルツの方程式　15
偏　光　387
偏光素子　556

偏心量　281
変態硬化　231

ホ

ボーアの振動数条件　31
放電回路　89
放電励起　45,48,88
放電励起型 CO_2 レーザ　45
放物面鏡　452
放物面鏡加工ヘッド　428
飽和出力　80
飽和パラメータ　41,52
補間機能　440
補助ガス圧力　542
補助放電　45,51
補正加工　563
ポットサイズ　421
ホットバンド　396
ホットバンド現象　393
ポリミド絶縁体　305
ボルツマンの法則　35
ホールバーニング　27
ホローカソード　83
ポロシティ　134

マ

マイクロエレクトロニクス　332
マイクロクラック　322
マウンタ　308
マーキング　483,509
　――の鮮明度　330
マーキングシステム　466
マーキング品質　328
マーキング面の表面粗さ　329
前処理装置　455
前処理方法　454
マクスウェルの方程式　14
膜堆積機構　344
マシニングセンタ　304
マスキング方式　465
マスクアライナ　516
マスク型マーカ　483
マスク修正　481,490
マスクチェンジャー　486
マスクマーキング　328
マスクリペア　425,489
マスタマスク　490
マルチモードビーム(B, C, D)　231
マルチモードレーザ　59

索引

マ
マルテンサイト系 302
マルテンサイト組織 234

ミ
密着露光法 376
密　度 294
未発達なスペックル 11
ミラー表面の変形 115

ム
無限平板の温度上昇 222,229
ムービングスラブレーザ 94
ムライトセラミックス 159

メ
面吸収 528
面性状 237
メモリー IC 495
メモリーの置換 496

モ
毛細管圧力 164
木材の切断 211
モード 14
モードパターン 525,534
　――の可視化 537
モル吸光係数 334
門型コラム 432

ヤ
焼入れ 458,460
焼入れ装置 454
焼入れ特性 235
焼入れ深さ 235,236
焼入れひずみ 233,237,248
ヤングの干渉実験 5

ユ
有機光化学反応 385
融　点 197
誘導放出 34
誘導放出断面積 97

ヨ
陽光柱領域 52
溶接装置 447,448
溶接速度 127
溶接継手形状 449
溶接継手の精度 449
溶接の特徴 447
溶接ひずみ 148

溶接方法の特徴 451
溶接用治具 298
溶接割れ 158
ヨウ素レーザ 102
溶融温度 294
溶融金属 200
溶融孔 293
溶融シリコン 363
溶融石英 69
溶融接合法 158
溶融切断 168
溶融プロセス 503
容量移行形回路 89
横方向放電 84
横モード 14,21
横割れ 159
予熱後熱 150
予熱炉 311
予備電離 49,89
弱い散乱物体 10
4 準位モデル 39

ラ
ラインチューナブル 50,51
ラインプリンタ用活字ベルト 301
ラジカルジェット 348
ラジカル重合反応 387
ラジカル連鎖反応 387
ラップ継手 150
ラップ溶接 143
ラマンセル 397

リ
リソグラフィ 375
リップ継手 143
利得係数 41
利得導波 26
リードフレームのレーザはんだ付 315
リフロー法 303
リペア成功率 498
リペアデータ 497
量子化条件 31
量子効率 46
量子収率 381,388
量子力学 31
両面実装基板 306
リレー用接点のスポット溶接 300
臨界入射角 541

リング型共振器 21
リング状ビーム 232
リングポリシャー 561
リングレーザ 22

ル
ルーツブロア 54
ルビー 279

レ
励起過程 37
励起スペクトル 60
励起断面積 46
励起用電源 80
励起ランプ 58,60
冷却器 66
冷却曲線 261
冷却速度 236,262
レイリー散乱 124
レーザアロイング 249,255
レーザエッチング 365
レーザエネルギー 172
　――の設定機構 499
　――の役割(切断における) 172
レーザ加工 95
レーザガス切断 177
レーザガラスの干渉縞 563
レーザ吸収剤 197
レーザクラッディング 249
レーザクラッド鋼管 254
レーザゲッタリング 516
レーザ減衰器 530
レーザ光
　――のコスト 381
　――の伝搬 421
レーザ光化学反応 341
レーザ光 CVD 271
レーザ CVD(法) 270,494
レーザ CVD 膜 342
レーザ出力 131
レーザ照射方法 454
レーザスクライビング 469
レーザ切断 146,167
レーザ損傷 513,566
レーザ耐力測定装置 567
レーザ電源 63
レーザ同位体分離法 391
レーザドーピング 361
レーザトリミング(法) 319,478

レーザトリミング装置　322
レーザ熱 CVD　270
レーザパラメータ　524
レーザパワー・エネルギーの測定法　527
レーザパワー伝達効率　187
レーザ反射鏡　62
レーザはんだ付　303
レーザ PVD　268
レーザビーム　118,124,231
　　──の位置決め　499
レーザ表面熱処理加工光学装置　455
レーザフレックス　416
レーザマーカ　325,467
レーザマーキング　325
レーザメス　415
レーザ焼入れ　231,235

レーザ誘起化学　380
レーザ誘起プラズマ　120
レーザ用光学部品　556
レーザ溶接　118,142,447
レーザ利得　80
レーザろう接　156
レーザロボテックス　449
レチクル　490
連鎖反応　381,387
レンズ導波路　414
レンズによるビーム変換　422
連続発振 Nd:YAG レーザ　295
連続励起 Nd:YAG レーザ　478

ロ

ろう材　156,163

ろう接法　161
ローカルモード励起　834
ロス　407
ローダ・アンローダ（ローディング装置）　427,436
ローレンツ型（の広がり）関数　36

ワ

ワイブル係数　160,206
ワーキングマスク　490
ワーククランプ　419
ワークシューター　430
ワークステーション部　472
ワークディスタンス　308
割れ　279

欧文索引

A

AFRP　211
Al_2O_3 膜　343
AOQ スイッチ　68
ARC　378
Ar イオンレーザ　77,354,365
Ar イオンレーザ管　79
ArF エキシマレーザ　90,346,351,360,362
Ar 切断　171
AR 膜　571
ASE　395
ASIC　501

B

BBO 結晶　558
BK-7　556
bound-free 遷移　87
BTCC　561

C

CEL　378
CDRH 規格　493
COFFEE レーザ　49
Co 基合金　251
CO_2 レーザ　33,101,167,274,382,469,475,528
CO_2 レーザ発振器　471
CO_2 レーザ用パワー伝送ファ

イバ　412
CPM 色素レーザ　548
CPM CW 色素レーザ　546
CT 技術　535
CVD　341
CVL　82
CW-YAG レーザ電源　63
CW 切断　178
CW 励起レーザ　59
CW レーザ　72

D

DBR レーザ　29
Dexter 機構　337
DFB レーザ　29
DKDP 結晶　559

E

EP・IC 搭載　304

F

$f\cdot\theta$ レンズ　419
F 値　133
F_2 レーザ　347
FMS　304
Förster 機構　337

G

Green 関数　214
　　──の可積性　217

　　──の相反性　215
Green の公式　215

H

He-Cd レーザ　81
He-Se レーザ　82,85
He-Sr レーザ　82
He-Zn レーザ　85
HgCdTe　536

I

IC パッケージのマーキング　327
IC マーキングシステム　468
IMC　306
InP　362
IR　368,378

K

KDP 結晶　565
KrF エキシマレーザ　351
KrF レーザ　90
KTP 結晶　558

L

Lambert-Beer の法則　334
Lambert の法則　106
LAP 結晶　559
LD 励起固体レーザ　74
LSC プラズマ　120

M

LSI 配線修正　57

M

MCrAlY(M：Fe, Co, Ni)合金　251
Michelson の天体干渉計　9
MLR　378
MOSFET　364
MOVPE 結晶成長炉　354
MT(磁気探傷試験)　150

N

NA　407
NC 制御装置　427
Nd：YAG 結晶　59
Nd：YAG レーザ　56,320,325,529
── の FHG　72
── の SHG　71
── の THG　72
Ni-Cr-P-B 合金　263
Ni-Cr 合金　251
Ni 基合金　251,283
Nipkow ディスク　538

P

PCM　378
PEM　65
post-objective タイプ　417
pro-objective タイプ　417
PT(染色探傷試験)　150
PWB のソリ　308

Q

Q スイッチパルス　98,492
Q スイッチパルス発振　57,68,274
Q 値　18,19

R

Rayleigh の式　376
RF の高周波放電　45
RT(放射線検査)　143

S

self-pumping 過程　102
self-quenching　307
Si_3N_4 の接合　164
Si_3N_4 膜　342
SiO_2-Al_2O_3　159
SiO_2 膜　341
Si エピタキシャル単結晶　349
SiN 膜　360
Si の吸収スペクトル　339
Si の酸化　359
SKS-3　281
SMD 型バリオーム　315
SMT　306
S.O.P.　310
SUS　281

T

TEA CO_2 レーザ　397
TEA CO_2 レーザマーカ　463,486
TEMA CO_2 レーザ　49
TEM_{00} モード　526,549,551
TE モード　25
TM モード　25

U・V

UF_5　397
UF_6　397

van Cittèrt-Zernike の定理　9
VPS 法　303

X

XeCl レーザ　90
Xe フラッシュランプ　98
XPS(X 線光電子分光)　367
X 線光電子分光(XPS)　367
X 線予備電離　88
XY ステージ　429
XY テーブル　287,473

Y

YAG レーザ　167,274
── のハイパワー化　506
YAG レーザ加工装置　502
YAG レーザ自動溶接システム　506
YAG レーザはんだ付の特長　303
YAG レーザマーカ　486
YAG ロッド　58

資 料 編

掲載会社索引
（五十音順）

カンタムエレクトロニクス株式会社 …………………………………………………1

清原光学研究所　株式会社清原光学 …………………………………………………2

金門電気株式会社 ………………………………………………………………………3

澁谷工業株式会社 ………………………………………………………………………4

日本電池株式会社 ………………………………………………………………………5

日本電気株式会社 ……………………………………………………………………6,7

日立電線株式会社 ………………………………………………………………………8

リツー応用光学株式会社 ………………………………………………………………9

CO_2 レーザ ＆ 周辺機器

■米国シンラッド社
RF 励起 CO_2 レーザ 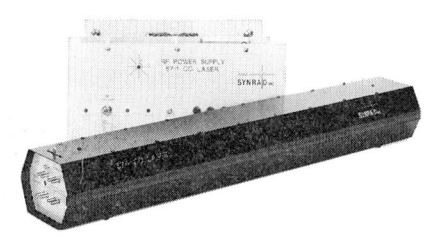
●出力10W・25W・50W・100W・200W
●高品質・低価格・長寿命(4,000時間以上の実績)●小型・軽量の電源内蔵型(100W・200Wモデルのみ分離型)●ガスボンベ不要のガス封じ切りレーザチューブを採用，経済的でコンパクト●種類が豊富(10W～200Wモデルのほか，グレーティングモデル，インバー構成安定化モデルもある)

同一金属のオールメタル構造のため，熱膨張係数の差や接合などに起因するトラブルが起こりにくく常に安定した動作が得られる。

すでに各種の加工機に OEM として組み込まれているが，性能，大きさ，種類の豊富さ，価格等の特長を生かして，さらに多くの加工機に組み込まれることが予想される．

■加工応用例
●樹脂材料の加工(マーキング，カッティング，溶融，穴あけ，接合，重合など)
●紙・木材・布・皮革の加工(マーキング，彫刻，カッティング，せん孔など)●ガラス・セラミック・アルマイト板の加工(マーキング，彫刻など)●マイクロチップの溶接，ハンダ付け，抵抗のトリミングなど
●フラットケーブルのワイヤーストリッピング
●レーザプロッタ●レーザメスなどの医療機器
●計測(汚染計測や物質分析)／レーザレーダ

モデル	光出力(W)	電源	寸法(W×H×L mm)	価格
48-1	10	内蔵型	72×100×432	¥ 658,000
48-2	25	内蔵型	72×100×812	¥1,205,000
48-5	50	内蔵型	142×110×890	¥2,782,000
57-1	100	分離型	160×119×958[※1]	¥4,703,000
57-2	200	分離型	266×167×1060[※1]	未定

※1レーザヘッド部寸法

■米国レーザオプティクス社・赤外用光学部品
レーザオプティクス社は，炭酸ガスレーザ用部品の研究・製造・販売に最も早く進出したメーカーのひとつで，すでに20年以上の実績がある。反射ミラー，プリズム，偏波面変換鏡，レンズ等に，特に豊富なデータやノウハウがあり納品時には，詳細な検査データを添付している．

カンタムエレクトロニクス株式会社

本 社 〒146 東京都大田区千鳥3-25-10 TEL 03(3758)1113 FAX 03(3758)8066

レーザー機器用光学部品および光学ユニット

エキシマ($\lambda=193$nm)〜CO_2($\lambda=10.6\mu$まで)各種レーザープロセス用光学部品を御提供します．レンズ・反射鏡・プリズム等の単品から，光学ユニットOEM製造までお手伝いします．レーザー光学系の設計も応じられます．お問い合せ下さい．

非球面は清原光学へ

● レーザー用光学部品 ● ミラー・レンズ及びプリズム ● 非球面鏡(放物面・楕円面・双曲面) ● 円錐ミラー ● トロイダルミラー，シリンドリカルレンズ・ミラー ● 各種光源装置 ● レーザーレーダー ● 各種光源装置の設計・製作

Laser Beam Expander

BE-10 レーザービームエキスパンダー透過波面精度 $\lambda/10$ ザイゴ干渉計

10倍　　25倍　　50倍

特　長

● 清原光学のレーザー・ビームエキスパンダーは簡単にレーザー光の平行光線が得られます．
● 倍率は標準品として10倍，25倍，50倍の3種類．
● 先端に非球面レンズ，またはマイクロレンズ等を装置することにより，レーザー光を，数μのスポットに集光出来ます．
● 標準品の他，御希望の倍率，形状の物も製作致します．
● 大口径600mmϕのレーザー平行光線の出るレーザー・ビームエキスパンダーも御注文により，製作致します．

※詳細カタログご請求下さい．

清原光学研究所
株式会社 清原光学

本　社 〒160 東京都新宿区新宿6-23-2 ☎(03)3352-1919(代)
FAX(03)3352-3348(本社)・FAX(03)3260-7375(早稲田工場)
早稲田工場 〒162 東京都新宿区榎町78番 ☎(03)3260-7261(代)

KIMMON LASER SYSTEM

──He-Cdレーザ──Newレーザでより充実したラインナップ

新開発の2タイプ『高出力UV(325nm)レーザ』『コンパクトIM(442nm)レーザ』。UVレーザは高出力・軽量・長寿命化を，IMレーザは小型・低コスト・長寿命化を実現．従来タイプに加えより強力なラインナップの完成です．

◆高出力UVシリーズ (325nm)
　水を使わないハイパワーレーザ
　　出力 5 ～100mWmax
　　 (TEM$_{00}$ or TEM$_{01}$, リニア)
◆IMシリーズ (442nm)
　ヘッド長48cm, 4kg
　小型軽量
　　出力 3 ～10mW (TEM$_{00}$, リニア or ランダム)
◆CDシリーズ (442nm)
　20年の実績
　　出力 15～90mW (TEM$_{00}$, リニア)

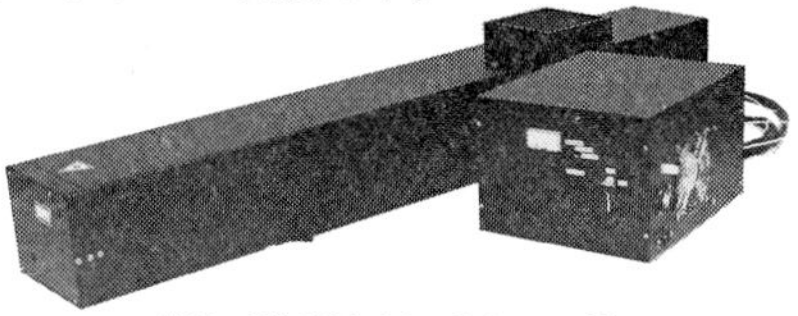

100mW UV He-Cdレーザ

──赤外・遠赤外レーザ──エジンバラ・インスツルメンツ社

エジンバラ社のレーザは世界各国でその高い性能と信頼性が評価されています．

◆PLシリーズCO, CO_2レーザ
　理化学研究用に最適
　　〈CO〉　波長 5 ～6.5μm
　　　　　出力 5 Wmax
　　〈CO_2〉 発振 9 ～11μm
　　　　　出力 1 ～200 W
◆FIRレーザ (光ポンピング)
　ハイパワーの遠赤外レーザ
　　波長 40μm～1.2mm
　　出力 500mWmax
◆SLシリーズ CO_2レーザ
　内部ミラー型で低価格
　　波長 10.6μm　出力 10～60W
◆Mini-TEA CO_2レーザ
　加工やマーキングに最適
　コンパクト
　　波長 10.6μm　出力 150m

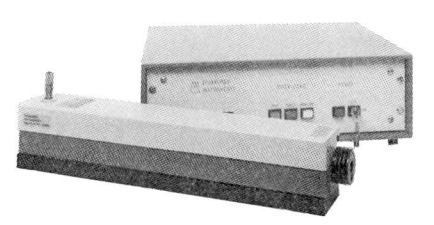

WL-8-GT (GRATING TUNED)

◆LM/WLシリーズRFウエーブ
　ガイドCO_2レーザ
　非金属の加工や計測に最適
　　〈LM〉　波長 10.6μm
　　　　　出力 4 ～20 W
　　〈WL〉　波長 9～11μm
　　　　　出力 4 ～10 W

＊その他，Arイオンレーザ(488nm, 5～15mW)，He-Neレーザ(633nm, 1～5mW)
　パワーモニター(5波長測定)，蛍光寿命計測システムも扱っております．

金門電気株式会社

東京支店　〒171 東京都豊島区南池袋1-18-1 池袋三品ビル　　TEL 03(3988)3551
大阪支店　〒577 大阪府東大阪市荒川2-8-26　　　　　　　　TEL 06(729)7555
技術部　　〒356 埼玉県川越市大字下赤坂750　　　　　　　TEL 0492(66)2511

TEA CO₂ レーザ/エキシマレーザ

TEA CO₂ レーザ

本機は，記号や文字などを半導体や樹脂製品，パッケージなどの製品にマーキングする TEA CO_2 レーザで，高性能の SQ 1000 型と，経済性，フレキシビリティに優れた SQ 2000 型があります。

■特　徴
- 印字後の後処理工程が不要で，さらにガスや電力の消費を抑えた省エネ設計ですので，大幅なランニングコストの低減が図れます。
- 自己診断機能や，電極交換時にオプティックスが調整不要なイージーメンテナンス機構を採用しています。

エキシマレーザ

本機は，紫外域で極めて高いエネルギーのパルス光を発振するエキシマレーザで，封入ガスを変更することにより，4種類の波長を発振できます。

■特　徴
- 放電機構及び光学系は，ビームパターンが均一で理想的な光源として使用できます。
- 発振管内のガス交換は，コンピュータ制御されており極めて安全で，フレキシブルに行えます。

SQ 1000 型

SQ 2000 型

ES 5000 型

TEA CO₂ レーザ仕様

型　式	SQ 1000	SQ 2000
波　長	10.6 μm	
最大出力エネルギー	5.0 J	3.5 J
最大平均出力	80 W	30 W
最大繰り返し数	20 Hz	10 Hz
混合ガス	CO_2/8：CO/2：He/Balance プレミックスガス	
入力電源	1ϕ200V 2kVA	1ϕ100V 1.3kVA
機械重量	150 kg	155 kg

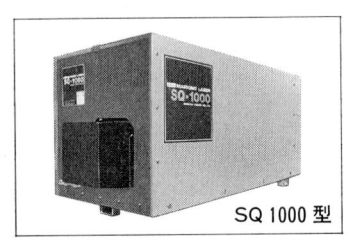

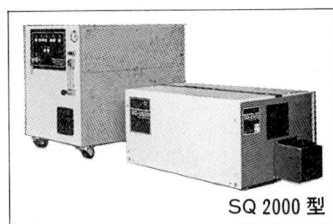

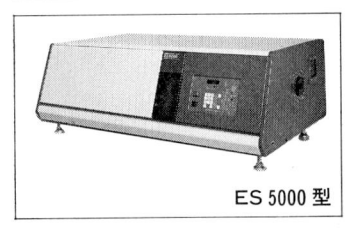

エキシマレーザ仕様

封入ガス	ArF	KrF	XeCl	XeF
波　長	193 nm	248 nm	308 nm	351 nm
最大パルスエネルギー	300 mJ	500 mJ	300 mJ	250 mJ
最大繰り返し数	100 Hz			
最大平均出力	20 W	40 W	20 W	20 W
入力電源	3ϕ200V 6kVA			
機械重量	300 kg			

澁谷工業株式会社

メカトロ事業部　〒920 金沢市出雲町ト-17 TEL(0762)62-2201 FAX(0762)33-4011

エキシマレーザー EXL-300

■エキシマレーザー EXL-300

弊社は，エキシマレーザーの開発に取り組んでおりますが，今回開発した EXL-300 は，従来品に比べ機能と操作性が一段と充実しており，各種実験，またはラインの一部に有効な装置としてご活用いただけます。

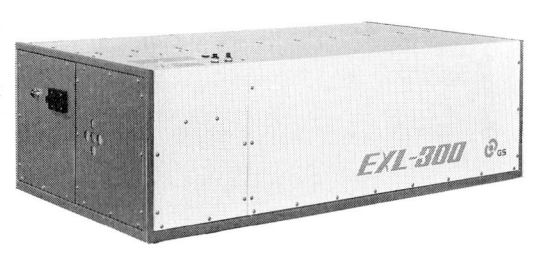

EXL-300

〈特長〉
1．主電極形状の最適設計により，均一で幅の広いビームパターンが得られます。
2．耐フッ素性材料を使用し，KrF で 10^6 ショット以上のガス寿命を実現しました。
3．レーザー出力を長時間にわたり，予め設定した値に維持するパワーコントロール機能を標準装備しました。
4．発振周波数は 1〜200Hz まで任意の整数値に設定でき，またあらかじめ設定したショット数だけ出力できる機構を備えています。
5．レーザーガスやパッシヴェイションガスの供給を所定の混合比や圧力になるよう自動的にコントロールできます。
6．運転中の平均出力，電源電圧またレーザーガスの圧力，ショット数などのモニター機構も豊富です。
7．メンテナンスを容易にするため，放電部や電源部，制御部などをモジュール化しています。
8．電源内蔵型ですが，寸法は 1440W×800W×450H とコンパクトに仕上がっています。

〈特性〉

レーザー媒質	ArF	KrF	XeCl	XeF
発振波長(nm)	193	248	308	351
最大パルスエネルギー(mJ)	150	250	150	100
最大繰り返し周波数(Hz)	200	200	200	200
最大平均出力(W)	20	40	20	15
ガス寿命*(Shots)	10^5 以上	10^6 以上	10^7 以上	10^6 以上
ビームサイズ(mm²)	6×20	9×20	9×20	6×20
ビーム広がり角(mrad)	2×4	2×4	1×3	2×4
パルス幅(ns)	10	20	20	20

＊平均出力が初期値の 50％になるまでの発光回数

〈仕様〉
供給電力
　3φ 220V 5KVA
冷却水量
　5 l/min
外部トリガ
　無電圧接点入力
重量
　320kg

■スキャン装置もオプションで用意しております．

日本電池株式会社

〒601 京都市南区吉祥院西ノ庄猪之馬場町1　　TEL(075)312-1211(大代表)

日本電気株式会社　レーザ加工装置

■ **チップ抵抗・ハイブリッドIC生産用**
　☆レーザトリマ　SL436E_2
　　厚膜のチップ抵抗やネットワーク抵抗の抵抗トリミング
　　測定範囲：$0.1\Omega \sim 40M\Omega$　レーザビーム位置決め分解能：$2.5\mu m$
　☆レーザトリマ　SL432G
　　厚膜ハイブリッドICのファンクショントリミング及び
　　厚膜ハイブリッドIC，薄膜チップ抵抗の抵抗トリミング
　　測定の種類：抵抗，DC電圧，AC電圧，周波数など
　☆レーザトリマ　SL434E
　　薄膜ハイブリッドICのファンクショントリミング及び抵抗トリミング
　　レーザビームスポット径：約$15\mu m$
　☆レーザスクライバ　CL411H
　　セラミックスのスクライビング，切断，穴あけ
　　スクライブ送り速度：200mm/s

■ **半導体・液晶生産用**
　☆レーザスクライバ　SL412G
　　2〜4インチの半導体ウェハのスクライビング
　☆レーザリペア　SL453C，SL455B／C
　　フォトマスクや薄膜の黒欠陥修正
　　修正精度：$0.1\mu m$
　☆レーザ直描装置　SL464B
　　LSI内部配線の接続，切断及び絶縁膜への穴あけ
　☆レーザCVDリペア　SL465A／B
　　液晶ディスプレイのパターン修復
　　大型フォトマスクの白黒欠陥修正
　☆レーザマーカ　SL470B
　　半導体ウェハの不良ペレットにマーキング
　☆レーザマーカ　SL473E，SL473D_2
　　半導体ウェハのマーキング
　　スループット：230枚／時間
　☆レーザマーカ　SL478シリーズ
　　プラスチックモールドのICパッケージ材料へのマーキング
　　マーキング範囲：最大$75mm^2$／ショット
　☆レーザマーカ　SL476A／B
　　ICパッケージ材料へのマーキング
　　スループット：100文字／s

レーザリペア　SL453C

日本電気株式会社
FAシステム販売推進本部　レーザ製品部

(本社)　東京都港区芝五丁目7番1号　　（日本電気本社ビル）　〒108-01　東京(03)3798-9543
(関西)　大阪市中央区城見一丁目4番24号（日本電気関西ビル）　〒540　　大阪(06)954-3358
(中部)　名古屋市中区栄四丁目14番5号　（松下中日ビル）　　　〒460　　名古屋(052)242-2760

資料編

日本電気株式会社　レーザ加工装置

■一般マーキング用
☆レーザマーカ　SL475E_2
　電子部品，電装部品，機械部品にマーキング
　マーキングパターン：文字，ロゴ等一般図形

■溶接・切断・はんだ付け用
☆レーザウェルダ　M801A
　電子部品や機械部品に精密スポット溶接
　最大6ケ所の溶接可能
☆レーザカッタ　M702B
　金属の切断，穴あけなどの3次元加工
　切断速度：最大3m／分
☆レーザソルダ　M704A
　後付けパーツや異形パーツのはんだ付け
　同時最大4ケ所のはんだ付け可能

■レーザ発振器
☆連続励起(CW)Nd：YAGレーザ
　マルチモード発振　　出力：1.8kW以上
　シングルモード発振　出力：16W以上
　　内部SHG付加　｜出力：2W以上
☆パルス励起Nd：YAGレーザ
　マルチモード発振
　出力エネルギ：150J／pulse
　繰り返し周波数：1～300pps及び単発
☆LD励起Nd：YAGレーザ，
　LD励起YLFレーザ
　Qスイッチパルスエネルギ：70μJ以上
☆エキシマレーザ
　平垣出力：30W
　繰り返し周波数：300pps
　ガス寿命：200万ショット

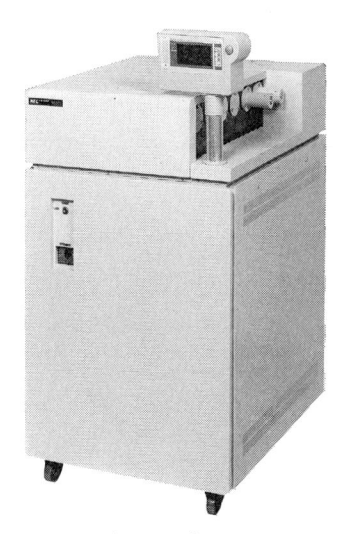

レーザウェルダ　M801A

＊レーザ加工装置及びレーザ発振器のお問い合わせは下記まで．

日本電気株式会社
FAシステム販売推進本部　レーザ製品部

(本社)　東京都港区芝五丁目7番1号　　（日本電気本社ビル）　〒108-01　東京(03)3798-9543
(関西)　大阪市中央区城見一丁目4番24号（日本電気関西ビル）　〒540　　　大阪(06)954-3358
(中部)　名古屋市中区栄四丁目14番5号　（松下中日ビル）　　　〒460　　　名古屋(052)242-2760

日立 CO_2 レーザ光用導波路

本導波路は大出力の CO_2 レーザ光を高い効率で自在に導くことができるため加工機の制御機構を簡単化し，加工の自由度を高めます．

■用途
- レーザ加工機
- レーザ医療機器

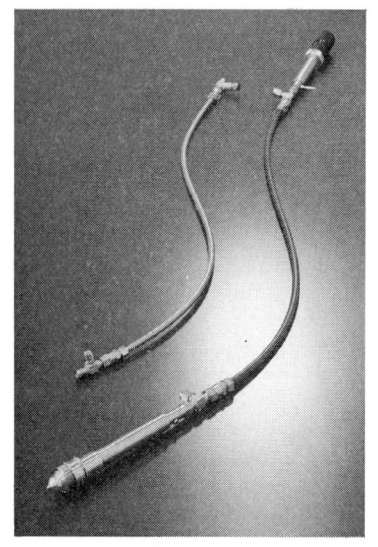

冷却機構付導波路

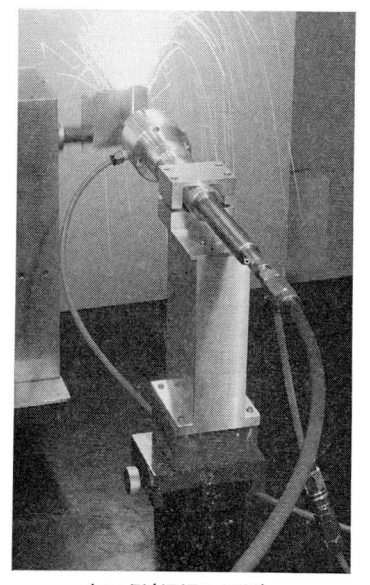

加工例（鋼板の切断）

■特長
- エネルギー伝送効率が高い．
- 冷却効率が良い．
- 曲げ方向に制限がありません．

■性能
- 導波路長　：2m
- 減衰率　　：＜1dB
- 伝送パワー：2kW*

＊注）導波路内面は空冷，外面は水冷します．
　導波路の内外径，入出力光学系，冷却機構等の詳細についてはご相談下さい．

日立電線株式会社

本社　東京都千代田区丸の内2丁目1番2号（千代田ビル）
〒100 ☎東京（03）3216-1611

資 料 編　　　　　　　　　　　　　9

■ 独得な光学系による ■

MCシリーズ回折格子分光器

明るいものから高分解能迄ご用途に応じてお選び下さい。

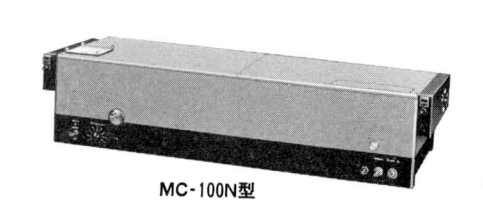

MC-10N

MC-100N型

型　名	MC-10N	MC-20N	MC-20L	MC-25NP	MC-30N	MC-50N	MC-50L	MC-50NP	MC-100N	MC-100L
焦点距離	100mm	200mm	200mm	250mm	300mm	500mm	500mm	500mm	1000mm	1000mm
明るさ f	3.0	5.9	3.4	4.4	5.2	5.3	4.4	5.3	8.5	6.8
分解能	5Å	1.5Å	2Å	1.5Å	1Å	0.4Å	0.4Å	0.5Å	0.12Å	0.09Å
グレーティング刻線数	1200 ℓ/mm					1800 ℓ/mm	1200 ℓ/mm	1200 ℓ/mm	1800 ℓ/mm	
逆分散	70Å/mm	36Å/mm	36Å/mm.	29Å/mm	25Å/mm	14Å/mm	9.1Å/mm	14Å/mm	7.3Å/mm	5.5Å/mm
迷光	1×10^{-4}	1×10^{-5}	1×10^{-5}	2×10^{-5}	1×10^{-5}	1×10^{-6}	1×10^{-6}	2×10^{-6}	1×10^{-6}	1×10^{-6}
スリット	両開可変式									
グレーティング交換	可能									

- 波長範囲　1800Å～25μ（回折格子交換によります）
- NPタイプは写真、モノクロ兼用型です。
- 他に焦点距離300mm, 500mm, 1000mmのダブルモノクロメータの製作も致しております。

営業品目
高速スキャン分光器・Xe用ランプハウス各種・各種光学部品・ホトマル高圧電源・特別仕様に依る光学機器・電子機器の設計製作

リツー応用光学株式会社

本社：〒113　東京都文京区本郷1-5-17　TEL. 03(3813)7956
　　　　　　　　　　　　　　　　　　FAX. 03(3813)0976
工場：〒352　埼玉県新座市馬場2-6-3　TEL. 0484(81)4448
　　　　　　　　　　　　　　　　　　FAX. 0484(78)2037

レーザプロセス技術ハンドブック
（普及版）

1992年4月15日　初　版第1刷
1996年12月20日　　　第2刷
2009年3月20日　普及版第1刷

編集者　池　田　正　幸
　　　　藤　岡　知　夫
　　　　堀　池　靖　浩
　　　　丸　尾　　　大
　　　　吉　川　省　吾

発行者　朝　倉　邦　造

発行所　株式会社　朝　倉　書　店
　　　　東京都新宿区新小川町6-29
　　　　郵便番号　162-8707
　　　　電　話　03(3260)0141
　　　　FAX　03(3260)0180
　　　　http://www.asakura.co.jp

定価はカバーに表示

〈検印省略〉

© 1992〈無断複写・転載を禁ず〉　　新日本印刷・渡辺製本

ISBN 978-4-254-20136-9　C 3050　　Printed in Japan